AF532975

SAP® Commerce Cloud

SAP PRESS ist eine gemeinschaftliche Initiative von SAP SE und der Rheinwerk Verlag GmbH. Unser Ziel ist es, Ihnen als Anwendern qualifiziertes SAP-Wissen zur Verfügung zu stellen. SAP PRESS vereint das Know-how der SAP und die verlegerische Kompetenz von Rheinwerk. Die Bücher bieten Ihnen Expertenwissen zu technischen wie auch zu betriebswirtschaftlichen SAP-Themen.

Damit Sie nach weiteren Titeln Ihres Interessengebiets nicht lange suchen müssen, haben wir eine kleine Auswahl zusammengestellt.

Roland Boes
SAP Customer Experience. Lösungen, Prozesse, Integration
795 Seiten, 2021, gebunden
ISBN 978-3-8362-8387-8
www.sap-press.de/5319

Uwe Blumöhr, Andreas Kölbl, Michael Neuhaus, Marin Ukalovic
Advanced Variant Configuration in SAP S/4HANA. Das umfassende Handbuch
615 Seiten, 2023, gebunden
ISBN 978-3-8362-9038-8
www.sap-press.de/5540

Ursula Becker, Jan Fischer, Werner Herhuth, Manfred Hirn
Preisfindung und Konditionstechnik mit SAP
688 Seiten, 3., aktualisierte und erweiterte Auflage 2020, gebunden
ISBN 978-3-8362-7501-9
www.sap-press.de/5061

Jan Ahrensmeyer, Enrico Hegenbarth
SAP Integration Suite
450 Seiten, 2024, gebunden
ISBN 978-3-8362-9933-6
www.sap-press.de/5831

Roland Boes

SAP® Commerce Cloud

Liebe Leserin, lieber Leser,

SAP-Landschaften sind komplex, und wir alle wissen, wie schnell sich Technologien und Anforderungen in der IT-Welt ändern. Genau da setzt SAP PRESS an: mit Büchern, die nicht nur Theorie vermitteln, sondern konkret im Alltag helfen.

In diesem Buch finden Sie direkt umsetzbare Ratschläge, praktische Beispiele und Lösungen für drängende Herausforderungen. Unsere Autor*innen sind Profis, die wissen, wo der Schuh drückt – und wie man Probleme effizient löst. Mit ihrer Erfahrung an Ihrer Seite können Sie Ihre SAP-Projekte gezielter angehen, fundiertere Entscheidungen treffen und die vielen Facetten von SAP besser meistern.

Ob Sie gerade erst beginnen oder schon lange im SAP-Umfeld tätig sind: Wir sind davon überzeugt, dass dieses Buch Ihnen hilfreiche Anleitungen und Tipps an die Hand gibt, um Ihre täglichen Aufgaben und Projekte erfolgreich zu meistern.

Wir freuen uns stets über Lob, aber auch über kritische Anmerkungen, die uns helfen, unsere Bücher zu verbessern. Zögern Sie also nicht, sich bei mir zu melden; Ihr Feedback ist jederzeit willkommen.

Wir wünschen Ihnen viele Aha-Momente und eine erfolgreiche Umsetzung mit diesem Buch!

Ihre Eva Tripp
Lektorat SAP PRESS

eva.tripp@rheinwerk-verlag.de
www.rheinwerk-verlag.de
Rheinwerk Verlag · Rheinwerkallee 4 · 53227 Bonn

Auf einen Blick

TEIL I E-Commerce heute und in Zukunft

TEIL II Funktionen von SAP Commerce Cloud

TEIL III Projektbeispiele

TEIL IV E-Commerce im Jahr 2035 and beyond

Wir hoffen, dass Sie Freude an diesem Buch haben und sich Ihre Erwartungen erfüllen. Ihre Anregungen und Kommentare sind uns jederzeit willkommen. Bitte bewerten Sie doch das Buch auf unserer Website unter **www.rheinwerk-verlag.de/feedback**.

An diesem Buch haben viele mitgewirkt, insbesondere:

Lektorat Eva Tripp
Korrektorat Annika Holtmannspötter, Münster
Herstellung Stefanie Meyer
Typografie und Layout Vera Brauner
Einbandgestaltung Lisa Kirsch
Coverbild iStock: 533840078 © RyanJLane
Satz Typographie & Computer, Krefeld
Druck Beltz Grafische Betriebe GmbH, Bad Langensalza

Dieses Buch wurde gesetzt aus der TheAntiquaB (9,35/13,7 pt) in FrameMaker.

Gedruckt wurde es mit mineralölfreien Farben auf chlorfrei gebleichtem, FSC®-zertifiziertem Offsetpapier (90 g/m²).

Hergestellt in Deutschland.

Bibliografische Information der Deutschen Nationalbibliothek:
Die Deutsche Nationalbibliothek verzeichnet diese Publikation in der Deutschen Nationalbibliografie; detaillierte bibliografische Daten sind im Internet über *http://dnb.dnb.de* abrufbar.

ISBN 978-3-8362-9681-6

1. Auflage 2024

Informationen zu unserem Verlag und Kontaktmöglichkeiten finden Sie auf unserer Verlagswebsite **www.rheinwerk-verlag.de**. Dort können Sie sich auch umfassend über unser aktuelles Programm informieren und unsere Bücher und E-Books bestellen.

Inhalt

TEIL II Funktionen von SAP Commerce Cloud

5 Infrastruktur und Architektur 221

Vorwort von Christian Sülzer (SAP)

Herzlich willkommen im Buch »SAP Commerce Cloud«. Lassen Sie sich von dem Namen nicht täuschen: Obwohl auf Sie ein umfangreiches Werk zu Funktionsumfang und Betrieb einer zentralen Lösung von SAP wartet, sind die vor Ihnen liegenden Seiten auch eine fesselnde Reise durch die komplexe Welt des modernen E-Commerce, wo Innovation auf Kundenerlebnis trifft und die Zukunft des digitalen Handels gestaltet wird. Dieses Fachbuch ist eine tiefgehende Erkundung des Zusammenspiels zwischen E-Commerce und Customer Experience – zwei Schlüsselelementen, die den Grundstein für den Erfolg im heutigen dynamischen Geschäftsumfeld legen.

In einer Ära, in der Kunden nicht nur Produkte kaufen, sondern ein ganzheitliches Erlebnis suchen, ist E-Commerce mehr als nur der Verkauf von Waren online. Es ist die Kunst, nahtlose, ansprechende und personalisierte Erfahrungen zu schaffen, die über den bloßen Transaktionsmoment hinausgehen. Im modernen Onlinehandel gehen Elemente wie personalisierte Angebote, Servicedienste, After Sales Services, Cross- und Upselling und speziell im B2B-Umfeld auch intelligente Wartung, Maschinendatenverwaltung und Ersatzteilverkauf Hand in Hand.

Der Schlüssel dazu sind oft Kundenplattformen und Marktplätze, die auf modernen Cloud-Technologien basieren. Solche werden Sie in diesem Buch kennenlernen. Diese Kundenplattformen und Marktplätze sind mehr als einfache Webshops. Denn in der Welt des digitalen Handels ist die Customer Experience der Dreh- und Angelpunkt, der darüber entscheidet, ob ein Kunde zufrieden ist, wiederkommt und zu einem treuen Markenbotschafter wird.

Dieses Buch richtet den Blick auch auf die Zukunft. Hierbei spielen natürlich auch SAP-Lösungen eine entscheidende Rolle. In der sich ständig wandelnden digitalen Landschaft ist die große Stärke von SAP, ein einheitliches, unternehmensweites Framework und damit end-to-end gestaltete, transparente Datenprozesse realisieren zu können. Und letztlich ist diese Ganzheitlichkeit auch die Basis für einen E-Commerce, der nicht nur den heutigen Kundenanforderungen gerecht wird, sondern auch die Grundlage für eine agile, zukunftsorientierte Geschäftsausrichtung legt.

Lassen Sie sich von den vielen Beispielen und Szenarien inspirieren, die das technologische Wissen in diesem Buch begleiten. Erfahren Sie, wie führende Unternehmen die Kraft von E-Commerce und SAP-Lösungen nutzen, um nicht nur im Wettbewerb zu bestehen, sondern auch die Erwartungen ihrer Kunden zu übertreffen. Tauchen Sie ein in die Zukunft des digitalen Handels, gestalten Sie unvergessliche Kundenerlebnisse und entdecken Sie, warum E-Commerce mit SAP-Lösungen nicht nur eine Option, sondern die Richtung ist, in die die innovativsten Unternehmen steuern.

Viel Vergnügen beim Lesen und Entdecken!

Christian Sülzer

Vice President SAP Customer Experience und Mitglied des Management-Boards von SAP Deutschland

Vorwort von Thomas Regele (Sybit)

Es ist mir eine besondere Freude, dass dieses wegweisende Fachbuch über E-Commerce mit der SAP Commerce Cloud vor uns liegt. Nicht nur, weil ich stolz darauf bin, dass Sybit nach »SAP Customer Experience« erneut ein großes Werk für den Rheinwerk Verlag (SAP PRESS) schreiben durfte – und dies wieder unter Federführung unseres herausragenden Hauptautors Roland »Ron« Boes und seinem Commerce-Co-Autoren-Team. Alle haben unter großem persönlichem Einsatz ihre Beiträge geleistet. Ich freue mich vor allem auch deswegen, weil dem E-Commerce in einer Zeit, in der digitale Transformation und Kundenzentriertheit Schlüsselbegriffe für den Erfolg von Unternehmen sind, eine zentrale Rolle zukommt.

Die Notwendigkeit, E-Commerce als integralen Bestandteil der Geschäftsstrategie zu verstehen, wird in diesem Buch immer wieder betont. Es geht bei Weitem nicht nur darum, Produkte online zu konfigurieren und zu verkaufen, sondern darum, ein nahtloses Zusammenspiel von Service, Marketing und Vertrieb zu schaffen – von der ersten Interaktion mit dem Kunden bis hin zur erfolgreichen Transaktion und deutlich darüber hinaus. Dieses Buch zeigt auf, wie und warum die SAP Commerce Cloud den Mittelpunkt einer hoch integrierten CX-Landschaft darstellt. CX ermöglicht es Unternehmen, End-to-End-Prozesse zu gestalten und Kundenerlebnisse zu schaffen, die bestehende und neue Kunden begeistern.

Besonders am Herzen liegt uns die Betrachtung des E-Commerce im B2B. In vielen Unternehmen herrscht nach wie vor die Vorstellung, der B2B-Handel unterscheide sich in seinen Prozessen zu stark vom B2C, als dass entsprechende Commerce-Konzepte übertragbar und gar profitabel wären. Dieses Buch widmet sich daher ausführlich den Herausforderungen und Chancen, die im B2B-E-Commerce liegen und zeigt auf, wie die SAP Commerce Cloud diese löst. Es widerlegt die Annahme, dass im B2B-Sektor keine Kundenerlebnisse wie im B2C-Bereich möglich sind.

Ich möchte Ihnen bereits hier unsere zu Anschauungszwecken erdachte Firma »SyGusto« vorstellen, einen Kaffeemaschinenhersteller. Dieses Praxisbeispiel zieht sich als roter Faden durch dieses Buch. Mit SyGusto veranschaulichen wir anhand realitätsnaher Beispiele, wie die SAP Commerce Cloud in unterschiedlichsten Szenarien erfolgreich eingesetzt werden kann. Diese praxisnahe Herangehensweise wird Ihnen helfen, die technologischen Möglichkeiten hinter den SAP-Lösungen besser zu verstehen und auf Ihre individuellen Anforderungen anzuwenden. Ein Luftschloss ist das SyGusto-Beispiel übrigens nicht: Wir haben über Monate im Voraus unter anderem einen hochfunktionalen Webshop als Demolandschaft für SyGusto entwickelt.

Ich bin fest davon überzeugt, dass dieses Buch für Sie nicht nur informativ, sondern auch inspirierend sein wird. Es bietet sowohl einen beispiellos tiefen Einblick in die Funktionsweise eines der mächtigsten E-Commerce-Tools auf dem Markt als auch in die Welt des ganzheitlichen, end-to-end gestalteten E-Commerce im B2C und im B2B.

Herzlichen Dank, dass Sie sich für dieses Buch entschieden haben. Nutzen Sie es als Wegweiser für Ihren eigenen Erfolg im E-Commerce. Ich wünsche Ihnen eine spannende Lektüre und viele gewinnbringende Erkenntnisse für Ihre eigene Reise im digitalen Handel.

Thomas Regele

CEO der Sybit GmbH

Über dieses Buch

Beginnen wir mit einer Frage: Haben Sie sich schon mal einen Kaffee liefern lassen, der Ihnen nicht geschmeckt hat, für eine Kaffeemaschine, die nicht geeignet war, an eine Adresse, an der Sie schon seit geraumer Zeit nicht mehr wohnen, nach einem Checkout-Prozess, den Sie nicht verstanden haben? Willkommen in der wunderbaren Welt des E-Commerce! Wenn Sie Lösungen für diese und die weiteren vielfachen Herausforderungen im modernen E-Commerce suchen, dann sollten Sie einen Blick in dieses Buch werfen. Und wenn Sie denken, das sei übertrieben, passierte nicht bei Ihnen und überhaupt sei über E-Commerce schon alles gesagt, dann ist dieses Buch wahrscheinlich relevant für Sie.

Auch uns ist klar: Keiner zuckt noch mit der Wimper, wenn man die Wichtigkeit von digitalem Handel betont – auch nicht im B2B-Bereich. Warum braucht es also ein Buch über E-Commerce, ein Thema, über das so viel geschrieben und berichtet wird und wo Trends die Halbwertszeit der Drosophila nicht selten unterschreiten? Genau deswegen. Die E-Commerce-Welt ist unübersichtlich geworden. Alle wollen es, viele versuchen es, nur wenigen gelingt es. Denn digitaler Handel ist komplex: Er berührt so gut wie jeden Unternehmensbereich und beruht auf hochdynamischen Technologien.

Diese Komplexität gilt es aufzubohren, aufzugleisen und den jeweiligen individuellen Weg zu bestimmen. Denn E-Commerce ist erfolgskritisch, sowohl bei Konsumgütern als auch in der Industrie. Er ist notwendiger, zentraler Bestandteil in Geschäftsstrategien. Damit er funktioniert, muss umfangreiches Wissen über den Wirtschaftsfaktor E-Commerce, bereichsübergreifende Prozesse und technologische Möglichkeiten auf die eigene Branche und Anforderungen heruntergebrochen werden.

Das vor Ihnen liegende Buch ist ein Versuch, Ihnen dieses Wissen bereitzustellen. Es ist für all jene geschrieben, die Verantwortung im E-Business, für Geschäftsmodelle, Customer Experience und effiziente IT-Infrastrukturen tragen. Im Zentrum steht zwar die SAP Commerce Cloud, die wahrscheinlich mächtigste Commerce-Lösung auf dem Markt, wenn man ihre Fähigkeit zur Datenintegration in einen gesamtunternehmerischen Kontext stellt. Dieses Buch lässt sich aber nicht auf die isolierte Betrachtung einer Software reduzieren. Es bietet Ihnen einen neuen Horizont.

Hier ist ein Auszug der Fragen, die wir neben der Analyse der SAP Commerce Cloud in diesem Buch beantworten:

- Was sind Herausforderungen im E-Commerce in unterschiedlichen Märkten?
- Wie definiert man eine Strategie und formuliert realistische Ziele?
- Wie sieht heute eine optimale digitale Customer Journey aus und welche Rolle spielt der E-Commerce dabei?

- Wie verbindet man Commerce mit Sales, Service und Marketing?
- Was sind erfolgversprechende Szenarien?
- Wie misst man überhaupt Erfolge im Commerce?
- Wie wird sich das Business entwickeln?

Das Besondere an diesem Buch ist sein Praxisbezug. Vor Ihnen liegt eine umfangreiche Beschreibung der SAP Commerce Cloud, die wir mit Empfehlungen und Best Practices immer in Relation zur Realität setzen: Wie sieht die Welt da draußen heute und morgen aus, was wollen Kunden wirklich?

In zahlreichen Praxisbeispielen sehen Sie, wie die Applikationen im SAP-System aussehen und bedient werden. Darüber hinaus zeigen wir immer auch das konkrete Ergebnis im Frontend. Dazu bedienen wir uns fiktiver und realer Firmen. Vor allem in Teil II dieses Buches werden Sie Unternehmen wie SyGusto, SyMedia oder SyMachines kennenlernen, zu denen wir Demolandschaften aufgebaut haben, um Ihnen reale Screenshots von fiktiven Firmen zu liefern, die aus unserer Sicht State-of-the-Art-Commerce betreiben.

Mit vielen Grafiken, Szenarien und Statistiken versuchen wir, das mitunter hochkomplexe Thema E-Commerce leichter verständlich zu machen. Unser Ziel war es nicht nur, Admins, Product Ownern oder CDOs (Chief Digital Officers) ein umfassendes Handbuch zu liefern, das das relevante Wissen bereitstellt, um die Commerce-Lösung der SAP aufzusetzen, einzurichten und zu betreiben. Wir wollten noch einen Schritt weiter gehen und die SAP Commerce Cloud in den Kontext unterschiedlichster Geschäftsmodelle stellen, von B2C bis B2B.

Die in diesem Thema und speziell im Produkt SAP Commerce Cloud angesprochene Dynamik schmälert keineswegs den grundlegenden Anspruch dieses Buches. Vielmehr werden hier Basiskenntnisse vermittelt und Grundlagen geschaffen, die den E-Commerce über Jahre hinweg prägen werden.

Inhalt und Aufbau des Buches

Das Buch ist folgendermaßen aufgebaut:

In **Teil I** geht es direkt in **Kapitel 1**, »E-Commerce heute und in Zukunft: Entwicklung, Kunden, Märkte«, um den Status quo der Commerce-Welt. Wir beantworten hier zum Einstieg zentrale Fragen wie: Welche Rolle spielen digitale Touchpoints in verschiedenen Geschäftsprozessen? Welchen Herausforderungen stehen Unternehmen im Zuge der Digitalisierung gegenüber? Welche Anforderungen bestehen seitens der Kunden und Märkte? In **Kapitel 2**, »Geschäftsmodelle und Dimensionen von E-Commerce: Vom Webshop bis zur Serviceplattform«, betrachten wir verschiedene Typen von Geschäftsmodellen und ihren Zusammenhang mit E-Commerce-Landschaften.

Sie werden hier die vielen Gesichter des E-Commerce kennenlernen, die weit über den Unterschied zwischen B2C und B2B hinausgehen. Das reicht von technologischen Aspekten von Websites und Webshops über Social Commerce, Produktdaten, Kundenportalen bis hin zur DSGVO. In **Kapitel 3**, »Erfolgsfaktoren und Erfolgsmessung in E-Commerce-Systemen«, geht es um die Frage, was Erfolg im E-Commerce überhaupt heißt. Hier erhalten Sie den kompletten Werkzeugkasten rund um Promotion, UX, Conversion-Optimierung, Architekturplanung, Performance Management, hybriden Vertriebsmodellen und natürlich Zielsetzung, KPIs und Maßnahmenplanung.

Nachdem Sie Teil I gelesen haben, sollten Sie die Dynamik im heutigen E-Commerce verstanden haben und sie im Kontext Ihres eigenen Geschäftsmodells, Ihrer eigenen Ziele und Voraussetzungen interpretieren können.

In **Teil II** geht es ans Eingemachte: die SAP Commerce Cloud. Wir beginnen in **Kapitel 4**, »Was ist SAP Commerce Cloud?«, mit einem grundsätzlichen Überblick und beschreiben, welche Möglichkeiten die Lösung für bestehende und neue Geschäftsprozesse bietet. Sie werden hier auch den Kaffeemaschinenhersteller SyGusto kennenlernen, der Sie im gesamten Teil II begleiten wird und die Betrachtung der Software an konkreten Beispielen veranschaulicht. Weiter geht es dann in **Kapitel 5**, »Infrastruktur und Architektur«, mit einer ausführlichen Beschreibung und Bewertung der Architektur der SAP Commerce Cloud, der nutzbaren Applikationen und dem Applikationsframework im Backend. Wir gehen den wichtigen Themen Composable Strorefront und Headless Commerce auf den Grund, beschäftigen uns umfassend mit Schnittstellen, Integrationsszenarien und IT-Sicherheit und betrachten Release- und Update-Strategien.

Kapitel 6, »Web-Content-Management-System«, beschreibt alles Wichtige rund um interne Strukturen, Content-Pflege und externe CMS-Systeme. Es folgt das zentrale **Kapitel 7**, »Produktdatenmanagement«, in dem wir Ihnen zeigen, wie das Produkt-Cockpit in der SAP Commerce Cloud funktioniert, wie Sie Produktkataloge, Produktdatenmodelle und Produktklassifizierung nutzen. Wir erklären die Unterschiede von Varianten- und Basisprodukten und gehen auf die Pflegeprozesse ein.

Kapitel 8, »Suche und Facettierung«, erläutert die Grundlagen und Einstellungen der Suche und erklärt das Adaptive-Search-Modul der SAP Commerce Cloud. Welche mächtigen Werkzeuge die Lösung für personalisierte Erlebnisse bietet, erfahren Sie in **Kapitel 9**, »Personalisierung und Intelligent Selling Services«. Wir erläutern die Grundlagen des Personalisierungsmoduls und zeigen Ihnen, wie Sie Content und Produkte personalisieren. Wir beschreiben außerdem umfassend, wie Promotions, Click-Tracking und Intelligent Selling Services funktionieren. Wir bleiben in **Kapitel 10**, »Marketing und Promotions«, beim Thema Vermarktung. Hier erfahren Sie, was die Promotion Engine kann und wie Sie Coupons und Customer Reviews gewinnbringend einsetzen. Wie ein typischer Checkout-Prozess aussieht und welche Möglichkeiten SAP Commerce Cloud in diesem Zusammenhang bietet, behandeln wir ausführlich in **Kapitel 11**, »Order Management«. Hier zeigen wir Varianten des Angebotsmanagements, gehen auf Preise und Rabatte sowie die Auftragsverfolgung über die Bestellhistorie ein. Für Szenarien, bei denen kein ERP-System an SAP Commerce Cloud angebunden wird, zeigen wir zudem anhand der Order Management Services, wie Sie die Bestellabwicklung inklusive Lager- und Bestandsverwaltung ausschließlich in SAP Commerce Cloud abbilden können.

Wie Sie Ihre Kunden von der Registrierung bis zum Consent Management bestmöglich organisieren, erfahren Sie in **Kapitel 12**, »Kundenmanagement«. Welche Möglichkeiten die SAP Commerce Cloud im Bereich Kundenbetreuung bietet – alles rund um Ticketing, Assisted Service und Customer Support –, lesen Sie in **Kapitel 13**, »Kundenservice«. In **Kapitel 14**, »Branchenlösungen von SAP Commerce Cloud«, geben wir Ihnen einen Überblick über branchenspezifische Acceleratoren (Beschleuniger).

Die folgenden drei Kapitel beschäftigen sich ausführlich mit dem Zusammenspiel der SAP Commerce Cloud mit anderen Lösungen und ihrer Erweiterbarkeit. In **Kapitel 15**, »SAP Commerce Cloud mit SAP S/4HANA und SAP ECC«, analysieren wir von Produktdaten über Lagerbestände bis zum Order Management die Vernetzung der Commerce-Software mit dem ERP-System von SAP. **Kapitel 16**, »SAP Commerce Cloud erfolgreich erweitern«, beschreibt alles rund um Extensions, inklusive Beispiele zur SAP Business Technology Platform (BTP) und Kyma runtime. Sie möchten wissen, wie die SAP Commerce Cloud End-to-end-Prozesse sicherstellt? Dann lesen Sie in **Kapitel 17**, »Integrations- und CX-Szenarien mit SAP Commerce Cloud«, im Detail, mit welchen Lösungen die SAP Commerce Cloud vernetzt werden kann. Das reicht von Google Analytics über die SAP-Variantenkonfiguration und verschiedenste SAP-CX-Lösungen bis hin zu PIM-Systemen und externen CMS (z. B. Contentful).

Ein besonderes Anliegen dieses Buches ist der Praxisbezug. Deshalb haben wir den gesamten **Teil III** Projektbeispielen gewidmet. In **Kapitel 18** bis **Kapitel 21** erfahren Sie konkret und anschaulich, wie die Konzeption, agile Projektmethodik, Prozesse, UX und Customer Journey Mapping und Projektmanagement im Commerce-Umfeld umgesetzt werden.

Wir beschließen das Buch mit **Teil IV**. Betrachten Sie diesen Teil als »Mind Opener« für Entwicklungen, denen wir in nicht allzu ferner Zukunft gegenüberstehen werden. **Kapitel 22**, »Zwischen Trend und Vision: Zwei Zukunftsszenarien im E-Commerce«, wirft einen Blick in die Zukunft und behandelt anhand von zwei fiktiven Personen, Marc und Emily, unterschiedliche Entwicklungen. In **Kapitel 23**, »Marktplätze und Plattformökonomie«, entwerfen wir zwei Szenarien – einmal für B2C und einmal für B2B. In **Kapitel 24**, »Visualisierung: Die Zukunft der Interaktion«, widmen wir uns zwei Trendthemen im E-Commerce. In **Kapitel 25**, »Das Metaverse«, und **Kapitel 26**, »Kundenservice der Zukunft«, geht es mit zwei ebenfalls zentralen Themen weiter. In diesem Kapitel erfahren Sie, wie der Tag eines E-Commerce-Leiters im B2B-Bereich und einer E-Commerce-Leiterin im B2C-Umfeld in wenigen Jahren ablaufen könnte.

Im **Anhang** finden Sie schließlich ein Literaturverzeichnis mit Links und Kurz-Links zu den im Buch besprochenen Studien und Informationsquellen.

> **Organisationsmanagement**
>
> Unter *www.sap-press.de/5754* finden Sie ein Online-Bonuskapitel zum Organisationsmanagement in der SAP Commerce Cloud. Das Kapitel steht als PDF im Kasten **Materialien zum Buch** als Download bereit.

Wir möchten Ihnen mit diesem Buch eine Ressource an die Hand geben, die Sie dabei unterstützt, Rahmenbedingungen und Entwicklungen im E-Commerce zu verstehen, zu bewerten und Ihren ganz individuellen Weg daraus abzuleiten. Das Wichtigste dabei ist, nicht die allumfassende Lösung anzustreben, sondern den ersten Schritt zu machen. Wir hoffen, dieses Buch leitet Sie dazu an.

In diesem Buch finden Sie Infokästen, die Ihnen Tipps, Hinweise und Beispiele mit auf den Weg geben. Dazu gehören:

Die durch dieses Symbol kenntlich gemachten Beispiele weisen auf Szenarien aus der Praxis hin und veranschaulichen die dargestellten Funktionen.

Mit diesem Symbol sind Tipps und Hinweise aus der Berufspraxis markiert, die praktische Empfehlungen geben, die Ihnen die Arbeit erleichtern können.

In Kästen, die mit diesem Symbol gekennzeichnet sind, finden Sie Informationen zu Definitionen, weiterführenden Themen oder wichtigen Inhalten, die Sie sich merken sollten

Danksagung

Die Bedeutung des E-Commerce in der heutigen Geschäftswelt ist unbestreitbar. Wir sind überzeugt, dass in einer Zeit, in der digitale Transformation und Online-Handel die Eckpfeiler von unternehmerischem Erfolg sind, ein fundiertes Verständnis der SAP Commerce Cloud von unschätzbarem Wert ist. Es ist uns deshalb eine große Freude, dass dieses Buch entstanden ist.

Das Verfassen eines Fachbuchs über ein so dynamisches und facettenreiches Thema bringt zahlreiche Herausforderungen mit sich. Die rasche Entwicklung von Technologien und die kontinuierlichen Anpassungen in der E-Commerce-Welt erfordern nicht nur präzise und fundierte Kenntnisse, sondern auch die Fähigkeit, diese Informationen klar und verständlich zu vermitteln.

Ein herzlicher Dank geht an all diejenigen, die dieses Projekt unterstützt haben – sei es durch fachliche Beratung, redaktionelle Unterstützung oder technische Expertise. Hier sind (in alphabetischer Reihenfolge) zu nennen: Alexander Binder, Tiffany Blum,

Jonas Degener, Robin Elmanowski, Daniel Elsässer, Mirko Gersbacher, Michael Hartung, Dirk Harzer, Thomas Klösener, Felix Niemann, Mirko Pleli, Artur Richter, Mona Schlimper, Raphael Schnick, Cindy Schwendele und Ihsan Sönmezoğlu.

Ohne das Engagement, die Hingabe und das Fachwissen aller Beteiligten hätte dieses Fachbuch nicht entstehen können.

Ein großes Dankeschön geht auch an Sie, denn Sie haben sich für dieses Werk entschieden. Möge dieses Buch nicht nur eine Informations-, sondern auch eine Inspirationsquelle für Ihren E-Commerce-Weg sein.

Viel Spaß beim Lesen!

Roland Boes, Fabian Bielmeier, Anders Landig, Fabian Huber,
Christian Güttinger, Marco Messinger

TEIL I

E-Commerce heute und in Zukunft

Kapitel 1
E-Commerce heute und in Zukunft: Entwicklung, Kunden, Märkte

Was verstehen wir heute unter E-Commerce und welche Rolle spielen digitale Touchpoints in den verschiedenen Geschäftsprozessen? Vor welchen Herausforderungen stehen Unternehmen im Zuge der Digitalisierung, um die Customer Journey auch digital erfolgreich zu begleiten? Welche Anforderungen bestehen seitens der Kunden und Märkte? Diesen und weiteren Fragen gehen wir in diesem Kapitel nach.?

E-Commerce umfasst weit mehr als nur den Kauf und Verkauf von Waren über das Internet. Zum E-Commerce gehören auch Webshops, Websites, Landingpages, Kunden- und Händlerportale sowie diverse digitale Applikationen, die Kaufprozesse beeinflussen. Darüber hinaus sind Serviceleistungen und die damit verbundenen Geschäftsprozesse sowie interne Systeme für die Konfiguration von Angeboten und Produkten integraler Bestandteil des elektronischen Handels. E-Commerce erstreckt sich über verschiedene Geschäftsmodelle, Unternehmensformen und Branchen und unterscheidet sich signifikant im B2C-(Business-to-Consumer-) und B2B-(Business-to-Business-)Sektor. Innovative Ansätze wie Plattformökonomie, das Metaverse und Subscription-Modelle (Pay per Use) prägen zunehmend die Landschaft des E-Commerce und eröffnen neue Perspektiven und Herausforderungen in der digitalen Wirtschaft.

Gemäß dem Gabler Wirtschaftslexikon ist »Electronic Commerce Teil des Electronic Business, der den Kauf und Verkauf von Waren und Leistungen über elektronische Verbindungen umfasst«. Die genannten Merkmale beinhalten »jede Art von geschäftlichen Transaktionen (z. B. Verkauf oder Kauf von Waren und Dienstleistungen)« und »elektronisch abgewickelte Geschäftsprozesse (z. B. Werbung, After-Sales-Services, Onlinebanking)«. Dabei erfolgt die Kommunikation zwischen den Beteiligten auf elektronischem Weg, z. B. über das Internet oder Mobilfunknetzwerke. So steht man nicht durch direkten physischen Kontakt miteinander in Verbindung. (Quelle: Gabler Wirtschaftslexikon, 2018, *https://wirtschaftslexikon.gabler.de/definition/e-commerce-34215/version-257721*).

In den Vorüberlegungen zu diesem Buch stand die folgende Frage im Raum: Was ist *E-Commerce*, und wie weit möchten wir den Begriff fassen? Klar ist: Ein SAP-Commerce-Cloud-System ermöglicht weit mehr als nur einen Webshop zu betreiben.

Für dieses Buch fassen wir den Begriff E-Commerce also etwas weiter als das Gabler Wirtschaftslexikon. Kapitel 2, »Geschäftsmodelle und Dimensionen von E-Commerce: Vom Webshop bis zur Serviceplattform«, erklärt verschiedene Wege, wie sich E-Commerce weiterentwickeln könnte. Im Folgenden formulieren wir einige Grundannahmen:

- E-Commerce gibt es in drei Hauptformen: B2C, B2B und C2C. Dieses Buch fokussiert sich auf B2C und B2B sowie deren Verschmelzung zu B2E, behandelt deren Unterschiede und Gemeinsamkeiten – besonders in Kapitel 2.
- B2B-Anteile im E-Business variieren oft wegen unterschiedlicher Berücksichtigung von EDI-Umsetzungen. In diesem Buch schließen wir reine EDI-Transaktionen, die typischerweise zwischen ERP-Systemen stattfinden, aus. Dennoch sind sie ein wichtiger Teil des B2B-Geschäfts.
- In diesem Buch liegt der Fokus auf dem Customer-Experience-Ansatz (CX) für alle Szenarien, wobei alle Kundenprozesse und -touchpoints über Vertrieb, Service und Marketing hinweg relevant sind.

1.1 Historie von E-Commerce

Seit im Jahr 1990 der erste Webbrowser eingeführt und 1994 die erste »echte« E-Commerce-Transaktion erfolgreich abgewickelt wurde, hat E-Commerce unser Einkaufen revolutioniert (siehe Abbildung 1.1).

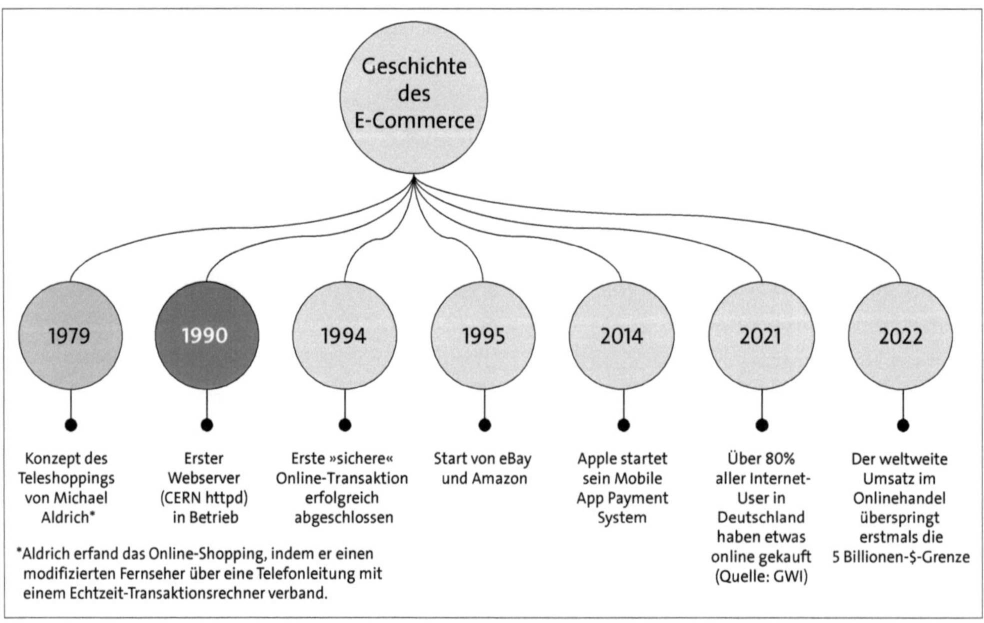

Abbildung 1.1 Meilensteine in der Geschichte des E-Commerce

Der erste Online-Kauf

Es gibt keinen unwiderlegbaren Beweis, wann die erste echte E-Commerce-Transaktion stattgefunden hat, da die Definition einer solchen Transaktion uneinheitlich sein kann. Inoffiziell gilt aber der Kauf einer CD im Sommer 1994 als erste anerkannte Online-Transaktion.

Über eine mit seinem Team eigens erstellte Website namens *NetMarket* verkaufte der 21-jährige Dan Kohn eine CD (das Album *Ten Summoner's Tale* von Sting) an seinen über 450 km entfernt wohnenden Freund Phil. Dieser musste die Bestellung über einen Unix-Rechner mit einem Webbrowser namens *XMosaic* aufgeben. Die Kaufabwicklung war nicht gerade benutzerfreundlich, aber dank der Fortschritte bei der PGP-Verschlüsselung konnte Phil seine Visa-Kartennummer sicher übermitteln, um den Online-Kauf abzuschließen. Phils Karte wurde mit 12,48 Dollar belastet und die CD wurde anschließend von Fedex geliefert.

Andere Quellen geben an, dass im selben Jahr Computerzubehör der erste online verkaufte Artikel war. Wieder andere sehen in der erstmals mit einem sprachgesteuerten Endgerät getätigten Pizzabestellung die erste Online-Transaktion. Interessanterweise nahm die angerufene Kette den Online-Call zunächst nicht an – erst beim zweiten Versuch gelang es dem sprachlich beeinträchtigten Mann, seine Bestellung aufzugeben. Dieselbe Kette erwirtschaftete im Jahr 2015 bereits über eine Milliarde US-Dollar mit Online-Bestellungen jährlich.

Entscheiden Sie für sich, was als der erste E-Commerce-Kauf der Geschichte gelten darf – wir gehen mit dem CD-Verkauf von 1994.

Größe zählt: Die E-Commerce-Statistiken und jährlichen Wachstumsraten unterstreichen eindrucksvoll die Bedeutung des Online-Handels für Gegenwart und Zukunft. So stieg der weltweite Umsatz im elektronischen Einzelhandel (B2C) kontinuierlich von 2,3 Billionen US-Dollar im Jahr 2017 auf erstmals über 4 Billionen US-Dollar im Jahr 2022. Gut 20 % aller Einzelhandelsverkäufe erfolgen heute somit schon online (Quelle: Statista, 2022).

Bezogen auf den deutschen Markt sind die *Netto*umsätze innerhalb von 20 Jahren um das 40-Fache gestiegen (siehe Abbildung 1.3). Zwar stabilisiert sich nach zwei Rekordjahren – verstärkt durch die Covid-19-Pandemie – die Steigerungsrate, aber der Trend geht dennoch weiterhin klar nach oben.

Im B2B-Kontext sind absolute Zahlen schwierig zu nennen, da in den Statistiken in der Regel *EDI-Transaktionen* (die bei Weitem den größten Anteil ausmachen) mit berücksichtigt werden. Lässt man Procurement- und EDI-Transaktionen außen vor, beläuft sich der Gesamtumsatz im B2B-Kontext im Jahr 2022 für den reinen Internethandel bereits auf 470 Milliarden US-Dollar (im Vergleich waren es 2012 noch 57 Milliarden US-Dollar). Rechnen wir die EDI-Umsätze mit ein, dann werden weltweit knapp 1,5 Billionen US-Dollar im Geschäftskundenumfeld umgesetzt (Quelle: B2B-

Marktmonitor ECC Köln, 2022). Angetrieben durch externe Einflussfaktoren wie die Covid-19-Pandemie und den damit verbundenen Veränderungen im Kaufverhalten (siehe Kasten zu Covid-19), rücken Online-Handel und Marktplätze nicht nur für Einzelhandel und Dienstleistungsbranchen immer weiter in den Fokus. Waren im Jahr 2018 Webshops noch mit großem Abstand Vertriebsweg Nummer eins im B2B-Internethandel, haben Marktplätze in den letzten Jahren deutlich aufgeholt: Mittlerweile wird etwas mehr als ein Viertel (27 %) der Umsätze im B2B-Internethandel über Marktplätze erzielt. Damit verzeichneten Marktplätze von 2018 bis 2021 eine jährliche Wachstumsrate von 52 % – seit 2022 aber mit einem deutlichen Rückgang (Quelle: IHF Köln, 2023).

Marktplätze sind je nach Modell, Struktur und Zielgruppe differenziert zu betrachten (siehe Abschnitt 2.2, »Evolution von E-Commerce-Landschaften«, und Kapitel 25, »Das Metaverse«).

International betrachtet ist China mit ca. 3 Billionen US-Dollar digitalem Einzelhandelsvolumen insgesamt und über 50 % Marktanteil für den FMGC-Markt (*Fast Moving Consumer Goods*) mit Abstand der größte Markt. Abgesehen von der reinen Bevölkerungsanzahl und der wirtschaftlichen Entwicklung ist auch die höhere Affinität zu digitalen Transaktionen der Bevölkerung ein Grund dafür. Die Vereinigten Staaten, das Vereinigte Königreich (UK), Japan, Korea und Deutschland folgen.

Im globalen Kontext sind weniger die Umsatzzahlen interessant als die Tatsache, dass internationale Bestellungen ebenfalls rasant zunehmen. Laut einer Studie von DHL tätigen mehr als zwei Drittel der europäischen Verbraucher mindestens einen grenzüberschreitenden Einkauf pro Monat (Quelle: »The DHL Online Shopper Report«, 2022). Dies ist in erster Linie darauf zurückzuführen, dass bestimmte Produkte und Marken im Heimatland der Käuferinnen und Käufer nicht erhältlich sind (45 %). 33 % führen niedrigere Preise als Grund für internationale Einkäufe an (siehe Abbildung 1.2).

Bei der Recherche konkreter Umsatzzahlen im E-Commerce findet man mitunter deutliche Abweichungen, je nach Quelle, ob nur der Einzelhandel betrachtet wird oder ob in den B2B-Zahlen die reinen EDI-Transaktionen (auch *Procurement-Transaktionen* genannt) miteinbezogen wurden (siehe Abschnitt 2.1, »Geschäftsmodelle im E-Commerce«). Zudem schießen gerade im Geschäftskundenbereich die Webshops und digitalen Marktplätze wie Pilze aus dem Boden, was eine Erfassung aller Plattformen für die Statistik schwierig macht. Zahlen sind nach ein bis drei Jahren veraltet. Im Internet argumentieren viele Artikel und Blogs oft mit Quellen, die bereits zehn Jahre alt sind.

Die Quintessenz aus dem Statistik- und Zahlensalat ist das unbestreitbare Wachstum in allen Bereichen des E-Commerce. Zwar sind einige Märkte teilweise schon gesättigt, haben aber immer noch genügend Potenzial für eine Steigerung des Absatz- und Kundenverhaltens.

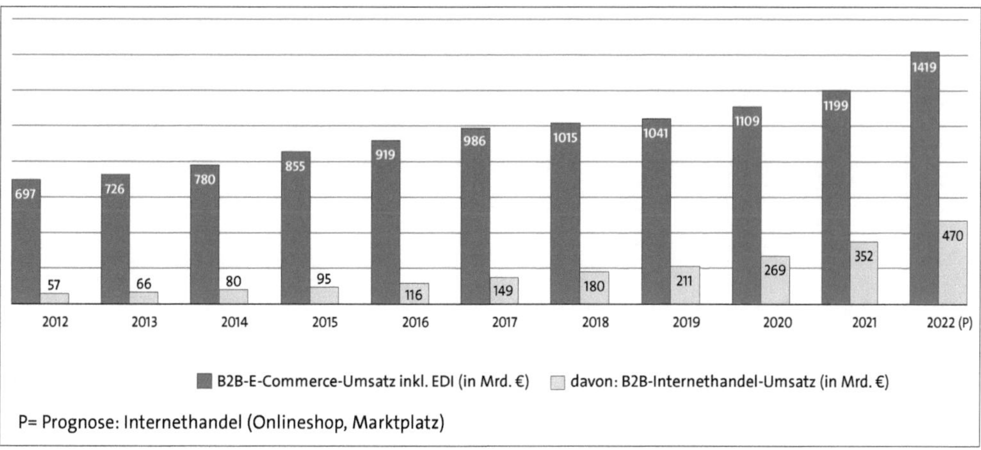

Abbildung 1.2 B2B-E-Commerce-Umsatz (inkl. EDI) und B2B-Internethandel-Umsatz (Marktplätze und Webshops) von Großhandel und Herstellern 2012–2022 (Quelle: ECC, »B2B-Marktmonitor«, 2022)

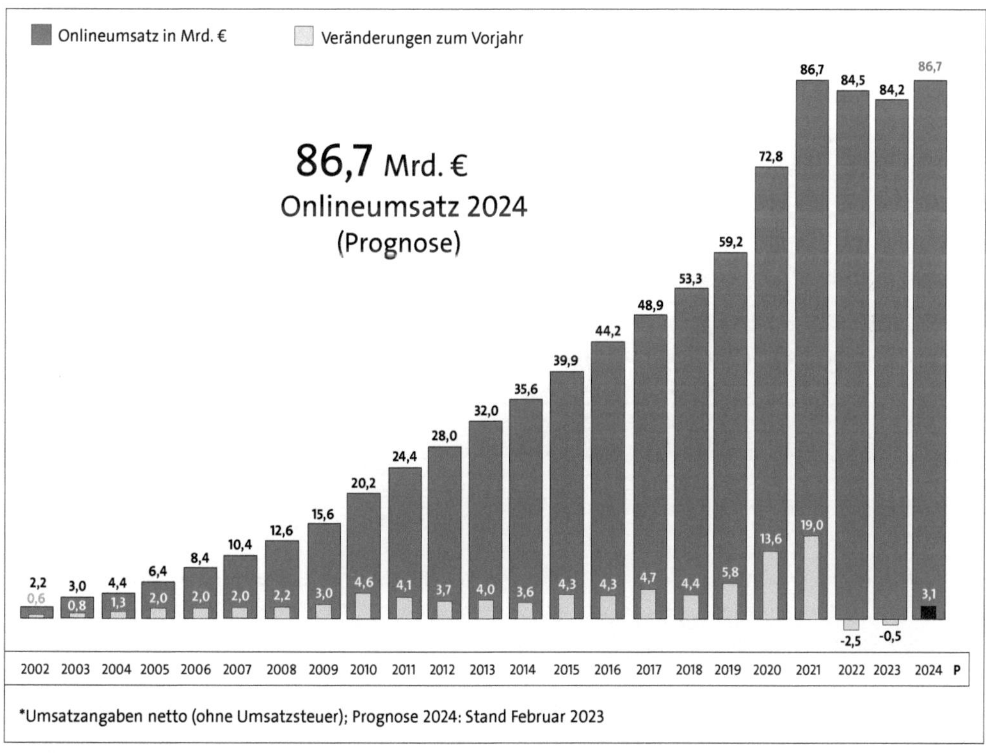

Abbildung 1.3 Entwicklung des Online-Umsatzes (netto) in Deutschland (Quelle: Handelsverband Deutschland (HDE), 2022)

Neben den nackten Umsatzzahlen sind es zunehmend andere Faktoren, die die Bedeutung von digitalen Prozessen und Funktionen verstärken. Es sind vor allem die Kunden selbst, die – verbunden mit dem technologischen Fortschritt – sich und damit das ganze Kundengeschäft immer weiterentwickeln. Warum von hier der größte Einfluss auf die Unternehmen und deren E-Commerce-Strategie ausgeht, soll in den nächsten Abschnitten beschrieben werden.

1.2 Kunden der Zukunft: Emanzipation und neue Erwartungshaltung

Wenn man von wandelnden Kunden spricht, liegt die Vermutung nahe, dass es vor allem die jüngeren Generationen (Generation Y und Generation Z) sind, die den Takt vorgeben. In Abbildung 1.4 lässt sich erkennen, dass längst nicht nur die Digital Natives Online-Shopping als festen Bestandteil ihres täglichen Lebens betrachten.

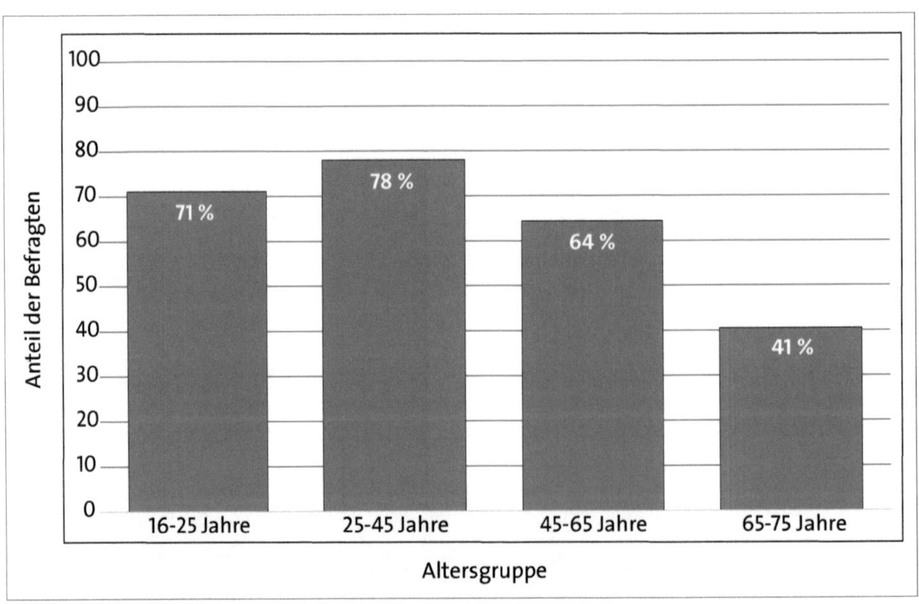

Abbildung 1.4 Anteil der Online-Käufer, die in den letzten drei Monaten in Deutschland Produkte im Internet bestellt und gekauft haben, nach Altersgruppen im Jahr 2022 (Quelle: Statistisches Bundesamt, 2022)

Nicht nur die Online-Käufe, sondern vielmehr die Anzahl an Online-Aktivitäten von Online-Banking über Inanspruchnahme digitaler Serviceleistungen bis zur Social-Media-Nutzung nimmt rasant zu. Wenn Nachfrage und Aktivitäten steigen, müssen Anbieter und Unternehmen Schritt halten, um Kunden zu gewinnen, zu binden und zu begeistern. Liegt die Messlatte wirklich immer höher, und wie sieht die veränderte

Erwartungshaltung aus? Welchen Einfluss haben Veränderungen bei der Erwartungshaltung und im Kaufverhalten auf Technologie, Prozesse und die Organisation insgesamt? Der Kunde ist König – klingt abgedroschen, ist aber heute mehr denn je richtig.

Der amerikanische »Kaufhauskönig« John Wannamaker, der diese Aussage geprägt haben soll (»When a customer enters my store, forget me. He is king.«) und als Vater der modernen Werbung gilt, wird häufig im Kontext von Marketingthemen zitiert. Und natürlich sind E-Commerce-Systeme bzw. deren Erfolg eng verbunden mit entsprechenden Marketingprozessen oder -automationen.

Als John Wannamakers Erfolgsgeheimnis gilt auch die klare Fokussierung auf das, was Kunden brauchen und was sie wünschen. An diesen Eckpfeilern wurden die eigenen Prozesse ausgerichtet: Sein erstes Bekleidungsgeschäft bot erstmals die Möglichkeit der Rückgabe von Waren bei gleichzeitiger Preiserstattung an. Denkt man an moderne B2C-Webshops, ist der Hinweis auf die Rücksendemodalitäten längst obligatorisch. Hier zeigt sich, wie sehr sich klassische Denkweisen und Strukturen des analogen Kundenverhaltens auf digitale Kanäle übertragen lassen.

1.2.1 Die (neue) Customer Journey

Die *Customer Journey* hat sich in den vergangenen 50 Jahren wenig verändert (siehe Abbildung 1.5). Was sich verändert hat, sind die Touchpoints sowie die Bewegungsmuster innerhalb dieser Touchpoints, die dabei zur Verfügung stehenden und genutzten Kanäle. Das heißt, entscheidend sind letztendlich die technologischen Rahmenbedingungen und damit einhergehend die Position, die Erwartungshaltung und die Optionen aufseiten der Kunden.

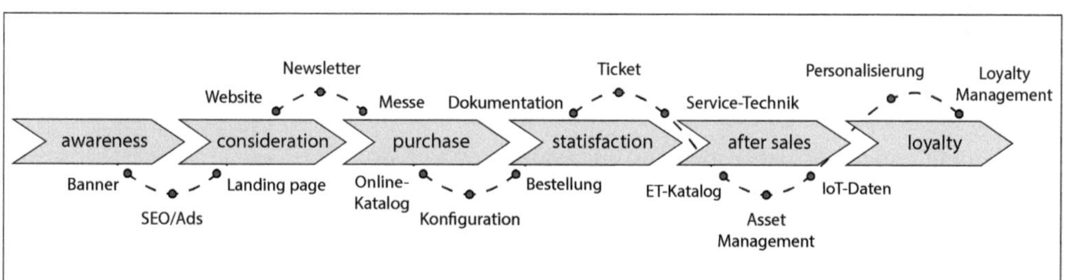

Abbildung 1.5 Klassische Customer Journey

Deshalb lohnt es sich, an dieser Stelle zu hinterfragen, inwieweit die klassische Customer Journey, wie sie in Abbildung 1.5 dargestellt wird, noch zeitgemäß ist, also den Ansprüchen an einen modernen Kauf- und Serviceprozess genügt.

Digital affine Kunden bewegen sich heute eher interdisziplinär, informieren sich in mehreren Quellen über verschiedene Kanäle und treffen Entscheidungen unabhängig von Zeit, Ort und Device. Kaufentscheidungen werden – je nach Zielgruppen –

nicht immer rational, mitunter impulsiv oder in Abstimmung mit der Buying Group (Geschäftskunden) getroffen (siehe Abschnitt 2.1, »Geschäftsmodelle im E-Commerce«). Die moderne Customer Journey sieht also eher aus, wie in Abbildung 1.6 dargestellt.

Abbildung 1.6 Moderne (digitale) Customer Journey

Diese Veränderung im Kundenverhalten gilt es ebenso bei den folgenden Punkten zu berücksichtigen:

- Infrastruktur (siehe Kapitel 5, »Infrastruktur und Architektur«)
- Benutzerführung bzw. Design (siehe Abschnitt 3.4, »Werkzeuge für erfolgreiche Customer Experience im E-Commerce«)
- Integration (siehe Kapitel 15, »SAP Commerce Cloud mit SAP S/4HANA und SAP ECC«, und Kapitel 18, »Kundenbeispiel 1: Konzeption«)
- Bereitstellung von Services, Informationen und Funktionen (siehe Abschnitt 2.2.3, »Produktdaten als Basis zum Erfolg«, bis Abschnitt 2.2.5, »Wie Ersatzteilshops zum Erfolg beitragen«)

Daraus folgt, dass Kunden oftmals gleichzeitig an unterschiedlichen Stellen in ihrer Customer Journey stehen. Insbesondere langjährige bzw. loyale Anhänger einer Marke oder eines Unternehmens fahren nicht eingleisig, weder prozessual noch hinsichtlich der Ziele, die sie verfolgen. Was damit gemeint ist, soll folgendes Beispiel veranschaulichen.

[zB]

Mehrgleisige Customer Journey bei SyGusto

Das Familienunternehmen *Hotel Bose Heidelberg* ist langjähriger Kunde der Firma SyGusto, einem Anbieter von Kaffeemaschinen und Zubehör. Nach dem Umbau des Hotels in der Altstadt mit neu eröffnetem Café (nicht nur für Übernachtungsgäste) und Frühstücksraum sollen zwei neue Siebträgermaschinen angeschafft werden.

Selma Bose, Tochter des Gründers und Geschäftsführerin der drei Hotels, ist gerade dabei, die neuen Maschinen im Webshop von SyGusto zu konfigurieren. Hinsichtlich der angebotenen Pay-per-Use-Funktionen (IoT-basiert) und Abonnementmodelle für Kaffeebohnen hat sie konkrete Fragen. Deshalb hat sie online einen Beratungstermin angefragt. Den ersten Kontakt zu einem kompetenten Vertriebsmitarbeiter (oder Fachhändler) gab es schon.

Heute Morgen dann: Probleme im Stammhaus in der Bergstraße. Die Dampfdüse der SyGusto-Maschine scheint defekt. Selma Bose öffnet auf ihrem Tablet die installierte SyGusto-App und hat direkt Zugriff auf das Kundenportal und ihre dort registrierten Maschinen. Schnell und einfach eröffnet sie ein Serviceticket mit kurzer Fehlerbeschreibung. Nach kurzer Zeit erhält sie eine Rückmeldung über den Chat. Dort erfährt sie, dass der Fehler sich leider nur mit dem Einsatz des Servicetechnikteams beheben lassen kann. Das Ersatzteil ist glücklicherweise auf Lager. Selma Bose erhält einen Anruf des Kundenservices zur Vereinbarung eines Vor-Ort-Termines am nächsten Tag.

Hier laufen zwei völlig voneinander unterschiedliche Prozesse parallel ab, die dieselbe Kundin und dasselbe Unternehmen betreffen. Dabei wird der Serviceprozess in dem einen Fall einen maßgeblichen Einfluss auf die Kaufentscheidung im anderen Fall haben. SyGusto steht vor der Herausforderung, einen guten, schnellen Service zu bieten, aber auch die beiden Fälle miteinander in Zusammenhang zu bringen. Ein Anruf des Vertriebs ohne Information zum Serviceauftrag wäre fatal. Im besten Fall kann der Serviceeinsatz als Argument bzw. Anknüpfungspunkt für den Verkauf der beiden neuen Maschinen dienen, die rund 20.000 EUR kosten sollen. Wie die Geschichte ausgeht, überlassen wir Ihrer Fantasie. Unabhängig davon versagt die klassische Customer Journey in ihrer linearen (eingleisigen) Herangehensweise als Modell. Stattdessen sehen wir hier eine Journey, zwei Prozesse, zwei Ziele und eine Kundin.

1.2.2 Die (neue) Macht der Kunden

Abgesehen von neuen Wegen, die Kunden im digitalen Zeitalter gehen und gehen werden, hat sich ihre Position in den vergangenen zehn Jahren dramatisch verändert.

Sieht man von knappen Gütern oder überreizten Märkten ab, haben Kunden heute oftmals bessere Verhandlungspositionen als noch vor wenigen Jahren. Woran liegt das bzw. woran kann man das festmachen? Ein Versuch der Annäherung: Mit zunehmender Digitalisierung ergaben sich andere technologische Möglichkeiten bei Kunden *und* Unternehmen. Die Konsequenzen für Kunden daraus sind u. a.:

- Vereinfachter Zugang zu Informationen und Content
- Transparenz von Preisen und Preismodellen
- Bessere Vergleichbarkeit von Produkten, Leistungen und Preisen
- Zugang zu Benchmarks (Rezensionen, Erfahrungswerte, Tests)
- Wettbewerberinformation
- Ubiquität von Produkten und Content
- Wahrung der Anonymität (Online-Recherche, digitale Kanäle)
- Flexibilität (einfache Wechsel von Anbietern, Retouren, Zahlungsmodellen etc.)
- Verfügbarkeit von digitalen Geschäftsmodellen (IoT-Szenarien, Pay-per-Use-Modelle, On-Demand-Lösungen etc.)
- Personalisierung und individualisierte Angebote

Zugespitzt auf das rein digitale Geschäft lassen sich noch folgende Punkte anführen:

- Bessere Performance (Webshops oder digitale Applikationen sind heute n-fach leistungsstärker)
- Unabhängigkeit vom jeweils genutzten Endgerät bzw. Möglichkeit zur geräteübergreifenden Interaktion (Device-Parität)
- Verfügbarkeit von mobilen Funktionen, Prozessen oder Payment-Systemen
- Verfügbarkeit von Instant-Payment-Funktionen
- Verfügbarkeit von neuen Geschäftsmodellen (pay-per-use, Subscription etc.)
- Modernes Design und optimierte Benutzerführung (Guided Buying)
- Sicherheit durch Bewertungsplattformen (Trust Pilot etc.) und digitale Vergleichbarkeit der Unternehmen (siehe Abschnitt 2.2, »Evolution von E-Commerce-Landschaften«)
- Möglichkeit für systemübergreifende Logins (SSO) und Profile (360°)
- 24/7-Zugang zu Online-Angeboten
- Self-Services und AI-gestützte Funktionen
- Funktionen rund um Virtuelle Realität (VR) und Augmented Reality (AR)
- Verbesserte Funktionen und Prozesse zur Kollaboration zwischen Buying Groups und/oder zwischen Händlern und Kunden
- Digitale Serviceleistungen rund um Produkt oder Maschine

Ohne Anspruch auf Vollständigkeit ist eine Konsequenz aus den genannten Punkten wiederum die Emanzipation und veränderte Erwartungshaltung seitens der Kunden. Zurück zu der zu Beginn von Abschnitt 1.2 zitierten Aussage »Der Kunde ist König«: Es ist wichtig, diese Erwartung effizient und im Einklang mit dem Geschäftsmodell sowie der Unternehmensstrategie zu erfüllen. Denn nicht in allen Bereichen decken sich Kundenerwartungen mit den unternehmerischen Zielsetzungen. Ein 100-%-Ansatz bei der Erfüllung des Kundenwunschzettels muss somit nicht immer auch unternehmerischen Erfolg bedeuten. In Kapitel 20, »Kundenbeispiel 3: CX-Projekte mit User Journeys«, wird das sehr anschaulich anhand der Methodik Customer Journey Mapping beschrieben. Ein Beispiel dafür wäre der Wunsch des Einkaufs nach völliger Preistransparenz zu den Produkten oder Leistungen eines Unternehmens. Dem entgegen steht die Unternehmensstrategie, die darauf abzielt, durch individuelle Preise Margen unabhängig von der Konjunktur zu schützen und Wettbewerbern den Zugang zur eigenen Preisgestaltung zu erschweren. Zudem soll verhindert werden, dass Einkäuferinnen und Einkäufer aus der DACH-Region in den internationalen Webshops zu den landesspezifischen Preisen einkaufen. Außerdem bedeutet eine Steigerung der Absätze im Online-Geschäft auch nicht zwangsläufig positive Resultate im Unternehmensergebnis (siehe Abbildung 1.7).

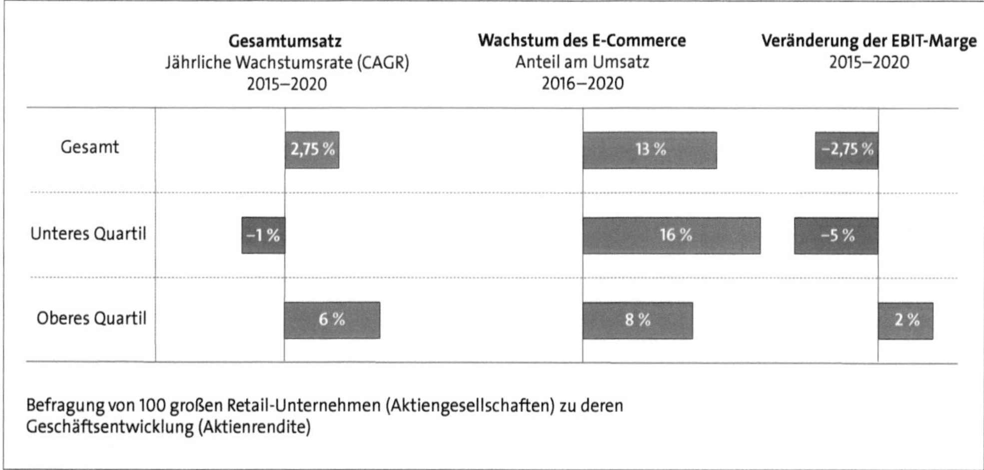

Abbildung 1.7 Rückgang der Gesamtrendite (Total Shareholder Return, kurz TSR) trotz Wachstum im Online-Verkauf (Quelle: McKinsey, 2021)

Wenn alle Stricke gerissen und Kunden unzufrieden sind, fallen Kaufabwägungen negativ aus. Es droht gar die Abwanderung zur Konkurrenz (Churn). Es gilt, das Risiko, Kunden dauerhaft zu verlieren, immer gegen die nicht getätigten Investitionen bzw. dem nicht Erfüllen von Kundenwünschen abzuwägen.

[»]

Kundenabwanderungsrisiko (Churn)

Unter dem Begriff *Churn* versteht man im Allgemeinen die Rate, mit der Kunden oder Abonnenten eine bestimmte Dienstleistung oder ein Produkt aufgeben oder kündigen. Churn wird oft als Prozentsatz ausgedrückt und misst, wie viele Kunden in einem bestimmten Zeitraum verloren gehen. Die *Churn Rate* ist ein wichtiges Maß für die Kundenbindung und die langfristige Rentabilität eines Unternehmens. Ein hoher Churn kann darauf hindeuten, dass Kunden unzufrieden sind, ihre Bedürfnisse nicht erfüllt werden oder es stärkere Konkurrenz gibt.

Es gibt zwei Haupttypen von Churn:

- **Kundenabwanderung (Customer Churn)**
  Dies bezieht sich auf die Anzahl der Kunden, die in einem bestimmten Zeitraum das Unternehmen verlassen.
- **Umsatzabwanderung (Revenue Churn)**
  Dies berücksichtigt nicht nur die Anzahl der Kunden, sondern auch den damit verbundenen Umsatzverlust aufgrund von Kündigungen oder Veränderungen in den Kundenkonten.

Im Kontext des E-Commerce bezieht sich Churn auf die Rate, mit der Kunden den Webshop oder die Plattform verlassen, das heißt, sie beenden ihre Beziehung zu dem jeweiligen E-Commerce-Unternehmen. Der Churn im E-Commerce kann sich auf verschiedene Szenarien beziehen, darunter:

- **Abbruch des Einkaufsprozesses**
  Kunden, die den Checkout-Prozess beginnen, jedoch den Kauf nicht abschließen, gelten ebenfalls als Churn.
- **Abonnementkündigungen**
  Wenn ein E-Commerce-Unternehmen wiederkehrende Dienste oder Abonnements anbietet, dann bedeutet Churn in diesem Kontext, dass Kunden ihre Abonnements kündigen oder nicht erneuern.
- **Inaktivität**
  Kunden, die für einen längeren Zeitraum keine Einkäufe mehr tätigen oder die Plattform nicht mehr nutzen, werden manchmal als inaktive Kunden betrachtet. Wenn diese Inaktivität zu Kundenverlust führt, wird sie ebenfalls als Churn betrachtet.

Der Balanceakt zwischen dem (kurzfristigen) Aufwand zur Kundenbindung, der Zurückgewinnung »verlorener« Kunden und der Neukundengewinnung ist für Unternehmen im E-Commerce-Umfeld nicht immer einfach. Bei der Neukundengewinnung entstehen deutlich höhere Kosten als für die Bewahrung von Bestandskunden. In einer Studie von Bain & Company, die im Harvard Business Review veröffentlicht wurde, ist gar die Rede von sechsmal höheren Kosten. Diese Zahl sollte jedoch mit

Vorsicht betrachtet werden, da sie eine Statistik ist, die seit Jahren von einer Quelle zur nächsten weitergegeben und zitiert wird. Die Wahrscheinlichkeit für eine Bestellung ist bei Bestandskunden bis zu n-fach höher als bei Neukunden. Daher ist eine angepasste Strategie für den Umgang mit Bestandskunden und dem möglichen Churn-Risiko im E-Commerce besonders wichtig. In der Realität sind Unternehmen aber stark auf Neukunden ausgerichtet. Wir alle kennen das Phänomen, dass Neukunden mit Rabatten und Aktionspreisen angelockt werden sollen, während man als langjähriger Bestandskunde solche Angebote nicht erhält oder dafür nicht qualifiziert ist. Das bekannteste Beispiel im Zusammenhang mit Webshops ist der einmalige Rabatt für Neukunden bzw. Anmeldungen für den Newsletter (was meist zusammen mit dem Registrierungsprozess erfolgt).

Kunden verfügen über einen enormen Hebel, indem sie die Möglichkeit haben, ihren Anbieter, Lieferanten oder Händler einfach und schnell zu wechseln. Überspitzt ist der Wettbewerb im Online-Handel nur einen Klick entfernt. Frustration oder Unzufriedenheit wird oft nicht an die Unternehmen herangetragen, da nur eine Minderheit der unzufriedenen Kunden dies tatsächlich kommuniziert. Im schlimmsten Fall wandern Kunden ab, ohne dass ihre Beweggründe bekannt werden – ein weiterer Grund dafür, mehr über die eigenen Kunden erfahren zu wollen. Dies jedoch nicht um jeden Preis und stets wohlüberlegt. Eine detailliertere Ausführung hierzu findet sich im nächsten Abschnitt.

1.3 Kunden der Zukunft: neue Touchpoints, neue Wege

Nachdem wir im vorherigen Abschnitt die Kundenerwartungen beleuchtet haben, zeigen wir nun anhand zweier Beispiele, wie sich das Kundenverhalten parallel verändert hat. Erfolgreiche E-Commerce-Strategien passen sich bereits jetzt an die neue digitale Customer Journey an, um ihre Geschäfts- und Kundenprozesse zu optimieren. Dabei stoßen wir oft auf Schlagworte wie *Cross-Selling*, *Experience Management* (XM) oder *Personalisierung*. Doch es lohnt sich, diese Ansätze hinsichtlich ihrer Umsetzbarkeit und ihres Mehrwerts im E-Commerce genau zu betrachten.

1.3.1 Das alte Lied vom 360°-View

Personalisierung kann helfen, die Customer Experience und so – wenn richtig eingesetzt – die Konvertierungsrate zu steigern (siehe Abschnitt 3.1, »Ohne Traffic keine Conversion«). Historische Daten, Kundenaktivitäten bzw. Customer Insights bilden die Basis dafür. Im Folgenden zeigen wir, wie Sie Ihre Kunden besser kennenlernen und das veränderte Kundenverhalten besser verstehen können.

Buzzwords wie *Marketing to the audience of one* oder *Hyper-personalization* kursieren in Fachkreisen. Doch beschreiben diese Methoden ähnliche Vorgehensweisen und haben alle dasselbe Ziel: In dieser fortgeschrittenen Form der Personalisierung in Marketingstrategien werden Inhalte, Produkte und Dienstleistungen auf extrem detaillierte und spezifische Weise auf die Bedürfnisse, Vorlieben und Verhaltensweisen von Individuen zugeschnitten.

[»]

Hyper-personalization und Co.

Die folgenden drei Begriffe sollen sinnbildlich für das Thema Personalisierung und dessen Bedeutung für Marketingabteilungen stehen – insbesondere im Kontext digitaler Kanäle und E-Commerce-Landschaften:

- **Marketing to the audience of one**
  Durch die Nutzung von Datenanalyse, Kundenprofilen, demografischen Informationen und Verhaltensdaten können Unternehmen personalisierte Marketingbotschaften erstellen und gezielt an einzelne Kunden senden.
- **Hyper-personalization**
  Im Kontext der Hyper-personalization werden fortgeschrittene Technologien wie künstliche Intelligenz (KI), maschinelles Lernen und Datenanalyse eingesetzt, um eine umfassende Kenntnis von Kunden zu entwickeln. Dies beinhaltet nicht nur demografische Daten, sondern auch Verhaltensdaten, historische Interaktionen, Präferenzen und sogar Echtzeitverhalten.
- **Contextual Marketing**
  Dieser Ansatz konzentriert sich darauf, relevante und zeitnahe Informationen bereitzustellen. Das können standortbezogene Inhalte (ein Beispiel wäre eine Restaurantempfehlung im Umkreis), gerätebasierte Inhalte (zugeschnitten auf das genutzte Device) oder auch Anpassungen von Marketinginhalten basierend auf den aktuellen Wetterbedingungen am Standort des Kunden (ein Beispiel sind passende Reise- oder Einkaufsempfehlungen) sein. Echtzeitanpassungen basierend auf aktuellen Handlungen oder Suchanfragen des Kunden lassen sich ebenfalls darunter zusammenfassen.

Kunden wünschen individualisierte Angebote und eine personalisierte Ansprache (siehe Abbildung 1.8), nicht zuletzt, weil das Online-Angebot sonst zu unübersichtlich wäre. Wer in einem Webshop auf Seite 23 angelangt den gefühlt 250. blauen Rollkragenpullover gesichtet hat, verliert irgendwann nicht nur den Überblick, sondern schnell auch die Motivation zum Abschluss des Warenkorbes. Da helfen oftmals auch nicht die angebotenen Sortier-, Such- und Filterkriterien (siehe Kapitel 8, »Suche und Facettierung«).

Um die gewünschte Personalisierung bieten zu können, benötigen Unternehmen Daten und diese stammen – wenn vorhanden – aus der Historie (Käufe, Bestellungen, Suchanfragen, Reklamationen etc.). Zu bevorzugen ist es, wenn Kunden ihre Wünsche und Vorstellungen transparent machen. Wie können alle digitalen Kanäle, auf denen Kunden teilweise anonym agieren, effektiv genutzt werden und zu welchem Preis?

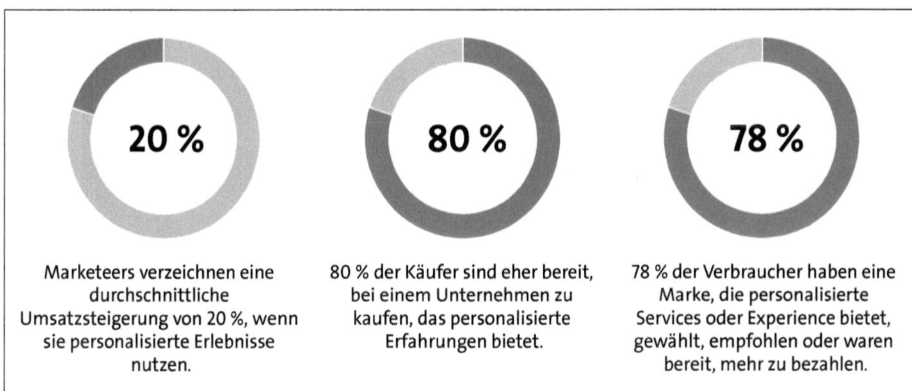

Abbildung 1.8 Kunden wünschen Personalisierung (Quelle: Bloomreach, »E-Commerce Personalization: Your Complete Guide«, 2024).

Der Wunsch, Multichannel-Kommunikation und die umfassende 360°-Perspektive auf den Kunden zu integrieren, begleitet uns seit Langem. Und seit Langem beobachten wir, dass Unternehmen häufig daran scheitern, diese beiden Aspekte erfolgreich zu vereinen. Kunden auf allen Kanälen in gleicher Qualität zu bedienen, war vor zehn Jahren schon ein kaum zu überwindendes Hindernis für die Unternehmen mit kundenorientierten Prozessen. Heute, wo die Anzahl genutzter Kommunikationskanäle signifikant gestiegen ist, ist das Problem nicht kleiner geworden. Damals wie heute gilt: Das A und O ist, die eigenen Kunden zu kennen oder, noch besser, sie zu verstehen und sich auf die (wichtigen) richtigen Kanäle zu fokussieren. Die Gefahr, Kunden mit schwachem Service oder unzureichender Information (Beratung) an irgendeiner Stelle der Customer Journey zu verärgern, ist n-fach größer, als wenn bestimmte Kanäle oder Touchpoints gar nicht bedient werden.

Verstehen Sie uns nicht falsch: Omnichannel ist wichtig. Es gilt unbedingt, neue, stark frequentierte bzw. beliebte Touchpoints bestmöglich zu bedienen. In einer Einzelhandelsstudie stellte PwC fest, dass die Zahl der Unternehmen, die in das Thema Omnichannel-Erlebnis investieren wollen, von 20 % auf mehr als 80 % gestiegen ist (Quelle: PwC, »Retailing 2020: Winning in a polarized world«, 2021).

Doch die zunehmende Digitalisierung von Prozessen führt dazu, dass Kunden einen Großteil ihrer Interaktionen anonym und selbstständig vornehmen. Wenn zu einem bestimmten Zeitpunkt direkter, ggf. persönlicher Kontakt aufgenommen wird, gilt es nicht nur, die Informationen parat zu haben, die irgendwo in der Systemlandschaft erfasst, gespeichert und dokumentiert sind. Sie sollten auch die Aktivitäten kennen, die bis dato im Verborgenen abgelaufen sind.

Die häufige Antwort darauf lautet *Tracking*. Damit meinen wir den Versuch, mittels der Spurenverfolgung im Internet User-Profile zu erstellen. Aber nicht immer ist der erste tatsächlich auch der beste Gedanke. Natürlich ist z. B. das Tracken über First-Party-Cookies, also Daten, die von der Website gesetzt werden, die Nutzerinnen und Nutzer direkt besuchen, ein wertvolles Werkzeug zur Erfolgskontrolle im Online-Marketing. Hier wird erfasst, über welche Websites bzw. Backlinks jemand auf die eigene Website gekommen ist. Es wird ausgewertet, welche Produkte angesehen, welche Informationen heruntergeladen oder welche FAQs geklickt wurden. Auf diese Weise ist es möglich, die Performance von Werbekampagnen oder die Nutzerfreundlichkeit (Usability) einer Website zu überprüfen.

Das Erstellen von Kundenprofilen ist ein komplexer Prozess. Im ersten Schritt werden die Daten der Nutzerinnen und Nutzer gesammelt. Der zweite Schritt ist herausfordernder: Wir müssen aus diesen Daten sinnvolle Einsichten gewinnen, um erfolgreiche Strategien zu entwickeln. Im letzten Schritt gilt es schließlich, die richtigen Maßnahmen abzuleiten und umzusetzen.

Ohne Zustimmung der Kunden ist das aufgrund der Datenschutz-Grundverordnung (DSGVO) rechtlich schwierig. Ist die Einwilligung gegeben, ohne dass Kunden sich dessen bewusst sind, droht viel Aufwand mit wenig Ertrag. Kunden von heute sind nicht nur König, sondern auch schlau – das Internet ist voll mit Ratgebern, wie man Online-Tracking verhindern bzw. am verwendeten Device deaktivieren kann. Wer anonym digital unterwegs sein möchte, der kann das auch. Auf die Bequemlichkeit beim Verwalten der eigenen Profile und Einwilligungen (Consent) der User zu hoffen, ist nicht empfehlenswert.

Und nicht erst seitdem Internetriesen wie Google angekündigt haben, z. B. auf Drittanbieter-Cookies zu verzichten oder seit das Tracken auf Smartphones deutlich strenger reguliert wird, gilt es Kunden zu ermutigen, sich »bekannt« zu machen. Das bedeutet, ihre Wünsche und Anliegen zu äußern. Es ist zu empfehlen, Kunden nicht gegen ihren Willen zu tracken, sondern zu verstehen, was sie umtreibt, motiviert oder davon abhält, Kontakt aufzunehmen oder den Warenkorb abzuschließen.

Gerade weil der persönliche Kontakt immer weiter zurückgeht, gilt es, dem durch gezielte Angebote und Services entgegenzuwirken. Wenn eine Kontaktaufnahme erfolgt, müssen die richtigen Aktivitäten eingeleitet oder einfach nur die richtige Frage gestellt werden. In vielen Fällen gibt es keine Alternative zur kontinuierlichen Informationsbeschaffung mithilfe von Kundenbefragungen.

Haben Sie Produkte oder Dienstleistungen im Portfolio, die so gefragt sind, dass Kunden nicht daran vorbeikommen, ist es einfach. Apple ist an dieser Stelle kein Maßstab und auch in einem konkurrenzintensiven Umfeld aktiv. Fußball-WM-Karten oder Tickets zur Olympiade, die sich praktisch von selbst verkaufen, gibt es nur alle vier Jahre. Also gilt es, einen Weg zu finden, die eigenen Produkte attraktiv zu machen.

Im E-Commerce-Kontext spielen die *Produktinformationen* eine zentrale Rolle (siehe Kapitel 2, »Geschäftsmodelle und Dimensionen von E-Commerce: Vom Webshop bis zur Serviceplattform«). *Benutzerführung* und *Design* sind ebenfalls elementar. *Self-Services* rund um Webshop bzw. Produkt sind heute ein probates Mittel und können künftig den Unterschied machen (siehe Abschnitt 2.2.4, »Das Kundenportal als Schlüssel zur digitalen Customer Experience«). Doch wer Kunden von heute begeistern will, muss neben diesen ganzen Elementen die *Customer Experience* (CX) in den Vordergrund stellen.

Diese Erkenntnis ist nicht neu: Knapp 50 % aller befragten Unternehmen gaben in einer Umfrage an, mehr in CX investieren zu wollen. Enger gefasst auf die digitale Experience waren es sogar 82 % der Befragten (Quelle: Forbes, »How To Invest In Customer Experience In 2023«, 2023).

Das Thema CX wird Sie deshalb über das ganze Buch hinweg begleiten. E-Commerce-Systeme sollten dabei im Zentrum Ihrer CX-Landschaft und somit Ihrer CX-Strategie stehen.

1.3.2 Benchmarks und Rezensionen als neue Wegweiser

Ein elementares Werkzeug, um Kunden aus der Reserve zu locken, ist, sie zu führen und zu befähigen, eine Kaufentscheidung zu treffen. In Abschnitt 3.2, »Buyer Enablement: ohne Conversion kein Erfolg«, widmen wir uns ausführlich diesem Thema. An dieser Stelle möchten wir ein Element des Buyer Enablements näher beleuchten: *Empfehlungen*. Denn wir alle greifen täglich auf die Erfahrungen von Dritten zurück.

Auch wenn online zwar selten eine persönliche Beziehung zu den Personen besteht, die Bewertungen schreiben, haben Meinungen, Feedback und Kommentare anderer Kunden einen enormen Einfluss auf Kaufentscheidungen sowie die Einstellung gegenüber einem Produkt oder einer Marke (siehe Abbildung 1.9). Die Teilnehmenden einer Studie gaben an, kein Interesse an Produkten, Services oder Unternehmen mit weniger als im Schnitt 3,3 Punkten (in einem 5-Sterne-Rating) zu haben (Quelle: Exploding Topics, »81 Online Review Statistics«, 2024).

Ergänzt man diese Statistik um den Fakt, dass fast 90 % aller Käuferinnen und Käufer nach dem Lesen einer negativen Rezension ihre Kaufentscheidung hinterfragen, wird deutlich, wie bedeutend Kundenbewertungen sind (Quelle: Invesp, »The Importance Of Online Customer Reviews«, 2024).

Wenn Sie ein E-Commerce-Portal betreiben, ist der Aufbau einer Strategie für Kundenrezensionen unabdingbar. Authentische Rezensionen zu erhalten und mit deren Verfasserinnen und Verfassern in Kontakt zu treten, sind zwei der größten Herausforderungen. Eine klare Zielsetzung und die Entscheidung, wie die Bewertungen genutzt werden sollen, sind zwei Grundvoraussetzungen für den erfolgreichen Einsatz von Rezensionen. Kundenfeedbacks sind eine wertvolle Quelle für die Produktentwicklung, den Kundenservice und klassische Marketingmaßnahmen.

Abbildung 1.9 Anzahl Kunden, die auf Basis einer Bewertung (online verfügbar) eine Kaufentscheidung getroffen haben (Quelle: Exploding Topics, »81 Online Review Statistics«, 2024).

Rezensionen eröffnen nicht nur die Chance, potenzielle Käuferinnen und Käufer von einem Produkt zu überzeugen. Darüber hinaus gilt es, Kunden zu animieren, Feedback zu hinterlassen. Denn Sie alle kennen das Phänomen, dass zum einen negative Rezensionen (auch persönlich) nachhaltiger wirken und negative Erfahrungen gleichzeitig auch häufiger Anlass für Feedback geben. Dass Rezensionen oftmals auch gefälscht, gekauft, zu Unrecht oder an falscher Stelle platziert werden, macht es für E-Commerce-Unternehmen nicht leichter. Am Beispiel Amazon lässt sich das Phänomen gut veranschaulichen.

[zB]

Ein kurzer Ausflug in die Welt der Amazon-Rezensionen

Nur 1 bis 2 % der Personen, die ein Produkt gekauft haben, schreiben auf Amazon Rezensionen. Wer auf diesem Marktplatz Produkte anbietet, benötigt also sehr viel Zeit, um signifikante Bewertungsraten zu erreichen und so auch unberechtigte oder negative Bewertungen zu kompensieren.

Gefälschte Rezensionen machen bis zu 42 % der mehr als 750 Millionen Rezensionen bei Amazon aus. Zwar prüft Amazon Rezensionen auf obszöne Sprache, Drohungen und das Verwenden von Links, doch das Entfernen von »missbräuchlichen« Rezensionen ist aufwendig und erfordert Ressourcen.

Mehr als 80 % der Erwachsenen prüfen Rezensionen bei der Produktsuche und der Produktauswahl. Und gleichzeitig konvertieren Produktseiten mit Kundenrezensionen 3,5-mal häufiger. Die Erhöhung einer Bewertung um einen Stern auf Amazon kann den Umsatz um bis zu 26 % steigern (Quelle: Push-Pull, »A Deep Dive into Amazon Consumer Reviews«, 2022).

Viele von Ihnen werden berechtigterweise anmerken, dass Amazon ein Marktplatz und kein Webshop ist und somit nicht als echter Maßstab für den gesamten E-Commerce-Markt gilt. Dennoch ist Amazon ein ideales Beispiel, um die Bedeutung und Herausforderungen im Umgang mit Rezensionen zu verdeutlichen. Denn es zeigt sich, dass diese Aspekte problemlos auf das eigene E-Commerce-Geschäftsmodell übertragbar sind.

Für Unternehmen gilt es, Anreize (*Incentives*) für Kunden zu bieten, den eigenen Webshop oder das E-Commerce-Portal zu besuchen, das heißt, sie zu begeistern, zu überzeugen, zur Interaktion anzuregen. Das zentrale Stichwort lautet *Conversion* (siehe Kapitel 3, »Erfolgsfaktoren und Erfolgsmessung in E-Commerce-Systemen«). Im einfachsten Fall geben Kunden Feedback, weil sie höflich darum gebeten werden und mit dem Unternehmen interagieren möchten. Eine weitere Möglichkeit besteht darin, Kunden für das Schreiben von Rezensionen zu belohnen (*Incentivierung*).

Weitet man den Begriff des Kundenfeedbacks aus, sind heute Vergleichswerte (z. B. Studien und Warentests) und Erfahrungen Dritter (z. B. Bewertungen, Influencer-Videos, Blogs oder Vlogs) die wichtigsten Einflussfaktoren auf die Entscheidung zu einem Produktkauf oder zur Nutzung eines Service. Die Bedeutung von Produktinformationen und Self-Services wird etwa in Kapitel 2, »Geschäftsmodelle und Dimensionen von E-Commerce: Vom Webshop bis zur Serviceplattform«, detailliert betrachtet. Begriffe wie Influencer- oder Retail-Media werden Ihnen dort ebenfalls begegnen.

Wir vertiefen in diesem Buch nicht den Umgang mit Rezensionen, Bewertungen, Net Promoter Score (NPS) oder Feedback. Stattdessen liegt der Fokus darauf, die Veränderungen im Kundenverhalten im digitalen Umfeld aufzuzeigen.

1.4 Der E-Commerce-Markt der Zukunft: Herausforderungen und Einflussfaktoren

Aus den vorherigen Abschnitten geht hervor, dass der Trend zum Online-Handel ungebrochen ist. Alle Prognosen deuten auf einen unaufhaltsamen Anstieg der Nachfrage nach Online-Angeboten und -Services hin. Eine Bewertung des E-Commerce-Markts führt schnell zurück zum Kunden und den Veränderungen im Kundenverhalten, die den Markt maßgeblich bestimmen. Zum umfassenden Verständnis und der erfolgreichen Gestaltung des E-Commerce mit IT-Lösungen wie der SAP Commerce Cloud ist es unerlässlich, Einflussfaktoren und Trends zu kennen. Einige davon behandeln wir in diesem Abschnitt.

1.4.1 Neue Herausforderungen für Unternehmen

Online-Umsätze und -Transaktionen werden in den nächsten Jahren dramatisch an Bedeutung gewinnen. Wir möchten betonen, dass im Einzelhandelssektor (B2C) die *Multichannel-Strategie* und die allgegenwärtige Verfügbarkeit (*Ubiquität*) von Produkten und Dienstleistungen eine bedeutende Herausforderung für E-Commerce-Unternehmen darstellen. Im B2B-Geschäft führen »emanzipierte« Kunden ebenfalls zu neuen Herausforderungen. In den folgenden Abschnitten sehen Sie eine Prognose für das Kundenverhalten der Zukunft.

Alle Vertriebskanäle nutzen

Der Vertrieb kann sich nicht darauf verlassen, dass Kunden nur 1:1-Dialoge mit designierten Ansprechpersonen über standardisierte Kanäle führen. Die Herausforderung liegt in der Harmonisierung der Kanäle und dem Führen der Kunden (Beratung) auch auf digitalen Touchpoints. Den fließenden Übergang von Online-Recherche zum Beratungsgespräch gilt es zu realisieren (siehe Abschnitt 17.7.3, »Szenario: Remote Sales«). Eine organisatorische Herausforderung ist die aktive Promotion des digitalen Kanals durch den Flächenvertrieb (siehe Abschnitt 3.6, »Der Webshop als digitaler Vertriebskanal«).

Den direkten Kontakt zu Herstellern suchen

Händler oder Unternehmen, die in einem zwei- oder dreistufigen Vertriebsmodell agieren, müssen sich darauf einstellen, dass Kunden direkt Informationen, etwa Preise, beim Hersteller in Erfahrung bringen können. Optionen, Produkte vorab online zu konfigurieren oder *Produktbundles* zusammenzustellen, erfordern von Unternehmen eine bessere Kenntnis des eigenen Portfolios und des Informationsstands der Kunden, um diesen auf Augenhöhe begegnen zu können.

Im direkten Kontakt Konditionen verhandeln, aber Waren online und/oder vertrieblich bestellen

Der bevorzugte Mix von Einkaufskanälen aufseiten der Einkaufsteams erfordert auf Anbieterseite, die Konditionen, Preise oder Serviceleistungen konstant zu halten bzw. diese zu harmonisieren. Des Weiteren muss innerhalb der Organisation Margenparität hergestellt werden, damit sich die unterschiedlichen Einkaufskanäle nicht kannibalisieren (siehe Abschnitt 3.6.2, »Synergien zwischen Außendienst und Webshop«).

Mehr online vergleichen und dort kaufen, wo der Nutzen am größten ist

Die Konkurrenz ist oftmals nur einen Klick entfernt. Was für den Einzelhandel längst Realität ist, wird auch für B2B-Unternehmen zunehmend ein Thema. Wer nicht in einer Monopolstellung agiert oder Produktführerschaft innehat und sich nicht in einen Preiskampf mit der Konkurrenz stürzen möchte, muss Anreize und Services bieten (siehe Abschnitt **1.2**, »Kunden der Zukunft: Emanzipation und neue Erwartungshaltung«). Online-Kunden honorieren digitale Serviceangebote, hilfreiche Self-Service-Optionen, exzellente Qualität bei Benutzerführung und Suche, die Bereitstellung exklusiver Leistungen oder passender Angebote im Webshop mit Markentreue, einem größeren Warenkorbvolumen und einer höheren Bestellfrequenz (siehe Abbildung 1.10).

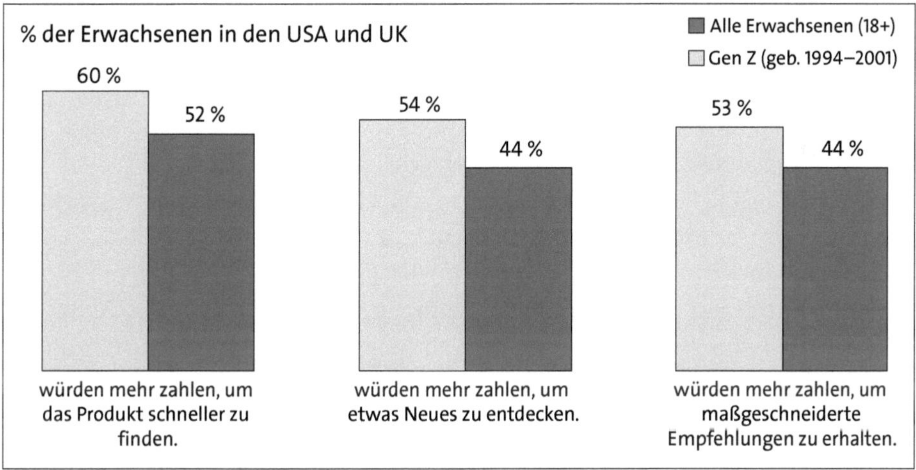

Abbildung 1.10 Kunden honorieren eine hohe Qualität an digitalen Angeboten und eine bessere Experience im E-Commerce (Quelle: MarketingCharts, »Coveo: Paying more for improved ecommerce experiences«, 2022).

B2B- und B2C-Unternehmen verbindet die Notwendigkeit, Kunden an die Marke, das Unternehmen oder Produkt zu binden. Der schnellste und sicherste Weg zu solcher Loyalität ist Wertschätzung.

Wertschätzung des Produkts

Eine Wertschätzung des Produkts drückt sich in den folgenden Faktoren aus:

- **Preis und Kosten (direkt und langfristig)**
  Die Wahrnehmung des Preises im Verhältnis zur Qualität und den langfristigen Kosten spielt eine entscheidende Rolle. Kunden können den Wert eines Produkts besser schätzen, wenn sie das Gefühl haben, dass der Preis angemessen ist und langfristig ein gutes Preis-Leistungs-Verhältnis bietet.

- **Leistungsfähigkeit (Grund- und Zusatznutzen)**
  Die Fähigkeit eines Produkts, die Bedürfnisse und Erwartungen der Kunden zu erfüllen, beeinflusst die Wertschätzung. Grundnutzen sind dabei die grundlegenden Funktionen, während Zusatznutzen zusätzliche Merkmale oder Vorteile darstellen können.
- **Nutzengrad**
  Der Nutzengrad bezieht sich auf die Frage, wie sehr das gekaufte Produkt oder die erworbene Serviceleistung den Bedarf erfüllt. Nicht benötigte (ungenutzte) Features und Funktionen können den genauen Umkehreffekt erzeugen, weil Kunden den Mehrwert im Leistungsumfang eines Produktes nicht sehen und deshalb auch nicht wertschätzen oder bereit sind, den Verkaufspreis zu bezahlen.
- **Design des Produktes (gebrauchstechnisch und ästhetisch)**
  Sowohl die funktionale Gestaltung als auch das ästhetische Design können die Wertschätzung beeinflussen. Ein ansprechendes und benutzerfreundliches Design trägt oft zur positiven Wahrnehmung bei.
- **Nachhaltigkeit (ökonomisch und ökologisch)**
  Die zunehmende Bedeutung von »grünen« Aspekten bei Produktion, Verpackung und Versand beeinflusst die Wertschätzung auf Kundenseite zunehmend. Produkte, die umweltfreundlich hergestellt sind und ökonomisch sinnvoll produziert/genutzt werden, werden zunehmend aktiv nachgefragt (siehe Abschnitt 1.4.2, »Aktuelle Einflussfaktoren und Trends«, und dort insbesondere die Ausführungen zu Sustainability).
- **Preis-Leistungs-Verhältnis (Nutzen in Bezug auf Kosten)**
  Kunden bewerten, ob der erhaltene Nutzen im Verhältnis zum Preis angemessen ist. Ein gutes Preis-Leistungs-Verhältnis fördert die positive Wahrnehmung.
- **Varianten und Verfügbarkeit**
  Die Vielfalt an Produktoptionen und die Verfügbarkeit beeinflussen die Wertschätzung. Eine breite Auswahl und eine zuverlässige Verfügbarkeit können die Kundenbindung stärken. Werden Kunden bei der Auswahl allerdings überfordert (»Welche Variante ist denn jetzt die passende für mich?«) kann es zum ungewollten Effekt kommen, dass Kaufentscheidungen vertagt oder ganz verworfen werden.

Oberstes Ziel moderner E-Commerce-Lösungen muss das Herausstellen solcher (positiven) Produktmerkmale sein (siehe Abschnitt 2.2.3, »Produktdaten als Basis zum Erfolg«, und Kapitel 7, »Produktdatenmanagement«).

Wertschätzung der Marke und des Unternehmens

In Bezug auf die Marke und das Unternehmen stehen die folgenden Fragestellungen im Mittelpunkt:

- **Markenbekanntheit**
  Wie gut ist die Marke bekannt? Eine hohe Bekanntheit kann dazu beitragen, dass Kunden die Marke leichter in Betracht ziehen.
- **Markenimage**
  Das Image oder der Ruf der Marke sind entscheidend. Ein positives Image kann das Vertrauen stärken, während ein negatives Image den Wert der Marke mindern kann.
- **Markentreue**
  Die Treue der Kunden zur Marke spielt eine große Rolle. Markenloyale Kunden neigen dazu, wiederholt Produkte oder Dienstleistungen der Marke zu kaufen.
- **Markenpositionierung**
  Wie wird die Marke im Vergleich zu Mitbewerbern wahrgenommen? Eine klare und positive Positionierung kann die Wertschätzung der Marke steigern.
- **Markenassoziationen**
  Die Verbindung von positiven Attributen, Werten oder Emotionen mit der Marke trägt zur Wertschätzung bei.

E-Commerce-Unternehmen mit tollen Produkten und Services, die aber keiner kennt, werden nicht erfolgreich sein. Webshops, digitale Kundenportale können nur funktionieren, wenn Bekanntheit, Image und der mögliche Nutzen (Mehrwert) den potenziellen Kunden transparent sind. Dabei gilt es, kontinuierlich zu verproben, ob die Wahrnehmung durch Kunden und Märkte den Unternehmenszielen entspricht. Die digitalen Touchpoints sind das Aushängeschild des 21. Jahrhunderts, also das, was früher Werbeanzeige, Leuchtreklame und Radio- bzw. Fernsehspot waren. Und so sollten sie auch beworben, präsentiert und gewichtet werden (siehe Kapitel 3, »Erfolgsfaktoren und Erfolgsmessung in E-Commerce-Systemen«, und Kapitel 9, »Personalisierung und Intelligent Selling Services«, sowie Kapitel 10, »Marketing und Promotions«).

Wertschätzung der Dienstleistung und des Services

Eine Wertschätzung der Services drückt sich in den folgenden Faktoren aus:

- **Sinnstiftend**
  Kunden schätzen Dienstleistungen und Services, die einen klaren Nutzen und Wert für sie haben. Dieser Nutzen kann in verschiedenen Formen auftreten, einschließlich der Erfüllung spezifischer Bedürfnisse, der Bereitstellung von Lösungen für Probleme oder der Schaffung positiver Erfahrungen. Dienstleistungen, die einen tieferen, sinnvollen Zweck erfüllen, werden oft höher geschätzt. Zum Beispiel können soziale oder gemeinnützige Initiativen, die in Dienstleistungen integriert sind, als sinnstiftend wahrgenommen werden.

- **Exklusiv**
  Exklusive Dienstleistungen, die nicht allgemein verfügbar sind und einen besonderen Wert bieten, werden oft höher geschätzt. Dies kann durch personalisierte Angebote, VIP-Behandlung oder Zugang zu exklusiven Inhalten erreicht werden. Exklusivität kann auch durch einzigartige Merkmale, Premium-Optionen oder spezielle Vorteile für Kunden geschaffen werden, die bestimmte Kriterien erfüllen. Der Aufbau einer Gemeinschaft oder eines Clubs für Kunden mit exklusiven Vorteilen kann die Wertschätzung weiter steigern, da Kunden sich durch die Zugehörigkeit besonders fühlen.
- **Zuverlässigkeit**
  Kunden schätzen Dienstleistungen, die zuverlässig sind und ihre Versprechen erfüllen. Dies beinhaltet die pünktliche Bereitstellung von Dienstleistungen und die Einhaltung von vereinbarten Terminen.
- **Kompetenz und Freundlichkeit**
  Die Qualifikation und Fähigkeiten der Mitarbeiter, die die Dienstleistung erbringen, spielen eine große Rolle. Kunden schätzen es, wenn sie von kompetenten Fachleuten bedient werden. Der Kundenservice spielt hier ebenfalls eine wichtige Rolle. Ein freundlicher, aufmerksamer und hilfreicher Kundenservice trägt dazu bei, dass Kunden sich geschätzt fühlen und eine positivere Wahrnehmung der gesamten Dienstleistung haben.

Das Motto »Experience more« darf nicht nur eine Floskel sein: Es geht darum, Kunden und ihre Erwartungen wirklich in den Kern der E-Commerce-Prozesse zu stellen. Zwar ist stets zu prüfen, inwieweit alle Wünsche erfüllt werden sollten (siehe Abschnitt 1.2.2, »Die (neue) Macht der Kunden«), doch ist der Servicegedanke und die Bereitstellung exklusiver Leistungen und Produkte ein Garant für nachhaltigen Erfolg in digitalen Geschäftsbeziehungen. Lesen Sie zu diesem Thema auch Teil IV dieses Buches, wo dieser Ansatz vertieft und mit einem Blick in die Zukunft veranschaulicht wird. Mit Fokus auf den Serviceportalgedanken lesen Sie Abschnitt 2.2.4, »Das Kundenportal als Schlüssel zur digitalen Customer Experience«.

1.4.2 Aktuelle Einflussfaktoren und Trends

Neben den Kunden gibt es weitere prägende Faktoren, die Einfluss auf den E-Commerce-Markt und die darauf agierenden Unternehmen (Händler, Anbieter oder Produzenten) nehmen. Im Folgenden werden die neben dem Kundenaspekt aus unserer Sicht wichtigsten Einflussfaktoren aufgeführt.

Gesellschaftlich und politisch

Nachhaltigkeit (*Sustainability*) ist ein Paradebeispiel. Zunehmend suchen und bevorzugen die Kunden umweltbewusste Optionen und sind sogar bereit, für nachhaltige

Waren und Unternehmen mehr zu bezahlen. Für Unternehmen ist es nicht einfach, »grün« zu sein und das auch an den digitalen Touchpoints transparent zu machen. Das Beobachten und Umsetzen von behördlichen Auflagen oder gesetzlichen Vorschriften ist ein Aspekt, wird aber nicht ausreichen, um die Erwartungen der Verbraucher an die Sustainability zu erfüllen.

Die Skepsis, ob Unternehmen nicht einfach nur *Greenwashing* betreiben, ist hoch. Das kann zu einem Umkehreffekt führen, sodass Kunden so überhaupt erst für solche Themen sensibilisiert werden und ursprünglich als neutral eingestufte Marken plötzlich negativer gesehen werden. Es gilt, Produkte, Produktinformationen und Lieferketten anzupassen und transparent zu machen.

Als eine Begleiterscheinung ist mit dem Thema Re-Commerce ein völlig neuer Konkurrenzmarkt entstanden, den es wahlweise zu bedienen oder zu beachten gilt (siehe Abschnitt 2.2, »Evolution von E-Commerce-Landschaften«).

Wie Sie in Abbildung 1.11 erkennen, ist der Einfluss, den das Thema Nachhaltigkeit auf das Kaufverhalten nimmt, enorm und erfordert von den Unternehmen die Etablierung neuer Prozesse und Standards. Bietet aber gleichzeitig auch die Chance auf Schaffung von Markenstärkung und Unterscheidungsmerkmalen zur Konkurrenz.

[«]

Greenwashing

Greenwashing bezeichnet die Praxis von Unternehmen, Produkte, Dienstleistungen oder ihr eigenes Handeln als umweltfreundlich oder nachhaltig zu bewerben, obwohl dies nicht der Realität entspricht oder nur geringfügige positive Umweltauswirkungen hat.

69 % aller Europäerinnen und Europäer über 21 Jahre wünschen sich, dass mehr Unternehmen hinsichtlich ihrer Geschäftsprozesse und Lieferketten transparent wären, und sehen darin ein Kriterium für eine Kaufentscheidung.

70 % der Befragten in verschiedenen Branchen sagten, dass sie 5 % mehr für ein umweltfreundliches Produkt zahlen würden, wenn es die gleichen Leistungsstandards erfüllen würde.

54 % der Befragten in einer Studie mit 8.000 Teilnehmenden gaben an, längere Lieferzeiten zu akzeptieren, wenn im Gegenzug durch die Anbieter nachhaltigere Lieferketten zugesichert würden.

Abbildung 1.11 Bedeutung von Sustainability im E-Commerce (Quellen: McKinsey »How the E in ESG creates business value«, 2021/ Forrester, »European Consumers Drive The Sustainability Demand«, 2022).

Technologischer Standard und Reifegrad von E-Commerce-Systemen

Die Dynamik bei der Entwicklung neuer und besserer Technologien ist enorm. Sowohl auf Anwenderseite als auch auf Hersteller- und Anbieterseite. Die 5G-Technologie ermöglicht einen günstigeren und effizienteren Datenverbrauch für die Verbraucher. Der Wechsel in die Cloud verspricht den Unternehmen enorme Rechenleistung zu niedrigeren Kosten. Darüber hinaus verändert die Cloud-Infrastruktur die interne Organisation, wenn neue Aufgaben entstehen, während andere Tätigkeiten wegfallen. Ganze Jobprofile müssen verändert oder Stellen neu besetzt werden.

Der organisatorische Wandel erfordert eine enorme Transferleistung von IT- und HR-Abteilungen. Diese betrifft den veränderten Umgang mit Fragen rund um Lizenz- und Betriebsmodellen von E-Commerce-Landschaften. Der Trend in Richtung Software-as-a-Service-(SaaS-)Anwendungen und weg von der Platform-as-a-Service-(Paas-)Infrastruktur verstärkt die Notwendigkeit für Unternehmen und IT-Organisationen, sich neu aufzustellen. Der Wandel von traditionellen monolithischen Architekturen zu neuen Headless- oder Composable-Architekturen schafft neue Möglichkeiten, was den übergreifenden (globalen) Betrieb von E-Commerce-Systemen betrifft.

Länderspezifische Anpassungen oder ganze Roll-outs sind heute schon ungleich weniger aufwendig als noch vor wenigen Jahren. Dennoch haben solche »neueren« Web-Architekturen Einfluss auf Komplexität, Nachhaltigkeit und Kosten für Anbieter und Betreiber. In Kapitel 5, »Infrastruktur und Architektur«, erfahren Sie ausführlich am Beispiel der SAP Commerce Cloud alles zu diesen Themen.

Fortschritte im Bereich der KI und des maschinellen Lernens ermöglichen jetzt schon analytische Fähigkeiten und Funktionen, obwohl diese Technologien teilweise noch am Anfang ihrer Entwicklung stehen. Bereits heute lassen sich in fast allen Bereichen des Betriebs von E-Commerce-Systemen Prozesse automatisieren. Hier ist stets neu zu evaluieren, inwieweit sich automatisierte, ggf. KI-gestützte Funktionen und Prozesse erfolgsbringend einsetzen lassen. Auch hier entscheiden am Ende die Kunden, was Mehrwert bringen kann. Weiter gefasst sind sämtliche Innovationen im Bereich der Logistik, Distribution oder Produktion einflussnehmend auf E-Commerce-Prozesse und den dafür notwendigen Schnittstellen und Integrationsszenarien.

Abschließend lässt sich der sogenannte *Mobile-First-Ansatz* unter das Thema Reifegrad von E-Commerce-Systemen fassen. Zwar sind hier auch die Anwenderinnen und Anwender aufgrund der verstärkten Nutzung mobiler Devices gerade im Kontext von Social Media, Online-Shopping oder Recherche die Taktgeber. Die technologische und funktionelle Weiterentwicklung von Smartphones geht damit aber einher, zumal sich der Mobile-First-Ansatz nicht mehr auf Smartphones und Tablets beschränkt. Das umfasst auch das Einbinden von mobilfreundlichen Zahlungsoptionen (wie Apple Pay und Google Pay) oder Einsatz von z. B. Fingerabdruck- und Gesichtserkennungstechnologien für Single Sign-On-(SSO-)Funktionen.

Mobile First

Der Mobile-First-Ansatz ist eine Design- und Entwicklungsphilosophie, bei der der Fokus bei der Erstellung von Websites, Anwendungen oder anderen digitalen Produkten zuerst auf der mobilen Nutzung liegt. Das bedeutet, dass das Design und die Funktionen zuerst für mobile Geräte optimiert werden, bevor sie für Desktop- oder andere Plattformen angepasst werden.

Der Mobile-First-Ansatz fußt auf der Erkenntnis, dass immer mehr Menschen mobile Geräte wie Smartphones und Tablets verwenden, um auf das Internet zuzugreifen. Benutzerführung, Design und Funktionsumfang werden für mobile Geräte angepasst, um sicherzustellen, dass die User bzw. Customer Experience auch auf mobilen Devices optimal ist. Ein Mobile-First-Design berücksichtigt Aspekte wie responsives Design, um sicherzustellen, dass sich die Website oder Anwendung automatisch an verschiedene Bildschirmgrößen anpasst. Nachdem die mobile Version entwickelt ist, kann das Design dann auf größere Bildschirme und Desktop-Geräte erweitert werden.

Der Mobile-First-Ansatz hilft, sicherzustellen, dass die Website oder Anwendung sowohl auf mobilen als auch auf Desktop-Plattformen gut funktioniert, anstatt nur eine nachträgliche Anpassung für mobile Geräte zu sein.

Je intensiver über Themen oder mutmaßliche Innovationen diskutiert wird und sie in den Medien präsent sind, desto größer ist das Risiko, vermeintlichen technologischen Trends nachzujagen und die eigene, ursprünglich festgelegte Strategie ständig infrage zu stellen. Nicht überall, wo Innovation draufsteht, ist diese auch enthalten – und nicht immer lässt sich ein Mehrwert für das eigene Geschäftsmodell schaffen. Zwischen Trend, Hype und echter (wertstiftender) Innovation verläuft oft ein schmaler Grat, den Unternehmen gerade im digitalen Umfeld ausbalancieren müssen.

Kostendruck und Rentabilität

Für zahlreiche Unternehmen ist der Business Case, den sie im E-Commerce-Bereich gewählt haben, schlichtweg nicht tragfähig. Gerade im Endkundensegment entscheiden oftmals die nackten Zahlen über Erfolg oder Misserfolg. In einer Studie von McKinsey hatten etwa drei Viertel der Einzelhändler z. B. ein negatives Wachstum (EBIT-Marge), selbst als der Anteil des E-Commerce am Umsatz zunahm (Quelle: McKinsey, »Solving the paradox of growth and profitability in e-commerce«, 2022).

Will man sich nicht auf den Net-Sales beschränken, müssen Indikatoren gefunden werden, die den Erfolg von E-Commerce-Modellen für das gesamte Unternehmen belegen. Die Liste der positiven Effekte, die eine konsequente Digitalisierungsstrategie auf das gesamte Unternehmen haben kann, ist lang.

Unabhängig davon, ob es die Optimierung von internen Prozessen, die Steigerung der Kundenzufriedenheit oder höhere Datenqualität ist: Es ist Zeit für die Verantwortlichen von E-Commerce-Bereichen, solche Effekte und damit den Erfolg von E-Business-Modellen auch zu belegen. Waren B2B-Anbieter in den vergangenen Jahren oftmals noch unter dem Radar von Controlling- und Finanzabteilungen unterwegs, steigt die Bedeutung des *Return on Investment* (ROI) von B2B-Webshops oder Kundenportalen stetig (siehe Kapitel 3, »Erfolgsfaktoren und Erfolgsmessung in E-Commerce-Systemen«).

Die Kosten korrelieren wiederum mit dem allgemeinen Anstieg an Online-Aktivitäten und der veränderten Nachfragen danach auf Kundenseite. Die *Akquisekosten* für neue Kunden steigen dadurch ebenso wie die Notwendigkeit, einen gesunden Marketingmix zu nutzen (siehe Abschnitt 3.3, »Marketing Automation«).

Wettbewerbsdruck

Mitunter müssen Unternehmen reagieren, weil es die Konkurrenz auch tut, was für die Verbraucherinnen und Verbraucher meist einen positiven Effekt hat, wenn z. B. Konkurrenz am Markt zu fallenden Preisen führt. Geschäftsfelder konkurrieren in einem Innovationswettlauf, was zu verbesserten Produkten mit neuen Funktionen für Kunden führt. Ähnlich gestaltet sich der Markt für E-Commerce-Unternehmen, wo sich B2B- und B2C-Unternehmen heute schon einem erdrückenden Wettbewerb von zwei Seiten ausgesetzt sehen. Auf der einen Seite nutzen die großen Unternehmen (Global Player) ihre Vorteile, um in neue Märkte vorzudringen und bedrohen damit potenziell jeden etablierten Sektor. Auf der anderen Seite bringen eine Vielzahl von Start-ups innovative Geschäftsmodelle auf den Markt, die schnell skalieren können. Einer Studie zufolge erreicht die Höhe der Finanzierung von E-Commerce-Start-ups in 2021 einen Rekordwert von 54 Milliarden US-Dollar, gegenüber 19 Milliarden US-Dollar im Jahr 2020 (Quelle: CBInsights »State of retail tech 2021 report«, 2022).

Es gilt, den Herausforderungen angemessen zu begegnen und sorgfältig zu überlegen, welche Strategie am besten zum eigenen Geschäftsmodell und den Kundenbedürfnissen passt. Wenn Einkaufsabteilungen zunehmend auf digitale Beschaffung umsteigen, müssen die Prozesse, Funktionen und Integrationsszenarien angepasst werden, um ein Abwandern der Kunden zur Konkurrenz zu verhindern. Die Loyalität zwischen Kunden und einer Marke lässt sich durch Wertschätzung aufbauen. Unternehmen müssen sich vom Wettbewerb abheben und Alleinstellungsmerkmale schaffen (*Unique Selling Points*, kurz USPs), sei es im Hinblick auf das Produkt oder durch die Bereitstellung von Services und Funktionen rund um das Produkt.

Weitere extrinsische Faktoren am Beispiel der Covid-19-Pandemie

Im Zusammenhang mit dem Einfluss, den die Covid-19-Pandemie seit dem Jahr 2020 auf das digitale Geschäft und insbesondere auf Kundenprozesse hat, wird oftmals (zu oft) der Vergleich mit einem Brennglas genutzt. Es hat sich herausgestellt, dass das Ergebnis weniger eine Aufdeckung von Missständen als vielmehr die Schaffung von Fakten war, die Märkte und Kundenverhalten für immer verändert haben.

[«]

Covid-19 als Game Changer im E-Commerce

Die Verbraucherausgaben brachen massiv ein, als die erste Welle der Covid-19-Pandemie Anfang 2020 über die Welt hinwegfegte. Von einem Tag auf den anderen waren die Verbraucher gezwungen, ihr Verhalten zu ändern. Unternehmen mussten ihre Geschäftsmodelle umstellen, und die Regierungen mussten ihre Vorschriften anpassen. Und so wie das Coronavirus Regionen und Einzelpersonen in sehr unterschiedlicher Weise betroffen hat, waren auch die wirtschaftlichen Auswirkungen sehr verschieden. So verzeichneten Unternehmen mit digitalem Angebot einen erheblichen Anstieg der Nachfrage nach ihren Produkten und Dienstleistungen.

Dies galt insbesondere für Waren des täglichen Bedarfs wie Lebensmittel, Haushaltswaren, Gesundheits- und Körperpflegeprodukte. Viele E-Commerce-Unternehmen waren in der Lage, diese Nachfrage zu befriedigen, indem sie ihren Betrieb hochfuhren und ihre Prozesse und Systeme schnell anpassten.

Es war erstaunlich, wie schnell z. B. in Deutschland das kontaktlose Bezahlen oder die digitale Abwicklung von Behördengängen möglich wurde. Die Pandemie hat jedoch auch eine Reihe von Herausforderungen für E-Commerce-Unternehmen mit sich gebracht. So waren z. B. Unterbrechungen der Lieferkette und Verzögerungen beim Versand für viele Unternehmen ein großes Problem, da sie ihre Produkte nicht rechtzeitig an die Kunden liefern konnten. Darüber hinaus hat der durch die Pandemie verursachte Wirtschaftsabschwung zu einem Rückgang der Verbraucherausgaben geführt, was die E-Commerce-Unternehmen unter Druck gesetzt hat, sich anzupassen und neue Wege zur Umsatzsteigerung zu finden.

Über alle Segmente und Regionen hinweg war ein zunehmender Wandel zur digitalen Interaktion seitens der Kunden zu erkennen (siehe Abbildung 1.12). Dabei waren B2B-Szenarien ebenso betroffen wie klassische B2C-Aktivitäten. Digitale Kanäle haben massiv an Bedeutung gewonnen und sind nun akzeptiert. Das bedeutet, auch wenn sich einige Prozesse einer analogen Kommunikation zuwenden, lassen sich große Teile der digitalisierten Prozesse heute nicht wegdenken.

Laut einer Studie von McKinsey gehen mehr als 50 % der Verbraucher davon aus, dass sie ihre Online-Einkaufsgewohnheiten auch nach Abklingen der Pandemie beibehalten werden (Quelle: McKinsey »The great consumer shift«, 2021). Die Kunden haben sich daran gewöhnt, der Markt hat sich gewandelt. Das bedeutet aber nicht, dass alte Kanäle wegfallen. Vielmehr sind hybride Verkaufsmodelle, also nahtlos ineinander übergehende Customer Journeys, das neue Normal. Omnichannel ist das Zauberwort – es wurde oft besungen, aber spätestens seit 2020 ist es Voraussetzung für moderne E-Commerce-Unternehmen, um dauerhaft erfolgreich zu sein.

In den Covid-19-Jahren hat sich nochmals eine enorme Verschiebung auf Online-Kanäle ergeben (siehe Abbildung 1.12). Es ist mühsam zu bewerten, ob die weltweite Pandemie lediglich den Trend zum Online-Handel beschleunigt oder erst in dem Ausmaß möglich gemacht hat. Fakt ist, dass der durch Covid-19 ausgelöste Druck die Digitalisierung interner Kernprozesse in den Unternehmen (wie Backoffice-, Produktions- und Forschungs- und Entwicklungsprozesse) und ihrer Lieferketten ebenso beschleunigt hat wie die Entwicklung digitaler Angebote und Services und die damit verbundene Anzahl an digitalen Kundenaktivitäten. Bei einer von McKinsey durchgeführten Umfrage gaben die Befragten an, dass ihre Unternehmen 20- bis 25-mal schneller gehandelt haben als erwartet (siehe Abbildung 1.13) (Quelle: MC Kinsey, »How Covid-19 has pushed companies over the technology tipping point«, 2023).

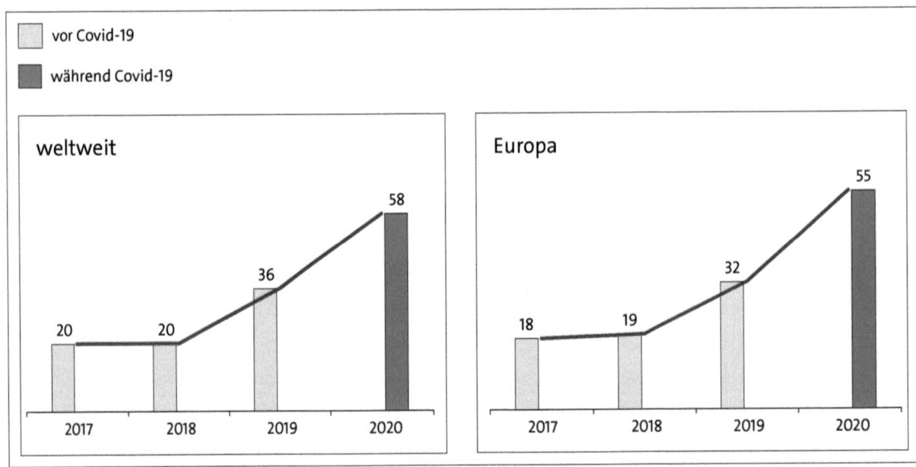

Abbildung 1.12 Durchschnittlicher Anteil der digitalen Kundeninteraktionen in % – Veränderung durch Covid-19 (Quelle: ITA, »Impact of COVID Pandemic on eCommerce«, 2022).

Vor der Covid-19-Pandemie war der elektronische Einzelhandel (B2C) bereits ein bedeutender und wachsender Teil der Weltwirtschaft. Wie zu Beginn dieses Kapitels gezeigt, erreichte im Jahr 2019 der weltweite E-Commerce-Umsatz im B2C über 3 Billionen US-Dollar, und es wurde erwartet, dass er in den kommenden Jahren weiter steigen würde. Über die Erwartungen hinaus beliefen sich die weltweiten E-Commerce-Umsätze im Jahr 2021 auf 5,2 Billionen Dollar und werden bis 2027 voraussichtlich 8,1 Billionen Dollar erreichen. Wenn man möchte, könnte man davon sprechen, dass Covid-19 als eine Art Booster für die Digitalisierung des Marktes gewirkt hat. Vergleichbare unvorhersehbare externe Einflüsse wie eine globale Pandemie dieses Ausmaßes sind müßig zu bemühen, wenn es um seriöse Aussagen zur zukünftigen Entwicklung von Märkten oder um die Bedeutung von Online-Handel geht. Den damit verbundenen Veränderungen muss aber spätestens dann begegnet werden, wenn sie eintreten.

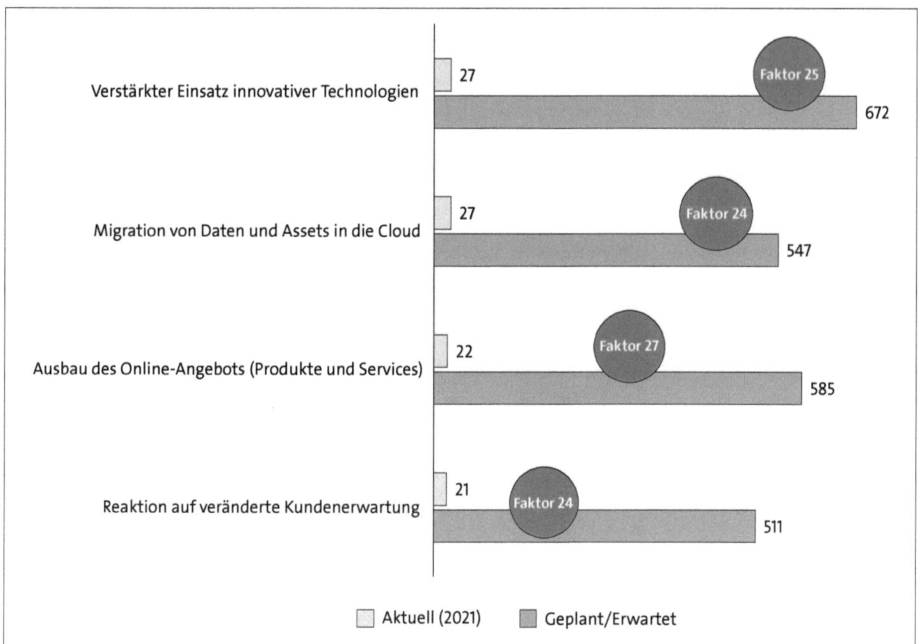

Abbildung 1.13 Zeit, um auf veränderte Situationen zu reagieren oder Änderungen zu realisieren in Tagen im Kontext von Covid-19 verursachten Veränderungen (Quelle: McKinsey, »The consumer demand recovery and lasting effects of Covid-19«, 2021)

Es ist an dieser Stelle nicht möglich, auf alle Bereiche und Themen einzugehen. Die Aufzählung der genannten Punkte soll aber noch einmal verdeutlichen, dass der E-Commerce-Markt und der damit verbundene Handel einem stetigen Wandel unterliegen, der für die Unternehmen teilweise holprige Wege in die digitale Welt mit sich bringt. Letztlich sind alle Veränderungen wieder direkt mit den Kunden verbunden, die mit ihren Entscheidungen und Handlungen über den Erfolg von E-Commerce-Strategien entscheiden.

1.5 Fazit

In diesem Kapitel wurden Sie mit vielen Statistiken und Zahlen konfrontiert. Ziel war es, die Bedeutung der digitalen Kanäle und E-Commerce-Landschaften zu betonen. Insbesondere die teils dramatische Geschwindigkeit, mit der sich Kundenverhalten und Erwartungshaltung, aber auch Technologien und Märkte verändern, führen zu der Frage, wie man als Unternehmen diese Dynamik erfolgreich nutzen kann. Jetzt gibt es mehr denn je die Chance, dem neuen »König Kunde« erfolgreich zu begegnen. Das Entstehen neuer Märkte und Kundensegmente, zunehmender Wettbewerb und Kostendruck machen diese Aufgabe nicht leichter. Doch jetzt gilt es für Unternehmen, aus Kunden »loyale Gefährten« zu machen – Verbraucherinnen und Verbraucher, die ein Leben lang von Marken und Produkten in ihrem Freundes- und Bekanntenkreis schwärmen.

Sie haben erfahren, dass die Investitionen in CX und insbesondere im E-Commerce-Bereich weiter zunehmen werden. Und diese Investitionen werden wahrscheinlich anders aussehen als die Ausgaben der Vergangenheit. Da sich die Märkte und die Verbraucherinnen und Verbraucher verändern, können Marken nicht einfach an der Vergangenheit festhalten.

Wie können CX-Führungskräfte und -Teams ein wachsendes Budget mit den wirtschaftlichen Turbulenzen in Einklang bringen? Welche Wege sollten erforscht werden und wie kommt man Schritt für Schritt an die formulierten Ziele? Antworten auf diese Fragen und Ansätze, wie die angesprochene Loyalität zu Marke, Produkt, Webshop, Marktplatz erreicht werden kann und welche E-Commerce-Strategien zum eigenen Geschäftsmodell passen, sollen Inhalt des nächsten Kapitels sein.

Kapitel 2

Geschäftsmodelle und Dimensionen von E-Commerce: Vom Webshop bis zur Serviceplattform

Commerce-Lösungen, vom einfachen Webshop bis zur E-Commerce-Plattform, sind mehr als digitale Visitenkarten und zentraler Touchpoint für Kunden. Sie müssen sich dem ständigen Wandel von Märkten und Technologien anpassen, was sowohl Chancen als auch Herausforderungen bietet. In diesem Kapitel lernen Sie einige davon kennen.

Kennen Sie die Spielshow »Familienduell« aus den 90er-Jahren? In der Show treten zwei Familien gegeneinander an. Der Moderator stellt Fragen, zu denen die Teilnehmenden die häufigsten Antworten von 100 zuvor befragten Personen erraten müssen. Die Show zeichnet sich durch skurrile Antworten aus und zeigt, was Menschen mit verschiedenen Begriffen assoziieren.

Antworten auf die Frage »Was verbinden Sie mit dem Begriff E-Commerce« würden sich sicherlich um Online-Shopping drehen. Doch *E-Commerce* auf Kaufen und Verkaufen zu reduzieren, wäre nicht nur inhaltlich falsch, sondern fatal. Wie bereits verdeutlicht, hat E-Commerce viele Facetten (siehe Abschnitt 1.1, »Historie von E-Commerce«), die abhängig von Strategie, Digitalisierungsgrad, Branche, Vertriebs-, Geschäfts- bzw. Kundenmodell und technologischem Reifegrad der genutzten Applikation des Unternehmens variieren. Die Ausprägung von E-Commerce-Landschaften unterscheidet sich auch je Produktsparte, Marke oder Standort.

Mit *SAP Commerce Cloud* steht Ihnen ein Werkzeug zur Verfügung, mit dem Sie über Ihren Webshop hinaus E-Commerce-Ansätze denken, planen und realisieren können. Neben der Technologie sind es die Prozesse und Integrationsszenarien, die die Voraussetzung für die gewünschte Evolutionsstufe oder erfolgreiche Ausrichtung der eigenen E-Commerce-Landschaft schaffen.

Was eine solche moderne E-Commerce-Landschaft ausmacht, wie sie schrittweise funktional ausgebaut und inhaltlich zu einer erfolgreichen kundenorientierten Plattform weiterentwickelt werden kann, lesen Sie in diesem Kapitel. Überdies erfahren Sie, warum die klassische Website zwar an Bedeutung verloren, aber längst nicht ausgedient hat und worin sich Website und Webshop unterscheiden.

2.1 Geschäftsmodelle im E-Commerce

Als Einstieg in das Thema *E-Commerce* ist die folgende Frage sinnvoll: »Wer bietet an und wer fragt nach?« Anders gefragt: Welches Kundenmodell steckt hinter einer E-Commerce-Strategie? Traditionell werden drei Arten von E-Commerce unterschieden:

- Business-to-Consumer (B2C)
- Business-to-Business (B2B)
- Consumer-to-Consumer (C2C)

Das Geschäftsmodell Consumer-to-Business (C2B) ist eher selten anzutreffen. Mittlerweile gibt es auch einige besondere Ausprägungen:

- Business-to-Government (B2G) – oft mit B2B in einen Topf geworfen
- Government-to-Consumer (G2C)
- Consumer-to-Government (C2G)

Ein Unterschied zu den drei vorgenannten Arten besteht darin, dass der Servicegedanke bzw. Fragen rund um Usability oder Kundenzentrierung eine deutlich größere Rolle spielen und spielen werden.

[»]

Business-to-Business (B2B)

B2B bezieht sich auf Transaktionen oder Interaktionen, die zwischen Unternehmen und nicht zwischen einem Unternehmen und Endverbraucherinnen und Endverbrauchern stattfinden. Im B2B-Modell verkaufen Unternehmen Produkte, Dienstleistungen oder Informationen an andere Unternehmen. Der Schwerpunkt der B2B-Interaktionen liegt somit auf der Erfüllung der Bedürfnisse und Anforderungen anderer Unternehmen als Kunden oder Partner.

Aber warum ist diese Unterscheidung so wichtig? E-Commerce-Systeme sollen erfolgreich sein. Was jedoch als Erfolg gilt, kann durchaus unterschiedlich sein (siehe Kapitel 3, »Erfolgsfaktoren und Erfolgsmessung in E-Commerce-Systemen«). Entscheidend für den Erfolg sind die verschiedenen Anforderungen der Kunden (siehe Abschnitt 1.2, »Kunden der Zukunft: Emanzipation und neue Erwartungshaltung« und Abschnitt 1.3, »Kunden der Zukunft: neue Touchpoints, neue Wege«). So haben B2B-Kunden andere Erwartungen an IT-Systeme und die Prozesse eines Ersatzteilshops als Privatkunden (B2C) an einen klassischen Webshop im Einzelhandel. Sowohl die Benutzerführung (Usability), das Design, die Abläufe als auch die benötigten Funktionen unterscheiden sich. Die Architektur gängiger Shopsysteme ist meist auf

B2C-E-Commerce ausgerichtet. Das bedeutet: Komplexe dynamische Preisstaffelungen, Order-Management mit verschiedenen Berechtigungsstufen oder eine zentrale Rechnungsstellung werden nicht berücksichtigt. Für den B2B-E-Commerce sind sie jedoch unerlässlich. SAP Commerce Cloud kann beides, wahlweise getrennt oder miteinander verschmolzen, in einer Applikation abbilden.

In diesem Buch werden Sie immer wieder feststellen, dass die soeben beschriebene Trennung der verschiedenen E-Commerce-Ausprägungen oft nur in der Theorie funktioniert. Das beginnt mit dem Missverständnis, dass »C« mit Endkunden gleichzusetzen ist. Endkunden können z. B. auch Mitarbeitende eines Unternehmens sein, die im Kontext ihrer Geschäftstätigkeit einkaufen, aber als Endkunde auftreten und sich ebenso verhalten. Somit passen sie in das Modell B2C. Z. B. werden Material oder Werkzeuge, die für spätere Aufträge gebraucht werden, häufig in klassischen B2C-Shops oder Online-Marktplätzen eingekauft.

Ähnlich verhält es sich, wenn Händler in der Supply Chain auftreten, wenn also kein Direktvertrieb seitens der Unternehmen erfolgt. Solche zwei- oder dreistufigen Vertriebsmodelle vermischen das Verhältnis von Unternehmen zu Unternehmen/Händler und Unternehmen zu Endkunde/Händler. Immer wenn es gilt, relevante Unterschiede zwischen B2C und B2B zu benennen, werden Sie in diesem Buch, insbesondere in Teil II, eine getrennte Beschreibung von Funktionen und Prozessen finden.

2.1.1 Geschäftsbeziehungen im Fokus: B2B, B2C, C2C, C2B und das Konzept G2B

In diesem Abschnitt betrachten wir verschiedene Beispiele und Sonderformen der unterschiedlichen Geschäftsbeziehungen.

Beispiele aus der Praxis für ein *B2C-Geschäftsmodell* sind Anbieter von Verbrauchsgütern oder Marktplätze wie Amazon. Diese verkaufen über Online-Plattformen Produkte und Dienstleistungen an Einzelpersonen. Dabei handelt es sich im Regelfall um einfache Konsumgüter für den täglichen privaten Gebrauch.

Im Fall von *B2B-Geschäftsmodellen* sind die Käufer Unternehmen. Diese benötigten industriell zugeschnittene Produkte und Dienstleistungen, die die Produktivität erhöhen sollen und die Unternehmen dabei unterstützen, ihre Ziele zu erreichen.

Tabelle 2.1 zeigt die unterschiedlichen Geschäftsmodelle im E-Commerce im Überblick.

	Nachfrage			
		Endkunde	Unternehmen	Verwaltung
Anbieter	Endkunde	C2C (z. B. Kleinanzeigen, Vermietung von Ferienhaus)	C2B (z. B. Jobbörsen, Profilseiten von Marketing-Influencern)	C2G (z. B. Bauanträge, Abstimmungen, Kita-Anmeldung)
	Unternehmen	B2C (z. B. Bestellung im Webshop, Reklamation eines Produkts)	B2B (z. B. Konfiguration Produkt oder Maschine, Beauftragung Servicetechniker)	B2G (z. B. Steuerabwicklung, Antrag für Fördermittel)
	Verwaltung	G2C (z. B. elektronische Wahlen, Schulverwaltung)	G2B (z. B. Ausschreibungen von Projektvorhaben, Zollverordnungen)	G2G (z. B. Datenaustausch zwischen Landesbehörden, Bundesamt)

Tabelle 2.1 Unterschiedliche Geschäftsmodelle im E-Commerce

Agiert eine Einzelperson als Verkäufer, lassen sich C2C- oder C2B-Geschäftsmodelle unterscheiden. Transaktionen zwischen einzelnen Verbrauchern lassen sich unter dem *C2C-Geschäftsmodell* zusammenfassen. Typische Beispiele sind Plattformen wie eBay oder Airbnb, auf denen Privatpersonen selten neue, meist gebrauchte Produkte oder auch Dienstleistungen wie Übernachtungen an andere Privatpersonen anbieten.

C2B-Geschäftsmodelle werden von Freelancern oder Influencer-Plattformen genutzt, auf denen Einzelpersonen Unternehmen Dienstleistungen gegen ein Honorar anbieten. Da es sich um ein Nischenthema handelt, wird C2B in diesem Buch nicht näher betrachtet.

Darüber hinaus hat E-Commerce im öffentlichen Sektor an Bedeutung gewonnen: Digitale Angebote zur Information und die Möglichkeit, kontaktlos virtuelle Behördengängen zu erledigen, sind nicht erst seit der COVID-19-Pandemie eine Herausforderung, der sich sowohl die öffentliche Verwaltung als auch der lokale Sportverein stellen müssen. Es gibt einen enormen Bedarf an digitalen Prozessen, Funktionen und Services und ein immenses Potenzial, Online-Transaktionen besser, effizienter und für alle Beteiligten zufriedenstellender zu gestalten. Diese Geschäftsmodelle werden *B2G*, *G2C* sowie *C2G* genannt.

In Tabelle 2.3 sehen Sie die Unterscheidungsmerkmale von B2B-Kunden gegenüber B2C-Kunden.

	B2C	B2B
Kunden	suchen Beratung sind emotional gesteuert treffen Entscheidungen selbstständig agieren impulsiv	sind Experten auf ihrem Gebiet sind rational gesteuert treffen Entscheidungen abgestimmt agieren im Auftrag
Typisch	kurze Verkaufszyklen höhere Frequenz niedrigere Preissegmente Standardprodukte	mittlere bis lange Verkaufszyklen niedrige Frequenz hohe Preise individuelle Services und Produkte
Service	wird vorausgesetzt ist optionaler Teil des Angebots ist kostenlos (Garantie) ist nach Kaufabschluss relevant	ist Unterscheidungsmerkmal ist Teil des Angebots ist kostenpflichtige Dienstleistung umfasst alle Phasen
Was ist wichtig zu beachten	Ubiquität Preis Auswahl Flexibilität	Auftrag erledigen Konditionen Zuverlässigkeit Qualität

Tabelle 2.2 Typische Unterscheidungsmerkmale von B2B-Kunden gegenüber B2C-Kunden

2.1.2 Die B2E-Ära: Wie B2B und B2C verschmelzen

Der klassische Webshop für Einzelpersonen auf der einen Seite, die Plattform für Geschäftskunden oder Händler auf der anderen? Die beiden Bereiche verschmelzen zunehmend – und das zu Recht. Funktionen und Prozesse sollten individuell (aus Perspektive der in Kapitel 1, »E-Commerce heute und in Zukunft: Entwicklung, Kunden, Märkte«, vorgestellten *Customer Journey*) betrachtet und nicht strikt getrennt werden. Neben Technologie reifen auch die Kunden (siehe Abschnitt 1.2, »Kunden der Zukunft: Emanzipation und neue Erwartungshaltung«).

So kann das B2B-Geschäft vom B2C-Geschäft lernen. Es gilt zu beantworten, wo sich eine klare Differenzierung in der eigenen Systemlandschaft lohnt. Es sind unterschiedliche Voraussetzungen zu beachten, und nicht immer sind Privat- und Geschäftskunden (rational) vergleichbar. Hier kommt die Abkürzung *B2E* ins Spiel. Häufig wird diese Abkürzung für *Business-to-Employee*, also für die Kommunikation von Unternehmen zu ihrer Belegschaft verwendet. In diesem Buch nutzen wir B2E als Abkürzung für *Business-to-Everyone*.

Oft ist in diesem Kontext auch die Abkürzung *B2X* zu lesen, wobei »X« für die Flexibilität steht, sich an verschiedene Geschäftsszenarien wie B2B oder B2C anzupassen. Für uns stehen sowohl B2E als auch B2X für das gleiche Geschäftsmodell, nämlich den Ansatz, die Kunden in den Mittelpunkt zu rücken. Dies ist verbunden mit dem Anspruch, alle Prozesse rund um E-Commerce unabhängig von Zielgruppe und Kanal über ein einziges System abzuwickeln.

Mit dieser Auflösung der Zielgruppenbeschränkung lassen sich so Händlerprozesse, Transaktionen mit Partnern oder anderen beteiligten Rollen beschreiben. Das Konzept unterstreicht die Notwendigkeit für Unternehmen, flexibel zu sein und auf eine Vielzahl von Kunden- und Partnerinteraktionen zu reagieren. Ziel ist es, ein nahtloses und integriertes Erlebnis für alle Beteiligten zu schaffen, unabhängig davon, ob es sich um Einzelpersonen, andere Unternehmen oder eine Kombination aus beiden handelt.

Ein Charakteristikum und gleichzeitig eine große Herausforderung für Unternehmen, die eine B2E-E-Commerce-Strategie verfolgen, ist die Verbindung von unterschiedlichen Vertriebsmodellen. Dazu gehören:

- Direktvertriebsmodelle (Produkt A wird an Kunde B über Webshop C oder im Store D verkauft)
- mehrstufiger Vertrieb (Installateur A bestellt Produkt B für Kunden C bei Händler D, der bei Unternehmen E ordert)

Herausforderungen unterschiedlicher Personas (Typen) sind Thema von Abschnitt 3.4, »Werkzeuge für erfolgreiche Customer Experience im E-Commerce«. Denn auch die Gestaltung der User Experience (UX) ist abhängig von Zielgruppen, Benutzerrollen bzw. Berechtigungen, Produktdaten bzw. Konfigurationsmodellen oder Integrationsszenarien. Die Zielgruppen und Prozesse eines Unternehmens sollten bereits bei der Gestaltung der Systemarchitektur der zukünftigen Commerce-Lösung bedacht werden. Wie Sie in Kapitel 6, »Web-Content-Management-System«, sehen werden, ist SAP Commerce Cloud bereits auf B2E ausgelegt.

Unterschiedliche Zielgruppen interessieren sich für unterschiedliche Produkte und Dienstleistungen. Dementsprechend müssen sich auch deren Darstellung (siehe Abschnitt 2.2.5, »Wie Ersatzteilshops zum Erfolg beitragen«) sowie die Bereitstellung von Services oder die Bezahlmodelle unterscheiden. B2E-Ansätze beginnen meist auf der Website oder Landingpage, von der aus ein Absprung in den Webshop oder das Serviceportal erfolgt (siehe Abbildung 2.1).

Online-Kanäle werden zunehmend für die Produktrecherche, die Informationsbeschaffung und die Kaufentscheidung genutzt. Deswegen spielt die Website eines Unternehmens nach wie vor eine entscheidende, wenn auch sich verändernde Rolle.

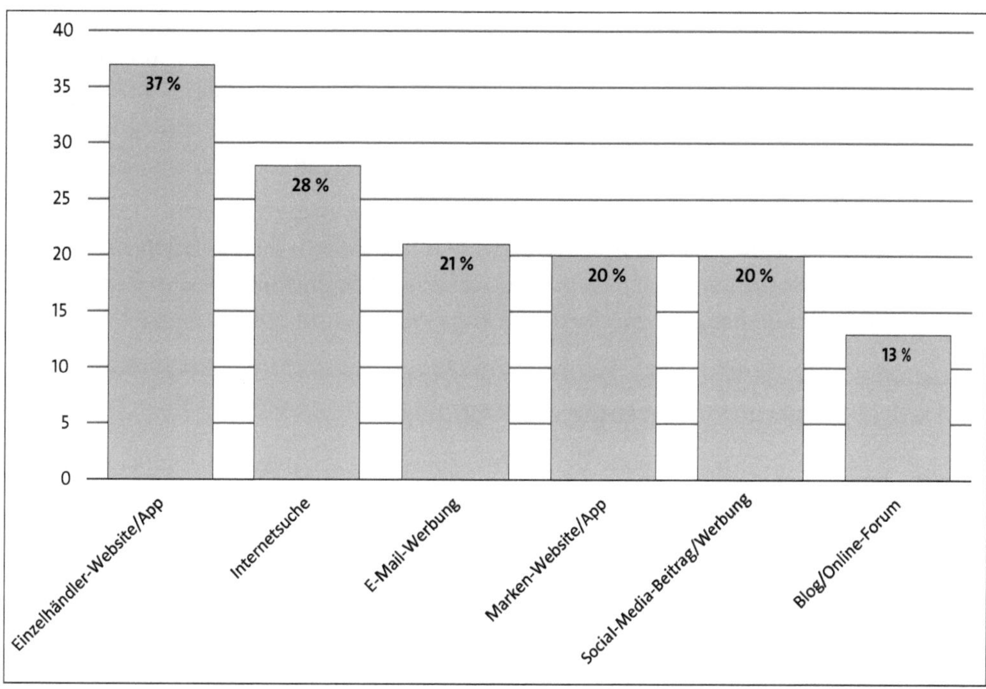

Abbildung 2.1 Online-Käufer-Touchpoints vor dem Einkauf: Letzte Station vor dem Webshop – welche Touchpoints führen zum Webshop? (Quelle: Electronic Commerce Research, April 2022)

2.2 Evolution von E-Commerce-Landschaften

Der Reifegrad einer Lösung oder Plattform hängt nicht ausschließlich von ihrem technologischen Stand ab. Vielmehr empfiehlt es sich, die Entwicklung der E-Commerce-Landschaft stufenweise vorzunehmen. Dabei sollte der Fokus sowohl auf der Integrationstiefe – also dem Ausmaß und der Art, wie das System in vorhandene Strukturen eingebettet ist – als auch auf dem Funktionsumfang liegen. Letzterer bezieht sich auf die Verfügbarkeit spezifischer Funktionen, Daten, Prozesse, Dienstleistungen und weiterer Bestandteile. Dabei sollte die Technologie dem Prozess, also den Geschäftsanforderungen, folgen und nicht umgekehrt.

Und bei Funktion stellen sich sofort die folgenden Fragen: Funktion für wen? Für welchen Zweck? Wie Sie in Abschnitt 3.2 zu Buyer Enablement nachlesen können, gilt es, die Kunden bei der Erreichung ihrer Ziele zu unterstützen. Diese Ziele können im Kontext von E-Commerce unterschiedlicher Natur sein. Nicht nur aufgrund der jeweiligen Personas, sondern vielmehr, weil der Prozess (Use Case) ein ganz anderer ist.

Möchte man sich z. B. über das Unternehmen, die Verfügbarkeit von Fachhändlern oder Showrooms im Umkreis informieren, kann ein und dieselbe Person ein völlig anderes Ziel verfolgen, wenn sie z. B. auf der Suche nach Produktinformationen zum favorisierten Heizkörper ist, ein Hotelzimmer bucht oder die neuen Winterstiefel bestellt. Was im ersten Beispiel (Unternehmensinformation) eine klare Angelegenheit für die jeweilige Website ist und im letzteren Beispiel (Online-Kauf) eindeutig nach einem Webshop klingt, ist in anderen Fällen nicht so klar zu trennen.

Da verschmelzen Prozesse ebenso, wie es die Systeme auch tun sollten. Um zu verstehen, was ein Touchpoint für Anwenderinnen und Anwender darstellen kann, ist es hilfreich, die grundlegenden technologischen Ausprägungen zu beschreiben. Gleichzeitig ist es nützlich, die verschiedenen Entwicklungsstufen zu betrachten.

2.2.1 Integration von Website und Webshop

Bis Mitte der 2000er-Jahre war die Website eines Unternehmens ihr digitales Aushängeschild. Das galt insbesondere für Unternehmen mit einem B2B-Fokus. Heute ist der Webshop der zentrale *digitale Touchpoint* – also der Punkt, an dem ein Kunde mit einer Marke oder einem Produkt online interagiert –, um sich zu informieren, zu planen und zu kaufen. Selbst Unternehmen ohne digitalen Direktvertrieb gestalten ihre Website mit Shop-Charakter, um ihre Produkte oder Leistungen zu präsentieren. Darüber hinaus nutzen Unternehmen Strukturen, die Webshops ähneln, für ihre Händler und bieten neben üblichen Beschaffungslösungen oder -funktionen auch im zweistufigen Vertrieb kundenzentrierte Prozesse und Systeme an. Ein typisches Beispiel liegt vor, wenn im Baugewerbe über Händler Material und Komponenten bestellt werden (müssen), die dann vom Verarbeiter (z. B. der Installateur) für einen Endkunden (z. B. die Bauherrin) montiert werden. Hier ergeben sich unterschiedlichste Konstellationen, wo Personen auf ein Commerce-Portal oder Webshop zugreifen.

Ob sich hinter diesem »Schaufenster« ein technologisch komplexer Webshop oder eine weniger komplexe Website befindet, ist in der Regel nicht direkt ersichtlich. Die Ziele beider Anwendungen unterscheiden sich doch an verschiedenen Stellen deutlich, wie wir im Folgenden zeigen.

Websites verfolgen primär das Ziel, Informationen bereitzustellen. Sie dienen der Interaktion mit den Nutzerinnen und Nutzern sowie der Kommunikation der Marke des Unternehmens (Branding).

- **Technologie**
  Technologisch basieren Websites meist auf Open-Source-Lösungen wie Joomla, Typo3 oder WordPress. Technologisch steckt dahinter ein Content-Management-System (CMS) mit einer eigenen Benutzeroberfläche. Diese CMS basieren auf der Programmiersprache PHP. Die genannten CMS (siehe auch Kapitel 6, »Web-Content-Management-System«), sind einfach zu implementieren und in Betrieb zu nehmen. Das heißt, sie lassen sich bis hin zu großen Rechenzentren kostengünstig bereitstellen. Die Redaktion kann per Drag-and-Drop Inhaltsseiten (Bilder und

Texte für die Startseite, Neuigkeiten oder Stellenausschreibungen) schnell bearbeiten und veröffentlichen. Für die redaktionelle Arbeit ist kein technisches Verständnis im Umgang mit HTML und CSS notwendig.

- **Kunden**
  Kunden wollen durch eine einfache Menüführung mit einem ansprechenden, responsiven Design auf Computern oder mobilen Endgeräten schnell an die benötigten Informationen des Unternehmens gelangen.
- **Design**
  Das Design einer Unternehmenswebsite ist in der Regel vielseitig und sollte ein breiteres Spektrum an Informations- und Werbeinhalten berücksichtigen. Es ist wichtig, eine klare und benutzerfreundliche Navigation sowie eine visuelle Hierarchie zu nutzen, um Besucherinnen und Besucher effektiv zu leiten.

Tabelle 2.2 listet die wichtigsten Merkmale von Websites komprimiert und getrennt nach dem jeweiligen Geschäftsmodell auf.

Aspekt	B2B	B2C
Ziel (Anbieter)	Markenpräsenz und -identität, Lead-Generierung und Informationsbereitstellung, Gewinnung von Informationen	Markenpräsenz und -identität, einfache Online-Präsenz und Kommunikation, Interaktion der Kunden mit der Website
Fokus der Inhalte	Informativ mit professionellem Erscheinungsbild, umfassende Übersicht zu Portfolio und Unternehmen inkl. technischer Einzelheiten zu Produkten/ Dienstleistungen	Informativ mit anspruchsvollem Design, visuell ansprechende und benutzerfreundliche Oberfläche, Übersicht über Produkte/Dienstleistungen
Ziel (Kunden)	Informationsbeschaffung, Unterstützung, Vergleich von Portfolio, Konditionen, Verfügbarkeiten, Varianten etc.	FAQ, Übersicht zu Produkten/ Dienstleistungen und Preisen
Prozessuale Unterstützung	Kontaktaufnahme mit Expertinnen und Experten, Download von Infomaterial	Allgemeine Kontaktformulare
Integrationen (Beispiele)	CRM-Systeme, Marketing-Automatisierungen, Foren	Social Media, Drittanbieter-Tools für Marketing-Analysen

Tabelle 2.3 Vergleich der B2B- und B2C-Geschäftsmodelle bezogen auf Websites

Webshops verfolgen primär das Ziel, Transaktionen (Käufe) abzuwickeln und damit Umsatz zu generieren. Webshops sollen dabei die Interaktion zwischen Unternehmen und Nutzern/Besuchern vereinfachen. Die folgenden Merkmale sind kennzeichnend für Webshops:

- **Technologie**
  Technologisch basieren viele Webshop-Frameworks (z. B. SAP Commerce Cloud) auf den Programmiersprachen Java im Backend und Typescript im Frontend. Diese werden leistungsfähig und skalierbar z. B. durch die Cloud-Dienste Microsoft Azure oder Amazon (AWS) in einem Clusternetzwerk bereitgestellt. Details finden Sie in Abschnitt 5.1, »Infrastruktur«. Die Aufwendungen für die interne IT-Infrastruktur sind hierbei gering. Verantwortlich für die Server mit regelmäßigen Backups sind die Cloud-Anbieter.
- **Kunden**
  Die Seiten eines Webshops sind strukturiert und bieten die Möglichkeit zur Facettierung zur Verfeinerung der Suchergebnisse. Die Begriffe *Facettierung* und *Facetten* werden im Kontext von Webshops oft im Zusammenhang mit der Such- und Filterfunktion verwendet. Die Facettierung ist eine Methode, um die Navigation und Suche in einem Webshop zu verbessern, indem Produkte auf der Grundlage verschiedener Kriterien in Kategorien unterteilt werden. Siehe ausführlich dazu auch Kapitel 8, »Suche und Facettierung«. So ist es Kunden möglich, das gewünschte Produkt mit nur wenigen Klicks zu finden. Durch die Anbindung eines ERP-Systems können Verfügbarkeiten und Preise in der jeweiligen Währung eingesehen werden.
- **Design**
  Webshops setzen stark auf visuell ansprechende Produktpräsentationen mit hochwertigen Bildern und eventuell Videos. Zudem ist es wichtig, Transaktionen zu vereinfachen, um Reibungsverluste und abgebrochene Warenkörbe zu reduzieren.

Tabelle 2.4 gibt einen Überblick über die wichtigsten Merkmale eines Webshops. Wir unterscheiden wieder die Geschäftsmodelle B2B und B2C.

Aspekt	B2B	B2C
Zielgruppe	Unternehmen, Händler, Einkaufsabteilungen	Privatpersonen und Kleinunternehmen
Einkaufsvolumen	große Bestellmengen	kleine Bestellmengen
Produkte	industriell und maßgeschneidert	massentaugliche Produkte
Konditionen	Staffelpreise und kundenspezifische Preise	allgemeine Preise, Rabattaktionen

Tabelle 2.4 Vergleich der B2B- und B2C-Geschäftsmodelle bezogen auf Webshops

Websites dienen somit einer Vielzahl von Zwecken: von Informationsvermittlung, Branding und einem höheren Kundenengagement bis zur Kommunikation. Der Fokus eines Webshops liegt hingegen auf der einfachen Durchführung von Online-Transaktionen, der Generierung von Umsätzen und der Bereitstellung eines nahtlosen Einkaufserlebnisses für die Kunden.

In jedem Fall müssen Unternehmen eine nahtlose und integrierte Online-Präsenz zeigen. Das bedeutet, dass Website und Webshop nicht als zwei unterschiedliche Touchpoints wahrgenommen werden sollten. Die beiden Applikationen sollten sowohl visuell als auch technologisch so weit wie möglich bzw. nötig integriert sein. Wer sich über Produkte oder Leistungen auf einer Website informiert, sollte ohne Umwege und bestenfalls ohne Systembrüche zum richtigen Produktmenü im Webshop weitergeführt werden.

Neben einem einheitlichen Design und konsistenten Branding sollten Inhalte von Websites bereits mit Produktinformationen (und direkten Links auf entsprechende Shopseiten) angereichert sein. Der Datenaustausch von Produkt-, Preis- oder Bestandsinformationen ist dabei ebenso wichtig wie übergreifende Benutzerkonten (Userdaten), um somit auch SSO-Funktionen (Single Sign-On) anbieten zu können.

In den folgenden Abschnitten konzentrieren wir uns auf Funktionen, die über den etablierten Standard von E-Commerce-Lösungen hinausgehen. Technologische Grundlagen, Prozesse und Designaspekte eines Webshops sowie spezielle Werkzeuge und Technologien werden in Teil II des Buches detailliert behandelt.

2.2.2 Nachhaltigkeit, Sicherheit und Barrierefreiheit

Ebenso wie Kundenpräferenzen und Technologien sich stetig verändern, unterliegt auch der E-Commerce einem ständigen Wandel. Trends kommen und gehen. Manche entwickeln sich im Laufe der Zeit zu festen Größen, andere entpuppen sich schnell als kurzlebiger Hype. Was gestern noch innovativ war, ist heute längst Standard: Waren z. B. Promotions, Personalisierung oder Cross-Selling-Angebote vor ein paar Jahren im B2C-Kontext ein echtes Alleinstellungsmerkmal erfolgreicher Webshops, locken solche Funktionen heute kaum noch jemanden hinter dem Ofen hervor.

Dagegen sind heute z. B. mobile Anwendungen aus Endkundensicht ein Muss. Eine nahtlose *Buying Journey* – der Prozess, den Kunden von der ersten Bedarfserkennung bis zum Kauf durchlaufen – verläuft unabhängig davon, welches Endgerät genutzt wird, wo sich die Kunden befinden sowie wann der Kauf stattfindet.

Für B2B-Unternehmen ist das Bereitstellen von schnellen, komfortablen Ersatzteil- und Retouren-Funktionen längst Standard. Flexible Bezahlmodelle, Live-Tracking-Funktionen im Sinne einer transparenten Supply Chain oder sogenannte *Punch-out-Prozesse* (Integrationen in Procurement-Systeme) können jedoch Gründe sein, die über die Vergabe eines Auftrags entscheiden. Punch-out bezeichnet dabei ein System, bei dem Käufer direkt aus ihrem eigenen Beschaffungssystem auf den Katalog eines Lieferanten zugreifen und dort Einkäufe tätigen können.

Die Einschätzung, was ein echter Trend und was eher Flop ist, ist durchaus subjektiv. Einen weiteren Blick in die Zukunft wagen wir in den Kapiteln 23 bis 27. In den vergangenen Jahren haben sich jedoch einige Veränderungen und Schwerpunkte herauskristallisiert, die signifikanten Einfluss auf Kunden, Märkte und damit auf die Gestaltung und den Betrieb von E-Commerce-Plattformen haben (werden). Im Folgenden betrachten wir acht Themen, die einen maßgeblichen Einfluss auf E-Commerce-Strategien haben.

Re-Commerce und Nachhaltigkeit (Sustainability)

Nachhaltigkeit ist in den letzten Jahren zu einem zentralen gesellschaftlichen Thema geworden. Dass Unternehmen von der Produktion bis zur Auslieferung der Ware ressourcenschonend arbeiten, wird Verbraucherinnen und Verbrauchern immer wichtiger. Kaufentscheidungen werden häufiger zugunsten von emissionsbewussten Unternehmen getroffen. Umweltfreundliches Hosting von Website und Webshop, der Verzicht auf Einwegplastikverpackungen, kurze Lieferketten und die Auslieferung mit Elektrofahrzeugen sind erst der Anfang. Unternehmen mit transparenten Produktionsbedingungen und Lieferketten werden in Zukunft einen klaren Wettbewerbsvorteil haben. In E-Commerce-Landschaften ist es wichtig, dass Produktdaten, Links und Zertifikate für Kunden deutlich sichtbar sind und in Systeme wie Logistik und Produktion integriert werden. Offen bleibt, ob Maßnahmen zur Nachhaltigkeit im E-Commerce künftig gesetzlich verpflichtend sein werden.

Barrierefreiheit

Im Mai 2018 trat die Datenschutz-Grundverordnung (DSGVO) in Kraft. Die Regelungen waren lange angekündigt, und es war möglich, sich vorzubereiten – auch wenn es recht lange gedauert hat, bis die letzten juristischen Details entschieden waren. Gehandelt wurde bei vielen Unternehmen jedoch erst, als es schon zu spät war.

Im Juni 2025 könnte sich diese Geschichte in einem anderen Bereich wiederholen: bei der digitalen Barrierefreiheit. Ab diesem Zeitpunkt müssen Webshops barrierefrei sein. Das steht bereits seit Juni 2019 fest, als der *European Accessibility Act* in Kraft getreten ist. Der European Accessibility Act ist eine EU-Richtlinie, die die Zugänglichkeit von Online-Diensten und -Produkten für Menschen mit Behinderungen verbessern soll. Für E-Commerce bedeutet dies, Websites und Apps so anzupassen, dass sie für alle Benutzerinnen und Benutzer leicht zugänglich sind. Im Sommer 2021 wurde er mit dem *Barrierefreiheitsstärkungsgesetz* (BFSG) in deutsches Recht übertragen.

Ausgenommen sind hier lediglich Kleinstunternehmen mit weniger als zehn Beschäftigten, weniger als zwei Millionen Euro Umsatz und sofern sie selbst keine Produkte in Umlauf bringen.

Webshops oder Websites müssen ab dem Stichtag die folgenden Merkmale aufweisen:

- **Wahrnehmbar**
  Im Kontext barrierefreier Websites bedeutet »wahrnehmbar«, dass Menschen mit verschiedenen Fähigkeiten Informationen und Funktionen einer Website erkennen können. Das sind z. B. Textalternativen zu nicht textuellen Inhalten für Menschen mit Sehbehinderung oder Untertitel und Transkripte zu Multimediainhalten für Menschen mit Hörschädigungen.
- **Bedienbar**
  Digitale Angebote müssen so gestaltet sein, dass sie von Menschen mit unterschiedlichen Fähigkeiten und Bedürfnissen leicht bedient werden können. Die Bedienbarkeit könnte Aspekte wie klare und verständliche Navigation, Unterstützung für Bildschirmleser, Tastaturzugänglichkeit und andere Maßnahmen zur Gewährleistung eines inklusiven Zugangs umfassen.
- **Verständlich**
  Alle Informationen und die Art und Weise der Bedienung müssen für die Nutzerinnen und Nutzer leicht nachvollziehbar sein. Bedeutet, dass Informationen und Kommunikationen so gestaltet werden sollen, dass sie für eine breite Palette von Menschen leicht verständlich sind, einschließlich solcher mit kognitiven oder sprachlichen Herausforderungen.
- **Robust**
  Unter robust versteht man, dass Inhalte von Online-Portalen von einer großen Anzahl unterschiedlicher Anwenderinnen und Anwender genutzt werden können – unabhängig davon, mit welchem Gerät, Browser oder welcher Assistenztechnologie sie darauf zugreifen.

Mehrsprachiger Inhalt, Alternativtexte für Bilder, Untertitel, Transkripte für Videos und kontrastreiche Farben sind einige Beispiele, die Menschen mit Benachteiligungen den Zugang erleichtern. Viele Punkte lassen sich einfach beheben. So ist der häufigste Fehler gemäß einer Umfrage von webaim aus dem Jahr 2022 (*https://www.absatzwirtschaft.de/e-commerce-droht-die-zweite-dsgvo-2-229569/*), dass Texte mit einem zu niedrigen Kontrast dargestellt werden. Abbildung 2.2 zeigt die häufigsten Fehler von Websites in Bezug auf Barrierefreiheit. Für die Studie wurden mehr als 550 Menschen (279 mit, 277 ohne Behinderung) im Alter zwischen 20 und 49 befragt. Unternehmen müssen die mit dem Gesetz einhergehenden notwendigen Umbauarbeiten frühzeitig berücksichtigen.

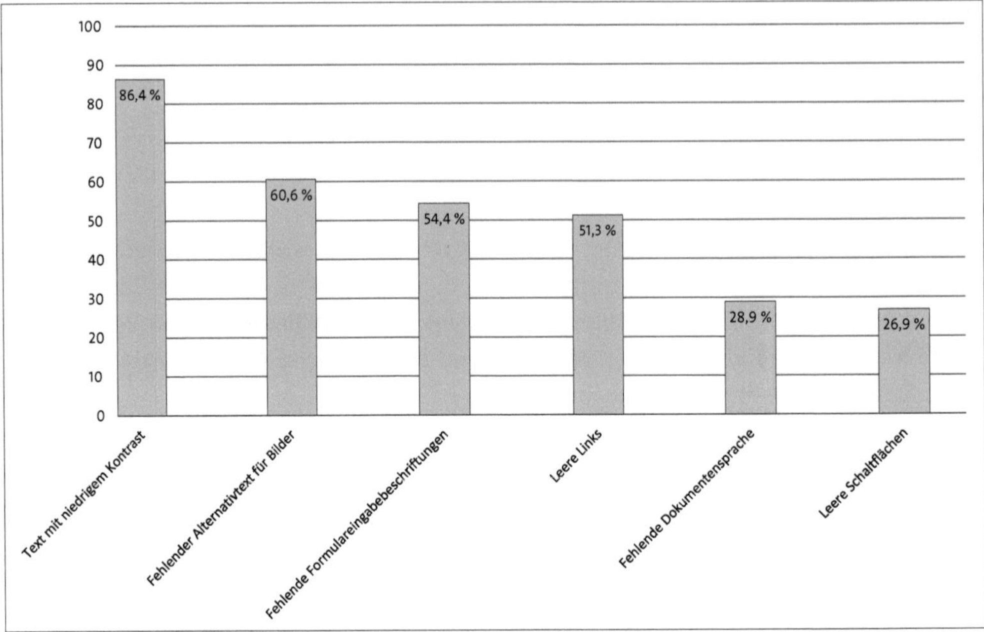

Abbildung 2.2 Die häufigsten Fehler auf Websites in Bezug auf Barrierefreiheit (Quelle: Servatius, Absatzwirtschaft, »E-Commerce droht die zweite DSGVO«, 2022)

Dies umfasst barrierefreies Design und Kompatibilität mit Hilfstechnologien. Der European Accessibility Act soll den europäischen Binnenmarkt für barrierefreie Produkte und Dienstleistungen verbessern, indem er die durch unterschiedliche Vorschriften in den Mitgliedstaaten entstandenen Hindernisse beseitigt. Unternehmen werden davon profitieren: Gemeinsame Regeln für die Barrierefreiheit in der EU führen langfristig zu Kostensenkungen.

Zertifizierungen und Rezensionen

Zertifizierungen und Bewertungen sind für Webshops von entscheidender Bedeutung. Sie spielen eine wichtige Rolle, wenn es darum geht, Vertrauen zu schaffen, Glaubwürdigkeit aufzubauen und die Kaufentscheidungen von Online-Kunden zu beeinflussen. Zertifizierungen, wie *SSL* (*Secure Socket Layer*) für sichere Transaktionen, zeigen, dass die Website die Sicherheit ernst nimmt.

Sicherheitszertifizierungen wie die Einhaltung des *PCI DSS* (*Payment Card Industry Data Security Standard*) geben den Kunden die Gewissheit, dass ihre sensiblen Zahlungsdaten sicher behandelt werden. Zertifizierungen, die sich auf die Einhaltung von Rechtsvorschriften beziehen, wie z. B. die Einhaltung der DSGVO, zeigen, dass der Webshop die Datenschutzgesetze respektiert und die Kundendaten schützt.

Als Webshop-Betreiber kann man durch die Integration von Trustpilot Kunden eine sichere Plattform bieten und ihnen so aufwendige Recherchen ersparen. Über 25.000 registrierte Unternehmenskunden (Stand Oktober 2023) gehen diesen Weg bereits (siehe Abbildung 2.3).

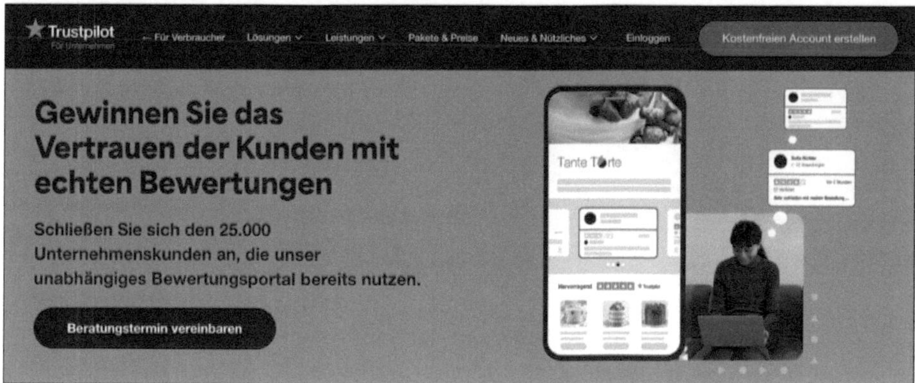

Abbildung 2.3 Startseite von Trustpilot

Positive Kundenbewertungen – sowohl der Produkte als auch des Webshops selbst – fungieren als sozialer Beweis und bestärken das Vertrauen neuer Käufer in die Zuverlässigkeit des Webshops. Positive Bewertungen dienen als Bestätigung, während negative Bewertungen Verbesserungsmöglichkeiten aufzeigen. Zudem tragen positive Bewertungen zur Suchmaschinenoptimierung (SEO) des Webshops bei. Suchmaschinen berücksichtigen oft nutzergenerierte Inhalte bei der Bewertung von Websites (siehe auch Abschnitt 3.1, »Ohne Traffic keine Conversion«). Dazu gehören auch Kundenbewertungen.

Das Problem Fake-Shops

Betrügerische Webshops (*Fake-Shops*) locken in der Regel mit Dumping-Angeboten. Fake-Shops sind mittlerweile sehr professionell gemacht oder sehen den Webshops bekannter Anbieter zum Verwechseln ähnlich. Für Verbraucherinnen und Verbraucher ist es deshalb schwer, sie als betrügerisch zu identifizieren. Es lassen sich, vereinfacht gesagt, drei Formen des Betrugs unterscheiden:

- Fake-Shops, die trotz Zahlung keine oder falsche Ware liefern
- Fake-Shops, die Markenfälschungen verkaufen
- Fake-Shops, die personenbezogene Daten sammeln wollen

Zertifizierungen oder die Integration in Bewertungsportale gewinnen aus diesem Grund, wie bereits ausgeführt, bei der Gestaltung von Webshops an Bedeutung.

Auch wenn ein Fake-Shop oft nicht leicht zu erkennen ist, gibt es einige Hinweise, auf die man beim nächsten Einkauf achten kann:

- **Rechtschreibung**
  Oftmals geben sich Webshop-Betrüger in Sachen Rechtschreibung nicht viel Mühe. Wenn selbst die einfachsten Sätze grammatikalisch keinen Sinn ergeben, könnte (muss aber nicht) dies ein Indiz für Betrug sein.
- **Impressum und Datenschutzerklärung**
  Gesetzlich sind für Webshops und Websites – zumindest in Europa und im Schengenraum – ein Impressum und eine Datenschutzerklärung für den Betreiber verpflichtend. Ein Blick in das Impressum liefert Informationen über die Person oder das Unternehmen in Bezug auf Ansprechpartner, Adresse, Telefonnummer, Land sowie Steuer- oder Handelsregisternummer.
- **Unternehmensregister**
  Sollte sich das Unternehmen in Deutschland befinden, kann unter *www.unternehmensregister.de* eine schnelle Suche nach dem Firmennamen oder der Handelsregisternummer aus dem Impressum durchgeführt werden. Das Unternehmensregister ist ein staatlicher Service, der Jahresabschlüsse und Unternehmensinformationen der Öffentlichkeit zugänglich macht (siehe Abbildung 2.4).

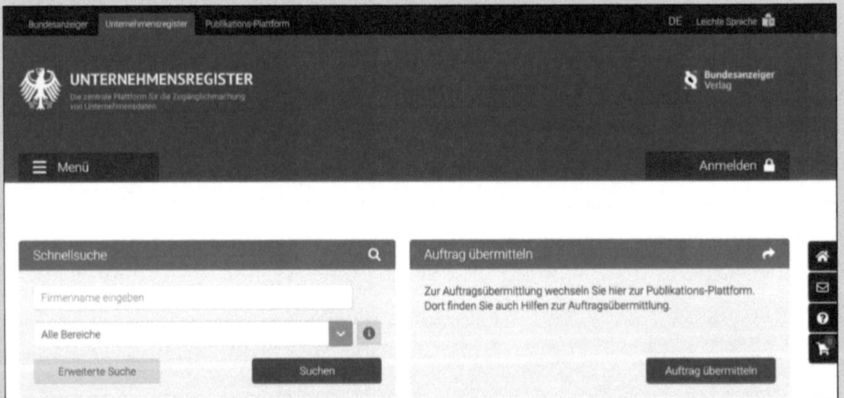

Abbildung 2.4 Das Unternehmensregister: eine zentrale Plattform für Unternehmensdaten

- **SSL-Zertifizierung**
  Ein weiteres wichtiges Merkmal ist die SSL-Zertifizierung (siehe Abbildung 2.5). In jedem gängigen Webbrowser lässt sich durch einen kurzen Blick feststellen, ob der Webauftritt ein gültiges Zertifikat verwendet. Durch den Einsatz werden ausgetauschte Daten zwischen Client und Server verschlüsselt und sind gegen den Zugriff durch Dritte geschützt. Am Beispiel ist zu sehen, dass der SyGusto-Webshop ein gültiges SSL-Zertifikat verwendet und somit eine sichere Verbindung gegeben ist.

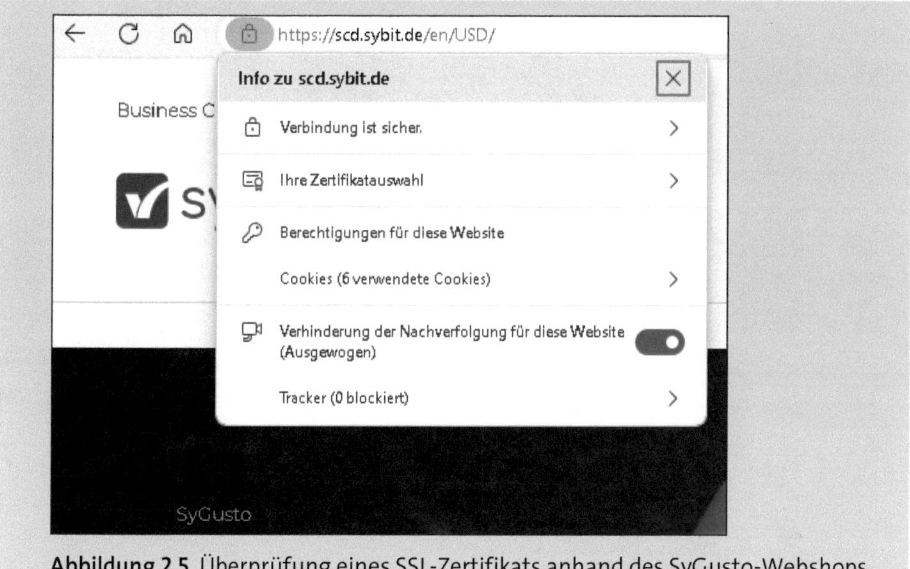

Abbildung 2.5 Überprüfung eines SSL-Zertifikats anhand des SyGusto-Webshops

Social Commerce

Social Media und Influencer üben heute einen enormen Einfluss auf unsere Gesellschaft aus, insbesondere auf die Kaufentscheidungen vieler Menschen. Obwohl rationale Kriterien bei Kaufentscheidungen eine Rolle spielen, werden viele auch emotional getroffen. Sportbekleidung einer Marke, die meinen Lieblingsverein unterstützt, ist z. B. attraktiver als die der Konkurrenz.

Dieses Sympathie-Level kann im sogenannten *Social Commerce* genutzt werden. Unternehmen können gezielt Influencer in ihrer Branche ansprechen und Produktplatzierungen kaufen. Das Produkt wird dann über Content-Marketing (Video oder Bild) vorgestellt. Ein direkter Link und ein Rabattcode erleichtern den Kaufprozess für die Kunden.

Neben dem Influencer-Marketing gewinnt auch die eigene Markenpräsenz auf Social Media für Unternehmen an Bedeutung. Eine Präsenz in sozialen Netzwerken schafft Nähe zu den Kunden und macht eine Marke greifbarer. Interaktionen wie Likes, Kommentare oder Direktnachrichten können die Kundenbindung intensivieren. Jüngere Generationen suchen vermehrt nicht nach Produkten, sondern lassen sich in ihren Kaufentscheidungen hauptsächlich von Social-Media-Influencern leiten (siehe Abbildung 2.6).

Um erfolgreich Social Commerce betreiben zu können, benötigt der Webshop eine gezielte mobile Optimierung. Wie diese konkret aussehen kann, wird im nächsten Abschnitt beleuchtet.

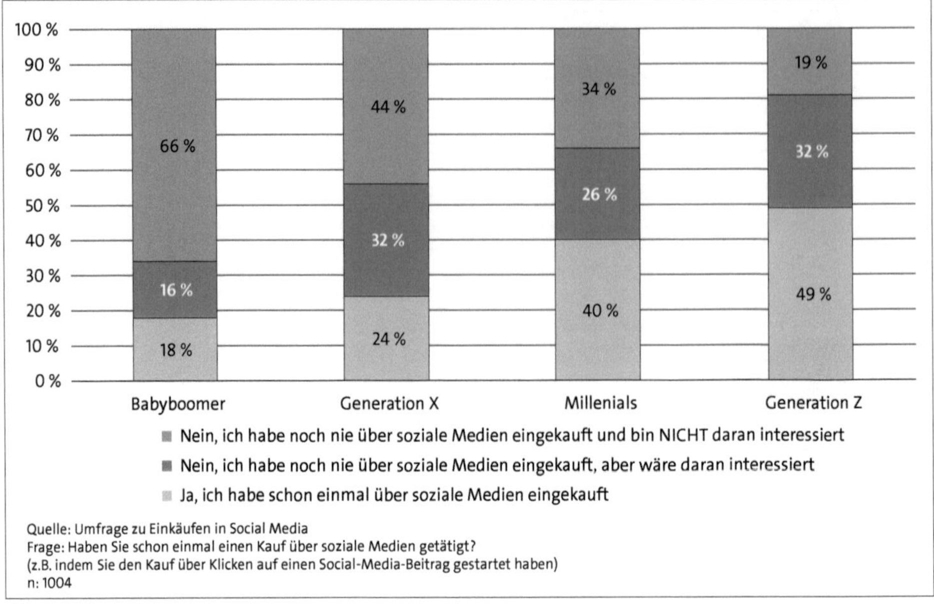

Abbildung 2.6 Wer bereits in sozialen Medien eingekauft hat – sortiert nach Altersgruppe (Quelle: Capterra, »Die Nutzung von Social Selling und Social Commerce in Deutschland«, 2023)

Mobile Commerce

Mobile first ist in den letzten Jahren zu einer entscheidenden Design-Philosophie geworden. Ursprünglich bezog er sich auf das reibungslose und ansprechende Design eines Webshops auf mobilen Endgeräten. Der Schritt hin zu einem echten Mobile Commerce geht deutlich weiter. Eine Website soll auf einem Smartphone nicht nur »gut aussehen«. Vielmehr nutzt sie die Funktionen und Eigenschaften dieser Geräte vollständig aus. Funktionen wie Vibration, Scannen oder Gestensteuerung (z. B. Wischen) müssen integriert werden, um ein authentisches und nahtloses Smartphone-Erlebnis zu gewährleisten.

[zB]

Mobile Webshops

Denken Sie daran, wie intuitiv und flüssig Sie Ihr Smartphone im Alltag verwenden – genau dieses Erlebnis sollte auch in Webshops ermöglicht werden. Ein Großteil der Kunden wird zunächst durch mobil genutzte Anwendungen (Social Media, Newsletter, E-Mails, mobile Browser) auf Produkte aufmerksam. Entdeckt z. B. eine Nutzerin ein Produkt auf einer Social-Media-Plattform, klickt auf den Link – und wird dann auf eine träge, ruckelnde Website mit störenden Pop-up-Fenstern umgeleitet. Es liegt auf der Hand, dass der ursprüngliche Kaufanreiz schnell verloren geht. Wenn der Übergang vom Social-Media-Kanal zum Webshop nahtlos und ohne störende Elemente erfolgt wäre, hätte die Kundin wahrscheinlich den Kauf abgeschlossen.

Der Wunsch nach mobilen Lösungen war lange eher ein B2C-Thema, da hier das Smartphone oder das Tablet häufig das bevorzugte Endgerät für Online-Käufe oder Serviceanfragen ist. Längst erwarten auch B2B-Kunden mobilen Zugang zu Kundenportalen oder Ersatzteilshops. Sei es, um das aktualisierte Angebot vom Vertrieb zu prüfen, um Rechnungen einzusehen oder das benötigte Ersatzteil zu bestellen. Ein weiterer Vorteil mobiler Anwendungen ist die Beschleunigung und Vereinfachung von Kaufprozessen. Der sogenannte Quick Commerce ist Thema des nächsten Abschnitts.

Quick Commerce

Kunden brechen oft einen Kauf ab, weil sie in verschiedenen Webshops immer wieder neue Accounts anlegen und Bezahldaten erneut eingeben müssen. Dies zeigt auch eine Studie des Baymard Institutes (siehe Abbildung 2.7). Für Kunden ist es deutlich komfortabler, wenn Zahlungsdienstleister wie Apple Pay oder Google Pay den Bezahlprozess mit nur einem Wisch übernehmen.

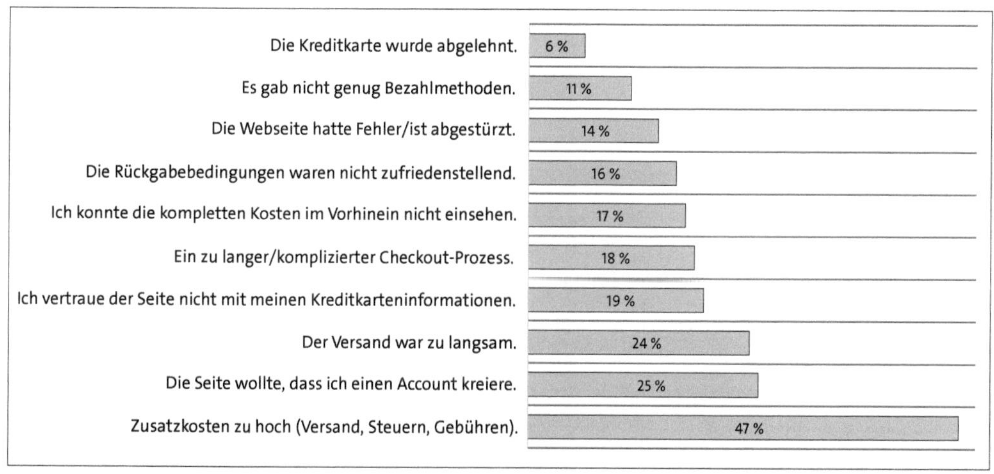

Abbildung 2.7 Gründe, warum Warenkörbe abgebrochen werden (Quelle: Baymard Institute, »Reasons for Cart Abandonment«, 2023)

Wenn man den gesamten Kaufprozess vom Kaufimpuls bis zur Bezahlung betrachtet, stellt der Checkout die letzte Hürde dar. Es gilt, diese Hürde so niedrig wie möglich zu gestalten. Um die Conversion Rate – den Prozentsatz der Personen, die eine Website besuchen und eine gewünschte Aktion ausführen, z. B. einen Kauf – zu steigern, kann gerade bei »einfachen« Produkten direkt auf der Produktseite eine *Quick-Checkout-Funktion* implementiert werden.

Es sollte auf einen Warenkorb oder einen zeitaufwendigen Anmeldeprozess verzichtet werden. Stattdessen ist es sinnvoll, den gesamten Kauf nahtlos über Schnittstellen wie PayPal, Apple Pay, Google Pay oder Amazon Pay abzuwickeln. Die Integration von

Bezahlmodellen in einen Webshop kann auf unterschiedliche Weisen erfolgen: Zum einen besteht die Möglichkeit, jedes System individuell und manuell zu integrieren. Das ist zwar mit einem höheren Aufwand verbunden, bietet aber volle Kontrolle über den Prozess. Zum anderen gibt es Anbieter, die nach einmaliger Integration eine Vielzahl von Bezahlmethoden bereitstellen. Diese Methode ist einfacher in der Umsetzung, bringt jedoch in der Regel höhere Kosten pro Transaktion mit sich.

Abonnement-Modelle und Subscriptions

Wenn Produkte wiederholt verkauft werden können, sollten sie auch im Shop in einem *Abonnement-Modell* angeboten werden. Zwar eignet sich nicht jedes Produkt dafür, doch in vielen Branchen schlummert das Potenzial für Abonnements oder *Pay-per-Use-Angebote*.

Neben einer stabilen Kundenbindung, die Upselling-Strategien ermöglicht, können Abonnements die Hemmschwelle zum Kauf reduzieren oder den Kunden einen Mehrwert bieten, da sie sich um regelmäßige Bestellungen nicht mehr kümmern müssen. Dabei können auch automatisch Bestände aufgefüllt oder kostenlose Probeartikel hinzugefügt werden.

Sie kennen solche Beispiele sicherlich aus eigener Erfahrung, sei es bei der Nutzung von Streamingdiensten, dem *Dash-Button* bei Amazon oder bei der Leihe von teuren Musikinstrumenten. In der Automobilindustrie bieten immer mehr Hersteller flexible Leasingverträge an – teilweise mit der Option, regelmäßig Fahrzeug oder Konditionen zu ändern. Und letztendlich handelt es sich bei den gängigen Mobilfunkverträgen um nichts anderes als Subscriptions. Bei einem Pay-per-Use-Modell wird es für den Nutzer noch unkomplizierter: Er zahlt nur für das, was er tatsächlich verbraucht, und kann seinen Bedarf flexibel steuern. Unternehmen erleben in diesem Zusammenhang eine Veränderung in den Zeiten, zu denen sich Investitionen amortisieren (siehe Abbildung 2.8).

Gerade bei der Anschaffung sehr teurer Maschinen oder bei risikobehafteten Investitionen, bei denen sich der Nutzen erst nach längerer Zeit bzw. nicht garantiert einstellt, sind solche Modelle für B2B-Kunden attraktiv. Die Integration solcher Modelle in IT-Systeme (z. B. SAP ERP oder SAP S/4HANA) ist technologisch nicht immer einfach. Zum einen muss das Abonnement-Modell in den Shop eingebunden werden. Hier müssen ggf. Verbrauchs-, Analyse- oder IoT-Daten als Berechnungsgrundlage herangezogen werden. Zum anderen muss auch eine Automatisierung der Lager- und Versandprozesse vorgenommen werden, um Abonnements zu überwachen und zu verwalten.

Es ist zudem wichtig, dass Nutzer jederzeit ihre Abos oder Pay-per-Use-Modelle anpassen können. Obwohl diese Integration auf den ersten Blick komplex erscheint, bietet SAP eine Vielzahl von Lösungen und Herangehensweisen für die Umsetzung. In

Abschnitt 17.13, »SAP Subscription Billing«, werden das Thema und das Integrationsszenario näher erläutert.

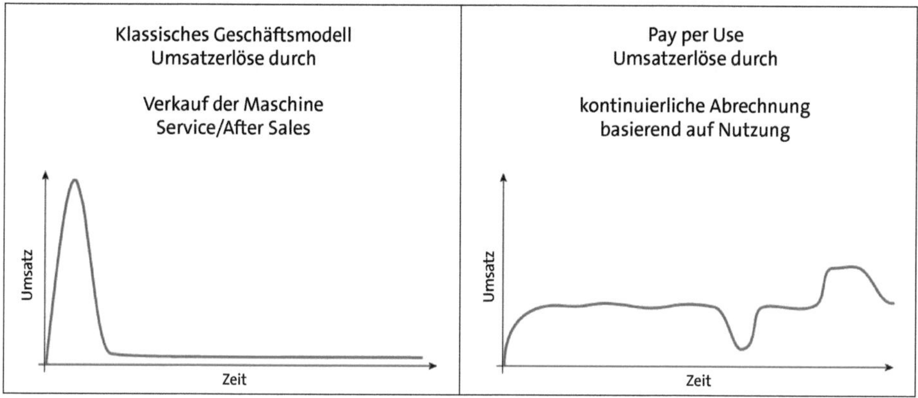

Abbildung 2.8 Umsatzerlöse mit einem Pay-per-Use-Geschäftsmodell

Virtuelle Beratung

Mit zunehmender Digitalisierung und dem Wunsch vieler Kunden, online einzukaufen, kann es vor allem bei Produkten mit hoher Komplexität eine echte Herausforderung für die Unternehmen sein, die vielschichtigen Eigenschaften und Funktionen in einem Webshop transparent und verständlich darzustellen. Viele potenzielle Käufer sind zwar an einer Online-Bestellung interessiert, scheuen jedoch vor dem Kauf zurück, da ihnen die haptische und visuelle Erfahrung fehlt, die sie in einem physischen Geschäft erhalten würden.

Größte Hürde ist dann die Unsicherheit bei der Kompatibilität zu bestehenden Produkten, Ausstattungen oder Anlagen, Nutzen und Qualität (siehe Abschnitt 2.2.3, »Produktdaten als Basis zum Erfolg«). Genau hier setzt die virtuelle Beratung an. So können durch Integration von virtuellen Kaufberatern z. B. die Kunden geführt werden. Eine Stufe weiter geht die Option, dass das Beratungspersonal die Kunden mittels *Video-Call*, *Co-Browsing* oder *Bildschirmfreigabe* live berät. Theoretisch ist es möglich, die Kunden durch den gesamten *Produktkatalog* zu führen, Konfigurationsoptionen zu zeigen oder spezifische Anwendungsbeispiele zu präsentieren.

Ziel ist, eine dem originären Einkauf oder Kundenbesuch ähnliche Echtzeitberatung zu ermöglichen. Oft genügt schon das Angebot, einen Video-Beratungstermin zu vereinbaren, um die Kunden davon abzuhalten, den Kaufprozess abzubrechen. So bietet dieser Ansatz zudem noch die Chance, als *Leadgenerierungskanal* zu fungieren. Dies gilt insbesondere für nicht eingeloggte (unbekannte) User, die sich durch die Terminanfrage identifizieren müssen.

Auch im *After-Sales-Geschäft* gewinnt Online-Beratung an Bedeutung. Das betrifft Dienstleistungen und Aktivitäten, die ein Unternehmen nach dem Verkauf eines Produkts anbietet, wie Kundensupport, Wartung, Reparaturen und Ersatzteilversorgung. Hier können weiterführende Fragen zum Produkt beantwortet, Serviceanfragen geklärt oder Zusatzprodukte vorgestellt werden, wodurch sich Upselling-Möglichkeiten ergeben. Durch virtuelle Showrooms können Besuchstermine für Geschäfts- und Privatkunden nachgebildet werden. Der Vertrieb spart wertvolle Zeit, weil auf Reisen verzichtet werden kann. Die Kunden gewinnen an Flexibilität und kommen schneller an kompetente Beratung.

Retail Media

Sicher haben Sie bereits einen Werbespot vor einem YouTube-Video gesehen oder eine Anzeige bei einer Google-Suche bemerkt. Beides haben Sie sofort als Werbung identifiziert. Aber erkennen Sie auf den ersten Blick die gesponserten Produktanzeigen auf einer E-Commerce-Plattform wie Amazon?

Dieser Ansatz wird mit dem Begriff *Retail Media* bezeichnet. Retail Media sind Werbeaktivitäten innerhalb von Online-Plattformen, auf denen Werbeflächen an Marken oder Händler verkauft werden. Diese Werbung wird z. B. nahtlos in die Produktliste integriert.

Vorreiter für Retail Media waren Plattformen wie Amazon, die über eine detaillierte Kaufhistorie ihrer Nutzerinnen und Nutzer verfügen und deshalb Werbung äußerst präzise platzieren können. Viele Kunden nehmen diese Werbeinhalte nicht sofort als solche wahr. So wird oft eine bezahlte Anzeige ganz oben in den Suchergebnissen präsentiert, gefolgt von organischen Treffern. Ein organischer Treffer ist ein Suchergebnis, das aufgrund seiner Relevanz und Qualität, ohne bezahlte Werbung, in einer Suchmaschine erscheint.

Diese Anzeigen sind oft dezent gestaltet, ziehen aber dennoch die Aufmerksamkeit der Kunden auf sich. Obwohl Kunden das Gefühl vermittelt wird, dass sie die Kontrolle über ihre Suchanfragen haben, erfolgt die Auswahl von Form und der Platzierung der Anzeige basierend auf verschiedenen Faktoren. Das Besondere dabei: Die Werbung und der Verkaufsprozess finden auf derselben Plattform statt, wodurch das Verhältnis von Investition zu Ertrag (Return on Investment, ROI) exakt nachverfolgt werden kann. Zwar ist Retail Media ein Thema, das (noch) nicht häufig in einem neuen Shop implementiert, sondern auf bestehenden Plattformen eingesetzt wird. Dennoch bieten sich z. B. bei der Gestaltung von Suchergebnissen (siehe Abschnitt 8.4, »Adaptive Search Module«) zahlreiche Optionen, Hinweise, Promotions, Aktionen, Produkte oder relevante Angebote auch im eigenen Webshop subtil und effektiv zu platzieren.

Mit der Abgrenzung der unterschiedlichen Geschäftsmodelle, der kompakten Darstellung der wesentlichen Merkmale von Webshops bzw. Websites und der Übersicht zu neun gängigen Anforderungen ist das Grundgerüst einer E-Commerce-Landschaft nun erläutert.

In den nächsten Abschnitten bieten wir eine detaillierte Erläuterung des Schlüsselelements für den Erfolg – den Produktdaten – und stellen mögliche logische Schritte zur Weiterentwicklung eines Webshops vor. Fokus liegt dabei auf dem kontinuierlichen Ausbau des Webauftritts zu einem Kundenportal. Hier ergeben sich weitere Synergieeffekte zwischen Webshop und Website, die es zu nutzen gilt. Zudem lassen sich noch zahlreiche weitere digitale Dienstleistungen in einem Kundenportal bereitstellen.

2.2.3 Produktdaten als Basis zum Erfolg

Kunden informieren sich heute vorab selbstständig über Produkte, bevor sie ein Unternehmen persönlich kontaktieren. Damit Kunden Ihr Unternehmen und Ihre Produkte finden, müssen *Produktinformationen* online verfügbar sein. Das setzt voraus, dass diese Informationen an zentraler Stelle gepflegt und aktuell gehalten werden. Nichts ist schlimmer, als wenn Kunden online Produkte finden, die Sie gar nicht mehr anbieten, deren technische Merkmale nicht aktuell sind oder wenn sich die Informationen zwischen Website, Printkatalog und Aussage des Vertriebs unterscheiden.

Damit ist klar: Ohne zentrale Produktinformationen verlieren Sie Kunden noch bevor die Kundenbeziehung begonnen hat. Aber nicht nur im Webshop sind Produktdaten essenziell. Das Marketing als Verantwortlicher für die digitalen Touchpoints – auch jenseits des Webauftritts – profitiert ebenso von aktuellen und konsistenten Daten wie Vertrieb und Service. Nur wenn der Vertrieb weiß, dass die Kaffeemaschine nur mit entsprechender Vorrichtung (Wasserkreislauf) einsetzbar ist, kann er richtig beraten. Serviceteams oder Händler, die erkennen, welches Ersatzteil in die Maschine des Kunden passt, können erfolgreich helfen.

Möchte man Kunden oder Partnern zusätzliche Leistungen rund um innovative Technologien wie *Internet of Things* (IoT), *künstliche Intelligence* (KI) oder *Predictive Maintenance* anbieten, gewinnen Produktdaten weiter an Bedeutung.

[«]

Die Begriffe »Internet of Things«, »künstliche Intelligenz« und »Predictive Maintenance« im Kontext von E-Commerce

Im Folgenden erläutern wir kurz, welche Relevanz die Stichworte IoT, KI und Predictive Maintenance im E-Commerce-Umfeld haben:

- **Internet of Things (IoT)**
  IoT verknüpft physische und virtuelle Objekte über das Internet, um durch Informations- und Kommunikationstechnologien deren Interaktion zu ermöglichen. Beispiele hierfür sind voll automatisierte, prädiktive Instandhaltungssysteme und intelligente Haustechnik wie selbstregulierende Thermostate, die auf Wetterdaten reagieren, sowie per App steuerbare Beleuchtungs- und Jalousiesysteme.

- **Künstliche Intelligenz (KI)**
  Künstliche Intelligenz (KI) zielt darauf ab, Maschinen zu befähigen, intelligent zu agieren. Im E-Commerce revolutioniert KI die Kundenerfahrung und Betriebsabläufe: Sie ermöglicht Echtzeit-Betrugserkennung, indem sie untypische Nutzertransaktionen identifiziert und hilft, Betrug zu verhindern. Dynamische Preisgestaltung passt Preise automatisch an Markttrends und Nutzerverhalten an, während personalisierte Empfehlungssysteme auf Basis von historischen Käufen und dem aktuellen Surfverhalten individuelle Produktvorschläge generieren. Intelligente Chatbots bieten rund um die Uhr Kundensupport, indem sie Fragen beantworten und Hilfe leisten, basierend auf fortgeschrittenen KI-Modellen wie ChatGPT.
- **Predictive Maintenance**
  Prädiktive Instandhaltung nutzt historische und Echtzeitdaten, um zukünftige Ereignisse vorherzusagen und gegebenenfalls automatische Maßnahmen einzuleiten. Im E-Commerce kann dies z. B. die frühzeitige Erkennung von Verschleiß bei Maschinen betreffen, um Ausfällen vorzubeugen. Idealerweise werden Ersatzteile automatisch nachbestellt oder Wartungstermine selbstständig geplant, um Betriebsunterbrechungen zu minimieren.

In Abbildung 2.9 sehen Sie eine mögliche Architektur für die Integration von Maschinendaten in ein Commerce Portal.

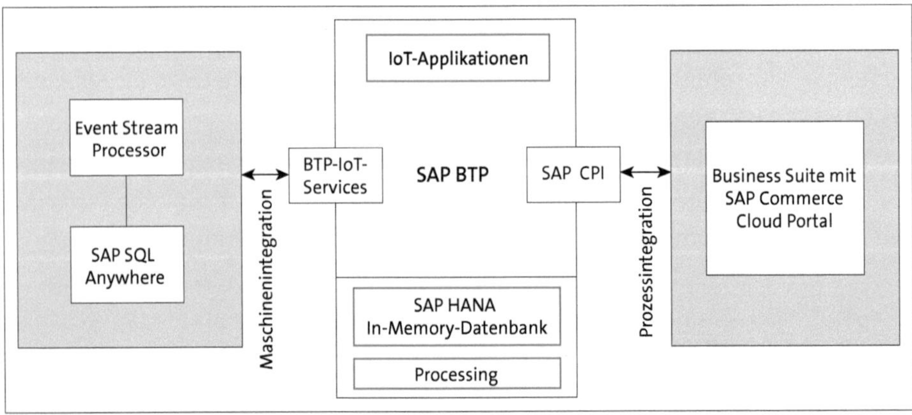

Abbildung 2.9 Architekturübersicht zu einem möglichen IoT-Szenario mit der SAP Business Suite für Maschinen und Anlagen

Ein derart aufwendiges IoT-Szenario, in dem ein Dashboard zu Ihrer Maschine Fehlermeldungen erstellen kann (siehe Abbildung 2.10) hilft Ihnen nicht, wenn Sie keine Informationen über die betroffene Baugruppe haben. Oder wenn dank KI Produktvorschläge erstellt werden, die Kompatibilität mit bestehenden Installationen oder gar die grundsätzlichen Verwendungsoptionen jedoch nicht ersichtlich sind.

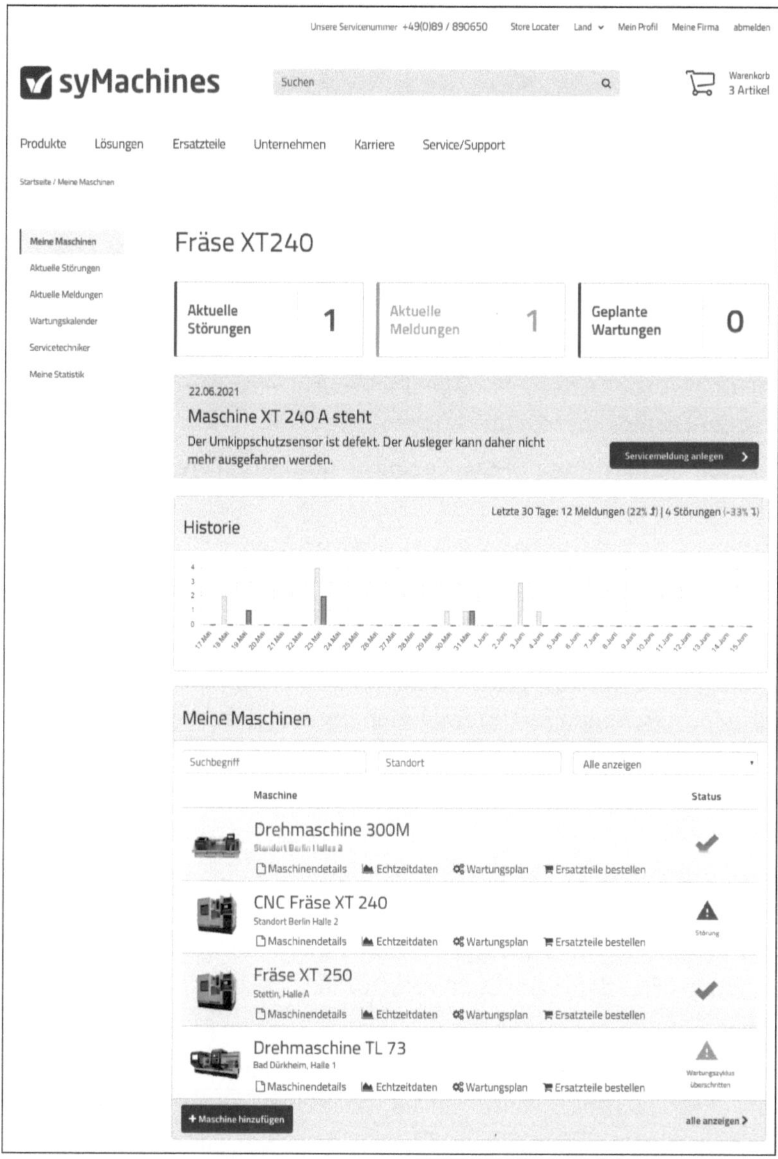

Abbildung 2.10 Fehlermeldung in einem E-Commerce-Portal mit digitaler Maschinenverwaltung

Produktdaten sind also das Fundament. Dazu gehören aber nicht nur Materialnummer und Kurztext aus dem SAP-ERP-System bzw. SAP-S/4HANA-System. Wichtig für die Präsentation auf der Website, im Shop oder im Kundenportal sind weitere Informationen für die Kunden.

Das sind unsere zehn wichtigsten Produktmerkmale (in alphabetischer Reihenfolge), die in keinem Webshop fehlen dürfen:

1. Angaben zur Nutzbarkeit für die geplante Verwendung oder sonstige notwendige Rahmenbedingungen/Voraussetzungen zur Nutzung
2. Beschreibende Texte, die Verwendungszweck und Vorteile des Produktes erläutern
3. Bilder, (CAD-)Zeichnungen und Visualisierungen (Anwendungsvideo, 3D-Darstellung, VR-Funktionen)
4. Informationen zu Kompatibilität mit bestehendem Equipment oder Produkten
5. Informationen zur Inbetriebnahme oder Erstinstallation
6. Referenzen und Rezensionen
7. Sonstige Dokumente rund um das Produkt (Fachartikel, Broschüren, Bedienungsanleitungen oder Handbücher für die Nutzung)
8. Technische Daten und Attribute, die bei der Suche und beim Vergleich von Produkten helfen
9. Verfügbarkeiten, Lieferkonditionen und Statusinformationen
10. Verweise (Links) zu Komplementärprodukten, Zubehör und Ersatzteilen

Produktdaten sind je nach Geschäftsmodell oder Produktgruppe unterschiedlich bedeutend für den Erfolg. Obwohl die genannten Produktmerkmale wichtig sind, stellen zwei grundlegende Stammdaten Unternehmen immer wieder vor Herausforderungen: Preis und Verfügbarkeit.

Alles hat (k)einen Preis

Der *Preis* verdient aus unterschiedlichen Gründen unsere besondere Aufmerksamkeit. Aus der Perspektive der Unternehmensstrategie stellt sich zunächst die Frage, ob Preistransparenz beabsichtigt ist. Zahlreiche Unternehmen möchten ihre Preise gar nicht transparent machen – dafür gibt es diverse Gründe:

- **Händlermodell**
  Händler verhandeln die Preise und Konditionen. Ohne dieses Privileg betrachten Händler den Webshop als Konkurrenz, und die Marke wird weniger priorisiert oder droht gar aus den Regalen verbannt zu werden.
- **Margen**
  Man möchte flexibel auf Kunden und aktuelle Markt- bzw. Bestandssituation reagieren können und so die Gewinnabschöpfung immer möglichst optimieren.
- **Wettbewerber**
  Viele Unternehmen möchten nicht, dass die Konkurrenz Transparenz über das eigene Preismodell bekommt – ggf. auch, um dem Platzieren von Dumpingpreisen entgegenzuwirken.

- **Kein Direktvertrieb online**
  Produkte oder Leistungen können (noch) nicht final online gekauft/bestellt werden.
- **Individuelle Preise**
  Die Produkte sind zu komplex, umfangreich oder kundenspezifisch, um Endpreise ohne persönlichen (Vertriebs-)Kontakt zu kalkulieren. Mitunter ist das Preismodell auch schon erklärungsbedürftig.
- **VIP only**
  Preise sollen nur für angemeldete/bekannte und eingeloggte Kunden sichtbar sein. Häufiger Grund dafür ist, dass nur für diese Kunden die korrespondierenden Preise, Lieferkonditionen etc. aus Backend- oder Commerce-System ermittelt werden können.

An diesen Beispielen erkennen Sie, wie komplex und vielfältig Preise als Produktattribut Einfluss auf Unternehmen nehmen und deren gesamte E-Commerce-Strategie im Hinblick auf Technologie und Prozess bestimmen.

Spätestens wenn der Preis öffentlich und ohne Anmeldung bzw. Registrierung auf der Website sichtbar werden soll, stellt sich die Frage, welcher Preis denn nun der richtige ist. Soll der Kunde im Shop oder Portal direkt eine Bestellung auslösen können, sind Preise und Verfügbarkeitsinformationen zwingend notwendig.

Aber auch wenn der Kunde sich angemeldet hat, ist die Ermittlung des Preises oft eine Wissenschaft für sich. Individual- oder Staffelpreise, Jahresgrundpreise, gesetzliche Vorgaben, Einfuhrabgaben, Zölle, Rabatte, Kontingente, Mengenkontrakte, konjunkturelle bzw. saisonale Preisschwankungen oder einfach unternehmensseitige Preisstrategien für einzelne Produkte oder Kunden (Skimming-, Festpreis-, Penetration-Strategie etc.) gilt es zu berücksichtigen.

[«]

Preisstrategien

Es gibt verschiedene Preisstrategien, die je nach Geschäftsbereich, Marktlage und Produktlebenszyklus angepasst und kombiniert werden können. Hier sind einige gängige Ansätze:

- **Skimming (Preisabschöpfung)**
  Skimming ist eine Preisstrategie, bei der ein Unternehmen einen hohen Anfangspreis für ein neues Produkt oder eine neue Dienstleistung festlegt und den Preis dann im Laufe der Zeit schrittweise senkt. Diese Strategie wird häufig angewandt, wenn ein Unternehmen ein einzigartiges oder innovatives Produkt auf den Markt bringt, das auf frühe Kunden abzielt, die bereit sind, für die Neuheit oder Exklusivität des Produkts einen Aufschlag zu zahlen.
- **Penetration (Penetrationspreisstrategie)**
  Als eine Art Gegenentwurf zum Skimming versteht man unter Penetration Pricing eine Preisstrategie, bei der ein Unternehmen einen relativ niedrigen Anfangspreis

für ein Produkt oder eine Dienstleistung festlegt, um schnell einen bedeutenden Marktanteil zu erobern und einen Wettbewerbsvorteil zu erlangen. Ziel des Penetration Pricing ist es, eine große Anzahl von Kunden durch einen im Vergleich zu den Wettbewerbern niedrigeren Preis anzulocken. Diese Strategie wird häufig bei der Ersteinführung eines neuen Produkts oder beim Eintritt in einen neuen Markt angewandt.

- **Festpreis**
  Bei der Festpreisstrategie bleibt der Preis eines Produkts oder einer Dienstleistung konstant oder ändert sich nicht häufig – obwohl aufgrund von Inflation und schwankender Herstellungskosten eine Anpassung seitens der Hersteller oder Anbieter erfolgt. Die Strategie steht im Gegensatz zur dynamischen Preisgestaltung, bei der die Preise in Abhängigkeit von verschiedenen Faktoren wie Nachfrage, Wettbewerb oder äußeren Bedingungen schwanken können.

Ohne eine Integration zu SAP ERP oder SAP S/4HANA lässt sich z. B. ein kundenindividueller oder gestaffelter Preis selten ermitteln. Das wiederum erzeugt an anderer Stelle Handlungsbedarf. Die Auswirkungen auf die Performance müssen beachtet werden. So kann in einer langen Suchergebnisseite mit mehreren Tausend Treffern nicht sofort für jedes Produkt ein Preis aus SAP ERP oder SAP S/4HANA ermittelt werden. Somit scheidet der Preis aber auch als Sortier- und Filterkriterium aus.

Für den Kunden können diese Funktionen jedoch wichtige Entscheidungsfaktoren für oder gegen ein Produkt sein. Hier sind oft Kompromisse erforderlich, wobei eine intelligente Integration, also die technologische Anbindung, der Schlüssel zum Erfolg ist (siehe Kapitel 15, »SAP Commerce Cloud mit SAP S/4HANA und SAP ECC«).

Heute billig, morgen teuer: dynamische Preise im Webshop

Kennen Sie das auch, dass sich der Preis eines Hotels oder Ferienhauses erhöht, nachdem Sie am Vortag danach gesucht haben? Mit dem Vormarsch des Online-Shoppings hat ein weiteres Phänomen an Bedeutung gewonnen: Die dynamische Preisgestaltung (*Dynamic Pricing*), insbesondere im Einzelhandel, nimmt zu.

Beim Dynamic Pricing handelt es sich um eine Strategie, bei der Unternehmen die Preise für Produkte oder Dienstleistungen permanent der aktuellen (Markt-)Situation anpassen. Diese *Preisanpassung* erfolgt oft maschinell anhand definierter Algorithmen. Dabei werden Faktoren wie Wettbewerbspreise, Verfügbarkeit, Angebot und Nachfrage und andere externe Faktoren (z. B. Wetter, Trends oder Events) mit einbezogen. Das ist nicht neu: Spritpreise ändern sich täglich – pünktlich zu Ferienbeginn erreichten sie schon immer ihren Höchststand. Auch die vergünstigten Milchprodukte mit nahendem Verfallsdatum beim Discounter sind keine neue Erfindung. Dennoch hat sich mit der zunehmenden Verlagerung auf das Online-Shopping der Einsatz solcher Strategien stark erhöht.

Bereits heute häufig eingesetzte Formen sind:

- **Regelbasierte Preisgestaltung**
  Die am häufigsten eingesetzte Methode, wo Preise auf Basis einer festen Formel berechnet werden. Ein Beispiel ist die Festlegung einer Mindestmarge von 20 % oder die direkte Anpassung an die Preise der Wettbewerber.
- **Peak und Surge Pricing**
  Berücksichtigt Spitzenzeiten oder Zeiträume, in denen die Nachfrage besonders hoch ist. Ein Beispiel ist die Buchung eines Hotelzimmers in den Sommermonaten oder umgekehrt die Winterjacke im Rahmen der Frühjahrskollektion.
- **Segmentierte Preisgestaltung**
  Berücksichtigt Kundengruppen und deren Kaufkraft und – wenn das Kundenverhalten für die individuelle Preisanpassung genutzt wird – deren Interessen und Einkaufsverhalten (Suchen, Recherchen, historische Käufe und Warenkörbe). Ein Beispiel sind höhere Preise für Abonnements in iOS-Apps als bei Android-Apps, weil Branchenberichte zeigen, dass iOS-Nutzer mehr als das Doppelte für Abonnements ausgeben als andere User.
- **Nachfrageorientierte Preisgestaltung**
  Bei der nachfrageorientierten Preisgestaltung führt ein erhöhtes Interesse an einem Produkt zu einer automatischen Preiserhöhung. Die Preiserhöhung für Gesichtsmasken zu Beginn der COVID-19-Pandemie ist ein Beispiel, das häufig in der Kritik stand.
- **Standortbezogene Preisgestaltung**
  Die standortbezogene Preisgestaltung berücksichtigt Lager-, Wohn- und Aufenthaltsorte. Ein Beispiel sind günstigere Preise für Gartenmöbel, die in einem Umkreis von weniger als 20 km gelagert sind.
- **Produktionsbezogene Preisgestaltung**
  Dieser Ansatz berücksichtigt Auslastung und Produktionsplanung. Befindet sich die Produktion aktuell und/oder gemäß der Planung für die nächsten Wochen nahe der Maximalkapazität, werden kurzfristig und automatisch höhere Preise aufgerufen.
- **Predictive Pricing**
  Beim Predictive Pricing handelt es sich um eine datengesteuerte Preisstrategie, bei der historische Daten, Marktanalysen und Algorithmen verwendet werden, um die wahrscheinlichen Auswirkungen von Preisänderungen auf die Verkaufszahlen vorherzusagen. So kann z. B. ein Spielzeughändler sicherstellen, dass er alte Bestände an Autorennbahnen rechtzeitig abbaut, bevor die neue Kollektion eintrifft. Auf Basis historischer Daten berechnet der Algorithmus, zu welchem ungefähren Preis das alte Sortiment angeboten werden muss, um den Artikel schneller aus dem Lager zu bekommen.

Die Kehrseite ist, dass Kunden mitunter keinen verlässlichen Referenzpreis mehr haben, an dem der Wert eines Produkts bemessen werden kann. Konsequenz daraus ist, dass Kaufentscheidungen eventuell vertagt oder gar ganz abgebrochen werden. Im schlimmsten Fall kann die Reputation von Anbietern oder Händlern leiden, wodurch sie das Risiko eingehen, Kunden oder Interessenten dauerhaft zu verlieren. Auf der anderen Seite ist es kein Geheimnis mehr, dass Produkte in digitalen Warenkörben, insbesondere bei großen Mode- und Accessoires-Anbietern, oft wie von Zauberhand günstiger werden.

Sicherlich sind dynamische Preise ein probates Mittel und bieten im Rahmen des Einsatzes von Machine Learning und KI-Technologien neue Möglichkeiten zur Steuerung über Systemgrenzen hinweg. Denn es ermöglicht Unternehmen, flexibel, schnell und automatisch auf verändernde Kosten zu reagieren. Hierfür stehen bereits zahlreiche Add-ons oder KI-Engines von Drittanbietern zur Verfügung. Wenn Sie über den Einsatz solcher Tools nachdenken, sollten Sie immer die Kosten-Nutzen-Rechnung im Blick behalten. Wägen Sie die Chancen und Risiken, die mit einer dynamischen Preisstrategie einhergehen, sorgfältig ab.

Besonders bei Privatkunden, sogar mehr als im B2B-Bereich, spielt der Preis eine entscheidende Rolle bei der Kaufentscheidung. Daher ist es umso wichtiger, dass die Preissetzung sorgfältig nach der gewählten Preisstrategie ausgerichtet ist. Goldene Regel ist und bleibt die Preistransparenz. Zwar arbeiten einige Marktplätze bewusst mit Lockangeboten, um erst in einem späteren Schritt den »wahren« Gesamtpreis zu deklarieren, doch ist eine klare und transparente Darstellung des Preises und der damit verbunden Kosten für die Käuferinnen und Käufer oberstes Gebot (siehe dazu nochmals Abbildung 2.7).

Liefertermin: Heute bestellt, morgen da

Eine ähnlich große Bedeutung wie der Preis haben *Verfügbarkeit* oder der *Liefertermin*. Wenn Teile auf Lager gefertigt werden, ist eine einfache Bestandsanzeige im Webshop oder Kundenportal leicht umzusetzen, die verlässlich Auskunft über lieferbare Bestände gibt.

Geht es um individuelle Produkte, Dienstleistungen, Maschinen oder Anlagen, ist die Berechnung des Liefertermins eine komplexe Angelegenheit. Dabei müssen die Lieferbarkeit von Rohmaterialien und Zulieferteilen, aber auch Fertigungszeit und Transportweg betrachtet werden. Je mehr Akteure und Stationen in der Lieferkette auftreten, desto komplexer ist die Berechnung der tatsächlichen Verfügbarkeit bzw. des designierten Liefertermins.

Am Beispiel des deutschen Maschinen- und Anlagenbaus lässt sich die Komplexität gut veranschaulichen. Wie Sie in Abbildung 2.11 erkennen können, ist der Anteil an Vorprodukten besonders hoch. Im Jahr 2018 wurden Vorprodukte im Wert von gut

158 Mrd. USD (ohne Steuern) verwendet. Zudem sind die Lieferketten in hohem Maß internationalisiert. So wurden gut 25 % der Vorprodukte im Ausland gefertigt. Berücksichtigt man nun, dass Vorprodukte zum Teil unter Verwendung von Vorprodukten aus Drittstaaten produziert werden (indirekte Verflechtungen), so steigt der Anteil der insgesamt im deutschen Maschinenbau verwendeten ausländischen Vorprodukte auf 42,8 % (Quelle: IFW Kiel, 2020).

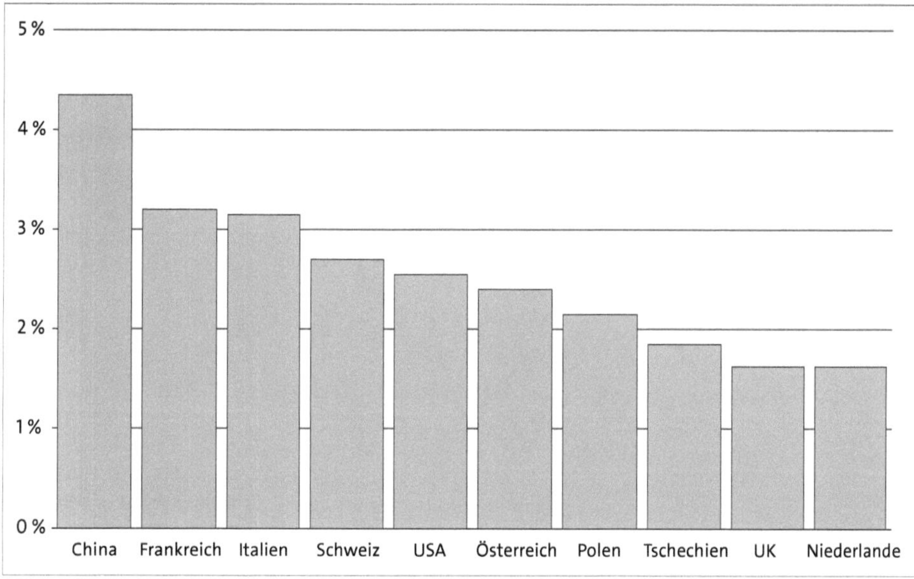

Abbildung 2.11 Anteil an Vorprodukten im deutschen Maschinen- und Anlagenbau 2018 in Prozent, gestaffelt nach Ländern (Quelle: OECD, »OECD-Wirtschaftsberichte: Deutschland 2018«, 2018)

Volle Lagerhallen schaffen Planbarkeit und schnelle Verfügbarkeiten, sind aber mit Kosten und Risiko verbunden: Was, wenn ich auf meinen produzierten Waren sitzen bleibe? Will man zu hohe Lagerbestände an Produkten oder Vorprodukten vermeiden, ist eine enge Abstimmung zwischen Auftragslage (Kunde), Einkauf, Logistik, Produktion und Vorproduktion (Zulieferer) notwendig. Jede Störung in dieser Kette bedeutet Unsicherheit bei der Berechnung verbindlicher Liefertermine.

Es ist wenig überraschend, dass die meisten im Maschinenbau verwendeten Vorprodukte aus dem Maschinenbau selbst stammen, was die Herausforderung exponentiell erhöht. Die Verbindung mit Zulieferern oder die Anzahl an Stationen in den Lieferketten mag von Branche zu Branche stark variieren.

Das Beispiel zeigt, wie entscheidend eine gute Planung im Backend, also in Produktion und Logistik, ist. Ebenso wichtig ist die saubere Integration des Webshops in diese Backend-Prozesse. Dies vermeidet Asynchronität bei der Ermittlung von Verfügbarkeiten und bietet Kunden die Möglichkeit zur Kalkulation und zum Vergleich.

Ist das nicht der Fall, erhalten Kunden oft noch nicht einmal auf der Auftragsbestätigung ein verbindliches Lieferdatum. Dann muss unter Umständen mit unzureichenden Verfügbarkeitsinformationen gearbeitet werden, um dem Kunden zumindest eine ungefähre Lieferbarkeit angeben zu können. In der heutigen Zeit, in der sich Erwartungen geändert haben, sind ungenaue Liefertermine oder Verfügbarkeiten oft ein entscheidender Nachteil beim Kauf, unabhängig von der Branche oder dem Geschäftsmodell (siehe Abschnitt 2.1.2, »Die B2E-Ära: Wie B2B und B2C verschmelzen«). Die aktuell noch spürbare Disruption der Lieferketten – mitverursacht durch die COVID-19-Pandemie und steigende Tarife seitens der Logistikunternehmen – erhöhen den Druck auf die Unternehmen und deren Partner (siehe Abbildung 2.12).

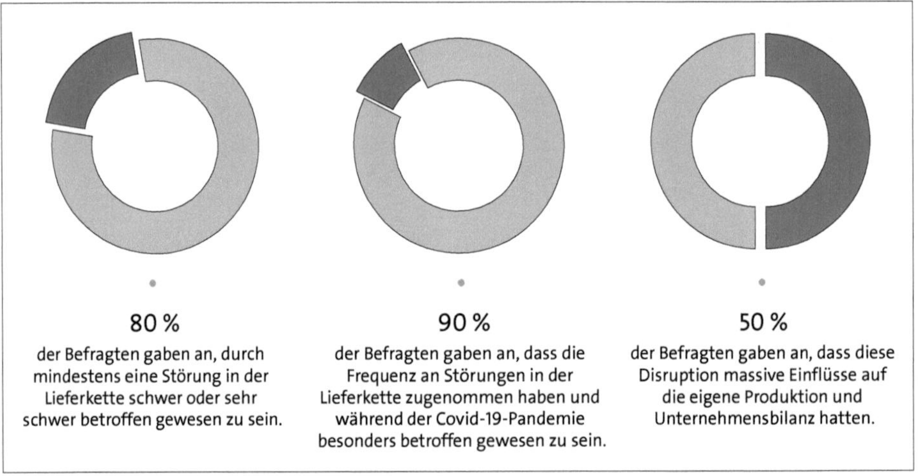

Abbildung 2.12 Disruptionen der Lieferketten haben immensen Einfluss auf die Unternehmen. (Quelle: Deloitte Insights, »analysis of 2022 manufacturing supply chain study data«, 2022)

Zuverlässige Verfügbarkeiten können neben einem effizienten Lieferkettenmanagement und Just-in-time-Lieferungen (JIT) nur durch eine enge Integration in ERP- und Produktinformationssysteme (PIM-Systeme) sichergestellt werden (siehe Kapitel 7, »Produktdatenmanagement«). So können Verfügbarkeiten in Echtzeit abgerufen und Bestände/Inventar überwacht werden. Dadurch können nicht nur Informationen für Kunden oder Händler bereitgestellt werden, sondern auch Engpässe oder Überbestände frühzeitig identifiziert und behoben werden.

Produktinformationssysteme: viele Daten, eine Quelle

Sobald alle relevanten Produktdaten identifiziert sind, stellt sich die Frage nach deren Modellierung, Qualität und Pflege. Um moderne E-Commerce-Architekturen einsetzen zu können, kommen sämtliche Produktinformationen bestenfalls aus einem System, z. B. aus einem *Produktinformationssystem* (*PIM*). Mindestens werden sie aus dem System konsolidiert ausgespielt. Alle Subsysteme bzw. Plattformen (Shops, Procurement-Portale etc.), die Produktdaten benötigen, erhalten ihre Informationen aus diesem zentralen PIM-System (siehe Abbildung 2.13).

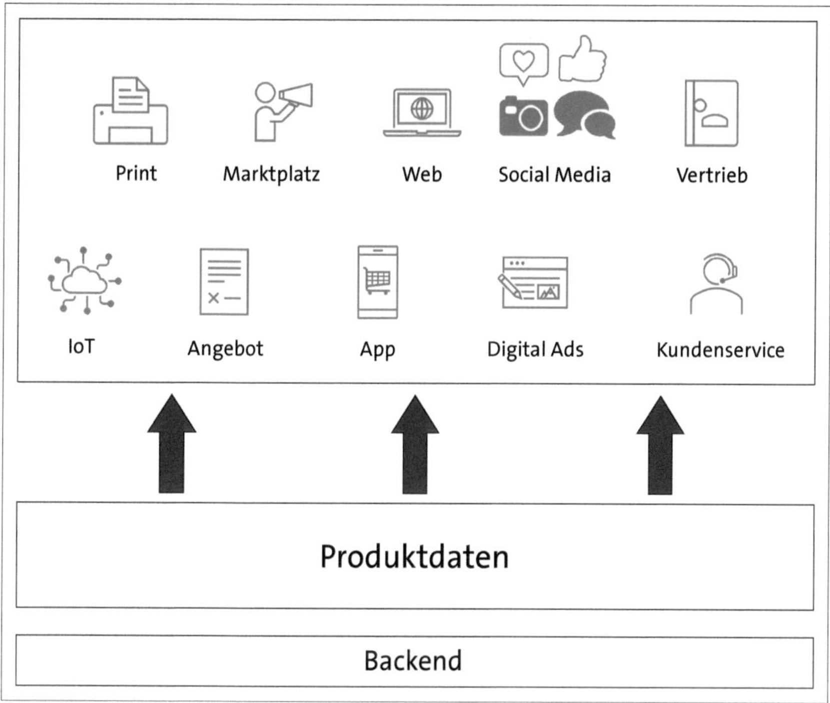

Abbildung 2.13 Zielsysteme, Adressaten und relevante Anwendungen bzw. Funktionen für Produktdaten

Damit ist sichergestellt, dass die Informationen auf Website, Webshop, Kundenportal oder Marktplatz konsistent sind. Aber auch in internen Prozessen, z. B. zur Angebotserstellung oder im Kundenservice, sollten die Produktinformationen aus dem zentralen PIM zur Verfügung stehen, damit auch über diese Kanäle dieselben Informationen zum Kunden gelangen. Nicht selten verfügt der Interessent/Kunde über andere Informationen von der Website, aus Infomaterial oder aus dem Webshop als die kontaktierten Mitarbeitenden aus Vertrieb oder Service. Um solche Inkonsistenzen zu vermeiden, sind die folgenden Faktoren bestimmend:

- Datenqualität (Sind alle Daten vollständig gepflegt?)
- Technologische Anbindung (Sind Backend- und Subsysteme optimal integriert?)
- Datenpflege (Ist ein Maintenance-Prozess für die Produktdaten etabliert?)

Der Produktdaten-Maintenance-Prozess muss auch über technologische oder organisatorische Evolutionsstufen konsequent fortgeführt werden (siehe Abbildung 2.14).

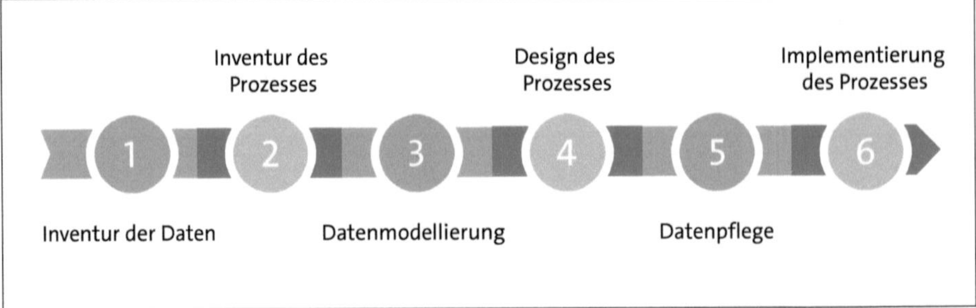

Abbildung 2.14 Etablierung eines Produktdaten-Maintenance-Prozesses in sechs Schritten

Eine ausführliche Beschreibung der Prozesse und Funktionen rund um das Thema Produktdatenmanagement finden Sie in Kapitel 7, »Produktdatenmanagement«.

2.2.4 Das Kundenportal als Schlüssel zur digitalen Customer Experience

Sobald Sie die folgenden Fragestellungen adressiert haben, können Sie die nächste Entwicklungsstufe der eigenen E-Commerce-Landschaft erreichen – das *Kundenportal*:

- Die digitale Strategie, die Kunden, Anwenderinnen und Anwender sowie Rollen umfasst (siehe Kapitel 1, »E-Commerce heute und in Zukunft: Entwicklung, Kunden, Märkte«)
- Die Prozesse, sowohl in Bezug auf die Organisation als auch systemübergreifend, inklusive der Dokumentation der aktuellen Abläufe und der Zielprozesslandkarte (siehe Kapitel 18, »Kundenbeispiel 1: Konzeption«)
- Die notwendige Architektur, bestehend aus den Systemen, die für die Integration vorbereitet sind, einschließlich der erforderlichen Lizenzen
- Die Informationen, darunter Produkt-, Unternehmens-, Kunden- und Bewegungsdaten, besonders die in den beiden vorherigen Abschnitten erläuterten Produktinformationen

Ein Kundenportal ist mittelfristiges Ziel zahlreicher Unternehmen, die (alle) digitale Touchpoints bedienen wollen. Richtig aufgebaut und mit dem relevanten Content bestückt, erlauben es Unternehmen nicht nur, Kunden lange an sich zu binden, sondern das gesamte Geschäftsmodell auf eine erfolgreichere Basis zu stellen.

Portale können, wie bereits erwähnt, sowohl mit Fokus auf End- oder Geschäftskunden (B2C oder B2B) konzipiert sein. Wenn der Direktvertrieb, insbesondere online, nicht Teil des aktuellen Geschäftsmodells ist, kann das Portal stattdessen speziell für Händler konzipiert werden, also als ein Händlerportal fungieren. Darüber hinaus gibt es diverse andere Fälle, in denen ein Portal zum Einsatz kommen kann. Einige Beispiele sind:

- **B2B-Kundenportale**
  B2B-Portale sind digitale Lösungen, die es Unternehmen ermöglichen, in einer digitalen Umgebung miteinander zu interagieren. Sie werden zur Verwaltung der Beziehungen zu Lieferanten, Partnern, Händlern und Kunden eingesetzt.
- **B2C-Kundenportal**
  Online-Plattform oder Shop, der es Unternehmen ermöglicht, Produkte oder Dienstleistungen direkt über das Internet an einzelne Verbraucher zu verkaufen, Services und Informationen bereitzustellen und sämtliche (digitalen) Transaktionen zwischen Unternehmen und Endverbrauchern zu erleichtern.
- **Händlerportale**
  Je nach Größe der Händler bieten solche Portale exklusive Funktionen und Prozesse, um Transaktionen zu verwalten und mit Lieferanten und Einzelhändlern zusammenzuarbeiten. Solche E-Commerce-Lösungen können ähnlich wie B2B-Portale aufgebaut sein – bestenfalls sind sie in solche Portallösungen integriert und bieten je nach Rolle dann andere Funktionen oder Prozesse als für Einkäufer beim Endkunden selbst.
- **Partnerportale**
  Durch die Bereitstellung eines Portals werden Zulieferbetrieben, kollaborativen Partnerunternehmen im Service, Einzel- oder Großhändlern Services bereitgestellt, um z. B. Aufträge abzuwickeln, Kunden und Leads zu verwalten oder Bestellprozesse durchzuführen.
- **Beschaffungsplattform**
  Ein Beschaffungsportal (Procurement Portal) ist eine Online-Plattform, die es Unternehmen ermöglicht, ihre Beschaffungsaktivitäten auf effiziente und kostengünstige Weise zu verwalten. Es bietet eine zentrale Anlaufstelle für Einkäufer und Lieferanten, um miteinander zu interagieren und Transaktionen durchzuführen, wodurch manuelle Prozesse überflüssig werden. In der Regel werden solche Portale genutzt, wenn nicht nur bei einem Hersteller »gekauft« werden soll.
- **EDI-Portal**
  Ein EDI-Portal (Electronic Data Interchange) ist eine Online-Plattform oder Schnittstelle, die den Austausch von Geschäftsdokumenten und Informationen zwischen Handelspartnern unter Verwendung von EDI-Standards erleichtert. EDI ist ein standardisiertes Format für den elektronischen Austausch von Geschäftsdokumenten, wie z. B. Bestellungen, Rechnungen und Lieferscheine, zwischen verschiedenen Systemen.
- **Non-Profit-Portale**
  Plattformen, die von gemeinnützigen Organisationen genutzt werden, um Waren zu verkaufen, Spenden anzunehmen oder Spenden für wohltätige Zwecke zu sammeln. Ein Beispiel ist Oxfam oder Shops und Portale von UNICEF.

- **B2B-Kollaborationsplattform**
  Das Thema ist gerade im Maschinen- und Anlagenbau seit ein paar Jahren heiß diskutiert. Im Prinzip geht es dabei darum, dass nicht Maschinen oder Produkte eines Anbieters auf dem Portal verwaltet werden, sondern darum, mittels dezentraler Datenökonomie eine Art Allianz zwischen verschiedenen Herstellern über die gesamte Supply Chain abzubilden (siehe auch Kapitel 24, »Visualisierung: Die Zukunft der Interaktion«). Bereits heute existieren B2B-Marktplätze, auf denen verschiedene Anbieter komplementärer oder verwandter Produktgruppen Funktionen und Prozesse auf einer Plattform zur Verfügung stellen.
- **Marktplatz B2C**
  Digitaler Marktplatz zum Handel und Austausch für Privatkunden bzw. Einzelhändler, wie wir ihn vermutlich alle kennen und nutzen. Bekannteste Beispiele sind sicherlich Amazon oder AliExpress.
- **Marktplatz C2C**
  Ähnliche Form wie oben, nur dass das Angebot hier von Privatpersonen oder Kleinunternehmen stammt und Unternehmen nicht direkt involviert sind. Bekannte Plattformen im C2C-Bereich sind z. B. die Online-Marktplätze eBay und Etsy sowie – im Dienstleistungsbereich – das Online-Reiseportal Airbnb.

Darüber hinaus existieren zahlreiche Misch- oder Nischenformen (C2B, Crowdfunding etc.). In diesem Buch und im Speziellen im folgenden Abschnitt werden klassische B2B-, Händler- und B2C-Portale näher betrachtet. Zahlreiche Informationen und Funktionen sind auch Teil von z. B. Marktplatzszenarien oder Partnerportalen. Diese sollen aber an dieser Stelle nicht explizit beschrieben werden.

Um Kunden in der digitalen Welt erfolgreich zu erreichen und zu halten, ist es entscheidend, ihnen einen Mehrwert zu bieten und sie zu befähigen, informierte Kaufentscheidungen zu treffen (siehe Abschnitt 3.2, »Buyer Enablement: ohne Conversion kein Erfolg«). Neben der notwendigen, aber auch aufwendigen Kundenkommunikation auf klassischen Kanälen wie Telefon oder E-Mail erfreuen sich Self-Service-Prozesse zunehmend großer Beliebtheit. Laut einer Umfrage von Frost & Sullivan wünschen sich nicht nur 81 % der Personen digitale Self-Service-Funktionen auf Website, Shop oder Kundenportal (Quelle: Frost & Sullivan (2022): How to Meet High Expectations as Customers Rapidly Shift to Self-Service), sondern erwarten nahezu 90 % (globaler Durchschnitt) der Kunden, dass die Unternehmen oder Marken ein eigenes Kundenserviceportal anbieten, um typische Serviceanliegen zu klären (Quelle: Statista (2022): »Do you expect a brand or organization to have an online self-service support portal?«). Hier besteht zudem riesiges Potenzial, um sich von der Konkurrenz abzugrenzen.

Typische Beispiele für Self-Services sind:

- Änderungen an Profil, Passwort, Consent (Einwilligungen) oder allgemein dem Kundenkonto
- Anfragen zu Lieferung, Bestellungen oder Retouren
- Anlegen von Servicetickets oder Reparaturen
- Formulieren von Beschwerden oder Reklamationen
- Tätigen von Transaktionen, Buchungen oder Bestellungen

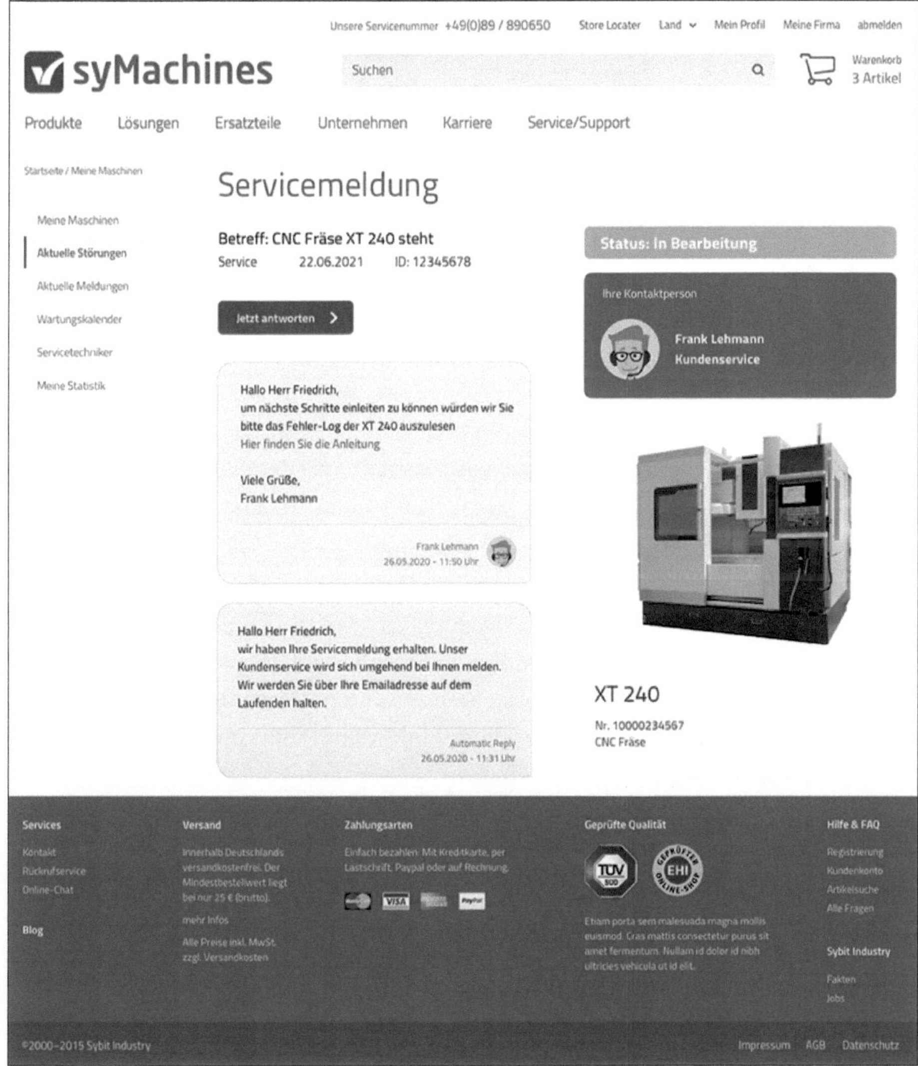

Abbildung 2.15 Serviceticketprozess im Kundenportal mit Korrespondenz

Die Neigung, Angelegenheiten unabhängig von Ort, Zeit und Gerät eigenständig und ohne persönlichen Kontakt zu klären, nimmt zu. Die Konzentration auf den eigentlichen Kaufprozess unter Vernachlässigung des klassischen Servicegedankens unterstreicht die Wichtigkeit von Self-Service-Angeboten. Denn eine Vielzahl der Kaufprozesse im B2B-Bereich ist bereits signifikant vorangeschritten, bevor Kunden überhaupt Kontakt zum Vertrieb aufnehmen (siehe Abbildung 2.16). Im B2C findet häufig gar kein Kontakt statt. Das heißt, der Kauf findet zu 100 % autark (und zum Leidwesen des Marketings meist auch anonym) statt. Wenn nicht, ist ein Großteil der Kaufentscheidung bereits getroffen.

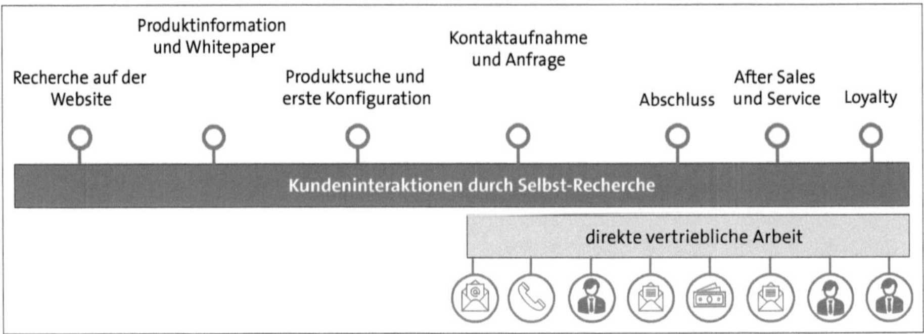

Abbildung 2.16 Kundeninteraktion durch Selbstrecherche

Bei wiederkehrenden oder vergleichbaren Transaktionen erfolgt selbst bei Geschäftskunden mitunter gar kein persönlicher Kontakt mehr mit dem Vertrieb (siehe Abbildung 2.17).

In einer Studie von McKinsey gaben fast alle Beteiligten an, dass sie »kein Problem« hätten, selbst Einzelkäufe im Wert von 50.000 USD oder mehr vollständig über digitale Services zu tätigen. Auch nach Ende der COVID-19-Pandemie sagt gut ein Viertel der Befragten, dass sie auch zukünftig digitale Self-Services der persönlichen Interaktion vorziehen. Gut die Hälfte bevorzugt zumindest remote Kontakt (Quelle: McKinsey (2021): Marketing & Sales Practice »These eight charts show how COVID-19 has changed B2B sales forever«).

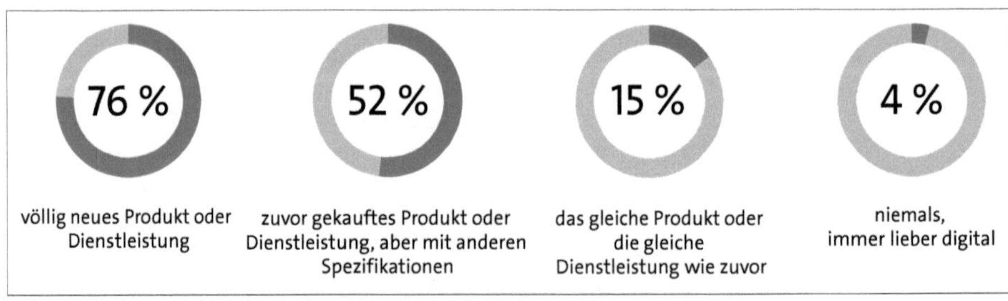

Abbildung 2.17 Wann B2B-Einkäufer mit jemandem aus dem Vertrieb sprechen wollen. (Quelle: McKinsey, »The future of B2B sales is hybrid«, 2022)

B2B-Kunden sind also nicht nur bereit für die digitale »Selbstbedienung« – sie haben längst damit begonnen. Und wenn die Einkäufer bereit für Self-Services sind, dann bedeutet das, dass B2B-Anbieter inklusive Vertrieb ebenfalls dafür bereit sein sollten. Folgende Tipps sollten Sie beim Aufbau von Self-Services bedenken:

- **Kundeninterviews (Listen to the Customer)**
  Kundenbefragungen oder Nutzung von Analyse zu regelmäßig geklickten Links, Suchanfragen oder Downloads schaffen einen einfachen und genauen Einblick in die Gedankenwelt der Kunden.
- **Usability**
  Stellen Sie sicher, dass die Ressourcen und Informationen auf Ihrer Website leicht zu finden, zu navigieren und zu nutzen sind. Das Thema Usability sollte über alle Komponenten und Instanzen hinweg die gleiche Beachtung erhalten (siehe Abschnitt 3.4, »Werkzeuge für erfolgreiche Customer Experience im E-Commerce«). Vermeiden Sie klobige, textlastige Dokumentationen, in denen sich die Kunden nur schwer zurechtfinden.

  Das Anbieten von visuellen Hilfen wie Screenshots und Video-Tutorials erleichtert es den Kunden, die Informationen zu verstehen (siehe Abbildung 2.18). Die Informationen und Services sollten zudem mobilfreundlich und auf jeder Plattform zugänglich sein, damit Ihre Kunden ihre Lösung von zu Hause, von der Arbeit oder von unterwegs nutzen können.
- **Wissensdatenbanken (Knowledge Base)**
  Bauen Sie eine passende und leicht zugängliche Wissensdatenbank auf. Nicht nur FAQs, sondern grundlegende Informationen zu Produkten, Produktdaten, Betrieb, Wartung oder Reklamation sind nur ein paar Beispiele für Informationen, die eine solche Knowledge Base bieten sollte. Nicht zuletzt, um den Kundenservice zu entlasten (und Freiraum für die Lösung komplexer Anfragen zu schaffen), sondern auch um der Forderung seitens der Kunden nachzukommen.

  Bereits im Jahr 2012 gaben 91 % der Befragten einer Umfrage an, dass sie eine Online-Wissensdatenbank nutzen würden, wenn diese verfügbar und auf ihre Bedürfnisse zugeschnitten wäre. Das scheint jedoch bis heute nicht bei den Unternehmen angekommen zu sein. Denn in einer relativ aktuellen Umfrage gaben über 90 % der Befragten an, dass sie in digitalen Self-Service-Angeboten einen zentralen Wettbewerbsvorteil sehen, aber lediglich 56 % nutzen eine Wissensdatenbank, um ihre Kunden dabei zu unterstützen (Mindtouch, »Trends in Customer Self-Services«, 2020). Wenn Ihre Wissensdatenbank besonders detailliert ist, sollten Sie auch eine Art Suchhierarchie einrichten, die es den Kunden ermöglicht, sich in den Selbsthilfedokumenten zurechtzufinden. Etwas so Einfaches wie eine einfache Suchleiste kann es für die Kunden viel bequemer machen, Antworten auf ihre spezifischen Fragen zu finden.

- **Benutzerführung (Guidance)**
  Bieten Sie sowohl geführte Gespräche als auch Optionen zur Freitexteingabe an. Bei Einsatz eines Chatbots muss der richtige Zeitpunkt gefunden werden, an dem der Bot nicht mehr weiterhelfen kann und Live-Agents übernehmen müssen – ggf. mittels Rückrufangebot oder Option zur Terminanfrage. Es ist wichtig, den Kunden die Möglichkeit zu geben, sich zu jedem Zeitpunkt ihrer Self-Service-Interaktion mit einer Mitarbeiterin oder einem Mitarbeiter in Verbindung zu setzen und diese Interaktion innerhalb des bestehenden Kanals zu ermöglichen (im Gegensatz zur Aufforderung an den Kunden, eine Hotline anzurufen oder ein Formular auszufüllen).

  Sind rechtliche Fragen für Bot-Technologien 2.0 wie ChatGPT oder Gemini in naher Zukunft geklärt, stehen hier sicherlich noch andere Dimensionen der maschinellen Führung bereit. Dennoch werden auch hier die KI-Systeme an ihre Grenzen stoßen, und sei es, weil der Kunde einfach persönlichen Kontakt zu einem bestimmten Zeitpunkt einfordert.
- **Erreichbarkeit**
  Die besten Self-Service-Websites gehen über die Website oder den Webshop hinaus und bieten auf allen Plattformen, auf denen die Kunden interagieren möchten, das gleiche Serviceniveau. Wenn Sie z. B. auf Ihrer Website, in Ihrer mobilen App, per SMS und Facebook Messenger dieselbe Kernfunktionalität des Bots bereitstellen, ist sichergestellt, dass den Kunden ein einheitliches Erlebnis geboten wird, unabhängig davon, wo sie interagieren.
- **Talk about it**
  Was nützt das beste Angebot, wenn niemand davon weiß. Was für Produkt und Dienstleistung gilt, ist bei Serviceleistungen nicht minder von Bedeutung. Services sollten innerhalb der E-Commerce-Lösung ebenso gut auffindbar sein wie bei der Google-Anfrage – *Suchmaschinenoptimierung* (SEO) ist hier das Stichwort. Zudem sollten Rückmeldungen, unabhängig ob von Kundenservicemitarbeitenden oder vom genutzten Chatbot, grundsätzlich Links oder Hinweise auf den passenden Self-Service oder die entsprechende FAQ-Seite liefern.
- **Chance zur Eskalation**
  Ziehen Sie in Erwägung, eine Reklamation und/oder Eskalation per Text-Chat, Sprachanruf oder Videoanruf anzubieten. Videoanrufe können besonders hilfreich sein, wenn Kunden oder Agenten sich gegenseitig ein Produkt oder eine Situation physisch zeigen müssen.
- **Voice of the Customer**
  Ähnlich dem Punkt »Listen to the Customer«, bieten die Anfragen der Kunden auch die Chance, Rückschlüsse auf Schwächen der eigenen Produkte und Dienstleistungen oder Lücken im Portfolio zu ziehen. Wenn in FAQs z. B. regelmäßig Fragen zur Kompatibilität eines Produktes gesucht werden, kann der Produkttext im

Webshop um diese Information ergänzt werden. Auch mit einem Aufdruck auf der Verpackung kann ein direkter Nutzen erzielt werden.

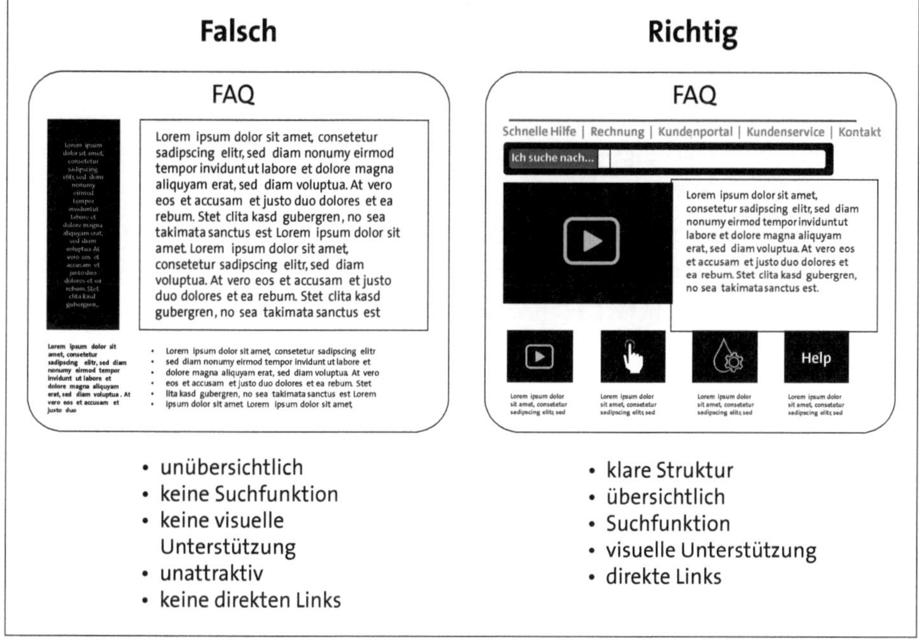

Abbildung 2.18 Benutzerfreundliche Navigation und Struktur einer Wissensdatenbank – und wie ein UI nicht gestaltet sein sollte

Die Herausforderung liegt also darin, auch in den anonymen Phasen den Kunden zu führen, zu informieren und involviert zu bleiben, um Einfluss nehmen zu können.

Wie in Abschnitt 3.3, »Marketing Automation«, gezeigt, sollen Services unabhängig von der Phase des *Customer Lifecycle* oder der Stelle, an der sich Kunden im Kauf- oder Serviceprozess befinden, geboten werden. Zumal Kunden sich zeitgleich in unterschiedlichen Phasen mit völlig anderen Intentionen, Herausforderungen und Produkten befinden können.

Um einen ganzheitlichen und durchgängigen Prozess zu schaffen und den Servicegedanken umzusetzen, ist es enorm wichtig, die E-Commerce-Landschaft zu einer integrierten Servicelösung zu entwickeln, die auch andere Touchpoints abdeckt. Ein solches Serviceportal sollte die Beteiligten (Kunden, Außendienst, Serviceteam, Partner, Händler, Niederlassungen) zusammenführen und ihnen gezielte Services zur Verfügung stellen, die dabei helfen, im Alltag erfolgreich zu sein.

Einige noch nicht allgemein verbreitete Beispiele, die jenseits der bereits genannten Self-Services ebenfalls Nutzen bieten und Kunden binden können, sind:

- Funktionen zur Konfiguration von Produkten, Gewerken, Anlagen und Angeboten inklusive Visualisierungs- und Simulationsfunktionen
- Bereitstellung von Kaufassistenten, Vergleichsrechnern oder Preis- und Konditionskalkulatoren, Lieferzeiten etc.
- Services zur Steuerung, Überwachung oder Parametrisierung von gekauften Produkten oder Anlagen
- Verwaltung von Wartungs- und Instandhaltungsplänen inklusive der Planung von Servicetechnikerleistungen
- Intelligente Ersatzteilsuche und Bestellung inklusive visueller Suchfunktionen für Produkte oder Komponenten
- Analyse- und IoT-ähnliche Funktionen zur Überwachung, Steuerung und Auswertung
- Unterstützende Funktionen und Bereitstellung von digitalen Formaten zu Aufbau, Inbetriebnahme, Nutzung oder Verwendung in Kombination mit anderen Komplementärprodukten (Tutorial, Guides, Videos etc.)
- Unterstützung von Augmented Reality (AR) bei Kauf (Konfiguration) oder der Nutzung und Reparatur von Produkten
- Nutzung von KI-Funktionen oder Chatbots für FAQs oder Serviceanfragen im Kauf oder After-Sales-Prozess
- Services rund um Predictive Maintenance und die Bereitstellung proaktiver Lösungen oder Warnmeldungen, z. B. durch den Einsatz von Machine-Learning-Algorithmen.
- Zugang zu exklusiven Kollaborationsplattformen oder Foren
- Einfache Integration in Drittanbieter-Systeme und Bereitstellung von Punch-out-Funktionen mit dem Komfort von Single Sign-On (SSO) oder gar biometrischen Log-in-Funktionen
- Optionen zur Kollaboration mit Vertrieb und Kundenservice in Echtzeit durch Funktionen wie Co-Browsing, In-App-Messaging, Bildschirmfreigabe oder Guided Selling

Wie Sie in Teil II dieses Buches nachlesen können, bietet die SAP Commerce Cloud alles, was es braucht, um solche integrativen Portale zu schaffen. In Abbildung 2.19 sind die möglichen Bausteine und Adressaten eines Kunden- bzw. Serviceportals dargestellt.

Ein Webshop bietet lediglich eine Auswahl der Funktionen und Prozesse, die in einem umfassenden E-Commerce-Kundenportal enthalten sein können. Vielmehr sind im Idealfall sämtliche für Kunden, Händler sowie Anwenderinnen und Anwender relevante Informationen und Funktionen an einem Touchpoint zusammengeführt – dem Kundenportal.

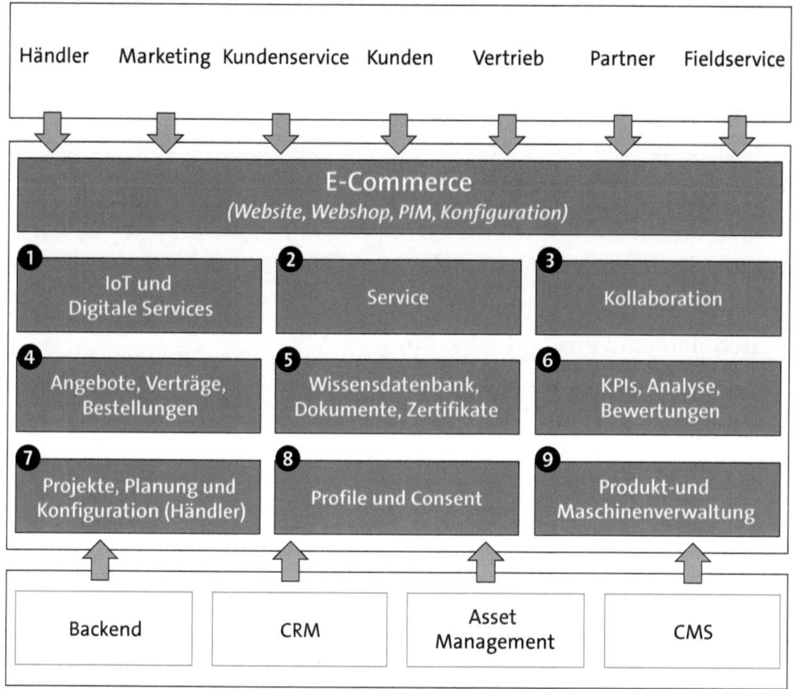

Abbildung 2.19 Nutzer, Quellsysteme und mögliche Elemente eines Kunden- und Serviceportals

Wie in Abbildung 2.19 dargestellt, lassen sich folgende Säulen eines Kunden- bzw. Serviceportals benennen:

❶ **IoT und digitale Services**
Bereitstellung von (zusätzlich buchbaren) Services rund um Maschine, Produkt oder Dienstleistung

❷ **Service**
Touchpoint für die Kommunikation und Fragen rund um Servicetickets, Reparaturen, Instandhaltung, Reklamationen, Retouren oder Serviceaufträgen

❸ **Kollaboration**
Funktionen zur Suche und dem Dialog mit Partnern, Händlern, Installateuren bzw. Zugang zu Foren (Community)

❹ **Angebote, Verträge, Bestellungen**
Bereitstellung sämtlicher Vertrags- und Angebotsinformationen sowie von Wartungs- oder Einsatzplänen

❺ **Wissensdatenbank, Zertifikate und Dokumente**
Integrierte Funktion und Datenbank mit Anleitungen, Garantieanträgen, Informationen zur Inbetriebnahme, Produktdatenblättern, Ratgebern und sonstigen FAQs

❻ **Analyse**
Funktionen zu Analysedashboards und dem technischen Monitoring der Commerce-Applikation.

❼ **Projekte, Planung und Konfiguration**
Funktionen für Händler, Kunden und Partner zur Planung, Konfiguration, Steuerung von Kundenstammdaten, Produkten, Projekten oder Anlagen

❽ **Profile und Consent**
Verwaltung von Profilen, Passwörtern, Zugängen, Rollen und Marketingeinwilligungen (Opt-ins)

❾ **Digitale Maschinen- und Produktverwaltung**
Abbildung registrierter Maschinen, digitaler Zwillinge, Produkte oder Anlagen inklusive Analysedashboards und Funktionen rund um Predictive Maintenance

Kundenportale begleiten den Customer Lifecycle von der Kaufanbahnung bis zum After-Sales. Das Kundenerlebnis endet nicht, wenn Kunden einen Kauf tätigen, sondern beginnt damit. Dadurch haben Hersteller nicht nur die Verantwortung, ihre Kunden während der gesamten Kauf- und Nutzungsdauer zufriedenzustellen, sondern sie können dabei auch ihre Beziehung zu den Kunden stärken und Mehrwert für sie schaffen, indem sie hochwertige Aftermarket-Services anbieten.

Auf diese Weise können z. B. ein auf Kundenbedürfnisse zugeschnittener (Ersatzteil-)Shop und das Angebot von produktbegleitenden Dienstleistungen Auswege aus der Spirale von kürzer werdenden Produktlebenszyklen und schrumpfenden Margen im Kerngeschäft sein. Damit begegnen Hersteller auch dem Risiko, die Qualität ihrer Produkte angesichts zunehmendem globalen Wettbewerbsdruck sowie Konkurrenzangeboten, die sich hinsichtlich zentraler Produkt- und Leistungsparameter kaum noch unterscheiden, als Alleinstellungsmerkmal zu verlieren.

Im Folgenden sind drei unterschiedliche Typen von solchen Kundenportalen kurz beschrieben, um die mögliche Bandbreite aufzeigen und um zu verdeutlichen, dass Serviceportale nicht ausschließlich im After-Sales von Bedeutung sind – im Gegenteil.

Portalbeispiel 1: digitale Maschinenverwaltung

Im Maschinen- und Anlagenbau kann eine zentrale Übersicht des Fuhr- oder Maschinenparks der Anfang sein, um einen guten Serviceprozess für B2B-Kunden zu gestalten. Abbildung ganzer Produktionsanlagen und der darin genutzten Maschinen eignen sich auch. Das aktive Bereitstellen von Maschinendaten kann helfen, Ausfallzeiten zu verringern oder bestenfalls zu verhindern oder Auslastungen möglichst homogen und vorausschauend zu optimieren. Maßgeschneiderte Empfehlungen, z. B. beim Kauf von Ersatzteilen oder Prognosen zum Verschleiß (Predictive Maintenance), können die Kunden in ihrem Alltag erfolgreicher arbeiten lassen und begeistern. Self-Services im Portal, an der Maschine oder am Produkt ermöglichen den

Kunden, die Antwort oder Lösung für ein Problem schnell und einfach selbst zu finden – und das unabhängig von Ort oder Zeit.

In Abbildung 2.20 ist ein Serviceportal zu sehen, bei dem in der Übersicht **Meine Maschinen** alle relevanten Informationen zu Maschinen und Anlagen direkt zu erkennen sind. Im gezeigten Beispiel wird die Auslastung einer Produktionslinie inklusive der prädiktiven und vergangenen Belegung dargestellt. Auf Basis der gezeigten Dashboards und Werte kann einfach und schnell eine Kapazitätsplanung erfolgen. Auch kurzfristig können neue Aufträge oder Ausfälle geplant bzw. kompensiert werden.

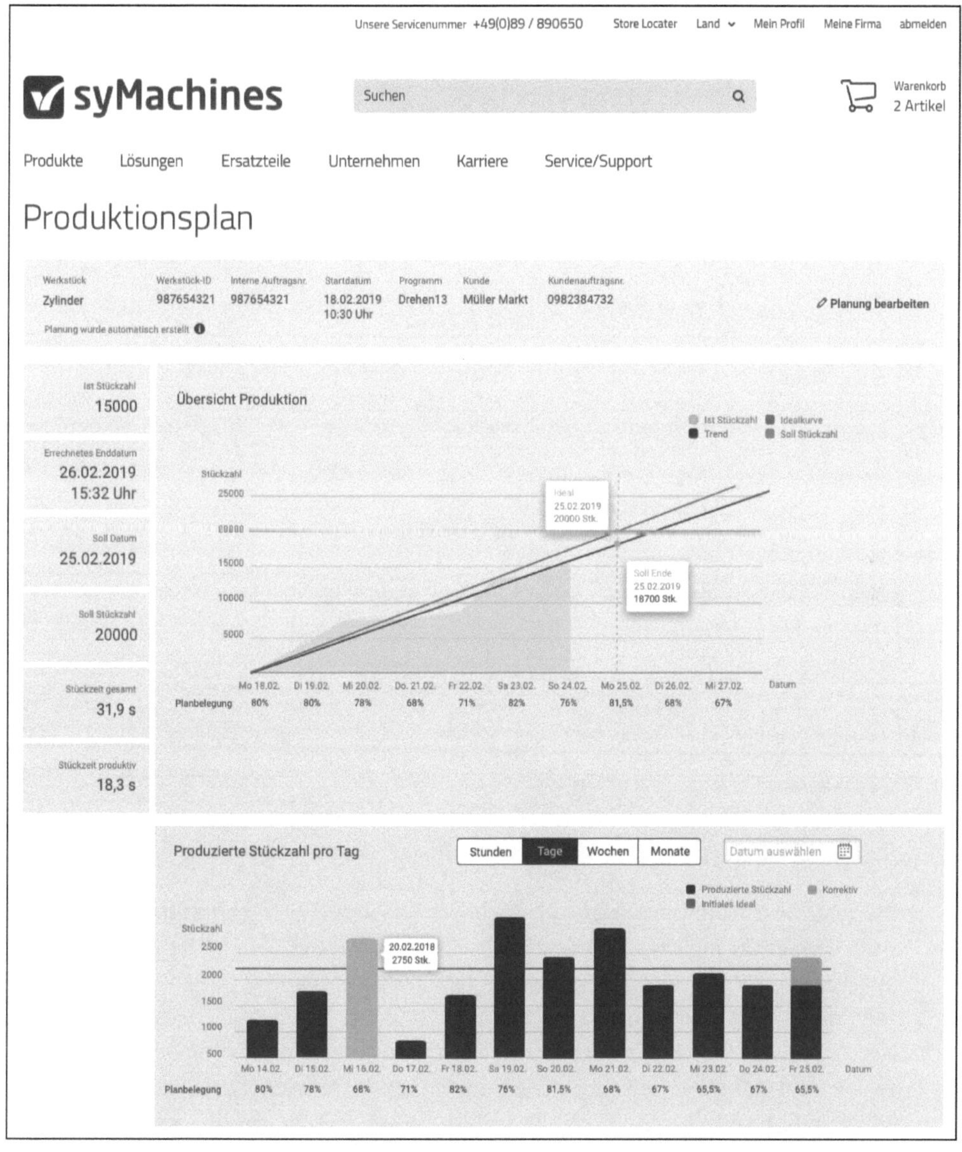

Abbildung 2.20 Portalbeispiel zur digitalen Maschinenverwaltung (Portalbeispiel 1)

Wie ein optimaler Serviceprozess mit Kundenserviceportal aussehen kann

Ein perfekter Serviceticketprozess ist mit dem richtigen Commerce-System und Integrationsszenarien heute schon problemlos abbildbar. Ein Beispiel: Ein Kunde erstellt wegen einer Störung bei einer Maschine ein Serviceticket (siehe Abbildung 2.21).

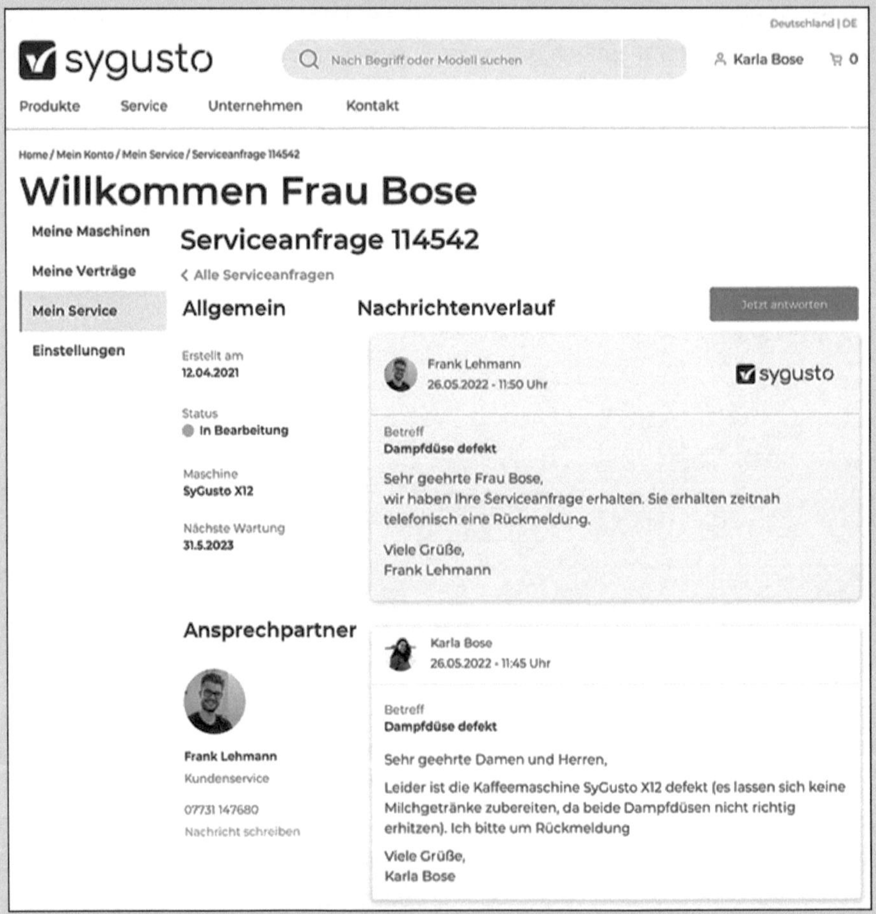

Abbildung 2.21 Auszug aus einem Serviceticketprozess im Kundenportal mit zugehöriger Korrespondenz

Die Verantwortliche Frau Bose loggt sich in das Portal ein und sieht die Störung zur betroffenen Anlage inklusive Kurzbeschreibung des Fehlers und einer Analyse. Sie kann direkt aus dem Portal eine Servicemeldung aufgeben, die dann sofort an den Kundenservice im entsprechenden System (z. B. der SAP Service Cloud) als Serviceticket angelegt und an eine zuständige Servicemitarbeiterin weitergeleitet wird. Sowohl Workaround zum weiteren (vorläufigen) Betrieb als auch der Hinweis, dass zur dauerhaften Behebung ein Servicetechniker vor Ort geplant werden muss, werden auf dem Portal ausgespielt. Ebenso erfolgten die Planung und Bestätigung des notwendigen Servicetechnikereinsatzes direkt im Dialog. Status und Fortschritt können jederzeit eingesehen werden. Da die Kundin mit dem Zugang auf das Serviceportal ihre konkrete Maschine immer im Blick hat, kann der Hersteller ihr gezielt für diese Maschine notwendige Upgrades anzeigen oder Empfehlungen ausspielen. Diese kann die Kundin gleich in den Warenkorb legen und bestellen. Sämtliche dynamischen und statischen Maschinendaten bereitet das Kundenportal auf und stellt sie in einem umfassenden Dashboard dar. Dies garantiert stets Übersichtlichkeit und bietet optimalerweise die Basis, um prädiktiv auf einen Fehler oder den möglichen Ausfall (Verschleiß) eines Teils hinzuweisen. Bestenfalls werden so Lösungen zu Problemen angeboten, von denen die Kundin heute noch gar nichts weiß.

Portalbeispiel 2: smarte Lösung für Einzelhändler

Eine Übersicht aller Serviceaufträge, Opportunities oder der Kundendaten – wahlweise synchronisiert mit dem CRM-System, das der Vertrieb des Herstellers nutzt – kann Händlern helfen, besser mit Herstellern und Kunden zu interagieren. In Abbildung 2.22 ist ein Portal zu sehen, das mit mobilem UI und App-Charakter modern und einfach alle relevanten Informationen für den Einzelhändler zur Verfügung stellt.

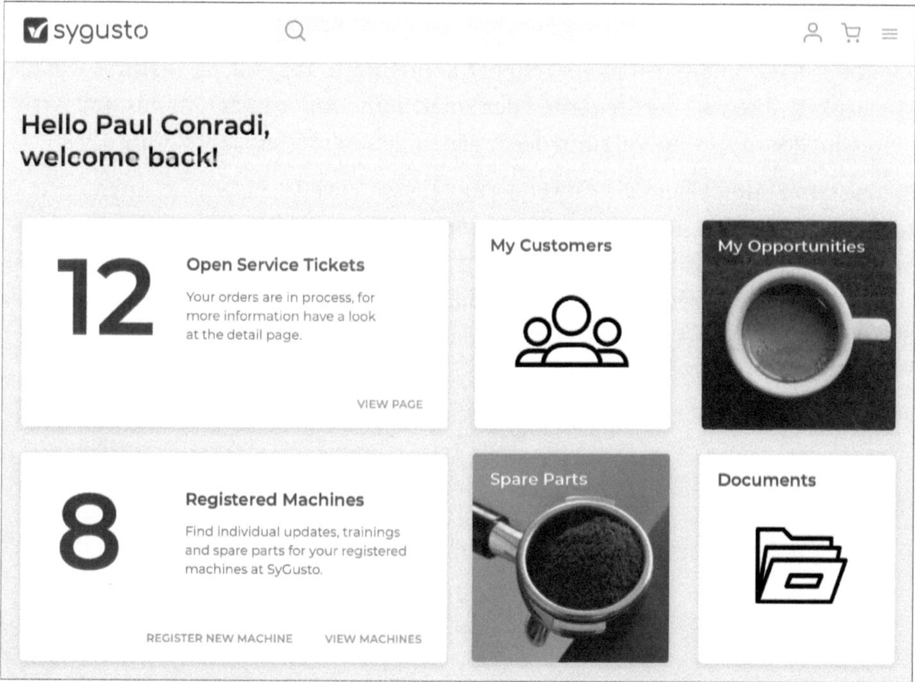

Abbildung 2.22 Portalbeispiel für Einzelhändler im App-Stil (Portalbeispiel 2)

Es besteht die Möglichkeit, die Kaffeemaschinen der Kunden zu registrieren, dafür Servicemeldungen anzulegen und mittels der direkten Integration in den Ersatzteilshop der Firma SyGusto schnell und einfach passende Ersatzteile zu finden.

Portalbeispiel 3: Business-to-Everyone (B2E)

Die Probleme von Privatkunden, wie vergessene Passwörter, fehlende Informationen über Rücksendungen oder das Fehlen von Produktinformationen für den Kauf ergänzender Produkte, können einfach gelöst werden, indem alle Informationen an einem zentralen Ort gesammelt werden.

Insbesondere große Einzelhändler bieten solche Kundenportale bereits an. Dort können neben dem eigenen Profil auch die Bestellungen oder Zahlungen verwaltet werden. Wenn sich Privat- und Geschäftskundenbereich überschneiden oder komplexere Produkte beteiligt sind, sind zusätzliche Services, Informationen und Funktionen hilfreich.

So kann z. B. eine Funktion zur Konfiguration neuer Produkte für Endkunden ebenso interessant sein wie die Optionen zur Planung ganzer Gewerke für Installateure oder Händler. Umfassendes Informationsmaterial, exklusiver Zugang zu Anleitungsvideos oder Hilfsprogrammen sind ebenso wichtig wie Funktionen für Online-Reparaturprozesse, Garantieanträge oder die Beauftragung des Servicetechnikers.

Für einen fiktiven Smarthome-Hersteller können z. B. zusätzliche Features wie die Möglichkeit, die gesamte Steuerung der Smarthome-Anlage über Menüs und Assistenten im Portal zu steuern, sinnvolle Ergänzungen sein (siehe Abbildung 2.23).

In unserem Beispiel kann die Anwenderin Vanessa Vocelka zudem auf Analysewerkzeuge zurückgreifen, Produkte registrieren, Verträge und Servicemeldungen einsehen oder Profildaten ändern. Der Zugang zum Ersatzteilshop erfolgt genauso einfach aus dem Portalmenü heraus wie die anschließende Bestellung, die Suche eines zertifizierten Fachhändlers oder der Download relevanter Produktinformationen.

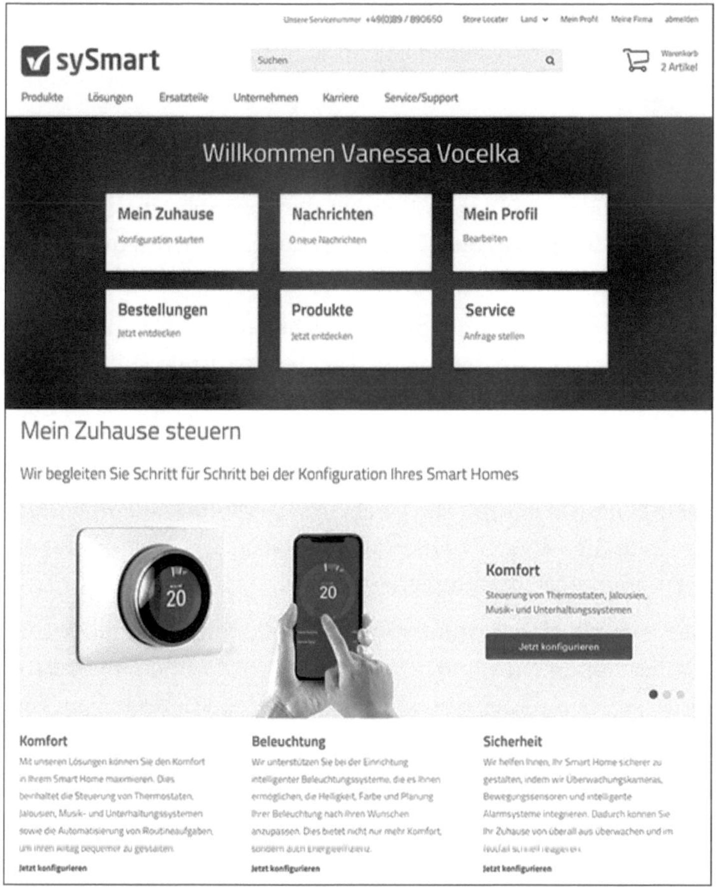

Abbildung 2.23 Portalbeispiel B2E: Einstieg zur Konfiguration einer Smarthome-Anlage für Händler oder Endkunden (Portalbeispiel 3)

2.2.5 Wie Ersatzteilshops zum Erfolg beitragen

Der Ersatzteilprozess nimmt eine Sonderrolle im E-Commerce ein. Abhängig von den folgenden Faktoren kann der Prozess äußerst unterschiedlich ausgestaltet sein:

- *Produkttyp* (»Kann das überhaupt kaputtgehen und kann es dann repariert werden?«)
- *Geschäftsmodell* (»Handelt es sich um ein B2C- oder Geschäftskundenszenario, und sind Reparaturen Teil des Serviceangebots bzw. ist der Hersteller verantwortlich dafür?«)
- *Kundentyp* (»Dürfen/werden/können Reparaturen selbst durchgeführt werden?«)

Wo *Ersatzteilshop* draufsteht, muss nicht automatisch *Customer Experience* drin sein. Das gilt über die unterschiedlichsten Anwendungsfälle hinweg. In einigen Fällen ist der Austausch von Bauteilen Usus – man denke an Verschleißteile in einem Auto. In anderen werden Ersatzteile nur im Schadensfall benötigt – ein Beispiel wäre das gesplitterte Glas des Smartphones.

Um Kunden im After-Sales-Prozess abzuholen, bedarf es mehr als Such- und Filterfunktionen im Ersatzteilshop. Obwohl sich die Erwartungen im After-Sales von denen in Sales-Szenarien unterscheiden, wünschen Kunden dennoch dieselbe Benutzerfreundlichkeit und umfassenden Serviceangebote, die sie auch als Privatkunden von B2C-Portalen kennen.

Häufig sind Ersatzteilshops isolierte Systeme, die nicht richtig in die IT-Landschaft integriert sind und oft auch optisch veraltet wirken. Der Ersatzteilshop sollte jedoch mindestens in Design, Struktur und Funktionalität an den Commerce-Shop angelehnt sein. Besser noch ist der Ersatzteilshop in den Commerce-Shop eingebunden. Das bedeutet, dass er zumindest optisch gut in das Gesamtbild passt. Er ist erkennbar Teil des Portfolios, und die Benutzerführung lässt keinen Systembruch erkennen. Idealerweise ist er sogar vollständig – sowohl optisch als auch technisch – als ein wesentlicher Bestandteil des E-Commerce-Shops integriert.

Das bedeutet, dass alle Shops auf einer Instanz von z. B. SAP Commerce Cloud betrieben werden. So besteht bestenfalls eine direkte Verbindung von Produkt und Ersatzteil (siehe Kapitel 5, »Infrastruktur und Architektur«). Diese Integration kann auf verschiedene Weisen erfolgen:

- durch eigene Kategoriestrukturen
- durch Suchfunktionen (entweder im gesamten Katalog oder durch spezifische Filter (Facettierung))
- direkt über das Produkt, indem Ersatzteile für das Produkt oder die dazugehörige Produktgruppe angeboten werden
- direkt über sogenannte *Find-my-part-Funktionen*

Find-my-part-Funktionen können entweder über Bilderkennung (die elegante, aber aufwendige Variante) oder klassisch über die Seriennummer (einfach und flexibel) durchgeführt werden (siehe Abbildung 2.24).

In der Realität sind Ersatzteilshops jedoch häufig nicht so aufgebaut. Nach dem Kauf lässt sich häufig ein Qualitätsabfall in der Gestaltung der Touchpoints beobachten. Da der After-Sales-Bereich aus den genannten Gründen jedoch immer wichtiger wird, zahlen sich Investitionen, insbesondere mit Blick auf Cross-Selling- und Up-Selling-Potenziale, aus.

Dies bestätigt auch die Forrester-Studie »B2B Embraces Its Omnichannel Commerce Future« (2018): Von den 353 befragten B2B-Unternehmen erreichen 54 % ihre Kunden besser mithilfe einer digitalen Servicelösung. Bei den B2B-Unternehmen, die mehr als 25 % ihres Umsatzes online generieren, sind es sogar 78 %.

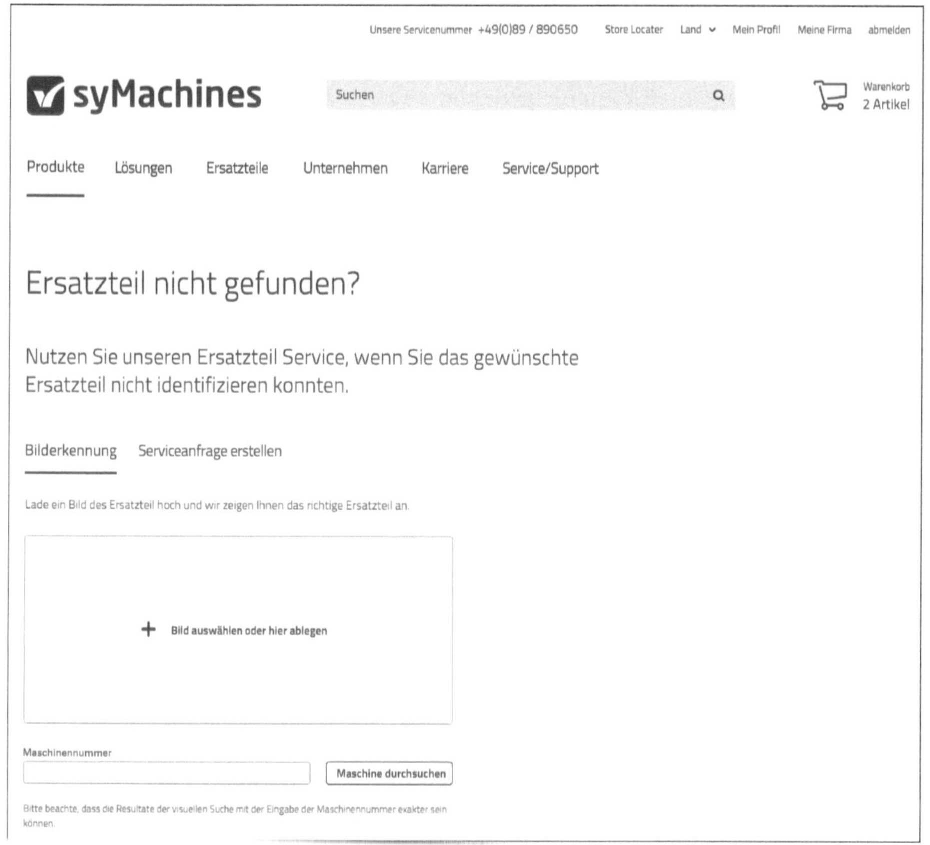

Abbildung 2.24 Startseite für die Funktion zur Bilderkennung bei der Ersatzteilsuche

Außerdem werden Kunden mithilfe der übersichtlichen und vollständigen Aufstellung aller Services häufiger auf andere passende Produkte oder Dienstleistungen aufmerksam (57 %), kaufen gebündelte Servicepakete (50 %) und bestellen insgesamt häufiger (54 %).

Die Praxis zeigt, dass die Effekte eines Ersatzteilshops enorm sind. An dieser Stelle werden häufig erstmalig Serviceprozesse zu einem wirtschaftlichen Faktor. Durch die hohen Bruttomargen können Ersatzteile höchst profitabel sein, besonders bei langlebigen Produkten.

Ein weiterer Vorteil von After-Sales-Geschäften liegt in ihrer stabilisierenden Wirkung auf den Umsatz: Der Bedarf an Ersatzteilen oder Instandhaltungsleistungen ist deutlich weniger von konjunkturellen Schwankungen beeinflusst als das Primärgeschäft. Es hat somit das Zeug zum echten Umsatztreiber. Diese Erkenntnis ist nicht neu – bereits vor 15 Jahren machten im Maschinen- und Anlagenbau das Ersatzteilgeschäft mehr als die Hälfte des gesamten Umsatzes im Servicegeschäft aus (siehe Trendstudie VDMA IMPULS, 2007). Dieser Umstand ist auch der Tatsache geschuldet, dass das Servicegeschäft an sich erst in den vergangenen Jahren damit begonnen hat, sich als Einnahmequelle und somit als Umsatztreiber zu etablieren.

Betrachtet man im Jahr 2023 den einen oder anderen Ersatzteilshop – auch renommierter Hersteller –, sieht man dennoch erstaunlich viel Potenzial, diese moderner, effizienter, benutzerfreundlicher zu gestalten. Gerade wenn Zurückhaltung bei Neuaufträgen zu erkennen ist, liegt im Ersatzteilgeschäft ein unterschätzter Umsatzträger. Wenn Kunden weniger neue Maschinen bestellen, steigt die Nachfrage nach Ersatzteilen und Komponenten für die Instandhaltung und Reparatur vorhandener Maschinen. Maschinenhersteller sollten daher über ein innovatives und gut organisiertes Ersatzteilmanagement verfügen, um den Bedarf ihrer Kunden schnell und effizient abdecken zu können. Preise und Lieferzeiten (Verfügbarkeit) spielen auch hier die entscheidende Rolle, um die Kundenzufriedenheit zu steigern und sich von Wettbewerbern abzuheben.

Wer sich mit dem Aufsetzen oder Modernisieren eines Ersatzteilshops befasst, sollte immer Kunden und Geschäftsmodell vor Augen haben. Wie so häufig ist der erste Schritt entscheidend, also der Weg vom Gedankengang (»Ich brauche ein Ersatzteil«) zur Aktion (Kunden starten den Webbrowser). Wenn ein Defekt der Auslöser für den Besuch des Ersatzteilshops ist, sollte das einen anderen Prozessverlauf nach sich ziehen als die Nachbestellung von Verschleißteilen oder die Suche nach Komplementärprodukten.

Wenn ein Defekt vorliegt, sollte der Einstieg immer zusammen mit der Servicemeldung erfolgen. Dabei können relevante Informationen direkt vom Kundenservice kommen, oder das passende Teil wird aktiv vorgeschlagen. In den beiden anderen Fällen ist der einfache Zugang entscheidend. Das bedeutet in der Regel die Identifikation des Geräts, des Gerätetyps und der passenden Ersatzteile oder Komponenten.

Ist der Ersatzteilshop gut in das Kundenportal integriert, ergeben sich Synergieeffekte im Sales und Service. Auch weitere involvierte Parteien vom Produzenten über den Händler und das Servicetechnikteam bis hin zum Kunden können eingebunden werden. Stehen z. B. zuvor gekaufte Produkte, Maschinen oder Anlagen im Portal zur Verfügung, können heruntergeladene Anleitungen, Produktinformationen oder Handbücher bei der Ersatzteil- oder Komponentensuche helfen.

Des Weiteren können die Kunden auf einen elektronischen Ersatzteilkatalog zugreifen und über die Explosionszeichnungen nach dem richtigen Teil suchen. Bereits gängige Praxis sind Servicefunktionen wie die QR-Identifikation des Gerätetyps, Find-my-Part-Anwendungen, z. B. inklusive Bilderkennung (siehe Abbildung 2.24), oder die 3D-Produktvisualisierung zur Identifikation. Die Bestellung erfolgt bestenfalls direkt im Portal.

Ansonsten gelten ähnliche Regeln wie bei allen anderen Webshops. Die Produktdaten sind hier noch einmal von größerer Wichtigkeit. Auf der anderen Seite verliert der

Preis gewöhnlich an Bedeutung, während Informationen wie die Verfügbarkeit und die Kompatibilität entscheidend für den Erfolg sind.

2.2.6 Die Rolle von Online-Marktplätzen im E-Commerce

Online-Marktplätze sind aus verschiedenen Perspektiven etwas Besonderes. Zum einen bieten sie den gleichen Komfort wie reguläre Webshops. Gleichzeitig geben sie Kunden die Möglichkeit, innerhalb eines Touchpoints zahlreiche verschiedene Produkte und Preise direkt miteinander zu vergleichen. So stellen sie so etwas wie das Kaufhaus 4.0 dar.

Das *Marktplatzmodell* ist das am stärksten wachsende E-Commerce-Geschäftsmodell. Laut einer aktuellen Studie von gominga (»Online-Marktplätze und ihre Erfolgsfaktoren, 2022«) werden Online-Marktplätze jährlich um 30 % (Compound Annual Growth Rate (CAGR)) zulegen. Das Wachstum des globalen Online-Handels erscheint mit insgesamt ca. 11 % pro Jahr fast schon moderat. Im Jahr 2024 werden über 40 % der globalen E-Commerce-Umsätze über Online-Marktplätze erwirtschaftet werden.

Vom Printkatalog zum Online-Handel – ein Ausflug in die Geschichte des Versandhandels in Deutschland

Angefangen mit ersten Katalogbestellungen und der Gründung großer Versandhäuser in Deutschland war die Katalogbestellung als Vorläufer des B2C-Online-Marktplatzes wie z. B. Amazon auch in Europa angekommen. Bis Mitte der 1980er-Jahre boomte der Versandhandel. Es entstanden in dieser Zeit riesige Verteilerzentren. Um die Bestellungen der Kunden effizienter zu verarbeiten, wurden deren Daten und Bestellungen auf Lochkarten aufgenommen, die in den Großrechner eingespeist wurden. Der Rechner ermittelte den Preis der Ware, das Gewicht, das Porto, die Verpackung sowie den Standort im Lager automatisch.

Auch in den 1990er-Jahren schien die Nachfrage ungebrochen, obwohl Menschen anfingen, sich im Internet zu bewegen (siehe Abschnitt 1.1, »Historie von E-Commerce«).

Spätestens mit der Pleite von Neckermann im Jahr 2012 war jedoch klar: Die Zukunft liegt im E-Commerce! Zwar hatte man bereits zehn Jahre zuvor begonnen, Online-Handel als zusätzlichen Bestellkanal einzusetzen, diesen in seiner Bedeutung aber massiv unterschätzt. Neckermann setzte zu spät auf »die letzte Hoffnung Internet«, wie es damals in Pressemitteilungen noch lautete. Am Ende erlitt Neckermann ein ähnliches Schicksal wie Quelle. Die Marke wurde zwar bis 2012 vom Otto-Konzern unter dem alten Namen Neckermann noch als Webshop weitergeführt, hatte den bereits namhaften Marktplätzen wie Amazon oder Ebay aber nichts entgegenzusetzen.

Die größte Baustelle war damals die Digitalisierung des Printkatalogs. Die Produktion solcher Printkataloge war enorm teuer. Bei Neckermann beliefen sich die Kosten für den zweimal jährlich versendeten Katalog auf über 4 Millionen Euro. Eine zusätzliche

Herausforderung war die erfolgreiche Mitnahme der Kunden bei der Transformation von analog zu digital.

Die Regeln zum Aufbau eines erfolgreichen Produktkatalogs aus Abschnitt 2.2.3, »Produktdaten als Basis zum Erfolg«, lassen sich hier gleichermaßen anwenden. Der Katalog in einer Printversion wird in ausgewählten Branchen sicherlich noch länger bestehen bleiben. Als Medium zur Bestellung hat er jedoch ausgedient. Auch als Informationsquelle haben Online- und Social-Media-Kanäle den Printkatalogen längst den Rang abgelaufen.

Wesentlich erfolgreicher als Neckermann gestaltete der Otto-Konzern die Transformation. Nachdem im Jahr 1991 bereits eine 24-Stunden-Bestellservice eingeführt wurde, setzte man bei Otto konsequent auf das Online-Geschäft. Der Printkatalog wurde bereits im Jahr 2018 eingestellt und komplett digitalisiert. Heute ist Otto der drittgrößte Online-Marktplatz in Deutschland. Das Bruttohandelsvolumen beläuft sich auf über 5 Milliarden Euro (Quelle: eCommerce DB/EHI, 2022). Trotzdem hat Otto in dem von Amazon dominierten Konkurrenzkampf in Deutschland Schwierigkeiten.

Durchforstet man Fachliteratur, Presse und Internet, werden unterschiedliche Marktplätze oft in einen Topf geworden. Wie in Abschnitt 2.1, »Geschäftsmodelle im E-Commerce«, erwähnt, ist es auch in Bezug auf Online-Marktplätze notwendig, nach für das Geschäftsmodell wichtigen Aspekten und Prozessen zu analysieren. Im Wesentlichen sind zwei Fragestellungen entscheidend:

1. Ist ein Unternehmen Betreiber des Marktplatzes?
2. Ist ein Unternehmen Anbieter bzw. Teilnehmer auf einem Marktplatz?

Diese anfängliche Unterscheidung ist wichtig, weil sich je nach Variante ganz unterschiedliche Herausforderungen stellen, andere rechtliche Vorgaben gelten und es notwendig ist, teilweise sehr verschiedene Prozesse und Integrationsszenarien umzusetzen. Zudem unterscheiden sich Zielgruppen und Wettbewerb mitunter massiv. B2C- und B2B-Marktplätze lassen sich in diesem Zusammenhang nur bedingt miteinander vergleichen.

Bereits heute gilt: Ein E-Commerce-Marktplatz ist eine Online-Plattform oder Website, die den Kauf und Verkauf von Waren und Dienstleistungen zwischen mehreren *Drittanbietern* und Käufern erleichtert (siehe Abbildung 2.25).

Abbildung 2.25 Online-Marktplatz (Teilnehmermodell)

Die ursprüngliche Definition, dass der *Marktplatzbetreiber* die Waren selbst nicht besitzt und auch nicht direkt verkauft, somit lediglich als Vermittler fungiert und den virtuellen Platz anbietet, können wir an dieser Stelle über Bord werfen. Denken Sie an Marktplätze wie Amazon oder andere große Retailer wie Zalando oder AboutYou. Hier machen Eigenmarken, teilweise mit exklusiven Testimonials von prominenten Personen, bereits einen nennenswerten Teil des Portfolios aus (siehe Abbildung 2.26).

Bei Amazon z. B. werden immer häufiger Artikel in den Suchergebnissen beworben, die Amazon selbst herstellt oder verkauft. Auch durch den Zukauf von Handelsmarken verschwimmt die klare Trennung zwischen Händler- und Produzentenplattform. Durch die Streuung des Produktportfolios soll ein breiteres Publikum angesprochen und gebunden werden. Der Trend, sich so und durch Konzepte wie Social Commerce oder Influencer-Marketing Marktanteile zu sichern, ist klar erkennbar.

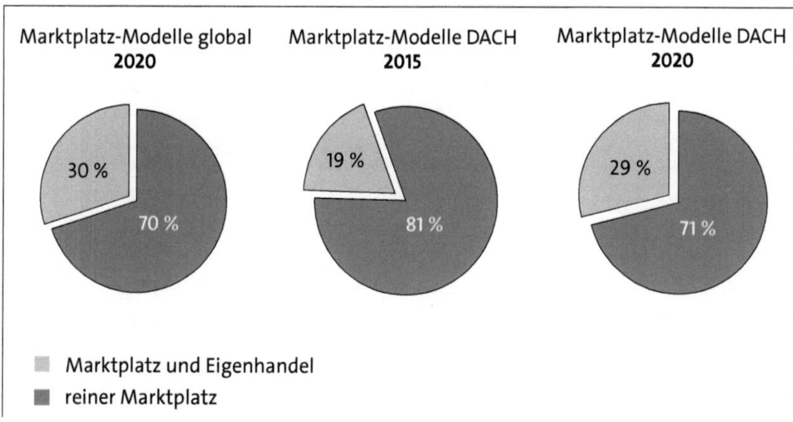

Abbildung 2.26 Anteil von Eigenmarken auf klassischen B2C-Marktplätzen (Quelle: ecom, »Marktplatzstudie 2022«, 2022).

Unabhängig davon, ob der Marktplatz reine Händlerstrukturen aufweist oder ob auch Direktvertrieb von Produkten oder Dienstleistungen stattfindet: Die im ersten und in diesem Kapitel zusammengefassten Thesen, Regeln und Best Practices lassen sich auf klassische B2C-Online-Marktplätze übertragen. Und der Trend bei Endkunden (B2C) auf Marktplätzen einzukaufen, nimmt stetig zu. Was einige Erfolgsgeheimnisse von Kaufhausketten wie Kaufhof oder Horten in Boomerjahren der Bundesrepublik waren und nach wie vor Leute weltweit in die großen Einkaufsmalls in den Vorstädten zieht, greift nach und nach auch im Online-Handel: Vielfalt, Bequemlichkeit, Ubiquität, Vergleichbarkeit, Transparenz, Produktpräsentation (Schaufenstershopping) oder Angebote.

Der Markt der Online-Marktplätze ist von wenigen globalen Playern bestimmt. Aktuell teilen sich sechs dieser Marktplatzriesen die Hälfte des gesamten E-Commerce-Marktes im Einzelhandel: Dominiert ist der globale Markt hier durch Amazon und chinesische Anbieter wie TaoBao oder AliExpress, für die nochmals andere Spielregeln gelten oder z. B. Aspekte rund um Produktdaten oder Design schlicht weniger priorisiert sind. Als Rollenmodell für den Aufbau eigener Marktplätze dienen die großen Plattformen wie Amazon oder AliExpress nicht. Als Zielmarkt zur Platzierung der eigenen Produkte sind sie für viele Unternehmen unverzichtbar geworden.

Das Angebot an Online-Marktplätzen ist riesig und allein im B2C-Bereich auf nahezu 200 Plattformen in der DACH-Region gestiegen (siehe Abbildung 2.27). Derzeit gibt es über 40 Online-Marktplätze mit Vollsortimentsmodell und zahlreiche Nischenanbieter – Tendenz steigend.

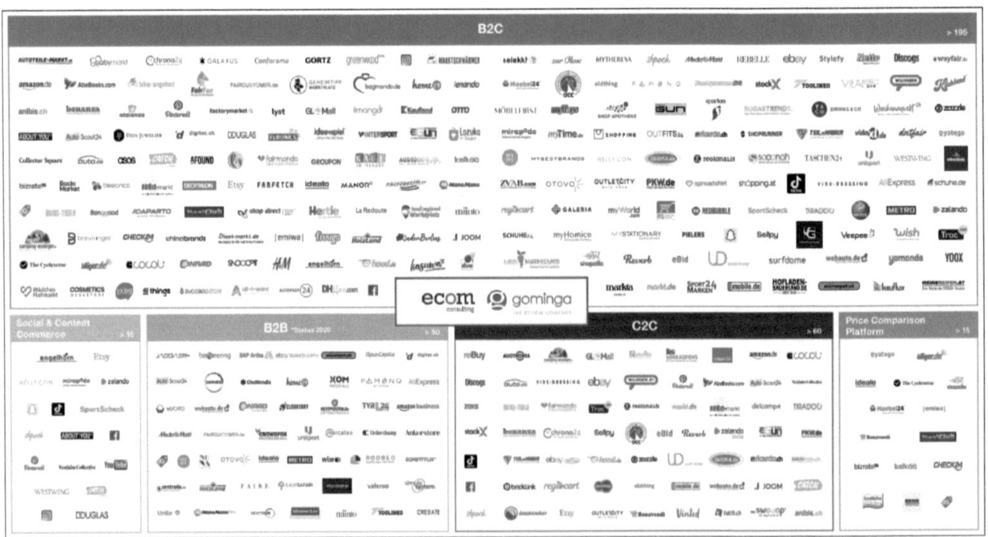

Abbildung 2.27 Marketplace Landscape 2022 (Quelle: gominga, »DIE MARKTPLATZWELT 2022 Online-Marktplätze und ihre Erfolgsfaktoren«, 2022)

Als Anbieter (Teilnehmer) – egal ob kleines Start-up-Unternehmen oder etablierte Produzenten oder Händler – sprechen verschiedene Gründe für das Verkaufen auf Online-Marktplätzen. Gleichzeitig sollten Sie einige Hindernisse beachten. Im Folgenden finden Sie fünf Gründe, warum Händler oder Unternehmen auf digitalen Marktplätzen verkaufen (wollen). Dabei gibt es jeweils fünf Regeln zu beachten:

- **Grund 1: die Kundenbasis**
  Online-Marktplätze haben oft einen großen und vielfältigen Kundenstamm. Große Plattformen ziehen Millionen von aktiven Käuferinnen und Käufern aus der ganzen Welt an. Dadurch kann ein größeres Publikum angesprochen werden.
- **Regel 1: Kunde ist nicht gleich Käufer**
  Marktplätze sind Plattformen, die Ihnen Zugang zu Menschen verschaffen, die aktiv auf der Suche nach einem Produkt oder einer Dienstleistung sind. Letztendlich liegt es an Ihnen als Verkäufer, dafür zu sorgen, dass diese potenziellen Kunden Ihr Angebot nicht nur finden, sondern auch kaufen.

  Sorgen Sie durch eine Optimierung von Texten, Suchbegriffen und Kategorien dafür, dass Ihr Produkt sichtbar ist. Wenn Ihr Produktsortiment nur wenige Varianten umfasst, ist deren Verwaltung einfach. Wenn Sie jedoch viele unterschiedliche Größen, Farbe und andere Merkmale anbieten, ist es wichtig, Produkte mit eindeutigen SKUs (*Stock Keeping Unit*, ein eindeutiger Code, der einem Produkt zugewiesen wird, um es zu identifizieren) zu versehen.
- **Grund 2: eingebaute Infrastruktur**
  Viele Marktplätze bieten logistische Unterstützung, einschließlich der Auftragsabwicklung und Einbindung von Versanddiensten. So können Verkäufer Zeit und Ressourcen sparen und sich auf andere Aspekte ihres Geschäftes konzentrieren. Einige Plattformen bieten sogar Lager- und Abwicklungsdienste an und übernehmen teilweise den gesamten Lieferkettenprozess.
- **Regel 2: Umsonst ist gar nichts**
  Beim Verkauf auf einem Marktplatz fallen Gebühren und Kosten an. Wenn man die Gebührenstruktur und mögliche Provisionen berücksichtigt, kann die anfangs attraktive Kalkulation schnell ins Gegenteil schlagen. Berücksichtigen Sie zusätzliche Versandgebühren, Marketinggebühren und andere Kosten, die durch die Inanspruchnahme von optionaler oder obligatorischer Unterstützung entstehen könnten.
- **Grund 3: Vertrauen ist die halbe Miete**
  Etablierte Marktplätze genießen bei den Verbrauchern ein hohes Maß an Glaubwürdigkeit. Käufer kaufen eher auf Plattformen ein, die sie kennen und denen sie vertrauen. Online-Marktplätze bieten häufig eine sichere Zahlungsabwicklung, die sowohl Verkäufern als auch Käufern ein gutes Gefühl gibt. Wenn Sie auf seriösen Marktplätzen verkaufen, profitieren Sie von dem Vertrauen, das diese Plattformen bereits aufgebaut haben.

- **Regel 3: das Rezensionsdilemma**
  Kundenbewertungen sind Fluch und Segen zugleich. Es hat den Anschein, dass nahezu alle Unternehmen Feedback einfordern, mit dem Ziel, daraus zu lernen und Prozesse zu verbessern. Das wird problematisch, wenn unqualifizierte oder unbegründete negative Bewertungen Reputation und Umsatz beeinträchtigen. Das gilt besonders bei Produkten, die nur in geringen Mengen verfügbar sind. Wenn Kunden z. B. mit dem Paketlieferdienst oder dem Bezahlmodell des Marktplatzes unzufrieden sind, entstehen Schwierigkeiten. Ein Beispiel zeigt Abbildung 2.28: Hier war der Kunde nicht mit dem Produkt, sondern mit dem Service des Online-Marktplatzes unzufrieden. Fehlerhafte Bewertungen entfernen zu lassen, ist mitunter sehr mühsam.

  Wenn die Durchschnittsbewertung unter einen Grenzwert rutscht, sinkt nicht nur die Position Ihres Produktes im Suchranking des Marktplatzes, sondern auch die Wertschätzung von Produkt und Marke insgesamt. In umgekehrter Richtung führt einer Studie von McKinsey aus dem Jahre 2022 (»Consumer Packages Goods, our insights, five star growth using online rating«, 2022) zufolge eine bessere Sternenbewertung im Durchschnitt zu einem 15-prozentigen Umsatzanstieg je Punkt (Skala-Rating 1 min. bis 5 max.).

  Es empfiehlt sich, eine Strategie sowie Prozesse zur Nachverfolgung negativer Rezensionen zu etablieren und Kunden zur positiven Bewertung zu ermutigen. Einige Marktplätze bieten zu diesem Zweck eigene Programme an (z. B. Amazon's Early Reviewer Program).

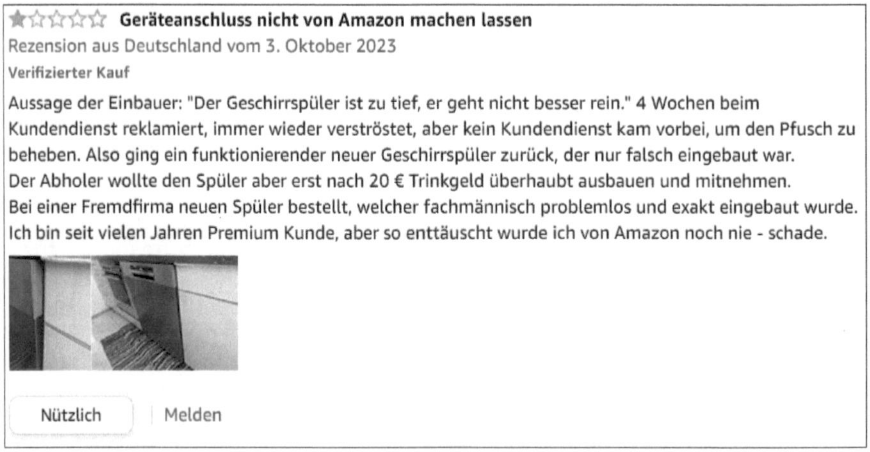

Geräteanschluss nicht von Amazon machen lassen
Rezension aus Deutschland vom 3. Oktober 2023
Verifizierter Kauf
Aussage der Einbauer: "Der Geschirrspüler ist zu tief, er geht nicht besser rein." 4 Wochen beim Kundendienst reklamiert, immer wieder verströstet, aber kein Kundendienst kam vorbei, um den Pfusch zu beheben. Also ging ein funktionierender neuer Geschirrspüler zurück, der nur falsch eingebaut war.
Der Abholer wollte den Spüler aber erst nach 20 € Trinkgeld überhaubt ausbauen und mitnehmen.
Bei einer Fremdfirma neuen Spüler bestellt, welcher fachmännisch problemlos und exakt eingebaut wurde.
Ich bin seit vielen Jahren Premium Kunde, aber so enttäuscht wurde ich von Amazon noch nie - schade.
Nützlich | Melden

Abbildung 2.28 (Fiktive) Bewertung ohne Bezug zum eigentlichen Produkt

- **Grund 4: (gratis) Werkzeugkasten**
  Die meisten Marktplätze bieten Unterstützung an, um das Beste aus dem eigenen Angebot herauszuholen. Z. B. werden Werkzeuge für Marketing und Vertrieb oder der Zugang zu einer speziellen Kundenbetreuung angeboten.

- **Regel 4: (kleiner) Werkzeugkasten**
  Trotz der Vorteile und Tools, die ein Marktplatzbetreiber bieten kann, sind die Möglichkeiten im Vergleich zum eigenen Webshop begrenzt. So kann es z. B. schwierig sein, Markenzeichen auf einigen Marktplätzen zu präsentieren. Auch bei der Gestaltung von Bezahl- oder Retouren-Prozessen sind Sie weniger flexibel. Ein typisches Beispiel ist die Geld-zurück-Garantie von eBay.
- **Grund 5: Datengold**
  Online-Marktplätze bieten Verkäufern in der Regel Zugang zu wertvollen Kundendaten und Analysen. Wenn Sie das Verhalten, die Vorlieben und das Kaufverhalten Ihrer Kunden verstehen, können Sie Ihr Produktangebot, Ihre Preisstrategien und Ihre Marketingmaßnahmen optimieren. Dieser datengestützte Ansatz ermöglicht es Unternehmen, Rückschlüsse auf Portfolio und ggf. Ihre gesamte Geschäftsstrategie zu ziehen.
- **Regel 5: Produktdaten**
  Das Konsolidieren von Produktdaten schafft Wettbewerbsvorteile (siehe Abschnitt 2.2.3, »Produktdaten als Basis zum Erfolg«). Für Marktplätze wird dieser Effekt noch stärker, da hier zusätzliche Vertriebskanäle entstehen, in die die hoffentlich einheitlichen Daten übertragen werden müssen. Mit einem Multichannel-E-Commerce-Provider wie SAP können Sie den mit der regelmäßigen Datenbereitstellung verbundenen Pflegeprozess standardisieren. Es ist möglich, die Produktdaten in einem zentralen Quellsystem (Produktinformationssystem, PIM) zu verwalten. Aufwand und Komplexität solcher Szenarien sind nicht zu unterschätzen. Eine Entscheidung, z. B. die unter Grund 1 angesprochenen SKUs zu nutzen, zieht gleichzeitig auch hohen Aufwand nach sich. Dies gilt vor allem dann, wenn verschiedene Kanäle bzw. Marktplätze konsistent gehalten werden müssen. Bei Analyseprozessen ist es ähnlich: Die Auswertung von Kundenverhalten und das Gewinnen von Erkenntnissen für die nächste Marketingkampagne sind zwar verlockend, erfordern jedoch gleichermaßen Aufwand und ein standardisiertes Verfahren.

Wie so häufig in diesem Buch sind die Übergänge zwischen B2C- und B2B-Szenarien fließend. Im Folgenden werden dennoch als Gegenentwurf die beiden typischen B2B-Marktplatzszenarien näher betrachtet.

B2B-Marktplätze (Teilnehmermodell)

Auch für Unternehmen, die im B2B-Geschäft tätig sind, bieten Marktplätze lukrative, leicht zugängliche Absatzmärkte. Die Unternehmen versprechen sich eine größere Reichweite, wenig Aufwand für den technischen Betrieb (Maintenance) und die Weiterentwicklung, keine Investitionen in die IT-Infrastruktur und eine teilweise Verlagerung der Distribution.

B2B-Marktplätze sind ebenfalls im Wachstum begriffen. Während die B2C-Marktplatzwelt reif und gesättigt erscheint, steckte das B2B-Segment noch in den Kinderschuhen. Denn selbst für Online-Riesen wie Amazon ist das Online-B2B-Geschäft kein leicht zu erobernder Markt. Die Anforderungen, die B2B-Kunden an Prozesse und Customer Experience eines Online-Marktplatzes stellen, sind wesentlich komplexer als im B2C-Geschäft (siehe Abschnitt 2.1, »Geschäftsmodelle im E-Commerce«).

Angebotsanfragen oder Konfigurationsprozesse sind im B2C-Bereich eher die Ausnahme oder nur bei komplexeren, hochpreisigen Produkten (Auto, Küche, Haus) relevant. Im B2B-Bereich sind solche Funktionen mittlerweile weit verbreitet und üblich. Jeder, der an der Konzeption und Umsetzung des Checkout-Prozesses im Geschäftskundenbereich beteiligt war, kann bestätigen, wie komplex ein solcher Prozess sein kann.

Außerdem ist der B2B-Markt stärker in Nischenmärkte unterteilt. In der Liste der 30 größten Online-Marktplätze ist nur ein B2B-Modell (Alibaba) vertreten. Wenn man Beschaffungsmodelle beiseitelässt, ist es hauptsächlich der Servicegedanke, der solche Marktplätze heutzutage antreibt. Es gibt zwar andere Voraussetzungen und Anforderungen, aber aus technologischer und funktionaler Sicht folgen B2B-Marktplätzen ähnlichen Regeln wie normale Webshops oder Kundenportale. Auch hier sind die Pflege und Konsistenz von Produktdaten das A und O. Die endgültige Lösung wird immer bis zu einem gewissen Grad individuell sein – idealerweise entwickelt auf Basis eines dafür vorgesehenen Frameworks. Die sich bietende Chance der nächsten fünf Jahre sollte genutzt werden, ohne dabei den eigenen Webshop und dessen Ausrichtung auf den Kunden und den Markt zu vernachlässigen. Lassen Sie auch strategische Gesichtspunkte nicht außer Acht: Wer sich für den Direktvertrieb auf Marktplätzen entscheidet, muss alle Partner in der Lieferkette einbeziehen, insbesondere Händler und den Vertrieb (siehe Abschnitt 3.6, »Der Webshop als digitaler Vertriebskanal«). Ein Zukunftsmodell ist der Betrieb von kooperativen Marktplätzen. Wie diese aussehen (können), erfahren Sie in Kapitel 25, »Das Metaverse«.

B2B-Marktplätze (Betreibermodell)

Das Netz ist voll von Seiten, die Marktplätze als Chance anpreisen, den eigenen Absatz zu steigern. Wenn man die Rollen wechselt und selbst zum Betreiber eines B2B-Online-Marktplatzes wird, ergeben sich ganz neue Fragen: Wer ist Betreiber des Marktplatzes? Wer ist verantwortlich für den technischen Betrieb und die Gewährleistung bei Lieferung und Retouren? Es stellt sich die Frage, ob Wettbewerber Teil meines Marktplatzes sein sollen oder ob dies meine Gewinnmargen gefährdet und das Risiko erhöht, Aufträge oder sogar ganze Kundenbeziehungen an die Konkurrenz zu verlieren (Churn).

[«]

2

Der Begriff »Churn«

Der Begriff *Churn* (Abwanderung) beschreibt die Rate, mit der Kunden ihre Geschäftsbeziehung zu einem Unternehmen aufgeben. Diese Kennzahl ist besonders wichtig in Geschäftsmodellen mit Abonnements oder in Branchen, in denen die Kundenbindung für den langfristigen Erfolg entscheidend ist. Die gängigste Formel zur Berechnung der Churn-Rate lautet:

Churn Rate = (Anzahl verlorener Kunden während einer Zeitperiode / Anzahl Kunden zu Beginn einer Zeitperiode) × 10

Eine weitere Frage ist, welche Partner in die Kooperation einbezogen werden sollen: nur ausgewählte Zulieferer, Hersteller von ergänzenden Produkten oder auch Anbieter ganz anderer Produkttypen?

Im Gegensatz zum klassischen Modell sind alle Anbieter im Betreibermodell entweder Hersteller oder zumindest Besitzer der angebotenen Leistungen oder Produkte. Der Kunden (Einkäufer, Händler) bestellt, konfiguriert, beauftragt an einer zentralen Stelle – dem Marktplatz (siehe Abbildung 2.29).

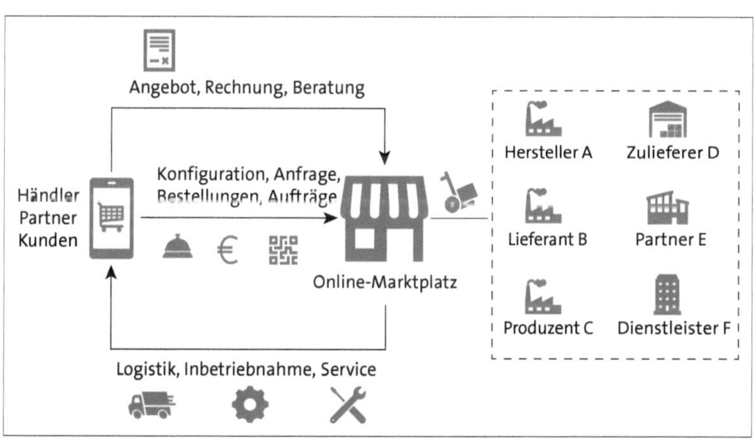

Abbildung 2.29 B2B-Marktplatz (Betreibermodell)

Hinter dem Marktplatz stehen verschiedene Unternehmen, die in unterschiedlichen Beziehungen zueinander stehen (Zulieferer-Hersteller, Partner-Hersteller, Dienstleister-Hersteller, Hersteller-Hersteller etc.). Durch das breitere Angebot versprechen sich die Betreiber und teilnehmenden Unternehmen zum einen größeren Zulauf: Ein breiteres Angebot zieht mehr Kunden an. Zum anderen verspricht das Betreibermodell mehr Umsatz: Ein One-Stop-Service für Einkäufer steigert die Attraktivität des Marktplatzes und stärkt die Kundenbindung.

Der spannendste Aspekt des Betreibermodells besteht jedoch darin, dass sich andere Geschäftsmodelle in die eigene Plattform integrieren lassen. Wenn z. B. ein Finanzdienstleiter auf dem Online-Marktplatz vertreten ist, lassen sich Produkt und Finanzierung oder Leasingvertrag im Bundle attraktiver gestalten. Wenn Zulieferer in die Plattform integriert sind, können Lieferzeiten exakter bestimmt und bestenfalls verkürzt werden.

Die Komplexität bei der Abwicklung solcher Prozess ist um ein Vielfaches höher als im »einfachen« Webshop oder im Teilnehmermodell – nicht zuletzt, da die Verflechtungen zwischen den unterschiedlichen Produktgruppen unter Umständen schwer zu pflegen sind. Wenn Unternehmen heute schon Probleme haben, ihre Stammdaten zu bändigen (siehe Abschnitt 2.2.3, »Produktdaten als Basis zum Erfolg«), dann werden die Aufgaben beim Anbieten von Produkt-Bundles oder einer unternehmensübergreifenden Konfiguration bzw. Angebotserstellung nicht einfacher.

Kooperationsversuche in Form von B2B-Marktplätzen für verwandte Marken scheitern oft an rechtlichen Fragen und fehlender Transparenz zwischen den Unternehmen.

[zB]

Kooperation im Bereich Autoreifen/-felgen

Ein Reifenhersteller beschließt, in einer Kooperation mit vier führenden Herstellern von Autofelgen einen gemeinsamen Marktplatz zu betreiben. Die Frage, wer der Besitzer des Marktplatzes ist (Handelsregistereintrag, Namensgebung, Haftung etc.), klammern wir aus.

Bei einer Bestellung eines Kompletträder-Sets an Winterrädern kam die Lieferung offensichtlich beschädigt beim Kunden an. Bei einer anderen Bestellung wurden die falschen Räder geliefert. Wer trägt in diesen Fällen die Retouren-Kosten? Gründe für eine Reklamation lassen sich beliebig weiterführen. Das Problem dürfte klar geworden sein.

Ähnliche Schwierigkeiten treten immer dann auf, wenn es gilt, Kosten für Betrieb, Bewerbung oder Weiterentwicklung einer E-Commerce-Lösung zu verteilen. Was für das eine Unternehmen dringende Erweiterungen an Funktionen oder technologischen Reifegrad sind, kann für das andere Unternehmen eine geringere Priorität haben als die nächste Mediakampagne oder das Anbinden eines externen Analytics-Tools.

Wer einen B2B-Marktplatz betreiben möchte, muss sich den gleichen Herausforderungen stellen wie Anbieter »einfacher« E-Commerce-Landschaften. Zusätzlich gilt es, rechtliche Fragen zu klären und die Synergien – die zweifelsohne vorhanden sind – zwischen den beteiligten Unternehmen auf dem Marktplatz zu nutzen. Einheitliche Designs und Benutzerführung, harmonisierte Produktdaten, abgestimmte Logistikprozesse oder passende Serviceverträge sind nur einige Beispiele für relevante Fragestellungen.

In naher Zukunft werden viele dieser Fragen geklärt, und solche Modelle werden schrittweise Wirklichkeit. Jede Branche und jede Nische folgt dabei ihren eigenen Regeln, was zu einer breiteren Diversifizierung im Markt im Vergleich zum B2C-Bereich führen wird.

Es gibt Stimmen, die hier einen ersten Schritt in Richtung Metaverse erkennen (siehe Kapitel 26, »Kundenservice der Zukunft«). Derzeit scheint es sich jedoch eher umgekehrt zu verhalten: Wenn Trends wie Metaverse sich etablieren und virtuelle Einkaufswelten bei Kunden akzeptiert (skalierbare Use Cases) und technologisch ausgereift sind, scheint dem Plattformgedanken und Projekten wie Manufacturing-X, Catena-X oder Xometry der Weg bereitet. In Kapitel 24, »Visualisierung: Die Zukunft der Interaktion«, befassen wir uns ausführlich mit Marktplätzen und ihren Entwicklungspotenzialen für B2B-Unternehmen im Kontext der Plattformökonomie.

2.3 Fazit

Von der Bereitstellung von Self-Service-Funktionen über die Abwicklung von Ersatzteilverkäufen, Cross- und Upselling bis hin zur Etablierung neuer Geschäftsmodelle mit digitalen Diensten wie Predictive Maintenance oder neuen Bezahlkonzepten: Ein Kundenportal ist für nachhaltigen Erfolg im B2B-Bereich unerlässlich. Kundenportale können auch für Direktvertrieb und B2C-Geschäftsmodelle der Schlüssel sein, um Kunden langfristig in das digitale Zeitalter zu begleiten. Das gilt vor allem vor dem Hintergrund, dass B2B- und B2C-Geschäftsmodelle zunehmend verschmelzen und immer häufiger einen B2E-Charakter aufweisen.

Die Basis für ein funktionierendes Kundenportal sind ein konsistentes Produktdatenmanagement, die richtigen Funktionen und Inhalte und eine zukunftsfähige Architektur der IT-Systeme. Marktplätze bieten B2B-Unternehmen schnelle Zugänge zu breiten Zielgruppen. Für Einzelhändler sind sie essenziell. Als Betreiber stellen sich andere (im B2B-Umfeld teilweise noch ungeklärte) Herausforderungen, die es abhängig von Branche und eigener Marktbearbeitung zu prüfen gilt.

Die Entwicklung einer eigenen E-Commerce-Landschaft, die über eine Unternehmens-Website und einen »einfachen« Webshop hinausgeht, hin zu globalen, auf spezifische Zielgruppen zugeschnittenen innovativen Kundenportalen, ist kein Sprint. Damit sie nicht zum Marathon wird, sollten Sie Strategie, Prozesse und Produktdaten zusammen bedenken. Richten Sie Ihren Blick auf das Ziel und den Weg, haben Sie keine Scheu vor Umwegen oder Routenänderungen und seien Sie bereit für mögliche Abkürzungen.

Die Entwicklung neuer Geschäftsmodelle, die durch die E-Commerce-Strategie ermöglicht werden, stellt den logischen nächsten Schritt dar. Details dazu werden im nächsten Kapitel behandelt.

Kapitel 3
Erfolgsfaktoren und Erfolgsmessung in E-Commerce-Systemen

Technologien wie Webshops und Kundenportale beeinflussen das Einkaufsverhalten und die Zufriedenheit der Kunden. Der Erfolg hängt maßgeblich von der Customer Experience ab. Ein Post (Tweet) hat mehr Reichweite als jede Mundpropaganda. Doch es gibt zahlreiche Faktoren, die den Erfolg einer E-Commerce-Lösung ausmachen können. Und bevor sich der Erfolg überhaupt messen lässt, gilt es zu formulieren, welche Ziele eigentlich erreicht werden sollen.

In den vorherigen Kapiteln haben Sie gesehen, dass der Weg zur finalen E-Business-Landschaft stufenweise erfolgt und seine Zeit braucht. Doch gleich ob Webshop, Kundenportal oder einfache Website. Spätestens wenn Ihr Webshop oder Ihre Website online geht, müssen Sie sich die Frage stellen, ob diese Lösungen auch erfolgreich sind. Oftmals gilt es zu planen, wie Sie damit einen wirtschaftlichen Erfolg erzielen, Ihren Umsatz steigern, Rentabilität schaffen ... Die hohen Investitionskosten sollen sich amortisieren oder zumindest »rechnen«. Doch was können wir im Bereich E-Commerce überhaupt als Erfolg bezeichnen und wie lässt er sich messen? Welche Ziele neben betriebswirtschaftlichem Erfolg kann es geben? Welche Bedeutung haben Konvertierungsraten oder Akzeptanzsteigerungen? Was passiert, wenn der Erfolg zunächst ausbleibt? Wie kann er erreicht werden? In diesem Kapitel setzen wir uns genau mit diesen Fragen auseinander und zeigen Ihnen, wie der Weg aus einer Zwickmühle gelingt oder wie man am besten erst gar nicht hineingerät.

Zu Beginn in Abschnitt 3.1, »Ohne Traffic keine Conversion«, werden die klassischen Methoden zur Steigerung der Sichtbarkeit im Internet näher betrachtet. Der Begriff *Buyer Enablement* als zentraler Schlüssel für gute Konvertierungsraten wird in Abschnitt 3.2 vorgestellt. Die nächste Stufe im Marketing – das Kampagnenmanagement – ist Inhalt von Abschnitt 3.3, »Marketing Automation«. Abschnitt 3.4, »Werkzeuge für erfolgreiche Customer Experience im E-Commerce«, befasst sich mit dem Thema User Experience als unverzichtbarem Teil einer erfolgreichen E-Commerce-Strategie. Welche Chance neue Geschäftsmodelle bzw. die Einbindung der Vertriebsorganisation im eigenen Unternehmen bieten, um den Erfolg zu steigern, ist Mittelpunkt von Abschnitt 3.5, »Geschäftsmodelle als Business- und Umsatztreiber«, und Abschnitt

3.6, »Der Webshop als digitaler Vertriebskanal«. Der Abschnitt 3.7, »Value Management: Erfolgsmessung (Ziele, KPIs, Maßnahmen)?«, zeigt dann Technologien, Prozesse und Methoden, um Erfolge überhaupt definieren und messen zu können. Zum Abschluss folgt in Abschnitt 3.8 eine Momentaufnahme zum Thema KI als Erfolgsfaktor im Planen, Umsetzen und Betreiben von E-Commerce-Projekten.

3.1 Ohne Traffic keine Conversion

In der Einleitung dieses Kapitels haben wir vorausgesetzt, dass Ihre E-Commerce-Website oder Ihr Webshop irgendwann frequentiert und akzeptiert wird. Nur weil eine E-Commerce-Plattform live ist, bedeutet dies jedoch nicht, dass sie auch besucht wird. Insbesondere Besuche über Suchmaschinen (Organic Search Traffic) haben einen erheblichen Einfluss auf den sogenannten *Traffic*, also den Zustrom von Besuchern, den Ihre Website oder Ihr Webshop verzeichnet (siehe Abbildung 3.1).

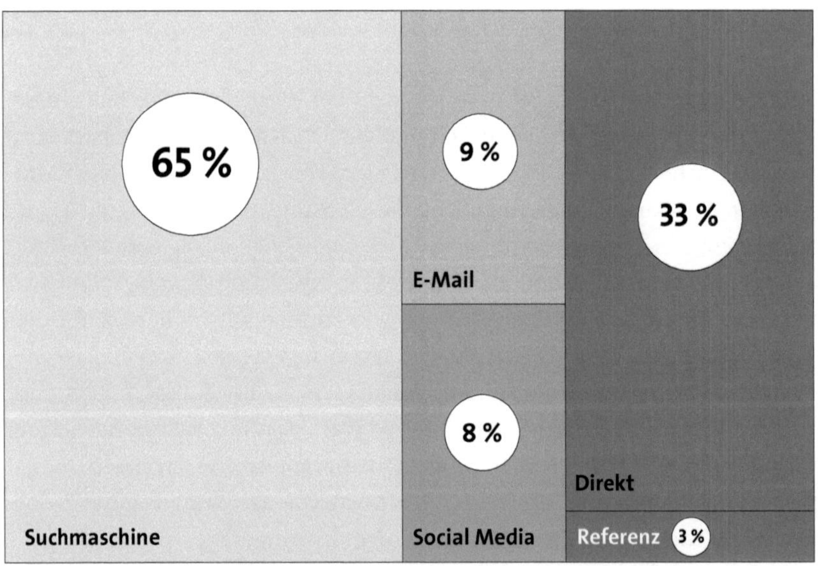

Abbildung 3.1 Unterschiedliche Typen des Traffics auf Websites (Quelle: eCommerce Benchmark Report 2022 – State of the eCommerce Industry, 2022)

Daher ist es auch wichtig, dass Sie sich mit Maßnahmen zur *Suchmaschinenoptimierung* (Search Engine Optimization, kurz SEO) oder *Suchmaschinenwerbung* (Search Engine Advertising, kurz SEA) beschäftigen. Auch wenn Sie eine intensive Auseinandersetzung mit diesen Themen eher in einem Marketingfachbuch finden, möchten wir Ihnen an dieser Stelle eine kurze Einführung geben. Denn in einer digitalen Welt ist die Sichtbarkeit im Internet entscheidend für den Erfolg von Unternehmen bzw. E-Commerce-Systemen. Die Sichtbarkeit wird durch den Traffic gemessen und bildet somit die Grundlage für jede erfolgreiche Conversion, ob der Verkauf eines Produkts, das Ausfüllen eines Formulars oder eine andere gewünschte Aktion. Damit gilt ein unumstößliches Gesetz: ohne Traffic keine Conversion!

In diesem Abschnitt begeben wir uns auf eine Entdeckungsreise, die über das einfache Erreichen von Sichtbarkeit im Internet hinausgeht. Es werden erprobte Strategien vorgestellt, um nicht nur einfach Besucher anzuziehen, sondern echte Interessenten und Kunden zu gewinnen. Durch das Zusammenspiel von Traffic und Conversion wird der Erfolg in der digitalen Welt Realität.

Dieser Abschnitt beleuchtet die entscheidende Verbindung zwischen Traffic und Conversion und zeigt auf, warum diese Symbiose für den Online-Erfolg unverzichtbar ist und welche Strategien Unternehmen nutzen können, um Traffic auf ihrer Website zu generieren.

3.1.1 Sichtbarkeit im Internet erhöhen

Lage! Lage! Lage! Dieser Grundsatz gilt für den stationären genauso wie für den Online-Handel. Für ein Unternehmen ist die Sichtbarkeit im Internet von immenser Bedeutung. Versetzen Sie sich in folgende Situation: Sie sind gerade auf Geschäftsreise, fremd in der Stadt und jetzt auf der Suche nach einem Friseur, um für das Meeting am nächsten Morgen auch optisch gut vorbereitet zu sein. In einer Suchmaschine werden Ihnen zwei mögliche Friseurläden, die heute geöffnet haben, vorgeschlagen. Ein Friseur verfügt über eine Website, auf der Sie dank einer Bildergalerie Einblicke in den Salon haben und über das Team und die Preise informiert werden. Der andere Friseur besitzt hingegen keine Website, nur die Anschrift und die Telefonnummer sind in der Suchmaschine hinterlegt. Welchen würden Sie zuerst anrufen?

Der erste Grundsatz für Sichtbarkeit im Internet ist, eine Online-Präsenz zu schaffen, über die potenzielle Kunden mehr über das Unternehmen und seine Produkte und Dienstleistungen erfahren können. Der Weg zur Website erfolgt wie zuvor beschrieben häufig über Suchmaschinen. Hier ist Google global mit einem Marktanteil von 92 % trotz des Verbotes und einer kaum messbaren Nutzung in China im Jahr 2023 klarer Marktführer (Quelle: Statista, »Marktanteile der Suchmaschinen weltweit nach mobiler und stationärer Nutzung im November 2023«, 2023). Doch allein in einer Suchmaschine gelistet zu werden, führt nicht zum Erfolg. Wie in Abbildung 3.2 gut zu erkennen ist, bekommen gut 90 % der Websites überhaupt keinen Traffic über bzw. auf Google. Lediglich 0,21 % haben einen Traffic von mehr als 1.000 Besuchern pro Monat.

Daher ist es von zentraler Bedeutung, dass Ihre Website immer dann auftaucht, wenn Ihre Zielgruppe sie finden soll. Was im Sport mit der Silbermedaille belohnt wird, führt bei der Platzierung in einer Suchmaschine wie Google bereits zu 40 % weniger Klickwahrscheinlichkeit. Wer nur auf der zweiten Seite landet, wird so gut wie gar nicht mehr gefunden bzw. geklickt. Denn nur 0,63 % aller Google-Nutzer gehen auf die zweite Seite und erzeugen überhaupt eine *Klickrate* (Click-Through Rate, kurz CTR), die auch als *Organic CTR* bezeichnet wird (siehe Dean, Brian (2023): »We Analyzed 4 Million Google Search Results. Here's What We Learned About Organic Click Through Rate«, *https://backlinko.com/google-ctr-stats*).

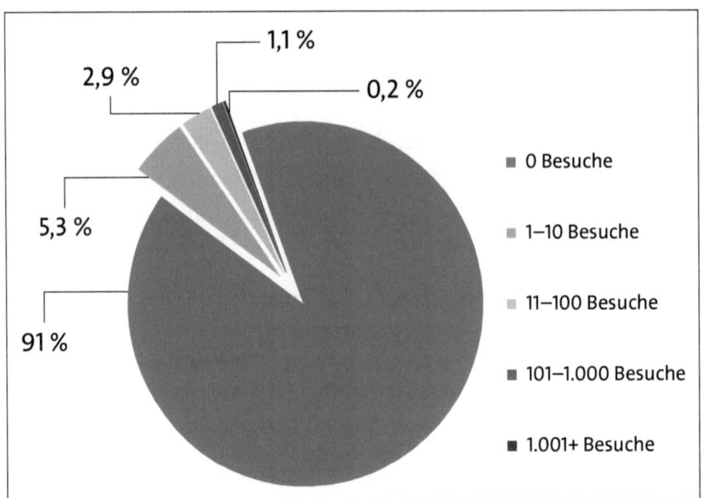

Abbildung 3.2 Anzahl der Besuche (Traffic) für Einträge in der Google-Suchergebnisliste (Quelle: Ahrefs, »Google Search Statistics for 2024«, 2024)

Doch wie schaffen es Unternehmen, in den über 8,5 Milliarden Suchanfragen pro Tag von ihrer Zielgruppe gefunden zu werden? Drei bedeutende Buchstaben: *SEO*. Unter SEO lassen sich Maßnahmen einordnen, die darauf abzielen, die Sichtbarkeit einer Website in den organischen (nicht bezahlten) Suchergebnissen von Suchmaschinen zu verbessern, um mehr qualitativen Traffic zu erzeugen. Zu den wichtigsten Maßnahmen der SEO gehören folgende Punkte:

- **Keyword-Optimierung**
  Eine zentrale Herausforderung im Internet besteht darin, gefunden zu werden, und dafür wird häufig die Keyword-Optimierung eingesetzt. Bei der Keyword-Optimierung liegt der Fokus darauf, relevante Schlüsselwörter strategisch im Titel, in Meta-Beschreibungen, Überschriften, Alt-Tags von Bildern und im Hauptinhalt zu platzieren, um die Relevanz für Suchanfragen zu steigern. Auch die URL-Struktur sollte klare und relevante Schlüsselwörter enthalten. Durch diese Optimierung kann die Sichtbarkeit der Website in den Suchergebnissen verbessert werden, was zu einem Anstieg des Traffics führen kann. Die Keyword-Optimierung umfasst

eine gründliche Keyword-Analyse, um gezielt nach Begriffen und Ausdrücken zu suchen, die Benutzer voraussichtlich in Suchmaschinen eingeben, wenn sie nach Informationen zu einem bestimmten Thema suchen. Bei dieser Analyse kommen oft spezialisierte Tools zum Einsatz, um die Relevanz und Effektivität der Keywords zu bestimmen.

- **Technisches SEO**
  Beim technischen SEO werden durch die Steigerung der Crawlbarkeit, die Einhaltung von Sicherheitsstandards und die Optimierung der Website-Geschwindigkeit die Anforderungen der Suchalgorithmen erfüllt, was zu einer Verbesserung des Rankings in Suchmaschinen führen kann.

[«]

Was sind Crawler und welche Bedeutung haben sie

Crawlbarkeit bezieht sich auf die Fähigkeit von Suchmaschinen-Crawlern, eine Website zu durchsuchen und deren Inhalte zu indexieren. *Crawler*, auch als *Bots* oder *Spiders* bezeichnet, sind automatisierte Programme, die von Suchmaschinen verwendet werden, um das Internet nach neuen oder aktualisierten Inhalten zu durchsuchen. Eine Website ist crawlbar, wenn der Crawler ohne Probleme durch die Seiten navigieren kann, um deren Struktur und Inhalte zu verstehen. Dies ist entscheidend für die Suchmaschinenoptimierung (SEO), da Crawler dazu beitragen, dass die Website in den Suchergebnissen erscheint.

Eine optimierte Seitenstruktur, die eine klare Hierarchie gewährleistet, kann etwa die Crawlbarkeit verbessern. Das Einhalten einer sicheren Verbindung (HTTPS) trägt ebenfalls zur Verbesserung des Rankings bei. Weitere positive Auswirkungen auf das Ranking ergeben sich durch die Optimierung der Ladezeiten durch die Komprimierung von Bildern und der Nutzung von Caching-Techniken.

- **Off-Page-Optimierung**
  Die Off-Page-Optimierung umfasst sämtliche Maßnahmen außerhalb der eigentlichen Website, die darauf abzielen, deren Sichtbarkeit und Reputation in den Suchergebnissen zu steigern. Dazu gehören Aktivitäten wie das Teilen von Inhalten, das Liken von Beiträgen in sozialen Netzwerken sowie das Setzen von Verlinkungen in anderen Websites durch Backlinks. Diese Maßnahmen haben einen positiven Einfluss auf die Sichtbarkeit in den Suchergebnissen. Zusätzlich wirken sich auch positive Online-Bewertungen wohlwollend aus. Bei der Off-Page-Optimierung ist zu betonen, dass nicht nur die Anzahl, sondern auch die Qualität von Verlinkungen, Social-Media-Aktivitäten und Online-Rezensionen entscheidend für die Suchmaschinenalgorithmen sind.

[»]

Backlinks

Unter einem *Backlink*, auch als *Rückverweise* oder *eingehende Links* bezeichnet, versteht man einen Link, der von einer anderen Website ausgehend zu einer bestimmten Website führt. Sie spielen eine wichtige Rolle im Bereich der Suchmaschinenoptimierung und beeinflussen die Sichtbarkeit und das Ranking von Websites in den Suchergebnissen. Das erste Suchergebnis bei Google hat im Durchschnitt 3,8-mal mehr Backlinks als die Positionen 2 bis 10 (Quelle: Backlinko, »Here's What We Learned About SEO«, 2023, *https://backlinko.com/search-engine-ranking*).

Man könnte annehmen, dass die Anzahl der Backlinks entscheidend ist. Dies ist jedoch nur bedingt der Fall, denn es ist wichtig zu beachten, dass Suchmaschinen nicht alle Backlinks gleich bewerten. Suchmaschinen unterscheiden zwischen hochwertigen Backlinks von vertrauenswürdigen und thematisch relevanten Quellen sowie minderwertigen Backlinks von unzuverlässigen oder nicht themenrelevanten Quellen. Suchmaschinenalgorithmen berücksichtigen die Anzahl, Qualität und Relevanz der Backlinks bei der Bewertung einer Website.

- **User Experience**
  Auch die Benutzerfreundlichkeit der Website spielt eine entscheidende Rolle. Suchmaschinen bevorzugen Seiten, die eine angenehme Nutzererfahrung bieten, darunter einfache Navigation und schnelle Ladezeiten. Die Tatsache, dass viele Nutzer mittlerweile über mobile Geräte auf das Internet zugreifen, führt dazu, dass Suchmaschinen speziell mobile optimierte Websites bevorzugen. Zusätzlich können interaktive Elemente wie Formulare, Kommentare oder Social-Media-Integration die Benutzerinteraktion fördern. Diese Interaktionen wiederum können die Verweildauer auf der Website verlängern, was sich positiv auf das Ranking in den Suchergebnissen auswirken kann.

Zusammenfassend lässt sich festhalten, dass SEO ein unverzichtbares Werkzeug ist, um Sichtbarkeit im Internet zu erzeugen. Erfolgreich ist dies aber nur dann, wenn es als fortlaufender und stets angepasster Prozess im Unternehmen verankert ist – nicht zuletzt, da auch Suchmaschinenalgorithmen regelmäßig aktualisiert werden. Es erfordert eine ständige Anpassung und Optimierung, um relevante und hochwertige Inhalte für Ihre Zielgruppe bereitzustellen und gleichzeitig den technischen Anforderungen der Suchmaschinen gerecht zu werden.

Neben SEO gibt es eine weitere Möglichkeit, die Platzierung in den Suchmaschinenergebnissen zu beeinflussen, nämlich Suchmaschinenwerbung (*Search Engine Advertising*, kurz SEA). Bei *SEA* platziert ein Unternehmen Anzeigen (*Paid Search*) in den Suchergebnissen von Suchmaschinen. Die Werbetreibende zahlen hierfür in der Regel für Klicks auf ihre Anzeigen (*Pay-Per-Click*). Die Platzierung dieser Anzeigen in den Suchergebnissen erfolgt auf der Basis von Keywords. Die wohl bekannteste Plattform für SEA ist Google Ads, aber auch Suchmaschinen wie Bing bieten ähnliche Werbemöglichkeiten.

[+] 3

SEA und SEO erfolgreich miteinander kombinieren

Die Integration von SEA und SEO in einer kombinierten Strategie kann äußerst effektiv sein. Dies beinhaltet die Nutzung von Erkenntnissen aus SEA-Kampagnen zur Identifizierung effektiver Keywords, Tests und Lernmöglichkeiten durch SEA für SEO, saisonale Kampagnen für kurzfristige Angebote, Remarketing zur erneuten Ansprache von Besuchern, Integration von Anzeigen mit organischen Suchergebnissen für konsistente Botschaften und Nutzung von Analysetools zur Überwachung der Gesamtleistung von SEA und SEO.

Die Kombination von SEA und SEO ermöglicht es, kurzfristige Sichtbarkeit und Traffic durch bezahlte Anzeigen zu generieren, während gleichzeitig langfristige Stabilität und Vertrauen durch organische Suchergebnisse aufgebaut werden. Eine koordinierte und abgestimmte Strategie ist entscheidend, um das volle Potenzial der Online-Marketing-Maßnahmen zu maximieren.

3.1.2 Traffic in Conversion umwandeln

Analysiert man nicht erfolgreiche E-Commerce-Systeme, ist fehlender Traffic immer ein Grund des Scheiterns. Ein zweiter Grund ist die fehlende Conversion (siehe Abschnitt 3.2, »Buyer Enablement: ohne Conversion kein Erfolg«). Ein dritter häufiger Grund ist, dass das System zwar Traffic generiert, aber den »falschen«. Denn nicht jeder Traffic ist qualitativ für die Conversion. Doch was ist qualitativer Traffic und wie erreicht man diesen? Ein Bestandteil von qualitativem Traffic sind die Besucher einer Website, die tatsächlich an den Inhalten oder Produkten interessiert sind. Die Maßnahmen zur Generierung von qualitativem Traffic wirken sich auch positiv auf die SEO-Optimierung aus. Folgende Strategien können genutzt werden, um qualitativen Traffic zu erzeugen:

- **Zielgruppenrelevante Inhalte**
  Es empfiehlt sich, die Website so zu gestalten, dass die präsentierten Inhalte die spezifischen Interessen der Zielgruppe treffend ansprechen. Dies könnte z. B. durch die Veröffentlichung von ansprechenden Blog-Posts, Videos oder Infografiken erfolgen.
- **Soziale Medien und Influencer-Marketing**
  Die Nutzung sozialer Medien ist eine Möglichkeit, Inhalte mit der Zielgruppe zu teilen und eine direkte Interaktion zu ermöglichen. Dabei ist es ratsam, die Plattform sorgfältig zu wählen, basierend auf der Präferenz der Zielgruppe. Zudem könnte die Zusammenarbeit mit Influencern in Betracht gezogen werden, um den eigenen Social-Media-Kanal zu fördern und für die Zielgruppe interessanter zu werden.

- **Gastbeiträge**
  Das Verfassen hochwertiger Gastbeiträge auf externen Websites kann die Sichtbarkeit steigern und Backlinks generieren, wodurch die Zielgruppe auf direktem Weg zur eigenen Website gelangen kann.
- **E-Mail-Marketing**
  Eine gepflegte E-Mail-Liste, wie z. B. ein Newsletter, ermöglicht es, relevante und ansprechende Nachrichten an Abonnenten zu senden. Dies wiederum kann dazu beitragen, wiederkehrenden qualitativen Traffic zu fördern.
- **Webinare und Veranstaltungen**
  Die Durchführung von Webinaren oder Online-Veranstaltungen bietet eine Gelegenheit, Expertise zu präsentieren und in Echtzeit mit der Zielgruppe zu interagieren.

Wenn es Ihnen gelungen ist, qualitativen Traffic zu generieren, muss dieser auch in die Conversion umgewandelt werden. Aber was ist eigentlich unter Conversion im Kontext E-Commerce zu verstehen?

[»]

Conversion

Conversion bezeichnet im Marketing, insbesondere im Online-Marketing, die Umwandlung des Status einer Zielperson in einen neuen Status, z. B. die Umwandlung eines Interessenten in einen Kunden. Sie beschreibt also den Prozess, bei dem die Personen, die die Website nutzen oder besuchen, ein von Ihnen definiertes Ziel (Aktivität) erreichen. Das Conversion-Ziel kann unterschiedlich sein: etwa das Ausfüllen eines Formulars, das Klicken eines Banners, die Ansicht eines Produktes oder das Tätigen einer Bestellung.

Die bekannteste und vermeintlich wichtigste KPI, wenn es um den Erfolg von Webshops, Websites oder Portalen geht, ist die *Conversion Rate* (siehe auch Abschnitt 3.7, »Value Management: Erfolgsmessung (Ziele, KPIs, Maßnahmen)?«). In diesem Buch gehen wir dabei von folgender Definition von Conversion Rate aus: die Anzahl der Handlungen, Klicks oder Käufe, die einzelne Besucher der Website durchgeführt haben. Also:

$$\text{Conversion Rate} = \text{Anzahl der Conversion} / \text{Anzahl der Besuche} \times 100$$

Gemessen wird die Conversion Rate mithilfe von Analysesystemen wie Google Analytics oder Dynatrace. Beispiele für gemessene Conversions sind Registrierungen auf der Website, Downloads von Content oder Assets.

Um die Conversion Rate zu steigern, können bereits vorgestellte Maßnahmen wie benutzerfreundliches Design, überzeugende Inhalte, schnelle Ladezeiten und mobile Optimierung genutzt werden. Doch neben diesen sind klare Calls-to-Action (CTA), Mehrwerte und Vertrauensbeweise Verstärker, um die Conversion zu steigern. Durch Calls-to-Action werden Besucherinnen und Besucher auf der Website durch klare Handlungsaufforderungen durch auffällige Schaltflächen oder Texten zu bestimmten Aktionen aufgefordert. Mehrwerte wie Rabatte, exklusive Inhalte oder Sonderangebote bieten Besuchern weitere Beweggründe, um eine Handlung vorzunehmen. Die Integration von Vertrauensbeweisen wie Kundenbewertungen, Siegel oder Referenzen gibt ein Gefühl der Sicherheit und kann das Vertrauen zur Conversion ebnen.

Abschließend lässt sich das Fazit ziehen, dass Traffic und Conversions untrennbar miteinander verbunden sind. Wenn man allein betrachtet, dass die gleichen Strategien zur Generierung von Traffic und Conversion genutzt werden, ist dies eindeutig. Ohne die Aufmerksamkeit auf Traffic bleibt jede Conversion ein unerreichtes Ziel. Daher sollten Unternehmen in gezielte Maßnahmen investieren, um qualitativen Traffic zu generieren. Wie die Conversion erzielt werden kann, erfahren Sie im nächsten Abschnitt.

3.2 Buyer Enablement: ohne Conversion kein Erfolg

Nachdem Sie Ihre SEO- und SEA-Strategie optimiert und mithilfe diverser anderer Marketingaktivitäten wie Promotions, Mail- und Social-Media-Kampagnen, Printwerbung, Mundpropaganda durch den eigenen Vertrieb und Retail-Media-Programme die Reichweite und die Besucherzahlen Ihres Webshops gesteigert haben, gilt es, den hoffentlich massenhaften Zugriff und die dadurch entstehenden potenziellen Kunden richtig zu nutzen – Stichwort: Conversion.

> *It's much easier to double your business by doubling your conversion rate than by doubling your traffic (Jeffery & Bryan Eisenberg, 2016)*

Wer Kunden an den digitalen Haltestellen abholen und nicht verlieren will, muss Mehrwert bieten. Gerade im B2B-Segment sollten Sie sich verinnerlichen, dass (potenzielle) Käufer in der Regel im Auftrag ihres Berufs unterwegs sind. Zudem erfolgen Einkaufsprozesse dort selten linear, sondern sind in Aufgabenblöcke geteilt, die teils voneinander abhängend und oftmals von mehreren Personen (Buying Group) sukzessive abgearbeitet werden (siehe Abbildung 3.3).

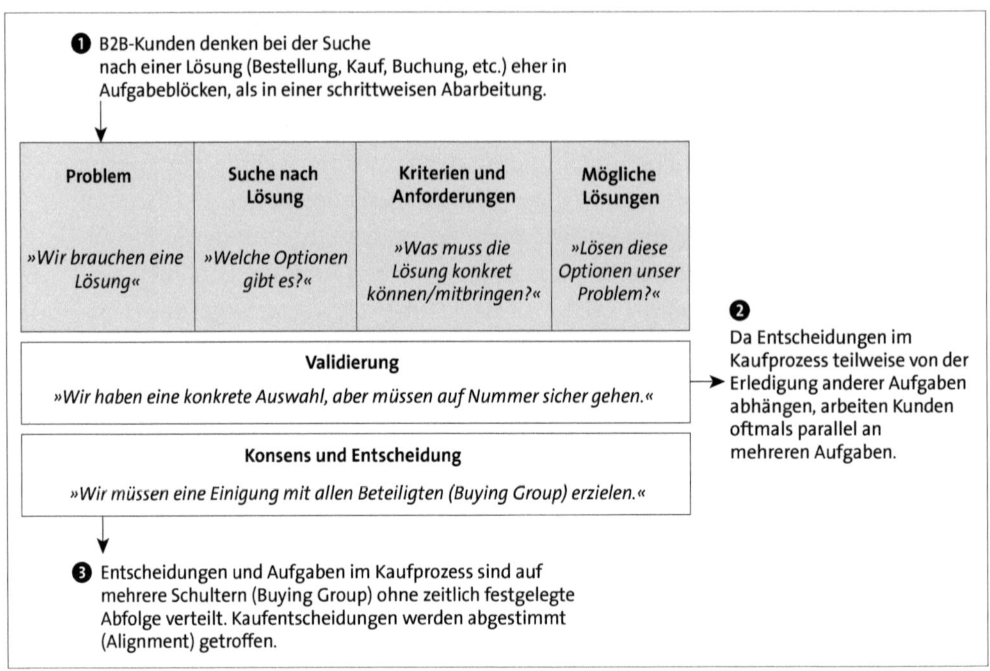

Abbildung 3.3 Kaufprozess in Aufgabeblöcken in der Buying Group (B2B)

❶ Kunden und Käufer im B2B-Bereich denken bei der Suche nach einer Lösung (Bestellung, Kauf, Buchung etc.) an Aufgabeblöcke und weniger an eine schrittweise Abarbeitung von Aufgaben.

❷ Da Entscheidungen im Kaufprozess teilweise von der Erledigung anderer Aufgaben abhängen, arbeiten Kunden und Käufer oftmals parallel an mehreren Aufgaben.

❸ Entscheidungen und Aufgaben im Kaufprozess sind auf mehrere Schultern (Buying Group) ohne zeitlich festgelegte Abfolge verteilt. Kaufentscheidungen werden abgestimmt (Alignment) getroffen.

Dieser Prozess kann je nach Komplexität des zu erwerbenden Produkts oder der Dienstleistung, der Größe des Unternehmens und den besonderen Zielen des Unternehmens unterschiedlich sein. B2B-Einkaufsentscheidungen sind in der Regel nicht impulsiv, sondern durchlaufen oft mehrere Phasen im Laufe der Zeit. Bestimmte Käufe können sogar ein Jahr oder länger dauern. Umso mehr wird klar, wie wertschätzend Kunden sein werden, wenn ihnen bei erfolgreicher Suche und Kauf unter die Arme gegriffen wird. B2B-Einkäufer benötigen häufig eine Hilfestellung.

Aber auch im B2C-Bereich sind Privatkunden häufig überfordert bei der Auswahl des richtigen Produktes oder Services, insbesondere wenn es sich um komplexe oder konfigurierbare Produkte handelt. Jeder von uns kennt die Situation, im Kaufprozess an einem Punkt Unsicherheit zu empfinden. Dies kann sich auf verschiedene Aspekte beziehen, wie die Kompatibilität (»Passt der Rühraufsatz zum Bohrfutter meiner Bohrmaschine?«) oder die Ausstattung (»Sind die notwendigen Aufhängungen und Schrauben zur Montage des TV-Boards im Set enthalten?«). Auch Fragen zu Preis und Verfügbarkeit, wie »Kommen beim Versand noch Steuer- und Einfuhrabgaben dazu?«, sind häufige Unsicherheitsfaktoren.

Wie Sie sehen, taucht auch an dieser Stelle das Thema Produktinformation und deren Bedeutung aus Kapitel 2, »Geschäftsmodelle und Dimensionen von E-Commerce: Vom Webshop bis zur Serviceplattform«, wieder auf. Die Beispiele verdeutlichen, wie fragil eine Kaufentscheidung sein kann und wie fahrlässig es aus Unternehmenssicht ist, den Entscheidungsprozess nicht kontinuierlich zu unterstützen. Ergeben sich neue Informationen, revidiert ein Großteil der potenziellen Käuferinnen und Käufer die Kaufentscheidung.

Alle Aktivitäten entlang der Customer Journey, die dazu beitragen, Customer Experience zu schaffen, lassen sich unter dem Begriff *Buyer Enablement* zusammenfassen. Dazu gehören auch alle analogen Service-, Marketing- und Vertriebsaktivitäten: vom kompetenten Verkäufer, der bei der Auswahl des passenden Outfits für die Hochzeit des Sohnes berät, bis hin zur Sales Managerin, die den Kunden vor Ort bei der Konfiguration der nächsten Fertigungshalle im neuen Werk unterstützt. Noch wichtiger ist diese Form der Unterstützung, wenn es in der After-Sales-Phase beim Kunden zu Herausforderungen kommt. Ob die zuverlässige Servicetechnikerin, die in der heißen Erntephase das passende Ersatzteil in der Erntemaschine verbaut oder der freundliche Callcenter-Mitarbeiter aus dem Kundenservice, der bei der Rückgabe des defekten Geschirrspülers weiterhilft: Wem es gelingt, Kunden bzw. Käuferinnen bei der Lösung ihrer Aufgaben zu helfen, schafft es, nachhaltig erfolgreich zu sein.

Im digitalen Umfeld erhöhen sich die Komplexität und die Erwartungshaltung von Kunden. Warum ist das so?

- **Anonymität**
  In Kapitel 2, »Geschäftsmodelle und Dimensionen von E-Commerce: Vom Webshop bis zur Serviceplattform«, haben wir beschrieben, dass ein großer Teil der Recherche und des eigentlichen Kaufs anonym abläuft. Der Wettbewerb ist nur einen Mausklick entfernt. Wenn der Kundenservice negativ wahrgenommen und bewertet wird, gibt es für Sie keine Chance, dies aufzuklären oder anderweitig zu kompensieren.

  Eine Möglichkeit, dem entgegenzuwirken, ist es, Kunden Anreize zu bieten, sich zu erkennen zu geben, ohne sie dabei zu verschrecken. Werden dem Bestellprozess z. B. erst lästige Anmeldeprozesse oder gar das obligatorische Anlegen eines Accounts vorangestellt, besteht die Gefahr, dass Sie nicht nur die Chance zur Identifikation des potenziellen Käufers verlieren, sondern auch die erhoffte Conversion.

- **Beratungsresistenz**:
  Laut einer Datenerhebung des Marktforschungsinstituts Norstat im Jahr 2023 ist nur gut 40 % der Befragten eine Online-Beratung wichtig. Tatsächlich ist das stärkste Argument für einen stationären Einkauf gegenüber der Online-Bestellung die Beratung vor Ort (Quelle: Pilot Radar (2023): Technologie forciert Wandel im Handel, *https://www.pilot.de/neuigkeiten/pilot-radar-technologie-forciert-wandel-im-handel/*). Das liegt auch daran, dass sich Kunden gerade im B2B-Kontext durch die verfügbaren Funktionen oftmals nur unzureichend unterstützt fühlen (siehe Abbildung 3.4). Jetzt könnte man das Henne-Ei-Problem anführen. Suchen Online-Kunden nicht nach aktiver Beratung, weil sie einen kompetenten Service gar nicht erst erwarten? Oder legen Unternehmen keinen Fokus auf solche Angebote, weil Kunden darin keinen echten Mehrwert sehen? Hier lässt sich erneut eine Analogie zum stationären Handel herstellen: Das Beratungsangebot der als aufdringlich wahrgenommenen Verkäuferinnen und Verkäufer kann zu negativen Reaktionen bei Kunden führen, wohingegen die (bei Bedarf) gezielt angebotene Hilfe bei der Auswahl oder beim Servicefall zu höherer Abschlusswahrscheinlichkeit, Zufriedenheit und Kundenbindung führt.

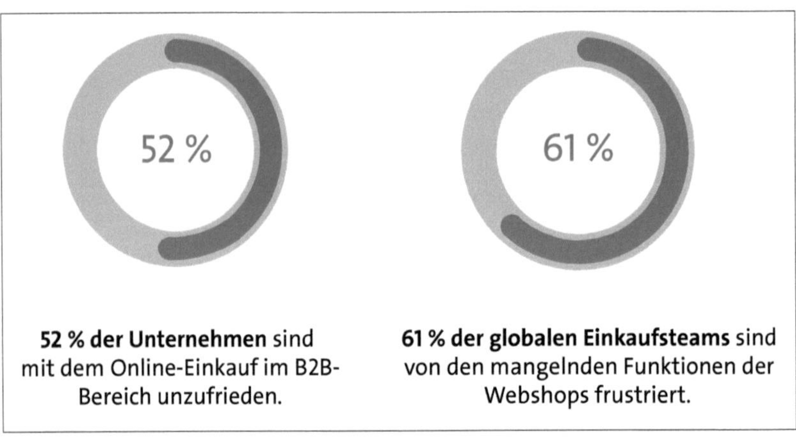

Abbildung 3.4 Zufriedenheit von Online-Einkäufern global (Quelle: Wunderman Thompson, »The B2B Future Shopper Report«, 2022)

- **Komplexität**
  Produkte und Konditionen im B2B-Kontext sind häufig erklärungsbedürftig und für den reinen Online-Kauf zu komplex. Meist handelt es sich um technische Produkte und beratungsintensive Dienstleistungen, deren Nutzen oder Funktionsweise sich den potenziellen Anwenderinnen und Anwendern nicht unmittelbar erschließt. Das können z. B. Investitionsgüter, Maschinen oder medizinische Geräte – im B2B-Segment – oder Hightech-Geräte wie Smarthome-Produkte, die in Haushalten (B2C) zu finden sind. Hier gilt es, den Mittelweg zwischen sinnvoller Bereitstellung von Information und Überfrachtung mit Details zu finden.

Wie in Abschnitt 2.2, »Evolution von E-Commerce-Landschaften«, nachzulesen, stoßen auch Self-Service-Funktionen irgendwann an ihre Grenzen. Daher sollte die Hemmschwelle zur Kontaktaufnahme möglichst gering sein, um so Kunden aktiv beraten zu können. Unternehmen sollten außerdem jeweils prüfen, welche Form des Übergangs vom anonymen Einzelkämpfermodus zur aktiven Beratung für die eigenen Kundengruppen am besten geeignet ist. Dies kann die einfache Angebotsanfrage auf Basis einer (Teil-)Konfiguration (siehe Abschnitt 17.6, »SAP CPQ«) oder die Option, einen Rückruf zu vereinbaren bzw. der Kontaktaufnahme über einen anderen Kanal zuzustimmen.

Alle Ansätze und Themen aus diesem Kapitel tragen letztendlich zu der Strategie bei, die Sie unter dem Begriff *Enablement* kennen. Darüber hinaus stützen weitere Säulen den Gedanken (siehe Tabelle 3.1). Deshalb werden anhand des folgenden Szenarios die Eckpfeiler nochmals herausgestellt.

Eckpfeiler	Beschreibung
Empfehlungen	Bietet eine klare, priorisierte Auswahl an Optionen für eine bestimmte Such-/Kaufanfrage, basierend auf den Anforderungen/ Eingaben des Kunden.
Kaufberater	Ein (virtueller) Berater stellt die richtigen Fragen, um Einkäufer zuverlässig zum richtigen Produkt/Modell zu bringen.
Simulator	Demonstriert, wie das Produkt oder die Lösung im Kontext des Kunden funktioniert.
Kalkulator und Vergleichsmodelle	Bietet Kunden eine einfache Möglichkeit, Bundles, Angebote oder Versionen zu vergleichen und Funktion, um Daten und Modelle zu berechnen.
Self-Services und Transparenz	Stellt alle relevanten (Produkt-)Informationen und Daten zur Verfügung (oder Zugang zu Informationen) und ermöglicht es dem Käufer, andere Stakeholder einfach zu involvieren.
Benchmark	Bietet Kunden Vergleichsdaten oder Erfahrungen von vergleichbaren Kunden/Szenarien.

Tabelle 3.1 Eckpfeiler des Buyer Enablements

3.2.1 Personas

Anhand des folgenden Szenarios werden die Eckpfeiler des Buyer Enablements nochmals beispielhaft herausgestellt.

Persona 1: Der Kunde

Name: Tom Friedrich

Rolle: Leiter Einkauf

Unternehmen: die LANDERS AG, gegründet 1978 in Graz, 4.000 Mitarbeitende, mit sechs Standorten in Europa, einer der führenden Anbieter im Spezialsegment Stadien und Arenen

Die »gute alte Zeit«, als es im Einkauf um den Preis und die Konditionen ging, seien vorbei, hatte Herr Friedrich neulich in einer Runde mit Kollegen aus dem Einkauf gehört. Auch die Firma LANDERS und insbesondere Tom Friedrich stellen fest, dass die Kaufprozesse zunehmend schwieriger und aufwendiger werden. Dies liegt zum einen am technologischen Fortschritt bei den Produkten, aber zum anderen auch an den Anforderungen der Lieferung. Gleichzeitig sieht Tom mit der zunehmenden Digitalisierung auch neue Chancen und interessiert sich dabei natürlich auch für flexible Kaufmodelle oder Leasing-Szenarien. Er ist offen für neue Technologien und steht hier in engem Austausch mit den Verantwortlichen aus Construction und Controlling. Tom Friedrich verspürt trotz der hohen Budgetverantwortung keinen Druck. Immer häufiger gerät er allerdings in Situationen, in denen der Weg zu der vermeintlich »besten« Lösung für LANDERS intransparent oder gar verschlossen zu sein scheint. Seinem Anspruch, effizient zu arbeiten und gleichzeitig die Stakeholder einbinden und informieren zu können, wird er nicht immer gerecht.

Persona 2: Das Management

Name: Paul Bose

Rolle: Leiter Maschinenpark

Unternehmen: LANDERS AG

Abteilung: Construction

Paul Bose ist seit 2008 bei der LANDERS AG. Mit Beginn 2018 hat er die Leitung des Maschinenparks übernommen und ist hier auch zuständig für die Planung der Baumaschinen auf den Projekten/Baustellen.

Persona 3: Das Unternehmen

Die Unternehmensgruppe SyMachines ist ein familiengeführtes Unternehmen mit Hauptsitz am Bodensee in Deutschland. Das 1999 in Radolfzell gegründete Unternehmen ist zentral organisiert und ein echter Hidden Champion im Maschinen- und Anlagenbau mit Fokus auf Baufahrzeuge.

3.2.2 User Story: Unterstützung von Tom Friedrichs Kaufentscheidung durch gezielten Content

Sein Team hat Tom Friedrich von der neuen Baureihe Sy500 berichtet, die die SyMachines GmbH auf der letzten Baumesse präsentiert hat. Bis dato steht SyMachines noch nicht auf der Lieferantenliste und war auch nicht im Fokus von Tom Friedrich. Da aber tatsächlich ein neues »Flaggschiff« für die beiden neuen Großbaustellen benötigt wird, schaut er sich den Bagger Sy500 näher an und findet dazu zunächst die Website der SyMachines GmbH (siehe Abbildung 3.5).

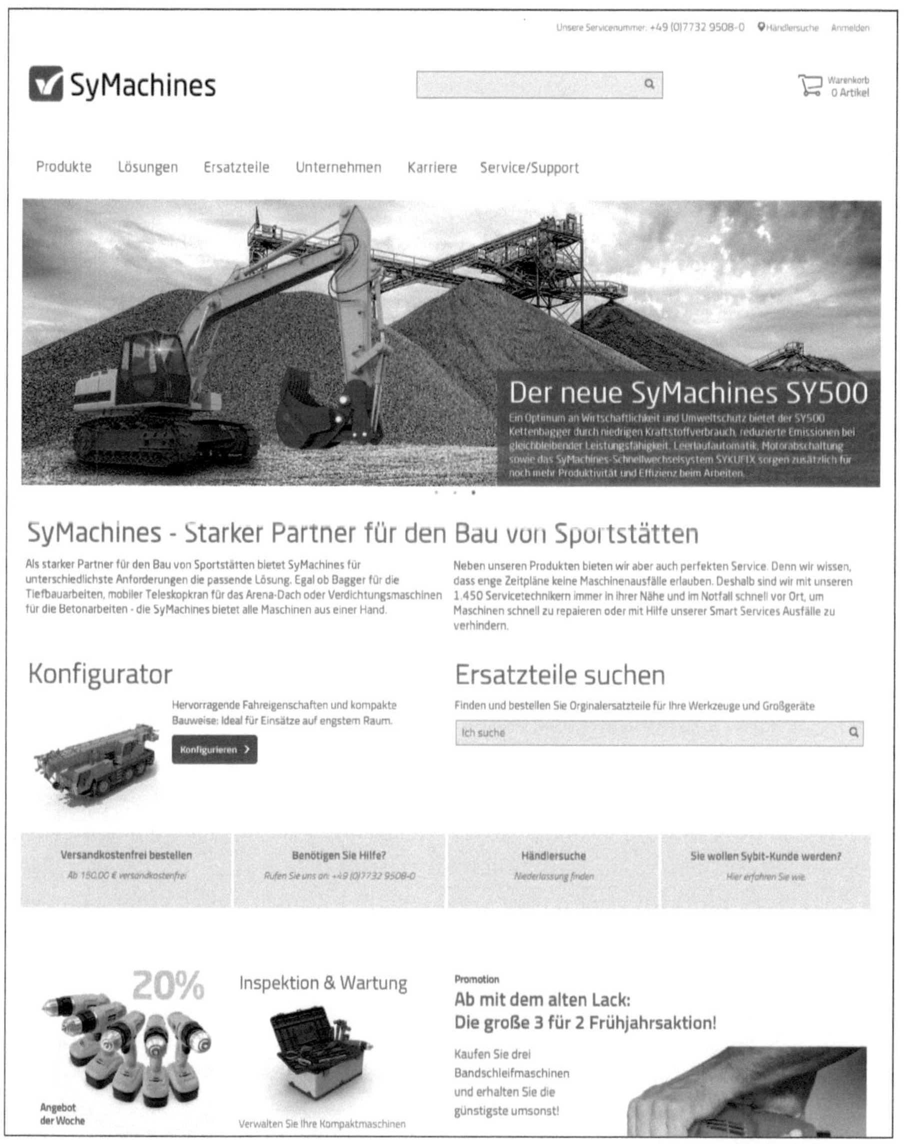

Abbildung 3.5 Startseite der SyMachines mit dem neuen Modell Sy500

Die klare Struktur der Seite gefällt ihm, und auch die Option, den Bagger gleich zu konfigurieren, spricht ihn an. Er ruft den Konfigurator auf, registriert sich und bestätigt direkt den Registrierungslink in der E-Mail, die unmittelbar danach in seinem Postfach landet. Anschließend startet er mit der ersten Konfiguration eines Sy500 (siehe Abbildung 3.6).

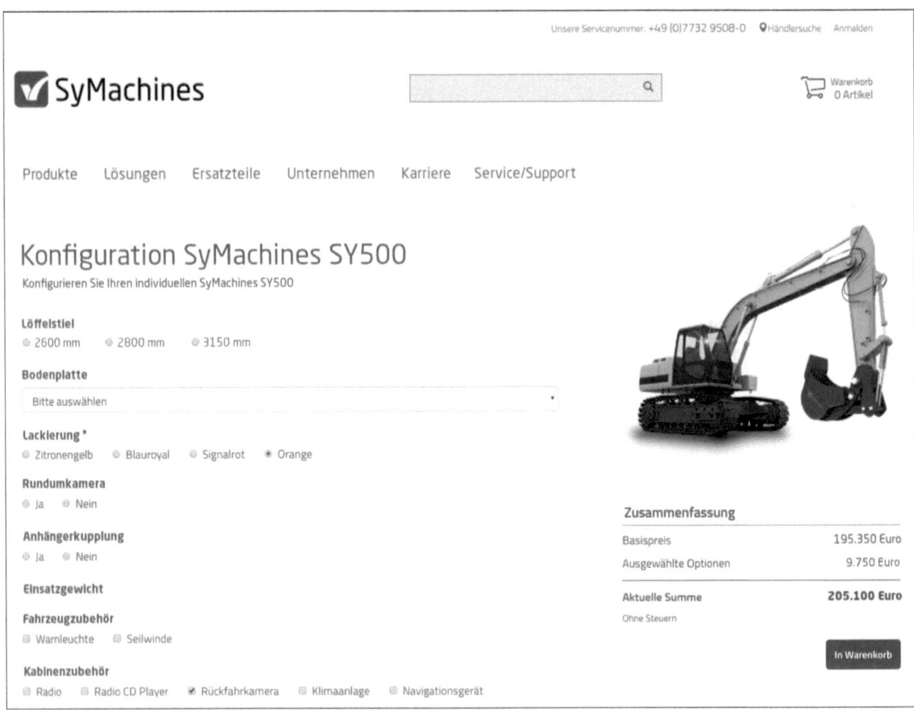

Abbildung 3.6 Konfiguration des Sy500

Tom Friedrich fragt bei SyMachines an und ergänzt noch, dass LANDERS plant, vier neue Bagger in der Größenkategorie des Sy500 zu erwerben. Kurze Zeit später meldet sich ein Vertriebsmitarbeiter der SyMachines GmbH bei Tom Friedrich, und die Dinge nehmen ihren Lauf. Etwa anderthalb Jahre nach dem ersten Kaufvertrag zwischen der LANDERS und der SyMachines macht sich Tom Friedrich daran, Ersatzteile und neue Komponenten zu suchen. Ein Hydraulikfilter scheint defekt, und für die neue Baustelle in Freiburg wird ein Zweischalengreifer benötigt. Tom Friedrich schätzt den guten Online-Service der SyMachines GmbH und auch die Navigation und Suchfunktionen auf ihrer Website. In den vergangenen Monaten war er immer wieder auf der Website zur Recherche oder im Shop unterwegs. Er ruft die Seite der SyMachines GmbH über das in seinem Favoriten hinterlegte Lesezeichen auf. Was ihm direkt auffällt, ist die veränderte Startseite (siehe Abbildung 3.7).

Abbildung 3.7 Veränderte (personalisierte) Startseite SyMachines

In der Vergangenheit hatte sich Tom Friedrich immer wieder mit den Kollegen zum Thema Internet of Things (IoT) auf der Baustelle ausgetauscht. Der verantwortliche Manager des Fuhrparks, Paul Bose, hatte sich gerade auch bei SyMachines zum Thema »vernetzte Baumaschinen« informiert. Auf der für Tom Friedrich angezeigten Startseite wird genau das Thema beworben und mit gezieltem Content erläutert (siehe Abbildung 3.8).

Er informiert sich eingehender und schickt anschließend eine Nachricht mit dem Link auf die Unterseite von SyMachine zur vernetzten Baustelle an Paul Bose. Er nutzt die Chance, das Informationsmaterial direkt ohne Downloadschranke herunterzuladen (siehe Abbildung 3.9), auch um so die Möglichkeit zu haben, diese Informationen problemlos mit seinen Kollegen und insbesondere mit Herrn Bose zu teilen.

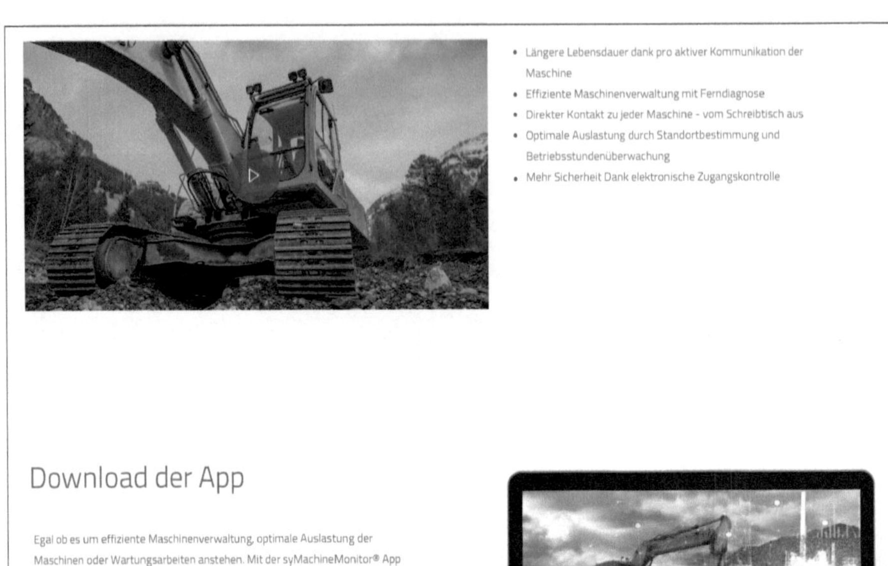

Abbildung 3.8 Content zum beworbenen Add-on

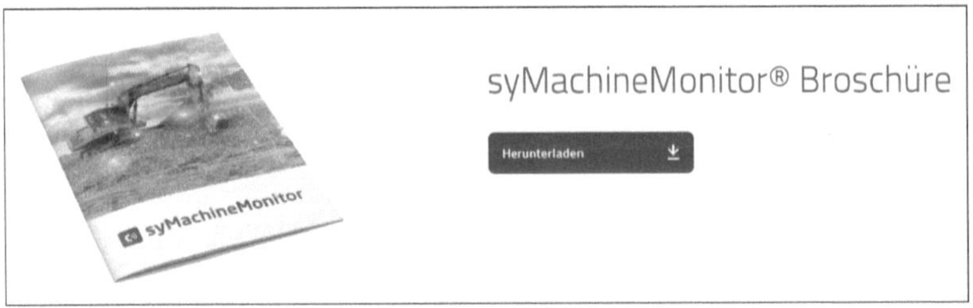

Abbildung 3.9 Download des Infomaterials

Tom Friedrich kehrt zu dem zurück, was er ursprünglich machen wollte. Per Gerätenummer sucht er nach dem Ersatzteil. Nachdem er den passenden Hydraulikfilter gefunden hat, legt er diesen in seinen Warenkorb. Anschließend steigt er über das Menü **Anbauwerkzeuge** in die Suche nach einem Zweischalengreifer ein (siehe Abbildung 3.10).

So findet er schnell die richtige Produktkategorie und nimmt zwei passende Greifer in die engere Auswahl. Die zahlreichen Produktinformationen, Bilder und die Vergleichsfunktion helfen ihm, und er entscheidet sich schnell für den Zweischalengreifer Sy450B (siehe Abbildung 3.11).

Abbildung 3.10 Produktkategorie-Seite »Anbauwerkzeuge«

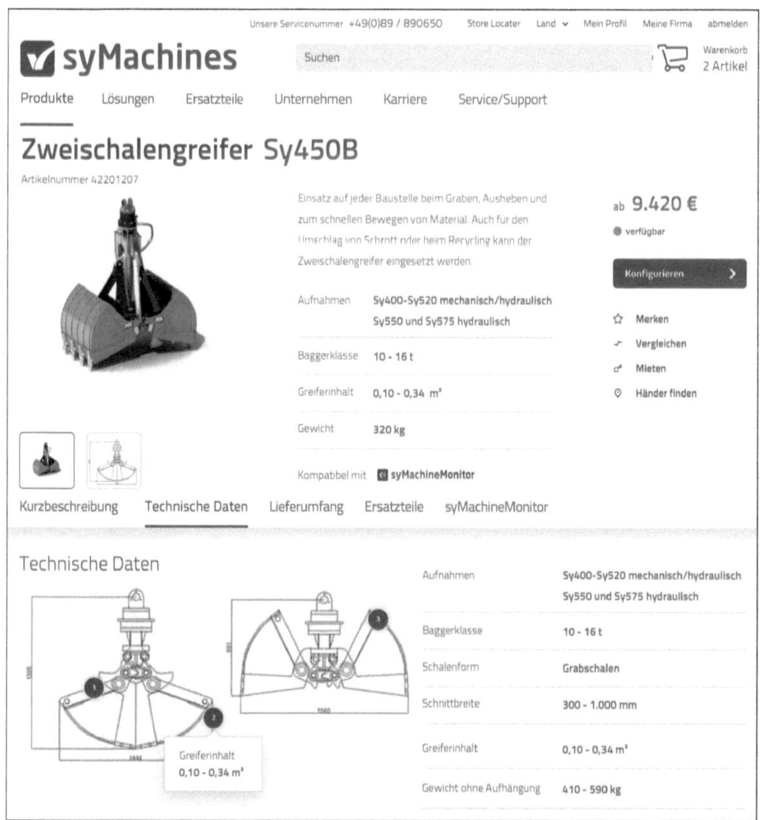

Abbildung 3.11 Produktdetailseite mit indizierten Eigenschaften und verschiedenen Funktionen wie Visualisierung, Speichern, Verfügbarkeitsanfrage und Vergleich

Er legt den Greifer in den Warenkorb und in einem Pop-up-Fenster wird ihm angezeigt, dass er doch gleich den passenden Kabelbaum für den Anbau des Greifers mitbestellen soll (siehe Abbildung 3.12). Der Kabelbaum wird ebenfalls in den Warenkorb gelegt, und der Bestellvorgang ist abgeschlossen.

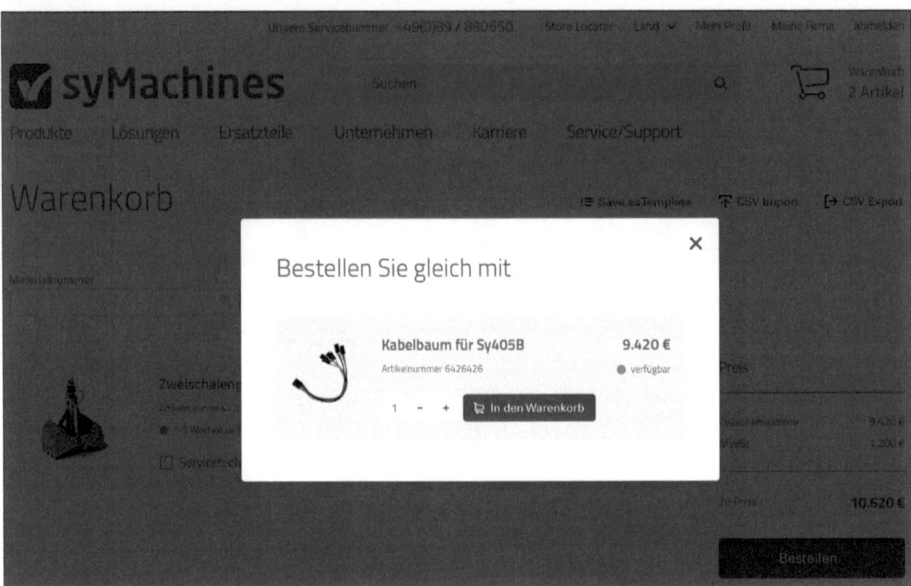

Abbildung 3.12 Pop-up, nachdem das Produkt in den Warenkorb gelegt wurde

Tom Friedrich ist zufrieden, und er informiert gleich seinen Fuhrparkmanager per E-Mail darüber, dass die neuen Teile bestellt sind. Nun klingelt sein Telefon: Der Gesprächspartner ist Paul Bose, der über die neue Funktion der SyMachines GmbH zur vernetzten Baustelle sprechen möchte.

Die User Story ist stark abgekürzt und fasst mehrere Facetten und Schritte einer digitalen Session zusammen (Information, Recherche, Suche, Kauf). Hier ist die Anzahl an möglichen Prozessweichen nahezu unbegrenzt. Eine interessante Variante wäre z. B. eine smarte Ersatzteilsuche, bei der in unserem Beispiel der Einkäufer (noch) per Gerätenummer nach dem Ersatzteil sucht. Gerade bei größeren, komplexen und vor allem langlebigen Maschinen ist die Identifikation des benötigten Ersatzteils oftmals schwierig, oder das Teil ist so nicht mehr erhältlich – man benötigt also ein Substitutionsgut (Replacement), das mindestens die gleichen Anforderungen erfüllt. Zur Identifikation könnte der Einkäufer Tom Friedrich auch eine Bilderkennungslogik (»find my part«) nutzen, die der Hersteller SyMachines anbietet.

Eine weitere Option zur Identifikation von Ersatzteilen ist die Visualisierung von Baugruppen oder Komponenten als Explosionszeichnung. Hier ist die Identifikation durch die räumliche Trennung von Bauteilen deutlich einfacher. Mithilfe einer beweglichen 3D-Darstellung des Produkts kann der Kunde das gesuchte Teil identifizieren und auswählen. Das ausgewählte Teil wird in der Materialliste angezeigt, was die Suche nach Ersatzteilen für Ihre Kunden deutlich vereinfacht und die Möglichkeit eröffnet, diese mit einem Klick in den Warenkorb zu legen (eine detaillierte Beschreibung dieses Szenarios am Beispiel einer Kaffeemaschine finden Sie in Abschnitt 24.2.1, »Explosionszeichnungen mit SAP Enterprise Product Development«).

Eine andere Variante unseres Beispiels könnte im Bereich der Produktempfehlungen sinnvoll sein. Zeitpunkt, Ort und genauer Inhalt einer Produktempfehlung variieren und müssen wohlüberlegt sein. In unserem Beispiel wird dem Einkäufer beim Hinzufügen des Greifers in den Warenkorb automatisch das passende Komplementärprodukt vorgeschlagen. Soweit ein übliches Szenario, dem Sie vermutlich auch privat schon begegnet sind. In unserem Beispiel wäre es sinnvoll, die notwendigen oder möglichen Zusatzprodukte bereits auf der Produktdetailseite anzubieten oder in einem weiteren Schritt mithilfe eines digitalen Assistenten den Kunden so durch den Prozess zu führen, dass er an den notwendigen Zusatzprodukten oder Leistungen in jedem Fall vorbeikommt und ihm mögliche ergänzende Produkte oder Leistungen dezent an der richtigen Stelle angeboten werden.

Wir wollen es an dieser Stelle mit den Varianten nicht übertreiben. Aber was unter Enablement zu verstehen ist und warum dies in allen Phasen des Customer Lifecycles ein entscheidender Erfolgsfaktor ist, sollte durch das Beispiel klarer geworden sein.

3.2.3 Personalisierung: ein schmaler Grat

Das Ziel des Buyer Enablements sollte immer sein, dass Kunden ihr Ziel erreichen. Das muss nicht immer die getätigte Bestellung sein. Oftmals kann das abgesetzte Serviceticket, der befüllte Warenkorb, die abgeschickte Konfiguration mit Angebotsanfrage oder die Zusammenstellung an Informationsmaterial für die Buying Group den Prozess aus Sicht des Kunden abschließen. Was niemals passieren darf, ist, dass Kunden das Gefühl haben, ihr Ziel (und sei es das kurzfristige) nicht zu erreichen und sie dadurch den Kauf- oder Serviceprozess abbrechen. Parallel dazu steigt immer das Risiko zu Unzufriedenheit, Verwerfung der Kaufintention oder der Abwanderung zur Konkurrenz. Self-Services, Personalisierung, gezielter Content, leicht konsumierbare Informationen, Transparenz und Usability sind passende Werkzeuge, um dem entgegenzuwirken. Gerade in Bezug auf Personalisierung sind die Meinungen über den Wirkungsgrad ähnlich breit gefächert wie die Möglichkeiten, sie als Werkzeug zu nutzen. Der Grat zwischen zielgerichteter Navigation des Kunden zu seinem Ziel und dem Überfrachten (Spam-Charakter) mit negativen Wahrnehmungseffekten ist schmal, deshalb gibt es am Ende dieses Abschnitts einen Versuch der Einordnung.

[»]

Best Practices zur Personalisierung

In diesem Buch sind wir bereits mehrfach auf das Thema der Personalisierung in E-Commerce-Systemen eingegangen – unter anderem wird dieses Thema auch in Abschnitt 3.3, »Marketing Automation«, noch behandelt. In Kapitel 9, »Personalisierung und Intelligent Selling Services«, und in Kapitel 10, »Marketing und Promotions«, finden Sie Informationen zur Promotion Engine, zum Click-Tracking oder zum Add-on Intelligent Selling Service. Dabei handelt es sich um umfangreiche Werkzeuge, um personalisierte Kampagnen – wahlweise in Verbindung mit Marketing-Systemen wie Emarsys – zu konzipieren.

Im Hinblick auf die Personalisierung gehen die Meinungen auseinander. Für die Personalisierung in Webshops, Websites, Portalen oder einfach Landingpages gibt es unterschiedliche Ansätze.

Personalisierung kann helfen, muss aber gut durchdacht sein. Zwischen Hyperpersonalisierung (siehe Kapitel 2, »Geschäftsmodelle und Dimensionen von E-Commerce: Vom Webshop bis zur Serviceplattform«) und den Regelungen zu Fingerprints oder Cross-Site-Tracking gibt es Grauzonen, die es für das eigene Geschäftsmodell zu nutzen gilt. Wichtig ist, immer zu klären, was konkret beworben werden soll und welche Funktionen oder Services einen guten Webshop oder eine gute Website ausmachen. Im Jahr 2024 erscheint es antiquiert, wenn komplementäre Produkte nicht direkt vorgeschlagen werden. Suchfilter wie »andere Kunden kauften auch« oder »dazu passende/ähnliche Produkte« sind heute State of the Art. Oft stellt man aber fest, dass das, was einem da angeboten wird, gar nicht passt. Hier wäre es wichtig, den Fokus, den Aufwand auf die Qualität des zugrunde liegenden Regelwerkes (ggf. Algorithmus) zu legen und weniger auf die Masse.

Ein ähnliches Prinzip gilt für personalisierte Werbung. Wer z. B. heute ein Fahrrad kauft und darauf basierend in den nächsten sechs Wochen regelmäßig via E-Mail oder im Webshop Fahrräder beworben bekommt, fragt sich, wie viele Fahrräder er denn noch kaufen soll. Diesen Aufwand können Sie sich sparen, denn die Idee von Customer Experience wird dadurch so ad absurdum geführt, da Sie riskieren, negative Assoziationen beim Kunden auszulösen. Hier geht Klasse vor Masse – erst recht, wenn man im B2B-Umfeld agiert. Dort ist der Content nach wie vor wichtiger als die Personalisierung.

3.3 Marketing Automation

Der Webshop ist live – was passiert jetzt? Ein Webshop kann nur dann erfolgreich sein, wenn er auch bekannt ist (siehe Abschnitt 3.1, »Ohne Traffic keine Conversion«). Dazu zählt einmal die initiale Promotion (also das Bewerben) des Shops sowie auch die immer wiederkehrende Erinnerung daran, den Shop zu besuchen und Käufe zu tätigen.

Zusätzlich besteht die Hürde, dass immer mehr Unternehmen ihre Produkte auf digitalen Plattformen anbieten und User mit Werbebotschaften überflutet werden. Dadurch muss eine werbliche Ansprache so persönlich wie möglich sein.

3.3.1 Marketing Automation und der Customer Lifecycle

In diesem Kapitel soll beispielhaft aufgezeigt werden, wie mithilfe von Marketing Automation eine umfassende Promotion einer E-Commerce-Plattform möglich ist. Dabei ordnen wir die typischen Begriffe im Zusammenhang mit *Marketing Automation* in einen praktischen Kontext ein.

[«]

Marketing Automation

Marketing Automation beschreibt die IT-gestützte Automatisierung von wiederkehrenden Marketingaktivitäten. Die Aktivitäten sind datenbasiert und ermöglichen dadurch eine persönliche Ansprache von Interessenten. Alle Marketingaktivitäten sollten stets überwacht und automatisiert angepasst werden, um die bestmöglichen Ergebnisse zu erzielen.

Marketingaktivitäten orientieren sich seit jeher an der Customer Journey. Eine ideale Marketingaktivität vermittelt:

- dem richtigen Ansprechpartner
- das passende Produkt
- im richtigen Kommunikationsstil
- über den richtigen Kommunikationskanal
- zum richtigen Zeitpunkt

Das richtig eingesetzte Marketing Automation Tool in Verbindung mit dem Webshop bzw. der E-Commerce-Plattform unterstützt die Marketingabteilung abseits von einfachen Newsletter-Versand-Tools dabei, die passenden Inhalte über die erfolgreichsten Kanäle an die richtige Zielgruppe auszuspielen. Aufgrund zunehmender Vernetzung und dadurch vermehrter Aktivitäten über digitale Medien ist eine direkte Kundenansprache durch Werbung in den sozialen Medien oder in anderen digitalen Kanälen wichtig, aber nur durch Automation auch effizient durchführbar.

Der Vorteil von Marketing Automation liegt darin, dass Marketingaktionen automatisiert gestartet werden, wenn bestimmte Trigger vorliegen. Der richtige Zeitpunkt für eine Kundenansprache wird also vom System bestimmt. Das klassische Beispiel hierfür ist eine Abgebrochener-Warenkorb-Kampagne. Hier wird ein Kauf nicht abgeschlossen und auf diesen *Trigger* hin wird z. B. eine E-Mail verschickt, die den Interessenten an den Inhalt im Warenkorb erinnert.

Die Empfänger, also die Zielgruppe der Kampagne, werden automatisch vom System gebildet und zur richtigen Zeit (wenn ein Trigger vorliegt) ausgeführt. Für den Content muss eine Vorlage erstellt oder ausgewählt werden, der Inhalt, z. B. die passenden Produkte, wird vom Marketing-Automation-System ermittelt und eingefügt. Die Kampagne muss nur einmal initial aufgesetzt werden und benötigt danach keine weiteren personellen Ressourcen. Wie startet man nun nach (oder am besten schon vor) dem Go-live eines Webshops mit einer erfolgreichen Marketing-Automation-Strategie?

Dabei ist eine Orientierung an den Phasen des *Customer Lifecycles* hilfreich. Hierbei konzentrieren wir uns auf diese fünf Phasen (siehe Abbildung 3.13):

- Awareness
- Buying
- Cross-/Up-Selling
- After Sales
- Inactive Customer

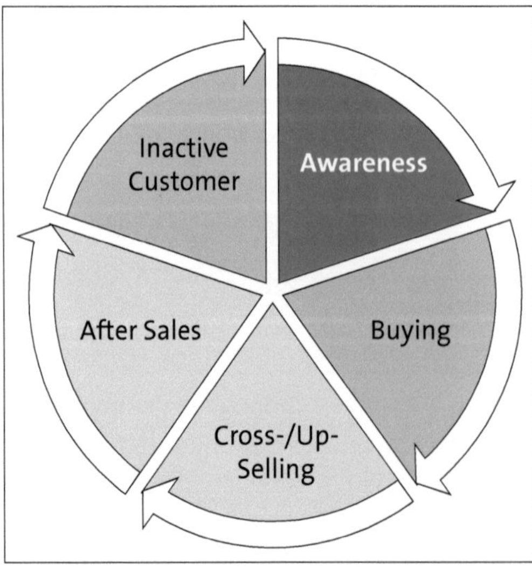

Abbildung 3.13 Customer Lifecycle aus Sicht des Marketings

Nach dem Go-live eines neuen Webshops startet zunächst die Phase *Awareness*, da sowohl Bestandskunden und Interessenten als auch noch Unbekannte auf den Webshop aufmerksam gemacht werden sollen. Neben klassischen Maßnahmen, die nicht unter Marketing Automation fallen, z. B. Offlinewerbung mit Plakaten, in Stadien, Geschäften oder in Printmedien, kann das richtige Marketing-System die Promotion des neuen Shops ebenfalls unterstützen. So können z. B. alle Kunden, die noch offline kaufen, nach einem Kauf automatisiert angesprochen werden (z. B. per SMS oder E-Mail), ob sie nicht in Zukunft online kaufen möchten. Über weitere bereits bestehende Plattformen wie Websites können Interessenten und Kunden z. B. per Pop-up auf den Webshop aufmerksam gemacht werden. Werden bereits Newsletter an eine vorhandene Interessentenbasis verschickt, können diese ebenfalls kontaktiert werden. Hilfreich sind hier auch Anreizsysteme, z. B. in Form von Rabattcoupons bei Neuregistrierung. Marketing-Automation-Systeme wie SAP Emarsys enthalten bereits solche oft mehrstufigen Kampagnenvorlagen, die verschiedene Kanäle bedienen und den Aufbau somit erleichtern.

Die zweite Phase *Buying* im Customer Lifecycle beschreibt den Verlauf bis zum ersten Kauf eines Interessenten. Ist der Käufer einmal an einem oder mehreren Produkten oder Dienstleistungen interessiert, kann er mit verschiedensten Marketingkampagnen im Rahmen von Marketing Automation angesprochen werden. Beispiele hierfür sind die zuvor angesprochene Abgebrochene-Warenkorb-Kampagne oder auch die Benachrichtigung über Preisveränderungen von Produkten auf der Wunschliste.

3.3.2 Cross-Selling

Der Fokus dieses Kapitels liegt auf der dritten Phase *Cross- und Up-Selling*, die Strategien beschreibt, mit denen eine Umsatzsteigerung bei bereits bestehenden Kunden erreicht werden soll.

Cross- und Up-Selling

Cross-Selling beschreibt den Verkauf von weiteren Produkten oder Dienstleistungen im Rahmen bereits vorhandener Kundenbeziehungen. Typischerweise sind dies verwandte oder ergänzende Produkte zu vergangenen Käufen.

Beim *Up-Selling* werden bestehenden Kunden höherwertige Produkte oder Dienstleistungen zu einem höheren Preis angeboten.

Es gibt verschiedenste Ausprägungen von Cross-Selling. So können Cross-Selling-Maßnahmen z. B. direkt während einer Session im Webshop ausgespielt werden. Direkt während des Kaufvorgangs könnte ein Hinweis auf weitere passende Produkte erscheinen, z. B. per Pop-up oder Banner im Shop (*In-Session*) oder nach dem Kauf eine E-Mail verschickt werden (*Post-Purchase*). Grundsätzlich können alle Kommunikationskanäle hierfür genutzt werden.

Viele Marketing-Automation-Systeme enthalten bereits Empfehlungsalgorithmen, mit denen Vorschläge für Produkte und Dienstleistungen im Rahmen von Cross- und Up-Selling ermittelt werden. Beispielhaft zu nennen, ist das oft im B2C eingesetzte »andere Kunden kauften auch« oder Empfehlungen auf Basis von Produktdaten (Produkte aus einer Produktkategorie oder Preisklasse) oder die Empfehlung von ergänzenden Produkten und Dienstleistungen (Kaffee zur Kaffeemaschine, passender Milchaufschäumer zur Kaffeemaschine). Die Cross-Selling-Möglichkeiten ergeben sich aus der Kombination von Zeitpunkt, dem jeweiligen Kanal und dem Regelwerk (worauf basiert die Empfehlung, in welchem Kontext werden Produkte empfohlen etc.) wie Abbildung 3.14 veranschaulicht.

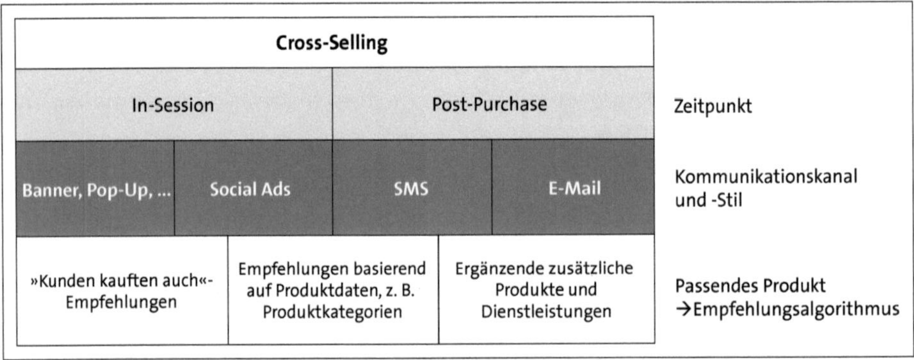

Abbildung 3.14 Ausprägungen von Cross-Selling

Hierfür sollte das Marketing-Automation-System Zugriff auf Produktstammdaten z. B. aus dem Commerce-System und/oder dem SAP-S/4HANA- bzw. SAP-ERP-System haben. Wenn das Marketing Automation Tool auch auf Informationen über Kaufdaten aus anderen Kanälen als dem Webshop zugreifen kann, können auch Empfehlungen basierend auf diesen Daten ausgespielt werden.

Eine Kampagnenvorlage für *In-Session-Cross-Selling* könnte so aussehen wie in Abbildung 3.15.

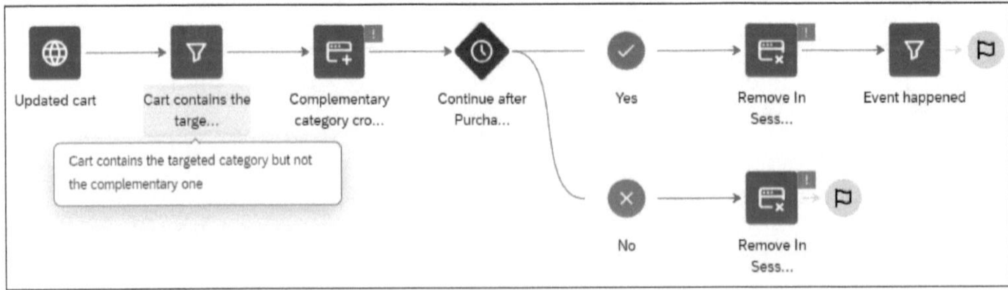

Abbildung 3.15 In-Session-Cross-Selling-Kampagnenvorlage mit ergänzendem Produkt aus SAP Emarsys

Die *Kampagne* startet mit Prüfung aller aktiven Warenkörbe im Shop, die ins Marketing-System repliziert werden. Ist hier ein Artikel enthalten, aber nicht einer der passenden Zusatzartikel (z. B. der passende Milchaufschäumer zur Kaffeemaschine) und der Kauf ist noch nicht abgeschlossen, wird ein Pop-up im Shop angezeigt, auf dem der passende Zusatzartikel beworben wird. Drei Stunden nach einem Kauf wird der Shop User automatisch wieder aus der Zielgruppe entfernt.

Eine *Post-Purchase-Cross-Selling-Kampagne*, die mehrere Kanäle enthält, kann beispielhaft wie in Abbildung 3.16 aussehen.

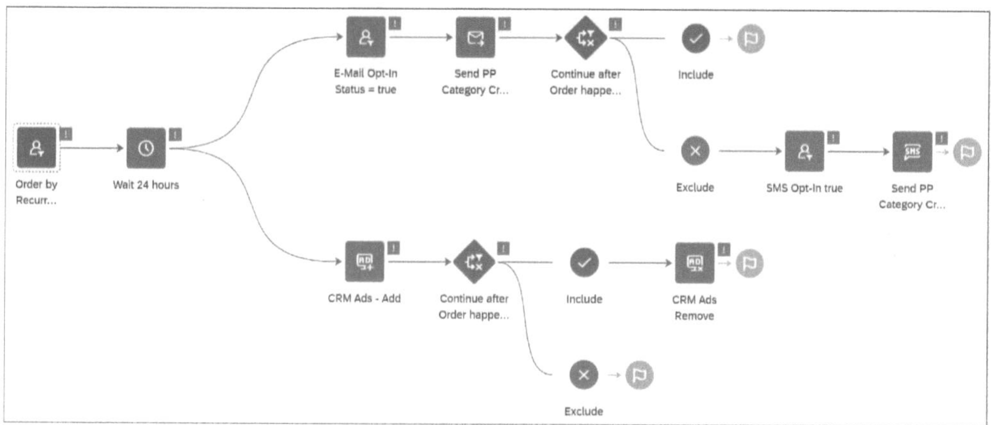

Abbildung 3.16 Post-Purchase-Cross-Sell-Kampagnenvorlage für Produkte aus einer Kategorie in SAP Emarsys

Bei dieser Kampagne wird 24 Stunden nach einem Kauf zunächst geprüft, ob ein *E-Mail Opt-in* (Einwilligung) vorhanden ist (oberer Strang in der Kampagne). Falls ja, wird eine E-Mail mit Cross-Selling-Produkten aus einer Produktkategorie verschickt (weitere Sorten von Kaffeebohnen nach einer Bestellung von Kaffeebohnen). Wird keine weitere Bestellung getätigt, wird nach der Prüfung für SMS-Opt-in eine SMS mit ähnlichem Inhalt verschickt. Parallel werden 24 Stunden nach dem Kauf über Google Ads Anzeigen für die passenden Produkte geschaltet (unterer Strang). Wird eine Bestellung getätigt, verschwindet der User aus der Zielgruppe für CRM-Ads.

Weitere Strategien, die nach dem Kauf angewandt werden, werden unter dem Stichwort *After Sales* zusammengefasst. Hier werden häufig Dienstleistungen beworben. Ein Beispiel ist die Erinnerung an den Ablauf einer Garantie. Mit wenigen Klicks kann der Kunde reagieren und diese verlängern. Weitere Möglichkeiten sind Zufriedenheitsumfragen oder die Bitte, eine Rezension zu verfassen. Diese Strategien leiten den Kunden ebenfalls wieder auf die Shop-Seite.

Der Begriff *Inactive Customer* beschreibt Kunden, die seit Längerem keinen Kauf mehr getätigt haben und nicht mehr im Shop unterwegs sind. Ziel ist es, diese Kunden wieder in den Shop zu führen. Dies ist oft weniger kostenintensiv als die Neukundenakquise. Hierfür können im Rahmen von Marketing Automation Tools z. B. Kaufmuster analysiert werden. Sollte dieses verlassen werden, wird der Kunde kontaktiert und ihm wird ein Anreiz geboten, im Shop vorbeizuschauen. Auch hier bieten sich die verschiedensten Kommunikationskanäle z. B. Google Ads oder soziale Netzwerke an.

Mit den beschriebenen automatisierten Kampagnen können Interessenten und Kunden rund um den Customer Lifecycle angesprochen werden. Marketing Automation unterstützt dabei nicht nur beim initialen Aufsetzen und dem Ausführen der Marketingkampagnen, sondern auch beim Ausschöpfen von noch offenen Potenzialen, z. B. bei bestimmten Kundengruppen.

In diesem Abschnitt konnte nur ein kleiner Auszug aus dem Thema Marketing insgesamt und im Speziellen für Online-Kampagnen aufgezeigt werden. Ziel war es, beispielhaft zu veranschaulichen, wie Marketing Automation den Webshop unterstützen kann. Moderne Tools wie SAP Emarsys bieten dabei nicht nur Kampagnenvorlagen und Unterstützung beim Aufsetzen von Kampagnen, sondern auch weitreichende Analytics Funktionen, die es erlauben, alle Marketingaktivitäten und deren Wirksamkeit zu bewerten, z. B. im Hinblick auf Traffic (siehe Abschnitt 3.1, »Ohne Traffic keine Conversion«) oder Umsatzwirkung im Shop. Zusätzlich ist es wichtig zu erwähnen, dass die Marketingabteilung und Verantwortliche für den Shop eng zusammenarbeiten und abstimmen, welche Marketing-Automation-Maßnahmen eingesetzt werden können.

3.4 Werkzeuge für erfolgreiche Customer Experience im E-Commerce

Systemperformance, Suchmaschinenranking, Conversion Rate, Skalierbarkeit, Self-Services, Customer Journey Mapping, neue Geschäftsmodelle oder Marketing Automation sind nur einige der vielen Themen, die bei der Frage nach den wesentlichen Erfolgsfaktoren für E-Commerce-Unternehmungen genannt werden. Während viele dieser Faktoren schon beschrieben oder noch im Detail beleuchtet werden, soll das Augenmerk in diesem Abschnitt auf einen Faktor gelenkt werden, der aufgrund seiner vielschichtigen emotionalen und verhaltensbedingten Aspekte schwieriger zu fassen und zu quantifizieren ist als die zuvor genannten Themen. Es geht um den *Faktor Mensch*.

Dieser Begriff wird immer dann hervorgeholt, wenn über vermeintliche »weiche« Faktoren gesprochen wird. Umweht von der geheimnisvollen Aura kreativen Genies und exklusiven Expertentums ist er schwer greifbar, planbar und kaum reproduzierbar. Dass dies jedoch nur die halbe Wahrheit ist, soll dieser Abschnitt verdeutlichen.

[«]

User Experience (UX)

Zur Bedeutung und zur Begriffsdefinition von *User Experience* ließen sich hier dutzende Seiten anführen. Klar ist: Im Kontext E-Commerce ist *UX* und deren erfolgreiche Umsetzung ein elementarer Baustein. Folgende Definition trifft es aus unserer Sicht und für dieses Buch am besten: UX wird definiert als die Wahrnehmungen und Reaktionen eines Benutzers, die vor, während und nach der Benutzung eines interaktiven Systems, z. B. eines Webshops, auftreten. Dazu zählen Emotionen, Überzeugungen, Vorlieben, Komfortempfinden, Verhaltensweisen und Leistungen der Benutzer. In einem Satz zusammengefasst ist User Experience:

»User experience encompasses all aspects of the end-user's interaction with the company, its services, and its products.« (Nielsen Norman Group, »User Experience vs. Customer Experience: What's The Difference?« 2023).

In diesem Buch werden der Begriff UX und die damit verbundene Herangehensweise an Konzeption und Umsetzung von Commerce-Projekten etwas weiter gefasst und mit dem Begriff Faktor Mensch beschrieben.

Nüchtern betrachtet lassen sich unter dem Faktor Mensch alle Aspekte zusammenfassen, die aus dem Blickwinkel der tatsächlichen Anwenderinnen und Anwender (User) sichtbar werden. Damit sind schlicht die Menschen vor ihren Bildschirmen, Tablets und Smartphones gemeint: die Endkunden, die sich für die Produkte des Shops interessieren, die Mitarbeitenden der E-Commerce-Abteilungen, des Produktmanagements und von Marketing und Vertrieb.

Dabei stellen sich folgende Fragen: Was sind ihre individuellen Bedürfnisse? Welche Aufgaben haben sie zu meistern? Welche Schmerzpunkte und Hindernisse stellen sich ihnen dabei in den Weg und wie kann man diesen begegnen? Welche Hilfsmittel und Funktionen können wir ihnen zur Verfügung stellen, um ihnen einen echten Mehrwert zu bieten?

Der Faktor Mensch ist dabei eine von drei gleichgewichteten Perspektiven, aus denen das Thema E-Commerce betrachtet werden kann. Grundsätzlich lassen sich drei grundlegende Perspektiven identifizieren, die für den Erfolg eines jeden E-Commerce-Angebotes essenziell sind:

- **Faktor Mensch**
  Der Faktor Mensch betrachtet das Angebot aus der Perspektive der Kunden oder Anwenderinnen und Anwender, ihren Erwartungen, Bedürfnissen und Schmerzpunkten. Er analysiert den Ausgangszustand und leitet daraus Lösungswege und Möglichkeiten zur Verbesserung der gesamten Customer Experience ab.

- **Unternehmen**
  Aus der Perspektive des Business wird die fachliche Dimension möglicher Lösungen betrachtet. Es werden Mehrwerte identifiziert, die im jeweiligen fachlichen Kontext funktionieren und auf ihre unternehmerische Abbildbarkeit überprüft.
- **Technologie**
  Aus der Perspektive der Technologie betrachtet treten schließlich Themen wie die grundsätzliche Umsetzbarkeit, Strategien für die Integration in das jeweilige Systemumfeld und der stabile, reibungslose Betrieb in den Vordergrund.

Da alle drei Perspektiven (siehe Abbildung 3.17) gleichermaßen berücksichtigt werden müssen, ist das Ziel stets, einen möglichst großen Teil des Leistungsspektrums in der Schnittmenge dieser drei Blickwinkel zu platzieren. Gelingt dies, wird das Nutzungserlebnis, die User Experience (UX), so positiv ausfallen, dass das Angebot gut angenommen, wiederholt genutzt und gern weiterempfohlen wird. Wird jedoch eine oder mehrere der Perspektiven vernachlässigt oder ignoriert, besteht die Gefahr des Scheiterns des gesamten Angebotes.

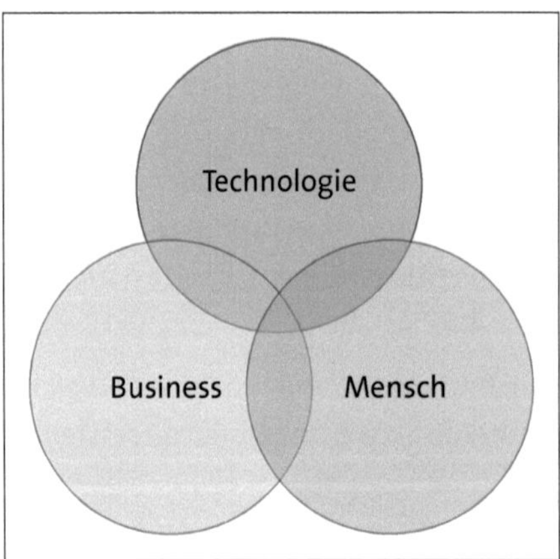

Abbildung 3.17 Die drei grundlegenden Perspektiven im E-Commerce

Doch was bedeutet es genau, den Bedürfnissen der Kunden bzw. Anwenderinnen und Anwender adäquat zu begegnen? Wie unterscheiden sich E-Commerce-Portale, die dies erfolgreich tun, von anderen, die leidlich über branchenübliche Konventionen hinauskommen? Was genau ist denn nun der Faktor Mensch und wie kann man sich ihm nähern?

3.4.1 Ungleiche Zwillinge

Stellen wir uns zwei Cafés in einer beschaulichen, von Platanen gesäumten Seitenstraße einer mittelgroßen Stadt vor. Beide liegen unmittelbar nebeneinander, haben in etwa die gleiche Größe, verfügen über ein ähnlich hochwertiges Interieur und bieten exakt den gleichen Kaffee zum gleichen Preis an. Oberflächlich betrachtet gibt es also keinen Grund, warum sich nicht beide Cafés einer gleich großen Beliebtheit erfreuen und ähnlich viele Gäste in ihren Räumlichkeiten begrüßen sollten.

Während in Café A jedoch reges Treiben herrscht, sitzen in Café B weit weniger Gäste. Blickt man in die einschlägigen Social-Media-Kanäle, wird Café A deutlich häufiger erwähnt und weiterempfohlen als sein ungleicher Zwilling. Wie kann das sein? Bieten nicht beide Cafés ihren Besuchern das gleiche Produkt und daher einen vergleichbaren Mehrwert?

Oberflächlich betrachtet bieten beide Cafés vergleichbare oder identische Produkte und Services zu einem identischen Preis an. Aus nüchterner Prozesssicht ist der Vorgang relativ einfach zu beschreiben: Ein Besucher betritt das Café und setzt sich an einen der freien Tische. Eine Servicekraft kommt zu ihm an den Tisch, nimmt seine Bestellung auf und gibt sie an den Barista hinter der Theke weiter. Dieser bereitet den Kaffee zu, der anschließend von der Servicekraft zum Tisch gebracht wird, an dem der Gast sitzt. Nach dem Verzehr und dem Verstreichen einer gewissen Zeit bittet der Gast die Servicekraft erneut an den Tisch, um die Rechnung zu begleichen und das Café dann zu verlassen.

Dieser grundlegende Prozess ist bei beiden Cafés gleich, die Ausgestaltung und Details unterscheiden sich jedoch dramatisch. Während das eine Café zwar über eine hochwertige, aber eher kühle und zweckmäßige Einrichtung verfügt, punktet das andere Café mit einem ausgeklügelten Farb- und Raumkonzept, das gemütlich wirkt und zum Verweilen einlädt. Unterschiedliche Arten von Tischen tragen den jeweiligen Gastprofilen Rechnung: Eine große Tafel bietet wahlweise genügend Platz für größere Gruppen oder ermöglicht es kommunikationsfreudigen Gästen, einfach und ungezwungen mit anderen Gästen in Kontakt zu treten, was eine Atmosphäre der Kommunikation und des Austausches erzeugt.

Kleinere Tische für zwei bis vier Personen nehmen diejenigen Gäste auf, die das Lokal in kleinerer Gesellschaft aufgesucht haben und lieber unter sich bleiben. Eine Reihe von Sitznischen wurde mit Steckdosen ausgestattet, um Gästen aus dem Businessumfeld den nötigen Raum zur ungestörten Arbeit mit dem Laptop zu bieten. Das performante und kostenlose WLAN garantiert die hierfür notwendige Konnektivität. Das gut ausgebildete und geschulte Personal begegnet den Gästen zuvorkommend und freundlich. Das wertschätzende, kollegiale Arbeitsumfeld ist deutlich spürbar.

Selbstverständlich ist eine uneingeschränkte Kartenzahlung möglich und für die eiligen Gäste wurde an einem der Seitenfenster eigens ein To-go-Schalter eingerichtet, der die Abwicklung beschleunigt und das für die Tische zuständige Servicepersonal entlastet. Tischreservierungen lassen sich zudem sowohl persönlich als auch über die einfach und intuitiv zu bedienende und für Mobilgeräte optimierte Website erledigen. Hier werden die Gäste zudem zuverlässig auf spezielle Angebote und Events hingewiesen und über Öffnungszeiten und Tage, an denen das Café geschlossen ist, informiert.

Man könnte noch beliebig lange mit der Aufzählung und Darstellung der vielen kleinen und großen Details, die einen Cafébesuch angenehm und besonders machen, fortfahren. Nicht ohne Grund wird diese Analogie oft herangezogen, wenn es darum geht, Begriffe wie User Experience und – wie in unserem Fall – den Faktor Mensch zu veranschaulichen. In diesem Kontext ist es elementar, einen weiteren Aspekt hervorzuheben, der gern übersehen oder übergangen wird: Ausnahmslos alle Dinge, die die beiden Cafés voneinander unterscheiden, betreffen nicht das verkaufte Produkt, den Kaffee, sondern den Service, den die Gäste um ihn herum genießen, das Gefühl, sich als Gast am goldrichtigen Ort zu befinden.

3.4.2 Digitaler Kaffee?

Schön und gut, könnte man nun sagen, aber was hat der Vergleich zweier Cafés mit E-Commerce zu tun? Wie bei unserem Café-Beispiel ist auch im E-Commerce, insbesondere im B2C-Bereich, das Produktsortiment oft identisch oder austauschbar. Gerade die großen Handelsplattformen können sich, abgesehen vom Preis, durch das Bereitstellen von Service(s) und Funktionen oder durch das Nutzungserlebnis vor, während und nach dem Kauf differenzieren.

Analog zu den Definitionen und Best Practices aus Kapitel 1 und Kapitel 2 lassen sich Webshops zu einem großen Teil also als eine Summe von digitalen Dienstleistungen und Services beschreiben, die potenziellen Interessenten die Informationsbeschaffung, den Kauf, die Lieferung und falls nötig die Reklamation von Produkten überhaupt erst ermöglichen.

Nicht ohne Grund hat sich in den vergangenen Jahren im Kontext digitaler Applikationen und Angebote der Begriff des *Service Designs* etabliert, der das klassische *UX Design* eine Ebene weiterdenkt und die digitalen Dienstleistungen aus einer ganzheitlichen Perspektive betrachtet (siehe Abbildung 3.18). Auch nicht digitale Touchpoints, Backend-Interaktionen und extern unterstützende Systeme wie z. B. die Logistik bei der Bereitstellung der Dienstleistungen werden bei der Gestaltung der gesamten Customer Journey miteinbezogen (siehe auch Abschnitt 3.2 zum Buyer Enablement). Die Nähe zu den Cafés ist also größer, als auf den ersten Blick zu vermuten wäre.

B2B- und B2C-Shops lassen sich beide auf einen ähnlich simplen Prozess reduzieren: Die Besucherinnen und Besucher landen auf dem Webshop, navigieren zu einem Produkt, das sie in den Warenkorb legen. Die Person durchläuft den Check-out, schließt die Bestellung ab, lässt sich das Produkt an die gewünschte Adresse liefern, packt es aus, nutzt es und nimmt bei Bedarf nachfolgend den Support in Anspruch. So weit, so gleich: Ein Navigationsmenü mit Kategorien, Produktabbildungen und -informationen, Buttons für Interaktionen und Transaktionen.

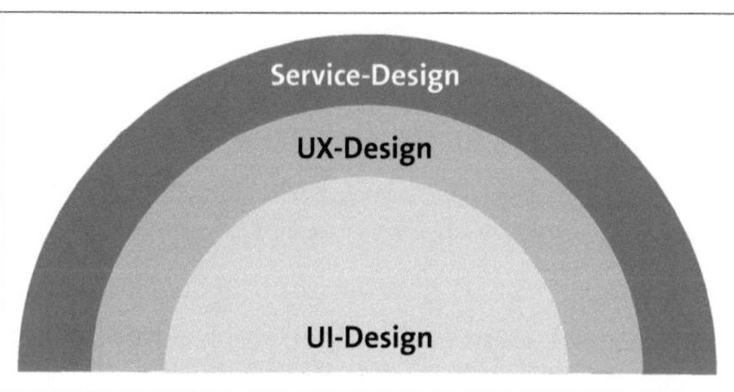

Abbildung 3.18 Service Design als Evolutionsstufe von UX Design

Die Differenzierung und damit der nachhaltige Erfolg beginnt wie im Café da, wo an (teils überraschende) Details gedacht wurde, um den Aufenthalt für verschiedene Besuchertypen so angenehm, erfolgreich und damit zufriedenstellend wie möglich zu gestalten.

Mit dem positiven Bild des erfolgreichen Cafés vor Augen – die großen Tische, die kleinen Nischen, der To-go-Schalter, die Ladebuchsen, die angenehme Atmosphäre, die freundlichen Servicekräfte – kann eine erfolgreiche digitale E-Commerce-Erlebniswelt wie folgt aussehen:

Die beste User Experience – der gute Prozess

Beginnt die Reise über eine Suchmaschine, empfängt der Shop den Besucher mit einer Landingpage, die sein Bedürfnis perfekt abholt und je nach Anforderung weiterführt. Das durch den ersten Eindruck bereits gewonnene Vertrauen wird durch schnelle Ladezeiten untermauert sowie durch eine professionelle und ansprechende Benutzeroberfläche mit klarem Farbschema, gut lesbarem Text, der im Falle einer Sehbeeinträchtigung vergrößert werden kann.

Das ausgeklügelte, konsistente und fehlertolerante Nutzerführungskonzept macht ihm das Navigieren sehr einfach. Egal, ob er sich informieren, recherchieren und einen Überblick verschaffen oder ob er mit einer leistungsstarken, unterstützenden Suche direkt zum gewünschten Produkt möchte. Die umfassenden und relevanten Informationen und Funktionen zum Produkt werden so präsentiert, dass es ihm leichtfällt, das richtige Produkt auszuwählen. Dazu gehören hochwertige Produktabbildungen, die Details sichtbar machen, aussagekräftige Beschreibungen mit einer schnellen Übersicht der Hauptvorteile gegenüber vergleichbarer Alternativen – die ihm bei der Gelegenheit angezeigt werden – und nicht zuletzt verlässliche Preis- und ausreichend exakte Verfügbarkeitsangaben. Er findet sogar überzeugende Bewertungen auf Basis von echten Käufen. Bei komplexen (konfigurierbaren) Produkten wird der Besucher durch eine klare und wohlwollend-unterstützende Anleitung zum Ziel geführt, jeder Schritt ist eindeutig und durchdacht. Kommen dennoch Fragen auf, sind Entscheidungshilfen oder Beratung nur ein Klick entfernt.

Befindet sich das Produkt im Warenkorb, ist dieser leicht erreichbar, anpassbar und bietet dazu passende oder ergänzende Produkte an, die dem Besucher den zusätzlichen Rechercheprozess verkürzen. Der anschließende Bestell- bzw. Bezahlprozess vermeidet unnötige Komplexität und Hürden: So ist eine Bestellung als Gast, ohne vorherige Registrierung, möglich, und eine Auswahl an flexiblen Versandmethoden sowie sichere und stabile Zahloptionen ebnen den Weg zum Kaufabschluss.

Auch nach der Bestellung bleibt der Besucher über jeden weiteren Schritt gut informiert. Er erhält eine Bestellzusammenfassung, relevante Hinweise zum Lieferverlauf und kann aktiv dafür sorgen, dass die Zustellung ohne Verzögerung durch Übergabefehler zustande kommt. Im weiteren Verlauf kann der Besucher seine Zufriedenheit durch eine Bewertung hinterlassen oder bei Bedarf schnelle und fundierte Hilfe durch den Kundendienst in Anspruch nehmen. Als zufriedener Kunde registriert er sich gern, um auf ihn zugeschnittene Inhalte und Produktempfehlungen zu sehen oder über die Bestellübersicht mit wenigen Klicks eine Nachbestellung zu veranlassen. Übrigens auch dann, wenn er zum Smartphone greift: Nicht nur kann er sich darauf verlassen, dass auch in der mobilen Darstellung alle Inhalte und Funktionen verfügbar sind, er kann nahtlos den auf einem Gerät begonnenen Prozess auf einem beliebigen anderen Gerät fortsetzen.

Klingt ausgedacht, ist es auch, aber weder fern der Realität noch Hexenwerk. Im Folgenden werden neun Methoden und Ansätze beschrieben, die solche Prozesse und die damit verbundene Kundenbindung möglich machen.

3.4.3 Der Weg zur perfekten Shop Experience

Nach all den blumigen Beispielen ist es nun aber an der Zeit aufzuzeigen, dass die Gestaltung eines herausragenden Nutzungserlebnisses sich aus der Summe der Erkenntnisse unterschiedlicher Formate ergibt. Einem methodischen, aufeinander aufbauenden Ansatz folgend, bei dem grundsätzlich der Mensch im Vordergrund steht, werden in einem kreativen Konzeptionsprozess die Beobachtungen zu umsetzbaren Lösungen ausgearbeitet. Service Design, als multidisziplinärer Ansatz zur Entwicklung und Verbesserung von Dienstleistungen, die auf die Bedürfnisse der Benutzer zugeschnitten sind, ist vor allem ein iterativer Prozess. Dieser umfasst verschiedene Methoden und Techniken, um sicherzustellen, dass ein Service effizient, effektiv und benutzerfreundlich ist – und bestenfalls einen echten Joy of Use entfacht. Die erfolgreiche Gestaltung von Services erfordert eine sorgfältige Planung und Umsetzung, um sicherzustellen, dass die Bedürfnisse der Nutzer mit den zur Verfügung stehenden technischen Möglichkeiten erfüllt und gleichzeitig die Geschäftsziele erreicht werden.

Grundlage des Prozesses bildet der *Human Centered Design Process* (kurz HCD), der im Sinne der menschzentrierten Gestaltung darauf abzielt, Systeme gebrauchstauglich und zweckdienlich zu gestalten, indem er den Menschen in den Entwicklungsprozess einbezieht und in den Mittelpunkt stellt.

Der Prozess der menschzentrierten Gestaltung zielt darauf ab, Systeme gebrauchstauglich und zweckdienlich zu machen, indem er sich auf die Benutzer, deren Erfordernisse und Anforderungen konzentriert sowie Kenntnisse und Techniken der Arbeitswissenschaft/Ergonomie auf dem Gebiet der Gebrauchstauglichkeit anwendet. Dieser Ansatz erhöht die Effektivität und Effizienz, die Zugänglichkeit und Nachhaltigkeit und verbessert das menschliche Wohlbefinden – die Zufriedenstellung der Benutzer. Er wirkt zudem möglichen nachteiligen Auswirkungen auf die menschliche Gesundheit, Sicherheit und Leistung, die bei der Nutzung des Systems entstehen, entgegen.

Der HCD lässt sich in vier Phasen aufteilen: Zunächst wird mithilfe verschiedener Nutzer die aktuelle Situation analysiert, um den sogenannten Nutzungskontext zu verstehen und zu beschreiben ❶. Im Anschluss werden diese Erkenntnisse konkretisiert und die Anforderungen an die Nutzung des zukünftigen Systems (aus Nutzerperspektive) spezifiziert ❷. Mit diesen Erkenntnissen und Anforderungen werden zunächst grobe Konzepte und Gestaltungsalternativen entworfen ❸, um diese dann zu verfeinern und in der letzten Phase mit Nutzern oder aus deren Perspektive dahingehend zu evaluieren, ob die definierten Anforderungen erfüllt werden ❹. An diesem Punkt kann die gefundene Lösung in die Umsetzung gehen, oder die gefundenen Fehler und Optimierungspotenziale fließen in eine neue Version der Gestaltungslösung ein (siehe Abbildung 3.19).

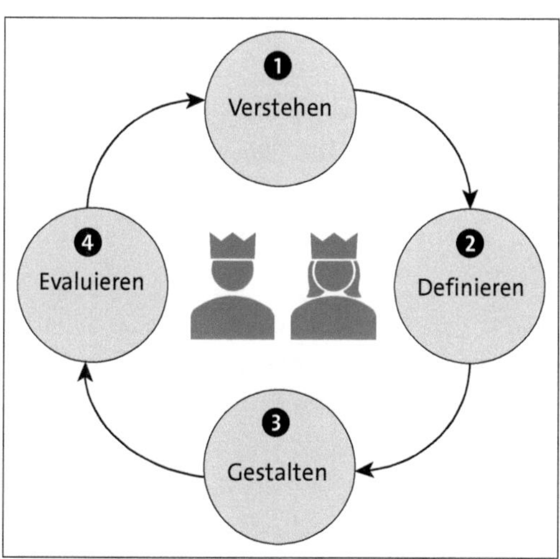

Abbildung 3.19 Human Centered Design Process

Eingebettet in die entsprechenden Phasen des HCD spielen verschiedene UX-Methoden eine entscheidende Rolle, um den Prozess systematisch zu steuern und die bestmöglichen Ergebnisse zu erzielen. Die nachfolgend beschriebenen Methoden sind die am häufigsten verwendeten Maßnahmen und haben sich tausendfach in unterschiedlichsten Szenarien bewährt. Dennoch stellen sie lediglich eine Auswahl dar und sollten von erfahrenen UX-Teams individuell angepasst und variiert werden. In Kapitel 21, »Kundenbeispiel 4: Projektmanagement«, werden einige dieser Methoden in einem Praxisbeispiel veranschaulicht.

User Research

Der Service-Design-Prozess beginnt in der Regel mit der Durchführung von *User Research*. Hierbei geht es darum, die Bedürfnisse, Wünsche, Verhaltensweisen und den Nutzungskontext der Anwender zutage zu fördern und zu verstehen. Obgleich durch Umfragen, Analytics und andere Forschungsmethoden hilfreiche und wichtige quantitative und qualitative Informationen zusammengetragen werden können, ist der direkte Dialog mit dem Nutzer in Form eines (Kontext-)Interviews am aufschlussreichsten. Nur hier können die Bedürfnisse, Wünsche, Erwartungen und Schmerzpunkte der Benutzer aus erster Hand zur Sprache gebracht und im Gesprächsverlauf gezielt vertieft werden.

Das Ziel ist dabei stets, tiefgehende Einblicke in die Benutzerperspektive zu gewinnen, um den Service an deren tatsächlichen Anforderungen anzupassen. User Interviews werden typischerweise von speziell geschulten Service Designern, Forschern oder UX-Experten durchgeführt.

Nach Durchführung der User Interviews werden Transkripte erstellt und diese analysiert. Aus den Erkenntnissen lassen sich verschiedene Beschreibungsformen erstellen, die als Fundament für den weiteren Prozess dienen. So lassen sich erste Ansätze zur Segmentierung der Benutzer in unterschiedliche Anwendergruppen, sogenannte *Personas*, ableiten, typische Anwendungsszenarien beschreiben und Aufgabenmodelle entwickeln.

Personas

Nach den User Interviews ist es sinnvoll, *Personas* zu erstellen. Es handelt sich dabei um fiktive Benutzerprofile, die auf den gesammelten Informationen aus den Interviews basieren. Sie repräsentieren verschiedene Benutzertypen und helfen dabei, die Bedürfnisse, Ziele und Schmerzpunkte der Zielgruppe besser zu verstehen. Persona-Entwicklung kann gleichzeitig mit oder nach den Interviews erfolgen. Das Ergebnis dieses Schritts sind detaillierte Persona-Profile, die Informationen zu den Benutzern, ihren Zielen, Verhaltensweisen und Bedürfnissen enthalten. Sie werden im Verlauf des Projekts immer wieder herangezogen, um so die Entscheidungen bewusst aus Sicht der Nutzer zu denken.

Aufgabenmodelle

Aufgabenmodelle dienen dazu, Aufgaben und die damit zusammenhängenden Aktivitäten und Interaktionen der Akteure (Personas) zu beschreiben und in einen sequenziellen (und zeitlichen) Zusammenhang zu bringen, um daraus Anforderungen für die Gestaltung abzuleiten.

Value Proposition Canvas

Nachdem die Erkenntnisse aus den User Interviews und den Persona-Entwicklungen gewonnen wurden, folgt die Erstellung von mehreren personaspezifischen *Value Proposition Canvas*. Diese Methode hilft dabei, die gesammelten Informationen zu strukturieren und in übersichtlicher Form darzustellen, um daraus Wertversprechen für die Benutzer abzuleiten. Der Value Proposition Canvas besteht aus den beiden Hauptteilen Kundenprofil und Wertversprechen. Er stellt sicher, dass jedes angestrebte Feature einen klaren Nutzen für die User bietet und deren Probleme oder Bedürfnisse bestmöglich adressiert.

Customer Journey Map

Die *Customer Journey Map* greift sowohl das in den Interviews gesammelte Feedback als auch die im Value Proposition Canvas notierten Bedürfnisse, Erwartungen und Schmerzpunkte auf, ordnet sie den jeweiligen Personas zu und bildet sie als visualisierte Erzählung der gesamten Interaktionsreise eines Benutzers mit dem Service über die Zeit hinweg ab. Sie hilft dabei, die verschiedenen Berührungspunkte (Touchpoints) des Benutzers mit dem Service zu identifizieren, ihnen Emotionen, Motivationen und Schmerzpunkte zuzuordnen und damit Verbesserungspotenziale zu erkennen. Customer Journey Maps sind die konsequente Weiterführung von Personas in die Aktivitätsebene und sorgen bereits während der gemeinsamen Erarbeitung dafür, dass sich die Projektbeteiligten über die üblichen Grenzen der Verantwortungsbereiche hinweg austauschen und ein gemeinsames tieferes Verständnis von Prozessen und Verbesserungspotenzialen entwickeln.

Das Ergebnis ist eine visuelle Darstellung der gesamten Customer Journey mit allen Schritten, Emotionen, Touchpoints und Schmerzpunkten und ersten möglichen Lösungsansätzen.

Service Blueprint

Die Customer Journey Map dient als Ausgangspunkt für die Erstellung des Service Blueprints. Dieser Schritt befasst sich mit den internen Prozessen und Interaktionen innerhalb des Unternehmens, die notwendig sind, um den Service zu unterstützen. Der *Service Blueprint* unterscheidet zwischen den Frontstage-Aktivitäten, die für die Benutzer sichtbar sind, und den Backstage-Aktivitäten, die im Hintergrund ablaufen.

Dies hilft, die organisatorische Struktur und die Verantwortlichkeiten zu klären und sicherzustellen, dass alle Dienstleistungen ineinandergreifen und reibungslos erbracht werden können. Der Service Blueprint ist ein detailliertes Diagramm, das die Frontstage- und Backstage-Aktivitäten, Schnittstellen und Interaktionspunkte zwischen den involvierten Parteien darstellt (siehe auch Abbildung 3.20).

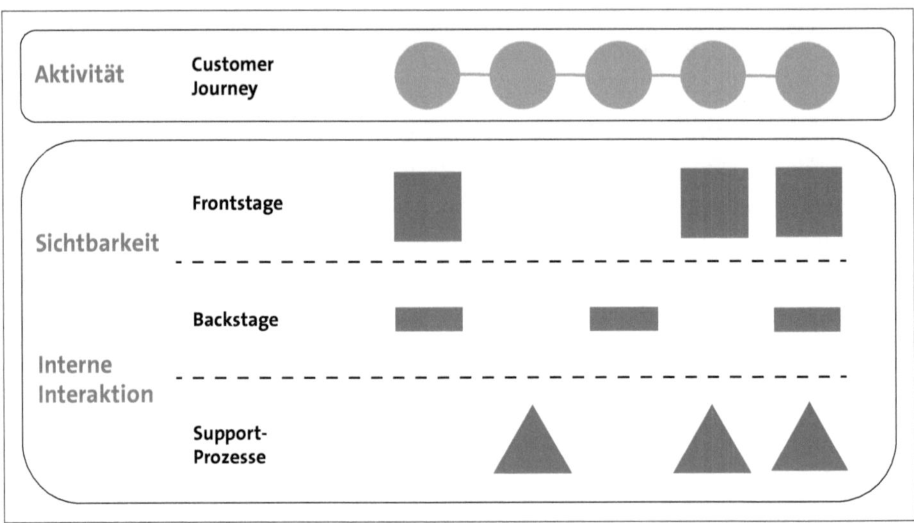

Abbildung 3.20 Service Blueprint

Wireframing

Nachdem die organisatorischen Prozesse geklärt sind, ist es an der Zeit, die *Benutzeroberfläche* des Services zu gestalten. *Wireframing* bezieht sich auf die Erstellung von groben Skizzen oder Entwürfen, durch die die Struktur und Funktionalität der Benutzeroberfläche erstmals erfahrbar werden. Hier können die grundlegenden Layouts und Interaktionen des Services konzipiert und visualisiert werden. Zudem lassen sich Wireframes miteinander verknüpfen und in Form von Klickdummies in ersten Nutzertests verproben.

Der Aufwand zur Anfertigung von Wireframes ist im Vergleich zu ausgestalteten Design-Mockups oder HTML-Dummies verhältnismäßig gering, sodass sich Änderungen an der Benutzeroberfläche oder dem Bedienkonzept schnell und kostengünstig vornehmen lassen und Wireframes so den perfekten Raum für Diskussion und Exploration bieten.

Die Ergebnisse dieses Schritts sind ein Set von Wireframes, die die grundlegende Struktur der Benutzeroberfläche zeigen, ohne sich auf Details wie Farben und Grafiken zu konzentrieren.

User Interface Design

Das *User Interface Design* (UI-Design) ist ein kritischer Bestandteil des Service-Design-Prozesses, der sich auf die detaillierte visuelle und interaktive Gestaltung der Benutzeroberfläche eines Services konzentriert. Es spielt eine entscheidende Rolle bei der Schaffung eines emotional ansprechenden und positiven Nutzungserlebnisses (User Experience, UX). Die richtige Balance zwischen Ästhetik und Funktionalität im UI-Design trägt dazu bei, die Zufriedenheit der Benutzer zu steigern und den Service erfolgreich und wettbewerbsfähig zu machen sowie eine nachhaltige Bindung zwischen dem Service und seinen Nutzern herzustellen.

Während die Farbgestaltung direkten Einfluss auf die emotionale Reaktion der Benutzer hat, beeinflusst die Typografie das visuelle Erscheinungsbild und die Lesbarkeit der Benutzeroberfläche. Hochwertige Illustrationen und Icons tragen dazu bei, Informationen schnell und intuitiv zu vermitteln und haben damit sowohl eine funktionale als auch emotionale Wirkung. Animationen und Mikrointeraktionen wiederum unterstützen die dynamische Benutzererfahrung und steuern die Aufmerksamkeit der Benutzer. Sie machen Prozesse verständlicher und vermitteln ein Gefühl von Interaktivität. Gut platzierte Animationen können die Benutzer zudem mitreißen und ein aktives Engagement fördern. Konsistenz und Markenidentität sind Schlüsselelemente, um eine emotionale Bindung zwischen Benutzern und einem Service zu schaffen, die mithilfe von einheitlichen und konsistenten Designelementen die Erkennbarkeit fördern, die Markenidentität unterstützen und ein Gefühl von Sicherheit und Vertrautheit vermitteln.

Im Zusammenspiel trägt ein durchdachtes UI-Design maßgeblich zur Steigerung der Benutzerzufriedenheit und des Erfolgs eines Services bei, indem es Emotionen anspricht und eine konsistente, ansprechende Benutzererfahrung schafft. Die Artefakte dieses Schritts sind hochwertige Screendesigns und Prototypen, die die visuellen und interaktiven Aspekte des Services erfahrbar machen und ebenfalls in Nutzertests geprüft werden können.

User Testing

Ein entscheidendes Instrument des Service-Design-Prozesses ist das *User Testing*. Hier werden tatsächliche Benutzer eingeladen, den Service oder die Benutzeroberfläche in einem realitätsnahen Szenario zu testen und Feedback zu geben. Es dient der Vertiefung des Verständnisses der Bedürfnisse, Wünsche, Erwartungen und Schmerzpunkte der Benutzer. Ein besonders interessanter Aspekt ist, dass es sowohl in frühen als auch in späteren Phasen des Service-Design- und Entwicklungsprozesses eingesetzt werden kann:

In den frühen Phasen kann User Testing als Ergänzung zu den User Interviews angewendet werden. Durch das Testen bestehender, abzulösender Anwendungen, von Papier-Prototypen oder Design-Mockups mit tatsächlichen Benutzern kann bereits in frühen Phasen wertvolles Feedback eingeholt werden, das dabei hilft, die Bedürfnisse und Erwartungen der User genauer zu verstehen und einzugrenzen. Dies ermöglicht es, die Services von Beginn in die richtige Richtung zu lenken und sicherzustellen, dass sie den tatsächlichen Anforderungen entsprechen.

In späteren Phasen, nachdem Wireframes, Prototypen und die finale Webapplikation entwickelt wurden, ermöglicht User Testing die Validierung dieser Designs. Benutzer können die Benutzeroberfläche in einer realistischen Umgebung testen und ihr Feedback zu Benutzerfreundlichkeit, Navigation und Funktionalität geben. Dies hilft dabei, potenzielle Probleme oder Schwachstellen frühzeitig zu erkennen und notwendige Anpassungen vor, während und nach der Umsetzung vorzunehmen.

Während des User Testings werden Testberichte erstellt, in denen das Feedback und die Anmerkungen der Probanden festgehalten und zusammengefasst und durch UX-KPIs wie Zufriedenheitsrate, Aufgabendauer, Aufgabenerfolgsquote, Fehlerquote oder Anzahl der Klicks pro Kauf ergänzt werden. Diese Informationen dienen dazu, das Verständnis der Nutzerbedürfnisse zu vertiefen und Wireframes, Prototypen oder die Produktivumgebung zu verifizieren und stetig zu verbessern. Die Qualität des gesamten Service Designs wird durch die Ergebnisse des User Testings erheblich gesteigert, da es als einziges validierendes Format sicherstellen kann, dass der Service tatsächlich die Bedürfnisse der User erfüllt und eine positive Benutzererfahrung bietet.

Die neun hier beschriebenen Service-Design-Methoden werden dem Human Centered Design folgend in einer sorgfältig geplanten chronologischen Reihenfolge angewendet, um sicherzustellen, dass die erarbeiteten Artefakte und Ergebnisse als Grundlage und Basis für die jeweils nachfolgende Methode herangezogen werden können.

Die Versicherung

Insgesamt zeigt sich die Bedeutung der Methoden in ihrer Fähigkeit, verschiedene Aspekte der an der Customer Journey beteiligten Services und den damit verbundenen Benutzererfahrungen zu beleuchten und zu verbessern. Die Qualität des gesamten Service Designs hängt von der Integration und sorgfältigen Anwendung dieser Methoden und der Einbeziehung echter Nutzer ab. Erst so kann ein erfolgreiches und nachhaltiges Angebot entstehen, das die Bedürfnisse und Erwartungen der Benutzer optimal erfüllt.

Die konsequente Einbeziehung unterschiedlichster Anwenderinnen und Anwender in den Service-Design-Prozess stellt zudem sicher, dass die Ergebnisse bestmöglich an den Bedürfnissen der Menschen ausgerichtet sind, die sie tatsächlich nutzen werden. Es ist wichtig, diese Beteiligung von Anfang an in den Gestaltungsprozess zu integrieren und auch während der Entwicklung und Verbesserung des Services kontinuierlich fortzusetzen. Nur so lässt sich eine maximale Benutzerakzeptanz erreichen, die gesetzten Businessziele übertreffen und der wirtschaftliche Erfolg buchstäblich (ver-)sichern.

Die Berücksichtigung des Faktor Mensch ist somit weit mehr als das grafische Aufhübschen uninspirierter Webshops. Er ist vielmehr Ausgangsbasis, Inspirationsquelle und Methodenkoffer für den Ausschlag der Entscheidung zum nächsten Kaffee, dem danach und den vielen weiteren danach und danach und danach.

3.5 Geschäftsmodelle als Business- und Umsatztreiber

Die Königsdisziplin bei der Weiterentwicklung von E-Commerce-Systemen ist das in die CX- und ERP-Landschaft integrierte Kundenportal (siehe Kapitel 2, »Geschäftsmodelle und Dimensionen von E-Commerce: Vom Webshop bis zur Serviceplattform«). Sie maximieren nicht nur den Nutzen für Kunden sowie Anwenderinnen und Anwender, sie sind auch eine Grundlage, um neue (innovative) Dienstleistungen zu positionieren, die entweder direkt in Verbindung zu einem gekauften oder genutzten Produkt stehen, oder die zusätzliche (teils völlig andere) Services offerieren. Hier liegt ein insbesondere aus betriebswirtschaftlicher Sicht interessanter Anreiz, der aber, wenn passend, zu höherer Kundenzufriedenheit und Kundenbindung beitragen kann.

Die Veränderung von Kunden, Märkten und Technologien bietet Raum für neue Ansätze und Geschäftsmodelle – und im After Sales liegen die vermutlich größten Potenziale für Einnahmequellen. Aber auch bei der Gestaltung von innovativen Nutzungs- oder Bezahlmodellen liegen Chancen, sich dauerhaft gegenüber der Konkurrenz abzuheben und Kunden nicht nur zu gewinnen, sondern zu entwickeln. Dies liegt zum einen daran, dass Komplementärprodukte und produktbegleitende Dienstleistungen in der Vergangenheit aus der Notwendigkeit entstanden sind, dass nach dem Verkauf von Primärprodukten Garantieansprüche entstehen oder Ersatzteile angeboten werden müssen. Zum anderen haben wir bereits zu Beginn von Kapitel 2 festgestellt, dass die Kunden auf dem Servicefeld oftmals noch unbegleitet agieren und dank neuer digitaler Touchpoints heute einfacher und passender angesprochen werden können. Die Möglichkeiten, das eigene Portfolio zu erweitern, sind vielfältig und je nach Branche, Segment (B2B, B2C, B2E) und eigenem Geschäftsfeld individuell zu gestalten.

Die folgende Auswahl enthält einige Modelle, die branchenübergreifend mehr als nur ein Trend sind und versprechen, sich als feste Portfoliobausteine im Angebot von Herstellern zu etablieren:

- **Digitale Dienste**
  Digitale Dienste wie Predictive Maintenance, Monitoring, Analytics, IoT-Dashboards, VR-/AR-Modelle, Remote-Services, Machine-Learning-Daten

[zB]

Digitale Services

Mit in der Anlage verbauten Sensoren und einem Modul für ein Predictive-Maintenance-System (PDMS) wird aktiv darauf hingewiesen, dass ein Verschleißteil ausgetauscht werden sollte. Mit der SAP Asset Management Suite (siehe Abbildung 3.21) stehen z. B. unterschiedliche Funktionen zur Verfügung, die in SAP Commerce Cloud integriert die Basis für das Anbieten solcher digitalen Services sein können. Im Grunde dreht sich viel um die Optionen, größere Datenmengen in der Cloud des Herstellers zu speichern oder das Nutzungsverhalten als Dashboards aufzubereiten, was wiederum mit einer Gebühr verbunden ist.

Darüber hinaus lassen sich sämtliche IoT-basierte Szenarien abbilden und gegen Gebühr den Kunden zur Verfügung stellen. Im Privatkundenbereich bieten Smarthome-Anbieter teilweise Services zur Analyse, Auswertung oder Steuerung der eigenen Anlage an. Etwas weniger aufwendig geht selbst bei Streaminganbietern der Trend in Richtung digitaler Services (höherer Streamingqualität oder werbefreies Schauen gegen zusätzliche Gebühren/Kosten).

Komplexere Beispiele sind Dienstleistungen rund um sogenannte *Digital-Twin-Funktionen*, die sich gerade für komplexe, große Anlagen, Maschinen, Fahrzeuge etc. anbieten.

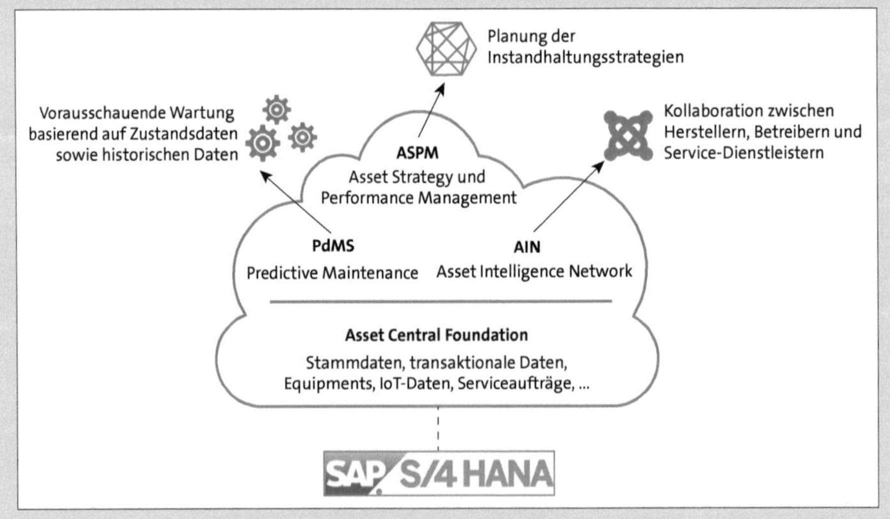

Abbildung 3.21 Übersicht zur SAP Asset Management Suite (Quelle: SAP)

- **Pay-per-Use-Modelle**
  Pay-per-Use-Modelle wie die Bezahlung nach Verbrauch, also Performancebased Contracting (PBC), klassisches Leasing, Versicherungen oder Subscription-Modelle z. B. für ausgewählte digitale Dienste (siehe das Integrationsszenario mit SAP Subscription Billing in Abschnitt 17.13.1).

Pay-per-Use

In einer Logistikanlage kann pro eingelagertem Packstück bezahlt werden, oder bei einer Baumaschine wird nach ihrer Nutzung (Betriebsstunden, Aushub) abgerechnet. Für Produkte der Firma SyGusto aus dem zweiten Teil des Buches könnte die Bezahlung nicht für Kaffeemaschinen, sondern nach deren Nutzung erfolgen – variabel nach Dauer des Leasings mit einem monatlichen Betrag (FEE). Innovativer wäre ein IoT-Szenario, bei dem die Berechnung der Gebühr anhand der über einen in der Maschine verbauten Sensor gemessene Anzahl durchgelaufener Tassen Kaffee erfolgt. Der Charme eines solchen Modells läge in dem geringen Anschaffungsrisiko für die Kunden, da Anschaffungskosten abhängig von Konjunktur, externen Einflüssen (etwa ungewollte Schließzeiten) oder Ladenfrequenz anfallen.

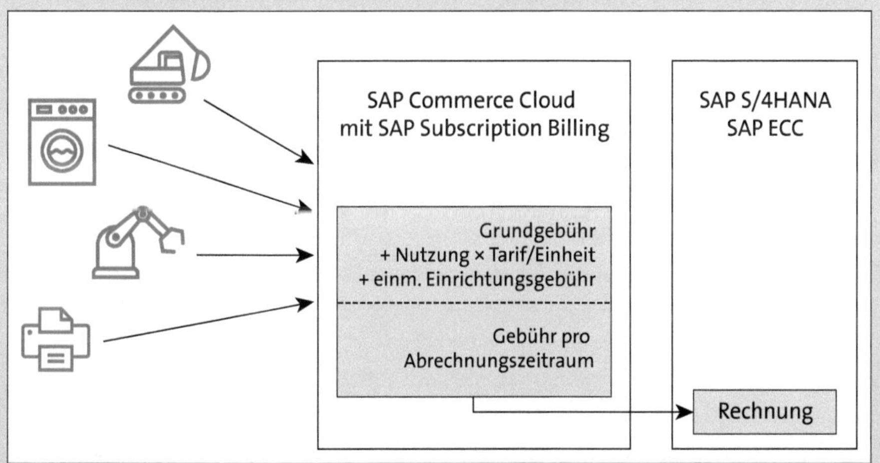

Abbildung 3.22 Pay-per-Use-Modell mit SAP Commerce Cloud, SAP Subscription Billing und SAP S/4HANA

- **Trainings und Zertifizierungen**
  Angebote wie Fortbildungsmaßnahmen zur Verarbeitung oder Nutzung von Produkten oder kostenpflichtigen Zertifizierungsangeboten. Ergänzend können Verkauf (Händler) oder Verarbeitung (z. B. Installation) an solche Zertifizierungen gekoppelt werden. Das heißt, es wird die Erlaubnis/Freigabe gegeben, die betreffenden Produkte zu verkaufen oder zu montieren/zu verarbeiten.

[zB]

Training und Zertifizierungen

Für die Verarbeitung eines neuen Baustoffes wird vom Hersteller (führender Anbieter von Parkettestrichen) ein Training angeboten, das Handwerksbetriebe für ihre Mitarbeitenden buchen können. Ein weiteres Beispiel wäre ein Szenario, in dem für die Installation eines neuen Lüftungssystems eine kostenpflichtige Zertifizierung erforderlich ist. Nur zertifizierte Händler oder Partnerunternehmen (Monteure) dürfen diese Produktgruppe anbieten, verkaufen, verarbeiten. Im Privatsektor lassen sich ähnliche Dienstleistungen platzieren, sei es der Barista-Kurs für Kaffeeliebhaber, Online-Kurse eines Herstellers von hochwertigen Elektrowerkzeugen oder ein Hersteller von Bauobjekten bzw. Baustoffen, der über seine Website Kurse und Fortbildungsmaßnahmen zum Haus(um)bau anbietet. Solche Angebote im B2C sind heute (noch) meist kostenlos und dienen eher der Kundenbindung als der Umsatzsteigerung. Der Übergang zum nächsten Punkt »Business Support« ist fließend.

- **Business Support**
  Business Support hat keinen direkten Bezug mehr zum Kernprodukt wie die Beratung zur optimalen Nutzung eines Produkts oder Beratungsangebote rund um Themen, für die das ursprüngliche Produkt eingesetzt werden kann.

Beispiele: Business Support

Ein Beispiel könnte das Angebot von (Studien-)Reisen, Sprachkursen, Seminaren usw. seitens eines Verlags, Herstellers oder Dienstleistungsunternehmens sein oder die Beratung bei der Küchenplanung, die zwar kostenpflichtig ist, bei Kauf aber anschließend angerechnet wird. Im B2B-Kontext sind alle Beratungsleistungen rund um das Portfolio potenzielle zusätzliche Angebote an Händler oder Geschäftskunden (Architektenservice, Gesundheits-, Energie- oder Klimachecks, Service zur Produktstraßendigitalisierung, Übernahme Flottenmanagement, juristische Beratung, Versicherungen).

Dank der digitalen Vernetzung haben Hersteller heute die Option, während der gesamten Nutzungsphase Informationen und Daten zum Nutzungsverhalten zu sammeln. Wird dies mit Kundendaten aus anderen Quellen (Marketingautomatisierung, Customer-Data-Systemen, Webprofilen, sozialen Medien usw.) kombiniert, bringen die Kunden in Kombination mit »smarten« Produkten und Services eine Flut von Informationen in das Unternehmen. In Echtzeit erfahren Hersteller und Anbieter, wie ihre Kunden das jeweilige Produkt oder Gerät nutzen und in welchem Zustand es sich befindet. Die Nutzungsphase wird zu einem zentralen Geschäftsfeld. Auf der Basis solcher Informationen lassen sich neue Dienste anbieten. Aber auch deutlich einfachere Services lassen sich über ein Kundenportal, eine Website oder im Webshop anbieten.

Die Beispiele bieten einen Einblick, welche Ansätze hier bestehen. Wichtig ist zu bedenken, dass bei der Entwicklung von neuen Geschäftsmodellen im Grunde die gleichen Regeln gelten wie bei der Etablierung der originären E-Commerce-Angebote und man somit auch mit den damit verbundenen Herausforderungen konfrontiert ist (also mindestens das, was Sie in diesem Buch bis hierhin nachlesen konnten). Es reicht nicht aus, Kunden einige neue Buttons zur Verfügung zu stellen und zu erwarten, dass sich daraus ein Geschäftsmodell entwickelt, das bei Anwenderinnen und Anwendern geschätzt und für das eigene Unternehmen profitabel ist. Diese nächste Stufe in der Evolution der E-Commerce-Landschaft baut vielmehr auf einem klaren Fundament auf und bedarf sorgfältiger Planung, gezielter Promotion und dafür bereitgestellter Zeit, Budget und Ressourcen. Der Ausbau erfolgt stufenweise, wie in Abbildung 3.23 veranschaulicht.

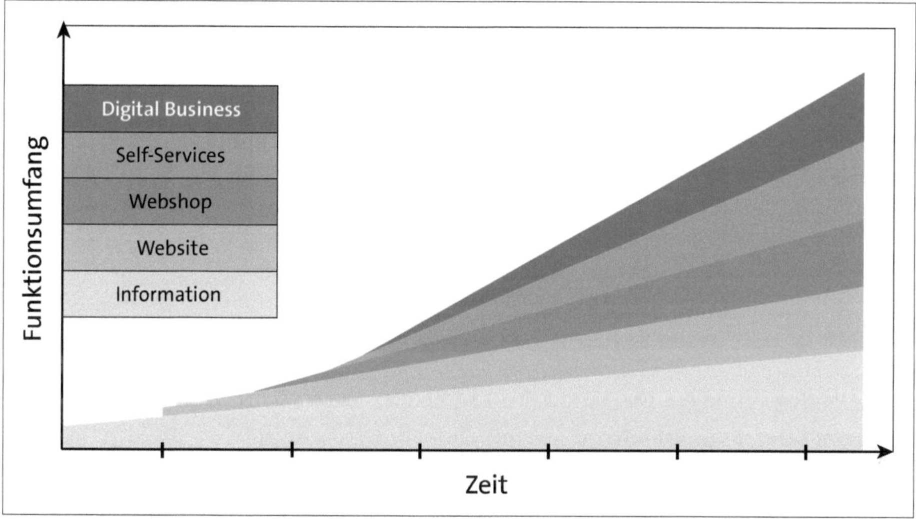

Abbildung 3.23 Stufenweiser Ausbau der E-Commerce-Landschaft

3.6 Der Webshop als digitaler Vertriebskanal

Bei allen Überlegungen zum funktionellen und technologischen Ausbau des Online-Angebots, dem nächsten Roll-out in bis dato noch digital unerschlossene Länder, dem Onboarding weiterer Marken und Produktgruppen oder der Etablierung neuer Geschäftsmodelle (wie oben beschrieben), wird ein zentraler Aspekt häufig vernachlässigt: Der Webshop oder das Kundenportal sind Touchpoints und zugleich digitaler Vertriebs- und Kommunikationskanäle zwischen Kunden und Service bzw. zwischen Kunden und Vertrieb. Im Privatkundenbereich muss abhängig von Branche und Geschäftsmodell geprüft werden, ob analoge Verkaufsstellen (*Points of Sale*) und digitale

Angebote aufeinander abgestimmt werden sollen. Mittlerweile ist es durchaus üblich, dass sich Kunden im stationären Handel über die Verfügbarkeit von Produkten informieren, die sie zuvor online recherchiert haben, und diese dann vor Ort kaufen.

Dieses Verhalten wird auch als *ROPO-Effekt* (Research Online, Purchase Offline) bezeichnet. Der Effekt ist besonders ausgeprägt, wenn Haptik (Wie fühlt sich das Produkt an?) oder Kompatibilität (Passt das Produkt?) eine Rolle spielen, Kunden einfach nicht auf den Versand warten oder Versandkosten sparen möchten. Je besser die Lagerbestände harmonisiert sind, desto komfortabler ist dieses Vorgehen für die Kunden und desto einfacher ist es für Unternehmen, die digitalen und analogen Aktivitäten ihrer Kunden in Beziehung zu setzen (siehe Analytics-Beispiel zu digitalen Services aus Abschnitt 3.5).

Mit *SAP Customer Activity Repository* steht eine Lösung für den Einzelhandel zur Verfügung, die ganz auf diese Harmonisierung zwischen digitalen und analogen Touchpoints (Preise, Bestände, Merchandise) ausgerichtet ist. Für den Webshop gilt es, Anreize zu setzen, um den Kauf vor Ort tatsächlich abzuschließen. Werden Produkte online recherchiert und geplant, aber erst zu einem späteren Zeitpunkt beim Händler vor Ort erworben, ist der Kaufprozess erst einmal unterbrochen. Die Abschlusswahrscheinlichkeit sinkt unmittelbar, und zwar signifikant. Optionen zur Reservierung von Produkten (verbunden mit Registrierung oder Authentifizierung) und sogenannte *Click-&-Collect-Funktionen* oder konkrete Incentives (Give-Aways, Rabatte, Bonusprogramme etc.) können solche Anreize sein, um den Interessenten bei der Stange zu halten.

In *SAP Emarsys* stehen z. B. eigens dafür konzipierte Tactics (Kampagnenvorlagen) zur Verfügung, um den Kunden online zum Kauf vor Ort zu animieren, die sich im Webshop beliebig ausspielen und anpassen lassen (siehe Abbildung 3.24).

Umgekehrt haben Sie sicherlich auch schon mal im Laden mit dem Smartphone Online-Preise verglichen. Im Extremfall informieren sich Interessentinnen und Interessenten im Geschäft, um anschließend online – schlimmstenfalls bei der Konkurrenz – zu bestellen. Was Ladenbesitzerinnen und -besitzer zu Recht verärgert, wird zukünftig noch zunehmen und bringt neue Herausforderungen. Gleichzeitig bietet es aber auch Chancen, das Einkaufsverhalten zu nutzen, um die Kundenbindung zu verbessern, Marken zu etablieren und Umsätze zu steigern. Man muss nicht gleich an Szenarien wie das Metaverse denken (siehe Kapitel 24, »Visualisierung: Die Zukunft der Interaktion«), aber die Idee, dass Kunden sich an einem Touchpoint informieren, um dann zu einem (beliebigen) späteren Zeitpunkt die Bestellung über einen anderen Touchpoint zu tätigen, ist weder neu noch muss sie unbedingt negativ sein.

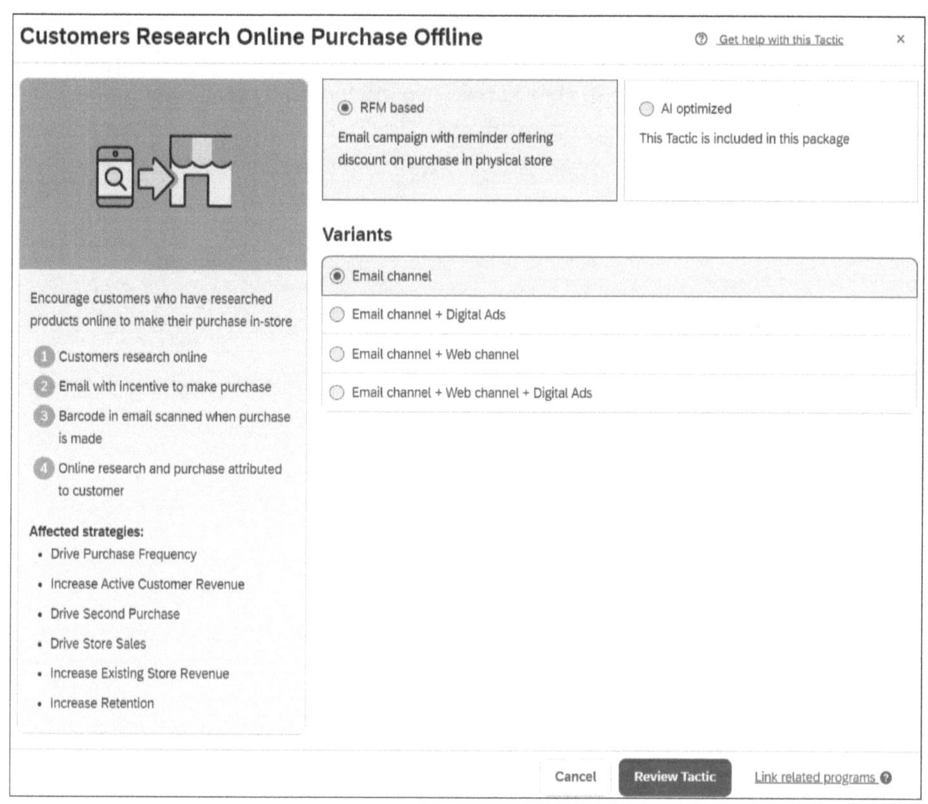

Abbildung 3.24 Ropo-Kampagnenvorlage (Tactic) in SAP Emarsys

3.6.1 Der Webshop als Chance für den klassischen B2B-Flächenvertrieb

Auch für den Geschäftskundenbereich können heute und werden zukünftig Dinge wie Showrooms und Pop-up-Store-Konzepte ein probates Mittel sein, um die analogen und die E-Commerce-Prozesse ineinander zu integrieren. Losgelöst von solchen Szenarien muss beim Betrieb oder bei der Einführung von E-Commerce-Systemen darauf geachtet werden, dass der eigene Vertrieb (Außendienst) bzw. die Partner im zwei- oder dreistufigen Vertriebsmodell (Händler, Verarbeiter etc.) mitgenommen werden. Keinesfalls darf der Webshop beim Außendienst ein Konkurrenzdenken oder ein Gefühl der Bedrohung auslösen. Ein Kampf der unterschiedlichen Vertriebskanäle wäre nicht nur sinnlos, sondern auch betriebsschädigend. Ebenso sollten B2B-Unternehmen nicht aus alter Gewohnheit ihre Online-Aktivitäten vernachlässigen – möglicherweise, um die langgedienten Mitarbeitenden im Außendienst zu schonen.

Aber der Reihe nach: Wir haben in Kapitel 1, »E-Commerce heute und in Zukunft: Entwicklung, Kunden, Märkte«, und in Kapitel 2, »Geschäftsmodelle und Dimensionen von E-Commerce: Vom Webshop bis zur Serviceplattform«, gelernt, dass B2B-Kunden bereits heute und zukünftig sogar noch mehr auf eine Mischung der im Kaufprozess genutzten Kanäle setzen. Laut einer Studie von McKinsey aus 2022 nutzen B2B-Entscheider heute schon doppelt so viele Kanäle, um mit Lieferanten zu interagieren, wie noch vor zehn Jahren (Quelle: Arora, Arun et al. (2022): The new B2B growth equation, *https://www.mckinsey.com/capabilities/growth-marketing-and-sales/our-insights/the-new-b2b-growth-equation*). Analog dazu bevorzugen B2B-Einkäufer auch eine Mischung der Interaktionsformen während des Kaufprozesses (siehe Abbildung 3.25).

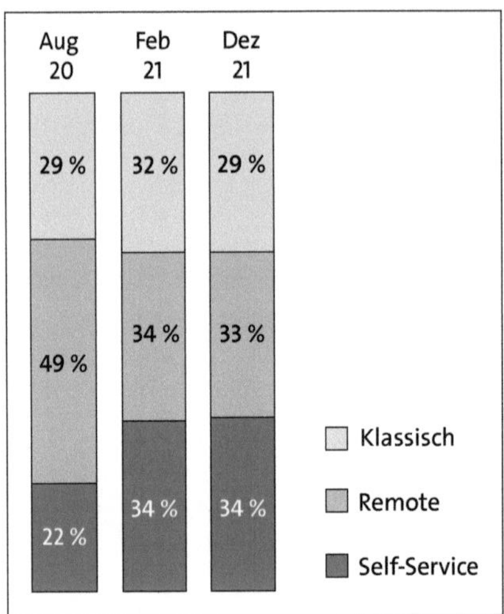

Abbildung 3.25 Bevorzugte Interaktionsformen von B2B-Einkäufern während des Kaufprozesses (Quelle: McKinsey, »The future of B2B sales is hybrid«, 2022)

Wenn sich, wie in Kapitel 2, »Geschäftsmodelle und Dimensionen von E-Commerce: Vom Webshop bis zur Serviceplattform«, beschrieben, knapp 60 % aller Einkäufer vor einem (möglichen) Kontakt mit dem Vertrieb online informieren bzw. wenn der Kaufprozess zum Zeitpunkt der Kontaktaufnahme schon fortgeschritten ist, kann eine signifikante Wechselwirkung zwischen Vertriebs- und Informationskanälen festgestellt werden. Es gilt also darum, den digitalen Kanal (Online-Auftritt) in Sales-Aktivitäten einzubinden. Dies kann auf unterschiedliche Art und Weise erfolgen. Hier ein paar Beispiele, wie der Vertriebsprozess durchgängig über alle Kanäle und Unternehmensbereiche gestaltet werden kann:

- **Online-Kanal als Lead-Quelle**
  Lead-Nurturing-Prozesse für bekannte (eingeloggte) User und auch die direkte Anlage von Leads oder Opportunities im Vertriebs CRM-System aus der Commerce-Applikation heraus (Angebotsanfrage, Beratungsanfrage, Rückruf, Download etc.) auch von unbekannten (anonymen) Usern sind Goldgruben für den Vertrieb. Bestenfalls direkt an die zuständige Person im Vertrieb geroutet, ergeben sich hier einfache und ohne den Online-Kanal unentdeckte Anknüpfungs- und Kontaktpunkte.

- **Digitale Beratung**
  Gerade bei komplexen Maschinen oder anderen hochpreisigen und erklärungsbedürftigen Produkten und Dienstleistungen ist die persönliche Beratung durch einen kompetenten Vertrieb unersetzlich. Dies sollte nun auch in digitalen Kanälen für Kunden zugänglich gemacht werden (z. B. in Form von Live-Beratung, Video-Call, Co-Browsing, Assisted Service etc.)
- **Multichannel-Kommunikation**
  Neben herkömmlichen Kanälen (Telefon, E-Mail, Messenger) kommuniziert der Vertrieb aktiv oder reaktiv mit Kunden über den Online-Kanal. Die Bereitstellung von Konfigurationen, Angeboten, Beantwortung von Rückfragen direkt im Frontend oder das Begleiten via Live-Chat sind nur einige Beispiele (siehe auch Abschnitt 17.6, »SAP CPQ«, und Abschnitt 17.7, »SAP Sales Cloud und SAP Service Cloud«).
- **Information**
  Im Vertriebssystem gepflegte Daten werden direkt auf der Website oder im Webshop publiziert (Ansprechpartner, Kontaktdaten, Händlerinformationen, Preiskonditionen, Verfügbarkeiten in Showrooms). Durch eine entsprechende Integration zwischen Vertriebs- und E-Commerce-System wird eine Aktualität und Synchronität der Daten gewährleistet (siehe auch Abschnitt 17.7).

Am Ende bleibt dennoch eine Frage offen: Wenn der Vertrieb im Kaufprozess aktiv ist, die Bestellung aber über den Webshop erfolgt, welche Provision erhalten die Mitarbeitenden im Vertrieb? Wie viele der Sales-Aktivitäten sind dem Online-Auftritt der Firma und wie viel den Anstrengungen des Außendienstes zuzurechnen? Und wie könnte die Provision in solchen Fällen berechnet werden? Mit dem Einsatz von Analytics-Werkzeugen wie der *SAP Analytics Cloud* lassen sich Lead-Quellen, Kundeninteraktion, Kaufabschlüsse und Umsatzzahlen leicht in Beziehung zueinander bringen. In Abschnitt 3.6, »Der Webshop als digitaler Vertriebskanal«, finden Sie ein Beispiel, das zeigt, dass der Webshop keineswegs die Abschlussraten des Flächenvertriebs beeinträchtigt – im Gegenteil. Wahlweise werden Online-Verkäufe analog zur Vertriebsgebietsstruktur im CRM-System aufgeschlüsselt (Region, Produktgruppe, Kundensegment etc.).

Dennoch müssen sich Vertriebsteams und die Mitarbeitenden im Verkauf der Tatsache stellen, dass das E-Commerce-Geschäft bleiben wird und es in Zukunft wohl noch relevanter sein wird, auch als Vertrieb digital (remote) zu agieren (siehe Abbildung 3.26).

Wir empfehlen Unternehmen und deren Vertriebsleitungen, diese unumstößliche Tatsache klar zu kommunizieren und daraufhin eine neue Vertriebskalkulation zu entwickeln, die das Einkommen der fähigen Vertriebsmitarbeitenden nicht schmälert. E-Commerce-Verantwortliche müssen den Vertrieb für das Projekt gewinnen, sonst werden sie schnell mit Blockaden zu kämpfen haben. Der Außendienst hat dabei in vielen Unternehmen den Vorteil eines über viele Jahre gewachsenen Standings, denn schließlich ist er es, der für den Umsatz sorgt.

Binden Sie den Vertrieb so früh wie möglich ein und erklären Sie Strategie und Ziel. Machen Sie transparent, dass ein Webshop nicht einen Job ersetzt, sondern einen echten Mehrwert für das Unternehmen insgesamt und für den Vertrieb eine Unterstützung darstellt. Sei es durch Entlastung des Außendienstes durch Übernahme einfacher Aufgaben, die Nutzung des Webshops als zusätzlichen Vertriebskanal (Lead-Quelle) oder der Tatsache, dass Online-Auftritte helfen können, unbekannte Potenziale (Neukunden, Cross-Selling, After Sales etc.) zu identifizieren.

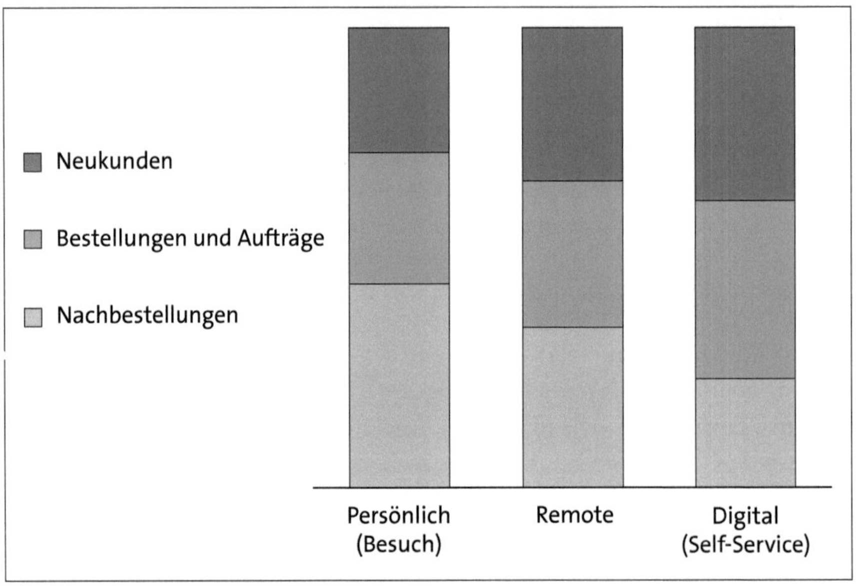

Abbildung 3.26 Der Vertrieb agiert zunehmend hybrid im Umgang mit Interessenten und Kunden. (Quelle: McKinsey, »Omnichannel in B2B sales: The new normal in a year that has been anything but«, 2021)

Egal wie, es gilt, den Spagat zu schaffen, die eigene Vertriebsmannschaft nicht zu verärgern oder zu demotivieren und gleichzeitig die eigene Strategie zur digitalen Transformation im Vertrieb konsequent zu verfolgen. Vor der Einführung einer E-Commerce-Lösung oder der Erweiterung des Online-Portfolios um Produktgruppen, die bis dato dem Außendienst vorbehalten waren, sollte der damit verbundene und ggf. notwendige Change in der Organisation bedacht und als ein Teilprojekt in die Umsetzungsroadmap mit aufgenommen werden.

Eine größere Herausforderung können langjährige Händlerstrukturen darstellen. Wenn Produkte zukünftig auch online vertrieben werden, kann das auf Händlerseite zu unangenehmen Reaktionen für Hersteller führen. Wenn diese sich mit Einführung des Online-Angebots dazu entschließen, darin angebotene Produkte nicht mehr so präsent in den Regalen zu führen oder bei Kunden anzupreisen, drohen Umsatzeinbrüche. Im Extremfall werden die Produkte ganz aus dem Sortiment verbannt. Diesen Gefahren sollten Sie entgegenwirken, indem Sie gezielt Anreize setzen und klare Vereinbarungen aushandeln. Insbesondere sollten solche Gefahren vor der Entscheidung für einen Direktvertrieb über Online-Kanäle evaluiert werden.

Zu guter Letzt ist der entscheidende Punkt, dass sich die Veränderungen bei Ihren Kunden etablieren. Wenn Kunden zukünftig Produkte online erwerben sollen, müssen sie darüber informiert werden. Sind sie es gewohnt, im Großmarkt oder beim Händler einzukaufen, kann nicht vorausgesetzt werden, dass der Wechsel zum digitalen Einkauf von heute auf morgen reibungslos funktioniert. Insbesondere wenn nur ausgewählte Produktgruppe online angeboten werden, besteht eine große Gefahr, dass Kunden zukünftig auch zu Konkurrenzprodukten greifen oder drohen, ganz abzuwandern. Hier ist *Change Management* ebenso gefragt wie klare Kommunikation (Vertrieb, Marketing, Website etc.) und Promotion (Bewerbung, Anreize setzen).

3.6.2 Synergien zwischen Außendienst und Webshop

Das folgende Beispiel soll veranschaulichen, wie ein harmonisierter und erfolgreicher Prozess zwischen Außendienst, Kunden und Webshop aussehen kann.

[zB]

Online- und Offline-Vertrieb harmonisieren

Selma Blum ist langjährige Sales Managerin bei der SyBack AG. Sie ist im Unternehmen und bei ihren Kunden wegen ihrer guten und konstanten Umsatzraten, aber auch aufgrund ihrer großen Expertise bei der Beratung zu Interieur und Rohstoffverwendung sehr geschätzt.

Luca Pisćzek ist Besitzer der Bäckereikette »Barosso« mit insgesamt acht Filialen im Großraum Frankfurt. Er ist seit der Eröffnung seiner ersten Filiale vor zwölf Jahren Kunde bei der SyBack. Von Rohstoffen (Getreide, Nüsse, Backmischungen), Tiefkühlkost, Handelswaren bis zu Interieur und dem neuen Backofen ordert Herr Pisćzek alles bei Frau Blum.

Seit Oktober dieses Jahres bietet die SyBack AG einen Großteil ihres Produktportfolios auch über den neuen SAP-Commerce-Cloud-Webshop an. Selma Blum war anfangs skeptisch, ob hier nicht eine ernste Bedrohung für ihre Umsätze im eigenen Haus heranwächst. Sie und ein Teil des Teams waren von Beginn des Projektes an involviert, in einigen Konzeptionsworkshops eingebunden und als Stakeholder stetig über Status und Zielrichtung informiert. Heute steht der erste Besuch bei Herrn Pisćzek seit dem Go-live des Webshops an. Sie rührt kräftig die Werbetrommel und erklärt Herrn Pisćzek, dass er zukünftig seine Bestellungen auch auf dem digitalen Weg erledigen kann. Das bietet sich bei der Barosso vor allem für wiederkehrende und schnelldrehende Produkte wie Rohstoffe und Handelswaren an. Herr Pisćzek, Jahrgang 1961, ist nicht gerade das, was man einen Digital Native nennt, aber nach kurzer Erklärung des Bestellprozesses war er angetan von der Option, seine Bestellungen nun bequem und flexibel auch vom Sofa aus bei der SyBack zu tätigen. Größere Anschaffungen und beratungsrelevante Produkte wie Interieur oder Öfen wird er zukünftig weiterhin aber nur direkt mit Frau Blum besprechen.

Da seitens der SyBack-Vertriebsleitung eine klare Gebietsregelung getroffen wurde und die Bäckerei Barosso mit ihren Filialen weiterhin Kunde von Selma Blum verbleibt, profitiert sie von jeder Online-Bestellung, da diese anteilig auf ihre Umsatzziele angerechnet werden. Sonstige Bestellungen verhandelt sie auch wie bisher bei ihren Besuchen vor Ort. Diese finden zwar deutlich seltener statt als früher, was sie aber als Entlastung empfindet, da sie die Zeit, die sie sonst im Auto verbracht hat, für andere Aufgaben und Kunden nutzen kann. Unterm Strich haben sich die Umsätze bei Barosso bis heute insgesamt erhöht. Herr Pisćzek ist ebenfalls zufrieden, denn er kann jetzt viel flexibler als früher auf Engpässe oder Überkapazitäten reagieren und findet es auch irgendwie cool, online zu bestellen.

Diese User Story könnte man als Erfolgsgeschichte verbuchen. Doch wann ist eine E-Commerce-Lösung erfolgreich? Und wie kann man das messen? Das lesen Sie im nächsten Abschnitt.

3.7 Value Management: Erfolgsmessung (Ziele, KPIs, Maßnahmen)?

Wenn Unternehmen oder Personen die gesetzten Ziele erreichen, spricht man – so die allgemeine Definition – von Erfolg. Wenn wir in diesem Abschnitt von Erfolgsfaktoren sprechen, setzen wir damit voraus, dass Unternehmen mit einer E-Commerce-Strategie definieren, was sie im jeweiligen Kontext unter Erfolg verstehen. Wir zeigen in diesem Abschnitt, wie Ziele gesetzt und deren Erreichungsgrad gemessen werden können. Der Erfolg eines E-Commerce-Unternehmens hängt von verschiedenen Faktoren ab, und es geht nicht immer darum, einen einzelnen Meilenstein zu erreichen, sondern vielmehr um eine Kombination aus kontinuierlichen Bemühungen.

Erfolg ist ein dehnbarer Begriff und immer an den vorher gesteckten Zielen zu messen. Möchte man den Erfolg einer E-Commerce-Lösung oder des damit verbundenen Projektes zur Einführung, Weiterentwicklung oder den Betrieb messen, braucht man Ziele und Vorgaben.

Was man nicht messen kann, kann man nicht lenken (Peter F. Drucker)

Um dem Ausspruch von Peter Drucker, einem bekannten Ökonom und Management-Vordenker, gerecht zu werden, ist es unabdingbar, zu Beginn spezifische Ziele festzulegen, um den Wert der E-Commerce-Strategie oder -Applikation adäquat bewerten zu können.

3.7.1 Ziele

Ziele sollten immer so formuliert werden, dass der Erreichungsgrad auch mittels einfacher Kennzahlen (KPIs) gemessen werden.

[«]

Die SMART-Methode

Die SMART-Methode ist eine strategische Vorgehensweise, um Ziele zu definieren und einzuhalten. Sie wurde erstmals von Doran im Jahr 1981 im Business- und Managementkontext vorgestellt und von Locke und Latham in den 1990er-Jahren weiterentwickelt. Erfolge durch das Erreichen von Zielen motivieren dazu, neue Herausforderungen für größere Ziele anzunehmen. Das Wort SMART ist ein Akronym, das fünf Hauptziele zusammenfasst (siehe Abbildung 3.27):

- S – Specific = Spezifisch
- M – Measurable = Messbar
- A – Achievable = Erreichbar
- R – Relevant = Relevant
- T – Time-bound = Zeitgebunden

Erst wenn alle Kriterien erfüllt sind, wird die SMART-Methode erfolgreich genutzt. Die SMART-Methode wird oft von Unternehmen angewandt, um Ziele zu formulieren, sie zu evaluieren und in Maßnahmen umzusetzen.

In der Praxis ist es nicht immer möglich, alle fünf Kriterien lückenlos zu erfüllen – dennoch sollte ein möglichst hoher Detaillierungsgrad angestrebt werden.

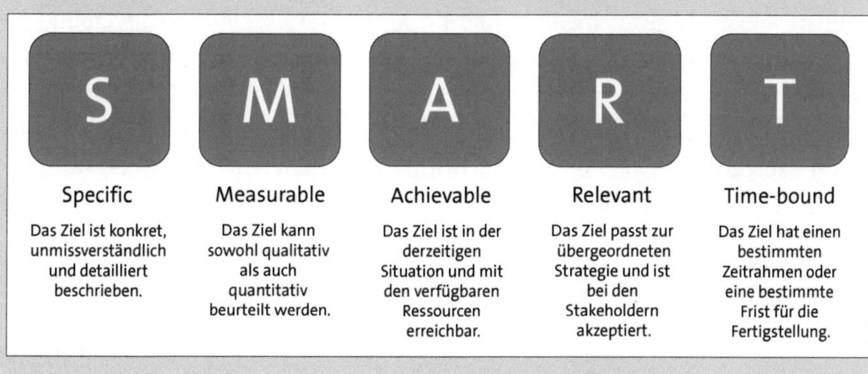

Abbildung 3.27 Definition von Zielen nach der SMART-Methode

Zur Verdeutlichung ein Beispiel für ein Ziel nach der SMART-Methode in Bezug auf einen neu eingeführten Webshop:

> *»Der Umsatz unseres B2B-Webshops für Ersatzteile soll in den nächsten 18 Monaten um 25 % gesteigert werden.«*

Dafür fielen ab einem Mindestbestellwert keine Versandkosten mehr an, und der Rückgabeprozess wurde deutlich vereinfacht, indem z. B. Retouren mit einer One-click Action in der Bestellübersicht am Kundenkonto einfach abgewickelt werden können. Beide Funktionen werden prominent mit einem Banner im Shop beworben.

- **Spezific**
  Steigerung des Umsatzes um 25 % mit einer klaren Maßnahme (Gratisversand ab 100 EUR), um potenzielle Kunden zu ermutigen, den Mindestbetrag zu erreichen. Das Retouren-Programm hat die Kaufbarrieren gesenkt.
- **Measurebale (messbar)**
  Mittels entsprechender Tools (Google Analytics, Dynatrace, SAP Analytics Cloud) können Metriken wie Traffic, Konversionen und Average Order Value (AOV) gemessen und verfolgt werden.
- **Achievable (erreichbar)**
  Eine Umsatzsteigerung von 25 % in 18 Monaten ist erreichbar, da der Shop recht neu ist und noch wenig beworben wurde. Bis dato sind weniger als ein Viertel der Bestandskunden (Kundenklassifikation A und B) registriert.
- **Relevant**
  Es ist geplant, den After-Sales- und Servicebereich auszubauen, um einen stärkeren Beitrag zur Umsatzsteigerung zu leisten.
- **Time-bound (zeitgebunden)**
  Es sind 18 Monate angesetzt, um das Ziel zu erreichen.

Dieses Beispiel ist sehr konkret und ambitioniert. Ziele können auch deutlich einfacher formuliert sein. So kann auch einfach die Steigerung der Akzeptanz eines Online-Portals (Steigerung von Traffic und Conversion) oder die Steigerung der Verweildauer oder der getätigten Produktaufrufe ein Ziel sein. Beim Formulieren ist es wichtig, den Vorgaben gemäß den fünf Kriterien möglichst treu zu bleiben. Häufig zahlen solche Ziele auf übergeordnete betriebswirtschaftliche Zielsetzungen wie die Steigerung von Absatzzahlen, Erweiterung von Marktanteilen oder schlicht die Umsatzsteigerung ein.

Es gibt aber auch andere Ziele, die mit der Einführung einer E-Commerce-Applikation verbunden sein können. So kann für junge Unternehmen oder Start-ups die Online-Präsenz als Mittel zur Stärkung der eigenen Marke (Brand) oder schlicht der Präsenz dienen. Beim Launch neuer Produktreihen durch Hersteller ist es essenziell, digitale Touchpoints zu nutzen, um den Bekanntheitsgrad zu erhöhen. Ebenso kann das Ausbauen des Online-Angebots eine Reaktion auf veränderte Marktsituationen darstellen. Wenn Kunden explizit einen digitalen Touchpoint bevorzugen oder bestimmte Prozesse diesen erfordern, können die damit verbundenen Ziele auch aus primär nicht monetären Gründen formuliert werden. Auch hier ist es entscheidend, klare Ziele zu definieren. Dennoch gilt: Je exakter ein Ziel formuliert ist, desto einfacher und genauer werden eine Analyse und die Ableitung von Handlungsmaßnahmen ausfallen.

3.7.2 Key Performance Indicators im E-Commerce

Doch wie lässt sich Zielerreichung (also der Erfolg) sinnvoll messen? Im Bereich des E-Commerce gibt es eine Vielzahl an Metriken, bekannt als *Key Performance Indicators* (KPIs) oder *Kennzahlen*, die es ermöglichen zu beurteilen, ob sich Investitionen auszahlen oder wo Ansatzpunkte bestehen, um die eigene Lösung erfolgreicher zu gestalten. Bevor Sie jetzt zu viel Textwüste durchqueren müssen, lassen sich die Bedeutung und die Varianten solcher KPIs am besten anhand konkreter Beispiele erläutern. Deshalb im Folgenden eine Sammlung typischer und empfohlener KPIs für Webshops:

- **Conversion Rate**
  Die wichtigste E-Commerce-Kennzahl von allen (siehe Abschnitt 3.1 und Abschnitt 3.2).
- **Average Order Value (AOV)**
  Der AOV misst den durchschnittlichen Betrag, den ein Kunde für jede Transaktion ausgibt. Ein höherer durchschnittlicher Bestellwert kann direkt auf den Gesamtumsatz einzahlen (siehe Abbildung 3.28).
- **Customer Acquisition Cost (CAC)**
  Mit dem CAC werden die Kosten für die Gewinnung eines neuen Kunden berechnet. Wahlweise werden alle Investitionen in Marketing und Vertrieb in Relation zur Gesamtzahl der gewonnenen Kunden gesetzt. Eine allgemeine Faustregel ist, die Kundenakquisekosten unter 30 % des Kundenlebenszeitwerts (siehe unten) zu halten.
- **Customer Lifetime Value (CLV)**
  Auch der CLV oder der Kundenlebenszeitwert gehört unbedingt auf die Liste der wichtigsten Kennzahlen im E-Commerce. Er gibt an, wie viel Kunden im Durchschnitt während ihres gesamten Kundenlebenszyklus in einem Webshop ausgeben. Der Customer Lifetime Value lässt konkrete Aussagen zur Kundenbindung zu oder, prädiktiv gemessen, welchen langfristigen Wert ein Kunde haben kann.
- **Cart Abandonment Rate**
  Ein Leidensthema für jedes E-Commerce-Unternehmen, insbesondere im B2C. Die Rate der abgebrochenen Warenkörbe misst den Prozentsatz der Nutzer, die einen Kauf beginnen, ihn aber nie abschließen. Dieser KPI ist notwendig, um die Conversion im Checkout eines Webshops zu verbessern.

- **Return on Investment (ROI)**
  Der ROI berechnet den Nutzen, den ein E-Commerce-Shop durch seine Aktivitäten (Transaktionen) erzielt. Übergeordnet ist die Bemessung des ROI schwierig, wird er nicht rein auf Umsatzzahlen reduziert. Kleinteiliger kann der ROI helfen, z. B. die Rentabilität bestimmter Marketingkampagnen oder Investitionen in das E-Commerce-Geschäft zu bewerten.

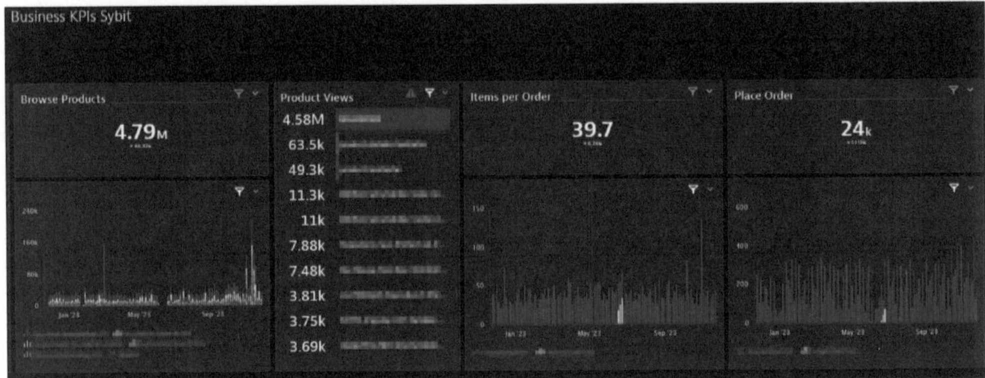

Abbildung 3.28 Jahresübersicht zu Business KPIs (im Beispiel die durchschnittliche Anzahl an Positionen und die Average Order Value)

Spezifischere, aber je nach Geschäftsmodell oder verantwortlichem Organisationsbereich dennoch sehr aufschlussreiche Metriken können auch folgende KPIs sein:

- **Mobile Conversion Rate**
  Das Messen der CR über Mobile Devices kann in Relation zu anderen KPIs helfen, Ansatzpunkte für Verbesserungen zu finden und lässt Aussagen zu Kundenverhalten bzw. Präferenz zu.
- **Traffic Sources**
  Die Analyse der Herkunft Ihres Website-Traffics (organische Suche, bezahlte Werbung, soziale Medien usw.) hilft bei der Optimierung von Marketingstrategien. Diese KPI kann auch helfen bei der Bewertung, ob Online-Käufe Einfluss auf den Direktvertrieb im Außendienst haben (siehe Abschnitt 3.6, »Der Webshop als digitaler Vertriebskanal«).
- **Customer Satisfaction (CSAT)**
  Das Sammeln von Kundenfeedback kann dazu beitragen, die Zufriedenheit der Kunden mit dem gesamten Einkaufserlebnis zu messen. Um den Cutomer Satisfaction Score (CSR) zu ermitteln, müssen Sie Umfragen zur Kundenzufriedenheit an Ihre Kunden senden oder sie direkt befragen.
- **Click-Through Rate (CTR)**
  Die CTR misst, wie viel Prozent der Nutzer auf eine Seite klicken, die in einer Suchmaschine erscheint. Eine niedrige CTR deutet in der Regel darauf hin, dass die Meta-Titel und Meta-Beschreibungen nicht attraktiv genug sind oder nicht den Be-

dürfnissen der Nutzer entsprechen (siehe Abschnitt 3.1, »Ohne Traffic keine Conversion«).

- **Retourenquote**
  Rücksendungen sind unumgänglich, aber ab einer bestimmten Menge ein echtes Problem. Eine hohe Retourenquote verweist auf Probleme mit der Produktqualität, Kundenzufriedenheit oder Lead-Qualität hin.
- **Erfolgreiche Produkte und Kategorien**
  Wichtige Metriken wie die Conversion Rate, die Retourenrate und die Kaufabbruchrate variieren je nach Produkt und Kategorie. Manche Artikel verkaufen sich z. B. pro Seitenaufruf häufiger und sollten ggf. besser beworben werden.

Die Liste ließe sich beliebig weiterführen, und noch aussagekräftiger werden solche KPIs, wenn man sie zueinander ins Verhältnis setzt (siehe Abbildung 3.29 und Abbildung 3.30).

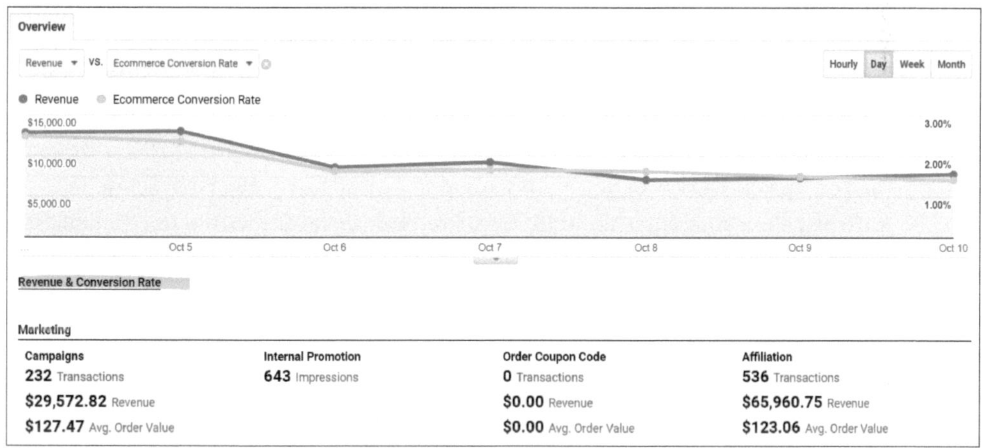

Abbildung 3.29 KPI-Übersicht (Conversion im Verhältnis zum Ertrag) in Google Analytics

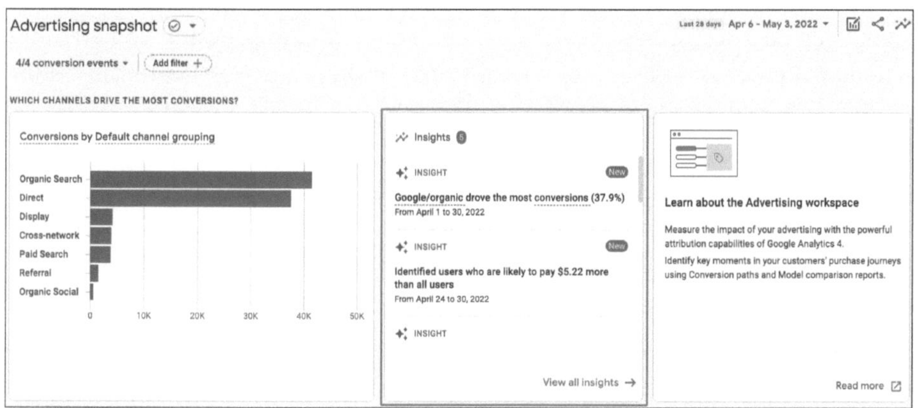

Abbildung 3.30 KPI der Conversion abhängig von Quelle (Traffic) in Google Analytics

Allerdings lautet die Empfehlung zu Beginn eines Value Managements, dass weniger oft mehr ist. Es gilt, die richtigen (für das eigene Modell und die formulierten Ziele aussagekräftigen) Messwerte zu finden und diese stabil zu erfassen. Es muss eine kontinuierliche Bewertung sowohl der KPIs selbst als auch der Methoden ihrer Erhebung sichergestellt werden.

Alle bis hierhin aufgezählten KPIs messen und bewerten den Erfolg aus Sicht der Kundeninteraktion. Zusätzlich sollte stets auch die technologische Komponente einer Bewertung unterzogen werden. Denn diese tragen direkt zum Erfolg bei bzw. stellen Einflussfaktoren für die genannten KPIs dar. Klassische technische KPIs umfassen:

- **Page Load Time und Lastverteilung (Page Controller)**
  Überwachung der Antwortzeiten der Page Controller sowie der Anzahl der Aufrufe/Auslastung, um die Page Controller identifizieren zu können, die am stärksten ausgelastet werden bzw. deren Antwortzeiten am langsamsten sind, um entsprechende Maßnahmen zur Verbesserung zu ergreifen. Die Zeit, die z. B. eine Landingpage oder Website zum Laden benötigt, wirkt sich erheblich auf die Nutzererfahrung aus. Schnellere Ladezeiten tragen zu einer höheren Nutzerzufriedenheit bei und können die Conversion Rates verbessern.
- **Server Response Time**
  Die Zeit, die der Server benötigt, um auf eine Anfrage zu antworten. Schnelle Antwortzeiten sind entscheidend für ein reibungsloses Browsing- und Einkaufserlebnis.
- **Site Speed and Performance**
  Die Geschwindigkeit und die Gesamtleistung Ihrer E-Commerce-Applikation wirken sich direkt auf die Benutzererfahrung aus und können die Konversionsraten beeinflussen. Die Überwachung der Seitenladezeiten und der Reaktionsfähigkeit ist entscheidend.
- **Performance across Devices**
  Performance über verschiedene Geräte hinweg. Es ist wichtig zu überwachen, wie gut Shop oder Website auf verschiedenen Geräten (Desktop, Handy, Tablet) funktioniert. Responsive Designs und konsistente Leistung auf allen Plattformen stützen die Customer Experience.
- **Skalierbarkeit**
  Misst, wie gut das System einen Anstieg des Datenverkehrs und des Transaktionsvolumens bewältigen kann. Die Skalierbarkeit ist in Spitzenzeiten, z. B. an Feiertagen oder bei Werbeveranstaltungen, von entscheidender Bedeutung.
- **Error und Bounce Rate**
  Misst die Häufigkeit von Fehlern oder fehlgeschlagenen Transaktionen. Eine niedrige Fehlerrate ist ein Zeichen für ein stabiles und gut funktionierendes System.

- **API-Performance**
  Die API-Performance bewertet die Effizienz des Datenaustausches und die Leistung von Integrationen, insbesondere wenn E-Commerce-Systeme Funktionen oder Anwendungen von Drittanbietern über Schnittstellen (Application Programming Interfaces, APIs) einbinden.
- **Compliance**
  Es kann erforderlich sein, Kennzahlen zur Überprüfung der Einhaltung von Vorschriften zu verwenden. Auf diese Weise lässt sich gewährleisten, dass beispielsweise branchenspezifische Vorschriften und Standards befolgt werden, wie etwa der Payment Card Industry Data Security Standard (PCI DSS) für den Umgang mit Zahlungskartendaten.
- **Hardwarebezogene Kennzahlen**
  Überwachung des Auslastungsgrads und/oder Anzahl der verwendeten Prozessoren oder Speicher (CPU, RAM, Netzwerk, Datenbank etc.) bzw. Netzwerkverkehrs über die Zeit. So wird eine Datengrundlage geschaffen, um die Einhaltung der vertraglich vereinbarten Leistungen zu prüfen bzw. Grundlage für die Erhöhung/Senkung der erforderlichen Infrastruktur oder Scheduling wiederkehrender Lasten (Updates, Backup etc.) in Zeiten mit niedrigerer Auslastung zu schaffen. Die genaue Festlegung der Grenzwerte, ab denen eine automatische Benachrichtigung oder Scale up/down erforderlich ist, um die erforderliche Performance/Kapazität für den Kunden sicherzustellen.

Auch diese Liste könnte noch weitergeführt werden und auch hier gelten dieselben Empfehlungen wie für betriebswirtschaftliche KPIs. Es ist klar, dass ohne ein performantes, stabiles und responsiv ausgelegtes E-Commerce-System der Erfolg einer E-Commerce-Lösung gefährdet oder sogar zum Scheitern verurteilt ist. Kunden verzeihen heute keine langsamen, fehleranfälligen Seiten oder Webshops. Der nächste Anbieter ist nur einen Klick entfernt. Deshalb empfiehlt es sich, ein *technisches Monitoring* zu etablieren. Hierbei lassen sich zwei grundsätzliche Formen unterscheiden:

- **Real User Monitoring (RUM)**
  RUM ist eine Form der Überwachung, die das Verhalten und die Interaktionen von Nutzern mit einer Website oder einer Webanwendung in Echtzeit verfolgt und analysiert. RUM sammelt Daten direkt von den Endbenutzern und ermöglicht so eine detaillierte Betrachtung, wie die Anwendung oder Website in der realen Welt auf verschiedenen Geräten, Standorten, Browsern und Netzwerkgeschwindigkeiten funktioniert. Hierbei werden z. B. Seitenladezeiten, Fehlerraten, Benutzerpfade und viele andere Parameter erfasst, um ein genaues Bild der Benutzererfahrung zu liefern.

- **Synthetisches Monitoring**
  Synthetisches Monitoring verwendet simulierte Benutzer (sogenannte *Bots*), um vordefinierte Pfade und Aufgaben auf einer Website oder Anwendung auszuführen. Diese synthetischen Nutzer führen wiederholbare und vorhersagbare Aktionen aus, die es erlauben, die Performance der Website oder Anwendung unter kontrollierten Bedingungen zu testen. Dies ist besonders nützlich für das Testen von neuen Funktionen, das Auffinden von Fehlern und das Monitoring der Verfügbarkeit und Performance außerhalb der Geschäftszeiten.

Um KPIs zu definieren oder auszuwerten, stehen verschiedene Lösungen zur Verfügung:

Google Analytics wird als führende Lösung nahezu immer eingesetzt. Dabei liegt der Schwerpunkt stark auf anwendungs- und nutzerbezogenen KPIs.

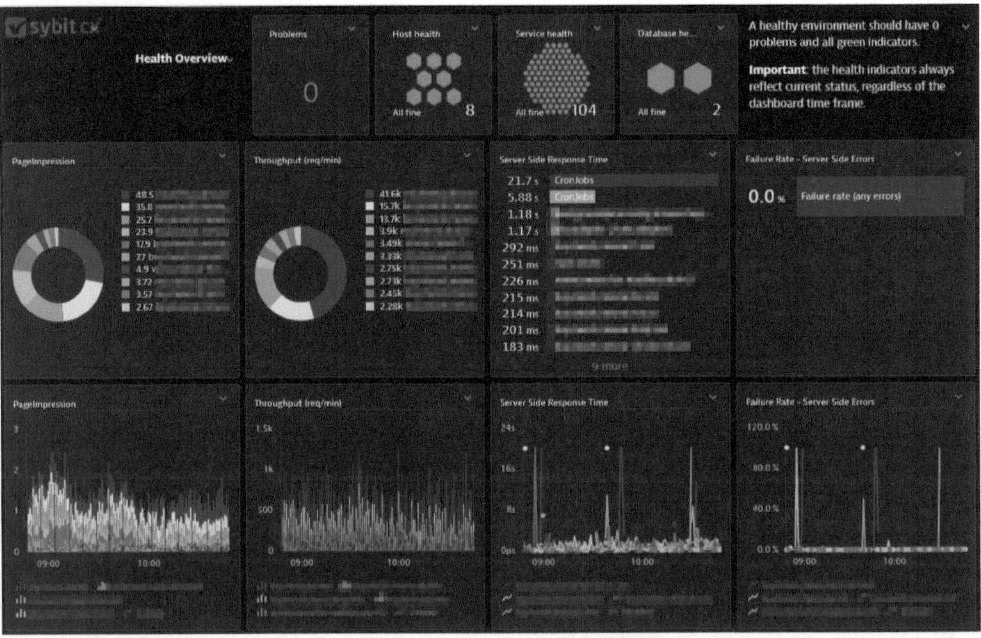

Abbildung 3.31 Administrations-Cockpit zur Überwachung von Lastgängen, Antwortzeiten oder Seitenaufrufen in Dynatrace

Mit *Dynatrace* setzt SAP auf eine Lösung, die auch technische KPIs wie oben aufgeführt in eine schier unüberschaubare Anzahl an verfügbaren Reports und Dashboards packt (siehe Abbildung 3.31). Als Leading Edge Tool von Gartner ausgezeichnet, setzt Dynatrace Maßstäbe im Bereich Performance Monitoring und der Observability von Plattformen und Anwendungen (Quelle: *https://www.dynatrace.com/de/gartner-magic-quadrant-for-application-performance-monitoring-observability/*, 2023). Im Zusammenspiel mit SAP Commerce Cloud stehen verschiedene Optionen bereit.

Eine Basisversion, die vor allem das technische Monitoring der Plattform und Anwendung unterstützt, sowie eine erweiterte Version, die *Real User Monitoring* und *synthetisches Monitoring* erlaubt. Eine ausführliche Beschreibung zu Dynatrace und den damit möglichen Funktionalitäten finden Sie in Abschnitt 5.2.9, »Logging und Monitoring«.

3.7.3 Kontinuierliche Optimierung (Reifegrad der E-Commerce-Landschaft)

Abschließend stellt sich die Frage, wie all diese Kennzahlen idealerweise konsolidiert und transparent dargestellt werden können. Vor allem baut man selten von Grund auf neu, also auf der »grünen Wiese«, sondern geht von einer bestehenden Ist-Situation aus. Daran anknüpfend werden dann Umsetzungsroadmap, Zielarchitektur und konkrete Maßnahmen formuliert. Getreu dem Motto, dass Erfolg eher eine Treppe als eine Tür ist, demnach einen Prozess darstellt. Dieser Prozess ist kein einmaliges Unterfangen, sondern eine stufenweise Entwicklung.

Es ist zudem ratsam, diese digitale Evolution nicht als umfassenden »Big Bang« über alle Produktgruppen und Geschäftsbereiche hinweg zu planen. Vielmehr sollten Weiterentwicklungen und damit verbunden Projekte an den Säulen Kunden, Markt und Unternehmensstrategie ausgerichtet werden. Nicht alle Bereiche oder Themen sind gleichzeitig akut oder können zeitgleich in Angriff genommen werden. Die Vorteile einer solchen stufenweisen Entwicklung und Priorisierung sind:

- **Fokussierung**
  Durch die Bündelung der Ressourcen werden Risiken in Bezug auf die Verfügbarkeit von Mitarbeitenden oder Infrastruktur minimiert. Unternehmen können effizienter bei der Planung von Ressourcen und notwendigen Personalentwicklungsprogrammen agieren. Zeitpläne können einfacher eingehalten bzw. enger gefasst werden. Die Freigabe durch Management und Sponsoren sowie die Einhaltung von Budgets wird erleichtert.
- **Acceptance**
  Die Durchdringung im Unternehmen wird in mehrfacher Hinsicht unterstützt. Zum einen geht es um die Zustimmung der Stakeholder, zum anderen um die Sicherstellung, dass alle zugehörigen Projekte und Aktivitäten angemessen berücksichtigt werden. Zu den Projekten gehören z. B. Produktdaten, Variantenkonfiguration (LO-VC), Digital Asset Management (DAM), Marketing und Content-Management-Systeme (CMS). Bei den Aktivitäten handelt es sich unter anderem um Suchmaschinenoptimierung (SEO), Kampagnen, Schulungen und Monitoring. Die Fokussierung auf bestimmte Zielgruppen erlaubt einen kundenzentrierten Ansatz, der Benutzerfreundlichkeit, UX und damit die Akzeptanz bei Kunden und Usern erhöht.

- **Time-to-Market**
  Oftmals sind E-Commerce-Projekte lang terminiert. Kürzere Projektlaufzeiten erlauben im Gegensatz dazu eine schnellere Entwicklung und Bereitstellung von E-Commerce-Funktionen oder Aktualisierungen. Dank dieser kurzen Durchlaufzeit können Unternehmen neue Produkte, Dienstleistungen oder Funktionen schneller auf den Markt bringen (= kürzere Entwicklungszyklen). Es ermöglicht zudem, schnell auf Marktveränderungen, Kundenpräferenzen oder neue Technologien zu reagieren. Längere Projekte sind oft anfällig für eine Ausweitung des Projektumfangs, bei der im Laufe des Projekts zusätzliche Anforderungen hinzugefügt werden. Dem gegenüber steht zwar der ursprüngliche agile Projektansatz (siehe Kapitel 19, »Kundenbeispiel 2: Erfolgreiche Projekte mit einer agilen Methodik«), aber kürzere Projektlaufzeiten stützen nicht nur die agile Entwicklung, sondern tragen dazu bei, das Risiko zu mindern, indem sie den Anwendungsbereich fokussieren und die Wahrscheinlichkeit verringern, dass unnötige Funktionen eingeführt werden. Ebenso können Methoden wie DevOps helfen, kürzere Release-Zyklen zu ermöglichen.
- **Lessons Learned**
  Möglichkeit Erfahrungen aus vorherigen Projekten können einfließen – bestenfalls werden Entwicklungskomponenten oder Funktionen wiederverwendet. Es bietet sich die Möglichkeit, echte Best Practices in verschiedenen Bereichen anzuwenden. Dies umfasst die Konzeption, mit Elementen wie User Stories, Workshopvorlagen und Business Canvas, die Entwicklung, einschließlich Wireframes, Deployment-Strukturen, Extensions und APIs, sowie das Projektmanagement, mit Templates, Abläufen und Infrastruktur. Rückkopplungen aus Nutzerumfragen, Marketingkampagnen oder Key-User-Erfahrungen können die Qualität von Folgeprojekten signifikant erhöhen und sollten immer als Einflussfaktor mit einbezogen werden.

Zur Bewertung der Ist-Situation empfehlen wir, zunächst eine Standortbestimmung durchzuführen. Mittels eines Reifegradmodells lassen sich konkrete Ansätze zum digitalen Transformationspfad ableiten. Das dargestellte Template-Beispiel erlaubt es Unternehmen, die eigenen Ziele und Aktivitäten in einer Matrix aus fünf Entwicklungsstufen und sieben Dimensionen abzubilden.

Doch Vorsicht: Solche Reifegradmodelle sind oft sehr grob und betrachten die Situation aus einer zu hohen Perspektive. Sie bieten keinen detaillierten Einblick in spezifische Ansatzpunkte für die Weiterentwicklung oder Anpassung verschiedener Systeme oder Bereiche. Betrachten Sie die Themen (ggf. einzelne Webshops oder Applikationen) deshalb getrennt und aggregieren Sie sie ggf. anschließend.

	Level 1	Level 2	Level 3	Level 4	Level 5
Dimension	E-Katalog mit Checkout-Funktion	Webshop als Verkaufskanal	Kundenportal mit Self-Service-Funktionen	Serviceportal mit Ersatzteilshop und digitalen Services	Marktplatz (Betreiber) mit Lieferantenanbindung
Kanäle	Online-Kanal	Webshop mit OCI-Integration	Multichannel (Kunden)	Multichannel (Kunden, Händler, Vertrieb, Service)	Omnichannel mit Lieferantenanbindung
Zielgruppe	Bekannte, ausgewählte Kunden	Bestandskunden, neue Kunden in bekannten Märkten	Bestandskunden, Händler, Partner, Neukunden	Bestandskunden mit hohem Potenzial, Händler,	Neue Kunden in neuen Märkten
User Experience	ohne	Integriert (Projektteam, Eilprojekt)	Customer-Centric (Business UX)	User Driven (Customer Journey Mapping)	Holistisch
Produktinformationen	Wenige Produkte mit wenigen Produktinformationen	Produkte mit spezifischer Ausprägung (Region), dezentrale Pflege	Umfangreiche Informationen, digitale Assets, Konfigurationen etc.	CAD- und 3D-Visualisierungen, Ersatzteilanbindung, Check-out etc.	Self-Service-Funktion zur Datenpflege für Lieferanten oder Händler
Integration	standalone	OCI, ERP-System	Wissensdatenbank, KI, DAM, PIM,	Konfigurator, Kundenservice	XM, Lieferantenportale, Drittanbieter
Customer Experience	Bestellabwicklung	Personalisierung und Cross-Selling	Buyer Enablement, personalisierte Angebote, Preise, Produkte	Personalisierte Services, KI-Services	One-Stop-Service

Tabelle 3.2 Beispiel für ein mögliches Reifegradmodell (aggregiert)

[zB]

Evolution der E-Commerce-Landschaft bei SyMachines

Das Unternehmen SyMachines setzt weltweit mehr als zehn verschiedene Webshops für das Geschäfts- und Endkundengeschäft ein. Die Webshops werden auf einem Server betrieben und zentral administriert (Monitoring). Zudem werden für jedes Land eine eigene Website mit je nach Produkt- und Zielgruppen mehreren Unterseiten betrieben. Das Content-Management (CMS) für Website und Webshop sowie die Produktdaten werden dezentral gepflegt und deployed. Ein Reifegrad der E-Commerce-

Landschaft ließe sich erstellen, wäre aber wenig aussagekräftig hinsichtlich der Verbesserungsmöglichkeiten (Verbesserung von Marktpositionen, von betriebswirtschaftlichen Kennzahlen, der CX etc.). Auch dringender Handlungsbedarf (technologische Schwachstellen, Kostentreiber, Ausfälle etc.) wäre daraus nicht abzuleiten.

SyMachines hat die Stärkung des After-Sales-Marktes als eines seiner fünf globalen Unternehmensziele im Bereich Strategie festgelegt. Dies umfasst Leadquellen, Umsätze und Kundenbindung. Vor diesem Hintergrund werden nun die beiden Ersatzteilshops, einer im US-Markt und der andere in der DACH-Region, genauer analysiert. Dank der Bestimmung des Reifegrades auf dieser Ebene und unter Einbeziehen der Messergebnisse aus den vergangenen 18 Monaten lässt sich schnell erkennen, dass im US-Markt die Bestellungen insgesamt zu kleinteilig sind. Hier will man direkt mit gezielten Cross-Selling-Kampagnen und Produktvorschlägen gegensteuern. Zudem wird an einem Konzept für die Staffelung von Preisen für Bestandskunden gearbeitet, um den Anreiz zu größeren Bestellmengen zu schaffen. Im DACH-Markt wurden andere Potenziale erkannt: Die durchschnittliche Verweildauer liegt deutlich unter dem Durchschnitt der anderen Systeme. Auch scheint der Traffic insgesamt zu gering. Warenkörbe werden deutlich seltener abgeschlossen als in anderen Märkten. Bei SyMachines startet man direkt mit einem Kunden-Research-Programm, in dem ausgewählte Kundengruppen interviewt werden. Die Ergebnisse sollen helfen zu identifizieren, ob grundsätzliche Informationen im Shop fehlen bzw. wo die User Experience nicht hoch genug ist. Zudem wurde mehr des Marketing-Budgets zur intensiven Suchmaschinenoptimierung freigegeben.

Dieses Beispiel verdeutlicht, wie verschieden die Schwachstellen, Potenziale und Ansatzpunkte in den einzelnen Applikationen ausfallen können. Es zeigt außerdem, welchen Wert das Erfassen von passenden KPIs in diesem Zusammenhang haben kann. Abschließend möchten wir nochmals die Bedeutung einer schrittweisen, aber kontinuierlichen Überprüfung und gegebenenfalls Anpassung der eigenen Ziele hervorheben: Erfolg im E-Commerce gleicht einer Treppe, nicht einer Tür.

3.8 KI als Faktor für Aufbau, Weiterentwicklung und Betrieb von E-Commerce-Systemen

Beim Thema *generative künstliche Intelligenz* kann man guten Gewissens von einer echten Innovation sprechen, die nicht nur in technologischer Hinsicht großen Einfluss auf unseren Alltag und auf den E-Commerce-Bereich haben wird. Künstliche Intelligenz (*KI*) ist kein völlig neues Thema, aber der Technologiesprung, den wir im Jahr 2023 beobachten konnten, ist enorm. Das Technologierennen der großen Softwareunternehmen (Google mit Gemini, Microsoft mit OpenAI etc.) hat jetzt erst richtig begonnen. Die Situation weckt Erinnerungen an die Zeit, als Suchmaschinenanbieter im Wettstreit lagen, ihre Browserfunktionen stetig zu verbessern. Die mediale und gesellschaftliche Aufmerksamkeit ist enorm.

Ob dies zu Recht geschieht, bleibt abzuwarten. Doch unabhängig davon wird die fortschreitende Integration von KI-Systemen dazu führen, dass sich traditionelle Berufsbilder verändern und neue entstehen. Software-Entwickler müssen sich z. B. immer intensiver mit den Besonderheiten der KI-Programmierung auseinandersetzen. Gleichzeitig werden auch andere Berufsfelder, etwa im Bereich der Datenanalyse, deutlich an Bedeutung gewinnen. Denn um KI effektiv einsetzen zu können, bedarf es großer Datenmengen und der Fähigkeit, diese Daten richtig zu interpretieren und für Algorithmen nutzbar zu machen. Auch die Art und Weise, wie wir mit Software und Anwendungen interagieren, verändert sich. Anstatt nach Informationen zu suchen, indem wir Begriffe in Suchmaschinen eingeben, werden wir in Zukunft immer häufiger direkte Fragen an unsere digitalen Assistenten stellen. Für Anwenderinnen und Anwender sowie Unternehmen ergeben sich neue Möglichkeiten und gleichzeitig Herausforderungen. Am Beispiel von ChatGPT kann das gut veranschaulicht werden. Doch was ist ChatGPT und warum ist es ausgerechnet im Jahr 2023 so populär geworden?

In diesem Abschnitt bieten wir Ihnen einen Überblick über KI, stets mit dem Schwerpunkt auf E-Commerce als Ziel und Ursprung der Veränderung.

3.8.1 ChatGPT

ChatGPT, inspiriert von der bahnbrechenden GPT-Serie, ist ein Paradebeispiel für die rasanten Fortschritte im Bereich der künstlichen Intelligenz. Als GPT-1 2018 auf den Markt kam, war die Technologiewelt von den Möglichkeiten eines Modells mit 117 Millionen Parametern fasziniert. Dies war erst der Anfang einer Reise in der Sprachmodellierung. Mit GPT-4 und seinen unglaublichen 100 Billionen Parametern hat OpenAI die Grenzen des Machbaren erneut verschoben.

Diese Fortschritte haben zu Anwendungen geführt, die vom kreativen Schreiben über die Generierung von Programmcode bis hin zu nuancierter, menschenähnlicher Interaktion reichen. Die Anpassungsfähigkeit von ChatGPT hat es Entwicklerinnen und Entwicklern weltweit ermöglicht, maßgeschneiderte Lösungen für branchenspezifische Herausforderungen zu entwickeln. Es ist nicht nur die schiere Größe des Modells, die beeindruckt, sondern auch seine Fähigkeit, kontextbezogenes Wissen mit beispielloser Genauigkeit anzuwenden.

Seit dem Erscheinen von GPT-3 und dem darauffolgenden Medienrummel hat sich die Sichtweise vieler Menschen auf KI verändert. Es handelt sich nicht mehr nur um eine technologische Innovation, sondern um eine Technologie, die das Potenzial hat, eine Revolution in zahlreichen Branchen auszulösen.

3.8.2 Was ist ein Prompt?

Die Kommunikation mit ChatGPT basiert auf natürlicher Sprache. Das bedeutet, dass der Benutzer eine Anfrage in Form eines normalen Textes an das *KI-Modell* sendet. Die natürliche Sprache, in der die Eingaben erfolgen, ist jedoch nicht das direkte Format, mit dem das Modell arbeitet. Vielmehr wird sie durch einen Prozess, der *Tokenisierung* genannt wird, in diskrete Einheiten unterteilt. Diese Tokens werden durch einen Embedding-Prozess in Vektoren umgewandelt. Diese Vektoren stellen den Originaltext in einer Form dar, die von der KI besser verarbeitet und analysiert werden kann. Während des Trainings hat das Modell gelernt, auf solche Vektoreingaben zu reagieren und entsprechende Vektorausgaben zu erzeugen. Diese Ausgaben werden dann in natürliche Sprache zurückübersetzt, um Benutzerinnen und Benutzern eine verständliche Antwort zu geben.

Prompt

Ein Prompt ist also eine Eingabeaufforderung, die verwendet wird, um einen Computer oder eine KI-Plattform zu instruieren, einen bestimmten Text zu generieren oder eine besondere Aufgabe zu erledigen. Es ist eine Art »Startschuss« in natürlicher Sprache.

Betrachten wir die Konvertierung anhand eines konkreten Prompts: »Was ist Commerce?«

1. **Tokenisierung**
   Zunächst wird die Anfrage in individuelle Einheiten oder Tokens zerlegt, z. B. [Was] [ist] [Commerce] [?].
2. **Embedding**
   Jeder Token wird anschließend in einen Vektor transformiert. Dieser Vektor repräsentiert den Token in einem hochdimensionalen Raum. Der Embedding-Layer wandelt Tokens in Zahlenformate um, die ihrer semantischen Bedeutung im Trainingsdatensatz entsprechen. Dadurch kann das Modell semantische Ähnlichkeiten und Zusammenhänge zwischen verschiedenen Tokens erkennen.
3. **Verarbeitung durch Transformer**
   Im nächsten Schritt wird die Transformer-Architektur verwendet. GPT-4, basierend auf dieser Architektur, analysiert die eingegebenen Vektoren durch mehrere Schichten, um den Kontext und die Bedeutung jedes Tokens zu verstehen. Das Modell hat während des Trainings Muster und Zusammenhänge in den Daten gelernt und verwendet dieses Wissen, um den Kontext der aktuellen Anfrage zu interpretieren.
4. **Decodierung**
   Nach der Verarbeitung wird die Antwort generiert. GPT-4 wählt dabei die Tokens aus, die basierend auf dem verstandenen Kontext und dem gelernten Wissen am wahrscheinlichsten sind, und kombiniert sie zu einem kohärenten Satz.

5. **Detokenisierung**
   Schließlich werden die Tokens zurück in natürliche Sprache umgewandelt, um eine klare und verständliche Antwort zu liefern.

Für die Benutzerinnen und Benutzer geschieht dies in nur wenigen Sekunden. Die KI gleicht einer Person, die innerhalb von fünf Sekunden eine komplette Bibliothek durchsucht, analysiert und versteht, um dann eine fundierte Antwort zu geben.

3.8.3 Prompt Building

Eine KI interpretiert oder versteht Texte nicht im menschlichen Sinne. Sie erkennt mithilfe von Algorithmen Zusammenhänge und Ähnlichkeiten. Kann man seine Anfrage so formulieren, dass die KI präzisere Antworten liefert? Auf jeden Fall! Wer seine Fragen klar und strukturiert formuliert, minimiert das Risiko von Missverständnissen und Fehlinterpretationen. Je ausgeklügelter und kreativer eine Software wird, desto wichtiger ist es, dass Sie Ihre Frage exakt formulieren.

Stellen Sie sich eine große Kiste mit Bauklötzen vor. Wenn Sie einem Kind einfach sagen: »Baue etwas«, wird es das tun, woran es gerade denkt – eine offene, aber ungenaue Anweisung. Wenn Sie aber eine klare Anweisung geben, z. B.: »Baue ein Haus mit einem roten Dach und vier Fenstern«, dann gibt man dem Kind eine klare Richtung vor und es kann aus den unzähligen Möglichkeiten genau das bauen, was man sich vorgestellt hat. Die genaue Wortwahl und der Satzbau sind dabei entscheidend. So impliziert »rotes Dach, vier Fenster, Haus« zwar die gleichen Anforderungen, macht es aber schwieriger, den gewünschten Kontext zu erkennen.

Es gibt verschiedene Ansätze, um eine Eingabeaufforderung für KI-Modelle zu strukturieren. Um eine detaillierte Anfrage an ChatGPT zu richten und um zu verstehen, wie ein Prompt optimal aufgebaut sein sollte, dient die folgende Struktur als kleine Anleitung:

1. **Kontext**
   Als Erstes wird der Hintergrund oder der Rahmen der Anfrage angegeben, um der KI ein Verständnis für das Hauptthema zu geben.

   Beispiel: »Ich arbeite an einem Text, der sich darauf konzentriert, wie man einen Prompt effektiv formuliert …«
2. **Aufgabe (Task)**
   Nun wird das primäre Ziel der Anfrage festgelegt und definiert.

   Beispiel: »… und ich benötige einen Überblick über die zentralen Konzepte und Techniken in diesem Bereich.«
3. **Anweisung**
   Danach können spezifischere Details oder das gewünschte Antwortformat angegeben werden.

Beispiel: »Bitte präsentiere die Informationen in Form einer stichpunktartigen Liste.«

4. **Klärung**
   Wenn es Aspekte gibt, die besondere Beachtung verdienen oder die möglicherweise für die KI nicht sofort klar sind, sollten sie hier klargestellt werden.
   Beispiel: »... und die Inhalte sollten relevant für ein Fachbuch sein.«
5. **Verfeinerung**
   Nach Erhalt der initialen Antwort können nun gezielte Nachfragen gestellt werden, um mehr Details zu verlangen oder Aspekte der Antwort weiter zu spezifizieren.
   Beispiel: »Könntest du den zweiten Stichpunkt näher erläutern?«

Mit diesen Schritten lässt sich die Anfrage im Hinblick auf das bestmögliche Verständnis der künstlichen Intelligenz maximieren. Das Vorgehen sehen Sie auch in Abbildung 3.32.

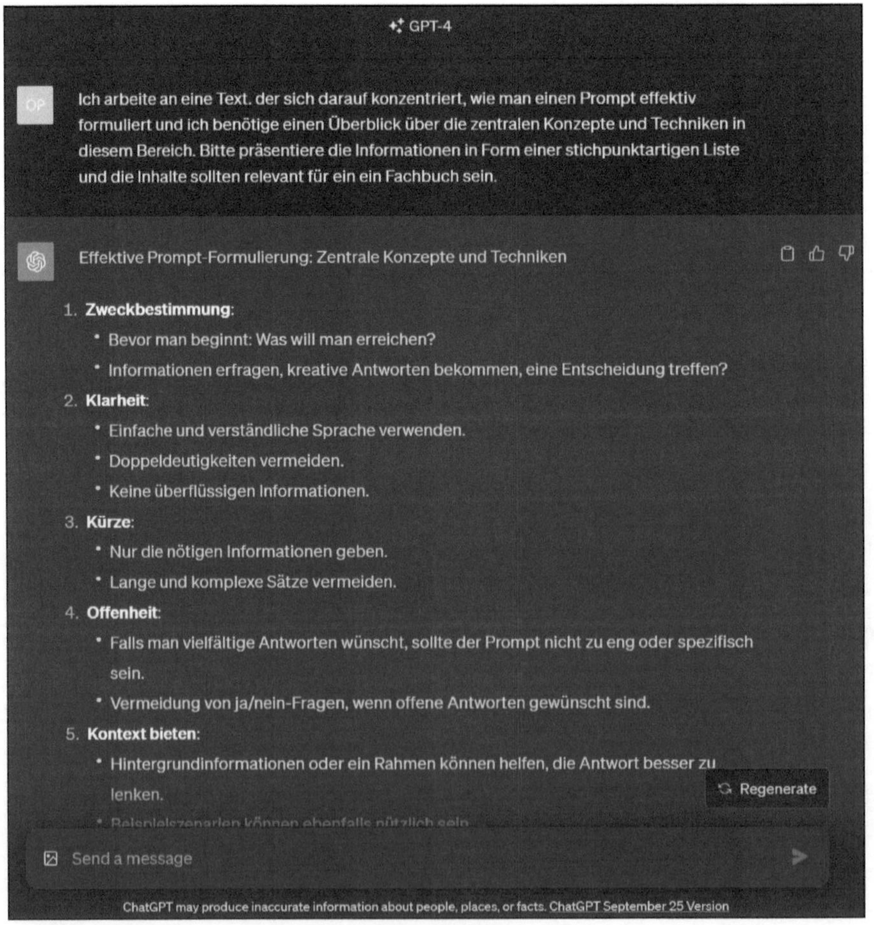

Abbildung 3.32 »Was ist ein Prompt?« in ChatGPT

3.8.4 KI und ChatGPT mit der SAP Commerce Cloud

Was könnten nun konkrete Einsatzmöglichkeiten für künstliche Intelligenz im Kontext der SAP Commerce Cloud am Beispiel von ChatGPT sein? An dieser Stelle möchten wir betonen, dass auch jede andere textbasierte KI eingesetzt werden könnte. Im Folgenden gehen wir auf einige Einsatzmöglichkeiten ein.

KI als Unterstützung in der Softwareentwicklung

KI kann intern genutzt Vorteile bei der Entwicklung und Pflege von Commerce-Applikationen bieten, indem sie den Entwicklungsprozess optimiert und die Entwickler entlastet. Einfache, repetitive Aufgaben wie die Übersetzung von Texten oder die Erstellung von Dokumentationen können effizient von KI-Systemen übernommen werden. Dadurch können Entwicklungsteams ihre Zeit und Ressourcen besser nutzen, sich auf innovative Projekte konzentrieren und den Entwicklungsprozess insgesamt beschleunigen.

Ein praktisches Beispiel für die Integration von KI in den Entwicklungsworkflow ist *GitHub Copilot*. Dieses Tool liefert durch maschinelles Lernen unterstützte Codevorschläge in Echtzeit und hilft Entwicklern, schneller qualitativ hochwertigen Code zu schreiben. Es kann Codemuster erkennen, typische Programmierprobleme vorhersagen und sogar ganze Codezeilen oder -abschnitte vorschlagen. Dadurch können Entwickler nicht nur wertvolle Arbeitszeit sparen, sondern auch die Qualität und Konsistenz ihres Codes verbessern. Dies ist ein Schritt hin zu einer effizienteren und intelligent gesteuerten Softwareentwicklung.

Es wird in Zukunft, wie auch heute schon, eine Vielzahl von Softwarelösungen geben. Für unser Beispiel konzentrieren wir uns jedoch auf den Copiloten von Github. 2021 führte GitHub den GitHub Copilot ein, einen intelligenten Code-Assistenten, der auf ChatGPT basiert (siehe Abbildung 3.33).

Seit 2022 steht dieses Tool Entwicklerinnen und Entwicklern zur Verfügung und kann integriert werden. Es unterstützt in Echtzeit mit automatischen Vorschlägen und vervollständigt Code in verschiedenen Programmiersprachen. Ähnlich einer Autokorrekturfunktion auf Smartphones vervollständigt der Copilot angefangenen Quellcode. Vor allem bei standardisierten Codemustern wie Impex-Dateien versteht die Software den Kontext und handelt entsprechend.

Während der Copilot bei komplexeren Codestrukturen derzeit noch an seine Grenzen stößt, zeigt er das beeindruckende Potenzial und die aktuellen Möglichkeiten der Technologie. Ähnlich einer Rechtschreibprüfung wird der Assistent eine wertvolle Unterstützung sein. Die Vorstellung, dass solche Werkzeuge bald Entwickler ersetzen oder ganze Softwareprodukte autonom erstellen, scheint aber noch in weiter Ferne zu liegen. Die einzigartige Kreativität und Sichtweise des Entwicklungsteams bleibt ein zentrales Element für zukunftsorientiertes und nutzerfreundliches Softwaredesign.

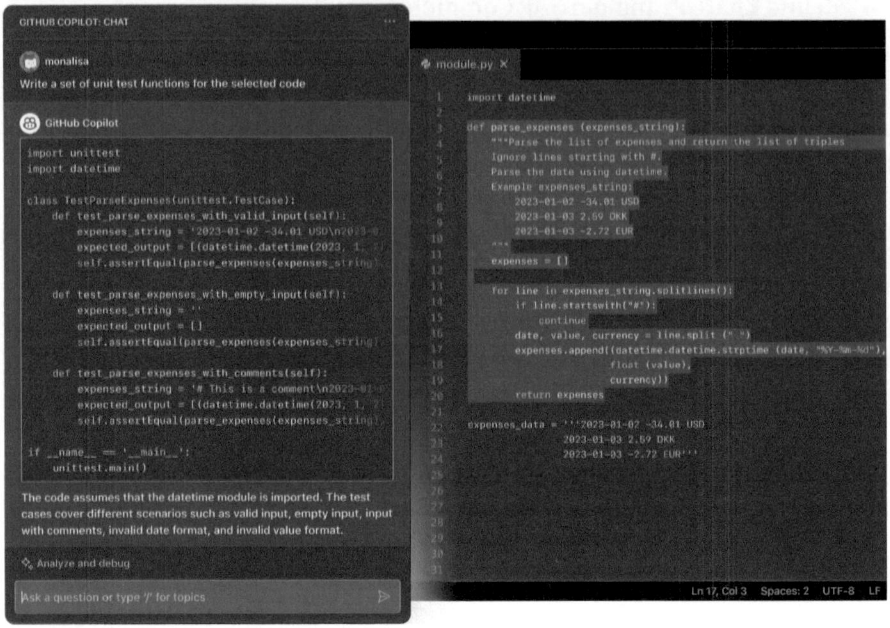

Abbildung 3.33 GitHub Copilot

Content Design

Die Integration von ChatGPT in einen Webshop auf Basis von SAP Commerce Cloud eröffnet neben der bereits erwähnten Möglichkeit von Github Copilot zahlreiche interne Vorteile und Effizienzgewinne. Ein Kernstück dieser Innovation ist die Textgenerierung. ChatGPT, das für seine Fähigkeit bekannt ist, menschenähnliche Texte in hoher Qualität zu produzieren, kann maßgeschneiderte Marketingtexte, Produktbeschreibungen und interne Blogbeiträge generieren. Die Geschwindigkeit und Genauigkeit von ChatGPT in diesem Bereich ermöglichen es, eine Vielzahl von Inhaltsoptionen in kürzester Zeit zu erstellen.

Durch diese schnelle Generierung können A/B-Tests in einem Bruchteil der bisher benötigten Zeit durchgeführt werden. Verschiedene Textvarianten können miteinander verglichen werden, um herauszufinden, welche von der Zielgruppe am besten angenommen wird. Ist die beste Version gefunden, können Expertinnen und Experten den Text verfeinern und so für die Endnutzung optimieren. Dieser Prozess minimiert den Zeitaufwand, den menschliche Redakteure für die Erstellung und Anpassung von Inhalten benötigen. Ein weiterer Aspekt, den ChatGPT revolutioniert, ist die interne Kommunikation und Schulung. Das Tool kann genutzt werden, um FAQs zu generieren, Schulungsunterlagen zu erstellen oder sogar komplexe technische Dokumentationen zu vereinfachen. Mitarbeitende können Fragen direkt an ChatGPT richten und erhalten in Echtzeit detaillierte Antworten, was den Schulungsaufwand deutlich reduziert.

Darüber hinaus kann ChatGPT in Kombination mit Datenanalysetools genutzt werden, um tiefe Einblicke in das Kundenverhalten und die Produktperformance zu erhalten. Dies führt zu einem proaktiveren Ansatz bei der Produktplatzierung, Preisgestaltung und Marketingstrategie. Zusammenfassend lässt sich sagen, dass die Integration von ChatGPT in den internen Workflow eines SAP-Commerce-basierten Shops das Potenzial hat, viele bisher manuelle Prozesse zu automatisieren und die Effizienz deutlich zu steigern. Dies schafft Freiräume für kreative und strategische Aufgaben und verschiebt den Fokus von der Produktion hin zur Optimierung.

User Experience

In externen Einsatzszenarien bietet ChatGPT eine Vielzahl innovativer, kundenorientierter Anwendungen. Als virtueller Assistent in einem Webshop kann ChatGPT ein breites Spektrum an Kundenanfragen abdecken, von Produktinformationen über Versanddetails bis hin zu Rückgabebedingungen. Durch eine gezielte Konfiguration mit sogenannten *Blacklists* können unerwünschte Antworten oder Inhalte gezielt ausgeschlossen werden, um den Chatbot optimal auf die spezifischen Bedürfnisse des Shops und seiner Kunden abzustimmen. Neben dem Potenzial im Kundenservice kann ChatGPT auch zur Verkaufsförderung eingesetzt werden. Er kann aktuelle Angebote, Rabatte oder Produkte hervorheben und den Kunden individuell darauf aufmerksam machen. Auch personalisierte Produktvorschläge auf Basis der Interaktions- und Suchhistorie des Kunden sind denkbar und schaffen ein maßgeschneidertes Einkaufserlebnis. In interaktiven FAQ-Bereichen kann ChatGPT komplexe Fragen der Kunden verständlich beantworten und so die Kaufwahrscheinlichkeit erhöhen. Darüber hinaus besteht die Möglichkeit, ChatGPT in E-Mail-Kampagnen zu integrieren, um automatisierte, aber dennoch persönliche Antworten auf Kundenanfragen zu generieren.

Zusammenfassend eröffnet ChatGPT in externen Einsatzszenarien ein breites Feld an Möglichkeiten, die Kundenbindung zu stärken, den Service zu verbessern und den Umsatz zu steigern. Es verbindet Automatisierung mit Personalisierung und ist damit ein wertvolles Tool für jeden modernen Webshop. Die Nutzung von Technologien wie ChatGPT als z. B. Bot auf einer Website ist aktuell noch mit zahlreichen Fragen zu Compliance und Datenschutz verbunden, die es auf absehbare Zeit zu lösen gilt. Lesen Sie dazu unbedingt auch den nächsten Abschnitt 3.8.5, »Datenschutz«, und zum Thema Manipulation und das Thema *Deepfakes* den Abschnitt 25.1, »Virtuelle Welten, Visionen und die Zukunft des Internets«.

Die Firma SyGusto ist Ihnen in diesem Buch bereits begegnet und wird Ihnen auch noch häufiger in den nächsten Kapiteln über den Weg laufen. SyGusto hat für ihren Webshop einen Chatbot namens *Bernd der Barista* implementiert, der auf der

ChatGPT-Technologie basiert (siehe Abbildung 3.34). Durch gezieltes Prompt-Engineering wurde dieser speziell für den Themenbereich Kaffee angepasst. Dabei wurde nicht das gesamte Modell selbst trainiert, sondern lediglich eine präzise initiale Anweisung verwendet, um es optimal auf den Kaffeemaschinen-Shop abzustimmen.

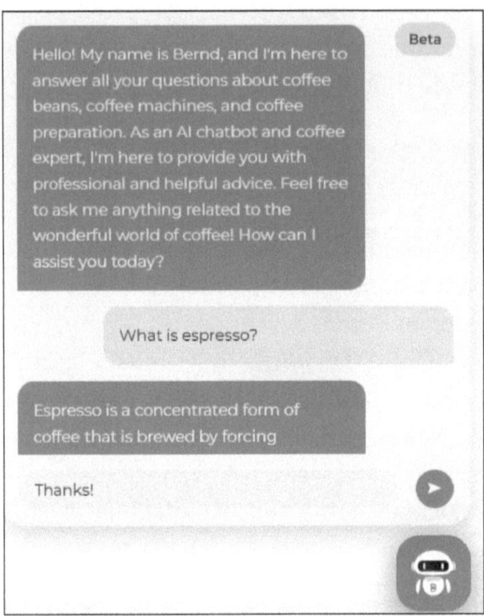

Abbildung 3.34 Chatbot basierend auf OpenAI im SyGusto-Shop

Auch wenn der soeben vorgestellte Use Case oder vergleichbare Szenarien technisch ohne Probleme umgesetzt werden können, stellt sich die Frage, ob diese Lösungen bereits heute bedenkenlos eingesetzt werden können. Aus Unternehmenssicht stellen sich noch viele Fragen, z. B. zur Vermeidung von Datenlecks, Manipulationen oder dem Schutz sensibler Unternehmensdaten. Die Fragen rund um das Thema Compliance sind im Zusammenhang mit generativer KI, insbesondere bei ihrer Anwendung in externen Einsatzszenarien, noch teilweise ungeklärt.

Erinnerungen an die Urban Legend werden wach, wonach eine Frau ihre Katze in der Mikrowelle trocknen wollte und anschließend den Hersteller verklagte – eine Geschichte, die nie passierte, aber die Sorgen beim Einsatz von KI in nutzerzugänglichen Systemen gut verdeutlicht. Während auf Unternehmensseite die Sorgen um Manipulation und damit mögliche Haftungsansprüche ein Thema sind, untersuchen Regulierungsbehörden in mehreren Ländern derzeit, wie KI-Tools Informationen sammeln und produzieren, und führen dabei eine Reihe von Bedenken an. Diese reichen von der Sammlung nicht lizenzierter Trainingsdaten durch die Unternehmen bis hin zur Tendenz von Chatbots, Fehlinformationen zu verbreiten.

In der EU wird die Datenschutz-Grundverordnung (DSGVO, engl. General Data Protection Regulation, GDPR) angewendet, einen der weltweit strengsten Rechtsrahmen für den Datenschutz, dessen Auswirkungen wahrscheinlich weit über Europa hinausreichen werden. In der Zwischenzeit arbeiten die Gesetzgeber in der EU an einem Gesetz, das sich speziell mit KI befasst und wahrscheinlich eine neue Ära der Regulierung von Systemen wie ChatGPT einläutet. Das Unternehmen hinter OpenAI investiert z. B. gerade viel seiner Aufmerksamkeit in diese Themen und bietet Verbesserungen an.

Aber auch wenn eine Software DSGVO-konform erscheint, bedeutet das nicht, dass eine direkte Nutzung im eigenen Webshop oder Kundenportal bedenkenlos erfolgen kann. Eine Möglichkeit, wie man unter Wahrung des Datenschutzes generative KI im Rahmen von Webshops oder Websites nutzen kann – auch ohne dass dafür erst die Verabschiedung zusätzlicher Gesetze abgewartet werden muss – lesen Sie im Anschluss.

3.8.5 Datenschutz

Im digitalen Zeitalter ist Datenschutz von hoher Bedeutung, besonders bei der Nutzung von Technologien wie ChatGPT, wo er stets mit betrachtet werden muss. Ob im internen oder externen Einsatz: Die Beachtung von *Datenschutzrichtlinien* ist nicht nur eine rechtliche Notwendigkeit, sondern auch ein Ausdruck von Verantwortungsbewusstsein gegenüber den Nutzerinnen und Nutzern. Es geht dabei nicht nur um den Schutz von personenbezogenen Daten. Es ist auch von essenzieller Bedeutung, das KI-Modell nicht mit sensiblen Kundendaten zu trainieren. Darüber hinaus sollten firmeninterne Informationen, wie Produktdaten oder Marketingtexte, nicht unüberlegt an die KI weitergegeben werden.

Die Frage, die sich nun stellt, ist: Wie kann man ChatGPT datenschutzkonform nutzen? Ein erster und wichtiger Schritt ist die sorgfältige Analyse jeder Anfrage auf das Vorhandensein sensibler Daten. Ein effektives Mittel zur Sicherstellung des Datenschutzes ist die Anonymisierung und das Ersetzen von Daten. Nehmen wir als Beispiel die Produktbezeichnung »Sy-45«. Diese könnte durch ein allgemeineres Synonym wie »Kaffeemaschine 1« ersetzt werden. In der Kommunikation mit der KI würde Kaffeemaschine 1 dann immer als Synonym für das ursprüngliche Produkt Sy-45 verwendet. Auf diese Weise behält die KI den Kontext der Kommunikation bei, ohne die tatsächliche Produktbezeichnung zu kennen. Für die Nutzerinnen und Nutzer bleibt jedoch klar, welches Produkt in der Kommunikation gemeint ist.

Des Weiteren besteht auch die Möglichkeit zur Automatisierung dieses Prozesses. Tools können entwickelt werden, die solche Anonymisierungen automatisch vornehmen, wodurch die Einhaltung von Datenschutzrichtlinien nicht nur erleichtert, sondern auch effizienter gestaltet wird. Zusätzlich kann man der künstlichen Intelligenz das Lernen aus eigenen Chat-Daten oft untersagen. Dadurch könnte man zwar Funktionen wie den Langzeitkontext einer Konversation einbüßen, aber der Datenschutz wird dadurch weiter erhöht. Im Endeffekt profitieren sowohl Unternehmen als auch Kunden von einem solchen verantwortungsbewussten Umgang mit Daten im Zeitalter der künstlichen Intelligenz.

3.9 Fazit

Spricht man von Erfolgsfaktoren, legt man die Latte hoch. Zum einen ist Erfolg und was man darunter versteht, immer relativ und abhängig von Ausgangslage, Strategie, Geschäftsmodell, Zielsetzung und der eingesetzten Mittel (Technologie, Ressourcen, Budget). Zum anderen stellen die in diesem Kapitel vorgestellten Erfolgsrezepte nur eine Auswahl der aus unserer Sicht wichtigsten Themen dar. Themen wie Organisation, Infrastruktur, Hosting, Administration, Roll-outs, Change Management oder Konzeption hätten hier ebenfalls Erwähnung finden können. Teilweise werden diese Themen in eigenen Kapiteln dargestellt: Zum Thema Infrastruktur, Betrieb und Entwicklungsumgebung empfehlen wir Ihnen Kapitel 5, »Infrastruktur und Architektur«. In Kapitel 18, »Kundenbeispiel 1: Konzeption«, wird ausführlich eine Konzeptionsphase vorgestellt, während der Fokus in Kapitel 19, »Kundenbeispiel 2: Erfolgreiche Projekte mit einer agilen Methodik«, auf Projektmethodik und in Kapitel 21, »Kundenbeispiel 4: Projektmanagement«, auf Projektmanagement liegt. Zahlreiche CX-Szenarien mit E-Commerce werden in Kapitel 17, »Integrations- und CX-Szenarien mit SAP Commerce Cloud«, beschrieben und veranschaulicht.

Nun endet der erste Teil dieses Buches. Nachdem Sie nun vieles über Kunden, Märkte, Geschäftsmodell und Prozesse gelesen haben, erfahren Sie im zweiten Teil dieses Buches, welche Möglichkeiten bestehen, mit einer umfangreichen Lösung wie SAP Commerce Cloud Ihre E-Commerce-Landschaft auf- oder auszubauen. Von Infrastruktur und Betrieb über Erweiterung bis hin zu Integration umfasst dies alles, was die SAP Commerce Cloud bietet und wie sie genutzt werden kann.

TEIL II

Funktionen von SAP Commerce Cloud

Kapitel 4
Was ist SAP Commerce Cloud?

SAP Commerce Cloud ist die Web- und E-Commerce-Plattform von SAP. In diesem Kapitel geben wir Ihnen einen Überblick, wie SAP Commerce Cloud entstanden ist und welche Vorteile die Lösung bietet. Sie lernen die wesentlichen Komponenten und Funktionen kennen und wie diese bestmöglich eingesetzt werden, um die Customer Experience Ihrer Kunden zu optimieren.

In diesem Kapitel erhalten Sie einen ersten Überblick über SAP Commerce Cloud und lernen die Geschichte und den Hintergrund der Lösung kennen. Darüber hinaus wird die Lösung aus verschiedenen Blickwinkeln betrachtet, um eine gute Grundlage für die detaillierte Beschreibung des Funktionsumfangs in den folgenden Kapiteln zu schaffen. In diesem und den folgenden Kapiteln betrachten wir alle Aspekte von SAP Commerce Cloud. Dazu gehören:

- Was ist die SAP-Commerce-Cloud-Lösung? Einen Überblick mit Verweisen auf weitere Kapitel in diesem Buch erhalten Sie in Abschnitt 4.1. Außerdem gehen wir in Abschnitt 4.2 auf den Ursprung von SAP Commerce Cloud ein.
- Welche Architektur liegt ihr zugrunde? Architektur und Technik werden detailliert in Kapitel 5, »Infrastruktur und Architektur«, beschrieben.
- Welchen Funktionsumfang bieten die Standardkomponenten? Einen ersten Überblick darüber bekommen Sie in Abschnitt 4.3.
- Welche Prozesse werden in SAP Commerce Cloud abgebildet? Die Prozesse werden anschaulich anhand unserer Beispielfirma SyGusto im Abschnitt 4.4 dargestellt.
- Welche Integrationsmöglichkeiten bietet SAP Commerce Cloud? Hierzu erhalten Sie tiefgehende Informationen in Kapitel 15, »SAP Commerce Cloud mit SAP S/4HANA und SAP ECC« und Kapitel 18, »Kundenbeispiel 1: Konzeption«.

4.1 SAP Commerce Cloud im Überblick

SAP Commerce Cloud ist eine B2B- und B2C-E-Commerce-Enterprise-Plattform für mittelgroße bis große Unternehmen, die das gesamte Spektrum der Online-Aktivitäten rund um alle Verkaufs- und After-Sales-Prozesse abdeckt. SAP bietet mit SAP Commerce Cloud einen umfangreichen Satz an Standardfunktionen, die bei der Implementierung einer eigenen Lösung integriert werden können. In Abbildung 4.1 sehen Sie, welche Vielzahl an unterschiedlichen Funktionen und Aspekten dabei eine Rolle spielt.

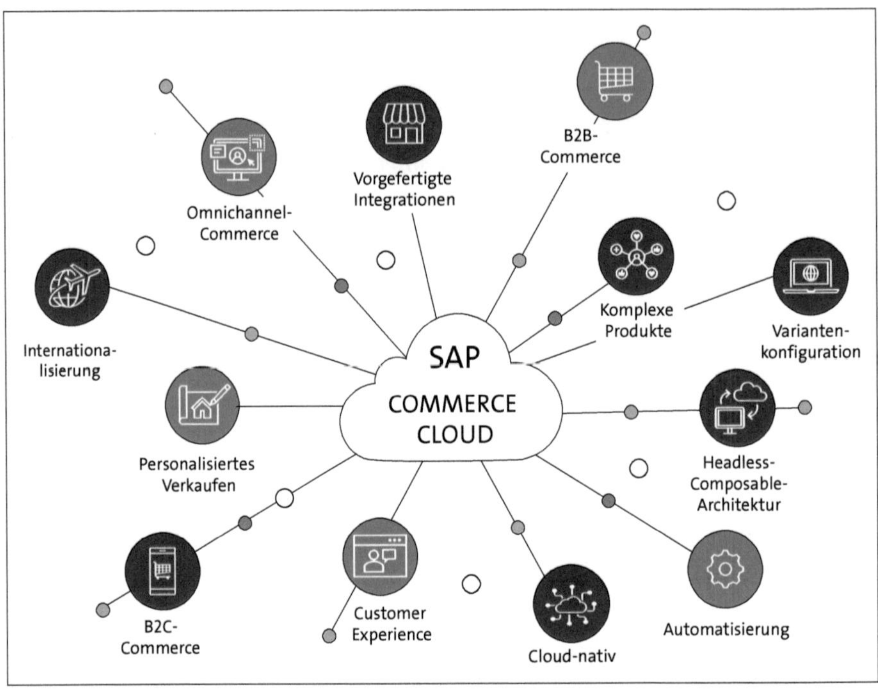

Abbildung 4.1 SAP Commerce Cloud im Überblick

Im Folgenden werden die wesentlichen fachlichen Aspekte der Lösung angesprochen, von denen viele in weiteren Kapiteln dieses Buches detailliert behandelt werden. Die Technologie und Architektur werden hingegen in Kapitel 5, »Infrastruktur und Architektur«, behandelt. Dort finden Sie eine umfangreiche Darstellung der Headless und Composable Architecture und der Cloud-Plattform-Infrastruktur.

4.1.1 Internationalisierung und globaler digitaler Handel

In der vernetzten Welt des E-Commerce muss man die unterschiedlichen Bedürfnisse globaler Regionen verstehen und berücksichtigen. Aus diesem Grund hat SAP Commerce Cloud Funktionen für die *Internationalisierung* integriert, die für den globalen Handel von zentraler Bedeutung sind, wie z. B. die Unterstützung mehrerer Sprachen, Transaktionen in mehreren Währungen und die nahtlose Verwaltung mehrerer Internetauftritte (im Zusammenhang mit SAP Commerce sprechen wir hier von *Sites*), die regionale Märkte zusammenfassen. Die Fähigkeit von SAP Commerce Cloud, mehrsprachige Produktbeschreibungen bereitzustellen, bedeutet, dass Kunden unabhängig von ihrem Herkunftsland Produktdetails in der Sprache angezeigt bekommen, die ihnen am besten vertraut ist. Die Anpassungsfähigkeit erstreckt sich auch auf *SmartEdit Web-CMS*, das Content-Management-System der Plattform. Ganz gleich, ob es sich um die Erstellung regionalspezifischer Marketingkampagnen, Werbebanner oder rechtlicher Richtlinien handelt, das CMS stellt sicher, dass lokalisierte Inhalte immer verfügbar sind. Auch die Suchfunktion von SAP Commerce Cloud ist in verschiedenen Sprachen verfügbar. So wird sichergestellt, dass die Kunden auch bei der Eingabe von Suchbegriffen in ihrer Muttersprache korrekte und relevante Suchergebnisse erhalten.

Bei der Preisfindung und Preisauszeichnung im Kontext der Internationalisierung kommen mehrere Aspekte zusammen. Zum einen gibt es international unterschiedliche gesetzliche Regelungen in Bezug auf Preise und Steuern. Zum anderen hat jedes Unternehmen eine eigene Marktstrategie, die eine individuelle Preisgestaltung pro Markt, Region oder Land erfordern kann.

Wenn Marken wachsen, ist schnell der Punkt erreicht, an dem ein zentraler Zugang und Auftritt nicht mehr die beste Repräsentation der Marke darstellt. Dies kann verschiedene Dimensionen haben. Zum einen kann es, wie schon ausgeführt, lokale oder regionale Anforderungen geben, die einen angepassten Auftritt notwendig oder nützlich machen. Zum anderen kann es sein, dass verschiedene Marken in verschiedenen Märkten platziert werden sollen. SAP Commerce Cloud unterstützt diese Strategien mit seinen Multi-Site- und Multi-Brand-Fähigkeiten. Sie haben z. B. die Möglichkeit, Hauptkataloge und abgeleitete Kataloge für die verschiedenen Auftritte (sowohl für den Produkt-Content als auch für den Web-Content) miteinander zu kombinieren oder mit derselben Instanz unterschiedliche Frontend-Applikationen, sogenannte *Storefronts*, auf verschiedenen Domains und Subdomains zu betreiben. Dadurch stehen Ihnen bei der Gestaltung Ihrer eigenen Markt- und Markenstrategie alle Türen offen.

In einigen Ländern sind die rechtlichen und technologischen Rahmenbedingungen so spezifisch, dass eigene Funktionen für Internationalisierung und Lokalisierung notwendig sind. Das bekannteste Beispiel hierfür ist die Volksrepublik China. Für diesen wichtigen Markt bietet SAP Commerce Cloud ein spezielles Funktionspaket: *SAP Commerce Cloud, Localization for China*. Diese Funktionen ermöglichen es Ihnen, mit Ihrer Commerce-Lösung auch in diesem wichtigen Markt aktiv zu sein.

4.1.2 Omnichannel-Benutzererfahrung

SAP Commerce Cloud bietet Ihnen das technologische Fundament für sämtliche *Touchpoints* und Kanäle. Durch die Headless-Architektur können jegliche Touchpoints online und offline angebunden werden, sodass eine wirkliche *Omnichannel*-Benutzererfahrung, also über alle Kanäle hinweg, möglich wird.

[»]

Omnichannel-Touchpoints

Touchpoints erstrecken sich über eine Vielzahl von Technologien von analog bis digital:

- E-Commerce-Webkanal
- Integration in den Unternehmens-Webauftritt
- Native Apps
- Progressive Web Apps (PWA)
- Point-of-Sale-Anbindungen in Ladengeschäften
- Social-Media-Netzwerke
- Print-Lösungen
- Katalog-Export
- Punch-out-Lösungen
- Service- und Callcenter-Lösungen

4.1.3 Personalisierte Inhalte und Customer Experience

SAP Commerce Cloud ist darauf ausgerichtet, personalisierbare Inhalte mithilfe des Benutzer- und Rollenmodells in Verbindung mit der Segmentierung und Zielgruppendefinition bereitzustellen. Diese Personalisierung kann entweder statisch erfolgen, anhand von Merkmalen des Benutzers, Unternehmensdetails und Produktinformationen sowie anderer Parameter, oder dynamisch durch lernende Prozesse im Bereich des maschinellen Lernens. Für die dynamische Personalisierung ist die Erweiterung *Intelligent Selling Services* mit entsprechenden Werkzeugen für Merchants notwendig (siehe Kapitel 9, »Personalisierung und Intelligent Selling Services«). Durch diese Erweiterung und weitere Funktionen können Sie eine umfangreiche Customer Experience gestalten und diese dynamisch an die Anforderungen Ihres Geschäftes und Ihrer Kunden anpassen.

4.1.4 Weitgehende Automatisierung

In Nutzungsszenarien, wie sie durch die SAP Commerce Cloud angestrebt werden und die durch eine hohe Komplexität bzw. eine große Menge an Daten von Kunden, Firmen, Produkten und Content gekennzeichnet sind, ist die weitgehende Automatisierung aller Abläufe und Funktionen eine Schlüsselfähigkeit der Plattform. SAP Commerce Cloud bietet dazu ein umfassendes System an Business Workflows, automatisierten Aufgaben und Datenflüssen sowie die Integration mit weiteren Systemen und Diensten, um Teilaspekte automatisiert zu delegieren. Viele dieser Möglichkeiten werden in den Kapiteln von Teil II ausführlich behandelt, um Ihnen einen umfassenden Überblick über diesen wichtigen Aspekt der Plattform zu verschaffen.

4.2 Ursprung von SAP Commerce Cloud

Der Ursprung von SAP Commerce Cloud ist die Hybris Commerce Suite. Im Jahr 2013 übernahm SAP SE das führende E-Commerce-Softwareunternehmen Hybris, das die Commerce Suite bis dahin eigenständig vertrieben hatte. Die Übernahme von Hybris war ein strategischer Schritt mit dem Ziel, die SAP-Lösungen für das Customer Engagement und den Bereich Commerce zu stärken. Die Lösungen von Hybris wurden in das SAP-Portfolio integriert, um eine umfassende Omnichannel-Commerce-Lösung für Unternehmen anzubieten.

Geschichte von Hybris

Hybris wurde 1997 von Carsten Thoma, Moritz Zimmermann, Klaas Hermanns, Christian Flaccus und Andreas Bucksteeg in Zug, Schweiz, gegründet. Das Unternehmen spezialisierte sich auf die Entwicklung von Software für Multichannel-E-Commerce und Product Content Management (PCM). Im Laufe der Jahre entwickelte sich Hybris zu einem der führenden Anbieter von E-Commerce-Lösungen und genießt einen guten Ruf für seine Flexibilität, Skalierbarkeit und Anpassungsfähigkeit.

Die Übernahme wurde im Juni 2013 angekündigt und im August desselben Jahres abgeschlossen. Obwohl die finanziellen Details der Transaktion damals nicht öffentlich gemacht wurden, spekulierten Brancheninsider, dass der Wert der Übernahme zwischen 1 und 1,5 Milliarden Euro liegen könnte. Das Hauptmotiv für die Übernahme war für SAP die Erweiterung des bestehenden CRM-Angebots (*Customer Relationship Management*) und die Etablierung im schnell wachsenden E-Commerce-Markt. Da Unternehmen weltweit begannen, die Bedeutung einer nahtlosen Online-Präsenz zu erkennen, wurde eine robuste E-Commerce-Lösung unerlässlich. Nach der Übernahme agierte Hybris weiterhin als eigenständiger Geschäftsbereich innerhalb der SAP-Struktur. Dadurch konnte das Unternehmen seine Markenidentität, seine Kultur und seinen Kundenstamm beibehalten.

SAP integrierte die Commerce-Plattform von Hybris in seine breite Palette von Geschäftsanwendungen, einschließlich der führenden Enterprise-Resource-Planning-Lösungen. Diese Integration bietet SAP-Kunden eine einheitliche Lösung, die die Lücke zwischen Backend-Operationen und Frontend-Kundenkontakt schließt. Die Übernahme von Hybris durch SAP wird von vielen Branchenexperten als Meilenstein in der Entwicklung von E-Commerce-Lösungen angesehen. Sie unterstrich die Bedeutung einer einheitlichen Plattform, die sowohl die Geschäftsabläufe als auch die Kundenbeziehungen auf integrierte Weise verwalten kann. In den Jahren nach der Übernahme wurden die von Hybris unterstützten Handelslösungen von SAP in zahlreichen Branchen eingesetzt und festigten ihre Position als Branchenführer im Bereich E-Commerce und CRM für Unternehmen.

Parallel zur technologischen Weiterentwicklung der Lösung hin zu einer umfassenden Omnichannel-Headless-Commerce-Plattform wurde der Markenname Hybris in mehreren Schritten aufgegeben und der Name SAP Commerce Cloud etabliert. Die ehemaligen Hybris-Geschäftsbereiche wurden in SAP-Geschäftsbereiche integriert, insbesondere in das SAP-Customer-Experience-Portfolio.

Heute ist die SAP Commerce Cloud eine der führenden Omnichannel-Lösungen für E-Commerce und Customer Experience.

4.3 Eine Lösung, viele Möglichkeiten: Business to Everyone

Ein wichtiger Faktor bei der Auswahl einer Commerce-Lösung ist, wie die unterschiedlichen Zielgruppen und Marktszenarien durch Features und Architektur unterstützt werden und welche Anforderungen diese stellen.

Traditionell wird bei der Ausrichtung eines Webangebots zwischen *Business to Consumer* (B2C) und *Business to Business* (B2B) unterschieden. Die Aufteilung in B2B und B2C verschwimmt jedoch immer mehr. Zum Thema Geschäftsmodell empfehlen wir Ihnen unbedingt auch Kapitel 1, »E-Commerce heute und in Zukunft: Entwicklung, Kunden, Märkte«, und Kapitel 2, »Geschäftsmodelle und Dimensionen von E-Commerce: Vom Webshop bis zur Serviceplattform«, zu studieren, in denen alle gängigen Modelle aufgeführt und beschrieben sind. Ein spannendes Szenario ist das Modell *Business to Everyone* (B2E bzw. B2X). Bei B2X geht es darum, die verschiedenen Aspekte wie Gestaltung, Prozesse, Features und Technik nicht in mentalen Silos zu denken, sondern diese konsequent auf den Nutzer, also den Menschen, auszurichten.

Dies fängt bereits bei der Architektur an. SAP Commerce Cloud ist bereits in ihrer Grundarchitektur auf Business to Everyone ausgelegt. Das bedeutet, dass z. B. prozessunabhängige Funktionen in allen Lösungen genutzt werden können, egal ob diese B2C- oder B2B-orientiert sind. Nicht selten spezialisierten sich E-Commerce-Lösungen entweder auf die eine oder auf die andere Ausrichtung, was die Auswahl für Unternehmen, die Produkte sowohl für Verbraucher als auch für Firmenkunden anbieten, erschwerte. SAP Commerce Cloud geht einen anderen Weg. Sowohl in der Business-Logik, abgebildet im Backend-Teil der Plattform als auch in der Darstellung im Frontend, setzte SAP Commerce Cloud auf wiederverwendbare Bausteine, die nicht auf B2C oder B2B allein ausgelegt sind. Diese können erweitert und bei Bedarf um weitere Bausteine ergänzt werden. Aus der Kombination entsteht dann eine Lösung, die auf die jeweiligen Prozesse, die abgebildet werden sollen, optimal ausgelegt ist. Wie diese erweiterungsfähige Architektur im Detail aufgebaut ist und Sie bei der Realisierung Ihres Vorhabens unterstützen kann, erfahren Sie in Kapitel 5, »Infrastruktur und Architektur«.

Der Kernprozess, den SAP Commerce Cloud abbildet, ist das Informieren über Produkte und das Bestellen von Produkten. Die meisten allgemeinen Funktionen und jene Funktionen, die einen Schwerpunkt auf B2C und B2B legen, sind dazu gedacht, diesen Kernprozess bestmöglich zu unterstützen. Die Gesamtheit der Funktionen, die diesen Kernprozess unterstützen, nennt man *Webshop*.

Falls es weitere Prozesse gibt, die auf derselben Plattform abgebildet werden, die aber nicht den Hauptaspekt der Customer Journey unterstützen (z. B. Corporate Communication, Talentmanagement, Asset Information Management) wird die Gesamtheit dieser Funktionen unter dem Begriff *Kundenportal* zusammengefasst. SAP Commerce Cloud ist für alle diese Szenarien durch den Fokus auf Erweiterbarkeit bestens ausgelegt.

Im Folgenden finden Sie eine nicht vollständige Auflistung der Funktionen der SAP Commerce Cloud. Dabei gibt es Funktionen, die in allen Shops Einsatz finden können. Aber auch Funktionen, die hauptsächlich bei auf B2C oder B2B ausgerichteten Shops zum Einsatz kommen.

4.3.1 Funktionen für Erzeugung, Verwaltung und Darstellung von Produkt und Web-Content

Mit SAP Commerce Cloud kann man hochwertigen, multimedialen Produkt- und Web-Content erstellen und ausspielen. Dabei unterstützen eigene Anwendungen für das Product Content Management (siehe Kapitel 7, »Produktdatenmanagement«, für Details zum PCM-Cockpit) und das Web Content Management (siehe Kapitel 6, »Web-Content-Management-System«, für Details zu SmartEdit Web-CMS).

Weitere Funktionen rund um Produkt und Web-Content:

- Zugriff auf eine Vielzahl von vorgefertigten Komponenten
- Mächtige Suchfunktionen auf Basis von Apache Solr, einer der führenden Such-Technologien
- Die adaptive Suche erlaubt es, Warengruppen oder einzelne Artikel zu boosten oder von der Suche auszuschließen (siehe Kapitel 8, »Suche und Facettierung«)
- Personalisierte Ausspielung von Produkt- und Web-Content sowie personalisierte Suche, basierend auf dem Verhalten und der Segmentierung von Zielgruppen (siehe Kapitel 9, »Personalisierung und Intelligent Selling Services«)
- Komplexe hierarchische Produkt-Klassifizierung möglich (siehe Kapitel 7, »Produktdatenmanagement«, für Details)

4.3.2 Funktionen für benutzerfreundliche Bedienung

Der Benutzer steht im Mittelpunkt des Kaufprozesses. Daher bietet SAP Commerce Cloud umfangreiche Funktionen für eine benutzerfreundliche Bedienung:

- Responsives Design mit optimaler Bedienbarkeit auch bei mobilen Endgeräten
- Umfangreiche Self-Service-Funktionen für den eigenen Account
- Kunden können Bewertungen und Reviews für Produkte mithilfe eines Sternesystems und zusätzlicher eigener Rezension hinterlegen.
- Einwilligung mithilfe des Consent Management in Datenverarbeitung oder weitere einwilligungspflichtige Prozesse bei Nutzern der Plattform und Sperrung der Funktionen der Shops bei Ablehnung (siehe Kapitel 12, »Kundenmanagement«)
- Für Links auf Produkte kann eine kurze URL erzeugt werden, damit Benutzer diese einfacher weitergeben können.
- Ein Kundenservice-Agent kann sich für einen Benutzer anmelden, um dessen Warenkorb zu befüllen und ihn zu beraten (siehe Kapitel 13, »Kundenservice«, zum sogenannten *Assisted Service Mode* (ASM))

4.3.3 Funktionen rund um den Bestellprozess

Der Bestell- und Kaufprozess bildet den Kern der Lösung. Hierfür gibt es eine Vielzahl an Funktionen, die diesen einfach und zugänglich machen:

- Persistenter Warenkorb und gespeicherte Warenkörbe
- Aktueller und zukünftiger Warenbestand
- Bestellhistorie und Bestelldetails (siehe Kapitel 11, »Order Management«)
- Automatisierte Betrugserkennung mit Diensten zur Durchführung von Betrugsprüfungen sowie Schnittstellen zur Integration externer Anbieter von Betrugserkennungslösungen
- Payment-Provider-Integration zur einfachen Abbildung von Bezahlprozessen (siehe Kapitel 11, »Order Management«)

4.3.4 Funktionen für die Abbildung digitaler Produkte, Dienstleistungen und Verträge

Bei manchen Vertriebsmodellen stehen nicht einzelne physische Produkte im Mittelpunkt, sondern rein digitale Produkte, Dienstleistungen und Verträge, die diesen zugrunde liegen. Für diese Art von Produkten benötigt man folgende spezielle Funktionen:

- Kombinierter Verkauf von digitalen und physischen Gütern und Erstellung komplexer Produktangebote und personalisierter Pakete, die mehrere Pakete mit digitalen Gütern enthalten, sogenannte *Produktbundles*
- Definieren, Prüfen und Verwalten gewährter Leistungsansprüche für digitale oder physische Produkte und Abonnements über die Entitlements-Funktionen
- Subscription-Funktionen, die auf die Anforderungen des abonnementbasierten Vertriebs ausgerichtet sind mit Verwaltung von Häufigkeit, Dauer, Verlängerungen und anderen spezifischen Attributen. (siehe Kapitel 17, »Integrations- und CX-Szenarien mit SAP Commerce Cloud«, für Details zur Nutzung und Einbindung externer Subscription-Billing-Systeme)
- Erstellung umfangreicher Formulare mit komplexer Validierung (z. B. zum Einsatz in Behörden) mithilfe des yForms-Frameworks mit Funktionen für Aufbau, Berechtigungssteuerung, Auswertung und Export

4.3.5 Funktionen für den Standalone-Betrieb ohne ERP-Backend

Falls kein ERP-Backend wie SAP ECC oder SAP S/4HANA im Einsatz ist, das die Order-Management-Prozesse führend verwaltet, können mit SAP Commerce Cloud eigene Order-Management-Systeme eingesetzt werden, um den gesamten Workflow des Auftragsmanagements abzubilden (Bestellerfassung, Warenursprungszuteilung, Bereitstellung, Kommissionierung, Verpackung, Etikettierung, Versand, Lieferverfolgung, Zahlungserfassung, Besteuerung, Rücksendungen, Erstattungen, Stornierung). Für diese Prozesse gibt es sowohl die Funktionen im Shop als auch die Backoffice-Anwendung für die eigenen Mitarbeiterinnen und Mitarbeiter (siehe Kapitel 5, »Infrastruktur und Architektur«). Was SAP Commerce Cloud nicht beinhaltet, sind Module zur Abbildung des Faktura-Prozesses und zur Finanzbuchhaltung. Der Order-to-Cash-Prozess findet also immer außerhalb von SAP Commerce Cloud statt.

4.3.6 Funktionen mit Schwerpunkt auf Composability

SAP Commerce Cloud ist an vielen Stellen auf Erweiterung durch Integration ausgelegt. Dies ist eine der Säulen der SAP-Commerce-Cloud-Composable-Architektur. Die wichtigsten Szenarien zur Erweiterbarkeit finden Sie in Kapitel 16, »SAP Commerce Cloud erfolgreich erweitern«. Hier finden Sie bereits eine Übersicht der wichtigsten Möglichkeiten:

- Integration von Web-Tracking-Lösungen (z. B. Google Tag Manager)
- Bei Einsatz einer Customer Data Cloud: transparente Auslagerung der Funktionen zur Account-Verwaltung und Registrierung an die Customer Data Cloud, damit diese das Profil verwalten und entsprechende Daten erfassen und nutzen kann

- Produktkonfiguration für komplexe Produkte auf Basis von SAP VCPS und Variantenkonfiguration
- Integration von Marketing Automation Tools am Beispiel von SAP Emarsys
- 3D- und 2D-Darstellung von Produkten und Ersatzteilen mithilfe der Integration von SAP Enterprise Product Development Visualization
- Möglichkeit zum Einsatz von Single-Sign-On-Szenarien und zur Anbindung von Identity Providern mit offenen Standards
- Touchpoint für Serviceprozesse mit Integration von SAP Service Cloud
- Angebotsmanagement mithilfe von SAP CPQ
- Nutzung der SAP Analytics Cloud für die Planung und Steuerung von Prozessen
- Integration von Composable-Lösungen zur Erweiterung des Funktionsumfangs wie etwa Contentful CMS, Akeneo PIM
- Nutzung von MAM/DAM-Systemen als Quelle für hochwertige Assets

4.3.7 Funktionen mit Schwerpunkt auf B2B

Einige Funktionen in SAP Commerce Cloud sind schwerpunktmäßig auf B2B-Verkauf ausgerichtet. Das bedeutet jedoch nicht, dass diese nicht auch in einem B2C- oder B2E-Kontext eingesetzt werden können – es kann Szenarien geben, bei denen das durchaus Sinn ergibt. Das Extension-Konzept von SAP Commerce Cloud ist so aufgebaut, dass grundsätzlich alle Extensions als Erweiterung der Plattform eingesetzt werden können und diese bei Bedarf angepasst oder um zusätzliche Funktionalität erweitert werden können. Zu den wichtigsten Funktionen im B2B-Kontext gehören folgende:

- **Closed Shop**
  Der Kunde muss sich zuerst anmelden, bevor er Zugriff auf Inhalte des Shops bekommt.
- **Commerce Quotes**
  Bei Produkten, bei denen ein Angebotsprozess notwendig ist und die nicht direkt bestellt werden sollen, haben Kunden die Möglichkeit, Angebote anzufordern. Dies kann für interne Prozesse bei Ihren Kunden notwendig sein, z. B. als Preis- und Verhandlungsgrundlage vor Auftragsabschluss oder zur Projektierung. Angeforderte Angebote können nach Freigabe durch Ihren Vertrieb dann durch den Kunden bestellt werden.
- **Replenishment/Recurring Orders**
  Kunden haben die Möglichkeit, wiederkehrende automatische Aufträge ausführen zu lassen. Dabei handelt es sich nicht um ein Abo im eigentlichen Sinn, da es kein eigener Vertrag ist, sondern lediglich um eine Automatisierung der Auftragsanlage. Dazu können die Kunden das passende Intervall wählen.

- **B2B-Organisationsverwaltung**
  Mithilfe dieser Funktion kann eine Organisation, die auf der Plattform freigeschaltet ist, über administrative Oberflächen die eigenen Nutzer selbst verwalten und aktivieren/deaktivieren.
- **Freigabe-Workflows**
  Eine B2B-Organisation kann Freigabe-Workflows für Bestellungen anhand Budgets, Rollen oder anderer Kriterien einrichten.
- **B2B-Punchout**
  Mit der B2B-Punchout-Funktion kann ein Einkäufer den Online-Katalog, der von Ihnen als Lieferant in SAP Commerce Cloud bereitgestellt wird, durchsuchen und die ausgewählten Artikel als Bestellanforderung in seinem Beschaffungssystem speichern.
- **Kreditlimit-Überprüfung der B2B-Organisation vor Bestellung**
  In manchen Fällen möchten Sie einem Kunden vielleicht ein Kreditlimit zuweisen oder seine Zahlungsmöglichkeiten einschränken. Auch den Organisationen, die ihre Benutzer selbst verwalten, möchten Sie diese Möglichkeit bieten. Die Funktionen zum Kreditlimit-Check und der Verwaltung von Kreditlimits erlauben Ihnen das.

4.3.8 Funktionen mit Schwerpunkt auf B2C

Einige Funktionen in SAP Commerce Cloud sind schwerpunktmäßig auf B2C-Verkauf ausgerichtet. Das bedeutet jedoch nicht, dass diese nicht auch in einem B2B- oder B2E-Kontext eingesetzt werden können. Im Gegenteil: Der B2B-Verkauf orientiert sich zunehmend stärker an den gelernten Konzepten des B2C-Online-Verkaufs von Branchengrößen wie Amazon, Otto und MediaMarkt. Nutzer möchten diese Funktionen auch in B2B-Szenarien vorfinden. Das Extension-Konzept von SAP Commerce Cloud ist so aufgebaut, dass grundsätzlich alle Extensions als Erweiterung der Plattform eingesetzt werden können und diese bei Bedarf angepasst oder um zusätzliche Funktionalität erweitert werden können. Zu den wichtigsten Funktionen im B2C-Kontext gehören folgende:

- **Händlersuche**
  Die Händlersuche hilft Verbrauchern bei der Suche nach Geschäften in der Nähe einer Postleitzahl, eines Ortsnamens oder unter Verwendung von GPS-Informationen (Global Positioning System).
- **Point-of-Sale-Funktionen**
  Wenn Onlineverkauf und ortsgebundener Verkauf kombiniert werden sollen, bietet SAP Commerce Cloud hierfür Funktionen an, die beide Welten verbinden. Zum einen werden die Informationen über die Ladengeschäfte und deren Lagerbe-

stände mit den Kunden verknüpft. Außerdem gibt es ein vorbereitetes »Online-Kaufen und im Laden abholen«-Szenario.

- **Kundenservice-Ticket-Lösung**
  Kunden können Servicetickets im Shop erstellen und die Kunden-Service-Organisation kann diese in einer eigenen Backoffice-Ansicht bearbeiten.
- **Promotions und Coupons**
  Unternehmen können regelbasierte, personalisierte Promotions und Coupons erzeugen und verwalten. Mit Flashbuy-Promotions können bestimmte Teile des eigenen Lagers schnell abverkauft werden.

4.3.9 Branchenlösungen als Beschleuniger für Ihr Projekt

Ein Schwerpunkt der SAP Commerce Cloud ist neben der sehr flexiblen Erweiterungsarchitektur die Unterstützung von Industriebranchen, die beim Einsatz von Commerce-Plattformen besondere Herausforderungen haben, weil die Kombination der Funktionen, die sie nutzen müssen, nicht dem klassischen Shop entspricht – sei es im B2C- oder B2B-Umfeld.

Für einige dieser Branchen bietet SAP Code- und Konfigurations-Templates an, bestehend aus Frontend- und Backend-Bestandteilen, die als Beschleuniger (*Accelerator*) für die eigene Entwicklung einer Lösung auf Basis von SAP Commerce Cloud genutzt werden können. Aktuell sind die Accelerator-Templates, die in Tabelle 4.1 aufgeführt sind, verfügbar. Weitere Informationen dazu finden Sie in Kapitel 14, »Branchenlösungen von SAP Commerce Cloud«.

Industry Accelerator	Anwendungsbereich
SAP Commerce Cloud, Telco and Utilities Accelerator	Ausgelegt auf die Anforderungen von abonnementbasierten Unternehmen wie Telekommunikation, Medien und Versorgungsunternehmen
SAP Commerce Cloud, Financial Services Accelerator	Ausgelegt auf die Anforderungen von Versicherungen, Banken und anderen Finanzdienstleistern
SAP Commerce Cloud, Citizen Engagement Accelerator	Ausgelegt darauf, die Interaktion mit Organisationen des öffentlichen Sektors, z. B. Behörden, zu erleichtern
SAP Commerce Cloud, Travel Accelerator	Ausgelegt auf die Anforderungen des modernen Reisegeschäfts und entsprechender Funktionalitäten

Tabelle 4.1 Accelerator-Templates für Industriebranchen

4.4 Praxisbeispiel SyGusto

Am Ende jedes Kapitels werden wir die vorgestellten Funktionen von SAP Commerce Cloud an einem praktischen Beispiel veranschaulichen. Dazu verwenden wir das fiktive Unternehmen *SyGusto*. SyGusto produziert und vertreibt Kaffeemaschinen sowohl für den privaten Konsumenten (B2C) als auch für die professionelle Nutzung in Gastronomie und Gewerbe (B2B). Neben dem Verkauf der Kaffeemaschinen ist SyGusto ein Full Service Provider, der sich um Betrieb und Wartung der Maschinen kümmert, Verbrauchsmaterialien wie Bohnen, Milch und Kakaopulver verkauft und neue, abonnementbasierte Geschäftsmodelle anbietet. Dabei nutzt SyGusto die SAP Commerce Cloud als digitales Portal sowohl für seine B2C- als auch seine B2B-Kunden.

Das Portal soll den Kunden während seiner gesamten Customer Journey digital unterstützen. Die Customer Journey ist in fünf Phasen geteilt (siehe Abbildung 4.2):

1. Awareness
2. Consideration
3. Purchase
4. Service
5. Loyalty

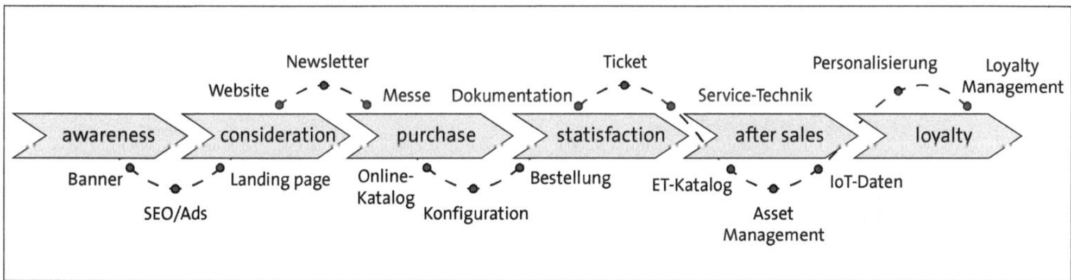

Abbildung 4.2 Customer Journey

4.4.1 Awareness (Aufmerksamkeitsphase)

In der Aufmerksamkeitsphase sucht ein potenzieller Kunde Informationen zur Lösung eines Problems oder zur Befriedigung eines Bedürfnisses. In dieser Phase soll das Portal den Benutzern Informationen zur Verfügung stellen, damit sie auf SyGusto aufmerksam werden und dort nach der Lösung für ihre Probleme suchen. In dieser Phase ist die Bereitstellung von Informationen und Content wichtig, z. B. über Landingpages, soziale Medien oder Blog-Beiträge. Dabei sollte es sich um relevanten Content handeln, der das Problem der Benutzer adressiert.

4.4.2 Consideration (Überlegungsphase)

In der Überlegungsphase wünschen sich die Interessenten detailliertere Informationen zum Unternehmen und zum Produkt. Hier spielt typischerweise der Produktkatalog eine große Rolle. Alle wichtigen Informationen zum Produkt sollten verfügbar sein, dazu gehören insbesondere technische Informationen, Preis, Verfügbarkeit und Konfigurationsoptionen.

Außerdem ist es in dieser Phase wichtig, digitale Beratung in Form von Guided Selling oder einem Chat anzubieten, damit der Kunde die für ihn relevanten Informationen erhält.

4.4.3 Purchase (Kaufphase)

In der Kaufphase entscheidet sich der Kunde für den Kauf. Daher sollte es ihm so einfach wie möglich gemacht werden, die Produkte in den Warenkorb zu legen und zu bestellen. Relevante Informationen wie Versandkosten und Lieferzeiten sind wichtig für den Kunden und müssen im Portal direkt sichtbar sein. Außerdem ist die Bezahlung ein wichtiger Schritt auf dem Weg zur Bestellung.

Nach Abschluss der Bestellung erwartet der Kunde eine schnelle Auftragsbestätigung und eine zügige Abwicklung der Bestellung. Auch hier kann das Portal den Kunden beim Tracking seiner Bestellung und der Lieferung unterstützen.

4.4.4 Service (Servicephase)

Nachdem die Leistung oder das Produkt vom Kunden gekauft und vom Anbieter bereitgestellt wurde, sollte der Kunde auch während der Nutzung des Produktes unterstützt werden und im Falle von Problemen schnell reagieren können. Über das Portal kann der Kunde z. B. ein Ticket erstellen oder in einer Wissensdatenbank nach seinem Problem suchen.

Reklamationen oder Retouren können ebenfalls über das Portal angelegt werden.

4.4.5 Loyalty (Promoterphase)

Um den Kunden zum loyalen Fan zu machen, kann er auch nach dem Kauf mit relevanten Informationen versorgt werden. Auch Inhalte zur besseren Nutzung des Produktes oder Empfehlungen können über das Portal bereitgestellt werden. Bei smarten Produkten kann im Portal auch der Status oder die Performance der Maschine angezeigt werden.

Über Loyalty-Programme oder Promotions kann die Kundentreue zusätzlich gestärkt werden.

[zB]

4

SyGusto

In jedem der folgenden Hauptkapitel wird im letzten Abschnitt die beschriebenen Funktionen anhand des Beispiels von SyGusto praktisch erläutert. Sie können diese Kapitel nacheinander lesen, ohne jeweils die technischen und funktionalen Details der einzelnen Hauptkapitel gelesen zu haben.

Nicht alle Möglichkeiten, die am Beispiel von SyGusto gezeigt werden, sind Standardfunktionen von SAP Commerce Cloud. Allerdings stammen alle funktionalen Beispiele aus realen Kundenprojekten und zeigen, wie die SAP Commerce Cloud eingesetzt werden kann.

In Abbildung 4.3 sehen Sie die Startseite der Beispielfirma SyGusto.

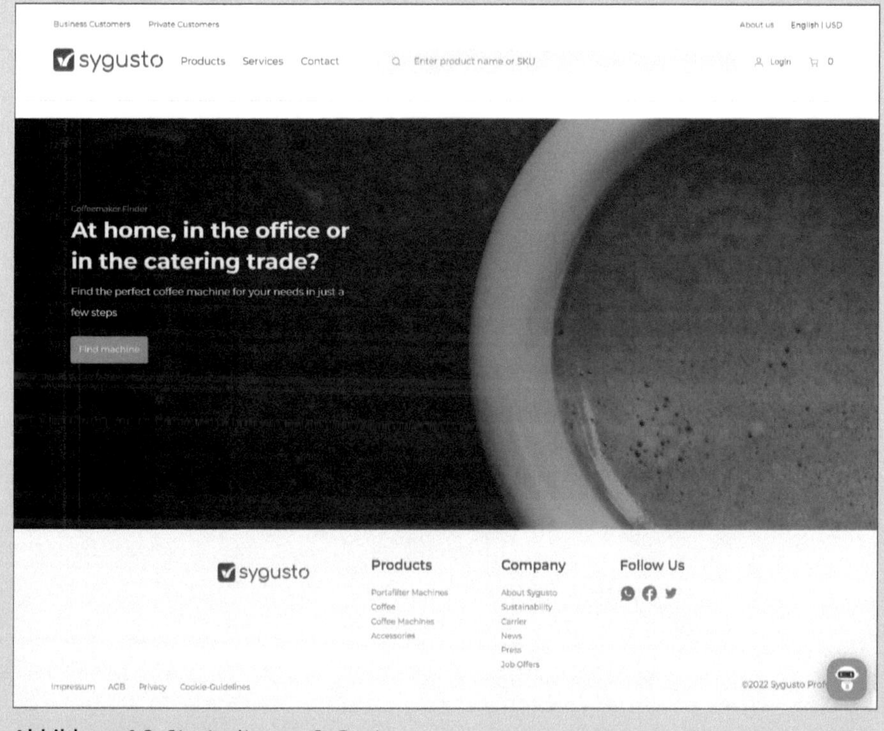

Abbildung 4.3 Startseite von SyGusto

4.5 Fazit

Mit dem Kapiteltitel »Was ist SAP Commerce Cloud« wollten wir eine fließende Überleitung zwischen dem ersten und zweiten Teil dieses Buches herstellen. Das Thema Customer Experience stand dabei – in Anlehnung an den ersten Teil dieses Buches – im Zentrum aller Überlegungen. Die Märkte, Kunden, Technologien und die daraus resultierenden Anforderungen dienten als Leitplanken für die Auflistung der grundlegenden Funktionen von SAP Commerce Cloud. Das Praxisbeispiel, das als Vorlage für den Anhang in den meisten Kapiteln des zweiten Teils dient, orientiert sich ebenfalls am Kundenlebenszyklus und bildet einen gelungenen Abschluss für die Einführung in die technischen und funktionalen Beschreibungen von SAP Commerce Cloud.

Nachdem Sie diese Brücke nun überschritten haben, sind Sie bestens vorbereitet auf alle Funktionen, Anwendungen und Szenarien, die sich mit SAP Commerce Cloud realisieren lassen, sowie auf empfohlene Vorgehensweisen. Dies bildet den Inhalt des restlichen zweiten Teils dieses Buches und der folgenden Kapitel.

Kapitel 5
Infrastruktur und Architektur

Dieses Kapitel erläutert detailliert die Architektur und die zugrunde liegende Infrastruktur der SAP Commerce Cloud. Zudem werden die vielfältigen Optionen zur Integration anderer SAP-Systeme sowie Lösungen von Drittanbietern aufgezeigt.

Nachdem Sie in den vorherigen Kapiteln einen umfassenden Einblick in die Bedeutung der SAP Commerce Cloud für Ihre E-Commerce-Strategie sowie die damit verbundenen Herausforderungen und Chancen der digitalen Transformation erhalten haben, vertiefen wir in diesem Kapitel das Thema aus einem technischen Blickwinkel und bieten Ihnen einen Überblick über die Infrastruktur und Architektur der SAP Commerce Cloud.

Wir erörtern die architektonischen Grundprinzipien und erläutern die Schlüsselentscheidungen in der Entwicklung der Plattform. Einblicke in die Infrastruktur zeigen, wie die SAP Commerce Cloud im Unternehmen implementiert wird. Darüber hinaus behandeln wir Möglichkeiten zur Integration und Erweiterung, beleuchten Sicherheitsaspekte und die fortlaufende Innovation durch SAP.

In Abschnitt 5.1 widmen wir uns der Architektur, geben einen grundlegenden Überblick und diskutieren das Konzept des Headless Commerce. In Abschnitt 5.2 stellen wir die Kern-Applikationen vor, die eine moderne Commerce-Lösung ermöglichen, inklusive des SAP Commerce Cloud Portals und weiterer administrativer Webanwendungen für die Inhaltsverwaltung. Diese Anwendungen sind direkt über einen aktuellen Browser zugänglich, ohne zusätzliche Anforderungen.

5.1 Infrastruktur

Die SAP Commerce Cloud setzt sich aus einer modernen Headless/Composable-Architektur, einer Cloud-Plattform und den durch SAP bereitgestellten Infrastruktur-Services für den Betrieb zusammen. Alle diese Bestandteile und deren Architektur lernen Sie im Folgenden kennen.

5.1.1 Übersicht und Cloud-Architektur

Die SAP Commerce Cloud besteht aus zwei Software-Paketen: der *SAP-Commerce-Cloud-Applikation* und *SAP Composable Storefront*, einer JavaScript-Frontend-Anwendung (siehe Abbildung 5.1). Außerdem umfasst SAP Commerce Cloud einen Infrastruktur-Stack, der diese beiden Software-Pakete in der Cloud lauffähig macht und deren Verwaltung ermöglicht: die *SAP Commerce Cloud Automation Platform*.

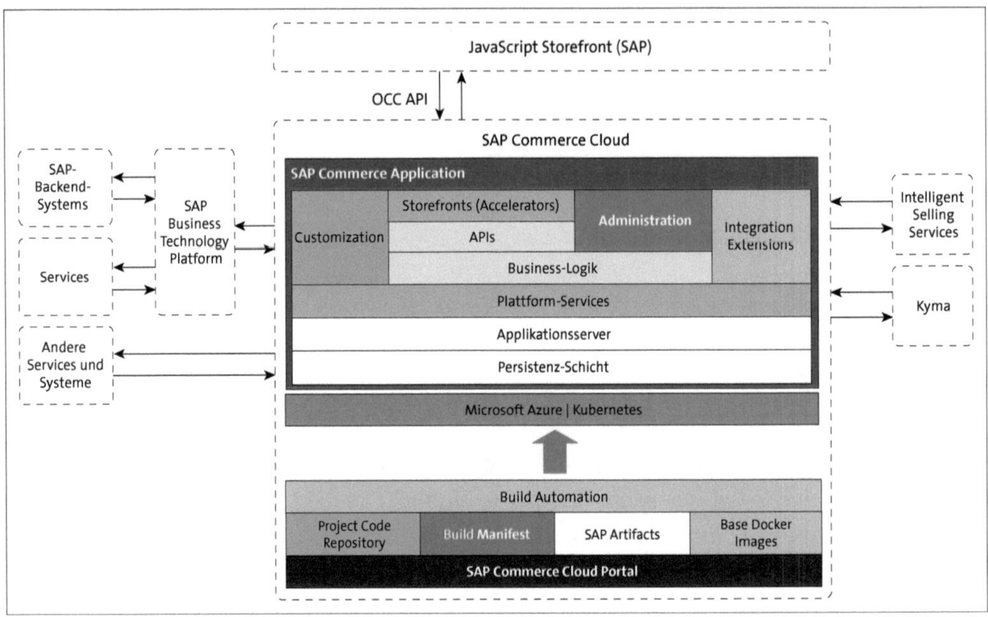

Abbildung 5.1 Überblick über die Architektur von SAP Commerce Cloud

Die Oberfläche der SAP Commerce Cloud Automation Platform ist die Webanwendung *SAP Commerce Cloud Portal* (siehe Abschnitt 5.2.1, »SAP Commerce Cloud Portal für den Betrieb der SAP Commerce Cloud«). Die Webanwendungen zur Verwaltung der SAP Commerce Cloud werden in Abschnitt 5.3, »Administrative Applikationen in SAP Commerce Cloud«, beschrieben.

[»]

SAP Commerce Cloud als Cloud-only-Lösung

SAP Commerce Cloud ist (Stand 2024) eine Public-Cloud-Lösung. Die aktuelle Version 2211, die als Continuous-Innovation-Lösung weiterentwickelt wird, kann nicht mehr on-premise – auf eigenen Servern im eigenen Rechenzentrum – betrieben werden. Es gibt nach Aussage von SAP keine Planungen für zukünftige On-Premise-E-Commerce-Lösungen. Indem sich SAP auf eine Public-Cloud-Lösung konzentriert, wird eine schnellere Umsetzung zukünftiger Innovationen ermöglicht. Dies gelingt, indem Neuerungen perfekt auf die vorhandene Laufzeitumgebung und Infrastruktur abgestimmt und gleichzeitig die Komplexität reduziert werden, die durch die Unterstützung verschiedener On-Premise-Szenarien entsteht. Nur zur Entwicklung kann SAP Commerce Cloud in einer Nicht-Cloud-Umgebung ausgeführt werden. Das können sowohl lokale Entwicklungssysteme als auch durch ein Team genutzte Entwicklungsserver sein, die nicht produktiv eingesetzt werden.

Die Kernarchitektur der SAP Commerce Cloud setzt sich also aus drei Hauptkomponenten zusammen: der SAP Commerce Applikation, der SAP Composable Storefront und der SAP Commerce Cloud Runtime. Diese Elemente bilden gemeinsam die Grundpfeiler von SAP Commerce Cloud und weisen die folgenden Merkmale auf:

- Optimierte Public-Cloud-Infrastruktur auf Basis von Microsoft Azure mit unbegrenzter Skalierbarkeit
- Platform-as-a-Service (PaaS) als Entwicklungsansatz
- Headless/Composable-Software-Architektur der Kernanwendung
- Clusterfähiges Backend
- Leistungsfähige skalierbare Suchtechnologie auf Basis von Apache Solr
- Webapplikationen für das Management aller relevanten Bereiche
- Moderne Enterprise Commerce Suite (z. B. für das Product Management, Web Content Management, Asset Management, Catalog Management, Customer Experience Management)
- Transparente Infrastruktur durch ein Self-Service-Portal und eine Automatisierung über APIs (Cloud Automation)

Unterschied zwischen SaaS und PaaS

Software as a Service (SaaS) ermöglicht Nutzerinnen und Nutzern den Zugang zu Software-Anwendungen über das Internet, ohne dass sie sich um die Wartung oder das Hosting der Software kümmern müssen. Anbieter verwalten die Infrastruktur und die Software selbst, während Kunden die Software über einen Webbrowser nutzen können. *Platform as a Service* (PaaS) bietet Entwicklungsteams eine Plattform im Internet, auf der sie Anwendungen entwickeln und ausführen können, ohne sich um die zugrunde liegende Infrastruktur wie Server, Speicher oder Netzwerke kümmern zu müssen.

Die SAP Commerce Cloud ist (Stand 2024) eine PaaS-Lösung. SAP bietet eine Software-Suite zusammen mit einer spezifisch definierten und darauf abgestimmten Laufzeitumgebung an. Dies bedeutet, dass ohne ein individuelles Software-Entwicklungsprojekt keine Anwendung entstehen kann. Es existiert kein voreingestellter Tenant, der standardmäßig einen Funktionsumfang zur Verfügung stellt. Stattdessen nutzen Sie die Plattformfunktionen und das Framework der SAP Commerce Cloud, um eine maßgeschneiderte Software zu kreieren und diese anschließend in der Platform-as-a-Service(PaaS)-Umgebung zu implementieren.

Schon heute lässt sich SAP Commerce Cloud ähnlich einer SaaS-Lösung nutzen, indem man konsequent auf einen Clean Core achtet und Erweiterungen als Side-by-Side-Erweiterungen realisiert (siehe Kapitel 16, »SAP Commerce Cloud erfolgreich erweitern«). Die Roadmap von SAP zeigt konsequent in diese Richtung und ermuntert Kunden dazu, diesen Weg zu beschreiten.

SAP ist für die gesamte Infrastruktur der SAP Commerce Cloud verantwortlich. Mithilfe des SAP Commerce Cloud Portals können Sie grundlegende Systemeinstellungen vornehmen. Es gibt keine Möglichkeit, aber auch keine Notwendigkeit, direkt auf den Server zuzugreifen.

Das SAP Commerce Cloud Portal ist eine geclusterte und containerbasierte Kubernetes-Umgebung, wobei SAP Commerce Cloud Portal als zentrale UI für die Verwaltung dient. Die Umgebung läuft in den Rechenzentren von Microsoft Azure auf der Azure Public Cloud – die Infrastruktur wird komplett von SAP und Microsoft verwaltet. Über das Portal haben Sie Zugriff auf eine mit SAP Commerce Cloud bereitgestellte Instanz von *DynaTrace* zum Application Performance Monitoring, Infrastructure Monitoring, die sowohl von SAP als auch den Kunden für das Monitoring der gesamten Umgebung eingesetzt werden kann.

Cloud-Infrastruktur und Clusterfähigkeit

Die im vorherigen Abschnitt angesprochene Clusterfähigkeit ist eine der wichtigen Eigenschaften der SAP Commerce Cloud. Bietet diese doch die Voraussetzung für eine containerbasierte Laufzeitumgebung. Die Basis der SAP-Commerce-Cloud-Laufzeit-Plattform ist ein Kubernetes-Container-Cluster, der auf Microsoft Azure läuft. Die Clusterfähigkeit bedeutet, dass Sie beliebig viele Commerce-Backend-Server als einzelne Knoten, sogenannte *Replicas*, in einem Verbund betreiben können. Diese haben einen gemeinsamen optimierten Zugriff auf die Datenbankschicht. Dazu gehört eine performante verteilte Caching-Schicht, die verhindert, dass Instanzen unnötigerweise auf die Datenbank zugreifen müssen. Im Wesentlichen werden Daten von einem Server geschrieben und dann über den verteilten Cache an alle anderen Replicas verteilt. Beim Lesen wird zunächst geprüft, ob es die aktuellen Daten im Cache gibt und nur bei Bedarf aus der Datenbank gelesen.

Diese Clusterfähigkeit bietet die Grundlage für eine nahezu unbegrenzte Skalierbarkeit. Die SAP Commerce Cloud Automation Platform definiert für das Backend von SAP Commerce fünf verschiedene Rollen für Cluster Replicas, sogenannte *Aspekte*:

- `backoffice`
  Dieser Aspekt dient als Clustergruppe, um alle Backoffice-Administrationsanwendungen bereitzustellen.

- `backgroundProcessing`
  Dieser Aspekt dient als Clustergruppe, um zeitlich gesteuerte Tasks und Inbound-Integration sowie Datenimporte und -exporte zu verarbeiten.
- `api`
  Dieser Aspekt dient als Clustergruppe für die Headless API, die die Grundlage für das Headless Commerce bildet. Diese ist exklusiv auf externe Webservice-Zugriffe ausgelegt.
- `admin`
  Über diese interne Clustergruppe werden die wichtigen Datenverarbeitungen wie die Initialisierung oder das Update des Typsystems verarbeitet.
- `Accstorefront`
  Diese Clustergruppe dient als Laufzeitumgebung für den Legacy-Mechanismus der non-headless Storefronts.

Jeder der genannten Aspekte kann beliebig viele Replicas als Teil seiner Gruppe beinhalten, die sich die jeweilige Aufgabe teilen. Damit das für die zugreifenden Dienste transparent ist, werden die Replicas eines Aspekts nie direkt angesprochen, sondern immer nur über einen sogenannten *Load Balancer*.

Trotz der elastischen Skalierung gibt es von SAP regelmäßig zu saisonalen Anlässen Planungsbefragungen, um z. B. den Peak für eine B2C-Instanz an Black Friday oder Cyber Monday zeitlich einzuplanen. Dabei kann es im Extremfall vorkommen, dass im Retailgeschäft das Doppelte der normalen Peak-Zugriffszahlen erreicht werden. Eine vorausschauende Planung führt zu einer besseren Nutzererfahrung des Webshops als eine dynamische Reaktion.

Als zugrunde liegende Datenbank kommt *Azure SQL* zum Einsatz. Ein direkter Zugriff auf die Datenbank ist nicht möglich. Sie wird komplett von SAP verwaltet und überwacht sowie über das sogenannte *Typsystem-Framework* der SAP Commerce Cloud angesprochen. Die Mächtigkeit dieser DB-Instanz wird über das Datenbanktransaktionseinheiten-Limit (*Database Transaction Unit*, DTU) bestimmt.

5.1.2 Headless/Composable Commerce

Die Trennung von Frontend und Backend in der SAP Commerce Cloud ist ein wesentliches Merkmal ihrer Architektur, die auf Flexibilität, Skalierbarkeit und schnelle Reaktionsfähigkeit ausgerichtet ist. Warum das sinnvoll ist, erfahren Sie im nächsten Abschnitt.

Customer Experience: Taktgeber moderner E-Commerce-Architekturen

Um den durch die Digitalisierung veränderten Kundenanforderungen und einem durchgängigen CX-Ansatz gerecht zu werden, ist eine Weiterentwicklung von monolithischen hin zu modernen, an CX orientierten Webarchitekturen unumgänglich. Die folgenden Anforderungen sind in einem monolithischen System schwieriger abzubilden, sodass eine Trennung von Frontend und Backend sinnvoll ist:

- **Personalisierung**
  Kunden erwarten maßgeschneiderte Erlebnisse, darunter personalisierte Inhalte oder Funktionen auf der Grundlage von individuellem Benutzerverhalten, Vorlieben oder demografischen Daten.
- **Integration neuer Trends und Technologien**
  Neue Technologien (z. B. Augmented Reality/Virtual Reality oder KI-gesteuerte Empfehlungen) müssen in bestehende Systeme integriert werden können.
- **Ausfallzeiten und Verlässlichkeit**
  Jede Aktualisierung oder jeder Ausfall eines Teils eines monolithischen Systems kann potenziell die gesamte Anwendung zum Absturz bringen und schwerwiegende Auswirkungen auf die Kundenerfahrung haben.
- **Globale Reichweite und Lokalisierung**
  Da Unternehmen weltweit expandieren, muss sichergestellt werden, dass die Inhalte lokalisiert werden können – in Bezug auf die Sprache, kulturelle Besonderheiten, Zahlungsarten usw.
- **Sicherheitsaspekte und Vertrauen**
  Schwachstellen können in einem monolithischen Aufbau das gesamte System gefährden und damit die Daten und das Vertrauen der Nutzerinnen und Nutzer aufs Spiel setzen.
- **Optimierung für mobile Geräte und eine Vielzahl von Touchpoints**
  Angesichts der zunehmenden Verbreitung mobiler Geräte müssen Webanwendungen für verschiedene Bildschirmgrößen, Gerätefunktionen und Netzwerkbedingungen optimiert werden.
- **Echtzeit-Datenverarbeitung**
  Benutzerinnen und Benutzer erwarten Echtzeit-Feedback, Aktualisierungen und Interaktivität.

Die Trennung von Frontend und Backend in der SAP Commerce Cloud, insbesondere im Rahmen eines Headless-Ansatzes, hat mehrere Vorteile, die dazu beitragen, eine flexible, skalierbare und moderne E-Commerce-Lösung zu schaffen. Hier sind einige Gründe für die Trennung von Frontend und Backend im SAP Commerce:

- **Unabhängige Entwicklung**
  Die Trennung ermöglicht es, dass Frontend und Backend unabhängig voneinander entwickelt werden können. Dies führt zu mehr Flexibilität und beschleunigt die Entwicklungszyklen.

- **Mehrfache Frontends**
  Durch die Abkopplung des Frontends können verschiedene Frontend-Anwendungen, wie Websites, mobile Apps oder Sprachassistenten, nahtlos integriert werden. Dies ermöglicht es Unternehmen, verschiedene Kanäle effektiver zu bedienen.
- **Bessere Benutzererfahrung**
  Frontend-Entwicklungsteams können sich auf die Optimierung der Benutzeroberfläche und Benutzererfahrung konzentrieren, während die Backend-Entwicklung sich auf die Geschäftslogik und Datenverarbeitung konzentriert. Dies führt zu einer verbesserten Benutzererfahrung.
- **Skalierbarkeit**
  Durch die Trennung können Frontend und Backend unabhängig voneinander skaliert werden. Dies ist besonders wichtig, wenn unterschiedliche Teile des Systems unterschiedliche Lasten erfahren.
- **Technologische Vielfalt**
  Frontend und Backend können unterschiedliche Technologiestacks und Programmiersprachen verwenden. Dies ermöglicht es Unternehmen, die besten Technologien für jeden Teil ihres Systems auszuwählen.
- **Asynchrone Entwicklung**
  Die Trennung ermöglicht eine asynchrone Entwicklung, bei der Frontend- und Backend-Teams gleichzeitig an verschiedenen Teilen des Systems arbeiten können. Dies beschleunigt den Entwicklungsprozess.
- **Agile Methode**
  Die Unabhängigkeit von Frontend und Backend unterstützt agile Entwicklungsmethoden, da Teams schneller iterieren und auf sich ändernde Anforderungen reagieren können.
- **Einfachere Wartung und Aktualisierung**
  Die unabhängige Aktualisierung von Frontend und Backend erleichtert die Wartung und Implementierung von Updates. Dies ermöglicht es Unternehmen, schnell auf Markttrends oder Sicherheitsanforderungen zu reagieren.
- **Integration von Drittanbieter-Anwendungen**
  Frontend-Anwendungen können leichter mit Drittanbieter-Anwendungen integriert werden, da sie über standardisierte APIs auf das Backend zugreifen.
- **Zukunftssicherheit**
  Die Trennung von Frontend und Backend schafft eine zukunftssichere Architektur, die es Unternehmen ermöglicht, neue Technologien und Trends ohne größeren Aufwand zu integrieren.

Headless-Architektur

SAP Commerce Cloud in Verbindung mit SAP Composable Storefront (siehe Abschnitt 5.1.4) bilden eine sogenannte *Headless-Architektur*. Die Besonderheit einer Headless-Architektur ist, dass die Frontend-Applikation (SAP Composable Storefront) von der Backend-Applikation (SAP Commerce Cloud) entkoppelt ist. Das Frontend läuft als JavaScript-Applikation im Browser der Nutzerinnen und Nutzer und kommuniziert über APIs (Application Programming Interfaces) mit dem Backend-System.

In einer Headless-Architektur ist das Frontend für die Benutzeroberfläche (UI) und die Benutzererfahrung (UX) verantwortlich, während das Backend die Geschäftslogik, die Datenverarbeitung und die Speicherung übernimmt. Das Frontend wird in der Regel mit modernen JavaScript-Frameworks oder -Bibliotheken wie React, Angular oder Vue.js erstellt. Es konsumiert Daten und Dienste, die vom Backend über APIs bereitgestellt werden.

Der größte Vorteil einer Headless-Architektur liegt in ihrer Flexibilität. Da das Frontend und das Backend entkoppelt sind, können die Mitglieder des Entwicklungsteams unabhängig voneinander an jeder Komponente arbeiten und so verschiedene Technologien und Frameworks verwenden, die für ihre jeweiligen Aufgaben am besten geeignet sind. Dieser Ansatz ermöglicht schnellere Entwicklungszyklen.

Darüber hinaus ermöglicht eine Headless-Architektur eine Multichannel-Bereitstellung. Da das Frontend Daten über APIs abruft, kann dasselbe Backend mehrere Frontends gleichzeitig bedienen, z. B. Webanwendungen, mobile Anwendungen, intelligente Geräte oder sogar Virtual-Reality-Schnittstellen. Umgekehrt kann aber auch das Frontend Daten aus verschiedenen Backend-Systemen beziehen. Diese Flexibilität ist besonders nützlich bei der Erstellung komplexer Anwendungen oder bei der Ausrichtung auf verschiedene Plattformen und Geräte.

Bei der Entkopplung von Frontend und Backend in einer Headless-Architektur spricht man auch von einer sogenannten *horizontalen Entkopplung*. Eine *vertikale Entkopplung* bezieht sich auf die Fähigkeit eines Systems, unterschiedliche Dienste für Teilbereiche der Anforderungen integrieren und nahtlos einbinden zu können. Man spricht in diesem Zusammenhang von einer *Composable-Architektur*. Bei einer Composable-Architektur wird eine Anwendung in kleinere, unabhängige, aber fachlich zusammenhängende Dienste, sogenannte *Packaged Business Capabilities* (PBCs), aufgeteilt, die über APIs kommunizieren. Dieser Ansatz ermöglicht eine bessere Skalierbarkeit, Flexibilität und schnellere Iteration von Entwicklungen. Es erleichtert auch die Integration neuer Technologien und Lösungen und die Verarbeitung von Daten in Echtzeit. Wenn die einzelnen Dienste sehr kleinteilig sind und nicht mehr notwendigerweise eine Geschäftsfunktion kapseln, sondern auch einzelne technische Funktionen erfüllen, spricht man von einer *Microservice-Architektur*.

Headless/Composable-Architekturen begegnen den erwähnten Nachteilen monolithischer Lösungen mit folgenden Maßnahmen:

- **Entkopplung von Frontend und Backend**
  Headless-Architekturen trennen das Frontend (Präsentationsschicht) vom Backend (Daten/Geschäftslogik). Dadurch können sich Frontend-Entwicklungsteams auf das Benutzererlebnis konzentrieren und die neuesten Frameworks und Tools verwenden, während sich Backend-Entwicklungsteams auf Daten, Integrationen und Geschäftslogik konzentrieren können.
- **Flexibilität**
  Composable-Architekturen, insbesondere mit ihrem Packaged-Business-Capabilities-Ansatz, ermöglichen es den Teams, die beste Technologie und Lösung für Aufgabengebiete innerhalb der Plattform zu verwenden. Verschiedene Dienste können in unterschiedlichen Programmiersprachen geschrieben werden oder unterschiedliche Datenbanken verwenden, je nach Anforderungen des Dienstes.
- **Skalierbarkeit**
  Entkoppelte Dienste können je nach Bedarf individuell skaliert werden. Wenn ein bestimmter Bereich stark frequentiert wird, muss nur dieser Dienst skaliert werden, was Ressourcen und Kosten spart.
- **Kürzere Markteinführungszeit**
  Teams können unabhängig voneinander an verschiedenen Komponenten arbeiten, was zu paralleler Entwicklung und schnelleren Release-Zyklen führt.
- **Resilienz**
  Wenn in einer Composable-Architektur ein Dienst ausfällt, muss das nicht zwangsläufig die gesamte Anwendung betreffen. Dies macht das System widerstandsfähiger und erhöht die Betriebszeit.
- **Cloud-native Vorteile**
  Cloud-nativ zu sein, bedeutet, dass Anwendungen speziell für Cloud-Umgebungen entwickelt werden. Dies führt oft zu Kosteneinsparungen, automatischer Skalierung, verbesserter Leistung und besserer Ressourcennutzung.
- **API-first Ansatz**
  Durch die Betonung von APIs schon im Basisdesign der Lösung ist es einfacher, andere Systeme, Plug-ins oder Tools von Drittanbietern zu integrieren, was die Interoperabilität und Erweiterbarkeit verbessert.

Zusammenfassend lässt sich sagen, dass monolithische Architekturen zwar ihre eigenen Vorteile haben und für bestimmte Anwendungen geeignet sind, dass aber die technischen Herausforderungen, die sie in der heutigen dynamischen und schnelllebigen digitalen Landschaft mit sich bringen, Headless- und Composable-Architekturen für viele Unternehmen immer attraktiver machen. Mit der Entwicklung der SAP Commerce Cloud hin zu Headless- und Composable-Architektur bietet SAP heute die ausgewogenste Kombination aus Headless-Architektur, Standardfunktionalität und Offenheit für Erweiterung und Integration durch einen Composable-Commerce-Ansatz.

Zudem ermöglicht die Trennung von Frontend und Backend Unternehmen, mehrere Kanäle (online, mobil, im Geschäft, IoT usw.) nahtlos zu integrieren und so konsistente Erlebnisse über alle Berührungspunkte hinweg zu gewährleisten (Multichannel-Ansatz). Des Weiteren verschafft diese Entkopplung Ihrem Unternehmen die Flexibilität, verschiedene Frontend-Lösungen (wie Single-Page-Anwendungen, mobile Apps usw.) mit dem Backend von SAP Commerce Cloud zu integrieren. Das Backend selbst wird nur über APIs für konsumierende Anwendungen zur Verfügung gestellt.

SAP bietet ein eigenes Applikationsframework für das Frontend an: *SAP Composable Storefront*. Storefront steht dabei für die Auslage eines Ladengeschäfts, die den Blick in das Innere erlaubt, wo eine Interaktion mit den Kunden (wie Rückgabe, Reklamation etc.) stattfindet.

Composable-Architektur und Erweiterungsframework

Die Plattform von SAP Commerce Cloud basiert auf einem erweiterungszentrierten Modell. Es ist möglich, eigene Erweiterungen vorzunehmen oder bereits vorhandene zu nutzen. Dieser modulare Ansatz ermöglicht es Unternehmen, ihre individuelle Lösung zusammenzustellen, indem sie nur die benötigten Komponenten integrieren.

Die SAP Commerce Cloud bringt in vielen Bereichen Basisfunktionen mit, die genutzt werden können, wenn keine besonderen individuellen Anpassungen oder Prozessanforderungen notwendig sind. Durch die Erweiterungsarchitektur können diese *Packaged Business Capabilities* genutzt werden, solange sie ausreichen. Wenn bestimmte Anforderungen in einzelnen Bereichen besser durch eine Erweiterung oder ein Drittsystem erfüllt werden können, lässt sich diese Funktion gezielt austauschen und durch eine passende Lösung mit der benötigten Spezialfunktion oder der Verbindung zum Drittsystem ersetzen.

Aus diesem Grund verzichtet die SAP Commerce Cloud auf eine reine Microservices-Architektur. Diese wäre zu kleinteilig und könnte die effektive Kombination von Geschäftsfunktionen aus dem Kernsystem, eigenen Entwicklungen oder von Drittanbietern erschweren.

Entwicklungsteams haben dennoch die Möglichkeit, Microservices zu nutzen oder Teile ihrer Lösung als Microservices umzusetzen. Hierfür stellt SAP mit der *SAP Extension Suite*, basierend auf *Kyma runtime*, ein ergänzendes Produkt bereit. Dieses lässt sich durch Webservices und einen umfassenden Business-Event-Layer nahtlos auf allen Ebenen in die SAP Commerce Cloud integrieren (siehe Kapitel 16, »SAP Commerce Cloud erfolgreich erweitern«).

Mit dem Business Event Framework in Kombination mit der auf OData (*Open Data Protocol*) basierenden Integration API lassen sich auch tief integrierte Szenarien mit weiteren Anwendungen z. B. auf der SAP Business Technology Plattform (SAP BTP) realisieren. Durch die Offenheit der Schnittstellen können Sie aber auch Nicht-SAP-Plattformen und -Anwendungen integrieren, wenn diese sich durch offene Webstandards anbinden lassen.

Die SAP Commerce Cloud zeichnet sich durch zahlreiche sofort einsatzbereite Integrationen mit anderen SAP-Lösungen, insbesondere SAP S/4HANA und den Produkten des SAP-CX-Portfolios, sowie Partnerprodukten und Drittanbieter-Systemen aus. Dies ermöglicht es Unternehmen, eine umfassende Lösung zu schaffen, die ERP, CRM und weitere Bereiche umfasst. Sie können jeweils auf Best-of-Breed-Lösungen zurückgreifen, wenn die Grundfunktionen nicht genügen oder eine eigene Erweiterung strategisch nicht infrage kommt. Auch diese Integrationen setzen überwiegend auf OData als Standard.

Die Kombination aus Erweiterbarkeit, Individualisierbarkeit und Integrationsoffenheit stellt das Fundament für die Composable-Architektur von SAP Commerce Cloud dar, die den Kern, eigene Erweiterungen und externe Dienste unter einem Service-Layer bündelt und damit den konsumierenden Diensten zur Verfügung stellt.

5.1.3 SAP Commerce Cloud Backend Applikationsframework

Die Basis für das SAP-Applikationsframework, das als das Headless-Backend der SAP Commerce Cloud dient, ist ein Java-Software-Stack, der auf folgenden grundlegenden Technologien und Architekturen basiert:

- **Programmiersprache**
  Die Basis der meisten Software-Bestandteile des Backends von SAP Commerce Cloud ist die Programmiersprache Java.
- **Webcontainer**
  - Jede Instanz der SAP Commerce Cloud läuft in einem Java-Webcontainer.
  - Als Webcontainer-Laufzeit wird der Open-Source-Anwendungsserver Apache Tomcat genutzt.
- **Applikationsframework**
  Das Erweiterungsframework der SAP Commerce Cloud basiert auf dem Spring Framework. Das Spring Framework ist ein weitverbreitetes Framework für die Entwicklung von Java-Anwendungen und bietet eine umfassende Infrastruktur für die Entwicklung von Enterprise-Java-Anwendungen. Es basiert auf den bewährten Prinzipien der *Dependency Injection*, *Inversion of Control* und dem Grundsatz »Konvention vor Konfiguration«.

Viele Erweiterungen von Spring bieten standardisierte und aufeinander abgestimmte Basisfunktionen in den Bereichen Authentifizierung und Autorisierung, Abstraktion des Zugriffs auf die Persistenz-Schicht, Messaging, Transaktionsmanagement, Softwaretests, XML Mapping, aspektorientierte Programmierung etc.

Sämtliche Erweiterungen (eigene oder von SAP) werden ebenfalls über das Spring Framwork umgesetzt.

- **Build Framework für den Backend-Software-Stack**
  Apache Ant ist ein Open-Source-Tool, das hauptsächlich zum Automatisieren der Build-Prozesse verwendet wird. Es wurde ursprünglich für die Java-Plattform entwickelt, kann aber auch für viele andere Aufgaben verwendet werden. Der gesamte Erweiterungsmechanismus, der die Applikation aus dem Kern der Plattform und modularen Erweiterungen zusammensetzt, gründet sich auf einem Build-Konzept, das mit Apache Ant realisiert wurde.

[»]

Build-Umgebung und Prozesse

Build-Prozesse sind Schritte und Abläufe in der Softwareentwicklung, die darauf abzielen, den Quellcode einer Anwendung in ausführbare Artefakte oder Binärdateien umzuwandeln. Diese Prozesse spielen eine entscheidende Rolle im Softwareentwicklungslebenszyklus, da sie sicherstellen, dass der Code ordnungsgemäß kompiliert, getestet und für den Einsatz vorbereitet wird. Der Build-Prozess ist oft Teil von Continuous-Integration-(CI-) und Continuous-Deployment(CD-)Praktiken, bei denen Änderungen am Code regelmäßig automatisch getestet und bereitgestellt werden, um die Softwarequalität und den Entwicklungsprozess zu verbessern.

Der Begriff *Build* selbst bezieht sich zum einen auf den Prozess der Erstellung einer vollständigen und lauffähigen Software und andererseits auf das Resultat dieses Vorgangs, sprich die ausführbaren Programme und Anwendungen sowie deren Ressourcen. Demnach wird sowohl der Prozess als auch die fertige Version als Build bezeichnet. Eine detaillierte Beschreibung zu den wichtigsten Aspekten, dem Erstellen, Verwalten und dem Ablauf von Builds finden Sie ab Abschnitt 5.2.4, »Builds erstellen und verwalten«.

Die SAP Commerce Cloud zeichnet sich durch ihre anpassungsfähige, modulbasierte Struktur aus, die auf Erweiterungen, sogenannten *Extensions*, aufbaut. Eine solche Erweiterung ist ein definiertes Software-Modul, das die Fähigkeiten der SAP Commerce Cloud erweitert, sei es durch die Anpassung vorhandener Funktionen oder das Hinzufügen neuer Funktionen (siehe Kapitel 16, »SAP Commerce Cloud erfolgreich erweitern«).

Die SAP Commerce Cloud wird durch einige grundlegende Konfigurationen gesteuert, die das Verhalten aller Extensions im Zusammenspiel steuern. Die primäre Liste für die Auswahl der zu nutzenden Erweiterungen ist die Datei **localextensions.xml**.

Sie definiert den Funktionsumfang der Anwendung, wird gezielt zusammengestellt und markiert den Beginn jedes Softwareprojekts mit der SAP Commerce Cloud. Hier können Sie sowohl die durch SAP zur Verfügung gestellten Standarderweiterungen als auch die in Ihrem Projekt entwickelten Erweiterungen einbinden.

Um das übergreifende Verhalten und die Zusammenarbeit aller Erweiterungen zum Start der Umgebung zu konfigurieren, gibt es einen globalen Schlüssel/Werte-Speicher, in den die Erweiterungen beim Start Werte schreiben und somit ihr Standardverhalten definieren. Diese Werte können durch eine definierte Konfiguration beim Start global überschrieben werden. Der Deskriptor für diese übergreifenden Konfigurationswerte heißt **local.properties**.

Während die beiden letzten Konfigurationsartefakte die Anwendung selbst steuern und unabhängig davon sind, wo die Anwendung betrieben wird (lokal, auf einem eigenen Server oder auf der SAP Commerce Cloud Platform), existiert eine spezielle Konfiguration für die Anpassung des Verhaltens innerhalb der SAP-Commerce-Cloud-Plattform: die sogenannte **Commerce Cloud manifest.json**.

5.1.4 SAP Composable Storefront

Die Basis für das SAP-Applikationsframework, das als das Frontend-Gegenstück der Headless Applikation der SAP Commerce Cloud dient, ist *SAP Composable Storefront*. Das Composable Storefront Framework ist eine Sammlung von Bibliotheken, die es ermöglichen, eine entkoppelte JavaScript-Anwendung auf Basis des *Angular JavaScript* Frameworks (siehe auch Ausführung zu Angular im Folgenden) zu entwickeln und damit ein Frontend für SAP Commerce Cloud zu betreiben.

Traditionelle Frontend-Anwendungen werden direkt vom Server bereitgestellt, wodurch das Frontend eng mit der Daten- und Business-Logik-Ebene verbunden ist. Im Gegensatz dazu basieren Anwendungen, die SAP Composable Storefront nutzen, auf einer entkoppelten JavaScript-Applikation. Das bedeutet, dass der Server, der die JavaScript-Applikationsdateien bereitstellt, keine Logik oder Daten enthält. Er dient ausschließlich dazu, die Dateien und Assets wie JavaScript, CSS, Bilder etc. zu liefern, die dann im Browser als eigenständige Anwendung ausgeführt werden. Eine zentrale HTML-Datei dient als Basis für das Laden der Anwendung im Browser. Das weitere Verhalten wird durch JavaScript gesteuert. Man nennt diese Art von Anwendungen daher auch *Single-Page-Anwendungen* (siehe Abbildung 5.2).

Diese Anwendung stellt vom Browser der Nutzerinnen und Nutzer aus über REST-Webservices eine Verbindung zum Headless-Backend her, um Daten vom SAP Commerce Cloud Backend abzurufen und mit den dortigen Prozessen zu interagieren. Diesen Ansatz nennt man *API-driven*, da alle Vorgänge und Darstellungen auf der Interaktion mit Web-APIs eines anderen Servers basieren. Im Fall der SAP Commerce Cloud sind dies die OCC-REST-Webservices (siehe Abschnitt 5.1.6).

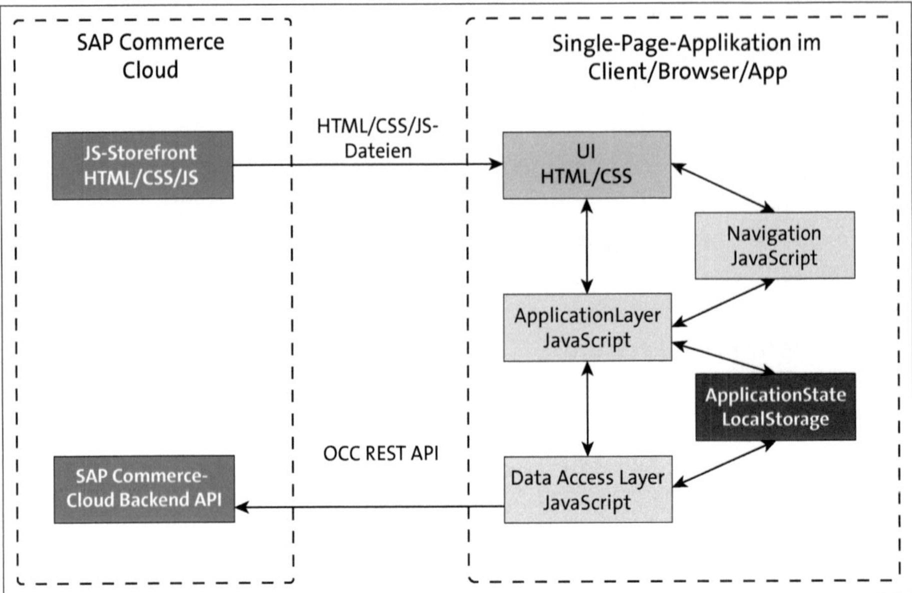

Abbildung 5.2 Single-Page-Applikations-Architektur von SAP Composable Storefront

Eines der wesentlichen Ziele des Composable Storefront Frameworks ist der Einsatz unabhängig vom Endgerät, dem eingesetzten Browser und der Leistungsfähigkeit der Internetverbindung. SAP Composable Storefront Framework basiert auf einigen grundlegenden Technologien, die wir im Folgenden darstellen.

Es werden die folgenden Programmiersprachen verwendet:

- **JavaScript/TypeScript**
  Die Basis für die gesamte Storefront-Entwicklung ist JavaScript oder genauer die typisierte Variante TypeScript, die im Build-Prozess in JavaScript übersetzt wird.
- **HTML**
  Um im Browser dargestellt werden zu können, muss der JavaScript-Code mit HTML interagieren oder die HTML-Datei dynamisch erzeugen. Außerdem benötigen Sie die zentrale HTML-Datei, um die Anwendung erstmalig im Browser initialisieren zu können.
- **CSS/SASS**
  Um die Darstellung des Storefronts anpassen zu können, dienen Cascading Stylesheets (CSS) als Grundlage. Damit CSS für Ihr Entwicklungsteam leichter zu nutzen ist, kommt entwicklungsseitig *SASS* (CSS-Präprozessor) zum Einsatz. Er erlaubt es, CSS wie eine Programmiersprache zu nutzen, um sich wiederholende Blöcke nur einmal zu definieren und Variablen zu nutzen, um das Erscheinungsbild zu steuern. Im Build-Prozess wird aus dem SASS-Code der fertige CSS-Code, der dann vom Browser interpretiert werden kann.

Es kommen u. a. die folgenden Applikationsframeworks zur Anwendung (wir nennen im Folgenden nur die wichtigsten):

- **Angular**
  Das wichtigste Entwicklungsframework ist *Angular*. Angular ist ein weitverbreitetes JavaScript Entwicklungsframework, das von Google und der Open-Source-Community betreut und vorangetrieben wird. Zu den wesentlichen Merkmalen gehören ein komponentenbasierter Aufbau, ein Templating-Mechanismus, Dependency Injection, Modularität, Routing, umfassende Typisierung mittels TypeScript, einfache Automatisierbarkeit von Tests sowie Fähigkeiten zum serverseitigen Rendering.
- **RxJS**
  RxJS ist eine Bibliothek für funktionale reaktive Programmierung, die es Entwicklerinnen und Entwicklern erleichtert, mit dem hauptsächlich asynchronen Verhalten in JavaScript-Single-Page-Applikationen umzugehen.
- **NgRx**
  NgRx ist ein Framework, das es erlaubt, in einer komplexen Angular-Applikation das State-Management zu kontrollieren. Da die Zugriffe auf das Headless-Backend stateless sind, muss der Zustand der Anwendung für den Benutzer clientseitig im Browser gehalten und gesteuert werden. NgRx ist die Single-Source-of-Truth für den Zustand der Applikation, der durch viele verschiedene Faktoren und Akteure beeinflusst wird. Die Beeinflussung des Zustands geschieht dabei nie direkt. Stattdessen wird aus dem alten State und einer Aktion ein neuer State erzeugt. Jeder State ist unveränderlich. Diese architektonische Grundlage ist das sogenannte *Redux-Pattern*.

Das Build und Runtime Framework für das Frontend bestehen aus:

- **Node.js**
  Node.js ist die Grundlage für das gesamte SAP Composable Storefront Framework. Es ist die JavaScript-Runtime-Umgebung, auf der der SAP Composable Commerce Storefront entwickelt und betrieben wird.
- **Angular CLI**
  Das ist das Command Line Interface von Angular, das zum Aufsetzen und Entwickeln Ihrer Composable-Storefront-Applikation verwendet wird.
- **npm/yarn**
  Das Paketmanagement kann entweder über npm oder yarn aufgesetzt werden.

Auch wenn der Code als Open-Source verfügbar gemacht wird, erfolgt der korrekte Weg zur Nutzung – um auch den entsprechenden Support gemäß Ihrer Lizenz zu erhalten – über den Download der SAP-Composable-Storefront-Bibliotheken durch den RBSC (*Repository Based Shipment Channel*) von SAP.

So gestaltet sich – kurz gefasst – der Prozess zum Einrichten Ihrer SAP Composable Storefront:

1. SAP Composable Storefront lizenzieren (wenn nicht Teil Ihrer aktuellen SAP Commerce Cloud Lizenz)
2. Mit einem berechtigten Benutzer den aktuellen Stand der SAP-Composable-Storefront-Bibliotheken aus dem RBSC herunterladen und Ihrem Entwicklungsteam bereitstellen
3. Erzeugen einer neuen Angular-Applikation
4. Konfigurieren der Angular-Applikation durch Auswahl der benötigten Bibliotheken aus der SAP Composable Storefront. Ihre Wahl hängt vom gewünschten Funktionsumfang Ihres Webshops oder Kundenportals ab und davon, ob Sie sich auf B2C- oder B2B-Szenarien konzentrieren.
5. Nutzen der standardmäßig bereitgestellten Funktionen, Erweiterung dieser Funktionen oder Entwicklung eigener Komponenten und Features
6. Bereitstellen im gleichen *Git Repository* wie das SAP Commerce Clod Backend mit dem Frontend **manifest.json**. Es können mehrere JavaScript-Applikationen als SAP Composable Storefronts bereitgestellt werden, falls Sie verschiedene Marken und Auftritte in einer SAP-Commerce-Cloud-Instanz betreiben möchten.
7. Build und Deployment im Bundle mit der SAP Commerce Cloud Backend Applikation
8. Nutzung der Frontend-Applikationen mit Endpunkten vom Service-Typ JS-Storefront

Alle in diesem Buch beschriebenen Funktionen, die Anwenderinnen und Anwender nutzen können, sind als Frontend-Komponenten im SAP Composable Storefront enthalten und können in Ihrer Storefront-Entwicklung genutzt werden. Das kann bedeuten, dass Sie ein Feature im Code nur durch eine Konfiguration aktivieren und direkt im Standard nutzen. Oder Sie entscheiden sich, das Erscheinungsbild des Features über CSS und eigene grafische Ressourcen zu ändern. Sie können diese Komponenten auch komplett erweitern und mit eigener erweiterter Logik an Ihr Anwendungsszenario anpassen. Auch die Einführung komplett neuer Komponenten ist möglich. Je nach Grad und Tiefe der Anpassung erfordert das wenige bis umfangreiche Entwicklungen in Ihrem Frontend-Entwicklungsprojekt. So wie es für die SAP Commerce Cloud Backend Applikation ein **manifest.json** gibt, das den Einsatz in der Commerce Cloud Runtime konfiguriert, gibt es auch ein **manifest.json** für die JavaScript-Frontend-Applikation.

Die SAP-Commerce-Cloud-Plattform macht auch für den Storefront-Code einige wenige grundlegende Vorgaben. Durch diese Vorgaben und den Inhalt der **manifest.json** können folgende Aspekte des SAP Composable Storefront in der Cloud-Laufzeitumgebung gesteuert werden.

Es gibt zwei Möglichkeiten, wie eine JavaScript-Applikation für die SAP Commerce Cloud Runtime bereitgestellt werden kann:

- **Im Source-Code**
  Wenn für die JavaScript-Anwendung (noch) kein **dist**-Verzeichnis existiert, wird die komplette JavaScript-Applikation durch den der Cloud Build bereit gestellt.
- **Als Distribution**
  Wenn für die JavaScript-Anwendung bereits ein **dist**-Verzeichnis existiert, verzichtet der Build-Prozess darauf, dieses neu zu erstellen, und verwendet stattdessen den vorhandenen Inhalt des **dist**-Verzeichnisses zur Bereitstellung.

Obwohl der typische Anwendungsfall die Nutzung der Frontend-Funktionen der SAP Commerce Cloud mit dem SAP Composable Storefront ist, können auch beliebige andere JavaScript-Single-Page-Applikationen entwickelt, bereitgestellt und gehostet werden – vorausgesetzt, sie sind mit dem Deployment- und Laufzeitmodell der SAP Commerce Cloud Storefront kompatibel. Das bedeutet im Wesentlichen alle JavaScript Storefronts, die auf der unterstützten Version von node.js lauffähig sind und mit Standard-NPM-Paketen plus den über das Repository zur Verfügung gestellten Code-Bestandteile bauen lassen. So kann man z. B. auch Storefronts erzeugen und betreiben, die auf vue.js basieren. Dafür gibt es aber keinen Produkt-Support von SAP.

5.1.5 Schnittstellen und Integration

SAP Commerce Cloud bietet eine offene Architektur und Möglichkeiten, Schnittstellen einzusetzen, um Daten von anderen Systemen in SAP Commerce Cloud zu importieren oder um diese dorthin zu exportieren. In diesem Abschnitt lernen Sie, welche Schnittstellen die SAP Commerce Cloud bietet und für welche Anwendungsfälle sie sinnvoll eingesetzt werden können. Sind Sie vor allem an Schnittstellen interessiert, die SAP im Standard bietet, dann werfen Sie einen Blick in Kapitel 15, »SAP Commerce Cloud mit SAP S/4HANA und SAP ECC«. Kapitel 17, »Integrations- und CX-Szenarien mit SAP Commerce Cloud«, beschreibt weitere gängige Szenarien des Zusammenspiels von SAP Commerce Cloud mit anderen SAP- oder Nicht-SAP-Systemen.

Abbildung 5.3 zeigt, welche Optionen im Hinblick auf Schnittstellen SAP Commerce Cloud bietet.

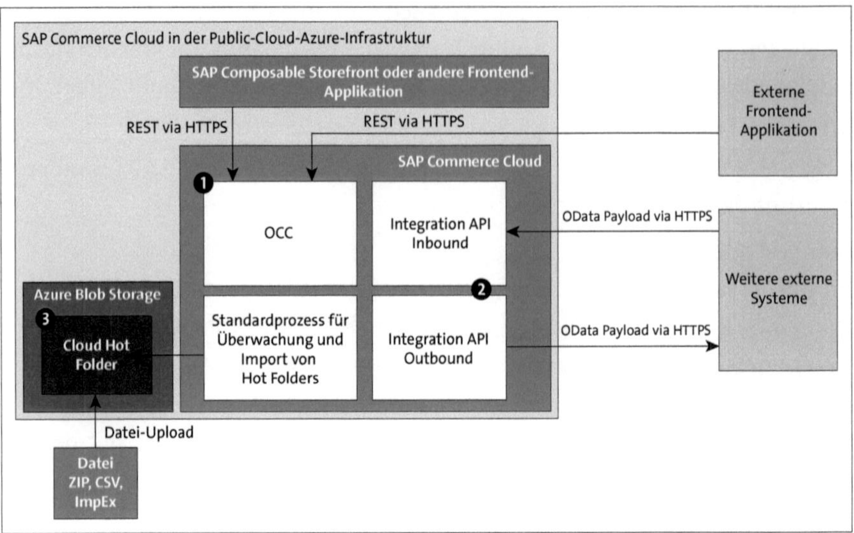

Abbildung 5.3 Übersicht über Schnittstellen in SAP Commerce Cloud

❶ Die sogenannten *Commerce Webservices* werden oft auch *OCC* genannt, nach dem früheren Namen Omni Commerce Connect. Die Commerce Webservices stellen sämtliche Commerce-Funktionen und -Prozesse für externe Anwendungen zur Verfügung. Sie werden hauptsächlich von Frontend-Applikationen genutzt. Diese Webservices werden auch von SAP Composable Storefront genutzt. Sie stellen sämtliche Funktionen wie Login, Warenkorb, Checkout etc. für externe Applikationen bereit, liefern aber auch z. B. Produktdaten oder Content-Seiten, die im Frontend oder anderen Applikationen angezeigt oder konsumiert werden.

❷ Für den Import oder Export von Daten bietet SAP Commerce Cloud die sogenannte *Integration API*. Die Integration API dient vor allem dem Austausch von Stamm- und Bewegungsdaten. Auch die in Kapitel 15, »SAP Commerce Cloud mit SAP S/4HANA und SAP ECC«, beschriebenen Standard-Schnittstellen mit SAP S/4HANA und SAP ECC nutzen die Integration API für den Datenaustausch. Die Integration API erwartet und versendet Daten im OData-Format.

❸ Der Import Mechanismus *Cloud Hot Folder* arbeitet nach dem Prinzip eines Hot-Folders, d. h. einem Ordner, der ständig überwacht wird. Sobald eine Datei in diesem Ordner gespeichert wird, wird diese verarbeitet und die Daten werden importiert. Der Cloud Hot Folder arbeitet mit einem Blob Storage, der innerhalb der zugrunde liegenden Microsoft-Azure-Infrastruktur von SAP bereitgestellt wird. Nach diesem Prinzip können sogenannte *CSV-* oder *ImpEx-Dateien*, ZIP-Archive und Dateien mit URLs auf externe Dateien importiert werden. Kommt kein zentrales MAM/DAM-System zum Einsatz (siehe Abbildung 17.10, »MAM-/DAM-Systeme«), wird dieses Import-Prinzip oft zum massenhaften Import von Assets wie Bildern etc. genutzt.

Wie Sie sehen, bietet SAP Commerce Cloud umfangreiche und moderne Schnittstellen und Möglichkeiten, um Daten zu im- oder exportieren. Nicht immer sprechen alle Systeme, vor allem auch Nicht-SAP-Systeme, moderne Protokolle via REST oder OData an, so wie es die SAP Commerce Cloud tut. In solchen Fällen kann es notwendig sein, eine Middleware einzusetzen, also ein System, das zwischen zwei Anwendungen, die unterschiedliche Protokolle sprechen, als Übersetzer fungiert. Für solche Zwecke können Sie die *SAP Integration Suite* nutzen (früher SAP Cloud Platform Integration, CPI, genannt). Die SAP Integration Suite unterstützt eine Vielzahl an Protokollen, sodass fast jedes System an SAP Commerce Cloud angebunden werden kann. Abbildung 5.4 zeigt einige mögliche Beispiele.

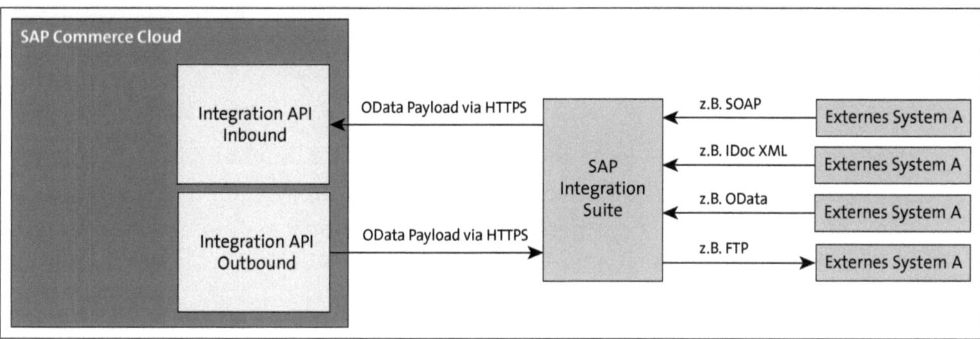

Abbildung 5.4 SAP Commerce Cloud mit SAP Integration Suite

Dabei kann die SAP Integration Suite nicht nur dann eingesetzt werden, wenn Systeme mit unterschiedlich unterstützten Protokollen miteinander verbunden werden sollen, sondern auch, wenn Payloads, d. h. Datenformate, von einem in ein anderes Format konvertiert werden müssen (z. B. von XML nach JSON).

Welche Middleware soll genutzt werden?

Prinzipiell könnte natürlich auch jede andere Middleware-Lösung zum Einsatz kommen, die die benötigten Protokolle unterstützt. Die SAP Integration Suite bietet nicht nur umfangreiche Unterstützung für verschiedene Protokolle und eignet sich ideal für die Integration verschiedener SAP-Systeme, sondern stellt auch vordefinierte Standardintegrationen zur Verfügung. Dies ermöglicht es, Standard-Schnittstellen mit minimalem Aufwand in Betrieb zu nehmen. Einige dieser Standard-Schnittstellen beschreiben wir in Kapitel 15, »SAP Commerce Cloud mit SAP S/4HANA und SAP ECC«.

5.1.6 OCC – Commerce Web Services

Wie eingangs erwähnt, können die sogenannten *REST-basierten OCC-Services* für die Integration mit beliebigen (in der Regel Frontend-)Anwendungen genutzt werden.

Eine Übersicht über alle verfügbaren OCC-Services erhalten Sie unter *https://api.sap.com/api/commerce_webservices/resource*. Das Standard-Frontend SAP Composable Storefront ist speziell auf die OCC-Services abgestimmt. Fast alle Informationen und Daten, die SAP Composable Storefront im Frontend anzeigt, sowie alle Prozesse werden über OCC-Services bezogen bzw. abgewickelt. Wenn Sie ein eigenes Frontend anstelle der SAP Composable Storefront nutzen möchten, müssen Sie dieses nur implementieren. Dabei ist es empfehlenswert, die bereits vorhandenen OCC-Services als Schnittstelle zur SAP Commerce Cloud zu verwenden.

Wenn Sie für bestimmte Szenarien die SAP Commerce Cloud anpassen oder eigene Prozesse implementieren möchten, können natürlich auch eigene OCC-Services erstellt oder bestehende erweitert werden.

5.1.7 ImpEx

ImpEx steht für Import/Export und ist ein CSV-basiertes Dateiformat, um Daten von SAP Commerce Cloud zu exportieren oder dorthin zu importieren. ImpEx arbeitet auf dem Typsystem von SAP Commerce Cloud und ermöglicht es, Datensätze anzulegen, zu aktualisieren, zu löschen oder zu exportieren.

Eine ImpEx-Datei besteht aus einer Header-Zeile und einer oder mehreren Datenzeilen. Eine Header-Zeile ist wie folgt aufgebaut:

```
OPERATION    Item-Type    Attribute(Referenz Attribute)[Modifier];
```

Als Operation sind `INSERT`, `UPDATE`, `INSERT_UPDATE` oder `REMOVE` möglich. Der Begriff *Item-Type* bezieht sich auf die verschiedenen Arten von Datenobjekten, die innerhalb der Commerce-Plattform verwaltet werden. Ein Item ist im Kontext von SAP Commerce Cloud ein einzelnes Element oder Datensatz, der bestimmte Informationen repräsentiert. Diese können z. B. Informationen zu einem Produkt (Name, Bestand, Preis etc.) oder zu einem User (Stammdaten, Historie etc.) enthalten. Der Item-Type gibt an, welche Art von Daten dieses Item repräsentiert und welche Struktur es hat.

Das folgende Beispiel besteht aus einer Header-Zeile und zwei Datenzeilen und ändert den Namen des Produkts 0815 für Deutsch und Englisch auf »Roma SY85« und den des Produkts 0816 auf »Roma SY65«.

```
UPDATE Product; code[unique=true]; name[lang=de]; name[lang=en]
       ; 0815      ; RomaSY85       ; RomaSY85
       ; 0816      ; RomaSY65       ; RomaSY65
```

Wie Sie sehen, beginnen die Datenzeilen mit einem Semikolon. Die Datenwerte werden in der gleichen Reihenfolge wie die Attribute in der Header-Zeile mit Semikolon getrennt aufgeführt und stehen somit gewissermaßen in einer Spalte mit den dazugehörigen Attributnamen der Header-Zeile.

Dieses sehr einfache Beispiel soll Ihnen lediglich einen Einblick und eine Idee von ImpEx geben. Das ImpEx-Format ist noch deutlich mächtiger und unterstützt einen sogenannten *Batchmode* für Massenupdates und Makros, um sich wiederholende Strings auszulagern und die ganze Datei zu vereinfachen. Es erlaubt sogar, Skripte und Typsystem-Abfragen aufzuführen. ImpEx ist zu komplex, um es an dieser Stelle in aller Tiefe erklären zu können. Haben Sie tiefergehendes Interesse an ImpEx und dessen Möglichkeiten, gibt die SAP-Hilfe ausführliche Details unter:

https://help.sap.com/docs/SAP_COMMERCE/d0224eca81e249cb821f2cdf45a82ace/1b6dd3451fc04c3aa8e95937e9ef2471.html

ImpEx-Dateien können bequem über das Backoffice Cockpit unter **System • Tools • Import** oder über die HAC (Hybris Administration Console) unter **Console • ImpEx-Import** importiert werden.

Gängige Anwendungsfälle sind z. B. Massenimporte oder Migrationsaktivitäten. Zunehmend seltener werden ImpEx-Dateien für produktive Schnittstellen genutzt, wobei dies auch valide Szenarien sind. Statt ImpEx-Dateien manuell über das Backoffice zu importieren, können diese auch automatisch erzeugt und anschließend im Cloud Hot Folder abgelegt werden, der die Datei anschließend automatisch importiert.

ImpEx in Microsoft Excel erzeugen

Aufgrund ihres CSV-basierten Formats lassen sich ImpEx-Dateien auch in Microsoft Excel erstellen. Dort haben Sie alle Möglichkeiten, Ihre Daten und die Struktur der ImpEx-Datei vorzubereiten. Speichern Sie diese als CSV-Datei, erhalten Sie eine fertig importierbare ImpEx-Datei (siehe Abbildung 5.5).

Microsoft Excel - StoreFoundation_clothescatalog.csv

A69 =

	A	B	C	D	E
6	$supercategories = supercategories (code, catalogVersion (catalog (id[default = 'clothescatalog']), version[default = 'Staged']))				
7	$baseProduct = baseProduct (code, catalogVersion (catalog (id[default = 'clothescatalog']), version[default = 'Staged']))				
8					
9	INSERT_UPDATE Catalog	id[unique=true]	name[lang=de]	name[lang=en]	supplier(uid)
10		clothescatalog	Bekleidungs-Katalog	Clothing	hybris
11					
12	INSERT_UPDATE CatalogVersion	catalog(id)[unique=true]	version[unique=true]	languages(isocode)	inclAssurance
13		clothescatalog	Online	de,en	true
14		clothescatalog	Staged	de,en	true
15					
16	INSERT_UPDATE category	code[unique=true]	name[lang=de]	name[lang=en]	$supercategorie
17		CL1100	Jeans	Jeans	
18		CL1200	Shirts	Shirts	
19		CL2000	Schuhe	Shoes	
20		CL2100	Herrenschuhe	Men's shoes	CL2000
21		CL2200	Freizeitschuhe	Leisure shoes	CL2000
22		CL2300	Damenschuhe	Lady's shoes	CL2000
23		topseller	Topseller	Topseller	
24					
25	INSERT_UPDATE category	code[unique=true]	allowedPrincipals(uid)	$catalogVersion	
26		CL1100	customergroup	clothescatalog:Staged	
27		CL1200	customergroup	clothescatalog:Staged	
28		CL2000	customergroup	clothescatalog:Staged	
29		topseller	customergroup	clothescatalog:Staged	
30					
31	INSERT_UPDATE Media	code[unique=true]	$catalogVersion	mime	realfilename
32	# JEANS MEDIAS				
33		aaa015x04a	clothescatalog:Staged	image/jpeg	aaa015x04a.jpg
34		aaa015x04a_big	clothescatalog:Staged	image/jpeg	aaa015x04a_bi

StoreFoundation_clothescatalog

Bereit

Abbildung 5.5 ImpEx-Datei in Microsoft Excel

5.1.8 Integration

Die Integration API der SAP Commerce Cloud ist eine OData-basierte Schnittstelle, die sowohl für eingehende als auch für ausgehende Verbindungen genutzt werden kann, um Stamm- oder Bewegungsdaten zu im- oder exportieren. Sie lässt sich über das *Integration UI Tool Backoffice Cockpit* konfigurieren.

Abbildung 5.6 zeigt das Integration UI Tool Backoffice Cockpit. Dort können sogenannte *Integrationsszenarien* angelegt werden, indem der zu importierende oder exportierende Typ definiert wird. In diesem Fall ist es der Typ »B2BUnit«, um Firmenkunden zu importieren. Anschließend zeigt das Integration UI Tool rechts eine Liste aller im Typsystem vorhandenen Attribute. Selektieren Sie alle Attribute, die Sie im- oder exportieren möchten. Anschließend wird ein OData-Service bereitgestellt, der die ausgewählten Attribute im- oder exportieren kann.

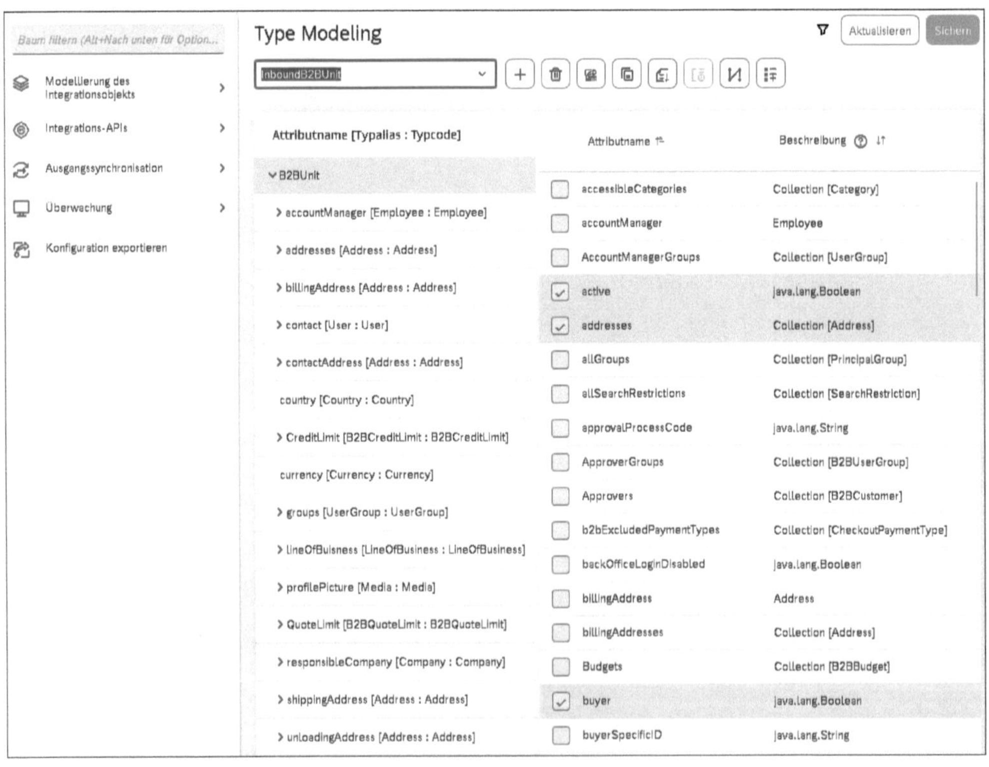

Abbildung 5.6 Integration UI Tool Backoffice Cockpit

Über einen Klick auf den Button **Metadaten anzeigen** können die Metadaten des generierten Services angezeigt werden. Dieser zeigt die Payload-Definition im EDMX-Format (*Entity Data Model XML*) und den Endpunkt, an den der Payload geschickt werden muss, um die Daten zu importieren (siehe Abbildung 5.7).

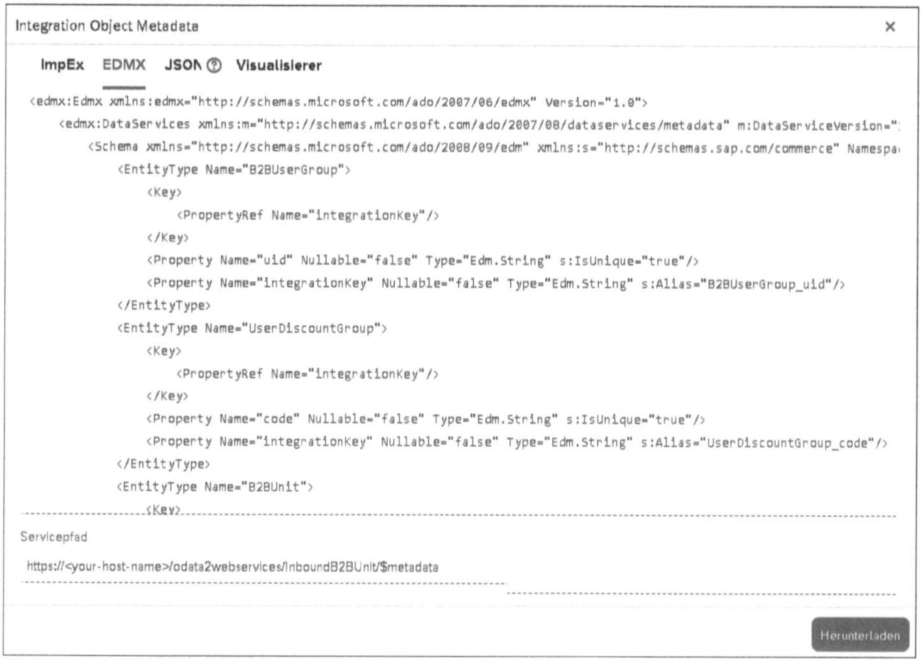

Integration Object Metadata ×

ImpEx EDMX JSON Visualisierer

```
<edmx:Edmx xmlns:edmx="http://schemas.microsoft.com/ado/2007/06/edmx" Version="1.0">
    <edmx:DataServices xmlns:m="http://schemas.microsoft.com/ado/2007/08/dataservices/metadata" m:DataServiceVersion=":
        <Schema xmlns="http://schemas.microsoft.com/ado/2008/09/edm" xmlns:s="http://schemas.sap.com/commerce" Namespa
            <EntityType Name="B2BUserGroup">
                <Key>
                    <PropertyRef Name="integrationKey"/>
                </Key>
                <Property Name="uid" Nullable="false" Type="Edm.String" s:IsUnique="true"/>
                <Property Name="integrationKey" Nullable="false" Type="Edm.String" s:Alias="B2BUserGroup_uid"/>
            </EntityType>
            <EntityType Name="UserDiscountGroup">
                <Key>
                    <PropertyRef Name="integrationKey"/>
                </Key>
                <Property Name="code" Nullable="false" Type="Edm.String" s:IsUnique="true"/>
                <Property Name="integrationKey" Nullable="false" Type="Edm.String" s:Alias="UserDiscountGroup_code"/>
            </EntityType>
            <EntityType Name="B2BUnit">
                <Key>
```

Servicepfad

https://<your-host-name>/odata2webservices/InboundB2BUnit/$metadata

Herunterladen

Abbildung 5.7 Metadaten-Ansicht eines generierten Services im EDMX-Format

Als Nächstes muss die externe Anwendung, die Daten an SAP Commerce Cloud schicken möchte, nur noch einen Payload in dem angegebenen Format erzeugen und an den angezeigten Endpunkt schicken. Schon können die Daten importiert werden.

Vorgefertigte Integrationen

Wie an anderer Stelle schon erwähnt, stellt SAP im Standard einige vorgefertigte Integrationen bereit. Einige davon sind in Kapitel 15, »SAP Commerce Cloud mit SAP S/4HANA und SAP ECC«, beschrieben. Für diese Standardintegrationen liefert SAP vorkonfigurierte Integrationsszenarien aus, die Sie im Integration UI Tool anzeigen und ggf. ändern können. Damit die externen Anwendungen Payloads dieser Art nicht selbst erzeugen müssen (z. B. SAP S/4HANA oder SAP ECC), liefert SAP fertige iFlows für die Middleware SAP Integration Suite aus, um Datenformate wie IDoc (Intermediate Document) auf die entsprechende Zielstruktur in SAP Commerce Cloud zu mappen.

5.1.9 Security

SAP Commerce Cloud bietet einen umfassenden Ansatz, um Sicherheit auf allen Ebenen zu ermöglichen. Es ist entscheidend, dass Sie ein dediziertes Sicherheitskonzept besitzen, da Sie für wichtige Aspekte der Sicherheit verantwortlich sind, wie die Exposition von Daten über Schnittstellen und die Benutzerverwaltung.

SAP lässt die gesamte Infrastruktur und die eigenen Prozesse und Organisation hinsichtlich Compliance und Security regelmäßig nach *SOC-2* (Systems and Organizations Controls) auditieren. Diese Reports können von den Kunden angefordert und eingesehen werden. SOC-2 ist ein freiwilliger Compliance-Standard, der die Cloud-Dienste hinsichtlich Sicherheit, Verfügbarkeit, Integrität der Verarbeitung, Vertraulichkeit und Datenschutz bewertet. Folgende Faktoren werden dabei zertifiziert:

- **Datenschutz und Vertraulichkeit**
  Data Governance, Verschlüsselung, Nachweise über die Zugriffskontrolle bezüglich Datenschutzes, Zwei-Faktor-Authentifizierung für Mitarbeitende
- **Sicherheit**
  Qualität der Intrusion und Threat Detection, Verwendung von Netzwerk- und Application-Firewalls, Audits der Zugriffskontrolle und Zwei-Faktor-Authentifizierung
- **Verarbeitungsintegrität**
  Nachweise der Qualitätssicherung und Prozessüberwachung innerhalb der Organisation
- **Verfügbarkeit**
  Umgang mit Sicherheitsvorfällen, Application Performance Monitoring, Disaster Recovery

Neben der grundlegenden Sicherheit muss auch die Sicherheit der Applikation gewährleistet sein, wenn diese von Ihnen und Ihren Mitarbeitenden genutzt wird. Dazu bietet die SAP Commerce Cloud verschiedene Services, die es Ihnen erlauben, auch in folgenden Bereichen eine verlässliche Sicherheit zu gewährleisten:

- Sichere Webanwendungen
- Sichere Integration
- Abgesicherter Zugriff auf Dienste und Anwendungen

Im Folgenden beschreiben wir, welche Möglichkeiten das SAP Commerce Cloud Portal und die SAP-Commerce-Applikationen für die Sicherheit bieten. Die sichere Konfiguration der SAP Commerce Cloud liegt in Ihrer Verantwortung – die Software bietet jedoch standardmäßig alle notwendigen Funktionen dafür. Über diese Möglichkeiten hinaus sollten Sie natürlich vor dem Go-live trotzdem mit einer Checkliste sicherstellen, dass nur Bestandteile live gehen, die einen sicheren Betrieb ermöglichen. Insbesondere sollte man z. B. sogenannte *gemockte Dienste* entfernen, die in der Entwicklung nützlich sein können, aber nicht als sicher betrachtet werden. Der Begriff *Mocking* bezieht sich auf den Prozess, bei dem Sie echte Dienste durch speziell erstellte Nachbildungen, sogenannte *Mocks* oder *Mock-Objekte*, ersetzen.

SAP Composable Storefront arbeitet mit dem Sandbox-Konzept des Browsers und stellt sicher, dass andere Anwendungen nicht an sicherheitsrelevante Daten gelangen können. Durch regelmäßige Patches stellt SAP sicher, dass sowohl die eigene Software als auch alle eingesetzten Drittanbieter-Bibliotheken immer den neuesten und sichersten Versionen entsprechen. Das rechtzeitige Anwenden dieser Patch-Versionen unterliegt im Rahmen der SAP-Regelungen zum Einsatz aktueller Versionen allerdings Ihrer Verantwortung.

5.1.10 Projekt-Setup for Continuous Integration

Beim Aufbau eines Entwicklungsworkflows ist es wichtig, alle Schritte zu automatisieren, bei denen dies ohne Nachteile möglich ist. Einen solchen durchgehenden Workflow, bei dem jede Änderung im Code mehr oder weniger automatisch in dem für die Entwicklung zugeordneten System landet, nennt man *Continuous Integration/Continuous Deployment Pipeline* (CI/CD). Viele Software-Entwicklungs-Plattformen, wie Github, Gitlab oder Azure DevOps, haben solche automatischen CI/CD-Pipelines, die die Software-Entwicklung mit der Bereitstellung in den Zielsystemen über Integration verbinden können.

Neben manuellen Methoden zum Erstellen und Bereitstellen der Software bietet die SAP Commerce Cloud umfangreiche Schnittstellen an, die eine Automatisierung dieser Prozesse ermöglichen. Für alle Schritte bezüglich Build und Deployment existieren Webservices, mit denen sich eine CI/CD-Plattform verbinden kann und die dieselben Fähigkeiten haben, die im SAP Commerce Cloud Portal manuell möglich sind.

Folgende REST-Webservice-APIs stehen zur Verfügung:

- `environment`: APIs zum Abruf von Übersichten über Environments und Endpoints
- `build`: APIs, um Builds zu erstellen, aufzulisten, den Fortschritt zu überwachen, die Build Logs abzurufen und zu löschen
- `deployment`: APIs, um Deployments zu erstellen, aufzulisten, abzubrechen und den Fortschritt abzurufen
- `serviceProperties`: APIs, um Service-Eigenschaften zu lesen und zu setzen
- `databackup`: APIs, um Backups zu erstellen, aufzulisten, als Restore wieder einzuspielen und zu löschen

Falls Webservices keine Option für eine direkte Integration sind, gibt es daneben noch ein Command Line Interface, das direkt aus der System Shell (sowohl Windows als auch Linux) genutzt werden kann.

Um die REST-APIs oder das Command Line Interface zu nutzen, benötigen Sie ein *API-Token* von einem autorisierten Benutzer im SAP Commerce Cloud Portal. Ein API-Token ist wie ein Passwort ohne Benutzername, um sich mit den technischen Services der SAP Commerce Cloud zu verbinden. Nachdem das API-Token angelegt wurde (siehe Abbildung 5.8), ist es unter Ihrem Benutzerprofil erreichbar und kann kopiert werden.

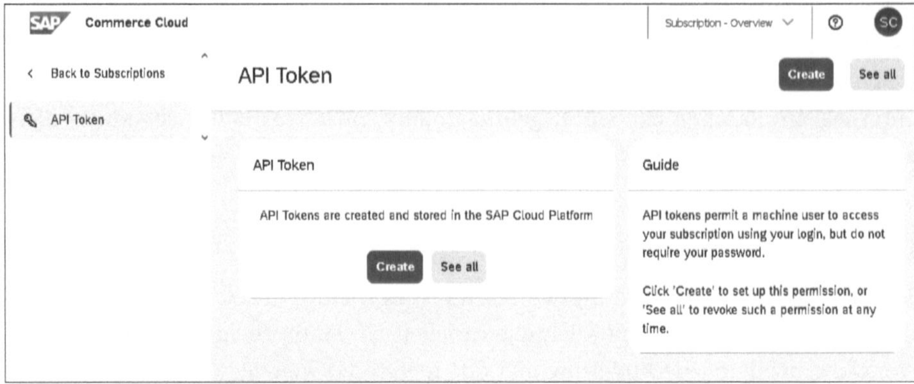

Abbildung 5.8 Anlage eines API-Tokens

API-Token

Das API-Token ist nach der Anlage nur einmal sichtbar und kopierbar. Sie müssen es zu diesem Zeitpunkt in einen sicheren Passwort-Speicher kopieren. Berücksichtigen Sie, dass ein API-Token nur sechs Monate gültig ist und dann erneuert werden muss. Sie müssen also den Token regelmäßig in Ihrer CI/CD-Plattform aktualisieren.

5.1.11 SAP Continuous Innovation Release- und Update-Strategie

Beginnend mit der Version 2211 im November 2022 hat SAP den Release- und Update-Prozess für SAP Commerce Cloud umgestellt von jährlichen/halbjährlichen Major-Releases auf eine *Continuous-Innovation*-Release- und Update-Strategie, bei der es monatlich ein Minor-Release für Version 2211 gibt. Das bedeutet, dass es, im Unterschied zu bisherigen Major-Releases, kein End-of-Maintenance-Datum mehr für die Version 2211 gibt, sondern nur noch eine Unterscheidung zwischen unterstützten Minor-Versionen und nicht mehr unterstützten Minor-Versionen. Außerdem werden Bugfixes nur noch für die jeweils neueste Version mit der nächsten Version ausgeliefert.

Gründe für die Continuous-Innovation-Strategie

Für die Continuous-Innovation-Strategie gibt es mehrere Gründe. Zum einen hat SAP in den letzten Jahren mit dem SAP Composable Storefront das komplette SAP-Commerce-Cloud-Ökosystem konsequent auf eine Headless- und Composable-Architektur umgestellt. Diese Initiative hat jetzt einen Reifegrad erreicht, bei dem keine Mainstream Features mehr im Vergleich zum alten Nicht-Headless-Ansatz fehlen.

Insbesondere die Entwicklung in Richtung Composability (siehe Kapitel 17, »Integrations- und CX-Szenarien mit SAP Commerce Cloud«), die mit einem Bekenntnis zu einem *Clean Core* und starken Integrationsfähigkeiten einhergeht, ist optimal mit einer solchen Release-Strategie kompatibel. Zum anderen hat SAP bereits mit dem Composable Storefront diesen Weg eingeschlagen und dabei viele positive Erfahrungen gemacht. Das SAP Commerce Cloud Portal wird sogar regelmäßig wöchentlich mit neuen Innovationen und Bugfixes versehen. Somit haben sich die Release-Zyklen nun angeglichen, und ein crossfunktionales Entwicklungsteam kann sich jetzt optimal darauf einstellen.

Die Umstellung auf einen monatlichen Upgrade-Rhythmus bedeutet zunächst einmal Verlässlichkeit und Sicherheit. Ihr Entwicklungs- und Betriebsteam kann sich darauf verlassen, dass es mindestens monatlich einen Patch-Day gibt, der aktuelle Sicherheitslücken und Programmfehler behebt und die Abhängigkeiten zu externen Software-Bibliotheken auf stabile aktuelle Versionen erhöht.

Wie werden neue Features eingeführt?

In jedem Release von SAP Commerce Cloud können neue Features enthalten sein. Doch nicht jedes neue Feature ist für Sie relevant, und man möchte gegebenenfalls nicht unbedingt bei der ersten Einführung eines Features dieses auch in die eigene Anwendung aufnehmen. Anders als vor der Einführung der Continuous-Innovation-Strategie, bei der SAP neue Features einfach implementierte und Sie Ihre Entwicklungsarbeit anpassen mussten, verwendet SAP nun ein zeitlich gestaffeltes Modell für die Einführung neuer Funktionen. Wenn ein neues Feature eingeführt wird, sind Programmcode und Schnittstellen immer Upgrade-kompatibel. Das Feature ist, wenn Sie keine Maßnahmen ergreifen, nicht aktiv, weil es einen Schalter im Code gibt, der das Feature deaktiviert lässt. Dies nennt man ein *Feature-Toggle*.

Für die nächsten ca. sechs Monate ist der Standard-Auslieferungszustand des Features in neuen monatlichen Releases deaktiviert. Danach folgt ein Zeitraum von ebenfalls etwa sechs Monaten, in denen das Feature-Toggle standardmäßig aktiviert ist. Sie können sich aber dafür entscheiden, es im **manifest.json** zu deaktivieren. Erst nach zwölf Monaten wird das Feature-Toggle entfernt und das Feature ist dauerhaft aktiv und muss spätestens dann im eigenen Entwicklungsprojekt berücksichtigt werden.

Dieses Vorgehen bietet mehrere Vorteile: Zum einen hat Ihr Entwicklungsteam genügend Zeit und Planungssicherheit, um neue Features zu unterstützen oder zumindest den eigenen Quellcode kompatibel zu machen. Zum anderen bleiben auf Dauer alle Installationen von SAP Commerce Cloud gleichartig und machen es SAP so einfacher, neue innovative Features bereitzustellen und für Bugfixes und Security-Fixes in der bestehenden installierten Basis zu sorgen.

Rahmenbedingungen für den Betrieb der SAP Commerce Cloud

Wenn Sie sich für das Upgrade auf Version 2211 entscheiden, stimmen Sie diesem neuen Continuous-Innovation-Modus vertraglich zu. Das bedeutet, dass Ihre Applikationen jederzeit auf einer aktuellen Version sein müssen. Eine Version ist, außer SAP macht eine Ausnahme öffentlich, im Regelfall sechs Monate aktuell. Wenn Sie nach sechs Monaten nicht eine der neuen monatlichen Versionen nutzen, werden Sie mit Ihrem Software-Stand keine neuen Builds mehr im SAP Commerce Cloud Portal durchführen können und somit keine neuen Entwicklungen oder wichtige Bugfixes mehr live bringen können.

Ihr bestehendes Produktiv-Release wird jedoch nicht sofort inaktiv. SAP wird Ihnen die Folgen in Nachrichten erklären sowie den rechtlichen Umstand, dass Teil der Bedingungen Ihres Service-Vertrages ist, die Software auf einer aktuellen Version zu betreiben. Support-Tickets für nicht mehr aktuelle Stände werden nur noch auf einer Best-effort-Basis behandelt, und es gibt keinen Anspruch auf Security- oder Bugfixes.

Spätestens im Mai 2024 ist es so weit, dass SAP Commerce Cloud Version 2211 die einzige Major-Version ist, die innerhalb der *SAP Mainstream Maintenance* liegt und somit in der SAP-Cloud-Infrastruktur betrieben werden darf und von SAP mit Updates und Bugfixes versorgt wird.

Überblick über Release-Zyklen und Abhängigkeiten

Tabelle 5.1 gibt Ihnen einen einfachen Überblick über die Release-Zyklen und wie diese voneinander abhängen.

	SAP Commerce Cloud 2211	Composable Storefront > 6.x	SAP Commerce Cloud Portal
Release-Zyklus	Continuous Innovation mit monatlichen Releases	Continuous Innovation mit monatlichen Releases	Continuous Innovation mit wöchentlichen Releases
Dauer der Unterstützung	Ein monatliches Release gilt ca. 6 Monate als »aktuell«	Ein monatliches Release gilt ca. 6 Monate als »aktuell«	Keine Einschränkung: dauerhaft aktiv
Release Policy	Verpflichtung auf aktuelles Release	Verpflichtung auf aktuelles Release	Automatisch immer auf der neuesten Version

Tabelle 5.1 Überblick über Release-Zyklen und Abhängigkeiten von SAP Commerce Cloud

	SAP Commerce Cloud 2211	Composable Storefront > 6.x	SAP Commerce Cloud Portal
Bugfixes	Werden nur im jeweils neuesten monatlichen Release ausgeliefert	Werden nur im jeweils neuesten monatlichen Release ausgeliefert	Werden automatisch verteilt
Neue Features	Werden im jeweils neuesten monatlichen Release ausgeliefert und sind standardmäßig deaktiviert mit Feature-Toggles	Werden im jeweils neuesten monatlichen Release ausgeliefert, keine Feature-Toggles	Sind sofort verfügbar
Abhängigkeiten	Commerce Release und Composable Storefront Release definieren beide eine minimale Version vom jeweils anderen	Beispiel: Composable Storefront 6.1 benötigt mindestens Commerce Cloud 2211.2; frühere Versionen sind nicht unterstützt und dürfen nicht betrieben werden	Keine

Tabelle 5.1 Überblick über Release-Zyklen und Abhängigkeiten von SAP Commerce Cloud

5.2 Administration und Betrieb der SAP Commerce Cloud

In diesem Abschnitt lernen Sie, wie SAP Commerce erfolgreich aufgesetzt werden kann, welche Werkzeuge für die Verwaltung, Überwachung und Konfiguration bereit stehen und wie diese effizient eingesetzt werden können.

5.2.1 SAP Commerce Cloud Portal für den Betrieb der SAP Commerce Cloud

Das SAP Commerce Cloud Portal ist das Webportal, mit dem SAP Commerce Cloud in der Public Cloud verwaltet wird. Die betrieblichen Aufgaben können über *Self-Service-Funktionen* verwaltet werden. Dort können Sie Ihre Laufzeitversionen verwalten, Sicherheitseinstellungen vornehmen, aber auch Build und Deployments durchführen. Das Portal erreichen Sie über *https://portal.commerce.ondemand.com*.

Provisionierung

Beim ersten Aufruf werden Sie feststellen, dass im SAP Commerce Cloud Portal nur eine einzige Umgebung existiert, auch wenn Sie mehr lizenziert haben. Zunächst wird nur die Entwicklungsstufe d1/development bereitgestellt. Die weiteren Umgebungen können Sie über das Portal *me.sap.com* selbst provisionieren. Wie genau das funktioniert, erfahren Sie in der SAP-Hilfe unter *https://help.sap.com/docs/SAP_COMMERCE_CLOUD_PUBLIC_CLOUD/0c2050f6d31f49ddb6eba18509060ae5/8dfc2c470c7143c3bd2fdd6f513f60ad.html*

5.2.2 Aufbau des SAP-Commerce-Cloud-Portal-UI-Rahmens

Der Aufbau des SAP-Commerce-Cloud-Portal-UI-Rahmens (User Interface Framework) basiert auf den SAP-Cloud-UI-Designrichtlinien (siehe Abschnitt 5.1.4). Abbildung 5.9 zeigt das SAP Commerce Cloud Portal, wenn alle drei Umgebungen provisioniert sind.

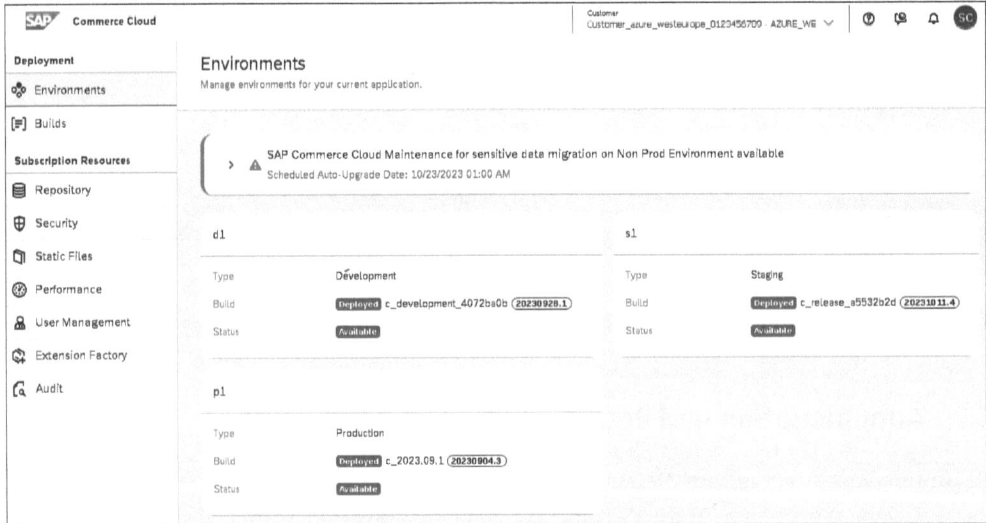

Abbildung 5.9 Rahmen von SAP Commerce Cloud Portal

Im linken Bereich befindet sich der Navigationsbereich zu den verschiedenen Funktionsgruppen des Portals.

Während Top-Leiste und Navigationsbereich immer angezeigt werden, wird im mittleren Bereich der jeweilige Inhalt der anzuzeigenden Bereiche und Funktionen angezeigt. Beim Aufruf des Portals sehen Sie hier die Übersicht über alle Ihre Umgebungen und können so schnell direkt in eine der Umgebungsübersichten navigieren.

5.2.3 Verbindung des Git Code Repositorys

Um eine lauffähige Software der SAP-Commerce-Cloud-Applikation und des SAP Composable Storefront auf Ihren Umgebungen im SAP Commerce Cloud Portal zu erhalten, müssen Sie ein *Git Repository* verbinden, das für beide Applikationen die Software-Stände bereitstellt.

[«]

Git und Git Repository

Git ist das am weitesten verbreitete Software-Code-Verwaltungssystem. Es handelt sich um ein Open-Source-Tool, das für die Versionskontrolle von Software verwendet wird. Es ermöglicht Entwicklungsteams, gemeinsam an einem Projekt zu arbeiten, indem sie eine lokale Arbeitskopie der kompletten Projektdaten (Repository) auf ihrem Rechner haben.

Ein *Versionskontrollsystem* wie Git wird in der Software-Entwicklung verwendet, um Änderungen des Quellcodes zu speichern und zu verwalten.

Ein *Git Repository* ist ein Speicherort, der alle Informationen über die Historie, die Entwicklung und die verschiedenen Versionen eines Projekts unter Git-Versionierung enthält. Es ist der zentrale Ort, an dem der Quellcode und alle zugehörigen Dateien, Informationen über Commits, Branches und Tags gespeichert werden. Git Repositories können lokal auf einem Entwicklungsrechner oder auf einem entfernten Server (Remote-Repository) existieren.

Ein Versionskontrollsystem wie Git ist nicht Teil des SAP Commerce Cloud Portals und muss durch Ihr Software-Entwicklungsteam vorbereitet werden. Diese Software-Stände beinhalten nur den Teil der Software, der die eigene Applikation der Commerce Cloud definiert und konfiguriert, sowie ihre eigenen Entwicklungserweiterungen. Die standardisierten Erweiterungen und Bibliotheken werden durch das SAP Commerce Cloud Portal beim Build automatisch von SAP bezogen, um sicherzustellen, dass sie der unveränderten verwendeten Basis-Version entsprechen.

5.2.4 Builds erstellen und verwalten

Wenn Ihr Git Repository erfolgreich verbunden wurde und Sie dort einen lauffähigen, lokal getesteten Stand verfügbar haben, können Sie Ihren ersten *Build* im SAP Commerce Cloud Portal erzeugen.

Im Bereich der Software-Entwicklung bezieht sich ein Build auf den Prozess, durch den Quellcode kompiliert und in lauffähige Software umgewandelt wird. Das Ergebnis dieses Prozesses wird ebenfalls als *Build* bezeichnet. Auf der Build-Seite im SAP Commerce Cloud Portal können Sie neue Builds erstellen und auf die erstellten Builds zugreifen (siehe Abbildung 5.10).

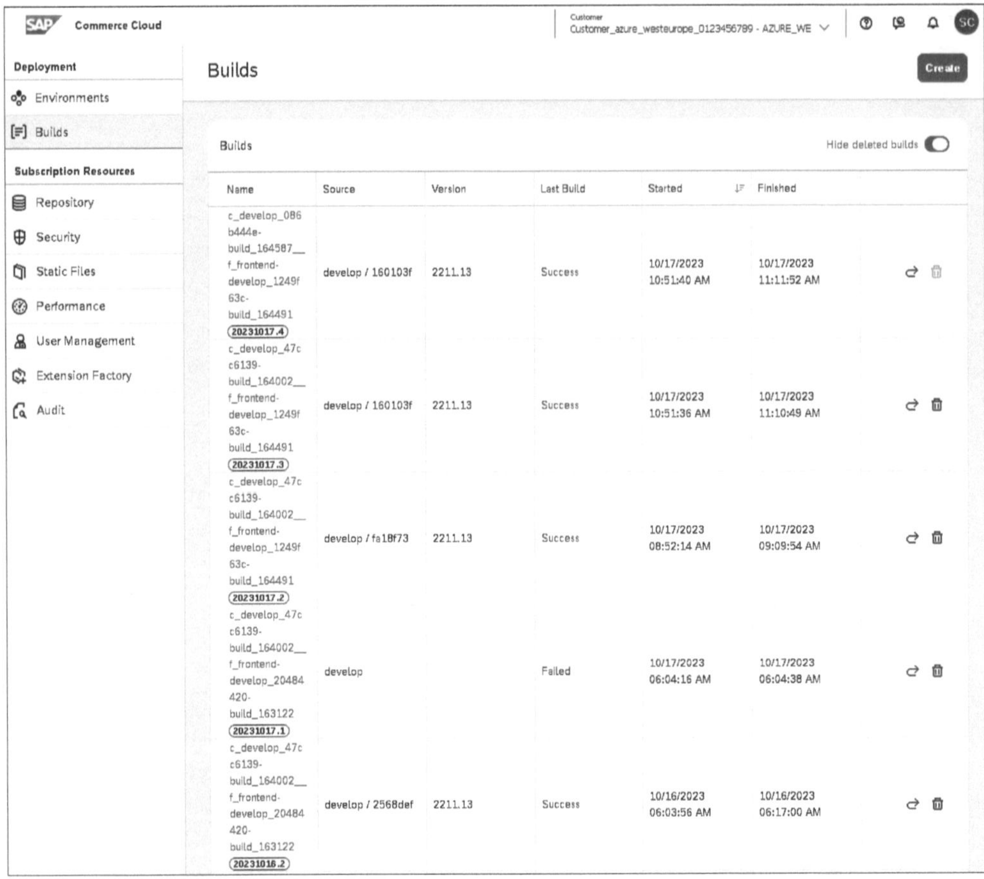

Abbildung 5.10 Build-Übersicht im SAP Commerce Cloud Portal

Ein Build wird definiert durch einen Commit-Stand im verbundenen Git Repository (siehe Spalte **source**, wo eine Kombination aus dem Branch und der Commit-ID dargestellt wird) sowie durch einen Namen. Das Commerce Cloud Portal vergibt für jeden Build eine eigene Build-ID, die dem folgenden Muster entspricht: »Datum.Laufende Nummer«.

Beim Erstellen eines Builds (siehe Abbildung 5.11) müssen Sie lediglich einen frei wählbaren Namen vergeben. Vom SAP Commerce Cloud Portal wird nicht verlangt, dass dieser Name eindeutig ist, da intern alles über die Build-ID referenziert wird. Sie sollten sich dennoch ein eindeutiges Namensschema überlegen, um den richtigen Build für das Deployment auf den verschiedenen Umgebungen zu identifizieren. Außerdem müssen Sie einen Branch oder einen Tag-Namen angeben.

Beim Build führt diese Angabe dazu, dass das SAP Commerce Cloud Portal Ihr Repository mit diesem Branch oder Tag-Namen klonen wird (siehe Abbildung 5.12).

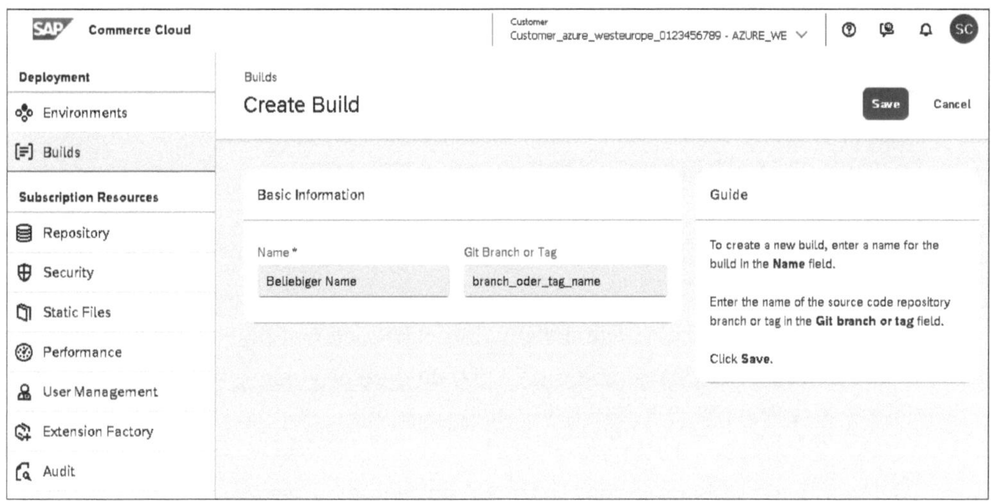

Abbildung 5.11 Build erstellen

Nachdem der Build gespeichert wurde, plant ihn das SAP Commerce Cloud Portal für die Ausführung ein. Je nach Auslastung der Build-Infrastruktur wird der Build entweder sofort oder nach wenigen Minuten gestartet.

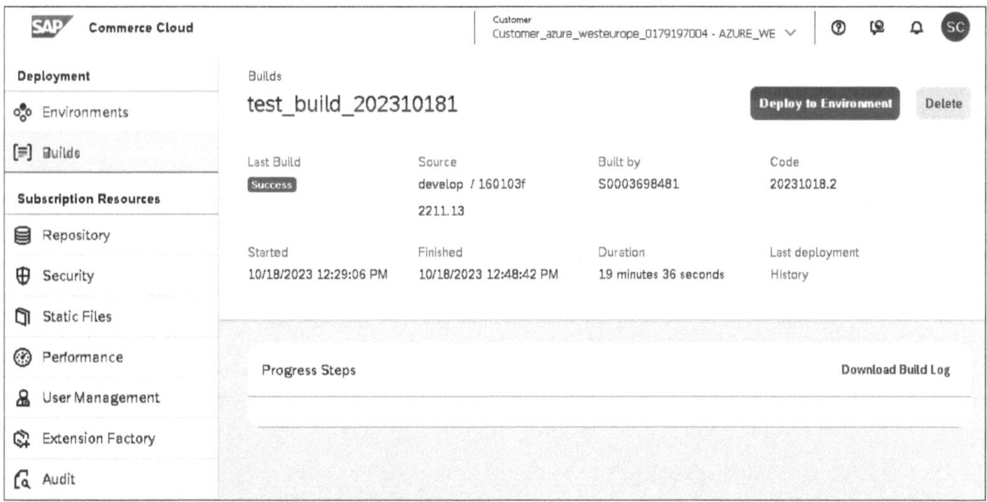

Abbildung 5.12 Erfolgreich erstellter Build

Das Ergebnis des Builds ist eine Sammlung von *Docker Images* für Backend, Frontend und Suche. Diese Docker Images sind *immutable* (unveränderlich). Das heißt, sie können für alle Umgebungen und Stufen (dev, staging und production) eingesetzt werden, und Sie können sicher sein, dass sich die Grundlage, auf der ein Build auf Staging erfolgreich getestet wurde, sich für Production nicht ändert.

Auf der Übersichts- und Detailseite des Build-Ergebnisses wird der Status angezeigt. Dort finden Sie auch den Namen der SAP-Commerce-Cloud-Version sowie den spezifischen Git Commit Hash, der die genaue Version des Codes kennzeichnet, zu dem der Build gehört. Zusätzlich zum Branch oder Tag sieht man auch, wann der Build gestartet wurde und wie lange seine Verarbeitung gedauert hat.

Falls ein Build fehlschlägt, kann dieser aus der Liste oder der Detailseite des Builds erneut gestartet werden. Es wird dann technisch ein neuer Build mit denselben Parametern eingeplant.

Nachdem ein Build erfolgreich erstellt wurde, können Sie ihn aus der Build-Detailseite heraus auf einer der Umgebungen – Development, Staging und Production – bereitstellen. Was diese Umgebungen ausmacht, erfahren Sie im nächsten Abschnitt.

[»]

Unterschiede der verschiedenen Umgebungsstufen

In Ihrer SAP-Commerce-Cloud-Lizenz sind normalerweise drei verschiedene Laufzeitumgebungen enthalten, die sich in Leistung und verfügbaren Ressourcen unterscheiden und daher auch unterschiedlich genutzt werden müssen.

- **Development-Umgebung**
  Für die Development-Umgebung sind diese Werte jeweils minimal, weil dort weder die Bandbreite für gleichzeitige Benutzer benötigt wird noch die Datenmenge von produktiven Szenarien. Die Development-Umgebung ist darauf ausgelegt, schnell und häufig installiert und mit einem effizienten Datensatz für entwicklergesteuerte Testszenarien genutzt zu werden.
- **Staging-Umgebung**
  Die Staging-Umgebung wird schon mit deutlich mehr Ressourcen als die Development-Umgebung ausgestattet. Es gibt mehr Replika-Knoten pro Service und auch höhere Tier-Level der Replicas sowie eine potentere DTU-Ausstattung. Das Ziel der Staging-Umgebung ist es, möglichst produktionsnah testen zu können. Hier sollen in regelmäßigen Abständen neue stabile Entwicklungen integriert werden (z. B. alle zwei Wochen, wenn ein agiles, sprintbasiertes Vorgehen etabliert wird). Dazu werden Daten verwendet, deren Qualität bereits der Produktivumgebung entspricht bzw. die zumindest ein ähnliches Mengengerüst haben.
- **Production-Umgebung**
  Die Production-Umgebung ist das Produktivsystem, das die SAP Commerce Cloud als Live-Portal und Webshop bereitstellt. Sie verfügt über die größte Anzahl von Replica-Knoten, Tier-Level der Replicas und das höchste DTU-Limit. Im Vergleich zu anderen Umgebungen zeichnet sie sich durch erweiterte Serviceleistungen von SAP aus.

Die Production-Umgebung steht unter einem ständigen Monitoring. Auftretende Störungen werden sofort gemeldet. Falls diese Störungen nicht in den Bereich des Anwendungsmanagements, sondern in den der Infrastruktur fallen, werden sie direkt von SAP adressiert und behoben.

Auch die Verbindung zur Datenbank unterliegt diesen Monitoring-Maßnahmen. Wenn langsame Datenbankabfragen identifiziert werden, nehmen Datenbank-Engineers im Hintergrund Optimierungen vor. Sie verwenden dabei Index-Abfragen, um die Ausführungsgeschwindigkeit dieser Abfragen zu verbessern. Die Gesamtheit der Leistungen zu Ihrem Produktivsystem finden Sie im Leistungskatalog, der Ihrem Vertrag zugeordnet ist. Die aktuell veröffentlichte Version zum Zeitpunkt der Entstehung dieses Kapitels (März 2024) finden Sie unter:

https://assets.cdn.sap.com/agreements/product-policy/css/service-specifications/sap-commerce-cloud-services-description-v2204-english-v4-2022.pdf

5.2.5 Deployment von Builds in eine Umgebung

Nachdem ein Build erfolgreich erstellt wurde, können Sie ihn aus der Build-Detailseite heraus auf der Development-Umgebung, der Staging-Umgebung und der Production-Umgebung bereitstellen. Im Folgenden lernen Sie die wesentlichen Schritte kennen, die mit dem Deployment von Builds zusammenhängen.

Beachten Sie, dass es kein Transportwesen für Builds gibt. Jeder Build lässt sich prinzipiell jederzeit auf jeder Umgebung bereitstellen. Da die Builds unveränderlich sind, lässt sich ein Build auch nicht im Nachhinein anpassen. Will man eine Anpassung vornehmen, muss man einen neuen Build erstellen, in dem die Anpassung – sei es im Quellcode oder aus anderen Mechanismen der SAP Commerce Cloud – in den Build aufgenommen wird. Alternativ können Sie z. B. die Möglichkeiten des SAP Commerce Cloud Portals nutzen, um Eigenschaften für Umgebungen außerhalb eines Builds zu definieren.

Der erste Schritt beim Erstellen eines Deployments ist, von der Build-Seite aus den Deployment-Dialog aufzurufen (siehe Abbildung 5.13). Hier können Sie auswählen, für welche Umgebung der Build bereitgestellt werden soll.

Beim Deployment eines Builds kommen die Möglichkeiten der Containerisierung voll zum Tragen. Beim Deployment haben Sie die Wahl, ob die Umgebung während des Builds nicht verfügbar ist und einfach ersetzt wird, oder ob Sie ein Deployment ohne Downtime durchführen. Dabei haben die Nutzerinnen und Nutzer durchgängig Zugriff auf den Webshop oder das Kundenportal.

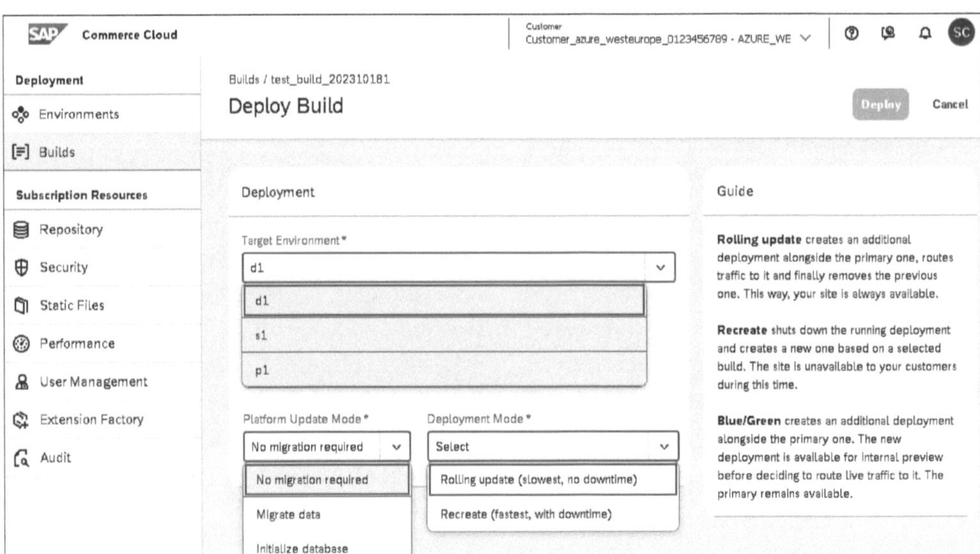

Abbildung 5.13 Einen Build auf eine Umgebung deployen

Der Deployment-Modus nutzt die folgenden Funktionen:

- **Recreate**
  Dieser Modus beendet die laufende Umgebung und erstellt eine neue auf Basis eines ausgewählten Builds. Während dieser Zeit ist der Shop bzw. das Portal für Ihre Kunden nicht verfügbar. Der Modus Recreate ist generell der schnellste Modus, um einen Build zu deployen, hat aber den Nachteil, dass das System während des Deployments nicht erreichbar ist.
- **Rolling Update**
  Hier wird eine komplett zusätzliche Umgebung neben der primären erstellt, wenn das Deployment erfolgreich ist, der Datenverkehr dorthin geleitet und schließlich die vorherige entfernt. Auf diese Weise sind Ihr Shop und die anderen Anwendungen immer verfügbar.
- **Blue-Green**
  Dieser Modus erstellt eine zusätzliche Bereitstellung neben der primären. Die neue Bereitstellung steht für die interne Vorschau zur Verfügung, bevor entschieden wird, den Live-Datenverkehr zu ihr zu leiten. Die primäre Einrichtung bleibt verfügbar. Die Voraussetzungen, um Blue-Green-Deployment zu nutzen, sind beschrieben in Abschnitt 5.2.8, »Blue-Green-Deployment-Szenarien«.

Außer dem Deployment-Modus lässt sich für einen Build auch angeben, wie bei der Bereitstellung mit Datenbankinhalten und Änderungen umgegangen werden soll. Hierbei sind drei Fälle zu unterscheiden:

- **Initialize database**
  Dieser Modus initialisiert eine Umgebung, wenn sie das erste Mal bereitgestellt wird oder wenn man alle Daten der Umgebung komplett zurücksetzen möchte. Achtung: Dieser Modus setzte die komplette Datenbank und das Dateisystem sowie alle gespeicherten Daten zurück und führt sämtliche Datenbank-Initialisierungsschritte des Builds durch.
- **No Migration Required**
  Dies ist ein Update-Modus für ein bereits einmal initialisiertes System. Für Builds, die keine Anpassungen an Daten oder im Typsystem der Datenbank enthalten, reicht es aus, nur den neuen Software-Stand bereitzustellen. Das bedeutet für das Deployment, dass es wesentlich schneller abläuft.
- **Migrate Data**
  Dies ist ein Update-Modus für ein bereits einmal initialisiertes System. Er ist geeignet für Builds, die mit ihren Änderungen auch neue Inhalte zu den Daten hinzufügen oder Änderungen am Typsystem enthalten.

Durch Klicken auf den Button **Deploy** gelangen Sie zur Übersicht der Umgebung, in der der aktuelle Build bereitgestellt wird. Dort erhalten Sie Informationen zur Umgebung und können den Fortschritt des Deployments verfolgen (siehe Abbildung 5.14 unten).

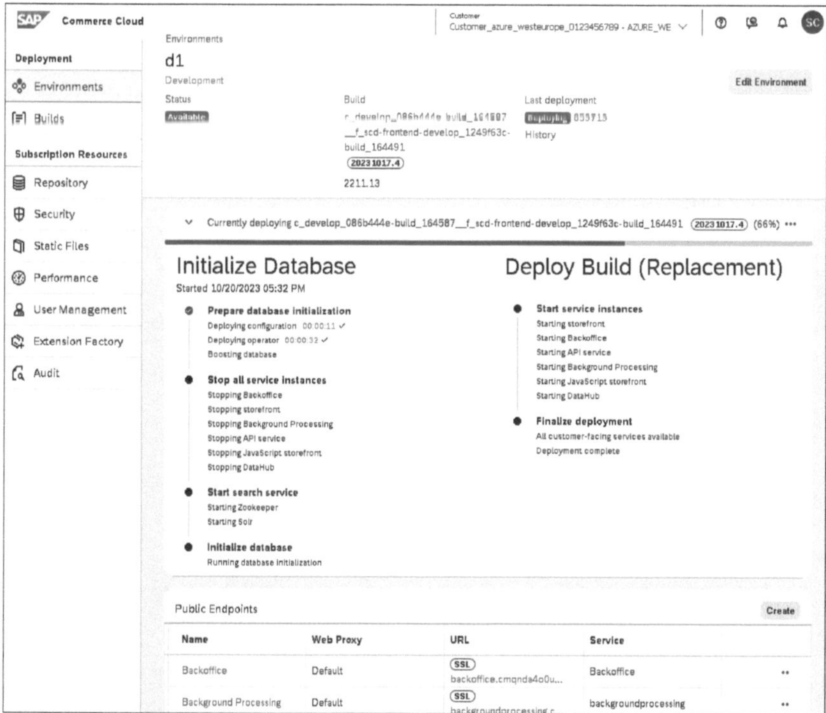

Abbildung 5.14 Fortschritt eines laufenden Deployments in der Umgebung

5.2.6 Umgebungen verwalten

Das Umgebungs-Dashboard zeigt alle zu einer Umgebung gehörenden Funktionen und den Status des installierten Build-Deplyoments an (siehe Abbildung 5.15). Dazu gehören folgende Bereiche:

- Aktueller Status, Build und letztes Deployment
- Endpunkte der Umgebung
- Cloud-Storage-Verbindungen
- Backups
- Identity-Service-Konfiguration
- Deployment-Konfiguration
- Services
- Monitoring (und Logging)
- Web Application Firewall

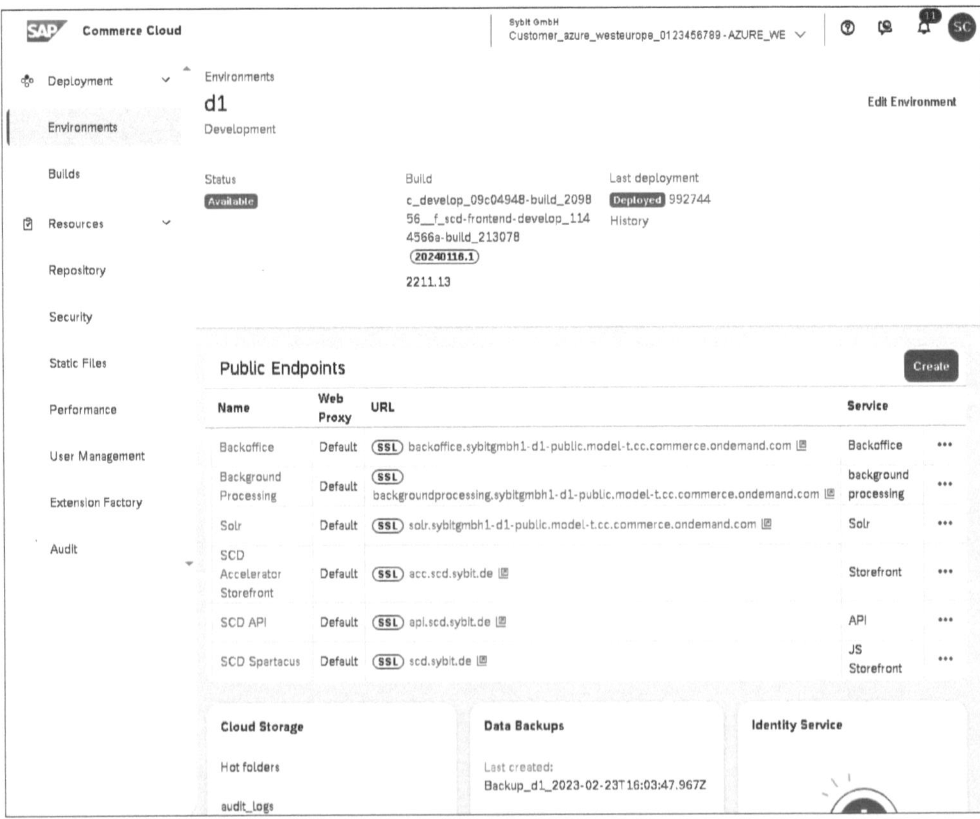

Abbildung 5.15 Umgebungs-Dashboard – oberer Bereich

Über einen Klick auf **History** gelangen Sie auf eine Liste aller Deployments, die auf der Umgebung bisher durchgeführt wurden. Dabei sehen Sie das aktuelle Deployment. In der Deployment-Detailseite sehen Sie zusätzlich zu den Daten aus der Historie den Ablauf des Deployments mit allen Details und Meldungen. Eine wichtige Funktion ist der direkte Link zu den Log-Dateien dieses Deployments. So können Sie Deployment-Dauern und eventuelle Probleme später analysieren und dem Support zur Verfügung stellen.

5.2.7 Öffentliche Endpunkte

Die sogenannten *öffentlichen Endpunkte* bilden den Zugang zu den verschiedenen Webapplikationen, die die SAP Commerce Cloud bereitstellt. Das gilt sowohl für den Zugang zum Webshop oder Kundenportal als auch für den Zugang zu den administrativen Anwendungen und öffentlich zugänglichen Webservice-Schnittstellen (siehe Abbildung 5.16).

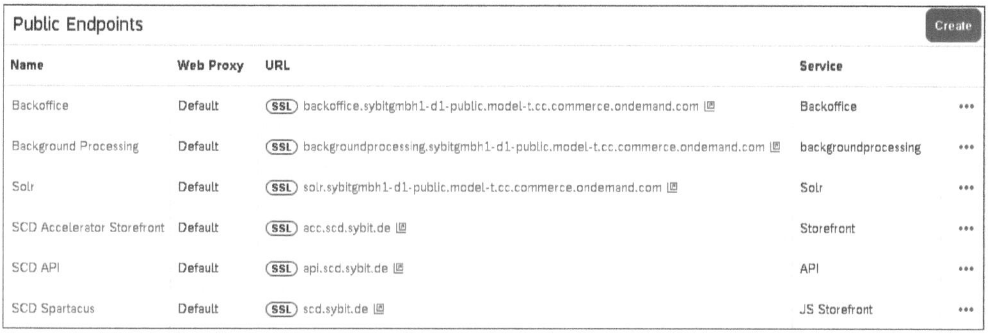

Public Endpoints

Create

Name	Web Proxy	URL	Service	
Backoffice	Default	SSL backoffice.sybitgmbh1-d1-public.model-t.cc.commerce.ondemand.com	Backoffice	•••
Background Processing	Default	SSL backgroundprocessing.sybitgmbh1-d1-public.model-t.cc.commerce.ondemand.com	backgroundprocessing	•••
Solr	Default	SSL solr.sybitgmbh1-d1-public.model-t.cc.commerce.ondemand.com	Solr	•••
SCD Accelerator Storefront	Default	SSL acc.scd.sybit.de	Storefront	•••
SCD API	Default	SSL api.scd.sybit.de	API	•••
SCD Spartacus	Default	SSL scd.sybit.de	JS Storefront	•••

Abbildung 5.16 Öffentliche Endpunkte

Alle Dienste und Anwendungen einer Umgebung, sowohl die öffentlichen als auch die technischen und internen Anwendungen, werden über dieselbe *Proxy-IP* nach außen hin repräsentiert. Dies geschieht, weil vor der gesamten Anwendungslandschaft, die im Kubernetes-Cluster betrieben wird, ein Proxy und ein Load-Balancer eingesetzt sind. Der Einsatz eines Proxys ist elementar, da so die Weiterleitung von Anfragen zwischen externen Clients und den internen Dienste ermöglicht wird. Während der Load-Balancer für die Lastenverteilung sorgt, um eine gleichmäßige Auslastung der Ressourcen zu gewährleisten. Das bedeutet auch, dass jeder nach außen hin zugängliche Webserver im Domain Name System (DNS) über eine eindeutige Adresse erreichbar sein muss, die auf die IP-Adresse dieses Proxys abgebildet wird. Dies gilt sowohl für die Webanwendung des Webshops bzw. des Kundenportals als auch für die Integration über webbasierte Schnittstellen.

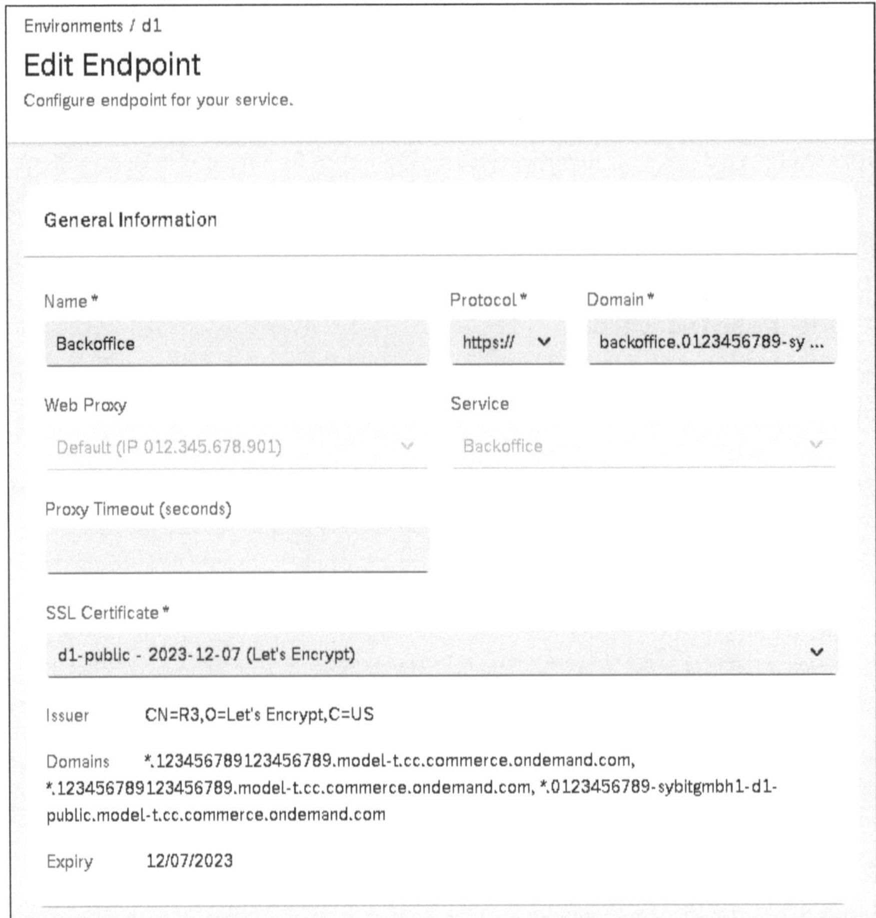

Abbildung 5.17 Grundlegende Eigenschaften eines Endpunkts

Möchten Sie einen Endpunkt unter einer eigenen (Sub-)Domain laufen lassen, können Sie hier auch die entsprechende Subdomain (z. B. sub.sybit.de, sybit.de, www.sybit.de) hinterlegen. Natürlich ist es erforderlich, dass Sie die entsprechenden DNS-Einstellungen vornehmen, um sicherzustellen, dass die Namensauflösung auf die Proxy-IP-Adresse Ihrer SAP-Commerce-Cloud-Umgebung verweist. Wie Sie diese Einstellungen am besten vornehmen, erfahren Sie in der SAP-Hilfe unter: *https://help.sap.com/docs/SAP_COMMERCE_CLOUD_PUBLIC_CLOUD/0fa6bcf4736c46f78c248512391eb467/c6398e506612479dbcee976f728741bf.html*

Unter **SSL Zertifikat** wählen Sie eines der von Ihnen hinterlegten SSL-Zertifikate, das zur angegebenen Domain passt. Falls Sie hier ein falsches oder kein Zertifikat auswählen, wird in den Webanwendungen, die über den Endpunkt erreichbar sind, der Webbrowser diese als unsicher anzeigen und ggf. den Zugriff darauf unterbinden. Wenn Sie die Domains, die von SAP standardmäßig konfiguriert sind, verwenden, brauchen

Sie sich um SSL-Zertifikate nicht zu kümmern. SAP tauscht die Zertifikate für die Standard-Domains automatisch und regelmäßig aus.

Nicht jeder Endpunkt sollte offen für jeden im Internet erreichbar sein. Während das Frontend Ihrer Website oder Ihres Webshops für alle erreichbar sein sollte, es sei denn, es handelt sich um eine rein interne Anwendung, sollten die Backend-Anwendungen zur Verwaltung der SAP Commerce Cloud unbedingt in ihrem Internetzugang eingeschränkt werden. Um die Endpunkte entsprechend zu schützen, können Sie IP-Filter definieren und hinterlegen.

Wie Sie eigene IP-Filtersets hinterlegen und ihnen Endpunkten zuweisen, erfahren Sie detailliert in der SAP-Hilfe unter: *https://help.sap.com/docs/SAP_COMMERCE_CLOUD_PUBLIC_CLOUD/0fa6bcf4736c46f78c248512391eb467/910006b8cf9c4c6fa482984b05a59643.html*

Eine weitere Funktion, die pro Endpunkt konfiguriert werden kann, sind sogenannte *Redirect Sets* (siehe Abbildung 5.18).

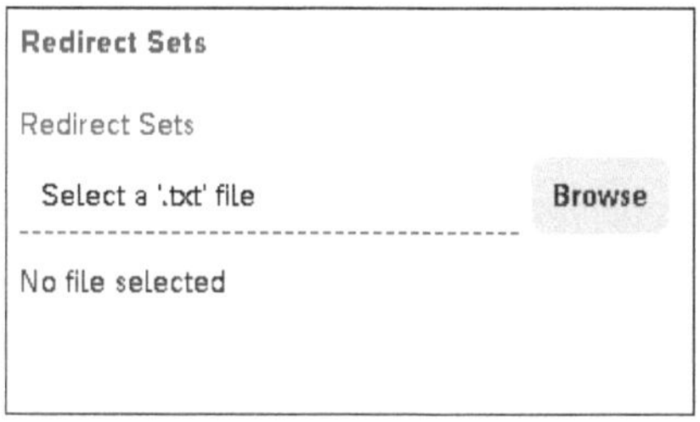

Redirect Sets

Redirect Sets

Select a '.txt' file   **Browse**

No file selected

Abbildung 5.18 Redirect Sets für einen Endpunkt hochladen

Redirect Sets sind technische Regeln, die es ermöglichen, Benutzer, die auf bestimmte Pfade eines Endpunkts zugreifen, automatisch auf andere Pfade desselben Endpunkts umzuleiten. Das geht nicht nur für vollständige URLs, sondern es lassen sich auch Muster in den Regeln verwenden, die eine Vielzahl von URLs abbilden.

Diese Funktion ist besonders nützlich, wenn Sie nicht bei null beginnen möchten, sei es mit einem Webshop oder einem Kundenportal, sondern stattdessen einen Wechsel in die Cloud planen oder ein bestehendes System unter Beibehaltung derselben Domain ersetzen möchten.

Die technische Grundlage für die Redirect Sets sind *Apache Redirect Directives*. Aus dieser Syntax lassen sich aktuell Redirect und RedirectMatch nutzen. Sie konfigurieren diese Redirect Sets, indem Sie eine einfache Text-Datei (UTF-8, .txt) hochladen, die pro Zeile eine Redirect-/RedirectMatch-Regel enthält.

Auch Landingpages oder temporär gültige Ziel-URLs (z. B. für zeitlich begrenzte Kampagnen) lassen sich mit dieser Funktion abbilden, ohne dass spezieller Content erzeugt oder ein Deployment für neue direkte Pfade unterhalb des Web-Root durchgeführt werden muss.

Neben diesen sehr wichtigen Einstellungen gibt es eine Reihe weiterer Einstellungsmöglichkeiten, auf die wir hier nicht im Detail eingehen können. Diese sind aber ausführlich in der SAP-Hilfe unter folgendem Pfad beschrieben: *https://help.sap.com/docs/SAP_COMMERCE_CLOUD_PUBLIC_CLOUD/0fa6bcf4736c46f78c248512391eb467/f165021837df47b490b5f29429852572.html*

5.2.8 Blue-Green-Deployment-Szenarien

Blue-Green-Deployment ist eine Strategie für die Aktualisierung von Software-Anwendungen oder -Diensten, insbesondere in einer kontinuierlichen Bereitstellungsumgebung. Sie dient dazu, die Ausfallzeiten zu minimieren und die Stabilität während eines Updates oder Rollbacks sicherzustellen. Es werden zwei Produktionsumgebungen, die als »Blue« und »Green« bezeichnet werden, unterschieden, die während eines Updates parallel existieren und es erlauben, Funktionen vor Aktivierung für die Benutzer zu prüfen.

Blue-Green-Deployment

In der Blue-Green-Strategie läuft die aktuelle Live-Version der Anwendung in der »Blue«-Umgebung. Ein neues Release oder eine neue Version der Anwendung wird in der inaktiven »Green«-Umgebung bereitgestellt und getestet. Nach erfolgreichem Test wird der Datenverkehr umgeschaltet, sodass die »Green«-Umgebung nun die aktive Produktionsumgebung wird (Live-Status). Die zuvor aktive »Blue«-Umgebung wird jetzt inaktiv und kurz darauf entfernt. Damit wird aus der aktivierten Version die neue »Blue«-Umgebung. Der große Vorteil bei dieser Vorgehensweise ist, dass nahezu keine Ausfallzeiten für Endbenutzer während des Deployments entstehen. Ein Green-Deployment wird durchgeführt, indem man es als Deployment-Modus in der Deploy-Build-Ansicht auswählt (siehe Abbildung 5.19).

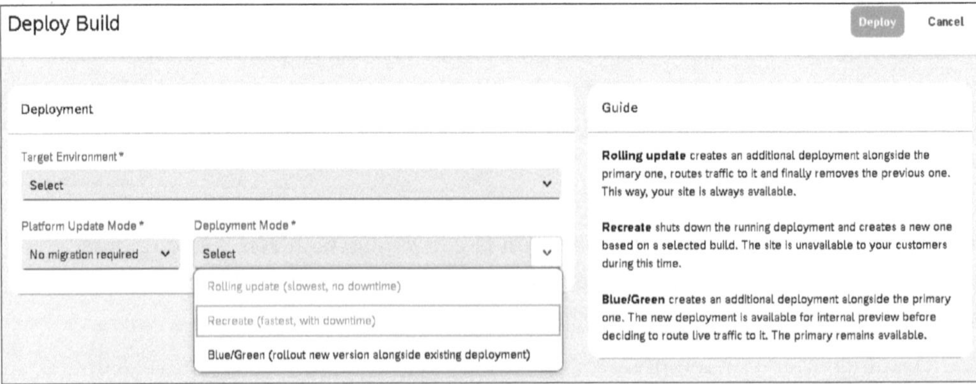

Abbildung 5.19 Auswahl des Green-Deployments

Die Green-Endpunkte sind nicht die Endpunkte (die sogenannten *Blue-Endpunkte*), auf die Ihre Kunden über die übliche Adresse des Shops Zugriff haben, sondern dedizierte Endpunkte mit abweichender Adresse, die es Ihnen und Ihrem Team erlauben, das Release in der Produktivumgebung einem letzten Test zu unterziehen, bevor sie das Deployment für die Blue-Endpunkte aktivieren. Solange das Green-Deployment nicht freigegeben wurde, ist für alle Nutzer weiter das vorherige Blue-Deployment aktiv.

Green-Endpunkte können nur für die öffentlichen Endpunkte, die sich an die Nutzerinnen und Nutzer richten, angelegt werden: JS-Storefront, API, Storefront.

[«]

Aktives Green-Deployment

Während das Green-Deployment aktiv ist, greifen Ihre Mitarbeitenden im Backoffice und anderen administrativen Anwendungen nach wie vor auf das Blue-Deployment zu.

Sie haben nach der Bereitstellung zwei Stunden Zeit, das Green-Deployment zu akzeptieren und auszurollen oder es zurückzuweisen und damit zum Blue-Deployment zurückzukehren. Nach zwei Stunden wird es automatisch abgelehnt und das Blue-Deployment ist wieder aktiv.

Der Mechanismus des Blue-Green-Deployments ist nützlich, um Änderungen an Ihrem Frontend-Code vor Freischaltung für die breite Öffentlichkeit ein letztes Mal testen zu können.

Gehen Sie vorsichtig vor, wenn der entsprechende Build, den Sie als Green-Deployment nutzen möchten, Datenbankänderungen enthält. Im Green-Deployment wird ein eigenes Typsystem aktiviert, das Änderungen an den Typen und neu eingeführte Datentypen enthält, während die Blue-Endpunkte weiter auf das alte Typsystem zugreifen. Dieses wird auch nur im Falle der Annahme des Green-Deployments für die gesamte Umgebung aktiviert und im Falle einer Ablehnung verworfen.

Allerdings werden alle Lade-Skripte, die neuen Content laden, beim Green-Deployment trotzdem auf der einzigen Datenbank durchgeführt, die sich Blue- und Green-Knoten teilen. Das kann im Falle einer Ablehnung des Green-Deployments zu inhaltlichen Inkonsistenzen der Daten führen, da die Lade-Skripte nicht zurückgerollt werden können. Es gibt jedoch keine Typinkonsistenzen. Gleiches gilt für Änderungen an der Solr-Konfiguration oder der Backoffice-Konfiguration.

Daher sollte man entweder genau wissen, was man tut und sich der Folgen bewusst sein, oder Blue-Green-Deployment nur bei Änderungen ohne Anpassung der Datenbank nutzen, die sich rein auf Business-Logik oder Frontend beziehen und die vollständig abwärtskompatibel sind. Also mit dem Platform-Upgrade-Modus: »no migration required.«

Web Application Firewall

Für jede Umgebung können Sie Einfluss auf die *Web Application Firewall* nehmen und eigene Schwellwerte definieren. Diese Einstellungen können im Umgebungs-Dashboard über den Abschnitt **Web Application Firewall** erreicht werden, um sie für die gesamte Umgebung zu definieren (siehe Abbildung 5.20)

Folgende Limits und Timeouts lassen sich einstellen:

- Limit der erlaubten offenen Verbindungen von einer einzelnen IP-Adresse innerhalb eines definierbaren Zeitfensters (rate limit with cooldown)
- TLS Handshake Timeout
- Request Headers Read Timeout
- Request Body Read Timeout

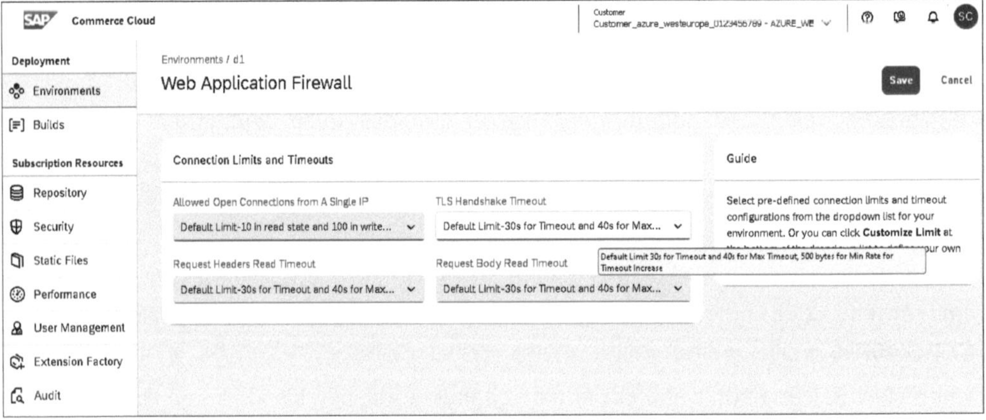

Abbildung 5.20 Einstellungen der Web Application Firewall

Wie Sie die Web Application Firewall im Detail konfigurieren können, erfahren Sie in der SAP-Hilfe unter: *https://help.sap.com/docs/SAP_COMMERCE_CLOUD_PUBLIC_CLOUD/0fa6bcf4736c46f78c248512391eb467/5ba3561363f54bb999b689fff73dd4c3.html*

VPN-Verbindungen und private Endpunkte

Ein entscheidendes Merkmal für viele Organisationen ist die Fähigkeit, Systeme der SAP Commerce Cloud entweder innerhalb des eigenen privaten Netzwerks für Mitarbeitende zugänglich zu machen oder sicher mit On-Premise-Systemen im eigenen privaten Netzwerk zu verbinden. Der Industriestandard für solche Verbindungen sind *VPN-Tunnel* (Virtual Private Networks), die über verschlüsselte Kommunikation Datenaustausch mit einem abgesicherten internen Netzwerk zulassen.

SAP Commerce Cloud ermöglicht Ihnen, bis zu zehn VPN-Verbindungen in Ihrer Landschaft zu erstellen. Dabei können Sie die komplette Anbindung und Konfiguration per Self-Service selbst einrichten und benötigen keinen Support von SAP.

Für die Nutzung von VPNs, die von der SAP Commerce Cloud unterstützt werden, müssen bestimmte Voraussetzungen erfüllt sein. Sollten diese Bedingungen für Sie nicht umsetzbar sein, steht keine Self-Service-VPN-Lösung zur Verfügung. In einem solchen Fall müssen Sie sich individuell an Ihren SAP-Support wenden. Die Rahmenbedingungen für Self-Service-VPN-Verbindungen sind:

- *Anzahl*: maximal 10 Verbindungen
- *Bandbreite*: 650 Mb/s
- *Eingehende Kommunikation*: ausschließlich https über Port 443
- *Ausgehende Kommunikation*: alles außer Port 22 möglich
- *Netzwerkbereiche*: Eine Reihe von Netzwerkbereichen dürfen keine Kollisionen aufweisen oder Sie müssen Network Address Translation (NAT) einsetzen.
- *Integrationsnetzwerk*: muss die Maske /21 haben

Die VPN-Verbindung sollten Sie zusammen mit Ihrem Netzwerkteam einrichten, das diese Gegenstelle in Ihrer eigenen Netzwerk-Appliance einrichten muss. Zunächst müssen Sie die VPN-Funktionen erstmalig aktivieren (siehe unten dargestellt in Abbildung 5.21).

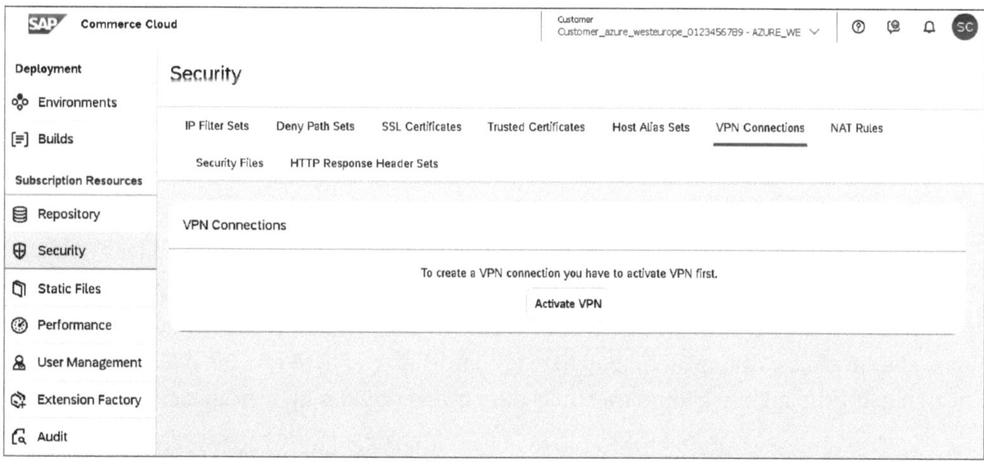

Abbildung 5.21 VPN-Funktionen aktivieren

Das Aktivieren der VPN-Funktionen kann bis zu 60 Minuten dauern, ist aber ein einmaliger Vorgang. Anschließend können Sie die VPN-Verbindungseinstellungen Ihrer Gegenstelle hinterlegen, um den Tunnel aufzubauen. Wie Sie hierbei genau vorgehen, erfahren Sie in der SAP-Hilfe unter: *https://help.sap.com/docs/SAP_COMMERCE_CLOUD_PUBLIC_CLOUD/0fa6bcf4736c46f78c248512391eb467/f63dfaed22d949ed9aadbb7835584586.html*

5.2.9 Logging und Monitoring

Ein entscheidender Faktor bei Entwicklung und Betrieb eines so komplexen Software-Systems wie der SAP Commerce Cloud sind die Fähigkeiten bezüglich *Logging* und *Monitoring*. Dabei sind jeweils zwei Dimensionen zu beachten:

- Plattform Infrastructure Management und Support
- Application Management und Support

Wie zu Beginn dieses Kapitels erwähnt, beinhaltet die SAP Commerce Cloud die SAP Commerce Cloud Runtime. Diese besteht aus einem von SAP verwalteten Kubernetes-Cluster, der alle notwendigen Anwendungen bereitstellt. Auf dieser Basis können sowohl Backend- als auch Frontend-Applikationen der SAP Commerce Cloud betrieben werden. Für eine optimale Analysefähigkeit ist es wünschenswert, dass beide Dimensionen von einem einheitlichen Ansatz bezüglich Logging und Monitoring unterstützt werden.

Die Logging-Infrastruktur ist architektonisch ebenfalls nach den Umgebungen aufgeteilt. Das bedeutet, jede Umgebung (Development, Staging, Production) hat ihr eigenes isoliertes Log-Management, und auch die Daten sind strikt getrennt.

Das System ist auf große Mengen an anfallenden Log-Meldungen von durchschnittlich 2.500 und im Peak bis zu 25.000 Logs/Sekunde ausgelegt. Die zur Verfügung gestellten Kapazitäten reichen auch bei großen Log-Mengen im produktiven Umfeld, um mehrere Wochen an Logs zur Verfügung zu halten. Bei Bedarf optional auch wesentlich mehr.

Technisch funktioniert das Logging so, dass sämtliche Log-Endpunkte aller Applikationen und Dienste durch Agenten überwacht werden, die entweder anstelle dieser Log-Endpunkte stehen oder deren Daten extrahieren und in zentralisierte Log-Speicher in einem Azure-Blob-Speicher standardisiert persistieren. Sie haben auch jederzeit Zugriff auf diese Rohdaten, falls das einmal notwendig werden sollte.

Auf diesem vereinheitlichten Log-Speicher basiert der Zugriff auf die Log-Inhalte. Dieser Zugriff wird über das Log-Management-System *OpenSearch* ermöglicht. OpenSearch ist ein sogenannter *Fork* der Open-Source-Projekte Elastic-Search und Kibana. Das heißt, es handelt sich um eine Kopie, die getrennt weiterentwickelt wird. SAP sowie andere große Cloud-Infrastruktur-Anbieter und -Nutzer wie z. B. Amazon Web Services (AWS) und Red Hat sind Teil dieser Initiative.

OpenSearch besteht im Kern aus einer Suchmaschine, die große Mengen von Daten effizient verwalten kann, und einer Dashboard-Technologie, die es Nutzerinnen und Nutzern erlaubt, einfach und schnell darauf zuzugreifen. Genau diese Fähigkeiten werden bei Log-Management und Analyse benötigt.

SAP stellt für das OpenSearch-Dashboard standardisierte Sichten zur Analyse der Umgebungen bereit. Wenn Sie in den Logs nach einer Situation, einem Kontext oder einem Zeitpunkt suchen, haben Sie eine Vielzahl von Filter- und Ausgabemöglichkeiten. Das OpenSearch-Dashboard erlaubt es, eigene visuelle Komponenten zu erstellen, die diese Datenpunkte über die Meldungen zur Filterung oder Darstellung nutzen. Abbildung 5.22 zeigt ein Beispiel eines der vielen Dashboards.

Diese OpenSearch-Dashboards sind voll anpassbar, und Sie können Ihre eigenen nach Bedarf erstellen. Die Dashboards dienen als Einstieg in die Daten, um dann mit weiteren einschränkenden Such- und Filterschritten die gesuchten Kontexte und Meldungen zu finden. Eine umfangreiche Volltextsuche ergänzt die spezifischen Feld-Filter-Fähigkeiten.

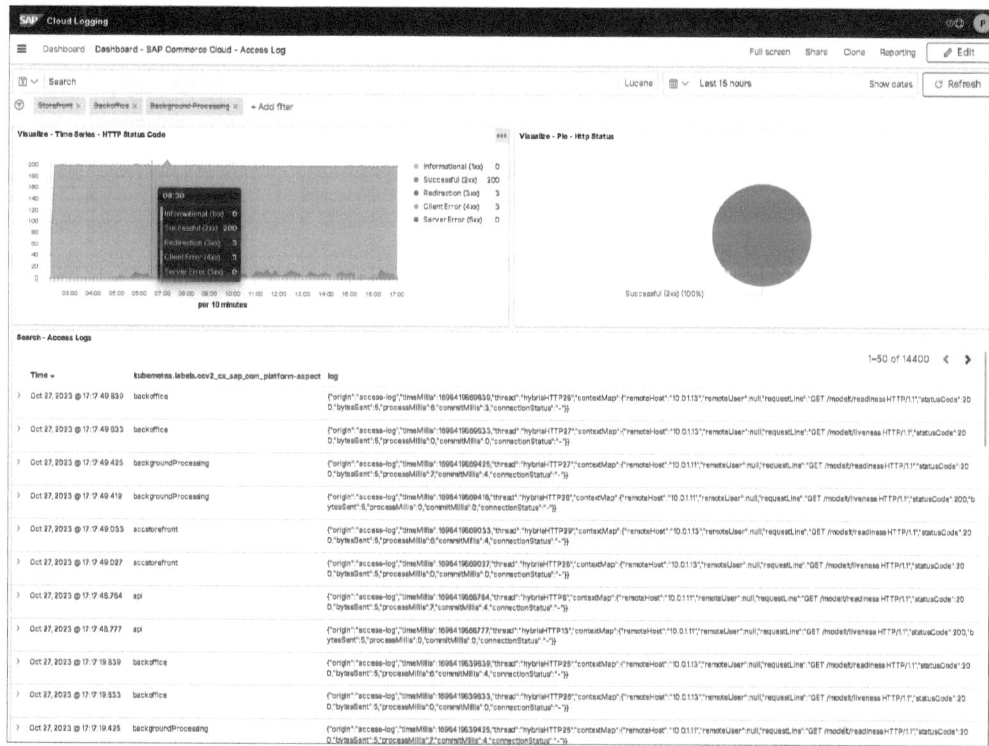

Abbildung 5.22 Ein OpenSearch-Dashboard der SAP Commerce Cloud

Die Suche und Filterung erfolgt mithilfe grafischer Elemente und Eingabefelder. Es kann aber auch auf die umfangreiche technische Syntax zurückgegriffen werden, die auf einer JSON-Format-Abfragestruktur namens *Query-DSL* basiert. Log-Ausschnitte können mit exakter Filterung als Permanent-Link geteilt werden, um Erkenntnisse zwischen Entwicklungsteams oder mit dem SAP-Support zu teilen.

Eine hilfreiche ergänzende Möglichkeit der Nutzung von OpenSearch sind sogenannte *Alerts*. Mit einem System aus Such-Monitoring und Schwellwert-Triggern können Sie sich per Webhook-URL integrierte Systeme benachrichtigen lassen, sobald eine definierte Situation eintritt. Ein Beispiel: Schicke eine Nachricht, falls in den Backend-Systemen innerhalb eines Zeitfensters von zehn Minuten der Begriff »error« mehr als 20-mal auftritt. Es sind aber beliebig komplexere Abfragen möglich. Alles, was in der Applikation oder Infrastruktur zu irgendeinem Zeitpunkt passiert ist, kann mit dieser Log-Architektur erfolgreich gefunden und analysiert werden.

Neben Log-Management und Analyse ist das aktive Monitoring der zweite wichtige Baustein einer Betriebsstrategie für ein komplexes Cloud-Software-System.

Um die Sicherheit und Leistung zu gewährleisten, bietet SAP für jede Umgebung eine Lizenz und Installation von *Dynatrace Cloud* an. *Dynatrace* ist ein führendes Produkt für das Monitoring von Cloud-Infrastrukturen und -Services sowie für das Application Performance Monitoring. Dynatrace wird von verschiedenen Gruppen genutzt, die mit Ihrer SAP-Commerce-Cloud-Instanz verbunden sind. Dazu gehören Sie selbst, Ihre Mitarbeitenden und Partnerunternehmen. Ebenso setzt der SAP-Support DynaTrace ein, um die Verpflichtungen aus dem Service-Vertrag zu erfüllen. Darüber hinaus nutzen Microsoft-Mitarbeitende Dynatrace, um die Grundlagen des Betriebs auf Microsoft Azure und der Datenbank Azure SQL zu gewährleisten (Abbildung 5.23 zeigt ein ausgewähltes Beispiel).

Die Möglichkeiten sind so umfangreich, dass dieser Überblick nur ein Startpunkt sein kann. Sie müssen sich im Vorfeld Ihrer Betriebsstrategie darüber klar werden, welche Funktionen Sie selbst aktiv nutzen wollen und für welche Bereiche Sie sich einen Partner für das Applikations-Management suchen.

Die Basis für sämtliche Datenmessungen und die nahtlose Überwachung ist die sogenannte *OneAgent-Technologie*. OneAgent besteht aus einem System von Agenten, das nahtlos in jede Ebene der Cloud-Infrastruktur und in alle darauf laufenden Applikationen integriert ist. Es sammelt kontinuierlich Betriebsdaten durch umfangreiche, jedoch nicht-invasive Monitoring-Techniken und stellt diese Informationen in Dynatrace zur Verfügung. Dynatrace sammelt, aggregiert und wertet diese Daten dann mit seinen umfassenden Möglichkeiten aus. Sie müssen sich auf Entwicklungsebene damit nicht auseinandersetzen, da SAP automatisch bei Build und Deployment dafür sorgt, dass die OneAgent-Technologie Teil der laufenden Applikation ist.

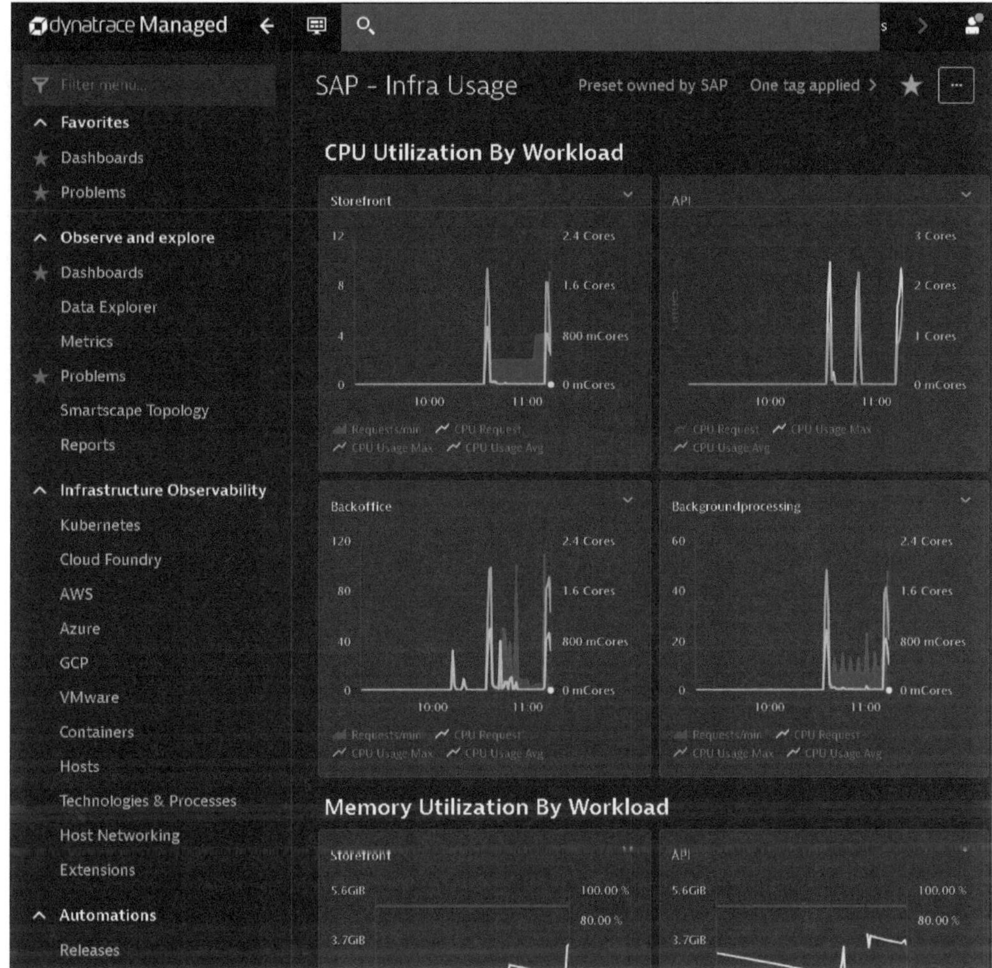

Abbildung 5.23 Eines der vielen SAP Commerce Dashboards in Dynatrace

Das Speicherlimit richtet sich danach, ob es sich um eine produktive (100 GB) oder nicht-produktive Umgebung (10 GB) handelt. Wenn das Speicherlimit erreicht wird, werden automatisch die ersten Daten der höchsten Genauigkeitsstufe heruntergerechnet zur nächstniedrigeren Genauigkeitsstufe – z. B. von Eine-Minute-Genauigkeit zu Fünf-Minuten-Genauigkeit.

Über diesen Weg hinaus haben Sie auch die Möglichkeit, weitere Services bei Dynatrace über SAP zu lizenzieren, die Ihnen Einblick auf Benutzerebene geben und es Ihnen ermöglichen, Ihre Dienste im Hinblick auf die Benutzererfahrung zu optimieren. Dies wird als *Digital Experience Management* bezeichnet, und den Kern dieser Lösung macht das *Dynatrace Real User Monitoring* (RUM) aus.

Das SAP Commerce Cloud Portal erlaubt es Ihnen, automatisierte Performance-Tests selbst zu definieren und durchzuführen. Performance-Tests sind ein wichtiges Hilfsmittel, um bei neuen Entwicklungen und Releases einen relativen Eindruck zu bekommen, wie sich bestimmte neue Features auf die Gesamt-Performance auswirken und ob gegebenenfalls die Benutzerakzeptanz geringer wird. Außerdem können Sie gegen definierte Performance-Ziele testen und so zur Gesamtqualität Ihrer Lösung beitragen.

Folgende Fragestellungen kommen bei der Definition der Performance-Tests zum Einsatz:

- Was ist die höchste Auslastung, die erwartet wird und was die durchschnittliche Auslastung?
- Was sind die wichtigsten User Journeys durch das System?
- Welche Antwortzeiten sind bei welchen Teilen der User Journey optimal und welche sind noch akzeptabel?
- Ab welchem Grad der Nutzung sind Ausfälle oder Szenarien außerhalb akzeptabler Parameter zu erwarten?

Diese Fragen lassen sich durch ein entsprechendes Performance-Testframework als Test-Szenarien und Test-Ziele formulieren und können dann automatisiert gegen Ihre Umgebung ausgeführt werden.

Das Framework, das im SAP Commerce Cloud Portal zum Einsatz kommt, ist *Apache JMeter*. Apache JMeter ist eine Open-Source-Softwareanwendung, die in erster Linie für Lasttests und die Messung der Leistung verschiedener Dienste entwickelt wurde.

Falls Sie an Performance-Messungen mit Apache JMeter interessiert sind, erfahren Sie in der SAP-Hilfe alles, was Sie tun müssen, um solche einzurichten: *https://help.sap.com/docs/SAP_COMMERCE_CLOUD_PUBLIC_CLOUD/0fa6bcf4736c46f78c248512391eb467/a9ddf33843e444f78e9d67996b0966fa.html*

5.2.10 Backup, Restore und Disaster-Recovery Mechanismen

Jedes Software-System mit unternehmenskritischen Daten benötigt ein wasserdichtes Backup/Restore/Recover-Konzept, um in definierter Zeit nach einem Ausfallszenario mit aktuellen Daten operativ wieder einsatzfähig zu sein. SAP Commerce Cloud bietet dafür ein umfassendes Konzept, das in diesem Abschnitt vorgestellt wird.

Automatische Backups und Service Recovery

Zunächst muss identifiziert werden, welche Bestandteile des Gesamtsystems ein Backup benötigen. Im Umfeld der SAP Commerce Cloud sind dies die folgenden Bestandteile:

- Datenbankinhalte
- Medien-Cloud-Speicher
- Applikations-Docker-Images

Für diese Inhalte definiert SAP ein automatisches Backup im Hintergrund des laufenden Betriebs.

Für die Datenbanken gilt folgendes Backup-Schema:

- Wöchentlich werden vollständige Datenbank Backups erstellt.
- Stündlich werden passend dazu differentielle Datenbank-Backups erstellt.
- Alle zehn Minuten wird ein Backup des Transaktionslogs erstellt.

Damit ein regionaler Ausfall nicht auch das Backup betrifft, werden die Backups redundant zwischen Primär- und Sekundärrechenzentren durch geo-Replikation gespeichert. Diese Backups sind alle mit einem hohen üblichen Sicherheitsgrad verschlüsselt.

Die Datenbank ist das Teilsystem, dessen Wiederherstellung hier der kritische Pfad eines Recovery-Szenarios ist und definiert damit die Quality-of-Service des Backup-Konzepts.

Für die Datenbank ist die zugesicherte maximale Dauer, in der Daten dauerhaft verloren gehen können (das sogenannte *Recovery Point Objective, RPO*) eine Stunde.

Die maximale Zeit vom Eintreffen des Ausfallszenarios bis zur Wiederherstellung der Erreichbarkeit des Produktivsystems (das sogenannte *Recovery Time Objective, RTO*) beträgt zwölf Stunden.

Die Cloud-Dateispeicher, in denen die SAP Commerce Cloud Media-Binärdaten speichert, werden direkt beim Speichern und Ändern schon auf ein Sekundärrechenzentrum in der Region geo-repliziert. Daher betragen ihr RPO und RTO jeweils 0, da auf sie transparent zugegriffen werden kann und kein Recovery-Kopiervorgang erfolgen muss.

Bei der Applikation selbst ist ein Vorteil, dass die durch den Build-Prozess erstellten Docker Images direkt verwendet werden können, um den Zustand der Applikation aus einem Backup wiederherzustellen. Diese müssen nicht neu erzeugt oder angepasst werden, sondern kommen unverändert wie beim Deployment des Stands, der wiederhergestellt wird, zum Einsatz. Auch diese Docker Images sind geo-repliziert zum Sekundärrechenzentrum der Region.

Passend dazu ist ihr RPO 0, der RTO beträgt 15 Minuten, also ungefähr die Dauer des Deployments ohne Datenmigration.

Disaster Recovery

Disaster Recovery kommt zum Einsatz, wenn mehr als nur einzelne Komponenten ausfallen und nicht einfach durch Redundanz wiederhergestellt werden können. Es ist notwendig, wenn ein gesamtes Rechenzentrum von einem Ausfall betroffen ist und es unwahrscheinlich ist, dass es innerhalb der vereinbarten Service Level Agreements wieder in den regulären Betrieb zurückkehren kann. Wenn ein solcher Fall eintritt, wird er von SAP identifiziert. Daraufhin werden entsprechende Notfallpläne aktiviert und umgesetzt.

Disaster Recovery greift nur für die Produktivdaten und -umgebungen. Die anderen Umgebungen müssen im Nachgang der Notfallpläne manuell wieder eingerichtet werden.

RPO und RTO im Disaster-Recovery-Fall hängen von Ihrem Service-Plan bei der Lizenzierung ab:

- Standard Disaster Recovery:
  - RPO: 1 Stunde
  - RTO: 24 Stunden
- Premium Disaster Recovery:
  - RPO: 15 Minuten
  - RTO: 4 Stunden

Abbildung 5.24 visualisiert die Geo-Replikation und das Aufsetzen im Fall eines Disaster-Recovery-Szenarios.

Wichtig ist zu wissen, dass im Fall eines Disaster Recovery die Umgebungen neue Proxy-IP-Adressen zugewiesen bekommen. Sie müssen also in Ihren eigenen Disaster-Recovery-Prozessen hier einen DNS-Failover auf neue IP-Adressen berücksichtigen.

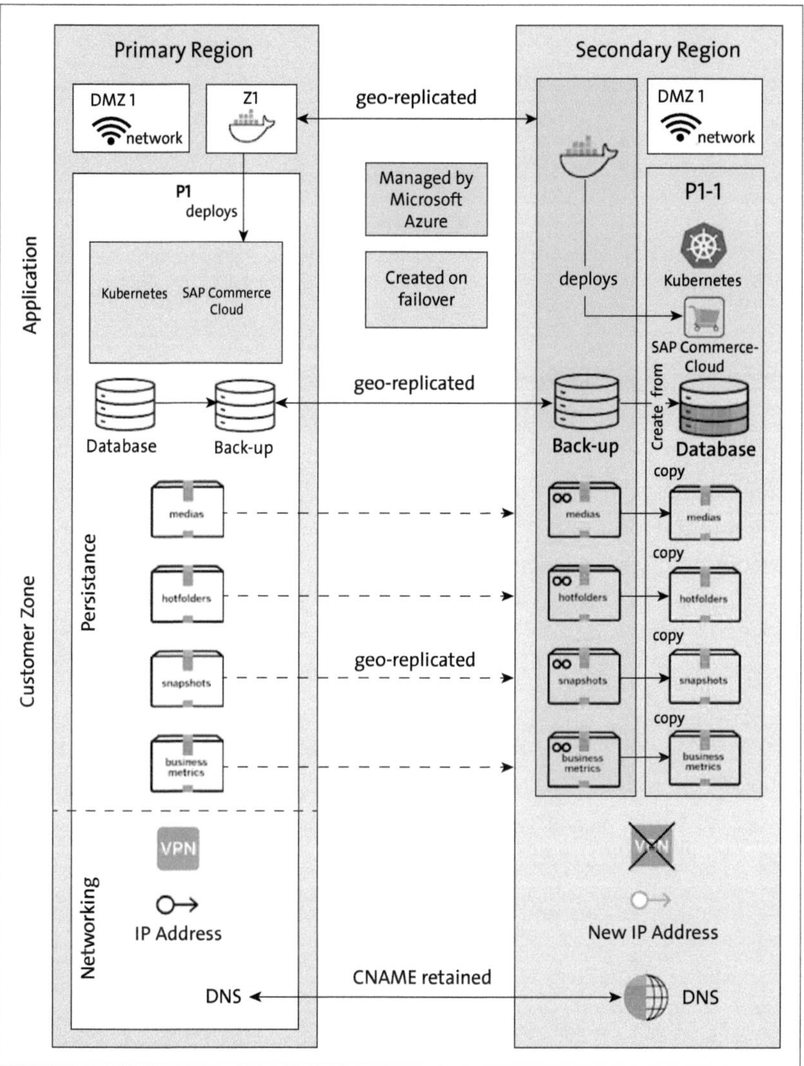

Abbildung 5.24 Backup/Recovery-Architektur (Quelle: SAP)

Manuelle-Backup- und Restore-Szenarien als Self-Service

Das SAP Commerce Cloud Portal erlaubt es Ihnen, manuelle Backups einer gesamten Umgebung zu erstellen und diese zu einem späteren Zeitpunkt wieder einzuspielen. Diese Funktion kann im Übersichts-Dashboard jeder Umgebung gefunden werden (siehe Abbildung 5.25).

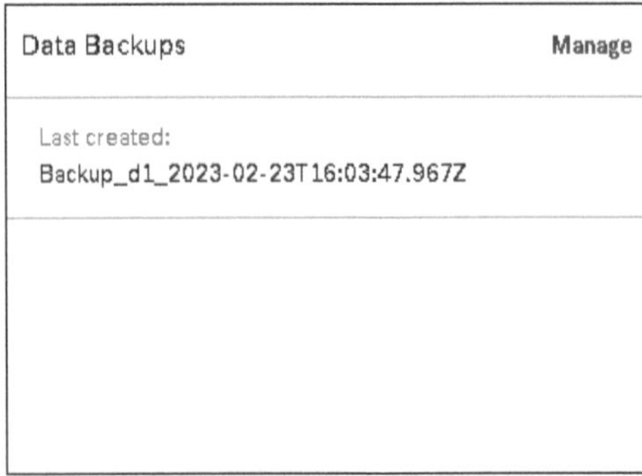

Abbildung 5.25 Übersicht über die Backups einer Umgebung im Dashboard

In der Management-Übersicht der Backups sehen Sie alle vergangenen manuell von Ihnen erstellten Backups der Umgebung mit den wichtigsten Daten wie Name, welcher Build aktiv war und Aktionen, um das Backup entweder zu löschen oder auf einer Umgebung wiederherzustellen (siehe Abbildung 5.26).

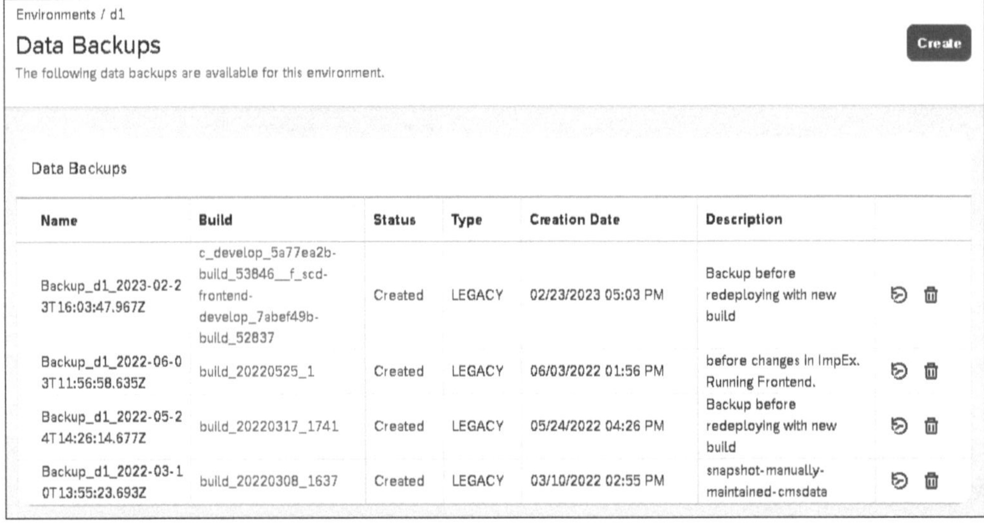

Abbildung 5.26 Liste der Backups

Außerdem können Sie über **Create** ein Backup erstellen. Beim Backup wird die Datenbank, der Datei-Cloud-Speicher mit den Media-Inhalten und der Build-Stand als Backup gespeichert. Vor dem Erstellen des Backups können Sie eine Beschreibung vergeben, die Sie dazu nutzen können, um später den Grund und die Bedingungen, unter denen das Backup entstanden ist, nachvollziehen zu können.

Während das Backup erstellt wird, ist das System für konfigurative Änderungen im Cloud Portal gesperrt. Es ist aber ganz normal für die Anwender des Shops, aber auch für Ihre internen Anwender verfügbar. Auch während des Restore-Vorgangs kann das System weiter ohne Downtime genutzt werden.

Sie können maximal sieben manuelle Backups pro Umgebung vorhalten. Um weitere Backups erstellen zu können, müssen Sie alte Backups löschen.

Generell ist es nicht empfohlen, Backups zwischen unterschiedlichen Umgebungs-Tier-Levels (Development, Staging, Production) zu erstellen und einzuspielen, da die Auslegung der Umgebungen bezüglich Kapazität von Datenbank und Cloud-Speicher abweicht.

Ein typisches Szenario, in dem ein manuelles Backup sinnvoll sein kann, tritt auf, wenn Sie bei einem Deployment umfangreiche Änderungen an Mediendaten vornehmen und ein Zurücksetzen dieser Änderungen durch ein neues Deployment nicht mehr möglich ist.

Auch falls Sie z. B. mehrere Staging-Umgebungen betreiben und hier einen Datenabgleich herstellen wollen, kann das manuelle Backup-Restore-Feature nützlich sein.

5.3 Administrative Applikationen in SAP Commerce Cloud

Die administrativen Applikationen, die für die Verwaltung der spezifischen Inhalte Ihrer Instanz zuständig sind, gehören alle zur SAP Commerce Cloud. Sie dienen dazu, die Webservices und das Frontend für die Kunden mit Inhalten zu versorgen und die Funktionen zu konfigurieren. Im Folgenden wird der Funktionsumfang dieser Applikationen detailliert beschrieben.

5.3.1 Administration Console

Die *Administration Console* ist eine Webanwendung, die es Ihnen erlaubt, pro Knoten des SAP Commerce Cloud Clusters administrativen Zugriff zu erhalten. Sie sollte nur genutzt werden, wenn die entsprechenden Funktionen nicht in einer der anderen administrativen Anwendungen vorhanden sind. Abbildung 5.27 zeigt die Benutzeroberfläche der Administration Console.

Folgende Funktionen bietet die Administration Console, die nicht durch andere Anwendungen abgedeckt sind und die aus operativer Sicht sinnvolle Anwendungsfälle haben. Manche Funktionen sind nur während der Entwicklung oder der Support-Analyse sinnvoll nutzbar und sollten nicht durch die Administration verwendet werden.

Abbildung 5.27 Administration Console

Folgende Funktionen sind unter der Registerkarte **Platform** gelistet:

- **Configuration**
  Hier haben Sie Zugriff auf alle im System aktuell gültigen Konfigurationswerte (die sogenannten *local.properties*). Sie sollten diese jedoch hier nicht setzen, weil das nur für den aktuellen Knoten und nicht knotenübergreifend gespeichert wird. Um knotenübergreifend Konfigurationswerte zu ändern und zu speichern, muss man den Service-Bereich des entsprechenden Environments im Cloud Portal nutzen.
- **System**
  Hier sehen Sie die gültigen Betriebssystem-Umgebungsvariablen und die Systemeigenschaften des Java-Laufzeit-Prozesses, der alle SAP-Commerce-Webanwendungen als Container enthält.
- **Logging**
  Hier können Sie die aktuell gültige Logging-Konfiguration für die Java-Laufzeit-Umgebung entnehmen. Für das Speichern gilt dieselbe Einschränkung wie bei Configuration.
- **Extensions**
  Hier sehen Sie alle Commerce Extensions (also die Software Module, aus denen sich die Gesamtheit aller SAP-Commerce-Anwendungen zusammensetzt). Nützlich, um zu monitoren, in welchen Versionen eine Extension genutzt wird und

welche Web-Extensions auf den verschiedenen Knoten aktiv sind und was ihr Root-Kontext ist.

- **License**
  Hier finden Sie Informationen über die aktuell verwendete Lizenz.
- **PK Analyzer**
  Jedes persistierte Objekt in der SAP Commerce Cloud (also neben vielen anderen tieferliegenden und technischen Objekten z. B. auch Warenkörbe oder Aufträge oder Benutzer) hat einen technischen Schlüssel in der Datenbank. Den sogenannten *PK* (was so viel heißt wie *Primary Key*). Mit einem derartigen PK lässt sich durch den Einsatz des PK Analyzers ermitteln, um welchen Item-Typ es sich handelt. Das kann nützlich sein, wenn man z. B. aus einem Log-File oder aus anderen Quellen nur den PK kennt und nicht weiß, um was für eine Art von Objekt es sich handelt.

Folgende Funktionen sind hauptsächlich in der Entwicklungsphase von Interesse oder dienen Support-Mitarbeitenden zur Problemanalyse: Tenants, Support, Classpath Analyzer, SQL-Skripte.

Die auf der Registerkarte **Monitoring** gelisteten Funktionen sind nur in der Entwicklung von Interesse oder haben nur für Support-Mitarbeitende zur Problemanalyse Bedeutung: Cache, Cluster, Database, Cron-Jobs, JMX Beans, Memory, Thread Dumps, Performance, Suspend.

Die auf der Registerkarte **Maintenance** gelisteten Funktionen sind nur in der Entwicklung von Interesse oder haben nur für Support-Mitarbeitende zur Problemanalyse Bedeutung: Cleanup, Encryption Keys, Deployment.

Die auf der Registerkarte **Console** aufgeführten Funktionen sind nur in der Entwicklung von Interesse oder haben nur für Support-Mitarbeitende zur Problemanalyse Bedeutung: Scripting Languages, FlexibleSearch, ImpEx Import/Export (um ImpExe außerhalb eines Deployments zu importieren oder ImpExe zu exportieren, sollte man die Funktionalität im Backoffice unter System/Tools/Import bzw. Export nutzen), LDAP.

Die auf der Registerkarte **Azure SQL** genannten Angaben zeigen einen Überblick über die Daten und Verbindungen zur Cloud-Instanz der Datenbank, die als Dienst in Azure SQL läuft und daher nicht direkt Teil des SAP Commerce Software Stack ist. Die meisten der hier zur Verfügung gestellten Funktionen sind nur in der Entwicklung von Interesse oder haben nur für Support-Mitarbeitende zur Problemanalyse Bedeutung.

5.3.2 Backoffice-Applikationen

Das sogenannte *Backoffice Framework* ist eine Applikationsplattform, auf der gleich mehrere unterschiedliche Anwendungen laufen. Sie können darauf mit demselben

Login zugreifen, vorausgesetzt Sie besitzen die entsprechenden Rollen und Berechtigungen. Sie werden in diesem Kontext als *Backoffice-Benutzer* bezeichnet. Dabei kann entweder die interne Benutzerverwaltung genutzt oder ein externer Identity Provider per Single Sign-On angebunden werden. Das Backoffice Framework ist eine moderne responsive Oberfläche, die auf einer Vielzahl von Endgeräten genutzt werden kann (siehe Abbildung 5.28).

Eine Backoffice-Anwendung hat immer den gleichen Aufbau:

- Oben über die gesamte Breite: System-Toolbar mit Perspektiven-Auswahl und an den User Account gebundene Links
- Links: Kontext oder Navigationsbereich
- Im Zentrum bis zum rechten Rand: Hauptcontent (oft unterteilt in Master/Detail-Ansichten und Scroll-Bereiche)

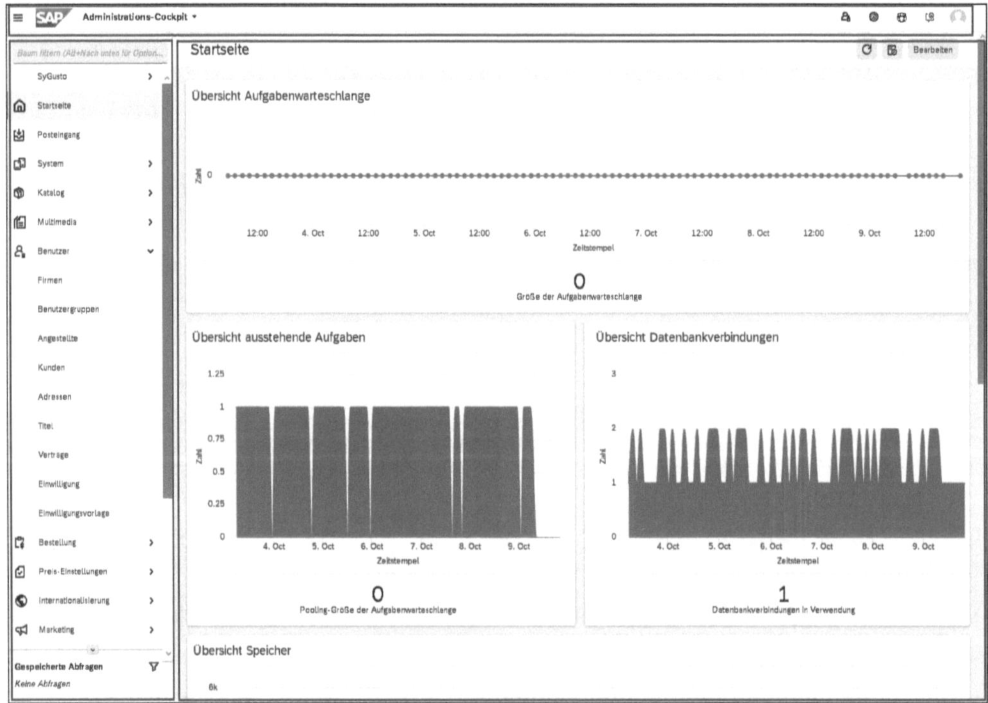

Abbildung 5.28 Layout des Backoffice

Über die System-Toolbar haben Sie auf alle Perspektiven/Cockpits Zugriff, die den eigenen Rollen und Berechtigungen entsprechen. Wenn man mehrere Rollen zugeordnet hat, kann man hier auch die passende Rolle wählen, um die entsprechenden Anwendungen und Sichten zur Auswahl zu erhalten. Folgende Perspektiven gibt es zur Auswahl:

- Backoffice Administration Cockpit
- Backoffice Adaptive Search Cockpit
- Backoffice Product Cockpit
- Backoffice Customer Support Cockpit
- Backoffice Order Fulfillment Cockpit

Folgende Features teilen sich die auf dem Backoffice-Framework-basierenden Applikationen:

- Komponenten-Bibliothek/Widgets (z. B. Search, Layout, Catalog, Editors, View, Preview, Dashboard, Explorer-Tree etc.)
- An das Datenmodell gebundene Editoren (z. B. WYSIWYG-Editoren für formatierten Text oder einfache Eingabe eines Textfeldes bei einem Textattribut im Datenmodell)
- Massenbearbeitung von Datensätzen
- Einfacher CSV-Export von Listen von Datensätzen
- Excel-Import und -Export mit konfigurierbaren Templates und der Möglichkeit, auf tiefe Strukturen zu exportieren und zu importieren
- Collaboration Center für Workflows mit manuellen und automatischen Schritten
- Vergleichsfunktionalität von Datensätzen
- User-Profil
- Theme-Auswahl: SAP Quartz Light, SAP Quartz Dark und SAP Morning Horizon
- Drag-and-Drop-Funktionen
- Eingabevalidierung, sodass keine invaliden Datensätze gespeichert werden können: Dabei werden sowohl die Anforderungen des Typsystems erfüllt als auch darüber hinausgehende komplexe Business-Regeln zur Validierung.
- Wizards: Die Anlage mancher komplexen Objekte kann durch Wizards vereinfacht und gesteuert werden.

Einige Funktionen der hier kompakt aufgeführten Backoffice-Applikationen werden an verschiedenen Stellen genutzt und begegnen Ihnen in den nächsten Abschnitten an verschiedenen Stellen.

5.3.3 Backoffice Administration Cockpit

Das *Backoffice Administration Cockpit* ist die wichtigste Administrationsoberfläche für SAP Commerce Cloud. Alle Datenobjekte von Katalogen über Produkte bis hin zu Firmen und Benutzern und viele zusätzliche technische Objekte können hier verwaltet werden. Für die verschiedenen Typen von Objekten wird dabei eine Kombination aus generischen und spezifischen Oberflächen verwendet (siehe Abbildung 5.29).

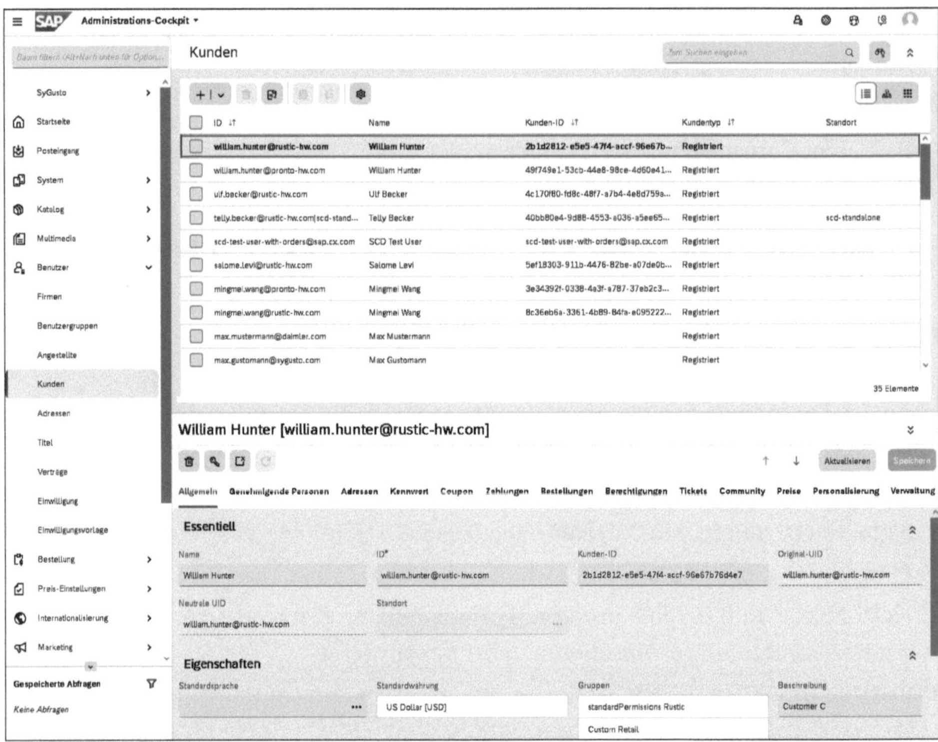

Abbildung 5.29 Backoffice Administration Cockpit

Die generischen Oberflächen bieten Grundfunktionen wie:

- Auflisten aller Objekte eines Typs im System
- Einfache Volltextsuche über alle Objekte
- Erweiterte Suche mit Filterung auf Attribute des Typs
- Datenoperationen wie: Löschen, Löschen einer Auswahl, Erzeugen, Ändern
- Darstellung eines Objekts dieses Typs in einer Detaildarstellung mit verschiedenen Seiten/Tabs für die verschiedenen logisch zusammengehörigen Attribute des Typs
- Änderungsmöglichkeit aller Attribute mit passenden Editoren
- Darstellung von Bildern

Die generischen Oberflächen können pro Typ individuell erweitert werden. Das ist z. B. der Fall für:

- Aktionen
- Spezifische Editoren
- Spezifische Listenaktionen

Außer den typbezogenen Seiten gibt es eine Reihe von weiteren Arten von Oberflächen, die im Backoffice Administration Cockpit zum Einsatz kommen:

- Dashboard: z. B. das Home Dashboard mit Anzeige aktueller technischer Daten zu CPU, Memory, Tasks und Datenbank-Verbindungen
- Inbox: listet aktuelle Workflow-Schritte auf, an denen man selbst beteiligt ist

Das Administration Cockpit wird für eine große Bandbreite von administrativen Tätigkeiten genutzt. Das geht von fundamentalen Einstellungen für Integration und Basis-Setup bis hin zu alltäglichen Routine-Aufgaben wie Pflege und Aktivierung von Benutzern.

Daher ist es wichtig, dass das Administration Cockpit durch Rollen und Rechte (möglich bis auf Feldebene) für passende Benutzerrollen angepasst werden kann, sodass der spezifische Benutzer nur genau die Objekte und Aktivitäten sieht, die er benötigt, um das Risiko von Fehlbedienungen zu minimieren.

Der Login kann entweder über direkte Benutzerverwaltung der Administrationsbenutzer im Administration Cockpit erfolgen oder über eine Integration über Single Sign-On in einen vorhandenen Identity Provider.

5.3.4 Backoffice Adaptive Search Cockpit

Mit dem *Backoffice Adaptive Search Cockpit* können Sie Suchprofile für die Produktsuche mit benutzerdefinierten Suchkonfigurationen wie Facetten und Boost-Regeln erstellen, um die Produktsuche für die Kunden effektiver zu gestalten (siehe Abbildung 5.30).

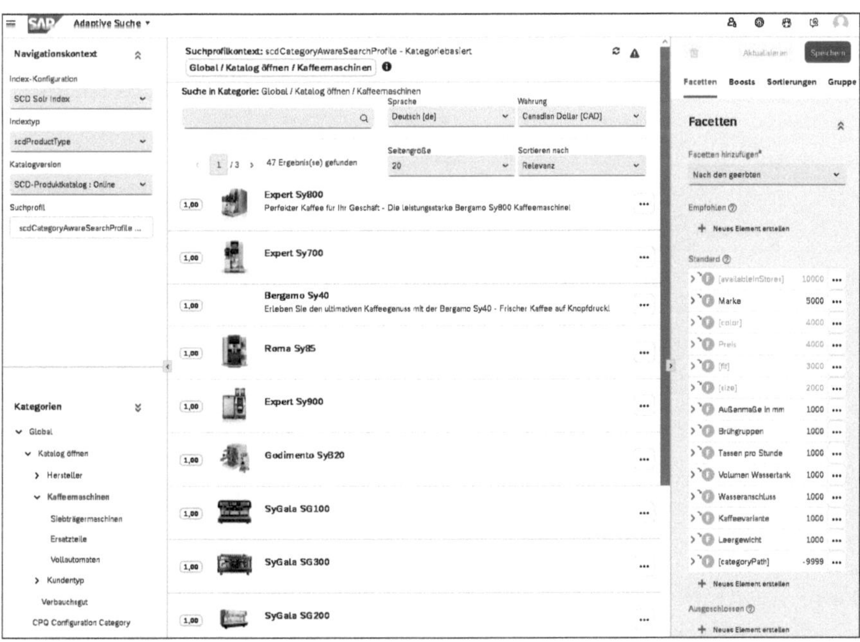

Abbildung 5.30 Backoffice Adaptive Search Cockpit

Folgende Aktivitäten werden in dieser Oberfläche ermöglicht:

- Erstellung einfacher und Kategorie-bezogener Suchprofile innerhalb eines ausgewählten Navigationskontextes
- Definieren von Facettenkonfiguration
- Boosting oder Blockieren spezifischer Produkte
- Boost-Regeln definieren, um mehr als ein Element gleichzeitig zu boosten und damit weiter vorn bei den Suchergebnissen zu platzieren

Weitere detaillierte Informationen zur Adaptive Search finden Sie in Abschnitt 8.4, »Adaptive Search Module«.

5.3.5 Backoffice Product Cockpit

Das *Backoffice Product Cockpit* ist die zentrale Oberfläche zur Verwaltung von Produkten. Die Oberflächen enthalten viele spezifische Ansichten und Editoren zur Verwaltung und Pflege von Produkten.

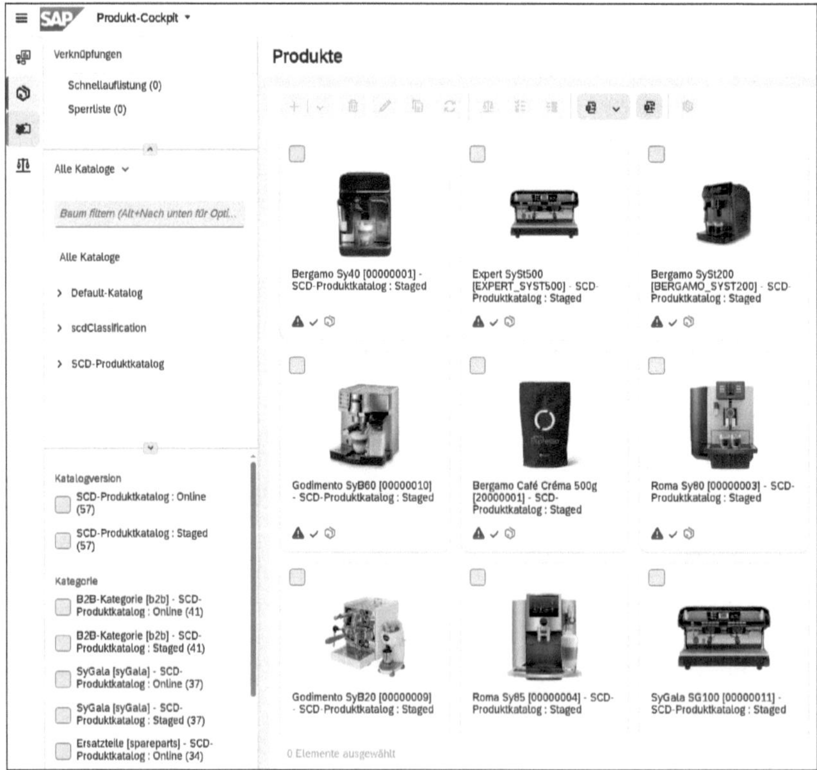

Abbildung 5.31 Backoffice Product Cockpit

Die Oberflächen orientieren sich dabei an den wesentlichen Aufgabenbereichen:

- Überwachung der Produktdatenqualität und der Workflows zur Verwaltung des Produktlebenszyklus
- Pflege der Produkt- und Sortimentsdaten: Erzeugen, Klonen und Massenpflege von Produktdaten
- Synchronisierung und Veröffentlichung der Produkt- und Sortimentsdaten für die Nutzung im Shop

Spezielle Oberflächen für das Vergleichen und das Zuweisen von Produkten zu Katalogen machen das Product Cockpit wesentlich effizienter bei der Pflege, als es mit den generischen Backoffice-Sichten möglich wäre.

Weitere Informationen zum Prozess des Product Content Management finden Sie im Kapitel 7, »Produktdatenmanagement«.

5.3.6 Order Management mit Backoffice Customer Support Cockpit und Backoffice Order Fulfillment Cockpit

Backoffice Customer Support Cockpit und *Backoffice Order Fulfillment Cockpit* sind die Anwendungen, die dafür entwickelt wurden, Sales, Service und After-Sales-Prozesse in einer Organisation zu unterstützen, wenn man SAP Commerce Cloud als Standalone-Produkt ohne direkte ERP-Backend-Anbindung nutzt.

Das Backoffice Customer Support Cockpit bietet Ihren Kundendienst-Mitarbeitenden (Customer Support Agents, CSA) einen einfachen und schnellen Zugang zu den Informationen, die sie benötigen, um Aufträge zu bearbeiten und Kundenprobleme zu verstehen und schnell zu lösen. CSAs können das Customer Support Cockpit nutzen, um bereits aufgegebene Bestellungen zu ändern, Teilaufträge abzuschließen, Zahlungen entgegenzunehmen, Bestellungen zu stornieren, Rücksendungen zu autorisieren und Zahlungen zu erstatten. Über die Benutzeroberfläche können CSAs Kundenprofildetails wie Adressen, Kreditkarten und Kontaktpräferenzen erstellen, ändern und verwalten.

Durch den einfachen Zugriff auf die wichtigsten Funktionen im Backoffice Customer Support Cockpit kann die Kundenbetreuung schnell die Informationen abrufen, die sie benötigen, um Probleme zu erkennen und zu lösen, denn sie sehen dieselben Informationen wie die Kunden.

Im Backoffice Customer Support Cockpit können Sie für die Aufgaben rund um Aufträge und Retouren folgende Aktivitäten durchführen:

- Informationen zu allen Aufträgen suchen und anzeigen, d. h. versandte Aufträge, stornierte Aufträge, kommissionierte Aufträge, verpackte Aufträge und zu versendende Aufträge
- Anzeigen von Auftragsinformationen einschließlich Auftragsdetails, Sendungen, Zahlungsvorgängen, Auftragshistorie und Betrugsberichten

- Nach Informationen über offene (zu versendende) Aufträge suchen und diese anzeigen
- Stornieren eines Artikels oder einer Bestellung
- Eine manuelle Rückerstattung durchführen
- Eine Rückerstattung stornieren und eine manuelle Steuerrückbuchung durchführen
- Retouren erstellen und verwalten

Das Backoffice Order Fulfillment Cockpit ist die Hauptanwendung für die Mitarbeitenden, die Aufträge und Sendungen bearbeiten und dafür sorgen, dass diese ausgeführt werden. Sie brauchen Zugriff auf alle Informationen rund um Lagerhaltung, Zahlung und Auftragsverwaltung.

Im Backoffice Order Fulfillment Cockpit können sie Folgendes tun:

- **Verwaltung von Kundenaufträgen**
  Anzeigen und Verwalten von Kundenbestellungen, einschließlich Drucken von Kommissionier-Scheinen, Packzetteln und Versandetiketten
- **Verwaltung von Filialaufträgen (Pick-up-in-store)**
  Anzeigen und Verwalten von Filialaufträgen, die abgeholt werden sollen
- **Verwaltung von Paketinformationen**
  Überprüfen und Bearbeiten von Paketinformationen
- **Verwaltung von Servicestellen und Lagern**
  Suchen und Verwalten von Servicestellen und Lagern
- **Inventarverwaltung**
  Anzeigen und Verwalten von Beständen mit Echtzeit-Bestandsmanagement für alle Lagerstandorte
- **Automatisierung des Auftragsablaufs**
  Ein automatisierter Auftrags-Workflow ist Teil der Auftragsmanagement-Funktionen. Dieser beinhaltet automatische Schritte im Hintergrund wie z. B. das automatisierte Sourcing und die Bereitstellung und Aufteilung in Sendungen in den Lagern, das Erfassen der Zahlung beim Zahlungsdienstleister und die Steuerabrechnung mit einem Drittanbieter-Dienst. Aber auch manuelle Schritte wie das Picken, Packen und das Drucken der verschiedenen Labels und Etiketten im Warenausgangsprozess.
- **Beschaffung und Auftragssplitting**
  Erleichtert die Beschaffung und Aufteilung von Aufträgen, um den Auftragserfüllungsprozess effizient zu verwalten
- **Versandmanagement**
  Kommissionierung, Verpackung, Etikettierung und Bestätigung von Sendungen

- **Retouren- und Rückerstattungsmanagement**
  Verwaltung von Rücksendungen und Rückerstattungen als Teil des Auftragsverwaltungsprozesses

5.3.7 SmartEdit Web-CMS-Editor

Das SAP Commerce eigene Web Content Management System *SmartEdit CMS* besteht aus einer Webanwendung, die Oberflächen und Editoren für die Verwaltung von allen CMS-Objekten mit einer WYSIWYG-(»What you see is what you get«-)Bedienung verbindet (siehe Abbildung 5.32).

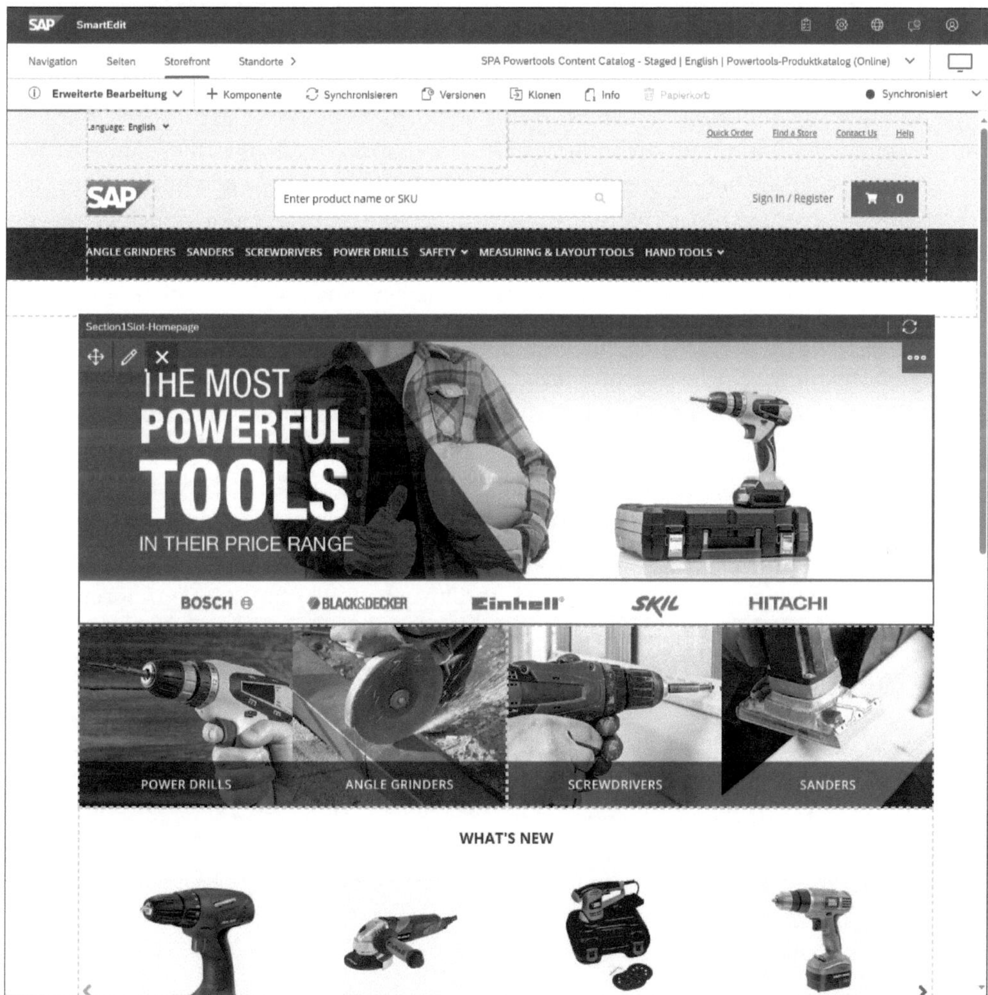

Abbildung 5.32 SmartEdit-WYSIWYG-Editor

Die Funktionen werden in Kapitel 6, »Web-Content-Management-System«, im Detail beschrieben. Mit SmartEdit verwaltet Ihre Content-Redaktion alle Kataloge, Webauftritte und Inhalte, um Landingpages, die Seitenstruktur und das Erscheinungsbild je nach den verschiedenen Einflussfaktoren wie Sprache, Land, Benutzerrolle und dynamischen Attributen zu steuern. Ein Publikations-Workflow und weitere Möglichkeiten der Automatisierung von Bereitstellung und Freigabe erlauben die Verwaltung des gesamten globalen Contents Ihrer Shop- und Portallösung innerhalb von SAP Commerce Cloud.

5.4 Fazit

In diesem Kapitel wurden die fundamentalen architektonischen Prinzipien, die SAP Commerce Cloud zugrunde liegen, dargestellt. Sie haben Einsichten in die entscheidenden Architekturentscheidungen gewonnen, die für den Aufbau der Plattform notwendig sind. Sie haben einen guten Überblick über die bestehende Infrastruktur gewonnen. Darüber hinaus wurden die Möglichkeiten für Integration und Erweiterung mit SAP- und Drittanbieter-Diensten sowie wichtige Aspekte der Sicherheit und der kontinuierlichen Entwicklung der SAP Commerce Cloud durch SAP erläutert.

Sie wissen jetzt, welche Webapplikationen es im Umfang der SAP Commerce Cloud gibt und für welche Zwecke diese eingesetzt werden. Von der Bereitstellung von Produktdaten und Webinhalten über die Konfiguration bis zu Verwaltung, Betrieb und Monitoring der Lösung. Sie können einschätzen, welche Rollen für die Nutzung dieser Anwendungen benötigt werden. Sie haben insbesondere die Self-Service-Funktionen der Verwaltung Ihrer SAP-Commerce-Cloud-Infrastruktur kennengelernt und können somit wichtige Aufgaben einordnen. Das Wissen aus diesem Kapitel erlaubt es Ihnen, sich schnell und effizient in ein Einführungsprojekt für SAP Commerce Cloud einzubringen.

Kapitel 6
Web-Content-Management-System

Webshops und Websites leben von ihren Inhalten. Neben Produktdaten spielen auch CMS-Inhalte eine wichtige Rolle. SmartEdit ist das in SAP Commerce integrierte Content-Management-System.

Um mit einem Webshop oder Online-Portal erfolgreich zu sein, reicht es nicht, Angebote »einfach irgendwie« ins Internet zu stellen. Die Seiten Ihrer Website, Ihres Webshops oder Online-Portals müssen ansprechend gestaltet sein und durch regelmäßige Pflege aktuell gehalten werden. Ohne *Web-Content-Management-System* (WCMS) wäre der Softwareentwicklungsaufwand, insbesondere bei häufiger Überarbeitung und Erweiterung des Webshops, enorm hoch.

Um das zu vermeiden, stellt die SAP Commerce Cloud ihr eigenes WCMS bereit. Dieses WCMS wird über das *SmartEdit Cockpit* verwaltet. Die SAP Commerce Cloud wurde mit einer offenen Architektur entwickelt, die Ihnen die Flexibilität bietet, auch externe WCM-Systeme zu integrieren. (siehe Abschnitt 6.3, »Externe Content-Management-Systeme«, und Abschnitt 17.12, »Contentful Composable Content Platform«).

Nachdem wir in Abschnitt 6.1, »Grundlagen und Strukturen des WCMS«, zunächst technische Grundlagen und wichtige Struktur-Elemente erklären, gehen wir in Abschnitt 6.2, »Content-Pflege im WCMS«, auf die wichtigsten Details zur Content-Pflege mit SmartEdit ein. Anschließend erläutern wir, wann es sinnvoll sein kann, statt SmartEdit ein externes Content-Management-System zu integrieren (siehe Abschnitt 6.3, »Externe Content-Management-Systeme«). Das Kapitel schließt dann wieder mit einem Praxisbeispiel aus unserer SyGusto-Umgebung und zeigt, wie sich dessen Content-Strategie über die Zeit geändert hat (siehe Abschnitt 6.4, »Praxisbeispiel: SyGusto«).

6.1 Grundlagen und Strukturen des WCMS

In diesem Abschnitt erklären wir die wichtigsten Grundprinzipien des WCMS. Insbesondere das Katalog-Setup sollten Sie gründlich durchdenken, bevor Sie mit größeren Pflegearbeiten beginnen.

6.1.1 Komponenten

Das WCMS verfolgt einen komponentenbasierten Ansatz, wobei Inhalte wie Textblöcke oder Text-Bild-Kombinationen in sogenannten *Komponenten* abgebildet sind. Diese Komponenten werden auf den Seiten der Website platziert. Somit sind ihre Inhalte komponentenweise gekapselt und bereits erstellte Inhalte können auf mehreren Seiten wiederverwendet werden. Das reduziert die Komplexität und dadurch den Pflegeaufwand. Folgeaktivitäten wie z. B. Übersetzungsaufwände werden auf diese Weise deutlich reduziert, da mehrfach genutzte Inhalte nur einmal zentral gepflegt werden müssen.

Oft haben Seiten auch dynamische Inhalte, z. B. Produktdaten auf einer Produktdetailseite. Diese werden über dynamische Komponenten abgebildet. Anders als bei herkömmlichen Komponenten, bei denen ein Redakteur oder eine Redakteurin die Inhalte einpflegt, können dynamische Komponenten meist nur rudimentär konfiguriert werden – stattdessen ermitteln sie die anzuzeigenden Daten basierend auf einer programmierten Logik selbst.

WCMS-Seiten und die enthaltenen Komponenten werden in der SAP Commerce Cloud nicht nur als technische Dateien (z. B. HTML, CSS, JSP) des jeweiligen Frontend-Frameworks gehalten, sondern auch im Datenmodell. So können mehrere Instanzen von Seiten und Komponenten unabhängig voneinander konfiguriert und orchestriert werden.

SAP Commerce Cloud ermöglicht eine länderübergreifende Unterstützung im Content-Management, sodass Inhalte leicht geteilt und wiederverwendet werden können. Dies unterstützt einen konsistenten Markenauftritt in verschiedenen Ländern, Regionen und Sprachen.

6.1.2 Websites

SAP Commerce Cloud und das eingebaute WCMS sind darauf ausgelegt, mehrere unterschiedliche *Websites* (nicht zu verwechseln mit einzelnen Seiten) zu verwalten. So können Sie auf derselben SAP-Commerce-Cloud-Plattform unterschiedliche Webshops betreiben. Die Webshops können sich sowohl in Aussehen und Bedienung als auch in ihren Funktionen voneinander unterscheiden. Auch mehrere, komplett unterschiedliche Webshops und Portale bzw. Websites wären technisch möglich. Denken Sie bei solchen Szenarien jedoch an die Nutzerinnen und Nutzer: Meist ist es sinnvoll, Website und Webshop nicht komplett zu trennen, sondern voll zu integrieren, sofern sich beide an die gleiche Zielgruppe richten.

[«]

Nutzung von Personas

Für einen effektiven und verständlichen Webauftritt ist es entscheidend, schon in der Konzeptionsphase die Zielgruppe genau zu verstehen. Dazu gehört, deren Wünsche und Bedürfnisse zu erkennen. Die Definition von sogenannten *Personas* ist hilfreich, um die Nutzergruppe, deren Denkweise und Anforderungen zu verstehen. Dafür empfehlen wir Ihnen, unser Projektbeispiel aus Kapitel 20, »Kundenbeispiel 3: CX-Projekte mit User Journeys«, zu lesen.

6.1.3 Content-Kataloge

Ähnlich wie Produktdaten (siehe Abschnitt 7.2, »Produktkataloge«) werden auch die WCMS-Inhalte, wie z. B. Seiten, Komponenten oder Bilder, in *Katalogen* bzw. *Katalogversionen* verwaltet. Jeder Katalog kann mehrere Katalogversionen beinhalten, wobei nur eine davon aktiv ist. Die aktive Katalogversion wird im Frontend genutzt und angezeigt. Üblicherweise werden mindestens zwei Katalogversionen verwendet: eine sogenannte *Staged-Katalogversion* und eine *Online-Katalogversion*.

In der Staged-Katalogversion führt die Redaktion Änderungen durch, während die Online-Katalogversion die Inhalte zeigt, die aktuell auf der Website, im Webshop oder Portal online sind. Auf diese Weise können CMS-Inhalte in Ruhe bearbeitet werden, ohne die Online-Präsenz zu beeinträchtigen. Erst nach Abschluss der Pflegearbeiten und etwaiger Freigabeprozesse (siehe Abschnitt 6.2.6, »Workflows«) werden die Inhalte von der Staged- in die Online-Katalogversion übernommen und öffentlich publiziert. Diesen Vorgang nennt man *Katalog-Synchronisierung*. Im Bereich der Produktdaten wird je nach Szenario und Pflegeprozess manchmal nur auf eine einzige aktive Online-Katalogversion gesetzt und auf eine Staged-Katalogversion verzichtet. Diese Vorgehensweise ist im CMS-Bereich fast nie anzutreffen.

[«]

Kataloge und Katalogversionen

Kataloge werden auch in anderen Bereichen von SAP Commerce Cloud genutzt, z. B. für die Pflege von Produktdaten oder für die Klassifizierung. Details dazu finden Sie in Abschnitt 7.2, »Produktkataloge«, und Abschnitt 7.4, »Produktklassifizierung«.

Wie bereits erwähnt, bietet SAP Commerce Cloud eine länderübergreifende Unterstützung für das Content-Management an. So wird Ihnen die Möglichkeit geboten, Inhalte wiederzuverwenden und gleichzeitig einen konsistenten Markenauftritt in verschiedenen Ländern, Regionen, Standorten und Sprachen anzuzeigen. Ein mögliches Katalog-Setup dazu sehen Sie in Abbildung 6.1.

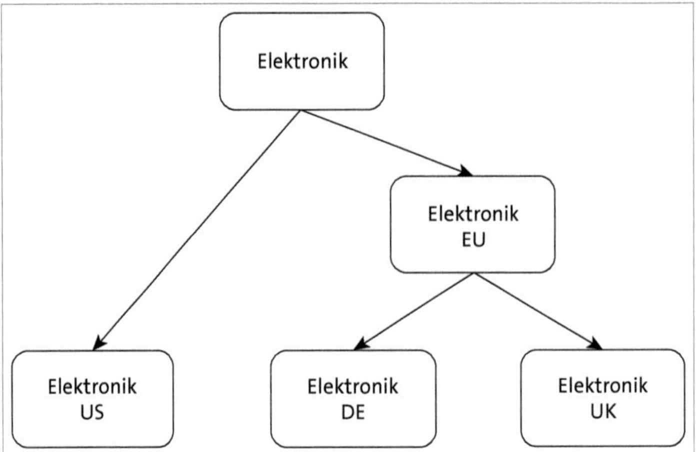

Abbildung 6.1 Länderübergreifendes Content-Katalog-Setup

In diesem sogenannten *Multi-Country-Site-Setup* ermöglicht Ihnen SmartEdit, Inhalte von einem übergeordneten Content-Katalog in untergeordneten Katalogen wiederzuverwenden. Wie viele Hierarchieebenen Sie einsetzen möchten, hängt von der Länderstruktur und den notwendigen Pflegeprozessen ab. Jeder untergeordnete Content-Katalog erbt die Inhalte des übergeordneten Content-Katalogs. Definieren Sie z. B. länderübergreifende Komponenten im globalen Content-Katalog und die regionalen Unterschiede in den untergeordneten Katalogen.

6.1.4 Page Templates und Content Slots

Um den Aufbau jeder neuen Seite zu vereinfachen und rasch neue Seiten mit ähnlichen Layouts zu erstellen, bietet die SAP Commerce Cloud sogenannte *Page Templates*. Alle Seiten basieren auf einem solchen Page Template. Ein Page Template definiert das Layout sowie die Inhalte, die auf jeder abgeleiteten Seite angezeigt werden können. Die SAP Commerce Cloud stellt mehrere Page Templates zur Verfügung, aus denen bei der Erstellung neuer Seiten gewählt werden muss. Zusätzlich besteht die Möglichkeit, eigene Page Templates zu erstellen und zu entwickeln.

Ein Page Template enthält ein oder mehrere sogenannte *Content Slots*. Ein Content Slot ist ein Container, in den CMS-Komponenten eingehängt werden können. Möchten Sie auf einer Seite an einer bestimmten Stelle eine Komponente einbinden, ziehen Sie diese einfach per Drag-and-Drop in den passenden Content Slot. Welche Komponenten in welchen Content Slot passen, kann definiert werden: Dies erleichtert es den Redakteuren und Redakteurinnen, sich an das vordefinierte UX-Design zu halten, da das System gewisse Komponenten für bestimmte Page Templates gar nicht erst zulässt. Außerdem wird Wildwuchs in den erstellten Seiten verhindert, weil nur sinnvolle und zuvor definierte Komponenten auf einer Seite platziert werden können.

Es gibt zwei Arten von Content Slots: *geteilte Content Slots* und *unabhängige Content Slots*. Inhalte von geteilten Content Slots erscheinen identisch auf allen Seiten, die dasselbe Page Template nutzen, wohingegen unabhängige Content Slots auf jeder Seite individuell gefüllt werden können. Wird ein Inhalt in einem geteilten Content Slot geändert, so wird er automatisch auf allen entsprechenden Seiten geändert. Header-, Navigation- oder Footer-Komponenten, die auf allen Seiten gleich sind, sind ein praktisches Anwendungsbeispiel für geteilte Content Slots. Dennoch können (für Spezialfälle) auch Inhalte geteilter Content Slots seitenspezifisch überschrieben werden.

Abbildung 6.2 zeigt im oberen Teil eine schematische Darstellung eines Page Templates und die darauf angeordneten Content Slots. Darunter sehen Sie zwei exemplarische Seiten, die das Page Template verwenden und deshalb dieselben Content Slots aufweisen.

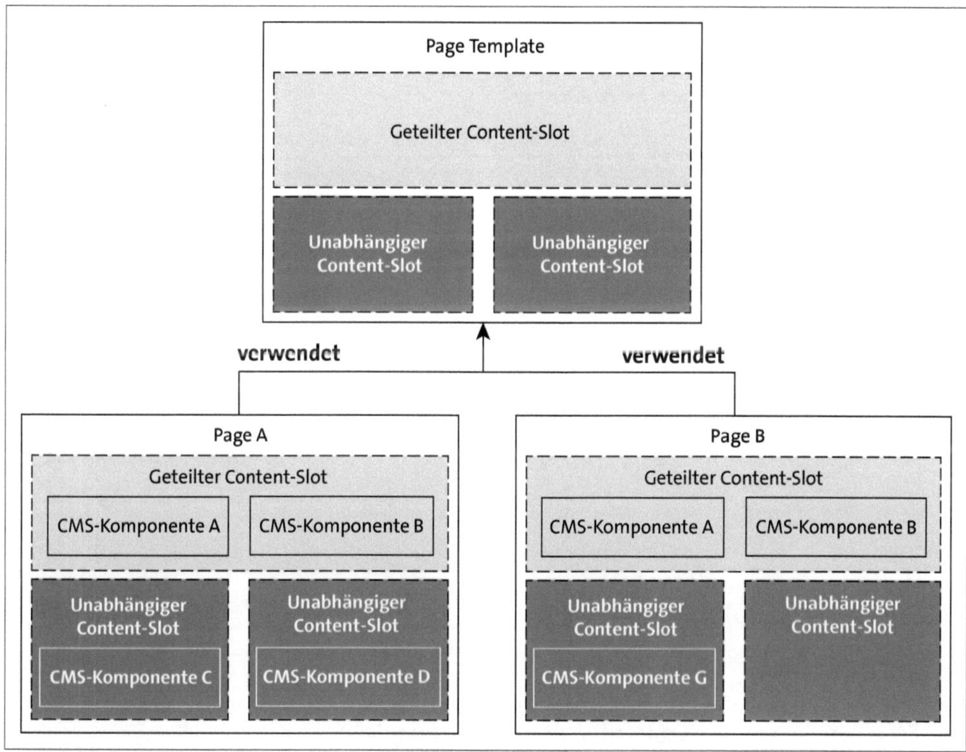

Abbildung 6.2 Zusammenhang von Page Templates und Content Slots

6.2 Content-Pflege im WCMS

In diesem Abschnitt erklären wir die wichtigsten Grundlagen zur Content-Pflege mit *SmartEdit*. SmartEdit ist das Cockpit, mit dem Sie sämtliche WCMS-Inhalte, wie Seiten oder Komponenten, anlegen und bearbeiten können. SmartEdit ist so gestaltet, dass es auch für Neulinge sehr einfach zu nutzen ist. Im SmartEdit können Sie durch Ihre Website oder Ihren Webshop navigieren, wie Sie es gewohnt sind: Sie sehen die Seiten genauso, wie sie auch von Ihren Nutzerinnen und Nutzern gesehen werden. Navigieren Sie zu der Seite, die Sie bearbeiten möchten. Die Änderungen können Sie genau dort durchführen, wo sie auch später sichtbar werden. Mehr dazu finden Sie in den folgenden Abschnitten.

6.2.1 Einstieg in SmartEdit

SmartEdit der zentrale Einstieg in die Content-Pflege (siehe Abbildung 6.3).

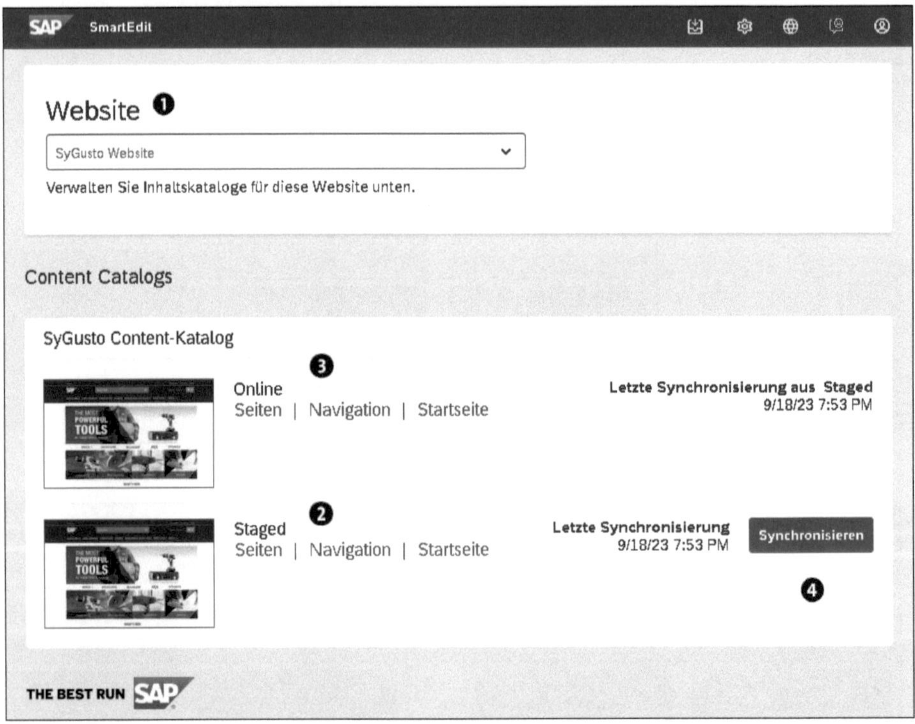

Abbildung 6.3 Einstieg in SmartEdit

So gehen Sie vor, um Content mit SmartEdit zu pflegen:

❶ Wählen Sie unter **Website** zunächst die Seite aus, die Sie bearbeiten möchten. In einfachen Szenarien haben Sie hier nur eine Auswahl, nämlich die für Ihre Website, Ihren Webshop oder Ihr Portal. Wie bereits erwähnt, unterstützt SAP Commerce aber auch komplexere Szenarien, in denen mehrere, auch grundsätzlich verschiedene, Applikationen auf einer SAP-Commerce-Cloud-Instanz verwaltet werden können.

❷ Im unteren Bereich wählen Sie die Katalogversion, die Sie anschauen oder bearbeiten möchten. Wählen Sie **Startseite**, um direkt auf die Startseite zu gelangen und diese bearbeiten zu können. Wählen Sie **Seiten**, um aus einer Übersicht aller Seiten die gewünschte Seite auszuwählen. Über **Navigation** können Sie Navigationselemente, wie z. B. die Hauptnavigation, anpassen.

❸ Dieser Bereich funktioniert analog zu Bereich ❷. Der Unterschied ist lediglich, dass Sie hier direkt in die Online-Katalogversion einsteigen. Nutzen Sie diesen Bereich nur, um sich als Redakteur oder Redakteurin die Inhalte der Online-Katalogversion anzuschauen. Vermeiden Sie tunlichst, Änderungen direkt in der Online-Katalogversion durchzuführen. Änderungen sollten Sie lediglich in der Staged-Katalogversion durchführen und anschließend synchronisieren. Führen Sie Änderungen direkt in der Online-Katalogversion durch, kann dies zu Inkonsistenzen und Problemen bei der späteren Katalogsynchronisierung führen. Insbesondere könnten bereits gepflegte Inhalte wieder verschwinden, wenn sie nicht auch in der Staged-Katalogversion enthalten sind.

❹ Nutzen Sie den Button **Synchronisieren**, um den gesamten Content-Katalog von der Staged- in die Online-Katalogversion zu synchronisieren. In den meisten Fällen ist es nicht erforderlich, eine ganze Katalogversion zu synchronisieren, stattdessen reicht es üblicherweise aus, nur die geänderten Komponenten oder Seiten zu synchronisieren.

6.2.2 Seiten anlegen und bearbeiten

Um Content-Seiten zu bearbeiten, wählen Sie über die Einstiegsseite von SmartEdit unter **Seiten** die Seite aus, die Sie bearbeiten möchten, oder steigen Sie über **Startseite** ein. Anschließend öffnet sich SmartEdit im Vorschaumodus, und Sie sehen die Seite so, wie sie auch Ihre Nutzerinnen und Nutzer sehen bzw. sehen werden, sobald alle Änderungen synchronisiert wurden. Navigieren Sie zu der Seite, die Sie bearbeiten möchten.

Auf der gewünschten Seite angekommen, können Sie diese nun bearbeiten, indem Sie den Modus von **Vorschau** (in Abbildung 6.4 oben links) auf **Einfache Bearbeitung** oder **Erweiterte Bearbeitung** umschalten. Der wesentliche Unterschied zwischen der einfachen und der erweiterten Bearbeitung besteht darin, dass Sie im einfachen Bearbeitungsmodus nur Komponenten aus unabhängigen Content Slots (siehe Abschnitt 6.1.4, »Page Templates und Content Slots«) bearbeiten können und die geteilten Content Slots gesperrt sind. Seien Sie vorsichtig, wenn Sie Inhalte geteilter Content Slots ändern, denn diese Änderungen werden dann auf allen Seiten, die dieselben Slots und Inhalte nutzen, sichtbar.

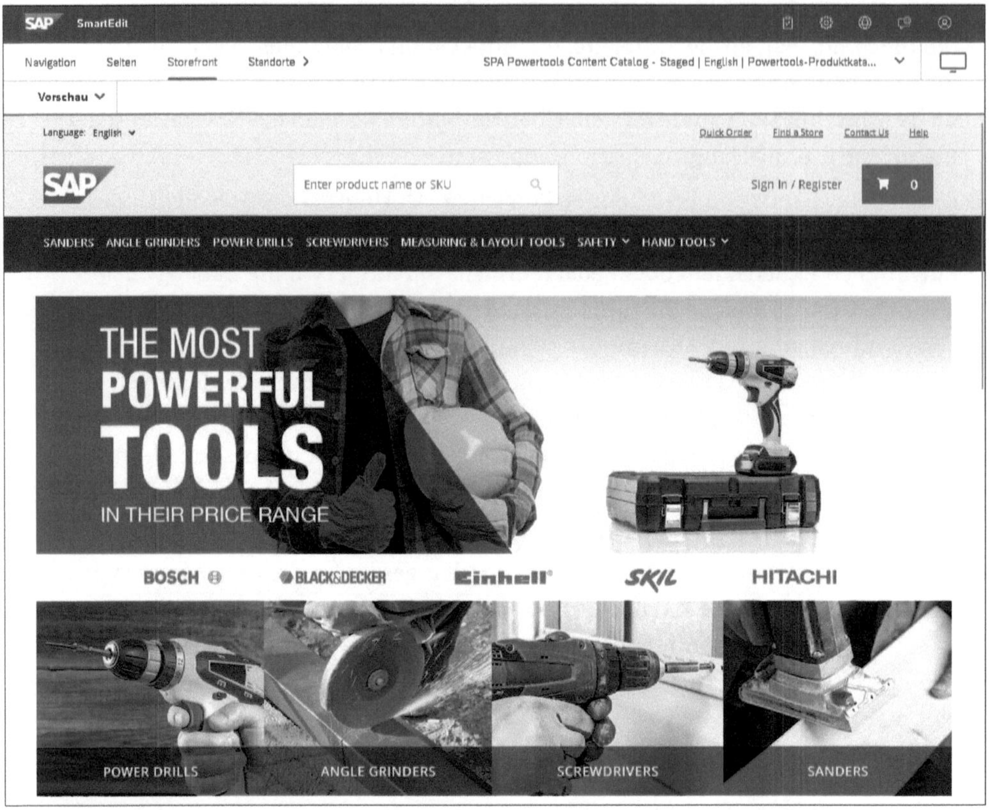

Abbildung 6.4 Content-Seite im SmartEdit-Vorschaumodus

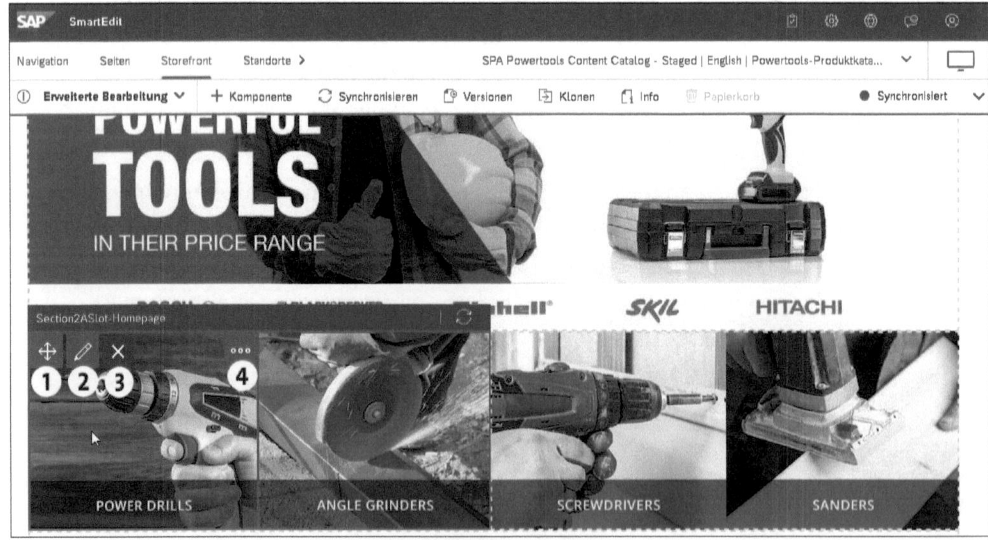

Abbildung 6.5 Komponente in SmartEdit bearbeiten

Nachdem Sie den erweiterten Bearbeitungsmodus aktiviert haben, bewegen Sie die Maus über die Stelle bzw. Komponente, die Sie ändern möchten. Es erscheinen einige Buttons (siehe Abbildung 6.5):

❶ Mit dem Kreuz ✥ können Sie die Komponente bewegen, d. h. an eine andere Stelle auf der Seite verschieben.

❷ Über den Stift ✎ gelangen Sie in den Bearbeitungsmodus der Komponente. Es öffnet sich ein Pop-up, in dem Sie die Komponente bearbeiten können. Was genau geändert werden kann, hängt von der Komponente selbst ab. In diesem Fall könnten Sie z. B. das Bild oder den Link des Teaser-Elements ändern (siehe Abbildung 6.6).

❸ Über das rote X ☒ entfernen Sie die Komponente von der Seite. Beachten Sie, dass die Komponente lediglich von der Seite entfernt wird – die Komponente selbst verbleibt im System und kann später wieder hinzugefügt werden oder auf anderen Seiten in Verwendung sein.

❹ Über die drei Punkte ··· haben Sie die Möglichkeit, die Komponente zu klonen, um sie dann zu ändern, ohne die ursprüngliche Instanz zu ändern.

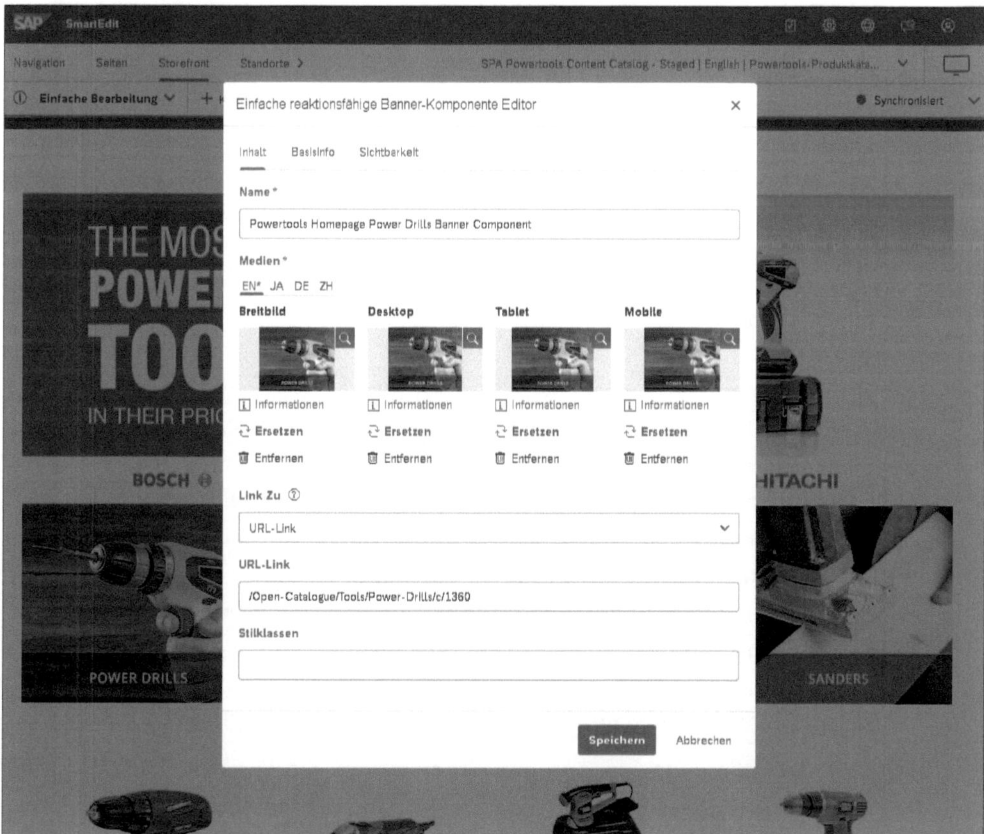

Abbildung 6.6 Banner-Komponente bearbeiten

Möchten Sie auf einer Seite eine neue Komponente hinzufügen, wählen Sie **Komponente** (siehe Abbildung 6.7) und einen Komponententyp oder eine bereits gepflegte Komponente aus dem Katalog. Ziehen Sie diese per Drag-and-Drop an die gewünschte Stelle auf der Seite. Dabei unterstützt Sie SmartEdit, indem es farblich hervorhebt, wo Sie die Komponente platzieren dürfen und wo nicht. Denn es kann definiert werden, welche Komponenten in welche Content Slots hinzugefügt werden dürfen. So können Sie z. B. vermeiden, dass ein Redakteur oder eine Redakteurin eine Teaser-Komponente im Header der Seite platziert.

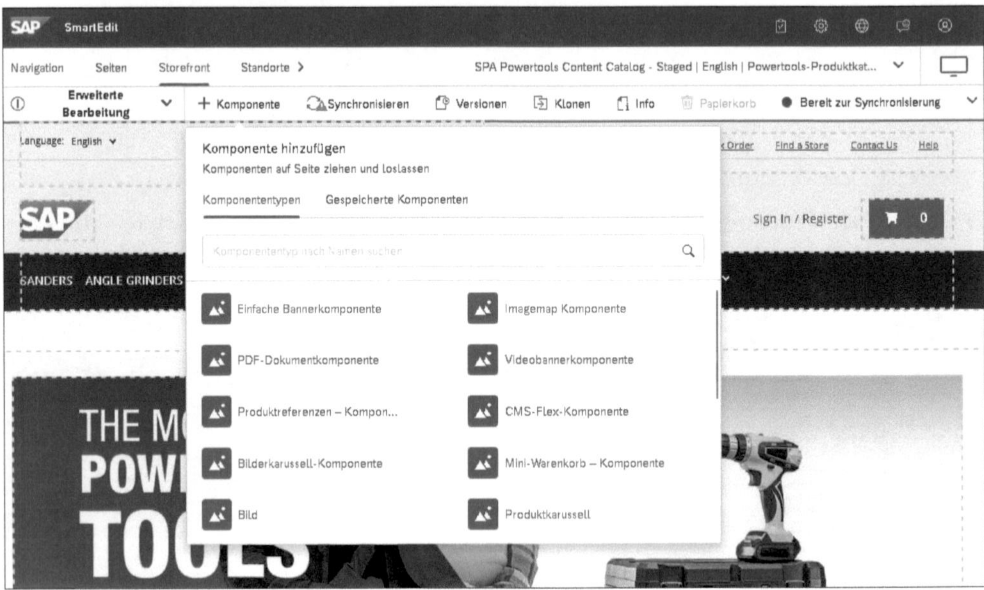

Abbildung 6.7 Neue Komponente hinzufügen

Um neue Seiten anzulegen, wechseln Sie über die Einstiegsseite von SmartEdit auf **Seiten** und wählen anschließend **Seite Erstellen**. Es öffnet sich ein Wizard, in dem Sie den Seitentyp wählen müssen. Im Standard haben Sie die Möglichkeit, aus den Kategorien **Seite**, **Inhaltsseite**, **E-Mail-Seite** oder **Produktseite** zu wählen. Die normale Inhaltsseite ist für die meisten Fälle, wie z. B. Homepage, News-Seiten, FAQ-Seiten, Privacy-Policy-Seiten etc., in der Regel die richtige Wahl. Nachdem Sie den Typ gewählt haben, muss die Vorlage bzw. das Page Template ausgewählt werden (siehe Abschnitt 6.1.4, »Page Templates und Content Slots«). Definieren Sie im letzten Schritt noch einige wichtige Informationen, wie den Namen der Seite, einen sprachabhängigen Seitentitel und unter welchem relativen Pfad die Seite später per URL erreichbar sein soll.

Wenn Sie die Änderungen der Komponente speichern, aktualisiert sich die Vorschau automatisch, und Sie sehen die Seite so, wie sie die Nutzerinnen und Nutzerinnen und Nutzer sehen werden, nachdem die Änderungen online gestellt wurden.

Um die Änderungen zu übernehmen, wechseln Sie oben rechts den Seitenstatus von **Entwurf** auf **Bereit zur Synchronisierung**. Im Bereich **Synchronisieren** sehen Sie alle geänderten Komponenten der aktuellen Seite und können die wählen, die Sie synchronisieren möchten (siehe Abbildung 6.8).

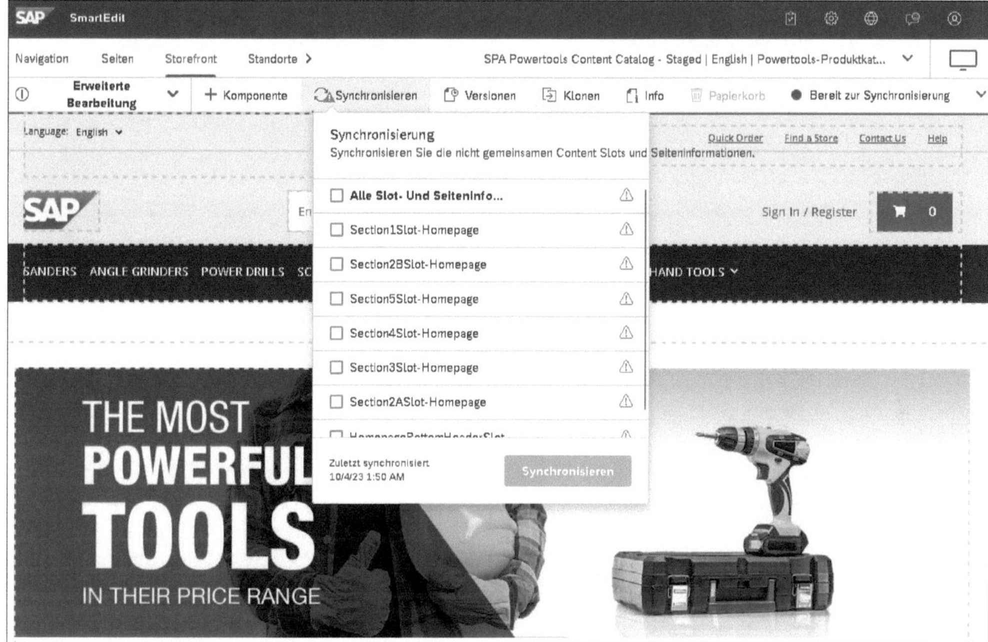

Abbildung 6.8 Änderungen synchronisieren

Haben Sie Komponenten in mehreren Content Slots geändert und möchten nur manche davon synchronisieren, können Sie auch das Synchronisierungs-Icon auf dem Content Slot wählen, um nur Komponenten eines Content Slots zu sehen und zu synchronisieren. Alternativ können Sie auch, wie in Abschnitt 6.2.1, »Einstieg in SmartEdit«, beschrieben, den gesamten Content-Katalog über die Startseite von SmartEdit synchronisieren.

Sobald die Inhalte synchronisiert sind, sind die Änderungen für Ihre Nutzerinnen und Nutzer online sichtbar. Der Vorgang der Synchronisierung lässt sich auch mit Workflows koppeln (siehe Abschnitt 6.2.6), sodass z. B. ein CMS-Manager die Änderungen des CMS-Editors zunächst überprüfen muss, bevor die Inhalte synchronisiert und damit online übernommen werden.

6.2.3 Navigation bearbeiten

Navigationselemente wie beispielsweise die Hauptnavigation oder die Menüpunkte des **Mein Account**-Menüs werden nicht direkt in SmartEdit auf der betreffenden Seite in Form von Komponenten bearbeitet, so wie es im vorigen Abschnitt beschrieben wurde. Stattdessen werden Navigationselemente über den Punkt **Navigation** (siehe Abbildung 6.9) gepflegt. Navigationsstrukturen können beliebig tief geschachtelt und angeordnet werden.

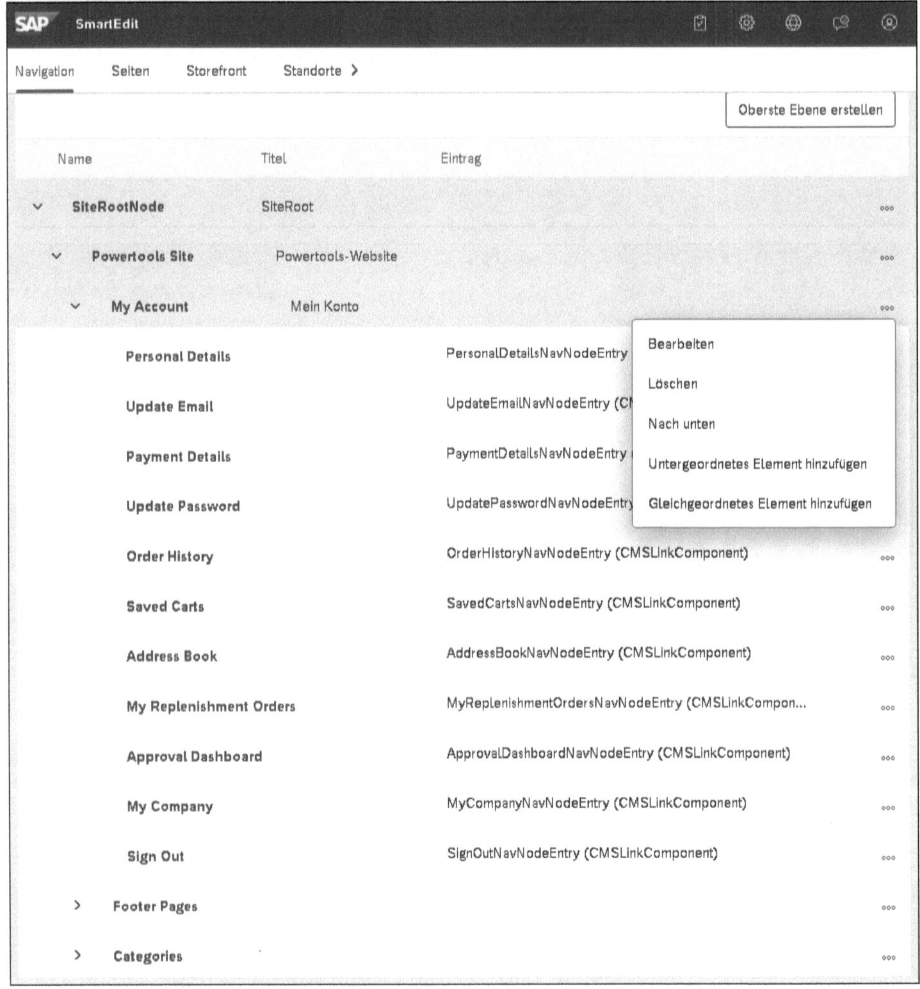

Abbildung 6.9 Navigation bearbeiten

Um neue Navigationselemente anzulegen, navigieren Sie an den gewünschten Knotenpunkt und fügen über das Drei-Punkte-Menü einen neuen Eintrag hinzu. Die Einträge selbst bestehen aus sogenannten *Link-Komponenten*, für die ein Name sowie das Ziel in Form einer URL oder einer internen Referenz auf eine beliebige Seite definiert werden kann.

6.2.4 CMS-Restriktionen

Ein weiteres nützliches Feature des WCMS sind die *CMS-Restriktionen*. Sie erlauben es, Bedingungen zu definieren, unter denen eine Seite oder eine eingebundene CMS-Komponente angezeigt werden sollen. Die SAP Commerce Cloud stellt hierzu verschiedene Restriktionstypen bereit. Zwei häufig genutzte Restriktionstypen sind Zeitrestriktionen und Benutzer- bzw. Benutzergruppenrestriktionen.

Eine *Zeitrestriktion* erlaubt es Ihnen, eine Zeitspanne anzugeben, in der die Komponente oder Seite angezeigt werden soll. So können Sie z. B. genau festlegen, von wann bis wann ein Banner für eine bestimmte Werbeaktion auf der Seite sichtbar sein soll.

Benutzer- und Benutzergruppenrestriktionen hingegen können Sie verwenden, um Seiten nur für bestimmte Personen oder Personengruppen Ihres Webshops anzuzeigen. So könnten Sie z. B. Händlern andere CMS-Inhalte als Endkunden ausspielen – hier gibt es unzählige Möglichkeiten.

Außer den genannten Standardrestriktionen bietet der Standard eine Reihe weiterer Restriktionen. Sie haben auch die Möglichkeit, eigene Restriktionstypen zu implementieren, um spezifische Bedingungen und Logiken einzubringen, die bei der Content-Ausspielung berücksichtigt werden.

Personalisierung

Restriktionen können auch zur Personalisierung von Inhalten für unterschiedliche Zielgruppen verwendet werden. Im Gegensatz zu der in diesem Kapitel erwähnten Benutzergruppenrestriktion, der mehr oder weniger statische Benutzergruppen zugrunde liegen, sind Zielgruppen deutlich flexibler und bilden sich automatisch aufgrund von definierten Kriterien. Details zur Personalisierung erfahren Sie in Kapitel 9, »Personalisierung und Intelligent Selling Services«. Abschnitt 9.2, »Content-Personalisierung«, behandelt die Content-Personalisierung im Speziellen.

Um z. B. eine Zeitrestriktion für eine Bannerkomponente einzustellen, wechseln Sie in den Bearbeitungsmodus der entsprechenden Komponente, so wie Sie es bereits aus Abschnitt 6.2, »Content-Pflege im WCMS«, kennen. Wählen Sie in den Komponentendetails den Reiter **Sichtbarkeit** und anschließend **Erstellen** (siehe Abbildung 6.10).

Wählen Sie anschließend den Restriktionstyp (hier **Zeitbeschränkung**) aus, vergeben Sie einen Namen für diese Restriktion, z. B. »Weihnachten 2023« und klicken Sie auf **Erstellen**, um zu der Ansicht in Abbildung 6.11 zu gelangen.

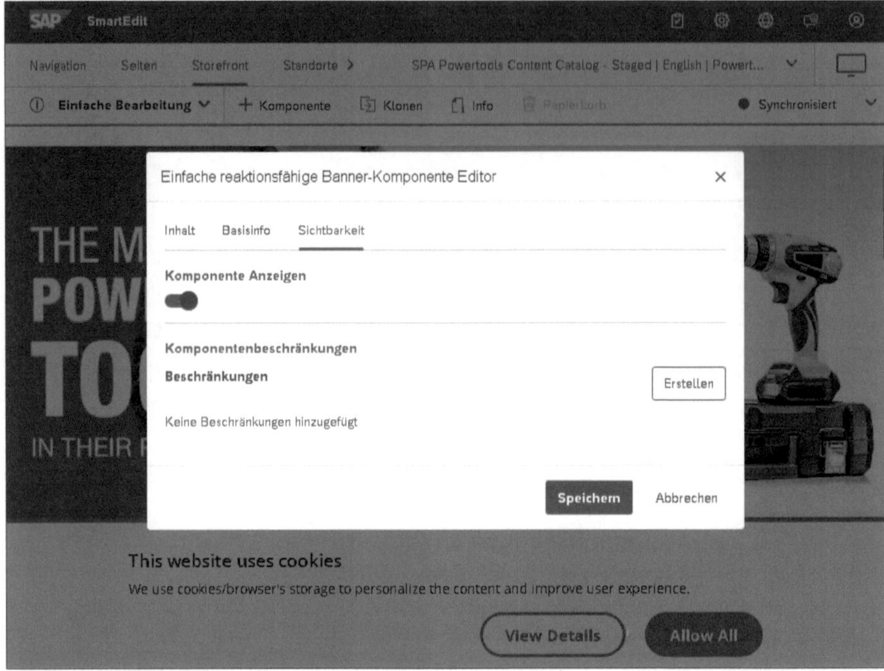

Abbildung 6.10 Sichtbarkeit von Komponenten

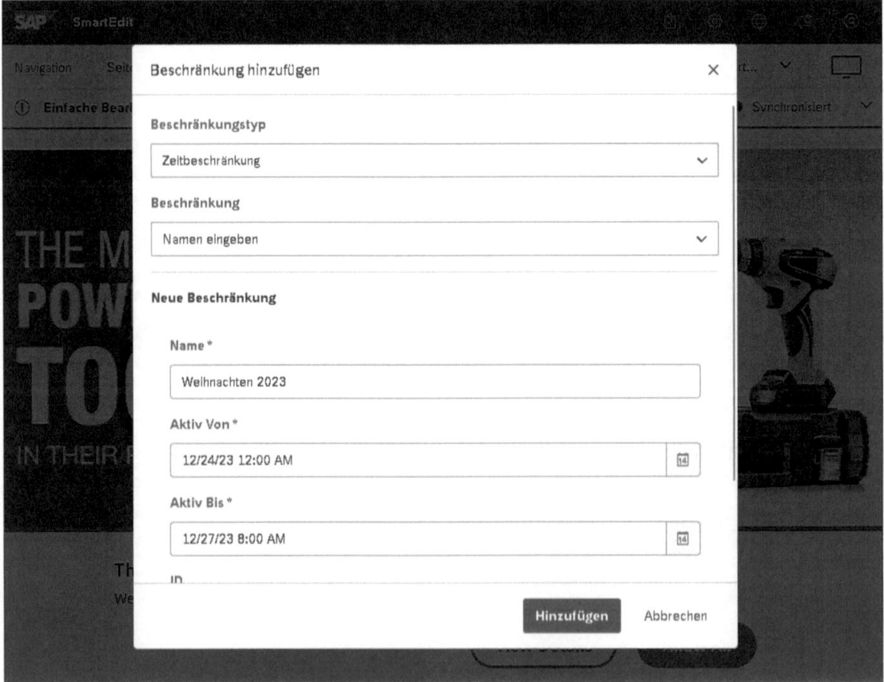

Abbildung 6.11 Zeitbeschränkung anlegen

Definieren Sie den Zeitraum, in dem die Banner-Komponente angezeigt werden soll, und wählen Sie **Hinzufügen**. Nach dem Speichern der Komponente wird sie im Vorschaumodus von SmartEdit nicht mehr angezeigt. Das liegt daran, dass das aktuelle Datum außerhalb des definierten Zeitraums liegt. Um testen zu können, ob die eingestellte Restriktion auch wirklich funktioniert, wählen Sie rechts oben in SmartEdit einen konkreten Zeitpunkt aus (siehe **Zeit** in Abbildung 6.12), zu dem Sie die Seite simulieren möchten, z. B. zur Weihnachtszeit. Anschließend sehen Sie, dass die Komponente zum passenden Zeitpunkt wieder sichtbar wird.

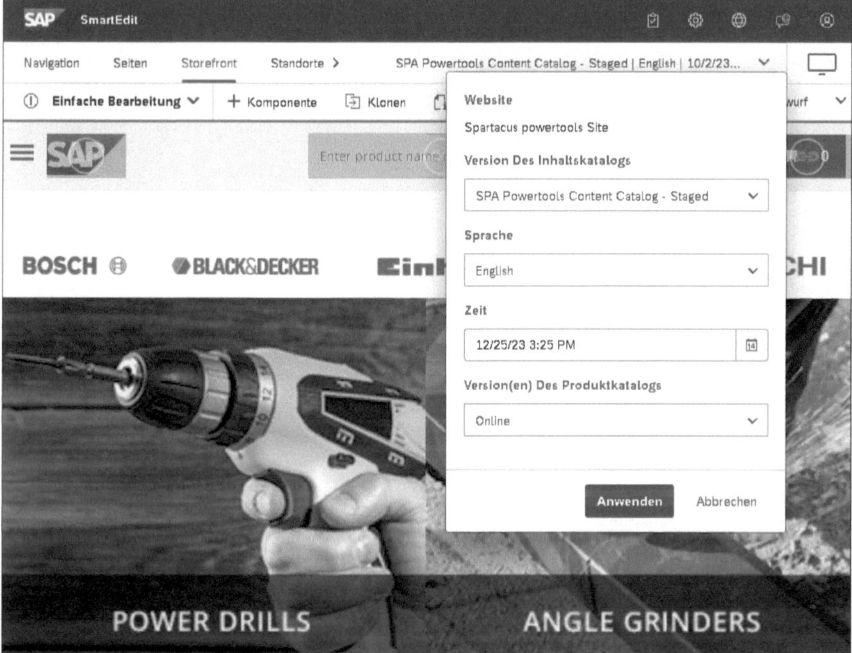

Abbildung 6.12 Seitenvorschau zu einem bestimmten Zeitpunkt

Vergessen Sie nach Abschluss Ihrer Tests nicht, die geänderte Komponente im Online-Katalog zu synchronisieren, damit die Änderung dann auch tatsächlich zum definierten Zeitpunkt aktiv wird.

CMS-Restriktionen können nicht nur auf Komponenten, sondern auch auf Seiten angewendet werden. In solchen Fällen spricht man auch von *Seitenvariationen*. Eine normale Seite ist eine sogenannte *Primärseite*. Gibt es aufgrund vieler Restriktionen viele Unterschiede auf einer Seite, können Sie eine Seitenvariation anlegen und mit der entsprechenden Restriktion versehen, anstatt sämtliche betroffenen Komponenten einer Seite einzeln mit der jeweiligen Restriktion zu versehen. Legen Sie dazu eine neue Seite an, wie in Abschnitt 6.2.2, »Seiten anlegen und bearbeiten«, beschrieben, und wählen Sie im Wizard zur Seitenerstellung auf dem Reiter **Anzeigebedingung Variation** und die entsprechende Primärseite (siehe Abbildung 6.13). Im Schritt

Beschränkungen des Wizards definieren Sie dann die entsprechende CMS-Restriktion, so wie es für Komponenten erklärt wurde.

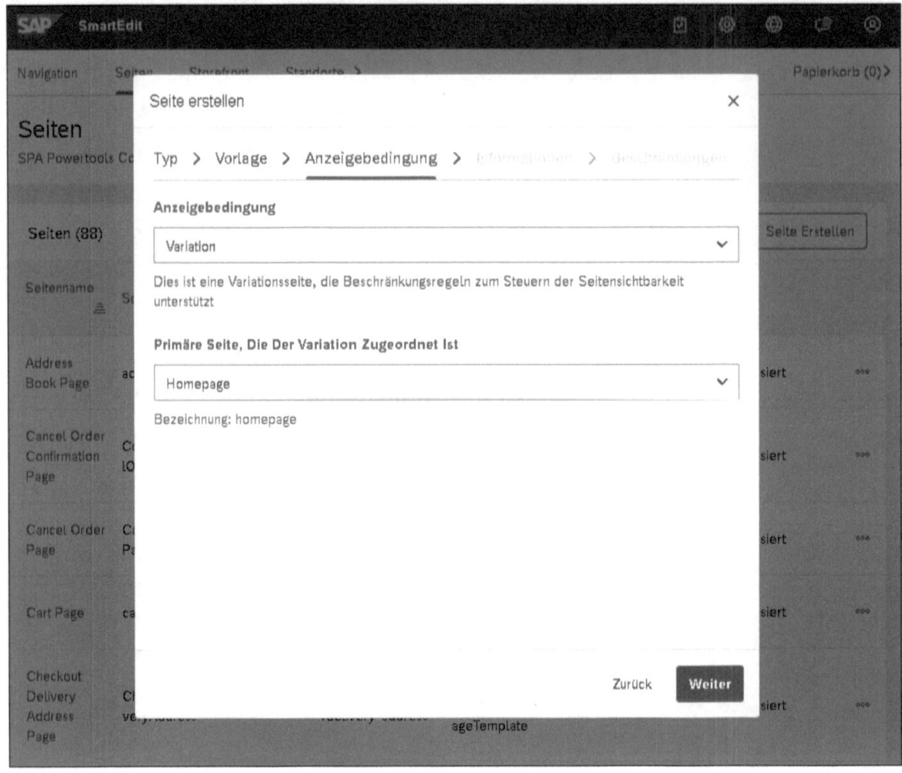

Abbildung 6.13 Seitenvariation anlegen

6.2.5 Versionierung

SmartEdit bietet eine rudimentäre Unterstützung für die Versionierung von Seiten. Mithilfe der *Versionierung* können Sie sogenannte *Snapshots* einer Seite erstellen. Diese Snapshots speichern den Zustand der Seite zum Zeitpunkt der Versionserstellung. Bei Bedarf können Sie diese Version zu einem späteren Zeitpunkt wiederherstellen und die Seite auf ihren Ursprungszustand zurücksetzen.

Im Gegensatz zu externen CM-Systemen (siehe Abschnitt 6.3) ist diese Funktion etwas limitiert: Versionen müssen immer manuell erstellt werden und werden nicht automatisch bei jeder Änderung generiert, wie es in manchen anderen CM-Systemen üblich ist. Die SmartEdit-Versionierung speichert lediglich die wichtigsten Infos einer Seite. Beispielsweise werden geteilte Content Slots, CMS-Restriktionen oder Komponenten von übergeordneten Katalogen (siehe Abschnitt 6.1.3) nicht gespeichert.

Um eine neue Version zu erstellen, wechseln Sie in den Modus **Versionierung** (siehe Abbildung 6.14). In diesem Modus gibt es folgende Funktionen:

- Eine neue Version anlegen
- Eine konkrete Version öffnen und die Seite in jeder Version anschauen
- Eine Version wiederherstellen
- Eine Version löschen

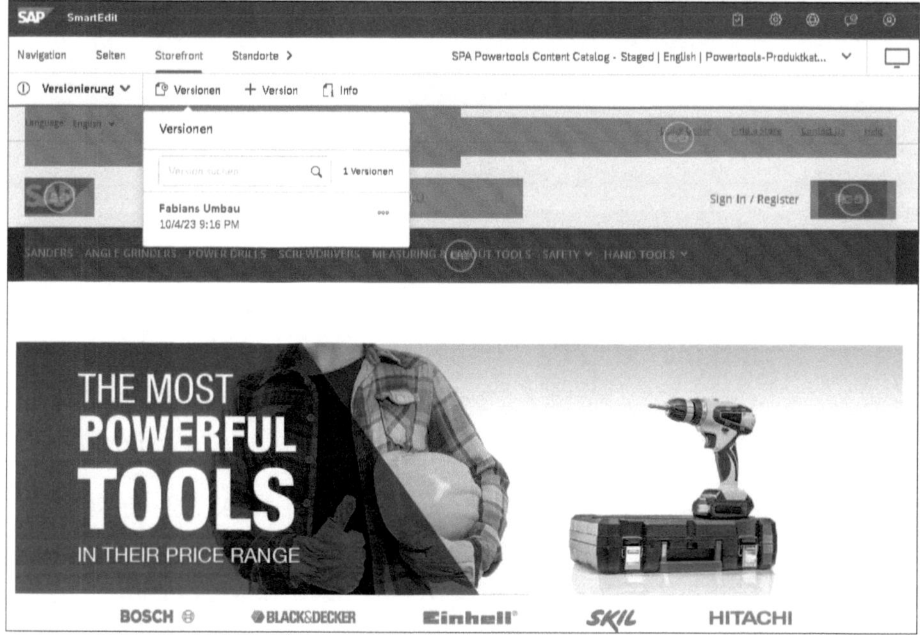

Abbildung 6.14 Modus »Versionierung«

6.2.6 Workflows

Die SAP Commerce Cloud beinhaltet eine Workflow Engine, die auch in SmartEdit genutzt werden kann, um Review- und Freigabeprozesse für die Content-Pflege zu unterstützen. Der Standard-Workflow sieht vor, dass Mitarbeitende einer *CMS-Manager-Gruppe* geänderte oder neu erstellte CMS-Inhalte zunächst reviewen müssen, bevor die Änderungen freigegeben und in den Online-Katalog synchronisiert werden.

Die Workflows basieren auf sogenannten *Workflow Templates*. Administratoren können im Backoffice weitere Workflow Templates anlegen und diese auch per Seitentyp definieren. Wenn Sie z. B. eine neue Landingpage erstellen, benötigen Sie möglicherweise einen Workflow, der mehrere Abteilungen, wie Marketingabteilung, das UX-Team, die Content-Manager, oder ein Übersetzungsteam umfasst. Ändern Sie vielleicht nur eine bereits bestehende Seite geringfügig, könnte es genügen, lediglich einen anderen Content Reviewer und das Übersetzungsteam über die Änderungen schauen zu lassen.

SmartEdit informiert über das *Notification Center* oben rechts im Header-Bereich über neue Workflow-Aufgaben. In diesem Bereich sehen Sie alle Ihnen zugeordneten Workflow-Aufgaben, haben aber auch die Möglichkeit, alle anderen einzusehen (siehe Abbildung 6.15).

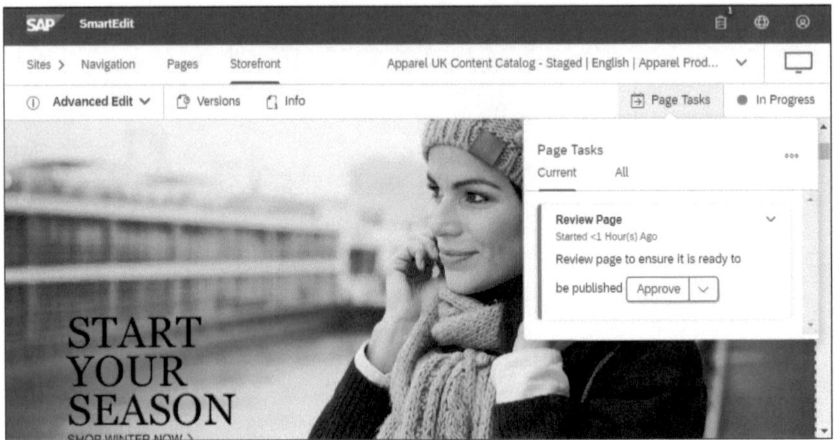

Abbildung 6.15 Worfklow-Aufgabe

Unter **Page Tasks** sehen Sie alle Aufgaben der aktuellen Seite. Klicken Sie eine Aufgabe an, um sie direkt von hier aus zu bearbeiten (siehe Abbildung 6.16).

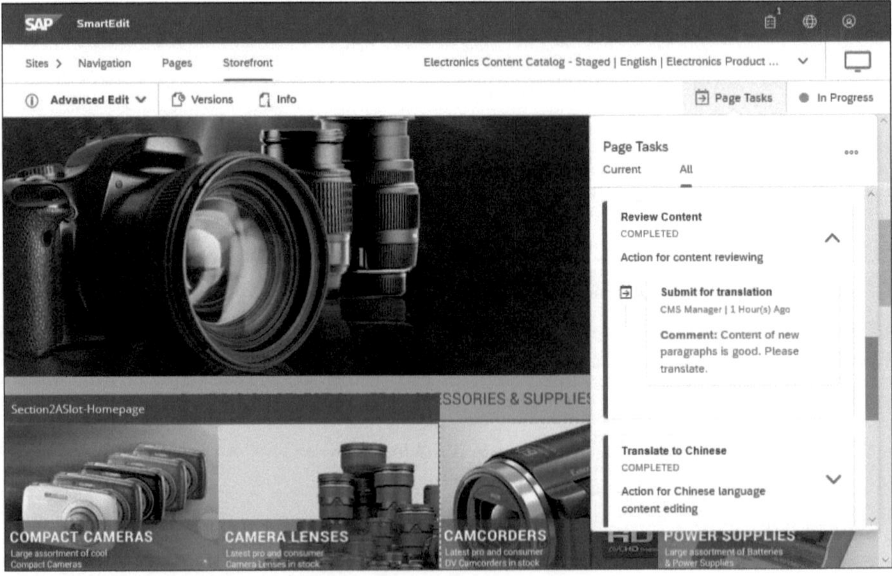

Abbildung 6.16 Workflow-Aufgabe bearbeiten

Die Standard-Workflows können nur auf Seiten, die den Status **Entwurf** haben, angewendet werden. Sobald der Workflow gestartet wurde, wird der Status auf **In Bearbei-**

tung gesetzt. Der Workflow ändert den Status dann zu **Bereit zum Synchronisieren** bzw. **Synchronisiert**, je nachdem wie der Workflow konfiguriert ist.

6.3 Externe Content-Management-Systeme

SAP Commerce Cloud enthält mit WCMS und SmartEdit umfangreiche Möglichkeiten zur Verwaltung und Pflege von CMS-Inhalten. Insbesondere für Webshops, Online-Portale oder Websites kleiner bis mittlerer Größe haben Sie mit SAP Commerce Cloud im Standard bereits fast alles, was Sie benötigen. Etwaige zusätzliche Anforderungen lassen sich über das offene Framework erweitern (siehe Kapitel 16, »SAP Commerce Cloud erfolgreich erweitern«). Trotzdem gibt es Szenarien, in denen das mitgelieferte WCMS möglicherweise begrenzte Funktionen bietet, wie z. B.:

- Externe CMS skalieren in der Regel besser. Besonders wenn die SAP Commerce Cloud nicht nur als Webshop, sondern als Grundlage für eine umfangreiche und weltweit genutzte Unternehmenswebsite mit integriertem Webshop dient, kann es sinnvoll sein, ein externes CMS in Betracht zu ziehen.
- Sollen komplexe Contentpflege-Workflows eingesetzt werden, sind die Funktionen von SmartEdit teilweise eingeschränkt. Im Standard werden ein Genehmigungs-Workflow und ein kombinierter Genehmigungs-/Übersetzungs-Workflow bereitgestellt. Weitere Workflows müssten eigens implementiert werden. Externe CMS bieten oft bereits im Standard ausgefeilte Workflows, wie z. B. komplexe Übersetzungs-Workflows und umfangreiche Möglichkeiten zur Kollaboration mit Content-Editoren, was insbesondere mit verteilten Teams und Zuständigkeiten immer wichtiger wird.
- Komplexe Websites erfordern oft eine hierarchische Abbildung der Seiten. Dies wird von SmartEdit im Standard nicht unterstützt, lässt sich aber erweitern. Externe Systeme bieten oft bereits im Standard eine hierarchische Seitenstruktur.
- SmartEdit ist primär darauf ausgerichtet, Content für die SAP Commerce Cloud und deren SAP Composable Storefront bereitzustellen. Soll das CMS auch für die Ausspielung in andere Frontends oder komplett andere Applikationen dienen, um Content zentral zu verwalten und für alle Kanäle wiederzuverwenden, sind externe Headless-CM-Systeme oft die bessere Wahl.

Das heißt nicht, dass all diese Funktionen in SAP Commerce Cloud nicht oder unzureichend im Standard unterstützt werden. Basierend auf unserer Projekterfahrung stellen diese Funktionen jedoch oft die limitierenden Faktoren dar, besonders bei sehr großen, content-intensiven Websites. Natürlich hängt es stark von den konkreten Anforderungen ab, welche Content-Management-Systeme am besten für den jeweiligen Anwendungsfall geeignet sind. Je größer die geplante Website oder der Webshop, je komplexer die Inhalte, je größer die strukturellen Unterschiede (z. B. durch viele unterschiedliche Länder, in denen die Website sichtbar sein soll) oder je verteilter die Pflegeprozesse, desto eher ist der Einsatz eines externen CMS für SAP Commerce empfehlenswert.

Aufgrund der Offenheit für Erweiterungen (siehe Abschnitt 16.1, »Erweiterung von Frontend bis Backend«) und der Vorteile, die der Headless-Architektur-Ansatz (siehe Abschnitt 5.1.2, »Headless/Composable Commerce«) bietet, ist es durchaus nicht ungewöhnlich, externe Content-Management-Systeme in Verbindung mit SAP Commerce zu betreiben. Am besten eignen sich hier moderne Content-Management-Systeme, denen auch eine Headless-Architektur zugrunde liegt. Abbildung 6.17 zeigt auf einer High-Level-Ebene, wie eine Integration aussehen könnte.

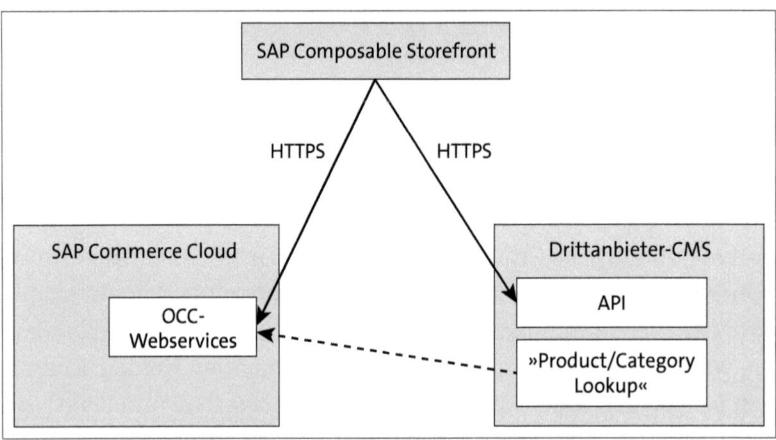

Abbildung 6.17 Architektur mit externem CMS

In einem solchen Szenario werden dann lediglich die CMS-Inhalte, wie Content-Seiten, Komponenten, Banner-Komponenten und Ähnliches, aus dem CMS geliefert, während Produktdaten und E-Commerce-Funktionen etc. weiterhin über SAP Commerce Cloud abgebildet werden. Auch die erweiterten Szenarien, wie die Personalisierung von CMS-Inhalten (siehe Abschnitt 9.2, »Content-Personalisierung«), sind in solchen Szenarien weiterhin denkbar – natürlich immer abhängig davon, welchen Funktionsumfang das externe CMS bietet und wie die Systeme miteinander integriert werden.

Oft gibt es in Content-Management-Systemen auch die Anforderungen, CMS-Inhalte mit Produkten oder Produktkategorien zu verknüpfen, um z. B. auf einer Produktkategorieseite entsprechende Banner-Komponenten darstellen oder in Teaser-Elementen ausgewählte Produkte besonders hervorheben zu können, deren Daten dann aus SAP Commerce Cloud kommen sollen. Es sind auch Szenarien denkbar, in denen der CMS-Redakteur oder die CMS-Redakteurin, z. B. direkt aus seinem externen CMS heraus, per Live-Zugriff, Produkte aus SAP Commerce Cloud suchen und direkt verknüpfen kann. In Abschnitt 17.12, »Contentful Composable Content Platform«, wird – exemplarisch für den Einsatz eines externen CM-Systems – ein dezidiertes Szenario von SAP Commerce Cloud mit *Contenful CMS* aufgezeigt und beschrieben, welche Bedeutung sogenannte *decoupled Content-Management-Systeme* für den Betrieb moderner E-Commerce-Landschaften haben können.

6.4 Praxisbeispiel: SyGusto

In der Vergangenheit hatte SyGusto zwei getrennte Systeme: Zum einen ein klassisches CMS als Website. Hier präsentierte sich SyGusto als Unternehmen und gab einen Überblick über das angebotene Produktportfolio. Zum anderen setzte SyGusto eine Shop-Lösung ein, mit der die Kunden die einzelnen Produkte finden und bestellen konnten. Außerdem konnte im Webshop nach bereits getätigten Bestellungen gesucht und der Status der Bestellung kontrolliert werden.

Für SyGusto hatte diese Trennung zwischen Website und Webshop viele Nachteile:

- Benutzerinnen und Benutzer mussten selbst wissen, nach welcher Art von Information sie suchen, und selbst entscheiden, ob diese auf der Website oder im Webshop zu finden sein könnten.
- Einige Informationen musste SyGusto sowohl auf der Website als auch im Webshop pflegen. Sie waren daher doppelt vorhanden. Dieser doppelte Content war nicht nur in der Pflege mühsam, sondern wirkte sich auch negativ auf die Bewertung durch Suchmaschinen aus.
- Hatte sich eine Person über SyGusto auf der Website informiert und sich dort bereits für eine Produktgruppe entschieden, musste sie in den Webshop wechseln und dort das Produkt noch einmal suchen, um es im Webshop zu bestellen.
- Die Verknüpfung zwischen CMS-Content und Produkten war schwierig, da die beiden Systeme technisch nicht miteinander integriert waren.
- Content konnte nur schwer personalisiert werden, da die Website nichts über das Kaufverhalten der Kunden wusste und der Webshop nicht wusste, für welchen Content sich Benutzerinnen und Benutzer auf der Website interessiert hatten.

Mit der SAP Commerce Cloud kann SyGusto Website und Webshop zu einer ganzheitlichen Plattform zusammenführen. Für die Kunden gibt es nur noch einen zentralen Zugriffspunkt für alle Informationen. Gleichzeitig kann SyGusto Content pflegen und darin direkt auf die relevanten Produkte verlinken.

Nachfolgend werden einige einfache Beispiele gezeigt, wie SyGusto diese Möglichkeiten in der Praxis nutzt.

6.4.1 Content der Startseite

Auf der Startseite präsentiert SyGusto meist eine Mischung aus Content und Produktinformationen. SyGusto informiert seine Kunden im Banner-Slider über neue

Produkte, die direkt mit dem Produktkatalog verlinkt sind, und über die aktuelle Nachhaltigkeitsinitiative, die auf eine Landingpage verlinkt. Außerdem zeigt SyGusto auf der Startseite ein Produktkarussell mit den aktuellen Bestsellern.

6.4.2 News-Meldungen zu Produktneuheiten

Wenn SyGusto neue Produkte einführt, kann das Marketing dazu eine News-Meldung pflegen. Dort wird das neue Produkt beschrieben, es werden Bilder gezeigt und eventuell Broschüren oder andere Dokumente zum Download bereitgestellt. Um es Benutzerinnen und Benutzern leichter zu machen, werden die Produkte in den News-Meldungen direkt mit der Produktdetailseite verlinkt. Kunden können direkt über diesen Link zu technischen Details oder Preisen abspringen (siehe Abbildung 6.18).

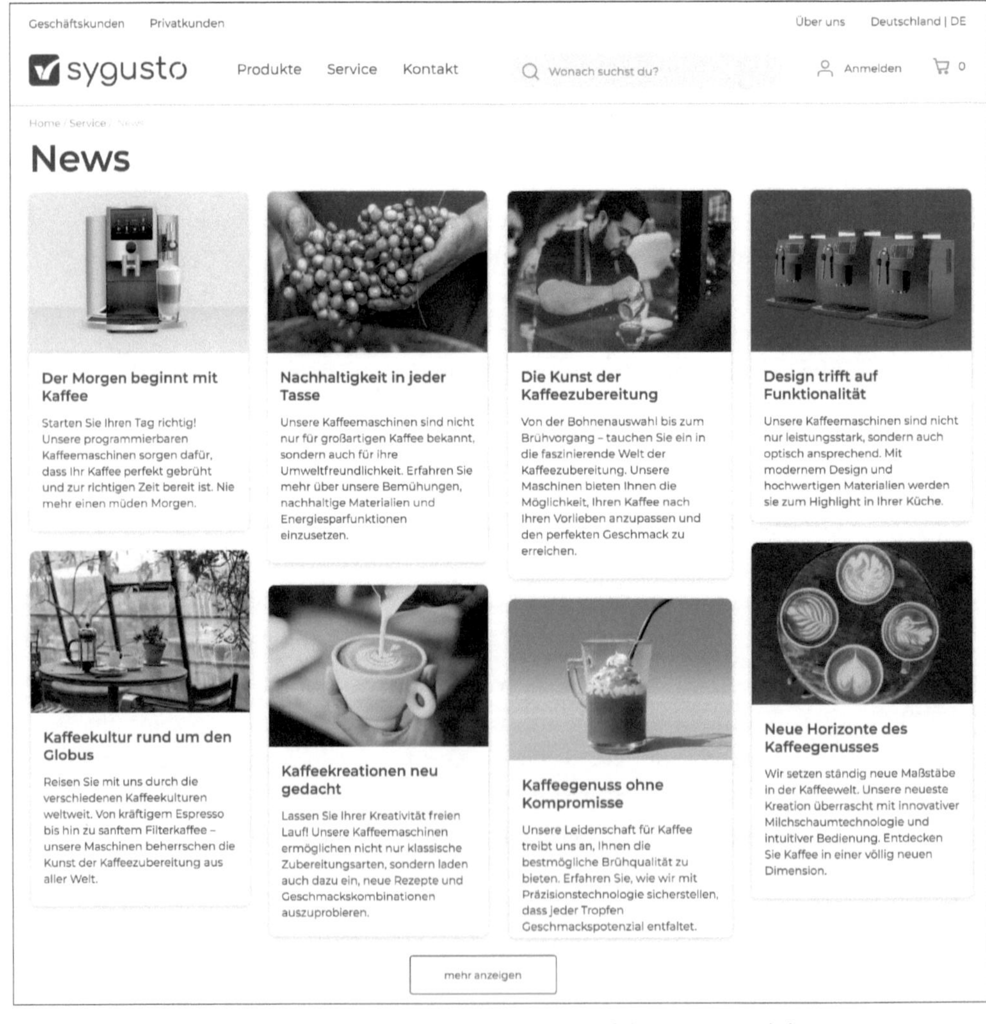

Abbildung 6.18 News-Meldungen mit einem Link auf die neuen Produkte

6.4.3 Content im Checkout

SyGusto nutzt die Möglichkeit, Content auf den Checkout-Seiten zu pflegen. Wenn z. B. eine Rabattaktion stattfindet, wird im Warenkorb mithilfe eines Banners auf die Aktion hingewiesen. Auch hier können die Komponenten von SAP Commerce Cloud genutzt werden, um Bilder und Texte zu pflegen. Mehr Informationen zu Marketingkampagnen erhalten Sie in Kapitel 9, »Personalisierung und Intelligent Selling Services«, sowie in Abschnitt 17.5, »SAP Emarsys Customer Engagement«.

6.4.4 Personalisierung von Content

Der angezeigte Content kann direkt personalisiert ausgespielt werden. Das bedeutet, dass einige Content-Elemente nur bestimmten Zielgruppen angezeigt werden. Beispielsweise kann Content, der nur für die B2B-Zielgruppe relevant ist, mit einer einfachen Restriktion auf die Usergruppe B2B versehen werden.

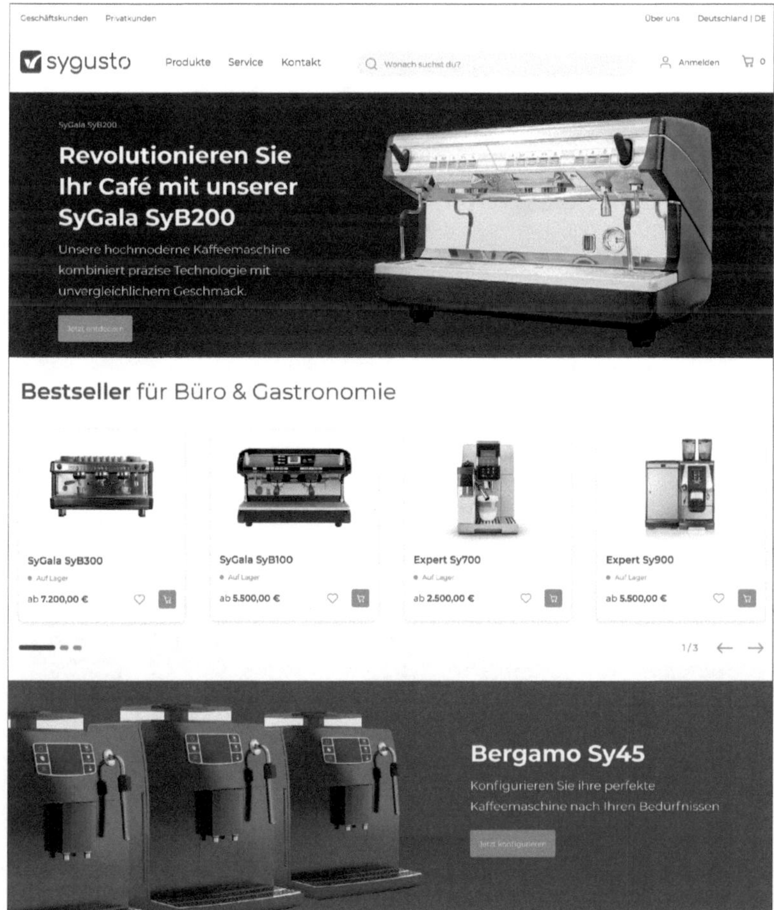

Abbildung 6.19 Startseite mit Content und Produktvorschlägen für B2B-Kunden

Mehr Informationen zum Thema Personalisierung erhalten Sie in Kapitel 9, »Personalisierung und Intelligent Selling Services«. Abbildung 6.19 zeigt, wie die Startseite von SyGusto für B2B-Kunden aussieht und entsprechend passende Produkte für den Büro- und Gastronomiebetrieb vorschlägt.

Handelt es sich bei dem Nutzer hingegen um einen B2C-Kunden, zeigt die SyGusto-Startseite (siehe Abbildung 6.20) entsprechende Neuheiten aus dem Consumer-Maschinen-Bereich.

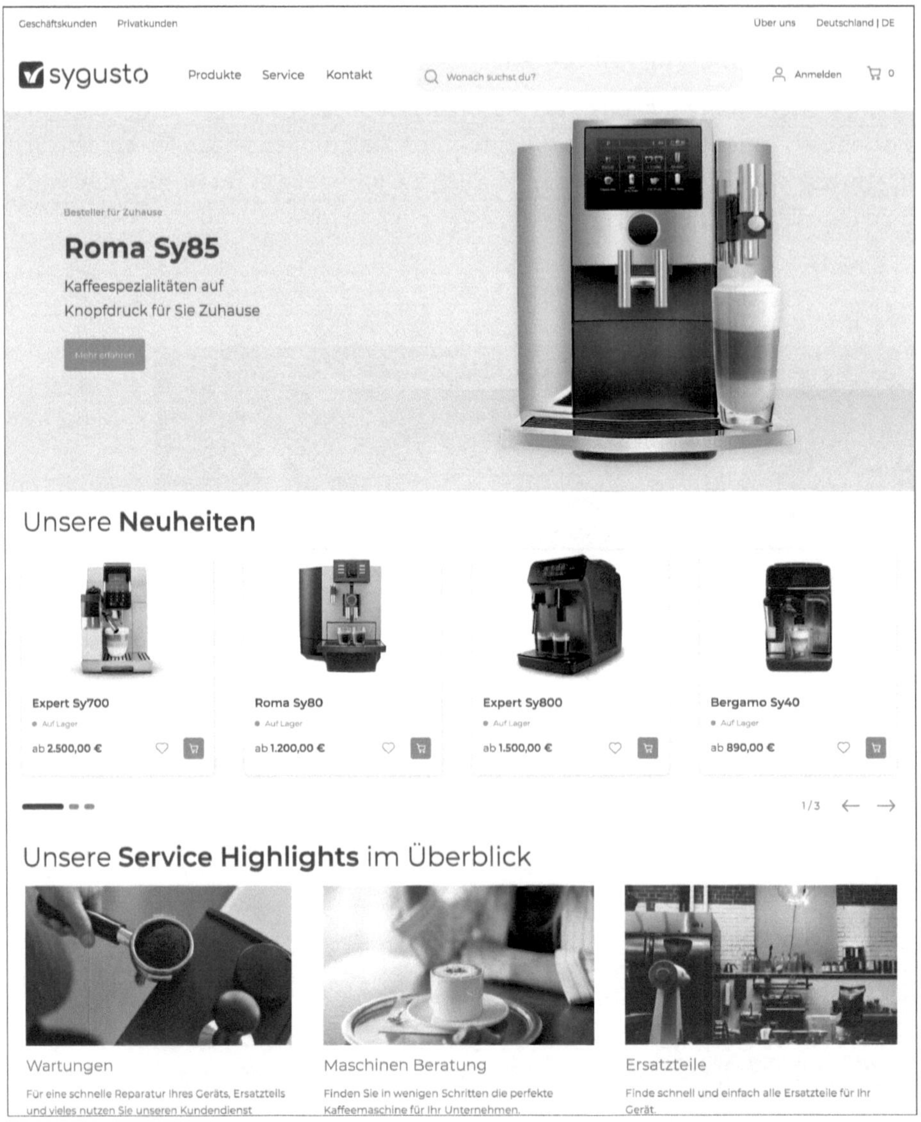

Abbildung 6.20 Startseite mit Content und Produktvorschlägen für B2C-Kunden

6.5 Fazit

In diesem Kapitel haben Sie gelernt, wie SmartEdit als Teil des WCMS-Moduls die SAP Commerce Cloud mit umfangreichen CMS-Möglichkeiten ausstattet. Bereits im Standard haben Sie alle Möglichkeiten, um mit SAP Commerce Cloud eine Website bzw. Webshop umzusetzen. Sollten Sie besonders komplizierte Anforderungen an das CM-System haben, bietet SAP Commerce Cloud auf seiner offenen Architektur aber auch alle Möglichkeiten, externe Content-Management-Systeme einzusetzen. SAP Commerce Cloud unterstützt nicht nur statische CMS-Funktionen, sondern auch erweiterte Möglichkeiten wie die Personalisierung von CMS-Inhalten, z. B. je nach zugehöriger Benutzer- oder Zielgruppe.

Kapitel 7
Produktdatenmanagement

Die SAP Commerce Cloud erleichtert Ihnen das Pflegen und Erweitern von Produktdaten. Mit dem Product Content Management (PCM) können Sie Produktdaten zentral verwalten und pflegen oder nach dem Import aus SAP ERP oder SAP S/4HANA um weitere Produktinformationen erweitern. Zudem unterstützt es Sie bei der Verwaltung Ihrer Produktkataloge durch ein ausgeklügeltes Workflow Management.

Ob ein Webshop erfolgreich ist, hängt auch maßgeblich von Qualität und Vollständigkeit der Produktdaten ab. Ihre Produkte sollten nicht nur optisch ansprechen, sondern auch inhaltlich überzeugen. Bestehende Kunden erwarten, schnell die gewünschten Informationen zu finden. Neue Kunden benötigen verständliche Erklärungen, um zu beurteilen, ob die Produkte für ihre Bedürfnisse geeignet sind. Plattformen auf Grundlage der SAP Commerce Cloud dienen dabei nicht nur als Webshop oder Website, sondern auch als umfassende Produktinformationssysteme (PIM), in denen Kunden z. B. produktspezifische Dokumente herunterladen können.

Durch das in SAP Commerce integrierte *Product Content Management* (PCM) wird SAP Commerce Cloud auch oft als zentrales PIM- bzw. PCM-System eingesetzt. Somit liefert SAP Commerce nicht nur Produktdaten z. B. für die Website oder den Webshop, sondern kann auch als Datenlieferant für andere externe Applikationen dienen.

In diesem Kapitel beschäftigen wir uns damit, wie Produktdaten in SAP Commerce verwaltet werden können, wie die internen Strukturen gestaltet sind, wie Sie Produktdaten selbstständig erweitern können und wie Sie SAP Commerce Cloud bei Ihren internen Produktpflegeprozessen unterstützen kann. Wir befassen uns also vor allem mit Abläufen im Hintergrund, die notwendig sind, um Produkte für Ihre Kunden optimal darstellen zu können. In 7.7 greifen wir unser Praxisbeispiel SyGusto wieder auf, um die Funktionen für das Produktdatenmanagement zu illustrieren.

Der Fokus liegt dabei auf den Funktionen von SAP Commerce Cloud und weniger auf dem Import von Produkten aus anderen Backendsystemen wie SAP S/4HANA. Dieses Szenario behandeln wir separat in Kapitel 15, »SAP Commerce Cloud mit SAP S/4HANA und SAP ECC«.

7.1 Produkt-Cockpit

Das *Produkt-Cockpit* ist ein spezialisierter Bereich innerhalb des Backoffice von SAP Commerce Cloud, der für die effiziente Pflege und Verwaltung von Produktdaten konzipiert ist. Dort haben Sie die Möglichkeit, Produktdetails anzusehen und zu pflegen. Das reicht von einfachen Produktinformationen wie Artikelnummer oder Name bis hin zu komplexeren Aufgaben wie der Pflege von Klassifizierungsattributen (siehe Abschnitt 7.4, »Produktklassifizierung«), Pflege von Produktvarianten oder -referenzen (siehe Abschnitt 7.3, »Produktdatenmodell«) inklusive Freigabeprozessen. In diesem Abschnitt gehen wir auf die wichtigsten Grundfunktionen des Produkt-Cockpits ein.

Das Produkt-Cockpit erreichen Sie über die Perspektiven-Auswahl im Backoffice unter dem Eintrag **Produkt-Cockpit** (siehe Abbildung 7.1).

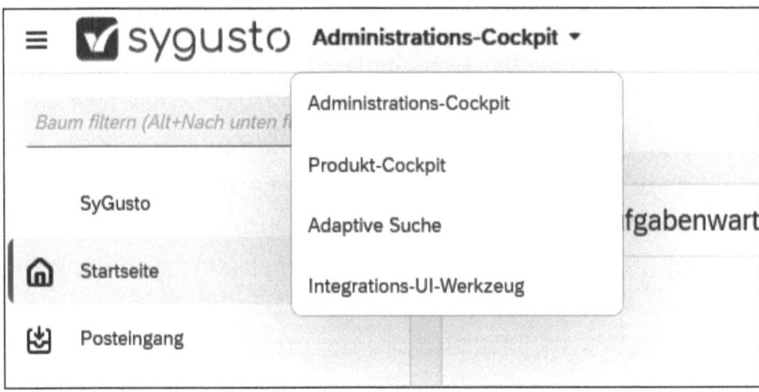

Abbildung 7.1 Einstieg in das Produkt-Cockpit

Nachdem Sie das Produkt-Cockpit geöffnet haben, werden Sie von einem Dashboard (Abbildung 7.2) begrüßt, was Ihnen einen schnellen Überblick über die Datenqualität gibt. Die Datenqualität Ihrer Produkte wird in einem Balkendiagramm visualisiert, sodass Sie auf einen Blick sehen können, wie groß der Anteil der Produkte im jeweiligen Pflegegrad ist. Die zugrunde liegenden Regeln können Sie selbst definieren und konfigurieren. Neben Informationen zur Datenqualität gibt das Dashboard in Form eines Kreisdiagramms auch einen Überblick über die Produktgenehmigungen, d. h. wie viele Ihrer Produkte bereits genehmigt und wie viele noch zu genehmigen sind. Bei beiden Diagrammen gelangen Sie durch einen Klick auf das entsprechende Segment in eine Liste der enthaltenen Produkte, sodass Sie dort in die Produktpflege einsteigen können. Falls für Sie offene Workflow-Aufgaben vorliegen, werden auch diese im Dashboard angezeigt.

[«]

Notwendige Extensions

Um das Produkt-Cockpit nutzen zu können, müssen Sie die Standard-Extension `pcm-backoffice` einbinden. Was Extensions sind und wie Sie sie einbinden können, wird in Abschnitt 5.1.3, »SAP Commerce Cloud Backend Applikationsframework«, beschrieben.

7

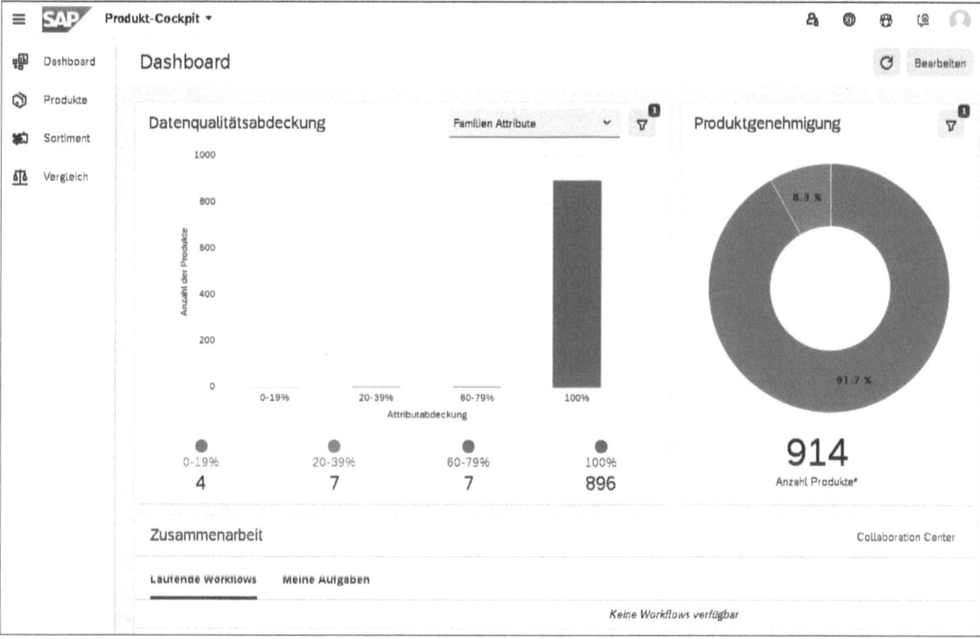

Abbildung 7.2 Dashboard im Produkt-Cockpit

Im Bereich **Produkte** (siehe Abbildung 7.3) erhalten Sie einen Überblick über alle Produkte. Sie können zwischen einer Kachel- und einer Listenansicht wählen, Produkte nach definierten Kriterien filtern oder nach Katalog bzw. Katalogversion einschränken. Diese Ansicht ist der zentrale Einstiegspunkt in die Produktpflege. Das Produkt-Cockpit bietet viele Möglichkeiten zur Pflege von Produktdaten:

Indem Sie ein Produkt anklicken, können Sie in den Bearbeitungsmodus wechseln. Sie können auch mehrere Produkte markieren und über das Editiersymbol bearbeiten. Diese Funktion erlaubt es Ihnen, während der Bearbeitung immer zwischen den gewählten Produkten hin und her zu wechseln.

Der eingebaute Produktvergleich ist über den Button erreichbar undermöglicht es Ihnen, mehrere Produkte miteinander zu vergleichen. Dabei werden sämtliche Produktattribute miteinander verglichen. Sie können sich auch lediglich die Unterschiede hervorheben lassen.

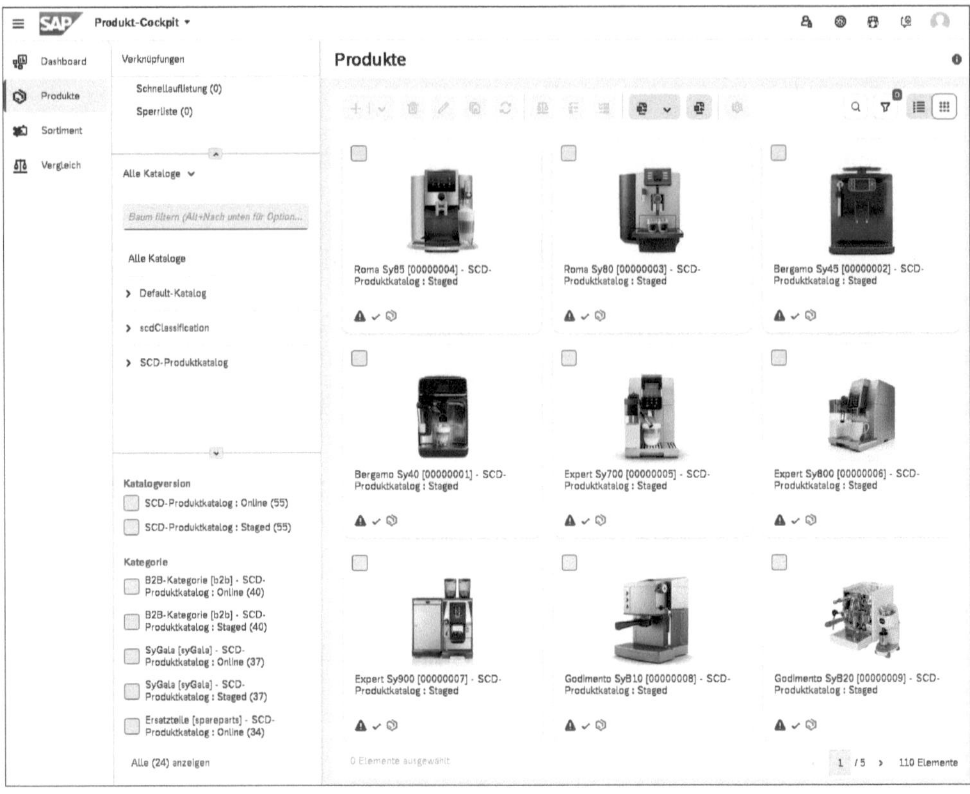

Abbildung 7.3 Produkte im Produkt-Cockpit

Möchten Sie viele Produkte auf einmal bearbeiten bzw. eine Massenänderung durchführen, bietet das Produkt-Cockpit die Funktion **Massenbearbeitung**. Nachdem Sie alle Produkte ausgewählt haben und die Massenbearbeitung über das Icon gestartet haben, werden Sie über einen Wizard geführt, um die zu ändernden Attribute zu definieren. So können Sie z. B. bei vielen Produkten gleichzeitig Attribute mit den gleichen Werten vorbelegen.

Des Weiteren bietet das Produkt-Cockpit Funktionen für den Export und Import von Produktdaten nach oder aus Microsoft Excel. Diese Funktion dient der Massenbearbeitung oder dem Import von Produktdaten. Um den Excel-Export oder -Import anzustoßen, wählen Sie zunächst die gewünschten Produkte aus und starten den Export über das Icon . Im Export-Wizard können Sie die zu exportierenden Produktdaten auswählen. Die Produktdaten werden als Excel-Datei ausgegeben. Sie können die Produktdaten außerhalb des Produkt-Cockpits in Microsoft Excel bearbeiten und anschließend zurück in das Produkt-Cockpit importieren. Alle hinterlegten Validierungen werden dabei berücksichtigt. Sie können sich über das Icon auch eine Excel-Vorlage generieren lassen, um eine leere Excel-Datei in einer vorgegebenen Struktur zu erhalten, mit der Sie anschließend Produkte neu anlegen können.

Die Funktion **Massengenehmigung** erlaubt es Ihnen, schnell den Freigabestatus mehrerer ausgewählter Produkte zu ändern. So können Sie z. B. beim Launch neuer Produkte zu einer neuen Saison nach Abschluss der initialen Pflegearbeiten alle Produkte gleichzeitig genehmigen, um sie anschließend zu synchronisieren.

Neben dem Produkt-Cockpit können Sie Produktdaten auch im Administrations-Cockpit des Backoffice pflegen. Navigieren Sie dazu im Menübaum über **Katalog • Produkte**. Dort finden Sie, ähnlich wie im Produkt-Cockpit, sämtliche Produkte und können deren Details einsehen und bearbeiten. Diese Ansicht ist sehr ähnlich zu der im Produkt-Cockpit – lediglich in einer etwas technischeren Sicht und visuell nicht so ansprechend aufbereitet wie im Produkt-Cockpit.

Der Bereich **Sortiment** des Produkt-Cockpits (Abbildung 7.4) hilft Ihnen dabei, Produkte Kategorien zuzuordnen. Kategorien helfen Ihnen, Ihre Produkte sinnvoll zu kategorisieren, sodass die Nutzer einfach durch Ihren Produktkatalog navigieren können und möglichst einfach Ihr Produktportfolio verstehen. Durch die Auswahl einer Kategorie (z. B. **Kaffeemaschinen**) auf der linken Seite sehen Sie auf der rechten Seite nur die enthaltenen Produkte dieser Kategorie.

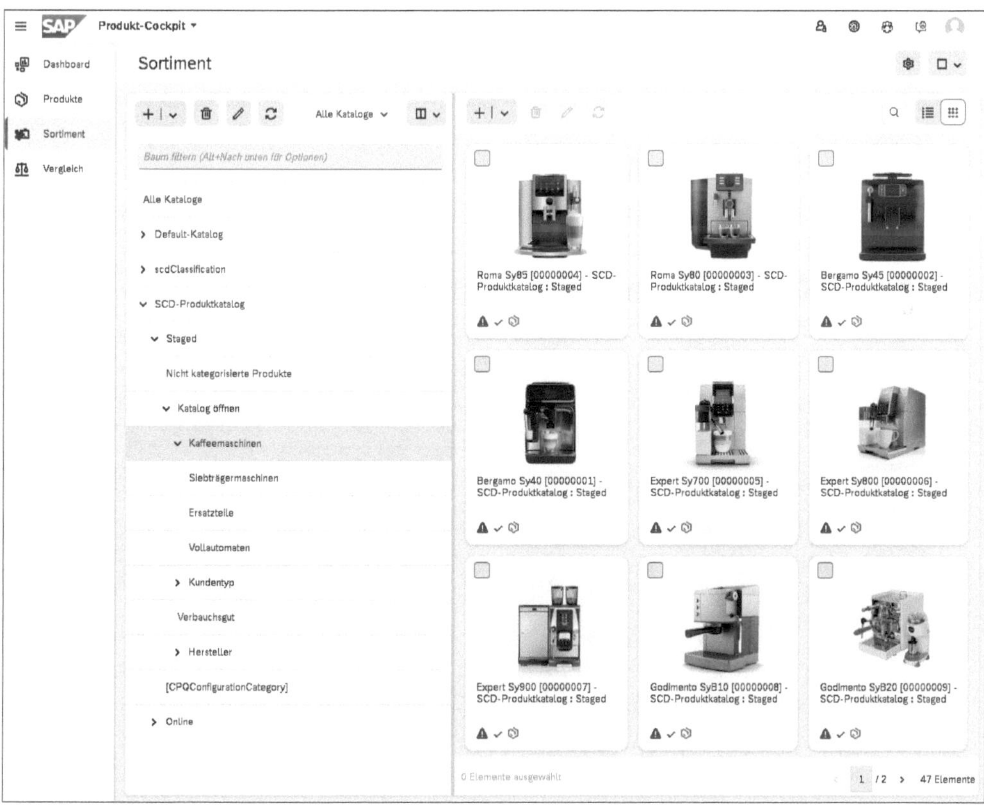

Abbildung 7.4 Sortiment im Produkt-Cockpit

Die Kategorie **Nicht kategorisierte Produkte** zeigt Ihnen alle Produkte, die noch keiner Kategorie zugeordnet sind. Produkte lassen sich bequem per Drag-and-Drop einer Kategorie zuordnen. Wählen Sie dazu im rechten Bereich ein oder mehrere Produkte aus, und ziehen Sie diese mit der Maus auf die gewünschte Kategorie.

7.2 Produktkataloge

Kataloge und *Katalogversionen* sind in SAP Commerce Cloud entscheidende Elemente für die Verwaltung von Produktdaten. Katalogversionen enthalten sämtliche Produkte, deren Strukturen sowie Produktinformationen. Ein Katalog klammert ein oder mehrere Katalogversionen, wobei nur eine dieser Katalogversionen aktiv sein kann.

Die aktive Katalogversion enthält die Produktdaten und Produktstrukturen, die im Webshop im Frontend online (aktiv) angezeigt werden. Die inaktiven Katalogversionen enthalten Produktdaten, die zu anderen Zeitpunkten im Pflegeprozess eingegeben wurden. Die Daten in den Katalogversionen umfassen sämtliche Produktdaten, angefangen von klassischen Eigenschaften wie Artikelnummer, Produktname etc., bis hin zu technischen Attributen oder Informationen über die Zugehörigkeit zu Produktkategorien oder Produktreferenzen wie Zubehör oder Nachfolgeprodukte und vieles mehr.

Um Daten von einer Katalogversion in eine andere zu übertragen, müssen die Daten kopiert werden. Diesen Vorgang nennt man *Katalog-Synchronisierung*. Dies ist z. B. notwendig, wenn Daten aus einer inaktiven Katalogversion in die aktive Katalogversion synchronisiert werden sollen, damit die durchgeführten Produktänderungen für das Frontend im Webshop aktiv werden. Die Katalog-Synchronisierung erfolgt entweder manuell oder wird automatisch durch einen periodisch eingeplanten Cronjob erledigt. Die Synchronisierung kann für eine komplette Katalogversion oder für einzelne Produkte durchgeführt werden.

Arten von Katalogen

Wenn wir in diesem Kapitel von Katalogen und Katalogversionen sprechen, meinen wir immer Produktkataloge bzw. Produktkatalog-Versionen. Darüber hinaus gibt es auch speziellere Kataloge, z. B. sogenannte *Klassifizierungskataloge* (siehe Abschnitt 7.4, »Produktklassifizierung«). Außerdem nutzt auch das in die SAP Commerce Cloud integrierte Content-Management-System Kataloge. In diesem Fall spricht man von *Inhalts-* bzw. *Content-Katalogen* (siehe Kapitel 6, »Web-Content-Management-System«).

In der SAP Commerce Cloud werden häufig zwei Katalogversionen innerhalb eines Katalogs verwendet: eine sogenannte *Staged-Katalogversion* und eine *Online-Katalo-*

gversion. Dabei ist die Online-Katalogversion aktiv, d. h., sie enthält die Produktdaten, die im Frontend angezeigt werden. In der Staged-Katalogversion werden hingegen Änderungen vorgenommen, z. B. Produktdaten gepflegt. Nach Abschluss der Pflegearbeiten werden die Änderungen dann von der Staged- in die Online-Katalogversion synchronisiert. Oft werden auch die Begriffe *Staged-Katalog* und *Online-Katalog* synonym verwendet, auch wenn es sich eigentlich um Katalogversionen handelt. Abbildung 7.5 und Abbildung 7.6 zeigen zwei Katalogversionen eines Produktkatalogs, wobei die Online-Version die aktive Version ist.

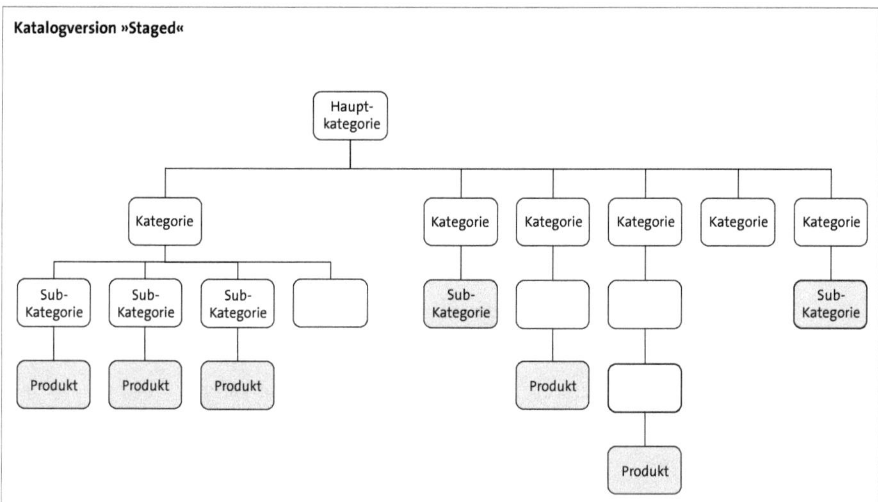

Abbildung 7.5 Staged-Katalogversion im Produktkatalog

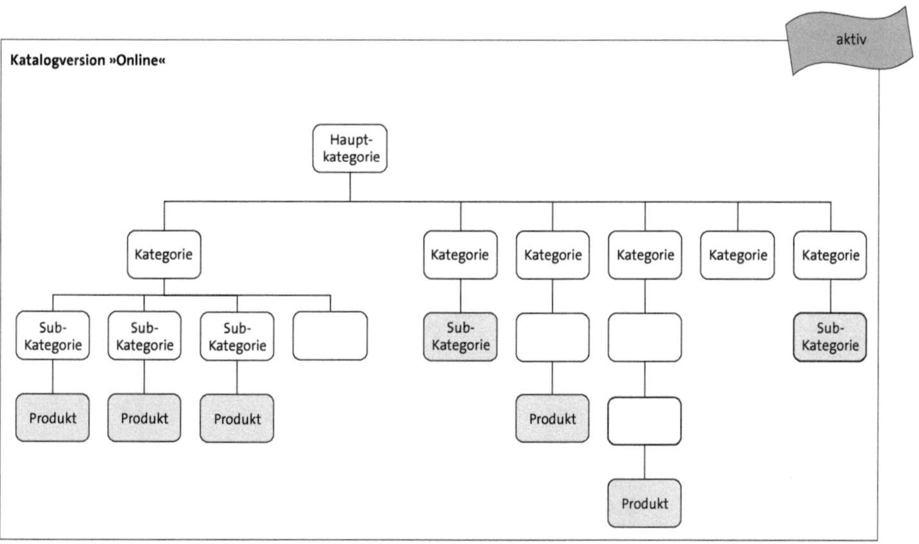

Abbildung 7.6 Online-Katalogversion im Produktkatalog nach der Katalogsynchronisierung

Es gibt viele verschiedene Möglichkeiten, eine Katalogstruktur aufzubauen. Welches Vorgehen sinnvoll ist, hängt nicht nur von den Produktdaten, sondern auch von den Produktpflegeprozessen ab. Die Produktpflegeprozesse werden in Abschnitt 7.6, »Pflegeprozesse für Produktdaten«, beschrieben. Die wichtigsten Varianten stellen wir kurz dar:

Sie können Produktdaten in eine eigene Katalogversion importieren. Somit hätten Sie z. B. drei Katalogversionen: **Staged**, **Import** und **Online**. So würden Sie die Import-Katalogversion nutzen, um z. B. wichtige Produktinformationen aus Ihrem ERP-System zu importieren, während Sie die Staged-Katalogversion nutzen, um Ihre Produkte mit weiterführenden Informationen anzureichern. Beide Katalogversionen könnten dann über separate Synchronisierungsregeln in die Online-Version synchronisiert werden. In diesem Fall wäre es sinnvoll, die Import-Katalogversion automatisiert, d. h. ohne manuelle Prüfung, über einen periodisch eingeplanten Job (Cronjob) in die Online-Katalogversion zu synchronisieren, während Produkte der Staged-Katalogversion stets manuell und einzeln in die Online-Katalogversion synchronisiert werden. Sie hätten den Vorteil, dass wichtige Änderungen (z. B. Änderungen des Materialstatus) aus dem ERP jederzeit automatisch online berücksichtigt werden, während die manuelle Produktpflege davon nicht berührt wird.

Eine weitere alternative Möglichkeit ist, die Katalogstruktur basierend auf den Inhalten zu strukturieren (Abbildung 7.7). So könnten z. B. Artikel eines Webshops für Bekleidung in eine Sommer- und eine Winterkollektion eingeteilt werden, die über Katalogversionen abbildbar wären.

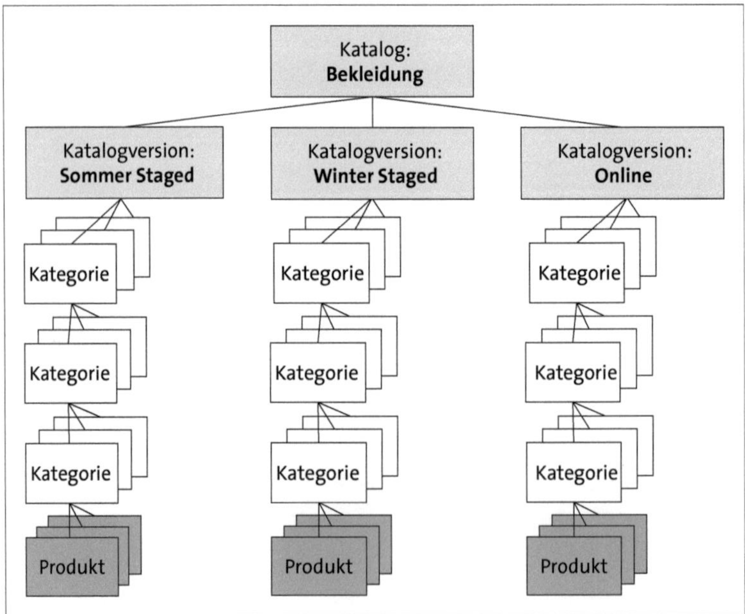

Abbildung 7.7 Katalogstruktur für Sommer- und Winterkollektion

In diesem Beispiel hätten Sie zwei inaktive Katalogversionen **Sommer Kollektion** und **Winter Kollektion** und eine aktive Online-Katalogversion, die aus je nach Saison aus der einen oder der anderen Katalogversion gespeist wird.

Auch für weitere gedachte Szenarien, wie die zum Zwecke der Archivierung von Produktdaten, könnten separate Katalogversionen sinnvoll eingesetzt werden.

Wie bereits beschrieben, kann ein Katalog immer nur eine aktive Katalogversion haben. Daher sind die bis hier beschriebenen Konzepte nur für sequenzielle Prozesse anwendbar, die schlussendlich in eine aktive Katalogversion führen. Wenn Sie komplexere Katalogpflegeprozesse andenken oder mehrere Frontends gleichzeitig versorgen möchten, reichen diese Möglichkeiten unter Umständen nicht mehr aus, sodass Sie mehrere Kataloge verwenden müssen. Dazu bietet SAP Commerce Cloud *Katalogsysteme*, was technisch gesehen mehrere Kataloge und Katalogversionen sind, die über Synchronisierungsregeln miteinander verbunden werden. Ein solches Konstrukt wie in Abbildung 7.7 könnte folgende Kataloge haben:

- Verschiedene Kataloge, separiert nach Zweck – z. B. einen **External**-Katalog, der mit den Katalogversionen **Produktdaten** und **Bilder** für den Import von Produktdaten genutzt wird, oder weitere Kataloge wie **Lieferant A** und **Lieferant B**, die gewisse Produktdaten von Lieferanten importieren.
- Der zentrale **Master**-Katalog dient als zentrales Ziel der verschiedenen vorgelagerten Kataloge und enthält eine konsolidierte Gesamtsicht auf sämtliche Produkte und deren Daten.
- Weitere Kataloge dienen der Separierung der konsolidierten Produktdaten in deren regionale Unterschiede. Zum Beispiel könnten es für verschiedene Länder oder Regionen entsprechende Kataloge geben, wie hier **UK** oder **Frankreich**.
- Weitere untergeordnete Kataloge dienen zur Ausspielung der konsolidierten Produktdaten in ein oder mehrere Frontends, wie hier die Kataloge **Webshop** und **Gedruckter Katalog**.
- Alle untergeordneten Kataloge erhalten ihre Daten aus den vorgeschalteten Katalogen über entsprechend konfigurierte Synchronisierungsregeln.

Überlegen Sie genau, wie Sie die Struktur Ihres Katalogs gestalten, sodass sie perfekt zu Ihren Prozessen und Ihrer Ausgangssituation passt. Es gibt keine allgemeingültige Struktur, die für alle Kataloge geeignet ist. Vor allem der Produktpflegeprozess kann einen großen Einfluss auf die Katalogstruktur haben: Beachten Sie dabei auch (verteilte) Zuständigkeiten und Länderspezifika – es kann z. B. auch sinnvoll sein, für regional verteilte Produktpflegeteams dedizierte Kataloge zu erstellen, um so Zuständigkeiten oder zu pflegende Produktstammdaten voneinander zu trennen.

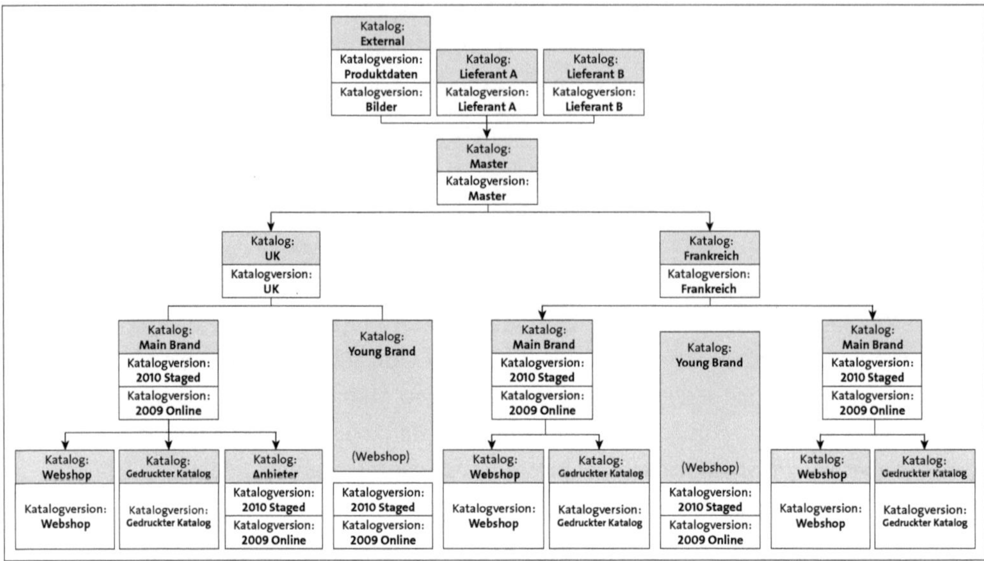

Abbildung 7.8 Komplexes Katalogsystem

Empfehlung zu Katalogstrukturen

Halten Sie Ihre Katalogstrukturen einfach, und übertreiben Sie es nicht mit zu komplexen Katalogstrukturen! Eine aufwendige Katalogstruktur bringt eine nicht zu unterschätzende Komplexität in Ihr System.

Die Synchronisierung von einer Katalogversion in eine andere erfolgt über zuvor definierte Synchronisierungsregeln. Diese definieren, welche Produktdaten bzw. Attribute unter welchen Umständen synchronisiert werden. Die Synchronisierungsregeln müssen sauber durchdacht sein, damit sie im Zusammenspiel einwandfrei funktionieren. Außerdem erhöht jede weitere Katalogversion die erforderlichen Datenmengen enorm, da alle katalogabhängigen Daten in der Datenbank aus technischen Gründen kopiert vorliegen.

Die einfachste Katalogstruktur (siehe Abbildung 7.9) besteht lediglich aus einer aktiven Katalogversion. Das ist sinnvoll, wenn die Pflegeprozesse sehr einfach (vielleicht auch zentralisiert) sind oder ein Großteil der Produkte von anderen Systemen fertig importiert werden. Auch wenn Sie nur eine aktive Katalogversion nutzen, können Sie Produktdaten durch manuelle Prozesse anreichern. Beachten Sie lediglich, dass Änderungen in einer aktiven Katalogversion sofort online sind, d. h. keine Synchronisierung der Produktdaten mehr von einer Staged- in eine Online-Katalogversion erfolgt.

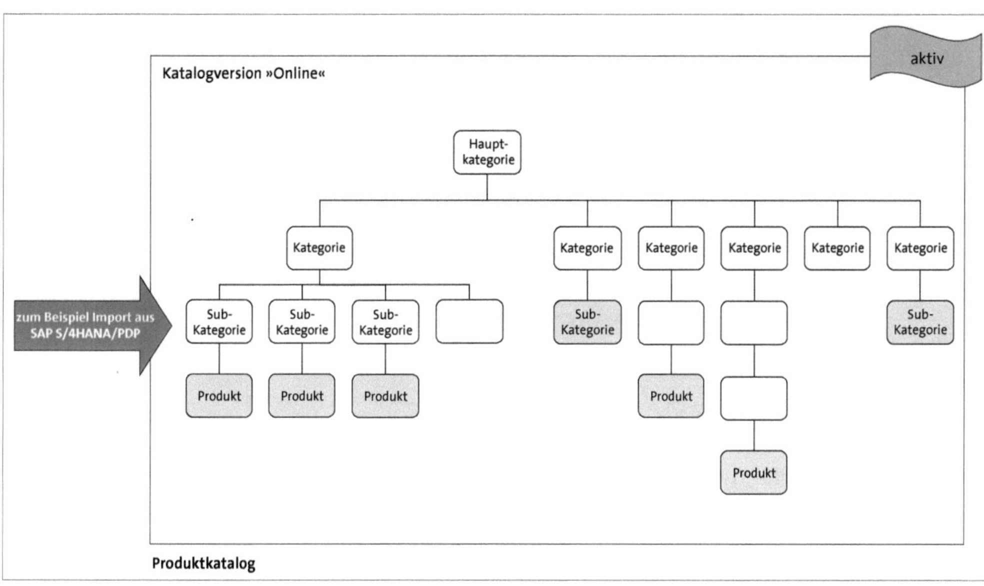

Abbildung 7.9 Möglicher Katalogaufbau (einfach)

In der Dokumentation von SAP finden Sie einige sehr hilfreiche Artikel zu Katalogen und Katalogversionen sowie weiterführende Informationen, die wir hier nicht im Detail ausführen können:

- Konzepte zu Katalogen und Katalogversionen im Allgemeinen: *https://help.sap.com/docs/SAP_COMMERCE_CLOUD_PUBLIC_CLOUD/aa417173-fe4a4ba5a473c93eb730a417/8b49a0638669101487a8e89d6ec837ba.html*
- Synchronisierung von Produktkatalogen: *https://help.sap.com/docs/SAP_COMMERCE_CLOUD_PUBLIC_CLOUD/aa417173-fe4a4ba5a473c93eb730a417/8b4a208b8669101487c784b5f8557c30.html*
- Prinzip von mehreren Katalogen in einem Katalogsystem: *https://help.sap.com/docs/SAP_COMMERCE_CLOUD_PUBLIC_CLOUD/aa417173-fe4a4ba5a473c93eb730a417/8c0c3e6d86691014aa39adc69c2502c1.html*

7.3 Produktdatenmodell

Das Produktdatenmodell in der SAP Commerce Cloud dient der Verwaltung und Organisation aller Produktinformationen. Es ermöglicht Ihnen, Produkte effizient zu kategorisieren, zu verwalten und zu pflegen. Das von SAP im Standard mitgelieferte Produktdatenmodell ist bereits äußerst mächtig und unterstützt bereits sehr viele der Möglichkeiten der Produktpflege, die für gängige Websites, Webshops oder Portale benötigt werden. Neben den gängigen Eigenschaften wie Artikelnummer, Produktname, Beschreibungstexte etc. sieht das Datenmodell im Standard viele weitere Möglichkeiten vor. Die wichtigsten sind:

- **Preise**
  SAP Commerce bietet im Standard verschiedenste Möglichkeiten zur Pflege von Preisen. Bei einem konkreten Preis spricht man auch von einer *Preiszeile*, die analog zu einem Konditionssatz in SAP ERP bzw. SAP S/4HANA verstanden werden kann. Unterstützt werden nicht nur Standardpreise. Auch kundenspezifische Preise, Rabatte sowie Staffelpreise unterstützt der Standard. Dennoch ist die Preisfindung, insbesondere im B2B-Geschäft, oft äußerst komplex. Daher wird in größeren B2B-Projekten häufig eine externe Preisfindung genutzt.
- **Produktreferenzen**
  Produktreferenzen ermöglichen es Ihnen, verschiedene Produkte miteinander in Beziehung zu setzen. Eine Produktreferenz besteht immer aus einem Quellprodukt und einem Zielprodukt sowie einem Referenztyp, kann aber darüber hinaus weitere Eigenschaften haben. Der Standard enthält bereits eine Reihe unterschiedlicher Referenzen: Alternativen, Bestandteile, Ersatzteile, Obligatorisch (das Zielprodukt ist obligatorisch für die Nutzung des Quellprodukts), Cross-Selling, Up-Selling, Zubehör und einige mehr.
- **Produktkategorien**
  SAP Commerce bietet ein sehr flexibles Produktkategoriesystem, mit dessen Hilfe Sie Ihre Produkte nach unterschiedlichsten Kriterien kategorisieren können.
- **Multimedia**
  Auch digitale Assets, sogenannte *Medien*, können bereits im Standard in SAP Commerce Cloud gespeichert und mit Produkten verknüpft werden. Neben den üblichen Assets wie Produktbildern und Galeriebildern können auch Logos, Detaildokumente, Datenblätter o. Ä. an den Produkten abgelegt werden.

  Nutzen Sie diese Funktion im Standard, befinden sich die Assets in SAP Commerce Cloud in einem sogenannten *Medienordner* und werden physisch auf dem entsprechenden Speicher der SAP Commerce Cloud abgelegt. Oft liegen Assets aber auch in einem externen *Digital-Asset-Management*-(DAM-)System. Das hat den Vorteil, dass all Ihre Assets zentral verwaltet werden. Eine Verknüpfung zu SAP Commerce Cloud kann durchaus sinnvoll sein: Statt die Medien in SAP Commerce Cloud direkt zu hinterlegen, pflegen Sie über eine Integration zu Ihrem DAM-System lediglich Referenzen auf die physischen Medien. Ändert sich ein Asset, z. B. ein Bild im DAM-System, zeigt auch Ihr Webshop dann automatisch das neue Bild, ohne dass es zusätzlich in SAP Commerce gepflegt werden muss. Näheres dazu finden Sie auch in Abschnitt 17.10, »MAM-/DAM-Systeme«.

- **Erweiterte Eigenschaften**
  Zu den erweiterten Eigenschaften zählen das Produktgültigkeitsdatum von/bis, mit dem Sie die Anzeige von Produkten steuern können, Liefereinheiten, Lieferzeiten, zusätzliche Artikelnummern wie die EAN und viele mehr.

SAP Commerce Cloud umfasst also bereits im Standard viele Möglichkeiten, Produkteigenschaften zu pflegen. Neben den ausgeführten gibt es noch einige mehr. Schauen Sie sich die Möglichkeiten am besten selbst an: Öffnen Sie dazu das Backoffice und navigieren Sie nach **Katalog • Produkte** (siehe Abbildung 7.10).

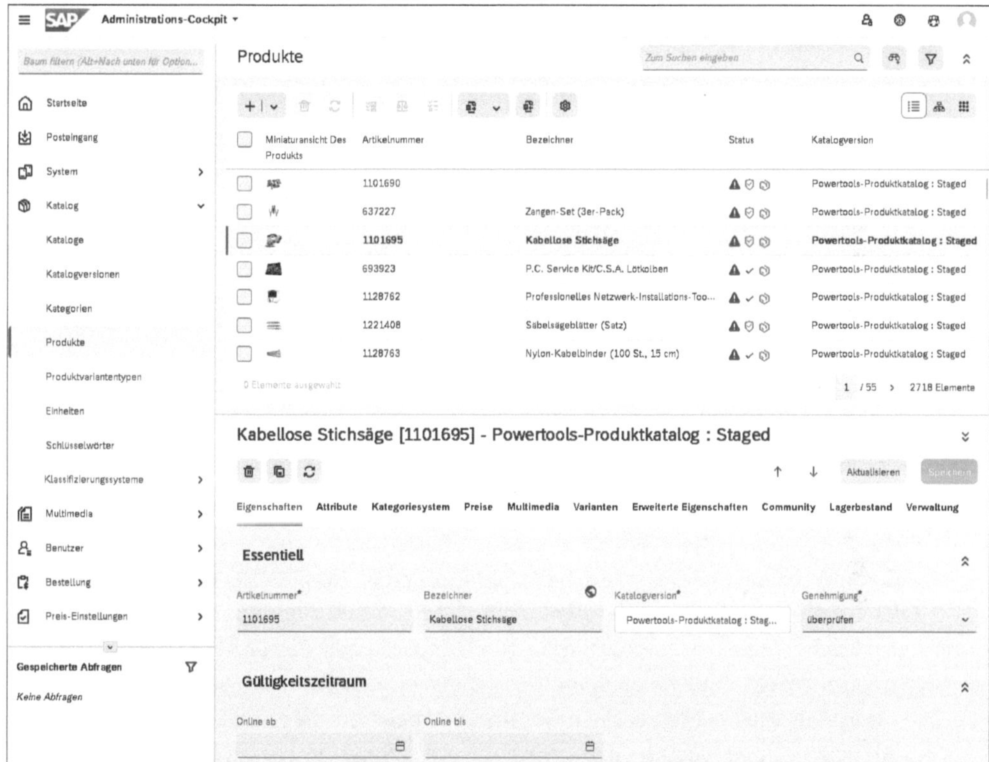

Abbildung 7.10 Produkte im Backoffice Administrations-Cockpit

Öffnen Sie dort ein Produkt oder öffnen Sie eins über das Produkt-Cockpit (siehe Abbildung 7.10), um einen Überblick über die vielen möglichen Produkteigenschaften zu erhalten. Wie Sie in Abbildung 7.9 und Abbildung 7.10 sehen, sind die Attribute des Produktdatenmodells sinnvoll gruppiert und über verschiedene Tabs (z. B. **Eigenschaften**, **Attribute**, **Preise**, **Multimedia** etc.) logisch angeordnet.

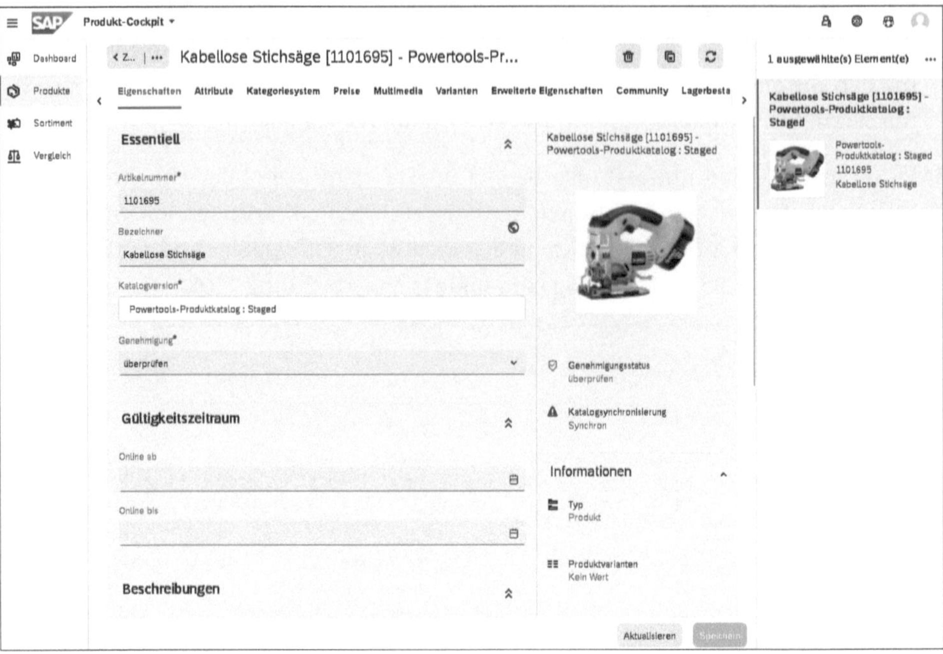

Abbildung 7.11 Produktpflege im Produkt-Cockpit

[»]

Erweiterbarkeit des Produktdatenmodells

Reichen Ihnen die im Standard von SAP bereitgestellten Felder nicht aus, können Sie das Produktdatenmodell auch eigenständig erweitern. Das Datenmodell von SAP Commerce Cloud wird auch als *Typsystem* bezeichnet, das flexibel und fast grenzenlos erweiterbar ist. Das Typsystem abstrahiert von der zugrunde liegenden Datenbanktechnologie und deren Zugriffe. Durch Anpassungen des Typsystems können Sie z. B. weitere Attribute hinzufügen. Dies können einfache Felder mit primitiven Datentypen sein. Auch komplett neue, komplexe Typen können erstellt und miteinander oder mit bestehenden Typen durch Relationen verbunden werden.

Der Name des Typs für Produkte im Typsystem ist **Product**. Dabei können Sie sich einen Typ wie eine Datenbanktabelle im klassischen Sinne vorstellen, auch wenn nicht zwingend jeder (Sub-)Typ in einer eigenen Datenbanktabelle liegt. Wie Sie das Typsystem genau anpassen können, erläutern wir in Abschnitt 16.1.1, »Erweiterungen in SAP Commerce Cloud«.

7.4 Produktklassifizierung

SAP Commerce Cloud bietet über die sogenannte *Produktklassifizierung* ein mächtiges Werkzeug zur Erweiterung Ihrer Produktdaten. Attribute, die über das Klassifizierungssystem definiert werden, nennt man *Merkmale*. Sie werden häufig auch als Klassifizierungsattribute bezeichnet.

Merkmale werden über sogenannte *Klassifizierungskategorien* logisch gruppiert. Sie können Produkten über Produktkategorien direkt oder indirekt zugewiesen werden, um die definierten Merkmale am Produkt verfügbar zu machen. Ein Klassifizierungssystem, bestehend aus Klassifizierungskategorien und Merkmalen, dient zur strukturierten Klassifizierung von Produkten und ermöglicht es, Attribute (z. B. technische Eigenschaften) an Produkten zu pflegen. Technisch betrachtet entspricht das Klassifizierungssystem einer speziellen Form von Katalogen und Katalogversionen (analog zu Abschnitt 7.2, »Produktkataloge«).

Unterschied zwischen Typsystem und Produktklassifizierung

Das Produktdatenmodell in SAP Commerce Cloud können Sie sowohl über das Typsystem als auch über die Produktklassifizierung erweitern.

Das *Typsystem* dient zur Erweiterung des Produktdatenmodells von SAP Commerce Cloud. Ergänzen Sie z. B. durch eine Typsystemanpassung das Attribut **Druck Brühgruppe** des Typs **Product**, erhalten alle Produkte in SAP Commerce Cloud ein neues Feld, in dem der Druck hinterlegt werden kann. Das Feld erscheint unabhängig davon, um welches Produkt es sich handelt. Für Kaffeevollautomaten oder Espressomaschinen ist dieses Attribut sinnvoll, für Filterkaffeemaschinen nicht, und für Kaffeesorten ist das Attribut irrelevant. Anpassungen werden durch die Software-Entwicklung vorgenommen. Sie benötigen ein Deployment des Systems und können daher nicht zur Laufzeit durchgeführt werden.

Das *Klassifizierungssystem* hingegen kann komplett zur Laufzeit definiert und geändert werden. Diese Änderungen können von den Fachabteilungen selbst vorgenommen werden. Der Einsatz von Software-Entwicklerinnen und -Entwicklern ist nicht notwendig. Neue Attribute können komplett frei definiert und über Klassifizierungskategorien gruppiert werden. Dabei sollten Sie die Klassifizierungskategorien und -Merkmale so gestalten, dass sie nur für relevante Produkte angewendet werden können.

Prinzipiell gilt: Für eine Erweiterung allgemeingültiger Felder, insbesondere solcher, die für Geschäftslogik verwendet werden (z. B. Produktstatus), ist das Typsystem in der Regel die bessere Wahl. Attribute, auf die keine Business Logik aufgebaut wird und eher zur Information, z. B. durch Darstellung auf einer Produktdetailseite, verwendet werden, oder Attribute, die nur für wenige Produkte relevant sind und die durch die Fachabteilungen selbst geändert werden sollen, sollten über das Klassifizierungssystem geändert werden.

Abbildung 7.12 zeigt, wie ein Klassifizierungssystem aufgebaut ist. Das Klassifizierungssystem besteht aus einem *Klassifizierungskatalog* und einer aktiven *Klassifizie-*

rungskatalogversion. Dieser Klassifizierungskatalog kann hierarchisch über *Klassifizierungskategorien* aufgebaut werden.

Die Struktur ähnelt einer Produktkategoriestruktur (siehe Abschnitt 7.2, »Produktkataloge«), muss inhaltlich aber nicht mit ihr übereinstimmen. Die Klassifizierungsmerkmale werden jeweils einer oder mehreren Klassifizierungskategorien zugeordnet. Diese Klassifizierungskategorien enthalten die Produktinformationen. Die Position einer klassifizierenden Kategorie innerhalb ihrer Baumstruktur gibt an, wie detailliert die enthaltenen Produktinformationen sind. Allgemeinere Daten werden in der Hierarchie weiter oben angeordnet – je detaillierter die Daten sind, desto weiter unten in der Struktur befinden sie sich.

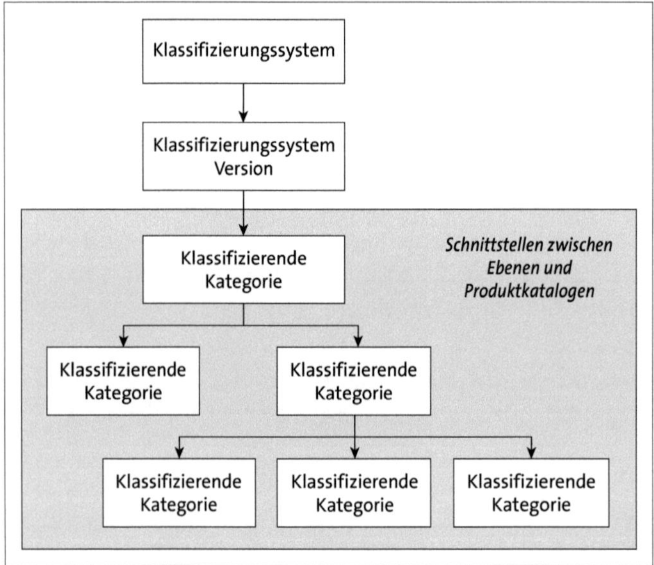

Abbildung 7.12 Struktur eines Klassifizierungssystems

Um dieses komplexe Thema zu veranschaulichen, geben wir Ihnen im Folgenden ein Beispiel, das Sie in Ihrem SAP-Commerce-Cloud-System nachvollziehen können.

Ein Webshop für Bekleidung bietet z. B. Hosen und verschiedene Arten von Schuhen an, wie etwa Sportschuhe, Freizeitschuhe oder Sicherheitsschuhe. Um ein Klassifizierungssystem für diesen Webshop aufzubauen, legen Sie zunächst ein leeres Klassifizierungssystem an. Um ein leeres Klassifizierungssystem anzulegen, legen Sie im Backoffice unter **Katalog • Kataloge** zunächst einen neuen Katalog an. Achten Sie darauf, dass Sie den neuen Katalog direkt vom Typ **Klassifizierungssystem** anlegen (siehe Abbildung 7.13).

Anschließend können Sie unter **Katalog • Katalogversionen** noch die zugehörige Katalogversion anlegen. Wählen Sie hier direkt bei der Anlage als Typ **Version des Klassifizierungssystems** (siehe Abbildung 7.14).

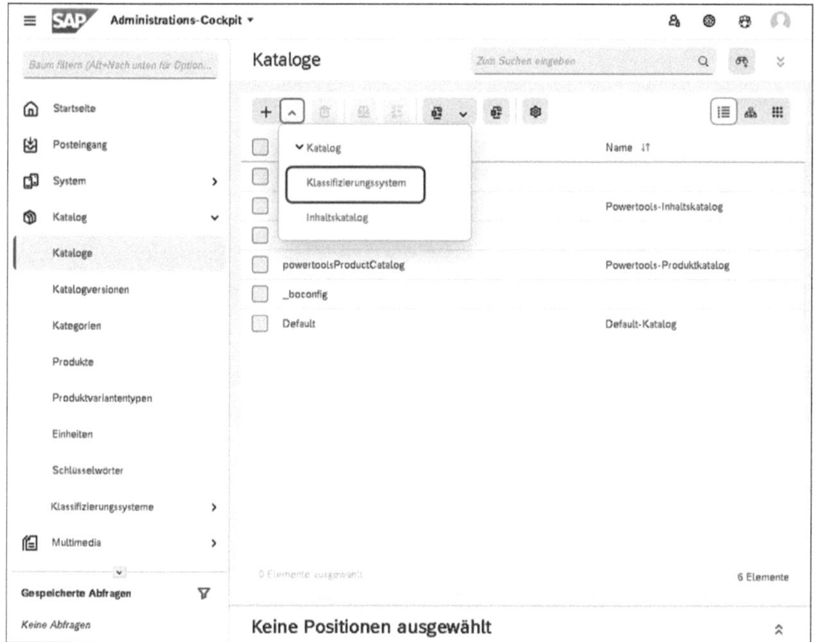

Abbildung 7.13 Klassifizierungssystem anlegen

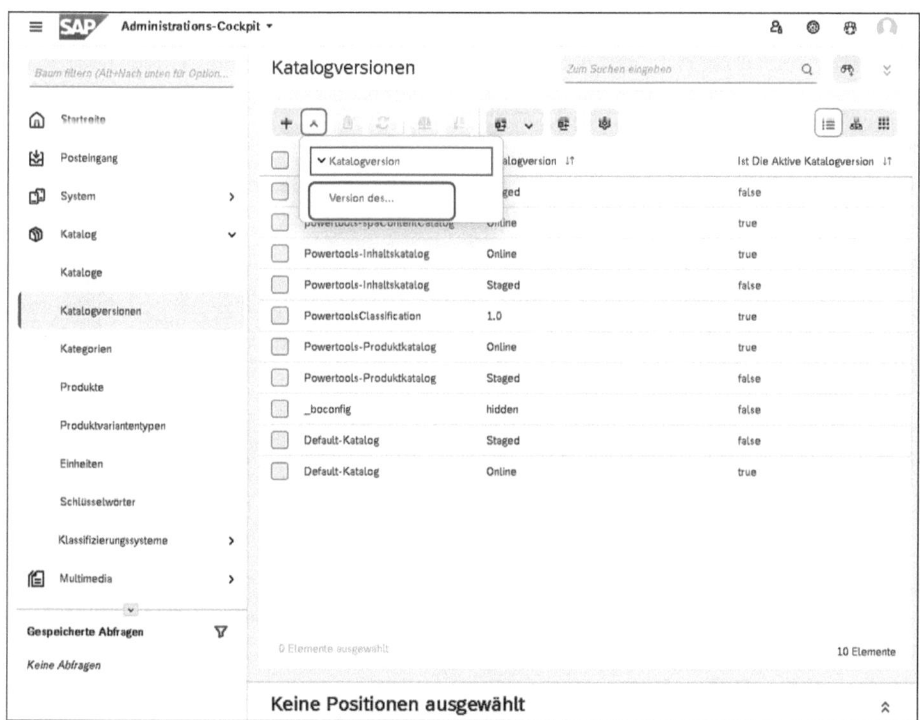

Abbildung 7.14 Katalogversion für Klassifizierungssystem anlegen

Folgen Sie einfach den Anweisungen. Eine Schritt-für-Schritt-Anleitung finden Sie im SAP Help Portal unter:

https://help.sap.com/docs/SAP_COMMERCE/d0224eca81e249cb821f2cdf45a82ace/8b98853a8669101491f0d5e0a540a20b.html und *https://help.sap.com/docs/SAP_COMMERCE/d0224eca81e249cb821f2cdf45a82ace/8b9858b3866910148bc3ed67fd092422.html*.

Abbildung 7.15 zeigt die für unser Beispiel definierten Klassifizierungskategorien in weißen Quadern und die dazugehörigen Attribute in den dunkleren Feldern.

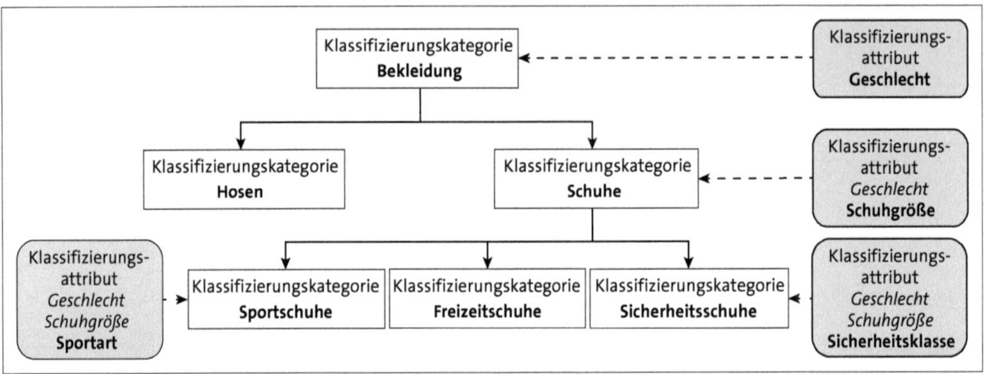

Abbildung 7.15 Beispiel für ein Klassifizierungssystem

In diesem Beispiel bekommen alle Produkte, die zu Bekleidung zählen, das Attribut **Geschlecht**. Daher wird dieses Attribut direkt auf oberster Ebene definiert. Das Attribut **Schuhgröße** ist lediglich für Schuhe relevant, daher wird es an der Klassifizierungskategorie für Schuhe hinterlegt. Somit erhalten alle Schuhe dieses Attribut, während Hosen das Attribut **Schuhgröße** nicht erhalten.

Je nach Art des Schuhs sind unterschiedliche Attribute relevant. Für Sportschuhe ist z. B. die Sportart wichtig, während für Sicherheitsschuhe z. B. die Sicherheitsklasse ein relevantes Merkmal ist. Daher werden diese Merkmale direkt auf der untersten Ebene definiert.

Nachdem Sie das leere Klassifizierungssystem angelegt haben, können Sie Klassifizierungskategorien definieren. Erledigen Sie dies im Backoffice unter **Katalog • Klassifizierungssysteme • Klassifizierende Kategorien** (siehe Abbildung 7.16).

Legen Sie auch die Kategorien **Bekleidung**, **Hosen**, **Schuhe**, **Sportschuhe**, **Freizeitschuhe** und **Sicherheitsschuhe** an. Achten Sie bei den untergeordneten Kategorien wie **Sportschuhe** (siehe Abbildung 7.14), die entsprechende übergeordnete Kategorie (hier **Schuhe**) auszuwählen (siehe Abbildung 7.17).

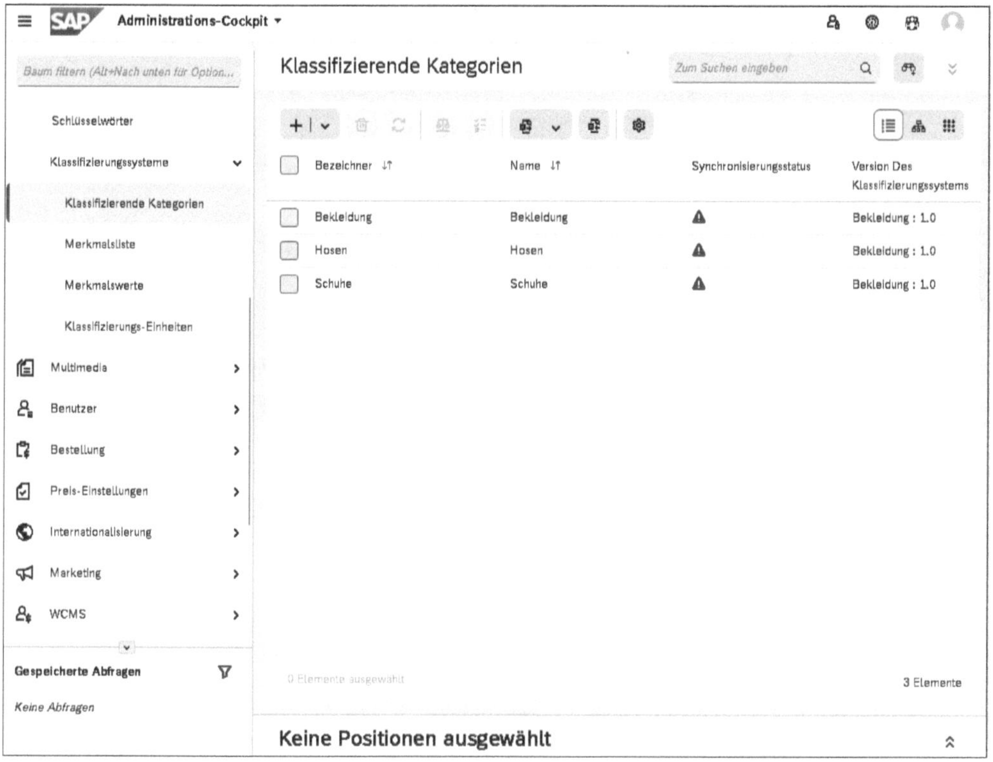

Administrations-Cockpit

Baum filtern (Alt+Nach unten für Option...

Schlüsselwörter

Klassifizierungssysteme

Klassifizierende Kategorien

Merkmalsliste

Merkmalswerte

Klassifizierungs-Einheiten

Multimedia

Benutzer

Bestellung

Preis-Einstellungen

Internationalisierung

Marketing

WCMS

Gespeicherte Abfragen

Keine Abfragen

Klassifizierende Kategorien

Zum Suchen eingeben

Bezeichner	Name	Synchronisierungsstatus	Version Des Klassifizierungssystems
Bekleidung	Bekleidung	⚠	Bekleidung : 1.0
Hosen	Hosen	⚠	Bekleidung : 1.0
Schuhe	Schuhe	⚠	Bekleidung : 1.0

0 Elemente ausgewählt

3 Elemente

Keine Positionen ausgewählt

Abbildung 7.16 Klassifizierungskategorien im Backoffice

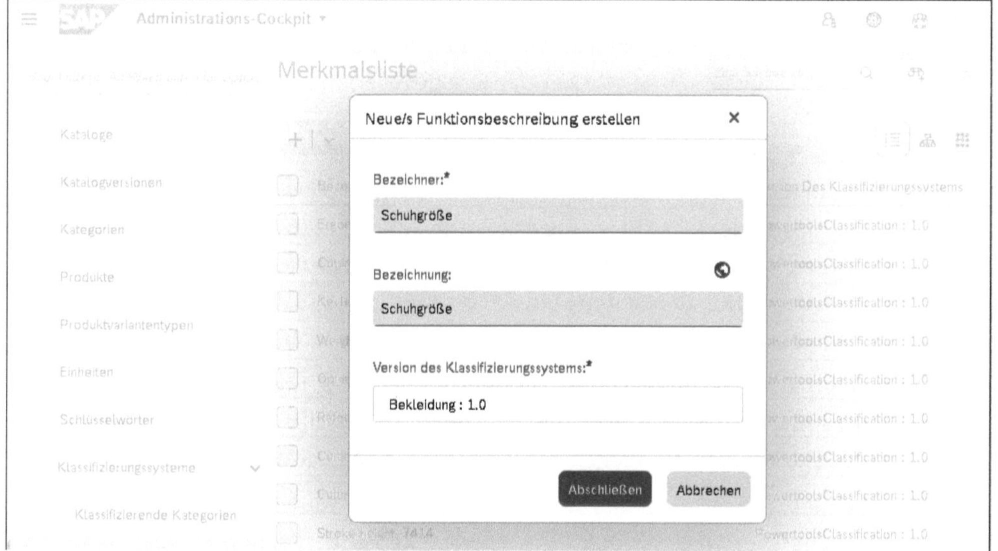

Abbildung 7.17 Klassifizierungskategorie anlegen

Definieren Sie außerdem unter **Kataloge • Klassifizierungssysteme • Merkmalsliste** die Merkmale, die Sie an Ihren Produkten hinzufügen möchten (siehe Abbildung 7.18).

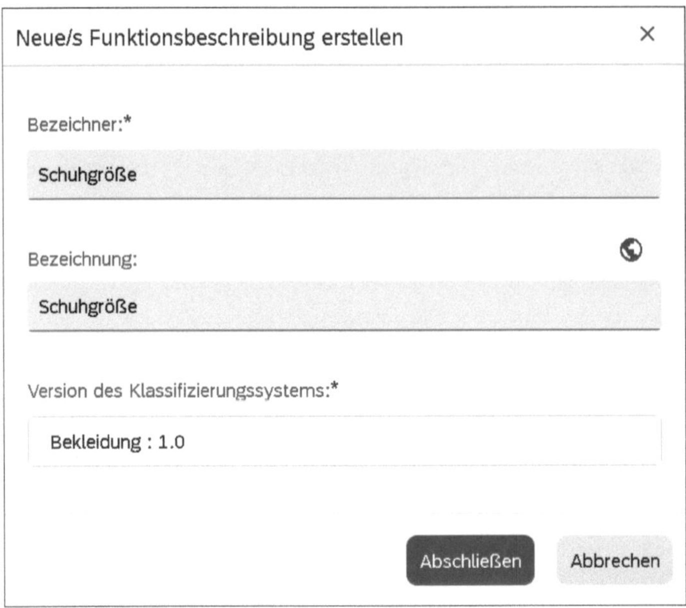

Abbildung 7.18 Klassifizierungsmerkmal anlegen

Anschließend können Sie die Merkmale den zuvor angelegten Klassifizierungskategorien zuordnen, indem Sie eine Klassifizierungskategorie öffnen und im Reiter **Klassenattribute** über **Kategoriefunktion erstellen** neue Merkmale der Klasse zuordnen (siehe Abbildung 7.19). Dabei wählen Sie nicht nur das Merkmal aus, sondern auch viele weitere Eigenschaften, wie z. B. den Typ des Merkmals. Merkmalstypen sind z. B. Zahl, Text, Boolean usw. Weitere Eigenschaften sind, ob das Merkmal am Produkt später mehrfach ausgeprägt werden kann oder ob es sich um ein Pflichtmerkmal handelt, was dann besonders hervorgehoben wird. Der Typ eines Merkmals wird also in Verbindung mit der Klassifizierungskategorie definiert. Ein Merkmal kann technisch in mehreren Klassifizierungskategorien sein und in jeder einen anderen Typ haben. Dies ist in der Praxis aber selten sinnvoll und sollte genau durchdacht werden, da es an der einen oder anderen Stelle zu Einschränkungen kommt (z. B. Integration API).

Um die im Klassifizierungssystem definierten Attribute nun an den Produkten verfügbar zu machen, können Sie eine oder mehrere Klassifizierungskategorien direkt den Produkten zuweisen oder sie mit einer Produktkategorie verknüpfen.

Dabei wird ein Vererbungsmechanismus angewendet, sodass Merkmale aus übergeordneten Kategorien an Produkte aus unteren Kategorien vererbt werden.

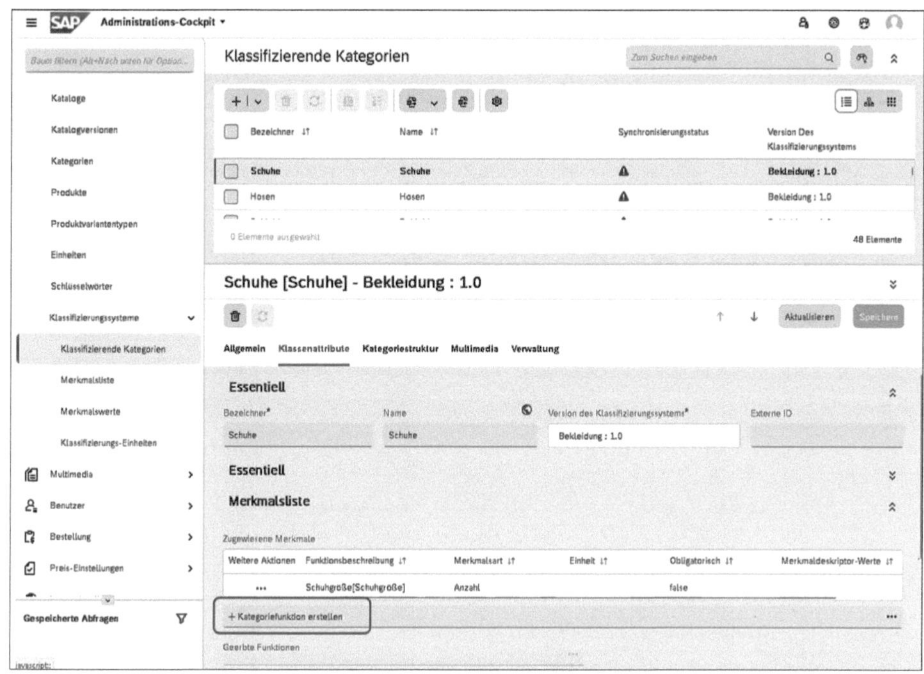

Abbildung 7.19 Klassifizierungsmerkmal der Klassifizierungsklasse zuordnen

Weisen Sie z. B. dem Produkt 4 aus Abbildung 7.20 die Klassifizierungskategorie **Sicherheitsschuhe** und den Kategorien **Bekleidung** und **Schuhe** die entsprechenden Klassifizierungskategorien zu, erhält dieses Produkt die Attribute Geschlecht, Schuhgröße und Sicherheitsklasse.

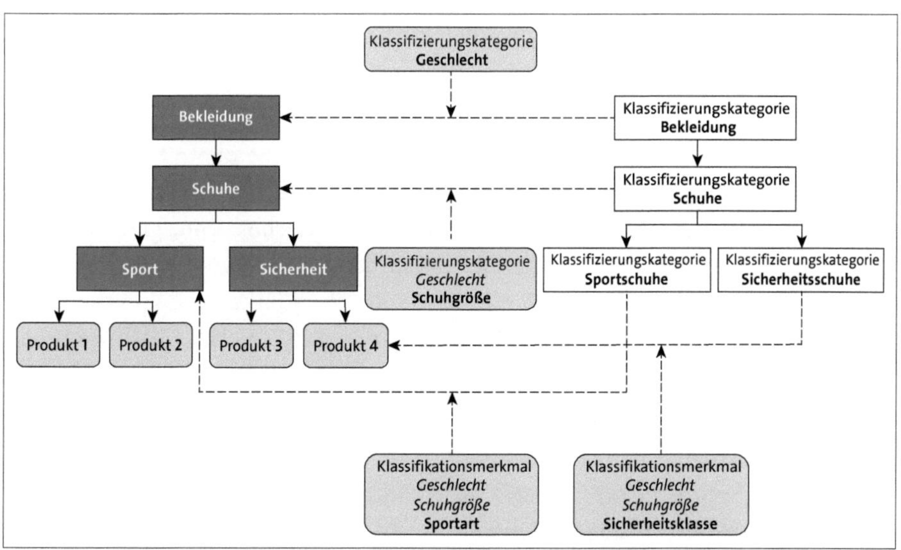

Abbildung 7.20 Zuordnung von einer Klassifizierungskategorie zu einem Produkt

Um einem Produkt eine Klassifizierungskategorie zuzuweisen, öffnen Sie das Produkt und ordnen auf der Registerkarte **Kategoriesystem** eine Klassifizierungskategorie als **Übergeordnete Kategorie** zu (siehe Abbildung 7.21).

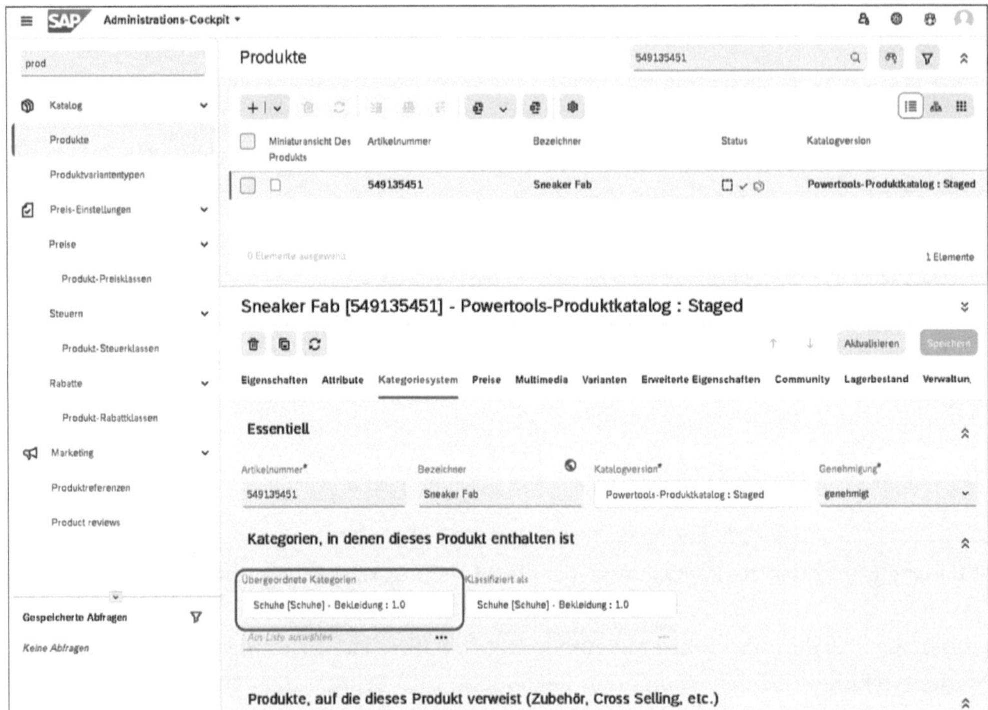

Abbildung 7.21 Produkt klassifizieren

Nachdem Sie die Klassifizierungskategorien zugeordnet haben, sehen Sie die definierten Merkmale nun in der Produktansicht auf dem Tab **Attribute** (siehe Abbildung 7.22).

Öffnen Sie eine Produktkategorie und tragen Sie als **Übergeordnete Kategorie** eine Klassifizierungskategorie ein, um eine Klassifizierungskategorie direkt an eine Produktkategorie zu hängen. Beachten Sie, dass es keinen Mechanismus gibt, der Attributwerte vererbt, da diese immer an einem konkreten Produkt und nie an einer Kategorie gepflegt werden. So erben alle in dieser Produktkategorie enthaltenen Produkte automatisch die möglichen Attribute, ohne dass Sie eine Klassifizierungskategorie direkt einem Produkt zuordnen müssen.

Leider können wir nicht auf jedes Detail des Klassifizierungssystems eingehen. Weiterführende Informationen dazu finden Sie auch im SAP Help Portal unter *https://help.sap.com/docs/SAP_COMMERCE/d0224eca81e249cb821f2cdf45a82ace/8b7aa49c86691014ae51c3b0d38cd87b.html.*

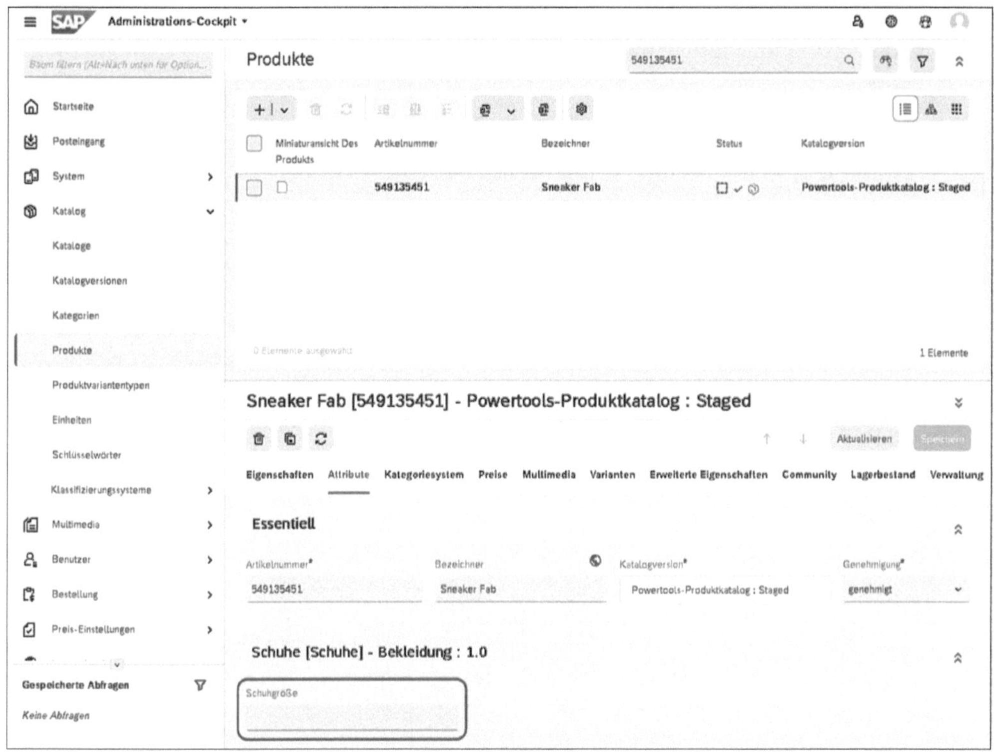

Abbildung 7.22 Klassifizierungsattribute am Produkt pflegen

7.5 Varianten- und Basisprodukte

In diesem Abschnitt widmen wir uns den *Variantenprodukten*, auch *Produktvarianten* genannt. Das sind Produkte, die sich in Design, Funktionen oder technischen Eigenschaften stark ähneln, sich jedoch in bestimmten Merkmalen unterscheiden.

Nehmen wir eine Hose der Marke A. Diese Hose gibt es in verschiedenen Farben. Dann sind die rote, blaue und schwarze Hose eine Produktvariante, während »die Hose« ein sogenanntes *Basisprodukt* ist. Die Struktur von Basis- und Variantenprodukt kann auch mehrstufig sein. Erweitern wir unser Beispiel, gibt es jede Hose nicht nur in verschiedenen Farben, sondern auch in verschiedenen Größen. In diesem Fall wären z. B. die roten, blauen und schwarzen Hosen in den Größen M und L jeweils die Variantenprodukte (siehe Abbildung 7.23).

Variantenprodukte bezeichnen also kleinere Variationen von Basisprodukten, z. B. verschiedene Farben, Größen oder Passformen. Die Variantenprodukte entsprechen sogenannten *Stock Keeping Units* (SKUs) und können gekauft werden, Basisprodukte jedoch nicht. Gemäß unserem Beispiel: Es ist nicht möglich, eine Hose ohne Größe zu kaufen. Nur eine Hose in einer konkreten Größe und Farbe ist eine SKU und kann gekauft werden.

SAP Commerce Cloud unterstützt das Prinzip von Basis- und Variantenprodukten im Standard. Um ein Produkt zu einem Basisprodukt zu machen, müssen Sie es einem *Variantentyp* zuordnen. Ein Variantentyp gibt an, in welcher Dimension die Variantenprodukte ausgeprägt werden. Variantentypen wären in unserem Beispiel Farbe oder Größe.

Ein Variantenprodukt muss immer ein entsprechendes Basisprodukt zugeordnet haben und kann auch nur maximal einem Basisprodukt angehören.

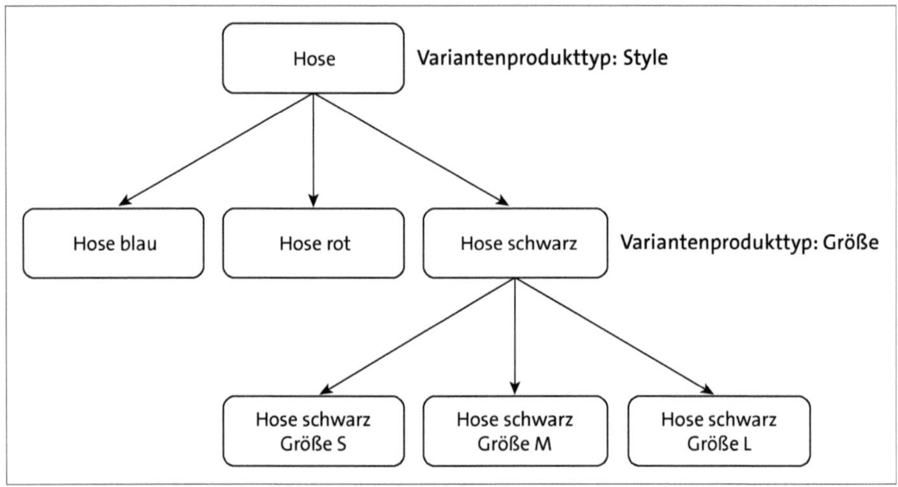

Abbildung 7.23 Basis- und Variantenprodukte

Um Variantenprodukte zu modellieren, bietet SAP Commerce Cloud im Standard verschiedene Möglichkeiten:

- **Subtypen für Product und VariantProduct**
  Die einfachste Möglichkeit, Variantenprodukte zu erstellen, ist durch Erweitern des Typsystems (siehe Abbildung 7.24). Der Standardtyp für (Basis-)Produkte ist **Product** sowie **VariantProduct** für Variantenprodukte. Attribute, die Sie zur Unterscheidung der Varianten benötigen, wie z. B. Größe oder Farbe, definieren Sie einfach im Typsystem. Wie Sie wissen, kann eine Anpassung des Typsystems nur von der Entwicklung vorgenommen werden, sodass Erweiterungen dieser Lösung in der Regel nicht zur Laufzeit im Backoffice durchgeführt werden können.

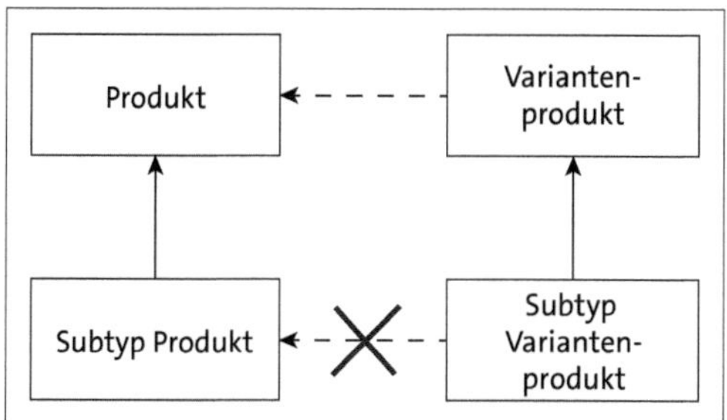

Abbildung 7.24 Subtypen für Product und VariantProduct

- **Subtypen für VariantProduct in Verbindung mit Klassifizierung**
  Eine etwas fortgeschrittenere Möglichkeit zur Modellierung von Produktvarianten ist der Einsatz des Klassifizierungssystems. Dabei werden die für die Produktvarianten relevanten Attribute nicht im Typsystem erweitert, sondern in einem Klassifikationssystem gepflegt. Das Klassifikationssystem haben wir ausführlich in Abschnitt 7.4, »Produktklassifizierung«, behandelt. Dennoch müssen Sie im Typsystem einen Subtyp des Typs **VariantProduct** erstellen, da es sich bei diesem Typ um einen abstrakten handelt, der nicht instanziiert werden kann.

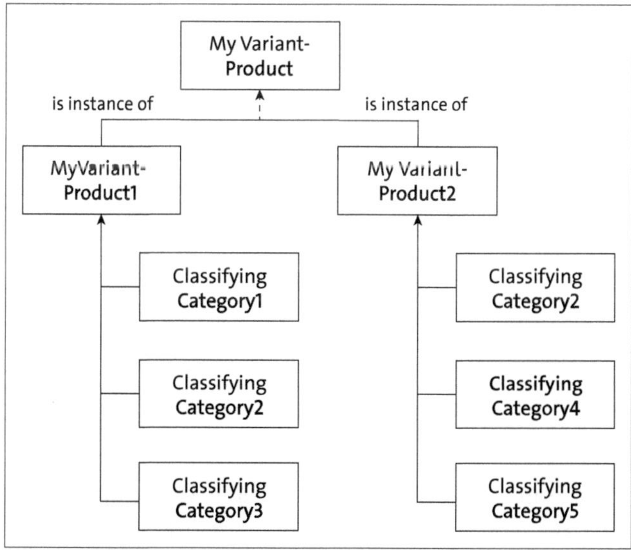

Abbildung 7.25 Modellierung von Variantenprodukten über die Klassifizierung

- **Variantenprodukte über Kategorisierung**
  Eine weitere Möglichkeit, Variantenprodukte zu modellieren, besteht in der Erstellung verschiedener Kategorien für die verschiedenen Varianten (siehe Abbildung 7.26). Anschließend ordnen Sie die Produkte in diese Kategorien ein. Legen Sie pro Dimension der Variantenprodukte einen Kategoriebaum an, und weisen Sie Ihre

Produkte entsprechend mehreren dieser Kategorien zu. Wie auf der folgenden Abbildung zu sehen, ist das rote T-Shirt in Größe L den beiden entsprechenden Kategorien zugeordnet.

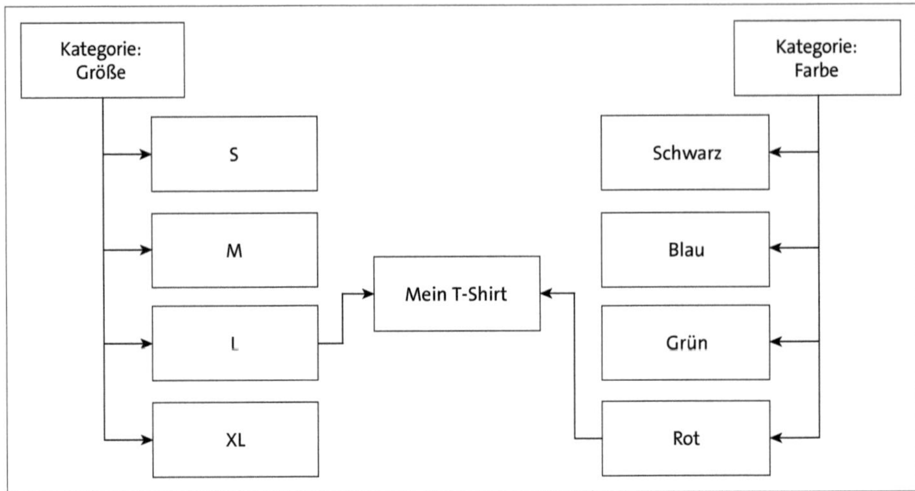

Abbildung 7.26 Modellierung von Variantenprodukten über die Kategorisierung

Weiterführende Informationen zu Variantenprodukten finden Sie im SAP Help Portal:

- Modellierung von Produktvarianten:
  https://help.sap.com/docs/SAP_COMMERCE/d0224eca81e249cb821f2cdf45a82ace/8c143a2d8669101485208999541c383b.html
- Multi-Dimensionale Produkte:
  https://help.sap.com/docs/SAP_COMMERCE_CLOUD_PUBLIC_CLOUD/7e47d40a176d48ba914b50957d003804/8b6010418669101493e8e0f2ffcfbb89.html

7.6 Pflegeprozesse für Produktdaten

Wenn Produktdaten in SAP Commerce Cloud gepflegt werden, sind gegebenenfalls Freigabeprozesse notwendig. Um die Qualität der Produktdaten nach ihrer Pflege sicherzustellen, sollen sie zunächst von einer weiteren Person, z. B. aus dem Produktmanagement, geprüft werden, bevor sie publiziert werden. SAP Commerce Cloud bietet im Standard eine Workflow Engine und einen vordefinierten Prozess für diesen Workflow an. Diesen Workflow können Sie als Vorlage nutzen. Ein typischer Freigabeprozess könnte so aussehen:

1. Eine Person aus der Produktpflege erstellt und pflegt Produkte z. B. Produktnamen, Produktbeschreibungstexte oder Klassifizierungsattribute.

2. Nach Abschluss ihrer Arbeit setzt sie den Freigabestatus des Produkts auf **Überprüfen**.
3. Dies stößt den definierten Freigabeprozess an und weist dem Produktmanagement des zugehörigen Produkts einen Task zu. Dieses ordnet das Produkt in die richtige Produktkategorie ein und pflegt Multimedia Assets, bevor der Freigabestatus des Produkts entweder auf **Freigegeben** oder **Nicht freigegeben** gesetzt wird. Das sorgt dafür, dass die Workflow-Aufgabe entweder an die Produktpfleger zurückgeht oder an die Produktveröffentlichung (Publisher) übergeht.
4. Die Produktveröffentlichung prüft das Produkt final und ist für die Synchronisierung des Produkts in die aktive Katalogversion verantwortlich, was dann zur Publizierung im Frontend führt. Sind die Produktdaten nicht korrekt, geht der Task wieder zurück an das Produktmanagement.

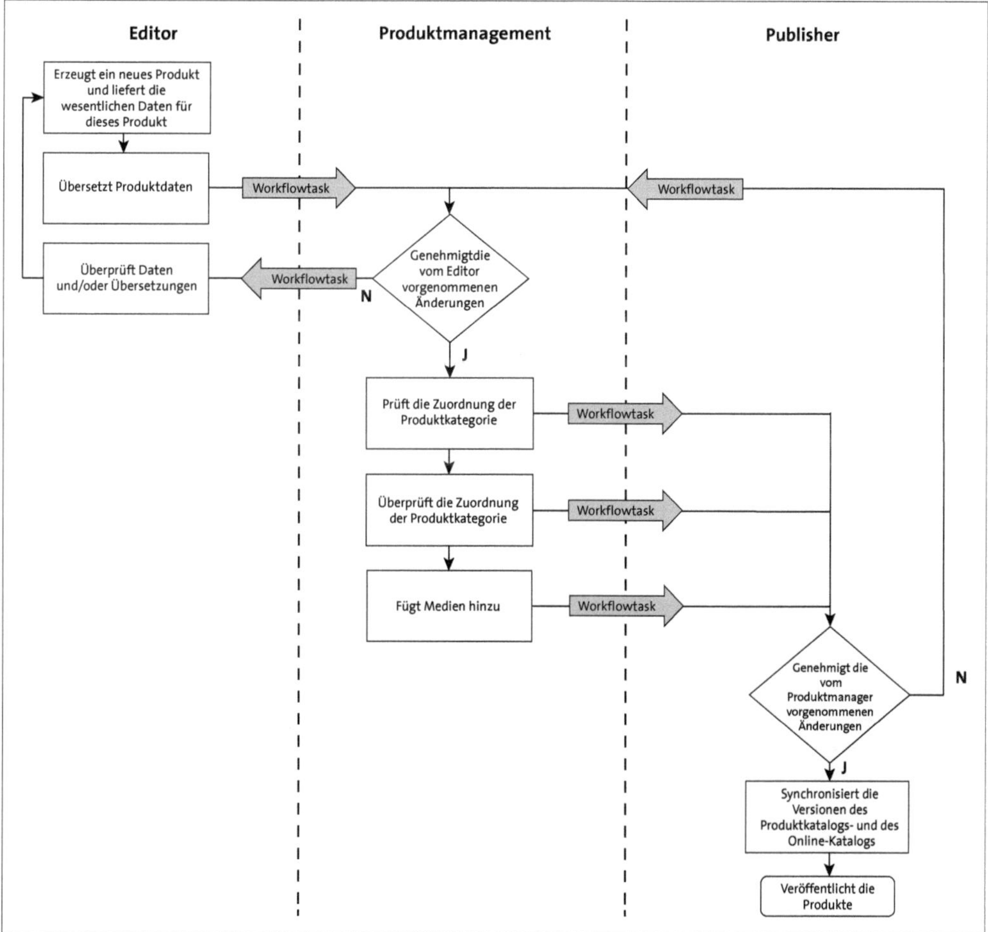

Abbildung 7.27 Beispiel für einen Produktfreigabeprozess

[»]

Workflows in der SAP Commerce Cloud

Die in SAP Commerce Cloud mitgelieferte Workflow Engine kann nicht nur für Produktpflegeprozesse verwendet werden. Sie kann für unterschiedliche Aufgaben und Prozesse, die Sie im Backoffice durchführen, angepasst und verwendet werden, z. B. zur Bearbeitung von Registrierungsanfragen. Workflow-Vorlagen lassen sich direkt im Backoffice erstellen und pflegen. Auch eine Workflow-Visualisierung in Form eines Diagramms, das alle Workflow-Schritte und -Zustandsänderungen zeigt, ist im Standard verfügbar. Um die Workflow Engine nutzen zu können, müssen Sie lediglich die Workflow Extension in Ihrer Anwendung aktivieren. Mehr Informationen finden Sie unter *https://help.sap.com/docs/SAP_COMMERCE_CLOUD_PUBLIC_CLOUD/aa417173fe4a4ba5a473c93eb730a417/8c878e7286691014b3aaf108edc38cca.html.*

Anwenderinnen und Anwender können ihre anstehenden Workflow-Aufgaben entweder im Backoffice im Collaboration Side Panel oder auf dem Dashboard des Produkt-Cockpits (siehe Abbildung 7.28) einsehen.

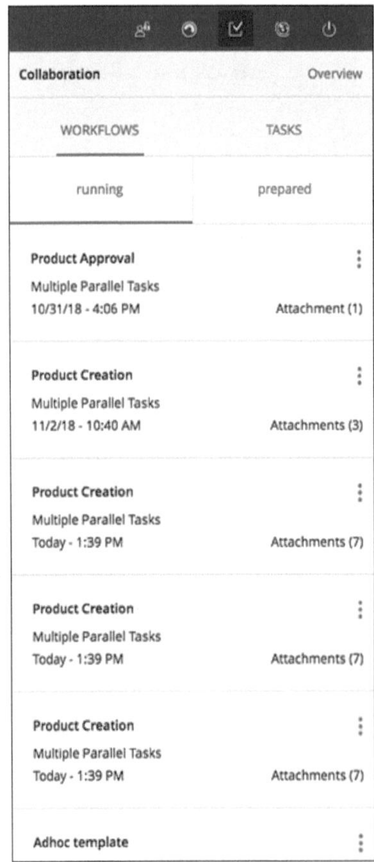

Abbildung 7.28 Side Panel für die Collaboration im Backoffice

Optional können die User auch per E-Mail über anstehende Workflow-Schritte informiert werden. Das Collaboration Side Panel zeigt laufende Workflows wie notwendige Produktfreigaben (**Product Approval**) oder Freigaben über komplett neue Produkte (**Product Creation**).

Wenn Sie einen Workflow Task öffnen (siehe Abbildung 7.29), sehen Sie alle für diesen Workflow relevanten Daten sowie jeden einzelnen Workflow-Schritt. Unter **Workflow Details** sehen Sie grundlegende Informationen über den Workflow wie dessen Status, eine Beschreibung über die zu erledigende Aufgabe sowie einige Zeitangaben. Unter **Steps** werden alle Workflows inklusive deren Status aufgelistet. Etwaige Anhänge, die zur Bearbeitung des Workflows notwendig sind, werden unter **Attachments** gelistet.

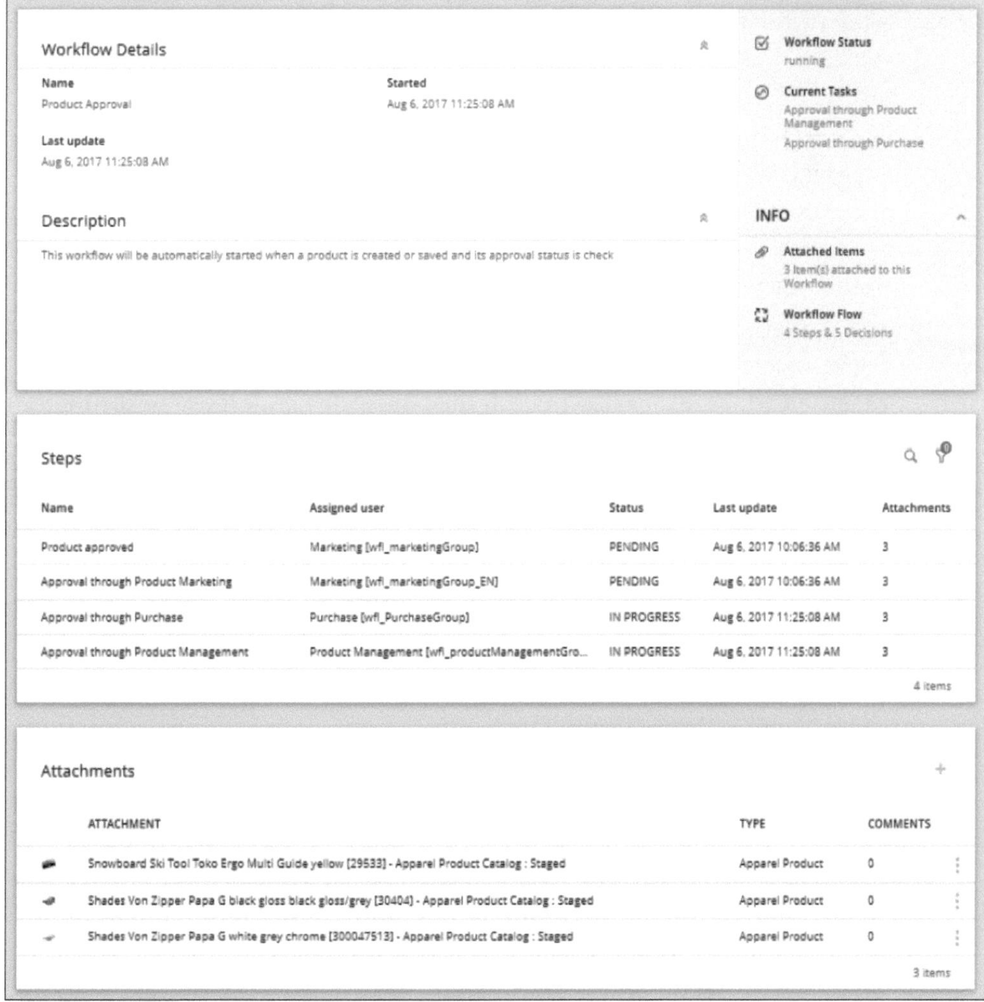

Abbildung 7.29 Detailanzeige eines Workflows

Der beschriebene Workflow ist lediglich ein Beispiel. Die Workflow Engine kann frei konfiguriert werden und ermöglicht es Ihnen, Workflows passgenau für Ihre individuellen Prozesse aufzusetzen.

7.7 Praxisbeispiel SyGusto

Die Verwaltung von Produktdaten war bei SyGusto lange Zeit eine große Herausforderung. In unterschiedlichen Systemen wurden unterschiedliche Informationen gepflegt:

- Im Content-Management-System wurden die allgemeinen Produktinformationen gepflegt, die auf der Website angezeigt werden sollten. Die Pflege fand dort hauptsächlich textuell statt. Damit waren aber die Informationen zum Großteil unstrukturiert.
- Im Shop-System pflegte SyGusto Informationen, die zum Verkauf der Produkte notwendig waren. Dazu gehörten auch strukturierte Informationen wie z. B. technische Daten, die im Webshop verglichen werden konnten oder zur Facettierung verwendet wurden. Preise und Verfügbarkeiten wurden ebenfalls manuell im Webshop gepflegt.
- Im SAP-S/4HANA-System wurden die für die Abwicklung relevanten Informationen verwaltet. Dazu gehörten Kurztexte und vertriebsbereichsrelevante Informationen. Allerdings waren alle diese Informationen nur für die interne Nutzung verwendbar.
- Bilder und Dokumente zu Produkten wurden auf einem Laufwerk verwaltet. Die Zuordnung zu Produkten oder Produktgruppen war mühsam und mit viel manuellem Aufwand verbunden.

Die Konsequenz war, dass SyGusto in unterschiedlichen Systemen verschiedene Produktdaten redundant pflegen musste. Dies führte sehr oft zu Inkonsistenzen zwischen den verschiedenen Kanälen, insbesondere wenn neue Produkte eingeführt oder bestehende aktualisiert wurden.

Mit Einführung von SAP Commerce Cloud entschied sich SyGusto für eine neue Strategie zur Verwaltung von Produktdaten. Basis sollte eine zentrale Anlage der Produkte in SAP S/4HANA sein. Dort wird das Produkt zunächst als Materialstamm angelegt, in der Regel lange bevor es im Webshop verkauft werden soll. Wesentliche Informationen, wie die Materialnummer, der Kurztext, Gewichte und Maße, Verkaufsmengeneinheiten etc., werden in SAP S/4HANA gepflegt.

Wird das Produkt dann als »verkaufsrelevant« gekennzeichnet, wird der Materialstamm aus SAP S/4HANA an die SAP Commerce Cloud übergeben (siehe Abbildung 7.30). Dort werden die Basisdaten aus SAP S/4HANA erweitert und zusätzliche Informationen angereichert. Außerdem werden in der SAP Commerce Cloud auch Dokumente und Bilder zum Produkt hinzugefügt. Letztendlich wird das Produkt dann einer bestimmten Kategorie im Produktkatalog zugeordnet und für den Webshop freigegeben, sodass es dort sichtbar und bestellbar wird.

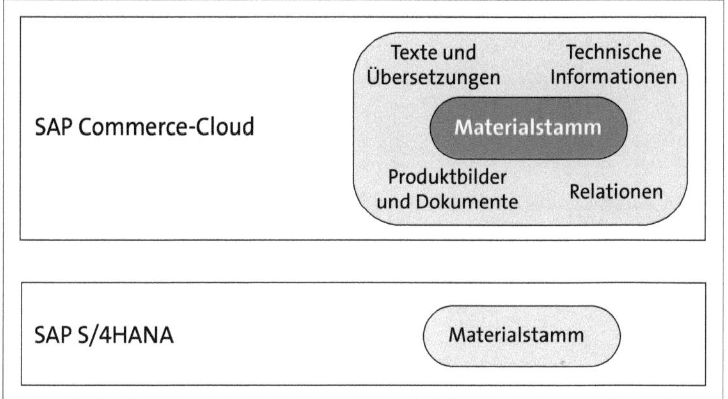

Abbildung 7.30 Pflege des Materialstamms in SAP S/4HANA und Anreicherung in SAP Commerce Cloud

Der Produktkatalog von SyGusto besteht aus drei Bestandteilen, die wir in den folgenden Abschnitten näher beschreiben:

- Produkt
- Kategorien
- Produktreferenzen

7.7.1 Produkt

Auf der Produktdetailseite sollten alle wichtigen Informationen zum einzelnen Produkt angezeigt werden. Dabei besteht ein Produkt bei SyGusto aus folgenden Bestandteilen:

In der Produktbeschreibung wird das Produkt in einem Text beschrieben. Sie können im PCM von SAP Commerce Cloud Beschreibungen in verschiedenen Sprachen pflegen. Neben den Texten spielen Bilder in der Produktdatenpflege eine zentrale Rolle. Zu jedem einzelnen Produkt pflegt SyGusto mehrere Bilder. Außerdem werden auch Dokumente, wie z. B. Bedienungsanleitungen, an das Produkt angehängt.

Strukturierte technische Informationen zum Produkt pflegt SyGusto als Klassifizierung. Dort werden Informationen wie die Leistung der Kaffeemaschine, die Größe des Wasserbehälters oder die Farbe der Maschine gepflegt. Diese Informationen werden auf der Produktdetailseite tabellarisch dargestellt. Sie helfen dem potenziellen Kunden dabei, die einzelnen Maschinen miteinander zu vergleichen. Außerdem können die technischen Informationen für die Facettierung verwendet werden. Mehr Informationen zur Facettierung erhalten Sie in Kapitel 8, »Suche und Facettierung«.

Zu jedem Produkt können Kunden bei SyGusto diverse Informationen herunterladen. Auf der Produktdetailseite (siehe Abbildung 7.31) ist z. B. die Marketingbroschüre zum Produkt als PDF zum Download verfügbar. Auch die Bedienungsanleitung oder Datenblätter stehen zum Download bereit.

Abbildung 7.31 Produktdetailseite

7.7.2 Kategorien

Um die Navigation zum richtigen Produkt zu erleichtern, pflegt SyGusto einen hierarchischen Katalog mit Kategorien. Über die Kategorien können Kunden durch das gesamte Sortiment von SyGusto navigieren und die Produkte einfach finden.

Zu den einzelnen Kategorien pflegt SyGusto zusätzliche Informationen, die die Produktgruppe beschreiben und allgemeine Informationen zu allen Produkten dieser Kategorie enthalten.

7.7.3 Produktreferenzen

Produkte können auch untereinander in Beziehung stehen. Hierfür können in SAP Commerce Cloud Produktreferenzen genutzt werden. SyGusto verwendet diese, um Produkte zu verknüpfen. Bei SyGusto gibt es die folgenden Anwendungsfälle.

- **Cross-Selling**
  Besitzt eine Kaffeemaschine Zubehör oder Reinigungsmittel, kann SyGusto die Produkte der Maschine zuordnen. Diese werden dann auf der Produktdetailseite angezeigt, sodass der Benutzer sie einfach dazu bestellen kann.
- **Up- und Down-Selling**
  Zu jeder Kaffeemaschine pflegt SyGusto jeweils auch ein preiswerteres und ein höherwertigeres Modell. So kann auf der Produktdetailseite eine Empfehlung für alternative Produkte angeboten werden.
- **Bundles**
  SyGusto verkauft auch Bundles bestehend aus einer Kaffeemaschine, den passenden Bohnen und einem Reinigungsset. Klickt der Kunde auf ein Bundle, sieht er auf der Produktdetailseite, aus welchen Einzelprodukten das Bundle besteht, und kann bei Bedarf dorthin navigieren.
- **Ersatzteile**
  SyGusto verkauft auch Ersatzteile zu seinen Kaffeemaschinen. Dies können einfache Ersatzteile sein, die selbst ausgetauscht werden können. Es können aber auch ganze Baugruppen sein, die sich eher an die Servicetechnik-Teams richten, die die Maschinen reparieren und warten.

Abbildung 7.32 zeigt eine Produktdetailseite mit Zubehör.

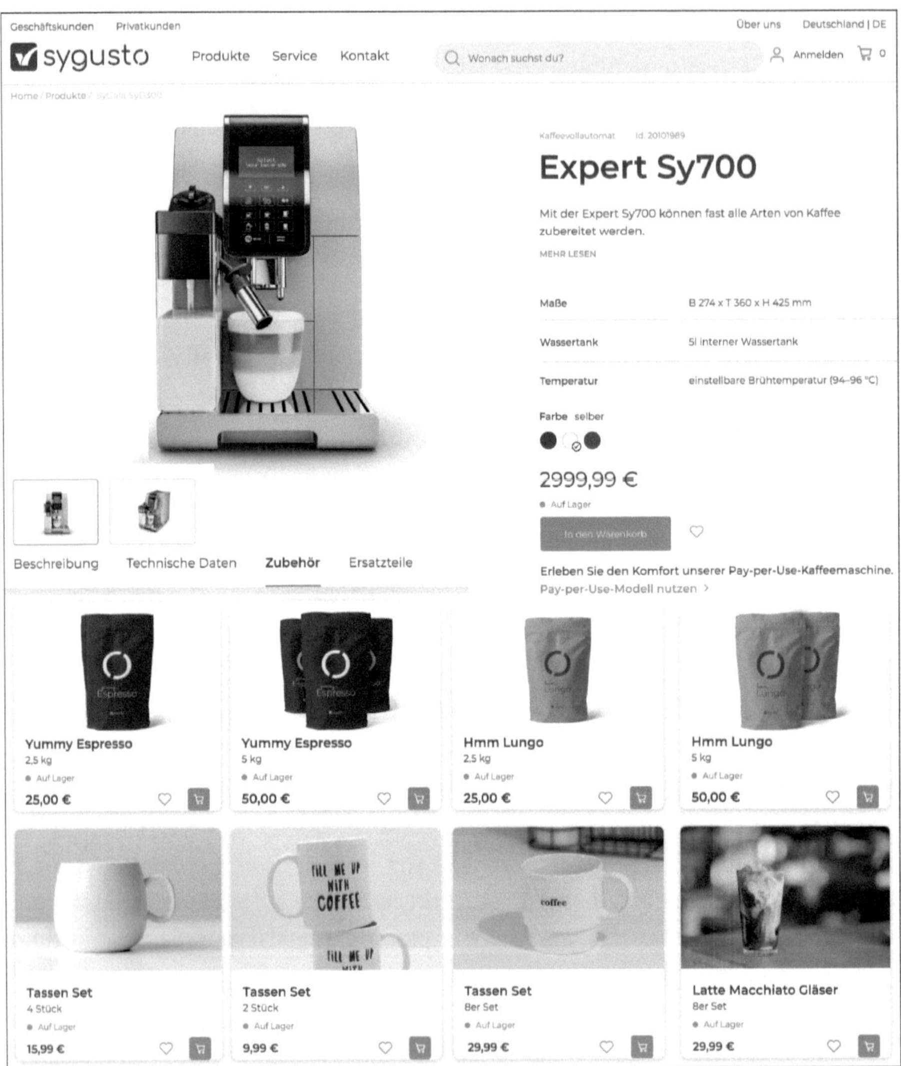

Abbildung 7.32 Produktdetailseite mit Zubehör

7.8 Fazit

In diesem Kapitel haben wir erklärt, welche umfangreichen Möglichkeiten zur Verwaltung und Pflege von Produktdaten SAP Commerce Cloud bereits im Standard mitbringt. Durch das ausgereifte Produktdatenmodell und das offene Framework lässt sich SAP Commerce Cloud auf Ihre Bedürfnisse anpassen. Aufgrund der vielen Möglichkeiten wie Produktklassifizierung, die Unterstützung von Varianten- und Basisprodukten und dem nutzerfreundlichen Produkt-Cockpit können Sie SAP Commerce Cloud auch als zentrales PIM- bzw. PCM-System einsetzen.

Kapitel 8
Suche und Facettierung

Damit Produkte verkauft werden können, müssen Kunden sie erst einmal finden. SAP Commerce Cloud stellt daher verschiedene Suchfunktionen zur Verfügung, die es ihnen erleichtern, das richtige Produkt zu finden. Außerdem kann der Benutzer die Suchergebnisse filtern, sortieren und durch die Kategorien des Produktkatalogs navigieren.

Bei modernen Websites, Shops oder Portalen ist es besonders wichtig, den Kunden einen einfachen Einstieg in Ihre Produktwelt zu ermöglichen: Die Nutzer sollen die Produkte, die sie suchen, möglichst schnell und einfach finden, um dann in der Folge weitere Aktionen auszuführen oder gar keinen Kauf abzuschließen.

In diesem Kapitel befassen wir uns zunächst damit, wie sich Nutzer im Frontend durch den Produktkatalog bewegen können und welche Funktionen sie dort geboten bekommen (siehe Abschnitt 8.1, »Produktnavigation«). Nachdem wir anschließend in Abschnitt 8.2, »Überblick«, einige technische Grundlagen kennengelernt haben, werden wir in Abschnitt 8.3 auf die umfangreichen Möglichkeiten zur Einstellung der Suche eingehen. In Abschnitt 8.4 zeigen wir, wie das Adaptive Search Module dabei hilft, die Suchergebnisse und Produktliste weiter zu optimieren. Mit einem Praxisbeispiel zu SyGusto schließen wir in Abschnitt 8.5 das Kapitel ab.

8.1 Produktnavigation

Der wichtigste Einstieg in Ihre Produktwelt ist die Produktnavigation. Dazu werden Produkte in sogenannte *Produktkategorien* einsortiert, die ihrerseits hierarchisch angeordnet werden können. Eine Produktkategorie kann dabei mehrere übergeordnete Kategorien haben. Auch die Produkte selbst können mehreren Produktkategorien zugeordnet werden.

Nachdem Nutzer eine Produktkategorie gewählt haben, landen sie typischerweise auf einer Produktkategorieseite, wie sie in Abbildung 8.1 zu sehen ist.

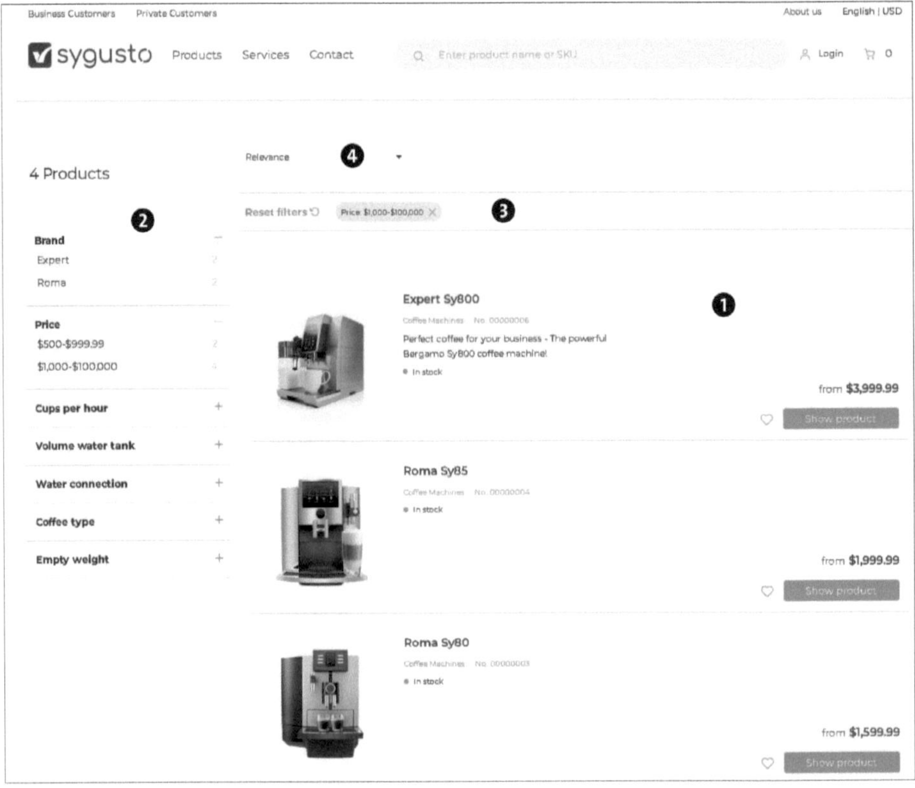

Abbildung 8.1 Produktkategorieseite

Eine Produktkategorieseite bietet in der Regel folgende Möglichkeiten:

❶ Anzeige aller Produkte aus der aktuell gewählten Produktkategorie. Dabei werden alle Produkte der aktuell ausgewählten sowie etwaige in der Hierarchie untergeordneten Produktkategorie gezeigt. Wie die Anzeige dieser Produkte und deren Reihenfolge etc. bestimmt werden kann, erklären wir in Abschnitt 8.4.3, »Boost-Regeln«.

❷ Um eine lange Liste von Produkten, womöglich über viele Seiten verteilt, schnellstmöglich auf die relevanten Produkte zu reduzieren, unterstützt SAP Commerce Cloud mit einer umfangreichen Facettensuche. Durch Anwendung mehrerer Filter in Kombination, dem sogenannten *Facettieren*, filtern bzw. schränken Sie die Produktliste ein. Prinzipiell werden nur Facetten gezeigt, die auch zu einem Ergebnis führen. Facetten bzw. Facettenwerte, die nach Anklicken zu einer leeren Produktliste (sog. *Suchergebnis*) führen würden, werden nicht angezeigt. Wie Sie Facetten, bei Bedarf sogar pro Produktkategorie unterschiedlich, konfigurieren können, erklärt Abschnitt 8.4.2, »Facetteneinstellungen«, ausführlich.

❸ Ausgewählte Facettenwerte werden übersichtlich dargestellt und können auch einzeln wieder zurückgenommen werden. Auch können alle gesetzten Filter wieder entfernt werden.

❹ Produktlisten können sortiert werden. Das gängigste Sortierkriterium ist *Relevanz*. Bei einer Sortierung nach Relevanz werden die Produkte nach definierten Regeln priorisiert. Mehrere Regeln gemeinsam angewendet führen zu einer Sortierung nach Produkten, die sogar personalisiert, d. h. für Nutzer mit unterschiedlichen Interessen individuell sortiert, sein kann. Interessante Aspekte zur Sortierung nach Relevanz und wie man diese konfiguriert, erläutern wir in Abschnitt 8.4.3, »Boost-Regeln«. Darüber hinaus können Sie Produkte oft auch nach in alphabetischer Reihenfolge, nach Preis oder anderen Kriterien sortieren.

Neben dem Einstieg über die Produktnavigation oder dem gezielten Reduzieren von Produktlisten über Facettierung spielt wahrscheinlich die Suche eine noch wichtigere Rolle. Ihre Kunden erwarten, Produkte über die Suche zu finden, sei es durch Eingabe einer konkreten Artikelnummer, Produktnamen oder anderer Suchbegriffe wie z. B. mögliche Anwendungsgebiete. In Abschnitt 8.3 erklären wir Ihnen, wie Sie Ihre Suche konfigurieren und optimieren können und was es dabei besonders zu beachten gibt.

Tipp zur Erstellung von Produktkategorien

Die Produktkategorien sollten Sie fachlich so gestalten, dass Ihre Nutzer möglichst einfach und intuitiv navigieren können und die gesuchten Produkte möglichst schnell finden. Da jeder Nutzer anders ist und denkt, sollten Sie vorab darüber nachdenken, wer genau Ihre Nutzer sind: Das Stichwort ist Personas (mehr Informationen zu Personas und deren Erstellung und Nutzung finden Sie in Abschnitt 3.2, »Buyer Enablement: ohne Conversion kein Erfolg«, und Kapitel 20, »Kundenbeispiel 3: CX-Projekte mit User Journeys«).

Es kann daher sinnvoll sein, nicht nur einen, sondern mehrere *Produktkategoriebäume* anzulegen, um die Bedürfnisse mehrerer Nutzergruppen gleichermaßen abzudecken. Beispielsweise könnte ein Nutzer, der auf der Suche nach Digitalkameras ist, über die Produktnavigation **Produkte • Kameras • Digitalkameras • Kompaktkameras** navigieren, während ein anderer Nutzer vielleicht über die Marke einsteigt: **Produkte • Marken • Sony**.

Machen Sie sich daher ausführlich Gedanken, wie Sie die Struktur Ihrer Produktkategorien sinnvoll aufbauen.

8.2 Überblick

Bevor wir in die Details der Konfigurationen für Suche, Facettierung, Boosting etc. einsteigen, klären wir einige technische Grundlagen, die für alle folgenden Themen relevant sind.

Sämtliche Such- und Facetten-Funktionen sind Teil des sogenannten *Such- und Navigationsmoduls*. Nicht alle Funktionen der Suche und Facettierung kommen direkt aus SAP Commerce Cloud: Technisch basiert all dies auf der Open-Source-Software *Apache Solr* (*https://solr.apache.org/*, kurz Solr).

Alternative Suchtechnologie

Falls Sie andere Suchtechnologie einsetzen möchten, ist dies ebenfalls möglich. Die Anbieter bieten mitunter bereits fertige Integrationskomponenten für ihre Lösungen im Rahmen von SAP Commerce Cloud an.

Wie bereits Abbildung 5.1 gezeigt hat, laufen die Solr-Instanzen separat von SAP Commerce, d. h., SAP Commerce Cloud nutzt die *Solr-APIs*, um diesen mit Daten zu befüllen.

Notwendige Extensions

Um die Solr-Funktionen nutzen zu können, müssen Sie folgende SAP-Standard-Extensions in Ihr Projekt einbinden:

- solrfacetsearch
- solrfacetsearchbackoffice
- backofficesolrsearch

Weitere Details über Extensions im Allgemeinen und wie sie eingebunden werden, finden Sie in Abschnitt 16.1.1, »Erweiterungen in SAP Commerce Cloud«.

Wenn Sie Solr verwenden, müssen sämtliche Daten, die zur Suche, Sortierung und Facettierung benötigt werden, im Solr-Index gespeichert werden, d. h., technisch werden diese Daten während der Suche oder Facettierung nicht aus der SAP-Commerce-Cloud-Datenbank gelesen, sondern eben aus dem Solr-Index. Damit Sie dies nicht selbst implementieren müssen, bietet SAP Commerce Cloud im Standard bereits eine Implementierung, die diese Aufgaben übernimmt, sodass Sie die meisten Anforderungen auch ohne größere Implementierungen rein konfigurativ lösen können.

Die wichtigsten Einstellungsmöglichkeiten dazu finden Sie im Backoffice unter **System • Suche und Navigation**, insbesondere im Bereich **Solr-Facet-Suchkonfiguration • Indizierte Typen** (siehe Abbildung 8.2).

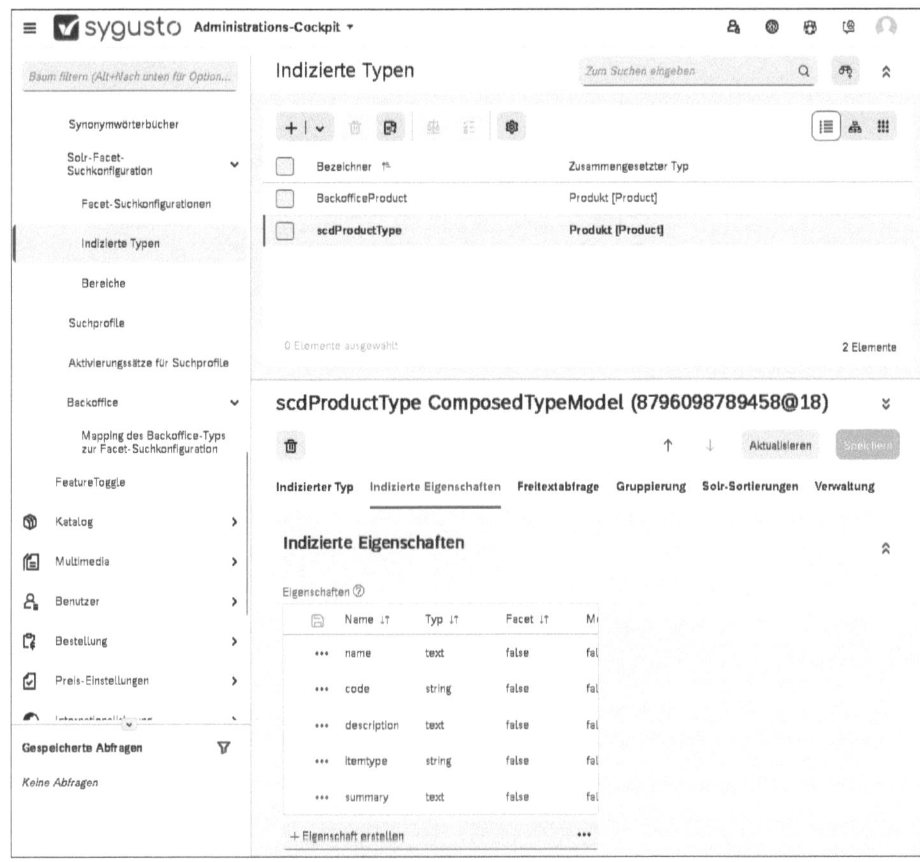

Abbildung 8.2 Indizierte Eigenschaften

Im Bereich **Indizierte Eigenschaften** definieren Sie alle Felder, die Sie in den Solr-Index schreiben möchten, wie in diesem Beispiel **name** für den Namen oder **code** für die Nummer eines Produkts. Hier definieren Sie also alle Informationen, die in den Solr-Index indiziert werden, um später dann für Suche, Sortierung und Facettierung genutzt zu werden.

Die Daten werden schließlich über periodisch eingeplante Cronjobs in den Solr-Index geschrieben. Dabei wird grundsätzlich zwischen einem Full-Index-Lauf und einem Update-Index-Lauf unterschieden. Beim *Full-Index-Lauf* werden alle relevanten Produkte gemäß Konfiguration selektiert, die definierten Eigenschaften ausgelesen und in den Solr-Index geschrieben. Der *Update-Index* berücksichtigt hingegen in der Regel nur geänderte Produkte. Ein Full-Index-Lauf ist daher normalerweise nur einmal notwendig, wird aber je nach Datenmenge oft auch einmal in der Nacht ausgeführt, während der Update-Index mehrmals täglich, oft sogar alle paar Minuten, eingeplant werden kann, um stets aktuelle Daten im Solr-Index zu haben.

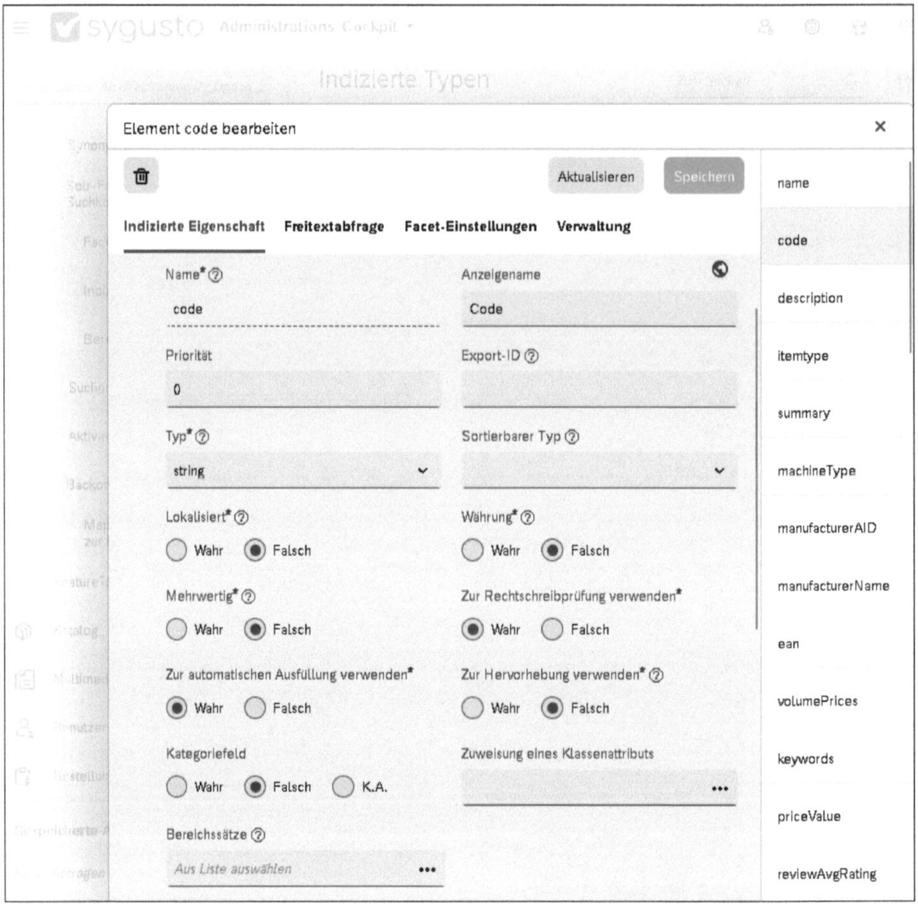

Abbildung 8.3 Einstellungsmöglichkeiten für die indizierte Eigenschaft

Aufgrund der Komplexität dieses Themas konnten wir an dieser Stelle nur die wichtigsten Punkte anreißen. Weiterführende Details zu diesem Modul finden Sie auch im SAP Help Portal unter diesem Link: *https://help.sap.com/docs/SAP_COMMERCE_CLOUD_PUBLIC_CLOUD/aa417173fe4a4ba5a473c93eb730a417/8b300c4a866910149b55ef7c323ece04.html.*

Roadmap: SAP Search Service

SAP plant derzeit, ein zusätzliches Angebot in Bezug auf die Suche für SAP Commerce Cloud einzuführen: *SAP Search Service*.

SAP Search Service für SAP Commerce Cloud ist ein cloud-nativer Dienst mit einer modernen Architektur und allen damit verbundenen Vorteilen wie automatische Updates, Skalierbarkeit und verbesserte Leistung. Die Einführung ist als zusätzliches Angebot zur aktuellen Solr-basierten Suche geplant.

Zunächst soll SAP Search Service ähnliche Funktionen wie Solr (Navigation, Filterung, Facettierung und erweiterte Suchfunktionen) bieten.

In Zukunft soll SAP Search Service dann um weitere neue und innovative intelligente Suchfunktionen wie Personalisierung und KI-gestützte Suchvorschläge erweitert werden.

Weitere Details finden Sie unter: *https://blogs.sap.com/2023/03/27/beta-search-service-for-sap-commerce-cloud/*

8.3 Einstellungen der Suche

Dieser Abschnitt widmet sich der Suche und deren Einstellungsmöglichkeiten. Wir konzentrieren uns auf das Thema *Suche nach Produkten*. Die im Folgenden beschriebenen Einstellungsmöglichkeiten und Prinzipien gelten grundsätzlich aber auch für die Suche nach anderen Inhalten wie dem WCMS-Inhalt von Websites.

Das Thema Suche sieht auf den ersten Blick sehr einfach aus, erweist sich aber bei näherer Betrachtung oft als sehr komplex. Das Ziel ist einfach: Ihre Kunden erwarten, dass sie durch Eingabe von Suchbegriffen die Produkte finden, die sie suchen. Die Herausforderung dabei ist, dass jeder Benutzer anders sucht. Daher ist es auch bei der Suche wichtig zu verstehen, wer die Hauptnutzer des Shops sind und welche Bedürfnisse sie haben. Dazu sollten Sie, wie bereits erwähnt, im Vorfeld Personas definieren (siehe dazu auch Abschnitt 3.2, »Buyer Enablement: ohne Conversion kein Erfolg«, und Kapitel 20, »Kundenbeispiel 3: CX-Projekte mit User Journeys«).

Bevor wir auf die konkreten Einstellungsmöglichkeiten zur Suche eingehen, ist es wichtig zu verstehen, wie die Suchergebnisse zustande kommen. Jedes Produkt hat einen sogenannten *Score-Wert*. Dieser Score ist ein numerischer Wert, der angibt, wie weit oben das Produkt im Suchergebnis angezeigt wird. Dieser Score-Wert spielt vor allem bei aktivierter Relevanzsortierung eine Rolle. Bei Sortierungen nach Name oder Preis ist die Reihenfolge ohnehin bereits implizit über das Sortierkriterium definiert. Je höher der Score-Wert eines Produkts ist, desto weiter oben wird es im Suchergebnis angezeigt. Der Score-Wert wird dynamisch ermittelt, abhängig von den konfigurierten Sucheinstellungen und den eingegebenen Suchbegriffen. Durch die Konfiguration der Sucheinstellungen kann der Score-Wert der Produkte beeinflusst werden. So können wir z. B. dafür sorgen, dass bei einer Suche nach dem Begriff »SyGala« Produkte, bei denen »SyGala« im Produktnamen vorkommt, weiter oben im Suchergebnis erscheinen als Produkte, bei denen »SyGala« nur in einem längeren Beschreibungstext vorkommt.

Die in diesem Kapitel beschriebenen Möglichkeiten der Sucheinstellungen hängen immer von einer sogenannten *Suchabfragevorlage* ab. Eine Suchabfragevorlage kapselt die suchrelevanten Einstellungen. So können mehrere Suchabfragevorlagen mit unterschiedlichen Einstellungen gepflegt und je nach Anwendungsfall eine andere verwendet werden. Zur Suchabfragevorlage gelangen Sie über das Backoffice Menü **System • Suche und Navigation • Solr-Facet-Suchkonfiguration • Indizierte Typen**. Dort finden Sie die Liste der Suchabfragevorlagen, wie in Abbildung 8.4 zu sehen ist.

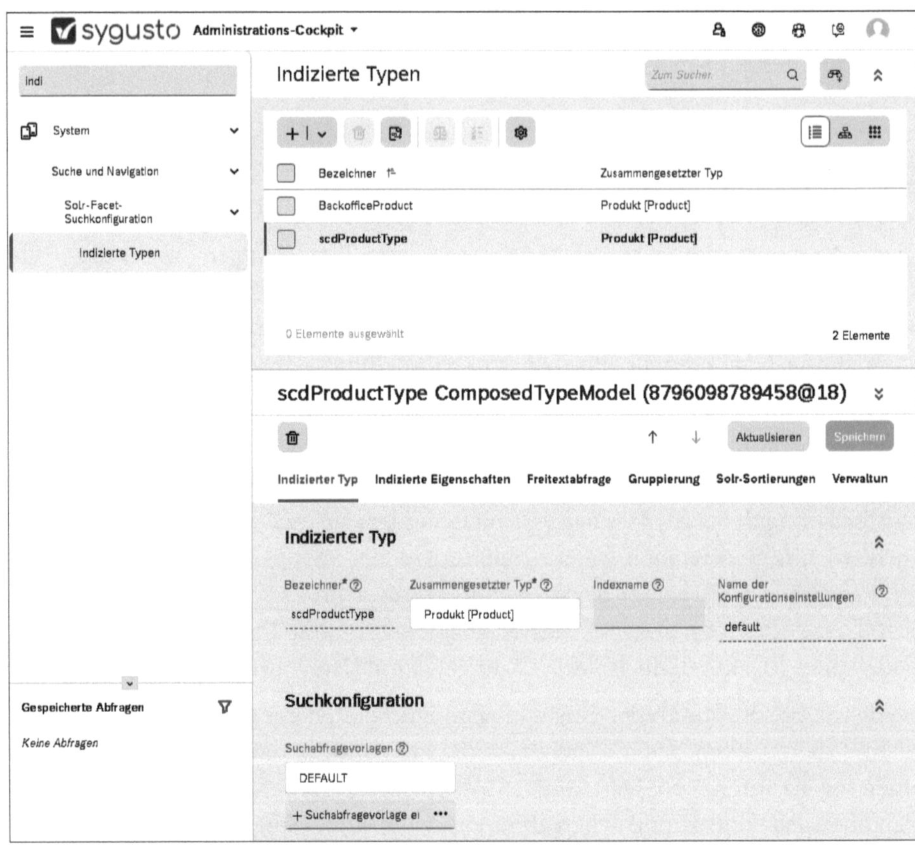

Abbildung 8.4 Suchabfragevorlagen

Öffnen Sie die Suchabfragevorlage per Doppelklick, um in die Details dieser zu gelangen. In der Registerkarte **Abfrageeigenschaften** in Abbildung 8.5 sehen Sie eine Liste aller durchsuchbaren Felder. Fehlt ein Feld, fügen Sie es hinzu, indem Sie einen neuen Eintrag erstellen und die indizierte Eigenschaft wählen. Nur Felder, die als indizierte Eigenschaft in den Solr-Suchindex geschrieben wurden, können durchsucht werden. Fehlt Ihnen ein Feld, legen Sie zunächst eine indizierte Eigenschaft an, wie in Abbildung 8.2 gezeigt.

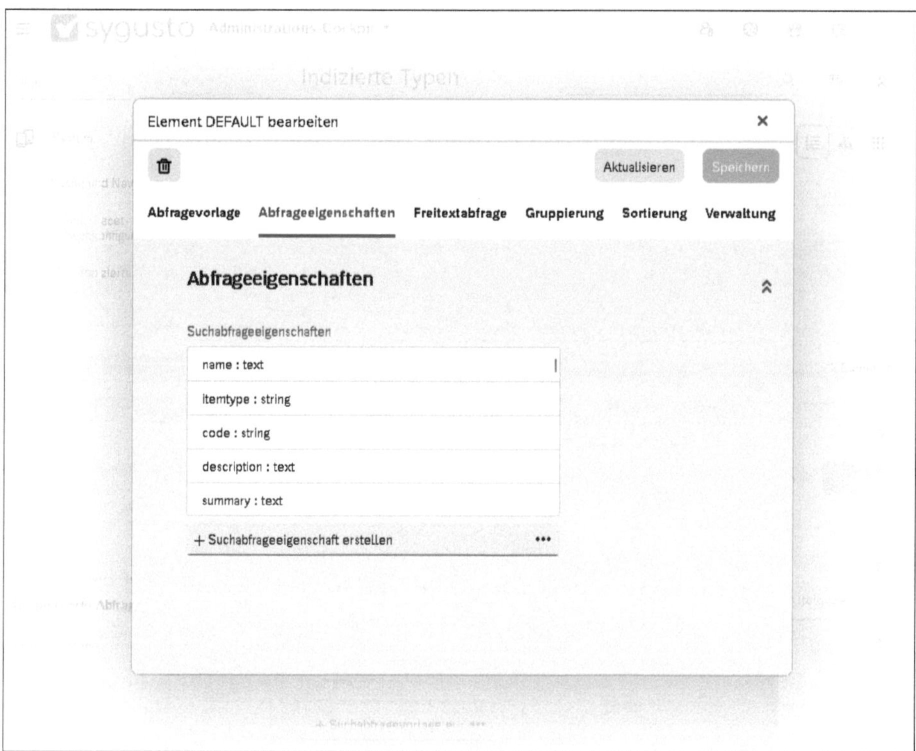

Abbildung 8.5 Abfrageeigenschaften

Wählen Sie das Feld aus, das Sie konfigurieren möchten, z. B. **name**, und öffnen Sie es per Doppelklick. Die wichtigsten Einstellungsmöglichkeiten zur Suche finden Sie in der Registerkarte **Freitextabfrage** (siehe Abbildung 8.6)

❶ **Freitextabfrage**
Diese Einstellung dient dazu, bei Freitextsuchen exakte Treffer zu aktivieren. Ist dieser Wert aktiviert, werden einzelne, aber komplette Begriffe gefunden. Hat ein Produkt z. B. den Namen »Godimento SyB10« würde man das Produkt finden, wenn man lediglich nach »Godimento«, aber auch wenn man nach »SyB10« sucht. Es würde nicht gefunden werden, wenn man nur nach Teilen eines Begriffs sucht, z. B. »SyB«. Bei diesen Einstellungen können Sie definieren, ab wie vielen Zeichen die Suche überhaupt funktionieren soll und um welchen Wert der Score in diesem Fall erhöht werden soll. Wird das Produkt mit einem der beiden Suchbegriffe gefunden, würde der Score für dieses Produkt in diesem Beispiel um den Wert 50 erhöht.

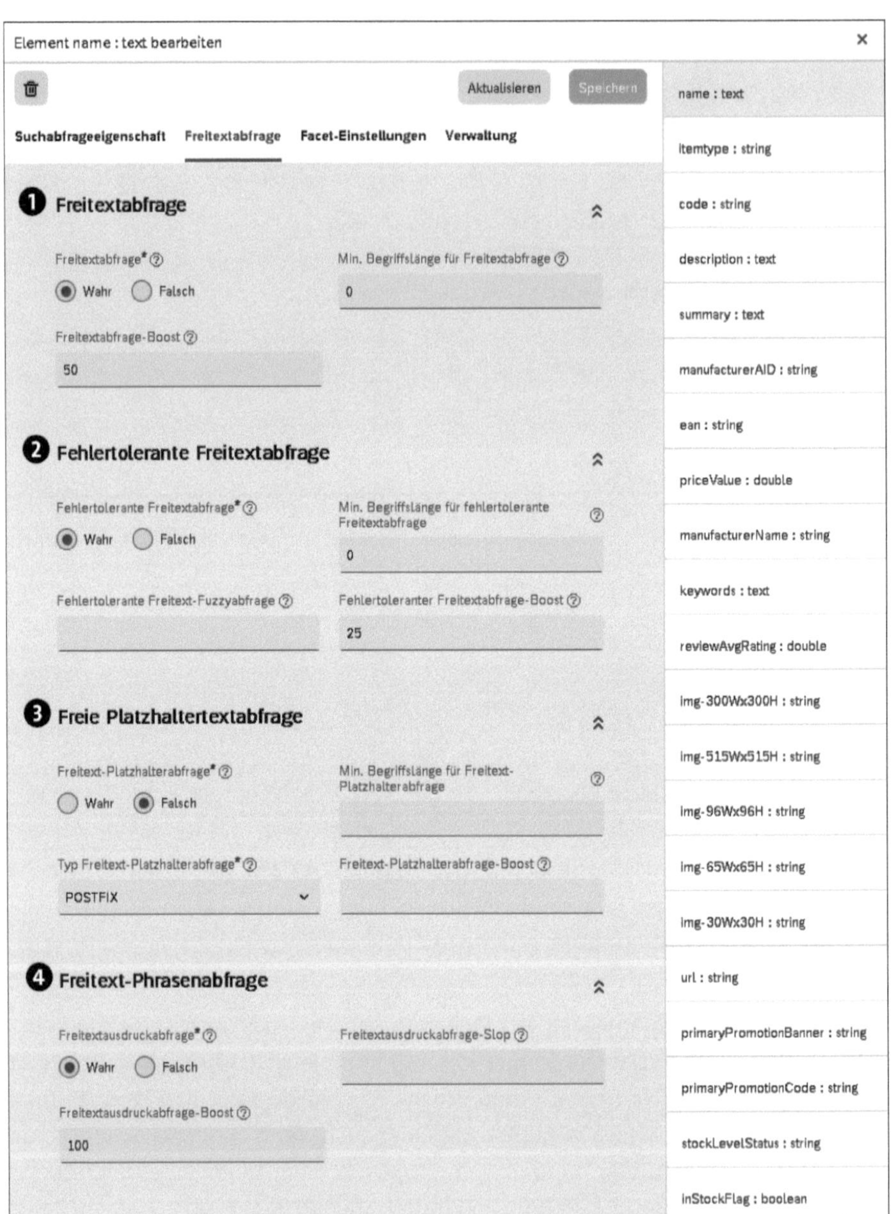

Abbildung 8.6 Einstellungsmöglichkeiten der Freitextabfrage

❷ Fehlertolerante Freitextabfrage

Die fehlertolerante Freitextabfrage, oft auch als *Fuzzy-Suche* bezeichnet, befähigt die Suche dazu, über kleine Tippfehler des Anwenders hinwegzusehen. Bleiben wir bei dem Beispiel von eben, würde die Suche das Produkt »Godimento SyB10« wahrscheinlich auch finden, wenn nach »SyB11« statt »SyB10« oder nach »Godimenta« statt »Godimento« gesucht wird. Der Wert im Feld **Fehlertolerante Freitext-Fuzzyabfrage** kann 0, 1 oder 2 sein und gibt an, wie stark Abweichungen sein können. Der Wert 0 berücksichtigt wenig, der Wert 2 viele Abweichungen. Welche Abweichungen konkret berücksichtigt werden, lässt sich nicht einstellen oder vorhersagen. Dies wird von der Solr-Such-Engine übernommen. Auch hier können wieder Minimallänge und Boost-Wert definiert werden. Üblicherweise wählen Sie hier einen geringeren Boost-Wert als unter Option ❶, da exakte Treffer die genaueren sind.

❸ **Freie Platzhaltertextabfrage**
Die freie Platzhalterabfrage wird oft auch als *Wildcard-Suche* bezeichnet. Sie ermöglicht das Suchen von Teilbegriffen. Das Produkt »Godimento SyB10« würde dann schon gefunden werden, wenn nur nach »Godi«, »yB« oder »10« gesucht wird. Der Typ kann **POSTFIX**, **PREFIX** oder **PREFIX_AND_POSTFIX** sein und gibt an, ob nur von hinten, vorn oder auch irgendwo in der Mitte der Begriffe gesucht wird.

8

❹ **Freitext-Phrasenabfrage**
Die Freitext-Phrasenabfrage hilft ausgesprochen gut bei der Suche nach zusammenhängenden Begriffen. Im Feld **Freitextausdruckabfrage-Slop** können Sie definieren, wie viele andere Wörter zwischen der Suchphrase möglich sind, um noch zu einem Treffer zu führen.

Tipp zur Konfiguration der Suche

Gehen Sie bei der Konfiguration der Suche Schritt für Schritt vor, und nehmen Sie nicht zu viele Änderungen auf einmal vor. Es hat sich bewährt, zunächst alle Suchfelder zu deaktivieren und dann Feld für Feld zu konfigurieren. Beginnen Sie mit den wichtigsten Feldern, wie Artikelnummer oder Name, bevor Sie mit weiteren Feldern wie Beschreibungstexten fortfahren. Testen Sie bei Veränderungen auch immer wieder die bereits konfigurierten Felder. Zu allen passenden Treffern wird der Score entsprechend erhöht, d. h. alle Boost-Werte Ihrer Regeln werden zusammen angewendet. Daher sollten Sie diese immer Schritt für Schritt und im Zusammenspiel testen.

Mit den beschriebenen Einstellungsmöglichkeiten steht Ihnen ein sehr komplexes Werkzeug zur Verfügung, um Ihre Suche optimal einzustellen. Wenn Ihnen das noch nicht genügt, haben Sie auch noch die Möglichkeit, *Synonyme* zu pflegen. Nehmen wir an, Sie verkaufen Videokameras. In Ihrem Shop beschreiben Sie aber alle Produkte als »Camcorder«. So können Sie über Synonyme sicherstellen, dass Ihre Camcorder, wenn Ihre Nutzer nach »Videokamera« oder »Video Kamera« suchen, gefunden werden. *Stoppwörter* können ebenfalls gepflegt werden, um bestimmte Begriffe von der Suche auszuschließen. Es empfiehlt sich, unnötige Begriffe wie die Artikel »der«, »die«, »das« etc. komplett von der Suche auszuschließen, da die Suche nach solchen

Begriffen nicht sinnvoll ist und dem Nutzer nicht hilft. Wie Sie diese Möglichkeiten nutzen können, erfahren Sie im SAP Help Portal unter:

- Informationen zur Konfiguration von Synonymen:
  https://help.sap.com/docs/SAP_COMMERCE/d0224eca81e249cb821f2cdf45a82ace/8b462c51866910149a83c1d336b372ef.html
- Informationen zur Konfiguration von Stoppwörtern:
  https://help.sap.com/docs/SAP_COMMERCE/d0224eca81e249cb821f2cdf45a82ace/8b4600f286691014adedf50b4c783b32.html

8.4 Adaptive Search Module

Das *Adaptive Search Module* ist ein zentrales Modul der SAP Commerce Cloud, was zur Konfiguration und Simulation von Such-, Sortier- und Facetteneinstellungen dient. Die wichtigste Komponente dieses Moduls ist das *Adaptive Search Cockpit*. Es dient als zentrales Administrations-Cockpit für alle Themen rund um Suche und Facettierung.

Mithilfe des Adaptive Search Cockpits kann definiert werden, welche Facetten im Frontend angezeigt werden. Außerdem kann deren Reihenfolge und Priorität beeinflusst werden. Das kann sogar produktkategorieabhängig erfolgen: So sind beispielsweise in einer Produktkategorie für Filterkaffeemaschinen andere Facetten relevant als in einer Kategorie für Kaffeevollautomaten. Nicht nur die Facetten selbst, sondern auch die Darstellung der Facettenwerte kann verändert werden. Weiterhin können produktkategorieabhängig Sortiermöglichkeiten konfiguriert werden. Dieses Kapitel erklärt die wichtigsten Einstellungsmöglichkeiten rund um Suche und Facettierung über das Adaptive Search Cockpit.

Notwendige Extensions

Um das Adaptive Search Module nutzen zu können, müssen die Standard-Extensions »adaptivesearchextension« und »adaptivesearchbackoffice« eingebunden werden. Weitere Details über Extensions im Allgemeinen und wie sie eingebunden werden, sind in Kapitel 5, »Infrastruktur und Architektur«, beschrieben.

8.4.1 Aufbau des Adaptive Search Cockpits

Das Adaptive Search Cockpit erreichen Sie über die Perspektiven-Auswahl im Backoffice – vorausgesetzt Ihr Benutzer verfügt über die notwendigen Berechtigungen (siehe Abbildung 8.7).

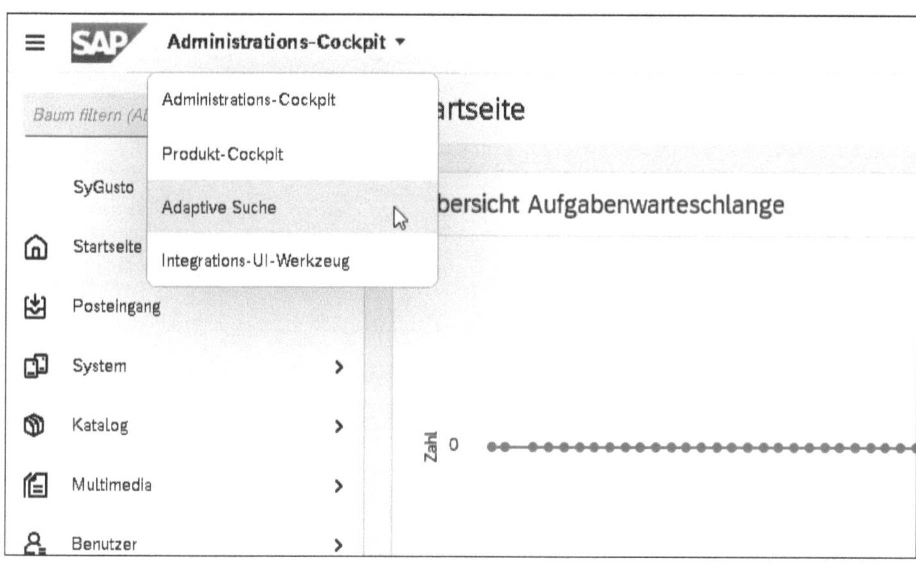

Abbildung 8.7 Adaptive Search Cockpit öffnen

Wie in Abbildung 8.8 zu sehen, besteht das Adaptive Cockpit aus verschiedenen Bereichen:

❶ Links oben: **Navigationskontext**

❷ Links unten: **Kategorien**

❸ Mitte: Hauptbereich mit Vorschau auf die aktuell ausgewählte Produktkategorie

❹ Rechts: Seitenbereich mit Einstellungsmöglichkeiten zu Facetten, Boost-Regeln und Sortierungen

Bevor Sie im Adaptive Search Cockpit Einstellungen vornehmen können, muss der Navigationskontext definiert werden. Dazu wählen Sie die Indexkonfiguration und den Indextyp. Der Indextyp gibt an, welche Objekte innerhalb der Indexkonfiguration verwaltet werden sollen. Normalerweise sind dies Produkte, es kann sich aber auch um andere Typen handeln. Wählen Sie also die Katalogversion, für die Sie Änderungen durchführen und simulieren möchten. Dies ist in der Regel die Staged-Katalogversion, da Sie Einstellungen erst simulieren sollten, bevor Sie diese synchronisieren und damit für alle User freischalten. Wählen Sie abschließend das Suchprofil. Ein Suchprofil kapselt alle Einstellungen, die Sie innerhalb des Adaptive Search Cockpits vornehmen. Es können mehrere Suchprofile gleichzeitig aktiv sein. Suchprofile können auch zur Personalisierung von Suchergebnissen und Produktkategorieseiten auf Basis von Zielgruppen genutzt werden (mehr Details finden Sie in Abschnitt 8.4.5, »Suchprofile«).

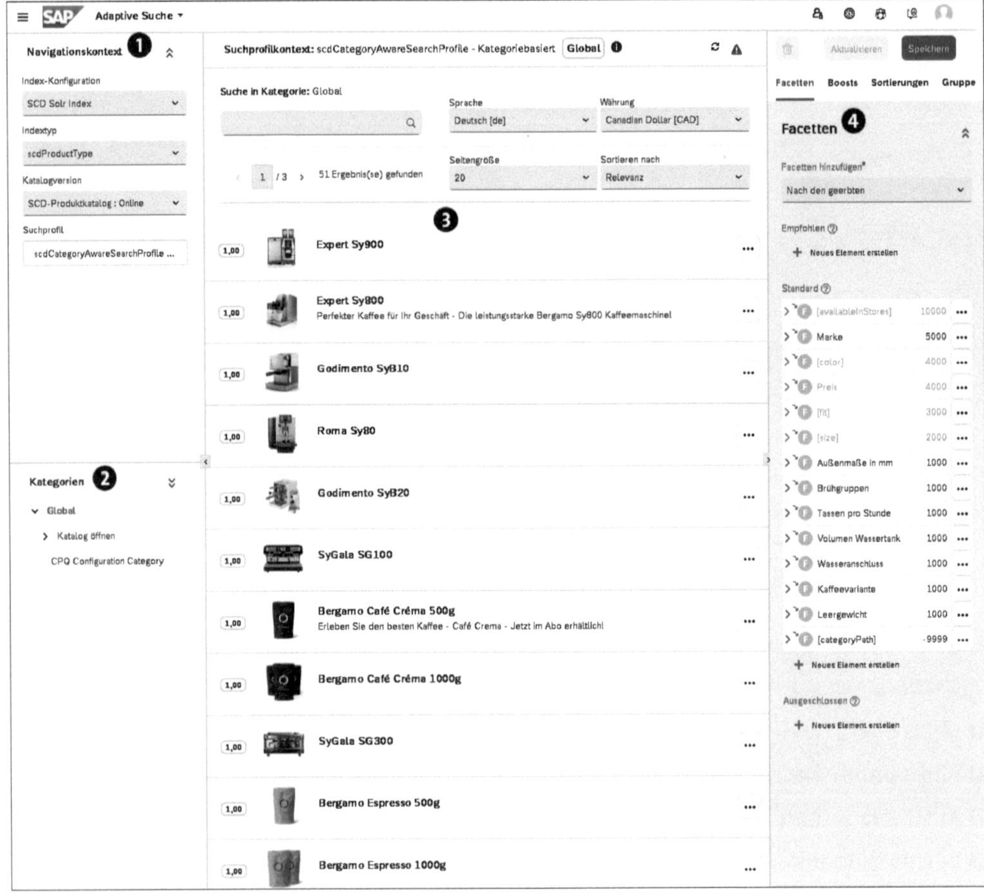

Abbildung 8.8 Adaptive Search Cockpit

Nachdem der Navigationskontext vollständig definiert wurde, zeigt das Adaptive Search Cockpit im mittleren Hauptbereich eine Vorschau auf die aktuelle Produktkategorie. Dabei stimmen die Produkte und deren Reihenfolge mit der des Frontends überein. Jedes Produkt hat einen Score-Wert, der angibt, wie relevant ein Produkt für den aktuellen Suchvorgang ist. Dies spielt vor allem dann eine Rolle, wenn auf der Produktkategorieseite nach Relevanz sortiert wird: Je höher der Score eines Produkts ist, desto relevanter wird es und desto weiter oben in der Produktliste wird es angezeigt. Der Score-Wert ermittelt sich dynamisch zur Laufzeit, basierend auf konfigurierten Regeln sowie auf den Sucheinstellungen bzw. den eingegebenen Suchbegriffen. Wie dieser Wert beeinflusst werden kann, ist einer der wichtigsten Aspekte des Adaptive Search Cockpits.

Abbildung 8.9 zeigt das Adaptive Search Cockpit nach Eingabe des Navigationskontexts und wie Sie die Suche, Sortierung und Facetten simulieren können, bevor Sie die Einstellungen für alle Kunden synchronisieren:

❶ Im Seitenmenü **Kategorien** sehen Sie den kompletten Produktkategoriebaum und können, wie im Frontend, von einer Kategorie zu einer anderen navigieren. Sobald Sie eine Kategorie gewählt haben, aktualisiert sich die Produktliste in der Mitte und zeigt das neue Suchergebnis an. Produkte einer übergeordneten Kategorie zeigen auch die Produkte der untergeordneten Kategorien an.

❷ Im Suchfeld über der Produktliste können Sie die Suche simulieren. Durch Eingabe von Suchbegriffen aktualisiert sich die Produktliste mit den relevanten Suchergebnissen. Dabei werden die über die Sucheinstellungen festgelegten Regeln (siehe Abschnitt 8.3, »Einstellungen der Suche«) berücksichtigt und bilden gemeinsam mit allen anderen hinterlegten Regeln den Score-Wert für jedes relevante Produkt neu, was dann zur Priorisierung der Reihenfolge im Suchergebnis herangezogen wird.

❸ Über das Dropdown-Menü **Sortieren nach** können auch andere hinterlegte Sortierkriterien getestet werden. So kann beispielsweise oft nach Produktname in auf- oder absteigende Richtung sortiert werden. Die verfügbaren Sortierkriterien lassen sich auch kategorieabhängig ein- oder ausblenden, sodass hier auch geprüft werden kann, ob solche Regeln richtig greifen.

❹ Nachdem Sie alle Einstellungen vorgenommen und erfolgreich getestet haben, können Sie über das Synchronierungs-Icon die Änderungen in den aktiven (Online-)Katalog übernehmen. Sobald dies abgeschlossen ist, werden Ihre Änderungen auch im Frontend für alle User aktiv.

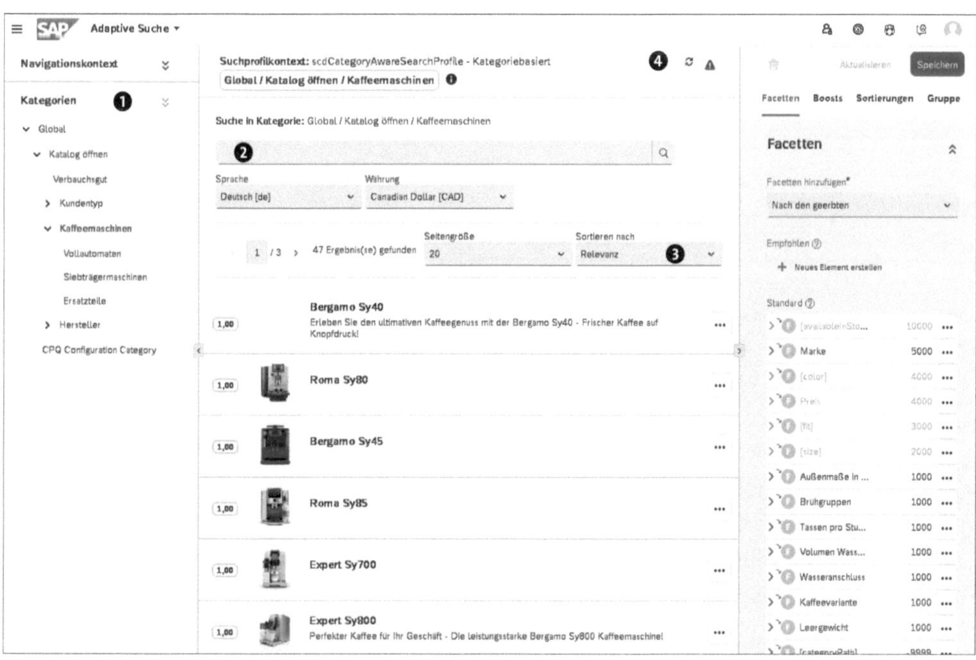

Abbildung 8.9 Simulation über das Adaptive Search Cockpit

8.4.2 Facetteneinstellungen

In diesem Abschnitt erklären wir, wie Sie Facetteneinstellungen kategorieabhängig verändern können. Nachdem Sie, wie in Abschnitt 8.4.1 erklärt, die gewünschte Kategorie ausgewählt haben, erscheinen auf der rechten Seite des Adaptive Search Cockpits die für die ausgewählte Kategorie gültigen Facetten. Die Reihenfolge der Facetten im Adaptive Search Cockpit spiegelt die Reihenfolge der Facetten im Frontend wider. Die Reihenfolge der Facetten kann durch Festlegen der Priorität geändert werden. Je höher die Priorität einer Facette, desto weiter oben wird sie angezeigt. Die Priorität wird in Form einer Zahl direkt an der Facette angezeigt, so wie es in Abbildung 8.10 zu sehen ist: Die Facette **Marke** hat in diesem Beispiel die höchste Priorität von 5000 und wird daher ganz oben angezeigt.

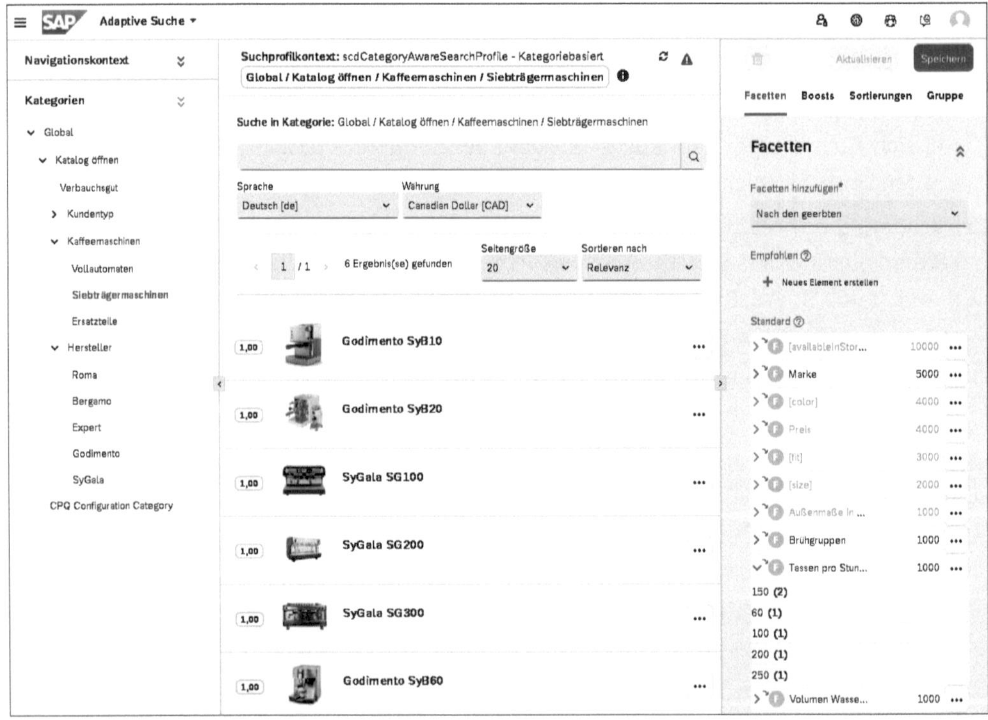

Abbildung 8.10 Facettenanzeige

Soll z. B. die Facette **Brühgruppen** als erste Facette in der Liste angezeigt werden, müssen Sie diese höher priorisieren. Dazu kann die Facetteneinstellung überschrieben werden, indem Sie über das Drei-Punkte-Menü (**•••**) den Eintrag **Überschreiben** wählen. Anschließend können Sie über dasselbe Menü den Eintrag **Bearbeiten** wählen, um die Einstellungen für diese Facette zu überschreiben.

Wie in Abbildung 8.11 ersichtlich, kann hier dann eine höhere Priorität eingetragen werden, um die Facette weiter oben darzustellen. Auch der Name der Facette könnte hier für verschiedene Sprachen überschrieben werden. Darüber hinaus kann auch der Facettentyp geändert werden. Zur Auswahl stehen standardmäßig:

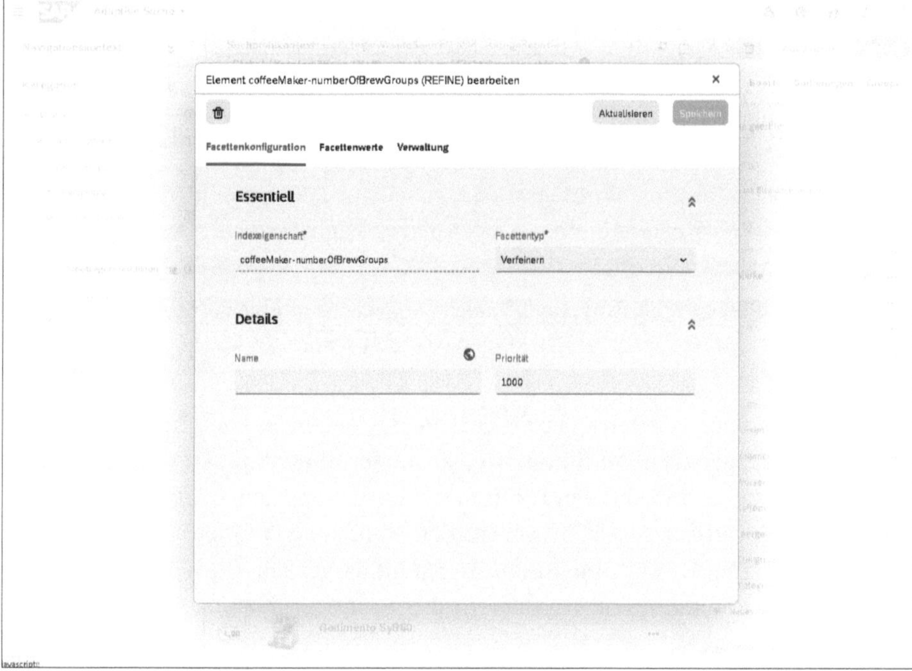

Abbildung 8.11 Facetten überschreiben

- **Verfeinern**: Sorgt dafür, dass nur ein Wert aus der Facette ausgewählt werden kann. Nach Auswahl eines Facettenwerts sind die anderen Werte dieser Facette nicht mehr wählbar, bis der ausgewählte Wert wieder zurückgenommen wird.
- **Mehrfachauswahl ODER**: Diese Einstellung erlaubt, dass mehrere Werte einer Facette ausgewählt werden können. Die ausgewählten Werte einer solchen Facette werden bei der Suche logisch `ODER`-verknüpft, d. h., es werden alle Produkte gefunden, die mindestens einen der ausgewählten Facettenwerte erfüllen.
- **Mehrfachauswahl UND**: Auch diese Einstellung erlaubt, dass mehrere Werte einer Facette ausgewählt werden können, allerdings werden die ausgewählten Werte bei diesem Facettentyp logisch `UND`-verknüpft, d. h., es werden nur Produkte gefunden, die allen ausgewählten Facettenwerte genügen.

Vererbungsmechanismus in Adaptive Search

Typischerweise sind Produktkategorien innerhalb des Produktkatalogs hierarchisch angeordnet. So sind z. B. die Kategorien »Vollautomaten« oder »Siebträgermaschinen« Unterkategorien der Kategorie »Kaffeemaschinen«.

Solche Kategoriehierarchien sind die Basis für das im Adaptive Search verankerte Vererbungssystem: In der Standardeinstellung gilt, dass alle Unterkategorien die Einstellungen der übergeordneten Kategorien übernehmen. Wird also eine Facette auf der Kategorie »Kaffeemaschinen« definiert, so gilt sie auch für die Unterkategorien »Siebträgermaschinen« und »Vollautomaten«.

Die Vererbung kann gebrochen werden, indem Sie auf einer Unterkategorie eine Einstellung, wie eine Facette, überschreiben.

Über die Option **Facetten hinzufügen** kann außerdem definiert werden, ob neue Facetten vor oder nach den vererbten Facetten hinzugefügt oder ob die vererbten Facetten ab dieser Ebene entfernt werden sollen.

Dieser Vererbungsmechanismus gilt in gleicher Weise auch für Boost-Regeln (siehe Abschnitt 8.4.3) sowie Sortiereinstellungen (siehe Abschnitt 8.4.4).

Generell werden nur Facetten angezeigt, die auch zu einem Ergebnis führen. Facetten, die zu keinem Ergebnis mehr führen, weil entweder keine Produkte in der Produktkategorie enthalten sind, die den Facettenwerten entsprechen, oder weil sie bereits durch andere Facetten ausgeschlossen wurden, werden im Frontend nicht angezeigt. Im Adaptive Search Cockpit sind diese ausgegraut dargestellt, wie beispielsweise die Facette **Preis** in Abbildung 8.10.

Alle aktiven, auch im Frontend sichtbaren Facetten sind hier nicht ausgegraut dargestellt. Sie können aufgeklappt werden und zeigen alle relevanten Facettenwerte inklusive der Anzahl der Vorkommnisse, die durch Auswahl der Facette übrig bleiben würden. Durch Klick auf einen Facettenwert wird die Facette angewendet, und die Produktliste in der Mitte aktualisiert sich entsprechend. Wie bereits erwähnt, arbeiten Facetten immer in Kombination, d. h., durch Auswahl eines Facettenwertes können sich die möglichen Werte anderer Facetten ändern oder gar ganze Facetten ausgeblendet werden.

Besonders wichtige Facetten können über die Optionen **Empfehlen** auch gesondert hervorgehoben werden (siehe Abbildung 8.12).

Abbildung 8.12 Einstellungsmöglichkeiten für Facetten

Über die Option **Ausschließen** können Facetten für die aktuell gewählte Kategorie sowie etwaige Unterkategorien von der Anzeige ausgeschlossen, d. h. im Frontend ausgeblendet werden. Mithilfe des Eintrags **Überschreibung verwerfen** werden alle bisher getätigten Einstellungen der Facette auf der aktuellen Ebene verworfen und auf den Standard zurückgesetzt und somit in der Regel von übergeordneten Hierarchie-Ebenen vererbt übernommen.

8.4.3 Boost-Regeln

Boost-Regeln bieten die Möglichkeit, den Score-Wert von Produkten anhand frei definierbarer Regeln zu verändern. Dies dient vor allem dazu, die Reihenfolge der Produkte bei ausgewählter Sortierung nach Relevanz zu beeinflussen. Ohne besondere Einstellung haben sämtliche Produkte einer Produktkategorie den Score-Wert 1. Da die Relevanzsortierung maßgeblich von diesem Score abhängt, ist die Sortierung nach Relevanz also völlig willkürlich, wenn im System keine entsprechenden Regeln hinterlegt sind, die diesen Wert sinnvoll verändern.

In folgendem Beispiel möchten wir in unserer Produktkategorie »Kaffeemaschinen« die besonders hochwertigen Produkte der Marke »SyGala« (bei aktivierter Relevanzsortierung) ganz oben darstellen. Dazu müssen wir den Score dieser Produkte entsprechend erhöhen. Dazu gehen wir wie folgt vor:

1. Um eine neue Boost-Regel anzulegen, muss im rechten Bereich die Registerkarte **Boosts** selektiert und im Bereich **Boost-Regeln** die Option **Neues Element erstellen** gewählt werden (siehe Abbildung 8.13).

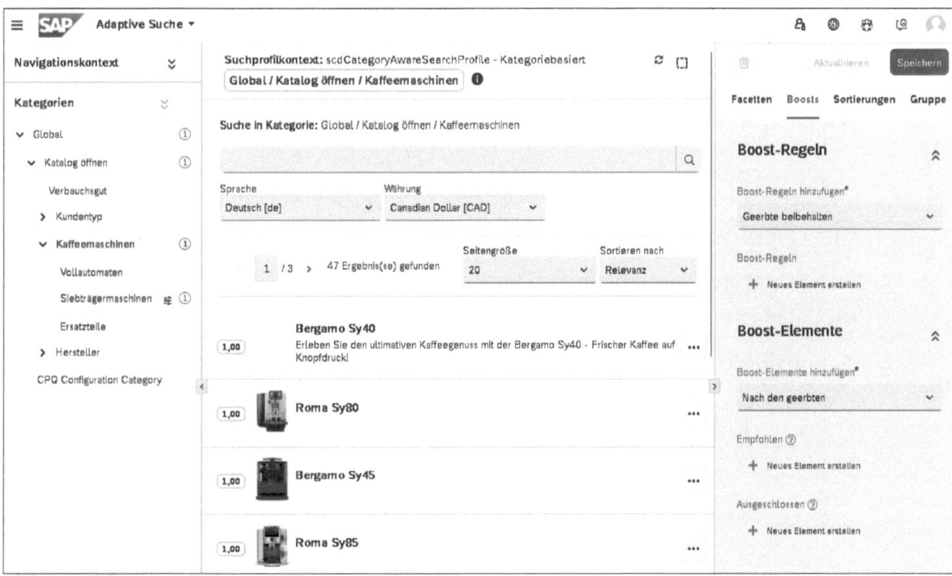

Abbildung 8.13 Boost-Regel anlegen

[»]

Technische Details

Boost-Regeln arbeiten auf in Solr indizierten Eigenschaften. Daher müssen Sie alle Informationen, die Sie zum Boosten verwenden möchten, in den Solr-Index indizieren und dafür entsprechende Indexeigenschaften anlegen.

2. Im Wizard für neue Boost-Regeln wählen wir den Markennamen, der in unserem Szenario in der Indexeigenschaft **brandName** steht (siehe Abbildung 8.14).

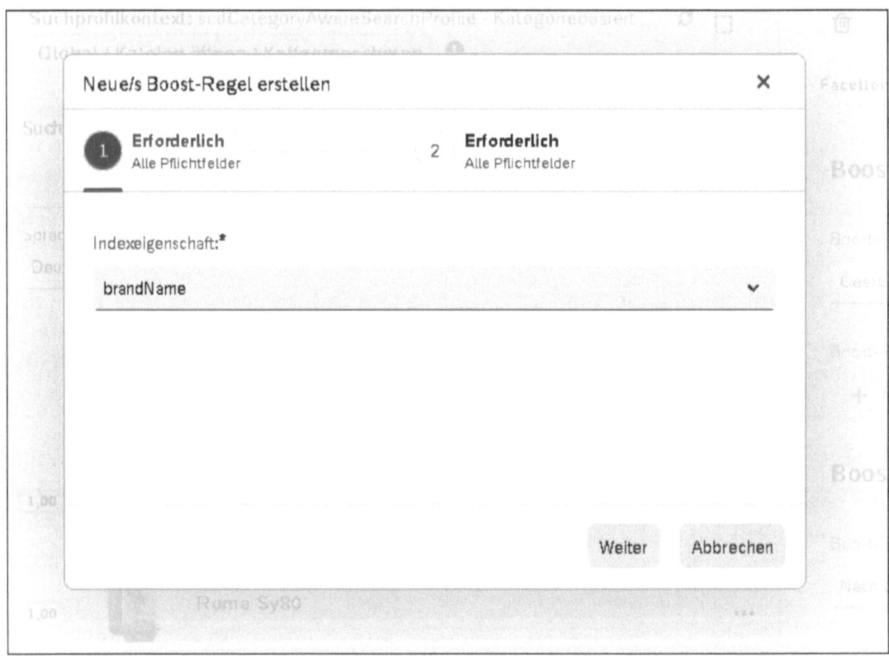

Abbildung 8.14 Wizard-Boost-Regel anlegen

3. Im nächsten Schritt des Wizards können Sie definieren, wie und unter welchen Bedingungen der Score-Wert verändert werden soll.
4. Unter **Operator** wählen Sie die Option **Entspricht**. Im Feld **Wert** tragen Sie den Wert »SyGala« ein, da wir Produkte dieser Marke weiter oben darstellen möchten.
5. Im **Boost-Typ** kann zwischen zwei Möglichkeiten gewählt werden:
   - **Multiplikativ**: Bei Auswahl von dieser Option wird der Score-Wert mit dem unter **Boost** eingetragenen Wert multipliziert. Dabei verringert eine positive Zahl kleiner als 1 den Relevanzwert, eine Zahl größer als 1 erhöht ihn.
   - **Additiv**: Bei dieser Option wird der Score-Wert um den eingetragenen Wert erhöht oder verringert.
6. Wir wählen den Boost-Typ **Multiplikativ** und tragen einen Boost-Wert von 10 ein.

Nach Abschluss der Konfiguration aktualisiert sich die Anzeige im Adaptive Search Cockpit, wie in Abbildung 8.15 zu sehen ist.

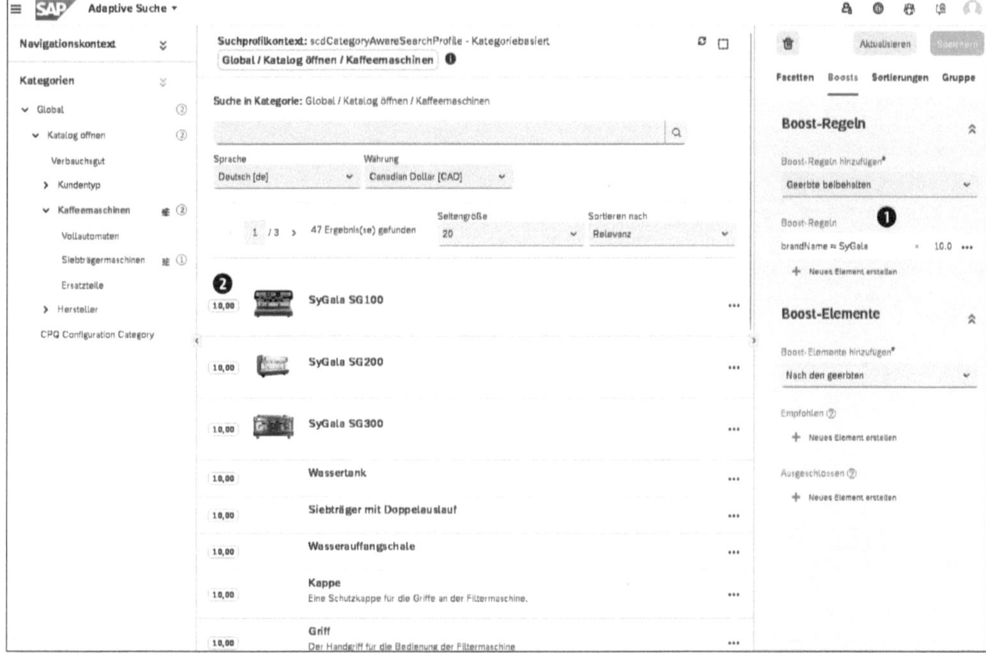

Abbildung 8.15 Aktivierte Boost-Regel

❶ Nach Anwendung der Boost-Regel sehen Sie in Abbildung 8.15 auf der rechten Seite die Liste der aktuell aktiven Regeln. Sind mehrere Regeln vorhanden, können Sie diese per Drag-and-Drop in ihrer Reihenfolge ändern.

❷ Mit aktivierter Boost-Regel erscheinen nun die Produkte der Marke SyGala am Anfang der Produktkategorie bei aktivierter Sortierung nach Relevanz. Durch die soeben eingerichtete Boost-Regel mit dem multiplikativen Faktor 10 wird der Score-Wert dieser Produkte von 1 auf 10 erhöht.

Neben diesen dynamischen Boost-Regeln können auch einzelne Produkte manuell höher priorisiert werden. Produkte können auch empfohlen werden (»promoten«). Dazu wählen Sie das Drei-Punkte-Menü eines Produkts und wählen **Empfehlen**. Dadurch werden diese Produkte stets ganz oben in der Liste angezeigt und übersteuern gewissermaßen andere Boost-Regeln. Im Adaptive Search Cockpit erkennen Sie solche Produkte an dem blauen Stern, der anstelle des Score-Werts angezeigt wird (siehe Abbildung 8.16).

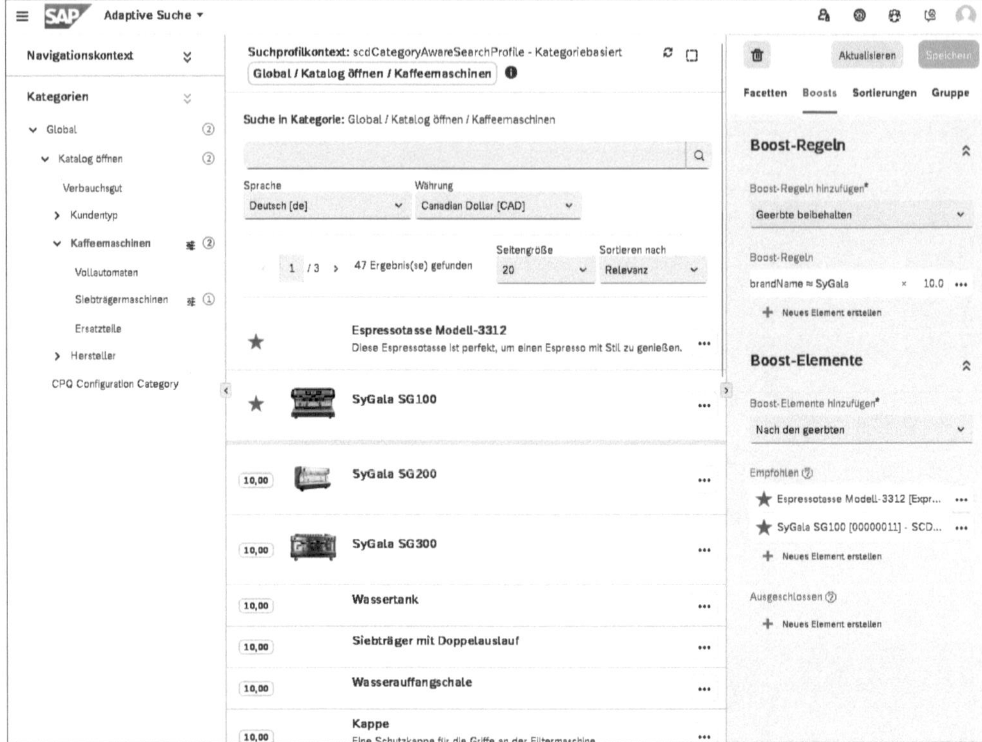

Abbildung 8.16 Empfohlene Produkte

Im Gegensatz dazu können Produkte auch von der Anzeige ausgeschlossen werden, indem Sie den Eintrag **Ausschließen** wählen. Alle dieser Art hervorgehobenen Produkte werden im rechten Bereich des Adaptive Search Cockpits unter **Boost-Elemente** im Bereich **Empfohlen** dargestellt. Dort kann auch die Reihenfolge der empfohlenen Produkte per Drag-and-Drop verändert werden.

8.4.4 Sortieroptionen

Auf Produktkategorieseiten im Frontend erwarten Benutzer, besonders in Kategorien mit vielen Produkten sortieren zu können. Sortierung nach Produktname, Bewertung oder nach Preis in ab- sowie aufsteigender Richtung sind gängige Sortierkriterien. Oft wird als vorausgewählte Standardsortierung **Relevanz** gewählt. Das Adaptive Search Cockpit erlaubt es, die Auswahl der möglichen Sortierkriterien zu verändern und in Abhängigkeit der Produktkategorie unterschiedlich zu konfigurieren. Die gleichen Prinzipien zur Vererbung der Einstellungen gelten gleichermaßen für die Sortieroptionen wie für Facetten und Boost-Einstellungen (siehe Abschnitt 8.4.2, »Facetteneinstellungen«).

Um Sortierungen für gewisse Kategorien zu ändern, wählen Sie im Adaptive Search Cockpit im rechten Bereich die Registerkarte **Sortierungen**. Dort sind alle konfigurierten Sortierkriterien gelistet. Die Reihenfolge der Sortierkriterien entspricht der im Frontend und kann in gleicher Weise beeinflusst werden wie bei Facetten (siehe Abschnitt 8.4.2). Wählen Sie dazu über das Drei-Punkte-Menü zunächst den Eintrag **Überschreiben** und anschließend **Bearbeiten**, um die Priorität des Sortierkriteriums zu ändern.

Auf diese Weise können Sortierkriterien auch komplett von der Anzeige ausgeschlossen werden – wählen Sie dazu den Eintrag **Ausschließen** (siehe Abbildung 8.17).

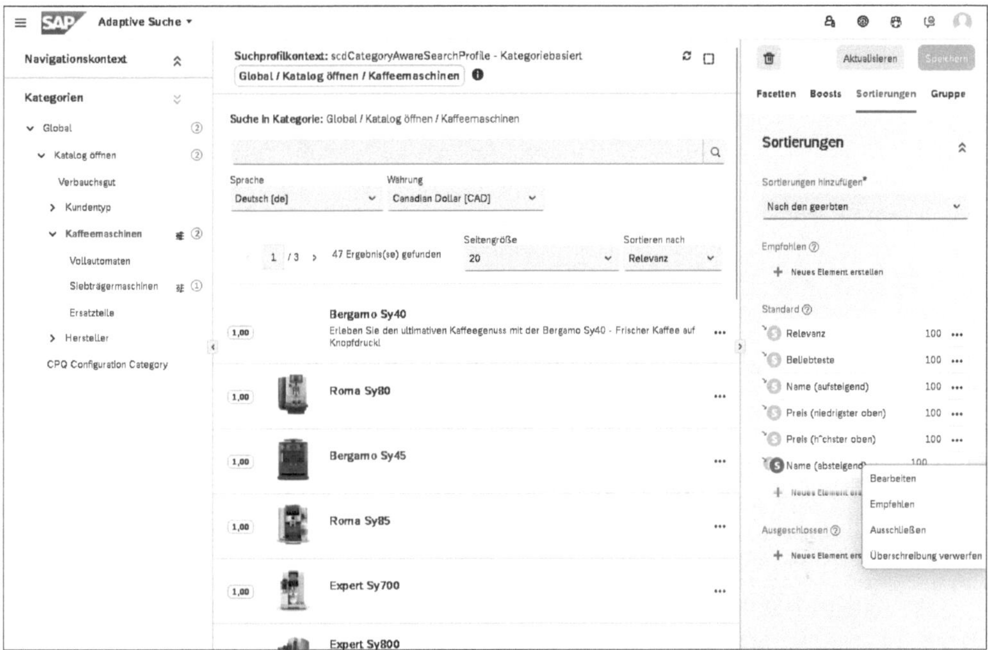

Abbildung 8.17 Sortierkriterien im Adaptive Search Cockpit

8.4.5 Suchprofile

Alle in den vorherigen Abschnitten erklärten Einstellungen hängen vom Suchprofil ab. Das Suchprofil mussten Sie bereits beim Einstieg in das Adaptive Search Cockpit im Navigationskontext wählen (siehe Abschnitt 8.4.1).

Das Adaptive Search Cockpit bietet also die Möglichkeit, sämtliche Einstellungen profilabhängig zu definieren. Somit könnten Sie beispielsweise für einen Bekleidungsshop zwei Suchprofile anlegen: eines für den Sommer, ein anderes für den Winter. Dadurch können Sie saisonabhängig andere Produkte priorisieren und hervorheben: im Sommer etwa Sonnenbrillen und T-Shirts, im Winter Mützen und Schals.

[»]

Personalisierung mithilfe von Suchprofilen

Suchprofile können nicht nur für Einstellungen der Suche und Facettierung genutzt werden. Auch fortgeschrittenere Szenarien wie die Personalisierung von Produktinhalten, angepasst auf das Verhalten der Nutzer, sind denkbare Möglichkeiten.

Das Verhalten der Nutzer könnte analysiert und ausgewertet werden, um diese basierend auf ihren Interessen in Zielgruppen zu segmentieren. Diese Zielgruppen können entweder in SAP Commerce Cloud selbst definiert werden oder über ein externes Marketing Automation Tool wie SAP Emarsys Customer Engagement (siehe Abschnitt 17.5, »SAP Emarsys Customer Engagement«) importiert werden. Beispielsweise könnte dann eine Zielgruppe »SyGala« für Nutzer, die Interesse an den besonders hochwertigen Kaffeemaschinen haben, angelegt werden.

Im Adaptive Search Cockpit legen Sie dann ein eigenes Suchprofil extra für SyGala an, das Kaffeemaschinen der Marke SyGala besonders hervorhebt und dafür sorgt, dass diese immer ganz oben in relevanten Suchergebnissen erscheinen. Dieses Suchprofil kann einer Zielgruppe zugeordnet werden. Dadurch werden Nutzern im Frontend dann die Produkte der Marke SyGala immer oben angezeigt, wenn sie der Zielgruppe »SyGala« angehören.

Es wird zwischen zwei verschiedenen Arten von Suchprofilen unterschieden:

- **Einfache Suchprofile**

  Einfache Suchprofile ermöglichen es, Einstellungen vorzunehmen, die kategorieunabhängig sind. Unabhängig davon, welche Kategorie Sie auswählen, gelten Einstellungen zu Facetten, Suchkriterien oder Boost-Regeln global gleichermaßen für alle Kategorien.

- **Kategorieabhängige Suchprofile**

  Kategorieabhängige Suchprofile ermöglichen die Änderung von Einstellungen pro Kategorie, wie in den vorangegangenen Abschnitten erklärt. Sie bieten daher auch die Möglichkeit des Vererbungsmechanismus.

Suchprofile sind stets katalogversionsabhängig, d. h., Sie können sämtliche Einstellungen zunächst in einer nicht aktiven und online verfügbaren Katalogversion (**Staged**) vornehmen. Diese Einstellungen können Sie dann über das Adaptive Search Cockpit simulieren, bevor Sie die Änderungen in die aktive Katalogversion synchronisieren, um die Einstellungen auch für das Frontend aktiv zu schalten.

Damit Suchprofile aktiv werden, müssen sie einem sogenannten *Aktivierungssatz* zugeordnet werden. Die Aktivierungssätze finden Sie im Backoffice unter **System • Suche und Navigation • Aktivierungssätze und Suchprofile**. Dort können Sie pro Indextyp (siehe Abschnitt 8.2 »Überblick«) und Katalogversion einen Aktivierungssatz anlegen. Unter **Suchprofile** können mehrere Suchprofile hinterlegt werden, die von oben nach unten priorisiert berücksichtigt werden. Deren hinterlegten Regeln werden der Reihe nach zusammengeführt, bevor sie Anwendung finden. Ein Aktivierungssatz kann sowohl einfache Suchprofile als auch kategorieabhängige Suchprofile aufnehmen.

8.5 Praxisbeispiel SyGusto

SyGusto hat viel Aufwand in eine gute Suchfunktion investiert, da diese elementar wichtig für den Erfolg des Portals ist. Dabei geht es nicht nur darum, die richtigen Produkte zu finden, sondern die Ergebnisse auch in der richtigen Reihenfolge auszuspielen.

8.5.1 Suche nach Produkten

Für den Shop ist zunächst die Suche nach Produkten relevant. Kaum ein Thema klingt auf den ersten Blick so banal und entpuppt sich auf den zweiten als so komplex. Denn da ein potenzieller Kunde das Produktportfolio in der Regel zunächst nicht kennt, fällt es ihm schwer, nach den richtigen Stichworten zu suchen. Daher muss die Suche nicht nur in der Lage sein, nach dem Suchbegriff zu suchen, sondern auch zu erkennen, was der Kunde möglicherweise finden will.

SyGusto arbeitet beispielsweise mit Synonymen in der Suche. Gibt ein Benutzer in das Suchfeld den Begriff »Kaffeemaschine« ein, sucht das System im Hintergrund auch nach Begriffen wie »Kaffeevollautomat«. Das erhöht die Chance, dass der Kunde das findet, was er sucht, selbst dann, wenn er nicht die Fachbegriffe kennt.

8.5.2 Ergebnisse der Produktsuche

Nach der Suche zeigt das System die passenden Treffer an. Aber auch hier hat SyGusto einige Optimierungen vorgenommen, wie die Ergebnisse präsentiert werden. Mit der Adaptive Search kann konfiguriert werden, in welcher Reihenfolge die Treffer angezeigt werden. So möchte SyGusto beispielsweise keine Produkte ganz oben in der Trefferliste anzeigen, die aktuell nicht verfügbar sind. Andererseits sollen Produkte, für die aktuell Marketingkampagnen laufen, weiter oben in der Ergebnisliste erscheinen. Darüber hinaus kann der Kunde selbst die Suchtreffer sortieren, indem er auswählt, ob nach Preis, Verfügbarkeit, Relevanz oder Beliebtheit sortiert werden soll.

Findet das System zum Suchbegriff keine Treffer, zeigt SyGusto eine spezielle Null-Treffer-Seite an, auf der der Benutzer sofort mit einem Berater chatten kann. So kann verhindert werden, dass der Benutzer die Seite direkt wieder verlässt.

8.5.3 Facettieren der Produktergebnisliste

Die Ergebnisse können vom Benutzer aber nicht nur sortiert, sondern auch nach verschiedenen Kriterien gefiltert werden. Dazu verwendet SAP Commerce Cloud insbesondere die Klassifizierung aus den Produktdaten. So kann der Benutzer die Trefferliste beispielsweise nach technischen Informationen filtern, z. B. nach der Kapazität des Wassertanks oder dem Gewicht der Maschine.

Neben der manuellen Facettierung nutzt SyGusto die Funktion auch in einer eigenen Erweiterung, dem sogenannten *Need Analyzer*. Hier gibt der Kunde über drei Fragen seine Anforderungen in das System ein:

- Wie viele Tassen pro Stunde möchten Sie beziehen?
- Wie wird die Maschine eingesetzt (Gastronomie oder privat)?
- Welche Produkte möchten Sie beziehen (Kaffee, Cappuccino, Espresso, Latte macchiato, Kakao ...)?

  Auf Basis der Antworten des Benutzers filtert das System die richtigen Maschinen heraus und zeigt die Maschinen an, die zu den Anforderungen des Benutzers passen (siehe Abbildung 8.18).

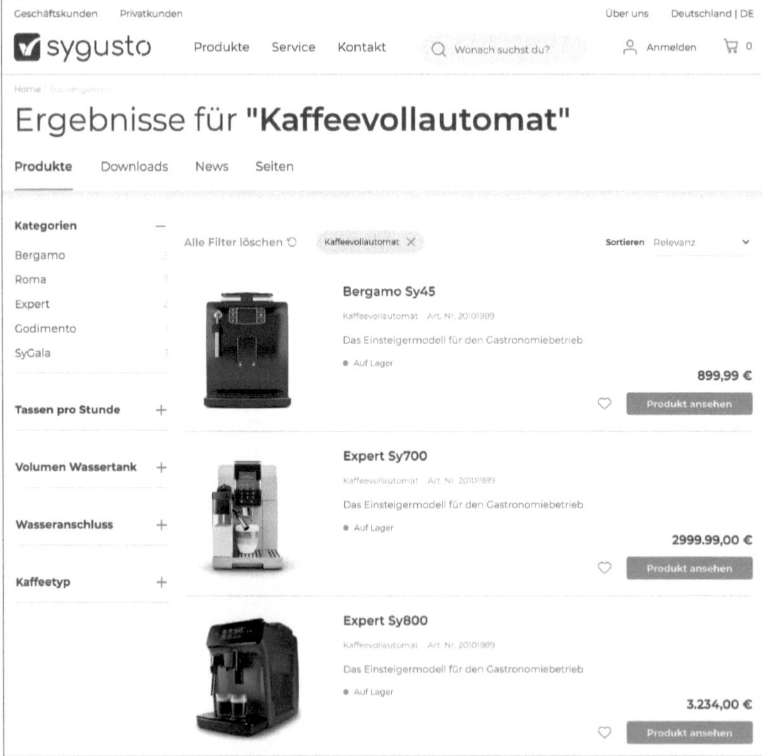

Abbildung 8.18 Suche nach Produkten mit Facettierung

8.5.4 Suche nach Content

Da die SyGusto viel Content über die Plattform bereitstellt, sollte auch dieser bei der Suche berücksichtigt werden. Daher hat SyGusto die Produktsuche von SAP Commerce Cloud um eine Suche nach Content erweitert. Sucht ein Interessent nach einem speziellen Modell, erscheint so auch der entsprechende News-Eintrag. Außerdem kann der Benutzer beispielsweise auch nach Spezialitäten suchen – z. B. »Cold Brew« – und dabei neben den passenden Maschinen auch Informationen zur Zubereitungsmethode finden.

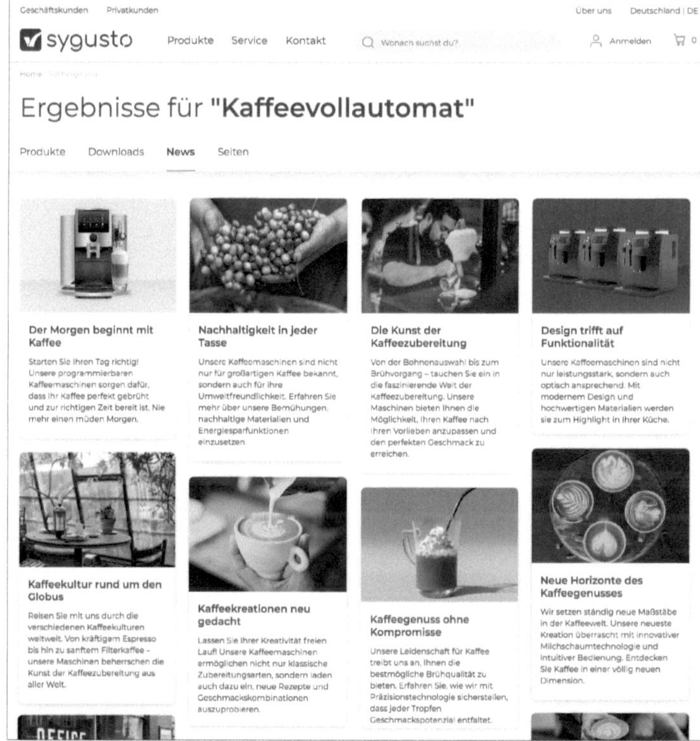

Abbildung 8.19 Suche nach Content

8.6 Fazit

In diesem Kapitel haben wir erklärt, wie wichtig eine gute Produktnavigation und Suche für den Erfolg Ihres Webshops bzw. Ihrer Website ist. SAP Commerce Cloud liefert über das integrierte Adaptive Search Module und dessen dazugehöriges Cockpit umfangreiche Möglichkeiten zur Konfiguration und Optimierung der Suchergebnisse sowie Produktlisten und deren Facettierung. Mithilfe eines ausgeklügelten Boosting-Systems lassen sich die Produktreihenfolge auf Produktkategorieseiten und die Suchergebnisse beeinflussen.

Kapitel 9
Personalisierung und Intelligent Selling Services

Unter Personalisierung versteht man die benutzerspezifische Ausspielung von Website-Inhalten oder Produkten. Dabei werden den Nutzern – basierend auf ihrer bisherigen Aktivität – passende Inhalte angezeigt, dies kann entweder Personen oder Zielgruppen orientiert sein. SAP hat mit den Intelligent Selling Services zusätzliche Techniken im Portfolio, um SAP Commerce Cloud in dieser Hinsicht sinnvoll zu erweitern. Auch in Verbindung mit Marketing-Automation lassen sich personalisierte Inhalte ausspielen.

Um mit einem Webshop erfolgreich zu sein, reicht es heute nicht mehr, allen Kunden ein und dieselbe User Experience zu bieten. Stattdessen ist es wichtig, allen Kunden eine auf ihre Interessen und Bedürfnisse zugeschnittene Erfahrung, inklusive angepasster Inhalte und Angebote, zu liefern. Genau da setzt das *Personalisierungsmodul* der SAP Commerce Cloud an. Neben dem direkt in die SAP Commerce Cloud integrierten Personalisierungsmodul lässt sich Personalisierung noch viel besser durch Integration in andere Produkte von SAP realisieren, z. B. durch Anbinden von SAP Emarsys (siehe Abschnitt 17.5, »SAP Emarsys Customer Engagement«) oder der Intelligent Selling Services für SAP Commerce. Alle diese Möglichkeiten, deren Vor- und Nachteile sowie spannende Praxisbeispiele erläutern wir in diesem Kapitel.

Zunächst erklären wir in Abschnitt 9.1 die Grundlagen des Personalisierungsmoduls, um anschließend die Möglichkeiten zur Personalisierung von WCMS-Content zu erläutern (siehe Abschnitt 9.2). In Abschnitt 9.3 gehen wir darauf ein, wie die Produktdarstellung mit diesem Modul weiter personalisiert werden kann. In Abschnitt 9.4 zeigen wir Ihnen ein weiteres Produkt von SAP, die sogenannten *Intelligent Selling Services*, und erklären, wie diese SAP Commerce Cloud sinnvoll erweitern kann. Auch dieses Kapitel schließen wir mit einem praktischen Beispiel aus unserem SyGusto-System ab (Abschnitt 9.5).

9.1 Grundlagen des Personalisierungsmoduls

Um besser auf die einzelnen Kundengruppen eingehen zu können, ist es wichtig, diese zu identifizieren und anschließend zu segmentieren. Daher bietet Ihnen das Personalisierungsmodul von SAP Commerce Cloud die Möglichkeit, registrierte Kunden in *Segmente* einzuteilen. Natürlich kann ein Kunde auch mehr als einem Segment gleichzeitig angehören. Beispiele für Kriterien, um Kunden in Segmente einzuteilen, sind die Altersgruppe, das Geschlecht oder bestimmte Produktvorlieben.

[»]

Notwendige Extensions

Um das Personalisierungsmodul einsetzen zu können, benötigen Sie die folgenden Extensions: Die Extension »personalizationservices« ist erforderlich und enthält sämtliche Basisfunktionen des Personalisierungsmoduls. Die Extensions »personalizationservicesbackoffice« und »personalizationsmartedit« erweitern Backoffice und SmartEdit um Möglichkeiten zur Pflege von Personalisierungen. Die Extension »personalizationwebservices« stellt die API bereit, die vom Frontend, wie z. B. Composable Storefront, genutzt werden kann, um Personalisierungen auszuspielen. Was Extensions sind und wie Sie sie in Ihr Projekt einbinden, erfahren Sie in Abschnitt 16.1.1 »Erweiterungen in SAP Commerce Cloud«

Die Einteilung von Kunden in Segmente können Sie automatisiert bilden, z. B. durch ein Registrierungsformular, in dem Sie Informationen wie etwa Alter, Geschlecht o. Ä. abfragen. Alternativ können Sie Segmente auch manuell in SAP Commerce erstellen und Nutzer zuordnen. Die wohl mächtigste Variante ist, dass Sie diese Daten aus anderen Customer-Experience-Systemen, wie z. B. SAP Emarsys oder anderen Marketing-Tools automatisiert übermitteln und in SAP Commerce importieren.

Neben den Kundensegmenten, die im Folgenden als *Segmente* bezeichnet werden, gibt es noch vier weitere Elemente im Datenmodell der Personalisierungskomponente von SAP Commerce Cloud:

- Variations
- Actions
- Customizations
- Trigger

Was sich hinter den einzelnen Begriffen verbirgt und in welcher Beziehung sie zueinanderstehen, wird im Laufe dieses Abschnitts genauer beleuchtet.

Das erste Element sind Variations. Eine *Variation* bildet eine konkrete Zielgruppe ab, für die eine Gruppe von Personalisierungen angewendet werden soll. Um bei einer Vielzahl von Variationen den Überblick zu behalten, können Sie diese in sogenannte *Customizations* gruppieren. Im Beispiel aus Abbildung 9.1 sehen Sie eine **Customiza-**

tion Summer Sale ❶. Die Customization beinhaltet zwei Zielgruppen: **VIPCustomersGoldBeachEnthusiast** und **VIPCustomersGoldMen**. Innerhalb einer Customization kann jeweils nur eine Zielgruppe aktiv sein. Welche Zielgruppe innerhalb der Customization priorisiert werden soll, können Sie definieren.

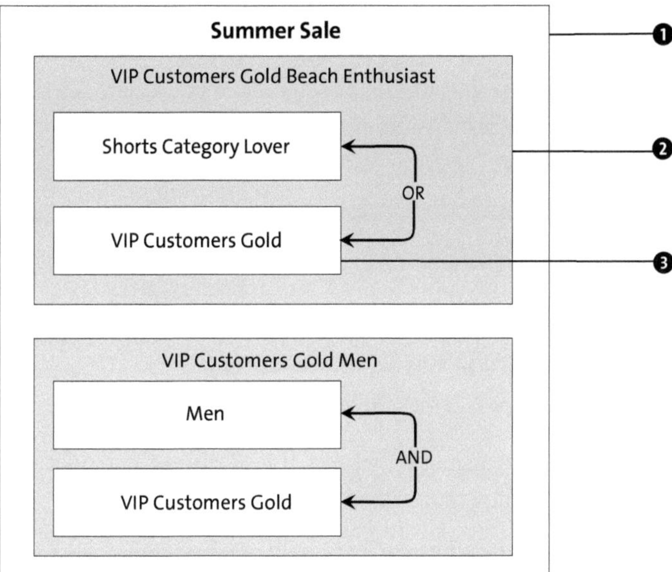

Abbildung 9.1 Customizing, Zielgruppen und Segmente

Die Zielgruppen werden über Segmente aufgebaut. Eine Zielgruppe/Variation kann aus mehreren Segmenten bestehen, in unserem Fall aus jeweils zwei ❷ in Abbildung 9.1. Zum Beispiel besteht die Zielgruppe **VIPCustomersGoldMen** aus den Segmenten **Men** und **VIPCustomersGold.**

Ein *Segment* ist eine homogene Kundengruppe oder eine Kohorte, die für einen bestimmten Anwendungsfall ausgewählt wird. Segmente weisen einige gemeinsame Merkmale auf, die für den ausgewählten Anwendungsfall relevant sind. In unserem Fall sind dies die Segmente **ShortCategoryLover**, **VIPCustomersGold** ❸, **Men** und **VIPCustomersGold**. Ein Nutzer kann zu mehreren Segmenten gehören.

Um dafür zu sorgen, dass die Variation für Kunden der entsprechenden Zielgruppe aktiv wird, müssen Sie einen *Trigger* erstellen und der Variation zuordnen. Dieser gibt an, aus welchen Segmenten oder Segmentkombinationen sich die Zielgruppe für eine Variation zusammensetzt. SAP Commerce Cloud bietet Ihnen out of the box zwei Arten von Triggern an. Die erste Art nimmt als Bedingung ein Segment an und löst aus, wenn ein Kunde zu diesem Segment gehört. Die zweite Art von Triggern erlaubt die Kombination von mehreren Segmentbedingungen durch UND- sowie ODER-Operatoren.

In unserem Beispiel besteht die Variation bzw. Zielgruppe **VIPCustomersGoldMen** aus allen Männern (Segment **Men**), die gleichzeitig Gold Customer (Segment **VIPCustomersGold**) sind. Diese Art der kombinierten Segmentbedingungen kann beliebig tief geschachtelt werden, sodass Sie am Ende Ihre Zielgruppen für Variationen sehr feingranular definieren und somit auf jeden Anwendungsfall zuschneiden können.

Was genau personalisiert werden soll, z. B. angezeigte Inhalte oder aktivierte Werbeaktionen, wird durch die *Actions* bestimmt, die Sie der Variation zuordnen. Sie können für eine Variation beliebig viele Actions definieren, die durchgeführt werden, sobald die Variation aktiviert wird. Ist die Variation für einen Kunden nicht mehr aktiv, z. B. weil er aus einem für die Zielgruppendefinition erforderlichen Segment gefallen ist, werden die durch Actions angewendeten Änderungen für ihn wieder zurückgesetzt. Es gibt drei Arten von Actions:

- *CMS Actions* für Content-Personalisierungen
- *Promotion Actions* zur Personalisierung von Promotionen
- *Search Profile Actions* für die Personalisierung von Produktdaten

Auf diese Themen gehen wir ausführlich in Abschnitt 9.2, »Content-Personalisierung«, sowie in Abschnitt 9.3, »Produktpersonalisierung«, ein.

Nachdem die Bestandteile des Datenmodells für Personalisierungen im SAP-Commerce-Cloud-System erläutert wurden, stellt sich die Frage, wann diese Informationen verwendet werden, um die tatsächliche Personalisierung durchzuführen. Deshalb widmen wir uns nun der Frage, wann der Auswertungsprozess für Personalsierungen ausgelöst wird und wie Sie darauf Einfluss nehmen können. Ohne weitere Konfiguration führt SAP Commerce Cloud die Neuberechnung von Personalisierungen jedes Mal durch, wenn sich Kunden anmelden. Um Ihnen mehr Kontrolle darüber zu geben, wann zusätzliche Neuauswertungen ausgeführt werden sollen, stellt SAP Commerce Cloud zwei Arten von sogenannten *Votern* zur Verfügung. Der erste Voter-Typ löst nach einer bestimmten Zahl von Requests oder dem Verstreichen einer vorgegebenen Zeitspanne eine erneute Auswertung der Personalisierungen aus. Der zweite Voter-Typ wird ausgelöst, wenn der Kunde eine für diesen Voter konfigurierte URL des Webshops aufruft. Neue Voter beider Typen können Sie im Backoffice anlegen und konfigurieren.

9.2 Content-Personalisierung

Unter *Content-Personalisierung* verstehen wir das Ausspielen von Website-Inhalten, die auf den jeweiligen Nutzer zugeschnitten sind. Z. B. können Sie Ihren Kunden personalisierte Banner, Texte oder Videos anzeigen, die zu ihnen passen. Dadurch führen Sie Ihre Kunden gezielt und machen sie auf passende Themen aufmerksam. Dies bezieht sich nur auf Content bzw. CMS-Inhalte und nicht auf Produktdaten. Die Produktpersonalisierung behandeln wir in Abschnitt 9.3.

Die Personalisierung des Contents können Sie in SmartEdit konfigurieren. Öffnen Sie dazu eine beliebige Seite, die Sie personalisieren möchten. Sie haben dabei die folgenden Optionen (siehe Abbildung 9.2).

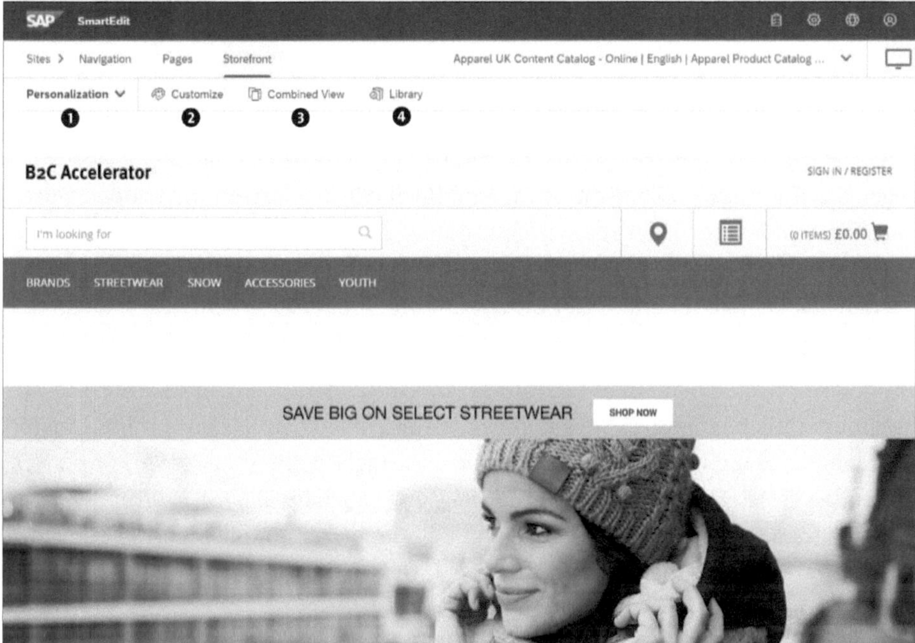

Abbildung 9.2 Personalisierungsmodus in SmartEdit

❶ In diesem Dropdown wählen Sie anstelle des normalen Bearbeitungs- oder Vorschaumodi den Modus **Personalization**.

❷ Über die Schaltfläche **Customize** sehen Sie eine Vorschau der aktuellen Seite und haben die Möglichkeit, Personalisierungen vorzunehmen.

❸ Mithilfe der Schaltfläche **Combined View** können Sie sich die aktuelle Seite im Kontext mehrerer Zielgruppen ansehen.

❹ Nutzen Sie die **Library**, wenn Sie neue Customizations anlegen oder bestehende verwalten möchten. Auch Zielgruppen verwalten Sie dort.

Staged-Katalogversion

Bitte beachten Sie, dass Änderungen an den Seiten, also auch Einstellungen zur Personalisierung, in der (nicht aktiven) *Staged-Katalogversion* durchgeführt werden müssen. Erst nach Abschluss Ihrer Änderungen können Sie in die Online-Katalogversion synchronisieren (siehe Abschnitt 6.2.1, »Einstieg in SmartEdit«). Statt die komplette Staged-Katalogversion zu synchronisieren, können Sie auch nur einzelne Komponenten oder Content Slots (siehe Abschnitt 6.2.2, »Seiten anlegen und bearbeiten«) synchronisieren. Beachten Sie dabei, dass in diesem Fall nur die Standardversion einer Komponente synchronisiert wird, nicht aber etwaige (personalisierte) Varianten davon. Daher müssen Sie unter Umständen die gesamte Katalogversion synchronisieren.

Wir legen nun eine Personalisierung basierend auf unserem Beispiel aus Abbildung 9.1 an. Wechseln Sie dazu in den Personalisierungsmodus von SmartEdit, und öffnen Sie die Library (siehe ❹ in Abbildung 9.2).

Legen Sie eine neue Customization an, und füllen Sie die Basisinformationen wie einen Namen oder eine kleine Beschreibung aus. Über den Status definieren Sie, ob Ihr Customizing gleich aktiv sein soll oder nicht. Wählen Sie alternativ einen Gültigkeitsbereich aus. Gemäß definiertem Datum wird Ihre Customization dann automatisch aktiv.

Ordnen Sie anschließend Ihrer Customization eine Zielgruppe zu, indem Sie **Add Targetgroup** wählen. Vergeben Sie einen Namen ❶ (Abbildung 9.3), und ordnen Sie ein oder mehrere Segmente zu. Wählen Sie, wie diese logisch miteinander verknüpft werden sollen ❷. Alternativ können Sie die Zielgruppe auch für alle Nutzergruppen aktiv schalten, dann spielen die zugeordneten Segmente keine Rolle. Sie können Ihrer Customization gleich mehrere Zielgruppen zuweisen und sie anschließend der Reihe nach priorisieren.

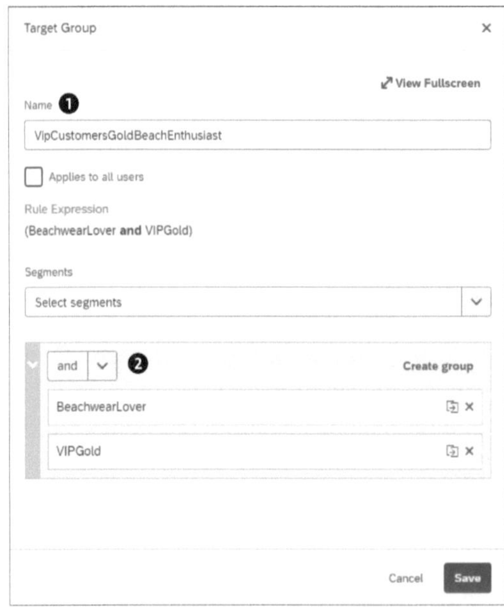

Abbildung 9.3 Zielgruppe anlegen

Nachdem Sie Ihre Customization angelegt haben, können Sie diese ganz einfach auf Ihre bestehenden Content-Elemente wie Komponenten anwenden. Wechseln Sie dazu in den Customize-Modus, wie in Abschnitt 9.3 gezeigt. Alle Komponenten, die zum aktuellen Katalog gehören, können Sie von hier aus nun personalisieren. Wählen Sie die Zielgruppe, für die Sie Anpassungen vornehmen möchten, und anschließend die Komponente, die Sie anpassen möchten.

Abbildung 9.4 Komponente personalisieren

Wählen Sie das Plus-Symbol der Komponente, die Sie personalisieren möchten. In dem erscheinenden Pop-up sehen Sie dann die ausgewählte Customization und die Zielgruppe, für die diese Aktion gilt. Weiterhin müssen Sie entscheiden, wie sich die Aktion auf diese Komponente auswirken soll:

- Stammkomponente durch eine neue Komponente ersetzen
- Stammkomponente durch eine andere gespeicherte Komponente ersetzen

Direkt nach dem Sichern sehen Sie, dass für die ausgewählte Customization und Zielgruppe die personalisierte Komponente ausgetauscht wurde (siehe Abbildung 9.5).

Je nachdem, wie viele verschiedene Customizations und Zielgruppen Sie angelegt und wie viele Komponenten Sie personalisiert haben, kann es für Sie als Content-Editor unübersichtlich sein, zu erkennen, wie sich Ihre Seite für die unterschiedlichen Zielgruppen verhält. Hier hilft Ihnen der in Abbildung 9.2 erwähnte *Combined View*. Mit diesem können Sie die Seite für jede Customization und Zielgruppe betrachten und sehen, wie sie für die jeweiligen Nutzer dieser Zielgruppen aussieht. Starten Sie dazu einfach die kombinierte Ansicht, und wählen Sie die Customization und die Zielgruppe aus:

Abbildung 9.5 Komponente nach Personalisierung

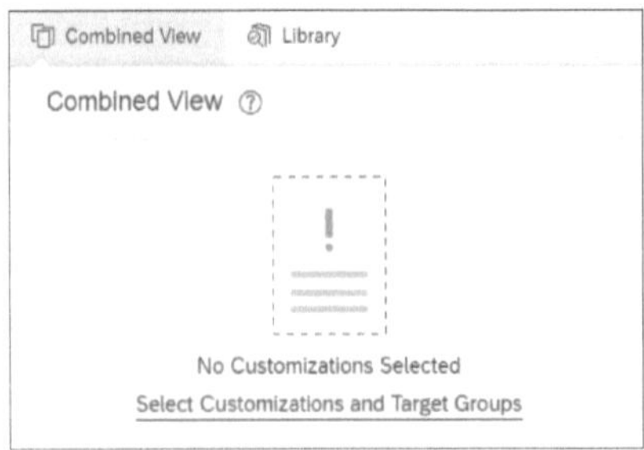

Abbildung 9.6 Kombinierte Ansicht

In diesem Abschnitt haben Sie gelernt, wie Sie in SmartEdit Customizations und Zielgruppen anlegen und Content-Elemente für bestimmte Nutzer grundlegend unterschiedlich aussteuern können. Weitere Details dazu finden Sie in der SAP-Hilfe unter: *https://help.sap.com/docs/SAP_COMMERCE/9d346683b0084da2938be8a285c0c27a/0587849b41494f68b9390816497d6205.html.*

Lesen Sie unbedingt auch die folgenden Abschnitte. Content-Personalisierung ist besonders effektiv, wenn sie in Verbindung mit Produktpersonalisierung oder Promotionen genutzt wird.

9.3 Produktpersonalisierung

Neben der zuvor erläuterten Content-Personalisierung können mit dem Personalisierungsmodul von SAP Commerce auch *Produktpersonalisierungen* eingestellt werden. Zur Personalisierung von Produkten werden technisch gesehen mehrere Suchprofile angelegt und anschließend mit Customizations versehen. Lesen Sie dazu unbedingt zuvor Kapitel 8, »Suche und Facettierung«, insbesondere Abschnitt 8.3, »Einstellungen der Suche«. Wie in Kapitel 8 beschrieben, helfen Ihnen Suchprofile dabei, die Suchergebnisse zu beeinflussen. Nicht nur die Suche im Sinne eines Suchbegriffs, sondern auch die Reihenfolge der Produkte im Produktkatalog z. B. auf Kategorieseiten lässt sich über Suchprofile beeinflussen, da diese technisch gesehen auf der Suche basieren.

Es ist gängige Praxis, Produkte je nach Zielgruppen unterschiedlich zu priorisieren. Dies bedeutet, dass die Sortierung nach **Relevanz** (siehe Abschnitt 8.4.4, »Sortieroptionen«) zielgruppenabhängig besonders effektiv ist, denn jeder Nutzer hat ein anderes Verständnis von Relevanz. So könnten Sie z. B. für die Zielgruppe VIPCustomersGoldBeachEnthusiast aus Abbildung 9.1 Produkte aus der Kategorie Bademode höher priorisieren und somit »relevanter« darstellen, was bei interessierten Nutzern dieser Zielgruppe wahrscheinlich die Aufmerksamkeit auf diese Produkte lenkt und somit eher zum Kauf führt.

Legen Sie für dieses Szenario ein separates Suchprofil an, wie in Kapitel 8, »Suche und Facettierung«, beschrieben. Legen Sie außerdem eine entsprechende Customization/Zielgruppen-Definition an, wie Sie es bereits für die Content-Personalisierung getan haben (siehe Abschnitt 9.2).

[«]

Notwendige Extensions

Um Produktpersonalisierung über Suchprofile verwenden zu können, benötigen Sie neben den in Abschnitt 9.1 erwähnten Extensions auch noch die folgenden:

- `personalizationsearch`
- `personalizationsearchsmartedit`
- `personalizationsearchbackoffice`

Nachdem Sie Suchprofil und Customization angelegt haben, müssen Sie diese nur noch miteinander verknüpfen. Wählen Sie dazu im SmartEdit unter **Customization** (siehe Abschnitt 9.2) die Aktion **Suche**. Wählen Sie das Suchprofil und die Customizations aus, die Sie damit verknüpfen möchten (siehe Abbildung 9.7).

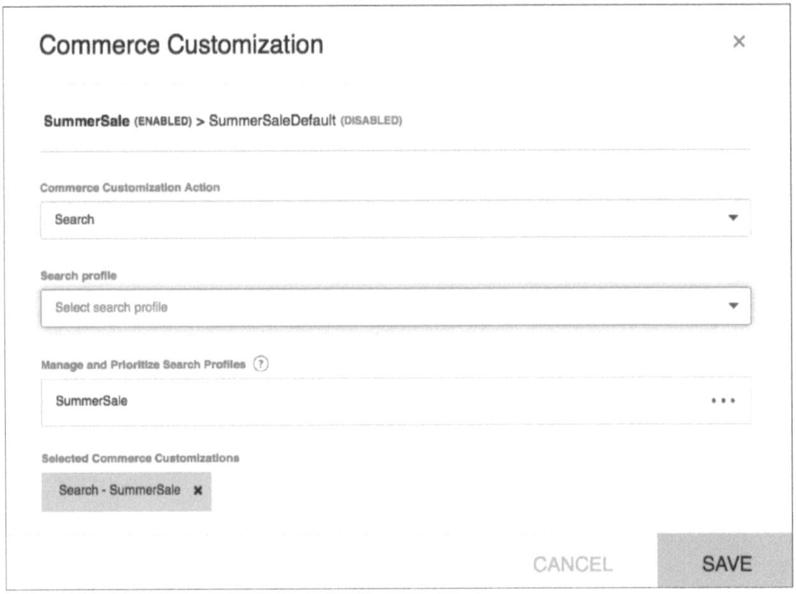

Abbildung 9.7 Suchprofilen Customizations zuordnen

Auf diese Weise passen Sie die Suche und Relevanzsortierung gezielt auf Ihre Zielgruppe an, indem Sie Suchprofile nutzen. Diese ermöglichen es Ihnen, das Suchverhalten anzupassen, Produkte durch Boosting zu priorisieren und Sortierkriterien auszuwählen. Außerdem können Sie die Darstellung von Facetten variieren, wie in Kapitel 8 beschrieben.

Wie Sie Personalisierungskampagnen nun noch mit Coupons und Promotion anreichern und interessanter gestalten können, erfahren Sie in Kapitel 10, »Marketing und Promotions«.

9.4 Click Tracking und Intelligent Selling Services

Die *Intelligent Selling Services* sind ein separates Produkt von SAP, das die Personalisierung über Empfehlungen und Merchandising-Produktkarusselle ermöglicht. In Verbindung mit SAP Commerce Cloud gelingt es Ihnen so, eine umfassende Personalisierung durchzuführen. Im Gegensatz zu anderen Lösungen erfolgt dies sogar in Echtzeit. Der Einsatz der Intelligent Selling Services ersetzt die in Abschnitt 9.3 besprochene Produktpersonalisierung zwar nicht, kann diese aber sehr sinnvoll erweitern, vor allem in Bezug auf Produktdarstellungen im Content-Bereich.

Die Intelligent Selling Services für SAP Commerce Cloud erfassen und analysieren die Verhaltensdaten Ihrer Nutzer über die gesamte Customer Journey hinweg und präsentieren Ihren Nutzern bereits ab den ersten Klicks relevante Empfehlungen. Diese werden über die Zeit hinweg durch jede weitere Interaktion immer weiter verfeinert und können somit immer passgenauer geliefert werden. Die Intelligent Selling Services arbeiten intern mit einem maschinellen Lernprozess, der durch ständiges Anfüttern immer weiter dazulernt und Ihren Kunden zu jedem Zeitpunkt bestmögliche Empfehlungen ausspricht.

[«]

Setup der Intelligent Selling Services

Haben Sie die SAP Intelligent Services bereits lizenziert und stehen kurz vor dem Start? Das SAP Help Portal beschreibt unter dem Link *https://help.sap.com/docs/INTELLIGENT_SELLING_SERVICES/1380ab16cf144c9aaaefc431bc7ff294/9001aa58037747b9a5dcd788bf67d237.html*, wie Sie das initiale Setup durchführen und die Intelligent Selling Services provisionieren.

Die wichtigsten Kernfunktionen der Intelligent Selling Services sind:

- **Empfehlungen und Merchandising**
  Produkte können mithilfe von Empfehlungen und Merchandising-Karussells die für die Kunden relevanten Produkte anzeigen, und zwar zu jedem Zeitpunkt und je nach Verhalten der Nutzer. Dabei werden an die Nutzer angepasste Produkte vorgeschlagen, aber auch nutzungsunabhängige Empfehlungen wie Produkte, die bei Ihren Kunden generell gerade im Trend sind. Die Intelligent Selling Services versuchen darüber hinaus, auch ähnliche Produkte basierend auf dem aktuellen Verhalten des Nutzers vorherzusagen und entsprechende Vorschläge zu machen – dies können auch passende bzw. ergänzende Produkte sein. Auch das Verkaufsverhalten wird analysiert, sodass z. B. bei wiederkehrender Bestellung die Periodizität erkannt wird, um dem Nutzer dann zum nächstpassenden Zeitpunkt das entsprechende Produkt wieder vorzuschlagen. Auch einfache Funktionen, wie zuletzt besuchte Produkte etc., werden unterstützt.
- **A/B-Tests**
  Sogenannte *A/B-Tests* helfen Ihnen dabei, zwei verschiedene Produktmischungen einer Strategie miteinander zu vergleichen, um herauszufinden, welche der beiden besser performt, um z. B. personalisierte Produktempfehlungen mit umsatzorientierten Empfehlungen zu vergleichen.
- **Unterstützung mehrerer Sites**
  Die Intelligent Selling Services unterstützen die Verbindung mehrerer Shops. Falls Sie verschiedene Shops im Einsatz haben, können Sie alle miteinander verbinden und unabhängig voneinander konfigurieren. Dadurch optimieren Sie jeden Ihrer Shops individuell und bilden unterschiedliche Zielgruppen.

Kompatibilität

Im Standard sind die Intelligent Selling Services kompatibel mit folgenden Versionen/ Frontends der SAP Commerce Cloud:

- Composable Storefront B2C
- Composable Storefront B2B
- B2C Accelerator Storefront

Eine der wichtigsten Kernfunktionen der Intelligent Selling Services sind die auf das Kundenverhalten zugeschnittenen Produktempfehlungen. Sofern sie für den Kunden sinnvoll erscheinen, können Sie das Kaufverhalten Ihrer Kunden beeinflussen, indem Sie sie beim Stöbern in Ihrem Produktsortiment auch auf weitere Produkte aufmerksam machen. Die Wahrscheinlichkeit, einen Kauf abzuschließen, steigt dadurch enorm. Solche Produktempfehlungen werden oft in Art von Produktkarussellen dargestellt, wie in Abbildung 9.8 zu sehen. Sowohl die Produkte selbst als auch deren Reihenfolge wird von den Intelligent Selling Services geliefert und kann dann in beliebigen Varianten dargestellt werden, z. B. in Form eines solchen Karussells.

Abbildung 9.8 Produktempfehlungen »Andere Kunden kauften auch«

In diesem Beispiel werden »Produkte im Trend« empfohlen. Das Kriterium für die Ermittlung solcher Produkte kann z. B. die Häufigkeit sein, mit der ein Produkt gekauft wurde. Je öfter es gekauft wurde, desto weiter vorn wird es angezeigt. Wie bereits erwähnt, gibt es ganz unterschiedliche Arten von Produktempfehlungen, wie z. B.:

- Produkte im Trend
- Produkte, die zu den aktuell ausgewählten passen
- personalisierte Produkte basierend auf dem vergangenen Verhalten des konkreten Nutzers
- ergänzende Produkte, die die bereits im Warenkorb befindlichen Produkte sinnvoll ergänzen

- Nachschubprodukte, also Produkte wie Wiederauffüllungsprodukte, die regelmäßig gekauft werden
- zuletzt angesehene Produkte

Technisch gesehen werden innerhalb von SAP Commerce Cloud die verschiedensten Ereignisse erfasst und über intern getriggerte Events an die Intelligent Selling Services übermittelt, wo sie dann ausgewertet und für Produktempfehlungen verwendet werden.

Der Fokus dieses Buches liegt auf SAP Commerce Cloud, daher können wir an dieser Stelle nicht auf alle Details der Intelligent Services eingehen. Nehmen Sie als Fazit mit, dass die Intelligent Selling Services Ihre SAP-Commerce-Lösung äußerst sinnvoll erweitern können, um noch besser auf Ihre Kunden und deren Bedürfnisse einzugehen und in der Folge den Umsatz zu steigern. Die gebotenen Features sind im B2C-Umfeld ausgesprochen wichtig, halten aber auch im B2B-Umfeld schon lange immer mehr Einzug. Ziehen Sie die Möglichkeiten, die Ihnen die Intelligent Selling Services bieten, daher unbedingt in Betracht.

Weitere Details rund um die Intelligent Selling Services finden Sie im SAP Help Portal unter: *https://help.sap.com/docs/INTELLIGENT_SELLING_SERVICES*

Sind Sie daran interessiert, wie Sie die Intelligent Services in Ihre SAP Commerce Cloud integrieren? Dazu empfehlen wir auch den entsprechenden Bereich innerhalb der SAP-Commerce-Cloud-Dokumentation unter diesem Link: *https://help.sap.com/docs/SAP_COMMERCE_CLOUD_PUBLIC_CLOUD/bad9b0b66bac476f8a4a5c4a08e4ab6b/60a3ba003ad8465cb9c22a0b7c4e04fd.html*

9.5 Praxisbeispiel SyGusto

Content muss für den individuellen Benutzer relevant sein. Daher ist es wichtig, Inhalte für den Benutzer anzuzeigen, die ihn wirklich interessieren. Daher setzt auch SyGusto bei der Ausspielung von Inhalten auf Personalisierung. Wenn sich Benutzer auf der Plattform bereits registriert und Bestellungen getätigt haben, lassen sich diese Informationen ideal für die Personalisierung nutzen.

Insbesondere auf der Startseite hat Personalisierung viel Potenzial, da (fast) jeder Besucher hier regelmäßig vorbeikommt. Dementsprechend sollten hier für den Benutzer nur interessante Informationen angezeigt werden. So könnten Kunden, die eine bestimmte Maschine gekauft haben, Erweiterungen oder Serviceangebote direkt im Banner der Startseite angezeigt werden.

Diese Personalisierung synchronisiert SyGusto auch mit anderen Kanälen. Wenn z. B. über die SAP Marketing Cloud oder SAP Emarsys einer bestimmten Zielgruppe im Rahmen einer Newsletter-Kampagne eine neue Sorte Kaffeebohnen angeboten wurde, kann dieselbe Zielgruppe auch im Shop mit einem entsprechenden Banner bespielt werden. So lassen sich Marketingkampagnen aufbauen, die kanalübergreifend konsistent ausgespielt werden. So zeigt die Homepage von SyGusto für B2C-Kunden auf dem großen Teaser einen passenden Kaffeevollautomaten für den Heimgebrauch (siehe Abbildung 9.9).

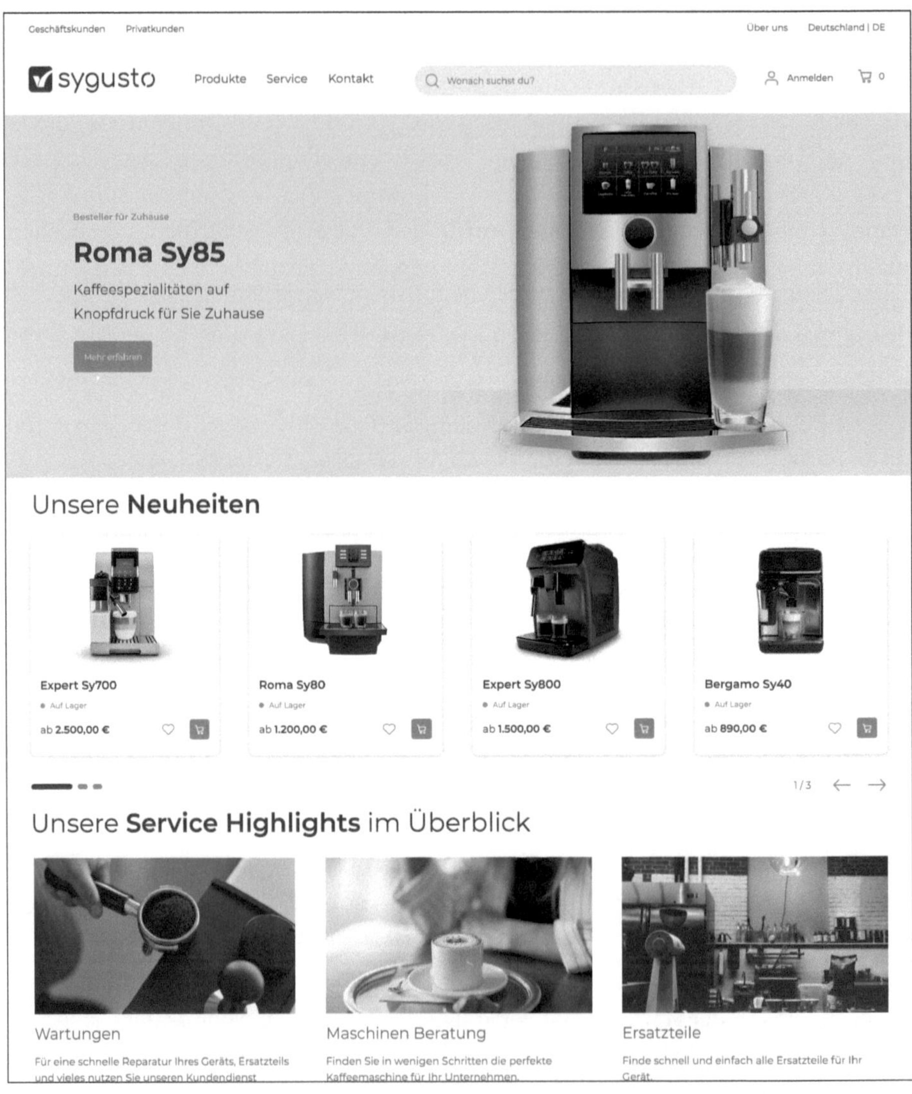

Abbildung 9.9 B2C-Startseite mit Produkten für den Heimgebrauch

Wie Abbildung 9.10 zeigt, sehen B2B-Kunden an der gleichen Stelle Informationen für eine Maschine im professionellen Umfeld für Büro oder Gastronomie. Dieses Beispiel zeigt, wie Content ziel- bzw. nutzergruppenabhängig unterschiedlich ausgespielt werden kann.

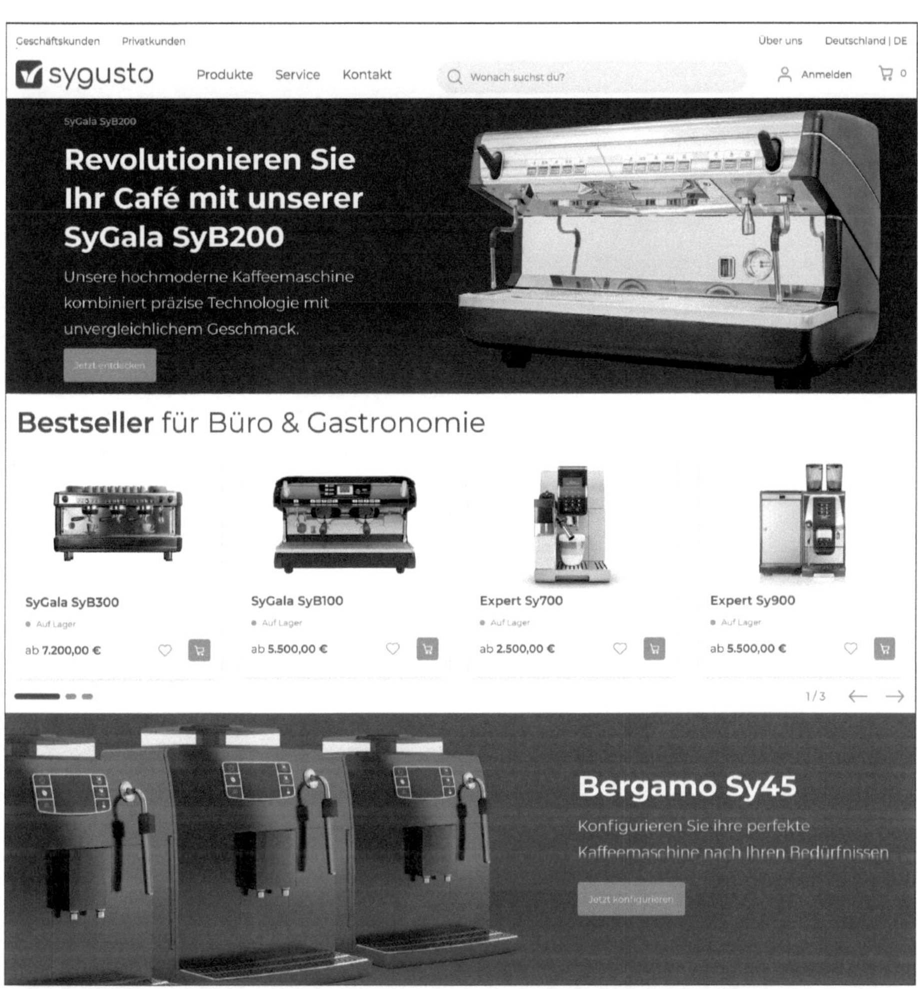

Abbildung 9.10 B2B-Startseite mit Produkten für die professionelle Nutzung

9.6 Fazit

In diesem Kapitel haben wir erklärt, welche Möglichkeiten SAP Commerce Cloud bereits im Standard zur Personalisierung von Content, aber auch von Produkten bietet. Mit dem integrierten Personalisierungsmodul haben Sie umfangreiche Möglichkeiten, Ihren Webshop bzw. Website für Ihre Nutzer zu personalisieren, um immer passgenau ihre Bedürfnisse zu erfüllen. Mit den SAP Intelligent Selling Services bietet SAP über das Personalisierungsmodul hinaus weitere Möglichkeiten zur Personalisierung. Jede Interaktion der Nutzer wird hierbei fortwährend analysiert und bei der Generierung entsprechender Produktvorschläge quasi in Echtzeit berücksichtigt.

Kapitel 10
Marketing und Promotions

Im Kontext von SAP Commerce Cloud gewinnt die Personalisierung von Website-Inhalten und Produkten zunehmend an Bedeutung. Diese Personalisierung kann sowohl auf individueller Ebene als auch für bestimmte Zielgruppen erfolgen. In diesem Kapitel werden wir einen genaueren Blick auf die Möglichkeiten werfen, die SAP Commerce Cloud in Bezug auf Marketing und Promotions im Kontext der Personalisierung bietet.

In der heutigen Ära des E-Commerce ist es unerlässlich geworden, über den bloßen Betrieb eines Webshops hinauszugehen und jedem Kunden ein einzigartiges, individuell zugeschnittenes Einkaufserlebnis zu bieten. Eine universelle Benutzererfahrung reicht nicht mehr aus. Stattdessen ist es von entscheidender Bedeutung, Inhalte und Angebote auf die spezifischen Interessen und Bedürfnisse jedes einzelnen Kunden abzustimmen. Genau hier setzt die Personalisierungskomponente, auch als *Personalisierungsmodul* bekannt, von SAP Commerce Cloud an. Neben diesem in die Plattform integrierten Personalisierungsmodul bietet sie die Möglichkeit, die Personalisierung durch nahtlose Integration in andere Produkte von SAP zu optimieren. Dies ermöglicht es Unternehmen, ein Höchstmaß an Anpassungsfähigkeit und Präzision in ihren Marketing- und Promotionsstrategien zu erreichen. Von der Anbindung von SAP Emarsys (siehe Abschnitt 17.5, »SAP Emarsys Customer Engagement«) bis hin zur Nutzung der Intelligent Selling Services (siehe Kapitel 9, »Personalisierung und Intelligent Selling Services«) für SAP Commerce Cloud gibt es zahlreiche Wege, die Personalisierung zu verbessern.

In Abschnitt 10.1 schauen wir uns die Promotion Engine an, die dazu dient, Promotions oder Werbeaktionen zu erstellen. Des Weiteren gehen wir auf die Coupons in Abschnitt 10.2 ein, die in der Regel für Sonderaktionen wie Rabatte oder Ähnliches genutzt werden. Der letzte Punkt sind die Customer Reviews in Abschnitt 10.3, die dem Kunden ermöglichen, seine Erfahrungen mit dem Produkt auch mit anderen zu teilen.

10.1 Promotion Engine

SAP Commerce Cloud bietet viele Möglichkeiten, um *Promotionen*, also Werbeaktionen, für Ihre Kunden zu erstellen. Mit diesen Funktionen können Sie eine Vielzahl von Rabattaktionen vornehmen: vom klassischen Gutscheincode über saisonale Rabattaktionen wie z. B. den Schlussverkauf bis hin zu gezielten und komplexen Rabattaktionen für verschiedene Zielgruppen oder andere definierte Personenkreise.

Werbeaktionen werden in der Regel innerhalb eines bestimmten Zeitraums für eine oder mehrere definierte Zielgruppen, Produkte und Dienstleistungen erstellt, um Ihren Kunden einen besseren Preis anzubieten. Damit sollen Ihren Kunden im Webshop zusätzliche Kaufanreize geboten werden, was wiederum zu einer Umsatzsteigerung beitragen kann. In SAP Commerce Cloud gibt es die Möglichkeit, solche Werbeaktionen zu definieren und zu verwalten. Dazu bietet SAP Commerce Cloud die sogenannte *Promotion Engine*.

Notwendige Extensions

Damit Sie die Promotion Engine nutzen können, benötigen Sie die Extensions »promotionenginebackoffice« und »promotionengineservices«.

Die Verwaltung von Promotionen findet im Backoffice-Cockpit im Bereich **Marketing** statt. Bei der Erstellung einer Promotion können Sie zwischen den folgenden Arten unterscheiden:

- **Warenkorbbezogene Werbeaktionen**
  Warenkorbbezogene Werbeaktionen werden angewendet, wenn auf den kompletten Warenkorb ein prozentualer oder fester/absoluter Rabatt gewährt wird.
- **Produktbezogene Werbeaktionen**
  Produktbezogene Werbeaktionen bieten die Möglichkeit, auf bestimmte Produkte oder Produktkategorien Rabatte zu vergeben. Das Ganze schließt auch Bundles und Partnerprodukte (z. B. »Kaufe Produkt A und erhalte Produkt B zum halben Preis«) mit ein.
- **Kundenbezogene Werbeaktionen**
  Kundenbezogene Werbeaktionen werden mithilfe von personalisierten Aktionen und Zielgruppen durchgeführt und können sich wiederum auf Produkte oder den Warenkorb beziehen.

Jede Promotion besteht aus einem Regelwerk, das mindestens eine *Bedingung* und eine *Aktion* beinhaltet. Das Regelwerk selbst basiert auf *Drools*, einem regelbasierten System, das auf unterschiedlichste Ereignisse reagiert. Die Bedingung beschreibt dabei die Kriterien, die erfüllt sein müssen, damit eine Aktion ausgelöst werden kann.

Kauft Ihr Kunde beispielsweise zu einem definierten Wert des Warenkorbs (dies ist in diesem Fall die Bedingung) ein, erhält dieser einen bestimmten Rabatt (das ist dann die Aktion). Die Bedingungen können je nach Art der Promotion flexibel miteinander kombiniert werden. Bedingungen kann man im Backoffice erstellen. Die Kombination erfolgt über den UND- bzw. den ODER-Operator. Dies können Sie beispielhaft in Abbildung 10.1 sehen. Es lassen sich Gruppen von Bedingungen bilden, die wiederum miteinander kombiniert werden können. Zu einer Promotion kann es auch mehrere Aktionen geben, die jedoch nur mit dem Operator UND verknüpft sind.

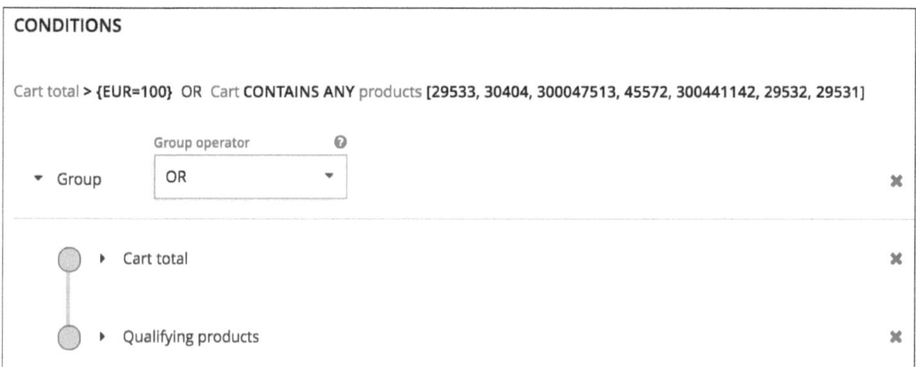

Abbildung 10.1 Bedingung einer Promotion

Je nach Art der Promotion können Sie aus einer definierten Liste von Bedingungen und Aktionen auswählen und diese ganz einfach per Drag-and-Drop zu einem Regelwerk zusammensetzen. Jede Promotion erhält bei ihrer Veröffentlichung eine Versionsnummer. Damit haben Sie die Möglichkeit, die Änderungen jederzeit nachzuverfolgen. Damit Ihre Kunden auf die Werbeaktionen aufmerksam gemacht werden, können die Aktionen mit Nachrichten versehen werden, die dann beispielsweise auf der Produkt- oder Warenkorbseite erscheinen. Im Standard gibt es bereits ein breites Spektrum an Vorlagen, die Ihnen die Erstellung von Promotionen verschiedenster Art erleichtert. Die Vorlagen können an Ihre Bedürfnisse angepasst werden. Ein Beispiel sind die oben beschriebenen UND- oder ODER-Bedingungen. Sie können auch ganze Werbekampagnen für Ihren Webshop in SAP Commerce Cloud anlegen und verwalten.

SAP Commerce Cloud bietet weiterhin die Möglichkeit, digitale Gutscheine (Coupons) für Ihren Webshop zu generieren und zu verwalten. Unterschieden werden dabei zwischen zwei Arten von Gutscheinen:

- **Einzelcodegutschein**
  Es wird bei dieser Art von Gutschein ein Gutscheincode (z. B. Summer Sales 2024) generiert, der für eine bestimmte Zielgruppe oder ein Ereignis bestimmt ist. Solche Codes können meist mehrfach eingelöst werden.

- **Multicodegutschein**
  Bei dieser Art von Gutschein wird für jeden Kunden ein personalisierter und eindeutiger Code generiert. Solche Codes können in der Regel nur einmal eingelöst werden. Das Format bzw. der Aufbau der Codes ist hierbei frei konfigurierbar.

Beide Gutscheinarten müssen mit den Bedingungen und Aktionen einer Promotion verknüpft werden, um angewendet werden zu können.

Weitere sehr ausführliche Details zur Promotion Engine und wie Sie Promotionen und Vorlagen anlegen, wird in der SAP Help unter folgendem Link ausführlich beschrieben:

https://help.sap.com/docs/SAP_COMMERCE_CLOUD_PUBLIC_CLOUD/e1391e5265574bfbb56ca4c0573ba1dc/e7e7a2ef7d97405983ca0cb60e8f380a.html

Wie bereits erwähnt, können Promotionen auch kundenabhängig eingesetzt werden. Ein sinnvoller Anwendungsfall wäre es, Nutzern der Zielgruppe »VIP Gold Customers« im Shop einen Rabatt von 10 % zu gewähren.

[»]

Weitere Extensions für personalisierte Promotionen

Um personalisierte Promotionen nutzen zu können, benötigen Sie zu den bereits genannten Extensions außerdem folgende:

- Personalizationpromotions
- personalizationpromotionsbackoffice
- personalizationpromotionssmartedit
- personalizationpromotionsweb

Um personalisierte Promotionen zu konfigurieren, legen Sie zunächst die Promotion an, so wie Sie es bereits kennen. Anschließend können Sie die Zielgruppe mit der Promotion verbinden. Genauer gesagt, wird der Promotion eine spezielle Bedingung zugeordnet. Wechseln Sie dazu im Backoffice über **Marketing • Promotion Regeln** zu Ihrer zuvor angelegten Promotion. In der Registerkarte **Bedingungen und Aktionen** wählen Sie die Bedingung **Personalisiert** (siehe Abbildung 10.2).

Als Aktion wählen Sie Ihre gewünschte, beispielsweise einen Rabatt in Höhe von 10 %.

Um die Promotion nun mit einer konkreten Customization bzw. Zielgruppe zu verknüpfen, wechseln Sie zu SmartEdit (siehe dazu Abschnitt 6.2, »Content-Pflege im WCMS«) und aktivieren dort den Personalisierungsmodus. Wählen Sie anschließend **Library** (siehe Abbildung 10.3). Wählen Sie die Customization, für die die Promotion gelten soll, und wählen Sie im Dropdown-Menü die Option **Commerce Customization**.

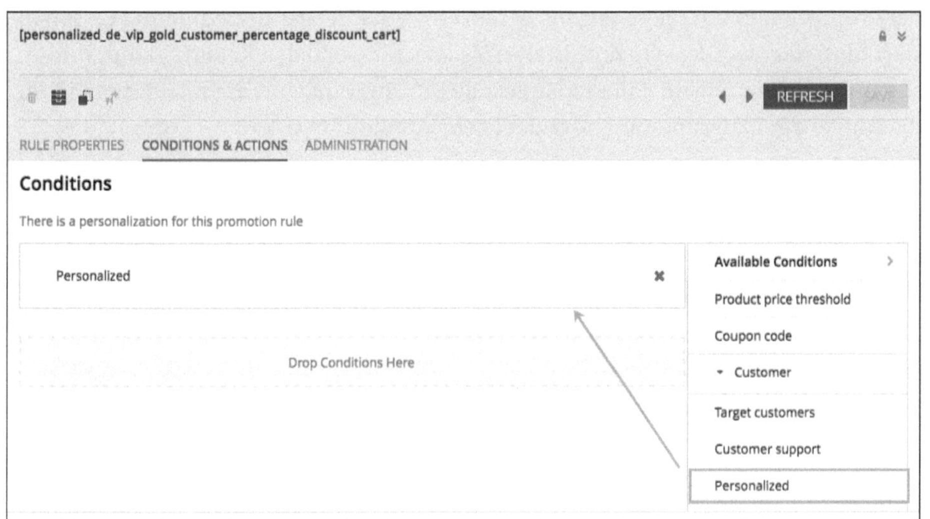

Abbildung 10.2 Personalisierte Promotion anlegen

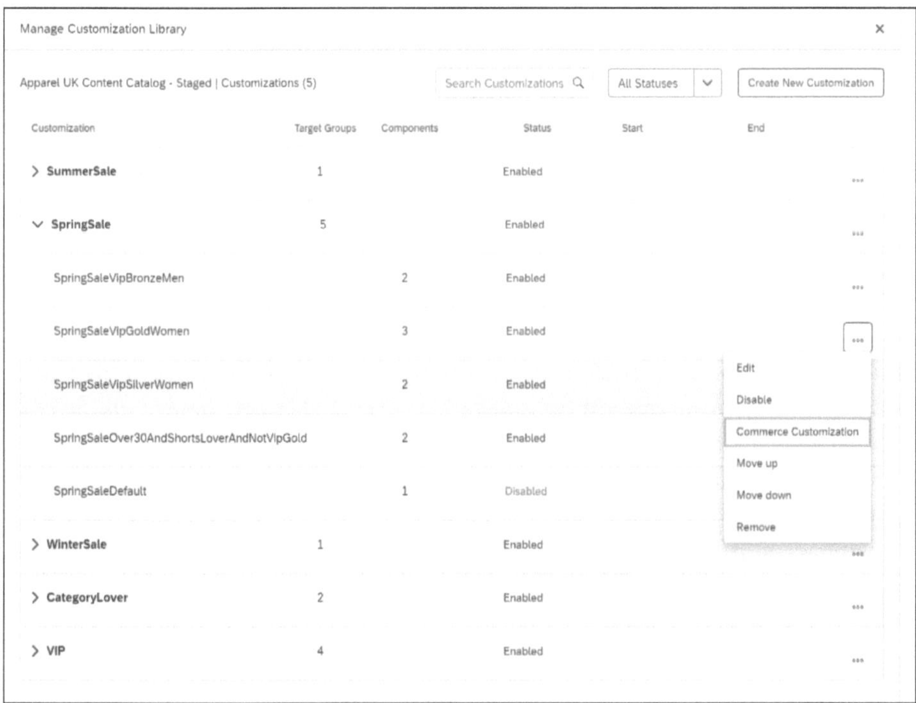

Abbildung 10.3 Customization für Promotion

Wählen Sie anschließend im erscheinenden Pop-up die zuvor angelegte Promotion, wie beispielhaft in der Abbildung 10.3 zu sehen. Beachten Sie, dass Sie bei der Auswahl der Promotionen nur die sehen, bei denen eine entsprechende Bedingung **Personalisiert** hinterlegt wurde. Synchronisieren Sie anschließend den Katalog, damit die Personalisierung aktiv wird. Eine so eingestellte Promotion wird dann automatisch auf die Nutzer der Zielgruppe angewendet (siehe Abbildung 10.4).

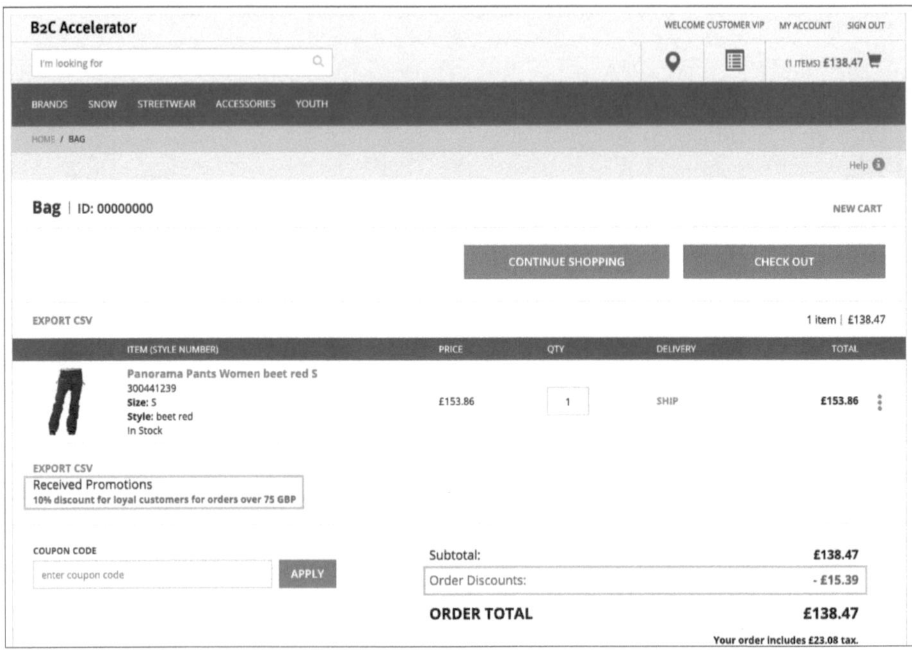

Abbildung 10.4 Personalisierte Promotion in Aktion

Personalisierte Promotionen wie diese können den Kaufanreiz Ihrer Kunden steigern und somit zu mehr Umsatz führen. Wichtig ist dabei, dass Sie die Bedürfnisse Ihrer Kunden verstehen. Segmentieren Sie diese entsprechend in Zielgruppen und definieren Sie passende, attraktive Promotionen. Promotionen können Sie sehr einfach mit entsprechenden Content-Elementen kombinieren. Nutzen Sie dafür die in Abbildung 10.4 gezeigte Content-Personalisierung, um Ihre Kunden beispielsweise bereits auf der Homepage auf entsprechende Promotionen aufmerksam zu machen und damit die Aufmerksamkeit Ihrer Nutzer zu gewinnen und wichtige Kaufanreize zu setzen.

10.2 Coupons

SAP Commerce Cloud bietet Unternehmen eine leistungsstarke Lösung zur Verwaltung von *Coupons*, die eine wichtige Rolle im Marketing und in der Kundenbindung spielen. Coupons sind eine äußerst effektive Möglichkeit, Kunden anzulocken, Umsatz zu steigern und die Markentreue zu fördern. Lassen Sie uns einen ausführlichen Blick darauf werfen, wie SAP Commerce Cloud Coupons verwaltet und wie Sie diese nutzen können.

Mit SAP Commerce Cloud können Sie verschiedene Arten von Coupons erstellen. Die Coupons können Sie einfach im Backoffice der SAP Commerce Cloud erstellen (siehe Abbildung 10.5).

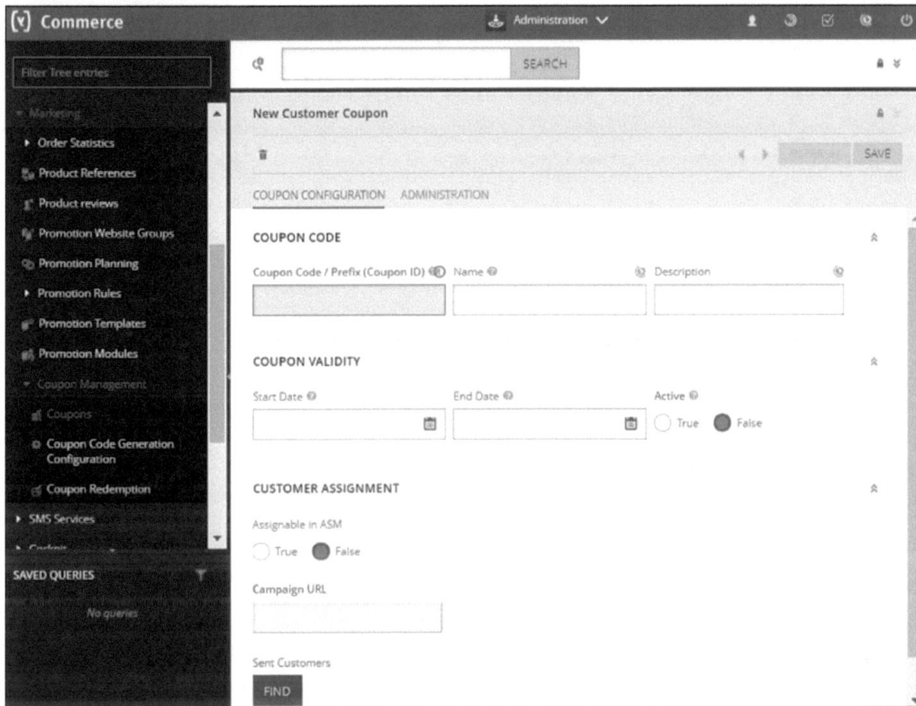

Abbildung 10.5 Backoffice-Ansicht für die Coupon-Erstellung

Diese Coupons können je nach Ziel und Anforderungen des Unternehmens variieren. Coupons können für unterschiedliche Zwecke genutzt werden, darunter:

- **Prozentuale Rabatte**
  Coupons, die einen prozentualen Rabatt auf den Gesamtbetrag einer Bestellung gewähren. Dies kann beispielsweise ein Rabatt von 10 % auf den gesamten Einkauf sein.
- **Feste Rabatte**
  Coupons, die einen festen Geldbetrag vom Einkaufspreis abziehen, z. B. ein Rabatt von 20 Euro auf ausgewählte Produkte.
- **Versandkostenfrei-Coupons**
  Coupons, die Kunden von den Versandkosten befreien.

- **Kostenlose Artikel**
  Coupons, die dem Warenkorb kostenlose Artikel hinzufügen, wenn bestimmte Bedingungen erfüllt sind.

Coupons werden in der Regel im Checkout-Prozess über definierte und validierte Felder angewendet. In Abbildung 10.6 sehen Sie, wie ein Coupon-Code nach der Eingabe die Rechnungssumme um den definierten Betrag – hier 10 % – reduziert. Ein Vorteil dieser Darstellung ist, dass der Kunde direkt sieht, wie hoch sein tatsächlicher Rabatt ist.

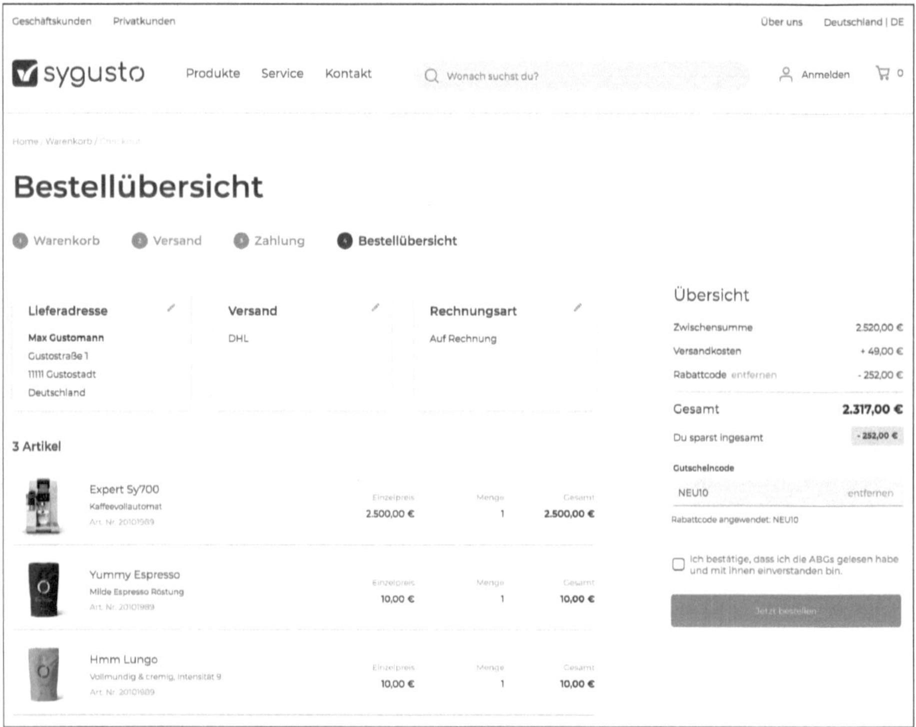

Abbildung 10.6 Der validierte Coupon sorgt für den zuvor definierten Rabatt.

Wenn ein Coupon ungültig ist oder bereits von der Marketingabteilung deaktiviert wurde, erhält der Kunde direkt eine Fehlermeldung nach Eingabe des Coupons (siehe Abbildung 10.7).

Wie in Abschnitt 10.1 beschrieben, können auch hier Regeln definiert werden, die die Ausspielung der Coupons steuern. Dies führt auch bei den Coupons dazu, dass man z. B. vermeidet, dass Kunden mehrere verschiedene Coupons anwenden können oder dass Produktgruppen mit einer geringeren Marge von Rabatten betroffen werden. Wenn Sie mehr über die Erstellung von Coupons und das Zusammmenspiel mit regelbasierten Promotions wissen wollen, finden Sie hier alle Details:

https://help.sap.com/docs/SAP_COMMERCE_CLOUD_PUBLIC_CLOUD/e1391e5265574bfbb56ca4c0573ba1dc/d35c247bac2d4c91a6ca4501b63cb2b4.html.

Abbildung 10.7 Coupon nicht verfügbar

10.3 Customer Reviews

SAP Commerce Cloud bietet Unternehmen nicht nur die Möglichkeit, Produkte online zu verkaufen, sondern auch wertvolles Kundenfeedback und Kundenbewertungen zu sammeln. *Customer Reviews* (Kundenbewertungen) sind ein entscheidender Bestandteil des E-Commerce und tragen dazu bei, das Vertrauen der Kunden zu gewinnen, die Conversion zu steigern und die Produkte und Dienstleistungen kontinuierlich zu verbessern. Im Folgenden erläutern wir ausführlich, wie SAP Commerce Cloud Customer Reviews verwaltet und nutzt.

Sternebewertungen sind ein bekanntes Mittel zur Bewertung von Produkten. Kunden können Produkte mit einer bestimmten Anzahl von Sternen bewerten, wobei mehr Sterne eine bessere Bewertung bedeuten. Darüber hinaus haben die Kunden i. d. R. auch die Möglichkeit, Produkte mit einem Text oder einer Beschreibung zu bewerten. Hier können die Kunden dann detaillierte Informationen zum gekauften Produkt abgeben.

Kundenbewertungen sind nicht nur für andere Kunden relevant, sondern auch für das Unternehmen selbst. Sie bieten wertvolle Einblicke in die Kundenzufriedenheit und helfen bei der Identifizierung von Produktverbesserungen oder Änderungen im Service. Unternehmen können auf diese Weise kontinuierlich an ihrer Produktqualität und Kundenzufriedenheit arbeiten.

In Abbildung 10.8 sehen Sie wie man auf Basis der Customer-Review-Funktion ein Kundenfeedbacksystem mit Kommunikation zwischen Kunde und Unternehmen als Erweiterung zum Standard realisieren kann.

Abbildung 10.8 Beispiel für eine Sternebewertung

Im Backoffice können die Unternehmen die Bewertungen moderieren. Zudem können hier die Bewertungen überprüft werden, bevor diese auf der Website veröffentlicht werden. Dies kann sicherstellen, dass sie den Richtlinien des Unternehmens entsprechen und keine unangemessenen Inhalte enthalten. Auch bei negativen Bewertungen kann das Unternehmen kommentieren, was oft dazu führt, dass negative Bewertungen vom Kunden im Nachgang korrigiert werden.

10.4 Praxisbeispiel SyGusto

Das Unternehmen SyGusto nutzt Marketingaktionen mit Preisnachlässen, um Kunden zu gewinnen und Kaufanreize zu setzen. Dabei verwendet SyGusto zwei unterschiedliche Ansätze: Promotions und Coupons.

10.4.1 Promotions

Promotions sorgen dafür, dass dem Kunden beim Kauf von mehreren Produkten ein günstigerer Preis angeboten wird. So bietet SyGusto beim Kauf von Kaffeebohnen eine 3-für-2-Aktion an. Beim Kauf von drei Packungen erhalten die Kunden also eine Packung kostenlos dazu.

SyGusto kann sehr genau steuern, welche Produkte im Rahmen der Aktion tatsächlich rabattiert werden sollen. Wenn beispielsweise aktuell indische Bohnensorten neu eingeführt werden sollen, kann die Aktion sich nur auf diese Produktgruppe beziehen.

Damit Promotions gut funktionieren, weist SyGusto auf den Produktdetailseiten und im Warenkorb prominent darauf hin. Wenn sich der Benutzer beispielsweise auf der Produktdetailseite eines Produktes befindet, das Teil einer Promotion ist, werden die Promotion und deren Bedingungen angezeigt.

Außerdem nutzt SyGusto Promotions, um günstige Bundles anzubieten. So kann z. B. beim Kauf einer Siebträgermaschine zusammen mit der passenden Kaffeemühle eine Promotion dazu führen, dass das günstigere Produkt einen prozentualen Rabatt erhält oder komplett kostenlos hinzugefügt werden kann. Dies nutzt SyGusto insbesondere, um Bestseller-Produkte mit Ladenhüter-Produkten zu kombinieren, die ohne Rabattierung selten verkauft werden.

10.4.2 Coupons

Coupons sind ebenfalls ein Mittel für SyGusto, um sowohl neue Kunden zu gewinnen als auch Bestandskunden zu binden. SyGusto versendet dazu Coupon-Codes über Newsletter-Kampagnen, verteilt diese auf Messen oder versendet sie per Post. Diese Coupon-Codes lassen sich dann bei der nächsten Bestellung einlösen und sorgen dort für einen Rabatt. Auch hier kann genau gesteuert werden, ob ein absoluter oder prozentualer Rabattbetrag abgezogen wird, auf welche Produktgruppen der Code angewendet werden kann oder welcher Mindestbestellwert erreicht werden muss, damit der Coupon überhaupt aktiviert wird. Ein Beispiel sehen Sie in Abbildung 10.9.

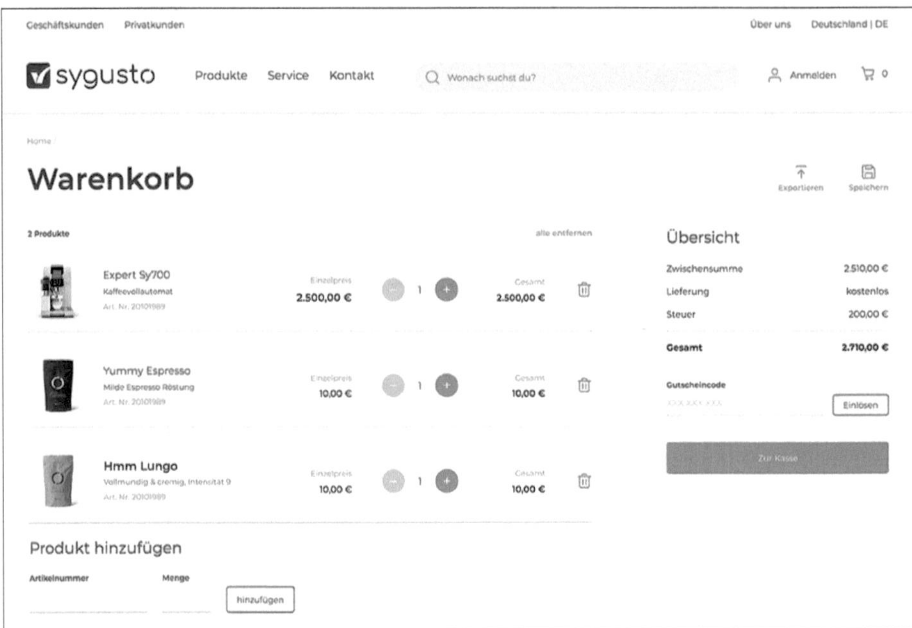

Abbildung 10.9 Warenkorb mit Eingabe des Gutscheincodes

10.5 Fazit

In diesem Kapitel wurden als Ergänzung zu den Personalisierungsfunktionen mit den Promotions, Coupons und Customer Reviews weitere Marketing-Werkzeuge der individuellen Kundenansprache und Kundenbindung dargestellt.

Sie sind nun in der Lage, Promotions und Coupons zu erstellen und Ihren Kunden zur Verfügung zu stellen. Hierbei spielen nicht nur traditionelle Gutscheincodes eine Rolle, sondern auch die umfassenden Möglichkeiten zur Erstellung zielgruppenorientierter und personalisierter Werbeaktionen, die durch die Promotion Engine und zusätzliche Extensions ermöglicht werden.

Die Praxisbeispiele von SyGusto illustrieren, wie Unternehmen durch gezielte Marketingaktionen und das Angebot von Mehrwerten, wie 3-für-2-Aktionen oder Bundle-Angebote, Kaufanreize schaffen und damit sowohl Neukunden gewinnen als auch Bestandskunden binden können. Diese Strategien, unterstützt durch die SAP Commerce Cloud, zeigen, dass der Schlüssel zum Erfolg im digitalen Handel nicht nur in der Produktqualität, sondern auch in der Fähigkeit liegt, Kunden durch individuell angepasste Angebote und ein personalisiertes Shopping-Erlebnis zu begeistern.

Abschließend lässt sich festhalten, dass die SAP Commerce Cloud mit ihren umfangreichen Funktionen für Marketing und Promotions eine zentrale Rolle für Unternehmen spielt, die im digitalen Zeitalter erfolgreich sein wollen. Die Plattform bietet nicht nur die technische Grundlage für eine effektive Kundenansprache, sondern auch die notwendigen Werkzeuge, um auf die dynamischen Anforderungen des Marktes reagieren zu können. Indem Unternehmen diese Möglichkeiten nutzen, können sie nicht nur ihre Marktposition stärken, sondern auch eine dauerhafte Beziehung zu ihren Kunden aufbauen, die auf Verständnis, Vertrauen und individuellem Nutzen basiert.

11

Kapitel 11
Order Management

Das Hauptziel eines Webshops ist der Verkauf an Kunden. SAP Commerce Cloud erleichtert dies durch individuelle Checkout-Prozesse und ein effizientes Angebotsmanagement, um intuitive Kauferlebnisse zu schaffen. Auch ohne großes ERP-System ist SAP Commerce Cloud als eigenständige Lösung einsetzbar, um Bestellungen zu bearbeiten und den Versand vorzubereiten.

Ein Webshop ist für Ihre Kunden oft mehr als nur eine Einkaufsplattform. Sie dient auch als Informationsplattform, um wichtige Produktinformationen wie technische Dokumente, Datenblätter und weitere Informationen bereitzustellen. Um mit Ihrem Webshop Umsatz zu generieren, steht jedoch der Verkauf der Produkte im Vordergrund. Um den Kauf attraktiv zu gestalten, sollte der gesamte Bestellprozess so einfach wie möglich sein und jederzeit auf die Präferenzen der Kunden eingehen. Die Customer Journey sollte aber nicht mit dem Absenden der Bestellung enden: Ihr Webshop sollte Ihre Kunden auch nach Abschluss der Bestellung mit wichtigen Informationen zu ihrer Bestellung versorgen, damit sie jederzeit den aktuellen Status verfolgen können. Dazu gehört auch die proaktive Benachrichtigung über wichtige Statusänderungen. Ihr Kunde soll sich bis zum Abschluss der Bestellung gut aufgehoben fühlen. Alle notwendigen Schritte und Möglichkeiten eines typischen Bestellprozesses vom Warenkorb über den Checkout bis hin zur Bestellhistorie, aber auch angrenzende Prozesse wie das Angebotsmanagement, werden wir in diesem Kapitel beschreiben.

Typischerweise wird SAP Commerce Cloud in Verbindung mit ERP-Systemen wie SAP S/4HANA oder SAP ECC (siehe Kapitel 15) oder manchmal auch mit SAP-fremden ERP-Systemen betrieben. So kann das System auf bestehende ERP-Prozesse, wie z. B. die Auftragsabwicklung, aufgesetzt werden. Der Webshop mit SAP Commerce Cloud ist dann lediglich ein weiterer Kanal, über den Bestellungen aufgegeben werden können. Auch ohne ERP-System kann SAP Commerce Cloud als Stand-alone-Lösung betrieben werden. Bereits im Standard ist vorgesehen, dass die Auftragsabwicklung (übrigens auch alle anderen Prozesse) auch direkt in SAP Commerce Cloud erfolgen kann. Hierfür bietet SAP die sogenannten *Order Management Services* (OMS) an. Ein solches Szenario wird zwar eher selten eingesetzt, stellt aber einen validen Use Case dar und wird daher auch in diesem Kapitel ausführlich beschrieben.

Dieses Kapitel folgt einem typischen Einkaufsprozess: Beginnend mit der Möglichkeit, ein Angebot anzufordern und auszuhandeln (siehe Abschnitt 11.1, »Angebotsmanagement«) bis hin zur Bestellung über einen typischen Warenkorb und Checkout-Prozess (Abschnitt 11.2). Abschnitt 11.3, »Bestellhistorie«, erklärt, wie Kunden nach dem Checkout ihre getätigte Bestellung weiter verfolgen können. In Abschnitt 11.4, »Auftrags- und Bestandsmanagement in SAP Commerce Cloud«, gehen wir besonders auf die Funktionen von SAP Commerce Cloud ein, die in der Regel nur dann genutzt werden, wenn SAP Commerce Cloud als Stand-alone-Lösung betrieben wird.

11.1 Angebotsmanagement

Manche Kunden benötigen ein Angebot, bevor sie eine Bestellung aufgeben. Dies ist vor allem im B2B-Kontext üblich, oft auch bei größeren Investitionen, aber auch dann, wenn die Produktauswahl und der Bestellvorgang beim Kunden von unterschiedlichen Personen durchgeführt werden: Benötigt z. B. ein Techniker einen speziellen Sensor, geht er mit seiner technischen Expertise (die ein Einkäufer womöglich gar nicht hat) auf die Suche nach einem solchen, vergleicht verschiedene Produkte und wählt eines aus. Anschließend möchte er ein Angebot einholen, um es intern seinem Kollegen aus dem Einkauf vorzulegen, der dann die eigentliche Bestellung vornimmt. Ein anderer Anwendungsfall ist, dass ein Kunde eine größere Menge eines bestimmten Produkts benötigt und deshalb zunächst ein Angebot anfordert, mit dem Ziel, einen Rabatt auszuhandeln. In solchen Szenarien unterstützt SAP Commerce Cloud sowohl Ihre Kunden als auch Sie intern, indem es bereits im Standard ermöglicht, Angebotsanfragen vom Kunden zu initiieren, zu bearbeiten und anschließend überarbeitete Angebote zur Verfügung zu stellen.

Weitere interessante Ergänzungen

Prozesse wie die hier skizzierten können auch durch OCI (*Open Catalog Interface*) sinnvoll unterstützt werden. Was OCI ist und wie es einen solchen Prozess unterstützen kann, erläutern wir anschaulich in Abschnitt 17.11, »OCI Punchout und EDI«.

Auch die Integration von SAP CPQ kann die Angebotsabwicklung über den SAP-Commerce-Standard hinaus noch weitergehend ergänzen. Weitere Details und interessante Anwendungsfälle finden Sie in Abschnitt 17.6, »SAP CPQ«.

Beim Angebotsmanagement unterscheiden wir im Wesentlichen zwei verschiedene Prozessvarianten. In der ersten Variante wird eine Angebotsanfrage vom Kunden selbst initiiert, während in der zweiten Variante ein Angebot aktiv von Mitarbeitenden im Vertrieb erstellt und dem Kunden über den Webshop zur Verfügung gestellt wird. Beide dieser Varianten beschreiben wir in den nächsten beiden Abschnitten.

11.1.1 Durch den Kunden initiierter Angebotsprozess

Wenn ein Kunde ein Angebot benötigt, vielleicht aus einem der zu Beginn dieses Kapitels beschriebenen Gründe, startet er üblicherweise im Webshop im Produktkatalog (siehe Abschnitt 7.2, »Produktkataloge«) oder über die Suche (siehe Kapitel 8, »Suche und Facettierung«), um sich die gewünschten Produkte zusammenzustellen und sie in den Warenkorb zu legen. Im Warenkorb selbst hat der Kunde neben der Option, den Checkout zu durchlaufen und die Bestellung aufzugeben, auch die Möglichkeit, direkt ein Angebot anzufordern. Falls Sie verhindern möchten, dass Kunden zu kleinteilige Angebote anfragen, die Ihnen zu viel Arbeit und Aufwand machen, die in keinem Verhältnis zum Angebotswert stehen, können Sie bereits im Standard Schwellenwerte definieren. Dabei können Sie etwa angeben, ab welchem Gesamtbetrag überhaupt eine Angebotsanfrage initiiert werden kann. Abbildung 11.1 zeigt den Prozess, der durch die Angebotsanfrage initiiert wird.

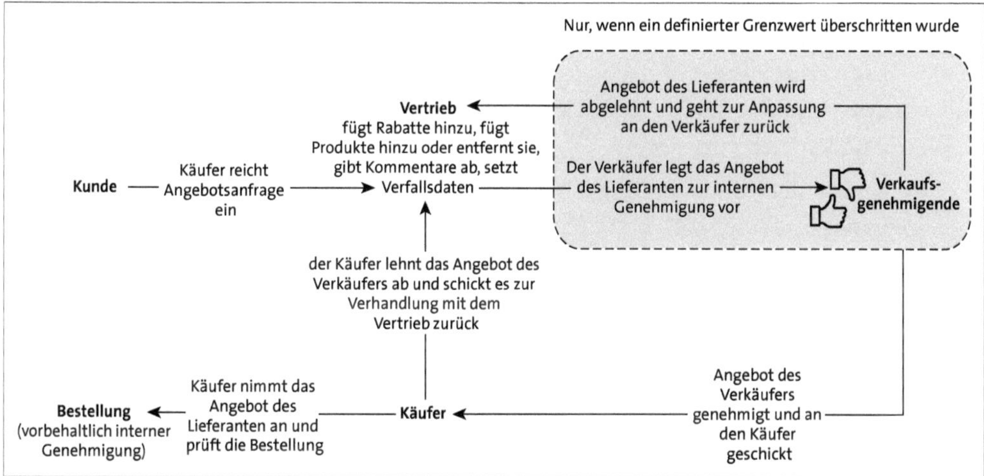

Abbildung 11.1 Angebotsprozess initiiert durch den Kunden

Nachdem der Kunde aus seinem Warenkorb heraus ein Angebot angefordert hat, wird der zuständige Vertriebsmitarbeiter per Workflow oder E-Mail über die neue Anfrage informiert. Der Prozess läuft wie folgt weiter:

1. Das Mitglied des Vertriebsteams meldet sich über das *Assisted Service Modul* (ASM) im Webshop an, greift auf die Anfrage zu und bearbeitet sie (mehr Informationen zum ASM finden Sie in Abschnitt 13.2, »Assisted Service Module«). Es hat die Möglichkeit, Produkte hinzuzufügen oder zu entfernen und Rabatte auf einzelne Produkte oder auf das gesamte Angebot zu geben. Darüber hinaus kann er auf Ebene der Angebotsposition oder des Angebotskopfes Kommentare hinzufügen, um dem Kunden entsprechende Hinweise zu geben. Auch das Ablaufdatum des Angebots kann angepasst werden. Über einen Status wird der Bearbeitungszustand des

Angebots visualisiert. Solange sich dieses im Entwurfsmodus befindet, kann der Vertriebsmitarbeiter Änderungen am Angebot vornehmen, ohne dass es für den Kunden einsehbar ist.

SAP Commerce Cloud unterstützt auch einen internen *Freigabeprozess*, der beispielsweise gestartet werden kann, wenn der Angebotswert einen gewissen Schwellenwert überschreitet. Liegt der Wert des Angebots über dem festgelegten Wert, können Mitarbeitende mit entsprechenden Berechtigungen entscheiden, ob das Angebot dem Kunden zugestellt werden soll oder nicht. Wird das Angebot abgelehnt, kann es vom Vertriebsmitarbeiter nachbearbeitet und im Anschluss erneut zur Freigabe gegeben werden. Sobald das Angebot dann freigegeben ist, wird es dem Kunden zur Verfügung gestellt. Liegt der Angebotswert unter dem Schwellenwert für die Freigabe, wird es direkt an den Kunden geschickt. Mit dem Absenden des Angebots wird ein rechtlich bindendes Angebot erzeugt, das durch den Vertriebsmitarbeiter dann auch nicht mehr geändert werden kann.

2. Der Kunde wird per E-Mail über den Erhalt des Angebots informiert. Im Webshop kann er das Angebot nach Login dann in seinem persönlichen Bereich einsehen, um es abzulehnen, zu akzeptieren oder für einen erneuten Überarbeitungszyklus dem Vertrieb vorzulegen.
3. Nimmt der Kunde das Angebot an, werden alle Produkte, die sich zu diesem Zeitpunkt im Warenkorb befinden, in einem gespeicherten Warenkorb abgelegt. Die Produkte aus dem Angebot und etwaige durch den Vertriebsmitarbeiter manuell hinterlegte Rabatte werden in den aktiven Warenkorb überführt. Dieser Warenkorb kann dann nicht mehr geändert werden. Produkte können weder hinzugefügt noch entfernt werden. Im Anschluss durchläuft der Kunde den Checkout-Prozess und bestellt das Angebot.

Der beschriebene Prozess arbeitet vollständig innerhalb von SAP Commerce Cloud und kann genauso, aber natürlich auch in abgewandelten Varianten, betrieben werden, ohne dass es den Einsatz weiterer (SAP-)Systeme bedarf. Das heißt, die erstellten Angebote liegen in diesem Szenario nur in SAP Commerce Cloud vor. Oft wünschen sich Unternehmen, dass ein solcher Angebotsprozess nicht nur isoliert in SAP Commerce Cloud abgehandelt wird, sondern erwarten eine Integration der Angebote in das CRM-System. Auch das ist möglich. SAP bietet bereits im Standard eine Integration mit SAP CPQ (für weitere Details dazu siehe Abschnitt 17.6, »SAP CPQ«). Wenn Sie nicht SAP CPQ nutzen, Angebote aber mit Ihrem eigenen, vielleicht SAP-fremden CRM-System integrieren möchten, ist auch das denkbar und nicht ungewöhnlich. Durch die offenen Schnittstellen und Integrationsmöglichkeiten haben Sie die Freiheit, auch solche Szenarien umzusetzen.

11.1.2 Durch den Vertriebsmitarbeiter initiierter Angebotsprozess

Eine andere Variante des Angebotsprozesses startet mit einem Angebot, was vom Vertriebsmitarbeiter erstellt wird, ohne dass vom Kunden zuvor eine Anfrage eingegangen ist. Das kann sinnvoll sein, wenn der Vertriebsmitarbeiter zuvor telefonisch mit dem Kunden in Kontakt stand oder einen geplanten Kundentermin vorbereitet. Abbildung 11.2 zeigt, wie ein solcher Prozess aussehen könnte:

1. Der Prozess startet, wenn sich der Vertriebsmitarbeiter im Assisted Service Module anmeldet (siehe Abschnitt 13.2, »Assisted Service Module«), anschließend seinen Kunden auswählt und die für den Kunden relevanten Produkte in den Warenkorb legt. Im Warenkorb erzeugt der Vertriebsmitarbeiter daraus eine Angebotsanfrage, genauso wie es der Kunde in dem in Abschnitt 11.1.1 beschriebenen Prozess selbst gemacht hat. Es gelten die gleichen Regeln wie für den vorherigen Prozess.
2. Wie im vorherigen Prozess kann der Vertriebsmitarbeiter noch Rabatte oder Kommentare für den Kunden ergänzen oder entsprechende kostenlose Produkte hinzufügen
3. Wenn der interne Freigabeprozess gestartet werden muss, weil der Schwellenwert für die Freigabe überschritten wurde, wird das Angebot zum freigabeberechtigten Mitarbeiter gesendet.

   Auch hier wird das Angebot wie im vorherigen Prozess erst nach einer Freigabe für den Kunden ersichtlich. Und auch hier kann er das Angebot wieder ablehnen, akzeptieren und bestellen oder entsprechend für etwaige Änderungswünsche zur Übergabe zurück an den Vertriebsmitarbeiter geben.

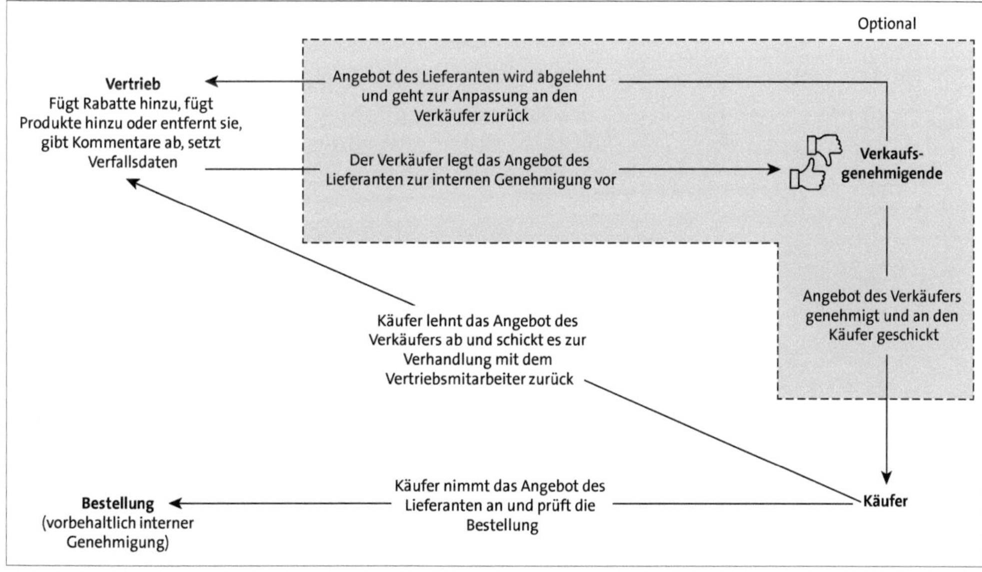

Abbildung 11.2 Angebotsprozess initiiert durch den Vertriebsmitarbeiter

Wie auch im vorherigen Prozess möchten Sie möglicherweise die Angebote nicht initial innerhalb von SAP Commerce Cloud erstellen, sondern in Ihrem CRM- oder Angebotssystem. Auch hier unterstützt SAP Sie mit der bereits erwähnten Integration mit SAP CPQ. In diesem Szenario wird das Angebot zunächst in SAP CPQ angelegt und anschließend nach SAP Commerce Cloud übertragen, sodass es für den Kunden einsehbar ist (siehe auch Abschnitt 17.6, »SAP CPQ«).

11.2 Warenkorb und Checkout

Die Funktionen des Warenkorbs und des Checkouts sind essenziell für den Abschluss des Kaufprozesses Ihrer Kunden. Der *Warenkorb* ist nicht nur der Sammelort der zuvor ausgewählten Produkte, er bietet auch weitere Funktionen wie die Eingabe von Rabatt-Coupons, Speicherung des Warenkorbs für zukünftige Bestellungen oder den Import von Produkten z. B. aus vorherigen Bestellungen für den erneuten Kauf. Mit dem Übergang in den Checkout steht der Kaufabschluss im Vordergrund. Der *Checkout* führt Ihre Kunden Schritt für Schritt zur Bestellung, indem notwendige Informationen wie Bezahlmethode und Bezahlinformationen, Lieferadresse und Liefermethode abgefragt werden, ohne den Kunden noch großartig vom Bestellvorhaben abzulenken. Im letzten Schritt kann Ihr Kunde seine Bestellung noch einmal prüfen und dann verbindlich abschicken. Diesen Prozess, vom Warenkorb bis zum Absenden der Bestellung, beschreiben wir anhand der Standardvisualisierung von SAP Composable Storefront in den folgenden Abschnitten.

11.2.1 Warenkorb

Der Warenkorb ist jederzeit über den sogenannten *Minicart* über den Header-Bereich des Shops erreichbar und gibt bereits eine Indikation, wie viele Produkte sich bereits im Warenkorb befinden. Abbildung 11.3 zeigt, wie ein Warenkorb in SAP Composable Storefront im Standard aussieht.

Anpassbarkeit

In den folgenden Abschnitten sehen Sie viele Standardscreens aus dem SAP-Standard-Frontend von SAP Composable Storefront. Selbstverständlich können Sie hier eigene Anpassungen vornehmen. Der Standard gibt lediglich eine Vorlage und Idee, wie diese Prozesse aussehen könnten. Auch welche Daten angezeigt und welche Funktionalitäten zur Verfügung stehen, können Sie individuell anpassen. UX-Design und Screen-Abfolgen könnten in Ihrem System ganz individuell auf die Bedürfnisse Ihrer Nutzer angepasst werden. Um eine Idee zu bekommen, wie SAP Commerce Cloud und SAP Composable Storefront angepasst werden können, lesen Sie Kapitel 16, »SAP Commerce Cloud erfolgreich erweitern«.

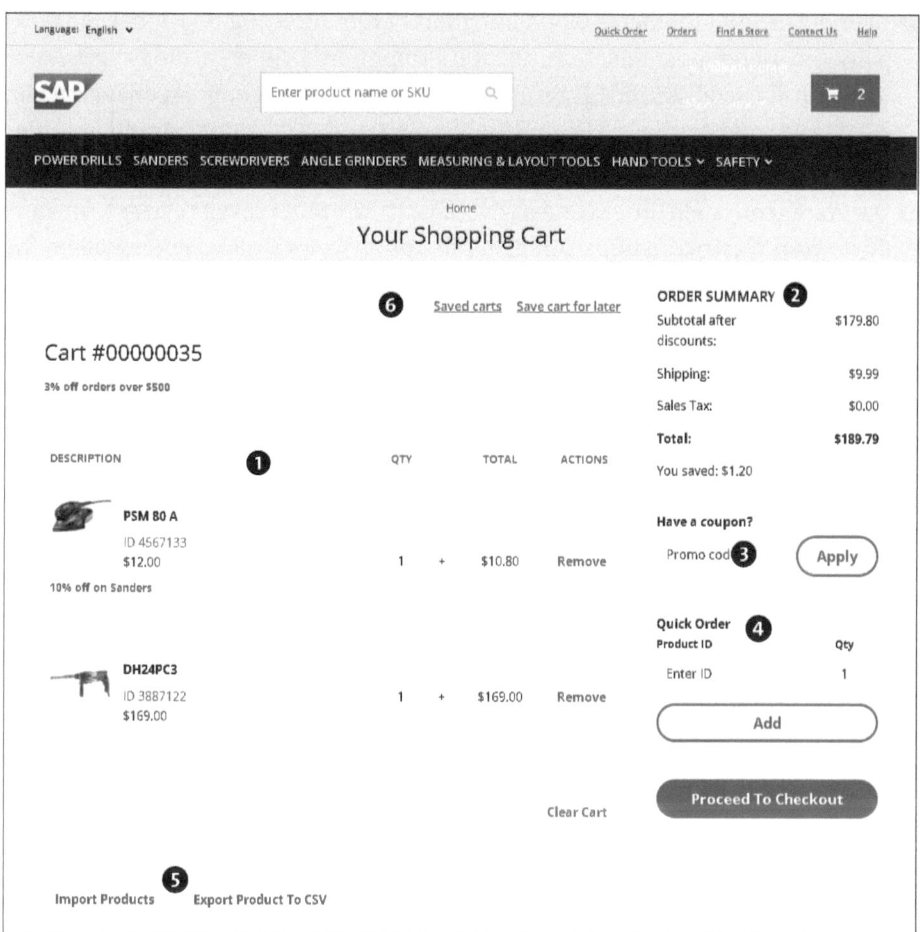

Abbildung 11.3 Warenkorb und Warenkorbfunktionen

Im Warenkorb bekommen die Nutzer einige Informationen und haben verschiedene Interaktionsmöglichkeiten:

❶ Die Produktliste zeigt alle Produkte im Warenkorb mit einigen Basisinformationen wie Name, Produktnummer, Einzelpreis. Die Bestellmenge kann angepasst oder ein Produkt aus dem Warenkorb entfernt werden. Auch der komplette Warenkorb kann auf einmal geleert werden.

❷ Im Bereich **Order Summary** werden die entsprechenden Preise wie die Summe der Einzelpositionen, die Lieferkosten und die Steuern sowie die Gesamtkosten gezeigt. Während des Checkout-Prozesses können sich die Kosten durch z. B. abweichende Liefermethoden noch ändern.

❸ Über die in SAP Commerce Cloud integrierte Promotion Engine können Sie Coupons generieren oder andere Arten von Promotion definieren, die bei gewissen Kriterien entweder automatisch oder durch Eingabe eines Coupon-Codes aktiviert werden. Wie die Promotion Engine funktioniert und welche Möglichkeiten sie bietet, erfahren Sie in Abschnitt 10.1, »Promotion Engine«.

❹ Der Warenkorb stellt Ihren Kunden zwei zusätzliche Möglichkeiten bereit, um Produkte zum Warenkorb hinzuzufügen. Die Option **Quick Order** dient vor allem Ihren erfahrenen Kunden, die sich gut mit Ihren Produkten auskennen oder oft bei Ihnen bestellen. Durch Eingabe der Produktnummer und der Menge wird das Produkt zum Warenkorb hinzugefügt.

❺ Eine weitere Möglichkeit ist die Funktion **Import Products**. Diese bietet Ihren Kunden die Möglichkeit, eine CSV-Datei hochzuladen. Die CSV-Datei kann eine Liste von Produktnummern mit entsprechender Menge enthalten und hilft Ihren Nutzern, viele Produkte auf einmal in den Warenkorb hinzuzufügen.

❻ Die Funktion, um den Warenkorb zu speichern, dient dazu, die Produkte eines Warenkorbs in einem gespeicherten Warenkorb abzulegen, z. B. um diesen zu einem späteren Zeitpunkt noch einmal zu bestellen oder um einen unfertigen Warenkorb abzulegen und zunächst mit einem anderen Warenkorb eine dringende Bestellung vorzuziehen. Ein Warenkorb kann aus dem aktiven Warenkorb gespeichert werden. Ihr Kunde kann dazu einen Namen und optional eine Beschreibung für die Identifikation des Warenkorbs eingeben.

Die gespeicherten Warenkörbe stehen dann im MyAccount als Liste zur Verfügung, so wie es in Abbildung 11.4 zu sehen ist. Von dort aus kann auch die zugehörige Detailseite geöffnet werden, von der die Produkte dann wieder in den aktiven Warenkorb hinzugefügt werden können oder der gespeicherte Warenkorb angepasst werden kann.

Abschließend sei erwähnt, dass SAP Commerce Cloud eine intelligente Zusammenführung von Warenkörben unterstützt. Startet ein Nutzer beispielsweise im nicht eingeloggten Zustand und befüllt seinen Warenkorb, wird dieser nach Login automatisch mit seinem persönlichen Warenkorb zusammengeführt, der vielleicht noch von vor einiger Zeit befüllt war. Das heißt, die Warenkörbe bleiben jederzeit persistiert und gefüllt, auch wenn der Kunde sich ausloggt. Auch werden die Warenkörbe zusammengeführt, wenn der Nutzer den Webshop über verschiedene Geräte gleichzeitig nutzt.

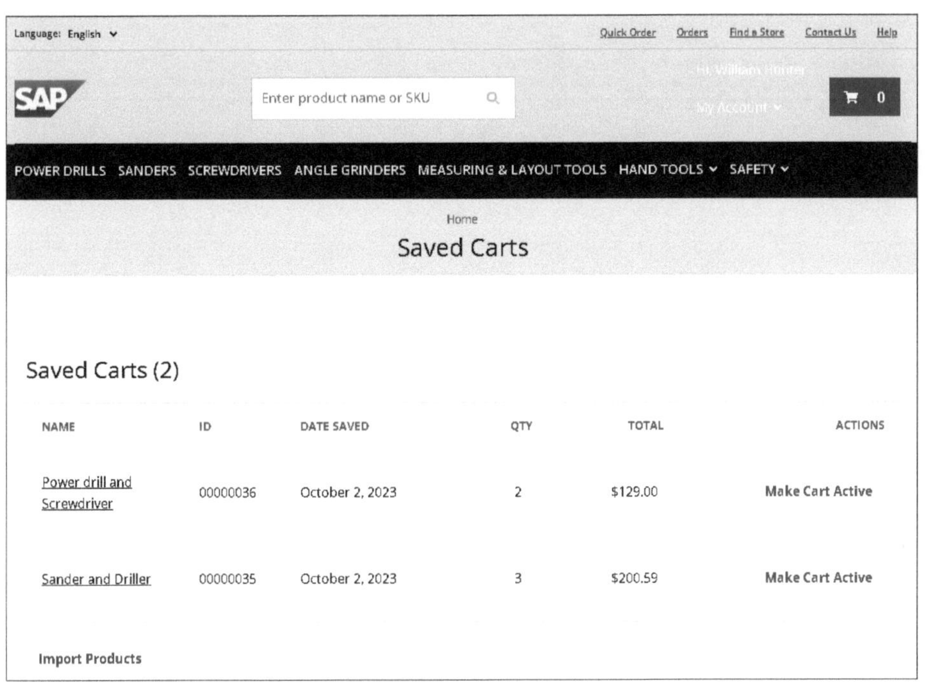

Abbildung 11.4 Liste gespeicherter Warenkörbe im MyAccount

11.2.2 Checkout

Nachdem der Kunde alle Produkte in den Warenkorb gelegt und die letzten Einstellungen vorgenommen hat, kann er neben der Möglichkeit, ein Angebot anzufordern (siehe Abschnitt 11.1.1), auch direkt in den *Checkout-Prozess* einsteigen. Der Checkout-Prozess ist der finale Schritt im Kaufprozess des Kunden. Der Prozess ist dabei im Standard mehrstufig gestaltet, um den Nutzer möglichst gezielt zu führen, nur die notwendigen Punkte abzufragen und sonst nicht weiter vom Bestellvorhaben abzulenken. Abbildung 11.5 zeigt den ersten Schritt des Checkout-Prozesses. Die folgenden Schritte sind immer gleich aufgebaut, d. h., im linken Bereich sind die wichtigen zu wählenden Optionen, während rechts stets die Order Summary aufgeführt ist, die Sie bereits aus dem Warenkorb aus Abbildung 11.3 kennen. So ist für den Nutzer sofort ersichtlich, wenn sich die Preise während des Checkouts noch einmal ändern, was durchaus vorkommen kann, wenn beispielsweise ein Express-Versand gewählt wird, was zusätzliche Kosten verursachen könnte.

Unterschiede zwischen B2C- und B2B-Shop

In den folgenden Abbildungen sehen Sie Beispiele aus dem Standard-Frontend von SAP Composable Storefront in der B2B-Variante. Der Prozess gilt grundlegend in gleicher Weise auch für das Standard-B2C-Szenario, kann sich aber in Details unterscheiden.

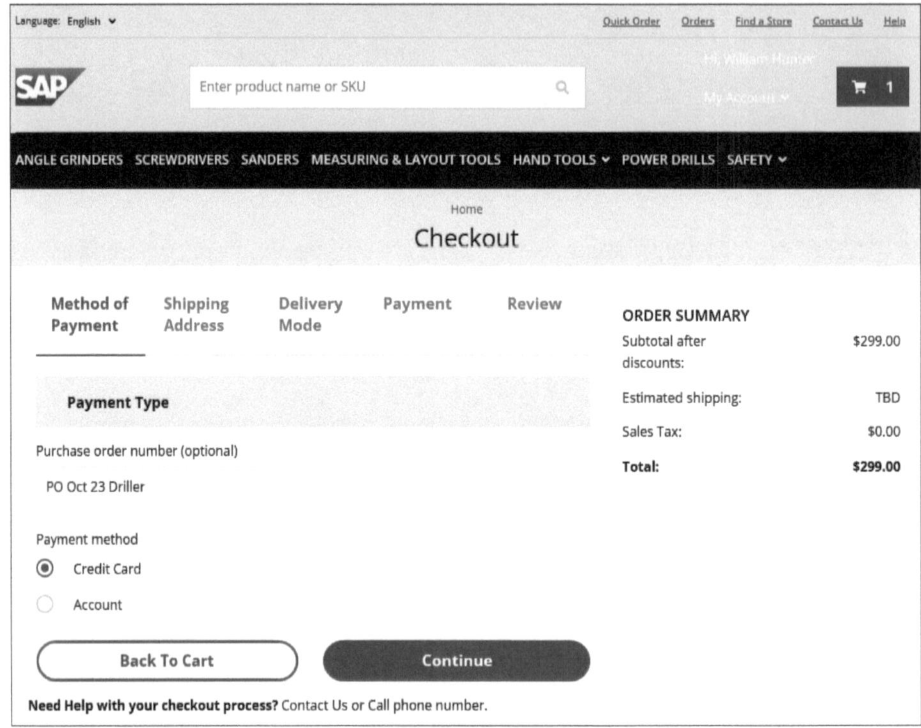

Abbildung 11.5 Auswahl der Zahlungsmethode im B2B-Shop

Im ersten Schritt des Checkouts wird der Kunde aufgefordert, die Zahlungsmethode zu wählen, und kann optional eine Bestellnummer erfassen, um die Bestellung später leichter identifizieren zu können. Anschließend folgen weitere Checkout-Schritte, z. B. um die Lieferadresse oder die Liefermethode auszuwählen. Dies ist ein sogenannter *Multi-Step-Checkout-Prozess*. Die Schritte des Checkouts können flexibel an Ihre Anforderungen angepasst werden. Schritte können hinzugefügt oder entfernt werden. Der Checkout-Prozess kann auch so gestaltet werden, dass er sich dynamisch anpasst, je nachdem welche Eingaben zuvor gemacht wurden. So wurde der in Abbildung 11.6 zu sehende Schritt Payment erst sichtbar, nachdem Kreditkarte als Zahlungsmethode ausgewählt wurde.

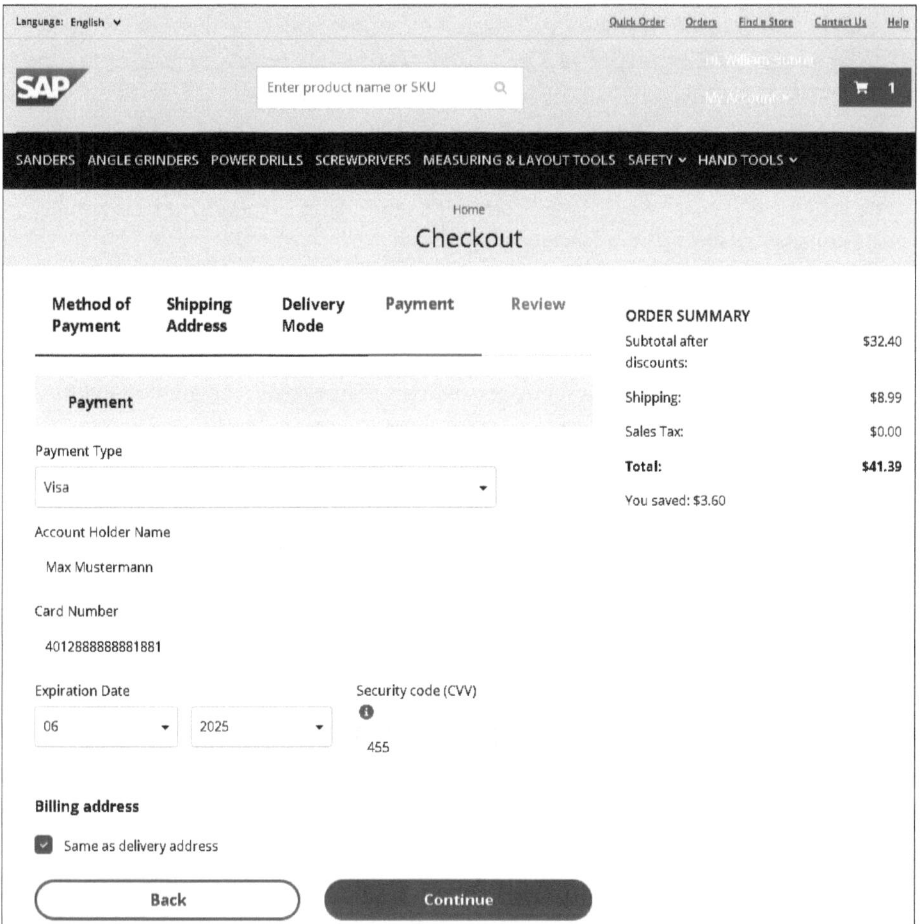

Abbildung 11.6 Eingabemaske für Kreditkarteninformationen im Checkout-Prozess

Payment Service Provider

Wenn Sie Ihren Kunden außer der Zahlung auf Rechnung oder Vorauskasse, die in der Regel über ein angebundenes ERP-System abgehandelt werden, weitere Zahlungsarten wie z. B. Kreditkarte anbieten möchten, empfiehlt sich der Einsatz eines *Payment Service Providers*.

SAP Commerce Cloud stellt für die Anbindung solcher Zahlungsdienstleister das sogenannte *Payment Framework* bereit. Dieses Framework stellt Schnittstellen bereit, um Adapter für beliebige Zahlungsanbieter implementieren zu können und die dafür notwendigen Transaktionsdaten innerhalb von SAP Commerce Cloud zu speichern. Sensible Informationen wie Kreditkarten werden selbstverständlich nicht in SAP Commerce Cloud gespeichert, sondern verbleiben beim Payment Provider.

Das Payment Framework unterstützt derzeit out of the box ausschließlich Kreditkartenzahlungen. Zahlungen per PayPal, Apple Pay etc. können aber durch Erweiterungen und Anpassungen im Checkout ebenfalls abgebildet werden.

Manche Payment Provider stellen auch eigene Extensions speziell für SAP Commerce Cloud zur Verfügung, die nur eingebunden und konfiguriert werden müssen. Bitte beachten Sie, dass je nach eingesetztem Frontend womöglich trotzdem noch ein paar Erweiterungen im Frontend notwendig sind.

Unsere Empfehlung ist daher: Suchen Sie sich einen Payment Provider, der viele Zahlungsarten abbilden kann, idealerweise auch in allen Ländern, in denen Sie operieren. Somit müssen Sie nur eine Implementierung vornehmen und haben auch im Betrieb nur einen Payment Provider zu betreuen. Nutzen Sie zusätzlich sogenannte *Hosted Pages*, sodass zur Zahlung auf Seiten des Payment Providers abgesprungen wird. Das reduziert den Aufwand für Erweiterungen im Frontend, und dem Nutzer wird klarer, dass er sich für die Zahlung auf einem anderen System befindet. Falls das nicht gewollt ist, kann die Abwicklung mittels Frontenderweiterung eingebettet werden.

Wenn Sie Ihren Kunden weitere Funktionen anbieten wie einen Express-Checkout, Gast-Checkout oder eine Buy-Online-Pick-Up-in-Store-Option werden jeweils verschiedene Checkout-Schritte notwendig. Abbildung 11.6 verdeutlicht die unterschiedlichen Varianten der Nutzerführung im Checkout, auf die wir hier noch einmal einzeln eingehen:

- Ein Kunde, der seine Waren beispielsweise direkt in einem Store in seiner Nähe abholen möchte, kann die Schritte der Lieferadresse und Liefermethode überspringen. Ein Kunde, der als Gast bestellen möchte, überspringt den Login, wird jedoch zum Ende des Kaufprozesses gefragt, ob mithilfe der Vergabe eines Passwortes ein Account erstellt werden soll, damit die Bestellung in der Bestellhistorie verfolgt werden kann oder zukünftige Bestellungen schneller vorgenommen werden können.
- Der *Express-Checkout* erlaubt eingeloggten Nutzern, gewisse Prozessschritte zu überspringen, um möglichst schnell zur Bestellzusammenfassung zu gelangen. Bereits bekannte Informationen wie Lieferadresse etc. werden genutzt. Wenn sie fehlen, durchläuft der Nutzer den regulären Checkout.
- Wenn ein Kunde keinen Account für Ihren Webshop einrichten möchte, kann dieser den *Gast-Checkout* nutzen, um den Kaufprozess abzuschließen. Das heißt, der Kunde loggt sich weder für die Produktauswahl noch für den Checkout-Prozess ein und bleibt die gesamte Zeit über anonym.

- Mit der Funktion *Buy Online, Pick Up in Store* (BOPiS) kann Ihr Kunde Produkte im Webshop kaufen und diese im nächstgelegenen Geschäft abholen. Für Sie entfällt dabei der Versand, und der Kunde kann seine Produkte direkt abholen, sofern sie verfügbar sind. BOPiS wurde vornehmlich für den B2C-Markt konzipiert und wird von SAP Commerce Cloud im B2C Accelerator unterstützt. Diese Funktion geht über den Checkout hinaus und betrifft zusätzlich Suche, Warenbestand und Warenkorb.

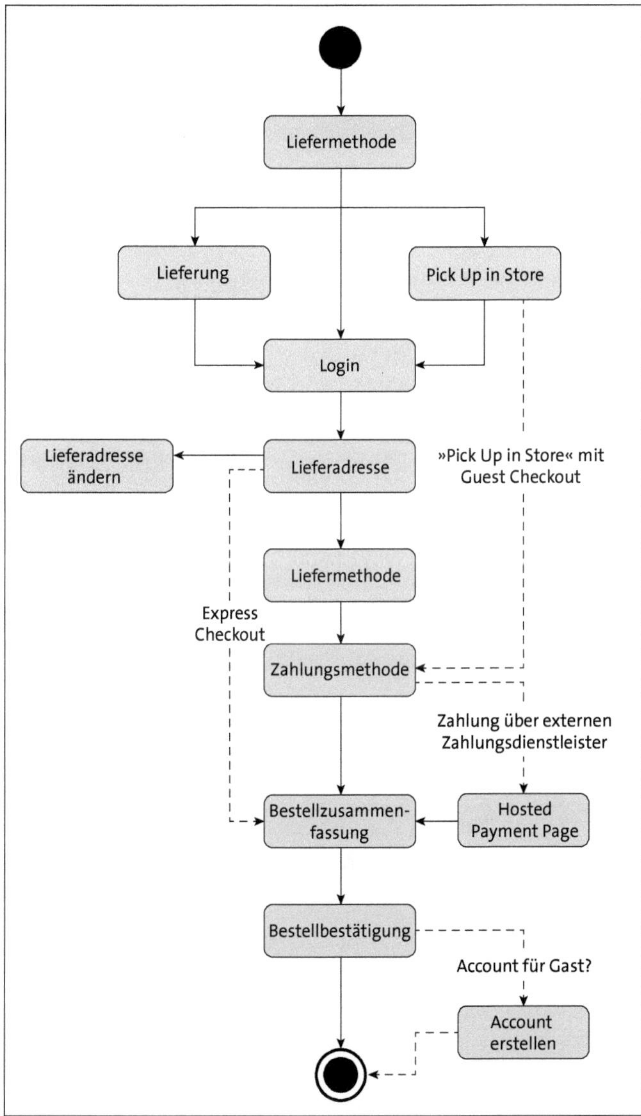

Abbildung 11.7 Verschiedene Varianten des Checkout-Prozesses (Quelle: SAP)

[»]

Funktionen in Verbindung mit ERP-Anbindung

Alle erklärten Funktionen unterstützt SAP Commerce Cloud vor allem im Stand-alone-Betrieb out of the box und können einfach in Betrieb genommen werden. Dennoch sollten Sie beachten, dass Prozesse immer gesamtheitlich über alle Systeme hinweg betrachtet werden müssen. Haben Sie ein ERP-System im Einsatz, wie z. B. SAP S/4HANA oder SAP ECC, und Sie möchten alle beschriebenen Funktionalitäten einsetzen, müssen auch die ERP-Prozesse passen, damit solche Funktionen end-to-end, über die gesamte Systemkette hinweg, umgesetzt werden können und funktionieren. So ist z. B. die Einführung eines Payment Service Providers keineswegs nur eine einfache Frontend-Anbindung oder ein einfacher Absprung auf die Zahlungsseite des Payment Providers. Auch ERP-seitig muss der Payment Provider entsprechend integriert werden, um die Zahlungsabwicklung nach Lieferung mit dem Payment Provider automatisch abzuwickeln. Betrachten Sie Ihre Prozesse daher immer end-to-end!

Nachdem der Kunde den gesamten Checkout-Prozess durchlaufen hat, werden ihm sämtliche Eingaben und eine Übersicht seiner Bestellung noch einmal für eine letzte Prüfung angezeigt. Nachdem er die AGB akzeptiert hat, kann die Bestellung dann platziert werden. Eine entsprechende Bestätigungsseite bestätigt den Eingang der Bestellung und zeigt eine Bestellnummer. Zusätzlich kann eine E-Mail über den Erhalt der Bestellung informieren. Dabei handelt es sich nicht um eine offizielle Auftragsbestätigung, sondern lediglich um einen Eingang der Bestellung. Die Auftragsbestätigung wird in aller Regel dann vom entsprechenden ERP-System versendet, sobald der Auftrag bestätigt wurde.

11.2.3 Auftragsplanung und Wiederbeschaffung

Die *Auftragsplanung* und die *Wiederbeschaffung* sind Teil des Order-Management-Moduls und wurden hauptsächlich für den B2B-Markt entworfen. Das Order-Management-Modul ermöglicht Ihren Kunden, Zeitpläne für zukünftige oder wiederkehrende Bestellungen zu definieren. Ihre Kunden können Produkte in den Warenkorb legen und ein Datum in der Zukunft festlegen, an dem die Bestellung ausgeführt werden soll, z. B. wenn Ihr Kunde am Freitag eine Bestellung vorbereitet, die am folgenden Montag in Auftrag gegeben werden soll. Am geplanten Datum wird die Bestellung automatisch ausgeführt, ohne eine weitere Beteiligung Ihres Kunden. Diese Funktion lässt sich neben Warenkörben auch auf vergangene Bestellungen anwenden. Bei der Auswahl des Bestelltermins kann der Kunde definieren, ob es sich um eine einmalige oder eine wiederkehrende Bestellung handeln soll, die z. B. einmal monatlich ausgeführt werden soll.

11.3 Bestellhistorie

Die **Bestellhistorie** ist Teil des MyAccount-Bereichs im Webshop und daher nur nach vorheriger Anmeldung erreichbar. Dort können die Kunden jederzeit alle ihre Bestellungen einsehen, um z. B. den Status einer Bestellung nachzuverfolgen oder um Bestellungen aus der Vergangenheit erneut zu tätigen. Wie das im Standard aussieht, sehen Sie in Abbildung 11.8.

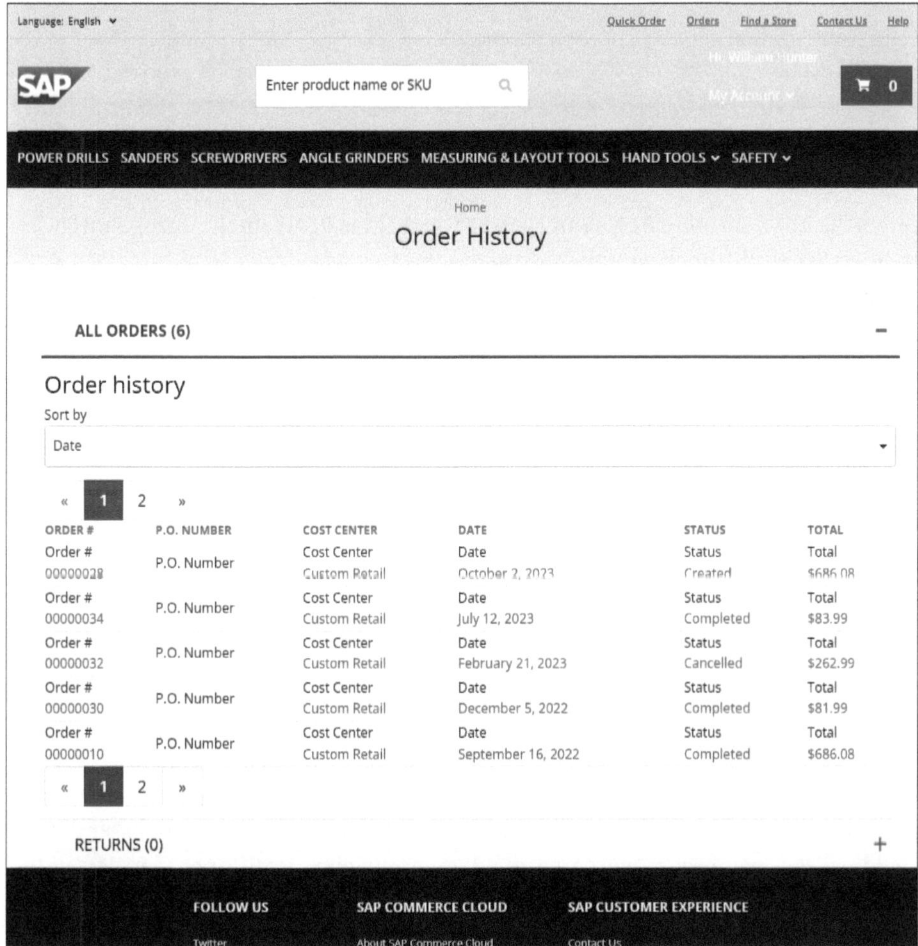

Abbildung 11.8 Bestellhistorie – Liste aller Bestellungen

Die Bestellhistorie, in diesem Fall eines B2B-Shops, zeigt alle Bestellungen in einer Liste mit einigen Auftragsinformationen wie Datum, Bestellnummer, Status etc.

Bestellhistorie auch für Offline-Bestellungen

Die Bestellhistorie zeigt im Standard zunächst einmal nur Bestellungen, die in SAP Commerce Cloud angelegt wurden, d. h. die der Kunde über den Webshop aufgegeben hat. Nutzen Sie jedoch ein SAP-S/4HANA- oder SAP-ECC-System, kann die Bestellhistorie zusätzlich auch andere Bestellungen bzw. Aufträge anzeigen, die zu diesem Kunden im ERP-System vorliegen. Dazu werden auch auf anderem Wege getätigte Bestellungen, die im ERP-System erfasst sind, an SAP Commerce Cloud repliziert. Wie diese Integration genau aussieht, erklären wir in Kapitel 15, »SAP Commerce Cloud mit SAP S/4HANA und SAP ECC«. Eine solche Integration kann prinzipiell auch mit Nicht-SAP-ERP-Systemen realisiert werden. Für SAP S/4HANA und SAP ECC gibt es jedoch vorgefertigte Standardintegrationen.

Durch die Auswahl einer Bestellung gelangt der Kunde dann auf die dazugehörige Bestelldetailseite, die noch weitere Informationen anzeigt:

- Bestellnummer
- Bestelldatum
- Status
- Bestellreferenz
- Bezahlmethode
- Kostenstelle
- Lieferadresse
- Liefermethode
- Bestellpositionen
- Kostenübersicht inkl. Lieferkosten, Steuern und Gesamtkosten

Abhängig vom Bestellstatus können weitere Aktionen durchgeführt werden. Eine unbearbeitete Bestellung kann Ihr Kunde stornieren, sodass diese nicht weiterbearbeitet wird. Ist eine Bestellung bereits abgeschlossen, kann eine Rückgabe über die Bestelldetailseite veranlasst werden, um alle oder einzelne Positionen der Bestellung zurückzuschicken.

Angezeigte Daten in der Bestellhistorie

Die hier gezeigten Bildschirmansichten zeigen die Daten, die der Standard anzeigt. Natürlich kann die Anzeige auch noch auf andere Daten erweitert werden. Beispielsweise kann es sinnvoll sein, dem Kunden auf der Bestelldetailseite auch gleich noch das entsprechende PDF zu Auftragsbestätigungen, Lieferscheinen oder Rechnungen anzuzeigen.

11.4 Auftrags- und Bestandsmanagement in SAP Commerce Cloud

Wie bereits erwähnt, kann SAP Commerce Cloud auch als Stand-alone-Lösung, d. h. ohne Anbindung eines ERP-Systems betrieben werden. Für solche Fälle bietet SAP Commerce Cloud die sogenannten *Order Management Services* (OMS), mit denen Sie die Auftragsabwicklung auch ohne ERP-System durchführen können.

Die Order Management Services dienen der Auftragsverwaltung und umfassen schwerpunktmäßig die Verwaltung von Lager und Point of Services, die Kommissionierung und Verpackung der Waren sowie den Versand an den Kunden. Dieses Modul bringt das *Order Fulfillment Cockpit* für das Backoffice mit. Es handelt sich also um eine spezielle Backoffice-Ansicht, die genau auf diesen Anwendungsfall bzw. Prozess zugeschnitten ist. Es stellt Oberflächen zur Pflege von Informationen und zur Abarbeitung eingegangener Bestellungen bereit. Dokumente, die für die Auftragsbearbeitung benötigt werden, werden den Mitarbeitenden zum jeweiligen Bearbeitungsschritt zur Verfügung gestellt.

11.4.1 Lager- und Bestandsverwaltung

Mithilfe der *Lagerverwaltung* des Order Fulfillment Cockpits können Sie Ihre Lager und Point of Sales (PoS) verwalten. Sie haben die Übersicht über alle Erfüllungsorte, können die Informationen einsehen und verändern. In Abbildung 11.9 sehen Sie die Lageransicht.

Im Order Fulfillment Cockpit können Sie grundlegende Einstellungen zu Ihrem Lager pflegen, z. B. die verfügbaren Liefermethoden oder die Point of Services, die von diesem Lager aus mit Waren beliefert werden können. Ein Score gibt Auskunft darüber, mit welcher Priorität Produkte aus diesem Lager bezogen werden sollen. Für jedes Lager können die Lagerbestände ermittelt und geprüft werden, welche Lieferungen gerade in Bearbeitung sind. Auch bietet dieses Modul eine Bestandsverwaltung, die der Kontrolle und Pflege von Lagerbeständen dient. Der Bestand jedes Produkts wird gezeigt und wenn verfügbar auch das Datum des nächsten Wareneingangs. Neu angelieferte Produkte können manuell in einem Lager erfasst werden.

Die Bestandsverwaltung ist eine wichtige Grundlage für die Produktverfügbarkeit im Webshop. Diese Daten werden genutzt, um mithilfe der Funktion *Available-to-Promise* (ATP) die verfügbaren Mengen an Produkten zu berechnen. In dieser Berechnung werden Warenbestände und -bewegungen einbezogen, wie z. B. Wareneingang aus Produktion und Bestellungen, Rücksendungen aus Retouren, Schwund und Abfall oder Reservierungen.

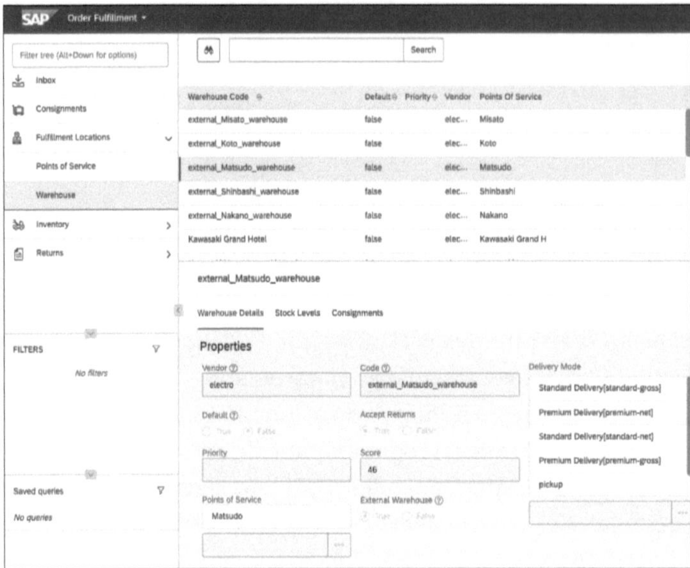

Abbildung 11.9 Ansicht zur Verwaltung von Lagern im Order Fulfillment Cockpit

11.4.2 Auftragsbearbeitung und Rücksendungen

Der Bestelleingang löst sowohl automatisierte als auch manuelle Prozesse aus, die für die Auftragsbearbeitung durchlaufen werden müssen. Abbildung 11.10 zeigt Teilprozesse und wie diese aufeinander aufbauen. Abhängig von Lagerhaltung, Produkten und anderen Faktoren können Teilprozesse ausgetauscht oder übersprungen werden oder in der Reihenfolge variieren.

Die Kundenbestellung durchläuft zunächst eine Betrugsprüfung, bei der die Bestellung auf Betrugsmerkmale hin überprüft wird. Die Prüfung ermittelt einen Score, der die Grundlage für die Entscheidung darstellt, ob die Bestellung weiterverarbeitet wird, einer manuellen Prüfung unterzogen werden muss oder abgelehnt wird.

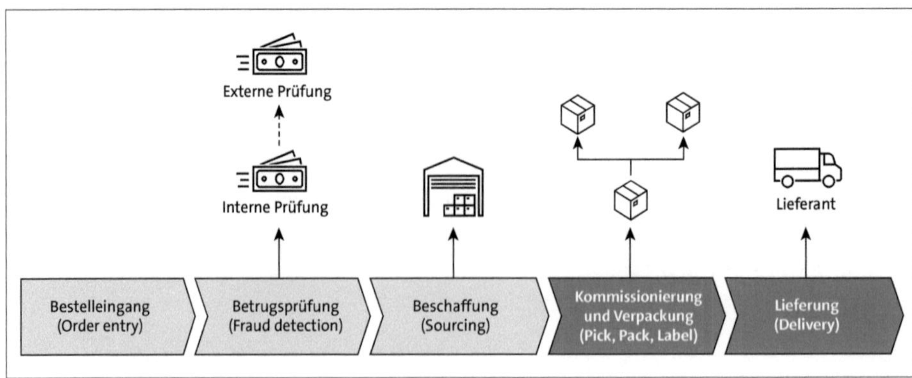

Abbildung 11.10 Prozess der Auftragsbearbeitung

Folgende Einflussfaktoren können bei der Berechnung des Scores berücksichtigt werden:

- erste Bestellung
- Bestellpositionen, z. B. hochwertige oder risikobehaftete Produkte
- Bestellwert bzw. Bestellmenge
- Abweichung zwischen Rechnungs- und Lieferadresse
- Sperr- und Erlaubnislisten

Die integrierte *Betrugsprüfung* von SAP Commerce können Sie an Ihre Bedürfnisse anpassen, indem Sie Faktoren definieren, die einbezogen werden sollen, und ihren Score bestimmen. Zur Ergänzung der integrierten Betrugserkennung können Sie die Lösungen externer Dienstleister einbinden.

Wenn die Bestellung weiterverarbeitet wird, durchläuft diese als nächsten Schritt das *Sourcing*. Dabei wird das Lager oder der Point of Service definiert, der für die Kommissionierung, Verpackung und den Versand der Bestellung verantwortlich ist. Darüber hinaus wird bei einer Bestellung, die aus mehreren Produkten besteht, festgelegt, ob und in wie vielen Teillieferungen die Bestellung eingeteilt wird. Diese Aufteilung wird als *Order Splitting* bezeichnet und teilt sich in drei grundlegende Strategien:

- **No-Splitting-Strategie**
  Die Bestellung wird nicht oder nur in möglichst wenige Pakete aufgeteilt.
- **Abholstrategie**
  Der Kunde holt die Produkte an einem Point of Service in seiner Nähe ab.
- **No-Restrictions-Strategie**
  Es sind keine Standort- oder Aufteilungsbeschränkungen vorgegeben. Die Bestellung kann in beliebig viele Teillieferungen eingeteilt und von verschiedenen Standorten verschickt werden.

Jede Strategie basiert auf einer Reihe gewichteter Kriterien wie Verfügbarkeit und Entfernung, die für jede Bestellung berechnet wird. Sie sind natürlich auch anpassbar.

Im Anschluss an die automatisierte Verteilung der Lieferungen auf die Lager und Point of Services beginnt die Kommissionierung, die Verpackung und der Versand bzw. die Bereitstellung für die Abholung der Bestellung. Dieser manuelle Teilprozess wird durch Lagermitarbeitende ausgeführt. Eine neue Bestellung wird automatisch einer Mitarbeiterin oder einem Mitarbeiter zugeordnet. Mitarbeitende werden über eine Inbox im Order Fulfillment Cockpit über die anstehende Aufgabe informiert. Wenn die Bestellung nicht aus dem Lager bereitgestellt werden kann, kann die Bestellung an ein anderes Lager übergeben werden. Dieser Prozess nennt sich *Reallocation* und dient als manueller Eingriff in die automatische Sourcing-Strategie.

Die Lagermitarbeitenden starten den Versand-Workflow in SAP Commerce, um eine Bestellung zu bearbeiten:

- Pick
- Pack
- Label

SAP Commerce Cloud unterstützt die Mitarbeitenden dabei mit notwendigen Dokumenten, die für die Bearbeitung notwendig sind. Im Entnahme-Dokument (Pick) befinden sich Informationen über den Lagerort der Produkte für die Kommissionierung. Der Lieferschein (Pack) wird der Sendung beigelegt, um dem Kunden die beinhalteten Produkte aufzuzeigen, und das Versandetikett (Label) wird schließlich auf den verpackten Waren angebracht, damit das Paket seine korrekte Zieladresse erreicht. Die Mitarbeitenden können alle Schritte im System bestätigen und werden jeweils mit notwendigen Informationen bei ihrer Arbeit unterstützt. In Abbildung 11.11 sehen Sie die Oberfläche im Order Fulfillment Cockpit zur Bearbeitung einer Bestellung.

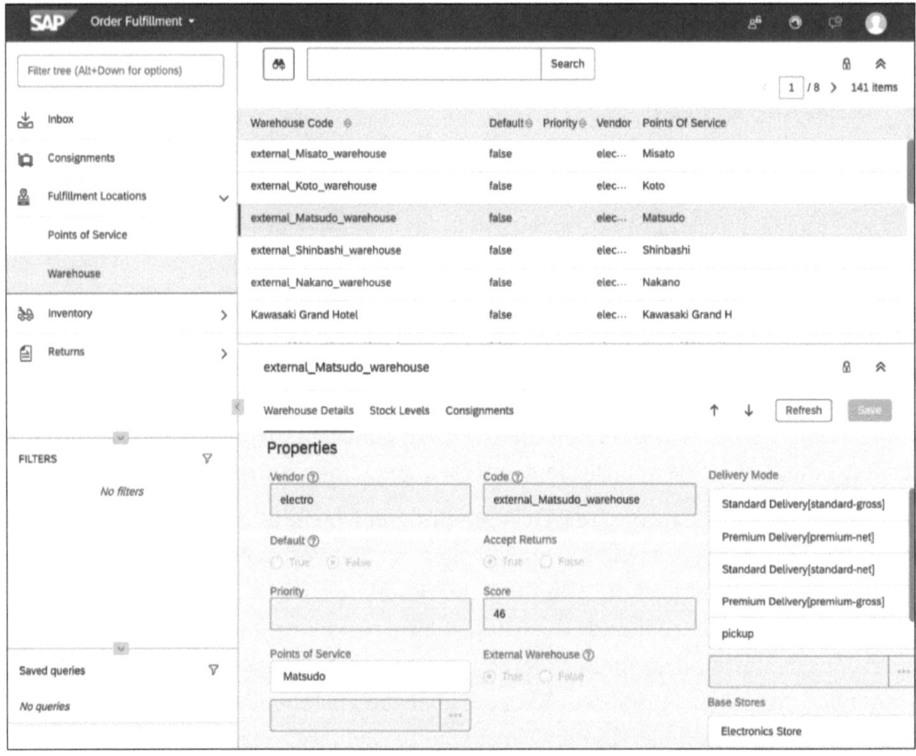

Abbildung 11.11 Angebotsbearbeitung im Order Fulfillment Cockpit

Die Übergabe der Waren an den Lieferanten beendet den Versand-Workflow. Der *Tracking-Code*, der bei der Quittierung der Warenannahme erstellt wird, kann im Auftrag im SAP Commerce erfasst werden, um diesen dem Kunden bereitzustellen.

Ihr Kunde kann seine Bestellungen jederzeit in der Bestellhistorie des Shops verfolgen (siehe Abschnitt 11.3, »Bestellhistorie«). Kundenrelevante Informationen aus dem Auftragsbearbeitungsprozess werden dort bereitgestellt, wie Statusänderungen, Transportinformationen, Tracking-Informationen oder der voraussichtliche Liefertermin. Abhängig vom Bearbeitungsstatus der Bestellung stehen dem Kunden zusätzliche Funktionen zur Verfügung. Eine Bestellung, die eingegangen, jedoch noch nicht kommissioniert ist, kann vom Kunden noch storniert werden. Bereits verschickte Waren können teilweise oder vollständig retourniert werden.

Wenn Stornierung oder Retoure durch Ihren Kunden initiiert wird, kann diese wie zuvor die Bestellung durch Mitarbeitende im Order Fulfillment Cockpit bearbeitet werden. SAP Commerce Cloud unterstützt Ihre Mitarbeitenden dabei, dass Rücksendungen geprüft und verarbeitet, die Warenbestände im Lager aktualisiert werden und die Rückerstattungen für den Kunden berechnet wird.

Wie Sie gesehen haben, bietet SAP Commerce Cloud bereits umfangreiche, bis ins Detail ausgeklügelte Funktionen, die es ermöglichen, solche Prozesse auch direkt innerhalb der SAP Commerce Cloud abzubilden. Natürlich müssen sie nicht 1:1 so verwendet werden, wie sie vom Standard vorgesehen sind – sie lassen sich an Ihre individuellen Gegebenheiten anpassen.

11.5 Preise und Rabatte

Produkte in einem Webshop müssen bis auf wenige Ausnahmen in der Regel mit Preisen versehen werden. SAP Commerce Cloud bietet bereits im Standard alles, was Sie benötigen, um Preisbestandteile zu pflegen, Preise zu berechnen und sie anzuzeigen. Dabei handelt es sich nicht nur um Listenpreise, sondern es können auch Rabatte berücksichtigt werden, die Preise können für verschiedene Länder unterschiedlich sein, aber auch für Kunden oder Kundengruppen individuell gestaltet werden.

Wie auch bei den Funktionen aus den vorangegangenen Kapiteln beinhaltet SAP Commerce Cloud bereits alle Funktionen, um Preise abzubilden, und zwar auch ohne integriertes ERP-System als Stand-alone-Lösung.

Über das Backoffice pflegen Sie die sogenannten *Preis- und Rabattzeilen*. Diese Preis- oder Rabattzeilen können unterschiedlich gepflegt werden, bestehen aber mindestens aus Wert und Währung. Darüber hinaus können einige Einstellungen vorgenommen werden:

- Stellen Sie ein, ob es sich um einen Brutto- oder einen Netto-Preis handelt.
- Ein Preis kann entweder direkt einem Produkt oder mehreren Produkten einer sogenannten *Preisklasse* zugewiesen werden. Ist beides nicht gepflegt, handelt es sich um einen globalen Preis, der für Produkte in die Preisberechnung einfließt.
- Optional kann auch eine Kundenzuordnung definiert werden. Der Preis kann zusätzlich nur für einen Kunden oder für eine Kundenpreisliste definiert werden. Ist dies nicht gepflegt, gilt der Preis für alle Kunden.
- Mit Staffelpreisen können Sie definieren, dass der Preis pro Stück (genauer gesagt pro Verkaufseinheit) abnimmt, je höher die Bestellmenge ist.
- Der sogenannte *Kanal* kann genutzt werden, um Kunden pro Kanal andere Preise anzubieten, z. B. auf einem mobilen Endgerät einen anderen Preis als auf einem Desktop-Gerät anzuzeigen.
- Preise und Rabatte können auch per Datum in der Gültigkeit begrenzt werden.

Bei diesen eingepflegten Preisen oder Rabatten handelt es sich schlussendlich um Preisbestandteile. Der tatsächliche Preis wird dann durch die Preisfindung zur Laufzeit ermittelt, indem alle gültigen Preis- und Rabattzeilen geprüft und gemäß den gepflegten Bedingungen bei der Zusammenstellung des Preises berücksichtigt werden. Preiszeilen schließen sich gegenseitig aus – je spezifischer eine Preiszeile ist, desto höher ist deren Priorität:

- Kundenspezifische Preise überschreiben produktspezifische Preise.
- Kundenspezifische Preise überschreiben kundengruppenspezifische Preise.
- Kundengruppenspezifische Preise überschreiben globale Preise.
- Produktspezifische Preise überschreiben produktgruppenspezifische Preise.
- Produktgruppenspezifische Preise überschreiben globale Preise.

Wenn Sie besondere Anforderungen an die Preisfindung haben, können Sie über Erweiterungen in diese Logik eingreifen und sie an Ihre Bedürfnisse anpassen.

Wie Sie gesehen haben, bietet SAP Commerce Cloud bereits im Standard sehr viele Möglichkeiten, Preise im System abzubilden – auch ohne Integration in etwaige ERP-Systeme. In der Praxis kommt dies eher selten zum Einsatz. In den meisten Unternehmen ist das ERP-System das führende System für Preise. Um Preise aus ERP-Systemen wie SAP S/4HANA oder SAP ECC zu bekommen, gibt es verschiedene Möglichkeiten, die sogar im Standardumfang enthalten sind. Welche Möglichkeiten sowie Vor- und Nachteile es gibt und welche technischen Details zu beachten sind, erfahren Sie in Kapitel 15, »SAP Commerce Cloud mit SAP S/4HANA und SAP ECC«.

11.6 Fazit

Abschließend sei erwähnt, dass SAP Commerce Cloud out of the box bereits ein umfangreiches Order Management mitbringt, das alle möglichen Use Cases abdecken kann und viele Details berücksichtigt. Sollte der Standard für Sie nicht ausreichen, lässt er sich dank des offenen Frameworks jederzeit an Ihre Bedürfnisse anpassen (siehe Kapitel 5, »Infrastruktur und Architektur«, und Kapitel 16, »SAP Commerce Cloud erfolgreich erweitern«).

Die Order Management Services runden das Funktionsportfolio von SAP Commerce Cloud ab. Sie können Ihre Shop-Funktionen inklusive der Prozesse bis zum Versand Ihrer Produkte an den Kunden end-to-end abbilden und benötigen nicht einmal ein ERP-System, auch wenn dies unserer Erfahrung nach in der Praxis eher selten Anwendung findet.

Falls Sie ein ERP-System einsetzen, betrachten Sie die Prozesse und Funktionen immer end-to-end über die gesamte Systemlandschaft hinweg. Nicht alle der vielen detaillierten Möglichkeiten passen auch zu den ERP-Prozessen. Wenn Sie ein ERP-System von SAP wie SAP S/4HANA oder SAP ECC nutzen, erleichtern Ihnen die vorgefertigten Integrationen die Arbeit, und Sie können zentrale Prozesse systemübergreifend einfach in Betrieb nehmen oder haben zumindest eine Grundlage für weitere Anpassungen.

Kapitel 12
Kundenmanagement

Ein Webshop oder ein Kundenportal ohne effektives Kundenmanagement? Undenkbar. Funktionen wie Login, Logout, Registrierung und Customer Identity and Access Management (CIAM) sind essenziell. Mit dem Kundenmanagement der SAP Commerce Cloud können Sie Prozesse rund um Bestellungen und Kundenanfragen kundenfreundlich optimieren.

Ein effektives Kundenmanagement ist der Dreh- und Angelpunkt für den Erfolg eines Webshops oder eines Kundenportals. Wie Kunden sich registrieren und anmelden, ist nicht nur eine Frage der Zugänglichkeit, sondern auch ein entscheidender Faktor für die Kundenzufriedenheit und -bindung. Dies gilt insbesondere für B2B-Plattformen, bei denen der Zugang zu spezifischen Informationen wie Preisen, Lagerbeständen und detaillierten Produktbeschreibungen oft hinter einer Anmeldebarriere verborgen ist. Dies nennt man auch *Early Login*. Der Grund dafür ist, dass solche Informationen häufig sensibel sind und auf die spezifischen Bedürfnisse und Vereinbarungen mit dem jeweiligen Geschäftskunden zugeschnitten werden müssen.

In einem geschlossenen Shop oder einem sicheren Kundenportal ist der Login-Prozess unerlässlich. Erst durch die genaue Identifikation des Nutzers und die Zuordnung zu einem bestimmten Unternehmen können personalisierte und relevante Informationen bereitgestellt werden. Diese Informationen können aus verschiedenen Quellen stammen, wie z. B. aus dem SAP-S/4HANA-System, SAP Sales Cloud oder anderen integrierten Geschäftssystemen. Die bereitgestellten Daten sind oft kunden- und unternehmensspezifisch, was bedeutet, dass sie auf die individuellen Anforderungen und Vorzüge des Kunden zugeschnitten sind.

Die Herausforderung besteht darin, ein Kundenmanagementsystem zu schaffen, das nicht nur sicher und effizient ist, sondern auch ein benutzerfreundliches Erlebnis bietet. Ein reibungsloser Registrierungs- und Login-Prozess ist entscheidend, um den Nutzern den Zugang zu den für sie relevanten Informationen zu erleichtern. Dies kann durch eine intuitive Benutzeroberfläche, klare Anweisungen und Unterstützung während des Registrierungsprozesses erreicht werden. Darüber hinaus ist es wichtig, dass die Nutzerinnen und Nutzer sich darauf verlassen können, dass ihre persönlichen Daten und Geschäftsinformationen sicher gehandhabt werden.

In diesem Kapitel werden wir die verschiedenen Aspekte des Kundenmanagements eingehend untersuchen. Wir befassen uns mit Best Practices für die Registrierung und Anmeldung in Abschnitt 12.1. Anschließend diskutieren wir die Bedeutung des Datenschutzes und der Datensicherheit (siehe Abschnitt 12.2, »Consent Management«). Wir erörtern die Technologien und Strategien, die für ein sicheres, effizientes und benutzerfreundliches Kundenmanagement erforderlich sind (siehe Abschnitt 12.3, »Customer Identity and Access Management«). Wir beleuchten auch die Rolle von personalisierten Kundenportalen und deren Beitrag zur Verbesserung des Kundenerlebnisses und der Kundenbindung.

12.1 Registrierung und Login

Die *Registrierung* ist oft der erste direkte Kontakt zwischen einem Kunden und einem Unternehmen. Ein gut gestalteter Registrierungsprozess kann den Grundstein für eine langfristige Kundenbeziehung legen. In SAP Commerce Cloud wird dieser Prozess durch benutzerfreundliche Formulare unterstützt, die eine schnelle und unkomplizierte Dateneingabe ermöglichen. Die Registrierung ist so konzipiert, dass sie die Conversion Rate maximiert, indem sie den Kunden nicht mit unnötigen Informationen überfordert. Stattdessen werden nur die wesentlichen Daten abgefragt, die für die Erstellung eines Kundenkontos erforderlich sind.

Eine Registrierung wird in der Regel über das Registrierungsformular abgewickelt. Dieses Formular wird in Front- und Backend so aufbereitet, dass es alle notwendigen und relevanten Informationen abfragt. In der Regel werden mindestens die folgenden Informationen abgefragt:

- Name und Vorname
- Firmenname
- Straße/Hausnummer
- Postleitzahl
- Stadt
- Land
- E-Mail-Adresse
- Telefonnummer
- Passwort

Diese Informationen können beliebig angepasst werden. So können je nach Businessanforderungen Felder in dieses Formular hinzugefügt oder entfernt werden. In einem Registrierungsformular müssen weitere spezifische Dinge beachtet werden. Die Sicherheit ist ein zentrales Anliegen bei der Registrierung und beim Login. SAP Commerce Cloud ermöglicht es Unternehmen, starke Passwortrichtlinien durchzusetzen, wie die Verwendung von Groß- und Kleinbuchstaben, Zahlen und Sonderzeichen sowie die regelmäßige Aufforderung zur Passwortänderung. Zusätzlich werden Maßnahmen wie SSL-Verschlüsselung für die Datenübertragung und regelmäßige Sicherheitsaudits unterstützt, um die Sicherheit der Nutzerdaten zu gewährleisten.

Des Weiteren müssen die User in der Regel die Allgemeinen Geschäftsbedingungen (AGB) akzeptieren oder den Datenschutzrichtlinien zustimmen. Das Speichern und Nachverfolgen dieser Einwilligungen kann über das Consent Management, das wir uns in Abschnitt 12.2 genauer anschauen, administriert werden.

Nachdem der User seine Registrierung abgeschickt hat, gibt es in der Regel zwei Wege, diese freizuschalten, je nachdem, ob man sich im B2B- oder im B2C-Bereich bewegt. Im B2C-Fall kann der User meistens ohne weitere Prüfung für den Shop freigeschaltet werden. Diese Freigabe darf jedoch nicht ohne *Double-Opt-in-Verfahren* stattfinden.

[«]

Double-Opt-in

Das Double-Opt-in-Verfahren ist ein wichtiger Bestandteil des Registrierungsprozesses in SAP Commerce Cloud. Nach der ersten Registrierung wird eine E-Mail mit einem Bestätigungslink an den Nutzer gesendet. Erst nachdem der Nutzer auf diesen Link geklickt hat, wird sein Konto aktiviert. Dieses Verfahren stellt sicher, dass die E-Mail-Adresse korrekt eingegeben wurde und dass der Nutzer tatsächlich die Registrierung beabsichtigt hat. Es dient somit als Schutz vor Spam und unautorisierten Registrierungen und erhöht die Datensicherheit.

Im B2B-Fall sind weitere Informationen und ein *Approval Process* notwendig. In diesem Prozess wird der User mit der B2B-Unit – dem Unternehmen – verknüpft. Hier wird oft händisch überprüft, ob der User bzw. der Kunde wirklich berechtigt ist, für das angegebene Unternehmen – die B2B-Unit – einzukaufen oder Informationen abzurufen. Eine notwendige Identifikation kann u. a. über die E-Mail-Adresse oder über eine Bestätigung vom Unternehmen stattfinden.

In Abbildung 12.1 sehen Sie das SAP-Commerce-Cloud-Backoffice. In der Übersicht erkennen Sie auf Anhieb, wie der aktuelle Status des Genehmigungsprozesses ist. Im markierten Fall ist der Prozess gerade in der Bearbeitung.

SAP Commerce Cloud unterstützt auch die Registrierung über soziale Medien, was den Prozess für Kunden weiter vereinfacht. Durch die Integration von Social-Media-Plattformen können Kunden ihre bestehenden Profile nutzen, um sich auf der E-Commerce-Plattform zu registrieren, wodurch die Notwendigkeit entfällt, separate Benutzerkonten und Passwörter zu verwalten.

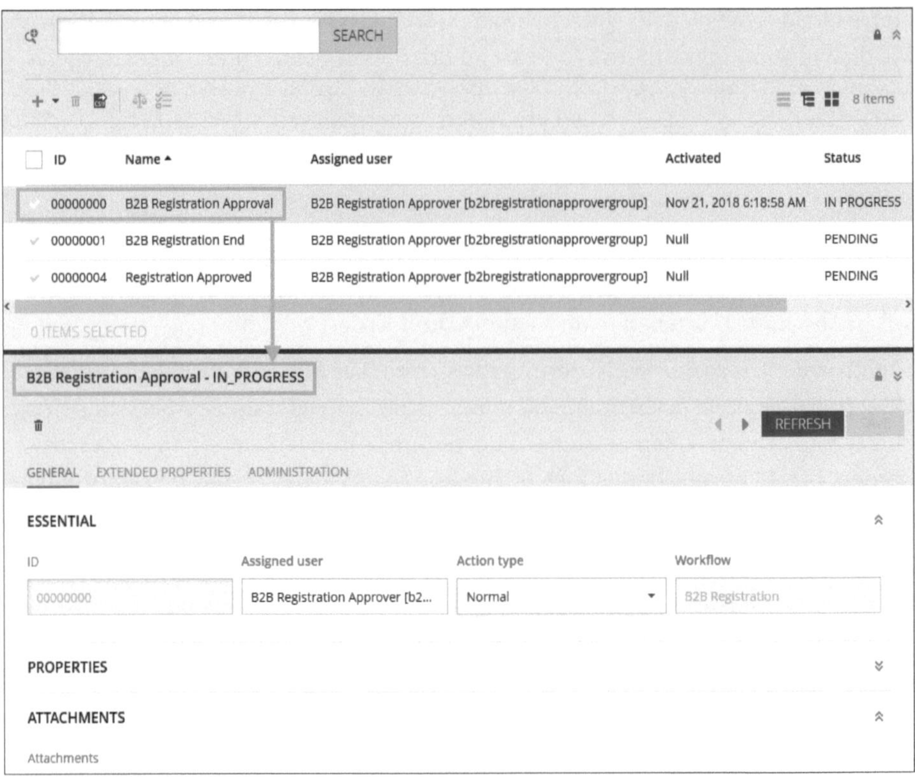

Abbildung 12.1 Genehmigungsprozess im SAP-Commerce-Cloud-Backoffice (Quelle: SAP-Hilfe)

Sobald sich ein Kunde registriert hat, kann er sich über die Login-Funktion in sein Konto einloggen. Der Login-Prozess ist direkt und sicher. Kunden geben ihre E-Mail-Adresse und ihr Passwort ein, um Zugang zu ihrem persönlichen Bereich zu erhalten, wo sie ihre Bestellungen verwalten, persönliche Daten aktualisieren und ihre Einkaufspräferenzen einstellen können. Über eine abgesicherte Verbindung wird der Benutzer mit diesen Daten in der SAP Commerce Cloud authentifiziert. Sollten die Daten valide sein, werden die User auf eine zuvor definierte Seite – meistens die Startseite des Shops – geleitet. Sollte die Eingabe fehlerhaft sein, bekommt der User einen Hinweis, dass die eingegebenen Daten nicht korrekt sind. Dieser Hinweis sollte aber nicht aufzeigen, ob das Passwort oder der Login-Name fehlerhaft ist, weil sonst Rückschlüsse gezogen werden könnten, die ein sicherheitsrelevantes Problem darstellen würden.

In Abbildung 12.2 sehen Sie ein Beispiel für ein *Login-Formular*. In diesem Fall ist es keine eigene Seite, sondern ein Fenster, das auf der rechten Seite ausgeklappt wird. Dies ist jedoch nur eine Möglichkeit, eine Login-Seite umzusetzen.

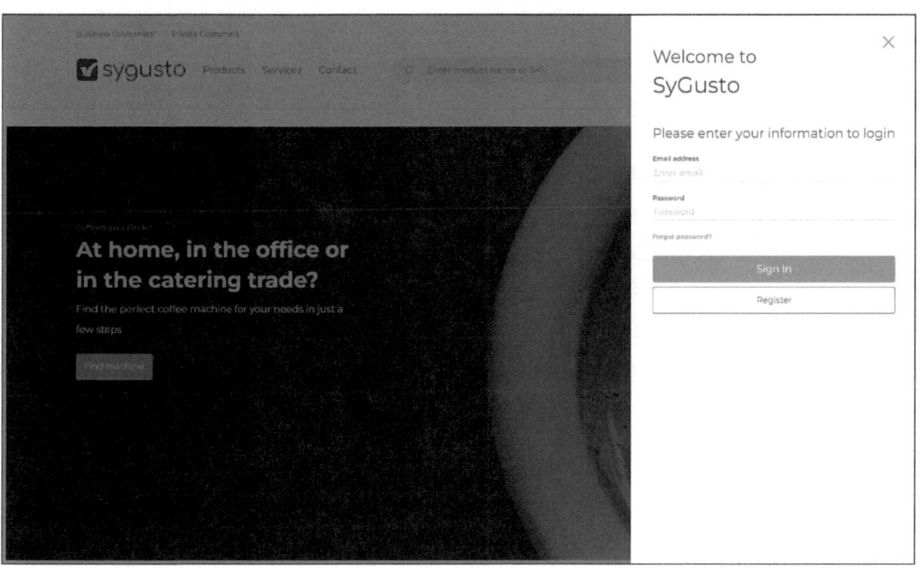

Abbildung 12.2 Login-Formular am Beispiel der SyGusto-Seite

Für zusätzliche Sicherheit können Sie SAP Commerce Cloud erweitern, um die Möglichkeit einer *Zwei-Faktor-Authentifizierung* (*2FA*) zu nutzen. Dies bedeutet, dass Kunden neben ihrem Passwort einen zweiten Faktor, z. B. einen zusätzlichen Authentifizierungscode eingeben müssen, der an ihr Mobiltelefon gesendet oder über eine Authentifizierungs-App generiert wird. Dies hilft, die Sicherheit der Kundenkonten zu erhöhen und unbefugten Zugriff zu verhindern.

12.2 Consent Management

Im digitalen Zeitalter ist das Management von *Kundeneinwilligungen* (Consent Management) ein kritischer Aspekt des Kundenmanagements geworden. SAP Commerce Cloud bietet hierfür robuste Lösungen, die Unternehmen dabei unterstützen, die Einwilligungen ihrer Kunden effektiv zu verwalten und gleichzeitig die Einhaltung von Datenschutzgesetzen wie der DSGVO zu gewährleisten. Dieses Kapitel bietet einen umfassenden Überblick über das Consent Management innerhalb von SAP Commerce Cloud und beleuchtet die Funktionsweise, Anpassbarkeit und die notwendigen Schritte für einen erfolgreichen Betrieb.

Das *Consent Management* ist der Prozess des Einholens, Verwaltens und Speicherns von Benutzereinwilligungen für die Verarbeitung persönlicher Daten. In SAP Commerce Cloud wird dies durch eine Kombination aus Benutzerschnittstellen und Backend-Systemen ermöglicht, die es den Benutzern erlauben, ihre Zustimmung zu verschiedenen Datenverarbeitungsaktivitäten zu geben oder zu widerrufen.

SAP Commerce Cloud nutzt sogenannte *Consent Templates*, um die Zustimmungstexte zu definieren, die den Benutzern an verschiedenen Punkten des Storefronts präsentiert werden. Diese Templates sind hochgradig anpassbar und ermöglichen es Unternehmen, spezifische Einwilligungserklärungen für unterschiedliche Zwecke zu erstellen. Sobald ein Benutzer seine Zustimmung erteilt, wird ein entsprechender Eintrag im Backend-System erstellt, der als Nachweis für die Einwilligung dient.

Das Datenmodell für das Consent Management in SAP Commerce Cloud ist so konzipiert, dass es flexibel und erweiterbar ist. In Abbildung 12.3 ist ein beispielhaftes Datenmodell für das Consent Management zu sehen.

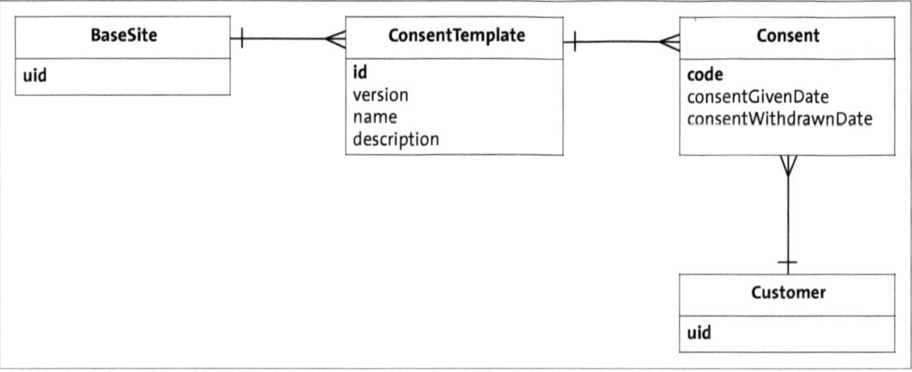

Abbildung 12.3 Datenmodell für das Consent Management von SAP Commerce Cloud (Quelle: SAP)

Jede Website kann mehrere Consent Templates haben, und jedes Template kann verschiedene Versionen haben, um Änderungen in den Datenschutzbedingungen zu reflektieren. Die Datenstruktur ermöglicht es auch, die Historie der Benutzereinwilligungen zu verfolgen, was für Auditzwecke unerlässlich ist.

Die Consent Templates in SAP Commerce Cloud sind so gestaltet, dass sie leicht an die spezifischen Anforderungen eines Unternehmens angepasst werden können. Dies umfasst die Möglichkeit, den Inhalt, das Layout und die Bedingungen der Einwilligungserklärungen zu ändern. Unternehmen können auch bestimmen, an welchen Punkten des Storefronts diese Templates präsentiert werden, um sicherzustellen, dass die Einwilligung im richtigen Kontext eingeholt wird.

Ein wesentlicher Teil des Consent Managements ist die Definition von Eintrittspunkten, an denen Benutzer ihre Zustimmung erteilen können. Dies kann während der Registrierung, beim Checkout oder an anderen kritischen Punkten der Benutzerinteraktion erfolgen. SAP Commerce Cloud ermöglicht es, diese Eintrittspunkte flexibel zu gestalten und zu konfigurieren. Sobald eine Einwilligung über ein Consent Template eingeholt wurde, muss sie ordnungsgemäß verwaltet werden. Dies beinhaltet die Möglichkeit für Benutzer, ihre Einwilligung zu überprüfen und bei Bedarf zu widerrufen. SAP Commerce Cloud stellt sicher, dass alle Änderungen in den Einwilligungsstatus nahtlos im Backend-System erfasst werden.

Ein besonderes Merkmal von SAP Commerce Cloud ist das Management von Einwilligungen für anonyme Benutzer. Dies ermöglicht es Unternehmen, auch die Präferenzen von Benutzern zu respektieren, die sich nicht registrieren oder anmelden möchten, aber dennoch die Kontrolle über ihre persönlichen Daten behalten wollen.

Ein weiterer wichtiger Aspekt des Consent Managements ist die Möglichkeit, personenbezogene Daten auf Anfrage des Benutzers zu löschen. SAP Commerce Cloud bietet Mechanismen, um solche Anfragen zu verarbeiten und sicherzustellen, dass alle personenbezogenen Daten, die nicht mehr benötigt werden, sicher und gemäß den gesetzlichen Anforderungen entfernt werden. (Lesen Sie zum Thema DSGVO und dem Umgang mit personenbezogenen Daten Abschnitt 2.2.2, »Nachhaltigkeit, Sicherheit und Barrierefreiheit«.)

12.3 Customer Identity and Access Management

Das *Customer Identity and Access Management* (CIAM) ist ein kritischer Baustein in der digitalen Infrastruktur moderner Unternehmen. Es handelt sich um eine Reihe von Lösungen wie z. B. die SAP Customer Data Cloud, die darauf abzielen, die Identitäten von Kunden zu verwalten und zu schützen, während sie gleichzeitig ein reibungsloses und sicheres Nutzererlebnis über verschiedene digitale Kanäle hinweg bieten. In einer Welt, in der digitale Interaktionen zunehmend an der Tagesordnung sind, wird CIAM immer wichtiger, um die Balance zwischen Benutzerfreundlichkeit und Sicherheit zu wahren.

Die Bedeutung vom CIAM kann nicht hoch genug eingeschätzt werden, insbesondere in einer Zeit, in der Datenschutz und Datensicherheit zu Schlüsselthemen geworden sind. Kunden erwarten, dass ihre persönlichen Informationen sicher gehandhabt werden, und gleichzeitig verlangen sie ein nahtloses Erlebnis, wenn sie online einkaufen, Dienstleistungen nutzen oder einfach nur Informationen suchen. CIAM-Systeme müssen daher robust genug sein, um den Schutz sensibler Daten zu gewährleisten, und gleichzeitig flexibel genug, um ein kundenfreundliches Erlebnis zu bieten.

SAP Commerce Cloud bietet eine umfassende Integration von CIAM-Funktionen, um eine robuste und sichere Plattform für die Identitätsverwaltung zu schaffen. Diese Integration wird durch die *SAP Customer Data Cloud* verstärkt, die eine noch umfassendere Lösung für das CIAM bietet. Als Teil der Customer Experience Suite ermöglicht SAP Customer Data Cloud eine nahtlose Integration von Identitätsdiensten in SAP Commerce Cloud, was eine zentrale Verwaltung von Kundenprofilen, Präferenzen und Zustimmungen über alle Kanäle hinweg ermöglicht. Diese Integration ist entscheidend, um eine konsistente und personalisierte Kundenerfahrung zu gewährleisten und gleichzeitig die Authentifizierung und Autorisierung von Nutzern zu unterstützen.

Wie in Abschnitt 12.1, »Registrierung und Login«, bereit kurz beschrieben, ermöglicht die CIAM-Integration auch die direkte Vernetzung zu anderen Diensten wie Social-Media-Plattformen oder Ähnlichem. In Abbildung 12.4 sehen Sie die verschiedenen Login-Möglichkeiten, die über CIAM-Integration möglich sind.

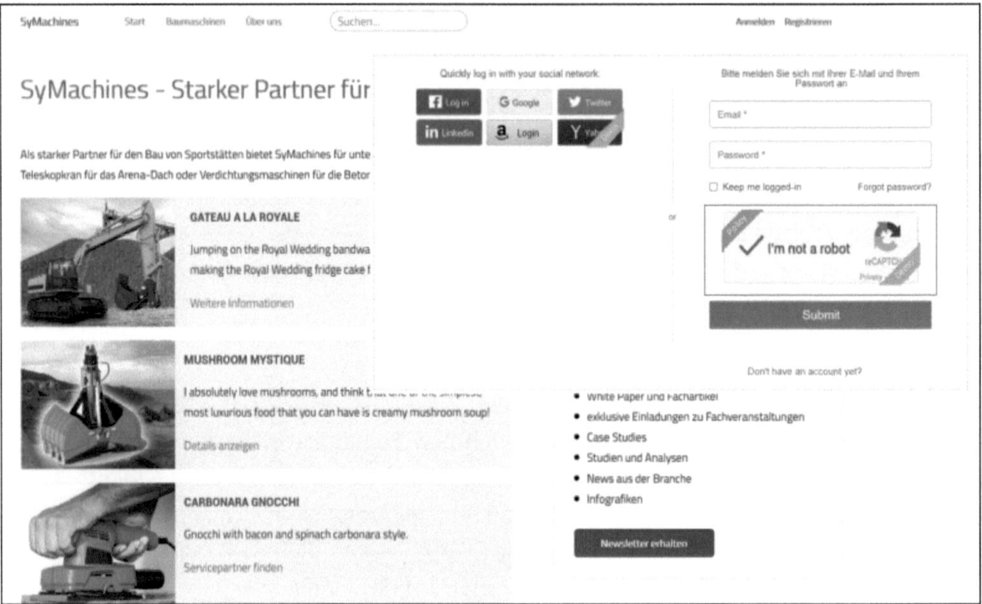

Abbildung 12.4 Login über soziale Medien mit CIAM-Integration

Darüber hinaus ermöglicht das CIAM die Sammlung und Verwaltung von Kundendaten in Übereinstimmung mit strengen Datenschutzvorschriften wie der DSGVO, was für Unternehmen von unschätzbarem Wert ist, um Vertrauen und Compliance zu gewährleisten.

Die zentrale Verwaltung von Kundenidentitäten ist ein Schlüsselelement von CIAM, das durch SAP Customer Data Cloud verstärkt wird. Diese Plattform bietet eine einheitliche Kundensicht, die es ermöglicht, Identitäten über verschiedene Geschäftsbereiche und Anwendungen hinweg zu verwalten. Dies ist besonders wichtig für Unternehmen, die eine konsistente und personalisierte Kundenansprache über eine Vielzahl von Kanälen hinweg anstreben. Die zentrale Verwaltung erleichtert nicht nur die Einhaltung von Datenschutzbestimmungen, sondern verbessert auch die operative Effizienz, indem sie redundante Prozesse eliminiert und eine konsistente Datenqualität sicherstellt. Dies führt zu einer verbesserten Kundenzufriedenheit, da die Kunden eine nahtlose Interaktion mit dem Unternehmen erleben, unabhängig davon, über welchen Kanal sie interagieren.

CIAM-Systeme, insbesondere in Verbindung mit SAP Customer Data Cloud, verbessern sowohl die Sicherheit als auch das Kundenerlebnis. Sicherheitsfunktionen wie risikobasierte Authentifizierung, Multi-Faktor-Authentifizierung und regelmäßige Sicherheitsüberprüfungen schützen vor unbefugtem Zugriff und Datenlecks. Diese Sicherheitsmaßnahmen sind entscheidend, um das Vertrauen der Kunden in die digitalen Dienste eines Unternehmens zu stärken. Gleichzeitig ermöglichen diese Systeme ein reibungsloses Kundenerlebnis durch Funktionen wie *Single Sign-On* (SSO), was den Zugang zu verschiedenen Diensten mit einem einzigen Satz von Anmeldeinformationen ermöglicht. Dies fördert ein nahtloses Erlebnis über alle digitalen Angebote eines Unternehmens hinweg und reduziert die Hürden für Kunden, die verschiedene Dienste nutzen möchten.

Auch bei der Personalisierung ist das CIAM von unschätzbarem Wert, da es Unternehmen ermöglicht, maßgeschneiderte Erlebnisse zu bieten, basierend auf den gesammelten Daten und dem Verhalten der Kunden. SAP Customer Data Cloud verstärkt diese Fähigkeit, indem es detaillierte Einblicke in die Präferenzen und Bedürfnisse der Kunden bietet, was eine gezielte und relevante Ansprache ermöglicht. Im Bereich des Risikomanagements bietet das CIAM die Möglichkeit, verdächtige Aktivitäten zu erkennen und zu verhindern, indem es Verhaltensanalysen und Zugriffskontrollen nutzt. Dies trägt dazu bei, das Vertrauen der Kunden zu stärken und das Unternehmen vor potenziellen Datenverletzungen und anderen Sicherheitsrisiken zu schützen.

Die Integration vom CIAM in SAP Commerce Cloud ist ein strategischer Schritt für Unternehmen, die ihre digitalen Dienste verbessern und gleichzeitig die Sicherheit und das Vertrauen ihrer Kunden gewährleisten wollen. Durch die Bereitstellung einer sicheren und nahtlosen Kundenerfahrung, die Personalisierung und Risikomanagement unterstützt, können Unternehmen ihre digitale Präsenz stärken und eine dauerhafte Beziehung zu ihren Kunden aufbauen.

12.4 Praxisbeispiel: Kundenmanagement bei SyGusto

SyGusto hat sich dazu entschieden, möglichst viele Inhalte des Kundenportals öffentlich zu zeigen, ohne dass sich der Besucher dazu anmelden oder registrieren muss – im B2C-Bereich ist dies der typische Ansatz. Produktinformationen und Inhalte des Kundenportals sollen für jeden zugänglich sein, sodass jeglicher Content ohne Barrieren gelesen und durch Suchmaschinen indiziert werden kann.

Erst wenn der Kunde eine Bestellung tätigen oder Produkte zu einer Merkliste hinzufügen will, muss er sich registrieren.

Für die B2B-Benutzer hat sich SyGusto entschieden, einen etwas anderen Weg zu gehen. Zwar kann auch hier ein Benutzer sowohl Produkte als auch viele Inhalte ohne

Anmeldung sehen, allerdings muss sich der Benutzer für einige Informationen am Kundenportal anmelden bzw. registrieren. Dies gilt insbesondere für Preisinformationen. Da SyGusto im B2B-Bereich intensiv mit kundenindividuellen Preisvereinbarungen arbeitet, kann ein korrekter Preis erst angezeigt werden, wenn sich der Benutzer angemeldet und sich damit als Kunde identifiziert hat. Erst nach der Anmeldung können kundenindividuelle Preise kalkuliert werden.

Sowohl im B2C- als auch im B2B-Bereich ist es wichtig, die Registrierung so einfach wie möglich zu gestalten. Im B2C-Bereich hat SyGusto einen zweistufigen Registrierungsprozess implementiert. Das bedeutet, wenn ein Kunde sich erstmalig registriert, um z. B. ein Produkt auf den Merkzettel oder in den Warenkorb zu legen, ist zunächst lediglich eine reduzierte Registrierung mit Namen, E-Mail-Adresse (als Benutzername) und Passwort notwendig. Erst bei der tatsächlichen Bestellung müssen weitere Informationen wie die Adresse hinzugefügt werden.

Um diesen Schritt noch einfacher zu gestalten, können sich B2C-Benutzer bei SyGusto auch mit ihren bereits vorhandenen Accounts bei Google, Microsoft oder Facebook anmelden. So werden die Registrierung und die spätere Anmeldung noch einfacher, weil sich der Benutzer keine zusätzlichen Anmeldedaten merken muss und kaum noch Daten manuell eingegeben werden müssen. Abbildung 12.5 zeigt die Login-Seite von SyGusto.

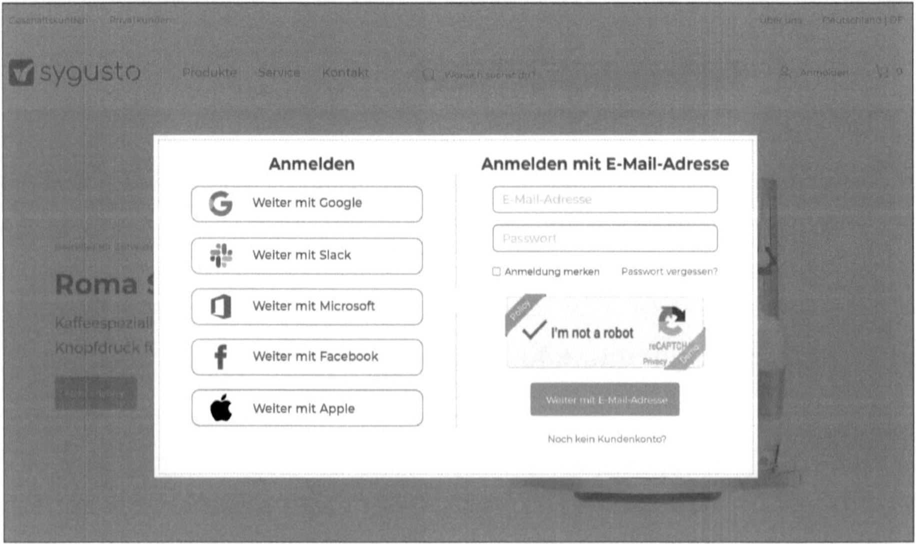

Abbildung 12.5 Login zu SyGusto

Im B2B-Umfeld hält der Registrierungsprozess eine zusätzliche Herausforderung bereit: Neben dem Benutzer muss hier auch ein Kundenstamm angelegt werden, der nicht identisch ist mit dem Benutzer, der sich registriert. Außerdem kann der Kunde bereits im System bekannt sein, sodass dieser gar nicht neu angelegt werden darf, sondern mit dem bereits bestehenden verknüpft werden muss.

Dazu ein Beispiel: Der Kunde Café Huber beschäftigt drei Personen (siehe Abbildung 12.6).

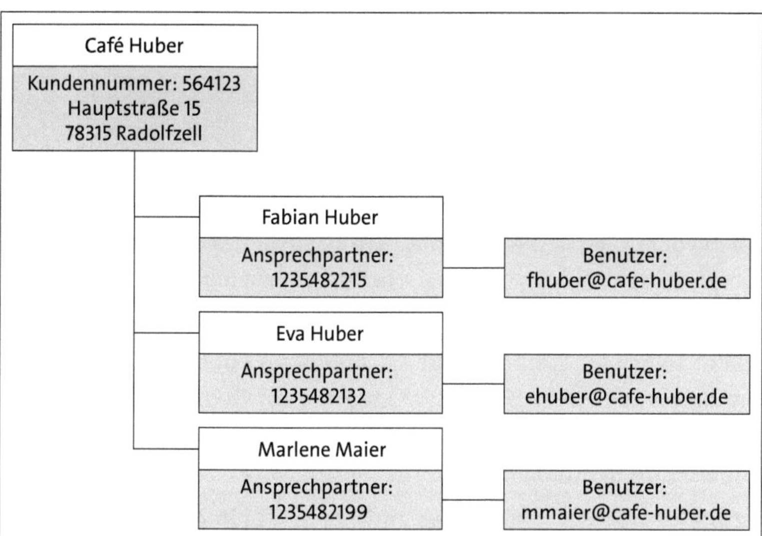

Abbildung 12.6 Mitarbeitende des Cafés Huber

Alle drei haben ihren eigenen Login zum Kundenportal der SyGusto und sind verknüpft mit dem Kundenstamm Café Huber. Möchte sich nun ein viertes Teammitglied am Kundenportal der SyGusto registrieren, muss dieser in der Registrierung die Kundennummer des Cafés Huber eingeben, damit der neue Benutzer korrekt mit dem bestehenden Kundenstamm verknüpft werden kann. Es muss aber auch geprüft werden, ob der neue Benutzer tatsächlich ein Mitarbeiter von Café Huber ist. Hierzu wird ein Workflow gestartet. Der Hauptansprechpartner des Kunden, in unserem Fall Fabian Huber, erhält eine E-Mail und muss bestätigen, dass es sich hierbei um einen seiner Mitarbeiter handelt und dieser Zugang zum Kundenportal erhalten soll. Erst nach dieser Bestätigung kann sich der Mitarbeiter mit seinem Zugang anmelden.

Neben der reinen Anmeldung zum Kundenportal hat die Registrierung noch einen anderen Nutzen: Wenn sich ein Benutzer (egal ob B2B oder B2C) am SyGusto-Kundenportal registriert, können die Aktivitäten des Kunden verfolgt und darauf basierend individuelle Kampagnen zur Personalisierung (siehe Kapitel 9, »Personalisierung und Intelligent Selling Services«) erstellt werden. Damit dies datenschutzkonform realisiert werden kann, nutzt SyGusto das Consent Management der SAP Commerce Cloud. Dort kann der Benutzer seine Marketingeinwilligungen sehen und verändern. Erst wenn der Benutzer dort seine Zustimmung zu den verschiedenen Datenverarbeitungsaktivitäten gegeben hat, kann der Benutzer in Kampagnen eingebunden werden. Damit ist SyGusto in der Lage, individuelle Inhalte und Empfehlungen passend zu den Aktivitäten und Interessen des Benutzers anzuzeigen.

12.5 Fazit

Das Kundenmanagement ist ein wichtiges Element eines jeden Webshops oder -Kundenportals. Es bildet die Grundlage für eine erfolgreiche Kundeninteraktion und -bindung, indem es einen reibungslosen Ablauf von Registrierung und Login bis hin zum Consent Management gewährleistet. SAP Commerce Cloud bietet hierfür eine umfassende Lösung, die nicht nur die Benutzerfreundlichkeit steigert, sondern auch die Sicherheit und Compliance mit Datenschutzvorschriften sicherstellt.

Die Registrierung ist der erste Schritt zur Kundenbindung und muss daher intuitiv und sicher gestaltet sein. SAP Commerce Cloud unterstützt dies durch benutzerfreundliche Formulare und Sicherheitsmaßnahmen wie das Double-Opt-in-Verfahren. Der Login-Prozess ist ebenso entscheidend, da er den Zugang zu personalisierten Informationen und Diensten ermöglicht.

Das Consent Management ist ein weiterer wesentlicher Bestandteil, der es Unternehmen ermöglicht, die Einwilligung ihrer Kunden zur Datenverarbeitung rechtskonform einzuholen und zu verwalten. SAP Commerce Cloud bietet hierfür robuste Werkzeuge, die eine effiziente Verwaltung der Zustimmungen und die Einhaltung von Datenschutzvorschriften wie der DSGVO ermöglichen.

Customer Identity and Access Management (CIAM) ist schließlich das Bindeglied, das Sicherheit und Kundenerlebnis vereint. Die Integration von CIAM in SAP Commerce Cloud ermöglicht es Unternehmen, Kundenidentitäten zentral zu verwalten und ein personalisiertes, sicheres Erlebnis über alle digitalen Kanäle hinweg zu bieten. SAP Customer Data Cloud verstärkt diese Fähigkeiten, indem es detaillierte Einblicke in Kundenpräferenzen bietet und gleichzeitig das Risikomanagement unterstützt.

Zusammenfassend ist das Kundenmanagement in SAP Commerce Cloud ein komplexes, aber entscheidendes Element, das den Erfolg von E-Commerce-Unternehmen maßgeblich beeinflusst. Es ermöglicht nicht nur eine effiziente und sichere Kundeninteraktion, sondern schafft auch die Basis für eine vertrauensvolle Kundenbeziehung und eine personalisierte Kundenerfahrung. Unternehmen, die diese Aspekte meistern, können sich einen entscheidenden Wettbewerbsvorteil sichern und ihre Kunden langfristig an sich binden.

Kapitel 13

Kundenservice

In der komplexen Welt des E-Commerce ist effizienter, kundenorientierter Support essenziell. SAP Commerce Cloud stellt dafür Tools wie das Ticketing-System, das Assisted Service Module und das Customer Support Cockpit bereit, um einen erstklassigen Kundenservice zu gewährleisten.

Beim Diskutieren von Prozessen, Funktionen oder der Benutzerführung im E-Commerce-Kontext führen viele Wege oft zur Vertriebsabteilung. Dabei spielen Serviceprozesse eine bedeutende Rolle und sind fest in den E-Commerce-Landschaften verankert (siehe auch Kapitel 1, »E-Commerce heute und in Zukunft: Entwicklung, Kunden, Märkte«, und Abschnitt 2.2.4, »Das Kundenportal als Schlüssel zur digitalen Customer Experience«). Ziel ist es, allen Kunden durch individuelle Betreuung und effiziente Lösungen ein Gefühl von Wertschätzung und Aufmerksamkeit zu vermitteln. Eine erstklassige Personalisierung ist für den Online-Einkauf entscheidend, während ein schneller und wirkungsvoller Kundenservice das Fundament jeder erfolgreichen E-Commerce-Plattform darstellt. Hier können Ticketing und Kundenservice von SAP Commerce Cloud eine entscheidende Rolle spielen.

SAP Commerce Cloud setzt jedoch nicht nur bei der Personalisierung Maßstäbe. Denn nach dem Kauf endet die Beziehung zum Kunden nicht, sondern beginnt gerade erst. Mit dem integrierten Ticketing- und Kundenservice-System bietet SAP Commerce Cloud Unternehmen die Werkzeuge, die sie benötigen, um eine lang anhaltende Beziehung zu ihren Kunden aufzubauen und zu pflegen. In diesem Kapitel tauchen wir zunächst in das Ticketing ein (siehe Abschnitt 13.1, »Customer Ticketing für den Kundenservice«). Von der zentralisierten Erfassung und Bearbeitung von Kundenanfragen über das Assisted Service Module (siehe Abschnitt 13.2) bis hin zum Customer Support Cockpit (siehe Abschnitt 13.3) wird jedes Detail berücksichtigt, um einen nahtlosen und effizienten Service zu gewährleisten. In Abschnitt 13.4 erfahren Sie, wie das Beispielunternehmen SyGusto seinen Kundenservice aufgestellt hat.

13.1 Customer Ticketing für den Kundenservice

In der heutigen Geschäftswelt ist ein effizientes *Ticketing-System* der Schlüssel zu einem herausragenden Kundenservice. SAP Commerce Cloud bietet ein umfassendes Ticketing-System, das speziell darauf ausgelegt ist, Ihnen und Ihren Kunden das Leben leichter zu machen.

Ein effizientes und übersichtliches Ticketing-System ist entscheidend für den reibungslosen und effizienten Kundenservice. Übersichtlichkeit ist hier ein Schlüssel für eine schnelle und korrekte Abarbeitung der Tickets durch Ihren Innendienst oder Ihr Serviceteam. Alle Kundenanfragen und erstellen Tickets werden in diesem System zentral erfasst, könnten automatisch oder manuell kategorisiert werden, um diese dann effektiv zu bearbeiten. Hierdurch werden die Antwortzeiten reduziert, was wiederum zu einer höheren Kundenzufriedenheit führt. Kundenservice-Mitarbeitende haben mit der 360°-Ansicht (Abbildung 13.5) die Möglichkeit, direkt alle notwendigen Informationen über den Kunden zu erfahren. Auch diese Rundumsicht sorgt dafür, dass die Prozesse schnell abgewickelt werden können und die Wartezeit für den Kunden reduziert wird.

Das *Context Widget* im SAP Commerce Backoffice ist eine weitere hilfreiche Funktion, die Ihren Mitarbeitenden direkten Zugriff auf wichtige Funktionen gibt. So kann das Serviceteam direkt aus dem System heraus Anrufe tätigen, eine Session im Assisted Service Module (ASM) (siehe Abschnitt 13.2) starten oder beenden. Das geschieht direkt aus dem Backoffice heraus. Das Context Widget macht die Bearbeitung von Kundenanfragen einfacher und effizienter (siehe Abbildung 13.1).

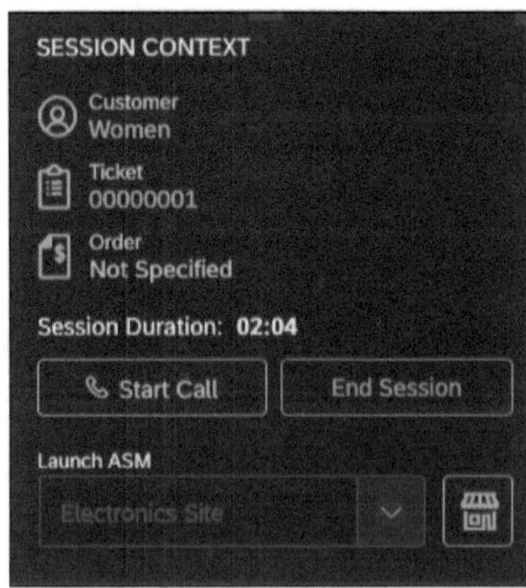

Abbildung 13.1 Context Widget im SAP Commerce Backoffice

Auf einer guten Internetseite darf ein Kontaktformular nicht fehlen. Dieses sollte ein zentraler Anlaufpunkt für den Kunden sein, wenn er Fragen, Anregungen oder auch Beschwerden hat. Ein gut aufgebautes Kontaktformular ist auch zur Bearbeitung für

Ihre Service-Mitarbeitenden wichtig. Funktionen wie die Einordnung des Anliegens sollten in diesem Kontaktformular nicht fehlen.

Wenn ein Kunde über das Kontaktformular oder über ein *Service-Request-Formular* eine Anfrage stellt, wird im System automatisch ein Ticket erstellt. Dieses Ticket wird direkt in das Customer Support Cockpit übermittelt. Jedes Ticket erhält eine eindeutige Ticketnummer, um eine klare Identifikation zu gewährleisten. Zusätzlich kann das Anliegen des Kunden einer Kategorie wie z. B. **Technisches Problem**, **Rücksendung**, **Produktanfrage** zugeordnet werden. Eine Aussteuerung der Kategorie kann z. B. durch die gezeigte Einordnung automatisch geschehen. Alternativ können die Kategorien individuell nach den Unternehmensanforderungen konfiguriert werden.

Das ist aber noch lange nicht alles. Sollte der Kunde Ihr Support-Team anrufen oder eine E-Mail schreiben, kann dieses die Kundentickets direkt, unkompliziert, schnell und eigenständig im *Customer Service Cockpit* von SAP Commerce Cloud anlegen (siehe Abschnitt 13.3, »Customer Support Cockpit«). Alle relevanten und notwendigen Informationen werden vom Support-Team im Ticket hinterlegt. Dieses Ticket wird dann im Customer Service Cockpit angelegt. Ein großer Vorteil, der sich durch diese Vorgehensweise ergibt, ist, dass alle Kundenanfragen zentral abgelegt werden und alle Mitarbeitenden schnell einen kompletten Überblick über das Kundengeschehen erhalten.

Es gibt eine Vielzahl von verschiedenen Kundenanliegen. Einige sind dringend, weil er z. B. auf eine wichtige Lieferung wartet, andere wiederum sind in der Dringlichkeit weniger stark zu gewichten. Dies kann z. B. eine allgemeine Anfrage sein. Auf dieser Basis kann das Ticket priorisiert werden. Eine Priorisierung kann vollautomatisch über z. B. die gewählte Kategorie im Kontaktformular erfolgen oder auch anhand einer definierten Kundengruppe. Aber auch eine manuelle Einteilung oder nachträgliche Änderung ist jederzeit möglich. Ein intelligentes Zuweisungssystem sorgt dafür, dass das Ticket der oder dem entsprechenden Kundenservice-Mitarbeitenden zugewiesen wird, die oder der für das spezifische Anliegen am besten geeignet ist.

Einen beispielhaften *Service Request* sehen Sie in Abbildung 13.2. In dieser Ansicht werden alle Informationen übersichtlich bereitgehalten, die der Kunde benötigt. Zudem kann der Kunde im Ticket den kompletten Nachrichtenverlauf sehen. Auch weitere Informationen wie der Status sind direkt einsehbar.

Direkte und schnelle Kommunikation ist ein Schlüssel für Kundenzufriedenheit, daher ist es möglich, dass das Support-Team innerhalb des Ticket-Systems direkt mit dem Kunden kommunizieren kann. Die Antworten, Fragen oder auch ein Wechsel des Bearbeitungsstatus werden dem Kunden in Echtzeit angezeigt. Hierdurch ist der gesamte Kommunikationsverlauf an einem Ort zentral gespeichert und sowohl der Kunde als auch das Support-Team haben direkt einen kompletten Überblick über das Anliegen.

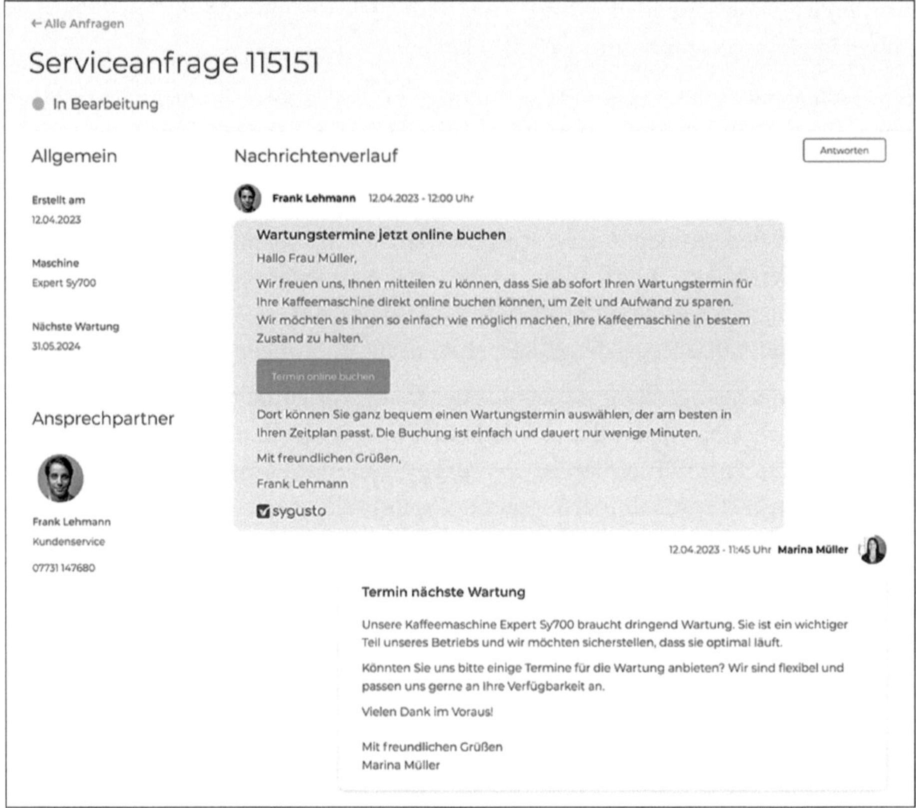

Abbildung 13.2 Service Request bei SyGusto

Dies erleichtert die Nachverfolgung und sorgt für Transparenz. Gesteuert wird dies alles im *Backoffice* von SAP Commerce Cloud. Dort können Administratoren und Kundenservice-Mitarbeitende benannt und hinterlegt werden. Im Backoffice werden die Berechtigungen und Zugriffsrechte definiert, z. B. anhand der vorhandenen Business Units oder der Produktgruppen.

Im *Customer Support Cockpit* von SAP Commerce Cloud finden die Mitarbeitenden eine Übersicht über alle offenen, in Bearbeitung befindlichen und geschlossenen Tickets. Diese Tickets kann sie oder er nach Belieben filtern und sortieren, sodass zu jeder Zeit ein guter Überblick gegeben ist. Zudem kann sie oder er im persönlichen Arbeitsspeicher sehen, welche Aufgaben und Tickets noch zugewiesen sind. Dieses Cockpit beschreiben wir in Abschnitt 13.3 noch einmal genauer.

Bei einer großen Organisation kann es sinnvoll sein, auf die Automatisierungen zurückzugreifen. Auch dies ist mit dem Customer Ticketing Service Modul möglich. Hier können Regeln festgelegt werden, die bestimmte Aktionen automatisch auslösen, z. B. das Weiterleiten von bestimmten Tickettypen an spezialisierte Teams.

Eine weitere Funktion des Customer Ticketing Systems sind die *Berichte und Analysen*. Dabei werden verschiedene Kennzahlen, wie etwa die durchschnittliche Antwortzeit und die Lösungsrate, aufgezeichnet und dadurch die Kundenzufriedenheit bewertet.

Die zuvor beschriebenen Funktionen ermöglichen eine schnelle Bearbeitung und damit auch die Möglichkeit, dass ein Ticket schnell gelöst werden kann. Nachdem das Anliegen des Kunden gelöst wurde, kann das Ticket geschlossen werden. Hier kann dann wieder eine automatische Benachrichtigung getriggert werden, die den Kunden über den Abschluss des Tickets informiert.

Die Konfiguration des Ticketing Systems in SAP Commerce Cloud ist flexibel und kann an die spezifischen Anforderungen eines Unternehmens angepasst werden. Unternehmen können verschiedene Tickettypen, Prioritätsstufen und Eskalationsregeln definieren. Es können außerdem automatische Benachrichtigungen eingerichtet werden, um sowohl Kunden als auch Service-Mitarbeitende über den Status eines Tickets zu informieren. Es gibt auch erweiterte Funktionen wie die Möglichkeit, automatische Antworten basierend auf dem Inhalt des Tickets zu generieren oder die Integration mit der SAP Service Cloud, um einen nahtlosen Kundenservice-Prozess zu gewährleisten.

13

13.2 Assisted Service Module

Das *Assisted Service Module* (ASM) ist ein weiterer wichtiger Bestandteil des Kundenservice-Angebots in SAP Commerce Cloud. Es ermöglicht Ihren Support-Mitarbeitenden, Kunden bei Online-Einkäufen in Echtzeit zu unterstützen. In Abbildung 13.3 sehen Sie die Leiste des Assisted Service Module, in der der Kundendienst sich einloggen kann, um dem Kunden direkte Unterstützung in Echtzeit anzubieten.

Nicht immer läuft alles reibungslos. Technische Probleme oder Usability-Hindernisse können dafür sorgen, dass der Kunde nicht weiterkommt. Dies ist ein Worst-Case-Szenario für das Unternehmen, da durch diese Situation der Absprung des Kunden droht. Dies wiederum kann zu einem Umsatz- oder Imageverlust führen. Damit in diesem Fall schnell Abhilfe geschaffen werden kann, hat das Support-Team des Unternehmens die Möglichkeit, sich über das ASM in die Kundensitzung einzuloggen, um Kunden direkt und in Echtzeit Unterstützung anbieten zu können.

Es können z. B. Produktkonfigurationen überprüft werden, Bestellungen auf die Korrektheit gegengecheckt werden oder Probleme und Fragen beantwortet werden. Die Kundensitzungen können von den Support-Mitarbeitenden übernommen werden, um die Anpassungen eigenständig vorzunehmen, um so eventuell eine Kaufhilfe zu bieten.

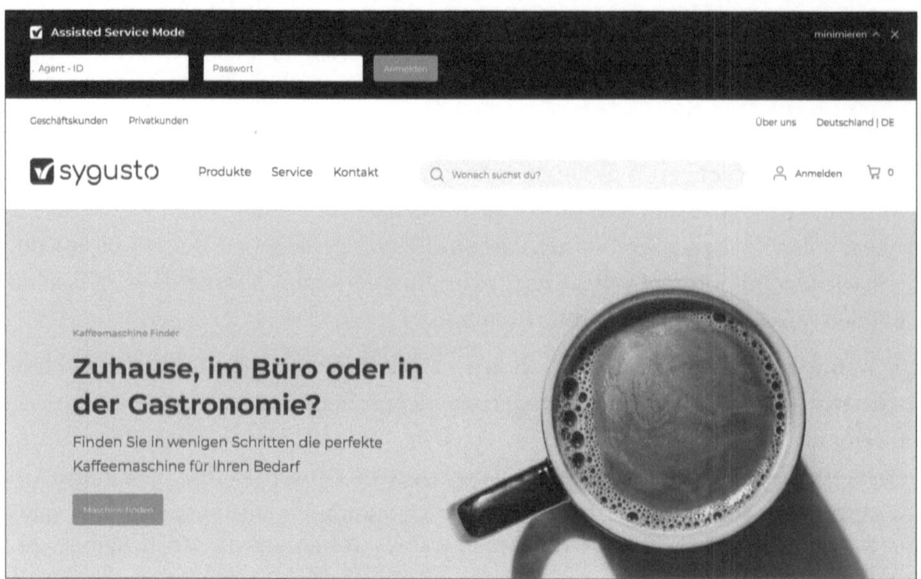

Abbildung 13.3 ASM-Login im Header-Bereich

Es können Produkte zum Warenkorb hinzugefügt oder entfernt werden. Ebenso kann das Support-Team den Warenkorb abschließen, wenn der Kunde es wünscht. Wichtig ist diese Funktion nicht nur bei Problemen oder Hindernissen, sondern auch, um dem Kunden eventuelle Empfehlungen von Hilfs- oder Bedarfsprodukten zu geben. Auch bei eventuellen technischen Problemen können die Support-Mitarbeitenden oftmals die Probleme, die sonst nur schwer identifiziert werden können, schnell einsehen und diese dann an die IT-Abteilung weitergeben. Bei diesem Thema taucht oft die Frage auf, ob alles DSGVO-konform ist. SAP Commerce Cloud legt auch hier einen hohen Wert auf die Sicherheit und den Datenschutz. So werden alle Interaktionen verschlüsselt übermittelt. Zahlungsdetails oder Passwörter werden selbstverständlich verschlüsselt, sodass das Support-Team keinen Zugriff darauf hat.

Um das Assisted Service Module in SAP Commerce Cloud nutzen zu können, müssen Sie es zunächst aktivieren und die Benutzerrollen und Berechtigungen für die Kundenservice-Mitarbeitenden einrichten. Die Vergabe von Rechten und Benutzerrollen wird über das Backoffice geregelt. Das ASM kann auch durch weitere hilfreiche und unterstützende Funktionen ergänzt werden. So ist es oftmals möglich, die Telefonanlage des Unternehmens direkt einzubinden. Auch die Integration eines Live-Chats oder eines AI-Chats ist möglich. Diese Erweiterungen können nach Ihren Unternehmensanforderungen individuell erweitert werden.

13.3 Customer Support Cockpit

In den vorherigen Abschnitten haben wir uns intensiv mit Übersichtlichkeit und Effektivität auseinandergesetzt. An diesem Punkt tritt das Customer Support Cockpit in den Vordergrund. Es dient als Schaltzentrale und ist ein unverzichtbares Werkzeug für Kundenservice-Teams. In einer Zeit, in der der Kundenservice oft den Unterschied zwischen treuen und verlorenen Kunden ausmacht, bietet das Customer Support Cockpit (siehe Abbildung 13.4) eine Plattform, die es Kundenservice-Teams erleichtert, den Überblick zu behalten.

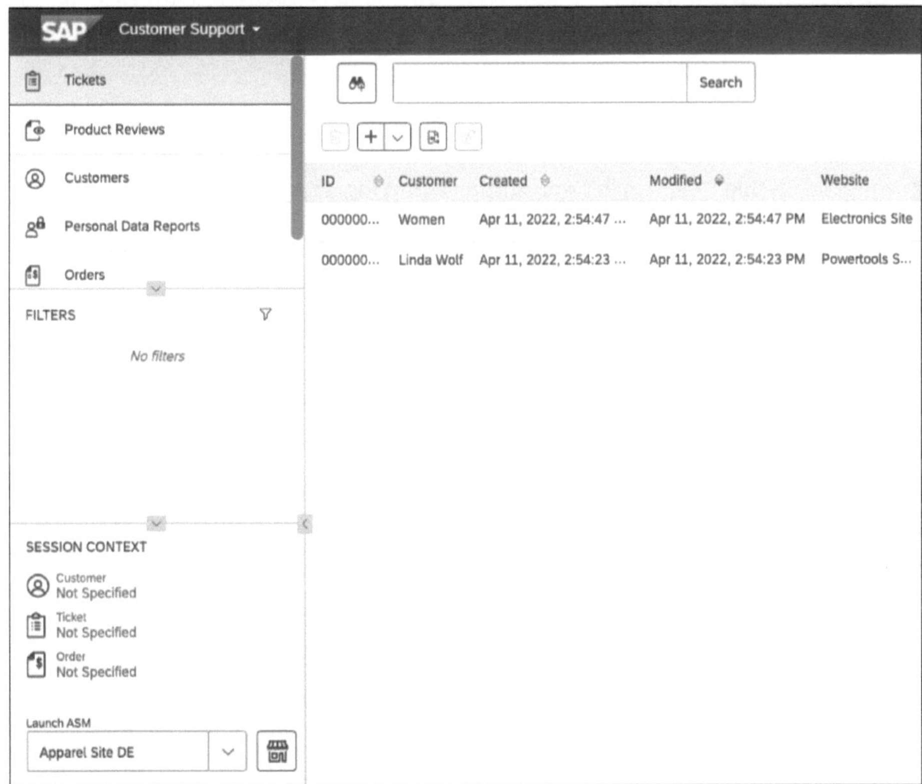

Abbildung 13.4 Übersicht des Customer Support Cockpits

Das Customer Service Cockpit bietet einen umfassenden Überblick über Kundeninformationen, Bestellhistorie, Kommunikationsverlauf und vieles mehr. Nur wer alle Informationen direkt und übersichtlich zur Hand hat, kann dem Kunden schnell und effektiv helfen bzw. unterstützen – und genau darauf ist dieses Cockpit ausgelegt.

Die Vorteile des Customer Support Cockpits sind:

- **360°-Sicht**
  Das Cockpit bietet einen umfassenden Überblick über den Kunden, was dem Serviceteam ermöglicht, personalisierte Dienstleistungen anzubieten.
- **Effizienz**
  Mit integrierten Kommunikationstools können Service-Mitarbeitende direkt aus dem Cockpit heraus mit Kunden kommunizieren.
- **Überblick**
  Alle relevanten Informationen werden zur richtigen Zeit an der richtigen Stelle angezeigt.
- **Anpassung der Benutzeroberfläche**
  Jedes Unternehmen ist einzigartig und das gilt auch für seine Anforderungen an den Kundenservice. Das Customer Support Cockpit bietet umfangreiche Anpassungsmöglichkeiten, von der Anordnung von Widgets über die Farbgebung bis hin zur Anzeige von Informationen, um sicherzustellen, dass es den spezifischen Anforderungen eines Unternehmens entspricht.
- **Erweiterbarkeit**
  Durch die standardisierten Schnittstellen lässt sich alles problemlos integrieren. SAP S/4HANA, SAP Service Cloud oder SAP Sales Cloud sind nur einige der Systeme, die genutzt werden können.
- **Workflows**
  Durch die Konfiguration von Workflows können Tickets automatisiert weitergeleitet werden. Der Kunde kann z. B. per E-Mail informiert werden, wenn ein Ticket angelegt wurde oder dies den Status geändert hat. Dies sind nur zwei mögliche Workflows.

In sogenannten *360°-Übersichten* erhalten Sie eine Reihe von Informationen zu Ihren Kunden. In Abbildung 13.5 sehen Sie die Startseite, die die Support-Mitarbeitenden beim Aufrufen einer Kundin erhalten. In dieser Übersicht können die Support-Mitarbeitenden nicht nur die kundenrelevanten Informationen einsehen, sondern auch weitere wichtige Details erfahren.

In der Registerkarte **Übersicht** sind Informationen zum aktiven Warenkorb, Favoriten wie Farben oder zu den Geräten, mit denen sich die Person am häufigsten eingeloggt hat, zu sehen.

Die 360°-Sicht bietet zudem Möglichkeiten, weitere Informationen über den Kunden abzurufen. So können in der Registerkarte **Profil** die Stammdaten des Kunden angezeigt werden. Dort ist zu sehen, wo der Kunde auf welche Weise aktiv war. In der Registerkarte **Feedback** ist zu sehen, ob und welches Feedback bereits zurückgemeldet wurde.

Abbildung 13.5 360°-Sicht des Kunden

Das Customer Support Cockpit bietet eine flexible und anpassungsfähige Plattform, die nahtlos in die individuellen Abläufe Ihres Unternehmens integriert werden kann. Es ermöglicht eine einfache Verbindung mit anderen SAP-Lösungen, wie der SAP Sales Cloud oder SAP Service Cloud, und kann auch problemlos in das SAP-S/4HANA-System eingebunden werden. Dadurch wird eine zentrale Anlaufstelle für alle kundenspezifischen Anforderungen geschaffen.

Um den Arbeitsalltag Ihres Support-Teams zu erleichtern und effizienter zu gestalten, lassen sich Ansichten und Dashboards individuell anpassen. So werden genau die Informationen hervorgehoben, die für Ihre Mitarbeitenden am wichtigsten sind. Das Cockpit ist darauf ausgerichtet, den Mitarbeitenden alles Nötige zur Verfügung zu stellen, um schnell und effektiv auf Kundenanfragen reagieren zu können.

Darüber hinaus bietet das Cockpit fortschrittliche Funktionen, die den Kundenservice weiter optimieren. Dazu gehört die Erstellung automatischer Berichte, die wertvolle Einblicke in die Kundeninteraktionen geben, sowie die Möglichkeit, das Cockpit mit externen Support-Tools zu erweitern. Ob Ticketing-Systeme oder Live-Chat-Plattformen: Diese Integrationen helfen dabei, den Kundenservice nahtlos und umfassend zu gestalten.

Im Kern ermöglicht das Customer Support Cockpit Ihren Support-Teams, einen schnellen und umfassenden Überblick über jeden einzelnen Kunden zu erhalten. Auf einen Blick können sie sehen, welche Anfragen gestellt oder welche Tickets eröffnet wurden. Diese umfassende Sicht beinhaltet alle relevanten Kundendaten – von Kontaktinformationen über Firmenadressen bis hin zu Umsatzdaten. Diese 360°-Perspektive ist entscheidend, um in der heutigen schnelllebigen Welt eine lückenlose und zufriedenstellende Kundenerfahrung zu gewährleisten.

Indem Sie das Customer Support Cockpit an die spezifischen Bedürfnisse Ihres Unternehmens und Ihrer Kundenservice-Teams anpassen, stellen Sie sicher, dass jede Kundeninteraktion so effizient und effektiv wie möglich ist. So unterstützen Sie nicht nur Ihre Teams in ihrer täglichen Arbeit, sondern bieten Ihren Kunden auch einen Service, der ihre Erwartungen übertrifft.

13.4 Praxisbeispiel SyGusto

SyGusto möchte den Kunden nicht nur beim Verkauf eine exzellente Customer Experience bieten, sondern ihnen auch langfristig beim Betrieb der Maschine und im Falle eines Problems betreuen. Daher endet das Portal auch nicht beim Verkauf, sondern bietet zusätzliche Funktionen im Service. Dies beginnt bereits direkt nach dem Kauf: Hat ein Kunde eine neue Kaffeemaschine gekauft, ist diese als registriertes Produkt direkt im Konto des Kunden sichtbar. Hier zeigt SyGusto dann auch alle Informationen zur Maschine an. So kann der Kunde das Kaufdatum oder den Garantiezeitraum sehen. Außerdem hat der Kunde direkten Zugriff auf Bedienungs- und Wartungsanleitungen. Handelt es sich um eine »smarte« Maschine mit IoT-Anbindung, zeigt SyGusto auch Informationen zum aktuellen Zustand der Maschine im Portal an, z. B. wie viele Kaffeetassen im letzten Monat bezogen wurden oder ob ein Problem an der Maschine vorliegt.

Tritt ein Problem mit der Maschine auf, kann der Kunde direkt im Portal ein Ticket erfassen. Diese Tickets laufen bei SyGusto im Kundenservice-Team auf und werden dort zentral bearbeitet. So erhält der Kunde schnelle Antwort bei Problemen – ob es um die Benutzung des Portals selbst oder um eine Frage zur Maschine geht.

SyGusto hat außerdem regelmäßig auftretende Fragen in einer Wissensdatenbank erfasst. So kann der Kunde auch selbst nach Lösungen für sein Problem suchen, bevor er ein Ticket erstellt. Dies entlastet den Kundenservice insbesondere bei einfachen und wiederkehrenden Anfragen enorm. Abbildung 13.6 zeigt die Erstellung eines Service-Tickets.

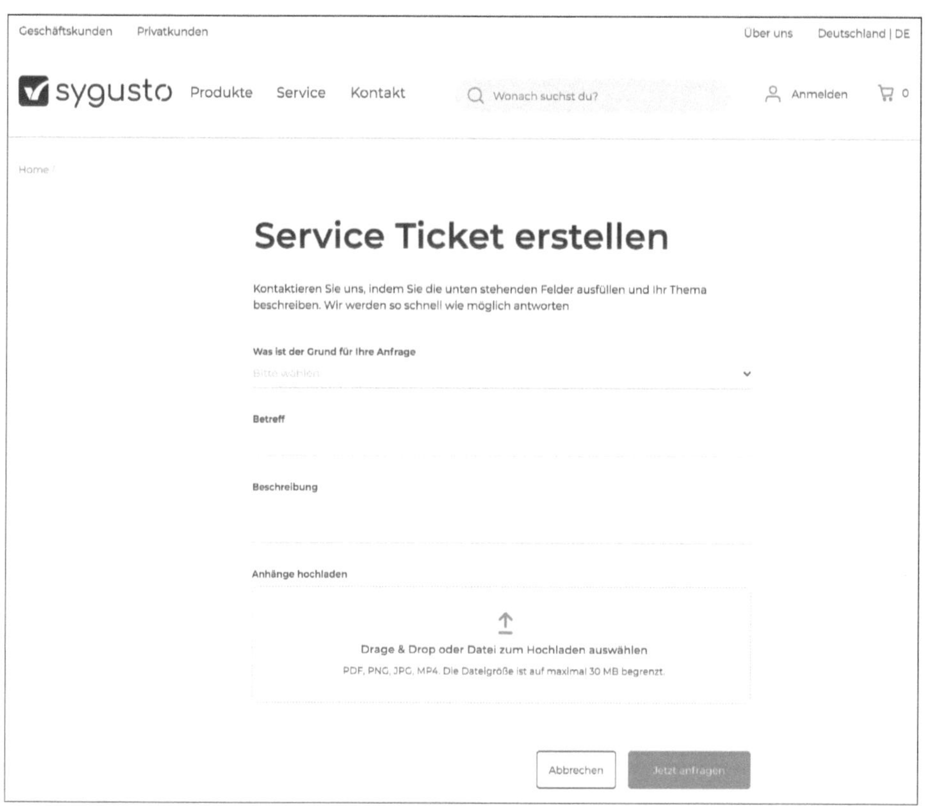

Abbildung 13.6 Erstellung eines Service-Tickets

13.5 Fazit

In der dynamischen und digitalisierten Welt des E-Commerce ist ein herausragender Kundenservice entscheidend für den Erfolg eines Unternehmens. SAP Commerce Cloud hat dies erkannt und bietet eine Vielzahl von Tools und Funktionen, um Unternehmen dabei zu unterstützen, einen erstklassigen Kundenservice zu gewährleisten. Das Customer Ticketing System ermöglicht eine zentrale und effiziente Erfassung und Bearbeitung von Kundenanfragen. Das Assisted Service Module (ASM) bietet Echtzeit-Unterstützung für Kunden während des Online-Einkaufs, und das Customer Support Cockpit bietet einen 360°-Überblick über Kundeninformationen, was eine personalisierte und effiziente Kundenbetreuung ermöglicht. Alle diese Tools sind flexibel und können an die spezifischen Anforderungen eines Unternehmens angepasst werden. Insgesamt zeigt SAP Commerce Cloud, dass es nicht nur eine Plattform für den E-Commerce ist, sondern auch ein entscheidendes Instrument für einen herausragenden Kundenservice.

Kapitel 14
Branchenlösungen von SAP Commerce Cloud

Die Anforderungen von verschiedenen Branchen an ein E-Commerce-System können sich stark unterscheiden. Deshalb stellt SAP Commerce Cloud mehrere branchenspezifische Acceleratoren bereit, die in diesen Sektoren übliche Prozesse abbilden.

Der *Accelerator* ist ein leistungsstarkes Entwicklungs- und Implementierungstool, das die schnelle Bereitstellung von E-Commerce-Lösungen für verschiedene Branchen ermöglicht. Er bietet vorgefertigte Funktionen und Sonderlösungen, um die Entwicklung und Anpassung von Webshops zu beschleunigen. Mit dem Accelerator können Unternehmen ihre E-Commerce-Plattformen effizienter gestalten und maßgeschneiderte Kunden-Experiences schaffen. Dies führt zu verkürzten Time-to-Market-Zeiten und einer verbesserten Agilität im E-Commerce-Geschäft.

Versicherungsunternehmen haben beispielsweise andere Anforderungen an eine E-Commerce-Plattform als Reiseanbieter. Durch die Verwendung verschiedener Acceleratoren kann SAP Commerce jedoch problemlos für beide Unternehmen eingesetzt werden.

Zur Drucklegung dieses Buches stellt SAP fünf branchenspezifische Acceleratoren bereit. Dabei handelt es sich um den Telco and Utilities Accelerator (siehe Abschnitt 14.1), den Financial Services Accelerator (siehe Abschnitt 14.2), den Travel Accelerator (siehe Abschnitt 14.3), den Citizen Engagement Accelerator (siehe Abschnitt 14.4) und den Marketplace Accelerator (siehe Abschnitt 14.5). Im Folgenden werden alle fünf Acceleratoren und eine Auswahl ihrer wichtigsten Kernfunktionen kurz vorgestellt.

Alle Funktionen, die für die Nutzung der Accelerator-Funktionen erforderlich sind, stehen auch über OCC-Schnittstellen zur Verfügung, sodass sie auch in einer Headless-Architektur mit einer separaten Storefront wie z. B. der SAP Composable Storefront genutzt werden können (siehe Abschnitt 5.1.2, »Headless/Composable Commerce«). Für den Telco and Utilities Accelerator und den Financial Service Accelerator existieren separate Implementierungen der SAP Composable Storefront, die bereits im Standard die Funktionen der beiden Acceleratoren frontendseitig unterstützen.

14.1 Telco and Utilities Accelerator

Der *Telco and Utilities Accelerator* erweitert den SAP-Commerce-Standard um Lösungen, die speziell auf die Anforderungen der Dienstleistungsbranche zugeschnitten sind. Er ist, anders als der Name suggeriert, nicht nur für Telekommunikations- oder öffentliche Versorgungsunternehmen geeignet. Der Accelerator kann für eine Vielzahl von Dienstleistungsangeboten eingesetzt werden, da diese oftmals ähnliche Anforderungen haben. Im Folgenden werden einige der wichtigsten Funktionen des Accelerators kurz vorgestellt.

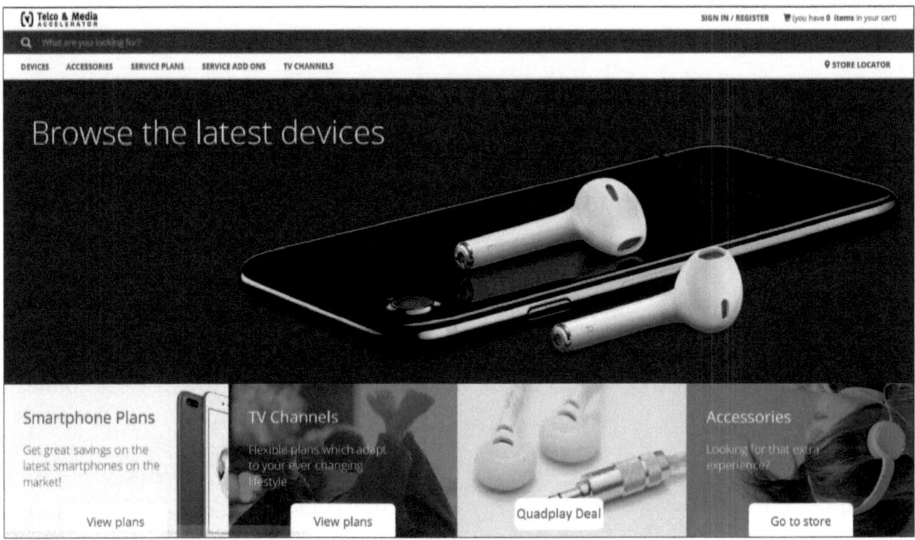

Abbildung 14.1 Beispielabbildung für den Telco-Accelerator

Dienstleistungsangebote sind häufig komplexe, aus mehreren Teilleistungen oder Produkten zusammengesetzte Pakete. Dies zeigt ein Beispiel aus der Telekommunikationsbranche: Ein angebotenes Bundle besteht z. B. aus einem Mobilfunkvertrag inklusive Mobiltelefon und einem Festnetzvertrag mit Internet für zu Hause inklusive der Option für einen Leihrouter. Um solche aus mehreren Bestandteilen zusammengesetzten und hierarchisch gegliederten Angebote abzubilden, erweitert der Telco and Utilities Accelerator das SAP-Commerce-Produktkonzept um *Bundled Product Offerings* (BPO). Eine Anlage ist über das Backoffice der SAP Commerce Cloud möglich (siehe Abbildung 14.2).

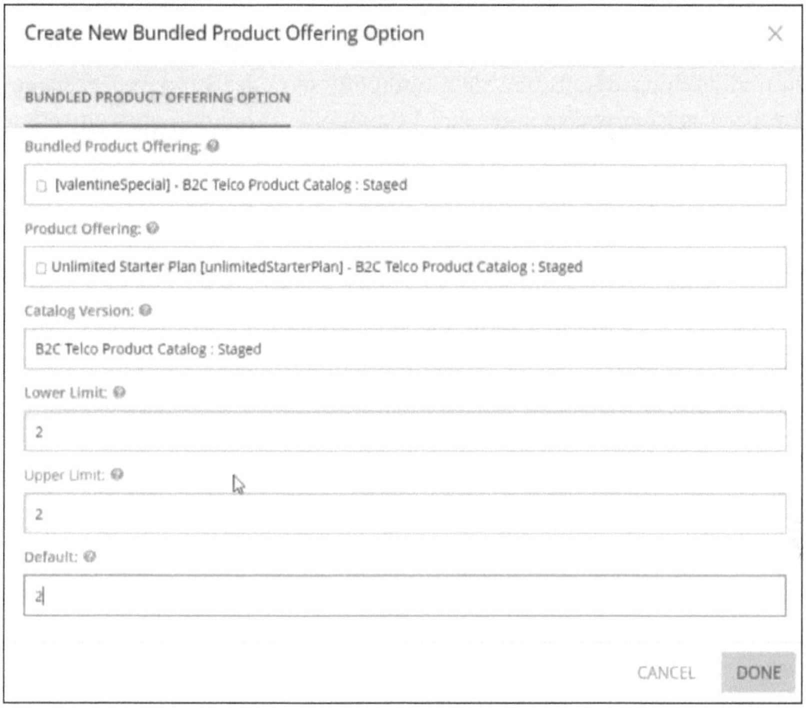

Abbildung 14.2 Backoffice-Ansicht des Bundled Product Offerings

Die BPO können sich aus mehrschichtigen und verschachtelten Hierarchien von Unterprodukten zusammensetzen, sodass mit ihrer Hilfe beliebig komplexe und vielschichtige Dienstleistungspakete abgebildet werden können. Für die Berechnung der Kompatibilität von verschiedenen Angebotsoptionen untereinander, z. B. welches Mobilgerät für welchen Mobilfunkvertrag ausgewählt werden darf, gibt es die *Qualification Engine*. Damit können per Drag-and-Drop schnell und unkompliziert Regeln zusammengestellt werden, die bestimmen, welche Auswahlmöglichkeiten für ein BPO untereinander kompatibel sind.

Um die oben erläuterten komplexen Produktangebote auch preislich abbilden zu können, wurden *Composite Prices* für BPO eingeführt. Ein solcher Composite-Preis kann, je nachdem, wie sein Bundled Product Offering aufgebaut ist, aus mehreren Preisen unterschiedlicher Typen zusammengesetzt sein, z. B. aus einer monatlichen Gebühr für eine bestimmte Anzahl von SMS, Zusatzgebühren für jede weitere SMS und einer einmaligen Zahlung für die Einrichtung. Da unterschiedliche BPO aufgrund ihrer verschiedenen Inhalte und Optionen auch unterschiedliche Checkouts erfordern, lassen sich Inhalt und Anzahl der Checkout-Schritte flexibel für jedes angebotene BPO konfigurieren.

Zusätzlich zu den bereits genannten Funktionen enthält der Accelerator erweiterte vordefinierte Funktionen für die Kunden. So können Kunden nicht nur ihre persönlichen Daten und Zahlungsdetails einsehen und editieren oder Support-Tickets erstellen. Sie können beispielsweise auch ihre bestehenden Abonnements einsehen und dafür zusätzliche Up-Selling- oder Cross-Selling-Optionen dazukaufen.

14.2 Financial Services Accelerator

Der *Financial Services Accelerator* erweitert den SAP-Standard um auf die Anforderungen von Finanzdienstleistern (Versicherungsunternehmen oder Banken) zugeschnittene Funktionen. Diese ermöglichen es Unternehmen, ihren Kunden komplexe und personalisierte Finanzprodukte schnell und einfach anzubieten. Abbildung 14.3 zeigt beispielhaft einen Financial Services Accelerator.

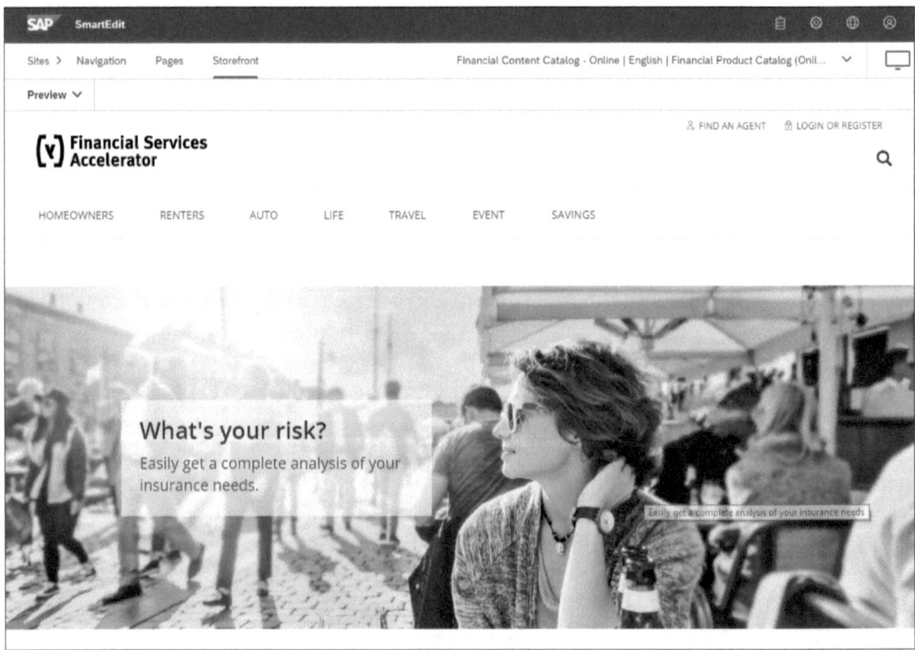

Abbildung 14.3 Financial Services Accelerator

Der Accelerator beinhaltet einen auf Finanzdienstleistungen zugeschnittenen Angebots- und Checkout-Prozess. Dabei können Kunden bereits im nicht angemeldeten Zustand Produktangebote konfigurieren, diverse Optionen auswählen und sich Preise für ihre Auswahl anzeigen lassen. Nach der Registrierung oder Anmeldung können die Kunden ihre Konfigurationen für später speichern oder direkt die Ausstellung einer Police beantragen.

Eine weitere Funktion ist das *Product Bundling*. Es ermöglicht die Zusammenstellung komplexer und personalisierter Angebote aus verschiedenen Kombinationen von digitalen Gütern und Dienstleistungen. Diese können den Kunden dann als Pakete mit flexiblen Preis- und Verfügbarkeitsregeln angeboten werden.

Für den Checkout-Prozess stehen zwei vorgefertigte Templates zur Verfügung, eines für den Versicherungsverkauf und eines für Bankgeschäfte. Beim Versicherungscheckout können die Kunden zusätzliche Deckungsoptionen anwählen und ihre persönlichen Daten für die Versicherung in einem weiteren Checkout-Schritt angeben. Beim Checkout für Bankgeschäfte gibt es zusätzliche Schritte für die Nutzeridentifikation und für rechtliche Informationen, denen die Kunden zustimmen müssen. Für die Nutzidentifikation stehen sowohl Offline- als auch Online-Methoden zur Auswahl.

Das *Agent Enablement* ist eine weitere zentrale Funktion des Accelerators. Sie erweitert das Rollenkonzept von SAP Commerce um die Rolle des Verkäufers. Kunden können einem Verkäufer zugewiesen werden, der daraufhin im Namen der Kunden Aktionen im Webshop ausführt. Das Agent Enablement beinhaltet zudem ein umfassendes Consent Management. Kunden können so genau festlegen, welche Schritte der Verkäufer für sie durchführen soll. Sie können beispielsweise bestimmen, ob eine Verkäuferin oder ein Verkäufer ihre Angebots- und Policen-Details einsehen, Angebote anfragen oder (bei Versicherungsunternehmen) Schadensmeldungen anlegen darf. Mit der Funktion *Find-an-Agent* können Kunden schnell die passende Agentin oder den passenden Agenten finden und sehen, wo sich dessen Büro befindet. Hierzu stellt SAP Commerce Cloud eine unkomplizierte Funktion bereit (siehe dazu beispielhaft Abbildung 14.4).

Eine Inbox-Funktion mit flexibel konfigurierbarer Gruppierungsfunktion und der Option zur Anzeige von PDFs und Bildern stellt den Kunden alle ihre Benachrichtigungen gebündelt an einem Ort in übersichtlicher Form bereit.

Neben generellen Funktionen für den Finanzdienstleistungssektor bringt Financial Services Accelerator auch viele speziell auf Versicherungsunternehmen zugeschnittene Funktionen mit. Die wichtigsten werden im Folgenden kurz beschrieben.

Mit der ersten Funktion ist das Melden eines Schadensfalles direkt im SAP Commerce Webshop möglich. Dafür müssen die Kunden aus ihren Policen diejenige auswählen, für die sie einen Schaden melden möchten, dort die nötigen Informationen ausfüllen und die Meldung absenden.

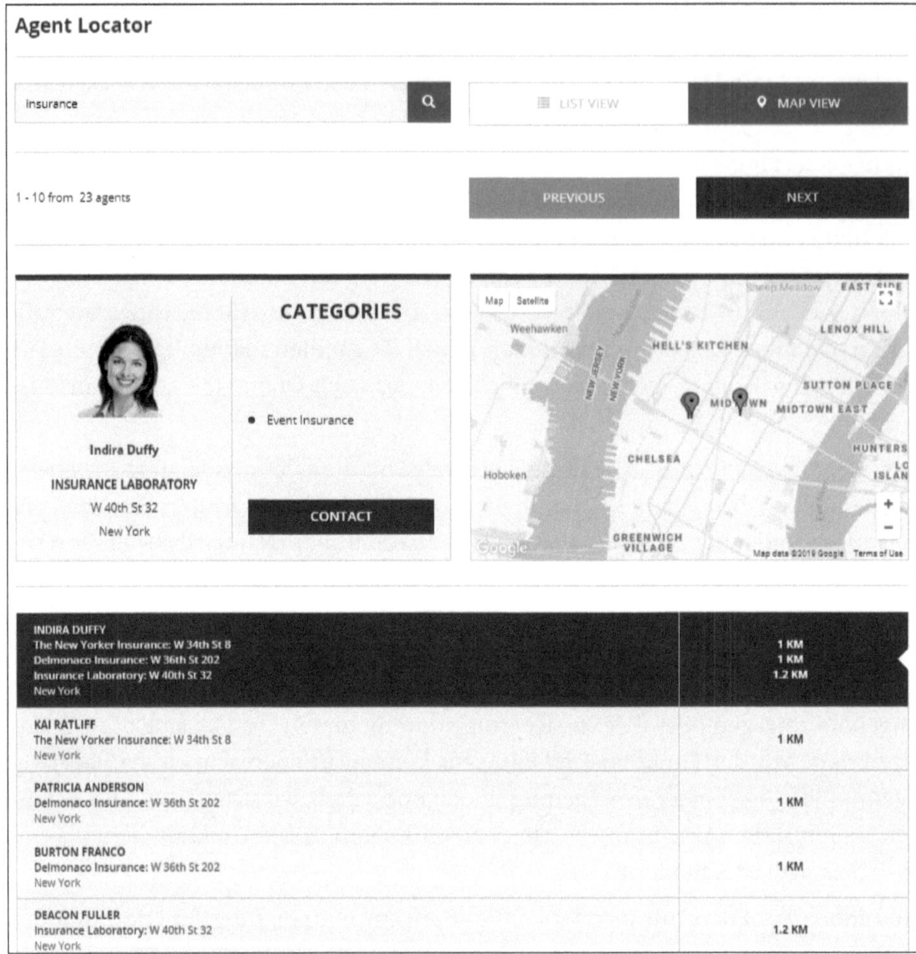

Abbildung 14.4 Find-an-Agent-Funktion

Der Aufbau des Schadenmeldungsprozesses, die Anzahl der Erfassungsschritte sowie die in den einzelnen Schritten angezeigten Formularfelder können flexibel für jede Versicherung konfiguriert werden. Um Schadensfälle an externe Systeme zu übermitteln oder gemeldete Versicherungsfälle aus externen Systemen abzurufen, stellt der Accelerator eine Integration mit *SAP Claims Management* zur Verfügung.

Eine weitere versicherungsbranchenspezifische Funktion ist das Ändern und Verlängern bestehender Versicherungspolicen. Policen-Änderungen erlauben es Kunden, beispielsweise die Kilometeranzahl für ihre Autoversicherung direkt im Portal anzupassen. Solche einfachen Änderungen führt das System automatisch durch. Bei komplexeren Änderungswünschen können die Kunden einen Antrag im Webshop stellen, den Mitarbeitende dann freigeben oder ablehnen können.

Die Kunden werden außerdem per Berichtigung in ihrer Inbox automatisch über den baldigen Ablauf ihrer Policen informiert. Ihnen werden dabei direkt verschiedene Angebote für die Verlängerung ihrer Versicherung präsentiert, aus denen sie wählen können.

Die letzte hier vorgestellte Funktion ist die Gruppenversicherung. Damit kann ein Versicherungsunternehmen einem Kundenunternehmen ein Portal bieten, in dem seine Mitarbeitenden Versicherungen erwerben können. Das Kundenunternehmen kann in dem Portal seine Mitarbeitenden anlegen, in Gruppen einteilen und diesen Gruppen Produktpläne zuweisen. Die Mitarbeitenden können sich nun im Portal anmelden und dort nur die Versicherungspolicen auswählen und kaufen, die für ihre Gruppe freigegeben sind.

Für alle zentrale Funktionen, wie beispielsweise die Preiskalkulation, Angebotserstellung und -replikation sowie die Policen-Ausstellung, -Replikation und -Änderung, bietet der Financial Services Accelerator in Verbindung mit der Cloud-Integration-Funktion der SAP Integration Suite Cloud Platform Integration eine nahtlose Integration mit SAP for Insurance.

14.3 Travel Accelerator

Der *Travel Accelerator* bietet branchenspezifische Funktionen sowohl für Fluglinien-gesellschaften als auch für Reiseanbieter und das Gastgewerbe. Er stellt unterschiedliche Booking Journeys für den Vertrieb von Flügen, Hotelübernachtungen oder Paketen aus beidem bereit (siehe Abbildung 14.5).

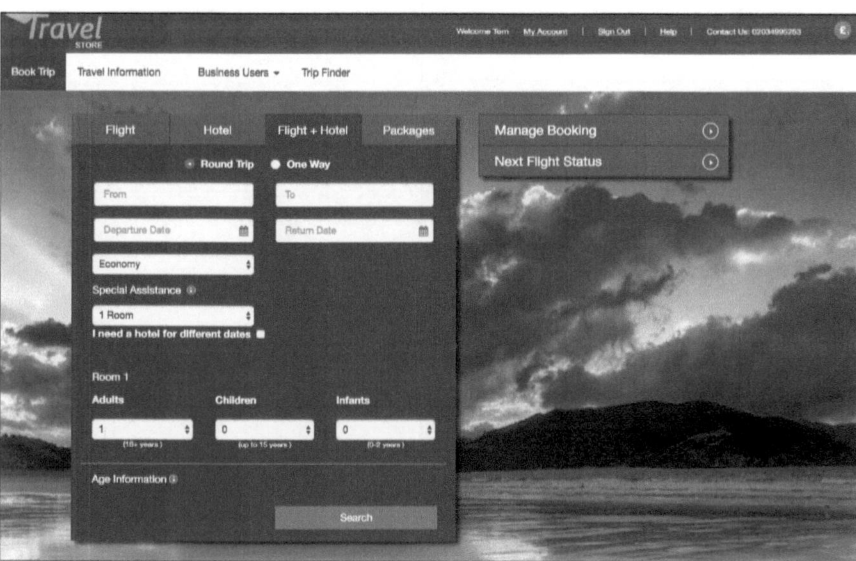

Abbildung 14.5 Travel Accelerator

Reine Flugbuchungen beginnen beispielsweise mit der Suche nach einem Flug anhand von Eingabeparametern, wie dem Abflughafen, dem Zeitraum, der Personenzahl und der Wahl zwischen Hinflug oder Hin- und Rückflug. Wenn ein Flug gefunden wurde, können zusätzliche Dienstleistungen wie Gepäck, Verpflegung und Lounge-Zugang gebucht werden. Auch die Reservierung von Sitzplätzen mithilfe einer Sitzplatzkarte ist möglich, sofern die nötigen Abbildungen des Flugzeugs aus Drittsystemen importiert wurden. Danach folgen verschiedene Checkout-Schritte, wie die Eingabe von Passagierinformationen, die Bestellübersicht und die Bezahlung. Wie ein Checkout aussehen könnte, sehen Sie in Abbildung 14.6.

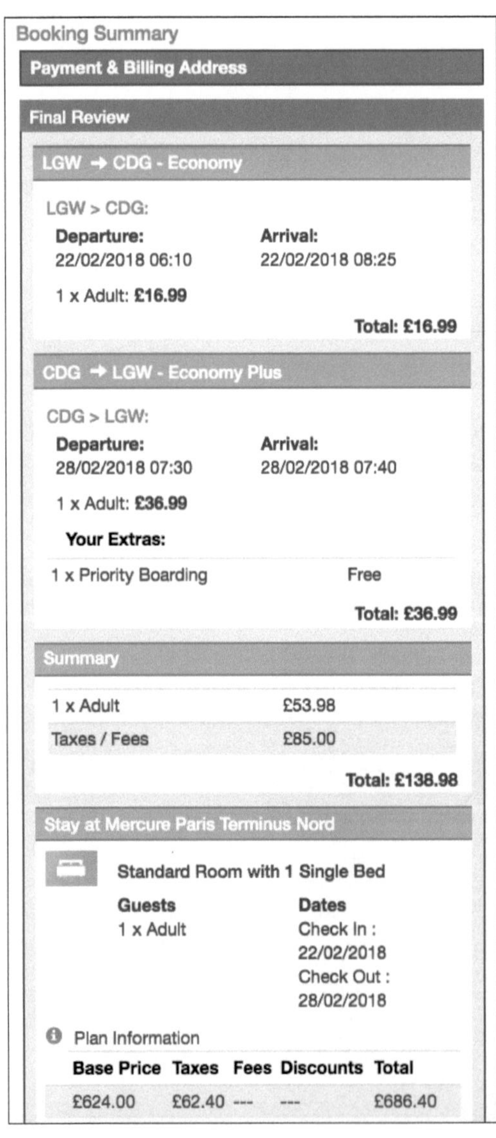

Abbildung 14.6 Checkout-Prozess mit allen notwendigen Informationen

In dieser Abbildung erkennen Sie die zusammengefassten Details Ihrer Buchung. Die **Flugstrecken** inklusive des **Datums** und der **Uhrzeit** sowie die **Abflugzeiten** und **Ankunftszeiten** werden nochmals dargestellt. Zudem sehen Sie **detaillierte Preise** der zuvor jeweils ausgewählten Positionen. Auch eine Übersicht über das **ausgewählte Hotel** inklusive der **Zimmerkategorie** kann Ihnen im Checkout angezeigt werden.

Auch für die Buchung von Hotels bietet der Travel Accelerator eine eigene Booking Journey. Diese beginnt mit der Eingabe des gewünschten Reiseorts und des An- und Abreisedatums in die Suche. Auf der Suchergebnisseite sehen die Kunden nun alle verfügbaren Unterkünfte, die sie nach Kriterien, wie Preis, Verpflegung, Sterne-Kategorien, Gäste-Bewertung oder Stornierungsbedingungen, filtern und sortieren können. Nachdem die Kunden eine Unterkunft ausgewählt haben, beginnen sie mit dem Checkout. Sie geben die Gästeinformationen ein und buchen eventuelle Zusatzoptionen, wie beispielsweise Wi-Fi auf dem Zimmer, hinzu. Im Anschluss geben die Kunden ihre Zahlungsdaten an. Im letzten Schritt sehen sie die Bestellzusammenfassung und können ihre Buchung zahlungspflichtig abschließen.

Wenn Hotel und Flug als Pauschalreise verkauft werden, bietet der Accelerator drei verschiedene vorgefertigte Varianten für die Zusammenstellung einer solchen Reise an. Die erste besteht in der Kombination beider zuvor beschrieben Booking Journeys, wobei standardmäßig zuerst die Flüge und dann das Hotel ausgewählt werden und danach der gemeinsame Checkout-Prozess mit Passagierdaten, Bestellzusammenfassung und Zahlungsinformationen folgt.

Bei den beiden anderen Möglichkeiten handelt es sich um sogenannte dynamische und statische Pakete. Bei *dynamischen Paketen* werden, nachdem die Kunden ihre Suchparameter für die Pauschalreise eingegeben haben, vom SAP-Commerce-System automatisch Kombinationen aus Flügen und Hotels generiert und den Kunden zu einem Paketpreis inklusive Steuern und Gebühren angeboten. Die Zusammenstellung solcher Pakete geschieht auf Basis eines umfassenden Business-Regelwerks, das flexibel auf die individuellen Geschäftsanforderungen angepasst und bei Bedarf auch erweitert werden kann.

Die dritte vorgefertigte Variante für Pauschalreisen sind die *statischen Pakete*. Sie werden von Mitarbeitenden des Reiseunternehmens manuell im SAP-Commerce-System zusammengestellt und bestehen im Gegensatz zu den dynamischen Paketen aus festen Kombinationen von Hotels und Flügen für eine bestimmte Personenanzahl. Dadurch können gezielt wenig ausgelastete Flüge oder Hotelbuchungszeiträume mit Sonderpreisen beworben werden.

14.4 Citizen Engagement Accelerator

Der *Citizen Engagement Accelerator* (siehe Abbildung 14.4) ist auf die Bedürfnisse von Organisationen im öffentlichen Sektor zugeschnitten. Seine wichtigsten Funktionen lassen sich in die Bereiche Serviceanfragen, Dokumentenbereitstellung sowie Rechnungs- und Vollmachtverwaltung unterteilen.

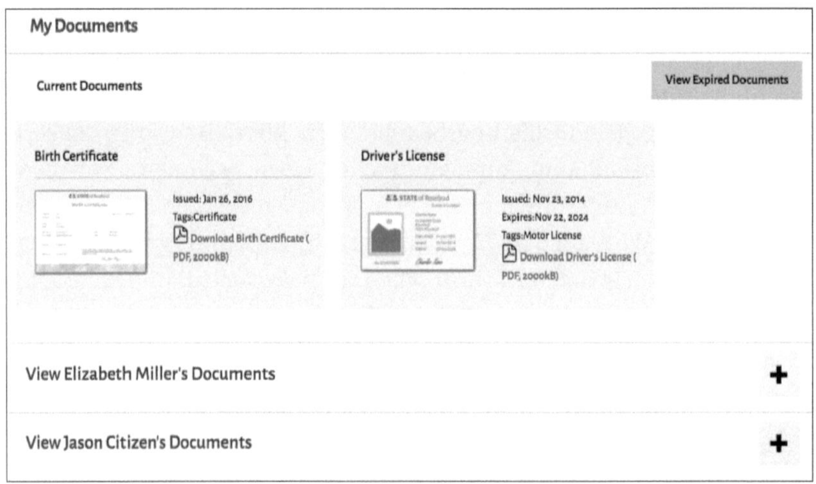

Abbildung 14.7 Produktdetailseite des Citizen Engagement Accelerators

Serviceleistungen, wie z. B. die Anmeldung eines Kindes oder die Beantragung einer Baugenehmigung für einen Pool im Garten, bilden einen wichtigen Teil des Leistungsangebots öffentlicher Einrichtungen für die Bürger. Deshalb ergänzt der Citizen Engagement Accelerator SAP Commerce um das Konzept der Serviceanfrage. Diese wird als reguläres SAP-Commerce-Produkt abgebildet. Da solche Anfragen aber üblicherweise, je nach Service, unterschiedliche Nutzereingaben benötigen, können Sie im Backoffice für jede Serviceanfrage genau konfigurieren, welche Felder das Eingabeformular auf der Servicedetailseite anzeigen soll.

Serviceanfragen resultieren oftmals in der Ausstellung von Dokumenten, wie beispielsweise einer Geburtsurkunde bei der Anmeldung eines Kindes. Deshalb können Sie in Drittsystemen generierte Dokumente über eine API-Schnittstelle in SAP Commerce übertragen. Auf der Dokumentenseite ihres Accounts können die Bürger dann alle für ein Konto existierenden Dokumente einsehen und herunterladen.

Die Rechnungsverwaltung ermöglicht es Bürgern, die von der öffentlichen Einrichtung an sie gestellten Zahlungsforderungen (z. B. Strafzettel oder Wasser- und Stromrechnungen) einzusehen und zu bezahlen. Hierfür können Rechnungen über eine API-Schnittstelle von Drittsystemen an SAP Commerce übertragen werden. In ihrem Account können die Bürger dann eine Aufstellung ihrer aktuell offenen Rechnungen sowie eine Historie der bereits gezahlten Rechnungen und ihrer Zahlungsbelege einsehen. Noch nicht beglichene Rechnungen können direkt im SAP-Commerce-Webshop über die angebundenen Zahlungsanbieter gezahlt werden.

Die letzte hier vorgestellte Funktion ist die Vollmachtverwaltung. Sie ermöglicht es einem Bürger, einige Rechte von seinem Account auf einen anderen Account zu übertragen. So ist es beispielsweise möglich, einem anderen Account das Recht einzuräumen, festgelegte Serviceanfragen durchzuführen. Dadurch könnte ein Bürger Anträge und Serviceanfragen für seine weniger internetaffinen Eltern stellen. Vertrauliche Informationen wie Passwörter und Zahlungsinformationen sind dabei nicht durch den bevollmächtigten Account einsehbar.

Neben den genannten Funktionen bietet der Accelerator außerdem noch Funktionen für die Erfüllung datenschutzrechtlicher Standards. Diese beinhalten das Consent Management, z. B. für Marketingkampagnen, die Generierung von Audit Reports (die Aufschluss darüber geben, wer wann welche Kundendaten bearbeitet hat) sowie die Option zur Schließung eines Accounts (siehe zum Thema Consent Management ausführlich Abschnitt 12.2 »Consent Management«). Bei einer solchen Schließung wird der Account nach Ablauf einer Warteperiode gelöscht, ebenso wie seine datenschutzrechtlich relevanten Informationen.

14.5 Marketplace Accelerator

Der *Marketplace Accelerator* ist eine sofort einsatzbereite Web-Implementierungsvorlage, die speziell für B2C-Lösungen entwickelt wurde. Sie ermöglicht es Händlern (Merchants), eine Plattform zu hosten, auf der Anbieter (Vendors) und Verbraucher (Consumers) Online-Handel betreiben können. Anbieter können auf dieser Plattform einen Shop einrichten, um ihre Produkte zu verkaufen, und Verbraucher können Produkte von verschiedenen Anbietern in einer einheitlichen User Experience kaufen.

Die Verwaltung der Beziehungen zwischen Händlern und Anbietern sowie die Verwaltung der Produktangebote der Anbieter kann komplex sein. Der Marketplace Accelerator bietet jedoch vereinfachte Prozesse und leistungsstarke Tools, die diese Aufgaben erleichtern.

Allerdings wird das Marketplace-Add-on nicht mehr aktiv weiterentwickelt. Daher schlägt SAP die Mirakl Marketplace Platform als Alternative vor. Sie ist über die Erweiterung SAP Commerce Marketplace Management by Mirakl integriert (siehe *https://help.sap.com/docs/SAP_COMMERCE_CLOUD_PUBLIC_CLOUD/7e47d40a176d48-ba914b50957d003804/02360c341d8e428f9c27ce0e7ba809f3.html?locale=en-US&q=mirajkl*).

Informationen zur Mirakl Marketplace Platform finden Sie in Abschnitt 17.8, »SAP Commerce Marketplace Management by Mirakl«.

14.6 Fazit

SAP Commerce Cloud bietet branchenspezifische Lösungen in Form von Acceleratoren, um den unterschiedlichen Anforderungen verschiedener Branchen gerecht zu werden. Zu den Funktionen gehören die Abbildung komplexer Produktangebote und die Berechnung von Composite Prices. Sie umfassen auch vordefinierte Funktionen für Kunden, erweiterte Angebots- und Checkout-Prozesse sowie Agent Enablement für Verkäufer. Hinzu kommen Möglichkeiten zur Abwicklung von Schadensmeldungen, Policen-Änderungen und Gruppenversicherungen. Zudem unterstützen sie Serviceanfragen, Dokumentenbereitstellung sowie Rechnungs- und Vollmachtverwaltung für Bürgerinnen und Bürger.

Insgesamt bieten die Acceleratoren von SAP Commerce Cloud die Flexibilität und die branchenspezifischen Funktionen, die Unternehmen benötigen, um effiziente E-Commerce-Plattformen zu entwickeln und ihren Kunden maßgeschneiderte Lösungen anzubieten. Dies trägt dazu bei, die Time-to-Market zu verkürzen und die Agilität im E-Commerce-Geschäft zu verbessern, unabhängig von der Branche, in der ein Unternehmen tätig ist.

Kapitel 15
SAP Commerce Cloud mit SAP S/4HANA und SAP ECC

SAP Commerce Cloud kann zwar theoretisch standalone betrieben werden, würde so aber einem Großteil seiner Schlagkraft beraubt. Deshalb wird die SAP Commerce Cloud fast immer mit einem bestehenden SAP-ECC- bzw. SAP-S/4HANA-System integriert.

Die SAP Commerce Cloud eröffnet bei korrekter Integration in ein ERP-System vielfältige Möglichkeiten, als zentrale Instanz für übergreifende SAP-Customer-Experience-Prozesse zu fungieren. Die Integration Ihrer SAP Commerce Cloud mit anderen Systemen erweitert die Anwendungsmöglichkeiten und erlaubt den kontinuierlichen Datenaustausch sowie das synergetische Zusammenspiel von Fachbereichen, IT und Kunden.

In diesem Kapitel erfahren Sie mehr über die Integration von Backend-Systemen. Diese sind in der Regel die wichtigsten und am stärksten verzahnten Systeme für SAP Commerce Cloud. Der Fokus liegt auf der Integration mit SAP S/4HANA und dessen Vorgänger SAP ECC.

Zunächst erläutern wir in Abschnitt 15.1 die technischen Grundlagen. Im Anschluss werden in Abschnitten 15.2 bis Abschnitt 15.5 die Integrationsszenarien für elementare Stammdaten betrachtet (zu der Bedeutung von Produkt- und Stammdaten siehe Abschnitt 2.2.3, »Produktdaten als Basis zum Erfolg«, und Abschnitt 15.2, »Produktdaten«). In Abschnitt 15.6, »Order Management«, stehen die synchrone und asynchrone Auftragsreplikation als Teil des Auftragsprozesses im Fokus. In Abschnitt 15.7, »Basis-Einstellungen«, werden die notwendigen Voraussetzungen für eine erfolgreiche Integration von SAP Commerce Cloud in das SAP-S/4HANA- bzw. die damit verbundenen Aktivitäten im Backend-System selbst ausführlich aufgezeigt. Zum Abschluss wird dann als Alternative vorgestellt, wie Integrationen nicht über die SAP Integration Suite als Middleware, sondern via SAP Process Orchestration realisiert werden können und welche Vorteile das mit sich bringen kann.

15.1 Technische Grundlagen

Bereits im Standard bietet SAP eine Vielzahl vorgefertigter Integrationen, um die wichtigsten Stamm- und Bewegungsdaten auszutauschen und somit die Kernprozesse über die verschiedenen SAP-Systeme hinweg ohne weitere Anpassungen abbilden zu können.

Durch die sehr offenen und flexiblen Integrationsmöglichkeiten der SAP Commerce Cloud (siehe Kapitel 5, »Infrastruktur und Architektur«) lassen sich auch fast alle Drittanbieter-Lösungen oder andere SAP-Systeme integrieren. Einige Beispiele für solche Szenarien finden Sie auch in Kapitel 17, »Integrations- und CX-Szenarien mit SAP Commerce Cloud«, in den jeweiligen dort vorgestellten Integrationsszenarien.

Integration Extension Pack

SAP bietet eine Vielzahl vorgefertigter Integrationen, die lediglich konfiguriert und daraufhin direkt genutzt, aber natürlich ebenso an spezifische Bedürfnisse angepasst werden können. Die vorgefertigten Integrationen werden nicht direkt mit dem Core mitgeliefert, sondern über den sogenannten *Integration Extension Pack* zur Verfügung gestellt.

Welche Version des Integration Extension Packs mit welcher Version von SAP Commerce Cloud kompatibel ist, finden Sie in der »Integration Compatibility Matrix« in der SAP-Hilfe unter:

https://help.sap.com/docs/SAP_COMMERCE_CLOUD_PUBLIC_CLOUD/bad9b0b66bac476f8a4a5c4a08e4ab6b/f7e859a4b880476aa37e376b5423188c.html

In den folgenden Abschnitten gehen wir auf die wichtigsten Integrationsszenarien ein, die SAP im Standard für SAP S/4HANA anbietet. Dabei versuchen wir, nicht zu tief in technische Details abzutauchen, und geben auch immer wieder praktische Tipps und weisen auf Möglichkeiten zur Anpassung hin, die uns in unzähligen Projekten immer wieder begegnen.

Dennoch sollten Sie ein gewisses technisches Grundverständnis mitbringen und idealerweise mit *IDocs* (Intermediate Documents) und dem *ALE Framework* (Application Link Enabling) sowie dem *Data Replication Framework* (DRF) von SAP vertraut sein (siehe Abbildung 15.2). Einige dieser Themen und notwendigen Basiskonfigurationen innerhalb von SAP S/4HANA bzw. SAP ECC sind in der SAP-Hilfe beschrieben:

- *https://help.sap.com/docs/SAP_COMMERCE_INTEGRATIONS/451f9eea67c3442696e7a0a631e9b975/8b8b46bf86691014871ced3d2c01b0c7.html*
- *https://help.sap.com/docs/SAP_COMMERCE_INTEGRATIONS/451f9eea67c3442696e7a0a631e9b975/8bc6b884866910148532f2e1e500f95f.html*

Sämtliche der im Folgenden beschriebenen Standardintegration nutzen die SAP Integration Suite als Middleware. Für diese Standardschnittstellen gibt es bereits entsprechend vorbereitete Integration Packages, die nur konfiguriert werden müssen. Die Integrationen von SAP S/4HANA und SAP ECC unterscheiden sich in gewissen Schnittstellen, daher bietet SAP zwei verschiedene Integration Packages an. Laden Sie das für Sie relevante Pack direkt aus Ihrer SAP Integration Suite oder über *https://api.sap.com*.

- Integration Package für SAP S/4HANA:
  https://api.sap.com/package/SAPHybrisCommerceIntegrationwithS4HANA/integrationflow
- Integration Package für SAP ECC:
  https://api.sap.com/package/SAPCommerceCloudIntegrationwithERP/integrationflow

Zusätzlich zu den hier besprochenen Schnittstellen über die SAP Integration Suite gibt es teilweise auch noch Standard-Schnittstellen über den sogenannten *SAP Commerce Cloud Data Hub*. Diese haben teilweise einen ähnlichen Funktionsumfang, werden aber nicht mehr weiterentwickelt und sind technologisch veraltet. Wenn Sie SAP Commerce Cloud neu einführen, empfehlen wir Ihnen unbedingt, Schnittstellen auf der Basis des Data Hub nicht mehr in Betracht zu ziehen. Haben Sie dennoch Interesse daran, können Sie sich ausführlich in der SAP-Hilfe unter folgendem Link informieren:

https://help.sap.com/docs/SAP_COMMERCE_CLOUD_PUBLIC_CLOUD/c65fa30c12ec4c2dbe04becf73f0943d/8ba79fcc86691014a83e8530484d3892.html

Systemvoraussetzungen

Nicht alle Schnittstellen, die wir in diesem Kapitel beschreiben, funktionieren mit allen Versionen von SAP S/4HANA oder SAP ECC. Prüfen Sie daher, ob Ihre Systeme die Voraussetzungen erfüllen. Details dazu finden Sie in der SAP-Hilfe unter:

https://help.sap.com/docs/SAP_COMMERCE_INTEGRATIONS/451f9eea67c3442696e7a0a631e9b975/8c6b6e89866910149343a4c0cde27c61.html

15.2 Produktdaten

Für den Betrieb von SAP Commerce Cloud ist es notwendig, dass Stammdaten, wie z. B. Produktdaten innerhalb von SAP Commerce Cloud in sogenannten *Produktkatalogen* vorliegen (siehe Abschnitt 2.2.3, »Produktdaten als Basis zum Erfolg«, und Kapitel 7, »Produktdatenmanagement«).

Der SAP-Standard sieht daher vor, Produkt- bzw. Materialstammdaten von SAP S/4HANA oder SAP ECC per IDoc an SAP Commerce Cloud zu replizieren. Die Produktdaten werden über IDocs verschiedener Typen mithilfe von Standard-ALE-Mechanismen aus SAP S/4HANA bzw. SAP ECC per HTTP an einen Endpunkt der SAP Integration Suite geschickt. Dort werden die IDoc-Daten gelesen, verarbeitet und schlussendlich auf ein für SAP Commerce Cloud passendes Zielformat konvertiert. Die Daten werden dann in diesem konvertierten Format per OData Protocol an die *Integration API* von SAP Commerce Cloud geschickt, worüber sie dann in SAP Commerce Cloud persistiert werden (siehe Abbildung 15.1).

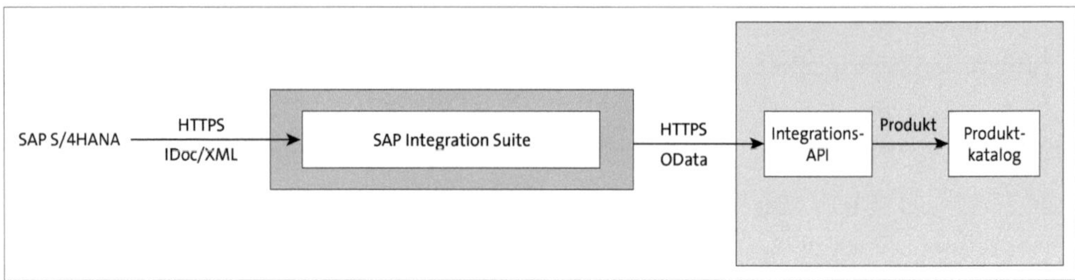

Abbildung 15.1 Materialstamm

Produkt- bzw. Materialstammdaten werden per IDoc mit Nachrichtentyp MATMAS versendet. Die initiale Datenübernahme kann mit Transaktion BD10 durchgeführt werden. Nach einmaliger initialer Datenübernahme sollten nur noch Änderungen übertragen werden. Hierfür werden Standardmechanismen innerhalb von SAP verwendet, nämlich Änderungszeiger. Bei jeder relevanten Änderung wird ein sogenannter *Änderungszeiger* geschrieben. Welche Änderungen relevant sind, kann pro Nachrichtentyp (in diesem Fall MATMAS) definiert werden. Über periodisch eingeplante Jobs werden die Änderungszeiger verarbeitet und IDocs daraus generiert, die die Änderungen an SAP Commerce Cloud übertragen.

Vollständige IDocs

Der SAP-Standard-Report zum Verarbeiten der Änderungszeiger und Generieren der IDocs heißt RBDMIDOC. Dieser Report hat die Eigenschaft, nur geänderte Segmente ins IDoc zu generieren – insbesondere bei Materialstammdaten. Ändern Sie z. B. ein Feld in der Vertriebssicht eines Materials, wird nur diese Änderung ins IDoc geschrieben, alle weiteren Vertriebssichten jedoch nicht. Die Schnittstelle für SAP Commerce Cloud erwartet die IDocs allerdings stets vollständig, d. h. mit allen Segmenten. Lesen Sie daher SAP-Hinweis 1966001 (Replicating Product Master Data) und implementieren Sie einen kundeneigenen Report nach der dort gezeigten Vorlage, um stets vollständige MATMAS IDocs zu erzeugen. Dies gilt in gleicher Weise für DEBMAS-IDocs (siehe Abschnitt 15.4, »Kundendaten«).

Übertragen werden Materialgrunddaten wie Materialnummer, Materialkurztext, Einheiten und einige mehr. Auch Daten aus Vertriebssichten werden repliziert. Selten genügen die vom Standard replizierten Daten. Oft werden weitere Materialstammdaten benötigt, die in der Schnittstelle (in sogenannten *Pre-* oder *Post-Exists* der *Integration Suite iFlows*) erweitert und in SAP Commerce Cloud importiert werden können. Oft werden auch kundeneigene Felder z. B. auf Ebene der Transaktion MARA genutzt, die relevant sein könnten. In solchen Fällen empfiehlt es sich, eine IDoc-Erweiterung durchzuführen und die zusätzlichen Daten dann ebenfalls entsprechend zu mappen.

15.2.1 Klassifikationsdaten

Neben den reinen Materialstammdaten können im Standard auch Klassifikationsdaten importiert werden. Wie in Abschnitt 7.4, »Produktklassifizierung«, beschrieben, besitzt SAP Commerce Cloud ein sehr generisches Klassifikationssystem. Dieses ist in der Lage, die Materialstamm-Klassifikation aus SAP S/4HANA abzubilden. Zur Übertragung von Klassifikationsdaten werden ebenfalls IDocs verwendet. Diese können initial geladen werden und folgen ebenfalls dem Prinzip der Änderungszeiger, um im Betrieb nur relevante Änderungen zu übertragen. Folgende drei IDoc-Nachrichtentypen werden verwendet, um Klassifikationsdaten zu übertragen:

- **CHRMAS**
  IDocs vom Typ CHRMAS dienen zur Übertragung von Merkmalen und Merkmalswerten. Die initiale Datenübertragung kann mithilfe von Transaktion BD91 durchgeführt werden.
- **CLSMAS**
  Klassifikationsklassen und die Zugehörigkeit von Merkmalen zu den Klassen werden über IDocs des Typs CLSMAS übertragen. Klassifikationsklassen übertragen Sie mit Transaktion BD92. Überlegen Sie sich vorher, welche Klassenarten relevant sind, um nicht unnötige Klassifikationsdaten zu übertragen. In der Regel sind dies Klassenart 001 für Materialstamm Klassifikation sowieso Klassenart 300 für Merkmale, die in Variantenkonfiguration verwendet werden.
- **CLFMAS**
  Während IDocs der Typen CHRMAS und CLSMAS lediglich die Strukturen des Klassifikationssystems aufbauen, enthalten IDocs vom Nachrichtentyp CLFMAS die konkreten Ausprägungen der Merkmale pro Material.

Beachten Sie bei der Übertragung von Klassifikationsdaten über die SAP-Standardintegration unbedingt die korrekte Reihenfolge: Laden Sie zunächst die Merkmale und Merkmalswerte über Transaktion BD91, gefolgt von den Klassifikationsklassen über Transaktion BD92. Stellen Sie sicher, dass Sie die Materialstammdaten über Transaktion BD10 (siehe Abbildung 15.1) bereits übertragen haben, bevor Sie die Merkmalsausprägungen über Transaktion BD93 senden.

15.2.2 Materialvarianten

Der SAP-Standard sieht auch vor, Materialvarianten von SAP S/4HANA bzw. SAP ECC an SAP Commerce Cloud zu übertragen. Das Prinzip und die Übertragung der Daten unterscheiden sich nur minimal von der Übertragung der reinen Materialstammdaten (siehe Abbildung 15.1). Verwenden Sie für die Übertragung von Materialvarianten ebenfalls Transaktion BD10, setzen Sie aber das Kennzeichen **Material vollständig senden**, damit der Report die materialvariantenspezifischen Segmente ebenfalls füllt und die Standardschnittstelle diese richtig importiert.

Beachten Sie, dass Materialvarianten nur korrekt versendet werden, wenn Sie das Kennzeichen **Material vollständig senden** gesetzt haben. Ist das nicht der Fall, wird das Material als Standardprodukt in SAP Commerce Cloud importiert. Dieser Vorgang kann nicht mehr rückgängig gemacht werden. In diesem Fall müssen Sie das Produkt in SAP Commerce Cloud manuell löschen und erneut über Transaktion BD10 mit aktiviertem Kennzeichen senden.

15.3 Lagerbestände und Verfügbarkeiten

Bereits im Standard bietet SAP Commerce Cloud Unterstützung für die Lagerverwaltung und die Verwaltung von Lagerbeständen. Über die Standardintegration mit SAP S/4HANA bzw. SAP ECC können die dort vorhandenen werksabhängigen Lagerbestände an SAP Commerce Cloud übertragen werden.

Dazu nutzt der Standard in SAP ECC und SAP S/4HANA IDocs des Typs LOISTD, die über Report RMCPAMRP erzeugt werden können. Führen Sie den Report über Transaktion SE38 aus, und geben Sie Materialnummern und Werke an, für die Sie die Lagerbestände replizieren möchten.

Lager und Werke

Damit die Standard-Replikation der Lagerbestände funktioniert, müssen Sie sicherstellen, dass in SAP Commerce Cloud Lager (Warehouses) angelegt sind. Diese Lager müssen den vierstelligen Werk-IDs aus SAP S/4HANA oder SAP ECC entsprechen. Um dies, und einige andere Customizing-Einstellungen, nicht selbst manuell anlegen zu müssen, sollten Sie den ABAP-Report `ZDOWNLOAD_CUSTOMING_AS_IMPEX` in Ihrem System implementieren. Der liest relevante Customizing-Tabellen aus und erzeugt aus dessen Daten eine ImpEx-Datei, die einfach in SAP Commerce Cloud importiert werden kann. Details dazu sowie eine ABAP-Code-Vorlage finden Sie in SAP-Hinweis 1983231 (Customizing extraction report for ERP Commerce integration) unter *https://me.sap.com/notes/1983231*.

Lagerbestände müssen immer neu übertragen werden. Eine Übertragung lediglich der Änderungen, wie bei den anderen bereits erwähnten Stammdaten-Schnittstellen, ist nicht vorgesehen. Speichern Sie daher Ihre Selektion des Reports RMCPAMRP als Variante, sodass Sie diese über Transaktion SM36 als Hintergrund-Job periodisch einplanen können, entsprechend Ihren Anforderungen an die Aktualität dieser Daten (z. B. alle vier Stunden).

In SAP S/4HANA werden Lagerbestandsinformationen über das sogenannte *Data Replication Framework* (DRF) verschickt (siehe Abbildung 15.2). Das heißt, es kommen keine IDocs zum Einsatz. Stattdessen sendet SAP S/4HANA einen SOAP Request (Simple Object Access Protocol) an die SAP Integration Suite, wo dann ein Mapping durchlaufen wird und den Payload in einen OData Request für SAP Commerce Cloud konvertiert.

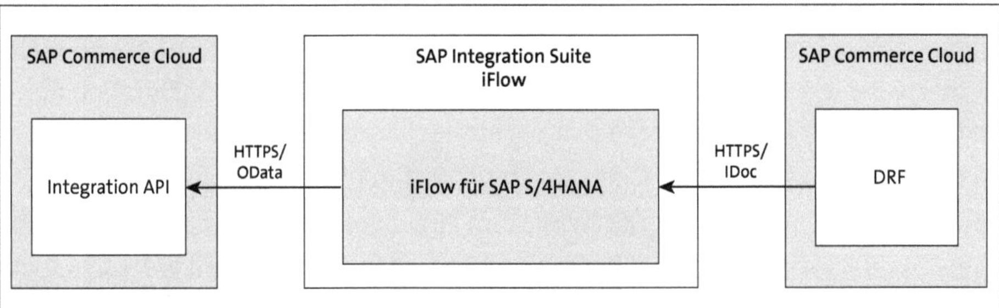

Abbildung 15.2 Datenreplikation über Data Replication Framework

Um die initiale Datenübernahme im SAP S/4HANA zu starten, öffnen Sie **Data Replication** und wählen **Replication by Replication Model**.

Alternativ zur Replikation der Lagerbestände können diese auch synchron abgerufen werden. Dies ergibt in der Regel aber nur dann Sinn, wenn ohnehin bereits ein synchrones Order Management genutzt wird (siehe Abschnitt 15.6, »Order Management«). Dazu wird der gleiche Service aufgerufen, der auch für die synchrone Preisermittlung bzw. Auftragssimulation in SAP S/4HANA genutzt wird (siehe Abschnitt 15.4, »Kundendaten«, und Abschnitt 15.5, »Preise«).

15.4 Kundendaten

Kundendaten sind essenzielle Stammdaten, wenn es sich um Kundenportale oder Webshops handelt, in denen Kunden z. B. einkaufen können oder Self-Service-Dienste in Anspruch nehmen. Damit solche Prozesse funktionieren, müssen die Kundendaten, ähnlich wie z. B. Produktdaten, innerhalb von SAP Commerce Cloud vorliegen. Dies ist der Fall, wenn Kundendaten komplett losgelöst von anderen Systemen direkt in SAP Commerce Cloud angelegt und verwaltet werden. Sehr häufig kommen diese aber aus Backend-Systemen wie SAP S/4HANA oder SAP ECC. Dafür stellt SAP im Standard verschiedene Möglichkeiten bereit, Kundendaten von SAP S/4HANA oder SAP ECC nach SAP Commerce Cloud zu replizieren.

Kundendaten können für Firmen aber auch Kontakte bzw. Ansprechpartner sein. Im B2B-Kontext sprechen wir in SAP Commerce Cloud von sogenannten *B2B-Einheiten*, was Firmen oder im klassischen Sinne auch Debitoren entspricht. Des Weiteren ist von *B2B-Kunden* die Rede, dem Äquivalent zu Kontakten oder Ansprechpartnern. Im B2C-Umfeld redet man in der Regel nur von *Kunden* oder *Customern*.

Generell unterscheiden sich die Integrationen bezüglich Kundendaten zwischen SAP S/4HANA und SAP ECC. Während in SAP S/4HANA die Kundendaten zwingend über sogenannte *Business Partner* (Geschäftspartner) abgebildet werden, ist dies im ECC-Umfeld optional. Dort wird sehr häufig das Konzept der Debitoren/Ansprechpartner genutzt. Daher gehen die Standardintegrationen davon aus, SAP S/4HANA immer mit Business Partnern zu integrieren und SAP ECC immer mit Debitoren/Ansprechpartnern. Beide Varianten basieren auf einer Integration über die Integration Suite und bieten daher vorgefertigte und direkt einsetzbare Standard-iFlows an.

Im Standard bietet SAP Schnittstellen für B2B-Organisationen und -Kunden und B2C-Kunden in beide Richtungen. Das heißt, zum einen von SAP Commerce Cloud Richtung SAP S/4HANA und SAP ECC. Zum anderen aber auch von SAP S/4HANA oder SAP ERP in Richtung SAP Commerce Cloud.

Um Kunden von SAP Commerce Cloud nach SAP S/4HANA zu replizieren, wird in SAP S/4HANA der SOAP-Service `businesspartnersuitebulkreplic` genutzt, der über die SAP Integration Suite aufgerufen wird. Im B2B-Szenario wird zusätzlich auch der Service `businesspartnerrelationshipsui` eingesetzt (siehe Abbildung 15.3 bzw. Abbildung 15.4).

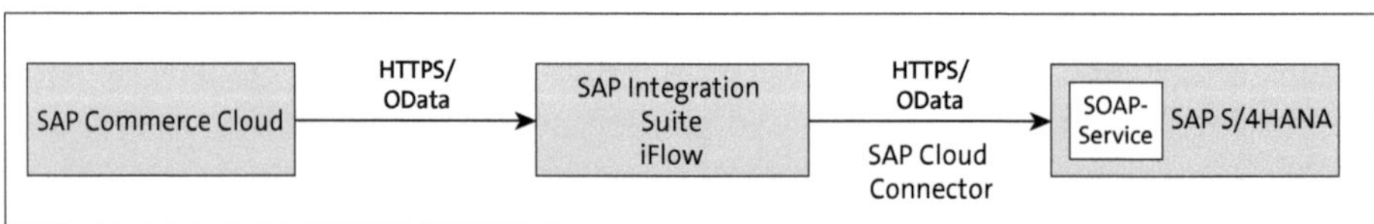

Abbildung 15.3 Replikation von B2C-Kunden nach SAP S/4HANA

Falls Sie ein ECC-Backend-System nutzen, werden die Kundendaten nicht per SOAP-Service, sondern per IDoc übermittelt. Dafür werden im zugehörigen Integration Suite iFlow IDocs der Typen ADR2MAS, ADR3MAS und DEBMAS erzeugt. Das heißt, SAP Commerce Cloud schickt die Daten über einen OData-Payload an die SAP Integration Suite, wo die IDoc-Formate zusammengebaut werden.

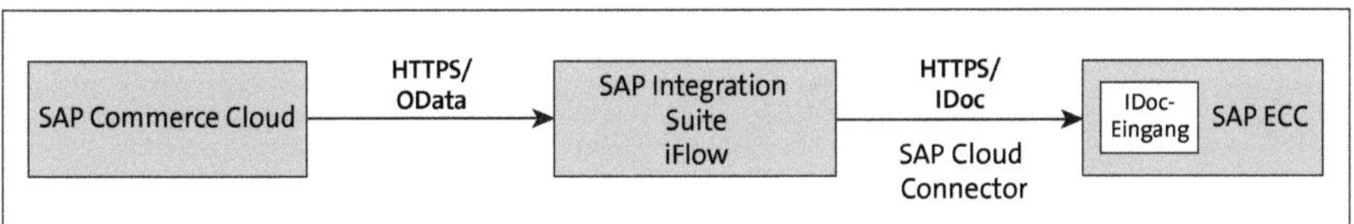

Abbildung 15.4 Replikation von B2C-Kunden nach SAP ECC

Kunden, die in SAP S/4HANA neu angelegt werden, können im Standard ebenfalls Richtung SAP Commerce Cloud repliziert werden. Auch in diesem Szenario gibt es Unterschiede zwischen SAP S/4HANA und ECC: Während die Standardintegration in SAP S/4HANA Geschäftspartnerdaten über das sogenannte *Data Replication Framework* (DRF) verschickt (siehe Abbildung 15.2), werden die Debitorendaten aus SAP ECC über IDoc übertragen. Dabei sind lediglich die Ausgangsformate der jeweiligen Backend-Systeme verschieden. Das Datenmodell im Zielsystem der SAP Commerce Cloud ist hingegen identisch. Dafür sorgen die im Standard gelieferten iFlows für die SAP Integration Suite (siehe Abbildung 15.5).

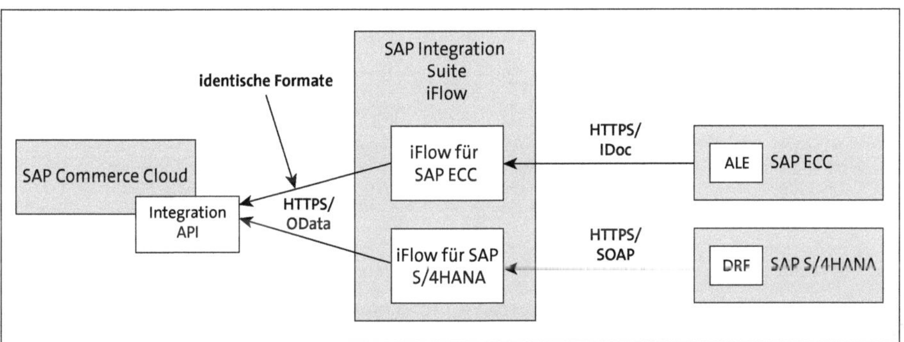

Abbildung 15.5 Replikation von B2C-Kunden von SAP ECC und SAP S/4HANA nach SAP Commerce Cloud

Ob eine Vollintegration in beide Richtungen sinnvoll ist, hängt vom Einzelfall ab. Je nachdem, wie die Prozesse gestaltet werden, ist die Standardintegration nicht immer sinnvoll. Besonders in B2B-Szenarien ist die Replikation von Ansprechpartnern aus SAP S/4HANA nach SAP Commerce Cloud nicht immer zielführend und hängt oft von der vorliegenden Datenqualität ab. Anpassungen in diesem Bereich sind unserer Erfahrung nach sehr wahrscheinlich.

Wie auch immer Ihr Szenario ausfällt, durch die vorbereiteten Schnittstellen lassen sich viele Szenarien ggf. auch durch leichte Anpassungen abdecken. Haben Sie außer der SAP Commerce Cloud noch weitere Applikationen, die von Ihren Kunden genutzt werden oder planen, solche einzuführen? Gerade in diesen Fällen sollten Sie über die Einführung eines zentralen *Customer-Identity-and-Access-Management-*(*CIAM*-)Systems nachdenken. Hier bietet SAP mit der *SAP Customer Data Cloud* einen weiteren sinnvollen Baustein, um Ihre Systemlandschaft zu erweitern. Auch in diesen Fällen ergeben sich andere Varianten für Ihre Kunden- oder Kontaktdaten-Schnittstellen. Weitere Informationen zur Integration mit der SAP Customer Data Cloud beschreiben wir in Abschnitt 17.4, »SAP Customer Data Cloud«.

15.5 Preise

Bei vielen Schnittstellen stellt sich die Frage, ob ein synchroner Ansatz der bessere wäre. Das heißt, dass Daten zur Laufzeit aktuell aus einem Backend-System wie z. B. SAP S/4HANA oder SAP ECC geholt werden. Alternativ kann ein asynchroner Ansatz in Betracht gezogen werden, bei dem Daten repliziert und innerhalb von SAP Commerce Cloud gespeichert werden.

Der asynchrone Ansatz ist in der Regel zu bevorzugen, da SAP Commerce Cloud dann unabhängig von der Verfügbarkeit der Backend-Systeme arbeiten kann. Gerade bei vielen Nutzern wird die Last in den Backend-Systemen reduziert und auch die Performance ist für die Nutzer der Plattform deutlich höher.

Insbesondere bei Preisen stellt sich die Frage nach der richtigen Architektur oft mehr als bei anderen Schnittstellen. Repliziert man Preise und Rabatte aus SAP S/4HANA oder SAP ECC nach SAP Commerce Cloud, werden nur einzelne Preisbestandteile (Konditionssätze) repliziert, sodass die eigentliche Berechnung der Preise (z. B. Rabatte von Listenpreisen abziehen) in SAP Commerce Cloud stattfindet.

Das mag bei einer einfachen Preisfindungslogik durchaus sinnvoll sein, kann aber in komplizierten Fällen viel Aufwand und Nachteile nach sich ziehen. Gerade im B2B-Umfeld erleben wir oft komplizierte Preisfindungslogiken, die man nicht in SAP Commerce Cloud nachträglich implementieren und vor allem auch bei Änderungen aktuell halten möchte. In solchen Fällen sollten Sie eher einen synchronen Ansatz zur Ermittlung der Preise in Betracht ziehen. Geben Sie aber nicht zu früh auf! Bei genauerer Betrachtung und Eliminierung aller nicht mehr relevanten Preisfindungslogiken ist eine zunächst sehr komplex scheinende Preisfindung oft gar nicht mehr so komplex, sodass auch ein asynchrones Szenario sinnvoll ist.

15.5.1 Asynchroner Ansatz: Replikation von Preisen und Rabatten

Wie bereits erwähnt, werden Preise und Rabatte im asynchronen Szenario von SAP S/4HANA bzw. SAP ECC nach SAP Commerce Cloud repliziert. Das heißt, SAP Commerce Cloud kann Preise anzeigen, auch wenn gerade keine aktive Verbindung zum Backend-System besteht. Bei Preisen und Rabatten handelt es sich Abbildung 15.1 beschriebenen Mechanismus per IDoc übertragen werden. Dabei handelt es sich um IDocs des Typs COND_A.

Um Preise nach SAP Commerce Cloud zu übertragen, nutzen Sie im Standard die Transaktion VK13. Wählen Sie die relevante Konditionsart (z. B. PR00), und selektieren Sie anschließend über **Konditionsinformationen** alle Konditionssätze, die Sie übertragen möchten. Markieren Sie alle gewünschten Konditionssätze, und senden Sie diese über den Button **Sende Kondition**.

[+]

Report zur Übertragung von Konditionssätzen

Der SAP-Standard sieht vor, Konditionssätze über Transaktion VK13 zu übertragen. Dies kann je nach Anzahl der Konditionsarten sehr mühsam sein. Oft empfiehlt es sich daher, einen kundeneigenen ABAP-Report zu implementieren, mit dem Sie alle relevanten Konditionssätze selektieren und daraus die entsprechenden IDocs vom Typ COND_A generieren. Es kann auch später im Betrieb hilfreich sein, einen solchen Report zu haben, um schnell und einfach Konditionssätze an SAP Commerce Cloud übertragen zu können.

Nach der initialen Datenübernahme über Transaktion VK13 oder einem kundeneigenen Report werden im Betrieb dann nur noch Änderungen, d. h. neu angelegte oder geänderte Konditionssätze, übertragen. Dafür wird wie bei anderen Stammdaten-Schnittstellen das Prinzip der Änderungszeiger genutzt.

Denken Sie daran, im dazugehörigen SAP Integration Suite iFlow die Konditionsarten zu konfigurieren, die Sie übertragen möchten. Definieren Sie dort, welche Konditionsarten normale Preise sind und welche als Rabatte in SAP Commerce Cloud abgelegt werden sollen.

15.5.2 Synchroner Ansatz: Abruf der Preise zur Laufzeit

Im Gegensatz zum asynchronen Ansatz werden die Preise im synchronen Szenario zur Laufzeit aus dem Backend-System abgerufen. Das heißt, die Preise und deren Bestandteile liegen nicht in SAP Commerce Cloud vor. Stattdessen findet die gesamte Preisberechnung im Backend-System statt, und SAP Commerce Cloud stellt nur noch den fertig berechneten Preis dar. Ist das Backend-System nicht erreichbar, z. B. aufgrund von Wartungsarbeiten, können Sie Ihren Usern im Shop keine Preise anzeigen und müssen auf alternative Darstellungsvarianten ausweichen. Auch sollten Sie in diesem Szenario darüber nachdenken, wo Sie Preise anzeigen. Insbesondere an Stellen, wo viele Produkte und Preise gelistet werden, z. B. auf Kategorieseiten mit vielen Produkten, kann es je nach Art der Implementierung unter Umständen eine Weile dauern, bis die Preise im Backend berechnet und schlussendlich dargestellt werden können. Dennoch ist dies oft ein sinnvoller Weg, wenn die Preisfindungslogik zu komplex und volatil ist. Die Alternative, nämlich die Preise nachträglich in SAP Commerce Cloud zu implementieren, ist deutlich komplizierter

Der synchrone Preisabruf wird im Standard nur in Verbindung mit SAP S/4HANA oder SAP S/4HANA Cloud unterstützt. Auch frontendseitig funktioniert dies nur für SAP Commerce Cloud in Verbindung mit Composable Storefront. Es gibt auch eine Integration mit SAP ECC, das sogenannte *Synchronous Order Management Module*. Dies ist aber nicht mit SAP Commerce Cloud in the Public Cloud, also mit der in der Cloud gehosteten Variante von SAP Commerce Cloud, kompatibel, sondern lediglich mit der on-premise-Variante, die ebenfalls abgekündigt (deprecated) ist. Falls Sie dennoch Interesse an diesem veralteten Modul haben, finden Sie alle wichtigen Informationen dazu in der SAP-Hilfe unter:

https://help.sap.com/docs/SAP_COMMERCE_INTEGRATIONS/29f88baca9c24351aa3429cc0b4cf33d/8c4a2d2e86691014bc8defdfd85072e7.html

Der synchrone Preisabruf aus SAP S/4HANA unterstützt die Preisanzeige auf den Produktdetailseiten, Warenkorb und Checkout. Auch auf Produktlisten wie der Kategorieseite können Preise angezeigt werden. Allerdings kommen diese aufgrund der oben erwähnten Performance-Problematiken nicht wirklich zur Laufzeit aus dem Backend-System, sondern werden in den Solr-Index indiziert, der schließlich für die Daten auf den Kategorieseiten relevant ist. Daher sind die Preise auf Kategorieseiten in diesem Szenario unter Umständen nicht ganz aktuell.

Technisch gesehen ruft SAP Commerce Cloud den OData-Service `API_SALES_ORDER_SIMULATION_SRV` in SAP S/4HANA auf, der die Preise berechnet und zurückliefert. Der Aufruf dieses Services wird von SAP Commerce Cloud initiiert und, so sieht es der Standard vor, direkt an die SAP S/4HANA API geschickt. Da SAP-Commerce-Cloud-Systeme nur noch selten on-premise eingesetzt werden, müssen Sie überlegen, wie Sie diese Aufrufe an Ihr SAP-S/4HANA-System (on-premise) schicken, falls es in einem geschützten Netzwerkbereich liegt (siehe Abbildung 15.6).

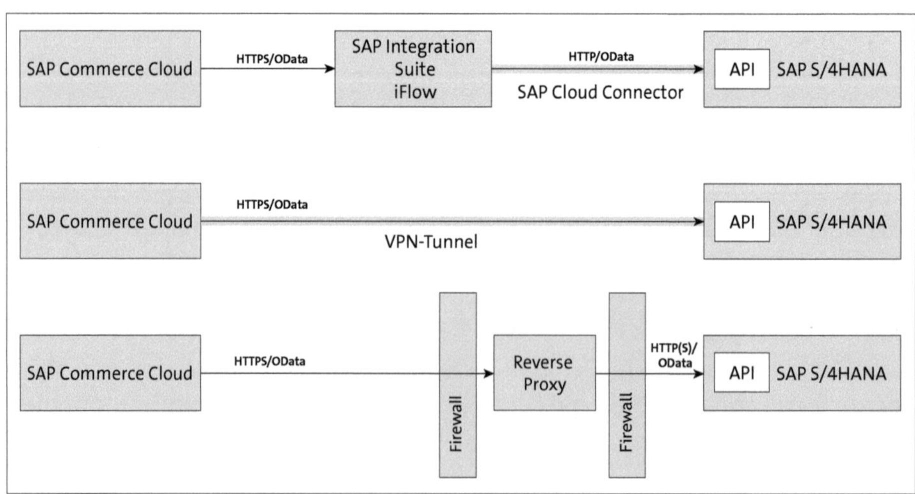

Abbildung 15.6 Architekturoption für synchrone Aufrufe

Dabei gibt es im Wesentlichen drei Varianten:

- Die OData-Aufrufe werden über die Integration Suite geschickt. Ein iFlow sorgt dafür, den Aufruf lediglich durchzureichen. Über den SAP Cloud Connector erreicht der Aufruf dann auf sicherem Wege Ihr SAP-S/4HANA-System.
- Alternativ können Sie einen VPN-Tunnel zwischen Ihrer SAP-Commerce-Cloud-Instanz und dem Netzwerk herstellen, in dem das SAP-S/4HANA-System steht.
- Sie setzen Reverse Proxies wie z. B. *SAP Web Dispatcher* oder vergleichbare Produkte ein, um die Anfragen aus dem Internet entgegenzunehmen und an Ihr SAP-S/4HANA-System weiterzuleiten.

Falls Sie noch kein SAP-S/4HANA-System nutzen und dennoch nicht auf eine synchrone Preisermittlung verzichten möchten, können Sie zwar nicht auf eine voll im Standard zur Verfügung gestellte Lösung zurückgreifen, dennoch ist es problemlos möglich. Stellen Sie dazu in Ihrem Backend-System einen OData-Service oder Funktionsbaustein zur Verfügung, der die Preisberechnung durchführt. Diesen können Sie über eine kundeneigene Implementierung in SAP Commerce Cloud über eine der in Abbildung 14.6 beschriebenen Möglichkeiten oder Varianten davon aufrufen. Betrachten Sie dazu unbedingt den Funktionsbaustein `PIQ_CALCULATE`.

15

Im Gegensatz zu einer herkömmlichen Auftragssimulation ist dieser Funktionsbaustein in der Lage, die Preise deutlich schneller zu ermitteln, als es eine Auftragssimulation könnte, da dieser Baustein lediglich Preise berechnet, nicht aber all die anderen Simulationen durchführen muss. Dieser Funktionsbaustein wird auch von dem oben erwähnten Synchronous Order Management Modules genutzt. Um diesen Funktionsbaustein nutzen zu können, müssen Sie die Business Functions `LOG_SD_PRICE_LIST` und `LOG_SD_PRICE_LIST2` aktivieren.

Alternativ zur synchronen Ermittlung der Preise über SAP S/4HANA oder SAP ECC, kann auch eine synchrone Preisberechnung über *SAP Variant Configuration and Pricing* sinnvoll sein. Zumindest für konfigurierbare Produkte ermöglicht dies der Standard out of the box – aber auch für nicht konfigurierbare Produkte ließe sich dies einrichten. Details zu SAP Variant Configuration and Pricing finden Sie auch in Abschnitt 17.3, »Produktkonfiguration mit SAP Variant Configuration and Pricing Services und LO-VC«.

15.6 Order Management

Wenn wir von *Order Management* reden, meinen wir verschiedene Teilprozesse des gesamten Auftragsprozesses. Der erste Teil befasst sich mit der Anlage des Auftrages im Backend-System, während sich der zweite Teil damit befasst, wie Aufträge und Änderungen aus dem Backend-System zurück zu SAP Commerce Cloud repliziert werden, um dort z. B. in einer Bestellhistorie für Kunden einsehbar gemacht zu werden.

In Bezug auf die Auftragsanlage von Aufträgen aus SAP Commerce Cloud in SAP S/4HANA gibt es zwei grundsätzlich verschiedene Ansätze:

- **Asynchrone Auftragsreplikation**
  In diesem Szenario werden Aufträge zunächst innerhalb von SAP Commerce Cloud angelegt, ohne dass zur Laufzeit eine Verbindung ins Backend-System erforderlich ist. Anschließend werden diese asynchron an das Backend-System übermittelt. Das heißt, der gesamte Checkout-Prozess in SAP Commerce Cloud arbeitet mit zuvor replizierten Daten und legt den Auftrag dann innerhalb von SAP Commerce Cloud an. Der Kunde bekommt bereits eine Eingangsbestätigung gezeigt, ohne dass der Auftrag schon im Backend-System angekommen ist. Erst nach Platzierung des Auftrages wird im Hintergrund für den Nutzer ein nicht sichtbarer Prozess gestartet, der den Auftrag dann an das entsprechende Backend-System weiterleitet. Dieses Vorgehen hat den klaren Vorteil, dass Nutzer selbst dann Aufträge platzieren können, wenn das Backend-System, z. B. aufgrund von Wartungsarbeiten, nicht zur Verfügung steht. Das setzt jedoch voraus, dass alle relevanten Daten für die Logik des Checkouts zuvor in die SAP-Commerce-Cloud-Datenbank repliziert wurden. In Abbildung 15.7 ist die passende Architekturübersicht zur asynchronen Auftragsverbuchung zu sehen.

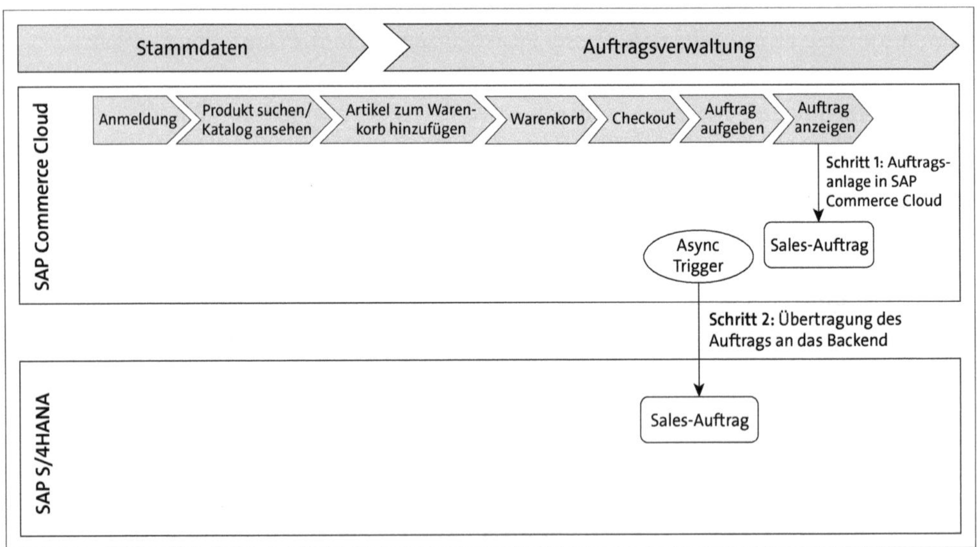

Abbildung 15.7 Asynchrone Auftragsreplikation

- **Synchrone Auftragsanlage**
  Im synchronen Szenario werden die Aufträge synchron, also zur Laufzeit, im Backend-System angelegt und in der Regel auch während des Checkouts simuliert.

Das heißt, bereits während der Nutzer den Checkout-Prozess durchläuft, werden die vom Nutzer getätigten Eingaben an das Backend-System übertragen und dort simuliert. Somit wird sichergestellt, dass die im Backend implementierte Logik zur Auftragsanlage sofort geprüft wird und nur an dieser einen Stelle existiert. Schließt der Nutzer im Webshop den Checkout ab und platziert den Auftrag, wird der Auftrag synchron im Backend-System angelegt. Die dort erzeugte Auftragsnummer wird dem Kunden zurückgemeldet. Es ist klar, dass diese Variante stets die Verfügbarkeit des Backend-Systems voraussetzt. Ist das System aufgrund von Wartungsarbeiten nicht verfügbar, kann in diesem Szenario kein Auftrag platziert werden. In Abbildung 15.8 ist die passende Architekturübersicht zur synchronen Auftragsverbuchung zu sehen.

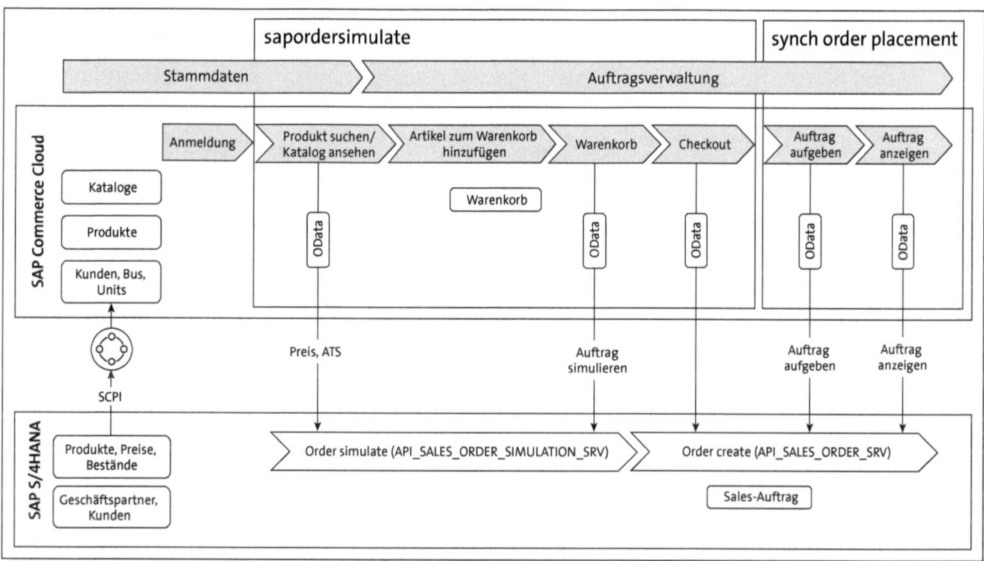

Abbildung 15.8 Synchrone Auftragsanlage

In der Regel ist der asynchrone Ansatz zu bevorzugen, da die Systeme nicht so eng miteinander gekoppelt sind, Aufträge jederzeit platziert werden können und Aufträge selbst bei Nichtverfügbarkeit des Backend-Systems nachträglich asynchron übermittelt werden. Auch die Performance des Systems ist für die Nutzer in diesem Fall deutlich besser, da die Auftragssimulation im Backend oft viel Zeit beansprucht. Aber auch der synchrone Ansatz kann sinnvoll sein, wenn z. B. die Prüflogik für Simulation und Auftragsanlage derart komplex ist oder zentral verwaltet werden soll. Im asynchronen Szenario müssten etwaige Prüflogiken auf Basis der replizierten Daten erfolgen, um auszuschließen, dass Aufträge später in der Schnittstelle hängen bleiben und manuell nachbearbeitet werden müssen.

Oft wird aber auch ein Mischbetrieb genutzt. Das heißt, man wählt den asynchronen Ansatz, greift punktuell aber auf synchrone Services zurück. Dies könnte unter Umständen bei der Anzeige der Preise sinnvoll sein (siehe Abschnitt 15.5, »Preise«) oder andere Prüfungen wie Kreditlimit-Prüfungen oder Abfrage von Verfügbarkeitsinformationen.

[»]

Einschränkungen für SAP ECC

Die gezeigte synchrone Standardintegration steht nur für SAP S/4HANA zur Verfügung, nicht aber für SAP ECC. Für SAP ECC wird keine synchrone Auftragssimulation für SAP Commerce Cloud in der Cloud-Version unterstützt. SAP bietet im Standard ein sogenanntes *Synchronous Order Management Module*. Dieses Modul unterstützt auch für SAP ECC die synchrone Auftragsanlage, ist aber nur für die On-premise-Version von SAP Commerce Cloud verfügbar. Auch wenn Sie noch eine On-premise-Version im Einsatz haben und darüber nachdenken, auf eine synchrone Auftragsanlage umzustellen, sollten Sie in jedem Fall die neuere synchrone Standardintegration nutzen. Möchten Sie dennoch mehr über das Synchronous Order Management Module erfahren, finden Sie in der SAP-Hilfe unter folgendem Link alle wichtigen Informationen:

https://help.sap.com/docs/SAP_COMMERCE_INTEGRATIONS/29f88baca9c24351aa3429cc0b4cf33d/8c4a2d2e86691014bc8defdfd85072e7.html

Neben der reinen Auftragssimulation und -anlage unterstützt der synchrone Ansatz standardmäßig auch folgende Features:

- Synchrone Preisabfrage im Katalog und Warenkorb (siehe Abschnitt 15.5.2, »Synchroner Ansatz: Abruf der Preise zur Laufzeit«)
- Verfügbarkeitsabfrage (siehe auch Abschnitt 15.3)
- Kreditlimit-Prüfung

Nachdem die Nutzerinnen und der Nutzer einen Auftrag platziert haben, können die Aufträge in der sogenannten *Order History* (Bestellhistorie) eingesehen und nachverfolgt werden. Dort können sowohl Auftragskopf- als auch Positionsinformationen angezeigt werden. Auch für diesen Fall bietet SAP im Standard eine synchrone und eine asynchrone Variante. Die synchrone Variante unterstützt sogar den Abruf von Rechnungen und der dazugehörigen PDF-Dokumente direkt aus der Auftragsdetailseite heraus.

15.7 Basis-Einstellungen

Nachdem wir in den vorherigen Abschnitten die wichtigsten Standardintegrationen mit Backend-Systemen wie SAP S/4HANA erklärt haben, zeigen wir Ihnen nun, was aus technischer Sicht in SAP S/4HANA bzw. SAP ECC vorbereitet werden muss, um die dargestellten Schnittstellen in Betrieb nehmen zu können.

Notwendige Extensions

Je nachdem, welche dieser Integrationen Sie nutzen möchten, benötigen Sie verschiedene Extensions für SAP Commerce Cloud. Unter folgendem Link finden Sie in der SAP-Hilfe eine Übersicht über alle notwendigen Extensions, je nach gewünschtem Szenario:

https://help.sap.com/docs/SAP_COMMERCE_INTEGRATIONS/451f9eea67c3442696e7a0a631e9b975/09648c34e36b454a97218fd4053d7ab9.html

15.7.1 RFC-Verbindung

Wie in Abbildung 14.1 gezeigt, basieren die Schnittstellen zur Replikation von Daten aus SAP S/4HANA oder ECC nach SAP Commerce Cloud auf der ALE- bzw. IDoc-Technik. Damit Ihr System IDocs an SAP Commerce Cloud, genauer gesagt einen iFlow der SAP Integration Suite, übertragen kann, benötigen Sie zunächst eine RFC-Verbindung. Legen Sie über Transaktion SM59 eine RFC-Verbindung des Typs **HTTP-Verbindung zu einem externen Server** an und hinterlegen Sie als Host den relevanten Integration Suite Tenant sowie den Pfad zum iFlow, der die IDocs entgegennimmt. Hinterlegen Sie zusätzlich auch Username und Passwort des technischen Users, der für die Verbindung genutzt werden soll.

15.7.2 ALE-Port-Definition

Legen Sie über Transaktion WE21 einen Port des Typs **XML HTTP** an. Achten Sie darauf, dass der Typ auf **Text/XML** steht, und hinterlegen Sie die zuvor angelegte RFC-Verbindung.

15.7.3 Logisches System

Die Übertragung von IDocs und ALE funktioniert über ein sogenanntes *logisches System*. Um ein logisches System anzulegen, starten Sie Transaktion SALE und wählen den Customizing-Pfad: **IDoc-Schnittstelle / Application Link Enabling (ALE) • Grundeinstellungen • Logische Systeme einrichten • Logisches System benennen**.

15.7.4 Partnervereinbarung

Die sogenannte *Partnervereinbarung* definiert, welche IDoc-Typen an ein logisches System gesendet oder von jenem empfangen werden können. Legen Sie über Transaktion WE20 ein neues Partnerprofil für Ihr zuvor angelegtes logisches System an. Tragen Sie die relevanten IDoc-Typen ein und hinterlegen Sie hinter jedem den zuvor angelegten Port. Somit haben Sie definiert, welche Daten über das logische System gesendet oder empfangen werden können, über welchen Port jedes dieser IDocs verschickt und über welche technische RFC-Verbindung diese tatsächlich Ihr System verlassen.

15.7.5 Verteilmodell

Nachdem die technischen Einstellungen abgeschlossen sind, definieren Sie über Transaktion BD64 ein sogenanntes *Verteilmodell*. Über das Verteilmodell definieren Sie, welche Daten übertragen werden sollen. Dort können Sie auch entsprechende Filter-Einstellungen hinterlegen – für den Fall, dass Sie die zu übertragenden Daten einschränken wollen, z. B. wenn nur Materialien einer bestimmten Materialart oder andere Kriterien an SAP Commerce Cloud übertragen werden sollen.

15.7.6 Data Replication Framework

SAP verwendet für einige Stammdatenschnittstellen das bereits genannte *Data Replication Framework*, insbesondere im Falle von SAP S/4HANA. Zur Konfiguration des Data Replication Frameworks nutzen Sie Transaktion DRF. Weitere Informationen zu dieser Technik finden Sie in der SAP-Hilfe für SAP S/4HANA unter:

https://help.sap.com/docs/SAP_S4HANA_ON-PREMISE/8308e6d301d54584a33cd04a9861bc52/88e3f5577c84bc12e10000000a4450e5.html

15.8 Integration über SAP Process Orchestration

Die bislang erklärten Integrationen gehen alle von der Nutzung der SAP Integration Suite als zentrale Middleware aus. Einige unserer Kunden nutzen aber auch *SAP Process Orchestration* als Middleware, gewissermaßen die On-premise- und Vorgängerversion der SAP Integration Suite. SAP bietet im Standard keine fertigen Integrationen dafür an. Falls Sie SAP Process Integration schon im Einsatz haben und diese für die Integration der SAP Commerce Cloud nutzen möchten, bietet es sich ggf. an, die sogenannte *SAP Cloud Integration runtime environment* für SAP Process Orchestration Version 7.5 und höher zu nutzen. Dies ermöglicht es Ihnen, iFlows, die für die SAP Integration Suite gedacht sind, auch auf der SAP Process Integration laufen zu lassen.

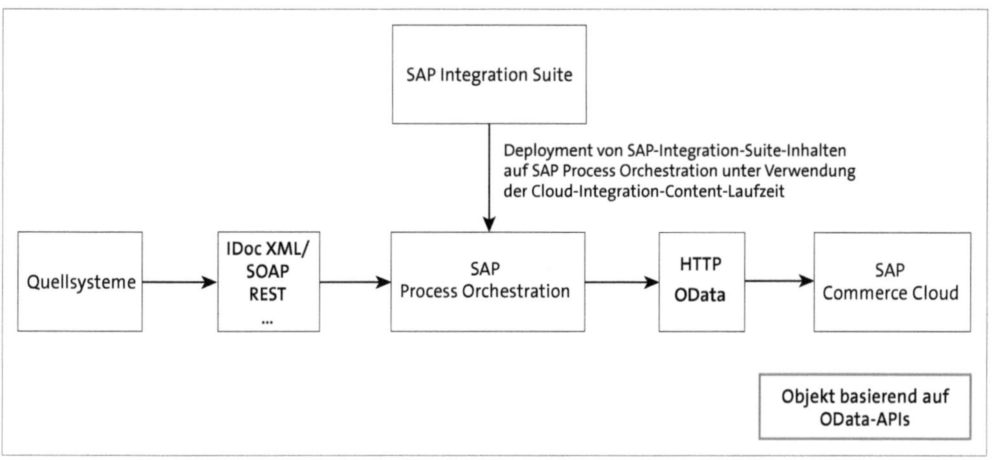

Abbildung 15.9 SAP Process Orchestration als Middleware für SAP Commerce Cloud

Details dazu finden Sie in diesem hilfreichen SAP-Blogbeitrag:

https://blogs.sap.com/2017/08/11/best-practices-cloud-integration-content-in-sap-process-orchestration-overview/

15.9 Fazit

In diesem Kapitel haben Sie einen umfassenden Einblick in die Integration der SAP Commerce Cloud, SAP S/4HANA und SAP ECC gewonnen. Die nahtlose Verbindung zwischen E-Commerce und Backend-Systemen spielt eine entscheidende Rolle bei der Schaffung einer effizienten und konsistenten Geschäftsumgebung. Die Integration ermöglicht eine Echtzeit-Synchronisation von Daten. Produktinformationen, Bestellungen, Kundenprofile und andere relevante Daten werden in beiden Systemen auf dem neuesten Stand gehalten, was zu einer konsistenten und genauen Datenbasis führt. Dies ist entscheidend für eine reibungslose Abwicklung von Bestellungen, Lagerverwaltung, Finanzbuchhaltung und anderen Geschäftsprozessen. Die Flexibilität der Integration ermöglicht es Unternehmen, sowohl mit SAP S/4HANA als auch mit SAP ECC zu arbeiten – je nach bestehender Systemarchitektur und den geschäftlichen Anforderungen. Dies ist besonders wichtig in Übergangszeiten, in denen Unternehmen schrittweise auf die neuesten Technologien umsteigen. Zusammenfassend bietet die Integration von SAP Commerce Cloud mit SAP S/4HANA und SAP ECC nicht nur eine effektive Koordination zwischen Front- und Backoffice-Funktionen, sondern auch die Grundlage für Ihre agile und zukunftssichere E-Commerce-Plattform.

Kapitel 16
SAP Commerce Cloud erfolgreich erweitern

Die Erweiterbarkeit der SAP Commerce Cloud ist Teil ihrer DNA. Denn alles außer dem reinen Core, der Plattform, ist bereits auf einer Architektur aufgebaut, die es zulässt, beliebige Erweiterungen von bestehenden sowie vollständig neue Features umzusetzen.

Wie in den vorangegangenen Kapiteln von Teil II gezeigt, bietet SAP Commerce Cloud bereits im Standard unzählige Features für die verschiedensten Use Cases und hat dabei zahlreiche Einstellungsmöglichkeiten, um sehr viele Anwendungsfälle abdecken zu können. Dennoch gibt es in fast jedem Projekt spezielle Voraussetzungen und Anforderungen, die sich nicht ausschließlich mit Standardfunktionen abbilden lassen. Sofern der Standard für bestimmte Anforderungen keine oder keine ähnliche Lösung bereitstellt, kann die SAP Commerce Cloud und das SAP Composable Storefront Dank ihrer offenen Architektur (siehe Kapitel 5, »Infrastruktur und Architektur«) einfach erweitert werden.

Die Diskussion um den SAP-Standard ist vielschichtig, und unterschiedliche Ansichten über Definitionen und Grenzen sind dabei unvermeidbar. Selbst innerhalb unseres Autorenteams gab es hierzu keine einheitliche Auffassung. Deshalb eine kurze Definition des Begriffs SAP-Standard im Kontext der SAP Commerce Cloud: Die Plattform ist darauf ausgelegt, Erweiterungen zu integrieren, was bedeutet, dass Erweiterungen eher die Regel als die Ausnahme darstellen und somit zum Standard gehören.

Aufgrund der genutzten Frameworks sind Erweiterungen fast immer mit Implementierungsaufwand verbunden. Der Fokus dieses Buches liegt zwar nicht auf der Entwicklung, dennoch steht die Technologie in Teil II im Vordergrund. Deshalb wollen wir in diesem Kapitel einige grundsätzliche Mechanismen zur Erweiterung erläutern und veranschaulichen, worauf es dabei zu achten gilt. In diesem Abschnitt konzentrieren wir uns auf die Schlüsselaspekte, geben jedoch klare Empfehlungen, illustrieren diese mit konkreten Beispielen und verweisen auf zusätzliche Quellen für tiefergehende technische Details.

[»]

Arten der Erweiterungen

Erweiterungen der SAP Commerce Cloud bzw. des SAP Composable Storefronts sind fast immer mit Programmierung z. B. in Form von Java oder JavaScript-Implementierungen verbunden. Auch Konfigurationen müssen oftmals per Implementierung vorgenommen werden. Im Vergleich zu klassischen SAP-Systemen wie SAP ECC und SAP S/4HANA, in dem z. B. kundeneigenes ABAP-Coding kritisch betrachtet wird, das man am liebsten ganz vermeiden möchte, sind Erweiterungen und Konfigurationen im SAP-Commerce-Cloud-Umfeld normal und notwendig. Wenn Sie einige Grundprinzipien beachten, brauchen Sie keine Probleme mit Upgrades oder Patches zu befürchten.

In Bezug auf die SAP Commerce Cloud lässt sich zwischen zwei Formen der Erweiterungen unterscheiden:

- Erweiterungen im klassischen Sinne, sogenannte *Extensions* (siehe Abschnitt 16.1, »Erweiterung von Frontend bis Backend«)
- horizontale Erweiterungen, die einen Clean-Core-Ansatz unterstützen, die sogenannten *Side-by-Side-Erweiterungen* (siehe Abschnitt 16.2, »Side-by-Side-Erweiterungen«)

Mit der SAP BTP, Kyma runtime bzw. der *SAP Extension Suite* stehen leichtgewichtige Serverless-Funktionen und eine Microservice-Architektur zur Verfügung, die passgenaue Erweiterungen für die SAP Commerce Cloud und anderen CX-Lösungen ermöglichen.

Anhand anschaulicher Beispiele erläutern wir die Prinzipien, Vorgehensweise und Best Practices beider Erweiterungsoptionen.

16.1 Erweiterung von Frontend bis Backend

In Abschnitt 5.1, »Infrastruktur«, wurde die Architektur von SAP Commerce Cloud beschrieben und erklärt, dass SAP Composable Storefront (Frontend) in Verbindung mit SAP Commerce Cloud (Backend) einer sogenannten *Headless-Architektur* entsprechen. Das heißt, es handelt sich um zwei separate Applikationen, in der sich das Frontend Daten per *API-Kommunikation* aus dem Backend holt (siehe Abbildung 16.1).

Möchten Sie eine Erweiterung durchführen, um z. B. im Frontend auf einer Produktdetailseite zusätzliche Produktdaten anzuzeigen, müssen sowohl SAP Composable Storefront als auch SAP Commerce Cloud erweitert werden.

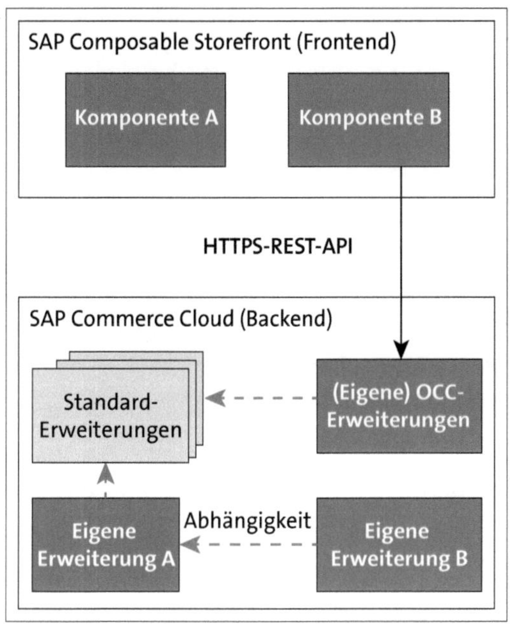

Abbildung 16.1 Erweiterungen in einer Headless-Architektur

16.1.1 Erweiterungen in SAP Commerce Cloud

Im Standard selbst wird mit *Extensions* gearbeitet und kapselt dort zusammengehörige Funktionen bzw. Geschäftslogiken oder Prozesse ein. Das Modul zur Personalisierung (siehe Abschnitt 9.1, »Grundlagen des Personalisierungsmoduls«), die Adaptive Search (siehe Abschnitt 8.4, »Adaptive Search Module«), die Integration API (siehe Abschnitt 5.1.5, »Schnittstellen und Integration«) und all die vielen anderen Funktionen sind in (Standard-)Extensions implementiert worden.

Welche Extensions aktiv sind, können Sie selbst steuern (siehe Abschnitt 5.1.3, »SAP Commerce Cloud Backend Applikationsframework«). Der Funktionsumfang Ihrer SAP-Commerce-Cloud-Instanz hängt also maßgeblich davon ab, welche Extensions Sie eingebunden haben. Auch eigene Erweiterungen werden in Extensions implementiert. Das heißt, es wird eine eigene Extension angelegt und in der gleichen Art und Weise wie Standard-Extensions eingebunden und damit aktiviert.

Es gibt viele Möglichkeiten, Extensions zu nutzen. Dazu gehören:

- Erweiterung der *Typsystemdefinitionen*, d. h. des zentralen Datenmodells, das sich alle Extensions teilen. Benötigen Sie z. B. weitere Produktdatenfelder, die der Standard nicht vorsieht, dann konfigurieren Sie diese über eine sogenannte *items.xml-Datei* in Ihrer eigenen Extension.

- Änderungen an der *Geschäftslogik* oder Einführung neuer Prozesse oder Prozessschritt
- *Webservice-Komponenten*, die z. B. die Omni-Commerce-Connect-(OCC-)Webservice-Funktionen erweitern oder anpassen oder komplett neue Webservice-Anwendungen für eigene Zwecke definieren.
- Komponenten, die *Business-Logik* (Geschäftslogik) in Form von Services für die eigene oder andere Extensions bereitstellen oder die als Zugriffsschicht auf die Daten für andere Extensions dienen.
- Erweiterung oder Erstellung von *CMS-Komponenten* für SmartEdit, um eigene Content-Module nach eigenen Bedürfnissen zu gestalten.
- *Backoffice-Komponenten*, die die Backoffice-Applikationen der SAP Commerce-Applikation erweitern oder z. B. komplett neue Cockpits hinzufügen.
- Definition der externen *Software-Bibliotheken*, von denen die Extension abhängt.
- Automatisierte *Unit- und Integrations-Tests*, um die Funktionalität der Extension testen zu können.
- *Bootstrapping-Daten*, die steuern, was beim erstmaligen Initialisieren der Datenschicht an Daten im Rahmen der Extension angelegt werden soll oder was bei einem Update der Datenschicht während eines Deployments bereitgestellt werden soll.

Grundsätzlich kann alles in einer Extension realisiert werden, was mit einem Spring-Kontext definiert und konfiguriert und im Tomcat Application Server ausgeführt werden kann. Extensions können untereinander Abhängigkeiten aufweisen. Beispielsweise ermöglicht dies, dass bei Änderungen des Personalisierungsmoduls die entsprechenden Standard-Extensions automatisch geladen werden, um alle notwendigen Abhängigkeiten für Erweiterungen oder Anpassungen verfügbar zu haben.

Extensions sind so konzipiert, dass sie den Standard durch eigene Implementierungen erweitern. Sie ändern jedoch niemals den Standardcode, sondern können höchstens davon ableiten, bestimmte Teile ersetzen oder komplett eigene Funktionen hinzufügen. Dieses Prinzip ist wichtig, damit es beim Upgrade auf neue Versionen zu keinen Problemen kommt.

Abbildung 16.2 zeigt dieses Prinzip: Der Standard besteht aus sogenannten *Core* und *Platform Extensions*, die niemals geändert werden. Eigene Implementierungen erfolgen lediglich in eigenen Extensions, die den Standard nicht verändern und separat vorliegen.

Im Falle eines Release-Upgrades liefert SAP neue Versionen von Core und Platform Extensions aus (gekennzeichnet als **UPG** = Upgrade in Abbildung 16.2), die während eines **Builds** und **Deployments** (siehe Abschnitt 5.2.1, »SAP Commerce Cloud Portal für den Betrieb der SAP Commerce Cloud«) automatisch herangezogen und verwendet werden. Die eigenen Extensions werden selbst migriert bzw. falls notwendig, an die geänderten Gegebenheiten angepasst. In Abbildung 16.2: Extensions und Upgradefähigkeit wird dies als **MIG** (Technical Migration) bezeichnet. Das ist vor allem dann relevant, wenn die eigene Extension auf Services oder Datenmodelle des Standards verweisen und diese nutzen, der Standard aber geändert wird. Auch könnte es sein, dass eine in der Vergangenheit selbst implementierte Funktion mit einem Release-Upgrade im Standard zur Verfügung gestellt wird, sodass die eigene Lösung obsolet wird und zurückgebaut werden kann (siehe auch Abschnitt 5.1.11, »SAP Continuous Innovation Release- und Update-Strategie«).

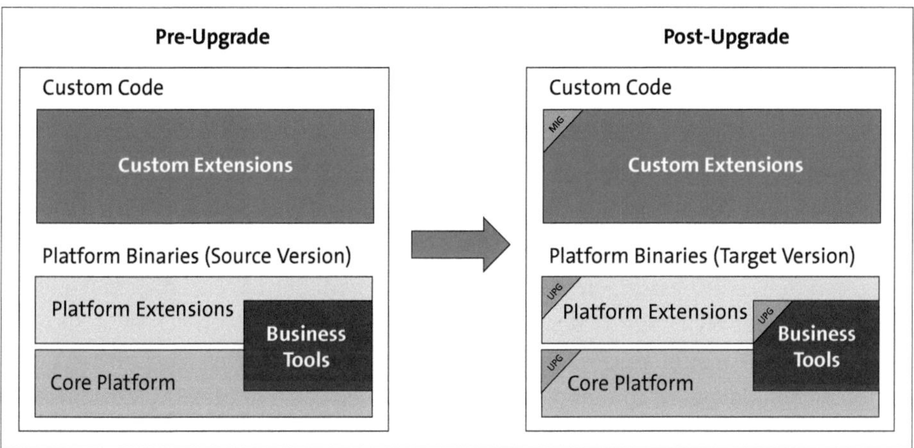

Abbildung 16.2 Extensions und Upgradefähigkeit

16

Release-Informationen

Falls Sie sich für die Änderungen interessieren, die SAP in neuen Releases bereitstellt, bietet der folgende Artikel aus der SAP-Hilfe einen guten Überblick über die Neuerungen jedes Releases:

https://help.sap.com/docs/SAP_COMMERCE_CLOUD_PUBLIC_CLOUD/251a1313585a498eb998c2f974f4f338/9a7ff5aca7dd455190d939dcb42dd552.html

Extensions können auch von Drittanbietern zur Verfügung gestellt werden, so wie Sie in Abschnitt 17.10, »MAM-/DAM-Systeme«, sehen.

Wenn Sie mehr über Extensions und deren Funktionsweise sowie weitere technische Details erfahren möchten, dann bietet folgender Link auf die SAP-Hilfe einen guten Einstieg:

https://help.sap.com/docs/SAP_COMMERCE_CLOUD_PUBLIC_CLOUD/20125f0eca6340dba918bda360e3cdfa/8bbf0b9d866910149688b8d696c8d47e.html

Möchten Sie mehr über das SAP-Commerce-Cloud-Typsystem erfahren, dann helfen Ihnen folgende Links:

- *https://help.sap.com/docs/SAP_COMMERCE_CLOUD_PUBLIC_CLOUD/aa417173fe4a4ba5a473c93eb730a417/8c755da8866910149c27ec908fc577ef.html*
- *https://learning.sap.com/learning-journey/explore-the-technical-essentials-of-sap-commerce-cloud/introducing-the-type-system_ab582bd7-f30e-4351-850f-70d341d569fa*

16.1.2 Erweiterungen in SAP Composable Storefront

Wie bereits in Abschnitt 5.1.4, »SAP Composable Storefront«, beschrieben, besteht SAP Composable Storefront Framework aus einer Vielzahl von Bibliotheken, mit denen Sie sich eine eigene, individuelle Applikation zusammenstellen.

Wir können hier nur einen Überblick über diese Erweiterungen geben, da sie im Kern darin bestehen, eine neue *Angular-Anwendung* zu erstellen, die auf Modulen und Komponenten aus den Bibliotheken von SAP Composable Storefront aufbaut. Wenn nur geringfügige Anpassungen erforderlich sind, kann dies bedeuten, dass lediglich konfigurierender *JavaScript-Code* geschrieben werden muss. Wenn die Anpassungen struktureller Natur sind, kann es aber auch so weit gehen, dass viele Ebenen von Code überschrieben, erweitert und ergänzt werden müssen. Dabei nutzt SAP Composable Storefront die komponenten- und modulorientierte Grundarchitektur von Angular:

- Eine Komponente besteht aus einem Template (erweitertes HTML), den CSS Styles und der Logik in Form einer TypeScript/JavaScript-Klasse
- Die Templates mit einer speziellen Markup-Sprache bilden die Grundlage für die Darstellung von Komponenten im Browser, und definieren so die View, also »das Sichtbare«.

  Die Templates nutzen Eigenschaften und Methoden der Komponente, aber wissen nicht, wie diese umgesetzt sind. Die Verbindung zwischen Eigenschaften und Methoden der Komponente und ihrem Template nennt man *Binding*. Die Angular-Template-Sprache umfasst gängige Logik- und Strukturelemente wie Schleifen und bedingte Darstellungen.
- Eine Komponente kann in ihrem Template wiederum über eigene *HTML-Markup-Elemente* andere Komponenten beinhalten, um Wiederholung von Code zu verhindern. Auf diese Weise entsteht ein Komponentenbaum, der im Laufe des Lebenszyklus der Seite Teile aus anderen Komponenten lädt, ersetzt und schließlich wieder entfernt.
- CSS-Dateien beinhalten die Style-Informationen zur Darstellung im Browser.
- Der TypeScript/JavaScript-Anteil einer Komponente beinhaltet den Code, der als Eigenschaften und Methoden im Markup durch das Template aufgerufen wird.

Diese vermeiden es dabei, eigene Geschäftslogik zu implementieren und beschränken sich darauf, Daten so aufzubereiten, dass sie optimal durch das Template genutzt werden können.

- Services sind die Klassen, in denen Logik zur Datenaggregation und Aufbereitung ausgelagert ist. Durch diesen Ansatz lässt sich ein Service unabhängig von seiner spezifischen Darstellung realisieren, wodurch er in der gesamten Applikation durch verschiedene Komponenten genutzt werden kann. Services werden in den Komponenten nicht direkt erstellt. Stattdessen überträgt man diese Aufgabe Angular, das den Service automatisch generiert und der Komponentenklasse zur Verfügung stellt, sobald sie ihn benötigt. Dieser Mechanismus heißt *Dependency Injection*.
- Module sind Bausteine, in denen diese Bestandteile als nutzbare Bausteine gekapselt werden (siehe auch Kasten unten). Über ein *Root-Modul*, das andere Module lädt, wird die Anwendung definiert, die in der *Single Page* geladen werden kann. Viele der Grundfunktionen, die Angular und SAP Composable Storefront zur Verfügung stellen, müssen als Module in der Applikation importiert werden.
- Neben den Dateien, die für Komponenten und Module relevant sind, gibt es weitere Bestandteile wie den auf *NgRx* basierenden Store, der das asynchrone Prozessmanagement steuert, sowie Konnektoren und Adapter, die den Zugriff auf entfernte Schnittstellen und Datenquellen kapseln.

Komponente und Modul

Wenn wir von Modul und Komponente sprechen, unterscheiden wir folgendermaßen:

- **Komponente**
  Eine Komponente in SAP Commerce Cloud bezieht sich normalerweise auf einen eigenständigen Baustein oder eine Funktionalität innerhalb des Systems. Es kann sich um einen Teil des Systems handeln, der bestimmte Geschäftsprozesse oder Funktionen abwickelt. Zum Beispiel könnte es eine Komponente für den Warenkorb, die Produktsuche oder die Kundenverwaltung geben.
- **Modul**
  Ein Modul bezieht sich i. d. R. auf eine abgegrenzte Einheit innerhalb des Systems, die spezifische Funktionen oder Features bereitstellt. Es kann aus mehreren Komponenten bestehen und eine bestimmte Geschäftsfunktionalität unterstützen. Module sind normalerweise so konzipiert, dass sie flexibel und austauschbar sind. Ein Modul kann mehrere Komponenten enthalten und ist in der Regel darauf ausgerichtet, eine bestimmte Aufgabe oder Funktion zu erfüllen.

Neben der Strukturierung der Frontend-Anwendung in einen Komponentenbaum durch die Architektur übernehmen Angular und die Bibliotheken von SAP Composable Storefront weitere Aufgaben. Dazu gehören das Routing, das Management von HTTP-Verbindungen, das Logging und vieles mehr.

In vielen JavaScript-Applikationen sind die darzustellenden Daten zum Zeitpunkt des Aufrufs nicht sofort und zuverlässig verfügbar, sondern müssen erst geladen werden. Blockierende Aufrufe, die die Darstellung und Verarbeitung von Eingaben ineffizient gestalten würden, sollten vermieden werden. Aus diesen Gründen kommt an vielen Stellen das asynchrone Programmierparadigma zum Einsatz. Wenn Sie mehr darüber erfahren möchten, hier einige Schlüsselbegriffe: Observable, Callback, Event-Handler, Promise, Async/Await. Stellen Sie sicher, dass Ihre Entwicklung mit diesen Konzepten vertraut ist, da die asynchrone Programmierung teilweise ein Umdenken in der logischen Herangehensweise an den Programmcode erfordert.

In SAP Composable Storefront wird eine zusätzliche Architekturebene eingeführt, indem nahezu alle Inhalte, die dargestellt werden sollen, über CMS-Komponenten aus dem Backend strukturiert und gesteuert werden müssen. Dies bedeutet, dass die Aufteilung einer Single-Page-Applikation für den Webshop im Frontend gelöst werden muss. Zusätzlich müssen diese Anwendungen als Seitenstrukturen abgebildet werden, die durch Komponenten des Headless Content Management aus dem Backend gesteuert und auf entsprechende Frontend-Komponenten gemappt werden.

Dadurch entsteht eine sehr mächtige Headless-Commerce-Gesamtanwendung, die jedoch auch eine große Komplexität aufweist.

Erweiterungen bei Einsatz eines Custom Frontends

Die gezeigten Frontend-Erweiterungen beziehen sich lediglich auf SAP Composable Storefront. Wie in Abschnitt 5.1.4, »SAP Composable Storefront«, beschrieben, erlaubt die Headless-Architektur auch den Einsatz eines beliebigen anderen Frontends. Kommt ein anderes Frontend zum Einsatz, und es sollen Erweiterungen durchgeführt werden, bleibt das in diesem Abschnitt beschriebene Grundprinzipien gleich: Sowohl Frontend als auch Backend müssen erweitert werden. Lediglich die Art und Weise, wie das Frontend genau angepasst werden muss, hängt von der eingesetzten Technologie und den verwendenden Frameworks ab und kann sich von SAP Composable Storefront unterscheiden.

Wir empfehlen immer, bevor Erweiterungen nach den oben beschriebenen Prinzipien durchgeführt werden sollen, zu prüfen, ob es nicht bereits im Standard eine passende Funktion gibt, die vielleicht nur eingebunden oder aktiviert werden muss. Schauen Sie sich auch nach vergleichbaren Funktionen um, die ggf. nur angepasst werden müssen. Gibt es tatsächlich nichts Passendes im Standard, implementieren

Sie Ihre eigene Lösung. Achten Sie aber darauf, nur solche Funktionalitäten in SAP Commerce Cloud zu implementieren, die dort auch thematisch passend sind. Überlegen Sie vorher auch, ob nicht eine Side-by-Side-Erweiterung womöglich die sinnvollere und bessere Wahl wäre. Was das ist und welche Vorteile sie bieten, beschreiben wir im folgenden Abschnitt.

16.2 Side-by-Side-Erweiterungen

Neben der in Abschnitt 16.1.2, »Erweiterungen in SAP Composable Storefront«, beschriebenen Möglichkeit, die SAP Commerce Cloud zu erweitern, gibt es die Möglichkeit sogenannter *Side-by-Side-Erweiterungen*. Die SAP Business Technology Platform (BTP) bietet umfangreiche Möglichkeiten, die SAP Commerce Cloud nicht nur technologisch zu erweitern, sondern auch prozessuale Anpassungen vorzunehmen. Eine Side-by-Side-Erweiterung ermöglicht die nahtlose Integration zusätzlicher Services, um so die Funktionalität der Commerce Cloud zu ergänzen, ohne deren Kern zu verändern.

Das heißt, die Erweiterungen laufen außerhalb der Applikation. Abbildung 16.3 zeigt, wie das Prinzip von Side-by-Side-Erweiterungen umgesetzt werden kann. Es lassen sich grundsätzlich zwei Formen unterscheiden: Entweder kann eine API genutzt oder auf Events der SAP Commerce Cloud reagiert werden. 16

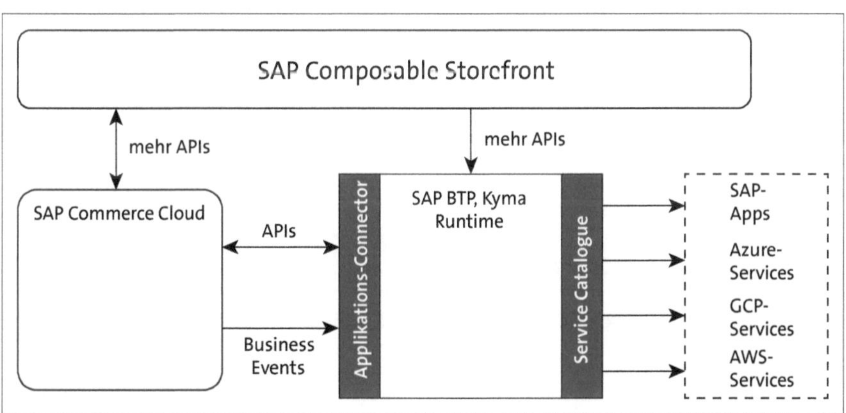

Abbildung 16.3 Prinzip von Side-by-Side-Erweiterungen

Externe Erweiterungen, die über Events getriggert sind, können z. B. auf der sogenannten *SAP BTP, Kyma runtime* bzw. *SAP Extension Suite* implementiert werden. Kyma ist eine auf Kubernetes-basierte Laufzeitumgebung auf der SAP BTP.

Mit SAP BTP, Kyma runtime (Teil der BTP) hat SAP im Jahr 2018 basierend auf dem Open-Source-Projekt Kyma eine vollständig verwaltete Kubernetes-Umgebung eingeführt. Mithilfe dieser Umgebung lassen sich sowohl Cloud- als auch On-Premises-

Anwendungen durch serverlose Funktionen oder eine Microservice-Architektur erweitern bzw. miteinander kombinieren. Hierfür stellt Kyma moderne cloud-native Komponenten wie Istio, Grafana, NATS, Kubeless und Prometheus an einer zentralen Stelle zur Verfügung. Mit diesen Werkzeugen wird es Ihnen ermöglicht, moderne Cloud-Anwendungen, wie z. B. die SAP Commerce Cloud in einem Best-Practice-Ansatz zu erweitern (siehe Abbildung 16.4).

Ein Event könnte z. B. Folgendes sein: *ein Nutzer hat sich registriert* oder *ein Auftrag wurde angelegt*. Mithilfe eines Events wird die externe Erweiterung per HTTP Request aufgerufen und die für das Event relevanten (minimal) Daten, z. B. einer Auftragsnummer, übergeben. Daraufhin wird die extern implementierte Erweiterung aufgerufen und die dort implementierte Logik verarbeitet. Von dort aus können auch weitere Systeme aufgerufen werden, um Daten zu konsolidieren und zu verarbeiten. Auch wäre denkbar, dass die externe Erweiterung anschließend die verarbeiteten Daten an ein weiteres System oder auch wieder zurück an die SAP Commerce Cloud übergibt.

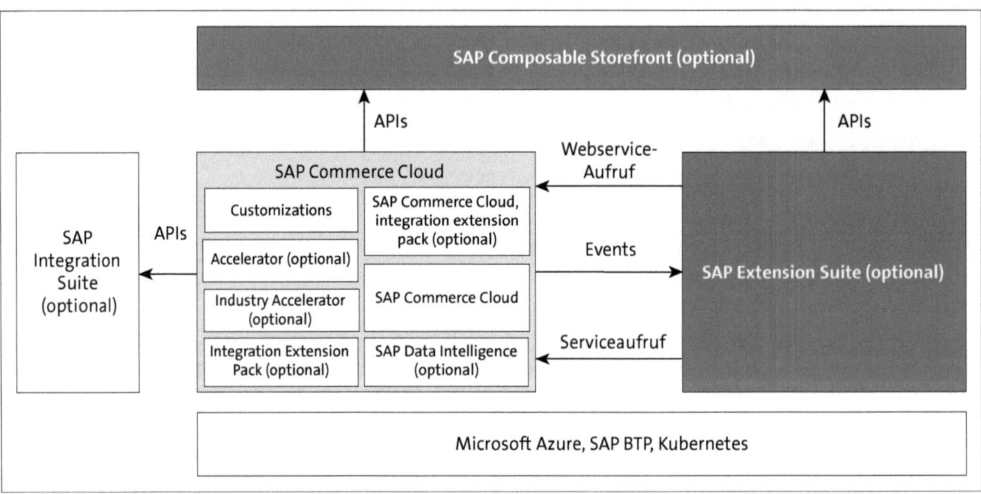

Abbildung 16.4 Cloud-Architektur inkl. SAP BTP, Kyma runtime

Gegenüber herkömmlichen Erweiterungen direkt in SAP Commerce Cloud haben Erweiterungen auf Basis von Kyma einige Vorteile:

- Mit SAP BTP, Kyma runtime bietet SAP eine zentrale Erweiterungsschicht, die außerhalb der Anwendungen steht, sodass Erweiterungen durchgeführt werden können, ohne den Core oder bereits implementierte Erweiterungen der Anwendung zu ändern. Mit Kyma halten Sie Erweiterungen also komplett von SAP Commerce Cloud fern.

- Der eventbasierte Ansatz sorgt für eine lose Kopplung in der Gesamtarchitektur.
- Die gehosteten Erweiterungen lassen sich auf Basis der Kyma Platform individuell skalieren.
- Da die Erweiterungen als Microservice-Anwendungen bereitgestellt werden, lassen sie sich in fast jeder Programmiersprache entwickeln.
- Durch die Modularität lassen sich die Erweiterungen sehr einfach warten.
- SAP Commerce Cloud bietet bereits im Standard eine Reihe von Events für die unterschiedlichsten Prozesse. Bei neuen Versionen werden regelmäßig neue Events hinzugefügt. Eigene Events können in der Regel sogar während des Betriebs, also zur Laufzeit, definiert werden. Der Aufruf von Kyma Extensions aus SAP Commerce Cloud heraus ist bereits im Standard, rein konfigurativ, möglich.

[«]

Support für andere SAP-Produkte

Der Einsatz von SAP BTP, Kyma runtime für die Implementierung von Erweiterungen ist nicht auf SAP Commerce Cloud beschränkt. Auch andere SAP-Produkte wie SAP S/4HANA lassen sich damit erweitern.

Mit den Erweiterungsmöglichkeiten der SAP Commerce Cloud, wie sie in Abschnitt 16.1.1, »Erweiterungen in SAP Commerce Cloud«, beschrieben sind, haben Sie eine Fülle von Möglichkeiten. Was technisch möglich ist, ist aber nicht immer die beste Lösung. Versuchen Sie, ausgewählte Erweiterungen außerhalb der SAP Commerce Cloud zu implementieren, um langfristig die Komplexität Ihrer SAP-Commerce-Cloud-Applikation zu reduzieren.

Je weniger eigene Erweiterungen Sie direkt in SAP Commerce Cloud haben, desto einfacher haben Sie es auch bei Upgrades, da die Schnittstellenkomplexität zu den externen Erweiterungen auf Basis des Event-Mechanismus minimal ist. Am besten eignen sich Erweiterungen zu Features oder Prozessen, die thematisch nicht unbedingt zur SAP Commerce Cloud und deren Funktionsumfang passen. Einige Use Cases dieser Art könnten z. B. sein:

- **News-Beiträge**
  Wenn ein News-Beitrag im Web-Content-Management-System gepflegt und online gestellt wird, soll der Link zum News-Artikel automatisch auf Social Media gepostet werden.
- **Veröffentlichung von Rezensionen**
  Schreibt ein Kunde eine Rezension zu einem Produkt im Webshop, wird diese nicht sofort für jedermann sichtbar online gezeigt (published). Stattdessen wird die Rezension zunächst automatisch geprüft. Alle Rezensionen, die vier oder mehr

Sterne erzielen (oder über dem anvisierten Net Promoter Score (NPS) liegen), werden direkt im eigenen Webshop publiziert (published).

Für alle schlechteren Bewertungen (unter dem NPS) soll ein Workflow angestoßen werden, der das zuständige Team informiert (denkbar wäre die automatische Anlage einer Aktivität in SAP Sales Cloud oder in einem Marketing Tool), was dann manuell entscheidet, ob die Rezension gezeigt wird oder nicht. Besonders interessant wird es, wenn Rezensionen zu eigenen Produkten auf Marktplätzen geschrieben werden, wo ich als Hersteller keinen direkten Zugriff habe, aber dennoch reagieren möchte bzw. bei positiver Rezension diese in meinem Webshop ggf. verlinken und/oder publizieren möchte.

- **Betrugserkennung bei Bestellungen**
  Nachdem ein Kunde eine Bestellung aufgegeben hat, soll diese durch eine externe Betrugserkennung überprüft werden. Handelt sich um einen potenziellen Betrug, soll der Auftrag zunächst gesperrt und ein zuständiges Team informiert werden (siehe Abschnitt 16.2.1, »Beispiele für Side-by-Side-Erweiterungen mit Kyma«, zu diesem Szenario).

Szenarien dieser Art sind perfekt geeignet, um sie extern mithilfe von Kyma umzusetzen. In SAP Commerce Cloud müssen Sie lediglich Events konfigurieren, um die externe Kyma-Erweiterung aufzurufen. In den genannten Beispielen wären passende Events: *News Artikel publiziert*, *Rezension angelegt* oder *Bestellung platziert*. Bereits diese Events genügen, um die entsprechenden Kyma-Erweiterungen aufzurufen, in der die nachgelagerten Prozessschritte implementiert werden können.

Somit kümmern Sie sich in Ihren externen Erweiterungen um das Posten auf Social-Media-Plattformen, das Analysieren von Texten auf Stimmungen oder das Erkennen von Betrugsfällen. Auf diese Weise bleibt der Kern der SAP Commerce Cloud sauber, und Sie müssen solche Funktionen nicht als Erweiterungen implementieren, wo sie thematisch fehl am Platz wären. Sie schaffen keine externen Abhängigkeiten im System, was Release-Upgrades erleichtert. Auch Upgrades von Bibliotheken sind nicht mit SAP Commerce Cloud gekoppelt. Stattdessen können Änderungen extern vorgenommen werden, sogar mit beliebigen Programmiersprachen und Werkzeugen.

Haben Sie Interesse an Side-by-Side-Erweiterungen und möchten Erweiterungen nach diesem Prinzip mit SAP BTP, Kyma runtime umsetzen? Dann helfen Ihnen folgende Links, um einen tieferen Einblick in das Thema zu erhalten:

- *https://learning.sap.com/learning-journey/build-side-by-side-extensions-on-sap-btp*
- *https://help.sap.com/docs/btp/sap-business-technology-platform/getting-started-in-kyma-environment*

16.2.1 Beispiele für Side-by-Side-Erweiterungen mit Kyma

Das folgende Beispiel einer Betrugserkennung illustriert das Zusammenspiel von SAP Commerce Cloud und einer externen Erweiterung mit SAP BTP, Kyma runtime.

Nachdem eine Nutzerin oder ein Nutzer einen Auftrag im Webshop platziert hat, soll eine Betrugserkennung ablaufen und den Auftrag bei Verdacht auf Betrug sperren. Anschließend ist das zuständige Team zu informieren. Abbildung 16.5 zeigt einen möglichen Prozess.

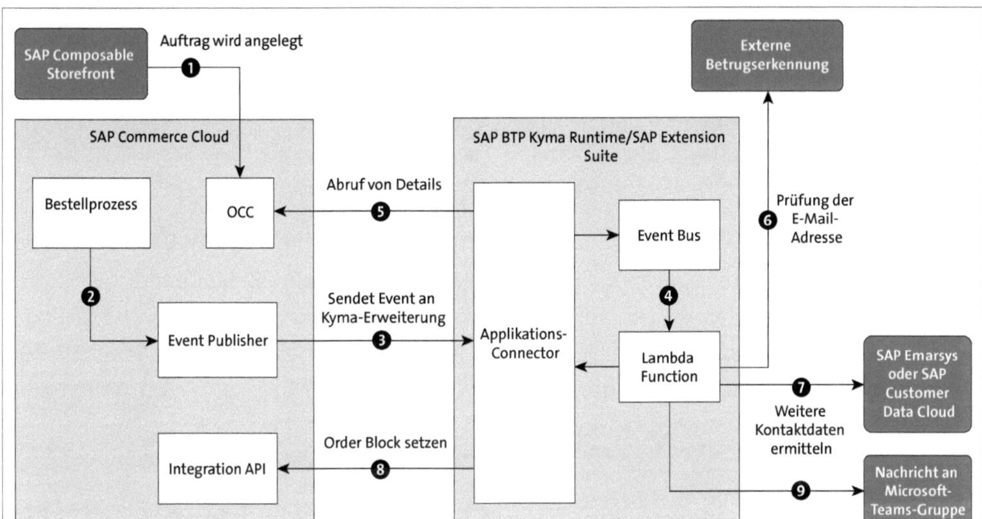

Abbildung 16.5 Externe Betrugserkennung über Side-by-Side-Erweiterungen

Der Ablauf des gezeigten Beispiels ist wie folgt:

❶ Eine Nutzerin oder ein Nutzer schließt einen Bestellprozess ab und platziert einen Auftrag. Dieser wird über das SAP Composable Frontend per OCC-Service in der SAP Commerce Cloud angelegt.

❷ Nach Anlage des Auftrages innerhalb der SAP Commerce Cloud startet asynchron ein sogenannter *Business Process*. Dieser erzeugt das Event *Auftrag angelegt*.

❸ Das Event wird zusammen mit der Auftragsnummer an die SAP BTP, Kyma runtime geschickt.

❹ Dort wird das Event intern verarbeitet und an die zuständige Erweiterung weitergeleitet. Die Erweiterung liegt in Form einer Lambda-Implementierung vor.

❺ Die Erweiterung besorgt sich weitere Details zum Auftrag, wie z. B. die E-Mail-Adresse der Nutzerin bzw. des Nutzers per OCC-Aufruf aus der SAP Commerce Cloud.

❻ Anschließend leitet die Erweiterung diese E-Mail-Adresse an einen externen Dienst zur Betrugserkennung.

❼ Des Weiteren besorgt sich die Erweiterung weitere Daten über die Nutzerin oder den Nutzer aus internen Systemen wie SAP Customer Data Cloud oder SAP Emarsys Customer Engagement.

❽ Die Kyma-Erweiterung verarbeitet die Ergebnisse aus der externen Betrugserkennung und der internen Daten und entscheidet, ob es sich um einen Betrug handeln könnte oder nicht. Ist dies der Fall, aktualisiert die Erweiterung den Auftrag in SAP Commerce Cloud. Dies könnte auch direkt in einem ERP-System wie SAP S/4HANA passieren. Anschließend wird eine Auftragssperre gesetzt.

❾ Gleichzeitig schickt die Erweiterung eine Nachricht mit der Auftragsnummer an die Sachbearbeitung über Microsoft Teams, um auf den Betrugsversuch aufmerksam zu machen.

Dieses Beispiel zeigt, wie eine Betrugserkennung mithilfe von SAP BTP, Kyma runtime implementiert werden kann, ohne dass auch nur eine Zeile Code in SAP Commerce Cloud implementiert werden müsste. Gleichzeitig wird der Kern von SAP Commerce Cloud nicht verändert, und es werden keine zusätzlichen Bibliotheken angelegt, die für den Aufruf der Betrugserkennung oder Microsoft Teams notwendig sind.

16.2.2 Side-by-Side-Erweiterungen mit SAP Cloud Foundry Services

Zu Beginn dieses Abschnitts haben wir zwischen zwei Formen der Side-by-Side-Erweiterung unterschieden. Neben SAP BTP, Kyma runtime betrachten wir in diesem Beispiel die Erweiterung der Commerce Cloud über einen in der *SAP Cloud Foundry* bereitgestellten Service per API.

SAP Cloud Foundry Managed Services bieten einen umfassenden Support auf der SAP BTP an, sodass sich Entwicklungsteams auf die Anwendungsentwicklung konzentrieren können, ohne sich um die Infrastruktur kümmern zu müssen. Zudem ermöglicht die Platform eine effiziente Skalierung von Anwendungen, um auf sich ändernde Geschäftsanforderungen reagieren zu können – ein Schlüsselfaktor für E-Commerce-Plattformen. Das alles kann über das BTP-Cockpit (siehe Abbildung 16.6) eingerichtet und administriert werden.

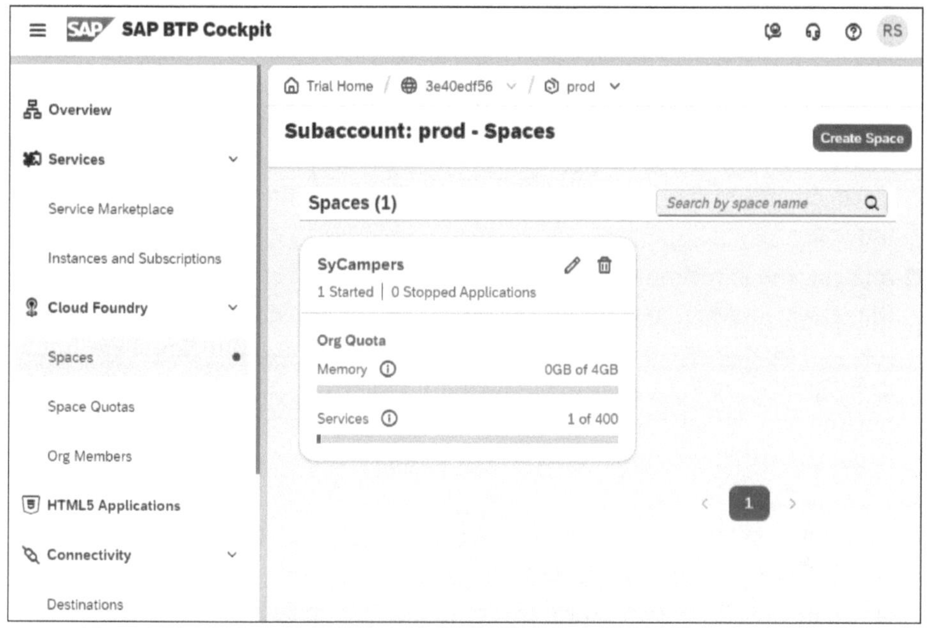

Abbildung 16.6 Benutzeroberfläche des SAP-BTP-Cockpits

SyCamp: flexible Preisgestaltung

SyCamp ist ein Händler mit Spezialisierung auf Campingausrüstung, Campingzubehör und Badeartikel. In einer zunehmend vernetzten und datengesteuerten Geschäftswelt ist es für die SyCamp zu einem entscheidenden Wettbewerbsvorteil geworden, Preisstrategien flexibel und anpassungsfähig zu gestalten.

Ganz im Sinne des Mottos »Es gibt kein schlechtes Wetter, nur falsche Preisflexibilität« plant SyCamp, zukünftig externe (und von SyCamp nicht beeinflussbare) Faktoren verstärkt in die Gestaltung der Online-Preise einzubeziehen. Die Herausforderung besteht darin, eine Preisstrategie zu entwickeln, die über saisonale Schwankungen hinausgeht und neben Marktinformationen auch Umweltfaktoren berücksichtigt. Der Prozess und die Umsetzung der Preisgestaltung verlaufen in mehreren Schritten und sind in Abbildung 16.7 grafisch dargestellt:

❶ **Anfrage**
Die SAP Commerce Cloud sendet per REST eine API-Anfrage an den BTP-Service und übergibt dabei alle relevanten Produktdaten zur Preiserstellung.

❷ **Authentifizierung**
Der Service empfängt die Anfrage und führt eine Sicherheitsüberprüfung durch. Dadurch wird sichergestellt, dass nur autorisierte Anfragen verarbeitet werden, was die Sicherheit und Zuverlässigkeit des Systems gewährleistet. Dies kann z. B. über ein API-Token funktionieren.

❸ Datenerfassung und -verarbeitung
Der Service sammelt umfangreiche Daten, die neben internen Verkaufsdaten und Wettervorhersagen über weitere *API-Services* auch externe Marktinformationen und Umweltfaktoren umfassen. Diese Daten können von Finanzmarkttickern, Social Media, Newsfeeds und Umweltüberwachungssystemen stammen und bieten so einen ganzheitlichen Blick auf die Faktoren, die die Preisgestaltung beeinflussen.

❹ Analyse und Berechnung
Die verschiedenen Datenströme werden mit SAP HANA verarbeitet und analysiert. Dank der In-Memory-Technologie ist SAP HANA in der Lage, komplexe Berechnungen, Aggregationen und Datenabfragen mit hoher Geschwindigkeit durchzuführen und unterstützt erweiterte Analysefunktionen, einschließlich Predictive Analytics und maschinellem Lernen, um Muster und Trends in den Daten zu erkennen.

❺ Rückmeldung
Die ermittelten Preise werden über die API von der SAP BTP an die SAP Commerce Cloud zurückgemeldet und dort sofort in das Shopsystem eingepflegt. Dies ermöglicht eine agile Preispolitik, die sich schnell ändernden Bedingungen anpasst.

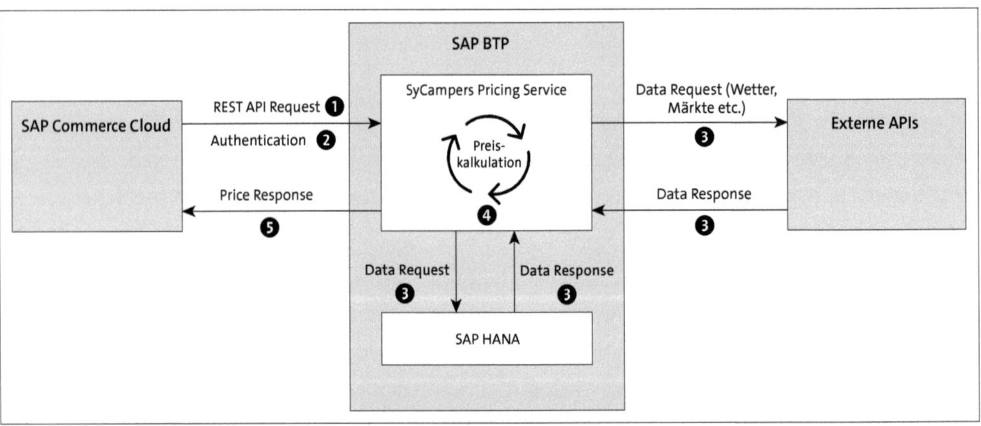

Abbildung 16.7 Prozessablauf der Preisermittlung in der SAP BTP, unterstützt durch SAP HANA und externe APIs

Als Ergebnis werden jetzt bei SyCamp im Webshop automatisch Preise anhand des Lagerbestands (PLZ, Gebiet, Standort) und der Wetterlage (regionaler 16-Tage-Trend) dynamisch ermittelt. Aktuell wird dieser Prozess bei SyCamp nur für ausgewählte Produkte (Sommerware wie Pools und Wasserspielzeug) genutzt. Perspektivisch soll dieser Ansatz jedoch in ähnlicher Form auf das gesamte Produktsortiment ausgeweitet werden.

Vergleichbare Szenarien werden bereits in abgewandelten Formen in B2C-Szenarien eingesetzt (siehe Abschnitt 2.2, »Evolution von E-Commerce-Landschaften«). Zudem können Sie hier gut erkennen, wie individuell selbst klassische Prozesse durch eine horizontale Erweiterung gestaltet werden können und vor allem wie einfach die Integration in die SAP Commerce Cloud dabei ist.

16.2.3 Roadmap von SAP

SAP verfolgt zunehmend die Strategie, Erweiterungen parallel als Side-by-Side-Erweiterungen zu entwickeln. Diese Tendenz ist nicht ausschließlich bei der SAP Commerce Cloud zu beobachten, sondern lässt sich ebenso bei anderen SAP-Systemen wie SAP S/4HANA oder SAP Sales Cloud/SAP Service Cloud erkennen. Hier wurde der Ansatz von Cloud-Native-Anwendungen und Microservices bereits konsequent umgesetzt (z. B. mit dem neuen Produkt SAP Intelligent Sales Cloud oder SAP Sales Cloud V2).

Wie in Abschnitt 16.2.2, »Side-by-Side-Erweiterungen mit SAP Cloud Foundry Services«, beschrieben, bietet SAP Commerce Cloud mit dem vorhandenen Event-Mechanismus bereits out of the box eine Möglichkeit, Erweiterungen auf Kyma-Basis anzudocken, ohne dass Implementierungen seitens SAP Commerce Cloud notwendig sind.

Nicht nur der Trend bewegt sich in diese (richtige) Richtung, sondern auch die Produktroadmap von SAP weist eindeutig diesen Weg. Dies bedeutet, wie zu Beginn dieses Buches und in Kapitel 5, »Infrastruktur und Architektur«, erwähnt, dass die SAP Commerce Cloud schon heute zumindest ähnlich einer SaaS-Lösung betrieben werden kann.

Der Vorteil einer strikten Side-by-Side-Erweiterungsstrategie ist, dass der Kern der SAP Commerce Cloud so jederzeit von SAP aktualisiert werden kann, ohne dass es zu nennenswerten Migrationsaufwänden kommt. Dies passt zu dem Continuous-Innovation-Ansatz, der Thema von Abschnitt 5.1.11, »SAP Continuous Innovation Release- und Update-Strategie«, ist.

Erste Schritte in diese Richtung sind laut SAP-Roadmap ein neues Business Event Framework für SAP Commerce Cloud und die damit verbundene Öffnung für Side-by-Side-Erweiterungen bzw. externe Lösungen. In Kapitel 17, »Integrations- und CX-Szenarien mit SAP Commerce Cloud«, und unseren Ausführungen zum Composable-Commerce-Ansatz sind wir bereits auf dieses Thema eingegangen. Dabei wird es nicht mehr zwingend erforderlich sein, externe Erweiterungen mit SAP BTP, Kyma runtime zu implementieren. Auch die direkte Unterstützung von externen Serviceanbietern wie Azure, Google Cloud Platform, AWS oder von SAP Cloud Foundry sind denkbar. Abbildung 16.8 zeigt eine mögliche Architektur.

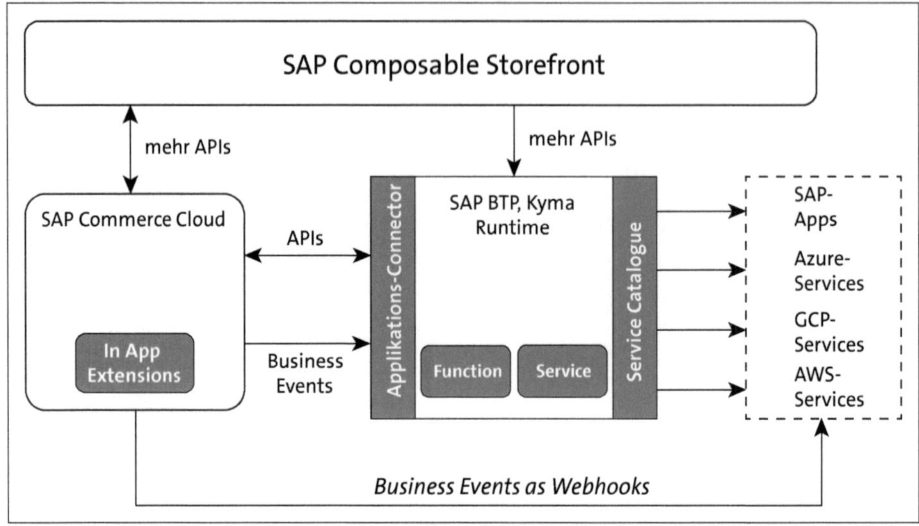

Abbildung 16.8 Zukünftige Möglichkeiten von Side-by-Side-Erweiterungen

Das neue Business Event Framework soll zusätzlich zu den bereits vorhandenen Events eine Vielzahl neuer Events umfassen. Die Implementierung von Erweiterungen wird vereinfacht, da Sie diese bei Ihrem bevorzugten Cloud-Anbieter hosten und mit den von Ihnen gewählten Technologien umsetzen können. Für die Umsetzung solcher Erweiterungen ist kein umfassendes Know-how zu SAP Commerce Cloud erforderlich, was die Einstiegshürden deutlich senkt.

16.3 Fazit

Sowohl mit der extensionbasierten Technik als auch mit Side-by-Side-Erweiterungen können Sie SAP Commerce Cloud gezielt um neue Funktionen erweitern, wenn es für Ihre Anforderungen keine passende Funktion im Standard gibt. Technisch gesehen kann mit dem bereitgestellten Framework jede denkbare Anwendung implementiert werden. Dazu gehören auch Funktionen, die über den Funktionsumfang von SAP Commerce Cloud hinausgehen. Wir sind der Meinung, SAP Commerce Cloud sollte für Commerce oder commercenahe Anwendungen genutzt werden, z. B. Website, Webshop, Kundenportal etc.

Völlig fremde Applikationen sehen wir nicht als Erweiterung von SAP Commerce Cloud durch die erklärten Mechanismen, sondern im Kontext von Eigenentwicklungen. Versuchen Sie nicht, thematisch sehr fremde und eigenständige Anwendungen in SAP Commerce Cloud zu implementieren, sondern setzen Sie lieber auf eine entsprechende Eigenentwicklung, die Sie, wo sinnvoll, in Ihr SAP-Commerce-Cloud-Portal integrieren. Achten Sie auch dabei auf eine einheitliche User Experience, geschickte Absprünge und ein zentrales User Management.

Zur Implementierung von Eigenentwicklungen werden Sie auch bei SAP fündig: Wie erwähnt, bietet SAP mit der SAP BTP eine mächtige Plattform dazu. Für Details zur SAP BTP siehe *https://www.sap.com/products/technology-platform.html*

Erweiterungen der SAP Commerce Cloud und der dazugehörigen Frontends wie SAP Composable Storefront sind Alltag und kommen in jedem Projekt vor. Erweiterungen werden fast immer implementiert und gehören aufgrund der Frameworks einfach dazu. Sie unterscheiden sich von klassischen SAP-Produkten wie SAP ECC im ABAP-Umfeld, wo man oft auf eigene Implementierungen verzichten möchte. Auch Konfigurationen werden in SAP Commerce Cloud häufig in Form von Implementierungen vorgenommen.

Achten Sie bei allen Erweiterungen darauf, nur solche direkt in der SAP Commerce Cloud zu implementieren, die dort auch thematisch sinnvoll verortet werden können. Wann immer möglich, halten Sie Erweiterungen vom SAP-Commerce-Cloud-Kern fern und nutzen Sie stattdessen Side-by-Side-Erweiterungen. Dies empfiehlt sich vor allem bei sehr spezialisierten Anforderungen (siehe Abschnitt 16.2.1, »Beispiele für Side-by-Side-Erweiterungen mit Kyma« und Abschnitt 16.2, »Side-by-Side-Erweiterungen«).

Seien Sie vorsichtig mit Extensions von Drittherstellern und integrieren Sie diese nur, wenn es unbedingt notwendig ist. Sie sind in solchen Fällen darauf angewiesen, dass der Hersteller der Extension diese stets aktuell hält, um Kompatibilität mit den neuesten Release-Versionen zu gewährleisten. Eine nicht gut gepflegte oder programmierte Erweiterung könnte Sie im Zweifel daran hindern, auf eine neuere Version zu upgraden.

Erweiterungen im Frontend sind noch viel individueller als Erweiterungen an SAP Commerce Cloud und hängen sehr stark von Ihrer speziellen Applikation ab. Auch wenn Sie das SAP Composable Storefront Framework einsetzen, handelt es sich doch immer um sehr individuelle Applikationen. Durch die offene und moderne Architektur von SAP Commerce Cloud haben Sie alle Möglichkeiten, um auch auf komplett eigene Frontends zu setzen. Auch dies ist nicht ungewöhnlich, sondern der Standard. Schlussendlich hängt es immer von Ihren individuellen Anforderungen und Wünschen ab, wie Sie vorgehen möchten.

Kapitel 17

Integrations- und CX-Szenarien mit SAP Commerce Cloud

Dank offener, moderner Schnittstellen können fast alle Systeme mit SAP Commerce Cloud integriert werden, um ihr volles Potenzial zu entfalten. Besonders einfach ist die Integration von SAP-Systemen durch Standardpakete für SAP Commerce Cloud und die SAP Integration Suite. Dieses Kapitel erläutert Szenarien für den Datenaustausch mit SAP-Systemen und die Anbindung von Drittanbieterlösungen.

Seit dem Jahr 2023 nutzt SAP den Ansatz des *Composable Commerce*. Dieser Ansatz trägt der Tatsache Rechnung, dass jedes Unternehmen und jede Branche einzigartig und daher Standardlösungen nicht immer passend sind. Er bezeichnet einen leistungsstarken Kern, der durch Funktionen und Integrationen gezielt erweitert und ergänzt wird. Das Composable-Commerce-Angebot von SAP für die SAP Commerce Cloud ermöglicht es Kunden, zentrale Komponenten durch maßgeschneiderte Lösungen zu ersetzen. Diese fügen sich nahtlos in die SAP Commerce Cloud ein und schaffen so eine umfassende Lösung, die optimal auf individuelle Bedürfnisse abgestimmt ist und gleichzeitig flexibel bleibt. Dazu geht SAP Partnerschaften mit Herstellern etablierter und in ihrem Bereich führender Systeme ein, um diese technologisch und funktional einfach und effizient integrieren bzw. über Lizenzverträge betriebswirtschaftlich attraktiv gestalten zu können.

Die folgenden Beispiele möchten wir besonders hervorheben:

- **Contentful**
  Als externes Content-Management-System (CMS) mit erweiterten Funktionen kann Contentful das in SAP Commerce Cloud eingebaute Web-Content-Management-System (WCMS) ersetzen. Auf diese Weise kann Content auf die Website oder den Webshop ausgespielt werden, während alle anderen Daten und Prozesse weiterhin über SAP Commerce Cloud abgewickelt werden (siehe Abschnitt 17.12, »Contentful Composable Content Platform«).
- **SAP Commerce Marketplace Management by Mirakl**
  Mirakl bietet eine Lösung, die es ermöglicht, die eigene Commerce-Plattform zu einem Marktplatz auszubauen und zu betreiben (siehe Abschnitt 17.8).

- **Akeneo**
  Wenn Sie im Umfeld des Product Information Managements (PIM) oder Product Content Managements (PCM) eine eigenständige Lösung bevorzugen, unterstützt SAP die Nutzung von Akeneo. Durch eine Integration mit Akeneo können Produktdaten und -strukturen direkt verwendet werden (siehe Abschnitt 17.9).

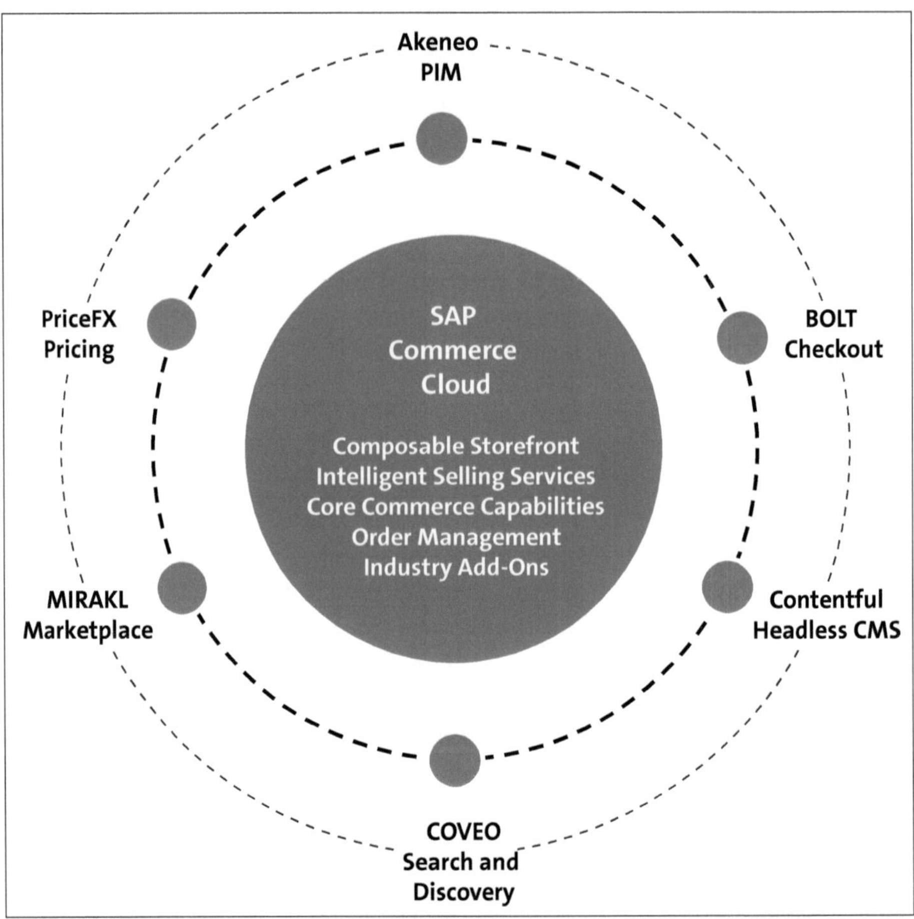

Abbildung 17.1 SAP Composable Commerce

Der Composable-Ansatz von SAP bietet Unternehmen mehr Flexibilität, um auf spezifische Bedürfnisse einzugehen. Allerdings sind diese Optionen nicht in allen Fällen besser als die Nutzung der Standardfunktionen der SAP Commerce Cloud.

In diesem Kapitel präsentieren wir ausgewählte Szenarien, wie SAP Commerce Cloud sinnvoll in andere Systeme – sowohl von SAP als auch von Drittanbietern – integriert werden kann. In jedem Abschnitt stellen wir die Lösung oder Applikation kurz vor, beschreiben ein realistisches Szenario und umreißen anschließend die Architektur inklusive Integration und Prozessablauf. Dabei ist uns die Auswahl schwergefallen, denn über die dargestellten Szenarien hinaus gibt es noch viele weitere Möglichkeiten. Mehr Informationen finden Sie in dem Buch »SAP Customer Experience« von Roland Boes (Rheinwerk Verlag 2021).

17.1 SAP Analytics Cloud

Planung, Predictive Analytics und Business Intelligence in einer zentralen Cloud-Umgebung bietet *SAP Analytics Cloud*. Anwenderinnen und Anwender können die SAP Analytics Cloud mit Daten aus verschiedenen Quellen einfach befüllen und so visuelle Analysen, Berichte oder auch Geschäftsplanungen erstellen. So sind komplexe Analysen über die gesamte Systemlandschaft hinweg möglich. Grafiken und Reports lassen sich exportieren, teilen oder in angebundene Systeme, die als Frontend fungieren, einbetten.

In Kombination mit der SAP Sales Cloud und SAP Service Cloud gibt es ein Standardintegrationsszenario (Embedded Version), das vollen Zugriff auf die Analyse- und Planungsfunktionen der SAP Analytics Cloud ermöglicht, ohne dass eine separate Lizenz für die SAP Analytics Cloud erforderlich ist. Somit können auch Key Performance Indicators (KPIs) und komplexe Dashboards in SAP Sales Cloud und SAP Service Cloud erstellt werden. Im folgenden Szenario sollen die Vorteile der SAP Analytics Cloud bei der Analyse eines gängigen Geschäftsprozesses veranschaulicht werden.

17.1.1 Szenario: Datenanalyse über verschiedene Schnittstellen

SyMedia, ein Anbieter für Elektroinstallations- und Gebäudesystemtechnik, beschloss 2023, zukünftig auch Produkte aus seiner Smarthome-Sparte über den eigenen Webshop zu vertreiben. Die hochpreisigen und beratungsintensiven Produkte nun auch digital anzubieten, war ein Politikum bei SyMedia und hatte gerade im Vertrieb von SyMedia für Unruhe gesorgt. Zwar wurden digitale Beratungsdienstleistungen (Self-Services, Videoassistenz, Guided Buying etc.) rund um das Thema Smart Building im Webshop für Kunden bereitgestellt, doch war die Sorge groß, dass die Umsätze im Direktvertrieb analog zu den Umsatzsteigerungen im Online-Vertrieb zurückgehen könnten. So würde der Nutzen eines Online-Angebots konterkariert. Eine Analyse und Gegenüberstellung der Verkäufe und Konversionen aus unterschiedlichen Kanälen sollte hier Klarheit bringen.

Zudem fehlt eine zentrale Lösung zur Bewertung digitaler Anwendungen und Datenströme. Die SAP Analytics Cloud ermöglicht es den verantwortlichen Stakeholdern bei SyMedia, Daten aus diversen Quellen nahezu in Echtzeit zu sammeln und zu analysieren. Dabei beschränkt sich die Analyse nicht nur auf Grunddaten wie Verkäufe oder Conversions. Vielmehr werden auch tiefergehende Geschäftskennzahlen berücksichtigt, z. B. Kostenstrukturen, Verkaufstrends und Kundeninteraktionen. Mithilfe von interaktiven Dashboards und Datenvisualisierungen können Führungskräfte datenbasierte, fundierte Entscheidungen schnell treffen.

In unserem Beispiel wird über ein zentrales, interaktives Diagramm auf einen Blick ersichtlich, aus welchen Kanälen die Verkäufe generiert wurden (siehe Abbildung 17.2). Dadurch kann z. B. der Webshop (SAP Commerce Cloud) in Relation zu anderen Verkaufskanälen, wie den Direktverkäufen (SAP Sales Cloud), gesetzt werden. Des Weiteren können mithilfe der SAP Analytics Cloud Optimierungsansätze identifiziert werden, wie die gezielte Stärkung schwächelnder Verkaufskanäle durch Marketingmaßnahmen oder die Anpassung von Produktangeboten.

Es wurde klar dargestellt, dass die Daten die Annahme, dass der Webshop den Direktvertrieb kannibalisiert, nicht stützen, sondern das Gegenteil beweisen: Während die Zahlen im Direktvertrieb stabil waren, stiegen die Leadgenerierungsraten über den Online-Kanal kontinuierlich. Kunden, die über den Webshop Unterstützung anfragen, werden als Leads in der SAP Sales Cloud angelegt. Auch die Abschlüsse (Aufträge) aus dem Webshop heraus stiegen kontinuierlich.

Zudem konnten Leads und Aufträge den jeweiligen Kunden (Accounts) zugeordnet werden, um so z. B. aufzuzeigen, dass vor allem Neukunden bzw. bis dato unbekannte Käufergruppen angesprochen wurden. Durch die Bereitstellung der Reports auch für den Vertrieb (direkt eingebettet in die SAP Sales Cloud) besteht nun die Option für den Vertrieb, auch auf bislang unbekannte Interessenten aktiv zuzugehen. Der Webshop stellt somit keine Bedrohung dar, sondern es können vielmehr zusätzliche Absatzpotenziale erschlossen werden.

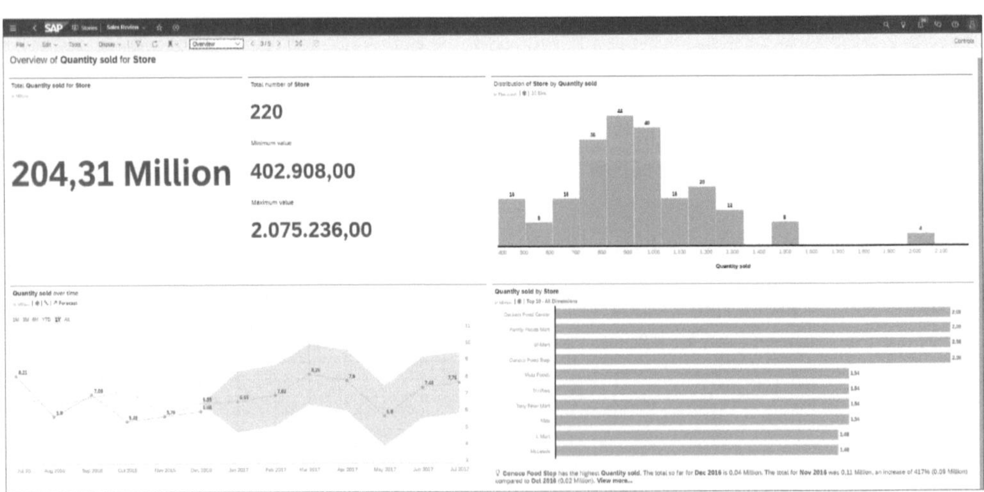

Abbildung 17.2 SAP Analytics Cloud: Dashboard zur Übersicht der Verkäufe in unterschiedlichen Absatzkanälen

17.1.2 Architektur

In der digitalen Infrastruktur moderner Unternehmen nimmt SAP Analytics Cloud eine zentrale Rolle ein. Die SAP Analytics Cloud dient als integratives Bindeglied, das Daten aus unterschiedlichen Quellen, einschließlich Plattformen wie SAP Commerce Cloud, SAP Sales Cloud und sogar Drittanbietersystemen wie Google Analytics, nahtlos aggregiert. Die SAP Analytics Cloud ist Zielsystem und oft finaler Knotenpunkt in der Systemlandschaft.

Wie in Abbildung 17.3 gut zu erkennen ist, ist die Integration in der Regel identisch für unterschiedliche Quellsysteme – unabhängig ob On-Premise- oder Cloud-System. Wahlweise wird eine Live-Verbindung (online) oder eine Datenerfassung via Batch genutzt. Die Möglichkeit, Online-Analysen ohne Datenreplikation durchzuführen, ist besonders für Szenarien geeignet, in denen Daten aus Sicherheits- oder Datenschutzgründen nicht in die Cloud übertragen werden dürfen. Die Integration kann direkt über OData oder via SAP Cloud Connector (Cloud) bzw. SAP Analytics Cloud Agent (On-Premise) erfolgen. Nach dem Import einer Kopie von Daten in die In-Memory-Datenbank (SAP HANA) in SAP Analytics Cloud HANA haben Änderungen an den Daten im Quellsystem keine Auswirkungen auf die importierten Daten.

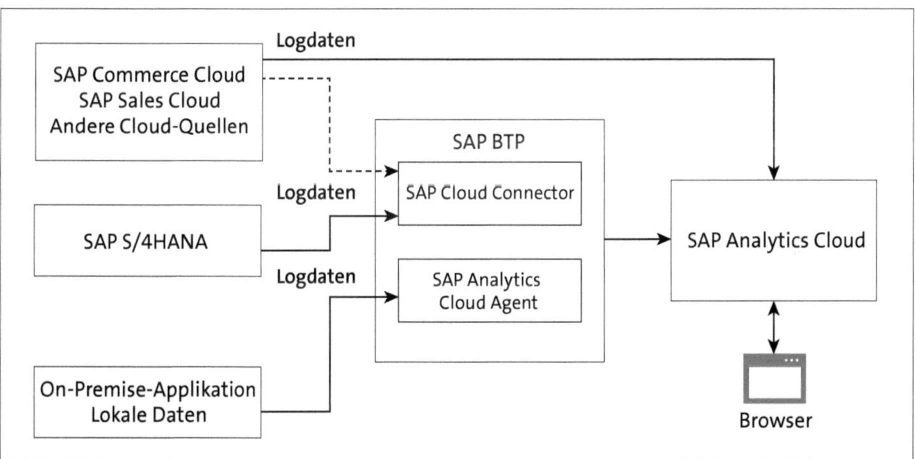

Abbildung 17.3 Integration von SAP Analytics Cloud für Cloud- und On-Premise-Daten-Verbindungen

17.2 Google Analytics

Im Vergleich zu der SAP Analytics Cloud bietet *Google Analytics* einen allgemeineren und anonymisierten Blick auf das Nutzverhalten in Commerce Applikationen. Neben der kostenfreien Nutzbarkeit spielt Google seine Vorteile auch durch seine Website-Spezialisierung aus. Diese ermöglicht zum einen Echtzeit-Analysen, misst Besucherströme und analysiert Verweilzeiten. Google Analytics ist zudem am Markt am weitesten verbreitet. Deshalb lassen sich schnell Expertise oder Beiträge finden. Wichtig im Vergleich zur SAP Analytics Cloud: Google Analytics bietet nur eine anonyme Sicht auf die Nutzerdaten und keine Analyse auf Nutzerebene.

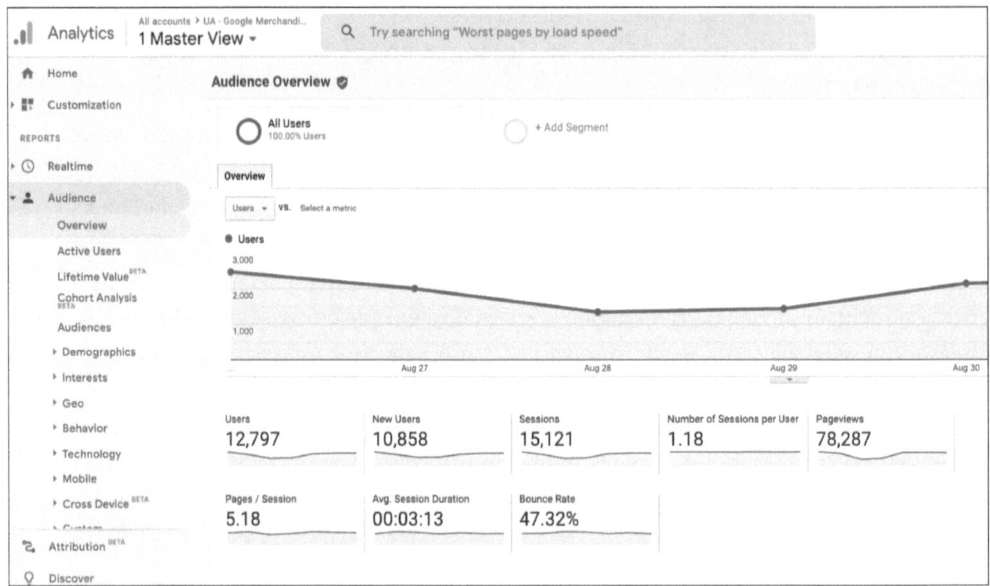

Abbildung 17.4 Google Analytics Dashboard (Frequenz von Webshop-Besuchen nach Zielgruppe)

17.2.1 Szenario: Webshop vs. Direktvertriebsanalyse

In diesem Szenario dient Google Analytics als Instrument zur Erfassung anonymer Daten in einem Webshop. Das primäre Ziel ist nicht, datenbasierte Entscheidungen auf individueller Ebene zu treffen, sondern vielmehr, kollektive Trends und Veränderungen innerhalb des gesamten Webshops zu erkennen und darauf zu reagieren. Google Analytics ermöglicht es Webshop-Betreibenden, tiefgreifende Einblicke in das Nutzerverhalten zu gewinnen.

Beispielsweise können neu eingeführte Features oder Funktionen bezüglich ihrer Nutzerfreundlichkeit analysiert werden. Es wird gemessen, wie oft die neuen Funktionen genutzt bzw. geklickt werden. Eine solche Untersuchung könnte aufdecken, ob bestimmte Designänderungen oder Neuerungen im Shop tatsächlich zum gewünschten Nutzerverhalten führen. Ist ein neuer Button an der richtigen Stelle platziert? Führt die Neugestaltung einer Produktseite zu längeren Verweilzeiten? All diese Fragen können mithilfe von Google Analytics beantwortet werden.

Ein weiteres Beispiel ist die Konversionsrate, ein zentraler Erfolgsindikator für Webshops, die von zahlreichen Faktoren beeinflusst wird. Selbst kleinste Details, wie die

Platzierung eines Kauf-Buttons oder das Design des Checkout-Prozesses, können einen bedeutenden Einfluss auf die Rate ausüben. Mit Google Analytics lassen sich solche Kennzahlen präzise verfolgen und optimieren. Durch kontinuierliche Anpassungen und Tests, basierend auf den gewonnenen Daten, können Webshop-Betreibende die Benutzererfahrung stetig verbessern und damit letztlich auch die Warenkorbabbruchrate (Shopping Cart Abandonment) reduzieren.

Ein weiterer Vorteil einer Google-Analytics-Integration ist die Option, den Return on Investment (ROI) von Marketingkampagnen genau zu quantifizieren. Webshop-Betreibende können so Traffic-Quellen identifizieren, den Weg der Nutzerinnen und Nutzer bis zur Konversion nachvollziehen und den Einfluss einzelner Marketingaktionen auf den Gesamtumsatz bewerten. In Kombination mit anderen Marketing-Tools und -Strategien ist Google Analytics ein unverzichtbares Instrument, um den Webshop kontinuierlich zu optimieren und an die Bedürfnisse der Zielgruppe anzupassen.

17.2.2 Architektur

Die Integration von Google Analytics in einen Webshop ist durch den Einsatz eines spezifischen Tracking-Codes einfach und effizient. Nach Einbindung dieses Codes beginnt Google Analytics nahezu sofort, Datenaktivitäten innerhalb des Webshops zu erfassen und stellt diese Informationen übersichtlich in einem zentralen Dashboard bereit. Dieses kostenfreie leistungsstarke Analysetool wird somit rasch zu einem integralen Bestandteil der Shop-Infrastruktur.

In Anbetracht der strengen Datenschutzrichtlinien, insbesondere der DSGVO, ist es unerlässlich sicherzustellen, dass über Google Analytics keine personenbezogenen Daten erfasst werden. Die Hauptaufgabe dieses Tools sollte sich daher auf das Sammeln allgemeiner Kennzahlen konzentrieren, die aussagekräftige Informationen über die Gesamtleistung des Shops liefern. Dazu gehören Daten wie Seitenaufrufe, Verweildauer, Absprungraten und Konversionspfade.

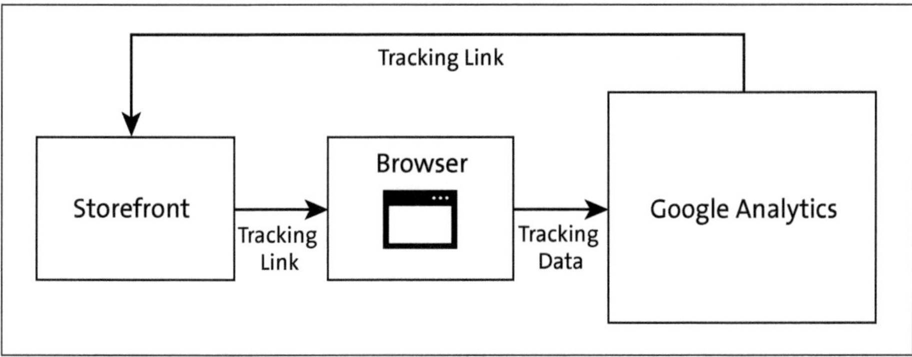

Abbildung 17.5 Integration von Google Analytics

17.3 Produktkonfiguration mit SAP Variant Configuration and Pricing Services und LO-VC

In der SAP Commerce Cloud sind Produkte zentrale Stammdaten bei der Einrichtung von Webshops. Die SAP Commerce Cloud verfügt über ein leistungsfähiges Product-Content-Management-System (PCM), das Produktdaten zentral organisieren und verwalten kann, um sie in diverse Kanäle zu übertragen (siehe Kapitel 7, »Produktdatenmanagement«). Häufig handelt es sich bei den Produkten jedoch nicht um einfache Fertigprodukte, die sofort bestellt werden können, sondern um komplexe Produkte, die konfiguriert werden müssen.

Ein Beispiel für ein sehr komplexes Produkt ist ein Auto. Bevor ein Neuwagen bestellt werden kann, muss er aufwendig konfiguriert werden. Das heißt, es werden Farbe, Motorisierung, Ausstattung etc. gewählt. Konfigurierbare Produkte sind auch dann sinnvoll, wenn es sehr viele Varianten eines Artikels gibt: Statt unzählige Einzelvarianten mit eigenen Artikelnummern im System anzulegen, könnte ein einziges konfigurierbares Produkt alle Varianten abdecken.

17.3.1 Szenario: Produktkonfiguration

SAP S/4HANA sowie ECC bietet mit der Variantenkonfiguration über das »klassische« Werkzeug *Logistics – Variant Configuration* (LO-VC) und *SAP Advanced Variant Configuration in SAP S/4HANA* leistungsstarke Möglichkeiten, um konfigurierbare Produkte zu verwalten. Wie komplex auch immer Ihre Produkte sind, sie lassen sich sicherlich mit der SAP-Variantenkonfiguration modellieren. Sie definieren in Transaktion PMEVC, welche Merkmale Ihr Produkt beschreiben und welche Werte auswählbar sind. Über das sogenannte *Beziehungswissen* können Sie auch Abhängigkeiten zwischen Merkmalen beschreiben: So könnten Sie z. B. definieren, dass eine bestimmte Fahrzeugfarbe nur in Verbindung mit dem Sportpaket gewählt werden kann oder dass die Sitzheizung automatisch ausgewählt wird, wenn der Nutzer das Businesspaket wählt.

Die Verwendung der Konfigurationsmodelle in allen relevanten SAP-Komponenten ist ein wesentlicher Vorteil der Variantenkonfiguration mit LO-VC oder AVC. Sie dienen nicht nur der Konfiguration durch die Anwenderinnen und Anwender, sondern werden in allen internen Prozessen bis hin zur Produktion eingesetzt.

Bereits im Standard bietet SAP Commerce Cloud Möglichkeiten, die im ERP-System definierten, konfigurierbaren Produkte auch im Webshop anzuzeigen, sodass Kunden die Produkte selbstständig konfigurieren und bestellen können. Auch die Standardreplikation von Aufträgen von SAP Commerce Cloud nach SAP S/4HANA oder ECC (siehe Kapitel 15, »SAP Commerce Cloud mit SAP S/4HANA und SAP ECC«) unterstützt out of the box konfigurierbare Produkte, sodass die Konfiguration des Kunden direkt in Ihre SAP-Auftragsabwicklung überführt wird und in den weiteren Folgeprozessen auch produziert werden kann.

Konfigurierbare Produkte erhalten in SAP Commerce Cloud bzw. SAP Composable Storefront einen Button zum Konfigurieren auf der Produktdetailseite (siehe den Button **Configure** in Abbildung 17.6).

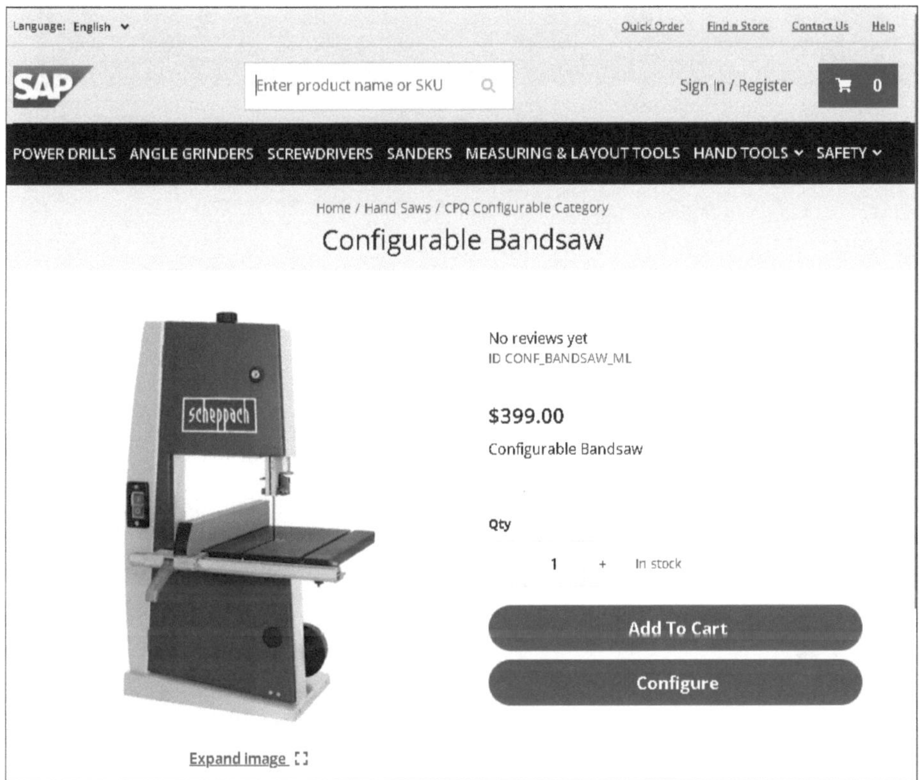

Abbildung 17.6 Produktdetailseite eines konfigurierbaren Produkts

Bevor das Produkt in den Warenkorb gelegt werden kann, muss es konfiguriert werden. Durch Klick auf **Configure** öffnet sich der Konfigurator (siehe Abbildung 17.7).

Der Konfigurator zeigt dabei automatisch die möglichen Auswahloptionen und Merkmale. Das Verhalten des Konfigurators und die Abhängigkeiten der jeweiligen Merkmale untereinander basieren auf dem zugrunde liegende Konfigurationsmodell, und zwar so, wie es in der SAP-Variantenkonfiguration definiert ist. Der Konfigurator in SAP Commerce Cloud unterstützt dabei grundsätzlich die folgenden Möglichkeiten:

- Anordnung der Konfiguration (Merkmalsgruppen) in Form von Tabs
- Verschiedene Darstellungsoptionen der Merkmale und Merkmalswerte (Checkboxen, Radiobuttons etc.)

- Fehler-Handling, das heißt, Infomeldungen, Konflikte oder Fehler werden entweder auf globaler Ebene oder direkt am betroffenen Merkmal angezeigt.
- Der Konfigurator zeigt Delta-Preise, d. h. die Auf- oder Minderpreise, die bei Auswahl einer Option entstehen, eine Summe der Preise aller selektierten Optionen sowie den Gesamtpreis.

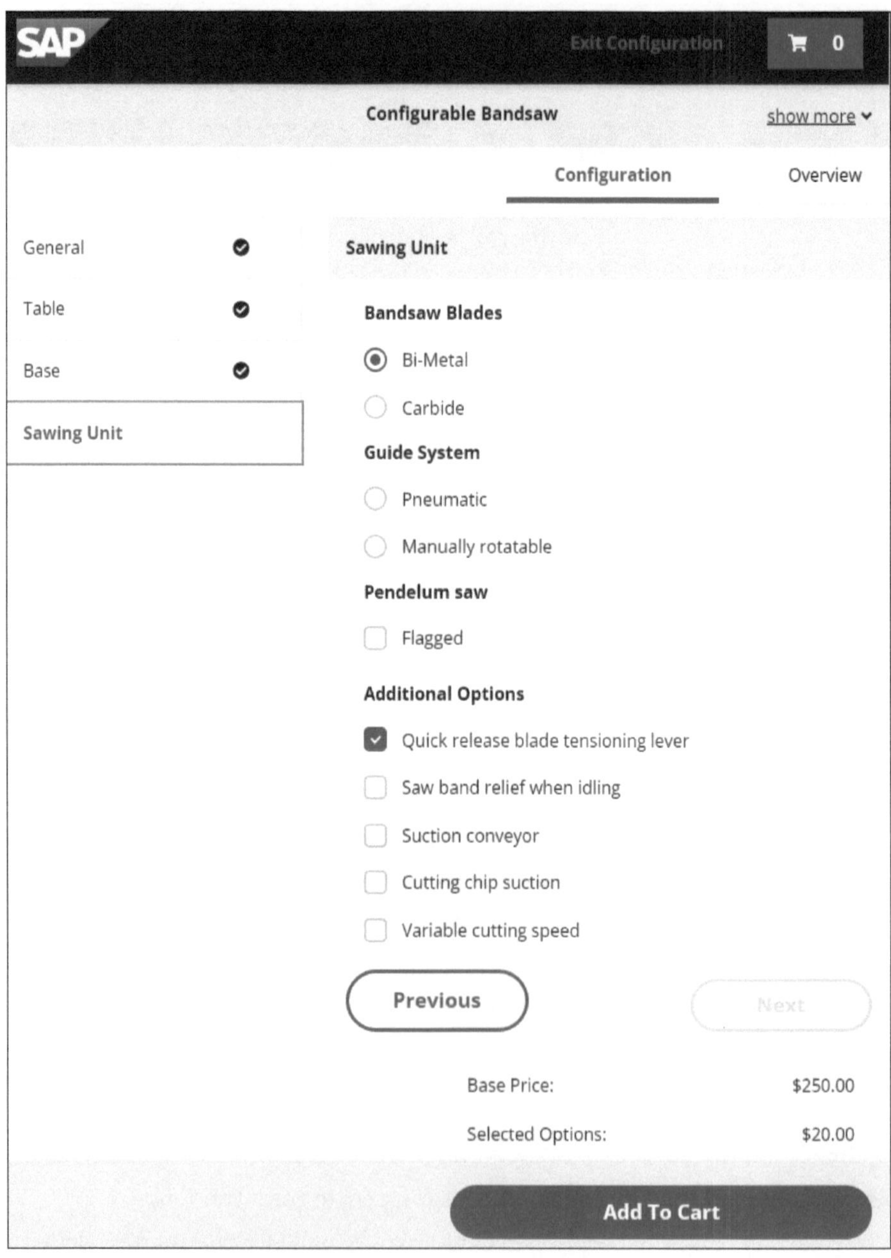

Abbildung 17.7 Konfigurator in SAP Composable Storefront

Aufbau der Konfigurationsmodelle

Achten Sie darauf, Ihre Konfigurationsmodelle so zu gestalten, dass Ihre Kunden sie leicht verstehen können. Nicht selten treffen wir in unseren Projekten bereits vorhandene Konfigurationsmodelle an, die im Webshop zur Verfügung gestellt werden sollen. Diese Konfigurationsmodelle sind oft über viele Jahre gewachsen und v. a. für interne Prozesse, z. B. die Auftragsabwicklung, optimiert worden. In der Regel sind diese Modelle jedoch nur bedingt kundenfreundlich, da die Auswahlmöglichkeiten zu komplex und für die Kunden irrelevant sind, sie durch zu viele Möglichkeiten überfordert werden oder sie nicht logisch aufgebaut sind. Prüfen Sie daher Ihre Konfigurationsmodelle und versuchen Sie, sie so zu gestalten, dass sie sowohl für Ihre Kunden passen als auch Ihren internen Anforderungen genügen.

17.3.2 Architektur

Um konfigurierbare Produkte mit SAP Commerce Cloud nutzen zu können, benötigen Sie auch die *SAP Variant Configuration and Pricing Services*. Abbildung 17.8 zeigt, wie die Systemarchitektur im Zusammenspiel von SAP Commerce Cloud mit SAP Variant Configuration and Pricing Services aussieht.

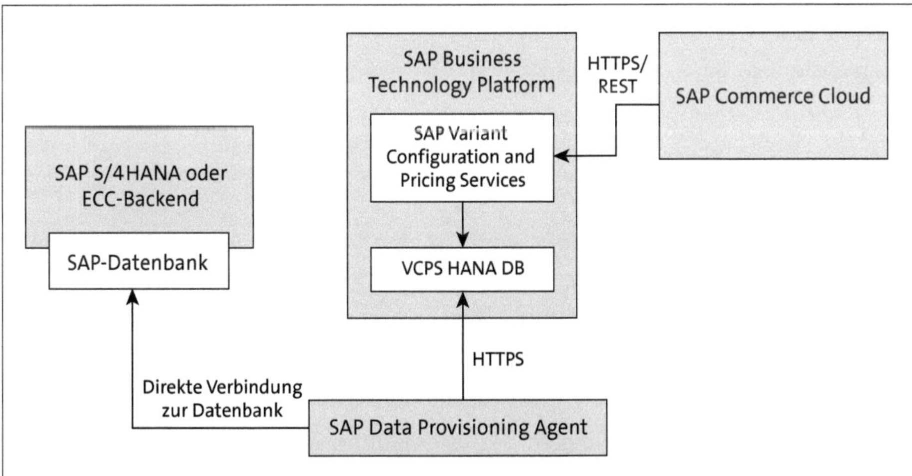

Abbildung 17.8 Architektur SAP Commerce Cloud mit SAP Variant Configuration and Pricing Services

Die SAP Variant Configuration and Pricing Services laufen auf der *SAP Business Technology Platform (SAP BTP)* und können Konfiguration und Preisberechnungen durchführen, ohne dass ein Live-Zugriff auf das entsprechende SAP S/4HANA oder SAP ECC benötigt wird. Stattdessen arbeiten SAP Variant Configuration and Pricing Services allein basierend auf replizierten Daten. Damit das funktioniert, werden über den sogenannten *SAP Data Provisioning Agentt* sämtliche konfigurations- und preisfindungsrelevanten Tabellen aus der SAP-Datenbank gelesen und in die Datenbank von SAP Variant Configuration and Pricing Services in der SAP BTP gepusht.

Änderungen werden selbstverständlich automatisch erkannt und entsprechend aktualisiert. Somit hat SAP Variant Configuration and Pricing Services jederzeit sämtliche notwendige Details im Zugriff und kann damit selbstständig Konfiguration und Preisfindung durchführen. SAP Commerce Cloud greift zur Laufzeit per HTTPS REST auf die API des SAP Variant Configuration and Pricing Services zu, um die Konfiguration durchzuführen und die Preise abzurufen.

Durch diese Architektur steht Ihren Kunden im Webshop auch dann der Konfigurator zur Verfügung, wenn Ihr SAP-Backend-System z. B. aufgrund von Wartungsarbeiten einmal nicht verfügbar ist. Natürlich ließen sich in SAP Commerce Cloud durch die offene Architektur (siehe Kapitel 5, »Infrastruktur und Architektur«) auch externe Drittanbieter-Konfiguratoren anbinden. Trotzdem hält SAP bereits im Standard mit SAP Variant Configuration and Pricing Services eine sehr ausgereifte und mächtige Möglichkeit vor, konfigurierbare Produkte in SAP Commerce Cloud zu nutzen, mit all den Vorteilen, die die SAP-Variantenkonfiguration bietet.

Im Zusammenspiel mit SAP CPQ (siehe Abschnitt 17.6), das ebenfalls über SAP Variant Configuration and Pricing Services auf die Konfigurationsmodelle in SAP S/4HANA bzw. SAP ECC zugreift, lassen sich im Konfigurationskontext End-to-end-CX-Szenarien realisieren.

17.4 SAP Customer Data Cloud

SAP Customer Data Cloud (ehemals Gigya) ist eine Cloud-Lösung, die Kundenidentitäten, Präferenzen und Einwilligungen über mehrere Kontaktpunkte sammeln und zusammenführen kann. SAP Customer Data Cloud besteht aus drei einzelnen Lösungen:

- SAP Customer Identity and Access Management für B2C (CIAM für B2C)
- SAP Customer Identity and Access Management für B2B (CIAM für B2B)
- SAP Enterprise Consent and Preference Management

Als eine zentrale Plattform zur zentralisierten Verwaltung von Kundenidentitäten und Zugriffsmanagement erlaubt SAP Customer Data Cloud den Unternehmen, über diverse Touchpoints hinweg eine konstante Customer Experience unter Einhaltung der DSGVO zu ermöglichen. Gerade im Zusammenspiel mit SAP Commerce Cloud ergeben sich diverse Anwendungs- und Integrationsszenarien. Häufig wird SAP Customer Data Cloud in Verbindung mit Webshops oder Kundenportalen zur Umsetzung der mit der DSGVO einhergehenden Anforderungen für die Verwaltung der eigenen Profile, Einwilligungen und Präferenzen (Consent) seitens der Kunden genutzt.

Ein anderer Ansatz ist das sogenannte *Progressive Profiling*, bei dem stufenweise Benutzerdaten erfasst werden sollen. Dabei folgt der Prozess dem Lebenszyklus der Benutzer- oder Kundenbeziehung und erfragt nur die zum jeweiligen Zeitpunkt relevanten Daten. Damit kann die Hürde für Registrierungen und zum Teilen von Informationen gesenkt und die Benutzerakzeptanz gesteigert werden (siehe Abbildung 17.9).

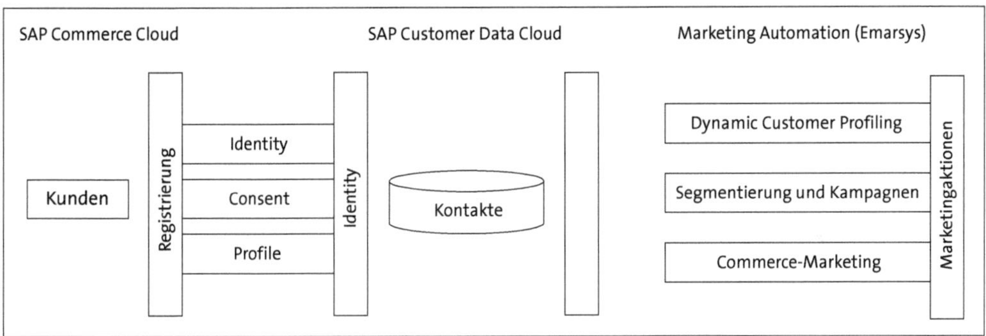

Abbildung 17.9 Zusammenspiel von SAP Commerce Cloud, SAP Customer Data Cloud und Marketing-Automation-Systemen

Andere häufige Anwendungsfälle für die SAP Customer Data Cloud betreffen die Bereiche Anmeldung, Registrierung und Authentifizierung, bekannt als *Customer Identity and Access Management* (CIAM). Das Modul *Customer Identity* bringt eine Reihe üblicher Registrierungs- und Login-Prozesse als vorkonfigurierte Prozessflüsse (Flows) mit. Diese enthalten alle notwendigen UI-Elemente für Prozessschritte wie:

- Login/Registrierung
- Passwort vergessen
- Profilaktualisierung
- Wieder-Authentifizierung
- Lite-Registration (Minimalregistrierung mit nur einer E-Mail-Adresse)
- Benutzerkonten verknüpfen
- E-Mail-Templates (z. B. E-Mail-Bestätigung)

In Abbildung 17.10 ist der UI Builder als ein Teil des Werkzeugkastens zu sehen, der eine Art WYSIWYG-Tool darstellt, um die einzelnen Screens der Flows um weitere Felder oder Plugins wie eine CAPTCHA-Verifizierung zu ergänzen oder die getriggerten E-Mails zu verknüpfen. Darüber hinaus können auch mittels HTML und CSS Files Anpassungen vorgenommen werden.

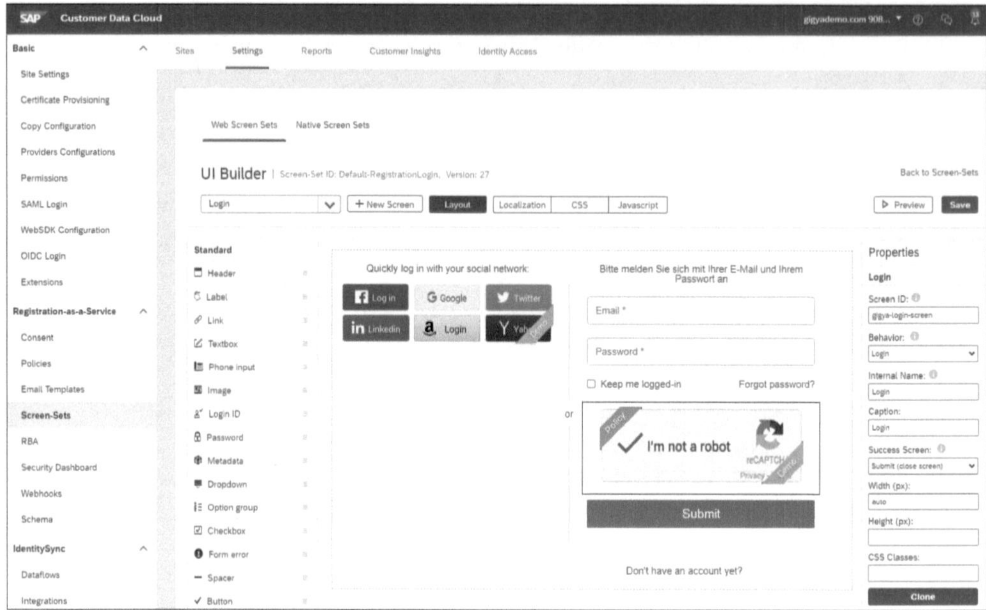

Abbildung 17.10 SAP Customer Data Cloud: UI Builder für die Anpassung einzelner Screens

In vielen Bereichen haben mobile Anwendungen Desktop-Anwendungen abgelöst. Zusätzlich machen viele Kunden von Vereinfachungen wie Social Logins Gebrauch. Aus diesem Grund unterstützt auch Customer Identity eine Bandbreite von Authentifizierungsoptionen. Wichtigster Aspekt aus CX-Gesichtspunkten ist das Thema *Single Sign-on*. Single Sign-on bezeichnet die Authentifizierung über verschiedene unternehmensweit implementierte Anwendungen wie Kundenportal, Webshop oder Mobile App mit nur einem Login. Im Folgenden beschreiben wir kurz, was hier die Knackpunkte und zentralen Funktionen sind.

17.4.1 Szenario: CIAM

Das Unternehmen SyMachines möchte ein zentrales Authentifizierungsmanagement einrichten, um die Interaktionen über zahlreiche Kundenkontaktpunkte zu optimieren und auszuweiten. Das Hauptziel besteht darin, alle Kundendaten an einem zentralen Ort zu verwalten. Dies ermöglicht den Aufbau einer Single-Sign-on-Umgebung (SSO), die sowohl für interne als auch externe Anwendungen genutzt werden kann. Dadurch können die Benutzerinnen und Benutzer dieselben Anmeldedaten für alle Plattformen des Unternehmens verwenden und ihr Konto für alle Dienste zentral verwalten.

Als Ergebnis kann systemübergreifend und applikationsunabhängig mit einem Profil navigiert werden. Single-Sign-On-Logins erleichtern – zentral gesteuert – zukünftig den Alltag der Kunden. Für die SyMachines hat sich die Etablierung der CIAM-Funktionen und -Prozessen (Customer Identity and Access Management) bereits ausgezahlt. Die Interaktions- und Conversion Rate hat sich signifikant erhöht, da sich die Lösung über die gesamte Palette der Softwareprodukte des Unternehmens zieht – sei es ein SAP-System, eine eigene Entwicklungsplattform, eine Anwendung oder sogar Software von Drittanbietern. SAP Customer Data Cloud kann nahtlos in all diese Anwendungen integriert werden, um die Authentifizierung zu vereinheitlichen und zu vereinfachen.

Darüber hinaus ermöglicht diese zentrale Authentifizierungsumgebung auch B2C-Szenarien, bei denen sich Kunden über Social Logins wie Apple, Google, Facebook oder LinkedIn anmelden können. Dies erhöht nicht nur die Benutzerfreundlichkeit, sondern bietet auch vielfältige Möglichkeiten zur Kundenbindung und -gewinnung.

17.4.2 Architektur

Die SAP Customer Data Cloud als zentrale Steuerung der Authentifizierung sorgt dafür, dass alle Systeme einheitlich kommunizieren. Durch die Integration über REST- oder WEB-SDK-Schnittstellen wird eine nahtlose Interaktion zwischen den verschiedenen Anwendungen und der Benutzerverwaltung gewährleistet.

Darüber hinaus bietet die *SAP Integration Suite* eine effektive Lösung für die Synchronisation des Kundenstamms, wodurch die Datenintegrität und -aktualität sichergestellt wird. Über das Dashboard erhält die Administration der SAP Customer Data Cloud einen Überblick über die Profile, die Einwilligungen und Präferenzen. Darüber hinaus bietet die SAP Customer Data Cloud die Flexibilität, Daten an andere Systeme zu übergeben (siehe Abbildung 17.11).

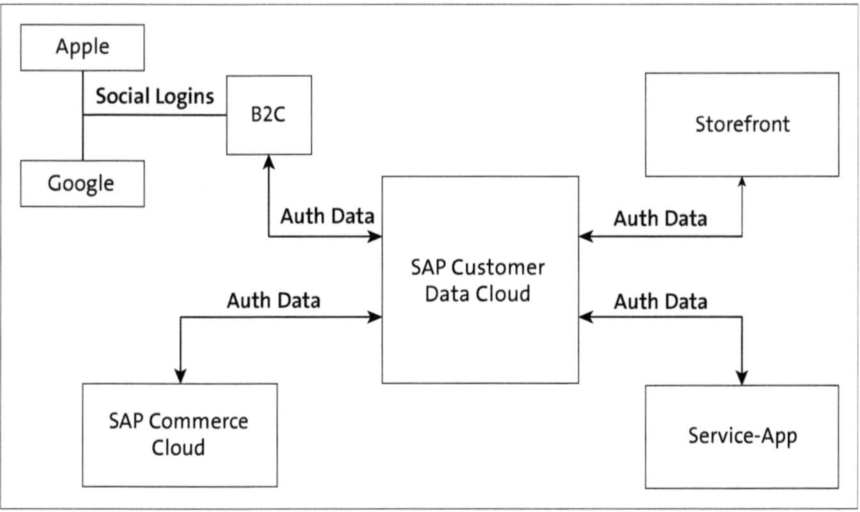

Abbildung 17.11 SAP Customer Data Cloud Integration mit SAP Commerce Cloud

Dadurch erweitert sich der Einsatzbereich der Daten aus SAP Customer Data Cloud, indem z. B. Marketingexperten diese Daten für zielgerichtete Kampagnen in SAP Emarsys Customer Engagement nutzen können. Während Entscheidungsträger in SAP Analytics Cloud (siehe Abschnitt 17.1) diese Informationen für strategische Geschäftsentscheidungen verwenden können.

17.5 SAP Emarsys Customer Engagement

SAP Emarsys Customer Engagement, ursprünglich als E-Mail-Marketing-Tool gestartet, ist seit 2020 Teil der CX Suite von SAP und hat sich zu einer Marketing-Automation- und Kundenbindungsplattform entwickelt. Diese ermöglicht es Unternehmen, Marketingkampagnen zu erstellen, zu verwalten und zu analysieren, einschließlich E-Mail-Marketing, SMS-Marketing und personalisierte Kundeninteraktionen. Emarsys hat einen klaren kundenzentrierten Ansatz, der sich auf die Bereitstellung personalisierter Erfahrungen und die Optimierung von Marketingmaßnahmen konzentriert.

Der Anspruch von Emarsys ist die einer Omnichannel-Customer-Engagement-Plattform. Dennoch sind insbesondere im Zusammenspiel mit SAP Commerce Cloud eine Reihe von Vorteilen zu sehen, u. a. in den folgenden Bereichen:

- Personalisierung (Content, Produktempfehlungen, Angebote, Rabatte etc.)
- Kundenanalyse (Webtracking, Behaviour, Abbrüche etc.)
- Bereitstellung von Informationen (Erinnerungen, Back in Store Notifications, Product Launch etc.)

Auf Basis zahlreicher vordefiniert verfügbaren Kampagnentemplates (Tactics) lassen sich Webshop und Website schnell promoten, stützen und begleiten (siehe Abbildung 17.12). Die Anwendung ermöglicht es Marketing-Teams, z. B. A/B-Tests durchzuführen, Workflows zu konfigurieren oder auf Basis von Kundenverhalten im Shop verpasste Umsatzchancen aufzudecken sowie verlorene Kunden zurückzugewinnen.

Auch im After-Sales- und Servicekontext bietet die Synchronisation von Stamm- und Bewegungsdaten zwischen SAP Commerce Cloud und Emarsys die Möglichkeit, gezielt Kampagnen entlang des gesamten *Customer Life-Cycles* – Awareness, Buying, Cross-/Up-Selling, After Sales und Inactive Customer (siehe Abbildung 17.13) – einzusetzen.

Im folgenden Beispiel wird ein klassisches After-Sales-Szenario im Zusammenspiel mit einem Webshop und einer Marketing-Lösung veranschaulicht.

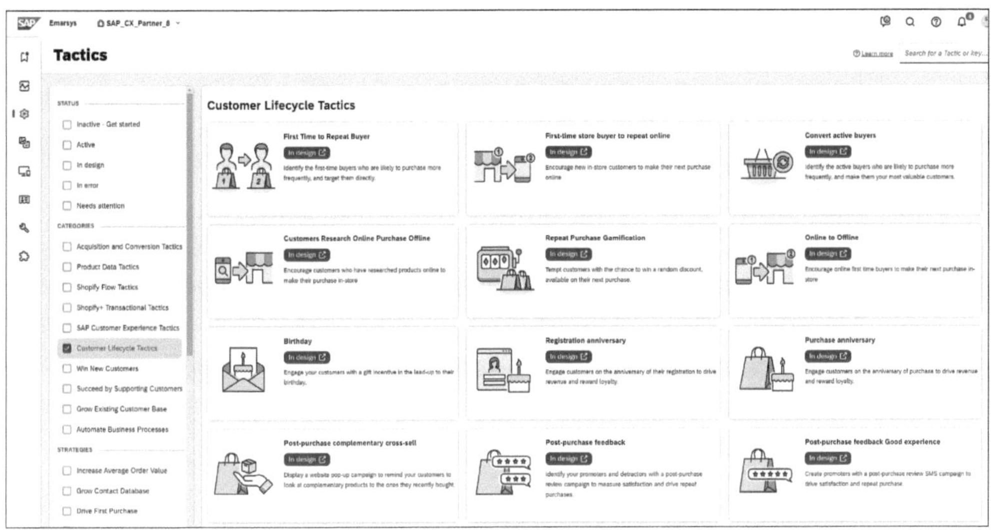

Abbildung 17.12 Vordefinierte Templates für E-Commerce-Kampagnen (Tactics) rund um den Kundenlebenszyklus in Emarsys

17.5.1 Szenario: Up-Selling im After Sales

In unserem beispielhaften Szenario fokussieren wir uns auf den *Cross-/Up-Selling-Prozess*. Der Schwerpunkt liegt darauf, bereits bestehende Kunden zu weiteren Einkäufen im Webshop anzuregen. Emarsys nutzt dabei datengesteuerte Ansätze auf individueller Nutzerebene, um maßgeschneiderte Marketingaktionen auszulösen. Wenn ein Kunde einen Kauf im Webshop tätigt, wird dies von Emarsys erfasst und automatisch eine entsprechende *Tactic* ausgelöst. Eine Tactic kann entweder auf einer bereits bestehenden Vorlage basieren oder von Grund auf neu konzipiert werden und beschreibt eine Marketingkampagne. Dabei gibt es sowohl einfache als auch mehrstufige Taktiken.

Während sich die einfachen Taktiken auf unkomplizierte Prozesse konzentrieren, können die mehrstufigen über mehrere Kanäle hinweg und mit komplexen Marketingstrategien arbeiten.

In unserem einfachen Beispiel hatte eine Kundin vor einer Woche eine Kaffeemaschine bei der Firma SyGusto erworben und erhält nach einer zuvor festgelegten Zeitperiode automatisch eine E-Mail, in der ihr passendes Zubehör wie einen Tassenwärmer oder das Abonnement für den hauseigenen Kaffee vorgeschlagen werden.

Diese Strategie basiert auf dem Prinzip, dass Kunden, die bereits einmal gekauft haben, mit höherer Wahrscheinlichkeit erneut einen Kauf tätigen, wenn sie zum richtigen Zeitpunkt mit den richtigen Angeboten angesprochen werden. Im Beispiel ergeben sich durch die automatisch versendeten Kampagnen nicht nur höhere Absatzpotenziale bei allen Kunden, sondern sie stärken das Vertrauen und die Kundenbindung. Denn die Angebote sind direkt auf die Kundenbedürfnisse und vorherigen Käufe abgestimmt.

Außerdem wird durch den automatisierten Prozess der Aufwand für das Marketingteam reduziert, da die genutzte Tactic auf Basis des verfügbaren Templates (siehe Abbildung 17.14) konfiguriert wurde und einfach zum gewünschten Zeitpunkt im Webshop ausgespielt wird. Im Beispiel wird die Kampagnen durch das Event **Order Created**, also getätigte Bestellung, getriggert.

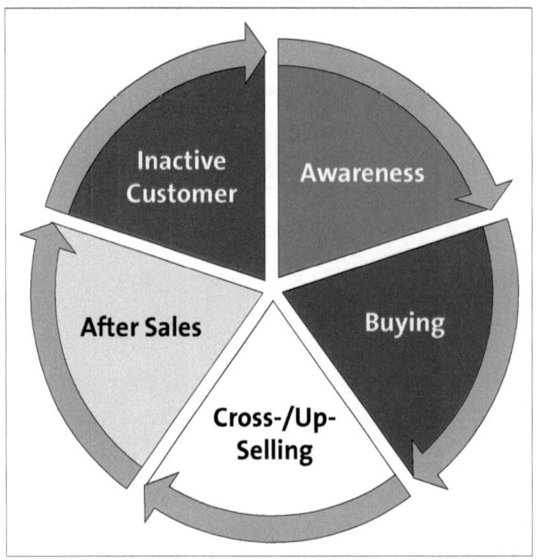

Abbildung 17.13 Die fünf Phasen im Customer Lifecycle für Marketingkampagnen mit SAP Emarsys

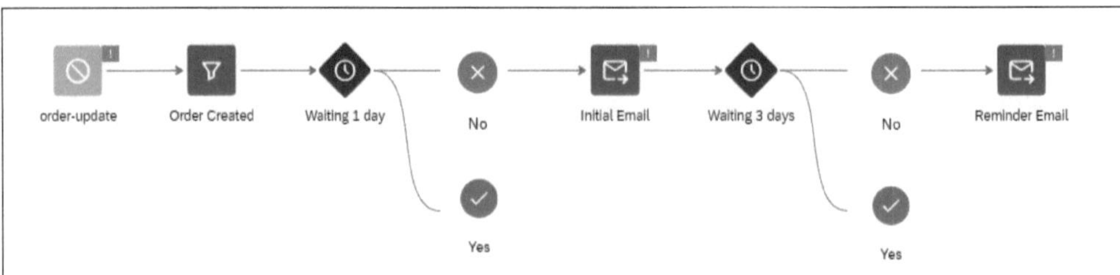

Abbildung 17.14 Tactic für Up-Selling-Kampagne in Emarsys (Beispiel »Reminder für Offering von SyGusto«)

17.5.2 Architektur

Innerhalb einer CX-Landschaft kann Emarsys Daten aus diversen Systemen fließend beziehen und zu einer zentralen Informationsquelle zusammenfügen. Diese konsolidierten Daten dienen als Grundlage, um spezifische Kundensegmente zu definieren und daraufhin maßgeschneiderte Marketingkampagnen zu entwerfen. Im Wesentlichen lassen sich folgende Objekte synchronisieren:

- Kontakte und Kunden (Accountdaten, Consents, Vertriebs-ID, E-Mail etc.)
- Events (Warenkörbe, Reviews, Orders, Registrierungen etc.)
- Produkte und Produktdaten (Bilder, Preis, Beschreibung, Titel etc.)

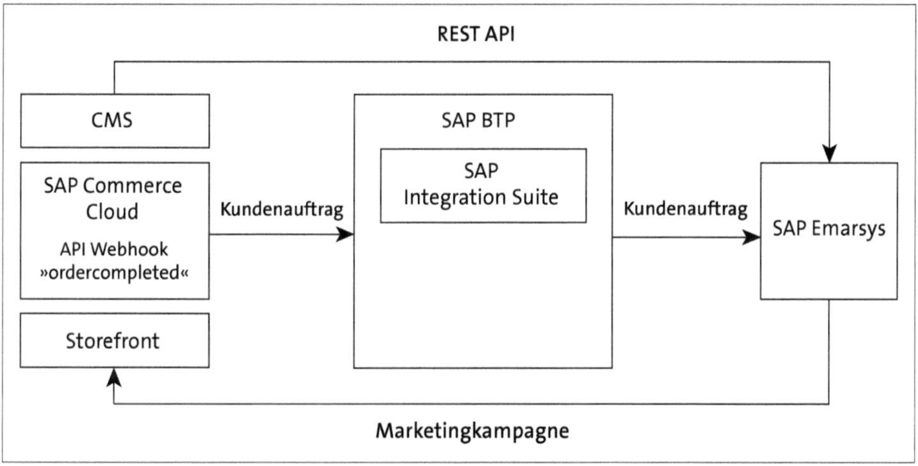

Abbildung 17.15 Integration von Emarsys mit SAP Commerce Cloud (Sales Order)

Aufgrund der veränderten Kundenbasis (Stammdaten für die Segmentierung) wird unsere Kundin Teil der definierten Zielgruppe für die Up-Selling-Kampagne. Ursache dafür können getätigte Marketingeinwilligungen oder Einstellungsänderungen am Profil eines Accounts sein. Oder solche segmentierungsrelevanten Datenänderungen erfolgen durch Interaktionen der Kunden wie Kaufen, Suchen, Wunschlisten etc. (sogenannte *Events*). Solche Daten bilden – nicht nur in unserem Beispiel – die optimale Datenbasis für Marketingkampagnen, die den Webshop promoten.

17.6 SAP CPQ

Mit *SAP CPQ* (Configure, Price, Quote) können Produktkonfiguration (Configure), die Preiskalkulation (Price) und die dazugehörige Angebotserstellung (Quote) in einem System abgebildet werden, das sich nahtlos in Vertriebssysteme einbetten lässt. Ziel ist es, den Angebotsprozess stringent, also ohne Systembruch, für den Vertrieb oder

17

Händler zu ermöglichen. Die Anwenderinnen und Anwender werden in die Lage versetzt, einfache bis komplexe Produktkonfigurationen fehlerfrei durchzuführen. Des Weiteren können sie standardisierte und zugleich flexible und optisch ansprechende Angebote erstellen.

Die entscheidende Rolle spielen hier neben dem Prozess die nahtlose Integration von CRM-System und SAP Commerce Cloud über SAP Variant Configuration and Pricing Services in LO-VC bzw. SAP Advanced Variant Configuration (siehe Abschnitt 17.3). Zusätzlich können durch SAP CPQ die Preisgestaltung optimiert und der Margenschutz durch Voreinstellungen und automatisierte Genehmigungsprozesse sichergestellt werden.

Im Zusammenspiel mit SAP Commerce Cloud werden zwei Touchpoints (Webshop und Vertrieb) und alle im Angebotsprozess beteiligten Personen verbunden. Wenn SAP CPQ direkt in das Commerce-Frontend, z. B. als eingebettete Lösung, integriert ist, hilft dieses Szenario Kunden dabei, schnell und flexibel das passende Angebot mit den richtigen Produkten und einer angemessenen Preisgestaltung auf einer einzigen Plattform zu finden. Die Integration unterstützt sowohl Standardprodukte als auch konfigurierbare Produkte. Das häufigste Szenario zwischen beiden Systemen ist allerdings die Angebotsintegration, also die Produkt- oder Bundlekonfiguration in SAP Commerce Cloud durch die Kunden mit anschließender Angebotsanfrage und der Angebotskonfiguration und zugehöriger Angebotsdokumenterstellung durch den Vertrieb. Wie so ein Szenario aussehen kann, erfahren Sie im folgenden Abschnitt.

17.6.1 Szenario: Angebotsintegration

Im Szenario zur Angebotsintegration können Kunden in SAP Commerce Cloud ein Angebot anfordern, mit dem Verkäufer verhandeln und, wenn sie das Angebot annehmen wollen, einen Kundenauftrag an das Backend übermitteln. Die Angebote aus der SAP Commerce Cloud werden asynchron in SAP CPQ repliziert. Der Vertrieb kann das Angebot bearbeiten, um das Produkt weiter auszuprägen, den Produktpreis zu bestimmen und Rabatte zu gewähren.

Diese Änderungen werden zurück in SAP Commerce Cloud gespielt. Über einen Kommentarbereich kann die Kommunikation zwischen Kunden und Vertrieb rund um ein Angebot erfolgen. Der Vertrieb kann ein PDF des Angebots erstellen und es an die Kunden senden. Diese können das Dokument direkt aus der SAP Commerce Cloud herunterladen.

Wenn die Kunden mit dem Angebot zufrieden sind, nehmen sie das Angebot an und wandeln es in einen Kundenauftrag um. Der Kundenauftrag wird dann direkt an das Backend repliziert, und die Auftragsnummer wird an SAP CPQ zurückgeschickt. Wenn die Kunden mit dem Angebot nicht zufrieden sind, können sie es ablehnen oder Kontakt mit dem Vertrieb aufnehmen, um ggf. weiterzuverhandeln.

Das Vertriebsteam kann das Angebot auch im Namen eines Kunden direkt in SAP CPQ erstellen und es an SAP Commerce Cloud senden, damit dieser es prüfen kann. Wenn das Angebot nicht mehr relevant ist, kann der Kunde das Angebot in SAP Commerce Cloud stornieren, und der Status des Angebots wird in SAP CPQ aktualisiert.

Weitere Änderungen oder Verhandlungen an dem Angebot sind danach in beiden Systemen nicht mehr möglich. Das SAP-Backend-System dient sowohl für SAP Commerce Cloud als auch für SAP CPQ als Quelle für die Kunden- und Materialstammdaten. Ebenfalls können durch die Nutzung des SAP Variant Configuration and Pricing Services die Knowledge Base und die Preisfindung in SAP CPQ und SAP Commerce Cloud genutzt werden. Hier verfolgt die SAP den Grundsatz »Model Once, Configure Anywhere«.

Ein Kunde hat die SyGusto X20 in SAP Commerce Cloud konfiguriert (siehe Abbildung 17.16) und möchte hierzu ein Angebot erhalten. Er erstellt eine Angebotsanfrage über SAP Commerce Cloud.

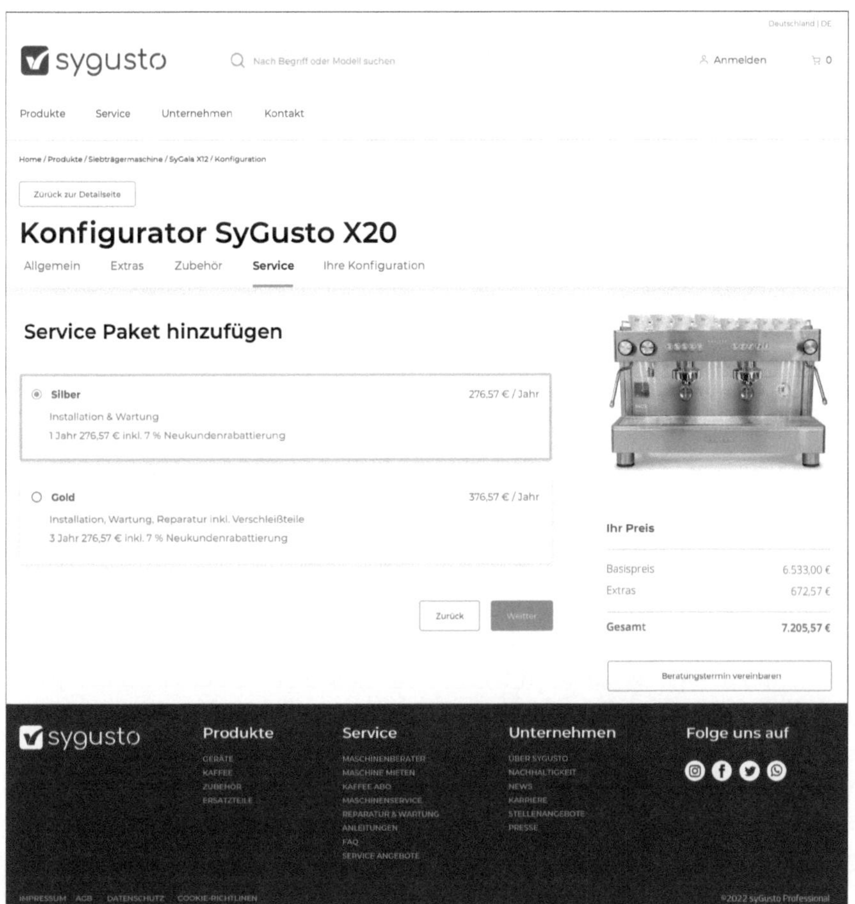

Abbildung 17.16 Konfiguration SyGusto X20 in SAP Commerce Cloud

Der Vertrieb überprüft in SAP CPQ die Konfiguration des Kunden und nimmt Kontakt mit ihm auf, um das Angebot zu vervollständigen. Bei der Durchführung der Preisfindung unterstützt SAP CPQ den Vertrieb durch Genehmigungsprozesse (siehe Abbildung 17.17). So wird sichergestellt, dass das Mitglied des Vertriebsteams im Rahmen seiner Befugnisse agiert und die Margen geschützt werden. Nachdem der Vertrieb den Rabatt angepasst hat, kann er dem Kunden ein Angebot über SAP Commerce Cloud inklusive Angebotsdokument zukommen lassen.

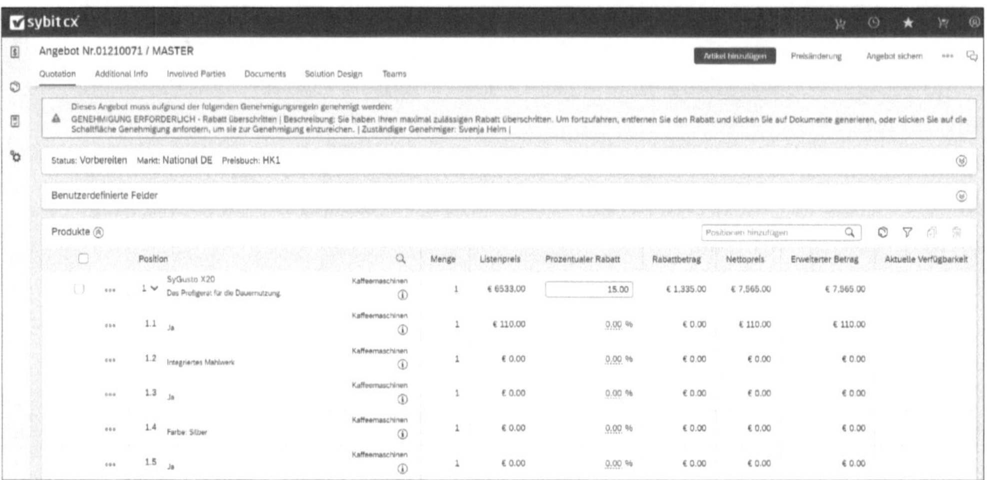

Abbildung 17.17 SAP-CPQ-Oberfläche im Angebot mit Genehmigungsnachricht und Preisfindung

17.6.2 Architektur

Das Szenario beginnt in SAP Commerce Cloud, indem ein Kunde sich einloggt (siehe Abbildung 17.18). Im Anschluss erfolgt die Produktauswahl. Hier kann der Kunde zwischen einfachen und konfigurierbaren Produkten wählen. Je nach Ausgestaltung des Workflows kann er ein Angebot anfragen oder die Bestellung direkt auslösen. Gerade bei konfigurierbaren Produkten bietet sich die Angebotsanfrage an.

Durch die Aktion **Angebotsanfrage** (call to action) in SAP Commerce Cloud wird die Anlage eines Angebotsobjekts im angebundenen Vertriebssystem (wahlweise SAP Sales Cloud) und in SAP CPQ angestoßen. Der Vertrieb überprüft das Angebot, passt es bei Bedarf in SAP CPQ an und führt die Preisfindung durch. Mit der Aktion **Dokumente generieren** wird ein Angebotsdokument generiert, das nach SAP Commerce Cloud überführt wird. Je nachdem, ob der Kunde sich entscheidet, ob er das Angebot bestellen, stornieren oder Anpassungen vornehmen möchte, wird der Status nach SAP CPQ übertragen. Wenn der Kunde das Angebot bestellen möchte, wird der Auftrag in das SAP-Backend repliziert. Nach der Auftragsanlage wird die Auftragsnummer an SAP CPQ übergeben.

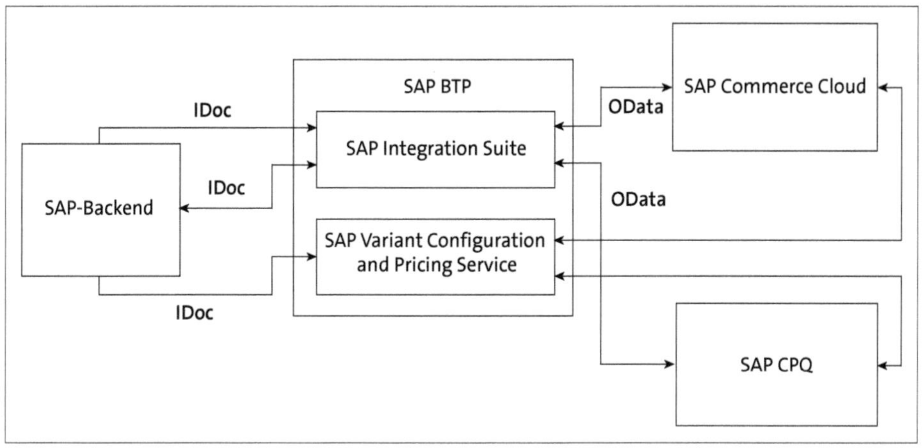

Abbildung 17.18 Architektur und Prozessdiagramm von SAP CPQ mit SAP Commerce Cloud

Grundlage dieses Szenario bilden die Material- und Kundenstammdaten aus dem SAP-Backend, die über die SAP Cloud Platform Integration auf der SAP BTP in SAP CPQ und SAP Commerce Cloud repliziert werden. Als Basis für das Beziehungswissen der konfigurierbaren Materialien und für die Preisfindung dient das SAP-Backend, das über den SAP Variant Configuration and Pricing Service mit der SAP Commerce Cloud und SAP CPQ verbunden ist.

[+]

SAP CPQ und SAP Variant Configuration and Pricing Services – Commerce-Szenario

Die vollständige Integration der SAP Variant Configuration and Pricing Services in die Variantenkonfiguration von SAP S/4HANA ist komplex. Besonders die Modellierung in LO-VC bzw. AVC verlangt oft umfassende vorbereitende Anpassungen und typischerweise ein tiefgreifendes Expertenwissen. Viele Unternehmen scheuen die Konsolidierung und Überarbeitung der bestehenden Variantenmodelle, da diese wie erwähnt sehr komplex sind und innerhalb der ganzen Supply Chain gerade im B2B-Umfeld eine zentrale Rolle einnehmen. Daher sollte ein umfassend integriertes CX-Szenario, das SAP Variant Configuration and Pricing Services sowie CRM-, CPQ- und Commerce-Systeme umfasst, schrittweise und konsequent umgesetzt werden. Um den beschriebenen Prozess frühzeitig umsetzen zu können, besteht die Möglichkeit, in der SAP Commerce Cloud mit Kopien von Warenkörben zu arbeiten. Dadurch können Vertriebsmitarbeitende auf Warenkörbe zugreifen, sie bearbeiten und dann erneut für die Kunden bereitstellen. Diese Warenkörbe dienen zudem als Grundlage für die Erstellung des passenden Angebotsdokuments, idealerweise mit SAP CPQ, falls erforderlich. Zudem ist ein auf dieser Basis etablierter Prozess die beste Voraussetzung, um ein integratives Szenario mit der Beteiligung aller Stakeholder zu planen.

17.7 SAP Sales Cloud und SAP Service Cloud

In Richtung *SAP Sales Cloud* und *SAP Service Cloud* bietet SAP für SAP Commerce Cloud vielfältige Integrationsmöglichkeiten. In den kommenden Abschnitten werden zwei Szenarien vorgestellt, die sich auf die Serviceticket-Integration und Remote Sales fokussieren.

SAP bietet die folgenden weiteren Szenarien an:

- **Kunden-Replikation**
  Synchroner Austausch von Kundendaten aus SAP Commerce Cloud mit Sales Cloud und Service Cloud, damit die Mitarbeitenden aus dem Service und Vertrieb die aktuellen Daten haben und mit neuen Kunden direkt in Kontakt treten können.
- **Integration von Assisted Service**
  Mit dem Modul Assisted Service können Vertriebs- und Serviceteams sich im Namen des Kunden in der SAP Commerce Cloud anmelden und sie u. a. bei der Erstellung von Angeboten, Bestellungen, Aktualisierung von Kontoinformationen unterstützen. Dies führt zu einer Verbesserung der Kundenzufriedenheit sowie der Service- und Vertriebsprozesse. Hierbei handelt es sich um kein »echtes« Integrationsszenario, sondern eine Standalone-Funktion, die in SAP Commerce Cloud zur Verfügung steht.
- **Datenschutz-Management**
  Durch die Integration der Datenschutzlösung der SAP Sales Cloud und SAP Service Cloud wird sichergestellt, dass die persönlichen Daten der Kunden angemessen behandelt werden. Nutzerinnen und Nutzer können dabei die Löschung ihrer personenbezogenen Daten beantragen. Zudem können Daten automatisch nach einer bestimmten Aufbewahrungsfrist gelöscht werden.

17.7.1 Szenario: Ticket-Replikation

Durch die Integration von Tickets aus der SAP Commerce Cloud mit der SAP Service Cloud wird sichergestellt, dass Serviceanfragen schnell zum richtigen Mitglied des Serviceteams gelangen. Die SAP Commerce Cloud kann hierbei sowohl als Kundenportal oder reines Serviceportal dienen. Durch die umfangreiche Anreicherung weiterer Daten, wie Tickettyp, Equipments, Installation etc. können Anwenderinnen und

Anwender in der SAP Commerce Cloud die Serviceanfrage so gut wie möglich beschreiben und klassifizieren. Je besser diese Klassifizierung ist, desto schneller kann das passende Mitglied des Serviceteams gefunden werden. Daher ist es ratsam, die notwendigen Informationen zur Ticketklassifizierung in der SAP Commerce Cloud als obligatorisch zu kennzeichnen.

Anschließend erfolgt über das Ticket-Routing in der SAP Service Cloud die Zuordnung der passenden Person. Dieses Mitglied des Serviceteams wird über die SAP Service Cloud auf der Startseite oder über eine Benachrichtigung über ein neues Ticket informiert. Auf Basis der übermittelten Daten erfolgt eine Qualifizierung dieser Person. Fällt das Ticket in deren Zuständigkeitsbereich, erfolgt die Bearbeitung. Andernfalls wird das Ticket weitergeleitet.

Kunden werden regelmäßig über den Fortschritt ihres Tickets informiert. In der Zeitleiste der SAP Service Cloud ist die komplette Kommunikation des Tickets einsehbar. Zudem kann der Service den Kunden Rückfragen schicken, die wiederum in der SAP Commerce Cloud angezeigt werden.

Diese Integration ermöglicht es, dass Kunden ihre gesamte Historie in der SAP Commerce Cloud einsehen können, was eine lückenlose Transparenz schafft. Innerhalb der SAP Service Cloud kann das Ticket an mehrere Bearbeitende weitergegeben werden. Dies wird meistens durch Service Levels dargestellt. Innerhalb dieser Service Levels gibt es definierte Reaktions- und Bearbeitungszeiten.

Im Folgenden stellen wir als Beispiel die Ticket-Replikation bei SyGusto dar. Selma Bose hat eine defekte Dampfdüse an ihrer SyGusto X12 festgestellt und geht in das Kundenportal von SyGusto, das auf SAP Commerce Cloud basiert, und wählt die betroffene Maschine aus. Direkt aus der Fehlermeldung erstellt sie mit einem Klick ein Serviceticket, beschreibt das Problem und versendet das Ticket aus dem System an SyGusto. Im Nachrichtenverlauf des Kundenportals wird Selma Bose über den Eingang des Tickets vom zuständigen Servicemitarbeiter informiert (siehe Abbildung 17.19).

Der zuständige Servicemitarbeiter Frank Lehmann wird über die Serviceanfrage informiert und geht direkt in das Ticket, um die Qualifizierung vorzunehmen. In Abbildung 17.20 ist das Ticket von Selma Bose in der SAP Service Cloud dargestellt.

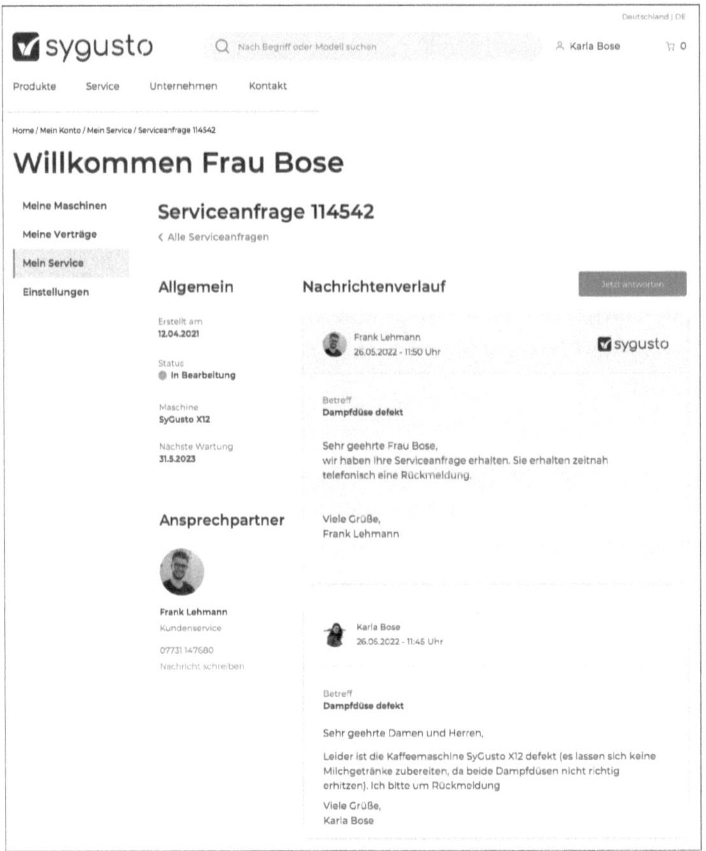

Abbildung 17.19 SyGusto Serviceanfrage für SyGusto X12

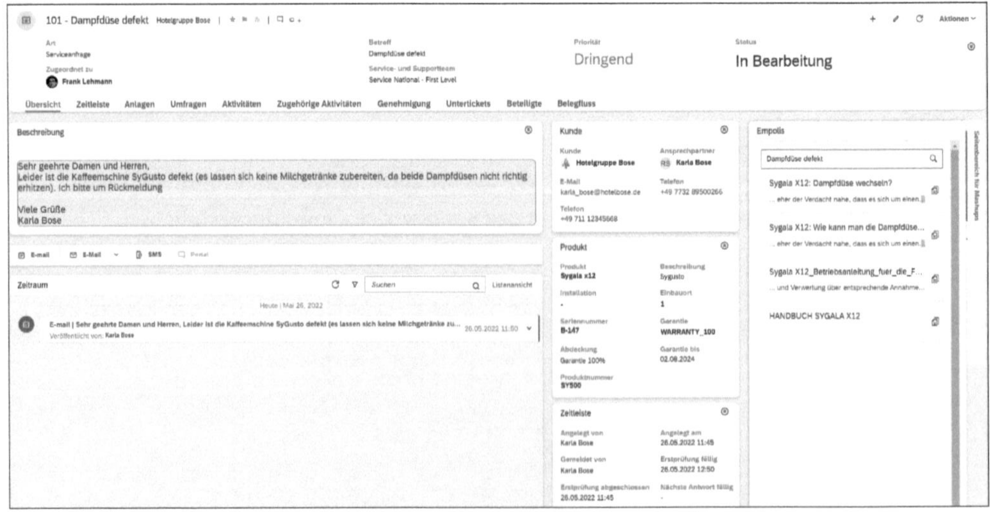

Abbildung 17.20 Serviceanfrage von Selma Bose in der SAP Service Cloud

17.7.2 Architektur

Das Szenario beginnt mit der Ticketanlage aus der SAP Commerce Cloud (siehe Abbildung 17.21). Dieses Ticket wird über die SAP Integration Suite in die SAP Service Cloud übertragen. Ein Mitglied des Serviceteams übernimmt das Ticket in der SAP Service Cloud. Alle relevanten Änderungsaktualisierungen am Ticket werden über die Integration wiederum an die SAP Commerce Cloud gespielt. Die Kommunikation zwischen Service und Kunden erfolgt über diese Integration und wird bidirektional in beiden Systemen dargestellt. Dies passiert so lange, bis das Ticket geschlossen wird.

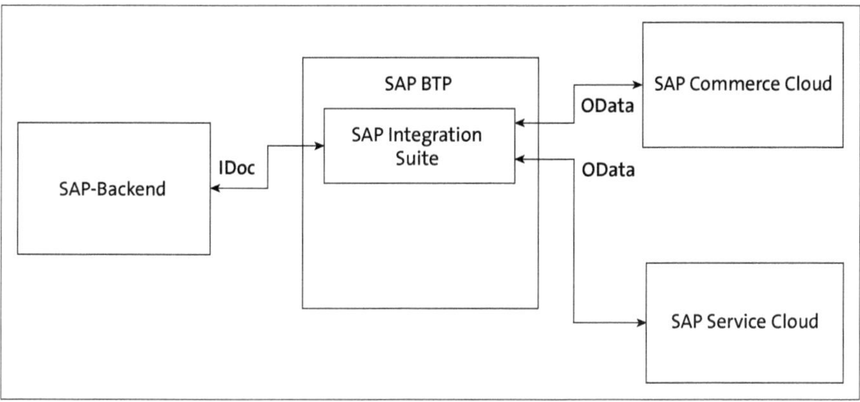

Abbildung 17.21 Architektur und Prozessdiagramm von SAP Service Cloud mit SAP Commerce Cloud

Grundlage für dieses Szenario bilden die Material- und Kundenstammdaten aus dem SAP-Backend, die über die SAP Cloud Platform Integration auf der SAP BTP in SAP Service Cloud und SAP Commerce Cloud repliziert werden.

17.7.3 Szenario: Remote Sales

Das Remote-Sales-Szenario hat viele Facetten. Im Vordergrund steht der Verkauf von Produkten oder Dienstleistungen, ohne dass ein persönlicher Kontakt (Besuch) erforderlich ist. Anstelle des traditionellen Verkaufs wird *Remote Sales* über verschiedene Online-Kanäle, digitale Kommunikationsmittel und virtuelle Plattformen abgewickelt. Dieser Ansatz ermöglicht es Unternehmen, ein geografisch verstreutes Publikum zu erreichen, Online-Märkte zu erschließen und Technologien zur Erleichterung des Verkaufsprozesses zu nutzen.

Ein typisches Remote-Sales-Szenario ist, dass ein Kunde ein Beratungsgespräch zu einem Produkt oder Dienstleistung wünscht. In der SAP Commerce Cloud kann er ein Beratungsgespräch anfragen, wobei der Kalender des zugeordneten Vertriebsteammitglieds aus der SAP Sales Cloud angezeigt wird. Der Kunde kann einen passenden Zeitslot auswählen.

Im Anschluss daran wird neben dem Termin ein Lead erstellt, den der Vertrieb in der SAP Sales Cloud qualifiziert. Sollte der Lead eine potenzielle Verkaufschance sein, legt der Vertrieb eine Opportunity an. Innerhalb der SAP Sales Cloud kann ein Microsoft-Teams-Call erfolgen. Während des Gesprächs werden die spezifischen Bedürfnisse des Kunden erörtert, seine Probleme verstanden und erklärt, wie die Produkte oder Dienstleistungen diese Probleme lösen können. Wahlweise kann mit Funktionen wie Co-Browsing oder Bildschirmfreigabe gearbeitet werden.

Der Vertrieb pflegt im Anschluss die relevanten Informationen an der Opportunity. In der Praxis wird auch zunehmend auf Live-Produktdemonstration durch den Vertrieb gesetzt. Der Kunde hat hier während der Demonstration die Möglichkeit, direkte Fragen zu stellen. Wenn der Kunde interessiert an den Produkten oder Dienstleistungen ist, wird ein Angebot unterbreitet. Dieses Angebot kann aus der SAP Sales Cloud in SAP Commerce Cloud an den Kunden geschickt werden.

Als praktisches Beispiel betrachten wir Remote Sales beim Unternehmen SySmart. In diesem Beispiel nutzt ein Kunde auf dem Kundenportal von SySmart den digitalen Assistenten, um seine Anforderungen zu konkretisieren (siehe Abbildung 17.22).

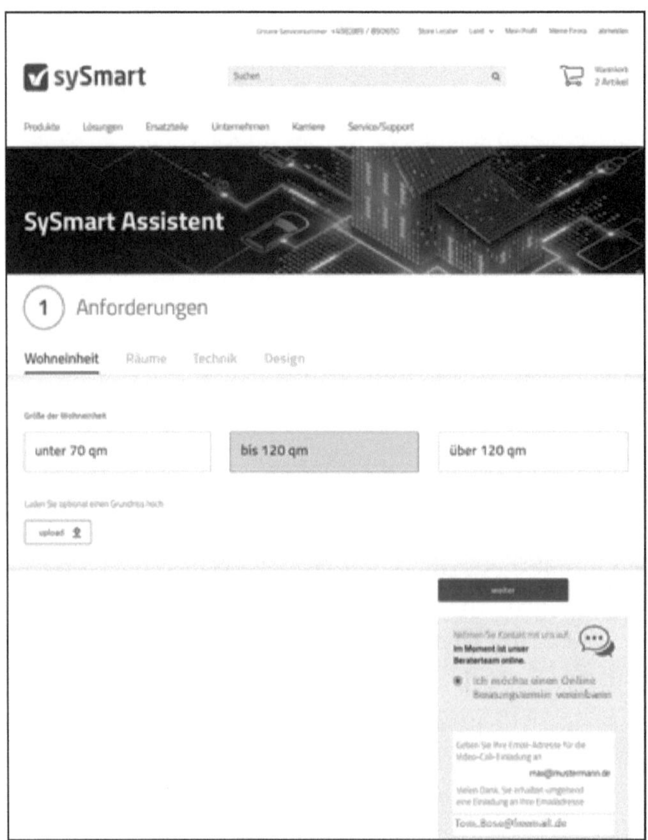

Abbildung 17.22 Beratungsanfrage im Remote Sales bei SySmart

Da er ab einer gewissen Stelle Unterstützung benötigt und seine Anforderungen mit einer Spezialistin oder einem Spezialisten besprechen möchte, nutzt er die Video-Call-Option von SySmart und fragt einen Termin an. Diese Anfrage landet als Lead in der SAP Sales Cloud und wird über das Lead-Routing zum passenden Vertriebsmitarbeiter weitergeleitet. Dieser qualifiziert den Lead und wandelt ihn aufgrund der Verkaufschance in eine Opportunity um. Über die Opportunity im Vertriebssystem gelangt der Vertriebsmitarbeiter über die Microsoft-Teams-Integration in den Video-Call und kann während des Termins die Opportunity weiter anreichern, die Grundlagen für ein Angebot vereinbaren oder den Verkauf direkt abschließen (siehe Abbildung 17.23).

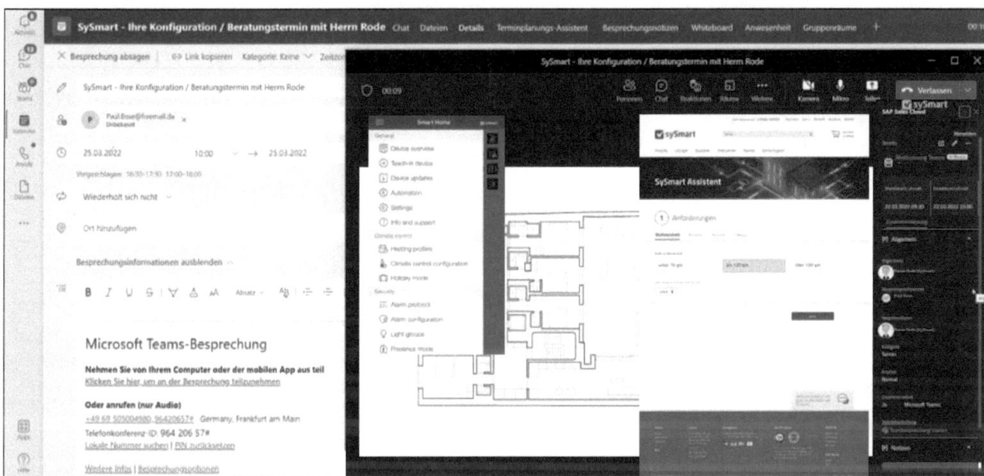

Abbildung 17.23 Integration von Microsoft Teams in SAP Sales Cloud

17.7.4 Prozessdiagramm und Architektur

Das Szenario beginnt mit der Terminanfrage über die SAP Commerce Cloud (siehe Abbildung 17.24). Hier werden aus der SAP Sales Cloud die Kalenderinformationen des zuständigen Mitglieds des Vertriebsteams gezogen und zur Auswahl in SAP Commerce Cloud repliziert. Der Kunde wählt einen passenden Termin in der SAP Commerce Cloud und fragt diesen an. Die zuständige Person im Vertrieb wird über einen Lead und den Termin mit dem Beratungswunsch informiert.

Die Prozesse der Lead-Qualifizierung und des Opportunity-Managements bleiben innerhalb der SAP Sales Cloud. Die Bestätigung des Termins durch den Vertrieb wird wiederum an die SAP Commerce Cloud übergeben. Wenn der Kunde interessiert an den Produkten oder Dienstleistungen ist, wird ein Angebot unterbreitet. Dieses Angebot kann aus der SAP Sales Cloud in SAP Commerce Cloud an den Kunden geschickt werden.

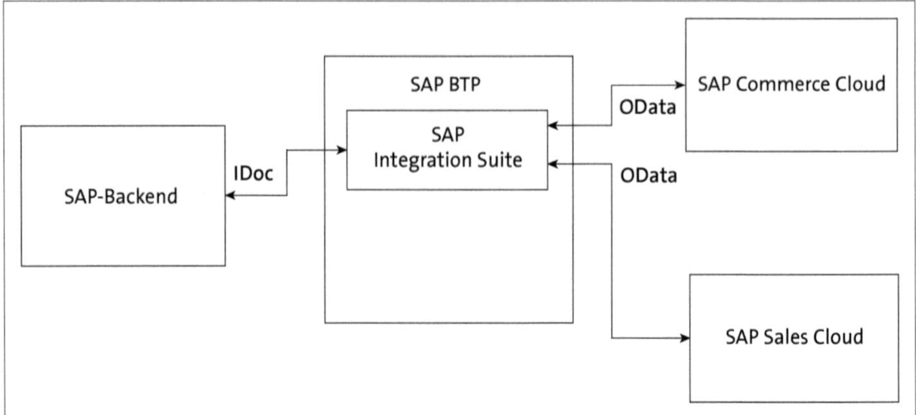

Abbildung 17.24 Architektur und Prozessdiagramm von SAP Sales Cloud mit SAP Commerce Cloud

Grundlage dieses Szenario bilden die Material- und Kundenstammdaten aus dem SAP-Backend, die über die SAP Cloud Platform Integration auf der SAP BTP in SAP Sales Cloud und SAP Commerce Cloud repliziert werden.

SAP-CRM-on-Premise-Szenario

Möglicherweise haben Sie von einer Integration all der hier behandelten Kernprozesse mit *SAP CRM* gehört. Ja, einige Integrationen gibt es tatsächlich auch in diesem Umfeld bereits im Standard. In diesem Buch gehen wir nicht auf SAP CRM On-Premise ein, da es zwar noch für einige Zeit unterstützt wird, aber bereits durch Nachfolgeprodukte wie SAP Sales Cloud bzw. SAP Sales Cloud Version 2 ersetzt wurde. SAP CRM wird schon seit längerer Zeit nicht mehr weiterentwickelt. Basierend auf unserer Erfahrung sind Integrationen mit SAP CRM in der Praxis deutlich in der Unterzahl, und Sie sollten sorgfältig abwägen, ob neue Integrationen dieser Art für Sie noch von Vorteil sind.

17.8 SAP Commerce Marketplace Management by Mirakl

Bereits in Kapitel 2, »Geschäftsmodelle und Dimensionen von E-Commerce: Vom Webshop bis zur Serviceplattform«, wurde das Thema Online-Marktplätze eingehend besprochen. Wenn ein Anbieter mit entsprechender Marktmacht seinen klassischen Webshop von einem *One-Vendor-Modell* hin zu einem *Multi-Vendor-Modell* öffnen möchte, gibt es verschiedene Ansätze.

In einem One-Vendor-Modell führt ein Anbieter die komplette Auftragsabwicklung nach der Bestellung selbst durch. Die komplette Logistikkette und das Auftragsclearing werden durch den Anbieter des Webshops verwaltet. Im Gegensatz dazu bietet ein Marktplatz im Multi-Vendor-Modell die Möglichkeit, dass ein Anbieter eines Webshops seine Plattform für weitere Anbieter öffnet (Marktplatz-Betreiber). Diese Anbieter können über die Plattform verkaufen. Voraussetzung für das Multi-Vendor-Modell ist eine große Marktmacht und Reichweite des Anbieters, die es für andere Anbieter (Marktplatz-Teilnehmer) attraktiv macht, daran zu partizipieren. Die Partizipation an der Reichweite und die damit einhergehende Chance auf zusätzliche Verkäufe lässt sich der Marktplatz-Betreiber vom Marktplatz-Teilnehmer über ein Gebührenmodell bezahlen.

Der technische Aufbau eines marktplatzfähigen E-Commerce-Systems kann entweder auf Basis einer Eigenentwicklung erfolgen oder durch die Nutzung von kommerziellen Werkzeugen.

Mirakl ist eine SaaS-Plattform für Unternehmensmarktplätze mit einem enterprisefähigen Reifegrad. Große Unternehmen wie Decathlon, Conrad Electronics, home24 oder Douglas im B2C-Kontext oder Toyota Material Handling, Siemens und Satair im B2B-Kontext nutzen die Lösung von Mirakl.

Unternehmen, die einen Marktplatz betreiben, wünschen eine vergrößerte Reichweite und eine Stärkung ihrer Marke. Gleichzeitig gehen sie auch Pflichten ein: Sie müssen den Marktplatz-Teilnehmern Möglichkeiten für das Onboarding, das Produkt- und Katalogdatenmanagement, das Auftragsmanagement sowie die Abwicklung der Partnerschaft mit dem Marktplatz-Betreiber geben. Für all diese administrativen Prozesse bietet Mirakl Funktionen, wie beispielsweise eine reibungslose Katalogintegration und das Verwalten auch von großen Mengen von Katalogdaten (siehe Abbildung 17.25).

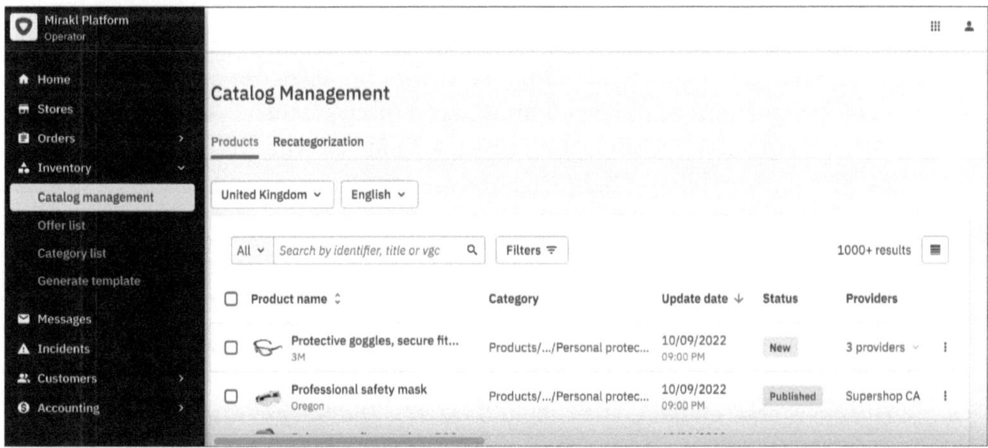

Abbildung 17.25 Administrationsoberfläche in Mirakl zur Integration und Pflege neuer Lieferantenkataloge

17.8.1 Szenario: Ersatzteil im Online-Marktplatz

Im Folgenden beschreiben wir ein fiktives Szenario für einen Marktplatz-Teilnehmer. Wir steigen dazu aus dem Blickwinkel eines Käufers ein.

Herr Brosior ist Servicetechniker bei der 123 Drehtechnik GmbH. Er benötigt für seine Drehmaschine ein Ersatzteil. Er weiß, dass er beim Drehtechnik-Marktplatz seine relevanten Teile findet. Auf diesem Marktplatz befinden sich alle relevanten Anbieter des Drehmaschinen-Marktes, die dort ihre Produkte anbieten. So hat Herr Brosior eine umfangreiche Auswahl und kann Preise und Verfügbarkeiten des benötigten Teils vergleichen. Nach kurzer Suche hat sich Herr Brosior entschieden, das Teil beim Lieferanten Maschinenteile Kunkel zu bestellen.

Schauen wir uns nun die Welt aus Sicht des Lieferanten Maschinenteile Kunkel an. Der Lieferant benötigt, bevor er Bestellungen entgegennehmen kann, zunächst einen kommerziellen Vertrag mit dem Marktplatz-Betreiber, der die Gebühren und allgemeinen Geschäftsbedingungen regelt. Um seine Produkte auf dem Drehtechnik-Marktplatz zu platzieren, muss zudem aus technischer Sicht einige Vorarbeit geleistet werden. Es wird eine Administrationsoberfläche benötigt, auf der sich der Lieferant anmelden und seine Rahmendaten pflegen kann (das sogenannte *Onboarding*). Zu den Rahmendaten zählen Versandbedingungen, Zahlungsarten, eigene AGB usw.

Des Weiteren muss der Lieferant eine zentrale Funktion zur Produktdatenpflege erhalten. Je nach Umfang und Reifegrad der vorliegenden Produktdaten kann dies von manueller Pflege auf einer Benutzeroberfläche bis zum automatisierten Import von strukturierten Produktdaten aus dem PIM des Marktplatz-Teilnehmers reichen.

Nachdem alle Vorarbeiten getätigt sind, kann der Marktplatz-Teilnehmer Bestellungen über den Marktplatz erhalten. In unserem Beispiel sieht Herr Brosior das gewünschte Ersatzteil im Katalog des Marktplatzes und erhält die Informationen zu Preis und Bestand sowie zu den Lieferbedingungen vom Lieferanten Maschinenteile Kunkel. Herr Brosior beschließt, sein Ersatzteil zu bestellen. Die Bestellung wird auf dem Webshop-Frontend durchgeführt und technisch gesehen in der Datenbank des Webshop-Systems gespeichert. Im selben Augenblick wird die Bestellung an das Marktplatz-System Mirakl übertragen und der Mitarbeiter von Maschinenteile Kunkel über den Eingang einer neuen Bestellung informiert.

Abhängig vom Integrationsgrad zwischen Marktplatz-Betreiber und Marktplatz-Teilnehmer kann die Bestellung nun entweder manuell in der Mirakl-Benutzeroberfläche bearbeitet werden oder wird automatisiert an das ERP-Backend-System von Maschinenteile Kunkel übertragen, um dort den Auftragsabwicklungs- und Logistikprozess anzustoßen. Dies umfasst die Erstellung der Rechnung und die physische Auslieferung des Ersatzteils.

Das Zusammenspiel von SAP Commerce Cloud mit Mirakl als SaaS-Provider und verschiedenen Unternehmen (Verkäufern, Anbietern) ist grafisch in Abbildung 17.26 zu sehen.

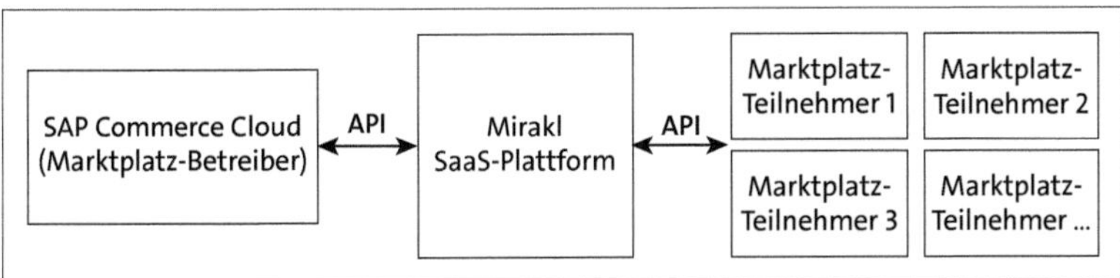

Abbildung 17.26 Basis-Architektur der Integration Mirakl mit SAP Commerce Cloud

17.8.2 Architektur

In unserem Beispiel setzt der Drehtechnik-Marktplatz-Betreiber die technischen Lösungen SAP Commerce Cloud für das Webshop-/Marktplatz-Frontend und Mirakl für das Management der Marktplatz-Funktionen ein. Mirakl bietet für die Integration mit SAP Commerce Cloud den *Mirakl Marketplace Connector for SAP Commerce Cloud*. Über diesen Konnektor werden die folgenden relevanten Daten übertragen:

- Katalog- und Produktdaten
- Preise und Bestände
- Aufträge und Zahlungen

In Abbildung 17.27 sehen Sie die Datenflüsse zwischen den Systemen.

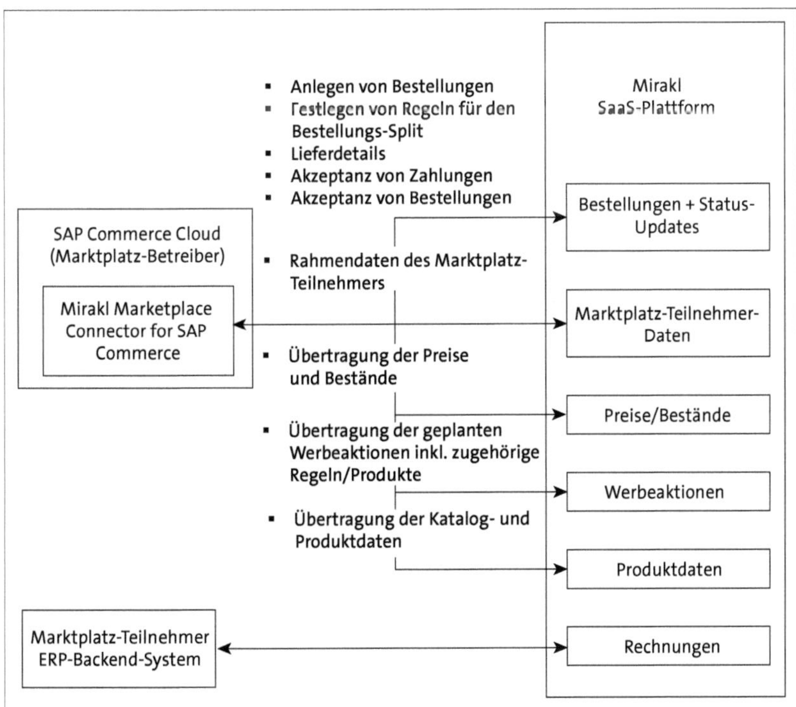

Abbildung 17.27 Datenflüsse aus der Integration von Mirakl mit SAP Commerce Cloud

17.9 Akeneo PIM

Im Zusammenhang mit dem Konzept des Composable Commerce, das wir in der Einleitung dieses Kapitels eingeführt haben, ist das PIM-System (Product Information Management) *Akeneo* eine der aus unserer Sicht spannendsten Lösungen. Das gilt nicht zuletzt aufgrund der elementaren Bedeutung von Produktdaten und der damit verbundenen Prozesse für den Erfolg von Commerce-Architekturen (siehe Abschnitt 2.2, »Evolution von E-Commerce-Landschaften«, und Kapitel 7, »Produktdatenmanagement«). Somit verfügt SAP für den Bereich Produktdaten-Management mit Akeneo über einen starken Partner, der ein am Markt etabliertes System mit hohem Funktionsumfang bietet. Es ermöglicht die besten Voraussetzungen für eine nahtlose Integration in die SAP Commerce Cloud.

Akeneo zeichnet sich durch eine Vielzahl von klassischen Produktdatenpflege-Möglichkeiten sowie Funktionen zur Überwachung und zum Management der Datenqualität aus. Beispielsweise kann hinsichtlich Qualität und Vollständigkeit von Produktdaten auch nach Zielsystemen/Zielszenarien geclustert werden, wie in Abbildung 17.28 beispielhaft zu erkennen ist.

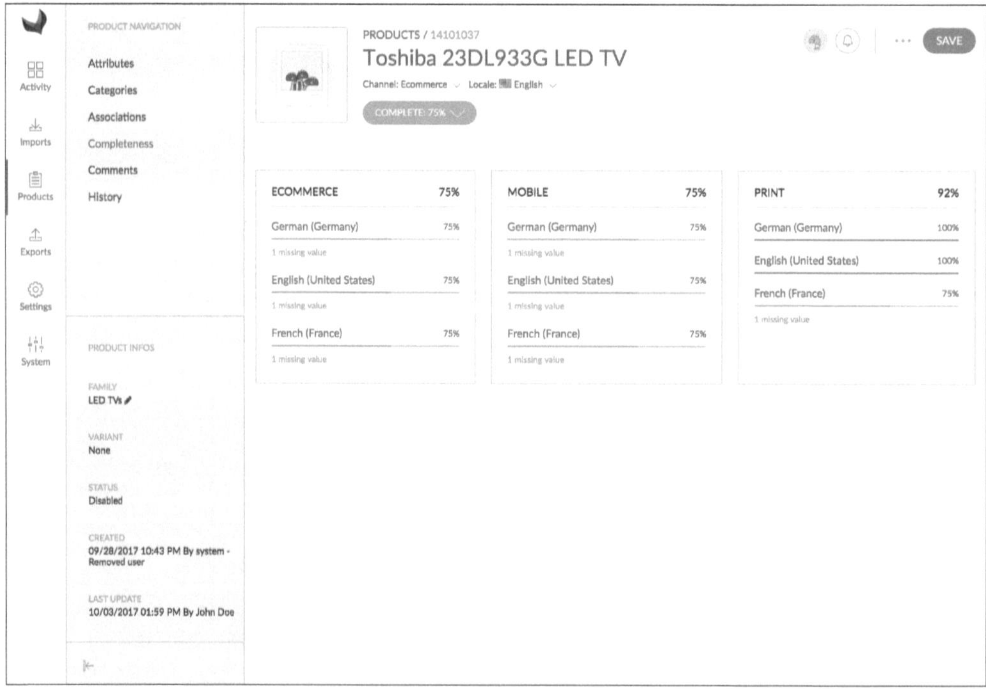

Abbildung 17.28 Überwachung der Datenqualität in Akeneo

Darüber hinaus verfügt Akeneo über verschiedene KI-unterstützte Prozesse, die es den Nutzerinnen und Nutzern erleichtert, Daten zu pflegen und produktdatenzentrierte Prozesse anzuwenden. Hierfür stehen im App-Store von Akeneo für die folgenden Bereiche verschiedene Anwendungen zur Verfügung:

- Erfassung und Bereinigung von Produktdaten
- Anreicherung von Produktinformationen
- Übersetzung von Produktinformationen

17.9.1 Szenario: Akeneo PIM

Die Bereitstellung von Produktdaten ist im Commerce-Szenario der essenzielle Bestandteil einer Content-Strategie. Wie bereits mehrfach in diesem Buch erwähnt, ist das *Product Content Management* (PCM) ein integrierter Bestandteil der SAP Commerce Cloud. Jedoch haben Unternehmen häufig schon ein dezidiertes PIM-System, wie z. B. Akeneo, im Einsatz. Grund ist, dass Produktdaten nicht erst relevant werden, wenn E-Commerce-Systeme eingeführt werden, sondern sie sind integraler Bestandteil von Vertriebs- und Backendprozessen. Dieses PIM-System dient dann als Datenquelle auch für das Commerce-System, das z. B. alle Online-Publikationen mit Produktdaten versorgen kann.

Die Bereitstellung der Daten folgt typischerweise diesem Datenfluss: Zunächst werden die Produktstammdaten vom ERP-System an das PIM-System ausgeleitet. Diese Basisdaten bestehen aus Informationen, die notwendig sind, um das Produkt kommerziell verkaufen zu können. Beispiele hierfür sind die Produkt-ID, der Kurztext, Listenpreise, die Informationen, in welchen Ländern und für welche Vertriebskanäle das Produkt verkauft werden darf, sowie weitere anbieterinterne Daten zur Verkaufsstruktur. Diese Daten sind notwendig, um später einen Auftrag im ERP-System anlegen zu können. Nachdem die Daten aus dem ERP-System an das PIM-System übergeben wurden, erfolgt im PIM-System die Anreicherung der Daten um z. B. Marketingtexte, zusätzliche Attribute und Mediendateien bzw. Dokumente. So entsteht aus der Kombination von ERP-Daten und Marketinginformationen eine umfassende Beschreibung eines Produktes. Als »Single Source of Truth« für Produktdaten wird nun im PIM für unterschiedliche konsumierende Kanäle definiert, welche Daten wie ausgespielt werden. Typische Verwendungszwecke sind die Website, Webshops, Katalog-Publikationen (Print oder PDF). Somit kann die SAP Commerce Cloud als konsumierendes System die Produktdaten aus dem PIM-System beziehen und für den Kaufprozess verwenden. Hierfür müssen die Daten technisch gesehen repliziert werden. Damit wird einerseits eine Entkopplung der Systeme erzielt (es wird nicht live auf das PIM-System zugegriffen, wenn im Webshop Produktinformationen angezeigt werden). Andererseits können mit den Daten im Commerce-System nun die Suche, die Facettierung und andere produktdatenzentrierte Funktionen umgesetzt werden.

Wir hatten in Kapitel 2, »Geschäftsmodelle und Dimensionen von E-Commerce: Vom Webshop bis zur Serviceplattform«, bereits die speziellen Anforderungen an Daten wie Preise und Verfügbarkeiten ausführlich besprochen. Das skizzierte Szenario ist besonders gut geeignet: Statische Produktdaten werden im PIM-System gepflegt und repliziert. Dynamische oder veränderliche Daten, wie kundenindividuelle Preise oder Verfügbarkeiten in einem speziellen Land, ermittelt die SAP Commerce Cloud live aus dem ERP-System. Dies geschieht, sobald User im Webshop angemeldet sind. Dies ist ein klassisches Beispiel für Composable Commerce, die optimale Kombination der Stärken von mehreren Systemen.

Oftmals veranlasst die Umsetzung oder Neuausrichtung der E-Business-Strategie Unternehmen dazu, auch beim genutzten PIM-System auf neue Lösungen zu setzen. Einem Green-Field-Ansatz folgend möchten sie mit der Einführung von SAP Commerce Cloud oder der Weiterentwicklung der Webshop- und Portallandschaft auch im Produktdatenmanagement neue Weg gehen. Sprich: Bestehende PIM-Systeme werden abgelöst und z. B. durch das in SAP Commerce Cloud integrierte PCM ersetzt.

Aus der Erfahrung einer Vielzahl von durchgeführten Projekten mit dem PCM in SAP Commerce zeigt sich, dass in der Mehrzahl der Fälle die Anforderungen mehr als ausreichend abgebildet werden können. Vor allem im B2B-Bereich kann mit dem PCM ein entscheidender Schritt zu einer zentralen Produktdaten-Plattform gegangen werden. Für umfassendere Szenarien kann der Einsatz eines externen PIM wie Akeneo sinnvoll sein.

Folgende Anforderungen und Voraussetzungen können für den Einsatz eines externen PIM sprechen:

- Es liegen eine große Anzahl verschiedener Zielsysteme, die unterschiedliche Datenformate für elektronische und gedruckte Datenformate nutzen, sowie komplexe Syndizierungsprozesse vor.
- Die Produktdaten ändern sich häufig. Gerade bei schnelldrehenden Produkten (Artikel mit einer hohen Umschlagshäufigkeit und -menge) und in Branchen mit großer Sortiments- und Variantenvielfalt ist das der Fall.
- Produktdaten müssen aufgrund von Versionierung oder verkürzten Produktlebenszyklen (z. B. Reise- und Elektronikbranche) häufig angepasst werden.
- Der Upload von Produktdaten wird von verschiedenen Datenlieferanten (Onboarding) vorgenommen.
- Es werden große Datenmengen mit regelmäßigem Zugriff (Performance) übertragen.
- Time-to-Market ist eine entscheidungsrelevante Kennzahl in schnelllebigen Märkten (z. B. in der Modebranche mit Trend- und Saisonwaren).

- Die Anwenderinnen und Anwender benötigen erweiterte Funktionen der Benutzeroberfläche als ein Mittel zur Kollaboration auch über System- und Geschäftsbereichsgrenzen hinweg.
- Governance ist relevant, wenn Produktinformationsmanagement-(PIM-)Systeme als unabhängige Lösungen innerhalb eines Organisationsverbunds betrieben werden sollen. Dies ist z. B. der Fall, wenn das Management von Produktdaten unabhängig von der Einführung oder dem Betrieb einer E-Commerce-Lösung als eigener Bereich im Unternehmen geführt wird.

17.9.2 Architektur

Die Integration von Akeneo erfolgt einfach über SAP Integration Suite in der SAP BTP und wahlweise direkt in die SAP Commerce Cloud. Es gelten dabei die gleichen Regeln, Best Practices wie für jedes andere externe (PIM-)System (siehe Kapitel 7, »Produktdatenmanagement«).

Der Datenfluss bei der Anbindung eines eigenständigen PIM-Systems sieht wie in Abbildung 17.29 dargestellt aus. Für die OData-Integration gibt es von Akeneo eine vordefinierte Schnittstelle, den sogenannten *Akeneo adaptor for SAP*. Diese Lösung bietet auf Basis der SAP Integration Suite ein Template für die Integration, das im Einführungsprojekt kundenspezifisch ausgeprägt wird.

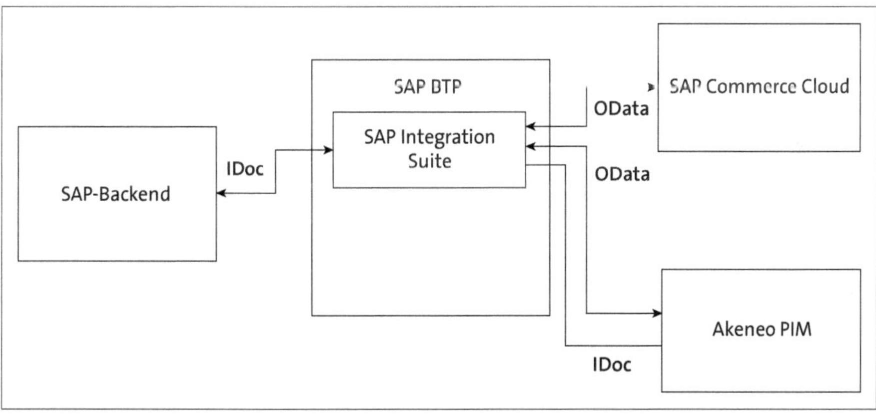

Abbildung 17.29 Architektur und Prozessdiagramm der Integration Akeneo PIM mit SAP Commerce Cloud

Parallel zur Integrationsschicht zwischen PIM und SAP Commerce Cloud arbeitet Akeneo zudem an einer Schnittstelle, die die Materialstammdaten aus SAP S/4HANA mit dem PIM-System integrieren können wird. Das hat den immensen Vorteil, dass Produktdaten – für Produkte, die zukünftig auch in Webshops angeboten werden – später nicht redundant gepflegt werden müssen, sondern direkt für eine Auftragserfassung in S/4HANA genutzt werden können.

17.10 MAM-/DAM-Systeme

Websites und Webshops leben nicht nur von einer Auflistung von Informationen und Produkten, sondern auch von erweiterten Informationen wie Bildern, Zeichnungen, Videos, Datenblättern oder anderen Dokumenten. All diese Dinge nennt man *Media Assets* bzw. *Digital Assets* – im Folgenden auch einfach Assets genannt. Die SAP Commerce Cloud bietet im Standard bereits die Möglichkeit, Assets dieser Art zu verwalten. Dabei werden die Dateien in der Regel physisch in SAP Commerce Cloud hochgeladen. Dies geschieht entweder über das Backoffice, wenn es z. B. um Assets für Produkte geht, oder über SmartEdit für Assets, die auf Content-Seiten verwendet werden.

Nach dem Upload der Assets in die SAP Commerce Cloud werden sie als sogenanntes *Media-Objekt* in der Datenbank abgelegt und enthalten optional Metadaten. Das Media-Objekt enthält auch den Pfad auf das physische Dokument, was in einem sogenannten *Medien-Ordner* abgelegt ist. Werden die Assets auf der Website angezeigt oder heruntergeladen, werden sie direkt aus der SAP Commerce Cloud geladen. Dieses Vorgehen mag für kleinere Websites, Webshops oder Portale ein gangbarer Weg sein, oft ist aber die Einführung eines *MAM-/DAM-Systems* (Media Asset Management bzw. Digital Asset Management System) eine sinnvolle Ergänzung für die SAP Commerce Cloud. Im Folgenden wird beschrieben, welchen Nutzen eine solche Integration bringen und wie diese Anbindung architektonisch aussehen kann.

17.10.1 Szenario: Asset Management

MAM-/DAM-Systeme dienen dazu, sämtliche Digital Assets im Unternehmen zu verwalten und für die unterschiedlichsten Applikationen bereitzustellen. Zu den Vorteilen eines MAM-/DAM-Systems gehören:

- Zentrale Verwaltung digitaler Assets und Single-Source-of-Truth-Ansatz. Ein Asset, beispielsweise ein Bild, liegt physisch nur im MAM-/DAM-System vor. Wird das Bild geändert, wird das geänderte Bild automatisch an allen verwendeten Stellen über alle Applikationen hinweg genutzt.
- Umfassendes Metadaten-Management
- Kanalspezifische Bildkonvertierung, um ein Bild für unterschiedliche Kanäle unterschiedlich zu skalieren. Im MAM-/DAM-System liegt lediglich eine hochauflösende Variante eines Bildes vor, alle verschiedenen Größen für Thumbnails, Produkt-Kachel etc. können dynamisch zur Laufzeit skaliert werden.
- Versionierung von Assets zum Nachvollziehen von Änderungen
- Support für Content Delivery Networks (CDN) (siehe auch Abschnitt 17.12, »Contentful Composable Content Platform«)

Wird ein MAM-/DAM-System eingesetzt, liegen die Assets physisch nicht mehr in Medien-Ordnern in der SAP Commerce Cloud. Stattdessen hält SAP Commerce Cloud dann nur eine Referenz auf das Asset, was physisch im MAM-/DAM-System liegt. Die URLs zu den Assets wie Bildern oder Dokumente auf der Website zeigen dann direkt auf das MAM-/DAM-System bzw. ein CDN-System, falls eines integriert ist.

17.10.2 Architektur am Beispiel von Celum

Durch die offen gestaltete Architektur lassen sich moderne MAM-/DAM-Systeme problemlos an SAP Commerce Cloud anbinden. Eine mögliche Architektur zeigt Abbildung 17.30.

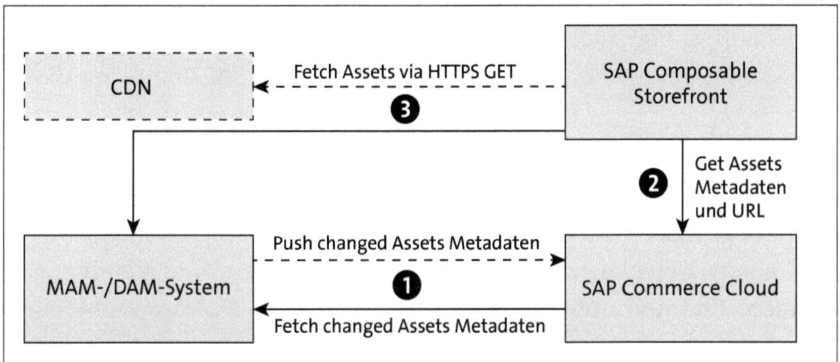

Abbildung 17.30 Architektur SAP Commerce Cloud mit MAM-/DAM-System

Das MAM-/DAM-System spielt folgendermaßen mit SAP Commerce Cloud zusammen:

❶ Zunächst werden die Metadaten der Assets inkl. URL vom MAM-/DAM-System nach SAP Commerce Cloud repliziert und dort als Medienobjekt abgelegt. Je nachdem, welches MAM-/DAM-System eingesetzt wird, kommen im Prinzip zwei Varianten infrage.

- Das MAM-/DAM-System stellt eine API bereit, mit der Assets und deren Metadaten abgerufen werden können. SAP Commerce Cloud ruft z. B. über einen periodisch eingeplanten Job die API des MAM-/DAM-Systems auf und holt sich die Metadaten geänderter oder neuer Assets und legt diese intern ab.
- Das MAM-/DAM-System pusht die Metadaten der geänderten oder neuen Assets in die SAP Commerce Cloud, sofern es dazu in der Lage ist. Dieses Szenario ist unserer Erfahrung nach bei den üblichen MAM-/DAM-Systemen eher selten anzutreffen.

In den beiden Szenarien kann jeweils eine Middleware wie die SAP Integration Suite zum Einsatz kommen, falls die APIs bzw. Protokolle beider Applikationen nicht kompatibel sind oder größere Daten-Mappings erforderlich sind.

❷ Nachdem die Assets über ❶ ständig repliziert werden, holt sich SAP Composable Storefront die anzuzeigende Seite samt den URLs sämtlicher Assets aus der SAP Commerce Cloud ab und verwendet diese innerhalb der Website.

❸ Die URLs der unter ❷ abgerufenen Assets zeigen physisch auf das MAM-/DAM-System oder ein internes oder externes CDN-System, von dem aus die Assets direkt vom Browser aus abgerufen und angezeigt werden können.

Im Prinzip lassen sich alle modernen MAM-/DAM-Systeme auf diese Weise integrieren. Eines dieser Systeme ist *Celum* (siehe *https://www.celum.com/*), was uns in unseren Projekten häufiger begegnet. Celum bietet ein hoch skalierbares, cloudbasiertes MAM-/DAM-System. Celum bietet sogar einen Konnektor für SAP Commerce Cloud an.

Dieser Konnektor funktioniert nach dem Prinzip ❷, wie es in Abbildung 17.30 gezeigt ist: Er nutzt einen Cronjob, um regelmäßig das Celum MAM-/DAM-System zu aktualisieren, indem er geänderte oder neue Assets importiert und diese automatisch Produkten oder anderen Objekten basierend auf festgelegten Feldern und Zuordnungen zuweist. Cronjobs sind eine effektive Möglichkeit, zeitaufwendige Verwaltungs- und Auswertungsaufgaben auf einem Server automatisiert ablaufen zu lassen. Es können Datenbanken bereinigt und als Backup gespeichert werden. Dateien werden archiviert oder gelöscht. Das System wird automatisch gewartet. Diese Backoffice-Ansicht ermöglicht die Konfiguration des Konnektors, einschließlich Medienformaten, Mappings und weiterer Einstellungen (siehe Abbildung 17.31).

Bei Nutzung des Celum-Konnektors erfolgt nicht nur eine automatische Zuordnung der Assets. Sie lassen sich auch manuell verknüpfen, indem man aus dem Backoffice oder SmartEdit heraus direkt in Celum nach Assets sucht und sie anschließend verknüpft. Abbildung 17.32 zeigt, wie direkt aus SAP Commerce Cloud heraus nach dem Stichwort »bohrer« gesucht wird, um Assets in Celum zu finden und anschließend manuell zu verknüpfen. Somit ist das gewählte Asset mit dem zuvor gewählten Produkt verknüpft. Ändert sich dieses Bild in Celum, wird automatisch die neue Version im Webshop oder auf der Website angezeigt, da SAP Commerce Cloud nur eine URL als Referenz auf das physische Bild hat. In gleicher Weise bietet der Celum-Konnektor dies auch für SmartEdit, um Assets wie z. B. Teaser-Bilder direkt in SmartEdit zu verknüpfen.

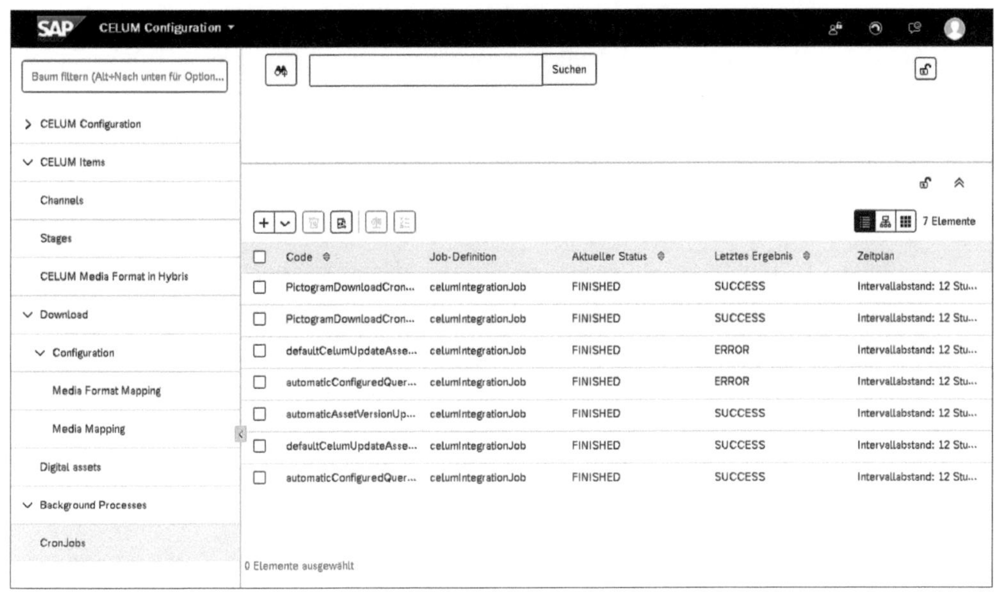

Abbildung 17.31 Backoffice-Ansicht des Celum-Konnektors

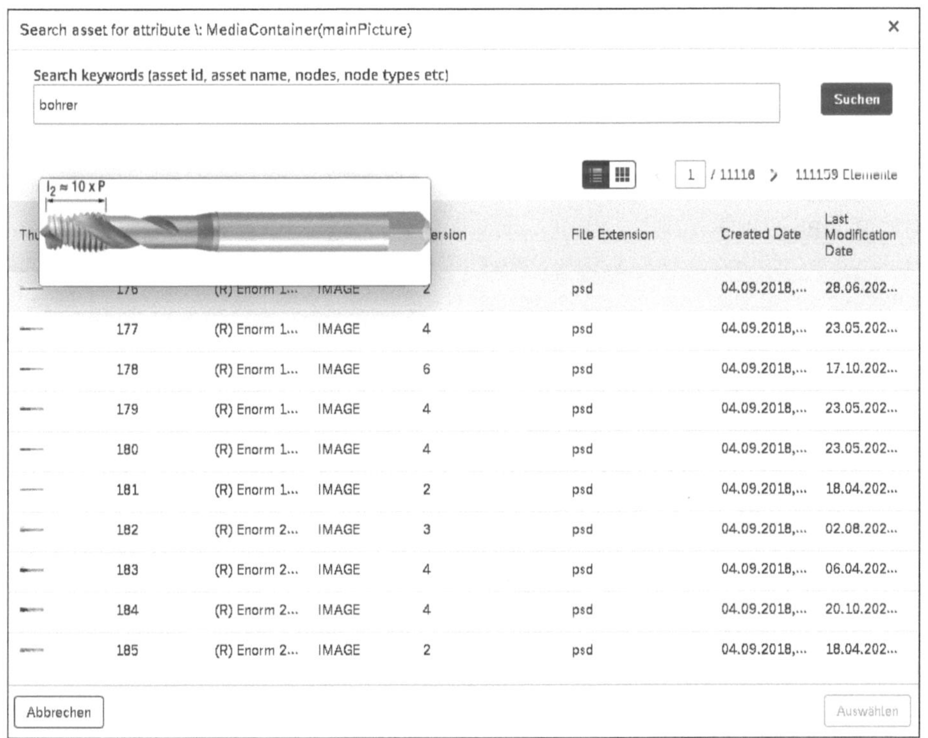

Abbildung 17.32 Asset-Suche in Celum über das Backoffice

Für weitere Details zum Celum-Konnektor für SAP Commerce Cloud informieren Sie sich direkt auf den Seiten des Herstellers unter:

https://www.celum.com/de/marketplace/celum-connect-fuer-sap-commerce/

MAM/DAM von Beginn Teil des Projektes

Nutzen Sie bereits ein MAM-/DAM-System und planen SAP Commerce Cloud einzuführen? Integrieren Sie unbedingt das MAM-/DAM-System von Anfang an. Natürlich kann die Integration auch später, z. B. nach einem ersten Go-live, vorgenommen werden. Es ist jedoch einfacher, die Integration von Beginn an zu berücksichtigen, um den Aufwand für die Pflege und Migration zu reduzieren.

17.11 OCI Punchout und EDI

SAP Commerce Cloud bietet umfangreiche Möglichkeiten, damit Kunden möglichst einfach die gesuchten Produkte finden und direkt und unkompliziert bestellen können. Dies gilt sowohl für den B2C- als auch für den B2B-Bereich. Speziell im B2B-Umfeld agieren möglicherweise Großkunden, die selbst riesige Konzerne sind. Solche Konzerne haben oft große Einkaufsteams, die dafür zuständig sind, die verschiedensten Produkte von vielen verschiedenen Lieferanten zu besorgen.

Wird keine entsprechende Softwarelösung eingesetzt, benötigt jedes Mitglied des Einkaufsteams einen Zugang zu dem jeweiligen Webshop, muss sich dort einloggen und die gewünschten Produkte finden, um anschließend manuell im Beschaffungssystem eine Bestellanforderung anzulegen, um die zuvor ausgesuchten Produkte zu erfassen. Anschließend löst sein System eine Bestellung aus, die dann z. B. per E-Mail eingeht.

Solche Prozesse sind in Großkonzernen nicht ungewöhnlich, aber sowohl für Hersteller/Lieferanten als auch für die Kunden in aller Regel nicht zufriedenstellend. Der Lieferant erhält die Bestellung z. B. per E-Mail, um sie anschließend manuell zu bearbeiten. Kunden müssen zunächst den Webshop durchstöbern, um die richtigen Produkte zu finden, und sie anschließend manuell in das eigene System übertragen. Dieser Prozess ist mühsam und fehleranfällig.

Die Lösung ist der Einsatz eines *Open Catalog Interface* (OCI) in Verbindung mit *Electronic Data Interchange* (EDI). OCI ist dabei eine offene und standardisierte Möglichkeit zum Austausch von Katalogdaten zwischen (SAP-)E-Procurement-Systemen. EDI ist ein Verfahren zum Austausch von Bewegungsdaten zwischen (SAP-)ERP-Systemen.

17.11.1 Szenario: OCI Punchout

Als Hersteller hat die SyMachines viel Zeit und Geld in den Start des eigenen B2B-Webshops investiert. Nach gut sechs Monaten stellte man fest, dass zwar viele Besucher auf der Website stöbern, aber nur sehr wenige der größten Geschäftskunden tatsächlich auch eine Bestellung aufgeben. Woran liegt das? Obwohl die Hersteller oft schon seit Jahren klassische, digitale EDI-Verbindungen zu ihren Großkunden unterhalten, sind die meisten nicht darauf vorbereitet, den neuen Vertriebskanal eines eigenen Webshops zu nutzen.

In diese Falle war auch die SyMachines getappt. Mit ein paar gezielten Maßnahmen wurde das Problem aber gelöst. Für ausgewählte Großkunden wurde auf beiden Seiten Ansprechpartner bzw. Verantwortliche genannt, die u. a. nach Warengruppen, eClass/UNSPSC-Codes, Konditionen (Preisen) und Marken individuelle Kataloge erstellt haben. Die Mitarbeitenden der Kunden greifen nun aus deren SAP-ECC- bzw. SAP-S/4HANA- oder SAP-SRM-System über die OCI-Schnittstelle auf kundenindividuelle Kataloge hinter dem Webshop zu. Die Conversion Rate bei SyMachines steigt kontinuierlich – jetzt endlich auch bei den Großkunden.

Ein Szenario, wo ein möglicher *OCI-Punchout-Prozess* wie bereits skizziert zum Einsatz kommt, läuft wie folgt ab:

1. Der Kunde startet in seinem ERP-System eine Bestellanforderung und hat von dort aus die Möglichkeit, ganz einfach z. B. per Knopfdruck den Shop abzuspringen.
2. Der Einkäufer oder die Einkäuferin wird anschließend automatisch (über im System im Hintergrund hinterlegte Zugangsdaten) eingeloggt. Dies erleichtert die Arbeit sehr, da es nicht nötig ist, sich Zugangsdaten zu all den vielen betreuten Shops zu merken.
3. Nach automatischem Login sieht die Einkäuferin oder der Einkäufer sofort die für die eigene Firma ausgehandelten Preise. Hat der Kunde kundenindividuelle Produkte, können diese auch sofort für den Einkäufer sichtbar sein, also Produkte, die normalerweise nicht für alle User im Shop sichtbar sind. Eine denkbare Variante wäre auch, dass das Produktportfolio im Webshop nur Produkte der Produktgruppen umfasst, die zuvor mit dem Hersteller vereinbart wurden, sodass die Einkäuferin oder der Einkäufer erst gar keine anderen für seine Firma irrelevanten Produkte sehen kann.
4. Die Einkäuferin oder der Einkäufer bewegt sich durch den Webshop und legt alle Produkte, die sie oder er bestellen möchte, in den Warenkorb, wie man es von all den Shops im privaten Umfeld auch gewohnt ist.
5. Nach Abschluss der Auswahl ist es möglich, die Bestellung noch einmal im Warenkorb zu prüfen und ggf. Änderungen vorzunehmen. Beim initialen Starten des Webshops aus dem Bestellsystem heraus wurde dieser mit einem speziellen URL-

Parameter aufgerufen. Der Webshop »weiß«, dass er gerade im OCI-Modus betrieben wird. Im OCI-Modus zeigt der Shop statt eines Buttons **Checkout** nun einen Button **Warenkorb übertragen**.

6. Nachdem die Einkäuferin oder der Einkäufer auf **Warenkorb übertragen** geklickt hat, schließt sich der Webshop. Die Produkte aus dem Warenkorb werden zurück in die noch offene Bestellanforderung in seinem ERP-System übertragen. Technisch gesehen geschieht dies durch einen HTTP-Aufruf an eine zuvor definierte und ausgetauschte Callback-URL.
7. Somit hat die Einkäuferin oder der Einkäufer sehr einfach, schnell und unkompliziert die relevanten Produkte zusammengesucht und in ein System übertragen.

   In der Folge würde eine Bestellung ausgelöst werden. Dies passiert z. B. per E-Mail automatisch aus dem System des Kunden heraus. Wird dieser OCI-Prozess jetzt noch um einen EDI-Prozess erweitert, könnte das Szenario folgendermaßen weitergehen:
8. Nachdem die Einkäuferin oder der Einkäufer die Bestellanforderung mithilfe des OCI Punchouts angelegt hatte, wird in ihrem oder seinem ERP-System eine Bestellung ausgelöst.
9. Diese Bestellung wird direkt per *EDI-Kommunikation* vom ERP-System des Käufers in das ERP-System des Lieferanten übertragen. Dadurch wird in dessen ERP-System direkt eine Bestellung angelegt. Es muss also niemand mehr die E-Mail-Bestellung öffnen und manuell einen Auftrag im System anlegen.
10. Die EDI-Bestellung kann direkt automatisch weiterverarbeitet werden, so wie es auch für Aufträge, die direkt aus dem Webshop angelegt werden, passieren würde.
11. In der Folge läuft die normale Auftragsabwicklung weiter, so wie es bei jedem anderen Auftrag auch geschehen würde.
12. Optional: Mit Erstellung der Rechnung im System kann diese auch automatisch wieder per EDI-Kommunikation zurück in das Kunden-ERP-System übertragen werden.

Nach Abschluss dieses Prozesses hat der Kunde alle relevanten Funktionen des Webshops genutzt, auch wenn er nicht darüber bestellt hat. Dennoch hat der Lieferant den Auftrag vollautomatisch erhalten, als hätte der Kunde direkt über den Webshop bestellt.

17.11.2 Architektur

Abbildung 17.33 zeigt, wie OCI in Kombination mit EDI die eingangs beschriebene Problematik lösen kann.

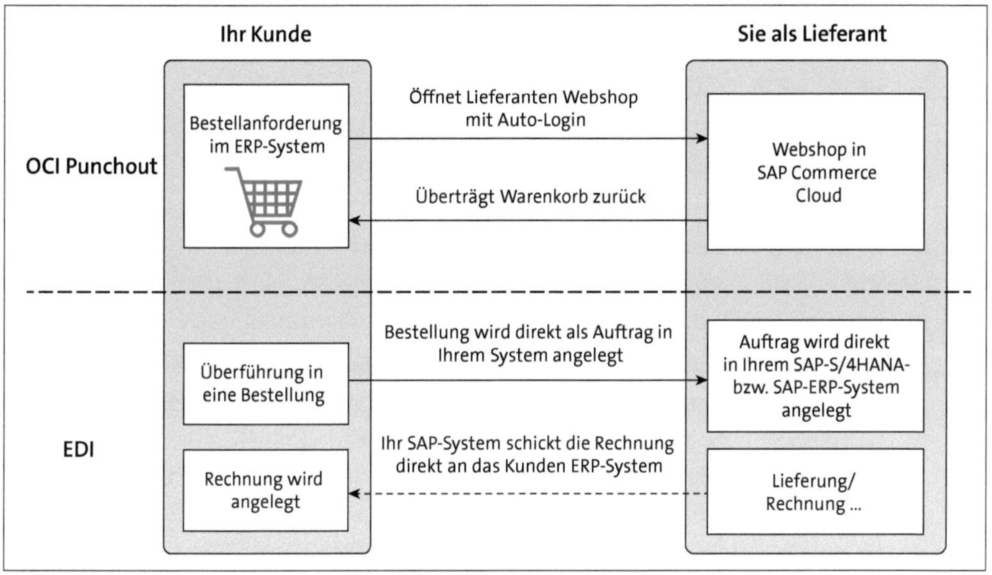

Abbildung 17.33 OCI Punchout in Kombination mit EDI

Die Einführung von OCI für SAP Commerce Cloud ist insbesondere für Großkunden eine große Erleichterung. Das volle Potenzial entfaltet OCI aber erst in Kombination mit EDI, wenn eine direkte Verbindung zwischen beiden ERP-Systemen hergestellt wird. So wird der gesamte Bestellprozess für Kunden (also die Nutzung des Webshops) vereinfacht. Auf Betreiberseite wird der Aufwand in der Auftragsabwicklung signifikant reduziert, da Aufträge direkt in das System gelangen, ähnlich wie es für Aufträge passiert, die direkt im Shop bestellt werden. Dabei ist es nicht zwingend erforderlich, dass das Kunden-ERP-System auch ein SAP-System ist – es erleichtert das Setup aber doch ungemein.

17.12 Contentful Composable Content Platform

Content-Management-Systeme (CMS) wurden bereits in Kapitel 6, »Web-Content-Management-System«, ausführlich erläutert. Es gibt Szenarien, in denen das mitgelieferte WCMS der SAP Commerce Cloud an seine Grenzen stoßen kann. Insbesondere gilt dies, wenn das Ziel für das Ausspielen von CMS-Inhalten über SAP Commerce Cloud hinausgeht. Dies betrifft nicht nur Webshops und Online-Portale, sondern auch mobile Frontends wie Apps, Progressive Web Apps (PWAs), Landingpages und Partnerportale. Zusätzlich können auch weitere Systeme wie Marktplätze und digitale Kataloge im Außendienst bedient werden.

Bei dem häufig hierarchischen Aufbau von Websites fehlen im WCMS manchmal Werkzeuge. Zwar lassen sich wie in Kapitel 6, »Web-Content-Management-System«, und Kapitel 16, »SAP Commerce Cloud erfolgreich erweitern«, beschrieben nahezu alle fehlenden Funktionen durch Erweiterungen ergänzen, doch ist gerade in einem weiter gefassten Szenario über SAP Commerce Cloud hinaus der damit verbundene Pflege- und Administrationsaufwand nicht mehr zu bewältigen und auch nicht sinnvoll.

Als Vertreter der Headless-CMS-Reihe steht mit der *Composable Content Platform* der Firma Contentful eine cloudbasierte Alternative zu klassischen CMS-Systemen zur Verfügung. Die Composable Content Platform eignet sich insbesondere für Unternehmen, die auf Multichannel-Marketing setzen und ihre Inhalte schnell, frei und flexibel über verschiedene Kanäle ausspielen möchten.

Kommen wir nochmals zurück zum in der Einleitung dieses Kapitels vorgestellten Ansatz des *Composable Commerce* von SAP: Während einige Kunden eher auf eine All-in-One-Lösung wie SAP Commerce Cloud mit einem integrierten WCMS-Modul setzen, suchen sich andere Kunden das für ihren Zweck am besten passenden CMS-Modul aus und integrieren es in ihre Commerce-Landschaft bzw. SAP Commerce Cloud.

Contentful, ein führender Akteur im CMS-Markt, ist seit 2023 in einer Partnerschaft mit SAP und wird für spezifische Kundenbedürfnisse als integratives Szenario mit der SAP Commerce Cloud ausdrücklich empfohlen. Contentful kann als sogenannte *Endorsed App* über den SAP Store bezogen werden bzw. im Bundle mit SAP Commerce Cloud lizenziert werden.

Die technologische Grundlage für diese Kombination bildet eine moderne Headless- und API-First-Architektur, die sowohl der SAP Commerce Cloud als auch Contentful zugrunde liegt. Andere Technologien wie WordPress, Typo3 oder Webflow betrachten wir bewusst in diesem Buch nicht. Stattdessen sehen wir in der Headless-Technologie den Ansatz der Gegenwart und näheren Zukunft. Hierbei folgen wir auch der Roadmap von SAP, die sich mit SAP Composable Storefront (ehemals Spartacus) früh auf diesen Technologiestrang festgelegt hat (siehe Abschnitt 5.1, »Infrastruktur«).

Beim Headless CMS von Contentful handelt es sich um ein sogenanntes *Decoupled CMS*: Frontend und Backend sind entkoppelt. Diese spezielle Infrastruktur hat sowohl handfeste Vorteile für Content Creator als auch für Softwareentwicklungsteams: Inhalte müssen nur einmal erstellt und ausgespielt werden, sodass sich der Zeitaufwand erheblich reduziert (siehe Abbildung 17.34). Zudem passt sich der veröffentlichte Content automatisch und perfekt auf das jeweilige Endgerät und seinen Darstellungsbereich an. Entwicklerinnen und Entwickler können mit jedem beliebigen Code arbeiten und je nach Bedarf zusätzliche Erweiterungen installieren.

[«]

Coupled vs. Headless vs. Decoupled CMS

Bei klassischen CMS-Technologien wie Typo3 oder WordPress sind Frontend und Backend eng miteinander gekoppelt. Hier werden von dem CMS-System sowohl die Inhalte verwaltet als auch die Darstellung der Inhalte für die Anwender. Design und Layouts werden von den zuständigen Entwicklerinnen und Entwicklern direkt im System erstellt. Sollen diese Inhalte nur an der Zielapplikation (der Website) verwendet werden, ist alles fein. Sobald Content jedoch auf mehreren Kanälen verwendet werden soll, etwa zusätzlich in mobilen Apps oder im Webshop, stößt das *Coupled CMS* an seine Grenzen. Weitere Frontends lassen sich, wenn überhaupt, nur unter großem Aufwand anbinden.

Hier kommt der *Headless-CMS*-Ansatz ins Spiel. Das CMS dient hier als Backend, und die separat entwickelten Frontends (»Head«) versorgen sich mit dem Content über die Standard-API aus dem CMS. Die Multichannel-Herausforderung lässt sich so leicht lösen. Der Nachteil: Durch den »reinen« Datenbank-Charakter des CMS-Systems ist das Erstellen und Deployen von Content aufwendiger, weil getrennt. Und Content Creators oder Marketingteams werden in einem Headless CMS eine zentrale Funktion vermissen: Es gibt keine Vorschauansicht für gepostete Inhalte, denn das Backend kann durch die Trennung der Bereiche nicht wissen, wie der Inhalt dargestellt werden soll. Jetzt kommt das Decoupled CMS ins Spiel. Der Decoupled-CMS-Ansatz soll das Dilemma lösen, vor dem Unternehmen bei der Wahl zwischen klassischen und Headless CMS stehen: bedienerfreundlich oder Multichannel-fähig? Deshalb kombiniert ein Decoupled CMS die Ansätze der beiden anderen Typen: Es hat Backend und Frontend, aber diese sind nicht oder nur lose gekoppelt.

Decoupled CMS bringen einerseits Werkzeuge mit, um Design und Layouts für die Website zu erstellen, und zwar einen Content-Editor und teilweise eine eigene Templating-Engine. Andererseits bieten sie eine API, über die weitere Kanäle oder Frontends angebunden werden können.

Die Eigenschaft »Decoupled« trifft prinzipiell auch auf Headless CMS zu: Backend und Frontend sind keine Einheit mehr. Das Progressive Decoupling definiert jedoch eine Methode, bei der das Frontend nicht entfällt, sondern APIs zugeschaltet sind. Durch diese Erweiterung läuft die Ausgabe immer noch über das CMS und weitere Frontends lassen sich problemlos über ein Plug-in andocken. Anbieter wie WordPress bieten nach und nach solche Funktionen an, um auf die veränderten Anforderungen des Marktes und der Kunden reagieren zu können.

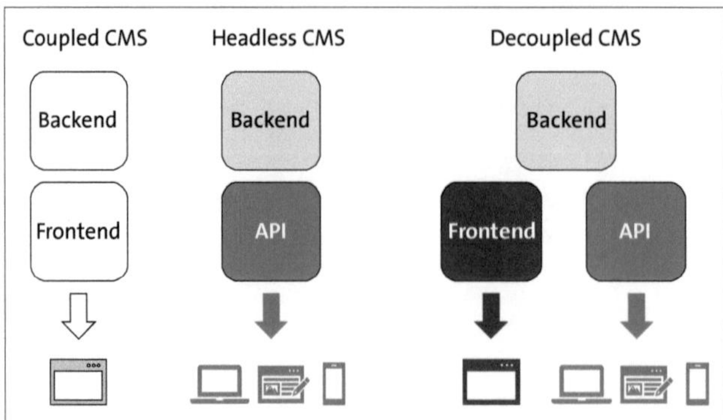

Abbildung 17.34 Creation und Deployment bei Decoupled CMS wie Contentful

Die aus unserer Sicht zentralen Funktionen bzw. Vorteile von Contentful CMS sind wie folgt:

- **Usability**
  Inhalte können über eine webbasierte (individuell konfigurierbare) Oberfläche oder per API einfach verwaltet und gepflegt werden. Es gibt die Möglichkeit der Kooperation unterschiedlicher Akteure bei der Erstellung und Verwaltung von Assets bzw. Content. Es steht eine Funktion zur Inhaltsvorschau wahlweise auch als Live-Vorschau zur Verfügung. Inhalte können direkt auf der Editorseite gezeigt werden und sind während der Eingabe direkt zu sehen. Sie können schnell zur Bearbeitung eines bestimmten Inhalts wechseln (siehe Abbildung 17.35).
- **API-first-Ansatz**
  Strukturierte Daten und eine Trennung von Inhalts- und Präsentationsschicht ermöglicht die Integration von Content in Mobile Apps sowie Progressive Web-Apps jenseits der Websites-Erstellung.
- **Betrieb**
  Contentful ist eine klassische SaaS-Lösung, die eine eigene Serverumgebung überflüssig macht. Updates werden automatisch eingespielt. Je nach Bedarf können Systeme einfach skaliert werden.
- **Flexibilität**
  Inhalte können seitenunabhängig strukturiert, gepflegt und wiederverwendet werden, sodass Änderungen, die für mehrere Seiten gelten sollen, nur an einer Stelle vorgenommen werden müssen. Das Hinzufügen oder Austauschen einzelner Kanäle sowie Layout-Veränderungen erfolgen im Frontend und damit unabhängig von Content-Strukturen.
- **Microservice-Architektur**
  Die Entkopplung von Schreib- und Lese-APIs erleichtert die Verwaltung von Strukturen. Die native Architektur sorgt für zusätzliche Schnelligkeit und Anpassbarkeit

in allen derzeit wichtigen Programmiersprachen und ermöglicht eine einfache Integration in andere Systeme.

- **Performance**
  Inhalte und Assets werden bei Contentful standardmäßig über Content Delivery Networks (CDNs) weltweit verteilt. Sie stehen also dort zur Verfügung, wo sie abgerufen werden. Das erhöht die Performance und sorgt für eine bessere User Experience.

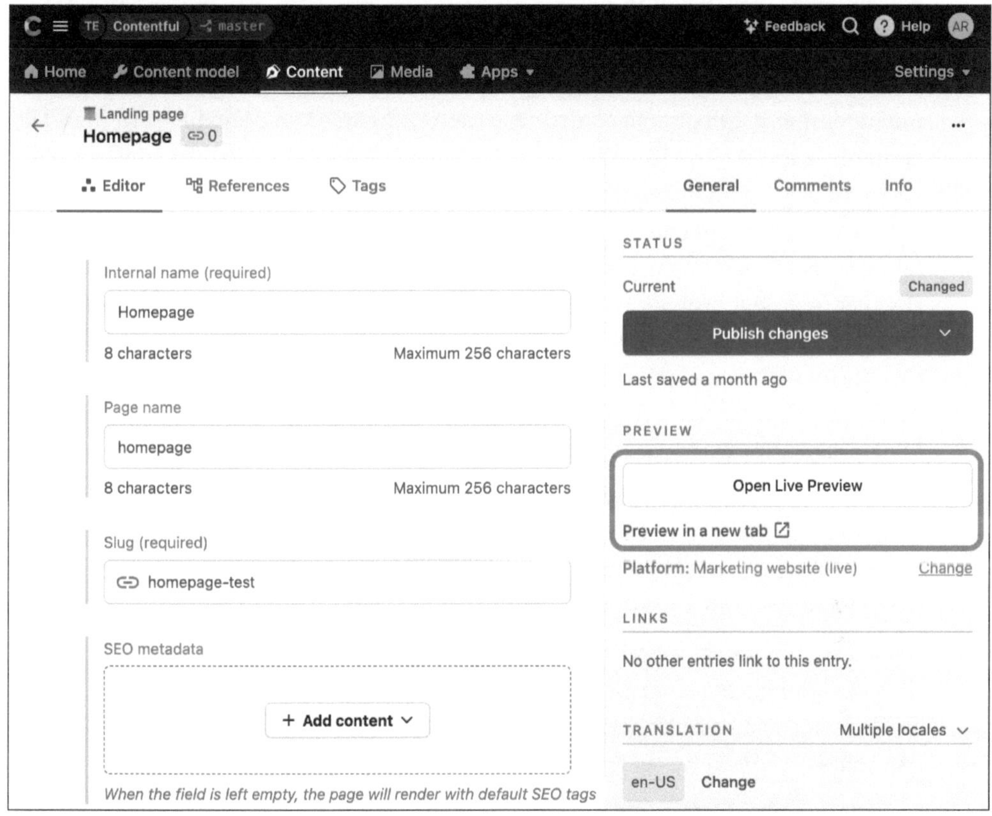

Abbildung 17.35 Contentful: Editor-Modus mit Content-Preview-Funktion (Quelle: Contentful)

Details zum Contentful-System finden Sie auf der Website des Herstellers unter *https://www.contentful.com/*.

17.12.1 Szenario: Multichannel CMS

In diesem kurzen Beispiel wird ein Szenario dargestellt, das verdeutlicht, warum der Einsatz eines CMS-Systems, das speziell auf Multichannel ausgerichtet ist, eine wertvolle Ergänzung für SAP Commerce Cloud oder eine Customer-Experience-(CX-)Landschaft darstellen kann. Dies gilt sowohl aus technologischer als auch aus prozessualer Perspektive.

Das Unternehmen SyChem ist nach einem Carve-out aus dem Mutterkonzern dabei, die eigene Marke zu stärken und den Kundenstamm zu erweitern. Zwar sind die Produkte der SyChem am Markt und bei den Kunden sehr geschätzt, doch meist noch unter der alten Marke bekannt. Zudem gilt es, nachdem man nicht mehr in einem globalen Konzern und dessen Strukturen eingebettet ist, u. a. Webauftritt und Content teilweise neu zu erstellen.

Zunächst möchte man sich von der One-Shop-Strategie verabschieden und im digitalen Zeitalter ankommen. Dabei gilt es, Kunden, Partner und die eigene Organisation mitzunehmen. Deshalb sollen zukünftig weitere digitale Kanäle etabliert werden. Die Weiterentwicklung des B2C-Webshops (SAP Commerce Cloud) gehört zu den Aufgaben. Zusätzlich geht es um den Aufbau eines digitalen Direktvertriebs an Großkunden (B2B-Geschäft) in derselben Instanz sowie um die Einrichtung eines Händlerportals, das als mobile App zur Verfügung gestellt werden soll. Dort sollen Partner und Händler über Webbrowser oder Mobile Devices auf Kundendaten, Produktkataloge, Konfigurationsfunktionen und Präsentationsmaterial zugreifen können. Zudem möchte man eine engere Verzahnung der etwas angerosteten Website (auf Grundlage von Typo3) und den Webshops erreichen. Für all diese Vorhaben wurde u. a. eine neue Marketingverantwortliche engagiert.

Es ist zudem geplant, für ausgewählte Produktgruppen zukünftig auch in Schweden, Finnland und Norwegen, wo bis dato keine Vertriebsstrukturen bestehen, ein digitales Vertriebsangebot für Geschäftskunden aufzubauen. Hierfür wurden zwei Redakteurinnen in Malmö und Helsinki eingestellt.

Nachdem die Strategie verabschiedet und Budgets genehmigt waren, wurde im Rahmen der Erarbeitung einer Ziellandschaft (siehe Bebauungsplan in Abschnitt 3.9, »Fazit«) schnell klar, dass für die folgenden Ziele ein zusätzliches CMS angeschafft werden sollte:

- Neue (diverse) Kanäle und Kundengruppen bespielen
- Neue Märkte erschließen
- Website und Onlineangebot harmonisieren
- Markenstärkung und Brandmanagement

Wie die Geschichte ausgeht, überlassen wir Ihrer Fantasie. Es ist klar, dass der Erwerb einer neuen Software allein nicht der Schlüssel zum Erfolg des beschriebenen Projekts ist. Warum aber ein externes CMS mit den Vorteilen eines Decoupled- und API-first-Ansatzes hier geeignet ist, sollte klar werden. Dies gilt insbesondere dann, wenn Unsicherheiten bestehen und neue Kanäle und Märkte konsequent erschlossen werden sollen. Wenn Mitarbeitende teils neu oder dezentral organisiert sind, ist eine intuitiv bedienbare und kooperative Oberfläche mit flexibler Gestaltung von Ausgabekanälen die halbe Miete.

17.12.2 Architektur

Dank der flexiblen Microservices-Architektur lässt sich das Contentful CMS einfach und effizient an andere Systeme wie SAP Commerce Cloud, DAM-, PIM- oder CRM-Systeme anbinden. Für den in unserem Szenario skizzierten Anwendungsfall soll direkt aus dem externen CMS-System auf Produkte von SAP Commerce Cloud zugegriffen werden. Dadurch lassen sich CMS-Inhalte direkt mit Produkten verknüpfen. Dafür bietet Contentful einen Connector, der genau dies ermöglicht. Mehr Informationen finden Sie unter *https://www.contentful.com/marketplace/app/sap-commerce-cloud-connector/*.

In Abbildung 17.36 sehen Sie, wie die Content Creator via konfigurierbarer Web-App den Content erstellen können. Entwicklerinnen und Entwickler können parallel dazu mit den Tools ihrer Wahl das Inhaltsmodell, die Struktur und die Frontends erstellen oder verwalten. Die einzelnen Kanäle, die schlussendlich die Darstellung übernehmen, werden über APIs angesteuert. Die Struktur ermöglicht es dem Redaktionsteam, besser zusammenzuarbeiten und benutzerfreundlich Assets zu erstellen. Das beinhaltet auch die Möglichkeit, Inhalte vorab anzusehen. Entwicklerinnen und Entwicklern bietet sie Freiheit hinsichtlich der genutzten Software Development Kits (SDKs) und dank der unabhängigen Verwaltung von Frontend und Backend maximale Flexibilität bei Anpassungen von einzelnen Bereichen. 17

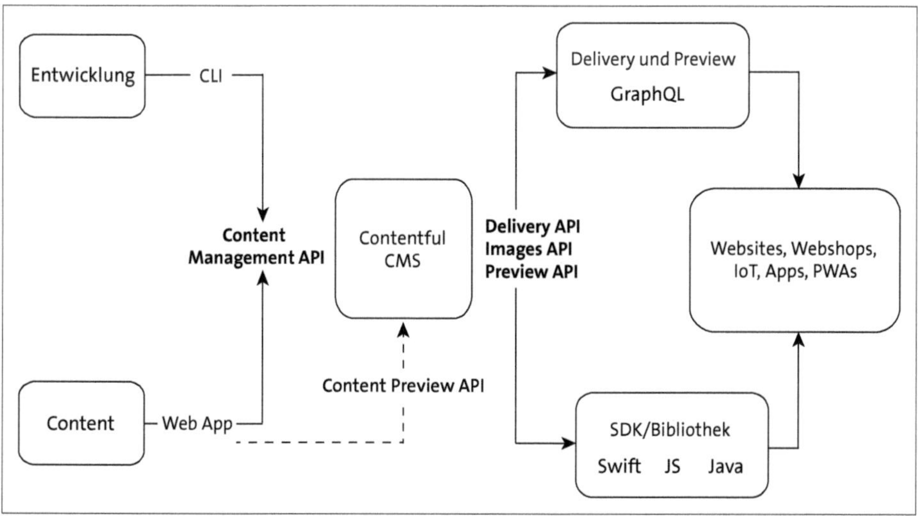

Abbildung 17.36 Übersicht zur Struktur von Contentful von der Erstellung über die Verwaltung bis zum Deployment

Am Beispiel von Contentful zeigt SAP, wie einfach und sinnvoll es sein kann, externe CMS-Systeme in die SAP Commerce Cloud zu integrieren und so das Beste aus beiden Welten zu nutzen: Die sehr ausgereifte und mächtige SAP Commerce Cloud wird punktuell um ein spezialisiertes System erweitert. Dabei ist Contentful ein Beispiel, an dessen Stelle auch andere, technologisch passende CMS-Systeme stehen könnten.

17.13 SAP Subscription Billing

Mit *SAP Subscription Billing* stellt SAP eine Cloud-Lösung bereit, mit der neue, subskriptionsbasierte Geschäftsmodelle ermöglicht werden. Eine Subskription kann dabei ein einfaches Abonnement sein, bei dem jeden Monat ein gleichbleibender Betrag abgerechnet werden muss. Ein Beispiel kann hier die Miete eines Notebooks sein, für das über eine definierte Vertragslaufzeit jeden Monat ein fixer Betrag zu zahlen ist.

Weit spannender sind allerdings Geschäftsmodelle, bei denen sich der Abrechnungsbetrag von Monat zu Monat ändern kann, z. B. weil der Vertrag die tatsächliche Nutzung des Produktes oder der Dienstleistung berücksichtigt. Diese Art von Vertragsmodellen kennen wir alle z. B. von unseren Telefonabrechnungen. Hier besteht der monatliche Rechnungsbetrag aus verschiedenen Komponenten, z. B.:

- einmalige Bereitstellungsgebühr
- Grundbetrag pro Monat
- Anzahl der telefonierten Minuten ins Festnetz
- Anzahl der telefonierten Minuten ins Mobilfunknetz
- verbrauchtes Datenvolumen

Jede dieser Komponenten kann wiederum unterschiedlich berechnet werden. In der Regel gibt es einen Grundbetrag als Fixbetrag, der jeden Monat gleich bleibt. Die Anzahl der telefonierten Minuten dagegen wird mit einem Preis pro Einheit berechnet. Eventuell gibt es dafür auch Staffeln, z. B. in der Form, dass der Preis ab der 100. Minute günstiger wird. Beim verbrauchten Datenvolumen gibt es vielleicht eine Freigrenze von 10 GB und erst ab dieser Grenze wird jedes MB mit einem Preis pro Einheit berechnet.

Der Vertrag selbst beinhaltet Bedingungen, die im Rahmen der Subskription verwaltet werden. Das können sein:

- Mindestvertragslaufzeit
- Kündigungsfrist
- Widerrufsfrist
- automatische Verlängerung des Vertrags
- Probe- und Testzeiträume

Seit einigen Jahren steigt die Zahl dieser subskriptionsbasierten Szenarien kontinuierlich an. Für die Anbieter hat dieses Geschäftsmodell nämlich einen großen Vorteil: Sie erzielen kontinuierliche und planbare Einnahmen über einen langen Zeitraum. Zunächst starteten viele Software-Hersteller damit, ihre Produkte nicht mehr zu verkaufen, sondern als Abonnement zu vertreiben, darunter z. B. Microsoft Office 365 oder Adobe Photoshop.

Aber auch in der Welt der physischen Produkte etablieren sich subskriptionsbasierte Geschäftsmodelle. So werden aktuell sogenannte *Auto-Abos* populär. Im Gegensatz zum Leasing muss sich der Abonnent weder um die Kfz-Steuer oder Versicherungen noch TÜV, Wartung und Inspektion selbst kümmern. Über eine flexible Vertragslaufzeit nutzt er das Auto und erhält für die Nutzung am Ende jedes Abrechnungszeitraums eine Rechnung über die Grundgebühr und eventuell nutzungsabhängige Gebühren wie die gefahrenen Kilometer.

Solche Modelle werden auch im B2B-Bereich immer öfter angeboten. Im Maschinen- und Anlagenbau werden die Maschinen nicht mehr verkauft, sondern auf Basis ihrer Nutzung abgerechnet. So kann z. B. jedes produzierte Werkstück auf der Maschine erfasst und abhängig davon eine Abrechnung erstellt werden.

Für solche Szenarien wurde die Lösung *SAP Subscription Billing* geschaffen. Sie bietet sowohl für die Verwaltung der Subskriptionen (also des Vertrages mit seinen Konditionen) als auch für die Abrechnung (auf Basis einer nutzungsabhängigen Komponente) viele Möglichkeiten, um diese und ähnliche Geschäftsszenarien flexibel abzubilden.

Natürlich muss ein solches Geschäftsmodell auch digital vertrieben werden können. Daher zeigen wir im folgenden Szenario, wie ein solcher Use Case mit SAP Commerce Cloud und SAP Subscription Billing umgesetzt werden kann.

17.13.1 Szenario: Pay-per-Use

Wir greifen noch einmal das Beispiel unseres Kaffeemaschinenherstellers SyGusto auf. Wir möchten unsere Kaffeemaschinen in Zukunft nicht mehr ausschließlich verkaufen, sondern auch als Pay-per-Cup-Modell in Form einer Subskription anbieten.

Für die Kunden von SyGusto ist dieses Geschäftsmodell vor allem deshalb interessant, weil sie sich nicht mehr um die Kaffeemaschine kümmern müssen. Sie müssen keine hohen Investitionen tätigen und tragen nicht das Risiko, dass die Maschine wegen eines Defekts teuer repariert werden muss und dadurch lange ausfällt. Gleichzeitig profitiert auch SyGusto von diesem Geschäftsmodell, weil sie langfristige und kontinuierliche Einnahmen generieren. Für beide Parteien also eine Win-win-Situation.

Um das Pay-per-Cup-Modell im Webshop anzubieten, hat SyGusto die Produktdetailseite der Kaffeemaschinen um einen zusätzlichen Link erweitert. Hier können Kunden die Kaffeemaschine nicht nur direkt in den Warenkorb legen, sondern auch das Pay-per-Use-Angebot bestellen. Wird dieses Angebot ausgewählt, kann die Maschine selbst konfiguriert werden.

Im Anschluss können Kunden die Details ihres Vertrages auswählen. Da SyGusto das Vertragsmodell so einfach wie möglich gestalten wollte, kann lediglich die Vertragslaufzeit ausgewählt werden. Abhängig davon wird auch der entsprechende Abrechnungsbetrag pro Tasse ausgewählt. Da das Geschäftsmodell besonders dann rentabel ist, wenn die Kunden die Kaffeemaschine über einen langen Zeitraum nutzen möchten, wird der Preis pro Tasse günstiger, je länger der Vertrag läuft (siehe Beispiel in Abbildung 17.37).

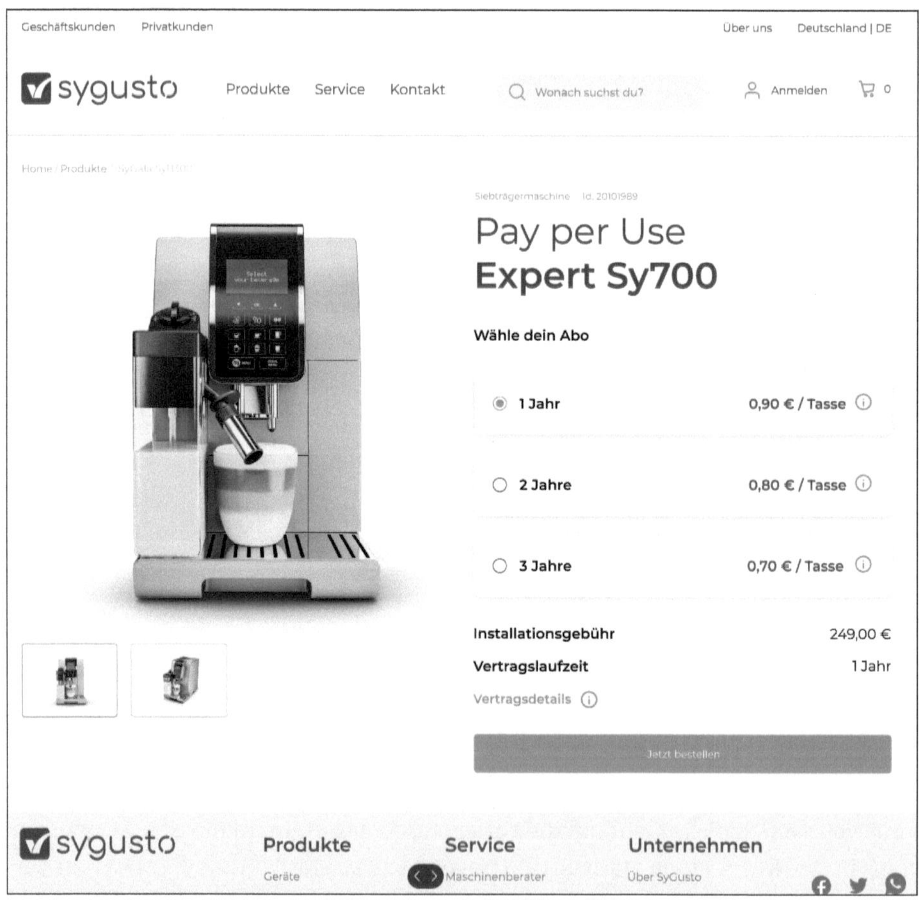

Abbildung 17.37 Auswahl der Vertragslaufzeit des Pay-per-Use-Modells

Weitere Vertragskonditionen wie die Mindestabnahme, die enthaltenen Serviceleistungen, die initiale Installationsgebühr, Kündigungsfristen und die Modalitäten zur Vertragsverlängerung erfahren die Kunden ebenfalls.

Bestellen die Kunden den Vertrag, wird eine Subskription in SAP Subscription Billing mit den ausgewählten Konditionen angelegt und dort abgewickelt. Später können die Kunden im Portal außerdem ihre Verträge wieder öffnen und Informationen dazu, wie z. B. den Kaffeetassenverbrauch, jederzeit einsehen.

17.13.2 Architektur

Um subskriptionsbasierte Geschäftsmodelle umzusetzen, müssen die Lösungen SAP Commerce Cloud, SAP Subscription Billing und SAP S/4HANA über die SAP Integration Suite miteinander integriert werden.

SAP Commerce Cloud ist dabei das Frontend, über das sowohl B2C- als auch B2B-Kunden die Subskriptionen abschließen können. Bei einer Bestellung wird zum einen die Subskription in SAP Subscription Billing erzeugt, zum anderen ein Auftrag für die Kaffeemaschine in SAP S/4HANA angelegt. Der Auftrag sorgt dafür, dass die Kaffeemaschine an die Kunden geliefert wird.

In SAP Subscription Billing wird die eigentliche Subskription verwaltet und über die Vertragslaufzeit Abrechnungen erstellt. Diese basieren auf dem gewählten Abrechnungszeitraum (monatlich, quartalsweise, jährlich) und dem gemeldeten Verbrauch der Maschine. Diese Abrechnung wird dann als Fakturaanforderung an das SAP-S/4HANA-System übergeben, wo die eigentliche Fakturierung stattfindet (siehe Architekturübersicht in Abbildung 17.38).

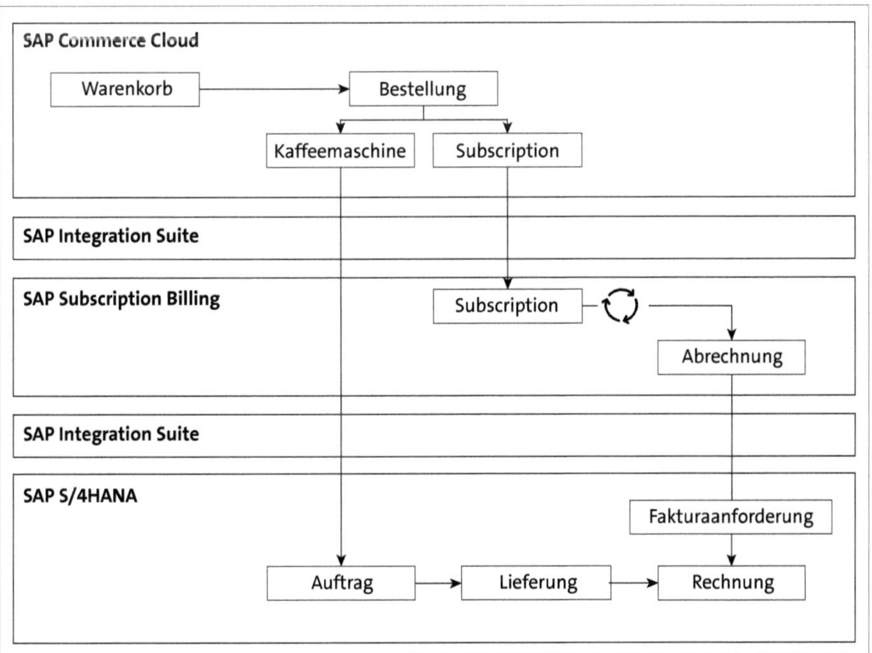

Abbildung 17.38 Bestell- und Abrechnungsprozess von Subskriptionen

17.14 Fazit

In diesem Kapitel haben wir anschaulich und stark vereinfacht gezeigt, welche Integrationsoptionen für Commerce im Allgemeinen und für SAP Commerce Cloud im Besonderen einen echten Mehrwert bieten können. Diese Ansätze sind keineswegs nur auf die ausgewählten Lösungen oder vorgestellten Szenarien beschränkt. Die Liste ließe sich beliebig weiterführen.

Ihre volle Schlagkraft kann die SAP Commerce Cloud nur in Verbindung mit anderen Lösungen als zentrale Instanz einer CX-Landschaft entfalten. Diese Schlussfolgerung kann nun mit gutem Gewissen formuliert werden und sollte bei allen Überlegungen zu Projekten und Projektvorhaben berücksichtigt werden. Dies bildet eine gute Überleitung zum dritten Teil dieses Buches, in dem Sie Einblicke in konkrete, reale Projekte erhalten.

TEIL III
Projektbeispiele

Kapitel 18
Kundenbeispiel 1: Konzeption

Erfolg im E-Commerce beginnt mit einer gut durchdachten Strategie und Konzeption. In diesem Kapitel konzentrieren wir uns auf die wichtige Konzeptionsphase und erklären sie anhand eines anschaulichen Beispiels.

Keine erfolgreiche Umsetzung ohne gründliche Planung. Was für die nächste Werbekampagne, den Ausbau des Eigenheims oder den gelungenen Heiratsantrag gilt, ist für die Umsetzung eines E-Commerce-Projektes nicht minder von Bedeutung. In diesem Kapitel gehen wir ausführlich darauf ein, wie eine umfassende Planung (Konzeption) aufgebaut sein sollte. Wir erklären auch, welche Elemente in den verschiedenen Phasen zum Einsatz kommen.

Zur Veranschaulichung nutzen wir ein konkretes Projektbeispiel: Bei unserem fiktiven Kunden SyMachines handelt es sich um ein global agierendes Unternehmen aus der Maschinenbaubranche. Das Unternehmen ist ein führender Hersteller von Baumaschinen für Profianwender und vertreibt seine Produkte erfolgreich unter verschiedenen Marken weltweit. Die Produktionsstandorte liegen dabei verteilt in Europa, Nordamerika und Asien mit weltweiter Ersatzteilversorgung. Für das Unternehmen arbeiten weltweit ca. 3.500 Mitarbeitende. SyMachines hat seinen Webshop als digitalen Vertriebskanal erfolgreich eingeführt und kontinuierlich zu einem vollumfänglichen Kundenportal inklusive Ersatzteilshop weiterentwickelt.

Für dieses Projekt war eine sorgfältige Planung essenziell. Es mussten klare Ziele gesetzt, eine Projektorganisation und ein Team aufgebaut sowie der Ablauf und der Umfang des Projekts genau festgelegt werden. Diese Schritte bilden die Grundlage für die Beschreibung einer Konzeptionsphase, wie sie aus unserer Perspektive und basierend auf unseren Erfahrungen empfohlen wird.

In diesem Kapitel zeigen wir die Notwendigkeit des agilen Projektmanagements bei E-Commerce-Projekten. Zudem werden die Kernfragen der Konzeptionsphasen thematisiert und die Vorgehensweise in Bezug auf die einzelnen Phasen der Konzeption vorgestellt.

18.1 Agiles Projektmanagement

Zu Beginn stellt sich die Frage nach der geeigneten Methodik. In entwicklungsintensiven E-Commerce-Projekten gibt es praktisch keine Alternative zur Anwendung agiler Vorgehensweisen.

Nachdem die neue E-Commerce-Strategie durch das Management beschlossen wurde, wird zeitnah eine Projektleitung benannt und mit der Aufgabe betraut, den neuen Online-Vertriebskanal, sprich die E-Commerce-Lösung, im Unternehmen einzuführen.

Das Unternehmen, der Dienstleister und die Projektleitung haben bereits aus früheren Projekten positive Erfahrungen mit agilen Methoden gemacht und sind davon überzeugt, dass diese Methode für ihr Projekt den größten Erfolg verspricht. Somit gelten aus deren Sichtweise für das Projekt wesentliche agile Prinzipien:

1. Unsere höchste Priorität ist es, den Kunden durch frühe und kontinuierliche Auslieferung wertvoller Software zufriedenzustellen.
2. Heiße Anforderungsänderungen sind selbst spät in der Entwicklung willkommen. Agile Prozesse nutzen Veränderungen zum Wettbewerbsvorteil des Kunden.
3. Funktionierende Software wird regelmäßig innerhalb weniger Wochen oder Monate geliefert – bevorzugt wird dabei die kürzeste Zeitspanne.

Vergleichen Sie dazu auch gern »Manifest der Agilen Softwareentwicklung« (Quelle: *https://agilemanifesto.org/iso/de/principles.html*).

Eine detaillierte Beschreibung der agilen Projektmethodik und warum dies ein wichtiger Erfolgsfaktor sein kann, finden Sie in Kapitel 19, »Kundenbeispiel 2: Erfolgreiche Projekte mit einer agilen Methodik«, und ansatzweise auch in Kapitel 21, »Kundenbeispiel 4: Projektmanagement«.

Nachdem das Budget freigegeben, die Strategie kommuniziert, die Projektleitung benannt und die Methodik zur Umsetzung geklärt waren, wurde eine entsprechende Konzeptionsphase als Basis für ein agiles Projekt geplant.

18.2 Kernfragen der Konzeptionsphase

Im agilen Projektmanagement gibt es immer Raum für mögliche oder nötige Änderungen. Die Konzeptionsphase sollte deshalb nicht das Ziel haben, jedes Detail bereits zu kennen und genau festzulegen. Vielmehr liegt der Fokus darauf, die wesentlichen Ziele, Vorgaben, Rahmenbedingungen, Möglichkeiten, Lösungskonzepte und Anforderungen mit dem größten Mehrwert für Kunden, Anwenderinnen und Anwender sowie für das Unternehmen zu ermitteln und zu priorisieren. Das größte Risiko für das Projekt liegt nicht darin, nicht jede Funktion identifiziert zu haben, genau zu beschreiben oder rechtzeitig zu entwickeln. Vielmehr besteht die Gefahr darin, die falschen Funktionen zu erhalten. Daher sollte der Umfang des Projekts flexibel bleiben, und die Anforderungen sollten kontinuierlich neu bewertet und priorisiert werden.

Das Rahmengerüst dafür bietet die Durchführung einer *agilen Anforderungsanalyse*. Die während der Konzeption gesammelten Anforderungen an die neue E-Commerce-Lösung werden in einem Product Backlog (siehe Kapitel 21, »Kundenbeispiel 4: Projektmanagement«) erfasst, bewertet und priorisiert. Der Teil-Scope, der daraus die zuerst umzusetzende Ausbaustufe (Iteration) umfasst, ist das *Minimum Viable Product* (MVP) (siehe Kapitel 21, »Kundenbeispiel 4: Projektmanagement«). Vor dem Beginn der Umsetzung steht die Herausforderung der Erstellung und Befüllung des Product Backlog und die Definition des MVP.

Alle offenen Fragen sind gründlich zu beantworten, alle organisatorischen, fachlichen und technischen Voraussetzungen zu klären und so weit wie möglich konkrete Lösungswege (User Stories) zu entwickeln. Ziel ist es, am Ende alle notwendigen Bedingungen für einen erfolgreichen Projektstart in der Umsetzungsphase zu schaffen.

Die Konzeptionsphase selbst sollte als Projekt verstanden und durchgeführt werden. Neben einem festen Projekt-Kernteam sollten ein Start- und Enddatum sowie die erforderlichen Ziele der Konzeptionsphase definiert, dokumentiert und allen Beteiligten kommuniziert werden. Wie in jedem (agilen) Projekt können zwar das Rahmengerüst und diverse Workshops, Termine und Themen eingeplant werden, allerdings muss immer ausreichend Spielraum für Änderungen vorgesehen werden.

Bei SyMachines ging die Projektleitung bei der Planung der Konzeptionsphase zunächst davon aus, über den neuen E-Commerce-Vertriebskanal weniger komplexe, lagerhaltige Maschinen, Zubehör und Ersatzteile zu verkaufen. Erst im Verlauf der Konzeption, nach Kundenbefragungen und Gesprächen mit Verantwortlichen aus Vertrieb und Marketing wurde deutlich, dass auch der Verkauf von Fertigungsmaschinen eine Chance bietet, die Marke durch die Onlinepräsenz zu stärken. Zudem zeigte die Marktbegleiter-Analyse, dass andere Baumaschinenhersteller bereits mit einem Webshop auf dem Markt präsent sind. Mit Varianten- und Onlinekonfiguration wurde ein neues Themenfeld eröffnet. Zusätzliche Expertinnen und Experten, Termine und mehr Zeit mussten deshalb eingeplant werden.

Beachten Sie, dass die Planung von Workshops z. B. zahlreiche Stakeholder einschließen muss. Ohne die relevanten Key User, Process bzw. Business Owner ist eine gute Konzeption nicht möglich. Es gibt nicht immer Raum für Flexibilität, und kurzfristige Änderungen von Terminen oder der Agenda können für Stress bei den Verantwortlichen und dem Organisationsteam sorgen. Aber die Erfahrung zeigt, dass besonders in E-Commerce-Projekten viele Themen eingebracht werden, die zunächst nicht vorgesehen waren. Ein Umstand, bei dem die zunehmende Verlagerung von Präsenzterminen zu Remote-Workshops Vorteile hat. Stimmen Sie im Vorfeld ab und bewerten Sie, ob sich die Inhalte des geplanten Termins bzw. Workshops für Videokonferenzen eignen oder physische Präsenz besser ist.

18.3 Vorgehen

Die Konzeptionsphase wurde im SyMachines-Projekte, wie allgemein üblich, in drei zeitlich aufeinanderfolgende Teilphasen untergliedert:

1. **Explore**
   Diese Phase beschäftigt sich mit dem ersten Kennenlernen des Projektvorhabens an sich sowie mit dem Aufsetzen des Projektteams.
2. **Discover**
   Diese Phase beinhaltet das Identifizieren und eine Bestandsaufnahme des aktuellen Istzustands inklusive einer ersten Bewertung und Einordnung.
3. **Define**
   In dieser (längsten) Phase wird schließlich der Sollzustand der neuen E-Commerce-Lösung entworfen und der Übergang in die Umsetzungsphase vorbereitet.

In den folgenden Abschnitten betrachten wir diese drei Phasen genauer.

18.3.1 Explore-Phase

In der *Explore-Phase* des Projekts liegt der Schwerpunkt darauf, den Kontext und Hintergrund des Projekts zu erforschen, zu verstehen und zu dokumentieren. Diese Phase ist zeitlich eher kurz, aber sehr zielgerichtet. Sie umfasst das erste Kennenlernen des Projekts sowie die Planung, Organisation und das Onboarding des Projektteams.

Dauer der Konzeptionsphase

Insgesamt kann die Dauer einer solchen Konzeptionsphase variieren. Die Dauer dieser Phase hängt vom Umfang des Projekts ab und davon, ob man ganz von vorn beginnt. Es macht einen Unterschied, ob zunächst nur ein begrenzter Bereich, wie ein erstes Release oder ein Minimum Viable Product, realisiert wird oder ob gleich die vollständige Ausführung des Projekts geplant ist. Die durchschnittliche Dauer einer Konzeptionsphase im E-Commerce beläuft sich auf vier bis sechs Wochen. Von dieser Dauer sind wir auch in unserem Beispiel ausgegangen. Bei größeren (internationalen) Projekten, in denen ggf. auch Vor- und Teilprojekte mit einbezogen werden, kann sich die Konzeptionsphase auch über drei Monate erstrecken.

Das Projektteam

Die Konzeptionsphase sollte, genau wie die Umsetzungsphase, mit einem Team besetzt werden, das fachübergreifend zusammengesetzt ist. Bei SyMachines wurden folgende Rollen besetzt, wobei eine Person durchaus mehrere Rollen einnehmen konnte (siehe Abbildung 18.1).

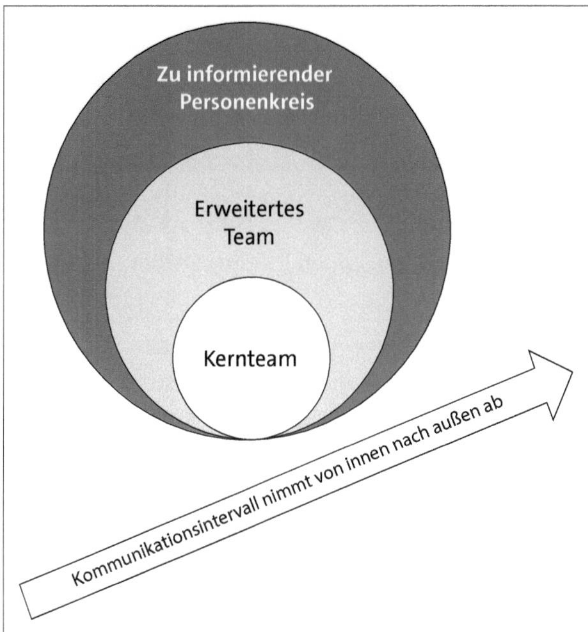

Abbildung 18.1 Kernteam, erweitertes Team und Infokreis

Das *Projekt-Kernteam* besteht aus den folgenden Personen:

- Projektleitung
- Product Owner
- Proxy Product Owner
- Solution Architect oder Technical Product Owner
- UX-Expertin oder -Experte

Die *Projektleitung* hat grundsätzlich dieselben Aufgaben wie in jedem anderen Projekt. Sie organisiert das Kernteam und steuert die gesamte Durchführung. Sie plant und koordiniert Workshops und Meetings, überwacht die dokumentierten Ergebnisse und informiert zu jedem Zeitpunkt alle beteiligten Personen und Stakeholder. Sie überprüft kontinuierlich, ob die erarbeiteten Ergebnisse zur Gesamtstrategie und den Projektzielen in Einklang stehen.

Der *Product Owner* ist für die Fachlichkeit der Lösung zuständig. Der Product Owner muss die Ziele und Motivation seines Unternehmens und dessen Kunden genau ver-

18

stehen. Er nimmt Ideen für Anforderungen auf, macht selbst Vorschläge für Anforderungen, gruppiert Anforderungen in Themenblöcke, unterstützt bei der Priorisierung. Er hat dabei einen guten Draht zu den einzelnen Ansprechpartnern der Fachbereiche und unterstützenden Expertenteams, er nimmt diese an die Hand und leistet Überzeugungsarbeit. Der Product Owner ist verantwortlich für die entstehende Lösung (die Rolle und deren Bedeutung wird in Kapitel 21, »Kundenbeispiel 4: Projektmanagement«, beschrieben).

Der *Proxy Product Owner* ist bei einer externen Beratung beschäftigt und auf die Anwendung spezialisiert. Er hat jahrelange Erfahrung in der Fachdomäne, betreute Kunden mit ähnlichen Herausforderungen und hat sehr detaillierte Kenntnis der Lösung. Die Kombination aus der externen Sicht des Proxy Product Owner und der internen Sicht und Vernetzung im Unternehmen des Product Owners, führt zu einer sehr hohen Kompetenz im Projekt-Kernteam. In der Regel bilden Product Owner und Proxy Product Owner ein gut eingespieltes Tandem.

Der *Solution Architect* oder *Technical Product Owner* entwickelt aus den fachlichen Anforderungen Konzepte zur technischen Umsetzung. Er kennt Systemlandschaft und Datenflüsse und hat detailliertes Prozesswissen. Er hält einen guten Kontakt zu den technischen IT-Verantwortlichen sowie zum Product und Proxy Product Owner. Der Solution Architekt validiert ggf. Hypothesen und zieht bei Bedarf weitere Spezialisten oder auch Software-Entwicklerinnen und -Entwickler hinzu.

Die *UX-Expertin* oder der UX-Experte nimmt die Perspektive der Endanwender ein und stellt immer die erforderlichen Fragen, um eine perfekte User Experience zu erstellen. Sie oder er arbeitet dabei eng mit Product Owner und Solution Architect zusammen. UX-Experte und sein Team führen entweder Interviews mit potenziellen Anwenderinnen und Anwendern oder analysieren existierende Anwenderdaten aus verschiedensten verfügbaren Quellen (Analytics). Durch den Einsatz verschiedener Methoden erhalten sie frühzeitig Einblicke in die grundlegenden Bedürfnisse der Anwenderinnen und Anwender sowie in deren Herausforderungen und Schwierigkeiten bei der Interaktion mit dem eigenen Unternehmen.

Die Erkenntnisse der Untersuchung sollten zwingend bei der Konzeption berücksichtigt werden. Das Verproben von Annahmen durch Anwenderinnen und Anwender hilft entscheidend dabei, eine maßgeschneiderte UX zu erzeugen und spätere Frustrationen in den Fachabteilungen zu vermeiden.

Die Personen, die mit diesen Rollen versehen werden, bilden das Projekt-Kernteam (siehe Abbildung 18.2) und sind oftmals bei allen Meetings und Workshops der Konzeptionsphase dabei. Mindestens sollten sie sich eng abstimmen. Alle sollten zu jeder Zeit auf dem gleichen Kenntnisstand sein und sich gegenseitig bei der Erarbeitung des Konzepts unterstützen.

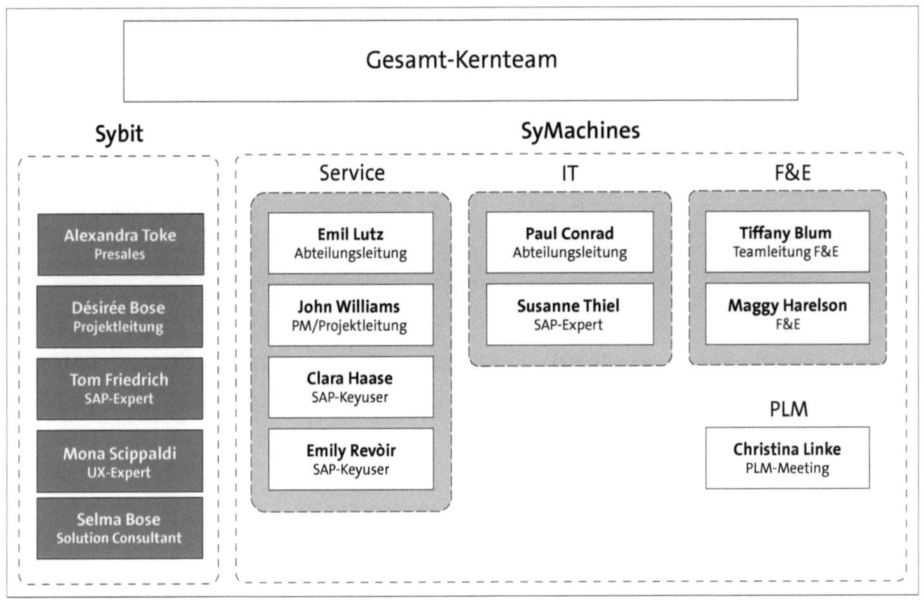

Abbildung 18.2 Projekt-Kernteam bei SyMachines

Zum *erweiterten Projektteam* (siehe Abbildung 18.3) gehören Vertreter/Process Owner aus den einzelnen Fachbereichen und aus der IT. In einem E-Commerce-Projekt sind diese typischerweise Ansprechpartner folgender Abteilungen:

- IT- bzw. SAP Inhouse-Beratung passend zu den jeweiligen Themen
- Vertrieb und Vertriebsinnendienst
- Logistik und Produktion/Fertigung
- Product Management
- Rechts- und Compliance-Abteilung
- Finanzwesen
- Aftersales/Service
- Interne und externe Beraterinnen und Berater aus diversen Fachgebieten

Die Ansprechpersonen des erweiterten Projektteams sind nicht bei allen Terminen und Workshops dabei und werden auch nicht in alle Themen gleichermaßen involviert. Sie gehören aber zum zu informierenden Personenkreis. Das Kernteam ist dafür verantwortlich, über den aktuellen Stand und Fortschritt der Konzeption zu informieren. Die Expertinnen und Experten werden nach ihren Meinungen gefragt und zur Beantwortung von technischen wie fachlichen Fragen direkt mit einbezogen. Die einzelnen Personen unterstützen bei der Gestaltung von neuen Geschäftsprozessen und überprüfen diese auf Realisierbarkeit.

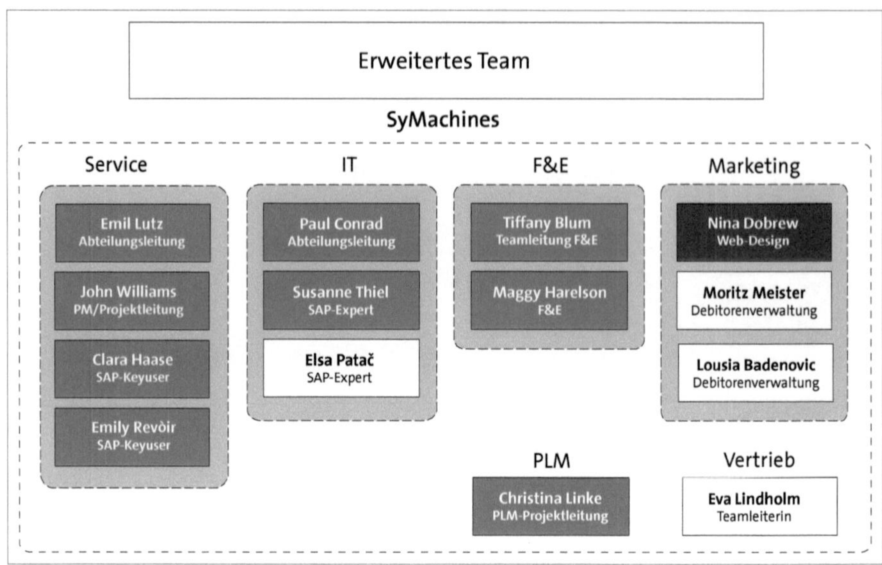

Abbildung 18.3 Erweitertes Projektteam bei SyMachines

Es wird empfohlen, auch Key User sowie Endanwender laufend mit einzubeziehen und frühzeitig – bestenfalls durch Prototypen – mit den kommenden, geplanten Arbeitsweisen und Systemen vertraut zu machen. Nichts hilft mehr gegen Skepsis und Unsicherheit als Transparenz. Somit empfiehlt es sich, bereits während der Konzeption Key User aus IT und Fachbereichen zu benennen, die später im Betrieb und Support der E-Commerce-Lösung eine tragende Rolle spielen. Das Mitwirken der späteren Key User hilft ungemein für deren Verständnis der Lösung und Gesamtarchitektur. Dadurch kann für die betreffenden Personen ein fließender Übergang von Konzeption (siehe Abschnitt 18.3.4, »Abschluss der Konzeptionsphase«) in die Umsetzung und schließlich in den Betrieb der Lösung gelingen.

Darüber hinaus wird ein Interessentenkreis definiert, der über entscheidende Entwicklungen, Probleme und Ergebnisse bei Bedarf und in regelmäßigen Abständen in Kenntnis gesetzt wird. Hierzu gehören u. a.:

- Steering Board
- Management
- Key Accounts
- Sponsoren
- Investoren

Fragestellungen in der Explore-Phase

Das Projekt-Kernteam steht vor der Herausforderung, sich auf eine gemeinsame Vorgehensweise zu einigen sowie konkrete Ziele zu vereinbaren. Im Folgenden besprechen wir, getrennt nach Kontext und Zielgruppe, einige Fragen, die im Rahmen der Explore-Phase beantwortet werden sollten:

- **Organisation, Mitarbeitende und Kunden (Stakeholder-Analyse)**
  - Wer hat alles direkten sowie indirekten Einfluss auf das Projekt?
  - Welche Interessen haben einzelne Stakeholder
  - Wie können bzw. müssen die Stakeholder berücksichtigt werden?
  - Welche Fachabteilungen werden im Unternehmen betroffen oder involviert sein?
  - Welche Anwender werden den neuen Vertriebskanal nutzen – sowohl extern wie auch intern?
  - Welche Anforderungen entstehen an die interne Organisation? Sind alle Fachkompetenzen vorhanden?
  - Wie gut und integriert arbeiten verschiedene Disziplinen, heute und zukünftig, zusammen?
  - Müssen neue Kompetenzen aufgebaut oder extern eingekauft werden?
  - Wer betreut den ggf. notwendigen Change im Unternehmen und verantwortet das Change Management?
  - Welche interne wie externe Unterstützung braucht es für Konzeption und Umsetzung? Welche Partner sind involviert?

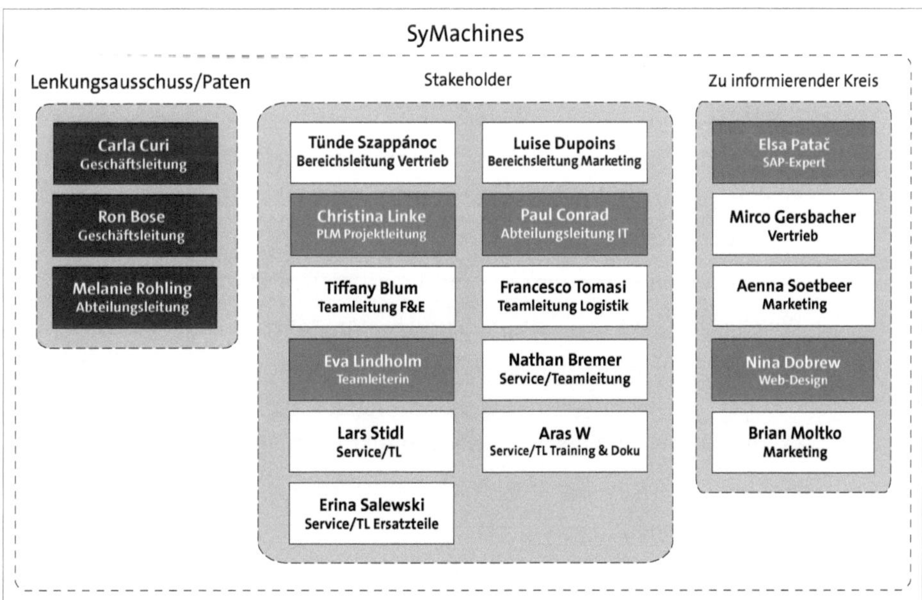

Abbildung 18.4 Stakeholder im SyMachines E-Commerce-Projekt

- **IT, Fachabteilungen und Business**
  - Welche Störfaktoren kann es geben? Gibt es parallele Projekte, die Ressourcen binden, oder Projekte mit Synergien?
  - Was sind die konkreten Projektziele und wie passen diese in die Gesamt-Digitalstrategie des Unternehmens?
  - Gibt es bereits Key Performance Indicators (KPIs) und wenn nein, welche werden vom Management vorgegeben?
  - Was sind die Zielmärkte für den ersten Launch (Roll-out) der neuen E-Commerce-Lösung?
  - Welche Marken sind für den E-Commerce-Vertriebskanal vorgesehen?
  - Welche Fachabteilungen und Geschäftsprozesse werden im Unternehmen betroffen sein?
  - Welche rechtlichen Anforderungen und Rahmenbedingungen gibt es – national und international?
  - Wer kümmert sich um den Betrieb und Support, sobald die E-Commerce-Lösung live geht?
  - Wie kann der neue Vertriebskanal etabliert werden? Welche Marketing-Kampagnen müssen eingeplant werden?
  - Welche Anforderungen haben zukünftige Anwenderinnen und Anwender und welcher Funktionsumfang muss ausgeliefert werden?
  - Was sind die strategischen Anforderungen und Ideen an die Skalierbarkeit der Lösung in Bezug auf Märkte, Regionen, Länder, Zielgruppen und Funktionen? (Über Webshop zum Kundenportal?)
  - Was macht der Wettbewerb? Was können andere Anbieter am Markt, was das eigene Unternehmen noch nicht oder nicht so schnell kann?
- **IT-Systemlandschaft und Technik**
  - Welche neuen Komponenten und Schnittstellen werden benötigt?
  - Welche Lizenzen, Installationen und Systemzugänge werden benötigt?
  - Hat das Unternehmen die notwendigen Produktdaten in ausreichender Datenqualität, um bereits vorhandene wie neue Geschäftsprozesse digital abzuwickeln? Dazu zählen insbesondere Produktdaten und Bilder?
  - Wie integriert und digital sind relevante Prozesse zum aktuellen Stand?
- **Allgemeine Fragen**
  - Was ist der zeitliche Rahmen bzw. was sind die zeitlichen Vorgaben für das Projekt, welche Meilensteine müssen erreicht werden?

- Wie groß wird der Umfang des Projekts in Bezug auf Ressourcen und Kosten sein und welche Vorgaben für Controlling und Dokumentation müssen beachtet werden?

Die Anzahl der Fragestellungen zeigt direkt den möglichen Umfang und die Komplexität des Vorhabens, die sich nicht nur dem Projektteam, sondern dem gesamten Unternehmen stellen. Im Folgenden möchten wir am Beispiel der Konzeptionsphase bei SyMachines zwei zentrale Aspekte hervorheben, die wir für besonders aussagekräftig und grundlegend in der Erkundungsphase halten: die Zielsetzung und den Konsens.

Zielsetzung

Um die Vision, allgemeine Ziele und Rahmenbedingungen für das Projekt zu erarbeiten, wurden die benötigten Stakeholder (Projektsponsoren, Projektleitung, Projekt-Kernteam) zu einem Workshop eingeladen. Gemeinsam wurde ein sogenannter *Project Canvas* oder *Business Model Canvas* mit Post-its befüllt, um die ersten Gedanken zu visualisieren. Im Zentrum des Canvas stehen die folgenden Fragen:

1. *Warum* (Konkrete Projektziele, Kontext zur Erreichung der Unternehmensziele)
2. *Wer* (Zielgruppen)
3. *Was* (Projektinhalt/Projektnutzen)

Um messbare Projektziele zu erhalten, empfiehlt es sich, Kennzahlen als *Key Performance Indicators (KPIs)* zu formulieren. Weitere Bestandteile des Canvas sind:

- Beschreibung des Projektteams
- Schlüsselaktivitäten
- bekannte Risiken
- Chancen für das Unternehmen und/oder einzelne Unternehmensbereiche
- Wettbewerber und deren Stärken und Herausforderungen
- Stärken und Herausforderungen des Unternehmens
- zeitliche Rahmenbedingungen
- Abhängigkeiten zu Projekten, Ressourcen, organisatorischen Bedingungen und äußeren Einflüssen
- Informationen zu Budget und Kosten sowie Ertragserwartungen (ROI-Berechnung)

Für die Erstellung eines Canvas gibt es unterschiedliche Vorlagen, die an die jeweilige Projektsituation angepasst werden können und sollten (siehe Abbildung 18.5 als Beispiel).

<table>
<tr><th colspan="4">Vision, Ziele</th></tr>
<tr><td colspan="4">Aufbau eines zusätzlichen Online-Vertriebskanals zur Steigerung des Umsatzes um x% in den kommenden 2 Jahren.
Erzielt durch einen Zuwachs von (Online-)Neukunden um y%.
Stärkung der Marktpräsenz sowie die Bekanntheit der Marken in den Vertriebsländern</td></tr>
<tr><th>Zielgruppen/Nutzer</th><th colspan="2">Wertangebot/Serviceversprechen</th><th>Wettbewerb</th></tr>
<tr><td>• Bestandskunden
• Online-Neukunden
• Vertrieb
• Service
• Key-User
• Produktmanagement
• Content Redakteure</td><td colspan="2" rowspan="3">• Elektronische Bestellabwicklung von Maschinen, Zubehören, Ersatzteilen und Services
• Profitabler Umsatz- und Absatzzuwachs
• Stärkung der Marktposition in bestehenden Märkten
• Ausbau der Marktposition in neuen Märkten
• Erreichung/Erschließung neuer Zielgruppen
• Gewinnung von Neukunden
• Schaffung einer State-of-the-Art-Onlinepräsenz
• Stärkere Kundenbindung durch zusätzliches Online-Angebot und verbesserte Kommunikation
• Potenzial für Ausbau zum Kundenportal
• Steigerung der Produktivität, durch Ausbau der Digitalisierung
• Effizienzverbesserung der Organisation
• Mehrwerte für unsere Kunden:
• 24-Stunden-Verfügbarkeit für Preis-und Verfügbarkeitsabfragen
• Schnellere Abwicklung von Ersatzteilbestellungen
• Interaktive Identifikation und Bestellung von Ersatzteilen</td><td>• Die wichtigsten Wettbewerber nutzen bereits E-Commerce-Bestellportale
• Die zwei größten Wettbewerber bieten bereits Online-Konfiguration an
• Onlinepräsenz ist bereits stärker ausgeprägt</td></tr>
<tr><th>Schlüsselaktivitäten</th><th>USPs/Stärken und Schwächen</th></tr>
<tr><td>• Bereitstellung von Projektressourcen
• Stammdaten bereinigen
• SAP-S/4HANA-Prozesse anpassen/vorbereiten
• Etablierung von Konzern-Standards für internationale Roll-outs
• Schaffung einer »Customer Experience«
• Sicherheit und Datenschutz
• Rechtssicherheit
• Zahlungsdienstleister
• Agile Projektmethodik
• Key-User schulen</td><td></td></tr>
<tr><th colspan="2">Einnahmequellen/ROI</th><th colspan="2">Kostenstruktur</th></tr>
<tr><td colspan="2"></td><td colspan="2"></td></tr>
</table>

Abbildung 18.5 Canvas-Beispiel bei SyMachines (anonymisiert)

Als Ergebnis erhält das Projektteam eine verbindliche Übersicht, die im gesamten Verlauf der Konzeption sowie im Projekt sowohl zur Kommunikation als auch zur Rückversicherung verwendet werden kann. Es ist wichtig, dass jede Entscheidung im Projekt im Einklang mit den Inhalten des Project Canvas getroffen wird. Dadurch besteht für alle Beteiligten die Möglichkeit, Entwicklungen, die gegen die Zielvorgaben und Rahmenbedingungen des Projekts verstoßen, zu erkennen und zu benennen. Der Project Canvas wird im Projekt für alle Projektteilnehmer transparent veröffentlicht und dokumentiert.

Konsens

Durch die Mitwirkung und das Einbinden aller Stakeholder während der Konzeptionsphase wird sichergestellt, dass alle Meinungen, Anforderungen und Ziele ausreichend berücksichtigt werden können und ein gemeinsames Verständnis der Projektziele erreicht wird. Eine E-Commerce-Lösung als digitalen Vertriebskanal oder als Serviceportal ist ein abteilungsübergreifendes Vorhaben mit Relevanz für unterschiedlichste Fachabteilungen. Geschäftsprozesse haben Auswirkungen über einzelne Silos im Unternehmen hinweg.

In unserem Beispiel war die Bedeutung, zukünftig Produkte über einen Webshop zu vertreiben, für viele Stakeholder, besonders für den Vertrieb, enorm. Deshalb war es wichtig, alle Betroffenen einzubinden und ein gemeinsames Verständnis unter ihnen zu schaffen. In Abbildung 18.4 und den beiden folgenden Beispielen wird die Bedeutung eines Konsenses veranschaulicht.

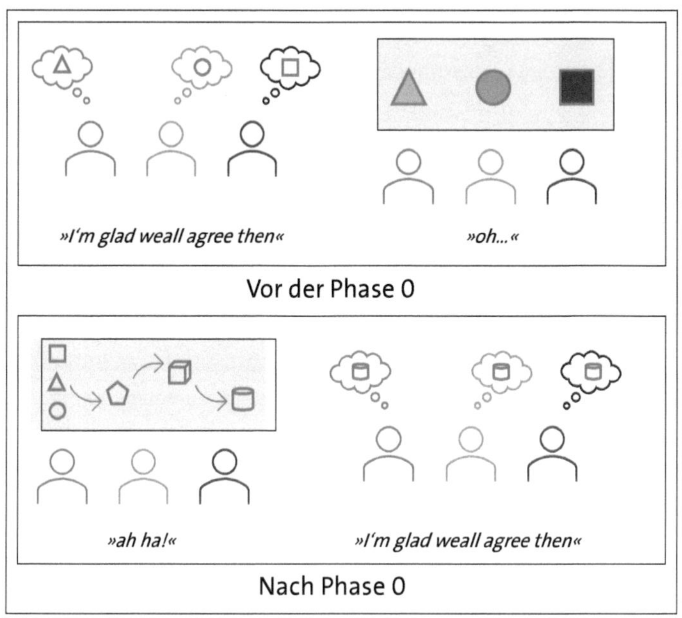

Abbildung 18.6 Konsens vor und nach der Explore-Phase

[zB]

18

Beispiele für eine gute und eine schlechte Abstimmung

Positivbeispiel

Zunächst möchten wir ein gutes Beispiel betrachten: Bei SyMachines wurde früh die Entscheidung getroffen, für Online-Neukunden »Kreditkarte« als Zahlungsmittel anzubieten, um die Möglichkeit zur Online-Bestellung ohne langwierigen Prüfprozess (z. B. nach einer Neuregistrierung) zu geben. Die Entscheidung hatte eine direkte Auswirkung auf verschiedene Abteilungen:

- das IT-Team für die Systemintegration und den späteren Betrieb
- der Einkauf für die Beschaffung von Softwarelizenzen
- das Projekt-Kernteam zur Lösungs- und Dienstleister-Evaluation
- der Vertrieb in der Kommunikation Richtung Kunde
- der Vertriebsinnendienst zur Abwicklung im Vertriebsprozess
- die Finanzabteilung zur buchhalterischen Abwicklung
- die Logistik in der Bestellabwicklung

Weil alle Ansprechpartner aus dem erweiterten Projektteam direkt beteiligt und alle relevanten Personen informiert wurden, konnte das Teilprojekt zur Integration eines passenden Bezahldienstleisters direkt und zielgerichtet in Angriff genommen werden. Bei der gemeinsamen Festlegung der Prioritäten für die erste Lösungsiteration (Minimum Viable Product) hatten sich alle verantwortlichen Stakeholder darauf geeinigt.

Negativbeispiel

So sollte es nicht laufen: Bei einem anderen Unternehmen wurde den Verantwortlichen im Service erst während der Umsetzungsphase bewusst, dass für die erste Lösungsiteration, keine Retouren-Abwicklung über das neue E-Commerce-System vorgesehen war – obwohl dies in verschiedensten Gesprächen (abseits der Konzeptionsphase) thematisiert wurde. Die Serviceleitung ist während der Konzeptionsphase nicht ausreichend involviert und über den geplanten Scope informiert worden.

Das führte zum einen dazu, dass ein separates Teilprojekt ins Leben gerufen wurde, das Ressourcen und Aufmerksamkeit vom Haupt-Implementierungsprojekt abzog. Der Serviceverantwortliche war dem gesamten Projekt gegenüber von nun an kritisch eingestellt, da ein aus seiner Sicht zentraler Funktionsbereich nicht ausreichend priorisiert wurde. Zum anderen war die Gesamtbewertung der Lösung am Ende der ersten Implementierungsphase nicht so positiv, wie sie gewesen wäre, wenn die erforderlichen Retouren-Prozesse bereits vollständig integriert worden wären.

Die Explore-Phase endet in der Regel mit dem Projekt-Kick-off. In Abbildung 18.7 sehen Sie die Phase im SyMachine-Projekt als Zeitstrahl, bevor nahtlos die nächste Phase beginnt.

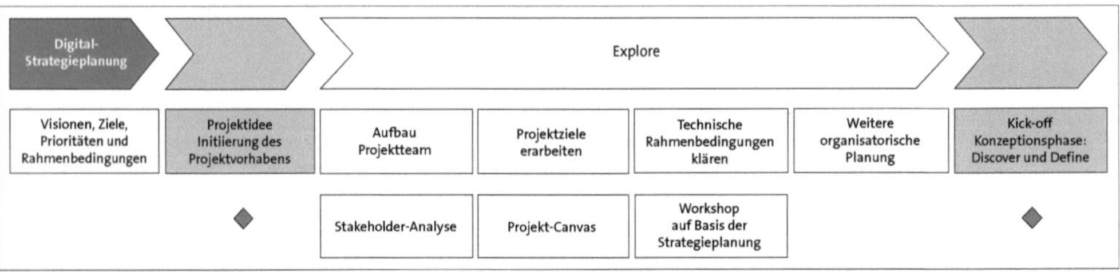

Abbildung 18.7 Explore-Phase bei der SyMachines

18.3.2 Discover-Phase

Nachdem die Stakeholder identifiziert, die Projektziele und Rahmenbedingungen festgelegt sowie Konsens und Vorgehensweise abgestimmt sind, konzentriert sich die zweite Teilphase darauf, den aktuellen Istzustand zu erfassen und zu beschreiben. Der Istzustand betrifft die beteiligten Personen sowie die Geschäftsprozesse und Technologien.

Beteiligte Personen

Um die beteiligten Personen zu bestimmen, sollten Sie sich die folgenden Fragen stellen:

- Wer sind wichtige Zielgruppen und wer wird die E-Commerce-Lösung benutzen?

- Welche Aufgaben und Ziele haben die Zielgruppen sowie Anwenderinnen und Anwender?
- Womit und wie arbeiten die beteiligten Personen heute, um ihre Aufgaben zu erledigen?

Zur Beantwortung können unterschiedlichste Methoden angewandt werden. Im Idealfall werden Mitarbeitende, Ansprechpersonen bei den Endkunden und zukünftige Anwenderinnen und Anwender anhand eines Interview-Leitfadens direkt befragt. Zusätzlich empfiehlt es sich immer, im Rahmen eines Workshops sogenannte *Personas* zu erarbeiten. Personas und ihre Erstellung und Nutzung ist ausführlich in Kapitel 20, »Kundenbeispiel 3: CX-Projekte mit User Journeys«, veranschaulicht.

Zur Visualisierung der Anwenderaktionen wird eine sogenannte *Customer Journey Map* eingesetzt. Es steht eine ganze Werkzeugkiste voller Methoden zur Verfügung, um die Nutzerinnen und Nutzer besser kennenzulernen. An dieser Stelle empfehlen wir die Lektüre von Abschnitt 3.4, »Werkzeuge für erfolgreiche Customer Experience im E-Commerce«, und Kapitel 20, »Kundenbeispiel 3: CX-Projekte mit User Journeys«, wo Sie praktische Beispiele dazu nachlesen können.

Die Ergebnisse dieses Vorgehens sind z. B.:

- eine priorisierte Zielgruppenliste
- priorisierte Personas
- Persona Fact Sheets
- Customer Journey Map/User Journey Map
- Use Case Diagram
- Übersicht der Interview-Fragebögen mit Antworten
- formulierte Nutzeranforderungen oder Annahmen

Als Endergebnis lassen sich Anforderungen an die E-Commerce-Lösung ablesen und als Use Cases oder User Stories formulieren. In der Regel tauchen neue fachliche und technische Fragen auf, für die in den nachfolgenden Schritten Antworten und Lösungen gefunden werden müssen.

Geschäftsprozesse

Zusätzlich zu den Anforderungen der Nutzer ist es wichtig, die aktuellen Prozesse genauer zu analysieren und zu verstehen. Bei der Aufnahme und Bewertung von Istprozessen gibt es unterschiedliche Ansätze. Wir empfehlen, die Aufnahme von Istprozessen (high-level) auf Basis vorliegender Prozessdokumentation in gemeinsamen Workshops zu machen.

Die Darstellung der Prozesse sollte in einem passenden Format vorliegen, das auch für die zukünftige Aufnahme der Sollprozesse genutzt wird (z. B. Signavio, Aris, PowerPoint oder Mural). Sollten die Istprozesse noch nicht dokumentiert sein, empfehlen wir, dies unbedingt möglichst zu einem früheren Zeitpunkt, aber spätestens jetzt im Rahmen von Modellierungsworkshops vorzunehmen.

Grund ist, dass der »gefühlte« Prozess sich häufig von dem »gelebten« Prozess unterscheidet. So kann z. B. der definierte Angebotsanfrageprozess eine direkte Aktivitätsanlage im CRM-System vorsehen. In der Realität erfolgen Angebotsanfragen aber teilweise, ohne dass die zuständigen Vertriebsmitarbeitenden Informationen dazu erhalten.

Beim SyMachines-Beispiel war der designierte Onboarding-Prozess zur Registrierung in Wahrheit deutlich komplexer als geplant und gedacht. Der aufgenommene Istprozess zeigte, dass es eine Bonitätsprüfung benötigt, einen Gewerbeschein und mehrere manuelle Schritte, bis der Debitor im ERP-System vollständig angelegt, freigegeben und verwendet werden kann. Dieser Prozess musste für B2B-Kunden und vor allem für neue B2C-Kunden neu konzipiert werden, um eine zweistufige Registrierung zu vermeiden.

Bestehende Diskrepanzen werden bei der Istaufnahme möglichst identifiziert – dazu ist eine einheitliche Dokumentation hilfreich. Aber unabhängig davon, ob bei der Aufnahme (Modellierung) oder der Evaluierung von Istprozessen: Es werden sich immer Lücken auftun, die es gilt zu füllen und direkt bei der Definition von Zielprozessen und Formulierung von User Stories (Define-Phase) zu nutzen.

Optional können die Istprozesse bereits in dieser Phase im Hinblick auf Schwachstellen, wie Engpässe und erhöhte Durchlaufzeiten, und Optimierungspotenziale, wie die Reduzierung von Schritten oder Automatisierung, bewertet werden. So lassen sich auch einfach offene Punkte identifizieren. Zum Beispiel kann eine Istaufnahme zeigen, dass Händlerprozesse, Gebiete und Produktionsstandorte es nicht zulassen, dass jeder Kunde in jedem Land digital einkaufen kann. In Abbildung 18.8 ist ein Ergebnis einer Istprozessaufnahme zu sehen.

Sie sehen in der Abbildung einen Checkout-Prozess in der SAP Commerce Cloud. Der Prozess ist in SAP Signavio modelliert. Er beginnt mit dem Startereignis **Anmeldung durchführen** und führt direkt in den Teilprozess **Produkt(e) auswählen**.

Teilprozesse eignen sich gut, um die Übersichtlichkeit eines Prozesses zu gewährleisten. Das Ziel einer Prozessvisualisierung sollte immer sein, dass der Geschäftsprozess für alle Interessengruppen verständlich und nachvollziehbar ist. Durch die Anmerkungen ist auf einen Blick ersichtlich, welche Inhalte in den Teilprozessen abgebildet sind (hier: Guided Selling, Produktkonfiguration etc.). Nach dem Teilprozess erfolgt die manuelle Aktivität **Warenkorb abschließen**.

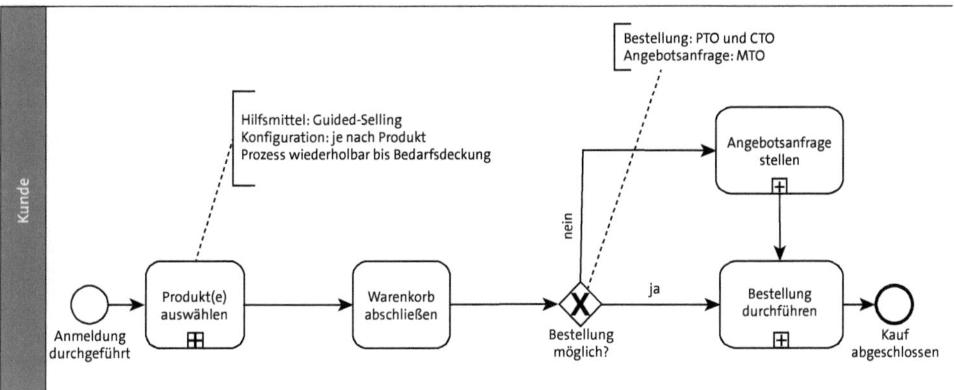

Abbildung 18.8 Ist-Checkout-Prozess in SAP Commerce Cloud

Durch das anschließende Gateway soll geprüft werden, ob eine Bestellung direkt möglich ist. Bei Configure-to-Order-Produkten (CTO) ist nur eine Angebotsanfrage möglich. Je nach Prüfergebnis wird der Teilprozess **Angebotsanfrage** oder **Bestellung durchführen** angestoßen. Nach diesen Teilprozessen endet der Prozess mit dem Endereignis **Kauf** abgeschlossen.

Dieser Prozess ist übersichtlich dargestellt, jedoch hat er auch einige Optimierungsmöglichkeiten. Da die Prüfung automatisch passieren soll, sollte vor dem Gateway eine automatische Aktivität eingebaut werden. Zudem können, um das Prüfungsergebnis nach dem Gateway darzustellen, die Zwischenergebnisse verwendet werden (siehe Abbildung 18.9).

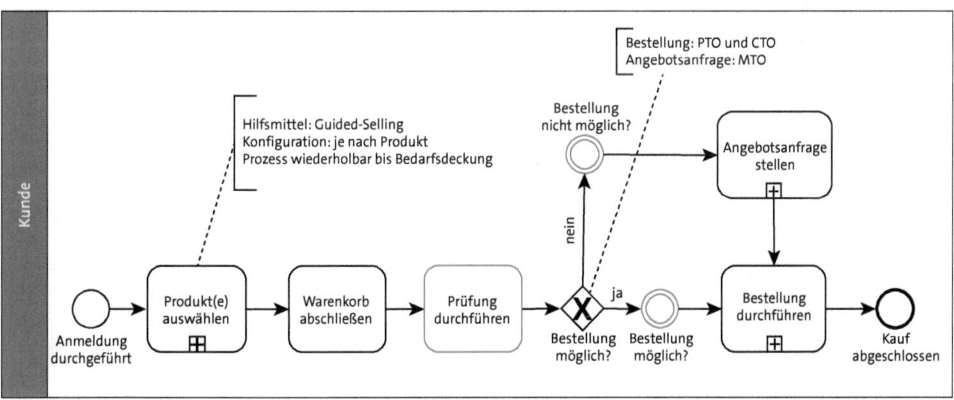

Abbildung 18.9 Ist-Checkout-Prozess in SAP Commerce Cloud nach der Optimierung

Sollprozess »Online-Reparaturanfrage«

In diesem Szenario, das mit der Sybit-Notation in Mural dargestellt wurde, wird eine Online-Reparaturanfrage gezeigt, die über SAP Commerce Cloud initiiert wird. Ein

Kunde loggt sich im Kundenportal ein. Nachdem seine Anmeldung erfolgreich ist, wählt er den Menüpunkt **Meine Maschinen**.

Nun werden ihm alle Maschinen angezeigt. Davon wählt er die defekte Maschine aus und klickt auf den Button **Probleme mit der Maschine**. Im Anschluss daran beschreibt er das Problem oder die Probleme und schickt die Serviceanfrage ab.

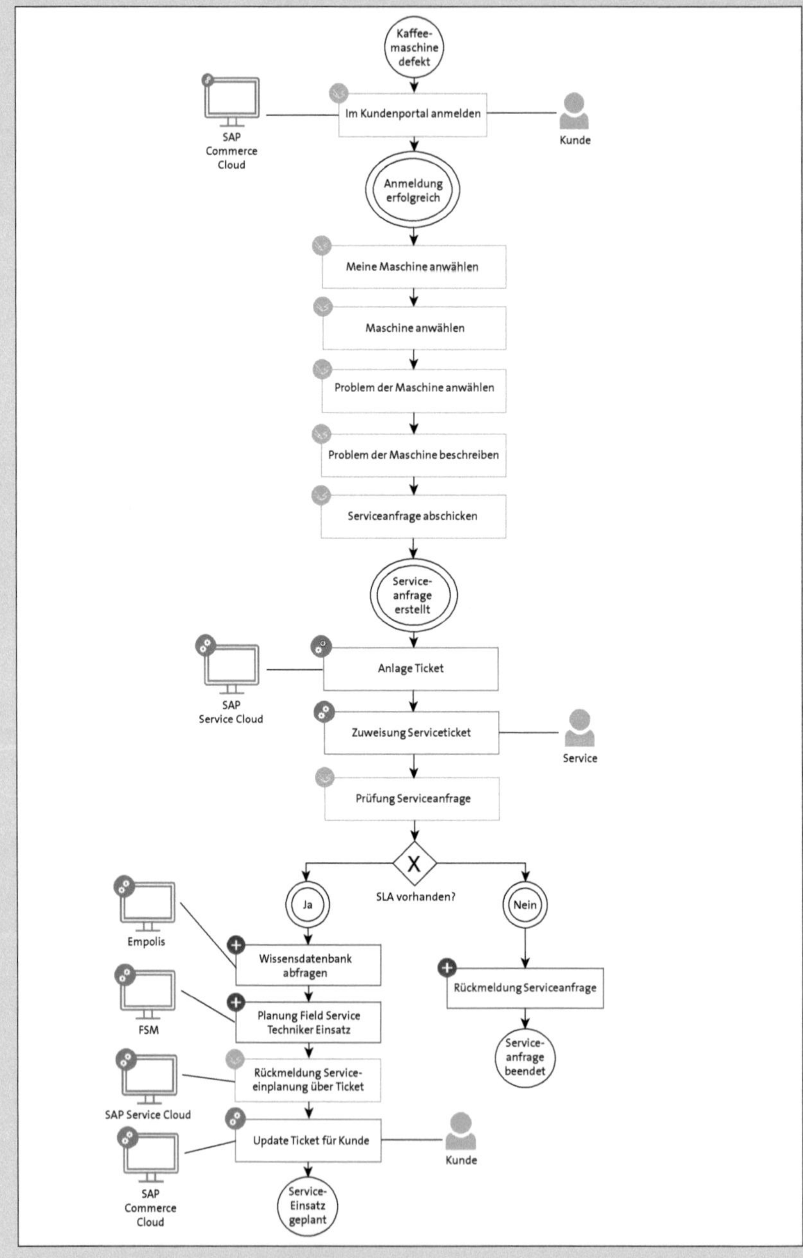

Abbildung 18.10 Reparaturanfrage SyMachines mit Sybit-Notation

Das Ticket wird automatisch in der SAP Service Cloud angelegt und einem Mitglied des Serviceteams zugewiesen. Dieses prüft die Serviceanfrage darauf, ob ein Service Level Agreement (SLA) vorliegt. Ist kein SLA vorhanden, startet der Teilprozess *Rückmeldung Serviceanfrage* und dann ist der Prozess beendet. Ist ein SLA vorhanden, wird der Teilprozess *Wissensdatenbank abfragen* in Empolis gestartet. Im Anschluss erfolgt der Teilprozess *Planung Field Service Techniker-Einsatz* in SAP Field Service Management. Das Mitglied des Serviceteams meldet über das Ticket in der SAP Service Cloud die Serviceeinplanung. Der Kunde erhält automatisch in der SAP Commerce Cloud ein Update. Danach ist der Serviceeinsatz eingeplant und der Prozess beendet.

Voraussetzung zur Durchführung ist die Partizipation der Prozessverantwortlichen (Process Owner) und/oder ausgewählter Key User bzw. Wissensträger. Sind alle Istprozesse besprochen oder modelliert, kann eine Prozesslandkarte erstellt werden.

Prozesslandkarte

Eine Prozesslandkarte ist eine visuelle Darstellung, die die Struktur, die Interaktionen und die Abhängigkeiten der verschiedenen Prozesse innerhalb einer Organisation skizziert. Sie bietet einen klaren Überblick über Kern-, Unterstützungs- und Managementprozesse und hebt Rollen, wichtige Leistungsindikatoren und die Integration von Technologien hervor.

Für SyMachines waren die Prozesse bereits im Vorfeld weitestgehend modelliert worden. Es wurden folgende Prozesse betrachtet und analysiert:

- Kundenerstellungsprozess
- Bestellprozess (Bestelleingang)
- Preisfindung
- Prozess der Auftragsabwicklung im Vertrieb (SD-Komponente in SAP ERP bzw. SAP S/4HANA)
- Prozess zum Umgang mit Änderungswünschen oder Lieferproblemen
- Logistikprozess
- Ermittlung und Auskunft von Produktverfügbarkeiten
- Prozess des Kundenmanagements von Bestelleingang bis Auslieferung
- Retouren-Abwicklung
- Beschwerdemanagement
- Erstellungsprozess von Produkten (Anlage, Pflege und Statusverwaltung von Produktinformationen)

- Logik zur Verwaltung des Produktportfolios in Bezug auf Regionen, Länder, Märkte und Zielgruppen
- Rechnungsstellung, Umgang mit Gutschriften

Die Ergebnisse dieses Vorgehens können z. B. sein:

- Business Model Canvas
- Prozessmodelle (Business Process Model (BPM))
- Formulierung von Optimierungspotenzialen

IT-Architektur

Ebenso wichtig wie Akteure und Geschäftsprozesse sind Informationen rund um vorhandene Systeme, Datenflüsse und Pflegeprozesse. Zur Beschreibung des Istzustands sind folgende Fragen von Relevanz:

- Wie sieht die technische IT-Landschaft aus?
- Wie sieht die Roadmap für bestehende und neu einzuführende Systeme aus?
- Gibt es eine Integrationsstrategie (z. B. für die E-Commerce-Lösung und SAP ERP bzw. SAP S/4HANA)?
- Welche Datenpflegeprozesse gibt es und welche Inhalte entstehen dabei?
- Welche Systeme sind Source of Truth für welche Daten?
- Welches Entwicklungs-Know-how ist im Unternehmen vorhanden und nutzbar zur Integration von Systemen und Entwicklung von Erweiterungen?

Ziel ist es, vorhandene Systeme, Schnittstellen, bestehende Daten und Datenflüsse im Rahmen einer System-und-Content-Inventur zu analysieren und zu dokumentieren. Dabei spielen auch Prozesse zur Entstehung und Pflege von bestimmten Stammdaten eine Rolle. Während der Analyse können Optimierungspotenziale erkannt und Lücken für die spätere E-Commerce-Integration identifiziert und aufgezeigt werden. Eine IT-Roadmap über die nächsten ein bis zwei Jahre hilft dem Projektteam, die Abhängigkeiten und Integration in anderen Systemen besser berücksichtigen und planen zu können.

Die Ergebnisse dieses Vorgehens können z. B. sein:

- Visualisierung der aktuellen Systemlandschaft
- Visualisierung von bestehenden Schnittstellen und Datenflüssen
- Prozessmodelle zur Datenentstehung und Pflege
- Formulierung von Optimierungspotenzialen
- Erweitertes Product Backlog um neue und geänderte User Stories
- Beschreibung der IT-Roadmap

18.3.3 Define-Phase

In der Define-Phase geht es um den Entwurf eines Sollzustands. Es werden konkrete technische Entscheidungen zur Systemarchitektur und Integration getroffen, Lösungsansätze formuliert und bewertet. Es entsteht ein Product Backlog als Grundlage für den Start in ein agiles Projekt.

In der vorherigen Phase wurden Anwenderinnen und Anwender im Hinblick auf ihre Anforderungen analysiert, beschrieben und priorisiert. Nun gilt es, die Bedürfnisse und Erwartungen der verschiedenen Anwendergruppen im neuen E-Commerce-System abzubilden und Lösungsansätze zu formulieren. Dabei ist es hilfreich, die Lösungsansätze zu visualisieren. Die Phase lässt sich in vier Schritte einteilen, die wir im Folgenden beschreiben.

Anforderungen

Um möglichst alle *Anforderungen* aus Anwendersicht zu erfassen, gibt es unterschiedliche Ansätze, die auch kombiniert werden können. Mit der bereits angesprochenen Erarbeitung einer *User Journey Map* (siehe Kapitel 20, »Kundenbeispiel 3: CX-Projekte mit User Journeys«, und Kapitel 21, »Kundenbeispiel 4: Projektmanagement«) können Sie alle Schritte der Anwenderinnen und Anwender von Anfang bis Ende beschreiben und daraus Anforderungen an das E-Commerce-System sowie notwendige Prozesses und Integration ableiten.

Mithilfe von *Wireframes* (siehe Abschnitt 3.4, »Werkzeuge für erfolgreiche Customer Experience im E-Commerce«, und Kapitel 20, »Kundenbeispiel 3: CX-Projekte mit User Journeys«) kann die Benutzeroberfläche des zukünftigen Commerce-Systems einfach und sehr effektiv visualisiert werden. Stehen bereits Demo- oder Prototyp-Instanzen zur Verfügung, können mittels eines sogenannten *Walk-Through* bereits bekannte Anforderungen mit dem System verglichen und verprobt werden. Deltas können dann – falls relevant – als neue Anforderungen an das E-Commerce-System formuliert werden. Für ausgewählte (wichtige) Seiten und Funktionen können *Mockups* und *Screendesigns* erstellt werden, um vereinzelt Lösungsansätze detailliert abzubilden.

Alle bis hierhin bekannten Anforderungen werden im Product Backlog zusammengefasst. Das Product Backlog kennt keinen finalen Stand, sondern immer nur den Kenntnisstand zum Zeitpunkt X. Im Kasten ist ein konkretes Beispiel beschrieben, wie sich Anforderungen (User Stories) im Laufe der Zeit verändern bzw. erweitern oder häufig auch deutlich vereinfachen können bis hin dazu, dass die Anforderung gar nicht mehr aktuell ist.

Entwicklung von Anforderungen im Laufe einer Konzeptionsphase oder im Projektverlauf

Bei einer Kunden- und Anwenderbefragung von SyMachines stellte sich heraus, dass alle Bestandskunden, die bereits eine Geschäftsbeziehung zu SyMachines haben, auch online im E-Commerce ihre Bestellungen weiterhin per Rechnung bezahlen möchten. Für Neukunden, die sich registrieren, ist es allerdings zwingend notwendig, eine weitere Zahlungsmethode anzubieten, da die Abwicklung per Rechnung erst nach einer sorgfältigen Prüfung ihres Unternehmens erlaubt und durchführbar ist. Deswegen wurde entschieden, eine Bezahlung mittels Kreditkarte einzuführen. Die Evaluierung sowie der Auswahlprozess eines Zahlungsdienstleisters (Payment Providers) mussten zusätzlich eingeplant und angestoßen werden.

Scoping

Ein gründliches *Scoping*, also das Festlegen des für das jeweilige Release möglichen Umfangs, ist für den späteren Projekterfolg entscheidend. Die relevanten Themenfelder zum Aufbau einer E-Commerce-Lösung sind dabei sehr vielfältig. Es kann dabei zwischen funktionalen und nicht funktionalen Anforderungen unterschieden werden: Bei den funktionalen Anforderungen ist es am leichtesten, sich anhand der gesamten User Journey zu orientieren. Die relevanten Themen im Rahmen der Konzeption im SyMachine-Projekte sind im Folgenden kurz umrissen und können als Orientierung für andere, vergleichbare Projekte dienen:

- **Anwender-/Kunden-Onboarding**
  Als ersten Schritt der User Journey wird geklärt, wie potenzielle Bestands- oder Neukunden ihren Weg auf die neue E-Commerce-Plattform finden. Es empfiehlt sich, den gesamten Registrierungs- und Anmeldeprozess zu modellieren und alle notwendigen Schritte genau zu beleuchten.
- **Länder und Märkte**
  Die Systemarchitektur muss immer darauf ausgelegt sein, die E-Commerce-Lösung später einfach in weitere Länder und Märkte einzuführen.
- **Bestell- und Versandabwicklung**
  Bei der Bestellabwicklung ist darauf zu achten, einen möglichst integrierten und automatisierten Bestellprozess zu schaffen (mit einem SAP-ERP- oder SAP-S/4HANA-Backend-System).
- **Zahlungsabwicklung**
  Es ist wichtig, sich frühzeitig mit den Möglichkeiten der Zahlungsabwicklung zu befassen. Dabei sollte berücksichtigt werden, dass die Integration von externen Zahlungsdienstleistern oft zu einem zusätzlichen Parallelprojekt führen kann.

- **Product Content Management**
  Das Product Content Management (PCM) ist ein wesentlicher Bestandteil der Konzeptionsphase und dort oft der Bereich mit dem größten Umfang. Es kann wahlweise als vorgelagerter Prozess, einschließlich einer Bewertung der Produktdaten, durchgeführt werden.
- **Web Content Management**
  Neben dem Produktportfolio spielen für jede E-Commerce-Lösung auch allgemeine Informationen (z. B. zu Unternehmen, Standorten oder Messen) und Marketing-Inhalte eine wesentliche Rolle.
- **IT-Sicherheit, Datenschutz, Legal und Compliance**
  Es muss zwingend gewährleistet werden, dass die je nach Region und Land geltenden Gesetzesanforderungen und Datenschutzbestimmungen eingehalten werden.
- **Gruppen- und Berechtigungskonzept**
  Je nach Zielgruppen für den neuen Vertriebskanal kann es notwendig sein, für verschiedene Anwendergruppen unterschiedliche Rollen und Berechtigungen zu vergeben.
- **Marketing- und Vertriebsstrategie**
  Wie wird das System beworben (Landingpages, SEO, SEA etc.) und wie werden Kampagnen oder Cross-Selling-Prozesse im Shop abgebildet?
- **Integration**
  Eine E-Commerce-Lösung ist in der Regel nur Teil eines größeren Ökosystems an Systemen, Daten und Prozessen. Deswegen spielt das Thema Integration immer eine Schlüsselrolle (siehe Kapitel 15, »SAP Commerce Cloud mit SAP S/4HANA und SAP ECC«, und Kapitel 17, »Integrations- und CX-Szenarien mit SAP Commerce Cloud«).
- **UX und Design**
  Entwicklung des Styleguides und Erarbeitung des Konzepts zur Benutzerführung und der UIs auf Basis der Wireframes.

In Abbildung 18.11 wird der zeitliche Ablauf, einschließlich der Workshops, dargestellt, wie SyMachines in der Definitionsphase vorgegangen ist.

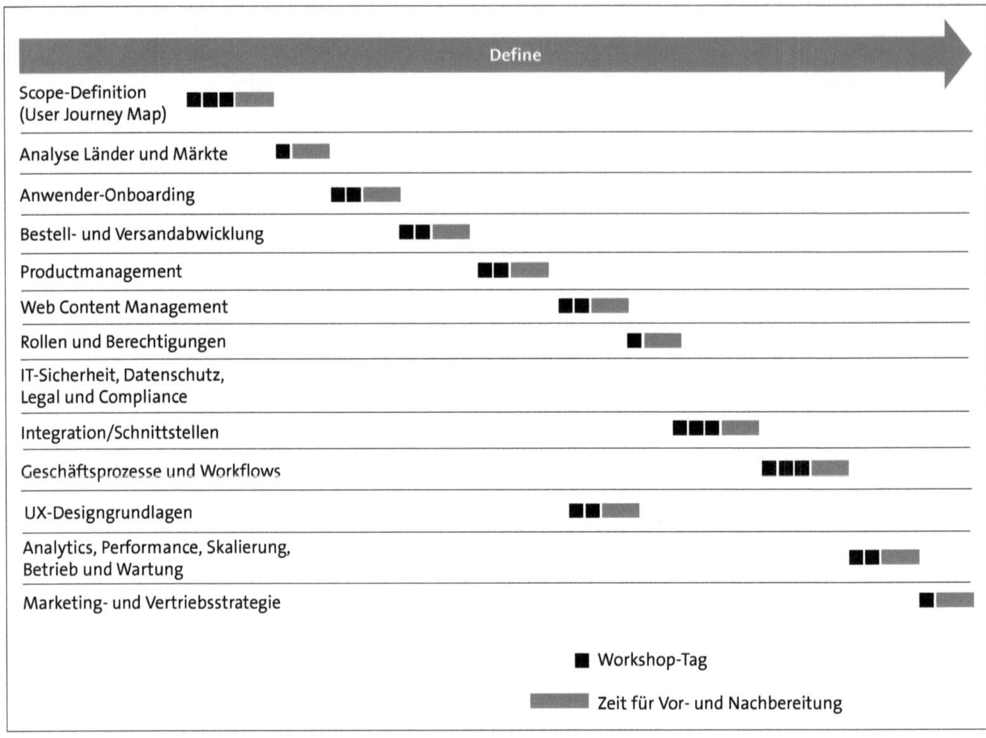

Abbildung 18.11 Ablauf der Define-Phase (Workshop-Übersicht)

Qualitätssicherung

Ein entscheidender Erfolgsfaktor für die Umsetzung und den Betrieb der neuen E-Commerce-Lösung ist die *Qualitätssicherung*, die vom ersten Tag der Umsetzung gewährleistet sein muss. Dafür sollten bereits während der Konzeption die notwendigen Voraussetzungen und Maßnahmen besprochen und definiert werden. Qualitätssicherung kann dabei auf verschiedenen Ebenen erfolgen. Testrelevant sind z. B. Programmcode (Unit-Tests), Schnittstellen (Integrationstests), Frontend und Usability, Systemperformance, Systemlast und -sicherheit (Penetrationstests) und viele mehr.

Dabei können Tests auf unterschiedliche Art und Weise ausgeführt werden: manuell oder automatisiert. Die Verantwortlichkeiten und Häufigkeiten je Testart können dabei variieren. Es ist wichtig, sich im Vorfeld Gedanken über die notwendigen Maßnahmen zu machen, um den gewünschten Qualitätsstandard zu erreichen und sicherzustellen, dass wichtige Seiten und Funktionen des E-Commerce-Systems verfügbar und nutzbar sind. Im Ergebnis stehen eine höhere Zuverlässigkeit und Verfügbarkeit der Lösung. Erreicht wird dies dadurch, dass Fehler in neuen Funktionen oder Regressionen in vorhandenen Funktionen in der Regel frühzeitig erkannt werden und nicht erst im Betrieb auftreten. Folgendes sollte erarbeitet werden:

- definierte QM-Ziele
- Übersicht der QM-Verantwortlichkeiten
- Liste an QM-Richtlinien
- Szenarien mit besonderem QM-Bedarf, jeweils bewertet nach Kritikalität, Fragilität und Testmethodik
- Übersicht notwendiger Systeme zur Testunterstützung

Detaillierungsgrad

Da E-Commerce-Projekte sehr komplex werden können, stellt sich schnell die Frage, wie detailliert die einzelnen Ergebnisse der Konzeption ausgearbeitet werden müssen. Gemäß den agilen Prinzipien empfiehlt es sich, nur so viel im Detail zu spezifizieren, wie nötig ist, um den Umfang des Projekts gut planen zu können. Die Details werden erst später in der Umsetzung ausgearbeitet.

Hier zeigt sich, dass ein Projekt auch als *Learning Journey* verstanden werden muss. Durch das Testen der ersten Funktionen und Releases werden meist neue Erkenntnisse erlangt, durch die sich das Produkt stets weiterentwickelt und verändert. Der Raum für mögliche Veränderungen ist positiv zu bewerten, da ein besser zur Realität passendes Ergebnis erstellt und geliefert werden kann. Dies muss allerdings im Entwicklungsprozess unterstützt werden (zweites agiles Prinzip: *Embrace Change*). Im Umkehrschluss bedeutet das auch, dass zu frühe Detailspezifikation oft unnötige Aufwände produziert.

Bei SyMachines wurden fachliche Anforderungen als User Stories formuliert, den Epics zugewiesen und im Product Backlog gesammelt. Eine User Story ist wie folgt aufgebaut:

- Als Anwenderin oder Anwender (*Wer*) möchte ich Aufgabe X (*Was*) erledigen können.
- Damit möchte ich mein Ziel (*Warum*) erreichen.
- Dabei gelten folgende Akzeptanzkriterien: Bedingung A muss erfüllt sein, und B muss eintreten, wenn A erfüllt wurde.

Warenkorbverwaltung

Epic: Warenkorbverwaltung

Story: Als John Doe in der Rolle **Kunde** möchte ich nach Hinzufügen eines Artikels in den Warenkorb Informationen zur Verfügbarkeit des Artikels sehen, um die voraussichtliche Lieferzeit direkt abschätzen zu können.

Akzeptanzkriterien:

- Nach Hinzufügen eines Artikels in den Warenkorb wird eine Verfügbarkeitsprüfung zur Laufzeit direkt im SAP-ERP-Backend ausgeführt.
- Die Verfügbarkeitsauskunft aus dem SAP-ERP-Backend gibt Auskunft über folgende Zustände:
  - Artikel ist verfügbar und sofort lieferbar
  - Artikel ist verfügbar und lieferbar innerhalb von X Tagen

Technische Details zur ERP-Schnittstelle oder genaue Angaben zur Anzeige im Warenkorb werden dabei nicht formuliert. Diese Details können von Architekturteam, Entwicklung sowie den UX-Expertinnen und -Experten bei der Planung im Vorfeld der Umsetzung ausgearbeitet werden. Die Story impliziert aber bereits eine wesentliche Annahme aus der technischen Konzeption: Die Informationen über den aktuellen Lagerbestand, Beschaffungs- und Lieferzeiten von Artikeln liegen und bleiben im Backend (SAP ERP oder SAP S/4HANA).

18.3.4 Abschluss der Konzeptionsphase

Es wird empfohlen, die Konzeptionsphase mit einer offiziellen Abschlusspräsentation für alle Stakeholder, Konzeptteilnehmer und zukünftige Projektbeteiligte abzuschließen.

Die Präsentation beinhaltet die Vorstellung der ursprünglichen Konzeptionsziele, die wesentlichen Ereignisse und Highlights in Bezug auf grundlegende Entscheidungen. Auf einer Überblickebene werden die wichtigsten Anforderungsgruppen (Epics) sowie grundlegende fachliche und technische Konzepte präsentiert. Ein Highlight bildet meist die Präsentation des Design-Konzepts anhand einzelner Prototypen oder Screendesign-Entwürfe.

Abschließen wird bewertet, ob die ursprünglichen Ziele erreicht wurden bzw. die Gründe für deren Nicht-Erreichung evaluiert. Neben den konkreten, während der Konzeption geschärften Projektzielen wird zudem ein ausführlicher Ausblick auf die kommende Umsetzungsphase gegeben, und zwar in Bezug auf:

- Projektorganisation
- Projektmethodik
- Budget
- Zeitplanung
- Scope des Minimum Viable Products

Auch ein Blick auf die weitere Roadmap über die erste Realisierung hinaus sowie die langfristige Vision sollten bei der Gelegenheit nochmals vorgestellt werden. Ein wichtiger Aspekt der Abschlusspräsentation ist die Gelegenheit, dass sich zukünftige Projektmitglieder gegenseitig kennenlernen können. Dies ist besonders für neu formierte Teams von großer Bedeutung, da es einen erheblichen positiven Effekt auf den Start des Projekts haben kann.

Wir erinnern: Die Konzeptionsphase ist der Schlüssel zur erfolgreichen Umsetzung Ihres E-Commerce-Projekts.

Neben den vielen Fragen, die während der Konzeptionsphase geklärt werden müssen, ist es vor allem wichtig, ein gemeinsames Verständnis aller Projektbeteiligten über Vision, Ziele, Herausforderungen, Rahmenbedingungen und die wesentlichen Konzepte zu schaffen. Anhand der herausgearbeiteten Kernprozesse und Konzepte lassen sich die vielen kleinen und enorm wichtigen Details bei Anwendung einer agilen Projektvorgehensweise im Rahmen der Umsetzung lösen. Es ist wichtig zu verstehen, dass Änderungen in einem angemessenen Rahmen akzeptiert und sogar vorteilhaft sind, um das bestmögliche Produkt für die Kunden und Anwender zu erstellen, das gleichzeitig den größten Mehrwert für das Unternehmen bietet.

Um die Voraussetzungen hierfür zu schaffen, sollten am Ende der Konzeptionsphase mindestens folgende Ergebnisse erfolgreich erarbeitet sein:

- Anforderungen: Priorisiertes und schätzbares Product Backlog
- Übersicht der Sollgeschäftsprozesse
- technisches Konzept
- UX-/Design-Konzept
- klar definierte strategische Projektziele
- Konsens unter den verantwortlichen Stakeholdern in Bezug auf Ziele, Scope und Rahmenbedingungen

Im letzten Schritt der Konzeptionsphase gilt es, den Start in die bevorstehende Umsetzungsphase zu definieren und vorzubereiten. Hierbei sind die wichtigsten nächsten Schritte:

1. Kommunikation, Schulung, Einarbeit in Projektmethodik
2. Projektorganisation der Realisierungsphase
3. Rollendefinition innerhalb des Umsetzungsteams
4. Kommunikationsmatrix
5. System und Anwendungszugänge einrichten
6. technischer Ramp-up
7. Teambuilding-Maßnahmen

Nur so kann ein nahtloser Übergang in das Umsetzungsprojekt erfolgen. Auch im Hinblick auf die Verfügbarkeit und Planung von Ressourcen aufseiten von Auftraggeber, Partner und Dienstleister ist es unbedingt zu empfehlen, diese Schritte zu durchlaufen. Beziehen Sie die Beteiligten ein, wenn es sinnvoll ist. Eine frühzeitige Kommunikation aller Ergebnisse und offenen Punkte ist ebenso hilfreich wie Transparenz bezüglich der Herausforderungen, der Zeitplanung und der Budgets.

18.4 Fazit

Im Fokus dieses Abschnitts steht die zentrale Bedeutung einer sorgfältigen Planung für den Erfolg von E-Commerce-Projekten, verdeutlicht am Beispiel des hypothetischen Kunden SyMachines im Maschinenbau. Deutlich definierte Ziele und eine strukturierte Projektorganisation bilden die Grundlage für die Konzeptionsphase, wobei die Betonung der agilen Methodik herausgestellt wird. Während die Konzeptionsphase darauf abzielt, wesentliche Ziele und Anforderungen zu priorisieren, kommt es auf die Flexibilität im Projektumfang und die kontinuierliche Überprüfung an. Die Explore-Phase widmet sich der Erforschung des Projektkontexts, während die Discover-Phase den aktuellen Istzustand erfasst. In der Define-Phase werden konkrete technische Entscheidungen getroffen, und es entsteht ein Product Backlog. Abschließend erfolgt in der Konzeptionsphase eine Präsentation, die die Ziele, getroffenen Entscheidungen und einen Ausblick auf die Umsetzung umfasst.

Kapitel 19

Kundenbeispiel 2: Erfolgreiche Projekte mit einer agilen Methodik

Um einen erfolgreichen Webshop oder Kundenportal einzuführen, braucht es mehr als nur den richtigen CX-Partner – eine passende Projektmethodik ist ebenso entscheidend. Angesichts des raschen Wandels in Technologie, Prozessen, Konsumverhalten und Kundenwünschen ist Flexibilität in jeder Projektphase unerlässlich. Dwas in diesem Kapitel vorgestellte Projekt zeigt deutlich die Vorteile einer agilen Herangehensweise auf.

In diesem Kapitel lernen Sie als Projektbeispiel ein großes internationales Unternehmen kennen, das in kurzer Zeit viele laufende Systeme ablösen möchte. Das Unternehmen muss aufgrund eines Carve-outs eine komplette Neugestaltung und Neuorganisation seiner IT-Landschaft vollziehen.

Ein *Carve-out* ist der Prozess, bei dem ein Unternehmen einen Geschäftsteil ausgliedert, um ihn entweder als unabhängiges Unternehmen oder als Teil eines anderen Unternehmens weiterzuführen, oft um sich auf das Kerngeschäft zu konzentrieren, Kapital zu beschaffen oder regulatorischen Anforderungen zu entsprechen.

Sowohl die Größe des Unternehmens als auch die komplexe Branche machen dieses Projekt zu etwas ganz Besonderem. Das Unternehmen SyChem ist ein weltweit tätiger Chemie-Riese. Viele Unternehmensprozesse wurden über Jahre hinweg angepasst und geändert. Dies führt dazu, dass viele komplexe Funktionen entwickelt werden mussten. Die alten Systeme sollten durch SAP-Software ausgetauscht werden. Hierzu zählten u. a. die SAP Commerce Cloud, die SAP Sales Cloud sowie SAP S/4HANA.

In diesem Kapitel steht die Methodik der agilen Projektumsetzung am Beispiel E-Commerce im Fokus. Was dabei die wichtigsten Komponenten sind, was es zu beachten gilt und welche Vorteile sich aus der Vorgehensweise ergeben, soll im Vordergrund stehen. Veranschaulicht an einem echten Kundenbeispiel gehen wir zunächst in Abschnitt 19.1 auf die Ausgangssituation und die Projektziele ein. Um im Anschluss die Entwicklung und Bedeutung von Projektmethodiken zu beschreiben. Ab Abschnitt 19.3 steht die tatsächliche Durchführung des Projektes inklusiver nachgelagerter Teilprojekte und Roll-outs im Mittelpunkt. Ein wesentlicher Bestandteil jeder agilen Umsetzung ist der Blick zurück, die Retrospektive, die dann passend zum Abschluss in Abschnitt 19.4 Thema ist.

19.1 Projektziele

Die Firma SyChem ist mit 20 Werken in neun Ländern einer der weltweit größten Hersteller von chemischen Artikeln und Materialien. Der Mutterkonzern gehört zu den weltgrößten Firmen in der Ölindustrie und zu den wertvollsten Unternehmen der Welt. In einem Unternehmen dieser Größe ist nicht nur die Firmenstruktur kompliziert, sondern auch die IT.

SyChem hostet für 14 verschiedene Marken Websites. Hinzu kommen der Webshop und ein 15 Jahre altes Kundenportal. All das führt dazu, dass Kunden und Beschäftigte, die Informationen suchen, viele verschiedene Systeme nutzen müssen. Das möchte SyChem ändern und einen global einheitlichen E-Commerce-Auftritt schaffen, der seine User mit einer attraktiven und flexiblen Oberfläche überzeugt.

Aufgrund der Ausgründung aus einem anderen Konzern und des Wechsels zu der neuen Muttergesellschaft soll bei SyChem in rund eineinhalb Jahren die komplette IT-Infrastruktur umgestellt werden. Dies betrifft Komponenten wie das SAP-S/4HANA-System, sämtliche Webauftritte, den Webshop sowie das Kundenportal. Nach dem Motto »One Face to the Customer« sollen 14 verschiedene Markenseiten unter einem Dach vereint werden. Die Ausgründung betrifft nicht nur die Software, sondern auch alle Arbeitsmaterialien für den täglichen Gebrauch wie Notebooks und Handys. Es ist also Zeit für einen Neustart.

Für diesen Neustart wurde eine klare Digitalisierungsstrategie definiert, die verschiedene Themen umfasst. Alle Prozesse, Stamm- und Bewegungsdaten sowie Systeme werden einer gründlichen Überprüfung unterzogen. Da in vielen Fällen neue Systeme benötigt werden, hat sich SyChem für die Implementierung von SAP im Rahmen ihrer Digitalisierung entschieden. Dieser Schritt zielt darauf ab, Prozesse zu vereinfachen, zu beschleunigen und das Personal zu entlasten, damit es sich anderen Aufgaben widmen kann.

Um diese Ziele zu erreichen, wurden folgende Lösungen aus dem SAP-Customer-Experience-Portfolio ausgewählt:

- Die *SAP Commerce Cloud* wird für die Corporate Website, den B2B-Shop und die Ablösung eines älteren Systems verwendet, in dem Kunden unter anderem verschiedene Anfragen erstellen konnten.
- Die *SAP Service Cloud* unterstützt bei der Erstellung von Anfragen, der Abfrage von Produktinformationen, dem Upload von Dokumenten, der Bearbeitung von Service-Anfragen mit Tickets und der Verfolgung des Interaktionsverlaufs.

- Die *SAP Marketing Cloud*, die zukünftig durch *Emarsys* ersetzt wird, wird für das Kampagnenmanagement, die Steigerung der Reichweite der verschiedenen Marken, die Integration und das Tracking auf der Website, im B2B-Shop sowie zur Analyse der Download-Zahlen verschiedener Dokumente genutzt.

Eine Herausforderung besteht darin, dass SyChem nach Beginn der Implementierung der SAP-Systeme, nämlich SAP S/4HANA, SAP Service Cloud und SAP Commerce Cloud, rasch erkennt, dass einige Faktoren nicht in Betracht gezogen wurden und Anpassungen erforderlich sind. Daher hat das Unternehmen beschlossen, das Projekt neu auszuschreiben und von Grund auf neu zu konzipieren und umzusetzen.

19.2 Auswahl der Projektmethodik

Eine *Projektmethodik*, auch als *Projektmanagementmethodik* bezeichnet, ist ein strukturierter Ansatz oder ein Framework, das verwendet wird, um Projekte zu planen, zu steuern und durchzuführen. Sie stellt eine systematische und organisierte Vorgehensweise dar, um sicherzustellen, dass Projekte erfolgreich abgeschlossen werden. Eine Projektmethodik bietet Richtlinien, Prozesse, Werkzeuge und bewährte Praktiken, um die Effizienz und Effektivität des Projektmanagements zu verbessern. Hier sind einige der bekanntesten Projektmethodiken:

- **Agile Methodik**
  Das ist eine iterative und inkrementelle Methodik, die besonders für Projekte geeignet ist, bei denen sich die Anforderungen während des Projekts häufig ändern. Scrum und Kanban sind Beispiele für agile Ansätze.
- **Wasserfallmethodik**
  In dieser Methodik werden Projektphasen sequenziell nacheinander abgeschlossen, wobei jede Phase vor der nächsten abgeschlossen sein muss. Sie eignet sich gut für Projekte mit klaren Anforderungen und wenig Änderungen während des Projekts (siehe Abbildung 19.1).

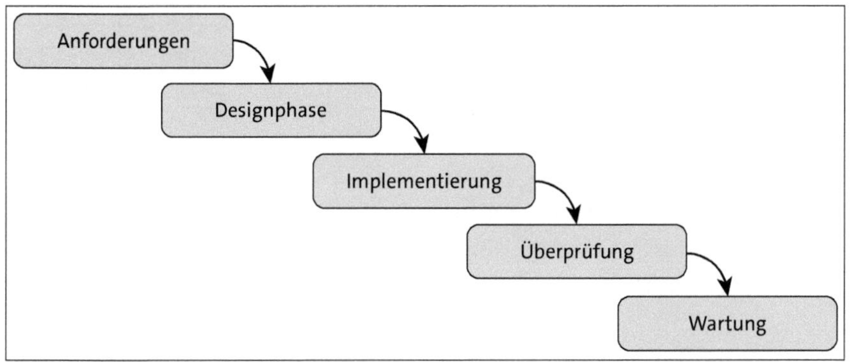

Abbildung 19.1 Wasserfallmethodik

- **PRINCE 2**
  Diese Methodik ist weitverbreitet in Großbritannien und legt einen klaren Prozess für Projektinitiierung, Planung, Ausführung und Überwachung fest.
- **PMI PMBOK**
  Das Project Management Institute (PMI) hat den »Guide to the Project Management Body of Knowledge« (PMBOK-Guide) entwickelt, der bewährte Praktiken und Standards im Projektmanagement enthält.
- **Lean-Projektmanagement**
  Diese Methodik konzentriert sich auf die Eliminierung von Verschwendung und die Maximierung des Wertes im Projektmanagementprozess.
- **PRINCE2 Agile**
  Eine Kombination aus PRINCE2 und agilen Praktiken, die eine flexible Herangehensweise an das Projektmanagement ermöglicht.

Bei SyChem hat man sich auf Scrum als Projektmethodik geeinigt. *Scrum* ist eine agile Projektmanagementmethodik der Produktentwicklung, die ihren Ursprung in den 1980er-Jahren hat. Der Name »Scrum« ist inspiriert vom Rugbysport und bezieht sich auf eine Spielphase, bei der die Spieler eng zusammenarbeiten, um den Ball weiterzuleiten.

Seit den ersten Ansätzen in den 1980er-Jahren hat sich Scrum zu einer der bekanntesten und am weitesten verbreiteten agilen Methoden entwickelt. Es wird nicht nur in der Softwareentwicklung, sondern auch in vielen anderen Bereichen, von Marketing bis Bildung, eingesetzt.

Wir haben Scrum als die beste Projektmethodik für uns (wie auch für die meisten IT-Projekte) bewertet. Aber wie sieht der Projektalltag mit Scrum aus und was gilt es zu beachten? Abbildung 19.2 veranschaulicht die Projektmethodik mit den elf wichtigsten Artefakten und Begriffen. Im Folgenden erläutern wir die einzelnen Elemente.

Der Product Owner ❶ identifiziert die Marktnachfrage, arbeitet mit Stakeholdern zusammen, definiert Produktziele und maximiert den Produktwert. Das Product Backlog ❷ ist eine priorisierte Liste mit Funktionen und Anforderungen, die das Produkt verbessern sollen, um das Produktziel zu erreichen. Der Sprint ❸ ist das definierte Zeitfenster, in dem ein neues Inkrement fertiggestellt werden soll. Ein Sprint ist zwei bis vier Wochen lang.

Das Sprint Planning ❹ dient dazu, die Arbeit für den kommenden Sprint zu definieren und zu planen, um sicherzustellen, dass das Team ein gemeinsames Verständnis darüber hat, was im Sprint erreicht werden soll. Im Sprint Backlog ❺ sind die Funktionen, die in dem bevorstehenden Sprint umgesetzt werden sollen.

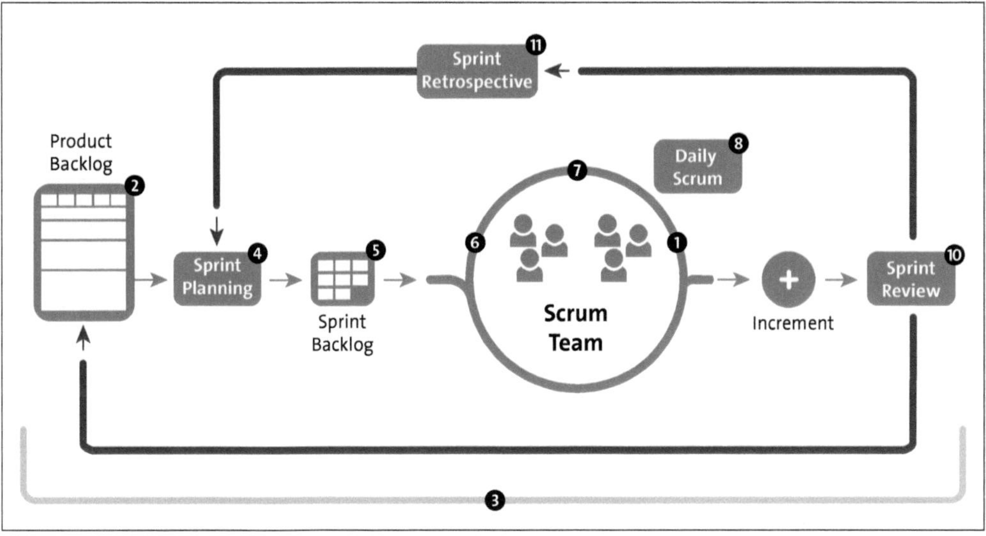

Abbildung 19.2 Scrum Framework

Inkrement

Ein *Inkrement* ist in Scrum ein Teil des Produktzustands, der am Ende eines Scrum-Sprints geliefert wird. Es handelt sich um eine funktionsfähige und potenziell auslieferbare Version des Produkts, die während des Sprints entwickelt wurde. Jedes Inkrement trägt zur schrittweisen Verbesserung des Produkts bei und sollte den Anforderungen des Product Owners und den Akzeptanzkriterien entsprechen. In der Regel wird am Ende jedes Sprints ein Inkrement fertiggestellt, um den Fortschritt bei der Produktentwicklung zu demonstrieren und das Feedback der Stakeholder einzuholen.

Der Scrum Master ❻ ist für die Effektivität des Scrum Teams verantwortlich und sorgt dafür, dass Probleme und Hindernisse frühzeitig erkannt und beseitigt werden. Das Kernstück bildet das Entwicklerteam ❼, das dafür sorgt, dass die definierten Funktionen auch entwickelt werden. Das sogenannte *Daily* ❽, welches täglich stattfindet, sorgt dafür, dass alle Projektbeteiligten ein einheitliches Verständnis darüber haben, was der andere gerade macht. Ein Daily sollte nicht länger als 15 Minuten dauern.

Das Inkrement ❾ ist Ergebnis des Sprints, also alle Funktionen, die in dem Sprint von dem Team umgesetzt wurden. Dieses Inkrement wird nach dem Sprint vom Team präsentiert. Hierzu dient das Sprint Review ❿. Zum Schluss gibt es nach dem Sprint noch die Retrospektive ⓫, die dazu dient, zu überprüfen, wie das Team gearbeitet hat. Hier werden oft kleine, aber entscheidende Punkte genannt, die das Team noch effektiver und besser machen. In dem folgenden Kapitel erfahren Sie, welche Vorteile das Scrum Framework mit sich bringt.

19.3 Projektdurchführung

Nach einer intensiven *Konzeptionsphase* (Phase 0) konnte das Projekt starten. Details zur Konzeptionsphase, ihrer Struktur und zu den Vorteilen finden Sie in Kapitel 18, »Kundenbeispiel 1: Konzeption«, anhand eines anderen Projektbeispiels. Ein Ergebnis der angesprochenen Konzeptphase war eine Projekt-Roadmap (siehe Abbildung 19.3), die sich aus drei Teilprojekten zusammensetzte: B2B-Shop, Corporate Website und Kundenportal.

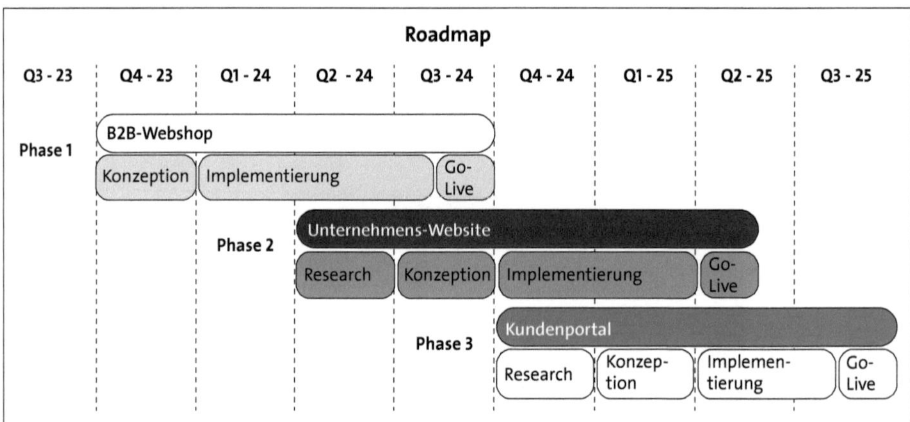

Abbildung 19.3 Roadmap für die definierten Projektphasen

Die Teilprojekte sollten teilweise parallel, grundsätzlich aber nacheinander umgesetzt werden. Der Übergang zwischen den Teilprojekten sollte mit dem weitgehend gleichen Projektteam möglichst reibungslos gestaltet werden. Folgende Projekte waren im ersten Schritt Teil der Commerce-Roadmap.

19.3.1 B2B-Webshop

In der ersten Phase des Projekts steht die Weiterentwicklung und Verbesserung des B2B-Webshops im Fokus. Hierbei werden sowohl neue Funktionen für den gesamten Einkaufsprozess von der Anmeldung bis zur Bestellabwicklung implementiert als auch bestehende Funktionen überarbeitet. Die Migration von 1,3 Millionen Mediendateien ist ebenfalls Teil dieser Phase. Nach etwa sechs Monaten ist geplant, den Webshop in mehreren Ländern live zu schalten und die neuen Funktionen wie Kundenlieferinformationen, Dokumentenverwaltung (z. B. Rechnungen und Lieferscheine) sowie die *Multiple-Cart-Funktion* auf globale Standorte auszudehnen. Unter Multiple-Carts versteht man in Webshops die Nutzung von verschiedenen Warenkörben, die unabhängig voneinander sind. Zusätzlich sind Integrationen in das SAP-S/4HANA-System und das SAP EHS Management (SAP Environment, Health, and Safety Management) in dieser Phase vorgesehen.

19.3.2 Weltweite Unternehmens-Website

In der zweiten Phase des Projekts steht die *Corporate Website* des Unternehmens im Mittelpunkt. Statt 14 verschiedenen Websites für die aktuellen Marken und Lösungen der SyChem-Gruppe wird eine einzige zentrale Website erstellt, die alle Informationen bündelt. Kunden haben von hier aus auch direkten Zugriff auf den Webshop und das Kundenportal. Im Rahmen dieses Projekts wird außerdem die Verknüpfung des SAP-Commerce-Cloud-Systems mit der SAP Marketing Cloud umgesetzt.

19.3.3 Kundenportal

In der abschließenden Phase des Projekts steht die Ablösung eines 15 Jahre alten Kundenportals im Fokus. In der Vergangenheit wurde das bestehende System durch ständige Ergänzungen von neuen Funktionen komplexer, während andere Funktionen vernachlässigt wurden. Die Datenbanken und Informationen wurden im Laufe der Zeit immer umfangreicher. Die Mitarbeitenden hatten sich an diese kundeneigenen Funktionen gewöhnt und zeigten sich der neuen Lösung gegenüber skeptisch. Daher ist es von entscheidender Bedeutung, dass die Ablösung reibungslos funktioniert und einen positiven ersten Eindruck bei der Inbetriebnahme hinterlässt.

Mit der neuen Lösung namens Connect möchte SyChem seinen Kunden eine moderne Plattform bieten, auf der sie sich informieren und einfach mit SyChem in Kontakt treten können. Dieses Portal wird in verschiedene andere Systeme integriert, darunter die SAP Sales Cloud, die SAP Marketing Cloud, das SAP S/4HANA, Qualtrics, SAP EHS Management und SharePoint.

Da das Projektteam remote arbeitete, war es sehr wichtig, dass zu Beginn einige grundlegende Themen besprochen wurden. »Einer remote, alle remote«, »Zeit für den anderen nehmen«, »Zusammen statt gegeneinander« oder »Blick über den Tellerrand« waren nur einige Regeln, die im internen Kick-off-Termin auf ein Flipchart geschrieben wurden. Alle Projektbeteiligten haben nach dem Kick-off dieses Flipchart mit den Regeln unterschrieben.

Unmittelbar nach dem internen Kick-off gab es einen Kick-off-Termin mit allen Beteiligten – auch aufseiten von SyChem. Hier wurde u. a. noch einmal das Ziel der Digitalisierungsstrategie klar formuliert.

Nicht immer kann ein Kick-off vor Ort stattfinden. Bei Remote-Veranstaltungen gibt es diverse Kollaboration-Tools. In Abbildung 19.4 sehen Sie, wie ein *Remote-Kick-off* aussehen könnte.

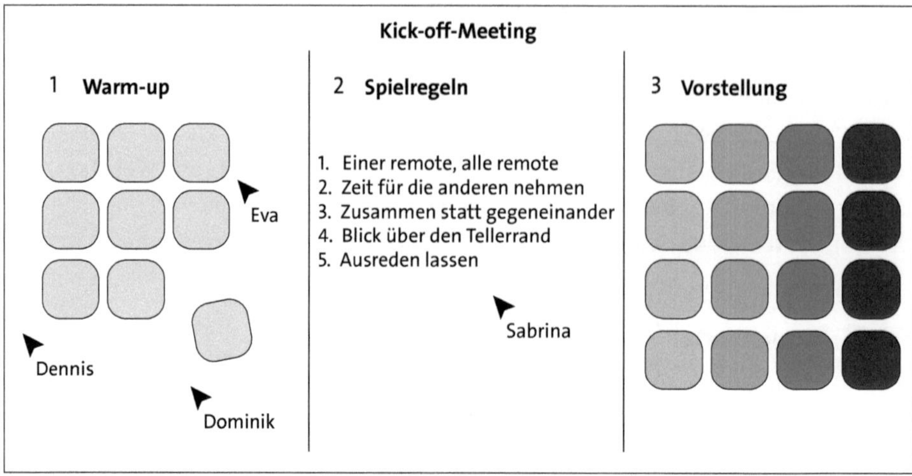

Abbildung 19.4 Kick-off-Meeting mit dem Kunden

Nach dem Kick-off ging es direkt weiter mit dem *Sprint Planning*. Im Sprint Planning geht es um diese fünf Punkte:

1. **Zielsetzung festlegen**
   Während des Sprint Plannings definiert das Entwicklungsteam, welche Aufgaben oder Backlog-Elemente in diesem Sprint abgeschlossen werden sollen. Dies kann basierend auf den Anforderungen des Product Backlogs oder der Prioritäten des Product Owners geschehen.

2. **Aufgaben schätzen**
   Das Team schätzt die Aufwände für jede Aufgabe, die in den Sprint aufgenommen werden soll. Dies hilft dabei, die Menge der Arbeit zu bestimmen, die im Sprint umsetzbar ist. Hierfür werden die Story Points genutzt. Geschätzt wird mit der Planning-Poker-Methode, die Sie in Abbildung 19.5 sehen.

[»]

Story Points

Story Points sind eine Maßeinheit, die die Relevanz, die Zeit, das Risiko und die Komplexität, auch bekannt als *Aufwand*, die für die Fertigstellung einer User Story erforderlich sind, ausdrückt. Die Verwendung von Story Points erleichtert die Priorisierung der Arbeit am Product Backlog. Im Allgemeinen werden die Zahlen der Fibonacci-Reihe als Grundlage verwendet. Jede Zahl ist die Summe der beiden vorangegangenen Zahlen. Sie erhalten demnach: 0, 1, 2, 3, 5, 8, 13 ... usw. Die Serie wächst also exponentiell. Je höher die Zahl, desto größer der »Aufwand«. In Scrum schätzt man, wie viel »Aufwand« ein PBI (*Product Backlog Item*) oder eine User Story bedeutet, und gerade die Tatsache, dass wir im Team wahrscheinlich unterschiedlicher Meinung sind, sorgt für die Diskussion und den Wissensaustausch, den wir brauchen, um zu einer besseren Schätzung zu kommen.

3. **Sprint-Ziel festlegen**
   Das Entwicklungsteam legt ein klares Sprint-Ziel fest, das beschreibt, was am Ende des Sprints erreicht werden soll. Dieses Ziel sollte konkret, messbar und erreichbar sein.
4. **Aufgaben planen**
   Das Team plant, wie es die ausgewählten Aufgaben im Sprint umsetzen wird. Dies kann die Aufteilung der Aufgaben auf Teammitglieder, die Identifizierung von Abhängigkeiten und die Festlegung von Prioritäten umfassen.
5. **Zeitrahmen festlegen**
   Das Sprint Planning hat eine begrenzte Zeitdauer, die üblicherweise auf Basis der Länge des Sprints festgelegt wird. Typischerweise dauert ein einmonatiger Sprint etwa vier Stunden.

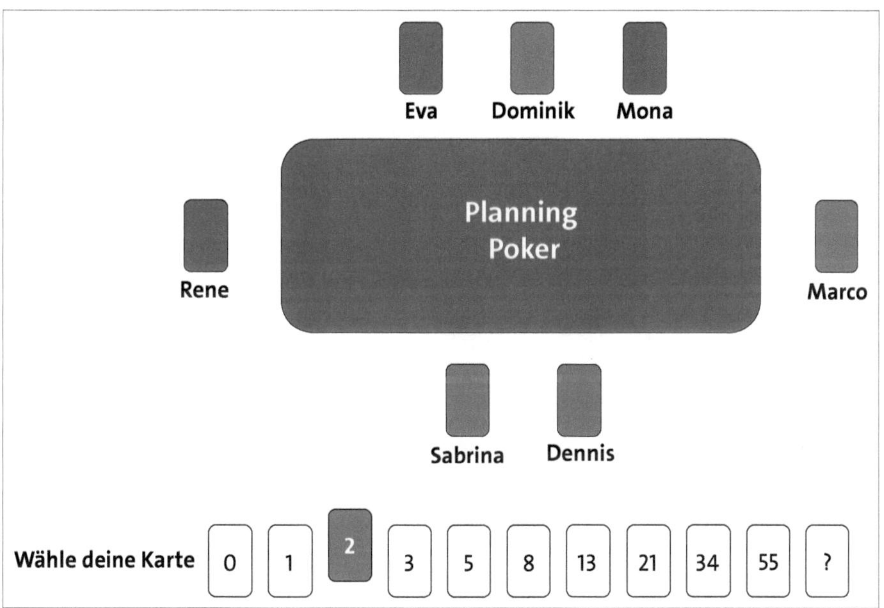

Abbildung 19.5 Planning Poker

Ein Sprint Planning hat den großen Vorteil, dass alle Mitarbeitenden aus dem Team ein einheitliches Verständnis dafür haben, was im Sprint umgesetzt werden soll und was genau das Ziel ist. Zudem entscheidet nur das Team, wie viele Funktionen im Sprint umgesetzt werden. Dies sorgt dafür, dass alle Mitarbeitenden von Beginn an ein gutes Gefühl bei der Festlegung des Sprints haben. Nach dem Kick-off und der gemeinsamen Planung konnte es endlich richtig losgehen – der erste Sprint konnte starten. Wir entschieden uns in diesem Projekt für einen Zwei-Wochen-Sprint.

Der Regeltermin, das Daily, begann am ersten Tag. Dieser Termin hat eine sehr hohe Bedeutung. Im Daily hat jedes Teammitglied kurz Zeit zu sagen, »Was habe ich gestern gemacht«, »Was mache ich heute«, »Was für Hindernisse habe ich«. Dieser Termin wird von einem Scrum Master moderiert.

Ein Daily sollte nicht länger als 15 Minuten dauern. Dieses kurze Zeitfenster sorgt dafür, dass alle sich auf das Wesentliche konzentrieren. Bei Problemen oder Hindernissen wird der Scrum Master aktiv. So auch bei SyChem: Direkt im ersten Daily gab es ein Problem in Bezug auf die Infrastruktur. Dieses Thema wurde nicht im Daily diskutiert, stattdessen setzte der Scrum Master einen neuen Termin auf, in dem Entwicklerinnen und Entwickler das Problem lösten.

An diesem einfachen Beispiel sehen Sie, wie hilfreich solche Regelmeetings sein können. Zum einen wissen alle zu jeder Zeit, was das restliche Team gerade macht. Zum anderen können Probleme und Hindernisse direkt und schnell angesprochen und in der Regel auch schnell gelöst werden. Dies sorgt dafür, dass die Entwicklungsgeschwindigkeit zunimmt.

Scrum Master

Ein *Scrum Master* ist eine Schlüsselrolle in der agilen Softwareentwicklung, insbesondere in der Scrum-Methodik. Diese Person ist verantwortlich für die Förderung und Umsetzung der agilen Prinzipien im Team. Der Scrum Master hilft dem Team, effektiver zu arbeiten, entfernt Hindernisse und unterstützt bei der Einhaltung der Scrum-Praktiken. Er oder sie fungiert als Coach und Facilitator, um sicherzustellen, dass das Team produktiv ist, sich kontinuierlich verbessert und die Ziele des Projekts erreicht. Der Scrum Master arbeitet eng mit dem Product Owner und dem Entwicklungsteam zusammen, um einen reibungslosen Arbeitsablauf zu gewährleisten und die agile Kultur zu fördern. Im ersten Sprint findet sich das Team, jeder Mitarbeitende lernt den anderen besser kennen. Weiß, wo jeder seine Stärken hat, erkennt, wo es noch Potenziale gibt und sieht, wo Hürden sind. Und genau dies ist wichtig, damit die Velocity steigt, also die Entwicklungsgeschwindigkeit zunimmt.

Velocity

Die *Velocity* ist eine Metrik im Scrum Framework, die die Geschwindigkeit oder die Leistung eines Scrum Teams bei der Umsetzung von Aufgaben und User Stories in einem Sprint misst. Sie wird in der Regel in Story Points oder Aufwandseinheiten gemessen. Die Velocity wird ermittelt, indem man die Anzahl der abgeschlossenen Story Points aus einem abgeschlossenen Sprint summiert. Dies ermöglicht es dem Team, seine Leistung im Laufe der Zeit zu verfolgen und Vorhersagen über die Menge an Arbeit zu treffen, die es in zukünftigen Sprints bewältigen kann. Die Velocity ist ein hilfreiches Instrument für das Sprint Planning und trägt zur Verbesserung der Planungsgenauigkeit und des Arbeitsflusses im Scrum Team bei.

Nach dem ersten Sprint war es so weit: Das erste Review stand an. Das Team konnte dem Kunden zeigen, was es geschafft hat (siehe Abbildung 19.6).

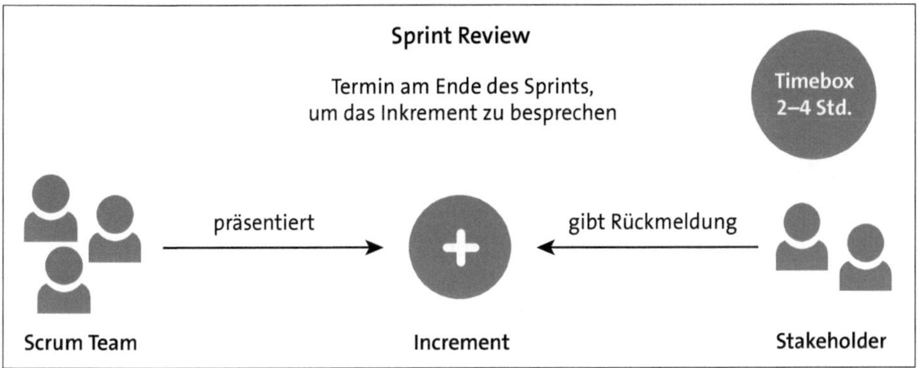

Abbildung 19.6 Sprint Review

Das gesamte Entwicklungsteam präsentiert dem Kunden die Funktionen, die es entwickelt und implementiert hat. Das Review hat eine Vielzahl von Vorteilen:

- **Transparenz und Fortschrittsverfolgung**
  Das Review ermöglicht es den Projektbeteiligten, den Fortschritt des IT-Projekts zu sehen und sicherzustellen, dass es auf Kurs ist. Dies schafft Klarheit über den Entwicklungsstand und erleichtert das Management von Erwartungen.
- **Validierung der Anforderungen**
  Während des Reviews können die Stakeholder die erzielten Ergebnisse mit den ursprünglichen Anforderungen abgleichen, um sicherzustellen, dass das Projekt die richtige Richtung einschlägt und den spezifischen Anforderungen entspricht.
- **Feedback und Qualitätskontrolle**
  Das Review ermöglicht es den Stakeholdern, Feedback zur Qualität und Funktionalität des entwickelten Systems zu geben. Dies trägt zur frühzeitigen Erkennung von Fehlern und Verbesserungspotenzialen bei.
- **Kundenorientierung**
  Durch die Einbeziehung der Stakeholder wird sichergestellt, dass die Softwarelösung den tatsächlichen Bedürfnissen und Erwartungen der Kunden entspricht.
- **Kontinuierliche Verbesserung**
  Das Review fördert die kontinuierliche Verbesserung des Entwicklungsprozesses. Feedback und Erkenntnisse aus dem Review können dazu verwendet werden, den Entwicklungsprozess zu optimieren und zukünftige Projekte zu verbessern.
- **Risikomanagement**
  Das Review bietet eine Gelegenheit, Risiken frühzeitig zu erkennen und anzugehen. Wenn Probleme auftreten, können sie im Review besprochen und entsprechende Maßnahmen ergriffen werden.

- **Dokumentation und Transparenz**
  Die Review-Dokumentation dient als Aufzeichnung über den Projektverlauf und die getroffenen Entscheidungen. Dies schafft Transparenz und unterstützt die Nachverfolgung von Änderungen und Entwicklungen im Projekt.

Im SyChem-Projekt hat sich klar gezeigt, welche großen Vorteile ein Review mit sich bringt. So konnte bereits nach dem dritten Sprint eine Funktion identifiziert werden, die, wäre der eingeschlagenen Richtung weiter gefolgt worden, komplett an der Kundenanforderung vorbeigegangen wäre. Selbst nach einer durchdachten Konzeptionsphase können bei komplexen Unternehmensprozessen Probleme auftreten, da oft nicht alle Aspekte berücksichtigt oder Anforderungen zu Beginn nicht detailliert genug formuliert werden können.

Und genau hier setzen das Backlog und die Priorisierung im Backlog an. In Abbildung 19.7 sehen Sie ein exemplarisches Backlog in *Jira*. Jira ist eine weitverbreitete Projektmanagement-Software, die von Projektteams zur Verfolgung von Aufgaben, Fehlern und Fortschritten in agilen Projekten verwendet wird. Sie ermöglicht die Zusammenarbeit, Planung und Verwaltung von Projekten auf einer zentralen Plattform.

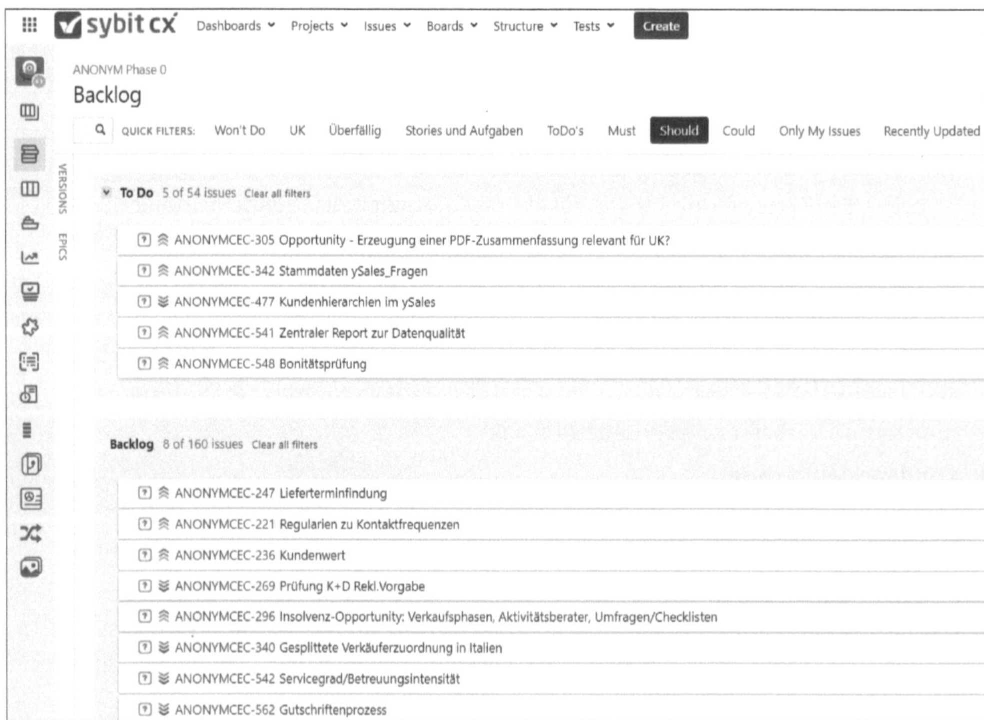

Abbildung 19.7 Backlog im Jira

Ein Backlog ist dynamisch – es wird kontinuierlich aktualisiert, um Prioritäten anzupassen, Funktionen zu entfernen oder hinzuzufügen und Anpassungen vorzunehmen, um flexibel auf Kunden- oder Marktanforderungen reagieren zu können.

[«]

Backlog

Das *Backlog* in Scrum ist eine Liste von Aufgaben und Anforderungen, die in priorisierter Reihenfolge für ein agiles Projekt festgehalten werden. Es gibt zwei Hauptarten von Backlogs: das Product Backlog und das Sprint Backlog.

Das *Product Backlog* enthält alle Anforderungen und Funktionen, die für das Endprodukt wichtig sind. Das *Sprint Backlog* enthält eine Auswahl von Aufgaben aus dem Product Backlog für einen bestimmten Sprint. Das Backlog hilft dem Team, die Arbeit zu organisieren, zu priorisieren und sich auf die wichtigsten Aufgaben zu konzentrieren, während es gleichzeitig die Möglichkeit bietet, flexibel auf Änderungen oder neue Anforderungen zu reagieren. Der Product Owner ist für die Verwaltung und Priorisierung des Backlogs verantwortlich. Die Verwaltung und Priorisierung des Backlogs ist nur eine von vielen Aufgaben, die der Product Owner hat.

Der *Product Owner* ist eine zentrale Rolle in Scrum-Projekten. Die Hauptaufgabe des Product Owners besteht darin, die Bedürfnisse der Stakeholder zu verstehen, die Anforderungen an das Produkt zu definieren und sicherzustellen, dass das Entwicklungsteam an den richtigen Aufgaben arbeitet. Neben dem Anforderungsmanagement und der Priorisierung der Features bzw. Aufgaben (aus dem Product Backlog) ist die Kommunikation (Schnittstelle zwischen Team und Stakeholder) die wichtigste Aufgabe. In Kapitel 21, »Kundenbeispiel 4: Projektmanagement«, wird die Rolle des Product Owner und dessen Bedeutung für den Projekterfolg detailliert beschrieben.

In diesem Projekt zeigten sich die Vorteile des Product Owners deutlich, da seine Kommunikation auf Augenhöhe mit der Unternehmensführung und sein gutes Verständnis aller Beteiligten es ermöglichten, Probleme und Hindernisse frühzeitig zu erkennen und zu vermeiden.

19.4 Retrospektive

Jedes Scrum-Projekt wird durch eine *Retrospektive* (kurz Retro) abgerundet. Welche Vorteile eine gut durchgeführte Retro haben kann und was der Mehrwert für dieses Projekt war, sollen die folgenden Punkte verdeutlichen:

- **Zweck**
  Die Retrospektive hat das Ziel, den Teammitgliedern die Möglichkeit zu geben, über ihre Arbeit zu reflektieren und Verbesserungen vorzuschlagen. Sie ist ein Mechanismus zur Selbstreflexion und zur kontinuierlichen Anpassung des Arbeitsprozesses.

- **Teilnehmer**
  In der Regel nimmt das gesamte Scrum Team an der Retrospektive teil, was normalerweise den Product Owner, den Scrum Master und das Entwicklungsteam umfasst. Die Teilnahme der Stakeholder ist optional, aber sie können bei Bedarf hinzugezogen werden.
- **Durchführung**
  Die Retrospektive wird in der Regel am Ende eines Sprints durchgeführt, normalerweise während eines speziell dafür vorgesehenen Meetings. Es gibt verschiedene Formate für Retrospektiven. Das Team diskutiert die Erfahrungen des vergangenen Sprints und entwickelt konkrete Maßnahmen zur Verbesserung.
- **Kontinuierliche Verbesserung**
  Die Retrospektive fördert die kontinuierliche Verbesserung, indem sie das Team dazu ermutigt, Schwachstellen und Probleme in seinem Arbeitsprozess zu identifizieren und Lösungen zu finden.
- **Team Empowerment**
  Sie gibt dem Team die Möglichkeit, seine Arbeitsweise selbst zu gestalten und Verantwortung für Verbesserungen zu übernehmen.
- **Transparente Kommunikation**
  Durch den offenen Austausch von Feedback und Erfahrungen in einer sicheren Umgebung wird die Kommunikation im Team gefördert.
- **Motivation und Engagement**
  Die Retrospektive trägt dazu bei, das Engagement der Teammitglieder zu erhöhen, da sie sehen, dass ihre Meinungen und Ideen gehört werden und zur positiven Veränderung beitragen können.

Abbildung 19.8 zeigt beispielhaft eine Retrospektive im Sprintzyklus.

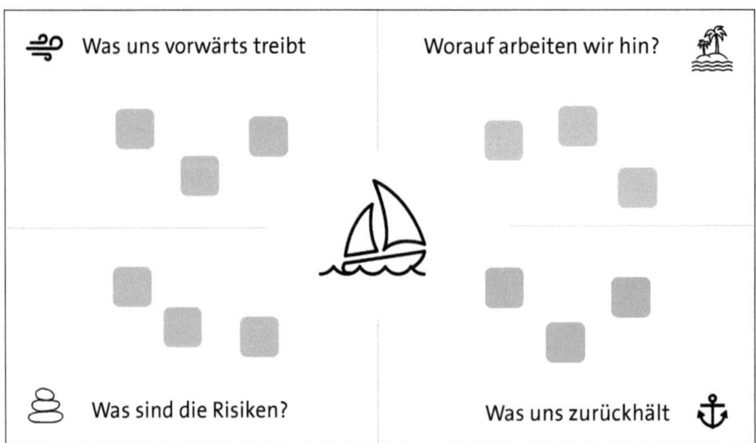

Abbildung 19.8 Whiteboard mit typischen Themen einer Projekt-Retrospektive

Auch in diesem Projekt ließen sich Mehrwerte für das Team (sowohl bei SyChem als auch beim Implementierungspartner) erkennen und direkte Verbesserungsansätze für zukünftige Projekte identifizieren. Die Kommunikation war sehr offen, Feedback wurde konstruktiv gegeben, und kleinere Probleme wurden direkt gelöst. Regelmäßiger, geschützter Austausch im Team schirmte externe Störfaktoren ab und förderte durch offene, transparente Kommunikation das gegenseitige Vertrauen. Diese Wertschätzung untereinander ermöglichte es, Missverständnisse, Hindernisse und Konflikte effizienter zu klären, was zu gesteigerter Produktivität und Harmonie im Projekt beitrug.

19.5 Fazit

In einem Projekt kommt es immer wieder zu unvorhersehbaren Situationen, die zu Problemen führen können. Nicht alle können durch das Scrum Framework vermieden werden. Aber das Framework zielt darauf ab, dass alle Beteiligten im ständigen Austausch stehen. Dies setzt voraus, dass nicht nur der Dienstleister Scrum versteht und lebt. Auch das Unternehmen muss darauf vertrauen, dass Scrum die richtige Wahl ist.

Ein Projekt kann nur erfolgreich sein, wenn alle Beteiligten zusammenarbeiten. In unserem 2,5-jährigen Projekt gab es viele Momente, in denen wir die Entscheidung für Scrum als Projektmethode besonders zu schätzen wussten. Die entscheidenden Vorteile sind die Agilität und die Flexibilität von Scrum. Im Scrum-Verfahren wird nicht jahrelang an einem Lastenheft gearbeitet, das zum Projektstart teilweise veraltet sein könnte. Stattdessen beginnt man direkt mit der Arbeit und erhält nach jedem Sprint ein lauffähiges Inkrement.

Dadurch kann der Kunde schnell erkennen und verstehen, was entsteht, und hat die Möglichkeit, einzugreifen, zu steuern und mitzuentscheiden.

Kapitel 20
Kundenbeispiel 3: CX-Projekte mit User Journeys

IT-Lösungen sollten auf die tatsächlichen Bedürfnisse der User abgestimmt werden. Wir erläutern, wie Sie Zielgruppen definieren, User Journeys gestalten und durch User Journey Mapping unerschlossene Potenziale aufdecken, um fundierte Entscheidungen für die Entwicklung Ihrer Lösungen zu treffen.

In diesem Kundenbeispiel beschreiben wir den (fiktiven) mittelständischen SAP-Kunden SyMed, der als Hersteller für medizinisches Spezialwerkzeug und Behandlungseinheiten operiert. Der Kunde verfügt über keinen direkten Vertriebskanal, sondern lässt seine Produkte und Dienstleistungen von externen Vertriebsunternehmen, die auf medizinisches Spezialwerkzeug spezialisiert sind, vertreiben. Die externen Partner kümmern sich somit um alle Vertriebsprozesse und stehen im direkten Austausch mit den Endkunden (das können Arztpraxen, Krankenhäuser oder Universitäten sein).

Um die externen Partner beim Vertrieb zu unterstützen und den Endkunden einen guten Service sowie Ersatzteilbestellung anzubieten, stellt SyMed eine Plattform für diese Zwecke bereit. Diese Lösung wurde eigenentwickelt und nimmt somit eine zentrale Rolle im Geschäftsmodell von SyMed ein. Aufgrund von neuen Anforderungen und technischer Weiterentwicklung soll diese Lösung orientiert an eigens dafür entworfenen User Journeys neu aufgesetzt werden.

In dem folgenden Kundenszenario wird Ihnen aufgezeigt, wie Sie die User Journeys definieren können und wieso das Mapping der User Journeys entscheidend für den Erfolg der Lösung sein kann. Das Kapitel ist in drei Abschnitte gegliedert. In Abschnitt 20.1, »Aus »Alt« mach »Neu« und besser«, wird das Unternehmen und deren Herausforderungen beleuchtet, um die Ausgangssituation darzustellen. Im Anschluss wird in Abschnitt 20.2 die Konzeptionsphase aus der User-Experience-Perspektive eingehend betrachtet, um zu zeigen, welches Vorgehen gewählt wurde, um das Ziel zu realisieren. In diesem Kapitel wird aufgezeigt, wie man von der Persona über die User Journey zu Wireframes und Mockups kommt, um darauf basierend ein Backlog zu erstellen. Zum Abschluss werfen wir einen Blick auf die Ergebnisse und geben einen Ausblick.

20.1 Aus »Alt« mach »Neu« und besser

SyMed ist Hersteller für medizinisches Spezialwerkzeug und Behandlungseinheiten und ist sowohl in Deutschland als auch international mit über 17 Vertriebsstandorten präsent. Da SyMed international tätig ist und aufgrund unterschiedlicher Gesetzgebungen und Verordnungen verschiedene medizinische Standards erfüllen muss, sind seine Produkte im höherpreisigen Segment einzuordnen. Neben diesen Produkten bietet SyMed auch ein umfangreiches Dienstleistungsportfolio an, was sich über die Reparatur und Wartung ihrer Produkte mit Trainings und zusätzlichen Planungsleistungen erstreckt. Zentrale Bedeutung hat für SyMed sein Serviceportal, das über Jahrzehnte mit zusätzlichen Anwendungen verschiedenster Herkunft erweitert wurde. Wie auch bei vielen anderen Unternehmen wurde mit der stetigen Erweiterung des Serviceportals der interne Pflegeaufwand zu groß für SyMed, und die Architektur war nur noch zum Teil zukunftsfähig. Gerade die Performance und fehlende Funktionen, die die internen und externen User voraussetzen, z. B. Push-Benachrichtigungen, Dashboards, KPIs etc., können von der bisherigen Lösung nicht bereitgestellt werden. Das User-Spektrum der bisherigen Lösung setzt sich aus Usern von SyMed, Partnern und Endkunden zusammen.

Ein neues, verbessertes System, das alle bisherigen Anwendungen vereint und vereinfacht, sollte eingeführt werden. Eine Zentrierung auf die User sollte bei jedem Schritt der Umsetzung im Serviceportal eine zentrale Rolle spielen. Dieser Aspekt wurde besonders betont, da die Bedeutung verbesserter Benutzerfreundlichkeit gegenüber dem Status quo erkannt wurde. Im ersten Schritt sollten folgende drei Anwendungen des Serviceportals neu konzipiert und implementiert werden:

- **Konfigurator für Behandlungseinheiten**
  Hier können Enduser eine Behandlungseinheit nach ihren eigenen Bedürfnissen zusammenstellen, sie speichern und mit Kolleginnen und Kollegen teilen. Ebenfalls können die Partner, Fachhändler für Medizinausstattung, für ihre Endkunden passgenaue Konfigurationen bereitstellen und anbieten.
- **Service-Plattform**
  Diese Plattform ermöglicht es Usern, Reparaturen abzuwickeln, Garantiefälle zu klären, Beschwerden einzureichen und bei allgemeinen Fragen grundsätzlichen Support zu bekommen.
- **PIM (Product Information Management) System**
  Bisher hatte SyMed keinen öffentlich zugänglichen Webshop und braucht daher ein PIM-System, um alle Produkte im Portfolio von SyMed besser zu verwalten und in Zukunft auch direkt über den Webshop zu verkaufen. Alles rund um das Thema PIM können Sie ausführlich in Kapitel 7, »Produktdatenmanagement«, nachlesen bzw. wird auch am Beispiel einer externen (Nicht-SAP-) Produktdatenmanagementlösung in Abschnitt 17.9, »Akeneo PIM«, veranschaulicht.

Das Hauptziel dieser Maßnahmen war es, alle Anwendungen in einem Portal zu bündeln, sodass sie nahtlos ineinandergreifen. Die User sollten alle ihre Aufgaben an einer Stelle erledigen können. SyMed erhoffte sich durch diese Plattform, die Geschäftsbeziehungen zu seinen Kunden und Partnern zu verbessern, effizienter Produkte zu vertreiben, Reparaturprozesse zu beschleunigen und insgesamt zukunftsfähiger zu sein. Das Serviceportal sollte nicht nur das alte System ablösen, sondern eine deutliche Verbesserung darstellen. Mit einem übergreifenden Rollenkonzept wollte SyMed zusätzlich die Kontrolle darüber haben, worauf die einzelnen User (je nach Zielgruppe) Zugriff haben.

Neben den genannten Rahmenbedingungen gab es im Projekt die folgenden zwei wesentlichen Herausforderungen:

- **Unmittelbare Ablösung der alten Systeme**
  SyMed wünschte sich aus Budgetgründen, dass zu keinem Zeitpunkt zwei Systeme parallel arbeiten. Der Übergang von alt auf neu musste daher auf einen Schlag funktionieren. Bei jahrzehntealten Legacy-Systemen gestaltet sich dies in der Regel schwierig, da die reibungslose Ablösung hinsichtlich Implementierung und Training der User sorgfältig geplant und koordiniert werden muss.
- **Vereinheitlichung der Anwendung**
  Angesichts der sehr unterschiedlichen Strukturen der alten Systeme war es entscheidend, sich auf die Vereinheitlichung der Anwendung zu konzentrieren, um sicherzustellen, dass das neue System nicht dieselben Probleme wie das bestehende aufweist. Es galt daher sicherzustellen, dass das neue System auch das bessere ist.

20.2 Konzeptionsphase

Die Konzeptionsphase begann mit einem Kick-off, in dem alle Projektteilnehmenden hinsichtlich Ziele und Erwartungen der Konzeptionsphase »abgeholt« wurden. Im Folgenden wird die Konzeptionsphase aus der Sichtweise der *User Experience* betrachtet. Wir beschreiben, wie die Personas, die User Journeys, das User Journey Mapping und die Visualisierung der Ergebnisse in Form von Wireframes und Mockups erarbeitet wurden. Neben diesen Bestandteilen wurden im Rahmen der Konzeptionsphase die IT-Architektur sowie die Geschäftsprozesse im Detail betrachtet und mit den Ergebnissen aus den UX Designs zusammengeführt. Diese Überführung wird im Abschluss des Abschnittes durch das Story Mapping aufgezeigt.

20.2.1 Überprüfung und Fit Gap der Personas

Im ersten Schritt galt es herauszufinden, wer mit dem neuen System interagieren wird. SyMed hatte bereits elf Personas intern herausgearbeitet und zur Überprüfung durch die Projektgruppe zur Verfügung gestellt. Hier kam unter anderem eine Kundenbefragung zum Einsatz.

Persona

Eine *Persona* ist ein fiktiver Charakter oder Archetyp, der ein bestimmtes Segment einer Zielgruppe repräsentieren soll. Personas basieren auf Forschung und Daten und werden verwendet, um die Bedürfnisse, Vorlieben, Verhaltensweisen und Ziele potenzieller Kunden zu vermenschlichen und besser zu verstehen. Indem einer Persona ein Name, ein Bild, ein Hintergrund und Persönlichkeitsmerkmale geben werden, können Unternehmen bei der Gestaltung von Produkten, Dienstleistungen oder Marketingkampagnen fundierte Entscheidungen treffen und sicherstellen, dass diese mit den Erwartungen und Wünschen der Zielgruppe übereinstimmen

Mithilfe einer Experience Map wurden die gelieferten Personas überprüft. Die Experience Map in Abbildung 20.1 zeigt die End-to-End-Erfahrung, die User bei ihren Aufgaben durchlaufen. Im Kern konzentrierte sich diese Darstellung zunächst auf die grundlegenden Aufgaben und nicht auf Kanäle oder Kontexte, wie im Verlauf des Kapitels erläutert wird.

Experience Map

Eine *Experience Map* ist eine visuelle Darstellung, die die Customer Journey oder die Interaktionen der User mit einem Produkt, einer Dienstleistung oder einer Marke veranschaulicht. Sie bietet einen ganzheitlichen Überblick über das gesamte Erlebnis, das in der Regel in Phasen oder Berührungspunkte unterteilt ist, um Unternehmen dabei zu helfen, das Engagement und die Zufriedenheit der User zu verstehen und zu verbessern. Experience Maps enthalten oft wichtige Erkenntnisse, Emotionen, Probleme und Potenziale in jeder Phase und helfen so bei der Gestaltung und Optimierung der User Experience.

Dabei konnten folgende Erkenntnisse gewonnen werden:

- Die Personas fokussierten nur auf externe Personen, obwohl das Portal von internen und externen Usern genutzt wird – interne User sind jedoch ebenso wichtig.
- Die vorhandenen Personas wiesen viele Übereinstimmungen auf und konnten daher auf eine kleinere Anzahl reduziert werden.

Um diese zwei Erkenntnisse auch für SyMed nachvollziehbar machen zu können, wurden alle gelieferten Personas auf einer Experience Map gegenübergestellt und etwaige fehlende interne Personas gemeinsam erarbeitet (siehe Abbildung 20.1).

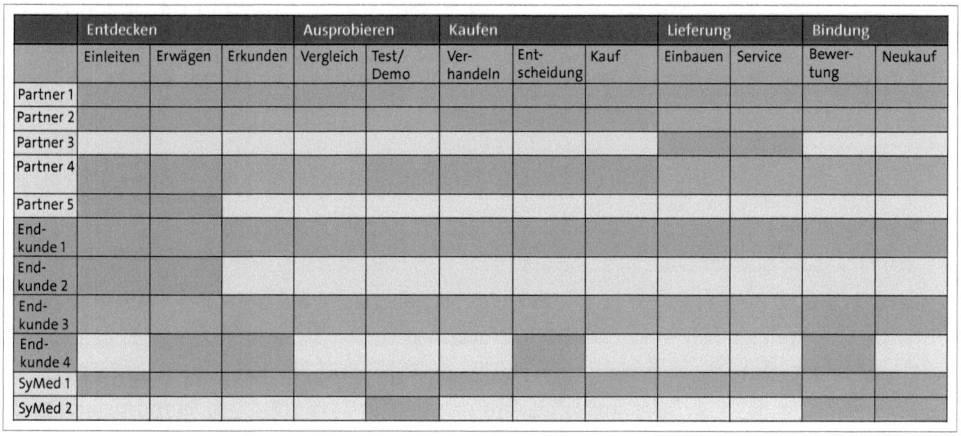

	Entdecken			Ausprobieren		Kaufen			Lieferung		Bindung	
	Einleiten	Erwägen	Erkunden	Vergleich	Test/ Demo	Ver- handeln	Ent- scheidung	Kauf	Einbauen	Service	Bewer- tung	Neukauf
Partner 1												
Partner 2												
Partner 3												
Partner 4												
Partner 5												
End- kunde 1												
End- kunde 2												
End- kunde 3												
End- kunde 4												
SyMed 1												
SyMed 2												

Abbildung 20.1 Experience Map mit den Ergebnissen der Analyse

In dieser Darstellung ist ersichtlich, welcher Akteur wie häufig mit dem bisherigen System interagiert. Bei starken Überschneidungen zweier Akteure werden diese zu einer Persona zusammengefasst, da so die meisten Aufgaben, die von Usern zu erfüllen sind, bessser abgedeckt und im letzten Schritt in das Backlog überführt werden können. Nachdem alle elf von SyMed gelieferten Personas auf den Prüfstand gestellt wurden, konnte die Anzahl der Personas, mit denen die weiteren Workshops gestaltet werden, auf sieben reduziert werden. Durch den Fit Gap der Experience Map konnten zwei neue Personas identifiziert werden, die vorher von keiner internen Usergruppe berücksichtigt wurden.

Im Folgenden werden die identifizierten Personas in der Abbildung 20.2 vorgestellt.

Partner	Endkunden	SyMed
Nico Newbie • Vertriebsmitarbeiter • Muss immer up-to-date sein • Direkter Kontakt der Ärzte • Hat keine Zeit, sich viel um Fortbildungen zu kümmern • Möchte kompetent wirken	Gerda Gründer • Ärztin • Möchte eigene Praxis eröffnen • Nutzt den Konfigurator • Möchte immer die beste und kostengünstigste Lösung • Trifft Kaufentscheidungen	Rudi Reparatur • Techniker • Kümmert sich um Reparaturen • Braucht ein Tool, das seine Kunden problemlos bedienen können, damit er sich auf Reparaturen konzentrieren kann • Braucht eine Möglichkeit, seinen Kunden Angebote zu schreiben, wenn sich eine Reparatur nicht lohnt
Ida Indoorsales • Ist die Verbindung zwischen dem Handel und SyMed • Nutzt das firmeninterne ERP-System • Braucht Bestellstatus-Updates von SyMed für ihre Kunden	Hannah Helfer • Arzthelferin • Verschickt zu reparierende Geräte • Macht Nachbestellungen • Braucht eine Plattform, auf der sie einfach Reparaturen anfordern und Garantiefälle abwickeln kann	Steven Service • Mitarbeiter im Kundendienst • Erster Kontakt bei allen eingehenden Anrufen • Braucht einfachen Zugang zu Statusmeldungen seiner Kunden • Braucht schnellen Zugriff auf alle relevanten Informationen
Clara Commercee • Marketing Manager • Erstellt Kampagnen, um online Produkte von SyMed zu vermarkten • Braucht Promotionmaterial und Produktinformationen von SyMed • Braucht einen einfachen Zugang zu besagten Informationen		

Abbildung 20.2 Identifizierte Personas

Sie lassen sich in die drei Gruppen einteilen: Partner, Endkunden und SyMed-Angestellte. Die Personas erhalten Fotos, um die fiktiven Akteure im Projektverlauf besser zu personifizieren.

20.2.2 Ausarbeitung der Personas für User Journey

Nachdem die Personas identifiziert wurden, ging es im nächsten Schritt darum, diese um Ziele und Bedürfnisse zu erweitern. Dieses Vorgehen ist für die spätere Gestaltung der User Journey relevant, weil dadurch ersichtlich wird, was die User erreichen möchten, welche Handlungen sie vornehmen und welche Bedürfnisse sie haben. Diese sollten durch das System und die Prozesse bestmöglich abgedeckt sein. In zahlreichen Interviews wurden mithilfe einer Empathy Map die Ziele, Handlungen und Bedürfnisse der einzelnen Personas erfasst und dokumentiert.

[»]

Empathy Map

Eine *Empathy Map* ist ein visuelles Werkzeug, das im Design Thinking und UX Design eingesetzt wird, um ein tieferes Verständnis für bestimmte User oder ein Kundensegment zu gewinnen. Sie besteht in der Regel aus einem einfachen Diagramm, das in Abschnitte unterteilt ist, die jeweils verschiedene Aspekte der User Experience darstellen. Typischerweise sind dies folgende Aspekte:

- Gedanken und Gefühle
- Handlungen
- Sagen (Aussage über die Handlung)
- Ziele und Probleme

Mit der Empathy Map konnte der Kontext, in dem sich die Persona befindet, veranschaulicht werden. Klassischerweise wird hier aufgeführt, was User sagen, denken, fühlen und machen, während sie versuchen, eine Aufgabe zu erfüllen. Ergänzend dazu wurden die Ziele der Personas mit aufgeführt, um sie präsent zu haben.

Abbildung 20.3 zeigt exemplarisch eine Ausgestaltung einer Persona von SyMed mithilfe einer solchen Empathy Map. Wie man aus diesem Beispiel sehen kann, wird das innere Gefühlsleben einer fiktiven Persona greifbar. Die Teilnehmer der Workshops verstehen dadurch die Bedürfnisse der Persona und können besser nachvollziehen, woher diese Bedürfnisse kommen.

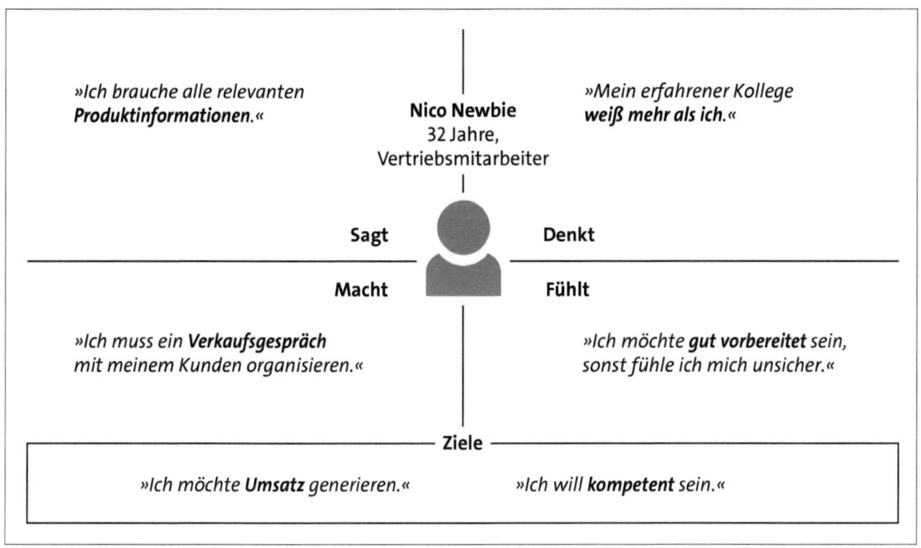

Abbildung 20.3 Ausgestaltung der relevanten Personas

20.2.3 User Journey Design

In diesem Abschnitt sprechen wir nicht von einer *Customer Journey*, sondern von einer *User Journey*. Das liegt daran, dass auch Mitarbeitende von SyMed User des Serviceportals und keine Kunden sind und somit der Begriff Customer Journey irreführend wäre. Der Begriff *User Journey* umfasst alle Akteure als potenzielle User des Portals. Diese Differenzierung ist entscheidend, wird jedoch oft in der Praxis übersehen.

Customer Journey vs. User Journey

Die Begriffe *User Journey* und *Customer Journey* sind eng miteinander verwandt, haben aber unterschiedliche Schwerpunkte und Anwendungsbereiche. Um dies zu verdeutlichen, werden die Begriffe in Tabelle 20.1 einander gegenübergestellt.

	User Journey	Customer Journey
Fokus	User Journeys konzentrieren sich in erster Linie auf die Erfahrungen und Interaktionen von Personen oder Usern mit einem bestimmten Produkt, einer Dienstleistung oder einer digitalen Benutzeroberfläche.	Customer Journeys sind breiter angelegt, da sie alle Interaktionen und Erfahrungen umfassen, die ein Kunde mit einem Unternehmen oder einer Marke macht, sowohl online als auch offline.

Tabelle 20.1 Gegenüberstellung von User Journey und Customer Journey

	User Journey	Customer Journey
Umfang	Sie decken oft den gesamten Prozess ab, den User durchlaufen, wenn sie mit einer bestimmten Anwendung, einer Website oder einem Gerät interagieren, vom ersten Kontakt bis zum Erreichen der Ziele oder dem Abschluss von Aufgaben.	Sie beginnen in der Regel mit der ersten Wahrnehmung oder Entdeckung der Marke durch den Kunden, erstrecken sich über den Kaufprozess und setzen sich mit Interaktionen nach dem Kauf fort, einschließlich Kundensupport, Loyalität und Fürsprache.
User Case	User Journeys werden häufig im UX Design und bei der Entwicklung digitaler Produkte eingesetzt, um die Benutzerfreundlichkeit einer bestimmten Benutzeroberfläche oder eines Systems zu optimieren.	Customer Journeys werden im Marketing, im Vertrieb und im Kundendienst eingesetzt, um das gesamte Kundenerlebnis besser zu verstehen und zu verbessern, einschließlich der Berührungspunkte jenseits digitaler Schnittstellen, wie z. B. Erfahrungen in Geschäften, Telefonanrufe oder E-Mail-Interaktionen.

Tabelle 20.1 Gegenüberstellung von User Journey und Customer Journey (Forts.)

Zusammenfassend lässt sich sagen, dass User Journeys sich auf die Interaktionen mit einem bestimmten Produkt oder einer digitalen Benutzeroberfläche konzentrieren. Im Gegensatz dazu bieten Customer Journeys eine ganzheitlichere Sicht auf die Interaktionen eines Kunden mit einem Unternehmen oder einer Marke. Sie berücksichtigen eine größere Bandbreite an Berührungspunkten und Erfahrungen. Beides sind wertvolle Instrumente zur Verbesserung von User- oder Kundenerfahrungen und können zusammen verwendet werden, um ein umfassenderes Verständnis der User- oder Kundenperspektive zu schaffen.

Auf Basis der repräsentativen sieben Personas wurde für jede eine User Journey entworfen (siehe Tabelle 20.2). Das Design der User Journey legt den Fokus auf die einzelnen Phasen, Aktivitäten, Beteiligte und Ziele des Users in der User Journey. Darüber hinaus werden die Probleme, Optimierungsansätze und das Stimmungsbild des Users erfasst. Ergänzend hierzu wurden die Kontaktpunkte in der Connection-Ebene des Users mit SyMed aufgezeigt. Im Folgenden werden die einzelnen Bestandteile des User Journey Design im Detail vorgestellt:

- **Phasen**
  In den Phasen werden die übergeordneten Abschnitte, die während der User Journey durchlaufen werden, dargestellt. Diese können auch mit den Phasen einer Customer Journey übereinstimmen, wie in unserem Fall (Entdecken, Ausprobieren, Kaufen, Benutzen, Bindung). Die Phasen dienen vor allem zur Gruppierung der einzelnen Aktivitäten.
- **Aktivitäten**
  Als Aktivitäten werden die einzelnen Schritte, die innerhalb einer Phase der User Journey durchgeführt werden, bezeichnet. Sie sind somit das zentrale Element der Betrachtung. Unter Ihnen werden die Beteiligten, Ziele, Probleme, Optimierungsansätze etc. angeordnet, da diese je nach Aktivität unterschiedlich ausgeprägt sein können.
- **Beteiligte**
  Die Beteiligten sind unmittelbar an eine Aktivität einer User Journey geknüpft. Bei der späteren Analyse der User Journeys ist diese Betrachtungsebene relevant, da hier die Überschneidungen der User Journeys aufgezeigt werden.
- **Ziele der User**
  Beschreibt das Ziel einer Person bei der Ausführung einer Aktivität in einer User Journey.
- **Probleme**
  Unter Probleme werden Herausforderungen und Hindernissen dokumentiert, die die User bei der Ausführung der Aktivität bzw. bei seiner Zielerreichung behindern.
- **Optimierungsansätze**
  Sind mögliche Verbesserungspotenziale, die sich meistens durch die Betrachtung der Probleme ergeben. Durch die direkte Gegenüberstellung der Probleme und der Optimierungsansätze wird zudem das Wunschszenario für die Zukunft illustriert, ohne dabei zu vergessen, was in der Vergangenheit zu Problemen geführt hat – damit sich eben diese in Zukunft nicht mehr wiederholen.
- **Stimmungsbild**
  Das Stimmungsbild beschreibt auf einer Skala von 1 bis 5, wie zufrieden die User bei der Aktivität sind. Durch diese Visualisierung wird auf den ersten Blick ersichtlich, ob ein Handlungsbedarf besteht.
- **Kontaktpunkte**
  Unter Kontaktpunkte versteht man Touchpoints von SyMed, mit denen der User während der einzelnen Aktivität interagiert (Portal, Telefonat etc.).

	Entdecken	Ausprobieren	Kaufen	Lieferung/ Benutzen	Bindung
Aktivität	■ Gerda kontaktiert Nico für ein Angebot. ■ Nico vereinbart einen Beratungstermin mit Gerda; Vorbereitung nötig.	■ Lieferzeiten sind wichtig für Gerda. ■ Gerda hat Interesse an einem Angebot.	■ Nico sendet Gerdas Daten an Ida; Anfrage für Angebot mit Rabatten. ■ Gerda trifft Entscheidung; informiert Nico. ■ Nico gibt Info an Steven weiter.	■ Gerät wird an Gerda ausgeliefert. ■ Nico bereitet Einführung vor. ■ Erfolgreiche Einführung durch Nico	■ Nico bietet Gerda weitere Leistungen und Produkte an: Angebot von Zubehör, Garantieverlängerungen, Serviceverträgen.
Gedanken	»Ich muss mich beeilen, damit dieser Verkauf klappt.«	»Ich möchte kompetent wirken.«	»Fühlt sich gut an, einen Verkauf abzuwickeln.«	»Die Vorbereitungen sind zeitaufwendig.« »Ich schaffe das!«	»Wenn mein Kunde zufrieden ist, wird er wieder bei mir kaufen.«
Stimmungsindex	erst mittel, dann schlecht	mittel	gut	erst schlecht, dann gut	gut
Kontaktpunkte	Telefon, Portal	Portal	Telefon, Portal	Portal	Telefon, Portal
Kontakte	Gerda	Gerda	Gerda, Ida, Steven	Gerda	Gerda
Pain Points	■ Nico gestresst: Gerda prüft andere Angebote. ■ Gerda ist überwältigt von Informationsfülle.	■ Gerda ist irritiert durch viele Optionen.	■ Nico verliert Überblick: zu viele E-Mails	■ Vorbereitungen lästig für Nico; Zeitmangel	■ Wann ist der richtige Zeitpunkt, um mit Gerda wieder in Kontakt zu treten?

Tabelle 20.2 User Journey Design für eine repräsentative Persona am Beispiel von Vertriebsmitarbeiter Nico Newbie und der Kundin Gerda

	Entdecken	Ausprobieren	Kaufen	Lieferung/ Benutzen	Bindung
Pain Points (Forts.)	■ Nico sollte seine Informationen zusammenhaben.				
Ideen/Chancen	■ bessere Performance des Systems	■ vorkonfigurierte Angebote, basierend auf Sales Performance	■ Produktvergleichsfunktion mit relevanten Vorteilen	■ mit dem Verkauf verknüpfte Checkliste	■ workflowbasierte Wiedervorlage von Gerda

Tabelle 20.2 User Journey Design für eine repräsentative Persona am Beispiel von Vertriebsmitarbeiter Nico Newbie und der Kundin Gerda (Forts.)

20.2.4 User Journey Mapping

Nach dem Design der User Journey der jeweiligen Personas wurde das *User Journey Mapping* vorgenommen. Im User Journey Mapping werden die gesamten Informationen, insbesondere Probleme und Ziele der korrespondierenden Akteure in den einzelnen Aktivitäten, gegenübergestellt. Durch dieses Vorgehen können Zielkonflikte und Probleme während der User Journey identifiziert werden.

Im Folgenden wird dies exemplarisch an der User Journeys der Personas Nico Newbie und Gerda Gründer aufgezeigt.

Nico ist ein Kontakt von Gerda, und Gerda möchte sich ein Angebot von Nico einholen. Nico ist sich hierbei bewusst, dass Gerda sich auch Angebote von Wettbewerbern einholt. Er muss daher schnell Informationen und Argumente sammeln, die Gerda so sehr beeindrucken, dass sie direkt bei Nico bestellt. Bei dieser Bestellung handelt es sich um eine langfristige Investition, die sich im höheren fünfstelligen Bereich befindet. Nico erhofft sich zudem eine nachhaltige Geschäftsbeziehung zu Gerda. Daher ist es ihm sehr wichtig, dass er Gerda einen kompetenten und informierten Eindruck macht. Seine Probleme und Ziele sind in Tabelle 20.3 visualisiert.

Gerda ist eine junge Ärztin, die ihre erste eigene Praxis gründen will. Sie legt viel Wert auf hochwertiges Design, möchte sich aber zum Anfang ihrer Gründerkarriere nicht zu hoch finanziell belasten. Daher investiert sie viel Zeit, das passende Angebot für ihre Bedürfnisse zu finden. Der Markt ist übersättigt mit vielen Angeboten, die für sie schwer zu unterscheiden sind. Ihr fehlt die Zeit, sich mit diesen auseinanderzusetzen, denn die Gründung ihrer Praxis erfordert ihre volle Aufmerksamkeit.

Ziele	schnelle, unkomplizierte Angebotserstellung	einfache und passende Konfiguration entsprechend den Anforderungen
Pain Points	Nico gestresst: Gerda prüft andere Angebote.	Gerda ist überwältigt von Informationsfülle.
Ideen/Chancen	bessere Performance des Systems	vorkonfigurierte Angebote, basierend auf Sales Performance

Tabelle 20.3 Ziele und Probleme der Persona eines Vertriebsmitarbeiters (Nico Newbie)

Sie sucht das persönliche Gespräch zu ihren Vertriebskontakten, damit diese Kontakte Gerdas Bedürfnisse aufnehmen und dazu passende Angebote machen können. Selbstredend ist sie hier auch an einem Rabatt interessiert, den sie sich über einen Vertriebskontakt erhofft. Ihre Probleme und Ziele sind in Tabelle 20.4 abgebildet.

Ziele	passende Lösung für Anforderungen finden	schnelle, komfortable Abwicklung
Pain Points	überwältigt von Informationen im Internet und in Fachzeitschriften	Shop zu langsam, unattraktiv, unübersichtliche Optionen
Ideen/Chancen	übersichtliche Vergleichsfunktion auf SyMed-Website	3D-Darstellung von Produkten, Videos von Anwendungen

Tabelle 20.4 Ziele und Probleme der Persona einer Kundin (Gerda Gründer)

Beide User Journeys haben Folgendes gemeinsam:

- Beide brauchen einen schnellen Zugang zu Informationen.
- Nico möchte beeindrucken, Gerda möchte beeindruckt werden.
- Beide möchten ein komplexes Tool schnell und einfach nutzen.

Bei der Gegenüberstellung dieser Ziele, aber auch der Probleme, können im nächsten Schritt mögliche Lösungsvorschläge aufgezeigt werden. Diese könnten so aussehen:

- Der Konfigurator, mit dem Nico arbeitet, braucht eine schnelle und zuverlässige Performance.
- Die Ergebnisse aus dem Konfigurator müssen attraktiv sein und bei Gerda einen Kaufwunsch hervorrufen.
- Mit vordefinierten Konfigurationen lassen sich komplexe Details überspringen und der Verkaufsprozess kann schneller ablaufen.
- Der Konfigurator ist durch die vordefinierten Konfigurationen auch für Gerda einfacher zu bedienen, sollte sie etwas an ihrem Produkt anpassen wollen.

[«]

Wireframe

Ein *Wireframe* ist eine grundlegende, vereinfachte visuelle Darstellung einer Website, einer mobilen App oder einer Benutzeroberfläche. Es skizziert das strukturelle Layout und die wichtigsten Elemente, ohne detaillierte Designelemente wie Farben, Bilder oder Typografie zu enthalten. Wireframes werden in den frühen Phasen von Design und Entwicklung verwendet, um die Anordnung von Inhalten, Funktionen und Navigation zu planen und zu kommunizieren. Sie dienen als visueller Leitfaden für Design, Entwicklung und weitere Beteiligte, um sicherzustellen, dass das Layout und die Funktionalität der Benutzeroberfläche mit den Zielen des Projektes und den Bedürfnissen der User übereinstimmen.

20.2.5 Erkenntnisse in Wireframes und Mockups überführen

Um diese Erkenntnisse aus den User-Journey-Workshops für alle Stakeholder in diesem Projekt greifbar zu machen, sollen alle Anforderungen in *Wireframes* überführt werden (siehe Abbildung 20.4 und Abbildung 20.5). Die Gestaltung der Wireframes wird im stetigen Austausch mit dem Projektteam vorgenommen und bildet einen *User Flow* ab. Ein User Flow sind die einzelnen Schritte der User, um ein Ziel zu erreichen. Mit diesen Wireframes in einem abgestimmten User Flow wird ein stabiles Fundament erarbeitet, aus dem sich das Backlog ableiten lässt. Durch die Wireframes ist ersichtlich, welche Features für die User notwendig sind. Zudem bieten die Wireframes den Vorteil, dass alle Projektbeteiligten sich ein einheitliches Bild des Endprodukts machen können. Damit die Wireframes keine »Luftschlösser« beinhalten, die technisch nicht oder nur mit hohem Aufwand umsetzbar sind, wurde bei der Entwicklung der Wireframes eine Person mit technischer Expertise einbezogen.

In diesem User Flow wird Schritt für Schritt gezeigt, wie User bei einem zukünftigen Portal von SyMed vorgehen könnten, wenn sie sich eine nach ihren Bedürfnissen ausgesuchte Behandlungseinheit zusammenstellen. Dabei werden alle Schritte in einem korrespondierenden Screen gezeigt, damit man den Prozess mit jedem Stakeholder live durchklicken kann. Mit der Darstellung dieses Prozesses können sich alle Workshopteilnehmenden genau vorstellen, wie hinterher der Ablauf für die User aussieht.

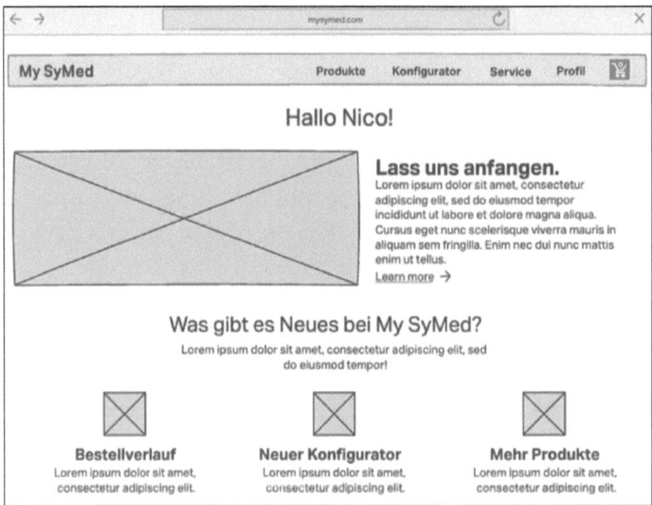

Abbildung 20.4 Wireframe der Startseite des Portals von SyMed

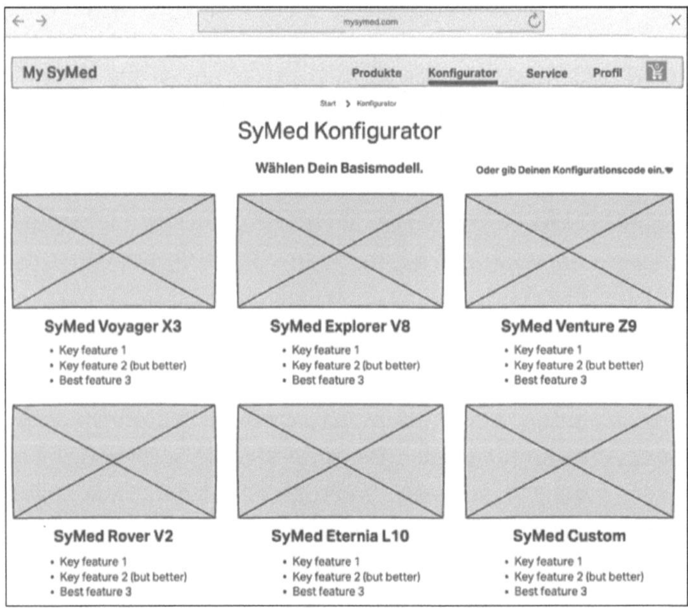

Abbildung 20.5 Wireframe des Konfigurators des Portals von SyMed

Mockup

Ein *Mockup* ist eine detailgetreue visuelle Darstellung oder ein Prototyp eines Designkonzepts, der in der Regel zeigt, wie eine Website, eine mobile App oder ein Produkt aussehen wird, wenn es vollständig entwickelt ist. Im Gegensatz zu Wireframes, die einfacher sind und sich auf Layout und Struktur konzentrieren, bieten Mockups eine detailliertere und realistischere Ansicht des endgültigen Designs. Mockups enthalten visuelle Designelemente wie Farben, Typografie, Bilder und Grafiken und vermitteln den Beteiligten eine klarere und greifbarere Vorstellung vom Aussehen des fertigen Produkts und der Benutzeroberfläche. Zudem werden sie unter Berücksichtigung des Corporate Designs eines Unternehmens und konventionellen Usability-Standards erstellt. Sie werden häufig im Design- und Entwicklungsprozess verwendet, um die visuellen Aspekte eines Projektes zu verfeinern und abzustimmen und um Feedback von den Beteiligten einzuholen, bevor mit der Implementierung begonnen wird.

Aus technischer Sicht sind Wireframes das beste Mittel, um schnell und kostengünstig Ergebnisse zu kommunizieren. Allerdings gelingt es Wireframes nicht, den authentischen Eindruck eines echten Mockups vollständig zu erreichen.

Um Zeit und Ressourcen zu sparen, werden meistens nur ausgewählte Key Wireframes mit besonderem Aufwand in ein Mockup überführt. Diese Mockups dienen als Maßstab für die spätere Implementierung und geben zukünftige Designrichtungen vor. Darüber hinaus werden bei einem Mockup Richtlinien des Corporate Designs eines Unternehmens berücksichtigt. Das hilft allen Stakeholdern dabei, den das zukünftige »Look and Feel« eines Produktes zu erkennen und besser einzuordnen, ob man mit seiner Gesamterscheinung zufrieden ist (siehe Abbildung 20.6).

Wireframes bilden eine technische Funktionalität ab. Mockups hingegen zeigen ein ästhetisches Design, State-of-the-art-Interaktionen, innovativen Gestaltungsspielraum und kommen dem Endergebnis so nahe wie möglich. Der Kunde kann folglich mit diesen Mockups intern besser kommunizieren oder Sponsoren aus anderen Abteilungen finden, weil es für jeden Stakeholder greifbarer wird, worum es in dem Produkt geht und was am Ende dabei produziert werden soll. Kunden können eigene Erwartungen an die Mockups knüpfen, sodass bereits vor Implementierung des Produktes allen klar ist, wie es am Ende aussehen soll. Daher ist es ratsam, Key Wireframes auszuwählen, die besonders viele Funktionen zeigen. Ein Begrüßungsscreen umfasst hingegen in der Regel nicht viele Funktionen und wäre als Beispiel weniger geeignet als ein Dashboard, ein Konfigurator oder eine Produktgalerie. Wichtig ist dabei, den Fokus des Projektes nicht aus den Augen zu verlieren und ein für das Projekt sinnvolles und besonders aussagekräftiges Key Wireframe auszuwählen.

Grundsätzlich sind Mockups in dieser Projektphase absolut zu empfehlen, weil sie jedem Stakeholder helfen, sich das Ergebnis des Projektes besser vorzustellen, und ggf. einen Anreiz darstellen, das Projekt anzunehmen.

Abbildung 20.6 Mockup-Konfiguration für SyMed

20.2.6 Story Mapping und Backlog

Grundlage für das *Story Mapping* sind neben den Ergebnissen der UX-Betrachtung (User Journeys, Wireframes und Mockups) die Erkenntnisse aus der Betrachtung der Geschäftsprozesse und der IT-Architektur. Unter Story Mapping versteht man eine Methode, um das Product Backlog transparent zu machen. Durch das Story Mapping konnten die Komponenten, Funktionen und Anforderungen im Detail aufgeschlüsselt und detaillierter diskutiert werden (siehe Abbildung 20.7).

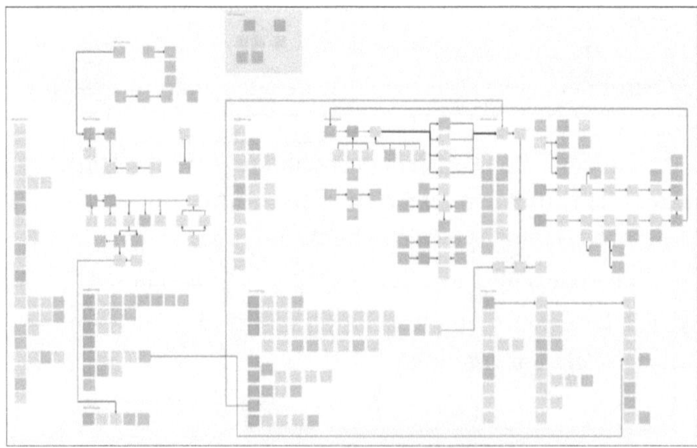

Abbildung 20.7 Story Mapping zur Überführung in ein Backlog

Im Rahmen des Story Mappings konnte somit z. B. der genaue Funktionsumfang vom Konfigurator, unter Berücksichtigung der Prozesse, der Anforderungen aus den Wireframes und der technischen Gegebenheiten, beschrieben werden. Im Zuge des Story Mappings wurden eine Bewertung der Aufwände und eine anschließende Priorisierung vorgenommen, die zum Backlog für Phase 1 geführt hat. Zudem konnten weitere Themen für eine komplette Roadmap eingeordnet werden. Das anschließende Backlog wurde im Zusammenhang mit den Ergebnissen aus der Konzeptionsphase vorgestellt und zur internen Freigabe weitergeleitet. Hier unterstützen vor allem die Mockups und die Wireframes bei der Entscheidungsfindung der internen Gremien, da sie die Vision des Portals transportieren konnten.

20.3 Fazit

Das in dem Projekt gewählte Vorgehen hat gezeigt, dass die Betrachtung aller Akteure innerhalb der User Journey von hoher Relevanz ist. Basis für diese Grundlage bleibt die genaue Erarbeitung der Personas. Auch die Differenzierung von Customer Journey und User Journey ist elementar, da etwaige Akteure nicht automatisch in der Customer Journey berücksichtigt werden. SyMed konnte durch die gezielte Betrachtung sehr viele Erkenntnisse über die User ihres Systems gewinnen und hat somit einen viel besseren Überblick über die Bedürfnisse, Ziele und Herausforderungen der einzelnen Usergruppen. Mithilfe des User Journey Mappings konnte die Notwendigkeit von Optimierungen und Zielkonflikten aufgezeigt werden. Durch diese Erkenntnisse ist SyMed in der Lage, bewusste Entscheidungen zu treffen und mögliche Konsequenzen miteinzubeziehen. Die Überführung der Anforderungen in Wireframes und in einzelnen Mockups konnte das Endprodukt für alle Projektbeteiligten gut transportieren.

Abschließend lässt sich festhalten, dass durch diese Betrachtung die Nachvollziehbarkeit der Anforderungen der User gegeben ist und eine gute Grundlage für die Argumentation der Implementierungsaufwände bietet.

Auch aus Sicht des Beratungsunternehmens bietet dieses Vorgehen ein umfangreiches Verständnis über die Stakeholder, Systeme, Ziele und Prozesse. Dies hat wiederum den Vorteil, dass bei künftigen Projekten mit SyMed die Ergebnisse direkt miteinbezogen werden können.

Da SyMed sich nach der Konzeptionsphase für ein Implementierungsprojekt entschieden hat, konnten diese Ergebnisse direkt genutzt werden.

Kapitel 21

Kundenbeispiel 4: Projektmanagement

Um erfolgreiche Commerce-Projekte zu planen und umzusetzen, müssen die richtigen Voraussetzungen geschaffen und Beteiligte einbezogen werden. Dieses Kapitel verdeutlicht, dass die Komplexität und Interdisziplinarität von E-Business-Lösungen wie der SAP Commerce Cloud ernst genommen werden müssen, sowohl in der Planung als auch in der Umsetzung und Nachbereitung.

Das Management von Commerce-Projekten ist eine anspruchsvolle Aufgabe. Unabhängig davon, ob Sie agil vorgehen (siehe Kapitel 19, »Kundenbeispiel 2: Erfolgreiche Projekte mit einer agilen Methodik«) oder die klassische Wasserfallmethodik anwenden: Entwurf (Konzeption) und Ergebnis (Implementierung) klaffen unweigerlich auseinander. Die Entwicklung der endgültigen Lösung in Commerce-Projekten erfordert einen stetigen Prozess der Verfeinerung und (Neu-)Bewertung. Dies stellt hohe Anforderungen an Disziplin, Ausdauer und Kommunikationsfähigkeit der Projektverantwortlichen.

In diesem Kundenbeispiel wurde für einen echten mittelständischen B2B-Champion aus der Medizintechnikbranche, der seinen Hauptsitz in der Schweiz hat, ein Webshop eingeführt. Das Kapitel konzentriert sich auf spezifische Herausforderungen im Projektmanagement. Die im Kundenbeispiel beschriebenen Herausforderungen sind typisch für E-Commerce-Projekte, und der beschriebene Umgang mit ihnen kann als Blueprint dienen, um Ihr eigenes Projekt zu meistern.

Der Erfolg von SAP-E-Commerce-Projekten steht und fällt mit der Konzeption bzw. der richtigen Bewertung und Übersetzung von Anforderungen in testbare Systemfeatures (siehe Kapitel 18, »Kundenbeispiel 1: Konzeption«). Die Projektvorbereitung beschränkt sich nicht auf das technische Setup, sondern beinhaltet vor allem Prozesse und Zielgruppen. Erst wenn alle drei Fragestellungen adressiert wurden, sollte das E-Commerce-Projekt starten (siehe Abschnitt 21.1, »Sind Sie »E-Commerce ready«?«). In Abschnitt 21.2, »Alle sind E-Commerce-Profis«, zeigen wir, dass Erfahrungen aus anderen Projekten sich nicht immer auf E-Commerce-Projekte übertragen lassen. Welche Projektmethodik zielführend ist, ist Inhalt von Abschnitt 21.3. In Abschnitt 21.4 werden die wichtigsten Rollen im Projekt vorgestellt (siehe auch Kapitel 19, »Kundenbeispiel 2: Erfolgreiche Projekte mit einer agilen Methodik«, und Kapitel 20, »Kundenbeispiel 3: CX-Projekte mit User Journeys«). In Abschnitt 21.5, »Betrieb – nicht zu vernachlässigen«, steht die Zeit nach dem Go-live im Vordergrund.

21.1 Sind Sie »E-Commerce ready«?

Welches Unternehmen würde die Frage »Sind Sie E-Commerce ready?« im Jahre 2023 noch verneinen? Vermutlich keines. Denn mittlerweile glaubt jeder zu wissen, was E-Commerce ist, wozu es dient, welche Potenziale es bietet und dass man für ein erfolgreiches Geschäftsmodell an E-Commerce in irgendeiner Form wohl auch gar nicht mehr herumkommt (siehe Kapitel 1, »E-Commerce heute und in Zukunft: Entwicklung, Kunden, Märkte«, und Kapitel 2, »Geschäftsmodelle und Dimensionen von E-Commerce: Vom Webshop bis zur Serviceplattform«).

Alle glauben also, bereit zu sein. Es besteht die Annahme, man könne die bestehenden Prozesse beibehalten, zumal bereits Systeme existieren, die den traditionellen Vertrieb effektiv unterstützen. Dabei ginge es lediglich darum, ein digitales Schaufenster zu schaffen, ohne dass weitere Veränderungen erforderlich sind. Was könnte so schwierig daran sein, einfach einen weiteren Vertriebskanal zu schaffen?

Die Einschätzung des Reifegrades (siehe Abschnitt 3.7, »Value Management: Erfolgsmessung (Ziele, KPIs, Maßnahmen)?«) für E-Commerce sollte jedoch nicht auf einem Bauchgefühl basieren, sondern im Hinblick auf die Dimensionen Anwender, Business und Technik messbar gemacht werden (siehe auch Abschnitt 21.2, »Alle sind E-Commerce-Profis«). Der Reifegrad wird in Unternehmen häufig überschätzt, mit der Folge, dass Projektumfang und -dauer unterschätzt werden. Im Folgenden beleuchten wir drei Faktoren, um Sie optimal auf Ihr bevorstehendes Projekt vorzubereiten. Wir untersuchen, welche Fragen Sie idealerweise vor dem Projektstart geklärt haben sollten, um den Erfolg Ihres Vorhabens zu sichern.

21.1.1 Die User und Kunden (Menschen)

Wer wird von dem E-Commerce-Projekt betroffen sein und wie? Identifizieren Sie bereits vor Projektbeginn die relevanten Stakeholder, und bereiten Sie sich auf ein effektives Change Management vor. Beachten Sie dabei auch folgende Fragestellungen:

- Welche (neuen) Anforderungen haben die Kunden? Welche Markttrends resultieren aus der Erwartungshaltung »neuer Kunden« (siehe Abschnitt 1.3, »Kunden der Zukunft: neue Touchpoints, neue Wege«)? Wie überzeuge ich meine Kunden davon, den neuen Webshop zu besuchen und zu nutzen? Wie kann die E-Commerce-Lösung nach und nach an die Bedürfnisse meiner Kunden angepasst werden?

- Welche Auswirkungen wird der neue Vertriebskanal auf die bestehenden, klassischen Vertriebskanäle und deren Mitarbeitende haben? Wie wird z. B. mit Vertriebsprovisionen umgegangen, wenn zumindest ein Teil des Umsatzes ohne direkte Beteiligung des Vertriebs gemacht wird? Was muss getan werden, damit der klassische Vertrieb die neue Lösung bei seinen Kunden aktiv unterstützt oder zumindest nicht gegen die Lösung arbeitet?
- Welche Veränderungen bedeutet der neue Kanal für externe Umsatzbeteiligte, z. B. für Händler oder Distributoren? Fällt Umsatz für die Händler weg oder unterstützt die neue Lösung sogar deren Geschäft? Welche Erwartungshaltung soll gegenüber den Händlern formuliert werden?
- Ist der neue Vertriebskanal Teil einer Marketingstrategie? Welche Auswirkungen wird das Projekt auf die Arbeit der Marketingabteilung haben? Welche Aufgaben kommen auf das Marketing zu?

Ein E-Commerce-Projekt bringt viele Veränderungen mit sich, deren Auswirkungen häufig unterschätzt werden. Obwohl E-Commerce-Vertriebskanäle mit einem geringen direkten Personaleinsatz betrieben werden, hängt ihr Erfolg doch wesentlich von der Unterstützung des gesamten Unternehmens ab.

Neben einem frühen Stakeholder Management sollte auch bewertet werden, wie agil ein Unternehmen insgesamt ist. Ist man auf Veränderungen vorbereitet, sind Veränderungen willkommen, versteht man Veränderungen gar als Vorteil, um sich als Unternehmen weiterentwickeln zu können? Gehört ein kontinuierlicher Veränderungsprozess bereits zur DNA des Unternehmens oder lassen sich bei Veränderungen große Widerstände erwarten? Diese Bewertung sollte unbedingt in die Strategie für das *Change Management* im Rahmen des Projektes eingehen.

21.1.2 Das Business

Welche prozessualen Herausforderungen entstehen mit der Einführung von E-Commerce? Das Design des digitalen Verkaufsprozesses ist ein zentraler Bestandteil von E-Commerce-Projekten und wird deshalb in diesem Abschnitt nicht weiter vertieft. Stattdessen konzentrieren sich die folgenden Fragestellungen auf die Voraussetzungen und Auswirkungen des neuen digitalen Verkaufsprozesses, die maßgeblich Umfang und Inhalt des Projektes beeinflussen:

- Für wen ist der zukünftige Vertriebskanal geeignet? Wie können Kunden in Zukunft bewogen werden, den neuen Vertriebskanal und nicht mehr die bestehenden Kanäle zu nutzen?
- Wie bettet sich der zukünftige Vertriebskanal in die bestehenden Vertriebsprozesse ein? Wo wird es mögliche Überschneidungen oder Lücken geben?

- Gibt es bereits etablierte Prozesse für das Produktinformationsmanagement und die Bereitstellung von Content?
- Ist das bestehende Preismodell in der Lage, Preise für den Neu- und Bestandskunden transparent darzustellen und im Auftragsprozess entsprechend abzuwickeln?
- Sind die dem Auftrag nachgelagerten Prozesse bereits in der Lage, ohne manuelle Eingriffe automatisiert abgewickelt zu werden? Dazu gehören die Kommissionierung, die Lieferung und die Rechnungsstellung.
- Wie gut werden bestehende After-Sales-Prozesse (z. B. die Abwicklung von Reklamationen) zu dem neuen Vertriebskanal passen?

Ein E-Commerce-System betrachtet nicht einen isolierten Prozess, sondern wirkt sich auf die gesamte Landschaft kundenorientierter Prozesse im Unternehmen aus. Die Projektplanung muss diese Einflüsse berücksichtigen und als Ergebnis eine reibungslose, ineinandergreifende Prozesslandschaft zum Ziel haben.

21.1.3 Die Technik

Aufgabe der Technik ist, das Geschäft zu unterstützen und dessen Anforderungen zu folgen. Daher stellt sich hier die Frage, inwieweit die bestehende IT schon in Lage ist, das zukünftige Vertriebsmodell zu unterstützen. Wenn in bestimmten Regionen z. B. noch kein ERP-System vorhanden ist, Produkt- und Content-Prozesse noch nicht systemgestützt ablaufen, Lieferkosten nicht korrekt automatisch berechnet werden können oder Versandinformationen noch nicht digital verfügbar sind, steht die IT vor großen Herausforderungen. Diese gehen weit über die Einführung eines zusätzlichen Commerce-Systems hinaus. Das digitale Schaufenster für die Kunden zu erstellen, ist oft der einfachere Teil. Doch das Schaufenster muss auch gefüllt sein, die Produkte im Schaufenster müssen reibungslos zum richtigen Preis gekauft werden können. Darüber hinaus muss sichergestellt sein, dass die Produkte zeitnah fakturiert und an den Kunden ausgeliefert werden können.

Bestehende Prozesse in der IT bilden oft hauptsächlich die Arbeitsweise des eigenen Unternehmens ab. Wenn dann ein E-Commerce-Projekt erstmals die Belange der Kunden in den Vordergrund stellt, kann dies erhebliche Änderungen an den Abläufen z. B. in der Auftragsabwicklung bedeuten. Widerstände, diese etablierten Prozesse zu verändern, sind oft groß. Neben der zu erwartenden Überzeugungsarbeit müssen diese Veränderungen vor allem auch bei der Planung der Projektlaufzeit und der Ressourcenplanung berücksichtigt werden.

Wie »E-Commerce ready« ein Unternehmen ist, misst sich also an den Kenngrößen Mensch, Business und Technik. Wie in Abbildung 21.1 dargestellt, muss ein E-Commerce-Projekt je nach Reifegrad entsprechend weiter gefasst werden, um alle Bereiche und nicht nur den eigentlichen neuen Vertriebsprozess abzudecken.

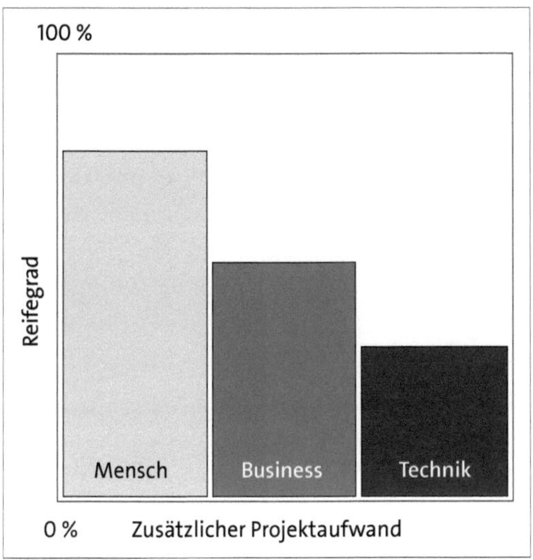

Abbildung 21.1 Zusätzlicher Projektaufwand abhängig vom Reifegrad »E-Commerce ready« (schematisch)

Ziel muss es sein, am Ende des Projektes als Gesamtunternehmen »E-Commerce ready« zu sein.

21.2 Alle sind E-Commerce-Profis

In einem E-Commerce-Projekt werden Prozesse digitalisiert. Dies passiert in Unternehmen auch in anderen Bereichen, wie z. B. im Kundenbeziehungsmanagement, in der Beschaffung oder in der Logistik. Bei Projekten in diesen Bereichen ist es oft schwierig, Personen mit Prozessexpertise zu identifizieren und für das Projekt zu gewinnen, die mit ihrem Input die Anforderungsaufnahme unterstützen. Gerade wenn es um das Design der zukünftigen Prozesse und die dafür notwendige Systemarchitektur geht, verlassen sich viele Unternehmen auf den Input von externen Expertinnen und Experten. Die Projektbeteiligten vertreten in diesen Projekten in der Regel ihre konkreten Funktionsbereiche, sei es prozessual oder in der IT, und sind eher vorsichtig und zurückhaltend mit Input. Das gilt insbesondere, wenn es um Themen außerhalb des eigenen Funktionsbereiches geht.

In E-Commerce-Projekten verhält es sich oft umgekehrt: Viele Projektmitglieder sehen sich als Expertin oder Experte für den gesamten E-Commerce-Bereich, unabhängig davon, aus welchem Funktionsbereich sie kommen oder welche konkrete Projektrolle sie innehaben. Denn alle haben schon mehr oder weniger viel Erfahrung mit E-Commerce gemacht – hauptsächlich bei der Nutzung von B2C-Shops oder digitalen Marktplätzen.

Diese Erfahrungen werden auf das Projekt übertragen, ganz im Sinne von »Macht es doch wie Amazon«. Amazon galt lange als das Maß aller Dinge im (B2C-)E-Commerce – ob dies auch heute noch so ist, sei dahingestellt. Amazon steht hier aber auch lediglich stellvertretend für eine positive Einkaufserfahrung eines Projektmitglieds, die auf das eigene Projekt übertragen wird. Neben dem Willen zur Schaffung einer positiven Einkaufserfahrung ist dabei auch die Idee einer Verkürzung des Projektes in den Hinterköpfen. Denn wozu braucht es langwierige Konzeptphasen, in denen man gefühlt das Rad neu erfindet, wenn man es stattdessen einfach so machen könnte wie Amazon?

Dagegen sprechen allerdings die folgenden Gründe:

- Die *Buyer Personas* (siehe Abschnitt 3.4, »Werkzeuge für erfolgreiche Customer Experience im E-Commerce«, oder Kapitel 20, »Kundenbeispiel 3: CX-Projekte mit User Journeys«) sind oft andere als die Projektmitglieder selbst. Sie sind häufig heterogener, haben sehr unterschiedliche Bedürfnisse, die von denen der Projektmitglieder abweichen. Wenn die Buyer Personas nicht ausreichend identifiziert und analysiert werden, besteht die Gefahr, dass sich die Customer Journey nicht an den Bedürfnissen der tatsächlichen Kunden orientiert, sondern sie sich an den Gegebenheiten des Unternehmens orientieren muss.
- Es geht häufig nicht um einfaches B2C. Eine B2C-E-Commerce-Erfahrung kann nicht auf jedes beliebige Produkt, jede beliebige Branche und schon gar nicht auf B2B-Prozesse übertragen werden.
- Eine persönliche Präferenz ist noch keine allgemeingültige Referenz: Über Geschmack lässt sich (nicht) streiten. Gerade im Bereich *UX Design*, also Nutzererfahrung und -führung, geht es um viel mehr als persönliche Präferenz, sondern um intelligente Benutzerführung. Hier ist Expertenwissen gefragt.
- Auch wenn der Satz »Macht es doch wie Amazon« Einfachheit suggeriert, entstehen eventuell Anforderungen, die für das eigene Unternehmen oder Geschäftsmodell möglicherweise nicht sinnvoll, aufwendig oder sogar kontraproduktiv sind.

Es soll hier nicht der Eindruck erweckt werden, dass der fachliche Input der Projektmitglieder nicht geschätzt werden sollte. Es geht vielmehr darum, sich darauf vorzubereiten, dass es in E-Commerce-Projekten typischerweise viel mehr fachlichen Input gibt als erwartet, und zwar in allen Projektrollen, vom Entwickler bis zum Lenkungsausschussmitglied.

Daher ist ein feinfühliges *Stakeholder Management* und ein effizientes Anforderungsmanagement erforderlich, um einerseits den Input von allen Stakeholdern wertschätzend aufzunehmen, andererseits jedoch über nutzenbasierte Argumentation auch klarzumachen, dass tatsächliches Expertenwissen weiterhin notwendig ist und Abkürzungen den Weg sogar verlängern könnten.

21.3 Agilität – aber richtig

Eine *agile Projektmethodik* z. B. nach Scrum wird mittlerweile in vielen IT-Projekten eingesetzt (siehe Kapitel 19, »Kundenbeispiel 2: Erfolgreiche Projekte mit einer agilen Methodik«). E-Commerce-Projekte sind dabei besonders geeignet für diese Methodik. Sie haben nach wie vor einen hohen Anteil an Software-Entwicklung, für die die agile Projektmethodik ursprünglich entwickelt wurde. Im Mittelpunkt steht dabei die regelmäßige Lieferung funktionierender Software, das Prinzip der Priorisierung (immer das zu dem betreffenden Zeitpunkt Wichtigste als Nächstes) und damit die Idee eines flexiblen Scopes innerhalb eines festgelegten Budgets mit einem festgelegten Zeitraum.

Mit dem letzten Punkt tun sich viele Unternehmen, die bisher kaum agil gearbeitet haben, allerdings nach wie vor sehr schwer. Allein der Gedanke, am Anfang des Projektes nicht zu wissen, was genau am Ende das Ergebnis sein wird, löst Unwohlsein aus. Und so laufen viele Projekte unter dem Deckmantel eines agilen Projektes, da z. B. agile Ereignisse wie Daily Scrums durchgeführt werden oder agile Elemente wie ein Product Backlog vorhanden sind. Der Projektinhalt ist aber oft bei Projektbeginn fixiert und wird, wenn auch in kürzeren Inkrementen, lediglich nach einem Plan abgearbeitet.

Die Überlegenheit der agilen Projektmethodik zeigt sich aber vor allem dann, wenn akzeptiert wird, dass man bei Projektbeginn noch gar nicht festlegen kann, was der gesamte Projektinhalt sein wird, da zu diesem Zeitpunkt noch nicht alle notwendigen Informationen dafür vorliegen (siehe dazu auch Abbildung 21.2). Diese Informationen ergeben sich erst aus dem Projektkontext heraus, aus der Bewertung der fertiggestellten Iterationen und aus den Veränderungen, die innerhalb und außerhalb des Projektes während der Projektlaufzeit entstehen.

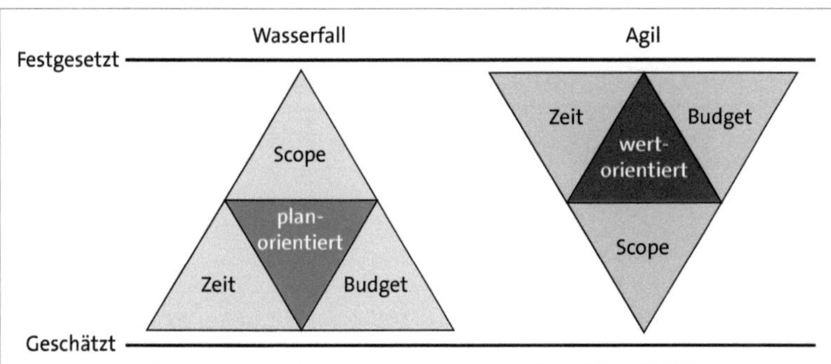

Abbildung 21.2 Wasserfallmethodik vs. agile Projektmethodik

Statt einen Plan abzuarbeiten, wird regelmäßig aufs Neue bewertet, was gerade das Wichtigste ist und was daher als Nächstes gemacht werden sollte. Das »Wichtigste« ist dabei diejenige Anforderung, die den meisten Mehrwert bietet. Über dieses Verfahren ist sichergestellt, dass mit vorhandenem Budget in der vorgegebenen Zeit das Projektergebnis den maximalen Mehrwert bieten wird. Demgegenüber steht eine Methodik, die als Ergebnis die erfolgreiche Durchführung eines Planes bietet.

Um besser bewerten zu können, was das »Wichtigste« ist, kann die agile Projektmethodik mit dem Prinzip des *Minimum Viable Product* (*MVP*) kombiniert werden (siehe Abbildung 21.3). Nach diesem Prinzip wird ein Produkt mit minimal funktionsfähigem Umfang bereits Usern zur Verfügung gestellt. So kann früh Nutzerfeedback eingeholt und damit das MVP iterativ verbessert werden.

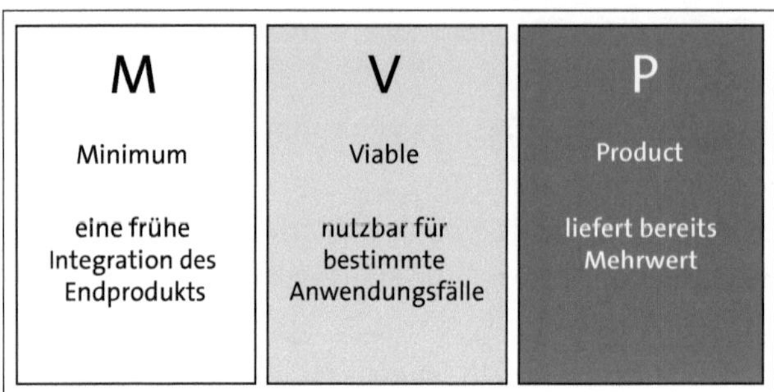

Abbildung 21.3 Minimum Viable Product (MVP)

Im Kontext des E-Commerce bedeutet dies z. B. die Verfügungstellung von minimalen Shopfunktionalitäten für einen eingeschränkten Userkreis. Anhand des Verhaltens oder der Befragung der User können weitere Anforderungen erstellt oder bestehende priorisiert werden. Ein MVP kann zusätzlich bereits Erkenntnisse bezüglich der Effizienz der neuen digitalisierten Prozesse liefern.

Bei der Formulierung eines MVP gibt es zwei Herausforderungen:

- **Ausbaufähigkeit**
  Es muss erweiterbar, stabil und skalierbar sein. Zukünftige Entwicklungen sollen das *MVP* erweitern und nicht Änderungen am bestehenden MVP notwendig machen. Wie in Abbildung 21.4 dargestellt, sollten Sie sich daher bei der Formulierung des MVP nicht nur auf Funktionalität beschränken. Schon bei der Formulierung des MVP sollte eine grundsätzliche Vorstellung einer möglichen Endausbaustufe vorhanden sein.
- **Passgenauigkeit**
  Die Begrenzung des Funktionsumfanges eines MVPs ist oft schwierig, da die Einschätzung eines »minimal funktionsfähigen Umfanges« sehr subjektiv ist. Aus Sorge, dass das MVP nicht die hohen Erwartungen der Kunden erfüllt, wird der Scope eines MVP oft aufgebläht oder mit der Livesetzung gezögert, bis das MVP fast schon alle bisher formulierten Anforderungen enthält. Die Lösung für dieses Dilemma ist die Entscheidung für eine frühe Produktivsetzung eines schlanken MVP nur für einen kleinen, bestenfalls eingeweihten Userkreis. Auf diese Weise

kann das MVP den Vorteil des frühen Feedbacks nutzen, ohne ein zu großes Risiko einzugehen, Nutzer durch eine zu geringe Customer Experience dauerhaft zu verprellen.

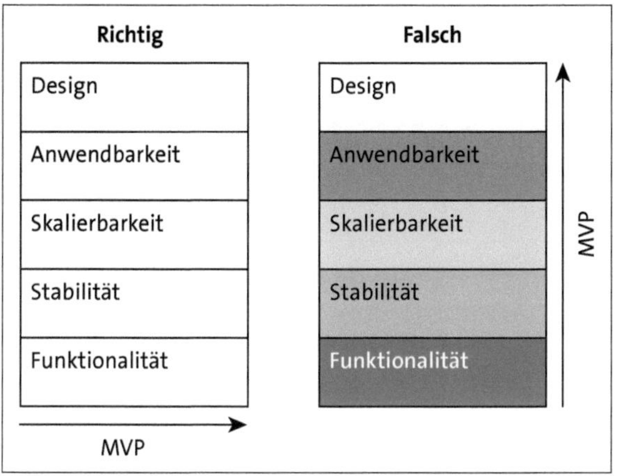

Abbildung 21.4 Formulierung eines MVP

Die agile Projektmethodik ist kein Allheilmittel für den Projekterfolg. Sie ist gegenüber anderen Methodiken leistungsfähiger und damit erfolgversprechender. Sie minimiert viele Projektrisiken, kann aber auch an den klassischen Risiken wie fehlende Unterstützung durch das Management oder zu vielen Interessenkonflikten im Projekt nichts ändern. Hier sind Projektmanagement-Fähigkeiten gefragt, die über die reine Projektmethodik hinaus gehen.

Besonders leistungsfähig ist die agile Projektmethodik vor allem dann, wenn die agilen Prinzipien vollständig gelebt werden und das Konzept eines flexiblen Scopes als Vorteil akzeptiert wird. Jedes Unternehmen, das sich auf dieses Konzept einlässt, wird am Ende des Projektes von der Überlegenheit dieses Ansatzes überzeugt sein.

21.4 Product Owner – die entscheidende Rolle im Projekt

Im vorangegangenen Abschnitt war bereits von den Vorteilen der agilen Projektmethodik, aber auch von den damit verbundenen Herausforderungen die Rede.

Ergänzend soll nochmals die bedeutende Rolle *Product Owner* im Scrum Team betrachtet werden. Diese Rolle ist entscheidend für den Erfolg eines E-Commerce-Projekts, da sie gemäß der Definition im Scrum Guide dafür verantwortlich ist, den Wert des Produkts zu maximieren, der aus der Arbeit des Scrum Teams resultiert. Im Falle von E-Commerce entspricht das Produkt dem Ergebnis des E-Commerce-Projektes.

»Maximierung des Wertes« bedeutet ein bestmögliches Ergebnis unter den gegebenen Rahmenbedingungen – das sind meist Einschränkungen von Zeit und Budget –, aber auch unter Einflussfaktoren wie Teamzusammenstellung oder technischen Restriktionen.

Um das bestmögliche Ergebnis zu erreichen, muss die Rolle des Product Owners die unterschiedlichen Interessen aller Stakeholder aufnehmen, bewerten und priorisieren. Vor allem muss die Person entscheiden, welche dieser Interessen wie und in welcher Reihenfolge Teil des Projektes werden. Um solche weitreichenden Entscheidungen treffen zu können, müssen Product Owner die folgenden Voraussetzungen erfüllen:

- **Mandat**
  Die Person muss autorisiert sein, Entscheidungen treffen zu dürfen. Es braucht den Support aus dem Management, aber auch aus der gesamten Organisation für seine Entscheidungen. Fehlt dieser Support, werden Entscheidungen verlangsamt oder gar nicht getroffen. Fehlendes Vertrauen in die Person des Product Owners kann im Projektverlauf auch dazu führen, dass Entscheidungen von einem offiziellen oder inoffiziellen Komitee aus Stakeholdern getroffen werden, was der Idee von einem schnellen, iterativen, agilen Vorgehen konträr gegenübersteht.
- **Kompetenz**
  Die Person muss fähig sein, Entscheidungen treffen zu können. Dazu gehört ein fachlicher Hintergrund, um Anforderungen bewerten, Problemstellungen im Projekt verstehen und Auswirkungen von Entscheidungen beurteilen zu können. Sie muss sich in die zukünftigen Anwender und Anwenderinnen, aber auch in die anderen Anforderungssteller versetzen können. Schließlich vertreten Product Owner nicht ihre eigenen Interessen, sondern die des Unternehmens. Es gehört aber auch die Fähigkeit zur Zusammenarbeit dazu. Zusammenarbeit mit den unterschiedlichen Anforderungsstellern, dem Management, aber nicht zuletzt auch mit dem Scrum Team, das die Anforderungen umsetzt.
- **Motivation**
  Die Person muss willens sein, Entscheidungen zu treffen. In dieser Position kann man es nicht allen recht machen. Es braucht Entscheidungsfreude und ein entsprechendes Standing, um auch unpopuläre Entscheidungen ggf. gegen Widerstände treffen und zu den Auswirkungen eigener Entscheidungen stehen zu können. Es gehört aber auch die Motivation dazu, sich willentlich in diese Rolle zu begeben und das Beste für das Unternehmen herausholen zu wollen. »Ernannte« Product Owner, die diese Rolle intrinsisch gar nicht ausfüllen wollen, werden einem Projekt nicht zum Erfolg verhelfen.

Neben den genannten Voraussetzungen, um schnell zu richtigen Entscheidungen zu kommen, sollten Product Owners idealerweise eine Vision für das Projekt und darüber hinaus haben. Auf diese Weise ist es möglich, klare Ziele zu formulieren, hinter denen sich das gesamte Unternehmen versammeln kann. Dies motiviert das Team, hilft Überzeugungsarbeit zu leisten und gibt dem gesamten Unterfangen einen übergeordneten Sinn.

Personen, die die bisher genannten Eigenschaften sowie alle Voraussetzungen mitbringen, sind in Unternehmen sehr selten. Sie gehören zu den Leistungsträgerinnen und -trägern. Und diese wenigen Personen sind meist schon mit vielen anderen Aufgaben be- und nicht selten überlastet. So eine Person für die Projektlaufzeit von allen anderen Aufgaben zu befreien (Product Owner zu sein ist meist ein Vollzeitjob), stellt Unternehmen vor größte Schwierigkeiten. Dennoch soll dieser Abschnitt deutlich machen, wie erfolgskritisch die Besetzung dieser Rolle ist. Kompromisse bei der Besetzung dieser Rolle führen nahezu automatisch zu Kompromissen beim Projekterfolg.

Wenn Sie sich mit Projektmanagement beschäftigen, werden Sie sich vielleicht fragen, worin denn dann noch die Rolle der Projektleitung besteht, denn gemäß *Project Management Institute* (*PMI*) sind letztendlich allein die Projektleiterin oder der Projektleiter für den Erfolg oder Misserfolg eines Projektes verantwortlich.

Auch wenn in der Methodik nach Scrum keine Projektleitung vorkommt, so braucht es auch in agilen Projekten eine Projektleiterin oder einen Projektleiter. Zu deren bzw. dessen Verantwortungsbereichen gehören generell:

- Integrationsmanagement
- Zeitmanagement
- Kostenmanagement
- Kommunikationsmanagement
- Risikomanagement
- Ressourcenmanagement
- Qualitätsmanagement
- Beschaffungsmanagement
- Management des Leistungsumfanges

In agilen Projekten fällt allein der letzte Punkt, der Bereich *Management des Leistungsumfanges*, im Englischen weniger sperrig *Scope Management* genannt, in die Verantwortung des Product Owners. Für das Management aller anderen Bereiche braucht es auch in agilen Projekten weiterhin eine Projektleitung. Tabelle 21.1 zeigt, welche Aufgaben auf Product Owner und welche auf die Projektleitung entfallen (Unterschiede kursiv).

Product Owner	Projektleitung
Vision	*Management*
Influencer	*Planung*
Entscheidung	Entscheidung
Repräsentieren der Kunden	*Controlling*
Kommunikation	Kommunikation
Verständnis des Business	*Leitung/Lenkung*
Motivation	Motivation
Wertmaximierung	*Bewertung*
Teambuilding	Teambuilding

Tabelle 21.1 Vergleich der Rollen Product Owner vs. Projektleitung

Es sei dabei angemerkt, dass wir hier wohlgemerkt von Projektrollen sprechen. Das bedeutet nicht, dass zwingend jede Rolle von jeweils unterschiedlichen Personen besetzt werden müssen. Je nach Projektkontext ist es auch möglich, die Rolle *Projektleitung* und *Product Owner* mit derselben Person zu besetzen. Neben der Frage, ob diese Kombination in einem Projekt kapazitiv überhaupt möglich ist, sollte man jedoch bedenken, dass die Anforderungen an Fähigkeiten und Persönlichkeit zwischen beiden Rollen sehr unterschiedlich sind. Eine Person zu finden, die alle in der Tabelle genannten Fähigkeiten besitzt, ist sehr schwierig. Oft neigen Unternehmen dazu, eine (gute) Projektleitung zu benennen und ihr noch den Titel Product Owner anzuheften. Wie aus der vorangegangenen Beschreibung hoffentlich hervorgeht, fehlen selbst guten Projektleiterinnen oder Projektleitern oft wichtige Product-Owner-Eigenschaften.

Wenn die beiden Rollen von unterschiedlichen Personen wahrgenommen werden, was die Regel sein dürfte, ist man im Projekt auf eine sehr gute Zusammenarbeit zwischen den beiden Personen angewiesen. Obwohl die jeweiligen Verantwortungsbereiche gut abgegrenzt sind, haben Veränderungen im Verantwortungsbereich des einen oft auch eine Auswirkung auf den Verantwortungsbereich des anderen. Will z. B. der Product Owner den Leistungsumfang erhöhen, so hat das oft auch eine Auswirkung auf die Verantwortungsbereiche der Projektleitung, wie z. B. Zeit, Kosten oder Ressourcen. Gibt es dagegen Veränderungen bei verfügbarer Zeit oder bei den verfügbaren Ressourcen, so hat dies oft auch Auswirkungen auf den Leistungsumfang, für den der Product Owner verantwortlich ist.

Die sollte jedoch nicht dazu führen, dass Projektleitung und Product Owner ständig gemeinsam auftreten müssen, um zu Entscheidungen zu kommen. Der Schlüssel liegt in einer guten Zusammenarbeit der beiden Rollen bei gleichzeitiger Abgrenzung der Verantwortlichkeiten inklusive Vertrauen in die Fähigkeiten des jeweils anderen.

Auf E-Commerce-Projekten liegt häufig ein besonderes Augenmerk, da sie oft Teil einer Transformation hin zu einem kundenzentrierten Unternehmen sind. Die Strahlkraft eines E-Commerce-Projektes geht also weit über das eigene Projekt hinaus. Für diese Transformation braucht es Visionäre als Product Owner, die für diese Transformation stehen. Sie müssen zudem den wichtigsten Stakeholder im Projekt vertreten, der nicht Teil des eigenen Unternehmens ist: den Kunden!

21.5 Betrieb – nicht zu vernachlässigen

Ein E-Commerce-Projekt ist niemals beendet. Klingt beängstigend, muss es aber nicht sein. Denn kontinuierliche Weiterentwicklung bedeutet nicht nur mehr Aufwand, sondern eher mehr Leistung, mehr Umsatz, mehr Akzeptanz, also letztendlich mehr Erfolg. Gemäß der allgemeingültigen Definition für Projekte hat auch ein E-Commerce-Projekt einen definierten Anfang und ein definiertes Ende. Allerdings ist mit der Livesetzung eines Internetauftrittes nur eine Voraussetzung für den Erfolg des Projektes geschaffen worden: Die weiteren werden erst im laufenden Betrieb geschaffen. Daher sollte man nicht den Fehler machen, ein E-Commerce-Projekt schnell nach der Inbetriebnahme zu beenden, das Projektteam aufzulösen und es in einen personell schlecht ausgestatteten Supportmodus zu überführen.

Folgende Themen, beispielhaft für den Betrieb eines Webshops, sind ebenfalls erfolgsentscheidend und gehen weit über einen reinen Systemsupport hinaus:

- Neue und bestehende Kunden müssen über verschiedene Maßnahmen auf den neuen Shop verwiesen werden.
- Das Kundeninteresse am Shop sollte über verschiedene Maßnahmen permanent am Leben gehalten werden.
- Produkte, Inhalte und Content müssen laufend auf den Kundenbedarf ausgerichtet werden.
- Die im Webshop dargestellten Inhalte müssen aktuell sein, z. B. sollten die angebotenen Produkte auch lieferbar sein.
- Die Projekt-KPIs müssen kontinuierlich gemessen werden, kommt es zu Abweichungen, müssen geeignete Maßnahmen ergriffen werden.
- Das Support-Aufkommen und die Performance im Kundensupport müssen gemessen und ggf. Maßnahmen eingeleitet werden.
- Die Shop-Performance (Antwortzeiten, tote Links, Verfügbarkeiten etc.) muss kontinuierlich gemessen werden.

Ein E-Commerce-Betriebskonzept muss also wesentlich mehr beinhalten, als nur den laufenden Betrieb im Status quo aufrechtzuerhalten. Es braucht gut durchdachte Pflegeprozesse, einen Prozess für eine kontinuierliche Verbesserung und dafür nicht zuletzt auch hoch qualifiziertes Personal, das sich auf einem ähnlichen Level wie das ursprüngliche Projektteam bewegen können muss. Dieses Personal sollte bereits während des Projekts mit dem Aufbau von Know-how beginnen und spätestens in der Endphase des Projekts direkt eingebunden werden. Nur so ist ein möglichst reibungsloser Übergang in den Betrieb sichergestellt.

Im Projektbeispiel hatten die designierten Supportmitarbeitenden bereits an allen Sprintreviews teilgenommen. So wurden sie nicht nur frühzeitig in die Funktionalität eingearbeitet, sondern haben auch die Diskussionen über den Mehrwert der Funktionalität aufnehmen können. Während der letzten Wochen vor dem Go-live des Projektes wurden die Supportmitarbeitenden bereits aktiv beim Testen und bei der Fehlerbehebung eingesetzt. Nach Go-live erfolgte eine vierwöchige *Hypercare-Phase*. In dieser Phase betreute sowohl das Projektteam als auch die Supportorganisation das System, was zusätzlich zu einem fließenden Übergang beigetragen hatte.

Zusammengefasst stellt sich der Erfolg eines E-Commerce-Projektes in der Regel also nicht sofort nach Projektende ein, sondern erst, nachdem die Lösung bei Kunden, im Unternehmen und im Markt etabliert ist. Für diese Phase braucht es daher ein Betriebs- und Erweiterungskonzept, in das eine ähnlich qualitativ hochwertige Planung eingehen sollte wie in die Planung des Einführungsprojektes selbst.

21.6 Fazit

In dem in diesem Kapitel vorgestellten Projektbeispiel galt es, eine Reihe von Herausforderungen zu meistern. Die Beschreibung des Umgangs mit diesen Herausforderungen soll Ihnen dabei helfen, darauf bestmöglich vorbereitet zu sein.

Der Webshop aus dem Projektbeispiel wurde zunächst als MVP für wenige Produktkategorien von Verbrauchsmaterial in einem eingegrenzten Markt eingesetzt. Danach folgten Roll-outs in weitere Länder bei gleichzeitigem Ausbau der Funktionen und Erweiterung des Produktportfolios. Die Funktionserweiterungen basierten dabei hauptsächlich auf Nutzerbefragungen aus dem MVP. Für die Zukunft ist eine Portfolioerweiterung um komplexe, konfigurierbare Instrumente, inklusive 3D-Visualisierung, geplant. Dies wird auch die Einführung eines Angebotsprozesses erfordern. Darüber hinaus ist auch die Abbildung von After-Sales-Prozessen auf der Roadmap.

Der weitere Ausbau wird, wie auch schon die bisherigen Phasen, mit der agilen Projektmethodik mit flexiblem Scope umgesetzt werden. Die anfängliche Skepsis, gerade im Management, ist durch den bisherigen Projekterfolg einem gewissen Enthusiasmus für die Methodik gewichen. Das Abholen aller Beteiligten (Stakeholder Management), das gute Zusammenspiel zwischen Projektleiter und Proxy Product Owner (siehe Abschnitt 18.3.1, »Explore-Phase«, bzw. dem Product Owner auf Kundenseite waren Erfolgsfaktoren. Der reibungslose Übergang in den Betrieb und die unaufgeregte Planung der nächsten Aufbaustufen (Continuous Improvement) sorgen für ein hohes Maß an Qualität und Stabilität.

TEIL IV

E-Commerce im Jahr 2035 and beyond

Kapitel 22
Zwischen Trend und Vision: Zwei Zukunftsszenarien im E-Commerce

Phygitales Shopping? Ropo-Effekt? Moderner E-Commerce hat eine extreme Dynamik. Vieles, was einst als Trend galt, ist heute ein harter Erfolgsfaktor. Was wird die Zukunft noch alles bringen?

Die Bedeutung des Online-Handels ist heute selbst im B2B-Bereich unumstritten. In allen Bereichen haben sich mittlerweile digitale Handelselemente etabliert, die jetzt auch immer mehr mit »klassischen« Einkaufskanälen verschmelzen. Omnichannel-Vertrieb, d. h. den Vertrieb eines Produktes über diverse Kanäle, bezeichnet man mittlerweile auch als *phygitalen Vertrieb*, ein hybrides Konzept aus »physisch« und »digital«. Kunden nutzen phygitales Shopping, um die Vorteile aller Angebotsplattformen zu verbinden. Ebenso ist der Effekt zu beobachten, dass bestimmte Güter online ausgesucht, dann aber im Geschäft vor Ort gekauft werden (*Ropo-Effekt*). Zentraler Bestandteil bleibt der digitale Handel. E-Commerce hat sich im Laufe der letzten zehn Jahre zu einem entscheidenden Umsatzfaktor von Unternehmen entwickelt (siehe auch Abschnitt 22.1, »Das Jahr 2035: Marc und der Warenkorb der Zukunft« und Abschnitt 22.2, »Das Jahr 2035: Emily und die Arbeit von morgen«). Die treibende Kraft hinter dieser Entwicklung sind die Kunden, die auch im beruflichen Kontext vermehrt online einkaufen oder Informationen erhalten möchten. Für sie ist der digitale Shoppingkanal nicht nur eine Möglichkeit, effizient zu arbeiten, sondern auch ein entscheidender Maßstab, um die Qualität und Professionalität eines Unternehmens zu bewerten. Hier bietet sich das größte Potenzial, Kunden direkt beim ersten Eindruck zu begeistern – oder zu enttäuschen.

Im Zeitalter der Digitalisierung haben Kunden hohe Erwartungen an den Online-Handel entwickelt. Dazu gehören Personalisierung, transparente Preis- und Produktinformationen, umfangreiche Konfigurationsmöglichkeiten, Kompatibilitätsprüfungen, realistische Produktvisualisierungen, einfache Produktvergleiche, umfassende Service-Funktionalitäten und effiziente Suchfunktionen. Unternehmen, die diese Faktoren beherrschen, sind schon heute die Gewinner im E-Commerce. In der Tat zeigt ein aktueller Report der Universität Regensburg (*https://ibi.de/veroeffentlichungen/2023/b2b-e-commerce-direct-to-consumer*), dass B2B-Unternehmen den Online-Handel als hochrelevante Einkaufsquelle für die kommenden fünf Jahre betrachten und den Umsatz in diesem Zeitraum kräftig steigern möchten (B2B-E-Commerce Direct-to-Consumer, Ergebnisse einer Unternehmensbefragung von ibi researchan der Universität Regensburg, eCube und BigCommerce, April 2023).

Wenn ehemalige Trends nun zu relevanten Erfolgsfaktoren werden, stellt sich die Frage: Wie sieht der E-Commerce im Jahr 2035 aus? Wir wagen einen kleinen Blick in die Zukunft.

22.1 Das Jahr 2035: Marc und der Warenkorb der Zukunft

Marc ist 35, klassische Generation Z. Er ist schon in den 20er-Jahren ein begeisterter Online-Einkäufer gewesen. Aber die 2030er toppen einfach alles. Er erinnert sich noch lebhaft an früher, als er sich wünschte, dass die Analysen seiner Einkaufshistorie und die Vorlieben seiner Profile in sozialen Netzwerken endlich so funktionieren würden, dass ihm kein irrelevanter Quatsch mehr angeboten würde. Er stellte sich sogar schon vor, dass es irgendwann E-Commerce-Plattformen gäbe, die nicht nur persönlichere Vorschläge machen, sondern ihm eine virtuelle Garderobe mit Outfitvorschlägen für jede Gelegenheit zusammenstellen könnten. Er wünschte sich vor allem, dass es endlich Technologien gäbe, die das Chaos im Netz beseitigten. Keine zeitaufwendige Buchung von Urlauben, Flügen, Filmen, Musik, Reparaturservices oder Leistungen wie Leasing, Versicherungen oder Freizeitaktivitäten mehr. Kein mühsames Suchen über unterschiedlichste Seiten. Marc träumte von einem intelligenten Assistenten, der ihm einfach sagt, was das beste Angebot für ihn ist.

Zugegeben: Marc war anspruchsvoll. Er erwartete in der Zukunft auch schnellere und zuverlässigere Versandoptionen. Er wollte in der Lage sein, etwas online zu bestellen und es innerhalb weniger Stunden geliefert zu bekommen, egal wo auf der Welt er sich befand. Er stellte sich vor, dass irgendwann Drohnen und autonome Fahrzeuge die Pakete direkt an seine Haustür oder sogar in seine Hände liefern würden.

Heute, im Jahr 2035, hat sich das alles und noch mehr erfüllt. Marcs Online-Einkaufserlebnis ist dank der neuesten Entwicklungen in den Bereichen künstliche Intelligenz (KI), Virtual Reality (VR) und Augmented Reality (AR) personalisiert und realitätsnah wie nie zuvor. Er kann Produkte in 3D ansehen, sie seinem virtuellen Avatar anziehen, der seiner Größe und Gestalt entspricht, und sie sogar mit seiner AR-Brille selbst anprobieren. Parallel kann er mit seinem Freundeskreis kommunizieren oder sich im digitalen Kaufhaus orientieren und bewegen (siehe Abbildung 22.1).

Vor allem aber begeistert Marc eine andere Entwicklung. Er kauft ausschließlich bei Marken, deren E-Commerce-Plattform detaillierte Informationen über Lieferanten, Produktionsprozesse und den ökologischen Fußabdruck liefern. Marc möchte jede Faser, jedes Detail eines Accessoires und jeden Bestandteil der Verpackung bis zur Fabrik zurückverfolgen können, in der der jeweilige Bestandteil gefertigt wurde.

Abbildung 22.1 Shopping der Zukunft (Quelle: Adobe Stock)

Und er kauft nur bei Shops, die ihm beim Versand Optionen für nachhaltige und umweltfreundliche Verpackung und Versand bieten – und die genau auflisten, wie sein CO2-Fußabdruck nach dem Einkauf aussieht. Am liebsten hat er die Anbieter, die Anreize und Belohnungen für Kunden schaffen, die sich für einen nachhaltigen Einkauf entscheiden und Ausgleichsleistungen für entstandene Umweltschäden anbieten.

Eines aber kann Marc nicht: sich vorstellen, wie Eltern früher Kindergeburtstage oder Wochenendausflüge geplant haben. Das muss Tage gedauert haben. Heute lässt Marc seinen KI-Assistenten alles vorbereiten. Zum Beispiel für seine dreijährige Tochter. »Plane bitte den Kindergeburtstag für Mia«, sagt er ihm einfach. »Es werden sechs Kinder plus Eltern kommen. Mache mir bitte mehrere Vorschläge für den Samstagnachmittag.« Die KI gibt sofort und unter Berücksichtigung von Wetter, saisonalen Früchten, Trends bei Geburtstagen und Gimmicks zum Verschenken mehrere Vorschläge, aus denen sich Marc einen aussucht. Da die KI seine Kreditkartennummer kennt und autorisiert ist, in Webshops zu bestellen, hat Marc nach fünf Minuten alles geplant, samt Tour mit Kinder-E-Cars zum Wasserspielplatz, Tortenlieferung und Abenteuerschnitzeljagd auf dem Weg nach Hause.

Jetzt sucht er sich nur noch eine neue Badehose und ein T-Shirt in seinem Lieblingsstore aus. Als Marc auf die Schaltfläche **In den Warenkorb legen** klickt, lächelt er. Er weiß bei den gekauften Produkten nicht nur sicher, dass sie zu ihm passen werden, er weiß auch, wie sie hergestellt wurden und welche Auswirkungen sie auf die Umwelt und die Gesellschaft haben. Glücklicherweise hat sich die Marke, deren Fan er ist, zu ethischer Beschaffung, fairem Handel und umweltfreundlichen Praktiken verpflichtet und ihm bei den Versandoptionen angeboten, die entstandenen Emissionen gegen einen kleinen Aufpreis auszugleichen. So hat Marc ein gutes Gefühl Mia gegenüber, auch wenn er Hyper-Express bestellt und das Paket in zwei Stunden in seine Hände geflogen kommt.

22.2 Das Jahr 2035: Emily und die Arbeit von morgen

Emily ist Einkaufsleiterin in einem mittelgroßen Fertigungsunternehmen, das sich auf Produkte für erneuerbare Energien spezialisiert hat. Sie hat einen anstrengenden Tag vor sich, denn sie muss neue Komponenten und Geräte für ihr neuestes Projekt beschaffen. In der Vergangenheit hätte dies eine Vielzahl von Telefonaten, E-Mails und Treffen mit Lieferanten bedeutet. Aber im Jahr 2035 sind die Dinge anders.

Emilys Unternehmen war schon früher ein Vorreiter in der Digitalisierung gewesen. In den 2020er-Jahren verfügte es bereits über eine vollständig integrierte Plattform, die es Kunden ermöglichte, Kataloge zu durchsuchen, Preise zu vergleichen, komplexe Produkte zu konfigurieren und Bestellungen in Echtzeit aufzugeben. Die Plattform war auch für mobile Geräte optimiert, sodass Emily und ihre Kunden von überall und jederzeit darauf zugreifen konnten.

Diese Plattform hat Emilys Unternehmen stetig zu einem Marktplatz der Zukunft weiterentwickelt, schrittweise weitere Parteien (Kunden, Lieferanten, Dienstleister) angebunden und ein noch höheres Maß an Automatisierung und künstlicher Intelligenz implementiert. Schon seit Längerem kann Emily auf dem Marktplatz aufgrund kontextsensibler Algorithmen und komplexem maschinellem Lernen passende Produkte und Lieferanten auf der Grundlage ihrer früheren Einkäufe, des aktuellen Lagerbestands und der Budgetbeschränkungen ausfindig machen. Was sie aber besonders freut, ist ein Feature, das erst vor Kurzem hinzugekommen ist: Die Plattform warnt sie jetzt vor potenziellen Unterbrechungen der Lieferkette, Qualitätsproblemen, Preisschwankungen oder Verletzungen ökologischer Standards und bietet ihr alternative Optionen an, um diese abzumildern.

Emily ist ein datengesteuerter Profi. Sie legt bei ihren Beschaffungsentscheidungen viel Wert auf Effizienz, Genauigkeit und Kosteneffizienz. Die E-Commerce-Plattform ihrer Firma versetzt sie in die Lage, ihre Bestellungen zu verfolgen, ihre Ausgaben zu überwachen und Lieferketten in Echtzeit zu analysieren. Durch detaillierte Berichte und Dashboards kann sie Prozesse stetig optimieren.

Aber die neuesten Entwicklungen der Plattform gehen darüber weit hinaus. Die Plattform optimiert nicht nur Emilys eigene Arbeit, sondern die gesamte Zusammenarbeit mit Dritten. Sie ist in eine eigene virtuelle Welt integriert, in der Unternehmen und Kunden in Echtzeit interagieren und zusammenarbeiten können – ein kleines Metaverse (siehe Abbildung 22.2).

Die Plattform nutzt Visualisierungstools, um Emily und ihr Team bei der Bewertung von Produkten und Geräten in einer vollständig immersiven 3D-Umgebung zu unterstützen. Interessiert sie sich für die Beschaffung eines Produkts, kann sie mithilfe der Produktdaten ein visuelles Modell erzeugen und in ihr Metaverse projizieren, um es zu drehen und zu manipulieren, um einen genaueren Blick auf die Merkmale, die Funktionalität und die Kompatibilität mit ihrer vorhandenen Ausstattung zu werfen. Die Plattform bietet auch AR- und VR-Funktionen, sodass Emily die Produkte in einer simulierten Umgebung erleben kann, bevor sie sich zum Kauf entscheidet. Und nicht nur Emily kann das, sondern alle Kunden, die sich für Produkte von Emilys Unternehmen interessieren. Dadurch liegt die Reklamationsquote nahe null. Was bestellt wird, passt auch zueinander.

Abbildung 22.2 Arbeiten im Metaversum (Quelle: Shutterstock)

Was Emily aber am meisten freut, sind die neuen Möglichkeiten der Kollaboration, die ihre E-Commerce-Plattform bietet. Die Lieferanten, mit denen Emily zusammenarbeitet, haben sich zu offener Kommunikation, kontinuierlicher Innovation und vor allem Umweltverantwortung verpflichtet. Die Plattform ermöglicht es ihr, nahtlos mit den Lieferanten zu kommunizieren, Ideen und Feedback auszutauschen und gemeinsam an neuen Projekten und Initiativen zu arbeiten. Außerdem kann sie die Nachhaltigkeit und die ethischen Praktiken ihrer Zulieferer in Echtzeit anhand von detaillierten Berichten und Analysen überwachen, die von der Plattform bereitgestellt werden. So kann sie die gesamte Lieferkette nach ökologischen und sozialen Nachhaltigkeitskriterien bewerten – ein Aspekt, dem auch die Kunden von Emilys Unternehmen höchste Priorität beimessen.

Was diese Kunden oft am meisten beeindruckt, ist der Kundendienst auf der Plattform. Sie können hier nicht nur in Echtzeit mit Kundendienstmitarbeitern kommunizieren – per Text-, Sprach- oder Videochat. Die Plattform nutzt auch hochintelligente Chatbots, die natürliche Sprache (Natural Language Processing, kurz NLP) verarbeiten und die Stimmung analysieren können, um Fragen und Anliegen zu verstehen und personalisierte, kontextabhängige Antworten zu geben. In Kombination mit den Visualisierungsangeboten im Metaverse und der KI-gestützten Empfehlungsmaschine der Plattform, die Kunden eine kuratierte Auswahl von Ersatz-, Komplementärprodukten und Dienstleistungen anbietet, können 99 % der Anliegen im Self-Service gelöst werden.

Jetzt aber muss Emily erst einmal in ein Meeting. Ein potenzieller Lieferant und ein Kunde von Emily wollen in ihrer virtuellen Fertigungsstraße ein Projekt und eine Zusammenarbeit besprechen. Ihre Notizen und einige Slides zur Präsentation liegen in ihrer VR-Brille bereit. Emily ist aus zwei Gründen glücklich: Erstens weiß sie dank der neuen Technologien sicher, dass sie nur Teile erhalten wird, die ihre Anforderungen erfüllen. Zweitens wartet auf die beiden anderen Teilnehmer noch eine Überraschung. Zu Beginn des Meetings wird eine Drohne anklopfen und ihnen eine Tasse von Emilys Lieblingskaffee bringen.

22.3 Fazit

Was können wir von Emily und Marc lernen? Zusammenfassend lässt sich festhalten, dass der E-Commerce-Bereich, insbesondere im B2B-Sektor, eine stetig wachsende Bedeutung erlangt hat. Die Verschmelzung von digitalen und klassischen Verkaufskanälen zu einem Omnichannel- bzw. »phygitalen« Vertriebskonzept stellt eine zentrale Entwicklung dar. Kunden, sowohl im Privat- als auch im Geschäftsbereich, verlangen zunehmend nach personalisierten, effizienten und umweltbewussten Einkaufserlebnissen. Der Einsatz von Technologien wie KI, VR und AR ermöglicht es, diese Erwartungen zu erfüllen und die Kundenbindung zu stärken.

Für Unternehmen im E-Commerce ergibt sich daraus die Notwendigkeit, digitale Handelsstrategien zu priorisieren und kontinuierlich an die sich ändernden Kundenbedürfnisse anzupassen. Eine Schlüsselrolle spielen hierbei die Implementierung und Weiterentwicklung von Omnichannel-Strategien, die Personalisierung des Kundenerlebnisses und der Einsatz fortschrittlicher Technologien. Gleichzeitig ist es unabdingbar, Transparenz in Bezug auf Produktionsprozesse und Lieferketten zu gewährleisten, um den steigenden Anforderungen an ökologische und soziale Verantwortung gerecht zu werden. Unternehmen, die diesen Wandel erfolgreich gestalten, werden sich einen entscheidenden Wettbewerbsvorteil sichern und sind bestens aufgestellt, um die Herausforderungen und Chancen des digitalen Marktes von morgen effektiv zu nutzen.

Kapitel 23
Marktplätze und Plattformökonomie

In der Welt des E-Commerce zeichnet sich die Zukunft durch Systeme aus, die selbst komplexe Lieferketten transparent darstellen können. In diesen Systemen der Zukunft wird sich das gesamte globale Ökosystem aus Herstellern und Zulieferern bewegen. Der Nutzen wäre auf Hersteller- und Konsumentenseite immens. Dieses Kapitel fragt: Was braucht es für ein »Amazon der Industrie«?

Plattformökonomie und digitale Marktplätze sind schon heute ein zentrales Thema im E-Commerce. Im B2C-Geschäft sind sie mit globalen Megaplayern wie Amazon und Alibaba seit beinahe Jahrzehnten nicht mehr wegzudenken. Sie adressieren Kundenbedürfnisse wie Preisbewusstsein, Effizienz und Personalisierung.

Digitale Plattformen im B2B-Geschäft fungieren als Marktplätze, die Geschäftsbeziehungen zwischen Unternehmen vermitteln. Diese Plattformen erleichtern den Handel von Produkten oder Dienstleistungen, indem sie Anbieter und Käufer vernetzen und Transaktionen vereinfachen.

Um erfolgreich digitale Marktplätze zu nutzen, müssen Unternehmen eine ganze Reihe von Vorbereitungen treffen:

- Zum einen sollte ein grundsätzliches Verständnis der zentralen Konzepte vorherrschen: Was ist ein digitaler Marktplatz? Was ist Plattformökonomie? Und was ist das alles im Unterschied z. B. zu einem Portal, Webshop oder einer CX-Plattform?
- Zum anderen müssen Unternehmen sicherstellen, dass sie über die notwendige technologische Infrastruktur und die erforderlichen Mitarbeiterqualifikationen verfügen, um sich im E-Commerce der Zukunft zurechtzufinden.

Dieses Kapitel gibt Entscheiderinnen und Entscheidern im E-Commerce Kriterien an die Hand, mit denen sie ihre Unternehmen auf die kommenden Entwicklungen auf digitalen Marktplätzen, Portalen und Plattformen vorbereiten können. Dazu klären wir in Abschnitt 23.1, warum B2B-Marktplätze überhaupt wichtig sind, bevor wir uns in Abschnitt 23.2 den technologischen Voraussetzungen widmen. Im folgenden Abschnitt 23.3 betrachten wir verschiedene Arten von Marktplätzen und klären darauf in Abschnitt 23.4, welche Variante welche Vor- und Nachteile hat. Abschließend setzen wir uns in Abschnitt 23.5 mit dem komplexen Konzept der Plattformökonomie auseinander und schauen auf aktuelle Beispiele und Entwicklungen.

23.1 Warum sind B2B-Markplätze so wichtig?

In jüngster Zeit sind insbesondere im B2B-Sektor zunehmend neue Entwicklungen und verstärkte Investitionen in digitalen Marktplätzen zu beobachten. Laut aktuellem Applico Report zu B2B-Marktplätzen in Europa (Applico Report: Europe B2B Marketplaces Top 25 Ranking 2023) haben sich die Investitionen seit 2020 fast verdreifacht. Der größte Deal, der über einen Marktplatz abgewickelt wurde, lag laut dem Report im Jahr 2021 bei 380 Millionen Dollar – und damit über dem Gesamtinvestitionsvolumen von 2020.

Im B2B-Umfeld scheint aus vielen Gründen ein einzelner erfolgreicher Player wie Amazon derzeit noch unrealistisch. Zwar tritt Amazon-Business global gesehen in verschiedenen Rankings immer wieder unter den Top-Plattformen auf. Insgesamt ist das Bild der erfolgreichsten Marktplätze im B2B-Bereich aber deutlich zersplitterter und dynamischer als im B2C-Bereich. Das gilt vor allem in Europa. In Indien ist z. B. IndiaMART und in China Alibaba führend.

Es ist jedoch entscheidend zu erkennen, dass nicht ausschließlich die Marktplätze, die im Wesentlichen Großhandel mit Konsumgütern betreiben, zu den erfolgreichsten zählen. Im bereits zitierten Applico Report taucht unter den Top-5-B2B-Marktplätzen in Europa z. B. auch schuettflix.com auf, ein Marktplatz für Baustellenbedarf. In Deutschland ergibt sich branchenübergreifend ein vorhersehbares Szenario: Die Top-3-Marktplätze sind mit großem Abstand Amazon, eBay und Kleinanzeigen.de.

Laut B2B-Marktmonitor des ECC KÖLN in Zusammenarbeit mit Adobe, Creditreform und Intershop ziehen B2B-Marktplätze auch in Deutschland an. Wurden im Jahr 2018 noch etwa 15 % der Umsätze im B2B-E-Commerce über Marktplätze generiert, lag dieser Wert im Jahr 2021 bei 27 % (also mehr als jeder vierte Euro). Das bedeutet von 2018 bis 2021 eine jährliche Wachstumsrate von über 50 % – Tendenz steigend.

Viele Gründe sprechen für diese Entwicklungen hin zu mehr Marktplätzen. Im B2B-Sektor lassen sich drei globale Digitalisierungstrends identifizieren, die einen wesentlichen Einfluss auf den E-Commerce und seine verschiedenen Geschäftsmodelle haben:

1. *Customer Experience*: Kunden möchten auch im B2B-Bereich ein B2C-Erlebnis.
2. *Nachhaltigkeit*: Kunden möchten Transparenz über ökologische Fußabdrücke von Produkten und Lieferketten.
3. *Kundenservice*: Kunden möchten kanal- und anbieterübergreifende Möglichkeiten, Probleme und Anliegen schnell zu lösen.

Marktplätze versprechen in allen drei dieser Bereiche Verbesserungen. Hinzu kommen weitere Vorteile, wenn digitaler Handel über Marktplätze abgewickelt wird. Dazu zählen z. B. Effizienzsteigerungen im Kundenmanagement und lukrative neue Geschäftsmodelle. Es gibt also zahlreiche Argumente dafür, dass Unternehmen, die sich nicht auf die Veränderungen im E-Commerce einstellen, ins Hintertreffen geraten könnten. Das kann z. B. rechtliche Gründe haben: Seit Januar 2023 gilt in Deutschland ein neues Lieferkettengesetz. Noch schärfere Regelungen gelten in der EU. Ohne den Einsatz geeigneter digitaler Plattformen ist eine Einhaltung dieses Gesetzes nur schwer realisierbar.

Was ist das Lieferkettengesetz?

Seit dem 1. Januar 2023 gilt in Deutschland Folgendes: Unternehmen mit mehr als 3.000 Mitarbeitenden müssen ihre Lieferkette in Bezug auf die Einhaltung von Menschenrechten überwachen. Die entsprechenden Sorgfaltspflichten gelten für das jeweilige Unternehmen, seine Vertragspartner und Zulieferer. Seit Januar 2024 gilt das Gesetz auch für Unternehmen ab 1.000 Mitarbeitenden.

Das EU-Lieferkettengesetz ist noch strenger. Am 15. März 2024 schrieb die Frankfurter Allgemeine Zeitung (FAZ) in ihrer Online-Ausgabe, dass die EU-Botschafter der Mitgliedstaaten einen entsprechenden Entwurf angenommen hätten. Ziel des Gesetzes ist sicherzustellen, dass die Lieferketten von Produkten, die in der EU verkauft werden, frei von Kinderarbeit und Umweltverschmutzung sind. Das Gesetz soll für Unternehmen mit 1.000+ Mitarbeitenden und einem Jahresumsatz von über 450 Millionen Euro gelten. Entsprechende EU-Unternehmen werden demnach verpflichtet, die gesamte Lieferkette (also auch die Zulieferer der Zulieferer), die sogenannte »Geschäftskette«, auf die Einhaltung von Standards in Bezug auf Umweltschutz, Gesundheit, Arbeits- und Menschenrechte zu überprüfen. Das sei wesentlich umfangreicher als das deutsche Gesetz. Auch die Kontrolle von Umweltverstößen, so schreibt die FAZ weiter, sei verglichen mit dem deutschen Lieferkettengesetz strenger. Deutschland müsse also sein Gesetz ändern, sobald das EU-Lieferkettengesetz endgültig verabschiedet ist. Das dürfte nach Ansicht der Zeitung aber zeitnah geschehen (*https://m.faz.net/aktuell/wirtschaft/klima-nachhaltigkeit/deutschland-ueberstimmt-eu-verabschiedet-lieferkettengesetz-19588583.html*).

23.2 Was kommt vor dem Marktplatz?

Um sich auf die Entwicklungen rund um digitale Marktplätze und Plattformökonomie vorzubereiten, müssen Unternehmen eine ganze Reihe von Voraussetzungen erfüllen, damit sie über die notwendige technologische Infrastruktur verfügen. Dazu gehört:

- Eine E-Commerce-Plattform, die es ermöglicht, komplexe Produktkataloge, Preisstrukturen und das Bestandsmanagement zu verwalten und Kundenserviceprozesse abbilden kann.
- Ein ERP-System, das sich mit der E-Commerce-Lösung und den Marktplätzen integrieren lässt.
- Eine Plattform, die alle relevanten kundenorientierten Lösungen miteinander vernetzt.

Sprechen wir über die technologische Infrastruktur im E-Commerce, sind Begriffe wie *CX-Plattform* und *Kundenportal* in aller Munde (siehe Abschnitt 2.2 »Evolution von E-Commerce-Landschaften«).

Im Kontext dieser Stichwörter geht es immer um Customer Experience – Tools und Ansätze werden genutzt, um Kundenerlebnisse zu optimieren. Eine CX-Plattform ist die technologische Basis für die Vernetzung und Integration verschiedener kundenorientierter Lösungen und Prozesse, um einen Mehrwert für Kunden und Unternehmen zu schaffen. Dabei werden CRM-Systeme oder andere IT-Lösungen zur Marketingautomatisierung, zur Digitalisierung von Kundenserviceprozessen oder für E-Commerce als kundenorientierte Lösung genutzt. Um digitale Services für Kunden anzubieten, gibt es eine Bandbreite an Möglichkeiten. Für eine Bündelung und zentrale Steuerung der Aktivitäten im Kundenservice ist ein Kundenportal hilfreich. Dieses Portal bildet die Grundlage u. a. für Webshops, Servicedienstleistungen und Kundenkommunikation. Ob CX-Plattform oder Kundenportal: Beide Themen werden in Zukunft Digitalisierung und E-Commerce prägen und gehen mit der Entwicklung hin zu Marktplätzen und Plattformökonomie Hand in Hand.

Wenn sich Ihr Unternehmen mit digitalen Plattformen beschäftigt, sollten Sie sich im ersten Schritt dem Thema Kundenportale widmen. Das kann von einem einfachen Ersatzteilshop bis zu einem vollintegrierten Ökosystem mit Webshop, angebundenem Maschinenpark, Predictive Maintenance, Ticketsystem etc. reichen. Mithilfe eines Kunden- oder Serviceportals haben Sie die Möglichkeit, Ihre Kommunikations-, Vertriebs- und Kundendienstprozesse über alle Kanäle zu steuern. Richtig integriert kann ein Kundenportal die zentrale Instanz für übergreifende CX-Prozesse sein. Die Integration mit anderen Systemen erweitert dann nicht nur die Anwendungsmöglichkeiten, sondern erlaubt den kontinuierlichen Datenaustausch und das synergetische Zusammenspiel von Fachbereichen, IT und Kunden.

Eine nahtlose Integration von Daten und Prozessen innerhalb einer ganzheitlichen CX-Plattform kann durch standardisierte Schnittstellen ermöglicht werden. Dann können ERP- oder CRM-Systeme z. B. für den Austausch von Stamm- und Bewegungsdaten genutzt werden. Diese System- und Prozesslandschaft mit vernetztem Sales, Service, Marketing und E-Commerce im Kern stellt die CX-Plattform dar (siehe Abbildung 23.1).

Der Trend zu CX-Plattformen ist mittlerweile auch im B2B angekommen. Klar sollte sein: Eine anspruchsvolle CX-Plattform ist üblicherweise keine einzelne Lösung. Vielmehr müssen übergreifende Prozesse, Systeme und Strategien passgenau aufeinander abgestimmt werden.

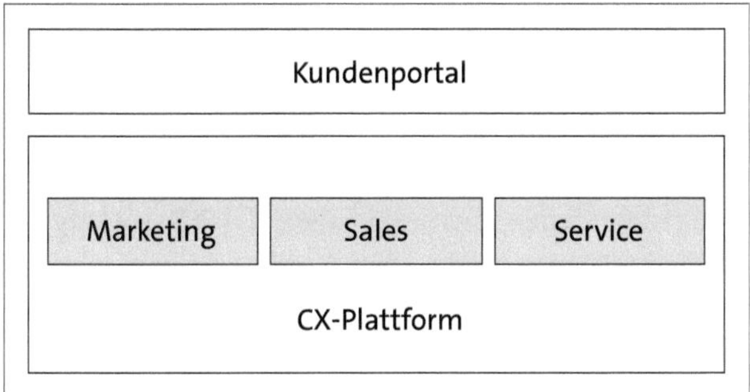

Abbildung 23.1 Unterschied zwischen Kundenportal und CX-Plattform

Mit dem richtigen Vorgehen können CX-Investitionen eine ganze Reihe von neuen Absatzkanälen und große Effizienzsteigerungen ermöglichen. Ein mögliches Ziel eines Portals könnte z. B. sein, B2B-Einkäufern die Anmeldung in verschiedenen Portalen zu ersparen, indem alle Vorgänge über ein einziges integriertes System abgewickelt werden. Unternehmen sollten sich bei der Umsetzung auf zwei Herausforderungen einstellen:

1. Der End-to-End-Gedanke, der als Vernetzungsprinzip hinter jeder Plattform stehen sollte, erfordert ein gewisses Maß an Willen zur Veränderung. Vor allem das notwendige Aufbrechen von Daten- bzw. Unternehmenssilos muss in den Köpfen ankommen.
2. Die zweite große Herausforderung besteht im Anpassen der Prozesse. Daran hängt der ganze Erfolg von CX-Plattformen und auch Portalen, und hier sind ein detaillierter Plan und tiefgreifende Prozesskenntnisse nötig. Die Technologie kommt erst am Schluss.

Wie aber kann eine Umsetzung aussehen? Mit Standardapplikationen kann zwar rasch ein großer Funktionsumfang erreicht werden. SAP-Lösungen bringen dabei eine hohe Standardintegration in die Backendsysteme, insbesondere in SAP ERP bzw. SAP S/4HANA, aber auch in die Sales-, Service- und Marketing-Systeme mit. Auf diese Weise können bereits viele Anforderungen vollumfänglich im Standard umgesetzt werden. Der Fokus bei der Entwicklung kann dann auf individuelle Anforderungen gelegt werden, z. B. ein individuelles User Interface. So können Unternehmen in kurzer Zeit eine Anwendung live setzen, die bereits einen großen Funktionsumfang abbildet. Die Fragen, die man sich stellen muss, lauten:

- Wie weit geht End-to-End für mich?
- Will ich mehr als einen Ersatzteilshop?
- Will ich eine zukunftsfähige IT-Architektur aufbauen?

Unternehmen, die sich konsequent an Standardlösungen halten, neigen jedoch oft dazu, die für die Integration erforderlichen Schnittstellen auf andere Unternehmen auszulagern, damit diese auf ihrem System oder Portal aktiv sein können. Dieses Vorgehen ist nicht nachhaltig. In Zukunft werden nur jene Unternehmen erfolgreichen E-Commerce betreiben, die passende Schnittstellen für ihre Kunden und Lieferanten anbieten – und deren Entwicklung nicht denen überlassen, die auf das Portal zugreifen sollen. Ein B2B-Unternehmen, das z. B. wünscht, dass Einkäufer über sein Serviceportal Ersatzteile bestellen, sollte es nicht dritten Unternehmen überlassen, Schnittstellen zu diesem Shop zu bauen.

Solche umfangreichen Portale sind mit dem Standard allein aber kaum abbildbar. Für sehr individuelle Anforderungen, was vor allem im B2B häufig der Fall ist, stellt die Standardlösung lediglich Grundfunktionen bereit. Individuelle Anforderungen müssen dann in die Standardlösung implementiert werden, damit die Plattform echte Mehrwerte für Betreiber und Kunden liefert. Die Standardlösungen von SAP bieten bereits zahlreiche Möglichkeiten zur Erweiterung. Es können z. B. individuelle Anforderungen in der SAP Business Technology Platform (SAP BTP) umgesetzt und in die Standardlösung integriert werden (siehe u. a. Kapitel 16, »SAP Commerce Cloud erfolgreich erweitern«).

23.3 B2B-Marktplatzvarianten im Vergleich

Die Etablierung von CX-Plattformen und Portalen als Grundlage für reibungslose Datenprozesse ist entscheidend, um erfolgreich in B2B-Marktplätzen, sei es als Anbieter oder Nutzer, zu agieren. B2B-Marktplätze sind, einfach gesagt, Online-Plattformen, auf denen Unternehmen Produkte oder Dienstleistungen an andere Unternehmen verkaufen oder von anderen einkaufen. Sie bieten einen erheblichen Mehrwert, indem sie Anbieter und Abnehmer auf einer Plattform zusammenbringen. Dies eröffnet Zugang zu einem breiten Netzwerk von Lieferanten und Käufern, vereinfacht die Beschaffung, Preisverhandlungen und Lieferzeiten und steigert die Effizienz der Lieferkette.

Ein Marktplatz ist ein Transaktionsmodell von vielen. Der Marktplatzbetreiber bringt dabei unterschiedliche Händler bzw. Hersteller mit Kunden auf einer Plattform zusammen. Das ist auch der zentrale Unterschied zwischen einem Webshop und einem Marktplatz: In einem Webshop bietet ein Unternehmen ein selektives Angebot einer breiten Zielgruppe an (siehe Abbildung 23.2).

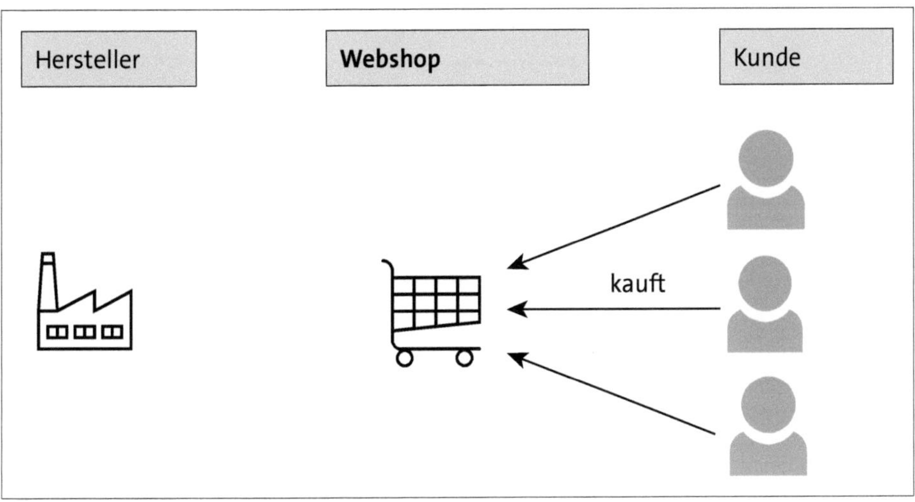

Abbildung 23.2 Webshop: ein Anbieter, viele Kunden

Auf einem Marktplatz bieten mehrere Anbieter ihre Waren an (siehe Abbildung 23.3). Geld verdient der Betreiber eines Marktplatzes z. B. damit, dass er Service- und/oder Transaktionsgebühren erhebt. Der Betreiber ist auch kein Großhändler, sondern vermittelt nur.

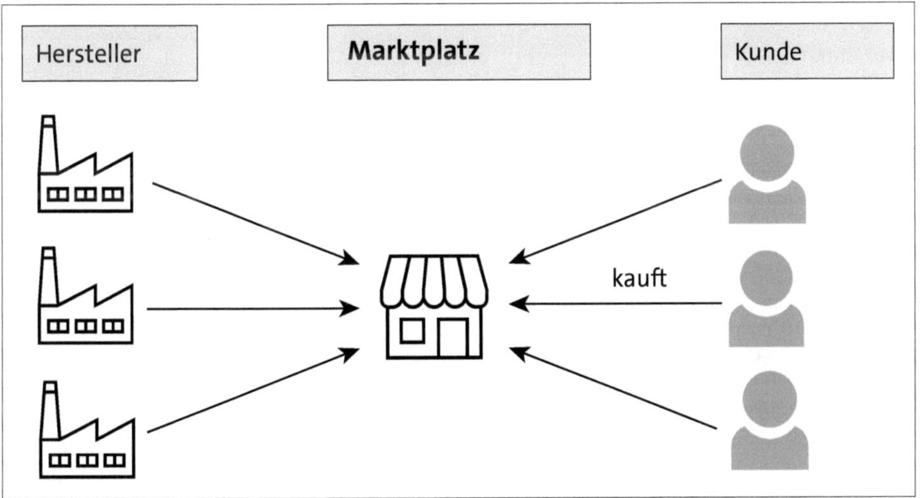

Abbildung 23.3 Marktplatz: viele Anbieter, offenes Angebot

Digitale Marktplätze zeichnen sich ebenfalls dadurch aus, dass es einen Warenkorb und einen Checkout-Prozess gibt. Das heißt, Kunden können Zahlungen direkt über die Plattform abwickeln. Es gibt aber auch andere Modelle, z. B. Beschaffungsplattformen im B2B. Diese zeichnen sich beispielsweise dadurch aus, dass sie eine Transaktion zwischen B2B-Anbieter und B2B-Einkäufer nur vermitteln. Ein Beispiel ist die Plattform »Wer liefert was?« (*www.wlw.de*). Beschaffungsplattformen bieten auch in der Regel kein offenes Angebot für eine breite Zielgruppe, sondern sind individualisiert, bieten Kunden also maßgeschneiderte Kataloge und Angebote (siehe Abbildung 23.4).

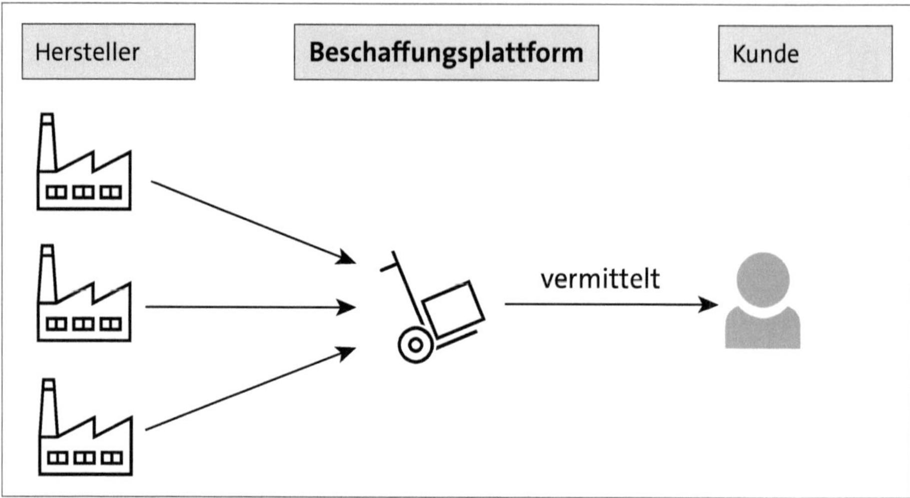

Abbildung 23.4 Beschaffungsplattform: Vermittlung individueller Angebote

Die Grenzen der einzelnen Transaktionsmodelle sind aber fließend. Es existieren zahlreiche hybride Modelle, also z. B. eine Mischung aus Beschaffungsplattform und Marktplatz, etwa Mercateo, oder ein Mix aus Webshop und Marktplatz. Amazon beispielsweise vertreibt auf seinem Marktplatz schon lange auch eigene Produkte. Dieses Modell findet auch immer mehr im B2B Anklang, siehe beispielsweise den Wucato Marketplace von Würth, der eine Mischung aus allen drei Modellen darstellt.

23.4 Vor- und Nachteile verschiedener Transaktionsmodelle

Die Gründe, einen eigenen Webshop für konkurrierende Anbieter zu öffnen und zu einem hybriden Marktplatz zu machen, können vielfältig sein. Welche Vorteile sich bei welchem Transaktionsmodell für Unternehmen (nicht Kunden) ergeben, ist in Tabelle 23.1 dargestellt.

Art des Modells	Vorteile	Nachteile
Betrieb eigener Webshop	▪ **Branding**: Als Betreiber eines eigenen Webshops haben Sie die volle Kontrolle über das Design, die Funktionen und die Inhalte Ihrer Website. Sie können Ihre Marke konsistent aufbauen und kommunizieren. ▪ **Keine Provisionen**: Im Gegensatz zu Marktplätzen müssen Sie beim Betreiben eines eigenen Webshops keine Provisionen an einen Drittanbieter zahlen. Sie behalten somit den vollen Gewinn aus jedem Verkauf. ▪ **Bessere Kundenbindung**: Durch das Betreiben eines eigenen Webshops können Sie Ihre Kunden direkt ansprechen und eine Beziehung zu ihnen aufbauen. Sie können beispielsweise personalisierte Angebote machen oder Newsletter verschicken. ▪ **Flexibilität**: Mit einem eigenen Webshop können Sie flexibel auf Änderungen im Markt reagieren und schnell neue Produkte oder Dienstleistungen anbieten. ▪ **Analysemöglichkeiten**: Durch die Nutzung von Analysetools wie Google Analytics können Sie Ihre Website und Ihre Verkäufe genau analysieren und optimieren. ▪ **Skalierbarkeit**: Mit einem eigenen Webshop können Sie Ihren Geschäftsumfang skalieren, indem Sie mehr Produkte anbieten oder in neue Märkte expandieren.	▪ **Höhere Anfangsinvestitionen**: Im Vergleich zu einem Verkauf über Online-Marktplätze kann es zunächst teurer sein, einen eigenen Webshop zu starten, da Sie für Design, Entwicklung und Hosting bezahlen müssen. ▪ **Größerer Aufwand**: Das Betreiben eines eigenen Webshops erfordert einen größeren Aufwand, insbesondere in Bezug auf die Wartung, Aktualisierung und den Kundensupport. Sie müssen sicherstellen, dass Ihre Website stets reibungslos funktioniert und dass Bestellungen und Lieferungen pünktlich erfolgen. ▪ **Begrenztere Reichweite**: Ohne eine etablierte Präsenz in Suchmaschinen oder sozialen Netzwerken kann es schwieriger sein, Traffic und Kunden auf Ihre Website zu bringen. ▪ **Konkurrenz**: Der Online-Handel ist hart umkämpft, und es kann schwierig sein, sich gegen die Konkurrenz durchzusetzen. ▪ **Mangel an Marktplatz-Synergieeffekten**: Durch das Betreiben eines eigenen Webshops verpassen Sie möglicherweise Synergieeffekte und Vorteile, die sich aus der Verkaufsplattform eines Online-Marktplatzes ergeben, wie z. B. höhere Sichtbarkeit und Reichweite oder etablierte Kundenbeziehungen.

Tabelle 23.1 Vor- und Nachteile verschiedener Marktplatzvarianten

Art des Modells	Vorteile	Nachteile
Präsenz auf Online-Marktplatz/ Handelsplattform	▪ **Größere Reichweite**: Ein Online-Marktplatz kann ein viel größeres Publikum erreichen als ein einzelner Webshop. Dadurch erhöht sich die Sichtbarkeit Ihrer Produkte und Sie haben die Möglichkeit, eine breitere Zielgruppe zu erreichen. ▪ **Geringere Anfangsinvestitionen**: Das Verkaufen auf einem Online-Marktplatz kann weniger kostenintensiv sein als das Betreiben eines eigenen Webshops, da Sie in der Regel nur eine Provision an den Marktplatzbetreiber zahlen müssen und keine hohen Anfangsinvestitionen in Design und Entwicklung tätigen müssen. ▪ **Glaubwürdigkeit**: Ein Online-Marktplatz kann das Vertrauen und die Glaubwürdigkeit von potenziellen Kunden erhöhen, da dieser oft als vertrauenswürdige Quelle für den Kauf von Produkten angesehen wird. ▪ **Kundenbindung**: Online-Marktplätze bieten oft auch Funktionen zur Kundenbindung, wie z. B. Bewertungen und Empfehlungen von Produkten oder die Möglichkeit, Kunden über neue Produkte oder Rabattaktionen zu informieren. ▪ **Höhere Konversionsraten**: Aufgrund der höheren Reichweite und Glaubwürdigkeit von Online-Marktplätzen können Sie potenziell auch höhere Konversionsraten erreichen, was sich in höheren Verkaufszahlen widerspiegeln kann.	▪ **Höhere Gebühren**: Online-Marktplätze erheben oft Gebühren für den Verkauf von Produkten, die sich negativ auf Ihre Gewinnmarge auswirken können. Insbesondere für kleine Unternehmen können diese Gebühren einen erheblichen Teil der Einnahmen ausmachen. ▪ **Eingeschränkte Kontrolle**: Auf einem Online-Marktplatz haben Sie in der Regel weniger Kontrolle über das Erscheinungsbild und die Funktionalität Ihrer Produktseite. Sie müssen sich an die Vorgaben und Richtlinien des Marktplatzes halten, was Ihre Kreativität einschränken kann. ▪ **Konkurrenz**: Auf einem Online-Marktplatz konkurrieren Sie mit anderen Verkäufern, die ähnliche oder identische Produkte anbieten. Daher kann es schwieriger sein, sich von der Konkurrenz abzuheben und Kunden zu gewinnen. ▪ **Eingeschränkte Kundendaten**: Da die Kundendaten auf einem Online-Marktplatz in der Regel dem Marktplatzbetreiber gehören, haben Sie möglicherweise nur eingeschränkten Zugriff auf diese Daten. Dadurch können Sie Schwierigkeiten haben, Ihre Kundenbeziehungen zu pflegen und zu verbessern. ▪ **Mangelnde Flexibilität**: Einige Online-Marktplätze haben strenge Vorgaben bezüglich Versand, Retouren und Kundensupport, die Ihre Flexibilität einschränken können.

Tabelle 23.1 Vor- und Nachteile verschiedener Marktplatzvarianten (Forts.)

Art des Modells	Vorteile	Nachteile
Präsenz auf Online-Marktplatz/ Handelsplattform (Forts.)	▪ **Einfacher Markteintritt**: Das Verkaufen auf einem Online-Marktplatz kann auch ein einfacherer Einstieg in den E-Commerce-Markt sein, da Sie von der etablierten Infrastruktur und Kundenbasis des Marktplatzes profitieren können.	▪ **Abhängigkeit vom Marktplatz**: Wenn Ihr Geschäft stark von einem Online-Marktplatz abhängig ist, kann dies ein Risiko darstellen, da Änderungen in den Geschäftsbedingungen oder das Schließen des Marktplatzes Ihr Geschäft beeinträchtigen können. ▪ **Konsistente Produktdaten**: Kunden erwarten, dass die Produktdaten auf einem Online-Marktplatz korrekt und aktuell sind, um eine reibungslose Kaufentscheidung zu treffen. Einige Online-Marktplätze haben strenge Vorgaben für die Darstellung von Produktdaten, um eine einheitliche Erfahrung für den Kunden zu gewährleisten. Sie benötigen also möglicherweise spezielle Systeme und Tools, um die korrekten Preise und Verfügbarkeiten anzuzeigen und auf dem neuesten Stand zu halten. Im B2B-Bereich können die Preise und Verfügbarkeiten von Produkten auf Verhandlungen und spezifischen Vereinbarungen basieren, die nicht immer öffentlich zugänglich sind. B2B-Produkte haben zudem oft mehrere Varianten, Konfigurationen und Optionen, was die Verwaltung und Darstellung von Produktdaten komplexer macht.

Tabelle 23.1 Vor- und Nachteile verschiedener Marktplatzvarianten (Forts.)

23

Art des Modells	Vorteile	Nachteile
Betrieb Marktplatz mit eigenen und Konkurrenzprodukten	▪ **Erweiterung des Produktangebots**: Durch das Zulassen konkurrierender Anbieter und Produkte können Unternehmen ihr Produktangebot erweitern und Kunden mehr Auswahlmöglichkeiten bieten. ▪ **Steigerung des Traffics**: Der digitale Marktplatz zieht durch die Vielfalt an Angeboten eine größere Anzahl an Kunden an. ▪ **Erhöhung der Umsätze**: Durch das breitere Angebot und den höheren Traffic kann das Unternehmen seine Umsätze steigern und auch mehr potenzielle Kunden erreichen. ▪ **Diversifizierung des Geschäftsmodells**: Der Ausbau zum digitalen Marktplatz kann das Geschäftsmodell des Unternehmens diversifizieren und neue Einnahmequellen schaffen, indem das Unternehmen beispielsweise eine Vermittlungsgebühr von den konkurrierenden Anbietern erhebt. ▪ **Kundenbindung**: Kunden können auf dem Marktplatz mehrere Produkte von verschiedenen Anbietern kaufen und somit Zeit und Aufwand sparen. Durch die Möglichkeit, mehrere Produkte in einem Einkauf zu tätigen, kann das Unternehmen die Kundenbindung stärken.	▪ **Konkurrenzdruck**: Durch die Zulassung konkurrierender Anbieter und Produkte erhöht sich der Konkurrenzdruck auf das Unternehmen und es kann schwieriger sein, sich von anderen Anbietern abzuheben. ▪ **Schwierige Auswahl der Anbieter**: Die Auswahl der Anbieter auf dem Marktplatz erfordert eine sorgfältige Prüfung, um sicherzustellen, dass sie den Standards des Unternehmens entsprechen und eine positive Kundenbewertung haben. ▪ **Mehr Aufwand bei der Verwaltung**: Ein digitaler Marktplatz erfordert eine umfangreichere Verwaltung und Überwachung, um sicherzustellen, dass die Produkte und Anbieter den Standards des Unternehmens entsprechen. ▪ **Potenzielle Image-Probleme**: Wenn ein Anbieter auf dem Marktplatz schlechte Bewertungen oder Kundenbeschwerden hat, kann dies auch das Image des Unternehmens beeinträchtigen. ▪ **Rechtliche Risiken**: Die Einhaltung der rechtlichen Vorschriften, insbesondere im Hinblick auf den Datenschutz und die Verbraucherrechte, kann komplexer sein, wenn mehrere Anbieter auf dem Marktplatz tätig sind.

Tabelle 23.1 Vor- und Nachteile verschiedener Marktplatzvarianten (Forts.)

Art des Modells	Vorteile	Nachteile
Betrieb Marktplatz mit eigenen und Konkurrenzprodukten (Forts.)	▪ **Daten und Feedback**: Durch den Betrieb eines Marktplatzes kann das Unternehmen wertvolle Daten und Feedback von Kunden und Anbietern sammeln, die zur Verbesserung des Angebots und des Services genutzt werden können. ▪ **Nachhaltiger Erfolg**: Durch einen Marktplatz können Unternehmen auf lange Sicht ihre Position am Markt sichern, indem sie sich von der Konkurrenz abheben und die Wahrscheinlichkeit verringern, durch disruptive Online-Only-Anbieter verdrängt zu werden.	▪ **Höhere Investitionskosten**: Der Aufbau und Betrieb eines digitalen Marktplatzes erfordert in der Regel höhere Investitionskosten als ein einfacher Webshop. ▪ **Komplexität der Logistik**: Der Betrieb eines digitalen Marktplatzes erfordert eine komplexe Logistik, um sicherzustellen, dass die Produkte pünktlich und zuverlässig an die Kunden geliefert werden. ▪ **Höhere Anforderungen an die IT-Infrastruktur**: Der digitale Marktplatz erfordert in der Regel eine leistungsstarke IT-Infrastruktur, um die Anforderungen an die Produktdatenverwaltung und die Logistik zu erfüllen. ▪ **Schwierige Kundenkommunikation**: Wenn es Probleme mit Bestellungen gibt, kann die Kommunikation zwischen dem Kunden, dem Anbieter und dem Betreiber des Marktplatzes schwieriger sein, da es mehrere Parteien gibt, die involviert sind.

Tabelle 23.1 Vor- und Nachteile verschiedener Marktplatzvarianten (Forts.)

Vergessen Sie nicht: Kein E-Commerce ist auch keine Lösung. Zusätzlich müssen die Mitarbeitenden über die notwendigen Fähigkeiten verfügen, um sich in verschiedenen E-Commerce-Modellen zurechtzufinden. Dazu gehört auf der einen Seite das Verständnis der technologischen Infrastruktur (i. d. R. eine Cloud-Architektur). Auf der anderen Seite gehören Fertigkeiten wie das Aushandeln von Verträgen und die Beziehungspflege zu Lieferanten und Käufern zu den Anforderungen. Im Vordergrund steht die Fähigkeit, Daten zu analysieren und darauf basierend Entscheidungen zu treffen.

Sobald die Voraussetzungen erfüllt sind, verbessern Marktplätze das Kundenerlebnis enorm, indem sie transparente Einblicke in Produktverfügbarkeit, Lieferzeiten und

Preisgestaltung geben. Zudem ermöglichen sie Unternehmen eine effizientere Bestandsverwaltung und Bestellabwicklung.

23.5 Wertschöpfungsketten global vernetzen – geht das?

Die Bedeutung des Begriffs *Plattformökonomie* ist komplex: Er beschreibt große, offene Plattformen mit einheitlichen Schnittstellen, die ein weitreichendes Netzwerk aus Anbietern, Geschäftsakteuren und Verbrauchern innerhalb eines digitalen Ökosystems oder auf einer digitalen Plattform vereinen (siehe Abbildung 23.5). Kunden und Lieferanten nutzen vom Kauf bis hin zur Nachverfolgung von Lieferketten eine Plattform.

Eine große Bedeutung hat die (ökonomisch ausgerichtete) Motivation der Plattformbetreiber, deshalb wird Plattformökonomie auch als *Plattformkapitalismus* bezeichnet. Das grundlegende Ziel der Plattformbetreiber besteht im Erzielen von Gewinnen. Sie möchten durch die jeweilige Plattform zum führenden und marktverändernden (disruptiven) Player werden, der maßgeblichen Einfluss auf umfangreiche wirtschaftliche Interessengruppen ausübt. Beispiele für Plattformanbieter, die dem Prinzip der Plattformökonomie folgen, sind Amazon und Alibaba, Facebook, WeChat, Apple und Microsoft.

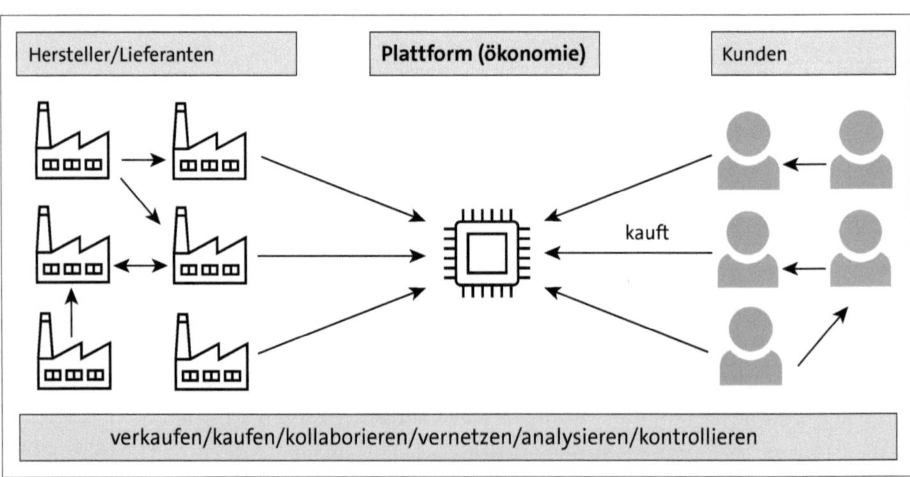

Abbildung 23.5 Plattformökonomie in vereinfachter Darstellung

Auch wenn die erwähnten Plattformen eine große Marktmacht genießen und in gewissen Bereichen monopolartige Stellungen innehaben, sind sie noch weit davon entfernt, Wertschöpfungsketten in relevantem Maße abzubilden. Die Hersteller und Märkte – vor allem im B2B-Bereich – sind schlicht noch nicht so weit. Eine seriöse Prognose über die Erfolgsaussichten einer globalen Vernetzung von Wertschöpfungsketten, die letztlich die große Vision der Plattformökonomie ist, wird erschwert durch den in großen Teilen der Industrie fehlenden Willen, auf Plattformen Dritter eine völlige Transparenz über ihre Herstellungs- und Beschaffungsprozesse herzustellen. Die Bedenken sind zu stark: Datenklau, Cybersecurity und Industriespionage sind hier nur drei genannte Risiken. Ob sich das Bestreben, nachhaltiger zu wirtschaften und Kundenwünsche in den Mittelpunkt zu stellen, langfristig durchsetzen wird, ist offen. Fakt aber ist, dass politisch bereits jetzt Maßnahmen ergriffen und Initiativen gestartet werden, die meinungsbildend, gesetzgeberisch und technologisch die Grundlagen für einen globalen Datenraum schaffen sollen.

[«]

Drei europäische Initiativen zur Realisierung einer Plattformökonomie

Es gibt drei europäische Initiativen, um eine Plattformökonomie umzusetzen:

- **Manufacturing-X**
  Manufacturing-X ist eine industriepolitische Initiative, die darauf abzielt, die digitale Transformation in der Fertigungsindustrie voranzutreiben, indem eine dezentral organisierte Datenökonomie für die europäische Industrie geschaffen wird. Ziel ist es, die Wettbewerbsfähigkeit, Resilienz und Nachhaltigkeit teilnehmender Unternehmen zu fördern. Die Themen, an denen in der Initiative gearbeitet wird, reichen von interoperablen und sicheren Datenschnittstellen, -kommunikation und -infrastruktur über die Möglichkeiten und Chancen von neuen, datenbasierten Geschäftsmodellen bis hin zu rechtlichen Aspekten bei der (kollaborativen) Nutzung von Daten. Die größte Herausforderung der Initiative besteht darin, eine breite multilaterale Allianz aus Unternehmen, Verbänden und Politik zu schaffen.
  https://www.plattform-i40.de/IP/Navigation/DE/Manufacturing-X/Initiative/initiative-manufacturing-x.html
- **Gaia-X**
  Gaia-X ist ein europäisches Projekt zur Schaffung einer sicheren, vertrauenswürdigen und interoperablen Dateninfrastruktur. Es handelt sich um eine Initiative, die darauf abzielt, ein europäisches Datenökosystem aufzubauen, das den Austausch und die gemeinsame Nutzung von Daten zwischen Unternehmen und Organisationen in Europa ermöglicht. Das heißt: Teilnehmer können die Infrastruktur nutzen, um Daten und Services bereitzustellen und mit anderen zu vernetzen, um beispielsweise Innovationen zu fördern. Ziel ist es auch, die Abhängigkeit von großen, nicht europäischen Tech-Unternehmen zu reduzieren und die Datensouveränität europäischer Unternehmen zu stärken. Gaia-X kann man also als Teilaspekt oder technologische Basis dessen verstehen, was die Initiative Manufacturing-X auf breiter politischer Basis für die Fertigungsindustrie schaffen will.
  https://gaia-x.eu/
- **Catena-X**
  Catena-X ist nach eigener Aussage des Bundeswirtschaftsministeriums ein Leuchtturmprojekt und Blaupause für Manufacturing-X, da sich Catena-X auf die

Vernetzung von Unternehmen aus der Automobilindustrie konzentriert. Ziel ist die Schaffung einer Datenplattform, die es Unternehmen ermöglicht, reibungslos Daten entlang der gesamten Lieferkette auszutauschen. Mit anderen Worten: Die Initiative will erreichen, dass die gesamten Liefer- und Wertschöpfungsketten der Automobilbranche digitalisiert werden. Die Vorteile für die teilnehmenden Unternehmen liegen unter anderem in Effizienzsteigerungen, einfacher Einhaltung von Lieferkettengesetzen und ökologischen Standards.

https://catena-x.net/de/

Die fortschreitende Digitalisierung und die wachsende Vernetzung von Wirtschaft und Industrie haben zu einer Vielzahl von Initiativen geführt, die darauf abzielen, die Material- und Datenflüsse der globalisierten Märkte transparent zu machen. Es gäbe viele Vorteile, z. B. höhere Innovationskraft, Krisenresilienz und nachhaltigeres Wirtschaften. Insbesondere die Initiativen Gaia-X, Manufacturing-X und Catena-X nehmen dabei eine herausragende Rolle ein. An der Technologie für eine Plattformökonomie im multilateralen, industriellen Ausmaß werden diese Initiativen nicht scheitern. Letztlich wird es auf den Mikrokosmos ankommen: Obwohl z. B. ein schwäbisches mittelständisches Unternehmen in wechselseitigen Beziehungen zu Lieferanten und Abnehmern in China stehen kann, ist trotz unstrittiger Vorteile viel Überzeugungsarbeit nötig, um dieses Unternehmen dazu zu bewegen, geschäftskritische Daten auf einer Plattform mit den chinesischen Partnern zu teilen. Die Frage ist also: Was sollten Unternehmen heute schon tun?

Was den E-Commerce betrifft, könnte die strategische Gestaltung von Plattformökonomie viele Branchen zumindest technologisch maßgeblich beeinflussen, indem die Grundlagen für einen effizienten, vertrauensvollen und sicheren Datenaustausch gebildet werden. Unternehmen sollten prüfen, wie sie ihre internen Prozesse und Dateninfrastruktur an Plattform-Standards anpassen können.

Es wäre von Vorteil, Kooperationen mit Partnern einzugehen, die bereits Teil der Initiative sind, um von ihren Erfahrungen zu lernen. Ebenfalls könnten vor allem die europäischen Initiativen zu einer beschleunigten Produktion, einer Optimierung der Logistik und Lieferprozesse führen. Dies könnte den E-Commerce in Europa beflügeln, da Unternehmen effizienter auf die Nachfrage reagieren können. Hier sollte vor allem die Fertigungsindustrie nach Potenzialen Ausschau halten und prüfen, wie sie ihre Wertschöpfungskette anpassen könnte, um von effizienteren Produktionsprozessen und schnelleren Lieferzeiten zu profitieren. Speziell sollten E-Commerce-Verantwortliche in der Automobilindustrie die Entwicklungen genau beobachten und analysieren, wie sie ihre Angebote und Lieferketten an einen breit vernetzten Datenaustausch anpassen könnten. Die Teilnahme an der Catena-X-Initiative oder Kooperationen mit teilnehmenden Unternehmen könnte sich als vorteilhaft erweisen.

23.6 Fazit

In der Welt des digitalen Handels nehmen B2B-Marktplätze eine entscheidende Rolle ein, indem sie als zentrale Online-Plattformen fungieren können, auf denen Unternehmen Produkte und Dienstleistungen verkaufen und einkaufen. Diese Marktplätze revolutionieren bereits in Teilen traditionelle Geschäftsmodelle, indem sie effizientere, skalierbare und kosteneffiziente Möglichkeiten für Unternehmenstransaktionen bieten.

Ob das Konzept der Plattformökonomie ebenso disruptive Kraft entwickelt, bleibt abzuwarten. Theoretisch jedenfalls ermöglichen derart zentrale Plattformen eine größere Marktreichweite, verbesserte Datenanalytik und eine effizientere Abwicklung von Geschäftsprozessen. Zudem fördern sie Innovation, indem sie neue Geschäftsmodelle und -strategien ermöglichen, die auf umfassenderen und genaueren Marktdaten basieren.

Für alle in diesem Kapitel genannten Ansätze gilt: Ob sie erfolgreich sind, hängt davon ab, ob entsprechende Entscheider es schaffen, ihre internen Systeme effizient mit Marktplätzen oder anderen Plattformen zu vernetzen, ihre Entscheidungen datenbasiert zu treffen, starke Partnerschaften und Netzwerke aufzubauen, flexibel und offen für neue Geschäftsmodelle und -strategien zu sein und sich letztlich voll auf die Bedürfnisse und Anforderungen Ihrer Kunden zu konzentrieren.

Kapitel 24
Visualisierung: Die Zukunft der Interaktion

Die Visualisierung von Inhalten spielt eine immer wichtigere Rolle in der Interaktion zwischen Kunden und Unternehmen. Welche Rolle kann und wird Visualisierung als Kommunikationsmedium einnehmen und welche Begleiterscheinungen gilt es dabei zu berücksichtigen?

»The era of spatial computing is here« – mit diesen Worten stellte Apple im Jahr 2023 ein neues Produkt und gleichzeitig eine neue Produktkategorie vor. Innovative Technologien wie Virtual-Reality-Headsets ebnen den Weg für eine völlig neue Interaktionsmöglichkeit zwischen Entwicklung, Marken, Firmen und Konsumentinnen und Konsumenten. Mit der Vision Pro hat Apple im Jahr 2023 einen Meilenstein geschaffen, in dem zahlreiche Kameras und Sensoren für eine immersive Erfahrung sorgen. Auch Midjourney, Dall-E, Firefly und viele andere haben mit unterschiedlichen Technologien und Use Cases eine völlig neue Sicht auf und Möglichkeit der Interaktion geschaffen.

Die Frage bleibt: Wie können wir diese Technologien effektiv in unseren Alltag integrieren? Ist es nicht an der Zeit, über den traditionellen Bildschirm hinauszublicken und neue Möglichkeiten zu erkunden? Dabei dürfen ethische Aspekte nicht außer Acht gelassen werden. Was bedeutet es für uns als Individuen und für die Gesellschaft als Ganzes, wenn unsere Privatsphäre durch das Sammeln von Daten bedroht ist?

Insbesondere im Kontext der digitalen Kommunikation zwischen Kunden und Unternehmen entwickelt sich Visualisierung zu einem Faktor. Sei es durch die Bereitstellung multimedialer Inhalte, die Visualisierung von Produkten oder das Verschmelzen von virtuellen und realen Einkaufswelten. In diesem Kapitel stellen wir Ihnen eine kleine Auswahl an vielversprechenden Visualisierungstechnologien der Zukunft vor.

In Abschnitt 24.1 zeigen wir, wie grundsätzliche multimediale Inhalte mit KI erstellt werden können, um anschließend in Abschnitt 24.2 konkrete Beispiele im Zusammenspiel mit E-Commerce zu veranschaulichen. Machbarkeit, Rahmenbedingungen und der richtige Umgang mit ethischen Fragen – insbesondere zum Thema Datenschutz – bilden dann den Schluss dieses Kapitels.

24.1 Inhalte mithilfe von KI erstellen

Die *Visualisierung* macht abstrakte Daten und Zusammenhänge für Menschen greifbar. In einer immer komplexeren Welt suchen Konsumenten nach einfacheren, aber dennoch raffinierteren Interaktionsmöglichkeiten. Die visuelle Ebene wird so zu einer zunehmend größeren Herausforderung. Es genügt nicht mehr, Produkte nur mit Bildern im Internet darzustellen – Kunden möchten sie greifen, drehen, fühlen und hören. Alle Sinne sollen im Kaufprozess einbezogen werden, um einen Wow-Effekt zu erzeugen. Werden die meisten Nutzer und Nutzerinnen der Apple Vision Pro das volle Potenzial ausschöpfen? Wahrscheinlich nicht. Wird die Apple Vision Pro trotzdem das Online-Shopping revolutionieren? Wahrscheinlich schon. Die Visualisierung ermöglicht es, Kunden auf eine völlig neue Art und Weise an eine Marke zu binden und eine neue Form des Online-Shoppings zu gestalten.

Die Möglichkeit, Bilder, Videos und andere visuelle Medien mithilfe künstlicher Intelligenz zu generieren und zu bearbeiten, folgt dem Trend, menschliche Fähigkeiten durch Technologie zu ergänzen. Dabei gibt es verschiedene Medien, die KI bereits heute selbst unter Anleitung erstellen kann. In diesem Abschnitt möchten wir zunächst auf die Erstellung von Bildern eingehen, im Anschluss daran widmen wir uns kurz der Erstellung von Sprachgeneratoren, die menschliche Stimmen erzeugen können.

24.1.1 Visuelle Inhalte erstellen

Soll beispielsweise die Designabteilung eines Unternehmens entlastet werden, kann KI genutzt werden, um schnell eine große Menge an Bildmaterial zu erstellen. Die wohl bekanntesten Tools zur Bildererstellung mit KI sind zum Zeitpunkt der Verfassung dieses Buches Midjourney und Dall-E. Midjourney wurde im Juli 2022 in den Status einer offenen Beta-Version versetzt. Das bedeutet, dass die Software sich in einem unvollständigen, jedoch nutzbaren Zustand befindet und kontinuierlich weiterentwickelt wird. Es erscheinen regelmäßig neue Features, und auch die Bildgenerierung wird verfeinert.

In der aktuellen Version 5.2 sind die immer realistischeren Bilder und fotoähnlichen Grafiken nahezu nicht mehr von echten Bildern zu unterscheiden. Im Folgenden veranschaulichen wir mit einem Selbstversuch die Dimensionen und Prozesse rund um *KI-gestützte Bildgenerierung*. Wir nutzen dafür die Software von Midjourney, eine andere Lösung wäre aber ebenso denkbar. Wichtig ist nicht, wie die Technologie im Detail aussieht, sondern wie KI-gestützte Bildgenerierungsanwendungen im Alltag genutzt werden können.

Von der Idee zum Bild mit Midjourney

Mithilfe sogenannter *Prompts* können Sie Midjourney erklären, welche Art von Bild Sie genau erhalten möchten. Prompts können Sie in freier Sprache formulieren, und sie werden im Anschluss von einer KI analysiert. Ein Beispiel für einen Prompt ist etwa: »Zeige mir die Zukunft von E-Commerce im Jahr 2035 so fotorealistisch wie möglich. Bitte benutze die Farbe Lila.« Wir haben diesen Prompt in Midjourney eingegeben, die KI hat im Anschluss ein entsprechendes Bild produziert (siehe Abbildung 24.1).

Abbildung 24.1 Erster Versuch mit Midjourney

Jedes Bild ist auf seine Weise einzigartig. Die Wahrscheinlichkeit, dass zweimal das exakt gleiche Bild generiert wird, ist nahezu nicht existent. Auch wenn Sie denselben Prompt mehrmals verwenden, wird jedes Mal ein Unterschied im Bild erkennbar sein.

[!]

Nutzungsrechte an generierten Bildern und Datenschutz

Grundsätzlich haben Sie je nach Lizenzmodell die uneingeschränkten kommerziellen Nutzungsrechte an einem Bild. Die Urheberrechte bleiben jedoch bei Midjourney. Daher darf eine Firma bei einem solchen Bild nicht behaupten, dass das Bild ohne KI erstellt wurde.

Darüber hinaus ist dringend davon abzuraten, Midjourney mit sensiblen Kundeninformationen, Unternehmenslogos oder Firmendaten zu füttern. Es empfiehlt sich, Synonyme zu verwenden und heikle Inhalte zu verschleiern. So kann die KI weiterhin erstklassige Resultate erzielen, während der Datenschutz gewahrt bleibt.

Um genau das Bild, das Sie im Kopf haben, generieren zu können, bedarf es bei Midjourney vieler Anläufe. Oftmals versteht die KI den Prompt nicht direkt und entwickelt das Bild in eine völlig falsche Richtung.

Selbstversuch mit Midjourney

Erster Versuch: Sie möchten für einen Vortrag eine Präsentation erstellen. Auf der ersten Seite der Präsentation möchten Sie die Themen Internet of Things und Industrie 4.0 in einem Bild darstellen. Dafür geben Sie den Prompt »Fabrik, IoT, Industrie 4.0, Maschinen, Automatisierung, KI, Cloud« ein. Das Bild (siehe Abbildung 24.2) entspricht noch nicht Ihrer Vorstellung. Sie möchten eine Halle mit Menschen, die Modernität widerspiegelt. »Cloud« wird z. B. als Wolke interpretiert und nicht als die technische Lösung verstanden. Die KI hat einen viel zu großen kreativen Freiraum und ergänzt selbstständig fehlende Informationen. Ein detaillierterer Prompt ist hier die Lösung.

Abbildung 24.2 Das erste Ergebnis des Selbstversuchs

Zweiter Versuch: Sie versuchen es mit einem verbesserten Prompt erneut: »Fabrik, IoT, Industrie 4.0, Maschinen, Automatisierung, KI, Technische Cloud, Industriehalle, Mitarbeiter, Beratung, Deutsches Unternehmen, Workshop«. Das Ergebnis geht schon in die richtige Richtung (siehe Abbildung 24.3).

Abbildung 24.3 Das Ergebnis des Selbstversuchs nach der Präzisierung

Sie möchten jedoch noch alternative Bildstile erhalten. Deshalb nutzen Sie dieses Bild als Basis, um verschiedene Varianten zu erzeugen. Dafür klicken Sie in Midjourney auf die Funktion **Varianten** neben dem Bild und generieren neue Bilder. Dieser Schritt kann beliebig oft wiederholt werden. Die Ähnlichkeit zu dem Bild aus dem zweiten

Versuch ist deutlich zu erkennen. Sie können zwischen subtiler und starker Variantenerzeugung wählen. In diesem Fall entscheiden Sie sich für eine minimale Veränderung, um mehr Raum und Technologie im Bild zu erhalten. Das Ergebnis entspricht nun dem Bild, das Sie zu Beginn im Kopf hatten (siehe Abbildung 24.4).

Abbildung 24.4 Eine Variante des zweiten Ergebnisses

An dieser Stelle beenden wir den Selbstversuch. Im nächsten Schritt könnte man nun beispielsweise gezielt einzelne Teile im Bild austauschen oder die Farbe anpassen. Der Fantasie sind hierbei keine Grenzen gesetzt. Bei der Nutzung von Midjourney sollten Sie darauf achten, den iterativen Prozess zu nutzen und Bilder kontinuierlich weiter zu optimieren und zu spezifizieren. Nur so lassen sich gewünschte Ergebnisse erzielen, und der (notwendige) Lernprozess bei Ihnen als Anwenderin oder Anwender ist gewährleistet.

Visuelle Inhalte in die Systemlandschaft integrieren

Sie kennen nun die Möglichkeiten, Inhalte mithilfe von KI zu erstellen. Aber wie integrieren Sie diese nutzbringend in Ihre Systemlandschaft? Die Integration von KI-generierten Inhalten in eine Systemlandschaft birgt einige Herausforderungen. Es bedarf einer intelligenten Schnittstelle und eines robusten Workflow-Designs, um die Inhalte im richtigen Kontext zu nutzen und sicherzustellen, dass sie stets den hohen Qualitätsstandards der Kunden entsprechen. Die Zusammenarbeit zwischen Entwicklung, Design und Geschäftsstrategie ist dabei unerlässlich, um eine effiziente und effektive Lösung zu schaffen.

KI-generierte Inhalte können zudem durch Algorithmen weiter optimiert werden, um die Benutzererfahrung zu verbessern. Mit KI-getriebenen Analyse-Tools können Sie das Verhalten der Kunden auf Ihrer Plattform analysieren und die visuellen Inhalte entsprechend anpassen. Ob es sich um die Positionierung von Produkten auf einer Seite, die Farbgestaltung oder sogar die Erstellung personalisierter Inhalte handelt – die Möglichkeiten sind vielfältig und bieten ein enormes Potenzial zur Steigerung der Kundenzufriedenheit und der Conversion Rate.

Auf diese Weise kann optisch hochwertiger Content für verschiedenste Nutzergruppen personalisiert ausgespielt werden. Diversität und Vielfältigkeit verschiedenster Gesellschaftsgruppen können so präzise angesprochen, und die Kundenzufriedenheit kann stark erhöht werden. Kunden fühlen sich so verstanden und bauen unterbewusst eine starke Bindung zur Marke auf.

Entwicklungen in der Bildgenerierung

Der technologische Fortschritt ist rasant und für Unternehmen teilweise schwer zu überschauen, da man immer das Gefühl hat, nicht die neueste und vermeintlich beste Softwareversion zu verwenden. Von diesem Gedanken müssen Sie sich lösen, um Ihre eigene Strategie und Ihre Pläne umsetzen bzw. kontinuierlich verfolgen zu können. Betrachten wir zur Veranschaulichung den Versionsfortschritt von Midjourney: Besonders Augen und Hände bereiteten der Software zu Beginn Schwierigkeiten. Beachten Sie, dass zwischen beiden Versionen (siehe Abbildung 24.5 und Abbildung 24.6) nicht einmal zwei Jahre liegen. Version 1 wurde im Februar 2022 veröffentlicht und Version 5.2 im Juni 2023.

Abbildung 24.5 Midjourney Version 1 aus dem Jahr 2022

Abbildung 24.6 Midjourney Version 5.2 aus dem Jahr 2023

Die Konsequenz daraus muss sein, nicht auf alle Züge aufzuspringen, sondern gezielt Technologie auszuwählen: Dies mit den eigenen Unternehmenszielen und vor allem den Prozessen zu harmonisieren. Der Tatsache, dass man als Unternehmen bei ausgewählten Technologien nicht immer auf dem neuesten Release fährt, sollte man mit Gelassenheit begegnen und auch hier stets prüfen, wann Updates oder Erweiterungen wirklich notwendig sind.

[!]

Deepfakes: Neue Bedrohung für Unternehmen und Kunden

In den Nachrichten ist immer wieder von *Deepfakes* zu hören. In der Regel werden Deepfakes verwendet, um absichtlich falsche Informationen zu verbreiten. Sie können aber auch dazu dienen, Menschen zu belästigen, einzuschüchtern, zu erniedrigen und zu untergraben. Deepfakes können zu Fehlinformationen und Verwirrung über wichtige Themen führen. Für Unternehmen oder Verwaltungen ist die Überwindung ihrer biometrischen Systeme mithilfe von Deepfakes eine ernsthafte Bedrohung.

Ebenso können sogenannte *Spear-Phishing-Methoden* dazu verwendet werden, gezielte Phishing-Angriffe durchzuführen, um Informationen und Daten zu gewinnen. Neben dem Schaden für Unternehmen und Kunden, deren vertrauliche Daten entwendet wurden, kann durch so ein Leak das Vertrauen in ein Unternehmen, eine Marke oder eine Funktion leiden (siehe auch Abschnitt 2.2.2, »Nachhaltigkeit, Sicherheit und Barrierefreiheit«). Bildmanipulationen sind noch leicht zu erkennen, doch Firmen wie z. B. Intel arbeiten an immer ausgefeilteren Sicherheitslösungen, um uns vor Deepfakes zu schützen.

Doch wenn sich die Bild- und Videoproduktion weiterhin so rasant entwickelt, werden in naher Zukunft auch die Möglichkeiten und die Anzahl solcher Täuschungsversuche zunehmen.

Ein weiteres Beispiel für die rasante technologische Entwicklung ist die neueste Version von Firefly, einem Produkt der Firma Adobe, die im Mai 2023 vorgestellt wurde (verfügbar als Beta-Version). Hier gibt es erstmals die Möglichkeit der generativen Bearbeitung (*Generative Fill*) und des generativen Editierens von Videos während der Bearbeitung und Erstellung. Dabei ermöglicht eine KI-gestützte Funktion in Photoshop, Teile eines Bildes im Video zu erzeugen, die kohärent mit dem Rest des Bildes sind. So kann z. B. eine Person, die im Video keine Krawatte trägt, mit dem passenden Prompt mit einer Krawatte versehen werden. Beeindruckend ist, dass sich Licht und Schatten der Krawatte nahtlos einfügen und auch Formgebung und Belichtung perfekt mit dem Rest der Videosequenz harmonieren.

24.1.2 Stimmen erstellen

Durch die Kombination aus künstlich erstellten visuellen Inhalten und künstlichen Stimmen können ganze Persönlichkeiten für Verkauf oder Service geschaffen werden. Die Stimme kann als weiteres Mittel genutzt werden, um künstlich erstellte Inhalte noch realer wirken zu lassen. Schon jetzt gibt es erste Podcast-Folgen, in denen

Menschen berühmte, verstorbene Persönlichkeiten »interviewen«, indem ihre Stimmen mithilfe von künstlicher Intelligenz täuschend echt nachgestellt werden.

Was in der Unterhaltungsbranche genutzt wird, kann auch im Commerce von Nutzen sein. So könnten Supportmitarbeitende am Telefon oder im Live-Chat künstlich generiert werden. Die Stimme oder Antwort wird basierend auf verschiedenen Parametern generiert. Kulturen, Sprachen, Dialekte und Diversität können so in einem nahezu endlosen Maße erschaffen werden. Neben der Entlastung echter Support- oder Beratungsmitarbeitenden könnte so eine Beratung 24 Stunden an sieben Tagen in der Woche global angeboten werden. Aktuell gibt es noch Schwächen in der Beratung mit künstlichen Personen – beispielsweise wird Ironie oder Humor oft nicht erkannt. Gehen wir aber davon aus, dass sich die Entwicklung dieser Technologie in der aktuellen Geschwindigkeit fortsetzt, sollten solche Herausforderungen in wenigen Jahren gelöst sein.

Selbstverständlich ist die Transparenz gegenüber dem Kunden in diesem Bereich von erheblicher Bedeutung. Der Kunde sollte stets darüber informiert werden, ob er gerade mit einer echten oder einer generierten Person interagiert. Es sollte jederzeit die Möglichkeit bestehen, mit echten Supportmitarbeitenden zu sprechen. Gerade in den Anfangsphasen technologischer Revolutionen ist es nachvollziehbar, dass nicht alle diese Neuerungen sofort akzeptieren. Daher sollten Nutzer und Nutzerinnen behutsam an diese Systeme herangeführt und Vorteile, wie die Reduktion von Wartezeiten, hervorgehoben werden.

Durch die Integration echter Mitarbeitender als Backup und die Kenntlichmachung der Art der Interaktion (ob menschlich oder künstlich) gegenüber dem Kunden kann das Vertrauen in die neuen Systeme gestärkt werden. Hierbei ist es wichtig, klare Kommunikationswege und einfache Möglichkeiten zum Wechsel zu realen Supportmitarbeitenden anzubieten.

24.2 Was können wir von der Visualisierung im E-Commerce erwarten?

Gehen wir einen Schritt zurück in die Gegenwart. Natürlich ist Visualisierung bereits heute ein großes Thema, wenn man an die Präsentation von Produkten oder deren Konfigurationen denkt. In diesem Buch finden sich zahlreiche Beschreibungen solcher Szenarien (siehe z. B. Abschnitt 17.6, »SAP CPQ«, oder Kapitel 7, »Produktdatenmanagement«). In den folgenden beiden Abschnitten werden zwei Beispiele vorgestellt, die sich gut in die Prozesse und Architektur von SAP Commerce Cloud einbetten lassen.

24.2.1 Explosionszeichnungen mit SAP Enterprise Product Development

Mit der Lösung *SAP Enterprise Product Development* bietet SAP eine Cloud-Lösung, die die Methoden des System Engineerings nahtlos in die SAP-Systemlandschaft und in die *PLM-Toolchain* (PLM = Product Lifecycle Management) integriert. Außerdem ist die Integration in reale Live-Multisystemlandschaften gesichert. Dadurch werden Produktinnovationen mithilfe simultaner Zusammenarbeit beschleunigt. Anforderungsorientierte Produktentwicklung und umsetzbare Live-Insights können so im gesamten Unternehmen genutzt werden. Vereinfacht ausgedrückt, geht es um die visuelle Unterstützung bei der kollaborativen Entwicklung zwischen Kunden und Unternehmen von der Idee bis zum fertigen Produkt.

In diesem Prozess fallen unzählige Daten an, die zu ganzen Produkt- bzw. *CAD-Modellen* (Computer Aided Design) aufgebaut werden. CAD bedeutet, dass Software verwendet wird, um computergestützt zu zeichnen. Außerdem wird die Software verwendet, um diese Zeichnungen für den gesamten Prozess eines Planungsprojekts (angefangen beim Konzeptentwurf bis hin zur Bauausführung oder Erstellung einer Baugruppe) verfügbar zu machen, da sie die Voraussetzung für 3D-Produktvisualisierungen sind.

Eine Komponente von SAP Enterprise Product Development ist die Funktion *Visual Spares and Services*, die die Visualisierung von Produkten, Ersatzteilen und Services ermöglicht. Durch die neu verfügbare direkte Integration in die *Composable Storefront* (ehemals Spartacus) lassen sich vollumfängliche 3D-Visualisierungen in Webshops einbinden, ohne dass es einer Eigenentwicklung bedarf. Dabei können Oberflächen visuell an individuelle Anforderungen angepasst und nahtlos in das UX-Design übernommen werden (siehe Abbildung 24.7).

Dieses Szenario mit SAP Enterprise Product Development steht exemplarisch für die wachsende Bedeutung der Visualisierung von Elementen in Webshops und Kundenportalen. Was früher ein komplexes Unterfangen darstellte, wird durch diese vorgefertigte Komponente erheblich vereinfacht. Möchte man die CX weiter verbessern, sind solche externen Lösungen dazu geeignet, die gesamte CX-Landschaft zu unterstützen und (wenn sie sauber integriert ist) verschiedenen Akteuren jeweils die passende Unterstützung zu bieten. Eine solche 3D-Visualisierung lässt sich beispielsweise auch sehr gut im Service nutzen. Müssen beispielsweise Anlagen oder Maschinen vom Servicetechnikpersonal repariert werden, helfen Explosionszeichnungen, in denen sämtliche Verbauteile einzeln animiert dargestellt werden. Diese Zeichnungen können ebenfalls helfen, wenn das notwendige Ersatzteil identifiziert und bestellt werden muss, wahlweise auch vom Endkunden selbst.

Doch welchen Mehrwert bietet SAP Enterprise Product Development konkret im Praxiseinsatz für E-Commerce-Portale? Kunden können mithilfe dieser interaktiven Explosionszeichnung Ersatzteile genau identifizieren und unmittelbar auswählen.

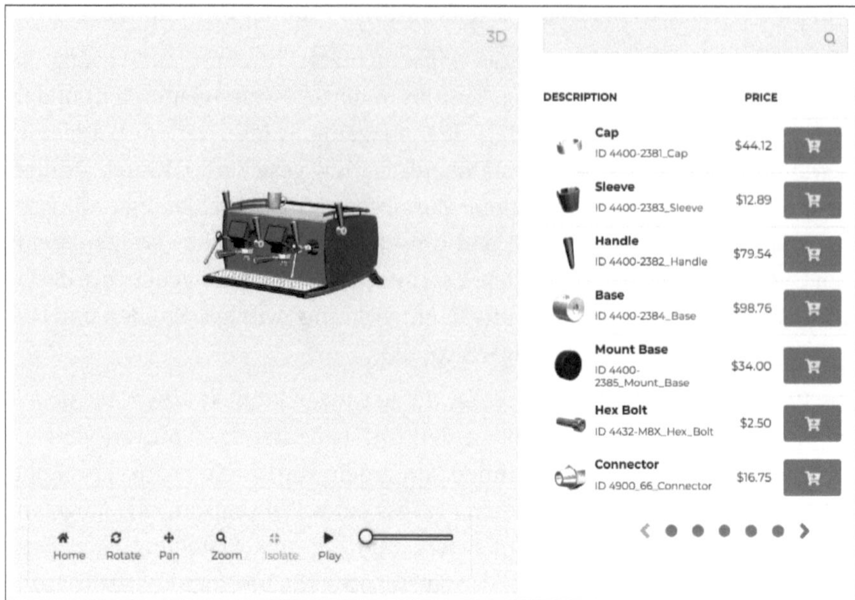

Abbildung 24.7 Integration von SAP Enterprise Product Development in SAP Commerce Cloud

Dank der hergestellten Produktreferenz (Spare Part) im Backend von SAP Commerce Cloud und der Composable Integration im Frontend kann das ausgewählte Ersatzteil problemlos mit einem Klick in den Warenkorb gelegt und im Anschluss über den gewohnten Checkout-Prozess bestellt werden (siehe Abbildung 24.8).

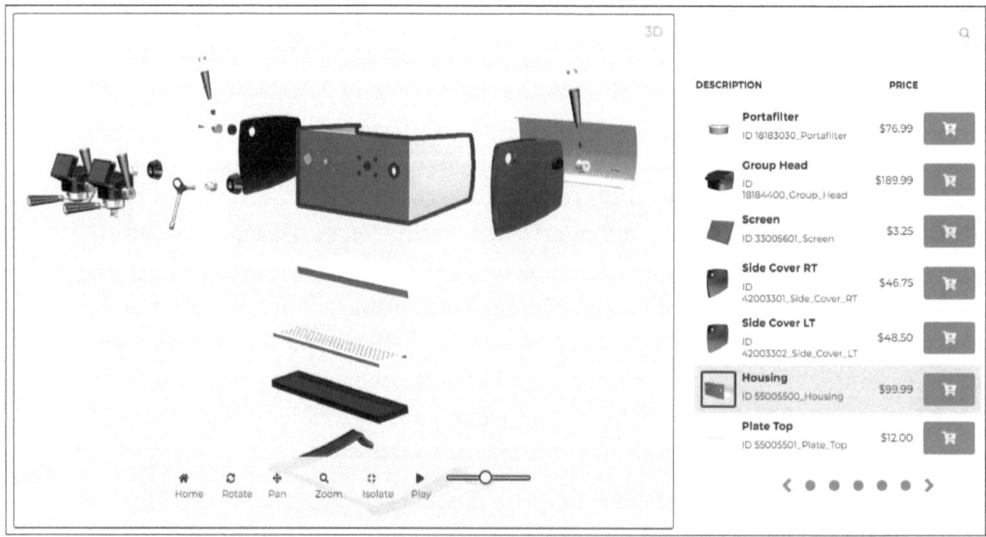

Abbildung 24.8 Explosionszeichnung in SAP Enterprise Product Development mit Warenkorb-Integration

Die Explosionszeichnung erlaubt eine dreidimensionale Navigation durch das Produkt und das Ein- und Ausblenden unterschiedlicher Ebenen. Dies erleichtert nicht nur den Prozess der Ersatzteilfindung erheblich, sondern auch das allgemeine Verständnis für das jeweilige Produkt. Statt sich durch komplexe Zeichnungen arbeiten zu müssen, können Nutzerinnen und Nutzer nun direkt mit einem detailgetreuen Modell interagieren.

Darüber hinaus erlaubt die Integration von SAP Enterprise Product Development eine agilere Reaktion auf Kundenanfragen und -bedürfnisse. Durch die Möglichkeit, Ersatzteile rasch und präzise zu identifizieren, können Firmen den Bestellvorgang beschleunigen und die Kundenzufriedenheit steigern. Die automatische Verknüpfung der Teile mit Lagerbeständen ermöglicht es, die Verfügbarkeit in Echtzeit zu überwachen und den Kunden zuverlässige Lieferprognosen mitzuteilen.

Ein zusätzlicher Vorteil besteht in der potenziellen Verringerung von Fehlbestellungen. Da die Kunden exakt erkennen können, welches Teil sie benötigen, verringert sich das Risiko einer inkorrekten Auswahl. Das führt nicht nur zu einer Zeit- und Ressourceneinsparung im Kundenservice, sondern reduziert auch den Aufwand in der Logistik, da Rücksendungen und Umtauschaktionen minimiert werden.

24.2.2 AR und VR: zwei Begriffe, zwei Ansätze

Die beiden Konzepte Augmented Reality (AR) und Virtual Reality (VR) bilden die Grundlage für eine neue Art, Inhalte zu konsumieren. Während man bei *Virtual Reality* in eine völlig neue Welt eintaucht und von der Außenwelt nichts mehr mitbekommt, schlägt *Augmented Reality* eine Brücke zwischen Realität und Fiktion. Bei VR blicken wir auf zwei kleine Monitore und haben so die Möglichkeit, tief in einen Film einzutauchen. Bei AR blicken wir durch transparente Gläser, auf die Inhalte projiziert werden. Mithilfe verschiedener Sensoren kann die Position im Raum genau bestimmt werden, um die Inhalte präzise zu platzieren. Eine ähnliche Technologie nutzen Head-up-Displays in modernen Fahrzeugen, die Inhalte für uns auf die Straße projizieren. Doch diese Technologien sind mehr als bloße Unterhaltungsmittel. Sie stehen für einen Paradigmenwechsel in der Art und Weise, wie wir mit unserer Umwelt interagieren und sie verstehen.

MR (*Mixed Reality*), die Kombination aus VR und AR, bietet etwa der Medizin oder dem Bildungsbereich neue Möglichkeiten. Chirurgen könnten virtuelle Modelle live projizieren, um Operationen präziser durchzuführen (siehe Abbildung 24.9). Lehrer könnten komplizierte Konzepte anschaulicher erklären, indem sie virtuelle Objekte in den Klassenraum integrieren. Die Möglichkeiten sind nahezu unbegrenzt und bieten ein enormes Potenzial für Innovationen in den verschiedensten Lebensbereichen. Im Commerce können diese Technologien beispielsweise genutzt werden, um Kunden vor dem Kauf virtuelle Möbel in ihre reale Wohnzimmerumgebung einfügen zu lassen. Auch virtuelle Anproben von Kleidung oder 3D-Visualisierungen von Autos oder Immobilien sind denkbar.

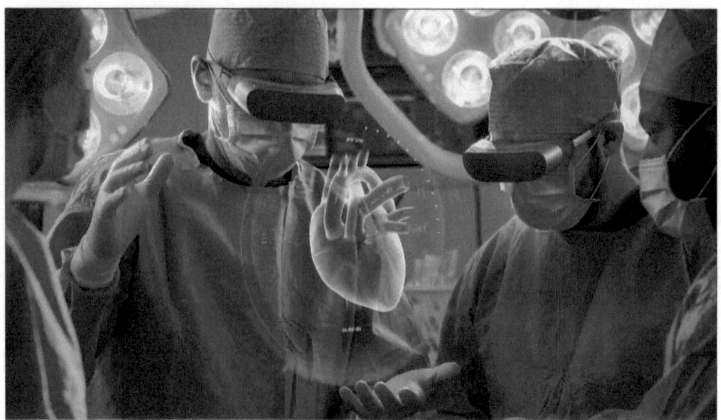

Abbildung 24.9 Beispiel für Mixed Reality: Chirurgen führen Herz-OP durch, indem sie Augmented-Reality-Technologie einsetzen.

Der größte Vorteil der AR/VR-Technologien macht sich im Commerce-Umfeld vor allem im Service und Support bemerkbar. Mixed Reality ermöglicht es dem Servicetechnikpersonal vor Ort, über eine AR-Brille direkt Anleitungen, Modelle oder 3D-Ansichten zu erhalten. SAP veranschaulichte dieses Konzept sehr treffend in einem Video: Ein Servicetechniker wurde wegen eines Blackouts in ein Stadion gerufen und erhielt über seine AR-Brille eine exakte Navigation zu den Schaltschränken in der komplexen Struktur des Stadions. Was in diesem Fall ein fiktives Beispiel war, ist jedoch ein naheliegendes Szenario in einer immer anspruchsvolleren digitalen Welt. Firmen können beispielsweise in Zukunft zu ihren komplexen Maschinen sogenannte *Digitale Zwillinge* anbieten (siehe Abbildung 24.10).

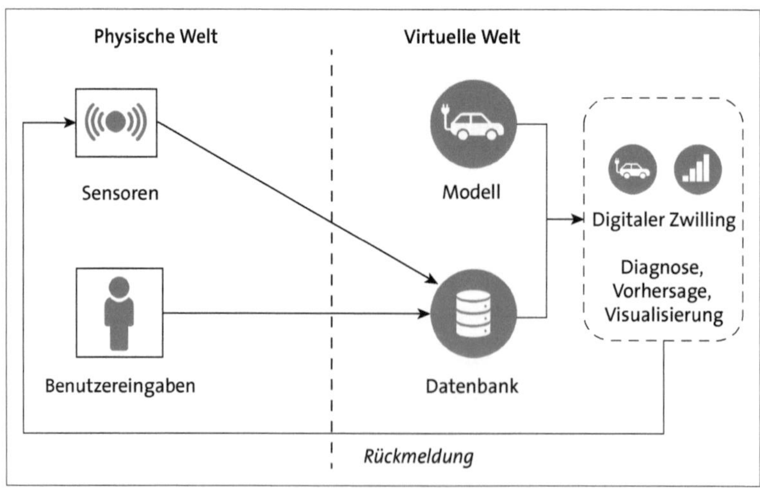

Abbildung 24.10 Digitaler-Zwilling-Modell

Diese Zwillinge sind eine exakte digitale Nachbildung der gekauften Maschine. Auch Erweiterungen, Anpassungen oder Sonderanfertigungen werden in diesem digitalen Asset hinterlegt. Mithilfe des digitalen Zwillings kann das Servicetechnikpersonal Ersatzteile lokalisieren oder den Innenraum einer Maschine analysieren, bevor diese geöffnet wird. Stillstandzeiten von Maschinen für komplexe Wartungen können so ebenfalls reduziert werden, da sich das Wartungsteam schon im Vorfeld einen genauen Lageplan zurechtlegen kann. Sind solche Funktionen im Rahmen des E-Commerce-Kundenportals direkt oder über buchbare digitale Services verfügbar (siehe Abschnitt 2.2 »Evolution von E-Commerce-Landschaften«), ergeben sich immense Vorteile für Kunden und Unternehmen.

Auch Servicetechnikpersonal, das nicht mit der Wartung einer Maschine vollends vertraut ist, könnte mithilfe der genannten Technologien exakt angeleitet und zum Problem geführt werden. So wird AR bzw. VR nicht nur eine entbehrliche Spielerei, sondern zum entscheidenden Vorteil für die Effizienz von Wartungs- und Serviceprozessen. Mehr Informationen über AR/VR als wichtige Komponenten für Web 3.0 und Metaverse-Ansätze finden Sie in Kapitel 26, »Kundenservice der Zukunft«.

24.3 Ethik und Datenschutz in der Visualisierung

Für einen korrekten Umgang mit allen genannten Technologien ist es unerlässlich, ethische Grundsätze und den Datenschutz zu berücksichtigen. Die folgenden beiden Abschnitte sind diesen Themen gewidmet.

24.3.1 Ethik

Sobald visuelle Inhalte erstellt und die Realität verzerrt wird, ist es wichtig, auf Transparenz zu setzen, um ethische Werte zu wahren. Anwender und Anwenderinnen müssen immer in der Lage sein, zu identifizieren, ob es sich um eine echte Person bzw. ein echtes Bild handelt oder ob Inhalte generiert wurden. Es ist wichtig, durch eine Kontrollebene, die z. B. aus Personen aus der Designabteilung und oder der Analytikabteilung bestehen könnte, zu gewährleisten, dass generierte Inhalte nicht gegen die Ethik des Unternehmens verstoßen. Für eine KI sind viele gesellschaftliche Spannungsfelder auf reiner Datenbasis nicht greifbar. Deshalb muss überprüft werden, ob Themen wie Religion, Gesellschaft oder Herkunft durch Fehlinterpretationen der KI in einer Weise dargestellt werden, die dem Unternehmen schaden könnte.

Auch die Sorge um ein durch die KI verursachtes Wegfallen von Arbeitsplätzen wird unter ethischen Gesichtspunkten diskutiert. Die Tatsache, dass durch effizientere Prozesse in der Visualisierung der Service und Support beschleunigt werden, lässt Fragen nach der benötigten Teamgröße aufkommen. Die Verantwortung liegt hier bei den Arbeitgebern. Sie müssen neue Jobpositionen identifizieren und Mitarbeitende korrekt schulen. Jobs sollten nicht reduziert, vielmehr sollten mithilfe von KI neue Berufsfelder erschaffen werden. So können Mitarbeitende noch effektiver für ein Unternehmen eingesetzt werden. Mithilfe von KI ist es möglich, Prozesse für Mitarbeitende zu vereinfachen, sie zu entlasten und gleichzeitig die Arbeit Einzelner gewinnmaximierender für das Unternehmen zu gestalten. Indem sich wiederholende und monotone Arbeiten reduziert werden, kann ein höherer Fokus auf Innovation und Optimierung gelegt werden.

Die Herausforderung, neue Positions- und Aufgabenbeschreibungen zu definieren, ist für Firmen elementar, um erfolgreich KI und Visualisierung einsetzen zu können.

24.3.2 Datenschutz

Die Visualisierung von Inhalten erfordert eine große Menge an Daten unterschiedlicher Formen. Für personalisierte Inhalte werden folglich auch personenbezogene Daten benötigt. Die Personalisierung von Inhalten mithilfe moderner Technologien und KI ist eine große Chance für Unternehmen, die Kundenbindung auf eine neue Ebene zu heben. Vorsicht ist jedoch bei einer zu starken Personalisierung geboten, denn eine übermäßige datenbezogene Anpassung kann zu einer sogenannten *Filterblase* führen. Eine Filterblase beschreibt den Zustand, in dem ein Nutzer oder eine Nutzerin nur speziell zugeschnittene Inhalte sieht, aber keine Chance hat, durch andere Perspektiven neue Produkte zu entdecken. Die Möglichkeit, verschiedene Ansichten und Perspektiven zu bieten, fördert nicht nur das Verständnis für die Marke und das Portfolio, sondern schafft Vertrauen in den sensiblen Umgang mit Daten, was letztendlich auch zu einer Stärkung der Markenbindung führen kann.

Auch hier bedarf es einer menschlichen Kontrollebene. Die Überwachung durch Menschen, zusammen mit klaren ethischen Richtlinien, kann sicherstellen, dass Nutzer und Nutzerinnen nicht in einer isolierten Informationsblase gefangen sind.

Sobald Nutzer und Nutzerinnen in einer digitalen Welt Werte, Ideale und Wünsche preisgeben, ist es notwendig, einen transparenten, offenen Umgang mit dem Sammeln von Daten zu fördern. Es muss kommuniziert werden, dass es notwendig ist, Daten für die kontinuierliche Weiterentwicklung zu sammeln und dass dieser Prozess nach höchsten Datenschutzstandards durchgeführt wird. Transparenz und klare Kommunikation schaffen Vertrauen und ermöglichen eine positive Nutzererfahrung.

Falls möglich, können die Daten eines Nutzers oder einer Nutzerin vor der Weiterverarbeitung durch eine Anonymisierungsschicht gefiltert werden. Dabei werden Angaben über den Nutzer oder die Nutzerin durch fiktive Wörter ausgetauscht. Der Kontext für die KI bleibt gleich, da z. B. der Name »Paul« stets durch »Kaffeetrinker« ersetzt wird. Es ist nicht nötig, dass die KI einen echten Namen erhält. Allein der Kontext führt zur Weiterentwicklung.

Dieses einfache Beispiel kann für den gesamten Prozess der Visualisierung von Inhalten genutzt werden. So kann auch bei der automatischen Bildgenerierung, durch das Ersetzen von kritischen Daten, ein erhöhter Datenschutz sichergestellt werden. Diese Strategie ermöglicht die Balance zwischen der Nutzung von Daten zur Verbesserung des Nutzererlebnisses einerseits und der Wahrung der Privatsphäre und Sicherheit der User andererseits.

24.4 Voraussetzungen für den erfolgreichen Einsatz im Unternehmen

Wie könnten nun konkrete Schritte aussehen, damit Sie diese Bereiche für sich wertmaximierend adaptieren können? Natürlich lässt sich die Nutzungsart moderner Technologien nicht pauschalisieren. Glücklicherweise gibt es eine große Auswahl an Produkten. Durch eine gute Beratung können Sie ein für Ihr Geschäftsmodell passendes Softwareprodukt von hoher Qualität finden.

24.4.1 Prozessanalysen im Visualisierungskontext

Vor allen anderen Fragen gilt es herauszufinden, wo mithilfe von visuellen KI-Technologien Mehrwert für das eigene Unternehmen oder den Zuständigkeitsbereich geschaffen werden kann. Immer dort, wo aktuell dieselben Arbeiten immer wieder stupide abgearbeitet werden, bieten sich KI-Technologien offensichtlich an. Etwas spezifischer und auf den Projektalltag bezogen könnten beispielsweise Aufwände für die Konzepterstellung oder die Vor- und Nachbereitung von Workshops reduziert werden. Wenn Prozessaufnahmen sowie deren Visualisierung (grafische Aufbereitung, Fehleranalyse, Animation etc.) automatisiert und durch KI gestützt erfolgen, bieten sich Chancen zur Optimierung und Beschleunigung. Der logische nächste Schritt wäre dann die Ableitung konkreter Umsetzungspläne. In der Konstellation Vertrieb/Kunde könnten Produktpräsentationen optimiert oder Konfigurationsanpassungen schneller erfolgen. Der Kunde erhält (mittels KI generiert) neue Angebotsversionen einfach und zeitnah in seinem Commerce-Portal.

Das Spielfeld scheint riesig. Welche Prozesse tatsächlich optimiert oder rationalisiert werden können und sollen, gilt es zu identifizieren. Der technologische Reifegrad der bereits heute verfügbaren Lösungen sollte dabei kein Hindernis darstellen.

24.4.2 Auswahl des richtigen Produkts

Es wird immer wichtiger für Unternehmen, die richtigen Technologien und Produkte auszuwählen. Gerade in der Anfangsphase vieler aktueller Trendthemen muss sorgfältig analysiert werden, wie die Skalierungspläne der Software aussehen und ob die

Firma eine solide Grundlage dafür besitzt. Midjourney ist ein aktuelles Beispiel, da es momentan als die vielversprechendste Lösung gilt. Dall-E von OpenAI ist noch nicht auf dem Niveau von Midjourney, wird jedoch von Microsoft unterstützt. Langfristig könnte Dall-E daher Midjourney im Funktionsumfang übertrumpfen. Firefly von Adobe hat ebenso das Potenzial dazu.

24.4.3 Schulung von Mitarbeitenden

Neben der Integration von Softwarelösungen sind die Mitarbeitenden nicht zu vernachlässigen. Ein paralleler Aufbau von Software und die gleichzeitige Schulung der Mitarbeitenden gewährleisten eine sichere Integration in die bestehenden Geschäftsprozesse. In kleinen *PoCs* (*Proof of Concept*) können Sie mit den Mitarbeitenden die neue Technologie erproben und die Wertmaximierung analysieren. Schon hier lassen sich neue Aufgaben und Berufsbilder erkennen. Die Mitarbeitenden können im Anschluss in den fehlenden Wissensbereichen geschult werden.

24.4.4 Informationen an Konsumenten weitergeben

Wie bereits besprochen, sollten Kunden jederzeit identifizieren können, ob sie gerade ein echtes oder ein generiertes Bild sehen und ob sie mit einer echten oder generierten Person sprechen. Durch ein Info-Icon an den Inhalten, das über die genutzte Technologie informiert, kann dies sichergestellt werden.

Zudem ist es empfehlenswert, nicht alle Trendtechnologien parallel auszuspielen. Gerade Themen wie AR/VR sollten bei den Kunden gezielt platziert und Stück für Stück ausgerollt werden. Eine gut geplante Roadmap nimmt dabei den Stress aus dem Prozess und bietet Raum für Optimierungen und Anpassungen.

24.5 Fazit

Sie haben in diesem Kapitel verschiedene Arten kennengelernt, Inhalte mit KI-Unterstützung zu visualisieren. Von der audiovisuellen Aufbereitung bis hin zur Generierung künstlicher Bilder in einer nahezu fotorealistischen Darstellung ist einiges möglich. Bedenken Sie jedoch, dass diese Technologien zum jetzigen Zeitpunkt am Anfang stehen und noch lange nicht ihr volles Potenzial entfaltet haben. Im Gegenteil: Die meisten Firmen bieten ihre KI-Produkte gerade erst als Beta-Versionen an. An diesem Punkt entscheidet sich, welche Firmen später die Produkte dominieren und welche Technologien sich letztendlich am Markt durchsetzen werden. Unabhängig von Technologie und Herstellermarkt liegt die größte Herausforderung für Unternehmen in der Identifizierung und Realisierung relevanter Use Cases – sowie in der Schaffung der dafür notwendigen Rahmenbedingungen inklusive der Klärung rechtlicher und ethischer Fragestellungen. In den nächsten Jahren wird sich die Art und Weise verändern, wie Firmen mit ihren Kunden interagieren. Die Kundenerwartung an die Interaktion mit Firmen wird sich ebenfalls verändern. Die damit verbundenen Chancen für Unternehmen, indem die eigene Commerce-Landschaft und die damit korrespondierenden Prozesse sukzessive angepasst werden, sollten Motivation genug sein, sich ernsthaft mit solchen Visualisierungstechnologien zu beschäftigen.

Kapitel 25
Das Metaverse

Metaversen versprechen eine völlig neue Art der Customer Experience. Werden wir in Zukunft zuallererst unseren Avatar vorschicken, wenn wir etwas konsumieren – auch im Geschäftsumfeld? Welche Erlebnisse werden sich durchsetzen? Und welche Rolle spielen NFTs, Kryptowährungen und das Web 3.0?

Was hat das *Metaverse* mit untergehenden Welten zu tun? Oder anders gefragt: Haben Sie schon einmal von Tuvalu gehört? Der Inselstaat im Südpazifik mit etwa 12.000 Einwohnern ist durch die globale Erderwärmung stark bedroht. Er droht sprichwörtlich zu ertrinken. Auch deshalb dienten die Bilderbuchstrände schon oft als Aufhänger hitziger Leitartikel zum Klimaschutz. Jüngst aber hat es Tuvalu mit anderen Schlagzeilen in die großen Medien geschafft. Hier einige Beispiele.

- Der Spiegel titelte online am 16.11.2022: »Tuvalu: Inselstaat plant Kopie im Metaverse – Überleben als digitale Insel«
- Die NZZ online am 26.11.2022: »Tuvalu will sich mit dem Metaverse vor dem Untergang retten«
- Und die FAZ online am 23.07.2023: »Ein Staat flüchtet in die virtuelle Welt«

Es gibt Prognosen, die besagen, dass Tuvalu bis zum Jahr 2100 zu 95 % überschwemmt sein wird (siehe Abbildung 25.1).

Der Staat wirkt dem mit einer ganzen Reihe von Maßnahmen entgegen: Landaufschüttungen, Abkommen zur Übersiedlung, persistenten Fischereirechten und starken Appellen für mehr Klimaschutz. Falls all das nichts hilft, hat Tuvalu einen Plan B: Sie werden eine digitale Nation. Das Ziel ist, eine funktionierende Regierung, Staatsbürgerschaften, Wahlen und eine lebhafte Erinnerung an die tatsächlichen Inseln zu erhalten – alles ohne physisches Staatsgebiet.

Das kann man sich so vorstellen: Sollte Tuvalu physisch verschwinden, könnten die Bürger trotzdem Bürger von Tuvalu bleiben – obwohl sie z. B. in Australien leben. Sie könnten Behördengänge, rechtliche Anliegen oder auch Ausbildungen wie den Schulbesuch im Metaverse durchführen.

Abbildung 25.1 Das Metaverse bietet völlig neue Lösungsmöglichkeiten (Quelle: Sangga Rima Roman Selia/Unsplash)

Für all das gibt es noch kein internationales Recht. Wie und ob ein digitaler Staat überhaupt anerkannt wird und funktioniert, steht in den Sternen. Aber: Tuvalu schafft einen Präzedenzfall. Wir sollten uns nicht über die Anstrengungen wundern, die unternommen werden, um das eigene Überleben zu sichern. Aber wir sollten uns darüber im Klaren sein, dass Tuvalus verzweifelter Plan technisch durchaus machbar ist.

Rund um das Stichwort Metaverse hat sich in den letzten Jahren so viel getan, dass sich alte Probleme auf völlig neuartige Weise lösen lassen. Und hier möchten wir den Bogen zum Thema E-Commerce schlagen.

25.1 Virtuelle Welten, Visionen und die Zukunft des Internets

Was ist eigentlich das Metaverse? In jedem Fall handelt es sich um einen vielschichtigen und komplexen Begriff, der eine Vielzahl von Schlagworten und unterschiedlichen Definitionen umfasst. Die Rede ist von einer Verschmelzung der physischen, virtuellen und erweiterten Realität zu einem Online-Universum, von dezentral organisierten, aber vernetzten 3D-Interaktionsräumen, von einem Ort, an dem man seine eigene Identität erweitern kann oder auch von einer Vision des zukünftigen Internets als grenzenlose, gemeinsame virtuelle Welt. Nähern wir uns dem Metaversum mit dem Klassiker Wikipedia (*https://de.wikipedia.org/wiki/Metaversum*):

> *Das Metaversum oder englisch Metaverse ist ein Konzept, bei dem ein digitaler Raum durch das Zusammenwirken virtueller, erweiterter und physischer Realität entsteht. Hauptaspekt ist es dabei, die verschiedenen Handlungsräume des Internets zu einer Wirklichkeit zu vereinigen.*

Das Fraunhofer Institut, das eine Forschungsgruppe zum Thema Metaverse betreibt, wird schon etwas konkreter (*https://www.iuk.fraunhofer.de/de/themen/thema-metaverse.html*):

> *Begrifflich an die Science-Fiction-Literatur angelehnt, beschreibt das »Metaverse« eine virtuelle Welt mit digitalen Avataren und virtuellen Gegenständen. Das Metaverse ist das potenzielle Internetdesign der Zukunft: Dieses 3D-Internet lässt sich mittels Datenbrillen und Extended-Reality-Technologien (XR) anschauen sowie betreten und ermöglicht so die nahtlose Interaktion zwischen digitaler und analoger Welt. Die Vorsilbe »Meta« beschreibt den nahtlosen Cross-Platform-Übergang zwischen verschiedenen virtuellen Welten.*

Unter allen Beschreibungen und Versuchen einer Definition stechen folgende fünf Aspekte heraus:

1. Es gibt nicht *das* Metaverse. Viele Metaversen sind gerade in der Entstehung.
2. Metaversen sind virtuelle Welten.
3. Metaversen bieten die Möglichkeit sozialer Interaktion.
4. Metaversen bieten Berührungspunkte zur realen Welt, z. B. durch immersive Erfahrungen, unterstützt durch VR- oder AR-Technologie oder durch Video- und Projektionstechnik.
5. Metaversen bieten die Möglichkeit zur Individualität, z. B. durch personalisierte Avatare, Projektionen des Selbst oder den Besitz von digitalem Land, Kunst oder anderen Gegenständen (deren Besitzverhältnisse durch entsprechende Tokens garantiert wird).

Kurz gesagt ist ein Metaversum also eine immersive, virtuelle Welt, die Interaktionen wie die reale Welt bieten soll. Es gibt technologische, konzeptuelle und auch gesellschaftliche Voraussetzungen, damit das gelingt.

[»]

Zentrale Begriffe im Kontext des Metaverse

An dieser Stelle möchten wir eine Reihe zentraler Begriffe rund um das Metaverse klären:

- **Virtual Reality (VR)**
  VR bezieht sich auf Technologien, die es Benutzerinnen und Benutzern ermöglichen, in eine vollständig virtuelle Umgebung einzutauchen. VR-Headsets bzw. -Brillen und Steuerungssysteme sind dazu nötig.
- **Augmented Reality (AR)**
  Im Unterschied zu VR ergänzt AR die reale Welt um digitale Informationen und Objekte – beispielsweise realer Sport mit einem virtuellen Trainingspartner, exemplarisch dargestellt in Abbildung 25.2. Auch hier sind Headsets oder andere Hardware wie Tablets nötig, um entsprechende Erfahrungen zu realisieren.

Abbildung 25.2 Virtual Reality vs. Augmented Reality (Quelle: RDNE Stock project/Pexels)

- **Blockchain**
  Die Blockchain ist eine dezentrale digitale Datenbank, die Informationen in sogenannten *Blöcken* speichert und diese in einer unveränderlichen Kette miteinander verknüpft, die wiederum von einem verteilten Netzwerk von Computern, den sogenannten *Knoten*, verwaltet und überwacht wird. Die Blockchain-Technologie ermöglicht sichere und transparente Datenspeicherung sowie Transaktionen, ohne dass eine zentrale Autorität erforderlich ist. Damit spielt sie eine wichtige Rolle im Metaverse, da sie den Einsatz von Kryptowährungen, die Schaffung und den Handel digitaler Vermögenswerte (NFTs) sowie die Sicherung von Eigentumsrechten ermöglicht. Smart Contracts auf Blockchains erlauben die Automatisierung von Verträgen und Geschäftsprozessen.

- **NFT (Non-Fungible Token)**
  NFTs sind digitale Vermögenswerte, die in der Regel auf der Blockchain basieren und einzigartig sind. Sie werden im Metaverse für den Handel mit digitalen Objekten, Kunstwerken und anderen Inhalten verwendet.
- **Künstliche Intelligenz (KI)**
  KI wird im Kontext Metaverse verwendet, um z. B. realistische Interaktionen und Verhaltensweisen von Nicht-Spielbaren-Charakteren (NPCs) und virtuellen Umgebungen zu ermöglichen oder für Algorithmen, die automatisiert Muster erkennen und Erfahrungen personalisieren.
- **Kryptoökonomie**
  Kryptowährungen und Token spielen eine wichtige Rolle in vielen Metaverse-Konzepten, da sie als Zahlungsmittel, Wertspeicher und Anreizsysteme für Online-Aktivitäten auf dezentralen Plattformen dienen.
- **User-Generated Content (UGC)**
  Viele sehen UGC als zentrale Eigenschaft von Metaversen. UGC bedeutet, dass User im Metaverse selbst Inhalte erstellen können, sei es in Form von 3D-Objekten, Spielen oder sogar ganzen Welten. Diese Inhalte können dann von anderen Benutzern genutzt und gehandelt werden.
- **Interoperabilität**
  Die Fähigkeit, dass verschiedene Plattformen und Anwendungen und Metaversen nahtlos zusammenarbeiten können, ist entscheidend, um die Vision einer einzigen zusammenhängenden Meta-Plattform zu schaffen.
- **Datenschutz, Sicherheit und Regulierung**
  Angesichts der Fülle an persönlichen Daten und Transaktionen im Metaverse sind Datenschutz und Sicherheitsfragen von großer Bedeutung. Die Entwicklung des Metaverse wirft auch ethische Fragen auf, die diskutiert werden müssen. Dazu gehören Themen wie digitale Rechte, Zensur, Haftung und mehr.
- **Dezentralisierung**
  Viele Metaverse-Konzepte streben eine starke Dezentralisierung an. Das bedeutet, dass Dienste und Anwendungen nicht mehr ausschließlich von zentralisierten Unternehmen oder Servern kontrolliert werden, sondern auf dezentralen Netzwerken und Technologien basieren, wie z. B. Blockchain.
- **Web 3.0**
  Web 3.0 ist ein visionäres Konzept, das oft in Bezug auf die zukünftige Entwicklung des Internets und seiner Funktionalitäten diskutiert wird. Es ist eine Weiterentwicklung des bisherigen Webs, das als Web 2.0 bezeichnet wird. Schlüsselmerkmale sind auch hier Dezentralisierung und Blockchain. Das Web 3.0 wird aber auch oft als Semantic Web bezeichnet. Daten sind hier für Mensch und Maschine interpretierbar. Das bedeutet, dass die entsprechende Interaktionslogik in der Lage sein soll, den Kontext einer Anfrage, Suche oder Interaktion zu verstehen.

Mit anderen Worten: Sie soll in der Lage sein, die Bedeutung von Inhalten zu erkennen und entsprechend aufzubereiten. Damit wird unter anderem ein deutlich höherer Grad an Personalisierung möglich.

Um den Begriff Metaversum ranken sich Fragen wie: Wird das Internet der Zukunft eine 3D-Umgebung sein? Wird es dezentral sein? Und auf welchen Technologien wird es aufbauen? Bevor wir eine Zukunftsprognose wagen, schauen wir erst einmal auf die Gegenwart. Schon jetzt gibt es eine ganze Reihe an Metaversen. Die Anzahl variiert nach der Definition. Zu den bekanntesten Metaversen zählen Decentraland, The Sandbox und Axie Infinity. Hier können, wie Abbildung 25.3 zeigt, mit personalisierten Avataren Spiele erstellt, geteilt und gespielt, Kleidung oder ganze »Länder« gekauft, Events besucht und in Echtzeit kommuniziert und zusammengearbeitet werden – basierend auch auf eigenen Kryptowährungen.

Abbildung 25.3 Klarer Gaming-Fokus: das Metaverse Decentraland (Quelle: Adobe Stock)

Erweitert man das Verständnis von Metaverse, zählen Plattformen wie Roblox, Fortnite und Minecraft zu den großen Playern. Vor allem Roblox hat es über den Gaming-Aspekt hinaus zu Bekanntheit gebracht, weil es z. B. Spielern erlaubt, auf der Plattform eigene Spiele zu kreieren und zu veröffentlichen (und Geld damit zu verdienen). Die Plattform erlaubt es Consumer-Marken wie Gucci, digitale Stores zu veröffentlichen und darüber digitale Assets zu verkaufen.

Spannend sind natürlich die Investitionen und Entwicklungen der Tech-Giganten in das Thema Metaverse. Zu großer Bekanntheit gelangte das Konzept, als Facebook im Jahr 2021 große Investitionen ankündigte und sich gleichzeitig in *Meta* umbenannte. Allerdings blieb die große Euphorie um Metas *Horizon Worlds* aus. Im Gegenteil: Mittlerweile hat Meta viele Mitarbeitende in dem Bereich entlassen. Die Plattform findet kaum Anklang – vielleicht auch, weil sie voll auf VR setzt.

Von den Tech-Riesen setzen Google und Apple weniger auf virtuelle Welten, sondern konzentrieren sich auf AR- und VR-Technologie. Microsoft war hier schon weiter, hat aber seine Pläne für eine Social-Virtual-Reality-Plattform mit dem Namen *AltspaceVR* aufgegeben. Medienberichten zufolge arbeitet Microsoft jedoch weiterhin an Microsoft Mesh, einem Metaverse für den Business-Bereich z. B. für virtuelle Meetings.

Tabelle 25.1 gibt Ihnen eine Übersicht über die bekanntesten Metaversen.

Name	Fokus	Techn. Basis
Decentraland	Social/Gaming	Blockchain
The Sandbox	Social/Gaming	Blockchain
Axie Infinity	Social/Gaming	Blockchain
Roblox	Social/Gaming	Cloud/zentralisiert
Fortnite	Social/Gaming	Cloud/zentralisiert
Minecraft	Social/Gaming	Cloud/zentralisiert
VR Chat	Social/Gaming	VR
Horizon Worlds	Social/Gaming	VR
Microsoft Mesh	Business	AR/VR/Cloud

Tabelle 25.1 Die bekanntesten Metaversen: Anwendungsfokus, technische Basis

An dieser Aufstellung sind zwei Punkte auffällig: Erstens sind bisher nur Metaversen mit Gaming-Charakter erfolgreich. Was genau das für die dezentralisierten Blockchain-Vertreter heißt, ist aber umstritten. Nutzerzahlen wie die zentralisierten Spiele-Plattformen haben Decentraland und Co. lange nicht. Zweitens fehlen kommerzielle und businessorientierte Plattformen. Abgesehen von Microsoft Mesh, das große Potenziale für die plattformübergreifende Zusammenarbeit bietet, gibt es vor allem im B2B-Bereich noch keine relevanten Angebote. Ein »industrielles Metaverse« bleibt, wie eigentlich die gesamte Vision vernetzter, interoperabler virtueller Welten, bislang genau das: eine Vision.

25.2 Hat das Metaverse Zukunft?

Ob das Metaverse eine Zukunft hat, muss differenziert betrachtet werden, denn das eine Metaverse gibt es nicht. Metaverse ist vielmehr ein Sammelbegriff für unterschiedlichste Konzepte, seien es komplette virtuelle Welten, Online-Spiele oder ausgefeilte AR-/VR-Ansätze – oder eben alles gemischt.

Da z. B. Roblox hauptsächlich sehr junge User anzieht (unter 13 Jahren), gelten für unterschiedliche Bereiche ganz unterschiedliche Erfolgskriterien. Allgemein aber lässt sich sagen: Der Hype um das Metaverse ist spätestens seit den KI-Durchbrüchen im Jahr 2022 (vor allem medial) verebbt. Ein weiterer Indikator für die (leichte) Flaute sind die bereits erwähnten Entlassungen von Mitarbeitenden der Tech-Konzerne im Metaverse-Bereich sowie das Einfrieren und Einstampfen größerer Forschungsprojekte.

Es wäre jedoch falsch, bereits das Ende des Metaverse anzustimmen. Es kursieren noch immer, auch von seriösen und etablierten Analystenhäusern, belastbare Wachstumsprognosen für Entwicklungen rund um das Metaverse. Der Metaverse-Markt wird laut dem Portal *www.blockchain-council.org* in den nächsten Jahren stark wachsen, mit einem geschätzten Umsatz von rund 61,8 Milliarden US-Dollar im Jahr 2022 auf voraussichtlich 426,9 Milliarden US-Dollar im Jahr 2027. Das wäre eine jährliche Wachstumsrate von 47,2 % (*https://www.blockchain-council.org/metaverse/10-best-metaverse-platforms/*)

Vielzitierte Zahl unter Ökonomen ist auch die Schätzung vom Finanzdienst Bloomberg, nach welcher das Geschäft mit dem Metaverse im Jahr 2030 ein Volumen von 800 Milliarden US-Dollar erreichen wird (*https://www.bloomberg.com/professional/blog/metaverse-may-be-800-billion-market-next-tech-platform/* – exemplarisch dargestellt in Abbildung 25.4). Noch wagemutiger ist McKinsey & Company, die den potenziellen Wert des Metaverse im Jahr 2030 auf 5 Billionen US-Dollar schätzen (*https://www.mckinsey.com/capabilities/growth-marketing-and-sales/our-insights/value-creation-in-the-metaverse*).

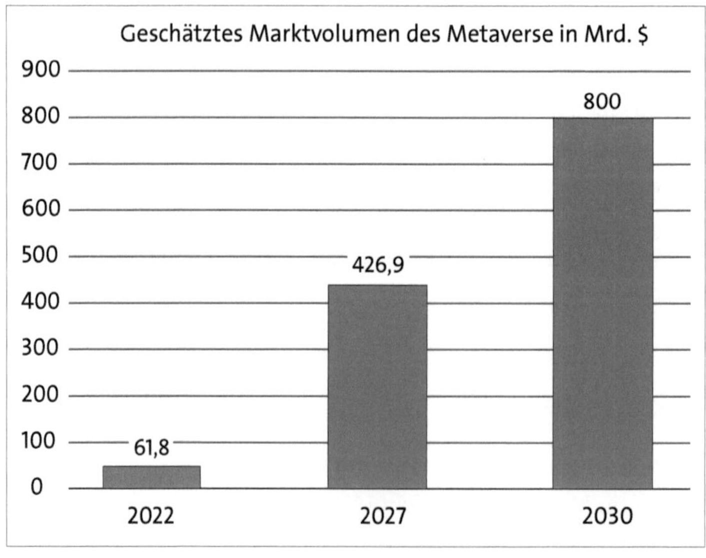

Abbildung 25.4 Marktvolumen von 800 Milliarden US-Dollar für das Metaverse im Jahr 2030 (Quelle: Bloomberg)

Ebenso sieht es im NFT-Markt aus, d. h. dem Handel von digitalen Besitztümern. Auch dieser Bereich wird oft dem Konzept Metaverse zugeordnet und hat zu größeren Investitionen bekannter Marken wie Adidas, Nike, McDonalds, aber auch SAP geführt. Die Marktgröße wird für das Jahr 2022 auf um die 20 Milliarden US-Dollar geschätzt. Eher konservative Schätzungen gehen von einem jährlichen Wachstum von etwa 18 % aus, man findet aber auch Prognosen von über 30 % jährlichem Zuwachs (*https://www.skyquestt.com/report/non-fungible-token-NFT-market*).

[«]

SAP, E-Commerce, der NFT-Markt und das Metaverse

SAP selbst sieht im Markt für NFTs, oder besser Collectables, großes Potenzial. Vor allem in den Bereichen Customer Experience und hier speziell beim Thema Ownership (d. h. der Möglichkeit von verifiziertem digitalem Besitz) ist SAP mit eigenen Initiativen involviert. Die Weiterentwicklung der folgenden vier Bereiche ist für SAP zentral:

1. **NFT-Marketing mit SAP Emarsys Customer Engagement**
   Rund um die Promotion von Produkten oder Events können NFTs als Marketing-Collectable dienen. Zum Beispiel: ein Collectable als Zusatz zu einem physischen Kauf eines Getränks, das dann wiederum als eine Art Rabatt beim nächsten Einkauf genutzt werden kann. Auch Markenkooperationen sind hier denkbar. Entsprechende Funktionen sollen perspektivisch in SAP Emarsys integriert werden.
2. **Handel mit Collectables integriert in SAP Commerce Cloud**
   Geplant ist eine Funktion in SAP Commerce Cloud, damit Collectables verkauft werden und Kunden in einer Art Wallet sehen können, welche Collectables sie besitzen.
3. **Digitaler Zwilling**
   Dieses für SAP sehr wichtige Thema bezieht sich auf die digitale Repräsentation von Produkten, z. B. einem Auto. Inklusive Supply Chain Informationen, Umweltaspekten, IoT Data oder auch 3D-Modellen des Autos, die potenziell interoperabel mit z. B. Online-Games sind.
4. **Loyalty-Programme**
   Token Gating bzw. Token Gated Access ist eine Verifizierungsmethode, mit der Personen, die bestimmte digitale Vermögenswerte in ihrem Wallet haben, exklusiven Zugang zu Räumen, Veranstaltungen oder anderen Inhalten erhalten können. Damit ist Token Gating eine effektive Möglichkeit, Loyalität für Marken unter einer Gemeinschaft von Token-Inhabern zu stärken.

Es wird wohl nie passieren, dass sich eines Tages alle größeren Anbieter dazu entschließen, ihre Plattformen zu öffnen, um ein im wahrsten Sinne des Wortes interoperables Metaversum zu schaffen, in dem man mit einem einzigen Avatar sozusagen frei von dem einen in das andere Metaversum springen kann. Es gibt schließlich nicht einmal im Bereich der Messenger-Dienste auf Smartphones Kooperationen. Dazu steckt einfach zu viel Geld und Macht in diesem Geschäft.

Es gibt aber einige Entwicklungen, die zumindest die genannten Wachstumszahlen stützen. Dazu gehört die stetig steigende Beliebtheit von Online-Spielen. Hohe Investitionen in VR und AR sind ebenfalls auffällig. Viele erwarten von der neuen Apple-Vision-Pro-VR-Brille einen großen Effekt (siehe Kapitel 24, »Visualisierung: Die Zukunft der Interaktion«).

Doch es gibt weitaus mehr Trends, die das Konzept Metaversum bereits heute vorantreiben. Dies umfasst allen voran die verstärkte Verwendung von KI und maschinellem Lernen (ML) zur Schaffung realistischerer virtueller Umgebungen sowie die Ausweitung der Anwendung von Blockchain-Technologie für digitale Vermögenswerte im Metaversum. Darüber hinaus wird erwartet, dass innovative Geschäftsmodelle im Gaming-Bereich die Bedeutung des Metaversums in der Spieleindustrie erhöhen werden. Außerdem wird die verstärkte Zusammenarbeit zwischen verschiedenen Branchen die Entwicklung des Metaversums weiter vorantreiben. Haptische Technologien werden ebenfalls vermehrt eingesetzt, um die Interaktivität und Benutzererfahrung im Metaversum zu verbessern. Fast noch mehr Potenzial bietet aber überraschenderweise der B2B-Bereich. In einer Pressemeldung des Digitalverbands Bitkom über eine eigens durchgeführte Studie zu digitalen Zwillingen heißt es (*https://www.bitkom.org/Presse/Presseinformation/Digitale-Zwillinge-Industrie-Standard*):

> *Bereits 44 Prozent [der Unternehmen] setzen digitale Zwillinge ein, 8 Prozent planen dies und weitere 14 Prozent können sich dies grundsätzlich vorstellen. Nur 10 Prozent können sich den Einsatz auch in Zukunft nicht vorstellen, jedes fünfte Industrieunternehmen (20 Prozent) hat sich noch gar nicht mit der Technologie beschäftigt.*

In der repräsentativen Befragung im Auftrag des Digitalverbands Bitkom nahmen 603 Unternehmen in Deutschland teil, darunter 163 Industrieunternehmen.

Der größte Bereich allerdings, der das Metaversum für die meisten Unternehmen attraktiv macht und sehr großes Zukunftspotenzial bietet, ist die Optimierung der Kundenerfahrung. Hier sind bereits zahlreiche Unternehmen aktiv und setzen Maßstäbe.

25.3 Metaverse und CX

Das Metaversum ist, einfach gesagt, ein neuer Kanal, auf dem Kunden Erfahrungen rund um Ihre Marke machen können. Es entsteht aus einer Kombination von alten und neuen Ansätzen zu einem hybriden Konstrukt. Je nachdem wie man es definiert oder aufbaut, es ist am Ende eine Schnittmenge aus verschiedenen Anwendungen und Technologien. Einige davon sind exemplarisch in Abbildung 25.5 genannt.

Abbildung 25.5 Metaversen: eine Verschmelzung alter und neuer Anwendungen sowie Technologien (Quelle: Sybit)

Metaversen bieten also die Möglichkeit, Kunden Erfahrungen zu ermöglichen, die bisher ungekannt waren. Viele Marken sind hier bereits aktiv und integrieren entsprechende Konzepte in ihre Omnichannel-Strategie. Hier sind beispielhaft einige CX-Gebiete, die sich grundsätzlich besonders gut eignen, um mit Metaverse-Konzepten optimiert zu werden.

- **E-Commerce**
  Unternehmen können Produkte und Dienstleistungen in Metaverse-Umgebungen so präsentieren, dass Kunden Produkte in 3D erkunden und ausprobieren können, bevor sie eine Kaufentscheidung treffen – z. B. indem dem persönlichen Avatar Kleidung angezogen, Frisuren angepasst oder Kaffeemaschinen gezeigt werden. Ebenfalls ist es möglich, auf viel intuitivere und akkuratere Weise Produkte nach den eigenen Vorlieben zu konfigurieren, sei es Kleidung, Möbel oder sogar Fahrzeuge, und die Änderungen in Echtzeit im Metaversum zu sehen. Geschäfte und Marktplätze im Metaversum könnten immersive Einkaufserlebnisse bieten, bei denen Kunden mit ihrem persönlichen Avatar mit anderen Kunden oder Verkäufern interagieren können. Unternehmen könnten gamifizierte Ansätze nutzen, um Kunden für ihre Treue zu belohnen, Rabatte anzubieten und sie zur weiteren Interaktion im Metaversum zu ermutigen.
- **Kundenservice**
  Unternehmen können kundenspezifische Avatare oder KI-gesteuerte Assistenten im Metaversum einsetzen, um Kunden bei der Navigation, Produktempfehlungen und Kundensupport zu unterstützen. Kunden könnten in virtuellen Warteschlangen warten oder virtuellen Kundensupport in Anspruch nehmen, ohne physisch anwesend sein zu müssen.

- **Events**
  Kunden könnten mit ihren Avataren an virtuellen Events, Konzerten und Veranstaltungen teilnehmen, die im Metaversum stattfinden, was die Möglichkeiten für Markenerlebnisse und Kundenbindung erweitert.
- **Marketing und Vertrieb**
  Noch ist das Metaverse, bzw. entsprechende Konzepte, ein echtes Alleinstellungsmerkmal. Hier können Unternehmen für Kunden und Interessenten einen einzigartigen Touchpoint in der Customer Journey schaffen, der Lücken schließt oder sogar alte Marketing- und Vertriebsprozesse auf ein neues Level hebt. Das Metaverse bietet für das Storytelling und die Emotionalisierung von Inhalten große Potenziale.

Die Möglichkeiten im Bereich der Customer Experience sind im Metaversum vielfältig. Allein die neuen Möglichkeiten, Kundendaten zu sammeln und zu analysieren, bieten neue Räume für personalisierte Ansprachen und Angebote. Der immersive Charakter könnte weit über die Erfahrungen hinausgehen, die in der physischen Welt möglich sind. Es ist jedoch wichtig zu beachten, dass die Akzeptanz und Nutzung des Metaversums von Verbrauchern und Unternehmen noch in den Kinderschuhen stecken, und die Entwicklung und Umsetzung dieser Ideen werden einige Zeit in Anspruch nehmen. Das Metaversum oder besser: Metaversische Konzepte sind noch lange kein profitabler Umsatzkanal – aber eben ein wichtiger neuer Touchpoint.

25.4 Heute schon relevante Use Cases

Nvidia entwickelt das Omniverse, BWM simuliert Produktionsprozesse und Tencent und Epic Games (Fortnite) bauen ein Gaming-Metaversum. Die Deutsche Telekom betreibt virtuelles Clubbing mit Beatland auf Roblox, Telefónica erweitert Messestände, H&M und Lacoste vertreiben NFT-Kollektionen. Die Deutsche Bahn will Metaverse-Ansätze zur Navigation auf Bahnhöfen nutzen, die DekaBank will mit dem Dekaverse eine digitale Bankfiliale bieten, Versicherungen wie Axa und Helvetia sind aktiv und wollen oder bieten bereits Beratungen in der virtuellen Welt. In der Automobilindustrie sind so gut wie alle Player mit Metaverse-Technologien am Start – schauen Sie sich gern mal das Skodaverse an (*https://www.skoda-auto.com/world/skodaverse*). Die Firma Sybit präsentiert mit der CX World ein Metaverse mit B2B-Fokus, das auf Leadgenerierung und die Entwicklung von Opportunities im Vertrieb ausgelegt ist (*https://www.customer-experience-world.com/*). Was könnte für Sie ein Use Case sein, der Sie ins Metaverse lockt?

- **Weiterbildung/Zusammenarbeit**
  Das risikofreie Trainieren von schwierigen Operationen ist ein Beispiel, das Meta selbst als konkreten Anwendungsfall von Metaverse-Technologien nennt. Aber dieses Beispiel ist nicht nur im medizinischen Kontext überzeugend. Der E.ON-Campus ist ein weiteres Beispiel. Der Energiekonzern hat die Vorteile des immersiven Lernens erkannt. Weiterbildung im Metaversum ist aber nicht nur ein Konzept für große Unternehmen. Auch kleine und mittelständische Unternehmen könnten durch den Einsatz von VR, AR oder virtuellen Welten Ausbildungen und Weiterbildungen effizienter gestalten. Letztlich lässt sich hier theoretisch alles simulieren und trainieren: das Gabelstaplerfahren, Handhabung von Giftstoffen oder das Füttern von Tigern im Zoo.

  Auch die Zusammenarbeit im Team kann durch heutige Konzepte bereits gefördert werden. Hat Microsoft Mesh Erfolg, können wir bald mit einem Avatar über Teams kommunizieren und danach gemeinsam in einen anderen Raum gehen und uns die Simulation eines Produktes ansehen.
- **Fertigung/Produktion**
  Die BMW Group arbeitet mit Nvidia an einer Plattform, die eine gesamte Produktionsstraße als digitalen Zwilling abbilden kann. Planen, testen, optimieren: Sollte das Projekt Erfolg haben, warten extreme Effizienzgewinne und Kosteneinsparungen. Siemens Energy nutzt digitale Zwillinge, um vorausschauend die Wartung von Kraftwerken zu optimieren. In der Produktion sind heute schon so viele Dinge mit virtuellen 360°-Umgebungen möglich, die mit fortschreitender Technologie für die meisten produzierenden Betriebe erfolgversprechend sind. Das sind z. B. visualisierte Predictive Maintenance, Remote-Service, Remote-Qualitätssicherung, Optimierung der Human Machine Interaction, intelligente Assistenzsysteme, Gestaltung und Optimierung von Arbeitsabläufen, Aufdeckung von Ineffizienzen, Lagersimulationen, Logistikprozesse und Lieferkettenabläufe mit Digital Twins, Datenvisualisierung und vieles mehr.
- **Recruitung/Onboarding**
  Das Beratungsunternehmen PwC Deutschland hat laut Handelsblatt die Platform Virtual Spaces gestartet, auf welcher Bewerbungsgespräche künftig nicht mehr über Videotools, sondern mit Avataren stattfinden (*https://www.handelsblatt.com/unternehmen/industrie/wirtschaftspruefung-pwc-begruesst-bewerber-bald-zum-vorstellungsgespraech-im-metaverse/29177250.html*). Interne Teamarbeit, Onboarding und Bewerbermanagement lassen sich in virtuellen Räumen oft effizienter gestalten als in der physischen Welt. Vor allem bei jungen Bewerbern könnten entsprechende Prozesse schon heute zu Wettbewerbsvorteilen führen.

25.5 Fazit

Sicherlich ist beim Einstieg in das Metaverse noch keine Hektik geboten. Wer noch abwartet, setzt sich nicht dem Risiko aus, in einem Jahr abgehängt zu werden. Wichtig ist aber, sich klarzumachen, welche Use Cases es für das eigene Unternehmen geben könnte. Es gibt klare Anzeichen, dass Metaverse-Technologien gekommen sind, um zu bleiben. Noch aber sind die Erfolge überschaubar, in der Masse angekommen sind (außer im Gaming-Bereich) Metaverse-Ansätze noch nicht. Im Moment stiehlt die KI dem Metaverse die Show.

Die Kombination beider Technologien wird aber die Art und Weise, wie wir shoppen, fertigen und zusammenarbeiten, verändern. In diesem Sinne: »Sag doch mal, ChatGPT, wie sollten sich Unternehmen auf das Metaverse vorbereiten?«

Die Vorbereitung auf das Metaverse ist eine wichtige Aufgabe für Unternehmen, da es sich um eine aufstrebende Technologie handelt, die voraussichtlich in den kommenden Jahren stark an Bedeutung gewinnen wird. Hier sind einige Schritte, die Unternehmen gehen können, um sich auf das Metaverse vorzubereiten:

Verstehen des Metaverse: Unternehmen sollten sich zunächst intensiv mit dem Metaverse auseinandersetzen, um zu verstehen, was es ist, wie es funktioniert und welche Möglichkeiten es bietet. Dies erfordert eine kontinuierliche Beobachtung und Analyse der Entwicklungen in der Virtual Reality (VR), Augmented Reality (AR) und Mixed Reality (MR) sowie der Technologien und Plattformen, die das Metaverse ermöglichen.

Investitionen in Technologie und Infrastruktur: Unternehmen sollten in die erforderliche Technologie und Infrastruktur investieren, um im Metaverse aktiv sein zu können. Dazu gehören VR- und AR-Technologien, Cloud-Computing-Ressourcen, 5G-Netzwerke und die Entwicklung von Anwendungen und Inhalten für das Metaverse.

Content-Produktion: Die Erstellung von Inhalten, die im Metaverse genutzt werden können, ist entscheidend. Unternehmen sollten in die Entwicklung von 3D-Modellen, virtuellen Welten, VR- und AR-Anwendungen sowie anderen Metaverse-Inhalten investieren. Dies kann die Schaffung von virtuellen Geschäftsstandorten, Schulungen, Unterhaltungsangeboten und vielem mehr umfassen.

Interaktion mit Kunden und Nutzern: Das Metaverse bietet eine neue Möglichkeit, mit Kunden und Nutzern zu interagieren. Unternehmen sollten Strategien entwickeln, um ihre Zielgruppen im Metaverse zu erreichen, sei es durch virtuelle Events, soziale Interaktionen oder den Verkauf von Produkten und Dienstleistungen im virtuellen Raum.

Datenschutz und Sicherheit: Da das Metaverse eine Vielzahl von persönlichen Daten und Interaktionen enthält, ist es wichtig, die Sicherheit und den Datenschutz zu gewährleisten. Unternehmen sollten sich intensiv mit den relevanten Datenschutz- und Sicherheitsrichtlinien befassen und sicherstellen, dass sie diese einhalten.

Partnerschaften und Kooperationen: Zusammenarbeit mit anderen Unternehmen und Technologiepartnern kann helfen, Ressourcen und Know-how zu bündeln, um im Metaverse erfolgreich zu sein. Unternehmen sollten Möglichkeiten zur Zusammenarbeit und Partnerschaften in Betracht ziehen.

Talentakquise: Die Fähigkeit, im Metaverse erfolgreich zu agieren, erfordert spezielles Fachwissen. Unternehmen sollten in die Talentakquise investieren, um Experten für VR, AR und Metaverse-Entwicklung einzustellen.

Experimentieren und Lernen: Das Metaverse ist noch relativ neu, und es gibt viel Raum für Experimente und Lernen. Unternehmen sollten bereit sein, neue Ansätze auszuprobieren und aus ihren Erfahrungen zu lernen.

Reaktion auf sich ändernde Trends: Das Metaverse ist ein sich ständig entwickelndes Feld. Unternehmen sollten flexibel sein und sich an neue Trends und Entwicklungen anpassen, um wettbewerbsfähig zu bleiben.

Die Vorbereitung auf das Metaverse erfordert eine langfristige strategische Planung und die Bereitschaft, in diese aufstrebende Technologie zu investieren. Unternehmen, die frühzeitig in das Metaverse investieren und sich darauf vorbereiten, könnten in der Zukunft von neuen Geschäftsmöglichkeiten und einem erweiterten Kundenkreis profitieren.

Dem ist nichts weiter hinzuzufügen. Außer vielleicht dem einen: Um Tuvalu lohnt es sich auch dann zu kämpfen, wenn die Technologien es in Zukunft ermöglichen werden, die meiste Zeit virtuell zu leben!

Kapitel 26
Kundenservice der Zukunft

Ich will heute schon meine Probleme im Self-Service lösen. Ich will heute schon personalisierte Angebote zu Ersatzteilen und Reparaturanleitungen. Ich will heute schon proaktive Beratung zu Verschleißteilen. Und das will ich alles im Webshop sehen. Liebe E-Commerce-Verantwortliche: Wo soll das hinführen?

Bereits seit einigen Jahren gilt: Kundenservice ist wichtiger Umsatztreiber für Unternehmen. Das gilt heute mehr denn je. Im Service liegt das Potenzial, sich von der Konkurrenz abzugrenzen und Alleinstellungsmerkmale (Unique Selling Propositions) zu schaffen. Service ist der kürzeste Weg zur Kundenzufriedenheit, zur Customer Experience. Muss der Vertrieb im B2B-Geschäft heute um jeden Kontakt förmlich kämpfen, fliegen dem Service die Anfragen zu.

Wenn Bill Gates in einem bekannten Zitat (»Your most unhappy customers are your greatest source of learning.«) hervorhebt, dass in jeder Beschwerde oder Reklamation eine Chance verborgen liegt, trifft er einen wichtigen Punkt. Allerdings impliziert seine Aussage fälschlicherweise, dass Service lediglich als Reaktion auf Probleme anzusehen sei. In dieser Lesart wäre die Kontaktaufnahme zwischen Kunden und Unternehmen oder Herstellern durch Unzufriedenheit bedingt und erfolgt, wenn ein Produkt oder eine Dienstleistung versagt oder Mängel und Defekte aufweisen.

Vielmehr bieten Serviceleistungen jedoch einen Mehrwert für Kunden. Wenn sie richtig eingesetzt werden, generieren sie einen zusätzlichen Umsatz für Unternehmen. Wenn sie nachhaltig in der Unternehmensstrategie verankert sind, sind sie elementarer Teil der Customer Experience. Das gilt ganz besonders, wenn digitale Kanäle und/oder komplexe (wartungsbedürftige) Produkte im Spiel sind. Im After-Market-Geschäft liegt die Chance zur Exzellenz, zur Steigerung der Kundenbindung. Denn genau hier findet sich die Schnittstelle zwischen Kundenservice und E-Commerce. Die Stichworte lauten: Upgrade- und Ersatzteilverkauf, Recycling, Wartungsdienstleistungen im Cross- und Up-Selling von After-Sales-Services. Der Field-Service wird zum Markenbotschafter und der Kundenservice inklusive Callcenter zum digitalen Aushängeschild.

Um das zu erreichen und um aus den genannten Leistungen Umsatztreiber zu machen, sind E-Commerce-Lösungen und Kunden- bzw. Self-Service-Portale unabdingbar (siehe Kapitel 2, »Geschäftsmodelle und Dimensionen von E-Commerce: Vom Webshop bis zur Serviceplattform«). Auch eine enge Verzahnung von Sales, Service und Marketing ist wichtig. Abhilfe schaffen, wie dieses Buch an vielen Stellen bereits gezeigt hat, integrierte Software-Lösungen wie die SAP Commerce Cloud, die alle Prozessbeteiligten (Kunden, Außendienst, Serviceteam, Partner, Händler, Niederlassungen) zusammenführen, eine zentrale Übersicht verschaffen und sämtliche Backend-, CMS- und CRM-Bereiche bedienen.

Sie sind bereits heute entscheidend für die Bewertung des gesamten Online-Angebots aus Kundensicht. Dieser Trend wird durch den technologischen Wandel und die digitale Transformation von Kunden, Märkten und Herstellern verstärkt. Abgerundet werden Service-Angebote im E-Business durch die Bereitstellung von digitalen Services, wie wir sie in Abschnitt 3.5, »Geschäftsmodelle als Business- und Umsatztreiber«, vorgestellt haben. Sie stellen einen zusätzlichen Kontaktpunkt dar, der Kunden vom Engagement des Unternehmens überzeugen kann. All das ist bereits Realität.

In diesem Kapitel gehen wir aber einen Schritt weiter und wagen einen Ausblick, wie sich das Leben für E-Commerce-Verantwortliche in zehn Jahren verändert haben wird.

26.1 Ein Tag im Leben von Reto Stielmann, E-Commerce-Leiter bei einem großen Maschinenhersteller

30.10.2033, 8:00 Uhr: Herr Stielmann beginnt seinen Tag mit einem Blick auf sein Dashboard, das ihm die wichtigsten Kennzahlen und Trends zu seinem Kundenportal und Webshop anzeigt. Er sieht, dass die Umsätze im Vergleich zum Vormonat leicht gestiegen sind, was einerseits auf die starke Nachfrage nach dem neuen Produktsegment der intelligenten Maschinen zurückzuführen ist. Diese Maschinen sind mit Sensoren und künstlicher Intelligenz ausgestattet, die es ihnen ermöglichen, sich selbst zu optimieren, zu warten und zu reparieren. Andererseits steigen die Umsätze aber auch deswegen, weil Herr Stielmann mit seinem Team seit zwei Jahren neue Geschäftsmodelle im Bereich Kundenservice etabliert hat.

9:00 Uhr: Herr Stielmann nimmt an einer virtuellen Besprechung mit seinen Kolleginnen und Kollegen aus dem Marketing, dem Vertrieb und dem Produktmanagement teil. Heute gibt es zwei Agendapunkte: Erstens besprechen sie, wie die Nutzung von künstlicher Intelligenz, Big Data und Chatbots einen Grad der Personalisierung erlauben könnte, für die Nutzer bereit wären, zu zahlen. Herr Stielmann hält eine Präsentation zur Frage, ob der in ihrem Shop genutzte Chatbot in der Lage sein könnte, anhand von fünf gezielten Fragen die Effizienz der gesamten Produktion eines Kunden zu analysieren und anschließend Optimierungsvorschläge zu machen.

Der zweite Agendapunkt ist operativer: Da Herr Stielmann seinen Webshop nicht als isolierte Plattform betrachtet, sondern als Teil eines integrierten Omnichannel-Konzepts, gehen die Anwesenden einige wichtige interne Tickets, die die Integration mit anderen Systemen wie ERP, CRM und Warenwirtschaft betreffen, durch.

10:30 Uhr: Herr Stielmann macht eine Kaffeepause und nutzt die Gelegenheit, um sich mit seiner Assistentin Frau Schmidt auszutauschen. Eine wichtige Aufgabe von Frau Schmidt ist, das »Intelligent Feedback Dashboard« des Webshops zu überwachen, das Kundenfeedbacks über verschiedene Kanäle wie ihr Portal, E-Mail, Telefon, Social Media und Bewertungsportale sammelt und Verbesserungsvorschläge macht. Der Webshop bietet nämlich nicht nur physische Produkte, sondern auch ein umfangreiches Spektrum an digitalen Dienstleistungen, darunter virtuelle Schulungen, projektbezogene Lizenzen und verschiedenste Leasing- und Abonnement-Modelle. Gerade die neuen Schulungen, die über das Mieten einer VR-Brille angeboten werden (und die durch einen eigens entwickelten, intelligenten Avatar durchgeführt werden), haben eingeschlagen und bescheren der Firma gutes Feedback. Herr Stielmann bedankt sich für die Informationen und verspricht, sie bei der Weiterentwicklung des Webshops zu berücksichtigen.

11:00 Uhr: Herr Stielmann widmet sich einem seiner Lieblingsprojekte: dem Aufbau einer Online-Community für seine Kunden. Er glaubt fest daran, dass der Kundenservice nicht nur aus dem Beantworten von Fragen und dem Lösen von Problemen besteht, sondern auch aus dem Schaffen von Mehrwert und dem Aufbau von Beziehungen. Er möchte eine Plattform schaffen, auf der sich die Kunden untereinander und mit den Expertinnen und Experten aus Herrn Stielmanns Firma austauschen können. Er möchte ihnen aber nicht nur die Möglichkeit bieten, ihre Erfahrungen zu teilen, ihre Fragen zu stellen, ihre Meinungen zu äußern und ihre Anregungen einzubringen. Er möchte sie zudem auch an der Entwicklung neuer Produkte beteiligen und ihnen exklusive Vorteile anbieten. Er ist überzeugt, dass dies die Kundenzufriedenheit erhöhen und die Kundenbindung stärken wird. Ihm schwebt vor, diese Plattform als eine Art Verband aufzubauen, in dem die Teilnahme kostenpflichtig ist.

12:30 Uhr: Herr Stielmann macht Mittagspause und geht in die Kantine seines Bürogebäudes. Er trifft dort einige seiner Kolleginnen und Kollegen aus anderen Abteilungen und unterhält sich mit ihnen über verschiedene Themen. Er erfährt z. B. von einem neuen Projekt zur Verbesserung der Nachhaltigkeit der Produktion, das ihn sehr interessiert. Er erfährt auch von einem neuen Mitarbeiter im Kundenservice-Team, der sich auf die Betreuung der internationalen Kunden im Bereich virtuelle Schulungen spezialisiert hat. Er freut sich und nimmt sich vor, sich noch diese Woche mit ihm im virtuellen Showroom der Firma auszutauschen.

13:30 Uhr: Der Tag geht weiter mit einem VR-Meeting, diesmal mit einem großen Kunden. Dieser hat Interesse an einer umfassenden Maschinenwartungs- und Schulungslösung. Im Webshop werden dazu verschiedene Pakete angeboten. Die Firma im

Meeting interessiert sich allerdings für die Full-Service-Lösung. Diese beinhaltet neben der klassischen Maschinenwartung, Software-Updates und VR-gestützter Schulung auch einen 24/7-VR-Kundensupport (exemplarisch in Abbildung 26.1 veranschaulicht), bei dem ein Servicemitarbeiter mittels VR-Technologie und einem virtuellen Abbild der zu reparierenden Maschine (digitaler Zwilling) die Wartungsarbeiten vornimmt – alles remote.

Abbildung 26.1 24/7-Remote-Service in der Zukunft – ein lohnendes Angebot (Quelle: Adobe Stock)

Dieses Premium-Servicepaket wird nach einem jährlichen Abonnement-Modell mit einer monatlichen Servicegebühr angeboten und wird Herrn Stielmanns Firma allein über die Leasing-Gebühr der eingesetzten VR-Brillen auf viele Jahre gute Umsätze sichern. Für die Kunden lohnt es sich aber auch: Die Vorhersagemodelle sagen unter dem Strich klare Gewinne durch die schnelleren Schulungen, höhere Effizienz und verringerte Ausfallzeiten voraus.

15:00 Uhr: Herr Stielmann hat zum Abschluss des Tages noch einen Termin mit seinem CEO und dem CEO eines ihrer wichtigsten Kunden. Sie treffen sich zu dritt in einem virtuellen Konferenzraum. Sie besprechen den aktuellen Stand der Geschäftsbeziehung und die Zufriedenheit mit der Cloud-Plattform, auf der die intelligenten Maschinen verbunden sind und die es ermöglicht, die Leistung und den Zustand der Maschinen in Echtzeit zu überwachen und zu steuern. Der Fokus in diesem Termin liegt aber auf der Zukunft. Herr Stielmanns Firma möchte nämlich schon bald ein ganzes Lösungsmodell für Projekte anbieten: Im Shop sollen dann nicht nur Produkte, Services und Leasing-Leistungen, sondern auch Dienstleistungen und Beratungen für ihre spezifischen Projekte angeboten werden. Die Vision: Der Kunde zahlt einen festgelegten Betrag für ein gesamtes Projekt – z. B. die Produktion einer neuen Baureihe, Maschinenplattform oder Ähnliches – und muss sich dann eben nicht mehr um die Auswahl oder die Koordination der verschiedenen Anbieter kümmern. Diese Aufgabe läge dann bei Herrn Stielmann und seinem Team. Die drei entscheiden sich im Termin für ein kleines Pilotprojekt, das als Blaupause für größere Vorhaben dienen soll.

16:30 Uhr: Herr Stielmann macht Feierabend und verabschiedet sich von seinen Kolleginnen und Kollegen. Er ist zufrieden mit seinem Arbeitstag und freut sich auf den nächsten. Er ist stolz darauf, Teil eines innovativen und kundenorientierten Unternehmens zu sein, das die Zukunft der Maschinenindustrie gestaltet.

26.2 Ein Tag im Leben von Sarah Tröger, E-Commerce-Verantwortliche eines großen, lokalen Fahrradgeschäftes

Morgens, um 7:00 Uhr, beginnt ein aufregender Tag für Sarah Tröger, die E-Commerce-Verantwortliche eines großen Fahrradladens. Sie setzt ihre VR-Brille auf, die sie mit dem digitalen Ökosystem ihres Unternehmens verbindet. Die virtuelle Realität hat in den letzten Jahren erheblich an Bedeutung gewonnen und ist zu einem Schlüsselelement in der Fahrradbranche geworden. In der virtuellen Welt kann sie mit ihrem Team und den Kunden interagieren, als wären sie physisch vor Ort. Auch Kunden können den Showroom virtuell betreten. Aufgabe von Frau Tröger und ihrem Team ist unter anderem, hier einen guten Service zu bieten. Der Tag beginnt allerdings mit einer Besprechung, bei der Sarah und ihr Team die neuesten Entwicklungen diskutieren.

Während der Besprechung stellt ein Teammitglied eine neue Funktion vor: die automatische Bilderkennung mit KI. Kunden können nun Fotos von beschädigten Fahrradteilen hochladen und erhalten innerhalb weniger Minuten detaillierte Reparaturvorschläge. Die KI analysiert die Bilder, erkennt die Schäden und liefert maßgeschneiderte Lösungen. Aber es kommt noch besser: Auch die Form der Reparaturvorschläge kann die KI variieren. Möchte jemand eine klassische, schriftliche Punkt-für-Punkt-Anleitung mit Skizzen, entwirft die KI genau das. Bevorzugt ein Kunde eine Video-Anleitung, wandelt die KI das Geschriebene ganz einfach in Bewegtbild um.

Frau Tröger ist begeistert von dieser Innovation und sieht das Potenzial, den Kundenservice damit zu revolutionieren. Sie plant, diese Funktion in den Webshop zu integrieren, um den Kunden ein bequemes und effizientes Erlebnis zu bieten. Nach der Besprechung trifft sich Frau Tröger mit den Designern und Entwicklerinnen, um die

Integration der automatischen Bilderkennung in den Webshop voranzutreiben. Der Webshop soll anhand der Fotos nicht nur Reparaturvorschläge machen, sondern automatisch die benötigten Ersatzteile anbieten. Dies wird exemplarisch in Abbildung 26.2 veranschaulicht, wo sämtliche Komponenten aufgeführt sind. Kunden des Unternehmens unserer Sarah Tröger könnten sich so mittels einfacher Selektion die passenden Ersatzteile anschauen und direkt bestellen.

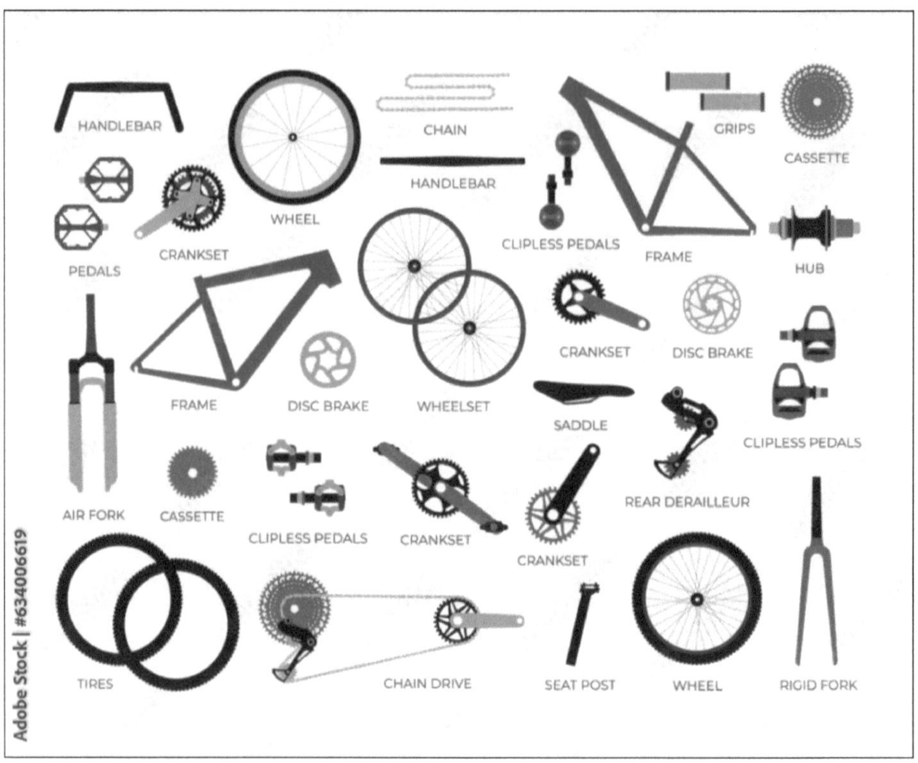

Abbildung 26.2 Automatisches Angebot von Ersatzteilen und Reparaturvorschlägen im Webshop (Quelle: Adobe Stock)

Am Nachmittag beschäftigt sich Frau Tröger mit einer weiteren Innovation: VR-gestützte 3D-Modellierung. Ihre Vision: Kunden sollen mithilfe ihrer VR-Brillen ihre eigenen Fahrräder in 3D erstellen und anpassen, bevor sie sie kaufen. Diese immersive Erfahrung wird den Online-Einkauf von Fahrrädern so realistisch wie nie zuvor machen, denn Kunden können ihr Fahrrad so auch bereits in unterschiedlichen Umgebungen testen, wie in Abbildung 26.3 dargestellt, wo sich das Fahrrad und alle relevanten Komponenten direkt in eine virtuelle (möglichst der Realität angelehnte) Umgebung einbetten. Der physische Shop wäre dann nur noch der Abholort. Frau Tröger entwirft ein Konzept, wie man die VR-Modellierung in den Webshop integrieren und man diese neue Funktion monetarisieren könnte.

Abbildung 26.3 Zukünftige Konstruktion von Fahrrädern in einer virtuellen Umgebung (Quelle: Unsplash)

Am Abend sieht Frau Tröger noch in ihr Dashboard des Webshops und macht einige Datenanalysen zu neuesten Kundenbewertungen und -feedbacks. Die integrierte, KI-gestützte Textanalyse identifiziert Trends und Kundenwünsche in Echtzeit. Diese Informationen werden genutzt, um den Webshop und die VR-Erfahrung kontinuierlich zu verbessern.

Abends kehrt Sarah in die physische Welt zurück, aber ihr Kopf ist voller Ideen, wie sie die Nutzung der automatischen Bilderkennung weiter ausbauen kann. Sie ist stolz, dass ihr Unternehmen den Kundenservice im Bereich Fahrräder revolutioniert und den Kunden die Möglichkeit bietet, mithilfe von KI-basierten Lösungen Reparaturvorschläge zu erhalten und ihre Fahrräder in Top-Zustand zu halten.

26.3 Fazit

In Anbetracht der rasanten technologischen Entwicklungen und der ständigen Veränderungen im Verbraucherverhalten steht der Kundenservice vor aufregenden Herausforderungen und Chancen. Die Zukunft des Kundenservice wird durch innovative Technologien und die Integration von VR, KI, Big Data und personalisierten Erfahrungen ein völlig neues Kundenerlebnis bieten können.

Neben dem klassischen Reparaturgedanken lassen sich im After-Sales völlig neue Geschäftsmodelle verankern, die über den Ersatzteilverkauf hinausgehen. Unternehmen, die diese Veränderungen proaktiv gestalten und sich auf die Bedürfnisse ihrer Kunden fokussieren, werden in der Lage sein, nicht nur erstklassigen Service zu bieten, sondern auch starke Kundenbeziehungen aufzubauen. Die menschliche Note wird weiterhin von entscheidender Bedeutung sein, denn trotz fortschreitender Digitalisierung werden Flexibilität, Empathie und kundenorientierte Lösungen die Schlüsselmerkmale erfolgreicher Servicemodelle der Zukunft sein.

Die beiden Beispiel aus diesem Kapitel sollen nicht nur Vision, sondern vor allem Denkanstoß für Sie als Leser sein, welche vielfältigen Möglichkeiten die Zukunft und der technologische Wandel für Serviceorientierte Unternehmen im E-Commerce Umfeld bietet.

Das Autorenteam

Roland Boes ist Director Innovation & Portfolio bei der Sybit GmbH. In seiner Rolle verantwortet er das gesamte Leistungs-, Beratungs- und Produktangebot des Unternehmens und ist für dessen Kunden erster Ansprechpartner, wenn es um Nutzen, Einsatzmöglichkeiten und Entwicklungen in den SAP Customer Experience Solutions geht. Roland Boes setzt auf die Kombination aus betriebswirtschaftlichem Denken und einem reichen Erfahrungsschatz aus dem IT-Management, um Projekte effizient umzusetzen, die richtigen Fragen zur richtigen Zeit zu stellen und alle Beteiligten an einen Tisch zu bringen. Mit großer Begeisterung treibt er neueste technologische Themen wie künstliche Intelligenz im CX-Kontext, Intelligent Sales Cloud, SAP CPQ, In-App-, Side-by-Side Extensibility und Headless (Composable) Commerce voran.

Fabian Bielmeier ist Solution Architect und Consultant bei der Sybit GmbH. Als Product Owner im Bereich E-Commerce und Experte für Portale und PIM-Projekte begleitet er zahlreiche Kundenprojekte über den gesamten Lebenszyklus hinweg. Dabei zeichnet ihn neben seiner fachlichen und technischen Beratung sowie dem Design von modernen Commerce-Architekturen vor allem sein ganzheitlicher Ansatz aus. Durch seine jahrelange Erfahrung nicht nur mit Commerce-Systemen, sondern mit dem ganzen Spektrum der SAP CX Solutions ist Fabian Bielmeier oft zentraler Ansprechpartner, wenn es um prozessuale Fragen rund um die Vernetzung von Commerce mit angrenzenden Prozessen in Sales, Service, Marketing und ERP geht.

Christian Güttinger ist als Solution Architect, Consultant und Head of Competence Center Digital Excellence im Bereich E-Business und Kundenportale mit SAP Lösungen bei der Sybit GmbH tätig. Er begleitet Kunden von Anfang an bei der Planung und Umsetzung einer digitalen User Experience und bringt dabei sein jahrelanges, umfangreiches Integrationswissen für heterogene IT-Landschaften mit. Das Ziel ist, die Kundenbeziehung zu ihren Kunden an den relevanten Touchpoints ohne Medien- und Prozessbrüche durchgängig zu konzipieren, um damit Umsatz und Zufriedenheit zu steigern.

Fabian Huber verantwortet bei der Sybit GmbH das Business Consulting. Seit mehr als 20 Jahren ist er im Bereich digitale Kundenprozesse und E-Business zu Hause und setzt seine umfangreichen Kenntnisse zielorientiert für die Kunden des Unternehmens in Strategieentwicklung, Beratung und Konzeption ein. Besonderes Interesse hat er an der Entwicklung neuer, subskriptionsbasierter Geschäftsmodelle und der Umsetzung ganzheitlicher Kundenplattformen und -portalen. Für ihn spielen eine durchgängige Customer Journey sowie die Integration aller Prozesse in Commerce, Sales, Service und Marketing die entscheidende Rolle für erfolgreiche und langfristige Kundenbeziehungen.

Dr. Anders Landig begleitet als Content Marketing Manager die vielfältigen Digitalisierungsprojekte der Sybit GmbH und analysiert Prozesse, Lösungen und Erfolge mit der Kundenbrille. Sein Ziel ist es, Inhalte zu generieren, die Unternehmen auf dem Weg zu einer effektiven Digitalisierung von Kundenbeziehungen unterstützen sollen – im Commerce, Sales, Service und Marketing. Mit seinen täglichen Einblicken in unterschiedlichste Märkte und Trends gibt Dr. Anders Landig branchenübergreifende Antworten auf die zentrale Frage rund um die SAP Customer Experience Solutions: Was haben die Kunden unserer Kunden wirklich davon?

Marco Messinger ist ein erfahrener Experte, der sich seit über einem Jahrzehnt in der Welt des E-Commerce und der digitalen Transformation bewegt. In seiner aktuellen Rolle als Niederlassungsleiter und Teamlead sorgt er für den Organisationsaufbau im Norden Deutschlands. Die Niederlassung Bielefeld wurde unter seiner Leitung in den letzten Jahren stark ausgebaut und damit zum zweitgrößten Standort der Sybit GmbH in Deutschland. Zudem leitet er ein Team aus SAP Commerce-, Sales-, Service-Experten. Seine Expertise erstreckt sich auch auf die Leitung nationaler und internationaler Großprojekte als Project Manager. Marco Messingers Fähigkeit, innovative Lösungen in der Customer Experience (CX) zu implementieren, macht ihn zu einem gefragten Experten in der Branche. Sein Engagement und seine Vision im Organisationsaufbau sind beispielhaft für die moderne digitale Wirtschaft.

Literaturverzeichnis

- Bahr, Ines (2023): »Die Nutzung von Social Selling und Social Commerce in Deutschland«, *https://www.capterra.com.de/blog/3558/social-selling-und-social-commerce-studie* (zuletzt aufgerufen am 28.02.2024)

  Kurz-URL: *http://s-prs.de/963101*
- Baymard Institute: »Reasons for Cart Abandonment – Why 68% of Users Abandon Their Cart (2023 data)«, *https://baymard.com/blog/ecommerce-checkout-usability-report-and-benchmark* (zuletzt aufgerufen am 28.02.2024)

  Kurz-URL: *http://s-prs.de/963102*
- Beck, Kent et al. (2001): »Manifest für Agile Softwareentwicklung«, *https://agile-manifesto.org/iso/de/principles.html* (zuletzt aufgerufen am 28.02.2024)

  Kurz-URL: *http://s-prs.de/963103*
- Beeson, Michelle (2022): »European Consumers Drive The Sustainability Demand«, *https://www.forrester.com/blogs/european-consumers-drive-the-sustainability-demand/* (zuletzt aufgerufen am 28.02.2024)

  Kurz-URL: *http://s-prs.de/963104*
- Berthold, Norbert et al. (2007): »Motivatoren und Demotivatoren für Unternehmer im Deutschen Maschinen- und Anlagenbau«, *https://impuls-stiftung.de/wp-content/uploads/2022/05/Motivatoren-und-Demotivatoren-fuer-Unternehmer-im-deutschen-Maschinen-und-Anlagenbau.pdf* (zuletzt aufgerufen am 28.02.2024)

  Kurz-URL: *http://s-prs.de/963105*
- Bloomberg Professional Services (2021): »Metaverse may be $800 billion market, next tech platform«, *https://www.bloomberg.com/professional/blog/metaverse-may-be-800-billion-market-next-tech-platform/* (zuletzt aufgerufen am 28.02.2024)

  Kurz-URL: *http://s-prs.de/963106*
- CBInsights (2022): »State Of Retail Tech 2021 Report«, *https://www.cbinsights.com/research/report/retail-tech-trends-2021/* (zuletzt aufgerufen am 28.02.2024)

  Kurz-URL: *http://s-prs.de/963107*
- Charm, Tamara et al. (2020): »The Great Consumer Shift: Ten Charts That Show How US Shopping Behavior Is Changing«, *https://www.mckinsey.com/capabilities/growth-marketing-and-sales/our-insights/the-great-consumer-shift-ten-*

charts-that-show-how-us-shopping-behavior-is-changing (zuletzt aufgerufen am 28.02.2024)

Kurz-URL: *http://s-prs.de/963108*

- Contentful (2023): »Set up content preview«, *https://www.contentful.com/developers/docs/tutorials/general/content-preview/* (zuletzt aufgerufen am 28.02.2024)

  Kurz-URL: *http://s-prs.de/963109*

- Dean, Brian (2023): »Here's What We Learned About SEO«, *https://backlinko.com/search-engine-ranking* (zuletzt aufgerufen am 28.02.2024)

  Kurz-URL: *http://s-prs.de/963110*

- Donchak, Lisa et al. (2022): »The future of B2B sales is hybrid«, *https://www.mckinsey.com/capabilities/growth-marketing-and-sales/our-insights/the-future-of-b2b-sales-is-hybrid#/* (zuletzt aufgerufen am 28.02.2024)

  Kurz-URL: *http://s-prs.de/963111*

- ECC (2022): »B2B-Marktmonitor«, *https://www.e-commerce-magazin.de/b2b-e-commerce-grosshaendler-und-hersteller-profitieren-vom-starken-wachstum/*

- ECOM Consulting (2022): »Studie: Die Marktplatzwelt 2022«, *https://www.ecom-consulting.de/studie-die-marktplatzwelt-2022/* (zuletzt aufgerufen am 28.02.2024)

  Kurz-URL: *http://s-prs.de/963112*

- Forrester Consulting (2018): »B2B Embraces Ist Omnichannel Commerce Future«, *https://www.salesforce.com/blog/wp-content/uploads/sites/2/2020/09/b2b-embraces-its-omnichannel-commerce-future-1.pdf* (zuletzt aufgerufen am 28.02.2024)

  Kurz-URL: *http://s-prs.de/963113*

- Fraunhofer-Verbund IUK-Technologie: »Metaverse – eine Definition«, *https://www.iuk.fraunhofer.de/de/themen/thema-metaverse.html* (zuletzt aufgerufen am 28.02.2024)

  Kurz-URL: *http://s-prs.de/963114*

- Geyser, Werner (2021): Commerce Benchmark Report 2022 – State of the eCommerce Industry, *https://influencermarketinghub.com/ecommerce-benchmark-report/#toc-3*

- Gominga (2022): »Die Marktplatzwelt 2022«, *https://gominga.com/de/marktplatzwelt-2022/* (zuletzt aufgerufen am 28.02.2024)

  Kurz-URL: *http://s-prs.de/963115*

- Handelsverband Deutschland (HDE) (2022): »Umsatz im Online-Handel«, *https://einzelhandel.de/presse/zahlenfaktengrafiken/1022-konjunktur/11936-umsatz-im-online-handel* (zuletzt aufgerufen am 28.02.2024)

  Kurz-URL: *http://s-prs.de/963116*

- Harrison, Liz et al. (2021): »Omnichannel in B2B sales: The new normal in a year that has been anything but«, *https://www.mckinsey.com/capabilities/growth-marketing-and-sales/our-insights/omnichannel-in-b2b-sales-the-new-normal-in-a-year-that-has-been-anything-but* (zuletzt aufgerufen am 28.02.2024)

  Kurz-URL: *http://s-prs.de/963117*

- Howarth, Josh (2023): »81 Online Review Statistics«, *https://explodingtopics.com/blog/online-review-stats* (zuletzt aufgerufen am 28.02.2024)

  Kurz-URL: *http://s-prs.de/963118*

- Hu, Fengying/Zhou, Zhenglong (2022): »Information services and omnichannel retailing strategy choices of e-commerce platforms with supplier competition«, *https://www.researchgate.net/publication/360029829_Information_services_and_omnichannel_retailing_strategy_choices_of_e-commerce_platforms_with_supplier_competition* (zuletzt aufgerufen am 28.02.2024)

  Kurz-URL: *http://s-prs.de/963119*

- IHF Köln (2023): »B2B-Marktmonitor. E-Commerce Umsätze, Unternehmen & Trends im B2B-Internethandel«, *https://www.ifhkoeln.de/produkt/b2b-marktmonitor/* (zuletzt aufgerufen am 28.02.2024)

  Kurz-URL: *http://s-prs.de/963120*

- ITA US (2022): »Impact of COVID Pandemic On eCommerce«, *https://www.trade.gov/impact-covid-pandemic-ecommerce* (zuletzt aufgerufen am 28.02.2024)

  Kurz-URL: *http://s-prs.de/963121*

- Invespro: »The Importance Of Online Customer Reviews«, *https://www.invespcro.com/blog/the-importance-of-online-customer-reviews-infographic/* (zuletzt aufgerufen am 28.02.2024)

  Kurz-URL: *http://s-prs.de/963122*

- Kafsack, Hendrik (2023): »Wie das Lieferkettengesetz Kinderarbeit verhindern soll«, *https://www.faz.net/aktuell/wirtschaft/mehr-wirtschaft/lieferkettengesetz-so-soll-kinderarbeit-verhindert-werden-19383524.html* (28.02.2024)

  Kurz-URL: *http://s-prs.de/963123*

- Koller, Tim/Nuttall, Robin (2020): »How the E in ESG creates business value«, *https://www.mckinsey.com/capabilities/sustainability/our-insights/sustainability-blog/how-the-e-in-esg-creates-business-value* (zuletzt aufgerufen am 28.02.2024)

  Kurz-URL: *http://s-prs.de/963124*

- Marketingcharts (2022): »Young E-Commerce Shoppers Say They'd Pay A Premium for an Improved Online Experience«, *https://www.marketingcharts.com/industries/retail-and-e-commerce-225127* (zuletzt aufgerufen am 28.02.2024)

  Kurz-URL: *http://s-prs.de/963125*

- McKinsey & Company (2020): »How COVID-19 Has Pushed Companies Over The Technology Tipping Point – And Transformed Business Forever«, *https://www.mckinsey.com/~/media/McKinsey/Business%20Functions/Strategy%20and%20Corporate%20Finance/Our%20Insights/How%20COVID%2019%20has%20pushed%20companies%20over%20the%20technology%20tipping%20point%20and%20transformed%20business%20forever/How-COVID-19-has-pushed-companies-over-the%20technology%20tipping-point-final.pdf* (zuletzt aufgerufen am 28.02.2024)

  Kurz-URL: *http://s-prs.de/963126*
- McKinsey & Company: »Value creation in the metaverse«, *https://www.mckinsey.com/capabilities/growth-marketing-and-sales/our-insights/value-creation-in-the-metaverse* (zuletzt aufgerufen am 28.02.2024)

  Kurz-URL: *http://s-prs.de/963127*
- McKinsey & Company (2021): »Solving the paradox of growth and profitability in e-commerce«, *https://www.mckinsey.com/industries/retail/our-insights/solving-the-paradox-of-growth-and-profitability-in-e-commerce* (zuletzt aufgerufen am 28.02.2024)

  Kurz-URL: *http://s-prs.de/963128*
- Metzger, Jochen et al. (2018): »E-Commerce«, *https://wirtschaftslexikon.gabler.de/definition/e-commerce-34215/version-257721* (zuletzt aufgerufen am 28.02.2024)

  Kurz-URL: *http://s-prs.de/963129*
- Morgan, Blake (2023): »How To Invest In Customer Experience In 2023«, *https://www.forbes.com/sites/blakemorgan/2023/07/24/how-to-invest-in-customer-experience-in-2023/?sh=7364c9881fde* (zuletzt aufgerufen am 28.02.2024)

  Kurz-URL: *http://s-prs.de/963130*
- Mukherjee, Sokom/Zalani, Chintan (2024): »Google Search Statistics for 2024«, *https://www.onthemap.com/blog/google-search-statistics/* (zuletzt aufgerufen am 28.02.2024)

  Kurz-URL: *http://s-prs.de/963131*
- OECD (2018): »OECD-Wirtschaftsberichte: Deutschland 2018«, *https://www.oecd.org/berlin/publikationen/wirtschaftsbericht-deutschland-2018.htm* (zuletzt aufgerufen am 27.03.2024)

  Kurz-URL: *http://s-prs.de/963170*
- Payne, Scarlett (2023): »The Ultimate Guide To Sustainable Ecommerce: Becoming A Green Brand«, *https://boldist.co/marketing-strategy/sustainable-ecommerce-guide/* (zuletzt aufgerufen am 28.02.2024)

  Kurz-URL: *http://s-prs.de/963132*

- Pilot (2023): »pilot Radar: Technologie forciert Wandel im Handel«, *https://www.pilot.de/neuigkeiten/pilot-radar-technologie-forciert-wandel-im-handel/* (zuletzt aufgerufen am 28.02.2024)

  Kurz-URL: *http://s-prs.de/963133*

- Plötz, Stefan et al. (2023): »B2B-E-Commerce Direct-to-Customer«, *https://ibi.de/veroeffentlichungen/2023/b2b-e-commerce-direct-to-consumer* (zuletzt aufgerufen am 28.02.2024)

  Kurz-URL: *http://s-prs.de/963134*

- Remes, Jaana et al. (2021): »The consumer demand recovery and lasting effects of COVID-19«, *https://www.mckinsey.com/industries/consumer-packaged-goods/our-insights/the-consumer-demand-recovery-and-lasting-effects-of-covid-19* (zuletzt aufgerufen am 28.02.2024)

  Kurz-URL: *http://s-prs.de/963135*

- Sahin, Busra (2024): »E-Commerce Personalization: Your complete guide«, *https://www.bloomreach.com/en/blog/2017/ecommerce-personalization* (zuletzt aufgerufen am 28.02.2024)

  Kurz-URL: *http://s-prs.de/963136*

- Salazar, Kim (2023): »User Experience vs. Customer Experience: What's The Difference?«, *https://www.nngroup.com/articles/ux-vs-cx/* (zuletzt aufgerufen am 28.02.2024)

  Kurz-URL: *http://s-prs.de/963137*

- Sandkamp, Alexander et al. (2021): »Lieferketten in der Zeit nach Corona«, *https://www.ifw-kiel.de/de/publikationen/lieferketten-in-der-zeit-nach-corona-26787/* (zuletzt aufgerufen am 28.02.2024)

  Kurz-URL: *http://s-prs.de/963138*

- SAP-Hilfe zum Coupon-Modul, *https://help.sap.com/docs/SAP_COMMERCE_CLOUD_PUBLIC_CLOUD/e1391e5265574bfbb56ca4c0573ba1dc/d35c247-bac2d4c91a6ca4501b63cb2b4.html* (zuletzt aufgerufen am 27.03.2024)

  Kurz-URL: *http://s-prs.de/963171*

- SAP-Hilfe zur Integration von SAP Commerce Cloud, *https://help.sap.com/docs/SAP_COMMERCE_INTEGRATIONS/451f9eea67c3442696e7a0a631e9b975/8b8b46b-f86691014871ced3d2c01b0c7.html*

  Kurz-URL: *http://s-prs.de/963172*

- SAP-Hilfe zur Integration von SAP Commerce Cloud, *https://help.sap.com/docs/SAP_COMMERCE_INTEGRATIONS/451f9eea67c3442696e7a0a631e9b975/8bc6b884866910148532f2e1e500f95f.html*

  Kurz-URL: *http://s-prs.de/963150*

- SAP-Hilfe zu Kyma Runtime, *https://help.sap.com/docs/btp/sap-business-technology-platform/getting-started-in-kyma-environment*

  Kurz-URL: *http://s-prs.de/963151*
- SAP-Hilfe zu DNS-Einstellungen: *https://help.sap.com/docs/SAP_COMMERCE_CLOUD_PUBLIC_CLOUD/0fa6bcf4736c46f78c248512391eb467/c6398e506612479dbcee976f728741bf.html* (zuletzt aufgerufen am 28.02.2024)

  Kurz-URL: *http://s-prs.de/963152*
- SAP-Hilfe zu IP-Filtersets: *https://help.sap.com/docs/SAP_COMMERCE_CLOUD_PUBLIC_CLOUD/0fa6bcf4736c46f78c248512391eb467/910006b8cf9c4c6fa482984b05a59643.html* (zuletzt aufgerufen am 28.02.2024)

  Kurz-URL: *http://s-prs.de/963153*
- SAP-Hilfe zu Redirect Sets: *https://help.sap.com/docs/SAP_COMMERCE_CLOUD_PUBLIC_CLOUD/0fa6bcf4736c46f78c248512391cb467/f165021837df47b490b5f29429852572.html* (zuletzt aufgerufen am 28.02.2024)

  Kurz-URL: *http://s-prs.de/963154*
- SAP-Hilfe zur Web Application Firewall: *https://help.sap.com/docs/SAP_COMMERCE_CLOUD_PUBLIC_CLOUD/0fa6bcf4736c46f78c248512391eb467/5ba3561363f54bb999b689fff73dd4c3.html*

  Kurz-URL: *http://s-prs.de/963155*
- SAP-Hilfe zu VPN-Verbindungseinstellungen: *https://help.sap.com/docs/SAP_COMMERCE_CLOUD_PUBLIC_CLOUD/0fa6bcf4736c46f78c248512391eb467/f63dfaed22d949ed9aadbb7835584586.html* (zuletzt aufgerufen am 28.02.2024)

  Kurz-URL: *http://s-prs.de/963156*
- SAP-Hilfe zu Apache JMeter: *https://help.sap.com/docs/SAP_COMMERCE_CLOUD_PUBLIC_CLOUD/0fa6bcf4736c46f78c248512391eb467/a9ddf33843e444f78e9d67996b0966fa.html* (zuletzt aufgerufen am 28.02.2024)

  Kurz-URL: *http://s-prs.de/963157*
- SAP-Hilfe zu ImpEx: *https://help.sap.com/docs/SAP_COMMERCE/d0224eca81e249cb821f2cdf45a82ace/1b6dd3451fc04c3aa8e95937e9ef2471.html* (zuletzt aufgerufen am 28.02.2024)

  Kurz-URL: *http://s-prs.de/963158*
- SAP-Hilfe zur Provisionierung: *https://help.sap.com/docs/SAP_COMMERCE_CLOUD_PUBLIC_CLOUD/0c2050f6d31f49ddb6eba18509060ae5/8dfc2c470c7143c3bd2fdd6f513f60ad.html* (zuletzt aufgerufen am 28.02.2024)

  Kurz-URL: *http://s-prs.de/963159*

- SAP-Hilfe zu SmartEdit: *https://help.sap.com/docs/SAP_COMMERCE/9d346683b0084da2938be8a285c0c27a/0587849b41494f68b9390816497d6205.html* (zuletzt aufgerufen am 28.02.2024)

  Kurz-URL: *http://s-prs.de/963160*

- SAP-Hilfe zu Integration Compatibility Matrix : *https://help.sap.com/docs/SAP_COMMERCE_CLOUD_PUBLIC_CLOUD/bad9b0b66bac476f8a4a5c4a08e4ab6b/f7e859a4b880476aa37e376b5423188c.html* (zuletzt aufgerufen am 28.02.2024)

  Kurz-URL: *http://s-prs.de/963161*

- SAP-Hilfe zum Data Replication Framework: *https://help.sap.com/docs/SAP_S4HANA_ON-PREMISE/8308e6d301d54584a33cd04a9861bc52/88e3f5577c84bc12e10000000a4450e5.html* (zuletzt aufgerufen am 28.02.2024)

  Kurz-URL: *http://s-prs.de/963162*

- SAP, SAP Commerce Cloud Services Description Version 2204: *https://assets.cdn.sap.com/agreements/product-policy/css/service-specifications/sap-commerce-cloud-services-description-v2204-english-v4-2022.pdf* (zuletzt aufgerufen am 28.02.2024)

  Kurz-URL: *http://s-prs.de/963163*

- SAP Business Accelerator Hub zu den verfügbaren OCC-Services: *https://api.sap.com/api/commerce_webservices/resource* (zuletzt aufgerufen am 28.02.2024)

  Kurz-URL: *http://s-prs.de/963164*

- SAP Learning zu Side-by-Side Extensions, *https://learning.sap.com/learning-journey/build-side-by-side-extensions-on-sap-btp*

  Kurz-URL: *http://s-prs.de/963165*

- SAP-Website zu SAP BTP, *https://www.sap.com/products/technology-platform.html*

  Kurz-URL: *http://s-prs.de/963166*

- Seeßlen, Georg (2018): »Wirtschaftswunderwarenwelten«, *https://www.zeit.de/kultur/2018-09/neckermann-katalog-versandhaus-konsum-brd-70-jahre/komplettansicht* (zuletzt aufgerufen am 28.02.2024)

  Kurz-URL: *http://s-prs.de/963139*

- Servatius, Frederic M (2022): »Barrierefreies E-Commerce: Droht die zweite DSGVO«, *https://www.absatzwirtschaft.de/e-commerce-droht-die-zweite-dsgvo-2-229569/* (zuletzt aufgerufen am 28.02.2024)

  Kurz-URL: *http://s-prs.de/963140*

- Shah, Alpa (2022): »How to meet High Expectations as Customers Rapidly Shift to Self-Service«, *https://www.frost.com/news/how-to-meet-high-expectations-as-customers-rapidly-shift-to-self-service/* (zuletzt aufgerufen am 28.02.2024)

  Kurz-URL: *http://s-prs.de/963141*
- Skoda: »Skodaverse«, *https://www.skoda-auto.com/world/skodaverse* (zuletzt aufgerufen am 28.02.2024)

  Kurz-URL: *http://s-prs.de/963142*
- Statista (2022): »Do you expect a brand or organization to have an online self-service support portal«, *https://www.statista.com/statistics/810374/share-of-customers-by-if-they-expect-brands-to-have-a-self-service-portal/* (zuletzt aufgerufen am 28.02.2024)

  Kurz-URL: *http://s-prs.de/963143*
- Statista (2023): »Marktanteile der Suchmaschinen weltweit nach mobiler und stationärer Nutzung im November 2023«, *https://de.statista.com/statistik/daten/studie/222849/umfrage/marktanteile-der-suchmaschinen-weltweit/* (zuletzt aufgerufen am 28.02.2024)

  Kurz-URL: *http://s-prs.de/963144*
- Statista (2023): »Share of online shoppers who ordered and purchased products on the internet in the past three months in Germany in 2023, by age group«, *https://www.statista.com/statistics/506181/e-commerce-online-shoppers-by-age-group-germany/* (zuletzt aufgerufen am 28.02.2024)

  Kurz-URL: *http://s-prs.de/963145*
- Wellener, Paul et al. (2022): »Meeting the challenge of supply chain disruption«, *https://www2.deloitte.com/us/en/insights/industry/manufacturing/realigning-global-supply-chain-management-networks.html* (zuletzt aufgerufen am 28.02.2024)

  Kurz-URL: *http://s-prs.de/963146*
- Wiez, Merle/Gorenflos Lopez, Jacob (2023): »Digitale Zwillinge werden in der Industrie zum Standard«, *https://www.bitkom.org/Presse/Presseinformation/Digitale-Zwillinge-Industrie-Standard* (zuletzt aufgerufen am 28.02.2024)

  Kurz-URL: Kurz-URL: *http://s-prs.de/963147*

Index

D

K

L

M

N

O

P

T

U

V

W

Z